国外油气勘探开发新进展丛书（十五）·石油地质理论专辑

世界巨型油气藏：
储层表征与建模

[美]P. M. Harris　L. J. Weber　编

蒋宜勤　王屿涛　周　妮　张怀文　商　明　等译

石油工业出版社

内 容 提 要

本书对列举的典型巨型油气藏做了如下分析与探讨：探究了有关储层描述和管理的传统与前沿技术方法；讨论了在具体开发项目生命周期的不同阶段，按相应措施进行数据采集、技术应用、技术评估、风险评价及管理实践等。

本书主要作为相关油气勘探机构管理者、专家，科研院所石油地质专业研究人员和大专院校相关专业师生参考使用。

图书在版编目（CIP）数据

世界巨型油气藏：储层表征与建模／（美）P. M. 哈里斯（P. M. Harris），（美）L. J. 韦伯（L. J. Weber）主编；蒋宜勤等译 .—北京：石油工业出版社，2019.5

（国外油气勘探开发新进展丛书 . 十五，石油地质专辑）

ISBN 978-7-5183-3053-9

Ⅰ．①世… Ⅱ．①P…②L…③蒋… Ⅲ．①油气藏-储集层特征-研究②油气藏-储层模型-研究 Ⅳ.①P618.130.2

中国版本图书馆 CIP 数据核字（2019）第 080241 号

Translation from the English language edition：" Giant Hydrocarbon Reservoirs of the World：From Rocks to Reservoir Characterization and Modeling" edited by P. M.（Mitch）Harris and L. J.（Jim）Weber，ISBN：978-0-89181-704-8

Copyright © 2006

By the American Association of Petroleum Geologists（AAPG）and SEPM（Society for Sedimentary Geology）

All Rights Reserved

本书经 American Association of Petroleum Geologists 授权石油工业出版社有限公司翻译出版。版权所有，侵权必究。

北京市版权局著作权合同登记号：01-2016-4209

出版发行：石油工业出版社

（北京安定门外安华里 2 区 1 号楼　100011）

网　　址：www.petropub.com

编辑部：（010）64523543　图书营销中心：（010）64523633

经　　销：全国新华书店

印　　刷：北京中石油彩色印刷有限责任公司

2019 年 5 月第 1 版　2019 年 5 月第 1 次印刷

787×1092 毫米　开本：1/16　印张：29.75

字数：730 千字

定价：260.00 元

（如出现印装质量问题，我社图书营销中心负责调换）

版权所有，翻印必究

《国外油气勘探开发新进展丛书（十五）》
编委会

主　任：赵政璋

副主任：赵文智　张卫国

编　委：（按姓氏笔画排序）

　　　　王屿涛　李胜利　吴因业　沈安江

　　　　张功成　周进高　周家尧　章卫兵

　　　　蒋宜勤　靳　军

《世界巨型油气藏：储层表征与建模》翻译人员

蒋宜勤　王屿涛　周　妮　张怀文　商　明
曹　菁　高秀伟　陈　军

序

为了及时学习国外油气勘探开发新理论、新技术和新工艺，推动中国石油上游业务技术进步，本着先进、实用、有效的原则，中国石油勘探与生产分公司和石油工业出版社组织多方力量，对国外著名出版社和知名学者最新出版的、代表最先进理论和技术水平的著作进行了引进，并翻译和出版。

从 2001 年起，在跟踪国外油气勘探、开发最新理论新技术发展和最新出版动态基础上，从生产需求出发，通过优中选优已经翻译出版了 14 辑 80 多本专著。在这套系列丛书中，有些代表了某一专业的最先进理论和技术水平，有些非常具有实用性，也是生产中所亟需。这些译著发行后，得到了企业和科研院校广大科研管理人员和师生的欢迎，并在实用中发挥了重要作用，达到了促进生产、更新知识、提高业务水平的目的。部分石油单位统一购买并配发到了相关技术人员的手中。同时中国石油天然气集团公司也筛选了部分适合基层员工学习参考的图书，列入"千万图书下基层，百万员工品书香"书目，配发到中国石油所属的 4 万余个基层队站。该套系列丛书也获得了我国出版界的认可，三次获得了中国出版工作者协会的"引进版科技类优秀图书奖"，形成了规模品牌，获得了很好的社会效益。

2017 年在前 14 辑出版的基础上，经过多次调研、筛选，又推选出了国外最新出版的 7 本专著，即《世界巨型油气藏：储层表征与建模》《亚洲新元古界—寒武系盆地地质学与油气勘探潜力》《微生物碳酸盐岩：对全球油气勘探与开发的意义》《碳酸盐岩油气勘探与储层分析》《油气勘探开发中的沉积物源研究》《盐构造与沉积和含油气远景》《湖相砂岩储层与含油气系统》，以飨读者。

在本套丛书的引进、翻译和出版过程中，中国石油勘探与生产分公司和石油工业出版社组织了一批著名专家、教授和有丰富实践经验的工程技术人员担任翻译和审校工作，使得该套丛书能以较高的质量和效率翻译出版，并和广大读者见面。

希望该套丛书在相关企业、科研单位、院校的生产和科研中发挥应有的作用。

中国石油天然气集团公司副总经理

译者的话

可采储量大于 $5×10^8$ bbl 油当量的世界巨型油气藏大多分布在中东、西非及里海盆地。巨型油气藏地理位置、石油地质条件、勘探开发历史和现状的分析和研究对于我国陆相盆地寻找大中型油气田有着非常重要的参考价值。

本书是基于 SEPM/AAPG 核心专题研讨会"世界巨型油气藏：储层表征与建模"基础上，对世界范围内巨型油气藏有关储层表征、开发和建模实践的各种示例和方法进行了深入分析，从地质和工程角度解决了储层表征和管理方面的重大问题。

我国大型油气藏与世界巨型油气藏在地质条件、工程技术、开发管理等方面虽然有很多不同，但是可以通过本书列举的油藏示例，借鉴其前沿技术方法和管理经验，重新认识广泛存在、影响流体流动的空间非均质性，从而进行正确的储层表征描述和地质建模，确定剩余储量并进行有效开采。

本书的关键点在于：从储层内外地质条件的准确分析、精确的定量描述、尽可能满足模拟要求等方面丰富了储层表征的基本概念和方法；探讨了岩石非均质性程度及其对岩石物理和工程性质的影响，非均质性与流体流动及油气开采的关系；在传统储层表征和开发方法基础上，结合了高分辨率层序地层、地震地层及地震可视化技术。

该书的翻译工作主要由中国石油新疆油田公司实验检测研究院和克拉玛依市科技咨询与外文翻译协会的多名科技工作者共同完成，译稿终审与统稿由蒋宜勤和王屿涛完成。本译著的完成，得到新疆油田公司有关领导和专家的大力支持，在此表示衷心的感谢！

由于本书内容丰富，涉及面广，加之译者水平所限，不妥之处，敬请读者批评指正。

蒋宜勤　王屿涛
2018 年 7 月

目 录

绪 论
    P. M. Harris   L. J. Weber ··· 1

1 哈萨克斯坦滨里海盆地田吉兹中心岩隆晚维宪期至巴什基尔期台地旋回性：
   沉积演化和储层发育
    J. A. M. Kenter   L. J. Weber   P. M. Harris   G. Kuanysheva   J. F. Collins
    D. J. Fischer ·· 7

2 哈萨克斯坦滨里海盆地田吉兹中心岩隆晚维宪期至巴什基尔期外台地、
   边缘和翼部的岩相和储层性质的变化
    J. F. Collins   G. Kuanysheva   J. A. M. Kenter   D. J. Fischer
    P. M. Harris   K. L. Steffen ··· 50

3 沙特阿拉伯加瓦尔 Arab-D 油藏：向上变浅碳酸盐旋回的广布孔隙
    Robert F. Lindsay   Dave L. Cantrell   Geraint W. Hughes
    Thomas H. Keith   Harry W. Mueller III   S. Duffy Russell ················· 91

4 阿联酋阿布扎比巨型油田上 Thamama 群（下白垩统）高分辨率层序地层与储层表征
    Christian J. Strohmenger   Ahmed Ghani   Omar Al-Jeelani   Abdulla Al-Mansoori
    Taha Al-Dayyani   Lee Vaughan   Sameer A. Khan   L. Jim Weber
    John C. Mitchell   Khalil Al-Mehsin ·· 140

5 阿联酋阿布扎比下白垩统非均质碳酸盐岩储层三维表征
    Lyndon A. Yose   Jim S. Schuelke   Amy S. Ruf   Andy Gombos
    Christian J. Strohmenger   Ismail Al-Hosani   Shamsa Al-Maskary
    Gerald Bloch   Yousuf Al-Mehairi   Imelda G. Johnson ····················· 181

6 科威特 Burgan 和 Mauddud 组（下白垩统）层序地层与储层构型
    Christian J. Strohmenger   John C. Mitchell   Howard R. Feldman   Patrick J. Lehmann
    Robert W. Broomhall   Timothy M. Demko   Robert W. Wellner   Penny E. Patterson
    G. Glen McCrimmon   Ghaida Al-Sahlan   Neama Al-Ajmi ··················· 222

7 沙特阿拉伯与科威特中立区 Wafra 油田马斯特里赫特阶（上白垩统）储层层
   序地层：储层建模与评价的关键
    Dennis W. Dull   Raymond A. Garber   W. Scott Meddaugh ··················· 254

8 安哥拉 15 号区块下中新统深水陆坡—水道体系粗粒与细粒混合岩相序列的地层结构
   和可预测性
    M. L. Porter   C. Rossen   A. R. G. Sprague   D. K. Sickafoose
    M. D. Sullivan   G. N. Jensen   D. C. Jennette   S. J. Friedmann
    R. T. Beaubouef   D. C. Mohrig   T. R. Garfield ···························· 283

9 美国堪萨斯州与俄克拉何马州 Hugoton 气田（二叠系）多尺度地质与
  岩石物理建模
   Martin K. Dubois　Alan P. Byrnes　Geoffrey C. Bohling　John H. Doveton ………… 305

10 美国二叠盆地下二叠统 Fullerton 油田的碳酸盐岩储层表征与建模
   过程中露头和岩心的关键作用
   Stephen C. Ruppel　Rebecca H. Jones ……………………………………………… 354

11 加拿大新斯科舍近海侏罗系 Deep Panuke 气田碳酸盐岩层序地层与石油地质
   John A. W. Weissenberger　Richard A. Wierzbicki　Nancy J. Harland ………… 399

12 哥伦比亚 Llanos 山麓库皮亚瓜油气田始新统 Mirador 组沉积、层序地层与储层构型
   Juan Carlos Ramon　Andres Fajardo ……………………………………………… 433

绪 论

P. M. Harris[1]　L. J. Weber[2]

(1. Chevron Energy Technology Company, San Ramon, California, U.S.A.;
2. ExxonMobil Exploration Company, Houston, Texas, U.S.A.)

SEPM/AAPG 核心专题研讨会"世界巨型油气藏：储层表征与建模"及本配套刊物旨在搜集有关巨型(可采储量大于 $5×10^8$ bbl 油当量)油气藏的资料，这些资料对广大读者而言具有重要参考价值。本书提供了有关储层表征、开发和建模实践的各种示例和方法。虽然不够详尽，但本书列举了一系列不同的油气藏，并从地理位置、地质学、生产史和特征描述等角度出发对其进行了深入分析。图 1 展示了本书所述油气藏的地理分布。

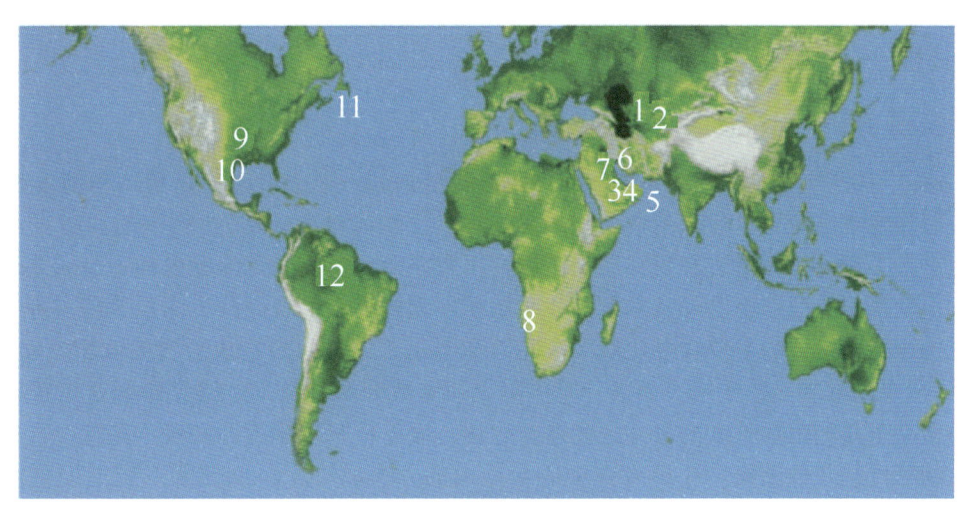

图 1　世界巨型油气藏示例

里海盆地：(1) 田吉兹台地(Tengiz platform)；(2) 田吉兹边缘(Tengiz rim)。中东：(3) 加瓦尔油田 Arab-D 组(Ghawar Arab-D)；(4) 阿布扎比 Thamama 群(Abu Dhabi Thamama)；(5) 阿布扎比 Shuaiba 组(Abu Dhabi Shuaiba)；(6) 科威特 Burgan-Mauddud 组(Kuwait Burgan-Mauddud)；(7) 沃夫拉油田马斯特里赫特阶(Wafra Maastrichtian)。西非：(8) 安哥拉 15 号区块(Angola Block 15)。北美洲：(9) Hugoton；(10) Fullerton；(11) Deep Panuke。南美洲：(12) 库皮亚瓜(Cupiagua)

充分了解地质条件的时间和空间多样性是正确描述储层的先决条件。通过岩心获得的地质和工程数据是储层表征的基本结构单元。储层表征的共同目标在于对储层进行足够详细的描述，进而确定剩余储量并进行有效开采。为此，本书将着重讨论地质建模问题，因为这涉及控制着孔隙度、渗透性和流体饱和度变化的地层非均质性。

本书各章节就以下几个方面对所列举的油气藏进行了详细阐述：

(1) 储层表征的基本概念和方法，包括内部和外部储层地质条件的准确陈述、精确的定量描述，详尽程度能满足模拟要求等；

（2）充分了解岩石非均质性程度及其对岩石物理和工程性质的影响，与流体流动及油气开采的关系；

（3）通过应用高分辨率层序地层、地震地层及地震可视化技术来改进储层表征和开发方法；

（4）确定储备技术以提高储层管理效率。

本书列举的油藏示例：① 探究了有关储层描述和管理的传统及前沿技术方法；② 讨论了在具体开发项目生命周期的不同阶段，应按适当水平和时间检验数据采集、技术应用、评估技术、风险评价及管理实践等。

本书提及的巨型油气藏的可采油气储量大都为 $5×10^8$ bbl 以上。这些油气藏中同时包含碳酸盐岩和硅质碎屑储层，这是导致储层参数（如总岩石体积、净毛比、孔隙度及渗透率等）出现广泛差异的主要原因。本书中的大多数油气藏都不在美国和加拿大境内，迄今为止，大多数来自这些油气藏的岩心都尚未得到深入研究。

要提高油气的采收率，地球科学家和工程师们必须对储层的非均质性进行鉴定，这至关重要。调查表明，影响流体流动的空间非均质性广泛存在于各种规模的井内和井间储层及盆地内。本书对巨型油气藏所做的讨论从地质和工程角度解决了储层表征和管理方面的重大问题。

一、里海盆地

Kenter、Harris、Collins、Weber、Kuanysheva 和 Fischer 在《哈萨克斯坦滨里海盆地田吉兹中心岩隆晚维宪期至巴什基尔期台地的旋回性：沉积演化和储层发育》中对田吉兹油田中心台地进行了讨论。大量岩心研究结果表明，田吉兹台地是滨里海盆地内的一个孤立碳酸盐台地，由发育于法门期至巴什基尔期的浅水沉积序列构成。上维宪阶、谢尔普霍夫阶和巴什基尔阶构成了该台地的主要含烃层段。维宪阶和谢尔普霍夫阶所构成层段的沉积旋回（高频层序）一般厚约数米至数十米，而巴什基尔阶一般厚数分米至数米。维宪阶和谢尔普霍夫阶旋回通常易于在相距数千米的油井之间进行对比，而巴什基尔阶旋回一般不完整，且更难以进行井间对比。各种储集岩在田吉兹中心台地内的分布取决于早期储集系统的埋藏成岩蚀变，包括大气蚀变以及在主层序界面之下发生的快速蚀变和孔隙度加大、蚀变沿更高层序界面逐渐减弱的现象，此现象和火山灰有关。层序界面致密层的侧向连续性可能会大大影响后续流体流动及胶结物、溶蚀孔隙及沥青在中心台地储层中的最终分布。埋藏成岩作用叠加过程包括两大储层蚀变阶段：（1）溶蚀和胶结阶段，中心台地内部的基质孔隙度会明显增大，同时，由于等粒方解石胶结物的填充作用，中心和外台地外部的孔隙度会降低；（2）沥青充填及溶蚀阶段。

Collins、Kenter、Harris、Kuanysheva、Fischer 及 Steffen 等在《哈萨克斯坦滨里海盆地田吉兹中心岩隆晚维宪期至巴什基尔期外台地、边缘和翼部的岩相和储层性质变化》一文中对田吉兹油田的外台地、边缘及翼部相关情况进行了深入讨论。台地从杜内期至晚维宪期的退积导致海底轮廓的起伏大约为 800m（2624ft）。这种地形随后被进积了近 2km（1.2mile）的谢尔普霍夫阶进积体所覆盖，此覆盖层由一个楔形沉积体构成，该沉积体沿更老的谢尔普霍夫阶台地边缘和翼部围绕。下陆坡相包括泥岩、火山灰、与粘结灰岩角砾岩互层的台地衍生骨粒泥粒灰岩—粒状灰岩；中陆坡相与大块粘结灰岩角砾岩之间成层性差，根据碎屑成分、尺寸和填充作用可细分成若干子类型；上陆坡相由原位微生物粘结灰岩构成。外台地相包含浅水台地骨粒、包粒和鲕粒泥粒灰岩—粒状灰岩。由于边缘在谢尔普霍夫期和巴什基尔期出现了周期性大范围崩塌，因而岩相的侧向不连续度较高。主要在晚成岩期形成的溶蚀扩大裂缝、大溶洞、漏失带构成了边缘和翼部连通良好的高渗透储层。

二、中东

Lindsay、Cantrell、Hughes、Keith、Mueller 和 Russell 等在《沙特阿拉伯加瓦尔油田 Arab-D 储层：向上变浅碳酸盐旋回的广布孔隙》中对世界上最多产的加瓦尔油田进行了详细讨论。侏罗系 Arab-D 碳酸盐岩是该油田的主要产油层。油藏上半部分以优质储层为主，下半部分包含小孔隙度夹层。Arab-D 储层由两个复合层序构成。上复合层序界面为 Arab-D 碳酸盐岩层顶面，局部以崩塌角砾岩为主。而 Arab-D 和下伏 Jubaila 组之间的下复合层序界面以深水旋回为标志，这些旋回发育在以颗粒为主的旋回之上。几个高频层序均由旋回岩组成，每个旋回组大约包含五个单独的碳酸盐旋回。这些碳酸盐岩构成了以风暴作用为主的大面积干旱缓坡，缓坡上沉积着各种岩石。成岩作用是 Arab-D 储层内普遍存在的一种现象，一般包括多重溶蚀、再结晶和物理压实过程。因成岩作用形成的石灰岩孔隙同时包含粒间孔隙（主要）、印模孔隙（常见）、粒内孔隙（常见）、微孔（常见）。罕见的白云岩孔隙由印模孔隙（罕见）、晶间孔隙（罕见）、晶内孔隙（最为罕见）构成。该储层的垂向封闭层为上覆 Arab C-D 硬石膏。

Strohmenger、Weber、Ghani、Al-Mehsin、Al-Jeelani、Al-Mansoori、Al-Dayyani、Vaughan、Khan、Mitchell 等在《阿联酋阿布扎比巨型油田上 Thamama 群（下白垩统）高分辨率层序地层与储层表征》中对阿布扎比下白垩统 Kharaib（巴雷姆阶和早阿普特阶）和 Shuaiba（阿普特阶）组（上 Thamama 群）进行了详细介绍，这些组的重要油气聚集活动发生在台地碳酸盐岩内。Kharaib 组和下 Shuaiba 组包含三个储层单元，单元之间由低孔低渗致密带隔开。根据阿布扎比巨型油田的岩心和测井数据以及拉斯海玛酋长国（Emirate of Ras Al-Khaimah）Wadi Rahabah 油田的露头数据确立了层序地层格架和岩相架构。上、下 Kharaib 组储层单元以及上致密带是二级超层序的晚期海侵层序组的组成部分，由两个三级复合层序构成。上覆下 Shuaiba 组储层单元属于该二级超层序的晚期海侵层序组和早期高位层序组，由一个三级复合层序组成。这三个三级复合层序由四级准层序岩组成，这些准层序组显示，复合层序的沉积以加积和进积叠加样式为主，这是温室旋回的典型特征。储层岩相多变，从下坡到浅滩坡顶，再到后滨开阔台地沉积，各不相同，而非储层（致密）岩相以内坡、局限浅潟湖相为主。结合地下和露头数据可获得更真实完善的地下地层地质模型，以岩心、露头、测井和地震数据为依据建立的地质模型会对流动模拟模型形成约束。

Yose、Ruf、Strohmenger、Schuelke、Gombos、Al-Hosani、Al-Maskary、Bloch、Al-Mehairi 和 Johnson 等在《阿联酋阿布扎比下白垩统非均质碳酸盐岩储层三维表征》中将高分辨率三维（3D）地震数据与地质和开采数据结合起来，对阿布扎比下白垩统（阿普特阶）储层做了详细描述。该储层位于台地—盆地过渡带上，具有不同的沉积相和地层几何结构。二级层序组可分为五个沉积层序。层序 1 和层序 2 发育于海侵期，记录了岩隆边缘的初步形成情况，以偏藻相为主。早高位期层序 3 主要为加积体系，记录了厚壳蛤类在整个台地顶部的增殖过程。

晚高位期层序 4 和层序 5 为进积体系，记录了台地边缘逐渐向缓坡迁移的过程。油田南部区域的三维地震数据表明，潮道、高能厚壳蛤浅滩及滩间池塘之间的镶嵌现象十分复杂。这些地质构造的几何结构和储层性质变化对台地内部的储层波及具有显著影响。在油田北部区域，进积型陆坡地形的地震图像显示，储层结构和性质发生了系统性变化，这表明地层旋回性具有多重尺度。在陆坡地形上实施模拟气驱操作，以增大压力支撑，从而提高采收率。储层格架的商业应用包括：(1) 在三维地震可视化技术中，用作优化井位设计、确定未波及储层和评估储层连通性的工具；(2) 将基于三维体的定量地震数据与储层模型结合起来；(3) 通过充分整合所有地下资料来尽量提高采收率；(4) 加强地球科学家和工程师之间的沟通，从而改进储层管理方式。

Strohmenger、Patterson、Al-Sahlan、Mitchell、Feldman、Demko、Wellner、Lehmann、McCrimmon、Broomhall 及 Al-Ajmi 等在《科威特 Burgan 和 Mauddud 组（下白垩统）层序地层与储层构型》中针对科威特 Burgan 和 Mauddud 组（阿尔布阶）提出了一种新的层序地层格架，这使储层和封闭层相的分布预测成为可能。Burgan 和 Mauddud 组发育了两个二级复合层序，其中形成时间更长的二级复合层序构成了 Burgan 组的低位、海侵和高位层序组。该复合层序可进一步细分成高频层序。在科威特东北部，这些高频层序以潮控滨海沉积为主，到西南部，逐渐发育成更明显的河控陆相沉积。另一个形成时间更短的复合层序由最上层 Burgan 组的低位层序组及上覆 Mauddud 组的海侵和高位层序岩组成。这一复合层序在科威特南部和西南部表现为偏粉砂沉积，而在科威特北部和东北部以偏碳酸盐岩沉积为特征。Burgan 组的低位层序组可细分为五个高频层序，而 Mauddud 海侵和高位层序组可细分成八个高频层序。Burgan-Mauddud 组的传统岩性地层接触具有跨时代性。上 Mauddud 组高位层序组为偏碳酸盐岩层序，且由于沉积薄化作用而逐渐向南变薄。

Dull、Garber 和 Meddaugh 在《沙特阿拉伯与科威特中立区 Wafra 油田马斯特里赫特阶（上白垩统）储层层序地层：储层建模与评价的关键》中对沃夫拉大型油田的马斯特里赫特阶储层（上白垩统）进行了详细描述。该油田的石油主要采自在浅干旱缓坡背景下形成的潮下带白云石，该陆坡是正常海域条件与局部潟湖相之间的过渡。储层建模的关键是创建足够详尽的层序地层格架，进而建立地质统计储层模型。然后在层序地层格架内，对整个油田的 10 个高频层序进行对比，但这存在一定的困难。最后，成岩作用是决定孔渗分布的主要因素。同时，白云岩化作用也普遍存在，但孔隙分布在一定程度上也取决于岩相。储层层段的平均孔隙度为 15%，最高达 45%，通过测量岩心渗透率，平均值为 30mD，最高达 1200mD。马斯特里赫特阶储层的地质统计模型证明了该储层具有分层和分区性，还清楚地表明，储层岩相的位置取决于原始沉积岩组及后续的白云岩化作用，而这两者又都受古地形影响。该研究旨在确定储层储量，明确可采出更多更优质石油的层段的分布情况，构建流体流动模拟所需的储层地质模型。明确这一宗旨是高效开发沃夫拉油田马斯特里赫特阶资源，实现采出 15×10^8 bbl 石油宏伟目标的关键。

三、西非

在《安哥拉 15 号区块下中新统深水陆坡—水道体系粗粒与细粒混合岩相序列的地层结构和可预测性》中，Porter、Sprague、Sullivan、Jennette、Beaubouef、Garfield、Rossen、Sickafoose、Jensen、Friedmann 和 Mohrig 描述了安哥拉 15 区块的下中新统坡道体系。地区地震图、勘探井和评价井显示，该体系蕴含巨大开发潜力。15 区块的主要开发目标之一是波尔多期的坡道储层，其所属系统自东向西横贯该区块，且能在 30~40km(18~24mile) 内连续反射到前后接续的地震数据体上。此通道系统是沉积物的转移通道，可将粗粒浊流岩和混合粉砂输送至刚果盆地底部。地震图显示，曲折度、通道封闭性和融合度发生了明显变化，这些变化都与盐相关构造的共生有关。可通过研究不整合界限地层单位的分层结构来更好地理解坡道体系的阶段性填充。嵌套通道构成复合通道结构，其岩相类型和垂直相系列表现出独特的趋势。测井数据和高分辨率地震数据校准的常规岩心表明，通道复合结构的下部主要是粉砂、坍落物和注入砂岩。这些岩相通常由粗粒、多碎石的和充分混合的砂质浊流岩覆盖。上覆的岩相序列具有更高的可变性，但通常由夹层粉砂浊流岩、注入砂岩和各种粉砂组成。

四、北美

Dubois、Byrnes、Bohling 和 Doveton 在《美国堪萨斯州和俄克拉何马州 Hugoton 气田(二叠系)多尺度地质与岩石物理建模》文献中记录了大型 Hugoton 气田不同孔隙度的储层特征和模型。他们对这一成熟的二叠系天然气系统的研究对确定原始天然气地质储量、含气饱和度的分布以及储层物性很有帮助。该气田的堪萨斯—俄克拉荷马区域的 12000 多口井在过去的 70 年内生产了 $9630×10^8m^3$(34tcf) 天然气。大部分剩余天然气资源位于 170m(557ft) 厚、开采程度不同且分层的低渗透产层中。主要的产气层具有显著的侧向连续性。它们代表 13 个向上变浅的四级海陆旋回层，由薄层(2~10m；6.6~33ft)、海相碳酸盐岩、粒状灰岩、沙泥岩和细砂岩构成。产气层顶、底分别被风化壳和萨布哈红层岩石隔开。主要岩相类别的岩石物理特性各有不同。基于神经网络技术、随机建模和自动化技术，可使用四步工作流程法建立详细的全油气田 3D 储层模型：(1)确定岩心的岩相并和测井曲线建立关联(训练集)；(2)训练神经网络并预测未取心井的岩相；(3)使用随机建模法用岩相填充 3D 模型；(4)用特定岩相的岩石物理特性和流体饱和度填充模型。运用该方法所获得的知识以及所用技术和工作流程都会对世界各地具有相近地质年代和储层构造的储层系统的了解和建模产生影响。

在《美国二叠盆地下二叠统 Fullerton 油田碳酸盐岩储层表征与建模过程中露头和岩心的关键作用》文献中，Ruppel 和 Jones 讨论了 Fullerton Clear Fork 组的岩基模型构建，该储层是得克萨斯西部二叠纪盆地内的中二叠统浅水台地碳酸盐岩储层。基本研究步骤包括：(1)建立并运用模拟的露头沉积模型；(2)依据这一最初模型描述和解释地下岩心和测井数据；(3)确定储层剖面的层序—地层构造；(4)研发基于旋回的储层框架；(5)明确孔隙度和渗透率的控制因素、相互关系和分布。此分析中所用数据包括岩心、薄片、三维地震数据、二维地震数据、井壁成像测井数据和露头模型。该模型考虑了地层构造、差异白云石化、岩溶填充、矿物变化和岩石岩组分布。这些组成部分限定了流动单元、渗透性分布和饱和度的解释和定义。本研究报告中所阐述的以岩石为基础的方法可用于研究碳酸盐岩台地储层的形成、特征和解释。

Weissenberger、Wierzbicki 和 Harl 在《加拿大新斯科舍近海侏罗系 Deep Panuke 气田碳酸盐层序地层与石油地质》中对 Deep Punuke 气田进行了描述。Deep Panuke 位于距加拿大新斯科舍 Halifax 市 250km(155mile) 的海上，其 Abenaki 组的侏罗系碳酸盐岩中含有充满天然气的孔洞型孔隙。Abenaki 组碳酸盐岩发育于巴通期至尼欧克姆期，沉积在与硅质碎屑腹地相连的碳酸盐岩台地上。在 Abenakiare 中识别出的七个三级沉积层序与地质和 2D 地震测网相关；3D 地震数据用于探边钻井和储层表征。岩性范围从前缘斜坡延伸至矿脉和靠近台地边缘的浅滩沉积区。开阔和局部潟湖或潮滩沉积物发育于台地内部。硅质碎屑聚集在层序界面附近或沿走向分布，靠近源区，如贯穿台地的河流。储层位于台地边缘附近的珊瑚礁和层孔虫岩礁内，附近有骨粒矿泥，偶见鲕粒浅滩沉积物，包含各种孔隙，例如多孔石灰岩、白云石和石灰岩中的微孔。地球化学、同位素和岩相数据表明，白云石化作用和溶蚀可归因于深埋的热流体。

五、南美

在《哥伦比亚 Llanos 山麓库皮亚瓜油气田始新统 Mirador 组沉积、层序地层与储层构型》中，Ramon 和 Fajardo 记录了高分辨率时空框架内的地层构造和岩相分布，以确定库皮亚瓜油田 Mirador 组（始新统）的 3D 储层分布带。该油田为一个东缘、非对称大型背斜褶皱结构，在前缘断层的顶壁内向北—东北延伸。Mirador 组中拥有油田内约 55% 的可采石油。根据叠加样式和岩相序列的一般趋势识别出了三类地层旋回：短期旋回或进积和加积单元对称地叠加在中期旋回上，进而可划分为长期旋回。下 Mirador 组包括具有河道的洪泛平原相、决口扇、沼泽和洪泛平原相序列。湾头三角洲相和填湾相发育在上 Mirador 组。下 Mirador 组由两个中等规模的旋回层构成，表现出向海的阶梯状叠加模式，上覆的第三个旋回层表现出向陆的阶梯状叠加模式。Mirador 组上部则延续向陆阶梯状模式。上部单元包括三个上覆旋回层，其由加积河道沉积物、进积湾头三角洲和填湾沉积物构成，具备向陆阶梯状模式。Mirador 组被 Carbonera 组海相页岩所覆盖。

1

哈萨克斯坦滨里海盆地田吉兹中心岩隆晚维宪期至巴什基尔期台地旋回性：沉积演化和储层发育

J. A. M. Kenter[1]　L. J. Weber[2]　P. M. Harris[3]
G. Kuanysheva[4]　J. F. Collins[2]　D. J. Fischer[4]

(1. Vrije Universiteit, Amsterdam, Netherlands；
2. ExxonMobil Development Company, Houston, Texas, U.S.A.；
3. Chevron Energy Technology Company, San Ramon, California, U.S.A.；
4. TengizChevroil, Atyrau, Kazakhstan)

摘要：大量岩心研究结果表明，田吉兹中心岩隆是滨里海盆地内的一个孤立碳酸盐岩台地，由发育于法门期至巴什基尔期的浅水沉积序列构成。按储层分类，可将田吉兹细分成台地(中心台地和外台地)和边缘—陆坡(翼部)区域。上维宪阶、谢尔普霍夫阶和巴什基尔阶构成了台地的主要含烃层段。维宪阶和谢尔普霍夫阶所构成层段的沉积旋回(高频层序)一般厚约数米至数十米，而巴什基尔阶一般厚数分米至数米。旋回层由岩相序列覆盖在局部存在侵蚀、钙质胶结砾岩、淡水成岩作用及其他有陆上露头证据的陡峭基岩演化而成。在该岩相序列底部，致密似球粒泥岩和火山灰层与层序界面共生，这反映在低位层序组和初始海泛期间，更深的台地区域处于低能条件。底部以上的岩层内存在原位有铰腕足类，这表明，这些岩层最初发育开阔海相，但至今仍处于低能条件。以海百合为主的紧邻层段形成于最大海泛期和上覆骨粒—似球粒粒状灰岩的高位层序组。

维宪阶和谢尔普霍夫阶旋回通常易于在相距数千米的油井之间进行对比。火山灰层可通过伽马能谱来识别，同时，海泛层段显示为低孔隙带。相反，巴什基尔阶旋回层更薄，且不完整，以薄层似球粒泥岩层段为主，这些层段与高能包粒和鲕粒灰岩相交错，因此，难以实现井间对比。受高频冰房海平面波动的影响，每当海平面下降时，台地都会外露，快速海泛现象致使旋回发育不完整，并导致侧向相发生复杂变化，这或许可以解释测井特征为何会显示出相对较差的侧向连续性。

各种储集岩在田吉兹中心台地内的分布取决于早期储集系统的埋藏成岩蚀变，包括大气变化以及在主层序界面之下发生的快速蚀变和孔隙度加大、蚀变沿更高层序界面逐渐减弱的现象，此现象和火山灰有关。层序界面致密层的侧向连续性可能会大大影响后续流体流动及胶结物、溶蚀孔隙及沥青在中心台地储层中的最终分布。

埋藏成岩作用叠加过程包括两大储层蚀变阶段。首先，在溶蚀和胶结阶段，中心台地内部的现有基质孔隙度会明显增大，同时，由于等粒方解石胶结物的填充作用，中心和外台地外部的孔隙度会降低。第二个阶段为沥青充填及溶蚀阶段。这些过程不仅会在沥青充填中心台地外部之前及充填期间导致整体孔隙度降低，还会抑制或延缓初始旋回孔隙度的变化，使孔隙类型和渗透率之间的关系变得模糊不清。在最深处的台地油井内，几乎不存在沥青叠加现象，沥青浓度在旋回底部附近达到最高，这表明最初形成的油气是以翼部为通道侧向运移至台地旋回层的。

1.1 引言

1.1.1 田吉兹油田史

田吉兹油田位于哈萨克斯坦西部，靠近里海东北岸（图1-1），以发育于泥盆纪和石炭纪的孤立碳酸盐台地[展布范围大于110km^2（42mile^2）]为主要产油层。该油田于1979年被原苏联石油工业部发现。发现井田吉兹1号（T-1井）深达4095m（13435ft）。田吉兹油田于1983年开始钻开发井，并于1987年开始修建现场生产设施。1991年4月，油田正式投产。自1993年以来，田吉兹及相邻的科罗廖夫（Korolev）油田一直由田吉兹雪佛龙公司运营（雪佛龙运营的一家国内合资风投公司）。

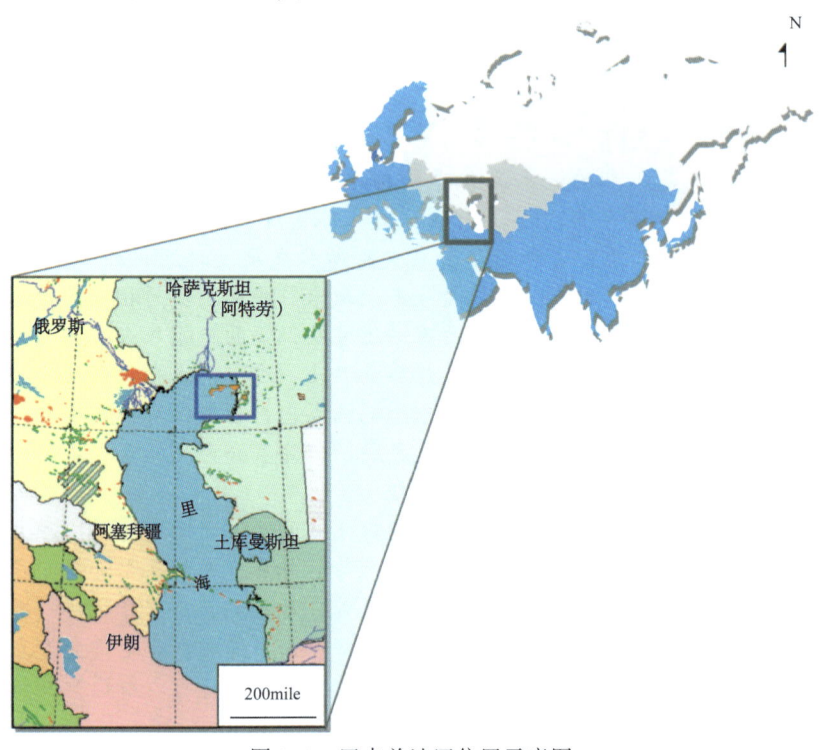

图1-1 田吉兹油田位置示意图
图中显示了北里海地区的位置及田吉兹油田界区（蓝色），该界区详图见图1-2

田吉兹油田主要生产轻质、中含硫、稳定脱气原油,原油相对密度约为47°API。截至2005年年中,田吉兹雪佛龙公司在田吉兹钻取的油井数已超过115口。最高产油井位于裂隙碳酸盐台地的边缘和陆坡带,基质孔隙度较低(小于6%)。台地油井的孔隙度相对更高(最高达18%),而基质渗透率通常更低(小于10mD)。

1.1.2 区域古地理学

滨里海盆地是大型古生代盆地,占据了如今的里海北部及相邻陆地的大部分面积。在早石炭世,滨里海盆地还是哈萨克斯坦西部的一个大型赤道凹陷盆地(Ross和Ross,1985)。后来,沿盆地边缘逐渐形成碳酸盐岩陆架,在原始基底隆起上逐渐发育出广阔的孤立碳酸盐台地(Cook等,1997)。

田吉兹与附近其他油田一同构成孤立碳酸盐台地群岛,这些台地发育在靠近滨里海盆地东南边缘的中泥盆世前期区域性构造隆起上(图1-2)。该群岛上的初始碳酸盐台地形成于中泥盆世之后,一直持续发育到早巴什基尔期。田吉兹地区在此期间形成的碳酸盐岩层目前还尚未钻穿,总厚度仍是未知数,但在最近的一次三维地震勘测中,测定的反射波双程走时大约为1.2s(图1-3)。在早巴什基尔期台地终止发育后,受滨里海盆地封闭影响,这些台地形成了一系列岩性组合。最初,田吉兹岩隆周围及顶部聚集了一套莫斯科阶至亚丁斯克阶深水碳酸盐岩和火山碎屑岩沉积,后又被一套坚厚的空谷阶蒸发岩(包括岩盐)完全覆盖。

图1-2 古地理图

图中显示了包括田吉兹在内的孤立碳酸盐台地群岛,
这些台地发育在靠近滨里海盆地东南边缘的中泥盆世前期区域性构造隆起上

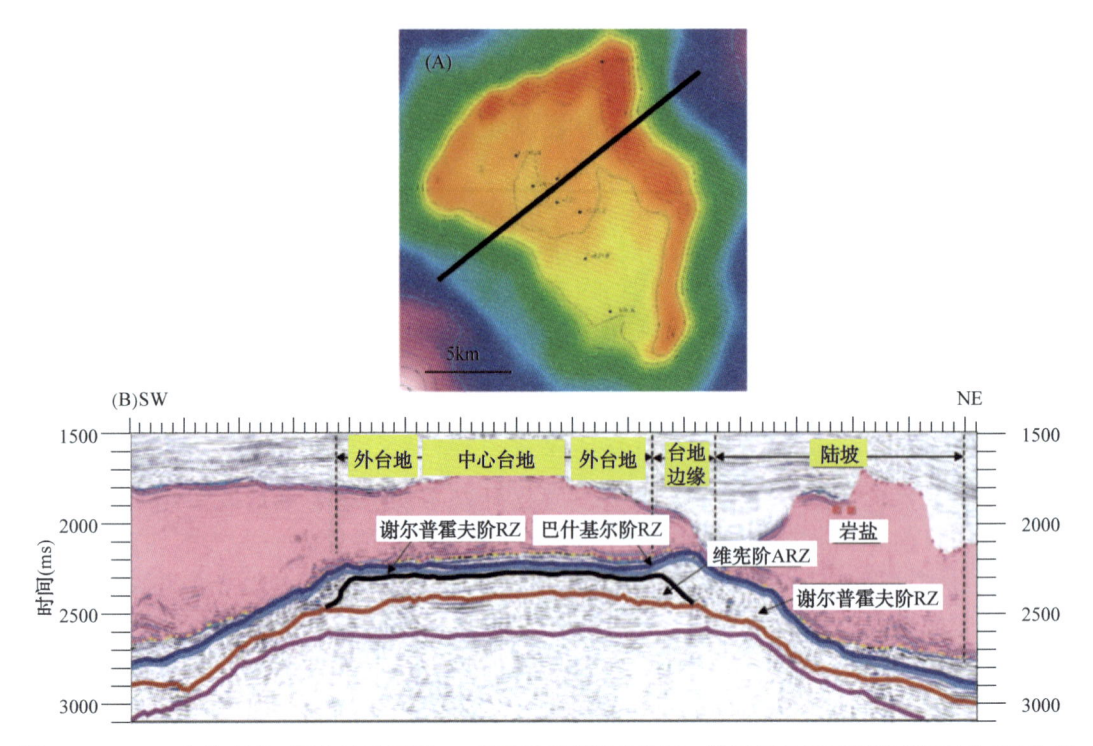

图 1-3 （A）田吉兹地图，图中显示了图（B）所示地震测线的位置。该图还显示了顶部储层结构（巴什基尔阶顶部），所用的等高距为 100m。（B）地震剖面图，图中显示了田吉兹岩隆（中心台地、外台地、边缘陆坡或斜坡）的一般沉积区以及主要的储层发育带（RZ）

1.2 超层序格架

2001 年，埃克森美孚、雪佛龙和田吉兹雪佛龙开展了一项联合研究，根据地震、生物地层、岩心和测井数据确立了田吉兹台地的地层格架。该研究成果发表于 2003 年年底（Weber 等，2003），是田吉兹油田开发方面的权威性参考资料。由此确立的地层格架由成层层序组成，随着田吉兹的不断开发，这些层序保持不变。

通过研究田吉兹主要的含烃层段（法门阶—巴什基尔阶），根据地震数据识别出了七个边界不连续面[层序边界和最大海泛面（MFS）]（Weber 等，2003），如图 1-4 和表 1-1 所示。根据井控数据（岩心和测井），还识别出了另外两个最大海泛面（Lvis1_MFS 和 Lvis2_MFS）。四个超层序（杜内阶—下维宪阶、下维宪阶—上维宪阶、上维宪阶—谢尔普霍夫阶、巴什基尔阶）从法门阶超层序边界（Fame_SSB）延伸至巴什基尔阶超层序边界（Bash_SSB）（Weber 等，2003）。每个超层序均包含海侵层序组（TSS）和高位层序组（HSS），两者被最大海泛面隔开。本章将着重讨论后两个超层序。这些超层序中含有三个储层发育带（维宪阶 A、谢尔普霍夫阶、巴什基尔阶），而这些发育带是田吉兹岩隆台地储层的主要组成部分。

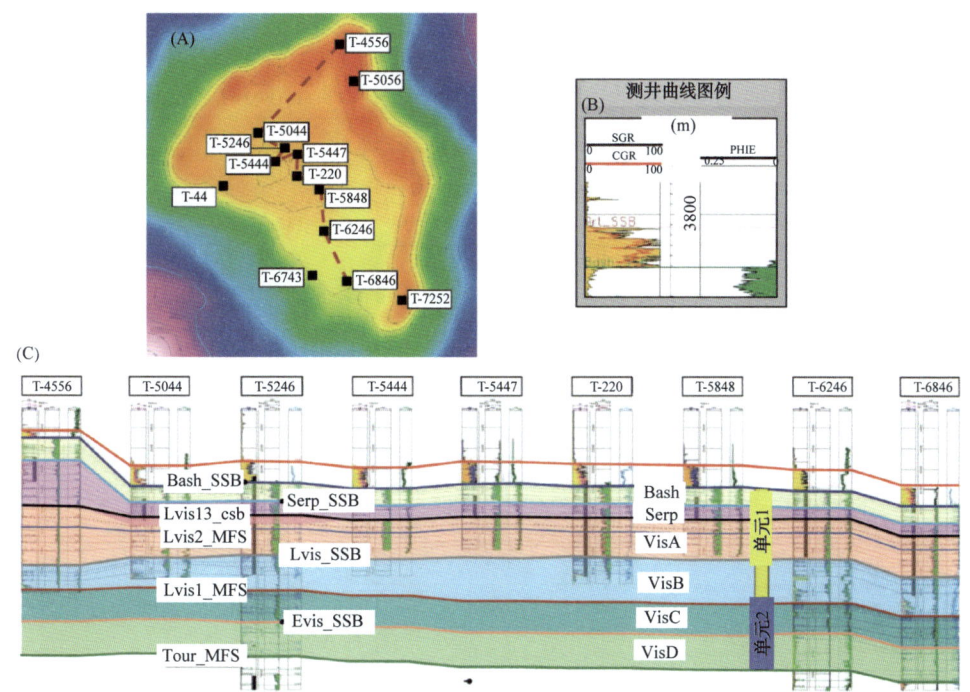

1 哈萨克斯坦滨里海盆地田吉兹中心岩隆晚维宪期至巴什基尔期台地旋回性：沉积演化和储层发育

图1-4 （A）田吉兹油田示意图，体现了C图所示横断面的位置。该图还显示了顶部储层结构（巴什基尔阶顶部），所用的等高距为100m。（B）横断面C图的测井曲线图例。左边为伽马射线（SGR和CGR），右边为孔隙度（PHIE）。（C）田吉兹横断面展示了主要的地层面和储层划分方法。地层面以形成先后顺序升序排列，分别为杜内期（Tour_MFS）、早维宪期（Evis_SSB）、晚维宪期（Lvis1_MFS、Lvis_SSB和Lvis13_csb）、谢尔普霍夫期（Serp_SSB）和巴什基尔期（Bash_SSB）。储层带由维宪阶D(Vis D)、维宪阶C(Vis C)、维宪阶B(Vis B)、维宪阶A(Vis A)、谢尔普霍夫阶（Serp）和巴什基尔阶（Bash）地层面构成

表1-1 田吉兹层序地层概要

期	储集带	层序	顶面	层序编号
巴什基尔期	单元1 巴什基尔阶	Bash6	Bash_SSB	1
		Bash4	Bash4_csb	2
		Bash2.5	Bash2.5_csb	3
		Bash1	Bash1_csb	4
谢尔普霍夫期	谢尔普霍夫阶	Serp5	Serp_SSB	5
		Serp4	Serp4_csb	6
		Serp3	Serp3_csb	7
		Serp2	Serp2_csb	8
		Serp1	Serp1_csb	9
晚维宪期	维宪阶A	Lvis13	Lvis13_csb	10
		Lvis12	Lvis12_csb	11
		Lvis11	Lvis2_MFS	12
		Lvis10.5	Lvis10.5_sb	13
		Lvis10	Lvis10_csb	14
		Lvis9.5	Lvis9.5_sb	15

续表

期	储集带	层序	顶面	层序编号
	维宪阶 B	Lvis9	Lvis9_csb	16
		Lvis8	Lvis_SSB	17
		Lvis7	Lvis7_csb	18
		Lvis6	Lvis6_csb	19
		HRZ	Lvis5_csb	20
	单元 2 维宪阶 C	Lvis4	Lvis1_MFS	21
		Lvis3	Lvis3_sb	22
		Lvis2	Lvis2_sb	23
		Lvis1	Lvis1_sb	24
早维宪期		Evis9	Evis9_sb	25
		Evis8	Evis8_sb	26
		Evis7	Evis7_sb	27
		Evis6	Evis6_sb	28
	维宪阶 D	Evis5	Evis_SSB	29
		Evis4	Evis4_sb	30
		Evis3	Evis3_sb	31
		Evis2	Evis2_sb	32
		Evis1	Evis1_sb	33
杜内期	杜内阶	Tour6	Tour_MFS	34
		Tour5	Tour5_sb	35
		Tour4	Tour4_sb	36
		Tour3	Tour3_sb	37
		Tour2	Tour2_sb	38
		Tour1	Tour1_sb	39
法门期	单元 3 法门阶 A	Fame2	Fame_SSB	40
	法门阶 B	Fame1	Fame_MFS	41

注：该框架由 Weber 等(2003)制订，从此，基于新井和对油田的进一步了解，人们从这些井中获得的信息越来越精确。

潮下岩相带上的薄层陆上出露盖层在田吉兹台地的 Lvis_SSB 至 Bash_SSB 序列上形成了最常见的旋回顶面。这种旋回界面表明，基准面快速下降导致潮下岩相出露，因而不会发育间歇潮坪或潮缘序列。而另外一种解释是：由于边缘附近的沉积剖面朝台地坡折处逐渐加深，因此，潮坪没有附着点，不存在浅层障碍物。换言之，田吉兹台地不利于大范围发育潮坪相。由此可见，旋回层更适合被称为由高频层序界面覆盖的"高频层序"。同时，根据岩心和薄片描述，陆上出露不明显的地方也有可能存在旋回界面。当无陆上出露迹象时，这些旋回层的上边界面即为相应超层序的界面。

1.2.1 上维宪阶—谢尔普霍夫阶超层序(维宪阶A和谢尔普霍夫阶储集带)

上维宪阶—谢尔普霍夫阶超层序被定义为 Lvis_SSB 和 Serp_SSB 之间的层段(图 1-4)。它包括 Mikhailovsky、Venevsky、Tarussky、Steshevsky、Protvinsky 和 Za-paltyubinsky 区域层位(Weber 等,2003)。田吉兹台地通常无 Zapaltyubinsky 储集带分布,但却在具渗透性斜坡和盆地的油气井内观察到了 Zapaltyubinsky 储集带。因此 Zapaltyubinsky 可能表示沉降向盆地迁移,形成低位层序组(Weber 等,2003)。然而,边缘破坏过程(Collins 等,2006)使明确界定沉积体形成过程的地层模式变得模糊不清。台地上,上维宪阶—谢尔普霍夫阶超层序约为 250m(820ft)厚;然而,同样的斜坡沉积(Collins 等,2006)可能超过 600m(1968ft)。台地和斜坡衍生粒状碳酸盐岩和角砾岩的原位微生物粘结灰岩和外来碎屑裙在此处累积(图 1-3)。上维宪阶—谢尔普霍夫阶超层序拥有 1400 万年的历史(Gradstein 等,2004)。

Lvis2_MFS 将超层序 TSS 与上覆 HSS 分离(图 1-5)。TSS 由 5 个以加积为主、不会延伸至下伏下维宪阶—上维宪阶超层序的台地坡折带之外的复合层序构成。TSS 台地坡折带或附近可能发生过小规模退积。这些层序内的深水、低能开阔海、台地岩相发育有海百合粒状灰岩—泥粒灰岩和分选差、厚壁腕足类粒状灰岩—泥粒灰岩。浅水、高能、开阔海至退积浅滩岩相发育有分选良好的粒状灰岩和由藻类、有孔虫类、似球粒和包粒组成的粒状灰岩—泥粒灰岩。

上维宪阶—谢尔普霍夫阶 HSS 又分为加积期和进积期。从 Lvis2_MFS 到 Serp1_csb(复合层序界面)的加积层段由三个复合层序构成(图 1-5)。随着浅台地填充可用可容空间,并进积至台地坡折带现在的位置,因而在 Serp1_csb 至 Serp_SSB 层段内四个后成复合层序中观察到了显著的进积作用。

随着浅水台地岩相进积越过微生物源斜坡粘结灰岩,400~500m(1600~1900ft)的沉积地形斜坡被充填(图 1-3)。在上维宪阶—谢尔普霍夫阶 HSS 进积期间(谢尔普霍夫期),田吉兹岩隆是一个平顶台地,含散水坡,聚集源自原地形成于最外层台地和上边坡及台地顶部(少量)的粘结灰岩。台地内部以粒状结构(泥粒灰岩和粒状灰岩)为主,较深潮下带区域主要为泥粒灰岩,台地高能浅潮下带部分以分选良好的粒状灰岩为主。

1.2.2 巴什基尔阶超层序(巴什基尔阶储集带)

巴什基尔阶超层序出现于 Serp_SSB 和 Bash_SSB 之间(图 1-4、图 1-5),拥有大约 10Ma 的历史(Gradstein 等,2004)。最古老的巴什基尔阶地层(即 Bogdanovsky)和大部分的上覆 Syuransky 地层在田吉兹台地上均缺失(Brenckle 和 Milkina,2001)。Akavassky 和 Askynbashsky 地层通常存在于 Syuransky 地层上方的田吉兹台地。尽管还需进一步研究,但目前研究结果表明田吉兹台地上的早巴什基尔期超层序形成于海侵作用,即巴什基尔阶超层序 TSS(图 1-5)。巴什基尔阶高位超层序 HSS 非常薄且密集。通常情况下,对岩心和钻屑的生物地层分析可追溯至早巴什基尔期顶部的 Bash_SSB。晚巴什基尔期浓缩,体现了孤立台地的非补偿沉降或深水沉积(Weber 等,2003)。

· 14 ·

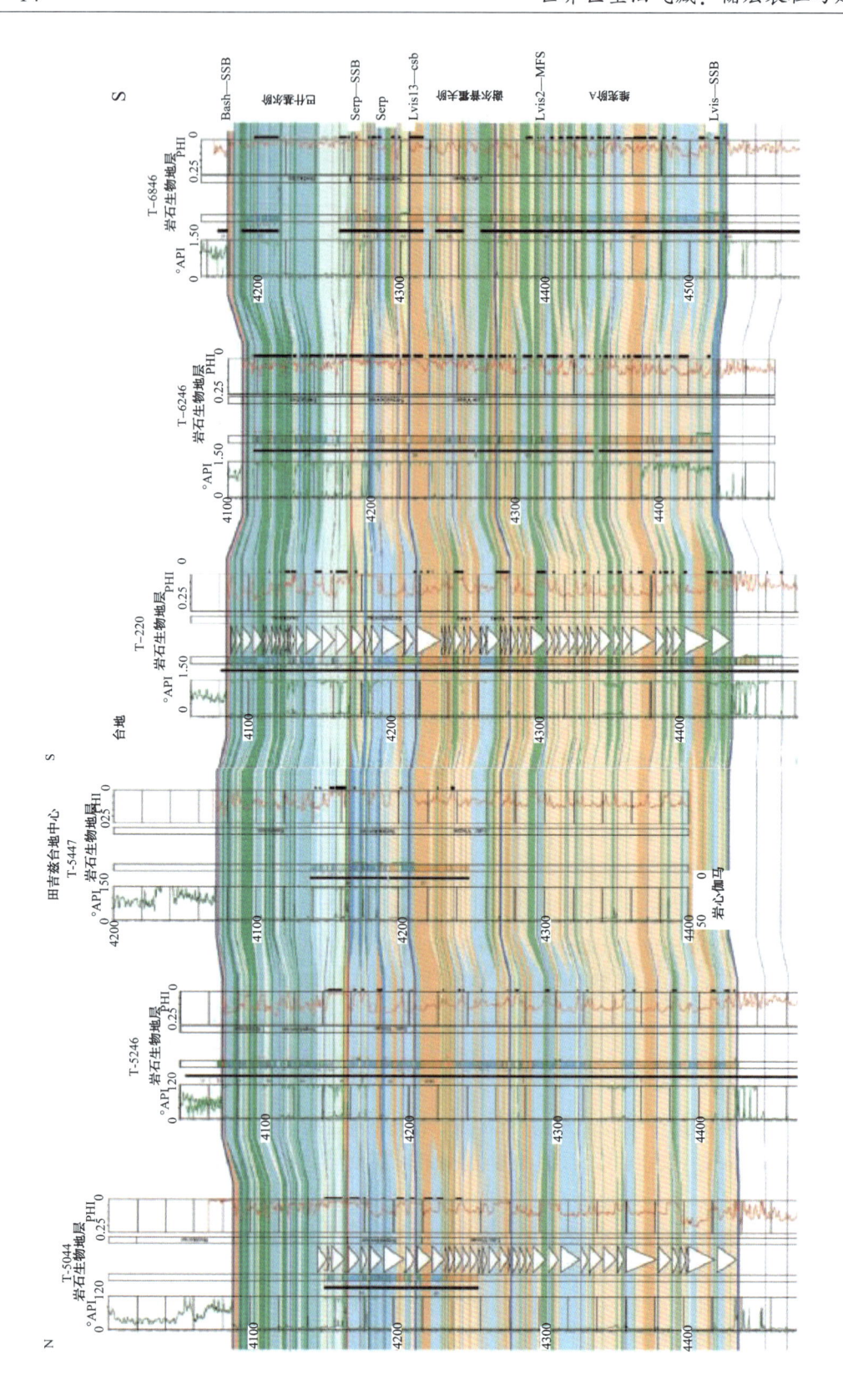

岩相、沉积环境和岩组图例

组构、粒度、分选和组成		相对能量 (1~4升序排列)
	藻类为主，泥砂—细砂粒状灰岩，分选较好，夹带少量包粒(小于500μm)	高能礁坪、后滩—内台地
	混合骨粒—(似球粒)粒状灰岩、分选较好、细砂—中粒砂，不同的贝壳碎末、较少的海百合、充裕的内碎屑、似核形石、珊瑚(块状)和发珊瑚碎屑、有孔虫、藻类	高能礁滩、后滩—内台地
	以鲕粒为主的粒状灰岩，分选良好—较好，较少的鲕粒或贝壳碎末、内碎屑、有孔虫；局部为含内碎屑的砾状灰岩；交错层理	浪基面之上的高能潮间带台地
	骨粒粒状灰岩、细砂—中砂、分选良好—较好、包粒、较少的海百合或贝壳碎末、有孔虫、内碎屑、藻屑，局部过密；局部为含内碎屑的砾状灰岩；交错层理	浪基面之上的高能潮间带台地
	混合骨粒(似球粒)粒状灰岩，分选较好、细砂—中砂，少量—充裕的贝壳碎末、适量的海百合、内碎屑、有孔虫、藻类	浪基面之上的中—高能开阔台地
	骨粒—似球粒粒状灰岩—泥粒灰岩、粗砂、分选适中—差，混合海百合与腕足类贝壳碎末，较少的原地(厚壁)腕足类、似球粒藻类、有孔虫、完整的条状珊瑚或珊瑚碎屑	浪基面之下或周围的中—高能开阔台地
	骨粒—似球粒粒状灰岩—泥粒灰岩，中砂—粗砂，分选适中—差，以海百合(1~2mm或更大)为主，较少的完整腕足类和贝壳碎末、似球粒、有孔虫、(绿色和管状)藻类碎屑	浪基面之下或周围中—低能开阔台地
	骨粒—似球粒粒状灰岩—泥粒灰岩、粗砂、分选差、原地腕足类(薄壁/厚壁；为1~5/20~50)、层状、多变海百合、似球粒、不同的藻类碎片、各类充裕的有孔虫、完整的条状珊瑚和珊瑚碎屑	浪基面之下或周围的中—低能开阔台地(富含海百合、厚壁腕足类)与浅保护台地内部(较少的海百合和薄壁腕足类)相对
	似球粒泥粒灰岩—粒状灰岩—泥岩，从泥至似球粒泥粒灰岩—泥粒灰岩、粉砂—细砂，带有小似核形石、钙球、薄壁双壳类碎屑和介形虫	低能受制的潟湖至潮上带
	火山灰	低能受限的内台地至后期淹没带
	似球粒泥粒灰岩—粒状灰岩—泥岩，泥砂—细砂，带有海百合、薄壁双壳类分层碎屑	低能深水区(后台地)

图1-5 T-5044、T-5246、T-5447、T-220、T-6246 和 T-6846 油气井南—北横断面油气井位置如图1-4A所示。横断面详细说明了维宪阶A(Vis A)、谢尔普霍夫阶(Serp)和巴什基尔阶(Bash)超层序中心台地区域的岩相和旋回对比。本岩相图例为Weber等(2003)通过减少岩相类型数量，将其与沉积过程能级关联绘制而成的简化版。层序地层改编自Weber等(2003)的研究文献。图中三角形表示井间对比的更高级层序(4级及以上)

在田吉兹台地中部大部分地区，巴什基尔阶超层序厚度较均匀(80~100m；262~330ft)。田吉兹台地坡折带通常加积进入三个复合层序(Bash 1、Bash 2.5 和 Bash 4)且与 Serp_ SSB 处下伏台地坡折带的走向保持一致。沿台地东边的孤立区域，巴什基尔阶剖面变厚至约 150m(492ft) (如 T-5056 井和 T-7252 井)，变厚原因可能是由相变造成的。对这些地区进行测井对比后发现，上部复合层序局部厚度为 30~60m(98~196ft) (Weber 等，2003)。地震数据表明该地区属于丘状地震相，岩心数据表明谢尔普霍夫阶顶部存在数百米厚的微生物胶结物粘结灰岩、骨粒泥粒灰岩和微生物粘结灰岩。因此也可解释为块状、机械强力压实粘结灰岩和压实中心台地之间的差异压实造成了厚度变厚。后者以岩相学观察结果为依据，即大多数粒状灰岩遭到过度压实。

1.3 维宪阶 A、谢尔普霍夫阶和巴什基尔阶台地格架

维宪阶 A、谢尔普霍夫阶和巴什基尔阶储层带非常重要，因为岩隆台地的大部分石油产自该储层带。台地分为不同的古地理区或沉积区：中心台地、外台地和边缘斜坡（翼部）（图1-3）。本章主要描述维宪阶 A、谢尔普霍夫阶和巴什基尔阶层段的中心台地。

为弄清中心台地的地层情况，将部分油气井（T-5044、T-5246、T-5447、T-220、T-6246和T-6846）的岩心和薄片由北向南进行了仔细对比，得出了维宪阶 A、谢尔普霍夫阶和巴什基尔阶储层带中心台地详细的岩相相关性（图1-5）。根据图1-5所示的旋回叠加样式、总体沉积格架和沉积相类型，可得出大致的观察结果，下文中进行了概述。详细情况将在后续章节中进行讨论。

维宪阶 A、谢尔普霍夫阶和巴什基尔阶储层带的序列分别为 TSS、HSS 和前文所述的两个超层序的 TSS，各储层带包含多个复合层序和更高级次层序（旋回）。维宪阶 A 和谢尔普霍夫阶储层带（分别为 TSS 和 HSS 层段）的旋回叠加样式（图1-5中三角形标示处的变浅旋回）显示，通常带有富海百合/富腕足底砂的厚旋回（15~20m；49~66ft）后方发育有薄旋回序列（2~8m；6.6~26ft），且这种情况反复出现。富海百合/富腕足相一般可解释为深水低能相，通常延伸跨越整个台地，显示出相对海平面低水位期的明显海泛面。图1-5中，10~12 个复合层序各包含 2~6 个更高级次层序。根据 Weber 等（2003）的研究成果，尽管复合层序的数量基本相同，但这些复合层序的界面并不总是完全一致。

该处的复合层序位于四个更大的层序中，四个更大的层序在基底附近各带有一个较厚且侧向连续的腕足类层段或海百合层段。虽然在油气井中观察到的情况有少许差别，但总的来说，上述叠加样式非常一致。在巴什基尔阶层段（通常解释为 TSS）中，叠加样式更加复杂，在较低层段带有厚旋回（约 10m；33ft），后续层段主要为薄旋回（2~4m；6.6~13ft）以及顶部附近的中等旋回（4~8m；13~26ft），未观察到明显的叠加样式。尽管侧向厚度变化较大，但厚旋回、薄旋回和中等旋回层段的序列大致呈侧向连续分布。

Weber 等（2003）确立的层序与本文描述的层序之间有少许差别，这可能会略微改动对台地层序地层格架的描述。其中可能改动的一项就是将维宪阶 A—谢尔普霍夫阶超层序的 MFS 由前文所述的位于 Lvis2_MFS 改为在 Lvis12_csb 和 Lvis13_csb 之间观察到的厚腕足类层段底部，这标志着下方一系列薄旋回向上方厚旋回转变，以及下方深水低能相朝上方浅水高能相的总体变化（图1-5）。

从旋回厚度和一般沉积环境中观察到的趋势表明，维宪阶 A、谢尔普霍夫阶和巴什基尔阶层段的这些层序跨越了从温室到冰室的过渡期旋回。另一项重要的观察结果是，层序和旋回（三级和更高级次）从中心台地到外台地显示出高度的侧向连续性和等厚性，其范围由北向南超过 10km（6mile）。仔细检查该分布规律后发现，Serp_ SSB 表面存在一个低角度顶超，并且下伏层序可能存在削截（图1-5中该层的横断面较扁平）。削截虽不断变化，但总体向南增加，表明存在向北的古倾斜。

一般来说，本章所述的中心台地区域距离台地和侧向之间的实际裂缝内侧数千米。外台地中的部分区域尚不明确，这是因为缺乏岩心渗透率和/或中心台地至侧向过渡带的物理特征和沉积学特征不确定。台地西部边缘附近的岩心资料很难获得，但从T-44井、T-6846井和T-6743井岩心测得的结果可以看出，其特征虽与中心台地岩心的差别不大，但在本质上存在一定差异，因此台地至侧向的过渡带可能不连续。东部边缘的情况则更为复杂，谢尔普霍夫阶和巴什基尔阶台地明显的顶超结构发育在谢尔普霍夫阶粘结灰岩斜坡上。下伏维宪阶A台地的过渡带与西部边缘类似，其谢尔普霍夫阶和巴什基尔阶中心台地至外台地的过渡似乎为渐变式，从较深的外台地（带有粘结灰岩夹层层段）变为粘结灰岩上倾斜面。因此，视顶超下方的侧向相组合可能与其上方的明显不同。有关此类过渡的更多内容请参阅Collins等（2006）的研究成果。

1.3.1 中心台地和外台地的岩相类型

由Weber等（2003）制订的适用于田吉兹层序地层格架的岩心资料仅限于田吉兹雪佛龙T-220、T-5246、T-6846井，以及大量原苏联油井中的不完整岩心（Weber等，2003；图1-3）。当前研究基于Weber等研究基础上，并增加了岩心资料。这类岩心几乎完全跨越中心台地（T-5044、T-5447井）和西南外台地（T-6246井）多个基准井的维宪阶A、谢尔普霍夫阶和巴什基尔阶地层（图1-4A）。完整的岩心横跨度使各个旋回（及其内部相型）能在本研究中首次进行详细比较。对岩心观察结果、岩相学和电缆测井及岩心伽马测井（该阶段排除孔隙度）的评估得出了10种关键岩相类型，并按照沉积期间的相对水动力能量进行排列（表1-2）。上述信息来自环境指示物，如粒度、分选、基质类型、沉积构造和颗粒类型（生物群）。所得出的10种沉积相类型或岩石类型可分为三种或四种复合岩石，可反映出沉积期间能量条件的主要差别。上述排列还用于对间距1ft（0.3m）的基准井的柱状岩心和岩相进行补充描述，同时也将地质参数和储层性质直接关联起来。

1.3.2 旋回岩相变化

中心台地的岩相叠加进入向上变浅的沉积旋回模式。Lvis_SSB至Bash_SSB层段由两个超层序和三个储层带组成，包含50多个旋回，旋回厚度范围为2~15m（6.6~49ft）（表1-1、图1-5）。旋回通常以厚度小于数厘米的薄火山灰层为边界，火山灰层由于埋藏成岩作用变为类页岩夹矸。有时可在边界面附近观察到密集的火山灰夹矸。较厚的火山灰层会出现在边界部分位置（例如恰好位于Lvis_SSB和Serp_SSB上方），且厚度可能超过1m（3.3ft）。台地顶部出露时期或低能潟湖沉积的初始海泛和发育时期，火山灰叠层可能在低能期间沉积（保留）。火山灰较厚（分米级到米级）层段的出现表明此时为台地顶部出露和/或初始深海泛的主要时期。因此，这些都是为超层序界面的选取提供指导的关键界面。

沉积时，考虑沉积环境与能量（即底部搅动）相关，则从沉积旋回基准面到顶面，岩相大致形成了由低能到高能的序列（表1-1）。值得注意的一点是，岩相与能级的关联并不是一一对应的。例如，类似的低能相同时也在较深的潮下带和更为局限的浅水沉积环境中出现。表1-1中列出了该类序列，这在一定程度上证明了岩相从基准面到顶面的叠加。鉴于后续章节中会讨论一般沉积体系（岩相类型和旋回厚度的空间展布），因此将在以下章节简要说明上述内容。

表 1-2 中心台地 T-220 和 T-6246 井岩相、孔隙类型、孔隙度和沥青含量概要

岩相					T-220 井					T-6246 井			
缩略语	岩性描述	新相代码	岩石类型	沉积环境	N	孔隙度			沥青含量(岩石体积百分数)			N	孔隙度		
						主要孔隙类型	范围(%)	平均值(%)	范围(%)	平均值(%)		主要孔隙类型	范围(%)	平均值(%)
藻类粒状灰岩(AG)	泥砂一细砂粒状灰岩,主要成分为藻类,分选较好,带有较小的包粒(小于500μm)	46	粒状灰岩	高能礁滩,后滨内台地	24	11, 1, 6, 2	2.25~17.59	13.08	0.16~0.31	0.23	54/48	1, 7, 6, 11, 2, 9	0.84~14.80	4.90
内碎屑骨粒粒状灰岩(SIG)	混合骨屑(似球)粒状灰岩,分选较为良好,不细砂一中砂,同的贝壳碎屑较小的海百合,充裕的内碎屑,似核形石,珊瑚(块状)和发珊瑚碎屑,有孔虫,藻类	44	粒状灰岩	高能碓滩,后滨内台地	18	11, 1, 7	0.18~16.35	4.46	0.08~0.41	0.28	22/22	1, 2, 7	0.97~12.07	4.58
包粒粒状灰岩—砾状灰岩(CgGR)	粒状灰岩主要成分为鲕粒,分选良好一极好,较小的鲕粒或贝壳碎末、内碎屑,有孔虫,带有内碎屑的砾状灰岩;局部为交错层理	43	粒状灰岩	浪基面以上的高能潮间带台地	78	11, 1, 7	0.42~23.66	10.09	0.13~6.86	1.35	36/36	1, 7, 11, 6, 9, 2	0.37~14.91	4.43

1 哈萨克斯坦滨里海盆地田吉兹中心岩隆晚维宪期至巴什基尔期台地旋回性：沉积演化和储层发育

续表

岩相			新相代码	岩石类型	沉积环境	T-220 井						T-6246 井		
缩略语	岩性描述					N	孔隙度		沥青含量(岩石体积百分数)		N		孔隙度	
							主要孔隙类型	范围(%)	平均值(%)	范围(%)	平均值(%)		主要孔隙类型	范围(%)	平均值(%)
鲕粒粒状灰岩(OG)	骨屑粒状灰岩，细砂—中粒砂，分选良好，包粒，较小的海百合或贝壳碎末，内碎屑，有孔虫，藻类，局部过密，局部为带有内碎屑的砾状灰岩；交错层理		42	粒状灰岩	浪基面以上的高能潮间带台地	100	11，1，7，2	0.78~21.36	11.79	0.01~2.73	0.40	103/78	1，7，6，11，2，9	0.41~20.11	4.74
分选良好的骨屑粒状灰岩(SPG)	混合骨屑(似球)粒状灰岩，分选较好，细砂—中粒砂，不同的贝壳碎末，少量—充裕的贝壳碎末，适量的海百合，内碎屑，有孔虫，藻类		41	粒状灰岩	浪基面以上的中—高能开阔台地	188	11，1，7，6	0.19~23.18	11.64	0.04~6.36	0.23	217/114	1，11，2，6，7，8	1.21~16.18	6.81
分选差的骨屑粒—似球粒粒状灰岩—泥粒灰岩(SPP)	骨屑—似球粒粒状灰岩—泥粒灰岩，分选中等到差，混合中粒砂，混合海百合与腕足碎末，贝壳碎末，较小的原位(厚壁)腕足，藻类，似球粒，有孔虫，完整或珊瑚条状的珊瑚碎屑		32	粒状灰岩—泥粒灰岩	浪基面以下或附近的中—高能开阔台地	217	11，1，6，7，2	0.50~17.33	12.56	0.06~4.04	0.35	262/90	1，11，2，9，6，7	0.97~15.3	6.91

续表

岩相		新相代码	岩石类类型	沉积环境	T-220 井					T-6246 井		
缩略语	岩性描述				N	孔隙度		沥青含量(岩石体积百分数)		N	孔隙度	
						主要孔隙类型	范围(%)	平均值(%)	范围(%)	平均值(%)	主要孔隙类型	范围(%)	平均值(%)
海百合骨屑—似球粒粒状灰岩—泥粒灰岩(BSP)	海百合骨屑—似球粒粒状灰岩—泥粒灰岩，中粒砂—粗砂，分选中等—差，主要成分为海百合更大的或(1～2mm)，较小的完整腕足类和碎末，似球粒，有孔虫，绿色和管状藻屑	31	粒状灰岩—泥粒灰岩	浪基面以下或附近的中—低能开阔台地	83	11, 6, 1, 7, 9	0.34～14.79	5.37	0.05～5.54	2.58	79/14	1, 2, 11, 6, 7, 8	1.30～18.48	8.28
腕足类骨屑—似球粒粒状灰岩—泥粒灰岩(BSP)	骨屑—似球粒粒状灰岩—泥粒灰岩，粗砂，分选差，原位腕足类（薄壁1～5/20～50），似球粒数量多变，不同的海百合层状，各类完整的有孔虫，完整的条状珊瑚和珊瑚碎屑	2	粒状灰岩—泥粒灰岩	浪基面以下或附近的中—低能开阔台地内部(充裕的海百合，厚壁腕足类)与浅保护台地内部(较小的海百合及薄壁腕足类)相对	199	11, 1, 6, 2	1.45～17.53	10.51	0.09～5.49	0.68	207/27	11, 1, 6, 9, 2, 7	0.63～16.5	8.42

1 哈萨克斯坦滨里海盆地田吉兹中心岩隆晚维宪期至巴什基尔期台地旋回性：沉积演化和储层发育

续表

岩相缩略语	岩性描述	岩石类型	新相代码	沉积环境	T-220井 N	T-220井 主要孔隙类型	T-220井 孔隙度 范围(%)	T-220井 孔隙度 平均值(%)	T-220井 沥青含量 范围(%)	T-220井 沥青含量 平均值(%)	T-6246井 N	T-6246井 主要孔隙类型	T-6246井 孔隙度 范围(%)	T-6246井 孔隙度 平均值(%)
似球粒泥粒灰岩—粒泥灰岩(PPW)	范围从泥到似球粒泥粒灰岩、泥砂—细砂，带有小似核有孔虫、钙球、薄壁双壳类碎屑和介形虫	泥粒灰岩—粒泥状灰岩	13	低能受限，局限潟湖至潮上带	53	11, 9, 1, 6, 7, 2	0.07~17.55	3.62	0.11~3.72	0.67	49/141	2, 11, 6, 7, 9	1.02~15.5	8.16
火山灰(VA)	火山灰	黏土泥岩	12	低能受限内台地至期后期淹没区	3									
全部					971	11, 1, 6, 7, 2, 9	0.07~23.66	10.44	0.01~6.87	0.74	1031	1, 11, 2, 6, 7, 9	0.37~20.11	6.89
	颗粒支撑的贫泥；高能		41~46		408	11, 1, 7, 2, 6	0.18~23.66	11.15	0.01~6.87	0.24	432	1, 11, 7, 6, 2, 9, 8	0.37~20.11	5.77
	颗粒支撑的泥；中能		2, 31, 32		510	11, 6, 1, 2, 7	0.34~19.34	10.58	0.05~5.54	0.84	549	11, 1, 2, 6, 7, 9, 8	0.63~18.48	7.67
	泥；低能		13		53	11, 9, 1, 6, 7, 2	0.07~17.55	3.62	0.11~3.72	0.67	48	1, 2, 11, 6, 7, 9	1.02~15.5	8.16

依据Weber等(2003)的研究成果，通过减少相数简化岩相(可参见图1-5)，将其与沉积期间的能级相关联。该表中岩相的垂直分布相当于变浅旋回层序中理想化的利最完整的岩相序列。孔隙类型：1=粒间孔；2=粒内孔；3=窗状；4=隐蔽式；5=生长格架；6=晶间；7=印模；8=微孔性；9=断裂；10=通道；11=溶洞；12=加速溶蚀。请注意，T-6246井的沥青分析尚未完成。

简单来说，从基准面到顶面的岩相类型和相应的沉积能量如下：旋回一般始于薄似球粒泥粒灰岩—粒泥灰岩，该灰岩具有陆上暴露特征，通常与薄火山灰互层。这类岩相上覆有腕足类和/或海百合类骨屑—似球粒状灰岩—泥粒灰岩，该灰岩则依次上覆有分选差的骨屑—似球粒粒状灰岩—泥粒灰岩和/或分选良好的骨屑粒状灰岩。该序列上覆有包粒粒状灰岩—砾状灰岩和/或鲕粒粒状灰岩，局部有内碎屑骨粒粒状灰岩或藻类粒状灰岩。显然，这种情况存在一定偏差，旋回厚度、叠加样式及各相型的相对作用在主要层序中存在变化。

1.3.3 似球粒泥粒灰岩—粒泥灰岩(PPW)和火山灰(VA)

似球粒泥粒灰岩—粒泥灰岩覆盖了许多向上变浅的碳酸盐旋回，还可上覆于所有其他岩相。厚度通常小于 0.5mm(1.6ft)，该岩相具有根迹、叠层壳、蜂窝状岩组、罕见构造窗、多样性低的动物群(介形亚纲动物和钙球)和罕见的宏观生物群(图 1-6)。似球粒泥粒灰岩—粒泥灰岩发育在成岩作用区(发生在大多数旋回界面)，这可解释为出露前的旋回顶部和出露事件本身，以及间歇性暴露时的初始二次海泛事件。几乎所有的似球粒泥粒灰岩—粒泥灰岩都始终带有火山灰互层或散布的火山灰(图 1-6A)，很可能由此而变得致密且胶结良好。部分火山灰散布于 Serp_SSB 下方和 T-5447 井内 Serp1_csb 下方的高能相中(图 1-5)，这些层段同样致密且胶结良好。火山灰互层的频繁出现为层序沉积期间近乎连续的沉降物提供了依据；火山灰层仅在陆上或低能条件下堆积，以此通过伽马射线测井来标示出旋回界面。火山灰的留存与出露期间的陆地沉降物沉积，以及台地沉没(很可能沉没于局限的浅滩潟湖中)期间的初始低能条件有关。

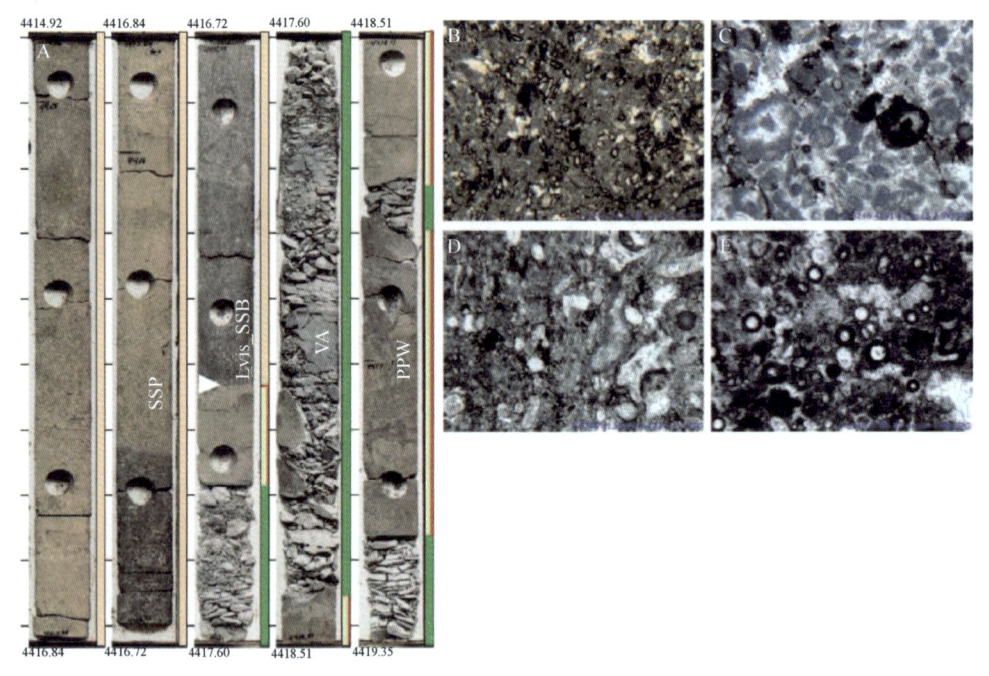

图 1-6 T-5246 井的岩心照片 A 显示，似球粒泥粒灰岩—粒泥灰岩(PPW)与 Lvis_SSB 下方火山灰层(VA)交替出现。这表明，陆上暴露的界面上覆有分选差的骨屑—似球粒粒状灰岩—泥粒灰岩(SPP)，后者在低处的 70cm(27in)内带有抬高的沥青胶结物(其他岩相信息见表 1-2 和图 1-5)。显微照片展示了 PPW 结构范围，骨屑颗粒通常为管状藻屑(B、D)、钙球(B、E)和较小的骨屑包粒和骨屑颗粒(C、D)。显微照片 B 的宽度为 4.20mm(0.16in)，显微照片 C~E 的宽度为 1.58mm(0.062in)

1.3.4 腕足类和海百合类骨屑—似球粒粒状灰岩—泥粒灰岩(BSP 和 CSP)

相对海平面的升高使得旋回基准面骨屑粒状灰岩—泥粒灰岩的条件和沉积略微加深。旋回的基准部分可为腕足类或海百合类骨屑—似球粒粒状灰岩—泥粒灰岩，但主要还是腕足类骨屑—似球粒粒状灰岩—泥粒灰岩。腕足类骨屑—似球粒粒状灰岩—泥粒灰岩的沉积可代表台地在相对低能条件下的持续海泛。此类沉积物的堆积可显示出由出露的外台地浅滩或障壁引起的深水相或不间断的局限相。各相形成于台地初始海泛期间，且在最大海泛期间最为稳固。腕足类骨屑—似球粒粒状灰岩—泥粒灰岩分选差，通常在生长位置包含厚壁腕足类生物、不同数量的海百合生物、多种藻屑和有孔虫、和/或珊瑚(图 1-7)。腕足类骨屑—似球粒粒状灰岩—泥粒灰岩层段在整个台地中通常连续分布，朝外台地变薄，在维宪阶 A 上部(Lvis_13 和 Lvis_10.5 之间)具有最高频率和容量，通常在这里形成旋回的基准部分(图 1-5)。腕足类骨屑—似球粒粒状灰岩—泥粒灰岩层段偶尔也会出现在维宪阶 A 台地下部。两个非常不同的厚层(4~10m；13~33ft)层段一个在 Lvis9_csb 正上方，另一个在 Lvis13_csb 下方，覆盖着整个台地。

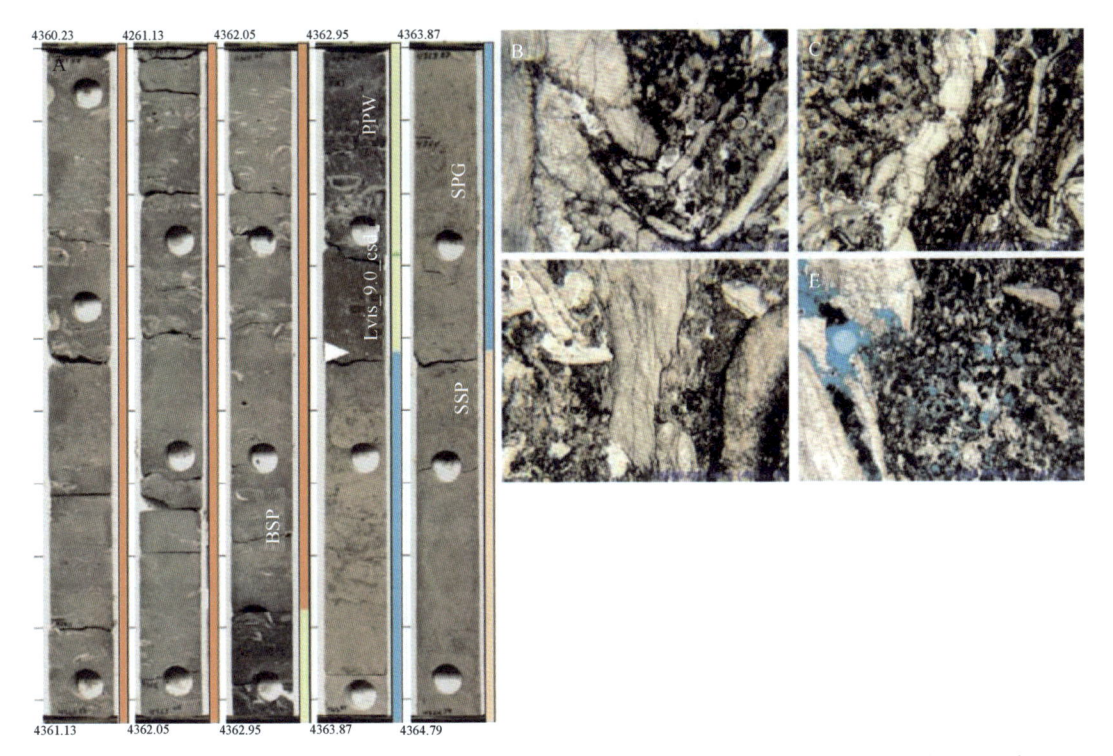

图 1-7 T-5246 井的岩心照片 A 展示了骨屑—似球粒粒状灰岩—泥粒灰岩(SSP)的变浅序列和紧邻 Lvis_9.0_csb 下方的分选良好的骨屑泥粒灰岩(SPG)。该界面上覆有似球粒泥粒灰岩—泥粒灰岩(PPW)和腕足类—骨屑—似球粒粒状灰岩—泥粒灰岩(BSP)厚层段。原位腕足类的富集和粒内孔隙及隐蔽孔隙的局部发育在 BSP 层段清晰可见。显微照片 B~E 展示了分选差的结构和 BSP 的显微裂隙性质。主要成分为腕足类，包括小型薄壁类[长度小于 2cm(0.8in)，厚度小于 1mm(0.04in)]到大型厚壁类[长度 5~15cm(1.9~5.9in)，厚度 1~10mm(0.04~0.40in)]。注意腕足类的缝合接触点。其他常见颗粒类型为海百合骨板、似球粒、藻屑和底栖有孔虫。显微照片宽度为 4.20mm(0.16in)

海百合类骨屑—似球粒粒状灰岩—泥粒灰岩为粗砂，即分选差—中等的以海百合类为主的骨屑—似球粒砂。海百合类通常带有破坏性的泥晶化外表面，其他常见成分多数为破碎的腕足类、绿色和红色藻屑以及有孔虫类（图1-8）。海百合类骨屑—似球粒粒状灰岩—泥粒灰岩层段在整个台地中通常不连续分布，似乎优先出现在台地边缘（T-6846、T6246、T-8和T-44井）附近。海百合类骨屑—似球粒粒状灰岩—泥粒灰岩沉积于浪基面以下或附近的中低能位置，可代表最大海泛时期。这些层段代表旋回沉积期间的开阔海相最大涌入量，仅有一个层段（Lvis_10.5正上方）覆盖了整个台地（图1-5）。

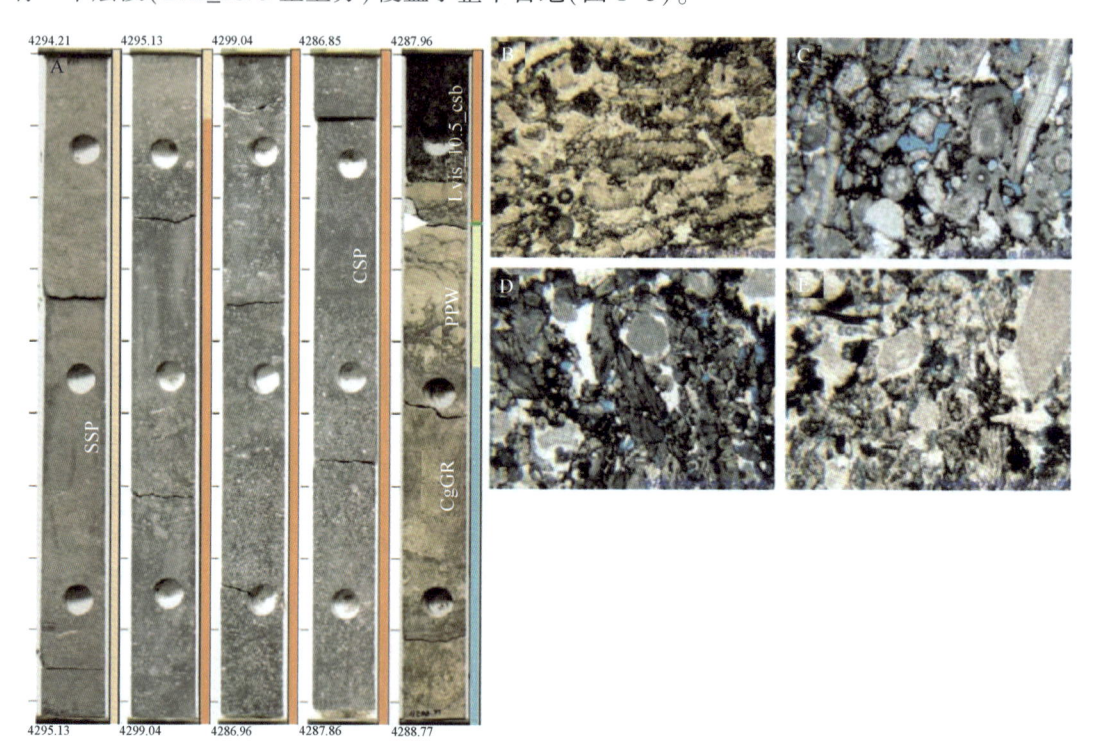

图1-8 T-5246号井的岩心照片A显示，分选良好的包粒粒状灰岩（CgGR）序列上覆有似球粒泥粒灰岩—粒泥灰岩（PPW），并被Lvis_10.5_csb覆盖。界面依次上覆有海百合类骨屑—似球粒粒状灰岩—泥粒灰岩（CSP）和分选差的骨屑—似球粒粒状灰岩—泥粒灰岩（SPP）（其他岩相信息见表1-2和图1-5）。在T-5246井中，CSP层段仅部分被沥青染色，但在外台地中通常被完全染为黑色。海百合类骨屑—似球粒粒状灰岩—泥粒灰岩为分选差—分选中等的以海百合类为主的骨屑—似球粒粗砂（B），并带有破坏性泥晶化外表面（C），常见成分为腕足类（多数为破碎的）、绿色和红色藻屑，以及有孔虫类（B~E）。常见粒型为海百合骨板、腕足类碎末和完整的壳瓣、似球粒、藻屑（主要是康宁克氏苔藓虫属）、底栖有孔虫。显微照片宽度为4.20mm（0.16in）

1.3.5 分选差的骨屑—似球粒粒状灰岩—泥粒灰岩（SPP）和分选良好的粒状灰岩（SPG）

分选差的骨屑—似球粒粒状灰岩—泥粒灰岩和分选良好的粒状灰岩通常出现在腕足类与海百合类骨屑—似球粒粒状灰岩—泥粒灰岩上方，并逐步呈现出较好分选性和较少泥量，因此解释为浅水波动沙洲沉积（图1-9和图1-10）。维宪阶A储层的大多数旋回主要为此类粒状灰岩岩相，这些岩相从一个到另一个通常呈现出侧向变化。在T-5246井中，旋回主要为分选良好的骨屑粒状灰岩,且该处相较于中心台地普遍呈轻微上升状(图1-5)。紧邻Lvis2_MFS上方,朝南变薄的层段为分选良好的骨屑粒状灰岩,覆盖整个台地。

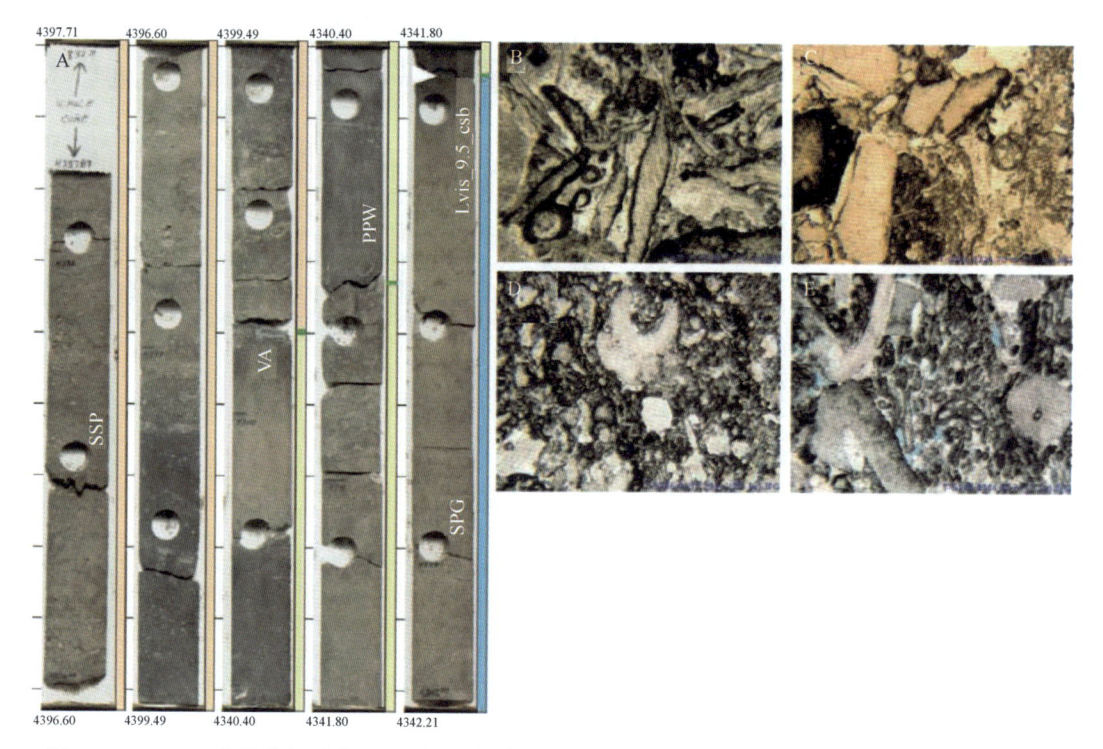

图1-9 T-5246井的岩相照片A展示了顶部分选差的骨屑—似球粒粒状灰岩—泥粒灰岩(SPP)厚层段。岩心的下半部分包含一个分选良好的骨屑粒状灰岩(SPG)变浅序列,该序列被Lvis_9.5_csb覆盖。界面则上覆有似球粒泥粒灰岩—粒泥灰岩(PPW),同时薄火山灰(VA)在顶部附近互层(其他岩相信息见表1-2和图1-5)。骨屑—似球粒粒状灰岩—泥粒灰岩(SSP)和分选良好的骨屑粒状灰岩(SPG)通常位于BSP和CSP上方,因其逐步呈现较好分选性和较少泥量,所以可解释为浅水波动沙洲沉积。SPP中的常见粒型为海百合骨板、腕足类碎末、似球粒、藻屑和底栖有孔虫(B~E)。颗粒分选差,通常上覆有薄层状微晶灰岩。显微照片宽度为4.20mm(0.16in)

1.3.6 包粒粒状灰岩(CgGR)、鲕粒粒状灰岩(OG)和骨屑—内碎屑粒状灰岩(SIG)

在完整的旋回中,前述岩相上覆有交错层理或不均匀叠置的分选良好的包粒和/或鲕粒粒状灰岩,这可解释为高能浅水潮下带开阔台地—潮间带沉积(图1-11、图1-12)。鲕粒通常较小,尺寸范围为0.5~1.0mm(0.02~0.04in),且大多数为辐射状结构中的方解石。包粒通常为带有微晶表层的骨屑,表层主要为堆积结构。包粒粒状灰岩在维宪阶A中较为罕见,但在谢尔普霍夫阶储层中较为常见(图1-5),且集中于台地北部,促使由北向南的总体趋势为高能相到低能相(和/或开阔海相)。包粒和/或鲕粒粒状灰岩局部上覆有相对较薄的粗粒度岩屑质砾状灰岩—粒状灰岩层段,带有厘米级次棱角状—极圆状内碎屑和发珊瑚(寻常海绵纲),碎屑的骨屑—内碎屑粒状灰岩通常被微晶灰岩覆盖(图1-13)。部分层段带有碎屑支撑的平卵石,这代表着滩涂环境。主要粒型为包粒、鲕粒和藻粒。

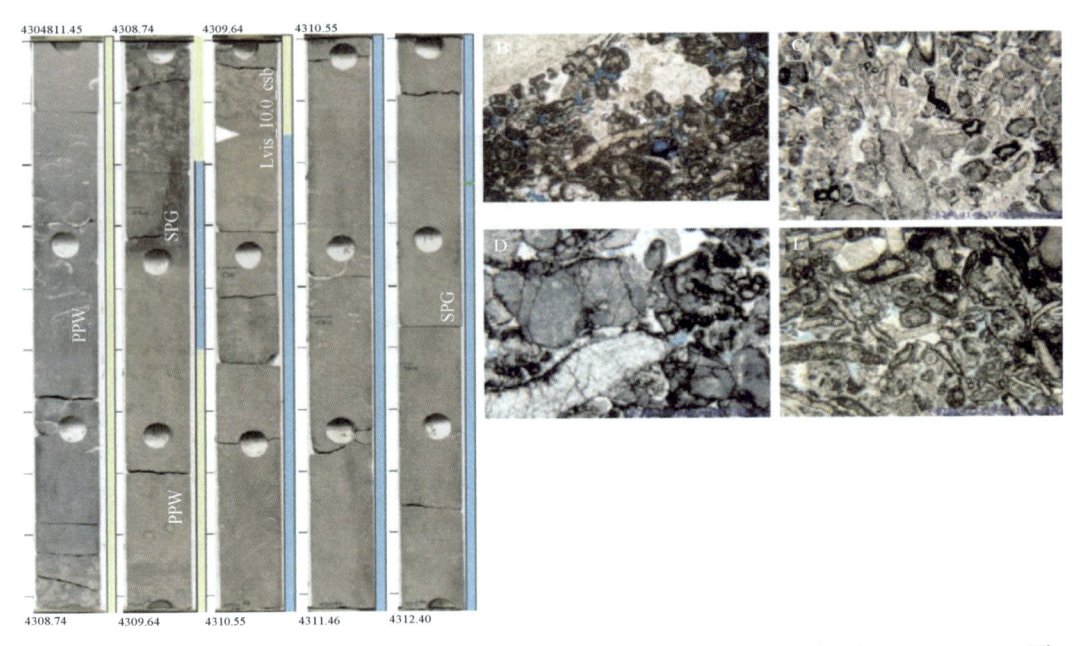

图 1-10 T-5246 井的岩心照片 A 显示，分选良好的骨屑粒状灰岩(SPG)变浅序列被 Lvis_10.0_csb 覆盖。界面上覆有薄似球粒泥粒灰岩—粒泥灰岩(PPW)、分选良好的骨屑粒状灰岩(SPG)以及似球粒泥粒灰岩—粒泥灰岩(PPW)，这类灰岩的成分为大型薄壁腕足类(名称见表 1-2 和图 1-5)。分选良好的骨屑粒状灰岩(SPG)通常位于 BSP 和 CSP 岩相上方，呈现出较好分选性和较少泥量，可解释为浅水波动沙洲沉积。显微照片 B~E 展示了常见的 SPG 粒型：海百合骨板、腕足类碎末、似球粒、藻屑和底栖有孔虫。显微照片 B、C、E 的宽度为 4.20 mm(0.16in)，显微照片 D 的宽度为 1.58mm(0.06in)

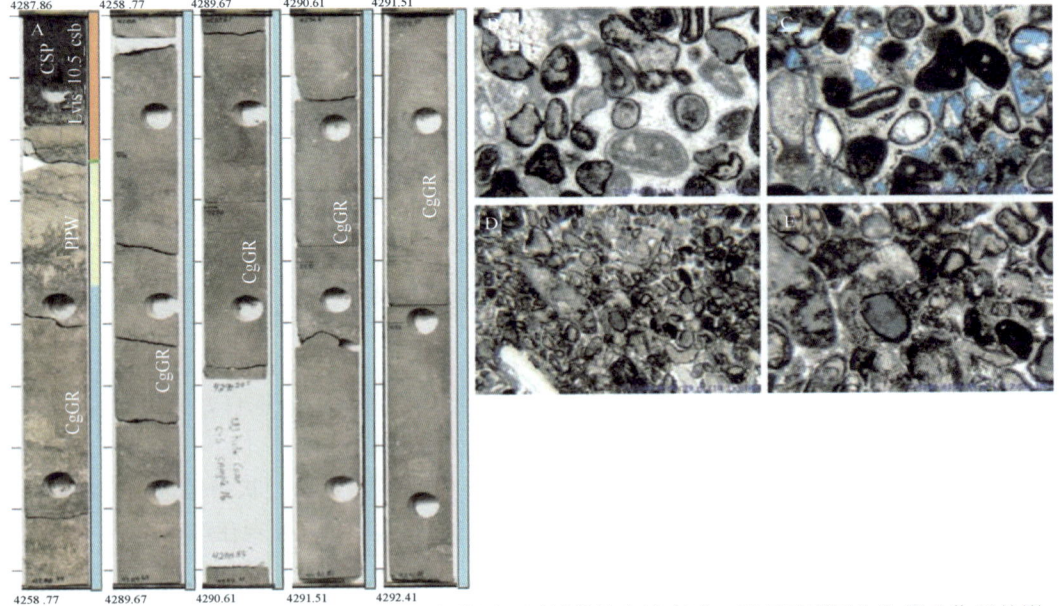

图 1-11 T-5246 井的岩心照片 A 展示了交错层理厚层段的变浅序列，层理受到了生物扰动作用的影响，分选良好的包粒粒状灰岩(CgGR)上覆有似球粒泥粒灰岩—粒泥灰岩(PPW)。Lvis_10.5_csb 上覆有分选差—分选中等的以海百合为主的骨屑—似球粒粗砂(CSP)(名称见表 1-2 和图 1-5)。在完整的旋回中，骨屑—似球粒混合砂(主要为 SPG)上覆有交错层理或不均匀叠置的分选良好的包粒和/或鲕粒粒状灰岩，这可解释为高能浅水潮下带开阔台地—潮间带沉积。CgGR 中的常见粒型包括分选良好的似球粒、骨屑包粒、管状藻屑和底栖有孔虫(B~E)，海百合骨板和腕足类碎末为次要粒型。显微照片 D 的宽度为 4.20mm(0.16in)，显微照片 B、C、E 的宽度为 1.58mm(0.06in)

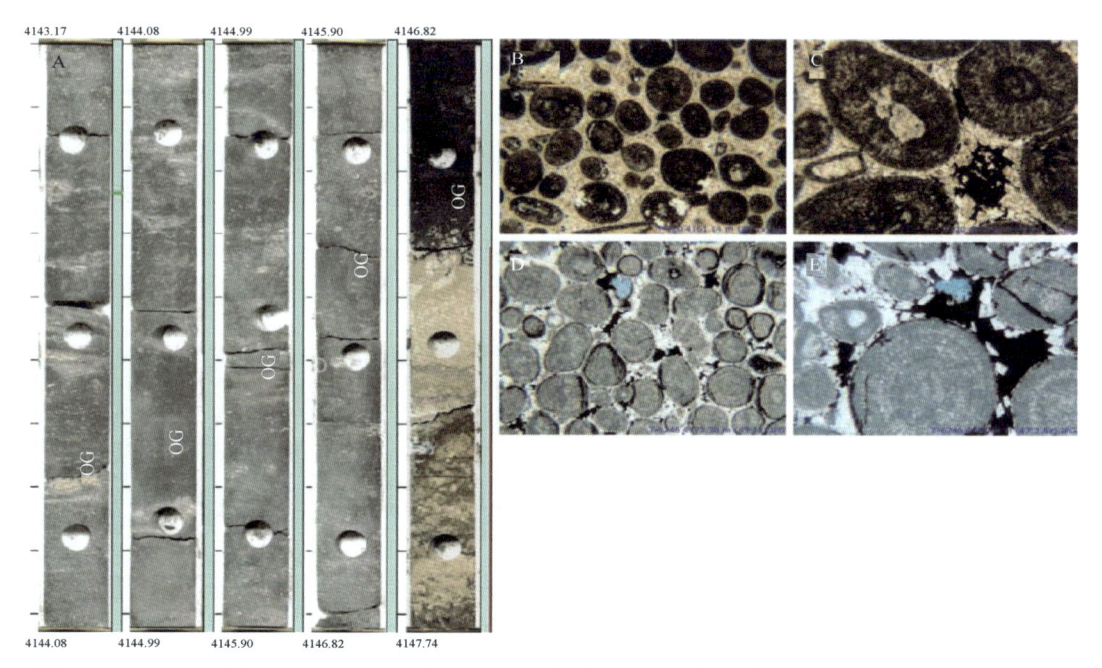

1 哈萨克斯坦滨里海盆地田吉兹中心岩隆晚维宪期至巴什基尔期台地旋回性：沉积演化和储层发育

图1-12 T-5246井的岩心照片A展示了5~6m厚的分选良好的部分交错层理鲕粒粒状灰岩（OG）层段。在最右侧的岩心板中，带有小型内碎屑的界面，将上方的暗黑色富沥青层段与下伏的胶结较好的米黄色层段分隔开（名称见表1-2和图1-5）。在巴什基尔阶中，骨屑—似球粒混合砂（主要为SPG）的完整旋回通常上覆有交错层理鲕粒粒状灰岩岩相（OG），这可解释为高能浅水潮下带开阔台地—潮间带沉积。显微照片B~E展示了鲕粒和骨屑包粒的主要粒型，此外还出现了管状藻屑和底栖有孔虫。显微照片B、D的宽度为4.20mm（0.16in），显微照片C、E的宽度为1.58mm（0.06in）

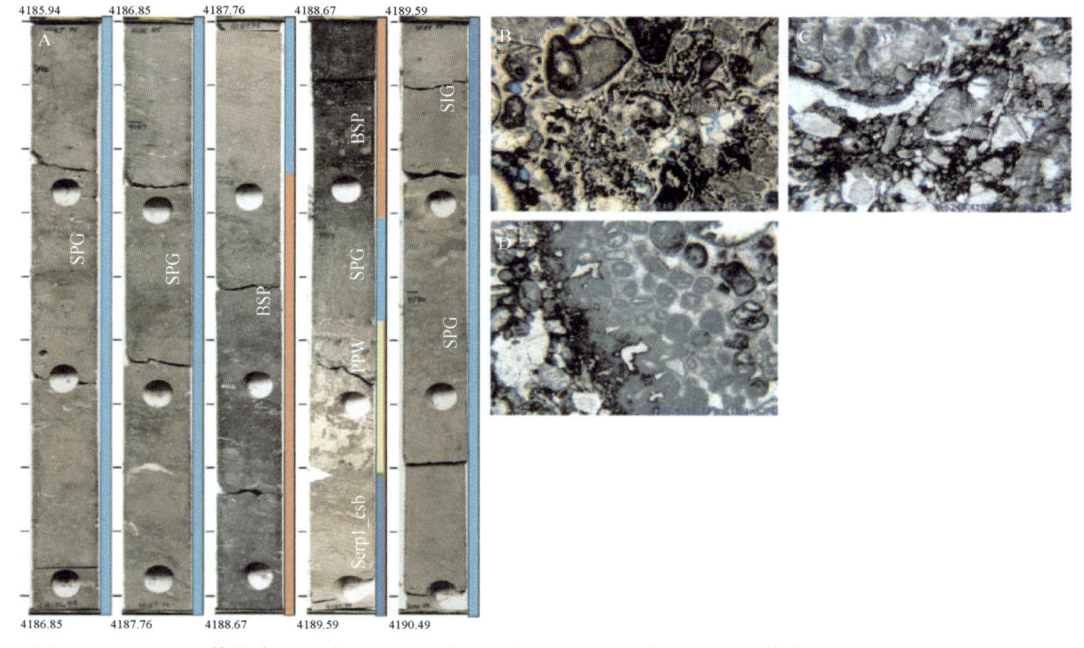

图1-13 T-5246井的岩心照片A展示了分选良好的骨屑粒状灰岩（SPG）的变浅序列，其上上覆有相对较薄的粗粒级骨屑—内碎屑粒状灰岩（SIG），并被Serp1_csb覆盖。界面上覆有PPW和SPG薄层段、腕足类—骨屑—似球粒粒状灰岩—泥粒灰岩（BSP），以及SPG的一层段（名称见表1-2和图1-5）。在B~D中可以看出，骨屑—内碎屑粒状灰岩（SIG）一般带有厘米级次棱角状—极圆状内碎屑和发珊瑚碎屑，这类碎屑通常被微晶灰岩覆盖。其他颗粒为包粒、鲕粒和藻屑。显微照片宽度为4.20mm（0.16in）

1.3.7 藻类粒状灰岩(AG)

分选极好的交错层理粉砂—细砂级藻粒出现在巴什基尔阶层序顶部附近,并在维宪阶 A 层序局部出现(图 1-5、图 1-14)。在 T-4556 井最外部台地(谢尔普霍夫阶)中还观察到了藻粒层段,这可能意味着该岩相会出现在高能外台地沉积中。在台地其他位置,藻粒与开阔海相分选良好的骨屑粒状灰岩或包粒粒状灰岩—砾粒灰岩交替出现。在这种情况下,藻粒可解释为沉积于旋回顶部的潮间带中,且可能来自外台地并充填剩余的可容空间。

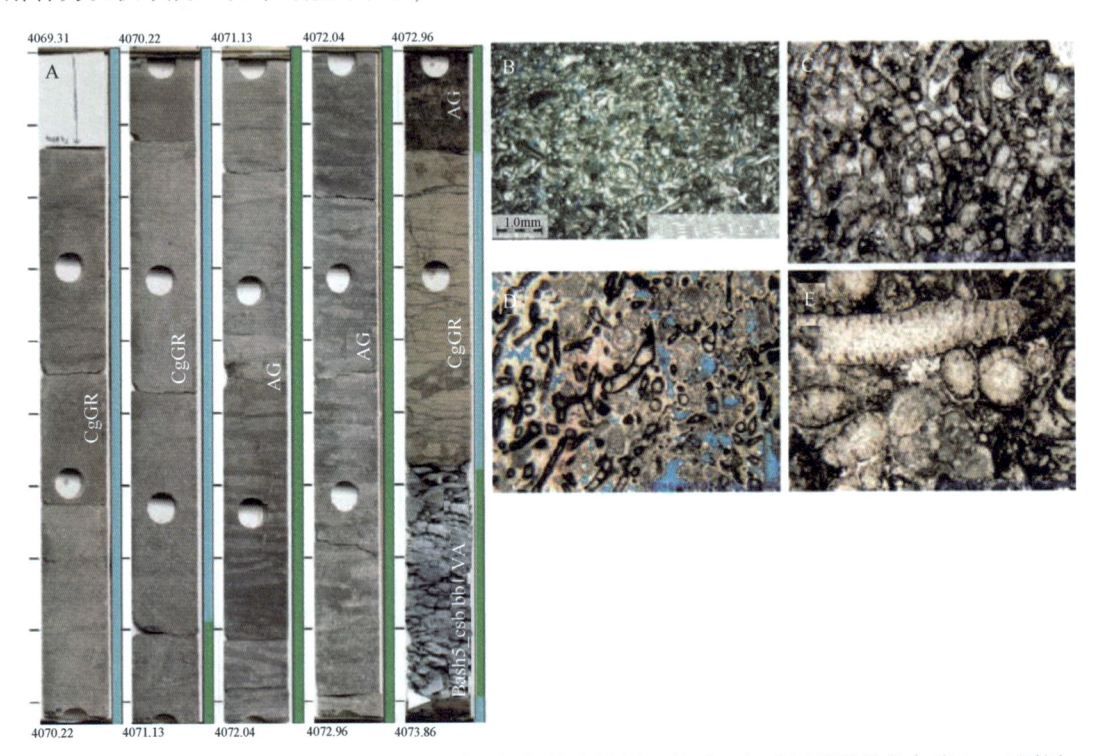

图 1-14 T-5246 井的岩心照片 A 展示了分选极好的交错层理粉砂—细砂级藻类粒状灰岩(AG)厚层段,该层段下伏并上覆有分选良好的包粒粒状灰岩(CgGR);底部见火山灰(VA)夹层(名称见表 1-2 和图 1-5)。显微照片 B~E 展示了 AG 的主要粒型:藻屑、似球粒和罕见的底栖有孔虫。常见的藻类为 Donezella 藻(B、C)、古 beresellids(如 Kamaena 藻)(D),以及 beresellids(如 Beresella 藻)(E)。古 beresellids 一般出现在维宪阶,beresellids 和 Donezella 则出现在谢尔普霍夫阶至巴什基尔阶。显微照片 B 的宽度为 4.20mm(0.16in),显微照片 C~E 的宽度为 1.58mm(0.06in)

1.3.8 岩相镶嵌

图 1-15 为假想的高级序列沉积旋回的沉积模型,图 1-15A 为巴什基尔阶层序,图 1-15B 为维宪阶 A 和谢尔普霍夫阶层序。该模型展示了从中心台地到外台地,再到上翼部的成分趋势和结构趋势,并标明了维宪阶 A 和谢尔普霍夫阶相应的测深起伏。在中心台地内,维宪阶 A 和谢尔普霍夫阶台地旋回在垂直向和侧向较易预测,从底部到顶部的序列反映了沉积能量。

在底部附近,具有陆上出露特征的薄似球粒泥粒灰岩—粒泥灰岩通常与薄火山灰互层。这类岩相上覆有腕足类生物礁和/或海百合类骨屑—似球粒粒状灰岩—泥粒灰岩,该灰岩则

1 哈萨克斯坦滨里海盆地田吉兹中心岩隆晚维宪期至巴什基尔期台地旋回性：沉积演化和储层发育

依次上覆有分选差的骨屑—似球粒粒状灰岩—泥粒灰岩和/或分选良好的骨屑粒状灰岩。这些岩相反映出低水位和早期海侵局限性，这种局限性使环境利于火山灰沉降物（似球粒泥粒灰岩—粒泥灰岩）沉积，还反映出海百合类骨屑—似球粒粒状灰岩—泥粒灰岩沉积期间的最大海泛。该序列紧邻高水位沉积物，沉积物表明了海平面的变浅过程：包粒粒状灰岩—砾状灰岩和/或鲕粒粒状灰岩，局部有内碎屑骨粒粒状灰岩或藻类粒状灰岩。在朝东的外台地中，旋回缺少潟湖基底，但带有微生物粘结岩层段（类型3的微生物粘结岩；Collins等，2006），潟湖基底被较厚的分选差的骨屑似球粒与海百合类混合砂体所代替。部分旋回包含高能包粒粒状灰岩—砾状灰岩和/或鲕粒粒状灰岩与骨屑内碎屑粒状灰岩或藻类粒状灰岩的薄沉积物。腕足类生物礁、海百合类骨屑—似球粒粒状灰岩—泥粒灰岩，以及分选差的骨屑—似球粒粒状灰岩—泥粒灰岩和/或分选良好的骨屑粒状灰岩均不存在。

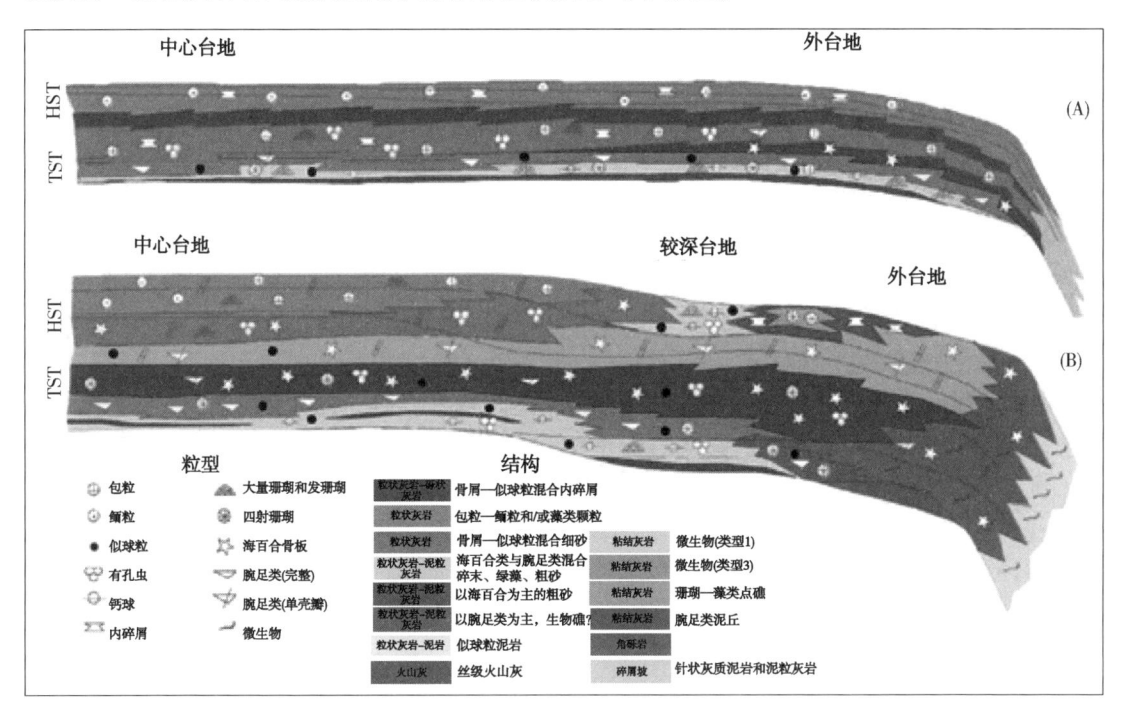

图1-15 假想的高级沉积旋回模型，A为巴什基尔阶层序，B为维宪阶A和谢尔普霍夫阶层序，图中展示了田吉兹中心台地到外台地，再到翼部的成分趋势和结构趋势
TST：海侵体系域；HST：高位体系域

巴什基尔阶上覆旋回（图1-15层序A）较薄，在中心台地内，潟湖似球粒泥粒灰岩—粒泥灰岩与陆上暴露特征交替出现，旋回与薄火山灰、包粒粒状灰岩—砾状灰岩和/或鲕粒粒状灰岩和骨屑内碎屑粒状灰岩互层。在Bash2.5_MFS上方，包粒粒状灰岩—砾状灰岩和/或鲕粒粒状灰岩与藻类粒状灰岩层段交替出现，几乎不存在火山灰层。但在朝向外台地的区域，低能海侵沉积物（腕足类骨屑—似球粒粒状灰岩—泥粒灰岩、海百合类骨屑—似球粒粒状灰岩—泥粒灰岩、分选差的骨屑—似球粒粒状灰岩—泥粒灰岩）变厚，甚至包含微生物粘结岩层段（T-4556井），而高能旋回顶部则变薄或不存在（T-6743井）。

当然，图1-15中的内容会存在一定偏差，我们将在后续章节进行讨论。旋回厚度、叠加样式和各沉积相类型在主要层序中存在变化。例如，等深剖面图从维宪阶A—谢尔普霍夫阶外台地向更深的沉积区域发生变化,在海泛期间将微生物粘结岩带到了台地上。相比之下,巴什基尔阶层序显示出平顶台地,其平行岩相带主要为高能颗粒岩相。巴什基尔阶中的高频旋回则更薄(米级),大多数均为交替出现的包粒粒状灰岩、鲕粒粒状灰岩和藻类粒状灰岩沉积构造。巴什基尔阶边缘在沉积期间很可能为平坦状,台地相变薄,且台地相与欠补偿的陆坡体系相接。

1.3.9 维宪阶 A 和谢尔普霍夫阶:趋势与沉积环境

维宪阶 A 旋回几乎包含整个粒相(泥粒灰岩和粒状灰岩),其沉积环境包括局限低能腕足类骨粒—似球粒粒状灰岩—泥粒灰岩、中低能深层潮下环境,该环境以分选较差的开阔海相骨粒—似球粒粒状灰岩—泥粒灰岩、海百合骨粒—似球粒粒状灰岩—泥粒灰岩以及分选良好的高能粒状灰岩浅滩(分选良好的骨粒粒状灰岩和罕见的包粒粒状灰岩—砾状灰岩)为主。

岩相分布、旋回厚度和堆叠总趋势表明维宪阶 A 和谢尔普霍夫阶油气藏带存在三个层段,即 Lvis_SSB 至 Lvis10.5_csb、Lvis10.5_csb 至 Lvis13_csb(跨越二级 Lvis2_MFS)、Lvis13_csb 至 Serp_SSB 之间的三个层段,每个层段体现了一定的沉积趋势(图 1-5)。

Lvis_SSB 至 Lvis10.5_csb 层段内,台地旋回主要由分选较差的开阔海相骨粒—似球粒粒状灰岩—泥粒灰岩构成,并含有少量的腕足类骨粒—似球粒粒状灰岩—泥粒灰岩和/或海百合骨粒—似球粒粒状灰岩—泥粒灰岩夹层。海百合骨粒—似球粒粒状灰岩—泥粒灰岩夹层通常位于旋回基底附近,然而分选好的骨粒粒状灰岩夹层则位于旋回顶部附近。旋回盖层为厚度约数分米的微似球粒泥粒灰岩—泥岩层段,几乎所有情况下,该层段均含一层或两层薄薄的火山灰夹层,但一般仅体现一定的陆上出露。旋回厚度从靠近基底的 1~2m(3.3~3.6ft)至层段中部 15m(49ft)以上,平均厚度为 5~8m(16~26ft)。分选差的骨粒—似球粒粒状灰岩—泥粒灰岩层段在 T-220 井和 T-5848 井周围的中心台地占主要地位,但该层段已逐渐被朝向外台地区域(北部 T-5246 油气井和西南部 T-6246 和 T-6846 油气井)的高能砂质浅滩(分选好的骨粒粒状灰岩)所代替。富海百合层段体现了最大开阔海泛和深水岩相。上述层段通常位于西南方外台地内,往中心台地方向,层段变薄直到尖灭。然而有一个层段却呈现了与这一趋势截然不同的特征,它覆盖于 Lvis_SSB 至 Lvis10.5_csb 层段顶部的整个台地上。同样,一个约为 10m(33ft)厚、极为连续的腕足类骨粒—似球粒粒状灰岩—泥粒灰岩层段正好覆盖于 Lvis9_csb 界面上方的台地上。沉积作用概貌展示了潮下或浪基面下方的整体低能台地(稍浅于外台地砂质浅滩,主要受南部开阔海影响)。尽管生态演化过程中发生过振幅相对较小的海平面振荡,但该序列旋回一般不会充填整个空间。

跨越超层序海泛面(Lvis2_MFS)的 Lvis10.5_csb 至 Lvis13_csb 层段具有与上一层段类似的中心—外台地沉积相类型,但该层段旋回厚度要小得多,为 2~5m(6.6~16ft),常含腕足类骨粒—似球粒粒状灰岩—泥粒灰岩层段。这些腕足类夹层从台地中心开始慢慢变薄直至尖灭,被南部高能混合骨粒—似球粒砂和北部高能分选良好的砂所替代。此外,本剖面基底富含海百合,中部为较厚的高能砂质浅滩层段,顶部附近为较厚的腕足类层段(10 m 以上)。跨越整个台地的层段为连续层段。以海百合为主的基底体现了台地的最大埋深,与 Lvis_MFS 表面一致。尽管相对沉积条件并未发生变化,可容空间仍未被填满,但该现象体现了海平面波动频率的增加。

高水位层序组(HSS)内 Lvis13_csb 至 Serp_SSB 层段有 2~5m(6.6~16ft)厚的类似薄旋

回，但越接近旋回顶部，陆上出露越明显。此外，该层段含高能包粒和鲕粒沙洲，与北部（T-5447、T-5044和T-5444油气井）、南部稍深低能环境、靠近外台地（T-6246和T-6846油气井）散布火山灰呈相似的总体趋势。北部台地区域内旋回几乎完全被充满，多个火山灰层段位于靠近层序界面的位置处，越靠近Serp_SSB，出露越明显。观察结果反映了从稍深低能外台地向东南边缘的发育过程（可能由构造倾斜所致）。谢尔普霍夫阶旋回变薄，旋回顶部出露增加，侧向相分异作用与罕见的深水外台地向田吉兹台地东北侧至东边缘的发育一致，上斜坡相（包含藻类—微生物、骨粒微生物和微生物粘结灰岩）向外进积几千米进入早期的维宪阶A、维宪阶B陆棚边缘之上的盆地内。外台地区域内通常含低能、深水相，出露减少或缺失（图1-15）。

1.3.10 巴什基尔阶：趋势与沉积环境

与维宪阶A和谢尔普霍夫阶内发现的旋回相比，巴什基尔阶旋回更薄且缺乏系统性，原因很可能是全球冰室气候引起的海平面快速波动。巴什基尔阶包括三个层段，较低层段（Serp_SSB至Bash1_csb）本质上是覆盖整个地台、厚度为15~20m的鲕粒砂体（图1-5）。该单元为扁平状，局部为薄薄的混合骨粒—似球粒开阔海夹层，含有较薄的泥岩旋回盖层和伴生出露部分。中心台地内层段下半部分通常富含沥青且孔隙度低；靠近西南外部台地（T-6246井）和北部（T-5246井），几乎整个剖面均含沥青且孔隙度迅速降低。巴什基尔阶中部的上界面为地表部分（Bash2.5_MFS），不属于Weber等（2003）发布的最初框架的一部分。Bash1_csb至Bash2.5_MFS主要由薄薄的（数米）分选较少的骨粒潮下开阔海砂浅水旋回构成，上覆高能潮间带包粒至鲕粒砂质浅滩，由大面积陆上出露和穿插几厘米至几分米厚火山灰层构成的薄似球粒泥粒灰岩—泥岩层段覆盖。巴什基尔阶顶部（Bash2.5_MFS至Bash_SSB），鲕粒至包粒砂位于浅水旋回底部，上覆为粉砂大小的（陡角）、交错层理、分选良好的藻砂。与火山灰层伴生的潟湖泥粒灰岩—泥岩层段砂十分罕见或基本缺失。藻类碎片十分常见，为粉砂级大小，可能由管状红藻形成。

随着Bash2.5_MFS之上鲕粒支配作用的逐渐减弱和藻泥的侵入，表现出朝向Bash_SSB地层总体加深的趋势，这与台地随后淹没的解释一致（Weberet等，2003）。交错层理可能由逐渐加强的高水位洋流扫荡深水台地顶部而形成，该台地仍在较短的低水位期出露，与冰室的高频、高振幅［高达40~60m（131~196ft）］海平面变化相关。陆上出露，如溶蚀、再结晶和灰层保护，同样为不均匀旋回。尽管如此，巴什基尔阶旋回仍保留了维宪阶A和谢尔普霍夫阶旋回的某些相似之处，如存在高能浅滩、较深台地骨粒粒状灰岩，靠近层序界面伴生半局限至局限台地相。在巴什基尔阶内，高能浅滩以鲕粒岩、豆岩和包粒为代表，而较深的局限台地相与维宪阶A和谢尔普霍夫阶台地相相似。

1.3.11 轻微倾斜与沉积之间的相互作用

在图1-5所示横断面中，最引人注意的观察结果即Serp_SSB下方层序和旋回界面的径迹图案几乎完全平行（除T-6846井剖面外）。另一项观察即Serp_SSB与下伏旋回断层之间存在几度的轻微角度不整合，其中Serp_SSB和旋回断层均向南倾斜几度。此外，Serp_SSB整个台地含高达5m（16ft）的多变侵蚀起伏，如T-5447井内明显增强的侵蚀作用。这些观察说明了以下几点。首先，由于差异沉积地形的迅速补偿，整个中心台地十分平缓且恒定地垂向加积,导致整体台地顶部发生最小的地形起伏。此外,台地向 Serp_SSB 前南部倾斜,其次遭到侵蚀(以缺失的 Bogdanovsky 和 Suryansky 生物带为基础),产生高达 5m(16ft)的起伏,最后于后巴什基尔阶沿同一轴线再次倾斜几度。T-6846 油气井相对于 Lvis10.5_csb 和 Lvis_SSB 之间其他油气井(图 1-5)来说,含较之后者约厚为 5m(16ft)的剖面,Lvis13_csb 和 Lvis10.5_csb 之间含约为 5m(16ft)的较厚剖面,Lvis13_csb 可能遭到轻微侵蚀,Serp_SSB 下方剖面缺失了几米。尽管尚未得到证实,这些差异也足以说明西南边缘向下(33ft)或向 Serp_SSB 前方倾斜 10m(33ft),在向北轻微倾斜后,Serp_SSB 发生了侵蚀作用。

1.4 储层质量与成岩作用

1.4.1 孔隙类型

约 11000 个柱状岩心的空气渗透率数据清楚地表明,根据柱状岩心基质性质,总体可划分为 3 个储层环境,即中心台地、外台地和边坡(翼部)(Collins 等,2006)。维宪阶 A、谢尔普霍夫阶和巴什基尔阶中心台地储层可视为具有明显不同的储层性质,总体表现为良好的储层。孔渗交会图和孔隙度分布直方图(图 1-16)表明,中心台地北部油气井(T-220 和 T-5246 井)和南部油气井(T-6246 和 T-6846 井)的特性不同。较低平均孔隙度和较好的孔渗关系通常发生于南部油气井内,而北部油气井孔隙度则呈双峰分布。几乎不含沥青的

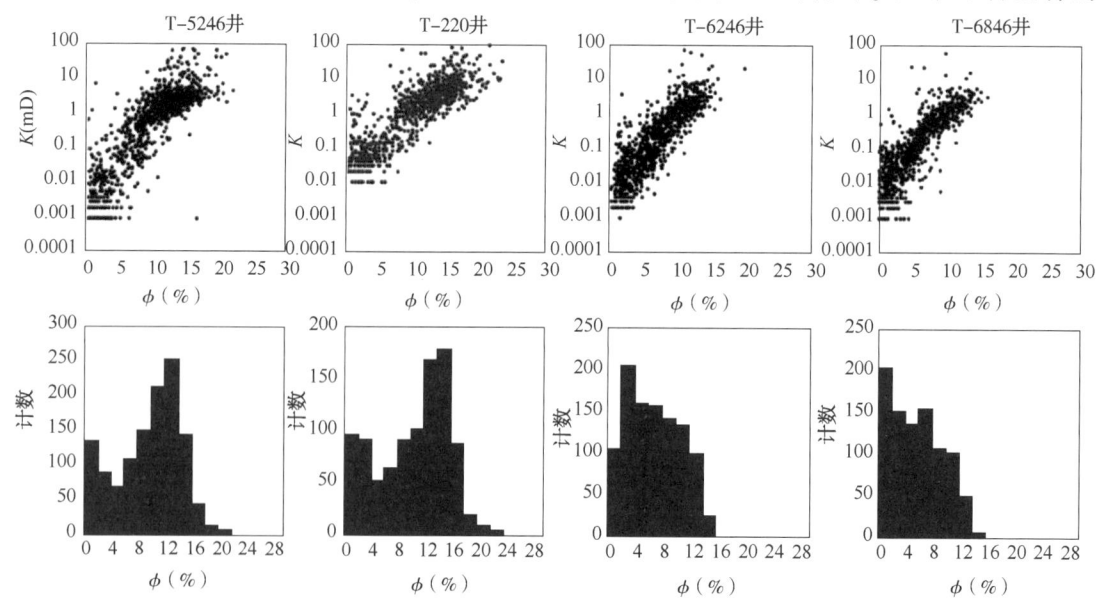

图 1-16 据观察,中心台地四口油气井之间存在细微的孔渗差异;见图 1-4 查看油气井位置,见图 1-5 查看其台地相和地形特征。K-ϕ 图(顶部)和孔隙度分布直方图(底部)表明北部油气井(T-220 井和 T-5246 井)和南部油气井(T-6246 井和 T-6846 井)特性不同,一般来说南部井具有较低的平均孔隙度和较好的孔渗关系,而北部井孔隙度则呈双峰分布

1 哈萨克斯坦滨里海盆地田吉兹中心岩隆晚维宪期至巴什基尔期台地旋回性：沉积演化和储层发育

T-220井和中度沥青胶结的T-6246井的约2000个柱状岩心（和相关薄片）孔隙类型描述表明，存在如印模、溶洞、微孔、粒内孔隙、晶间孔隙和粒间孔隙等多种孔隙类型，但一般情况下缺少裂缝（图1-17）。

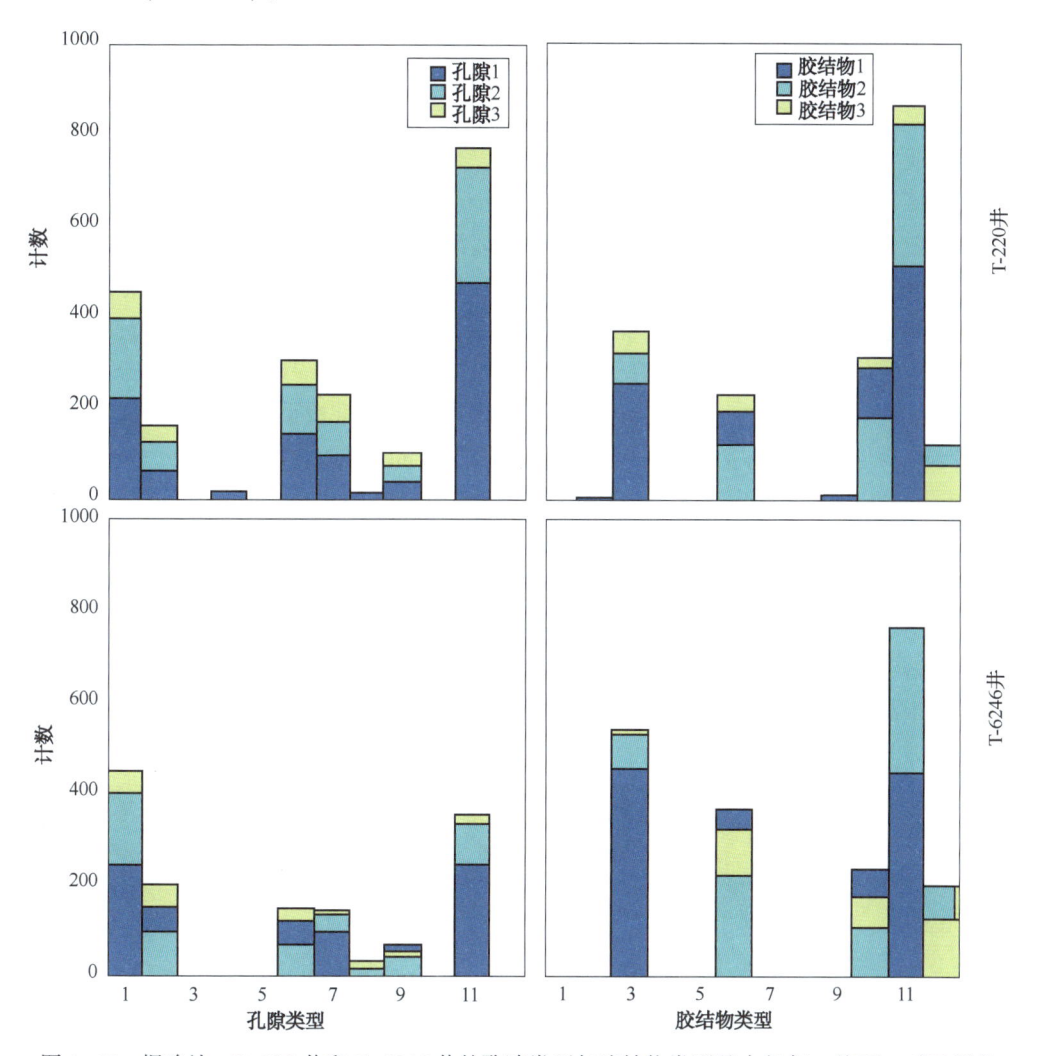

图1-17 据确认，T-220井和T-6246井的孔隙类型与胶结物类型基本相似。然而，对于所有相型，T-220油气井内溶洞、晶粒间和印模孔隙的相对含量明显比T-6246油气井高，这可能与T-6246内较大平均粒度和含量较高的贫泥岩石类型等特点相关。同样地，T-6246井内等粒方解石和共轴胶结物等胶结物类型含量比T-220井内高，这可能意味着T-6246井内深埋胶结物充填孔隙更多，但仍需更多的定量数据以作评估。孔隙类型图底部数字表示孔隙类型：1=粒间孔隙；2=粒内孔隙；3=窗格状孔隙；4=遮蔽孔隙；5=生长格架孔隙；6=晶间孔隙；7=印模孔隙；8=微孔；9=裂缝；10=通道；11=溶洞；12=加速溶蚀孔隙。胶结物类型图底部数字表示胶结物类型：1=纤维状胶结物；2=刃状胶结物；3=等粒—斜方胶结物；4=粗晶胶结物；5=葡萄状胶结物；6=共轴胶结物；7=微晶胶结物；8=凹凸状胶结物；9=微钟乳状胶结物；10=嵌晶胶结物；11=新生亮晶胶结物；12=环边胶结物。横轴表示孔隙或胶结物类型，竖轴表示孔隙或胶结物数量

Choquette 与 Pray(1970)用孔隙分类方法明确了多种碳酸盐岩孔隙类型，即选择性岩组（包括粒间孔隙、粒内孔隙、晶间孔隙和印模）和非选择性岩组（包括裂缝和溶洞）。孔隙类型体现了不同的孔渗关系，不过未予以重点描述。Lucia(1995，1999)创新性的研究表明，岩石类型、孔隙类型和储层质量(孔渗关系或变化)间的直接关系改变了过去对某些典型孔隙类型形成环境的认识。Lucia(1995，1999)确认了粒间孔隙类型和溶洞孔隙类型。粒间孔隙具有更为单一的孔渗变化与岩石类型、粒度与分选，其微粒间孔隙不会明显大于微粒。溶蚀孔隙类型通常比颗粒大或存在于颗粒内部，可以是分离或相连结构。分离溶洞通过粒间孔隙系统而连接，而相连溶洞自身形成互连系统。

在田吉兹台地，增加孔隙度而非渗透性的分离溶洞包括印模和粒内孔隙，因此必须从总孔隙度中减去增加的孔隙度，以便计算粒间变化。相连孔隙包括一些以粒间成分形式独立增加孔隙度和渗透性的溶洞(溶蚀扩大粒间孔隙)和裂缝，因此必须更改此类粒间变化。显然，在实际的石灰岩储层中情况可能更为复杂，它还可能含微裂缝、晶间孔隙或与分离溶洞相连接的微孔，欲利用岩相学对三维复杂孔隙进行二维评估也困难重重。下列部分描述了人们在田吉兹样本中观察到的孔隙类型及中心台地孔隙类型分布情况。

Choquette 和 Pray(1970)首次评估孔隙类型与岩相之间的关系，并探究岩相与储层质量之间的关系，本文采用他们所使用的术语(表1–2)，根据岩心和薄片来确定田吉兹孔隙类型。田吉兹中心地台常见孔隙类型为溶洞、粒间孔隙、微孔、晶间孔隙、印模和粒内孔隙，这些孔隙类型通常渗透性较强，存在于以溶蚀为主的基质内。最常见的孔隙类型为溶蚀孔隙，一部分溶蚀孔隙为选择性岩组，存在于基质、颗粒区域内(加速溶蚀的粒间孔隙)，或与缝合线伴生(图1–18A~C)。其次最常见的孔隙类型为粒间孔隙(图1–18D~H)，紧随其后的常见孔隙类型为微孔(图1–19A、B)。

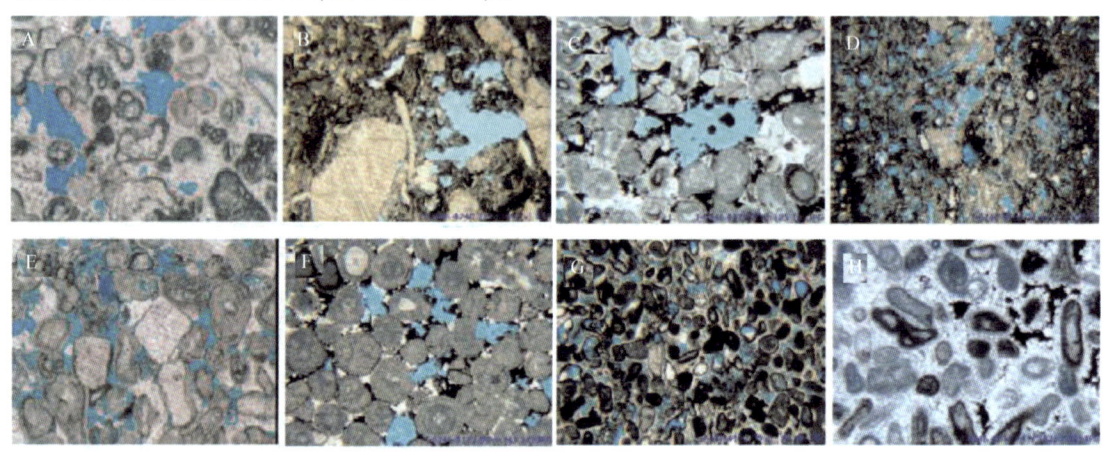

图1–18 中心台地区域主要孔隙类型的显微照片

(A)溶洞为非选择性岩组孔隙，通常比主要粒度大(尽管文献中存在不同解释)。此处所示溶洞为粒状灰岩经过早期等粒环边胶结和加速溶蚀的产物。(B)泥粒灰岩—粒状灰岩中发育的溶洞，溶蚀颗粒和基质，仅留下海百合骨板和腕足类完整碎片。(C)继早期胶结后的过密鲕粒粒状灰岩和溶洞，先于块状方解石和沥青侵位。溶洞为中心台地主要的孔隙类型，主要与深埋溶蚀而非最初大气过程有关。(D)印模和粒间孔隙(较小粒内孔隙)加速溶蚀后期，对胶结物结构造成破坏，促使溶洞形成。(E)骨粒和包粒粒状灰岩主要为粒间孔隙，含少量胶结物充填。(F)过密鲕粒粒状灰岩含少量的块状方解石和沥青，封闭加速溶蚀的粒间孔隙。(G)骨粒和似球粒粒状灰岩，边缘为等粒亮晶衬里粒间孔隙和较小的印模孔隙。(H)粒间孔隙完全被等粒至斜方亮晶和沥青胶结物封闭。显微照片 A~G 的宽度为4.20mm，显微照片 H 的宽度为1.58mm(0.16 和 0.06in)

从孔渗变化角度来看，溶蚀孔隙包括印模孔隙(Lucia，1995，1999)。图 1-19C~E 展示了田吉兹台地印模孔隙的发育过程。发育早期，泥晶灰岩颗粒随着粒间孔隙被等粒至斜方亮晶胶结物填充而逐渐溶蚀(图 1-19C)；印模界面继续溶蚀，几乎穿透接触面，腐蚀早期胶结物(图 1-19D)；发育后期，泥晶灰岩加速溶蚀仅留下泥晶套。从孔渗变化角度看，粒内孔隙也属于溶蚀孔隙，如图 1-19D~F 所示。

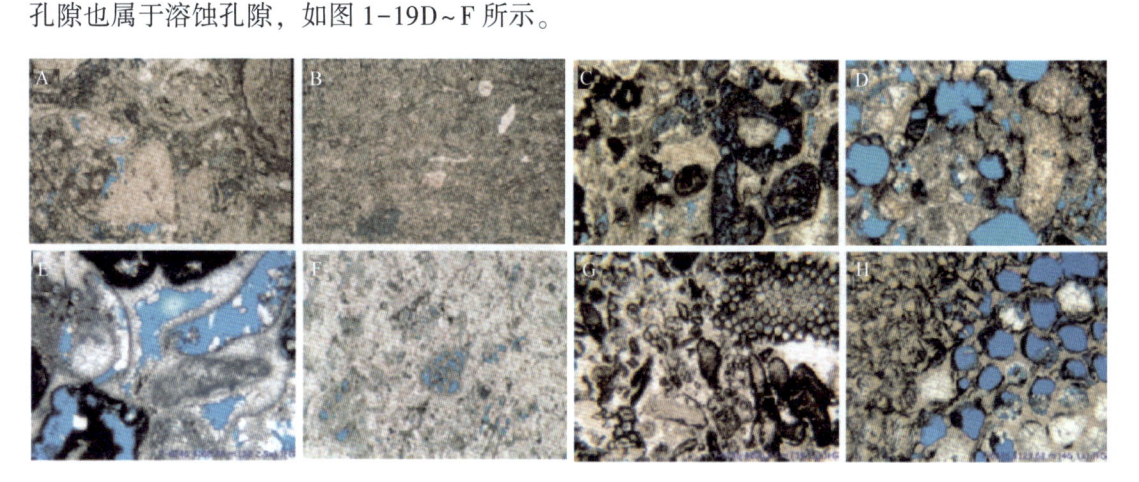

图 1-19　中心台地区域其他主要孔隙类型的显微照片

孔径小于 25 μm 的微孔示例(A、B)；(A)发育于颗粒，(B)发育于基质。通常情况下，由于厚度仅为 25~45 μm，因此很难通过薄片进行观察。(C)早期印模孔隙：泥晶灰岩颗粒随着粒间孔隙被等粒至斜方亮晶胶结物填充而逐渐溶蚀。(D)印模孔隙展示了印模界面继续溶蚀，几乎穿透接触面，溶蚀早期胶结物的迹象。(E)印模孔隙展示了后期加速溶蚀，仅留下泥晶套的迹象。沾上沥青的泥晶灰岩，其溶蚀速度似乎变慢。粒间孔隙被部分方解石胶结物填充。(F)粒内孔隙内有底栖有孔虫发育。(G)粒内孔隙发育于绿藻，康宁克氏苔藓虫属。(H)粒内孔隙发育于 Chaetetes 碎片(并非所有孔隙均由蓝色环氧树脂填充)。显微照片 A、B、F、G 宽度为 4.20 mm(0.16 in)，C、D、E、H 为 1.58mm(0.06in)

印模和粒间孔隙后期溶蚀对胶结物结构造成破坏，促使溶洞发育，较小的块状方解石和沥青封闭孔隙，如图 1-18D、F 所示。一般来说，印模孔隙与图 1-18G 所示粒间孔隙共同出现；粒间孔隙完全被样本中的等粒至斜方亮晶和沥青所封闭(图 1-18H)。由于孔隙比典型薄片的厚度小得多，因此很难在田吉兹样本中观察到颗粒或基质中的微孔。由于微孔和晶间孔隙均超出正常岩相学分辨率范围，难以进行区分，因此认为微孔包括细小的晶间孔隙。裂缝或裂隙通常不常见于中心台地(若存在，则多数裂缝或裂隙均被胶结物咬合)。在某些情况下，若裂缝保持张开状态，则缝隙大小从微细裂隙至微细裂缝不等(图 1-20A~F)。缝合线通常沾有沥青且与小溶洞伴生(图 1-21A~C)。上述示例展示了继缝合线形成之后发生的溶蚀作用。

1.4.2　控制孔隙度和渗透性的参数

对于所有沉积相类型，T-220 油气井内孔隙(如溶蚀、印模和晶间孔隙)的相对含量明显比 T-6246 油气井内高。与此相反，T-6246 油气井内粒间孔隙的相对含量则高于 T-220 油气井，这一变化可能与 T-6246 油气井内比例较高的粒状、贫泥岩石类型相关(图 1-22)。然而，没有哪种单独的孔隙类型或孔隙类型组合与主要沉积相呈明显的直接关系或能够对孔隙度或渗透性进行重要的控制。这就意味着中心台地区域可被看作是单一储层区，改变孔隙类型和岩相不会对储层连通性造成显著影响。上述结论与 Lucia(1995，1999)储层岩石类型分类，体现渗透性能受孔隙类型控制之论点相矛盾。

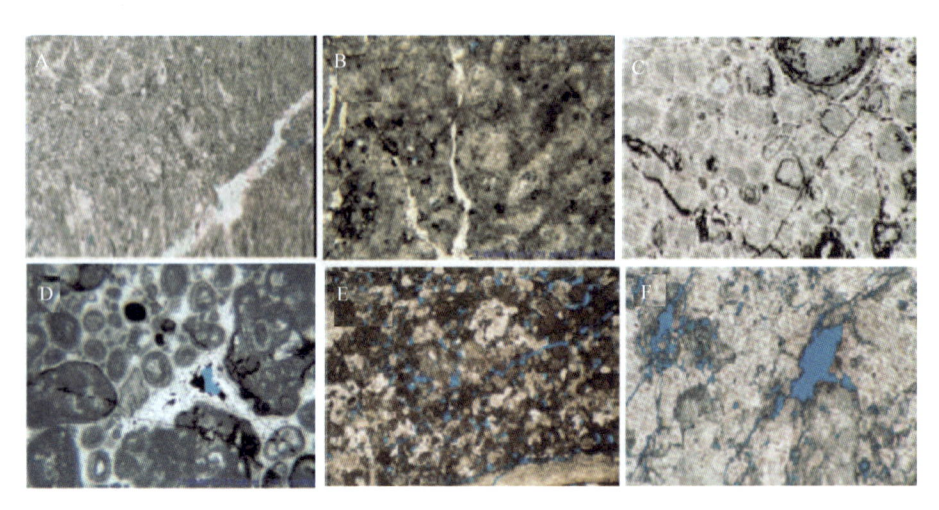

图 1-20 中心台地区域内主要孔隙类型的显微照片

(A、B)即使可行,也很难通过张开裂缝从柱塞状岩心中采集薄片。图示为块状方解石胶结物填充的薄裂缝示例。(C、D)沥青填充的极细裂隙或裂缝之示例。应注意 C 中裂隙继块状方解石粒间胶结物填充之后,沥青侵位之前而形成,确认了沥青侵入过程发生于较晚时期。(E、F)这项规则的例外。由于高粒间孔隙度的骨粒—似球粒粒状灰岩内发生晚期溶蚀作用,因此轮廓模糊的张开裂缝加强。裂缝可能与图示溶洞相连。显微照片宽度为 4.20 mm(0.16 in)

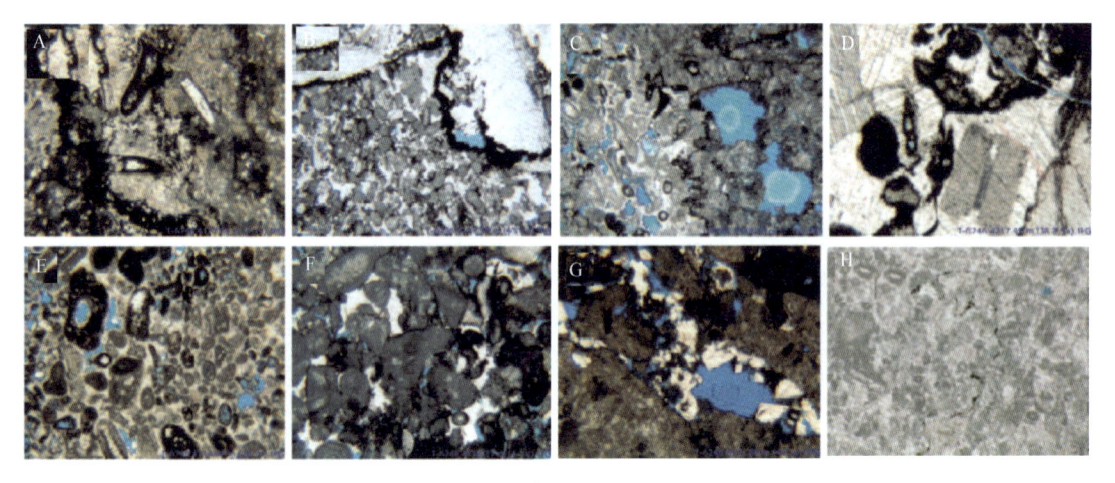

图 1-21 中心台地区域主要孔隙类型的显微照片

(A)压溶缝合线、深棕色泥晶灰岩和沥青。B 与 A 一样,但溶蚀通常与缝合线相关。C 与 A、B 一样,但缝合线形成后所发生的溶蚀作用清晰可见,注意溶洞没有穿透沥青缝隙。(D)海百合骨板上的嵌含晶衔接复生胶结物是局部区域的主要胶结物,它降低了粒间孔隙度。然而,沥青侵入和伴生溶蚀也能溶蚀胶结物和海百合骨板。(E)等粒至斜方亮晶封堵了粒间孔隙的包粒粒状灰岩,可能替代早期海水胶结物,仅保留稀少的印模和剩余粒间孔隙。(F)掩埋块状方解石封堵部分粒间孔隙后,泥晶化的包粒粒状灰岩的晶粒边界发生轻微溶蚀,泥晶灰岩局部被沥青侵入。(G)部分张开裂缝被块状方解石胶结物封堵,随后被沥青侵入。(H)分选差的粒状灰岩孔隙被胶结物封堵,并重新再结晶为细小的方解石亮晶胶结物。显微照片 A~C、E~H 宽度为 4.20mm(0.16in),D 为 1.58mm(0.06in)

  尽管上述观察结果表明孔隙类型或岩相与主要沉积相间几乎不存在直接关系,但应该承认它们之间存在几种间接关系。由淤泥潟湖相的孔隙分布和孔隙类型,含淤泥基质中等分选的粒相(腕足类骨粒—似球粒粒状灰岩—泥粒灰岩、海百合骨粒—似球粒粒状灰岩—泥粒灰岩、分选差的骨粒—似球粒粒状灰岩—泥粒灰岩）和贫泥分选良好的粒相（分选良好的骨粒粒状灰岩、包粒粒状灰岩—砾状灰岩、鲕粒粒状灰岩、骨粒内碎屑粒状灰岩和藻类粒状灰岩）组成的环型（图1-5），表现了粒相间的细微差异而非显著差异（图1-22）。粒相组合内孔隙类型含量十分相似，但淤泥潟湖相的粒内和裂缝孔隙含量较高。T-6246油气井内粒相的粒间孔隙度较高且孔隙度总体分布具有一定差异。T-220油气井内粒相呈双峰分布，潟湖相孔隙度低。T-6246油气井内贫泥相的孔隙分布与T-220井相比大幅降低且呈拉平分布（图1-23）。同样地，富泥粒相具有较低的孔隙度，但潟湖泥岩具有较高的孔隙度，呈双峰分布（可能与裂缝的高孔隙度有关）。上述观察结果表明T-220井孔隙类型（如溶洞和印模孔隙）具有相对较高孔隙度的原因为次生蚀变作用。对T-5246油气井进行观察研究也可得出类似的结论。

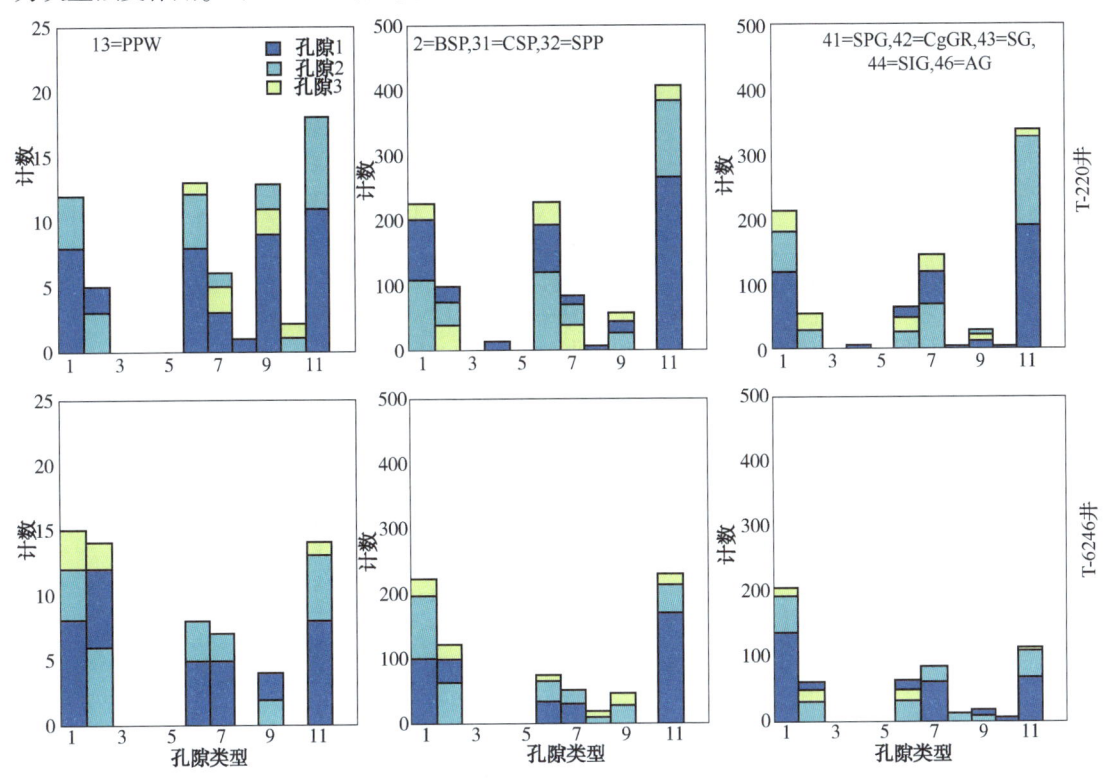

图1-22　T-220和T-6246油气井内淤泥潟湖相（13＝PPW）、含淤泥基质的中等分选的粒相（2＝BSP、31＝CSP、32＝SPP）和贫泥、分选良好的粒相（41＝SPG、42＝CgGR、43＝OG、44＝SIG、46＝AG）的孔隙类型分布

孔隙类型：1＝粒间孔隙；2＝粒内孔隙；3＝窗格状孔隙；4＝遮蔽孔隙；5＝生长格架孔隙；6＝晶间孔隙；7＝印模孔隙；8＝微孔；9＝裂缝；10＝通道；11＝溶洞；12＝加速溶蚀孔隙。横轴体现了孔隙类型，竖轴体现了孔隙数量，数量越多表明该孔隙类型越重要

除孔隙类型外，对孔隙填充物类型也进行了观察和研究。观察结果分为以下两大趋势。第一，除T-6246井内等粒和共轴方解石含量相对较高外，T-220和T-6246油气井孔隙填充物类型分布具有可比性（图1-17）。第二，T-220和T-6246油气井之间的另一显著差异即沥青含量。图1-5表示T-6246和T-6846井内沥青含量高于T-220井内沥青含量。对于T-220油气井，沥青含量主要与淤泥富粒至富泥相（图1-24A）、主要的孔隙类型（粒间、晶间和溶洞）和低含量孔隙类型（粒内、印模和裂缝）有关（图1-24B）。沥青含量与孔隙度和渗透率呈负相关（图1-24C、D）。

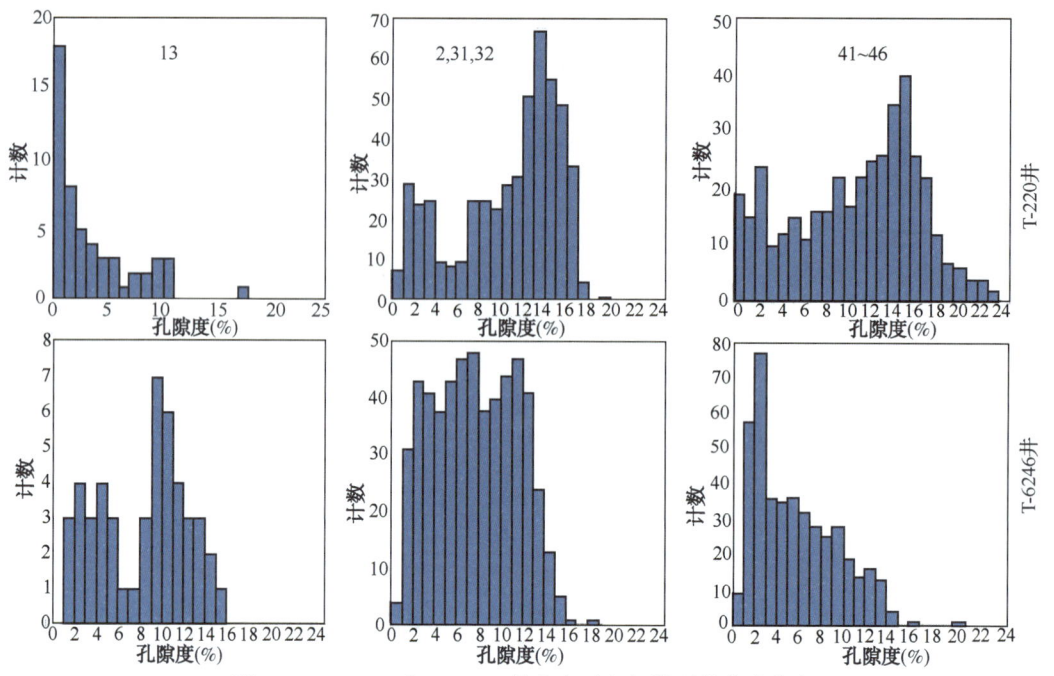

图 1-23 T-220 和 T-6246 井中主要岩相类型的孔隙分布

淤泥潟湖相(13 = PPW)、具淤泥基质的中度分选的粒相(2 = BSP、31 = CSP、32 = SPP)和贫淤泥的分选良好的粒相(41 = SPG、42 = CgGR、43 = OG、44 = SIG、46 = AG)

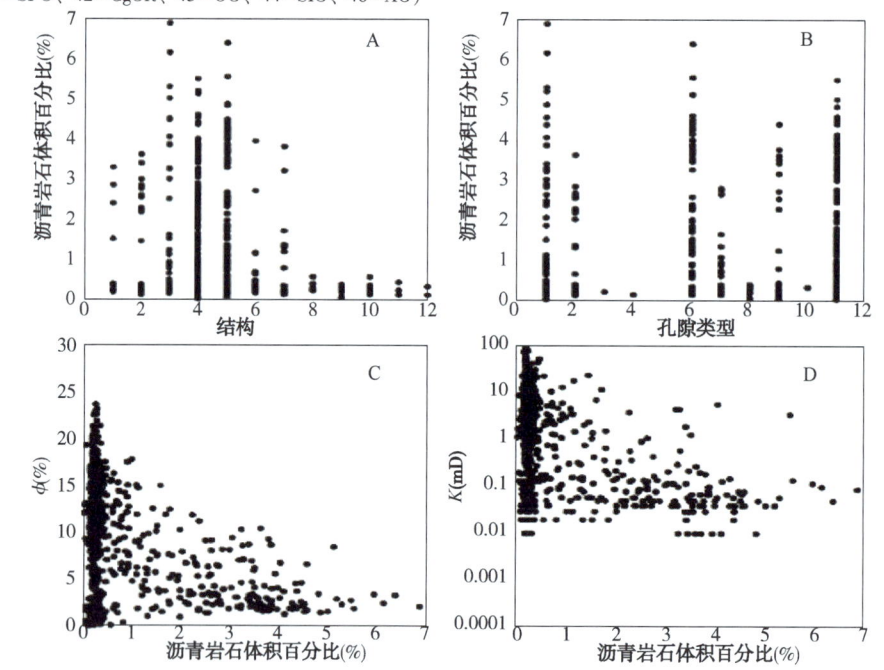

图 1-24 T-220 井中沥青(钻头岩石)、岩石岩组(PP 岩组)、孔隙类型(孔隙 1)、孔隙度(ϕ)和渗透率(K)之间的关系(T-6246 井无可用数据)

沥青含量主要和粒状贫泥至富泥相有关(A),且沥青主要位于颗粒间、晶间和溶洞类型结构中,且受到颗粒内部结构、印模结构和裂缝孔隙的少许影响(B)。当沥青岩石体积百分比超过 0.5% 时,其与孔隙度和渗透率呈负相关性(C、D)。孔隙类型:1 = 粒间孔隙;2 = 粒内孔隙;3 = 网格孔隙;4 = 遮蔽孔隙;5 = 生长格架孔隙;6 = 晶粒间孔隙;7 = 印模孔隙;8 = 微孔;9 = 裂缝孔隙;10 = 通道;11 = 溶洞;12 = 加速溶蚀孔隙。结构:1 = 砾状灰岩;2 = 粒状灰岩—砾状灰岩;3 = 粒状灰岩;4 = 粒状灰岩—泥粒灰岩;5 = 泥粒灰岩—粒状灰岩;6 = 泥粒灰岩;7 = 泥粒灰岩—粒泥灰岩;8 = 粒泥灰岩;9 = 粒泥灰岩—泥岩;10 = 泥岩—粒泥灰岩;11 = 泥岩;12 = 粘结灰岩

图 1-25 更好地展示了 T-220 油气井内沥青含量对孔隙度和渗透率之间关系的影响（目前还没有 T-6246 井相关可用数据）。当逐渐增加的沥青含量超过阈值（即岩石体积的 5% 左右）时，其与 K-ϕ 呈负相关。尽管通常情况下沥青与基质孔隙类型同时存在于粒相中，但它也与晚期成岩作用孔隙类型（如溶洞）和非基质孔隙类型（如裂缝）同时出现。沥青含量显著地影响了旋回和地层的孔隙度变化（图 1-26）；据观察，沿外部台地孔隙度逐渐降低。为便于对比和确定沿外部台地沥青含量增加情况，对沥青含量的孔隙度测井进行了修正（图 1-26）。显然，沥青降低了中心台地外部甚至外台地本身的孔隙度（图 1-4 和图 1-5）。

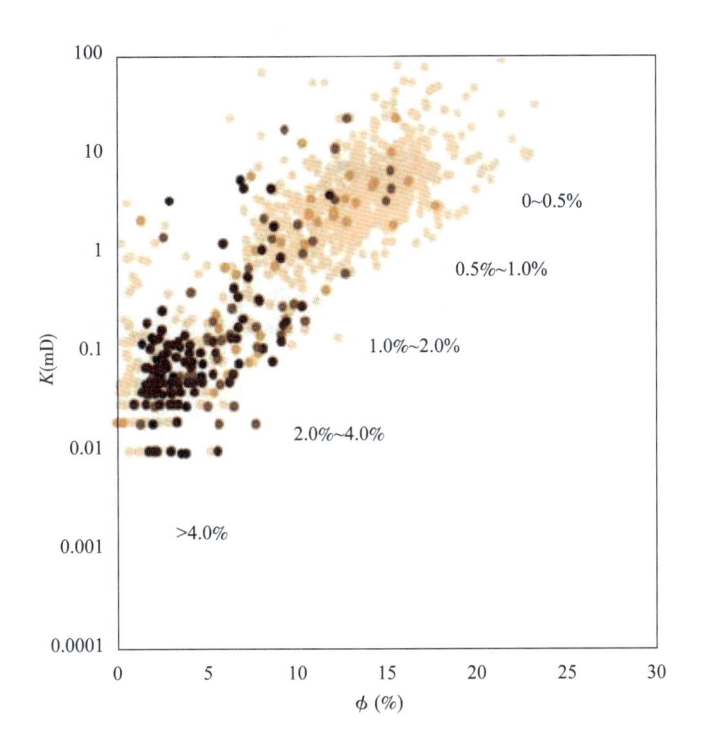

图 1-25 沥青体积对 T-220 井中孔隙度（ϕ）和渗透率（K）关系的影响（T-6246 井无相关可用数据）

在约 0.5% 沥青岩石体积的阈值以上，沥青含量的增加与 K—ϕ 呈负相关。虽然沥青在具有基质孔隙类型的粒相中很常见，它也会出现在晚次生孔隙中，如可视为溶蚀表征的溶洞，另外也会在非基质孔洞中出现，如裂缝孔隙

火山灰也可见于开采的低孔隙度（致密）储层内。这些致密储层通常位于旋回界面周围、散布火山灰的层段内。层序和旋回界面早期成岩作用过程抑制流体向下渗流，这与上述的观察结果有关。通常情况下，这样的条件降低了大气溶蚀作用。此外，在某些情况下，从火山灰浸出的二氧化硅以黑硅石和二氧化硅胶结物的形式再次沉积于层序界面下方，导致潟湖层段相关孔隙度大幅降低。最后，沥青侵位相关溶蚀作用不会对这些致密储层造成影响。

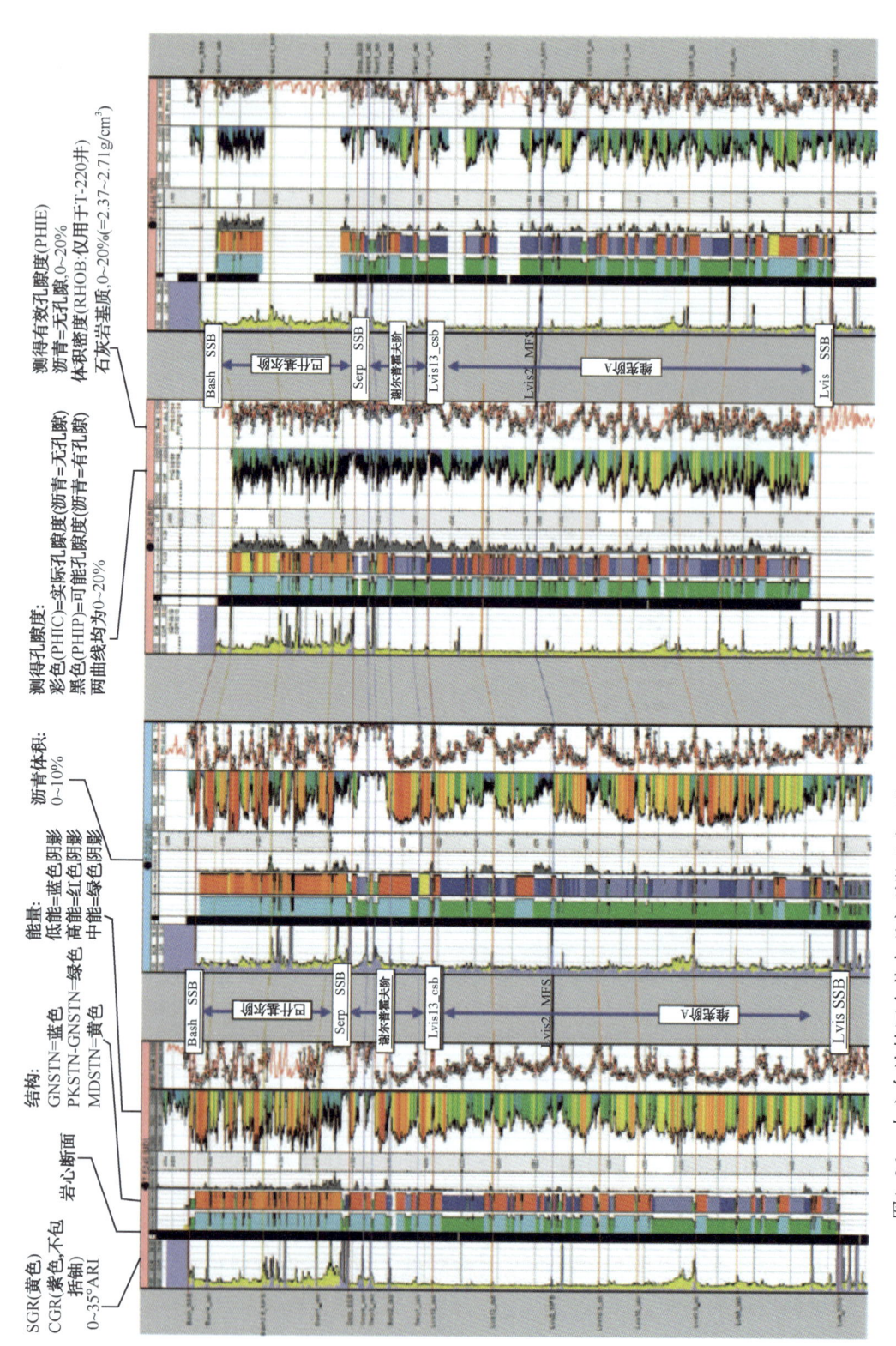

图1-26 中心台地的四个井内观察到微观岩石物理和地质特性差异（井位见图1-4，附加信息见图1-5）
K—φ图示孔隙度直方图表明，北部中心台地井（T-220井和T-5246井）和南部中心台地井（T-6246井和T-6846井）之间存在特性差异，南部井的平均孔隙度较低，其渗透率和孔隙度的相关性较好，而北部井的孔隙度呈双峰分布。Bash=巴什基尔阶；Serp=谢尔普霍夫阶；油尔普霍夫阶失去；Lvis2_MFS；Vis A=维宪阶A

1.4.3 成岩作用的过程和时间

现今储层质量在 Lvis_SSB 至 Bash_SSB 台地系列的中心和(西南)外部台地(维宪阶 A、谢尔普霍夫阶和巴什基尔阶储层带)中的分布由早期储层系统的多种晚期成岩作用改造效果所决定,主要包括沥青侵入及相关溶蚀,而这些早期储层系统的孔隙度和渗透率分布则因高旋回沉积作用和早期成岩作用而形成。早期成岩作用包括与主要层序界面有关的旋回台地相发生的大气蚀变,蚀变沿更高层序界面逐渐减弱,此现象和火山灰有关。与陆上出露相关的成岩作用会导致孔隙度增大或降低(图 1-27)。棕色纤维状、钟乳石式、弯月式和悬挂式胶结物通常与淡水渗流和海水渗流成岩作用相关,这些成岩作用发生于可能裸露于表面下数米的田吉兹岩心中(图 1-28A~D)。蜂窝岩组如图 1-28E 所示,它表明裸露表面下发生过成土过程。与出露相关的早期溶蚀可能会导致早期的压实,这可从拟合岩组的多处分布看出(图 1-28H),较薄的胶结物边缘也包含于压实层中,随后形成块状方解石和沥青。

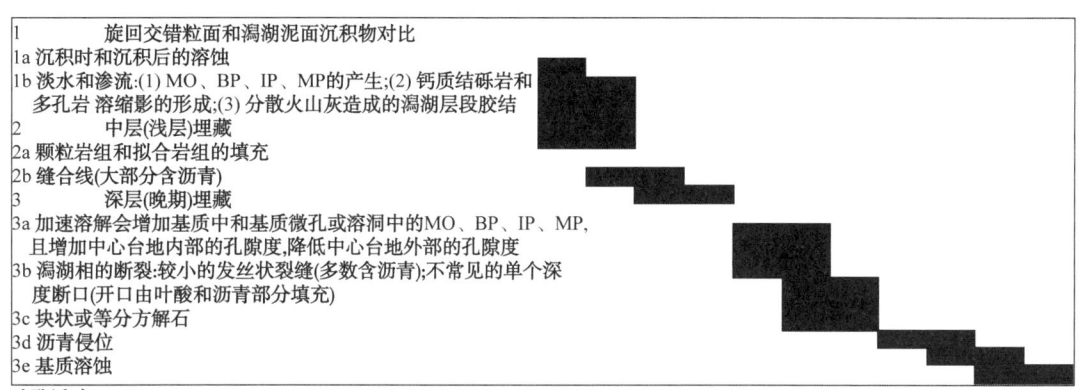

```
1          旋回交错粒面和潟湖泥面沉积物对比
1a 沉积时和沉积后的溶蚀
1b 淡水和渗流:(1) MO、BP、IP、MP 的产生;(2) 钙质结砾岩和
   多孔岩 溶缩影的形成;(3) 分散火山灰造成的潟湖层段胶结
2          中层(浅层)埋藏
2a 颗粒组和拟合岩组的填充
2b 缝合线(大部分含沥青)
3          深层(晚期)埋藏
3a 加速溶解会增加基质中和基质微孔或溶洞中的 MO、BP、IP、MP,
   且增加中心台地内部的孔隙度,降低中心台地外部的孔隙度
3b 潟湖相的断裂:较小的发丝状裂缝(多数含沥青);不常见的单个深
   度断口(开口由叶酸和沥青部分填充)
3c 块状或等分方解石
3d 沥青侵位
3e 基质溶蚀
```

造孔活动
1b 副序列和层序界面下的淡水溶蚀和渗流溶蚀
3a 晚期埋藏加速溶蚀影响 BP、MO、MP 和 MVUG,但依赖于初级岩组和早期孔隙网络,因此它在初级岩相分布之后发生
3e 晚期埋藏沥青侵位后的基质溶蚀

消孔活动
1 因低能和中高能沉积环境中存在较多的胶结方解石和硅土,火山灰作为分散剂滞留在离散岩层中,且尚不清楚其空间分布
3c 块状或等分方解石
3d 沥青侵位与同期和/或早期基质和断裂溶蚀孔隙网络的产生相关,因此它在初级岩相分布之后发生

图 1-27 中心台地的共生次序。重要的同期沉积、中层(浅层)埋藏和深层(晚期)埋藏活动按年代顺序列出。图的下部列出了对于孔隙形成和消失起重要作用的活动。MO=印模;BP=粒间孔;IP=粒内孔;MP=微孔;MVUG=微小溶洞

晚期成岩作用包括最终构成缝合线的压溶作用,其间产生黑棕色微晶灰岩和沥青的聚合物(图 1-21A、B)。有时溶蚀会在缝合线形成后发生(图 1-21C)。海百合骨板上的增生胶结物是局部区域的主要胶结物,其降低了粒间孔隙度(图 1-21D)。后期的埋藏作用通过胶结和再结晶也降低了孔隙度(图 1-21E~H)。示例展示了该过程中孔隙的渐进式闭合,包括断裂所致的孔隙胶结(图 1-21G)。

导致孔隙度扩大的埋藏溶蚀现象对于田吉兹储层和孔隙度模型的相关解释至关重要(图 1-29A~F)。在具有粒间孔隙的样本中可常观察到,加速的(晚期埋藏)溶蚀作用扩大了颗粒间的孔隙空间并使其连接到一起,形成更大的溶洞。这些孔洞在沥青的作用下排成行,证明曾发生过沥青侵位溶蚀(图 1-29A)。晶界通常被这种溶蚀所侵蚀,取向连生的增生胶结物在有的情况下亦如此(图 1-29B、C)。据报告,在原油运移前,大范围的晚期深层埋藏溶蚀

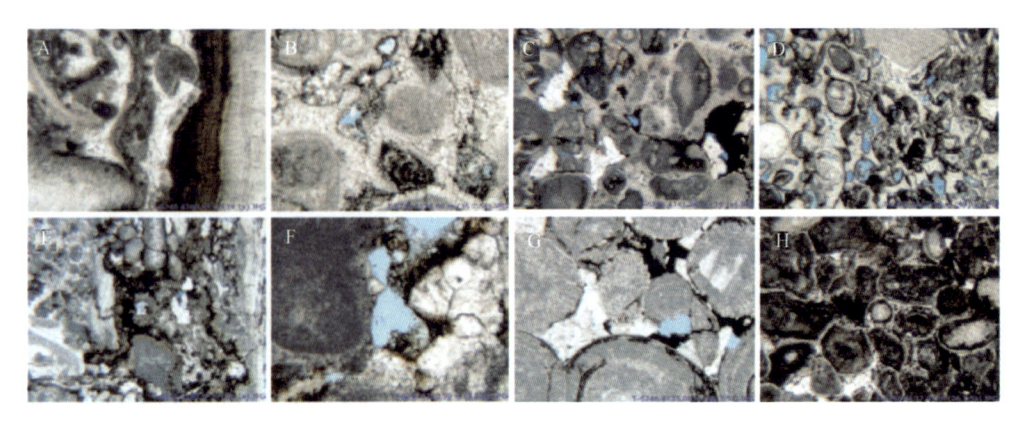

图1-28 中心台地区域主要胶结物类型的显微照片

(A)粘附于腕足碎片下部的棕色纤维状悬挂式胶结物产生于淡水成岩作用，因此可作为陆上裸露的证明。(B)在可疑裸露表面以下数米发现通常和渗流成岩作用相关的钟乳石状或悬挂式胶结物。(C、D)弯月式和悬挂式胶结物表明渗流和海水渗流成岩作用封堵了这些样本中大部分的原生孔隙。保存完好的粒间孔隙在埋藏溶蚀和/或侵蚀作用之后，会形成块状方解石胶结物和沥青。(E)揭示出裸露表面下成土过程的蜂窝岩组示例。(F)晶界、胶结物、块状方解石胶结物和沥青加速侵蚀或溶蚀后可能发生的渗流胶结作用。(G、H)少量胶结和压实的共同作用会形成拟合岩组或过挤岩组。压实过程中受影响结构是较薄的胶结物边缘，随后，埋藏的块状方解石胶结物和沥青将受到影响。显微照片A、C、D、E、F宽度为4.20mm(0.16in)，显微照片B、G、H的宽度为1.58mm(0.06in)

作用至少在若干个其他类型的碳酸岩油气田中是主要的储层孔隙生成机制(Moore，2001；Esteban和Taberner，2003；Zampetti等，2003；Sattler等，2004)。大部分作者认为地层流体与外部流体在高温下混合将发生溶蚀，该过程或许也是田吉兹中心台地中埋藏溶蚀的成因之一。类似地，沥青侵入(和胶结化)之后的溶蚀现象也可能因不同流体的沥滤阶段所导致。流体包裹体和稳定同位素研究会对位于田吉兹的大量埋藏溶蚀的根源有所启发，有关初等地球化学数据和可能正确的溶蚀模型的讨论请参见Collinset(2006)研究文献。

在中心台地成岩作用中，再结晶也是重要过程之一。例如，图1-29D中的粒状灰岩再结晶为等分的块状晶石。再结晶发生于粒间孔隙的早期部分胶结之后，此后即为晚期溶蚀阶段，晚期溶蚀产生印模孔隙。但早期的印模孔隙被块状方解石(泥晶套)封堵，而晚期溶蚀则产生在沥青作用下成行排列的敞模。更为常见的是与晶间和较小的印模孔隙相关的细致再结晶岩组，以及分散分布的沥青(图1-29E、F)。虽然再结晶阶段看似发生于(侵蚀和削截的)块状方解石的胶结作用之后，但因该过程本身的破坏性，其具体发生时间尚不明确。

如图1-27所示的田吉兹中心台地中重要的成岩作用叠加过程可概述如下：淡水环境沉积时和沉积后的溶蚀作用产生印模，扩大了颗粒间和颗粒内的间隙，形成微孔结构和多孔的岩溶缩影。与分散的火山灰相关的潟湖空隙胶结作用显著降低了孔隙度，并在旋回界面和层序界面周围形成渗透屏障。中层至浅层埋藏会生成常见的拟合岩组和中低幅度的缝合线。侧向连续性、旋回界面和层序界面周围牢固的致密层以及局部的高能间距可能会极大地影响后期的液体流动，进而影响胶结物的分布、溶蚀作用和中心台地储层中的沥青分布。晚期成岩时的叠加作用促进了溶蚀的加速，增加了基质的孔隙度并形成溶洞和小裂隙，而等分方解石则降低了内部中心台地的孔隙度。随后，沥青的侵入从整体上降低了外台地的孔隙度。增加或降低孔隙度的晚期埋藏活动明显抑制或消除了最初与主要的沉积特性相关的垂直性和几乎周期性的孔隙变化。

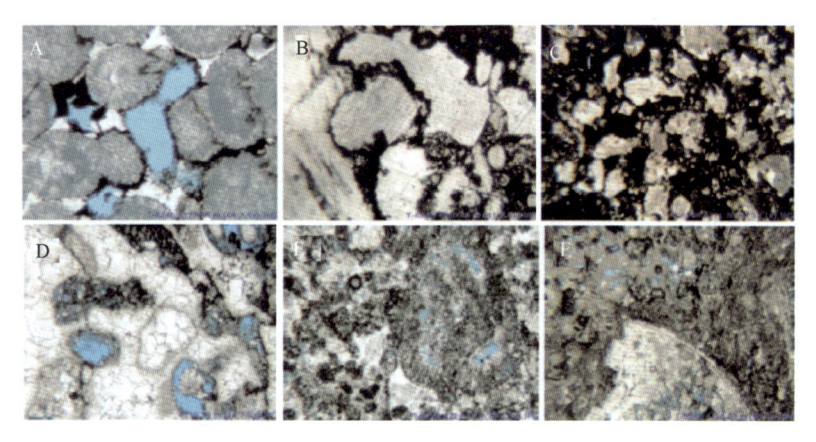

图1-29 中心台地区域额外孔隙类型的显微照片

(A)沥青使孔隙壁成行排列之前,加速的晚期埋藏溶蚀将颗粒间孔隙连结成较大的溶洞。主要晶界可能被这一溶蚀过程所侵蚀。此外,沥青侵位后,晶粒在其他的溶蚀作用下部分溶蚀。(B)沥青溶蚀海百合骨板和取向连生增生胶结物的界面。(C)类似B,但在沥青侵位的后期,晶粒界面被溶蚀,形成伪泥粒灰岩至粒泥灰岩岩组。(D)再结晶是中心台地成岩作用的主要过程之一。在示例中,粒间孔隙的早期部分胶结后,粒状灰岩岩组再结晶成等分块状晶石,随后发生晚期溶蚀,形成印模孔隙。早期的印模孔隙被块状方解石(微晶灰岩)封堵,随后的溶蚀过程形成了在沥青作用下成行排列的敞模。(E、F)在中心台地内,包含晶间孔隙和较小的印模孔隙的再结晶岩组以及散布的沥青是非常常见的。虽然再结晶阶段看似发生于(侵蚀和削截的)块状方解石的胶结作用之后,但因该过程本身的破坏性,其具体发生时间尚不明确。显微照片C、F宽度为4.20mm(0.16in),显微照片A、B、D、E宽度为1.58mm(0.06in)

1.4.4 中心台地储层质量的空间分布

在缺少通过孔隙类型或岩相进行一级控制的情况下,以下章节描述储层质量从中心台地向外部台地的过渡分布。侧向变化可能是由早期旋回沉积和成岩作用所致,包括火山灰的保存、晚期埋藏溶蚀以及沥青侵位。

图1-30中的模型以伽马测井和孔隙度测井的形式概括了田吉兹中心台地内的孔隙生成和孔隙消失的活动。孔隙度的变化与交替低能潟湖间隔薄层、火山灰层和高能粒状灰岩间隔厚层沉积作用后的主要成岩阶段相关。详细记录和岩心关联数据表明,潟湖层段和火山灰层并不总是相关联,也并非在井间始终连续,且旋回层在数千米距离内的厚度略有变化。三个重要的成岩阶段会影响储层质量和分布。首先,呈块形的孔隙度曲线是早期埋藏作用的结果,包括旋回界面周围与火山灰薄层和侵蚀相关的低孔隙度,以及与淡水成岩作用相关的胶结现象(图1-30A)。粒状灰岩的局部间隔厚层具有较低的孔隙度,且存在较多的、频繁聚集在缝合线周围的分散火山灰。其次,埋藏活动会导致侵蚀,并使中心台地内部的孔隙度曲线呈块状形,也会使中心台地外部的孔隙度下降;或者说,中心台地外部的侵蚀与内部相比更为缓慢(图1-30B)。

在晚期埋藏活动中侵位的沥青起着胶结作用,降低了孔隙度(图1-30C)。沥青体积从中心台地的内部向外部和边缘增加,并降低了孔隙度曲线的相关性。一些证据显示,另一个溶蚀阶段与沥青侵位相关联。在边缘和斜坡区,观察表明,在沥青胶结物出现后发生了溶蚀(Collins等,2006)。

中心台地井内旋回界面周围的泥粒灰岩至泥岩层段的孔隙度和渗透率远低于上覆粒状灰

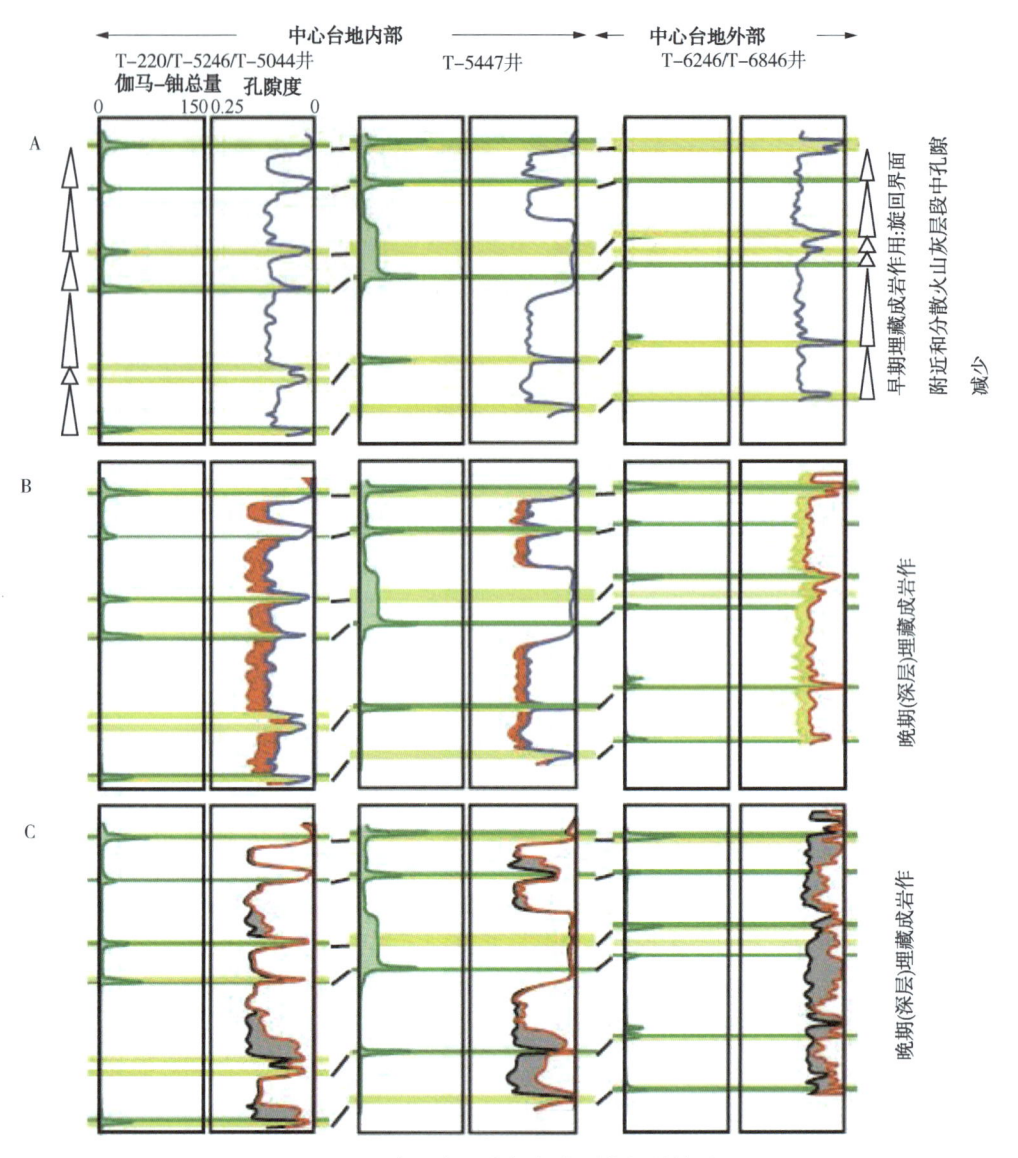

图 1-30 中心台地内假想的测井相关情形

各井的伽马测井曲线在左，孔隙度测井曲线在右。图中的孔隙生成和消除活动与主要的成岩作用阶段相关，在本图所示成岩作用的地层中，低能潟湖间隔薄层、火山灰层(黄色和绿色水平线)和高能粒状灰岩间隔厚层(白色)交错堆叠。更详细的相关性数据表明，潟湖层段和火山灰层并不总是相关，其在井位之间也不一定连续。在数千米距离内，旋回层(标三角形符号)的厚度会有略微变化。(A)块形的孔隙度曲线因早期的埋藏作用所致，包括与火山灰薄层和溶蚀相关的旋回界面周围孔隙的减少以及与淡水成岩作用相关的孔隙胶结(孔隙用蓝色表示)。局部粒状灰岩的间隔厚层具有较低的孔隙度和较多的分散火山灰，火山灰常常在缝合线附近聚集。(B)晚期埋藏活动导致中心台地内部(红色)发生溶蚀并使其孔隙度曲线呈块形，并导致中心台地外部(黄色)孔隙度的降低，或者说，中心台地外部的溶蚀少于内部。(C)在晚期埋藏时，侵位的沥青起胶结作用并降低了孔隙度。从中心台地内部至外部和边缘，沥青体积增加，并弱化了孔隙度曲线的相关性

岩—泥粒灰岩岩相的孔隙度和渗透率(图 1-31，T-5246 和 T-220 井中 Lvis10.5_csb 和 Lvis9.5_csb 之间的层序)。后者的孔隙度在 0~24% 之间，平均值介于 10.5%~11.0% 之间

(表1-2)。泥粒灰岩至泥岩的层段一般受到火山灰产生的伽马射线的影响，且较为致密，平均孔隙度为3.5%。在中心台地内，受伽马射线影响的交替块状高孔隙度和低孔隙度区域的旋回数量较多。中层粒状灰岩至泥粒灰岩岩相的分布和类型的横向和垂直变化对现今孔隙度的影响较小。

图1-31中井T-5246内的层段代表高能粒状灰岩，虽然井T-220中的层段是低能泥粒灰岩—粒状灰岩岩相，但两井的孔隙度测井曲线并未有明显差异。

在Bash1_csb下部的中心台地内出现明显偏差，此处分选良好的鲕粒状灰岩受到遍布于台地内的沥青的侵蚀和胶结，导致孔隙度范围为0~10%，平均为4%。而在沥青较少的鲕粒状灰岩中，孔隙度为0~21%，平均为12%（表1-2）。沥青（多达3.5%的岩石体积）如此深入地侵入中心台地的原因可能和Serp_SSB位置的下伏连续压力屏障有关，此压力屏障在沥青形成和相关的溶蚀阶段开始之前便已存在。

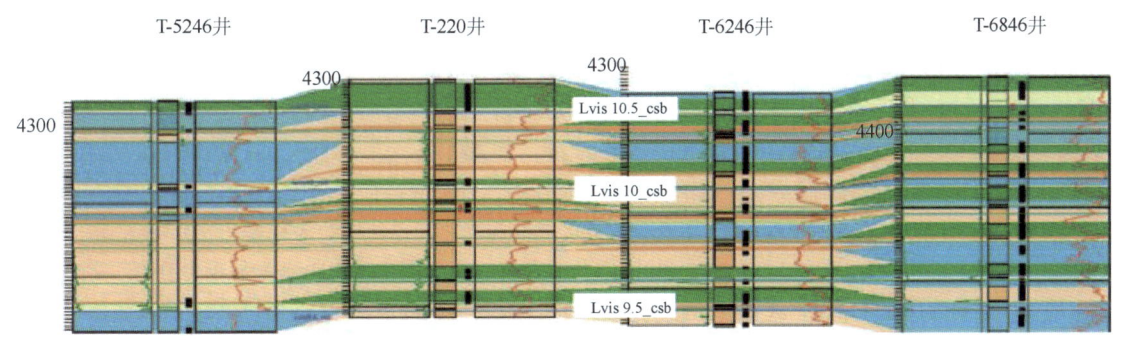

图1-31 岩相、伽马测井曲线（左）和孔隙度测井曲线（右）的截面；井位见图1-4，岩相见图1-5。Lvis10.5_csb和Lvis9.5_csb之间层序的侧向相和厚度连续性已在井T-5246、T-220、T-6246和T-6846之间绘出。在几乎无沥青的井（T-5246和T-220井）中可看到旋回性和块状的高—低孔隙度图形，各自代表交错的粒相、潟湖淤泥层段和火山灰层。虽然T-5246井中的层段代表高能和基本无淤泥的粒状灰岩，且T-220中的层段是低能泥粒灰岩—粒状灰岩岩相，但两井在孔隙度测井曲线中未有明显区别

沥青作为孔隙填充相在细粒基质中出现，此时观察到两个空间趋势：（1）中心台地从外部至内部，钻井中的沥青含量逐渐递增；（2）致密潟湖层段之间的粒相基底附近的沥青含量较高。此外，在整个中心台地中，一些鲕粒状灰岩（在Serp_SSB正上方）和海百合粒状灰岩—泥粒灰岩层段（大都介于Lvis_SSB和Serp_SSB之间）中的沥青含量较高。沥青的形成时间相对于其他成岩作用叠加过程较晚，这表明田吉兹岩隆的一部分通过翼部通道进入台地中，最大的横向分布部分位于渗透性最强的岩层内，而残留沉积物受重力控制，位于正下方非渗透性的旋回界面上（图1-26）。含较多沥青的剩余层段延伸至T-220井，但沿组合断面和T-5246井方向消失（图1-5、图1-32B）。

在中心台地北部（T-5044井）和西南部（T-6246井和T-6846井），Lvis_SSB和Bash_SSB粒相中的沥青将孔隙度平均值降至5.8%~7.6%，明显低于井T-220中记录的10.6%~11.2%（图1-5）。通常，增加的沥青受限于旋回层的低位。沥青胶结的层段与下伏充分胶结的泥粒灰岩—粒泥灰岩岩相直接接触，具有渐变上接触面，其岩心呈黑灰色至黑色。虽然随着沥青含量的增加，块形测井图的形态变得更加不规则、更加尖锐，但孔隙度减少量和主要的岩相类型之间并无明显关系。相反，致密泥粒灰岩—粒泥灰岩屏障似乎对沥青胶结层段的

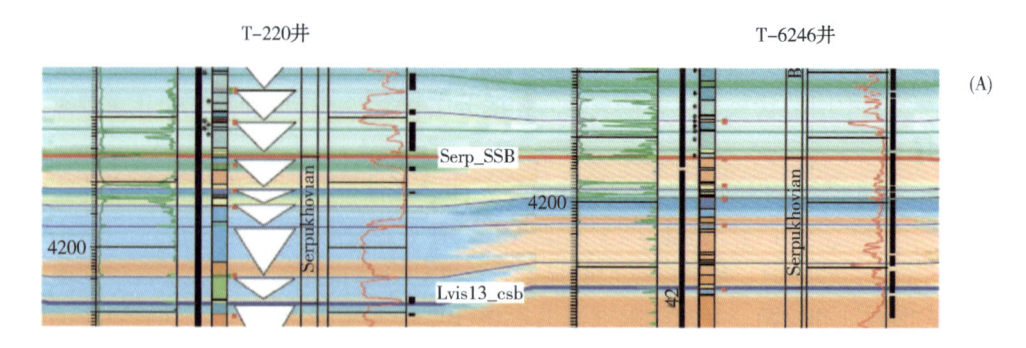

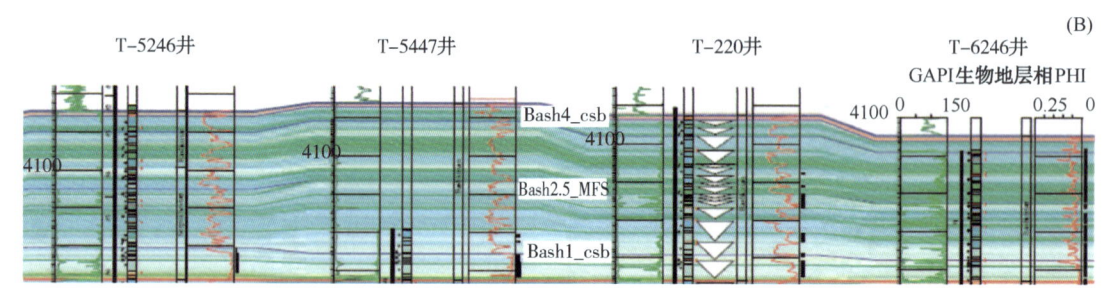

图1-32 岩相、伽马测井曲线(左)和孔隙度测井曲线(右)截面井位见图1-4,岩相见图1-5。T-220井和T-6246井的Serp_SSB和Lvis13_csb之间层序的侧向相和厚度连续性在A中绘出,井T-5246、T-5447、T-220和T-6246的Bash2.5_MFS和Bash4_csb之间的侧向相和厚度连续性在B中绘出。在整个台地中,由分选良好的鲕粒状灰岩(OG)构成的Bash1_csb较低部分被沥青侵蚀和胶结。含较多沥青的额外层段延伸至T-220井,但朝T-5246井方向和沿组合断面消失

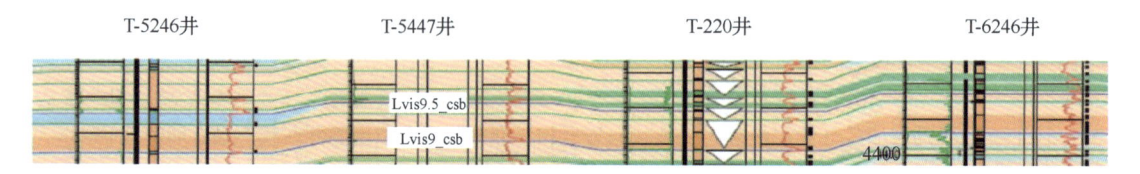

图1-33 岩相、伽马测井曲线(左)和孔隙度测井曲线(右)截面;井位见图1-4,岩相图例见图1-5。图中绘出井T-5246、T-5447、T-220和T-6246的层序Lvis9.5_csb至Lvis9_csb的侧向相和厚度连续性。Lvis_SSB至Bash_SSB剖面的沥青含量朝西南(台地外)边界和远离中心台地朝北(T-5044井)的方向递增(在T-6246井的部分位置,沥青含量高达2%~4%岩石体积)。一般来说,只有旋回层下部的沥青含量较高

出现有着某种影响(图1-31、图1-33,井T-220对比井T-6246,无沥青但有侧向相的改变)。沥青的影响从台地中心起向外不断增加,并以图1-24中所示的孔隙度和渗透率关系降低孔隙度和渗透性。

除沥青和火山灰层降低孔隙度和渗透性之外,高能粒状灰岩岩相中局部分散存在的火山灰也起着同样的作用(图1-34)。分布于T-5447井内的Serp1_csb层序的分选良好的骨粒粒状灰岩、包粒、粒状灰岩—砾状灰岩岩相中的火山灰将孔隙度几乎降至零并产生几乎平滑的孔隙度曲线,而井T-220中的相同岩相层段维持着较高的孔隙度。类似地,与Serp_SSB相关联的致密侧向连续层段可能也和较多的分散火山灰有关(图1-5)。

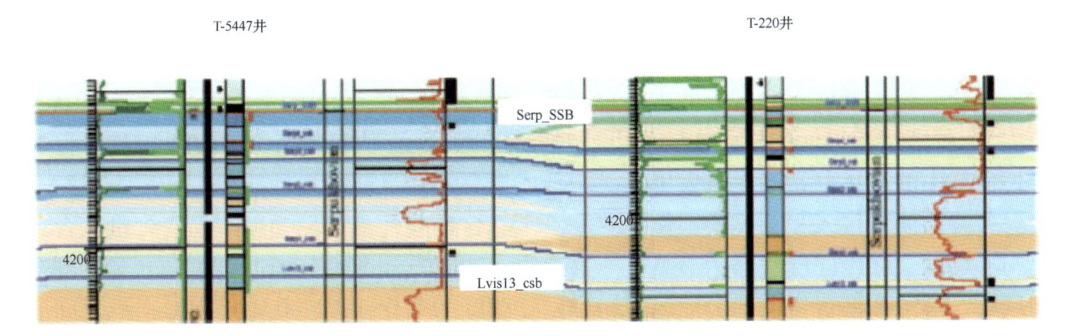

图 1-34 岩相、伽马测井曲线(左)和孔隙度测井曲线(右)截面;井位见图 1-4,岩相图例见图 1-5。图中绘出了井 T-5447 和 T-220 的 Serp_SSB 和 Lvis13_csb 之间层序的侧向相和厚度连续性。除沥青对孔隙数量的削减作用外,高能粒状灰岩岩相中散布的火山灰对中心台地内的孔隙度产生了更大的影响。在 T-5447 井的 Serp1_csb 层序内的 SPG 和 CgGR 岩相中散布的火山灰将孔隙度几乎降至 0,产生平坦的孔隙度曲线,而 T-220 井处相同的岩相层段则保持较高的孔隙度

1.5 储层建模细节

田吉兹岩隆中心台地部分的地层格架是油田储层模型所用的层叠架构的基础。全油田模型使用图 1-4 所示的层次,而着重描述台地部分的更精细的模型则包含了更加详细的层次,如图 1-5 和图 1-25 所示。将表 1-2 中所总结的岩相分组,并用这些岩相将该储层模型中的各层细分到不同的区域,在这些区域中,孔隙度和渗透性会发生变化。如图 1-30 所示,中心台地和外部台地中的复杂成岩作用在某种程度上叠加了原始的(沉积)孔隙度,当通过电缆测井研究储层品质和在储层模型中对其建立关联时,这种成岩作用便不容忽视。对孔隙类型、数量和孔隙充填物的不断深入研究,有助于更好地了解孔隙的测井特征和孔隙度—渗透率变化。目前,仍需进一步研究田吉兹油田的储层表征以及储层建模中的详细地质特征。

1.6 概述和结论

通过对岩心、测井数据和分散的岩石物理测量数据进行集中和持续地研究,可以对田吉兹中心台地内的晚维宪阶至巴什基尔阶内的沉积演变和储层质量进行全面评估。该研究做出了以下观测和试验结论。

沉积旋回层(高频率层序)厚度为数米至数十米,由一系列的岩相构成,岩相下为坚硬基底,具备各种陆上出露迹象。在旋回层底部,致密似球粒泥岩和火山灰层均与层序界面接触,可从中看出曾发生过海泛。这些岩层主要由代表最大海泛的腕足和海百合构成的层段所覆盖,在顶部附近,由骨粒粒状似球灰岩覆盖,该石灰岩可视为高水位浅水相。在巴什基尔阶内,非骨粒的粒状灰岩最为常见。维宪阶和谢尔普霍夫阶旋回层一般较易建立相关性,而巴什基尔阶旋回层则向高频率冰室海平面波动过渡,这种波动会产生不完整的旋回和复杂的侧向相变化。

中心台地内储层质量的分布最初由与旋回沉积相关的早期成岩作用所决定，该成岩作用以致密高阶层序界面为界限，存在高孔隙度层段堆叠系统，其在火山灰的影响下，溶蚀有所减少。该成岩相包括含有较多分散火山灰的低孔隙度的粒状灰岩厚层段（不连续且非遍布于台地内）。致密旋回界面的横向连续性可能对晚期的流体流动和胶结物、溶蚀物及沥青在中心台地储层中的最终分布产生较大影响。埋藏成岩叠加是最初的溶蚀阶段，随后为孔隙充填阶段，最终，沥青侵入和相关溶蚀使孔隙度沿中心台地向外部逐渐递减。沥青含量从台地外部向中心递减，在旋回层底部达最高值。这表明，初次充注的油气通过两翼横向运移到台地旋回层中。溶蚀和沥青侵位都会削弱最初旋回孔隙度的变化，并使孔隙度和渗透率之间的关系变得更为复杂。

参 考 文 献

Brenckle, P. L., and N. V. Milkina, 2001, Foraminiferaltiming of carbonate deposition on the Mississippian-early Pennsylvanian Tengiz platform, Kazakhstan: Paleoforams 2001—International Conference onPaleozoic Benthic Foraminifera, Abstracts, Ankara, August 20-24, p. 2001.

Choquette, P. W., and L. C. Pray, 1970, Geologic nomenclatureand classification of porosity in sedimentarycarbonates: AAPG Bulletin, v. 54, p. 207-250.

Collins, J. F., J. A. M. Kenter, P. M. Harris, G. Kuanysheva, D. J. Fischer, and K. L. Steffen, 2006, Facies andreservoir-quality variations in the late Visean to Bashkirianouter platform, rim, and flank of the Tengizbuildup, Precaspian Basin, Kazakhstan, in P. M. Harrisand L. J. Weber, eds., Giant hydrocarbon reservoirs ofthe world: From rocks to reservoir chacracterizationand modeling: AAPG Memoir 88/SEPM SpecialPublication, p. 55-95.

Cook, H. E., W. G. Zempolich, V. G. Zhemchuzhnikov, and J. J. Corboy, 1997, Inside Kazakhstan: Cooperativeoil and gas research: Geotimes, v. 42, no. 11, p. 16-20.

Esteban, M., and C. Taberner, 2003, Secondary porositydevelopment during late burial in carbonate reservoirsas a result ofmixing and/or cooling of brines: Journal ofGeochemical Exploration, v. 78-79, p. 355-359.

Gradstein, F. M., J. G. Ogg, and A. G. Smith, 2004, Ageologic time scale: International Commission onStratigraphy (ICS) under: www.stratigraphy.org.

Lucia, F. J., 1995, Rock-fabric/petrophysical classificationof carbonate pore space for reservoir characterization: AAPG Bulletin, v. 79, p. 1275-1300.

Lucia, F. J., 1999, Carbonate reservoir characterization: New York, Springer-Verlag, 222 p.

Moore, C. H., 2001, Carbonate reservoir-porosity evolutionand diagenesis in a sequence stratigraphic framework: Developments in Sedimentology, v. 55, p. 444.

Ross, C. A., and J. R. P. Ross, 1985, Carboniferous and EarlyPermian biogeography: Geology, v. 13, p. 27-30.

Sattler, U., V. Zampetti, W. Schlager, and A. Immenhauser, 2004, Late leaching under deep burial conditions: A case study from Miocene Zhujiang carbonate reservoir: South China Sea: Marine and PetroleumGeology, v. 21, p. 977-992.

Weber, L. J., B. P. Francis, P. M. Harris, and M. Clark, 2003, Stratigraphy, lithofacies, and reservoir distribution, Tengiz field, Kazakhstan in W. M. Ahr, P. M. Harris, W. A. Morgan, and I. D. Somerville, eds., Permo-Carboniferouscarbonate platforms and reefs: SEPM Special Publication78 and AAPG Memoir 83, p. 351-394.

Zampetti, V., W. Schlager, J. H. Van Konijnenburg, andA. J. Everts, 2003, Architecture and growth history of aMiocene carbonate platform from 3D reflection data: Luconia Province, offshore Sarawak, Malaysia: Marineand Petroleum Geology, v. 21, p. 517-534.

2

哈萨克斯坦滨里海盆地田吉兹中心岩隆晚维宪期至巴什基尔期外台地、边缘和翼部的岩相和储层性质的变化

J. F. Collins[1]　G. Kuanysheva[2]　J. A. M. Kenter[3]
D. J. Fischer[2]　P. M. Harris[4]　K. L. Steffen[1]

(1. ExxonMobil Development Company, Houston, Texas, U.S.A.;
2. TengizChevroil, Atyrau, Kazakhstan; 3. Vrije University, Amsterdam, Netherlands;
4. Chevron Energy Technology Company, San Ramon, California, U.S.A.)

摘　要　田吉兹岩隆是位于滨里海盆地东南部的一个孤立碳酸盐台地，由发育于晚法门期至早巴什基尔期的浅水台地序列构成。台地从杜内期至晚维宪期退积导致法门阶台地以上形成了大约800m(2625ft)的测深起伏。这种地形被进积了近2km(1.2mile)的谢尔普霍夫阶进积体所覆盖，此覆盖层由一个楔形沉积体构成，该楔形沉积体沿更老的谢尔普霍夫阶台地的边缘和翼部围绕。

　　边缘和翼部岩相包括陆坡下部的泥岩、火山灰、与粘结灰岩角砾岩互层的台地衍生骨粒泥粒灰岩—粒状灰岩；陆坡中部与大块粘结灰岩角砾岩之间成层性差，根据碎屑成分、尺寸和填积作用可细分成若干子类型；上陆坡相由原位微生物粘结灰岩构成；外台地相为浅水台地骨粒、包粒和鲕粒泥粒灰岩—粒状灰岩。陆坡上部的微生物粘结灰岩是中陆坡和下陆坡角砾岩中碎屑的主要来源。由于田吉兹岩隆边缘在谢尔普霍夫期和巴什基尔期出现了周期性大范围崩塌，因而，岩相的侧向不连续性较高。

　　主要在晚成岩期形成的溶蚀扩大裂缝、大溶洞、漏失带构成了边缘和翼部连通良好的高渗透储层。成岩作用的叠加与沥青有关，叠加作用向上延伸至上覆谢尔普霍夫阶和巴什基尔阶台地相，向内延伸至相邻的晚维宪期台地，导致储层性质发生明显变化。随后受旋回沉积作用影响，储层发生早期成岩演化，自此之后储层特性基本没有变化。

2.1 引言

田吉兹油田位于里海东海岸北端的哈萨克斯坦西部大陆，是一个孤立碳酸盐岩隆群岛的组成部分，这些岩隆发育在中泥盆世前期区域性构造隆起上（图2-1）。该油田于1979年被原苏联石油工业部发现，自1993年以来，一直由田吉兹雪佛龙（TCO，一家哈萨克斯坦国内合资公司）运营。1998年进行的三维（3D）地震勘测显示，该油田开采面积约为1000km^2（385mile^2）。截至2005年年底，田吉兹雪佛龙在田吉兹钻取的油井数已超过115口（图2-2），主要开采中间基含硫石油（47°API）。初始产量最高的油井位于裂隙碳酸盐岩隆的边缘和翼部区域，基质孔隙度较低（小于6%）。中心区域周围的油井孔隙度较高（最高达18%），但基质渗透率（小于10mD）和初始产量较低。

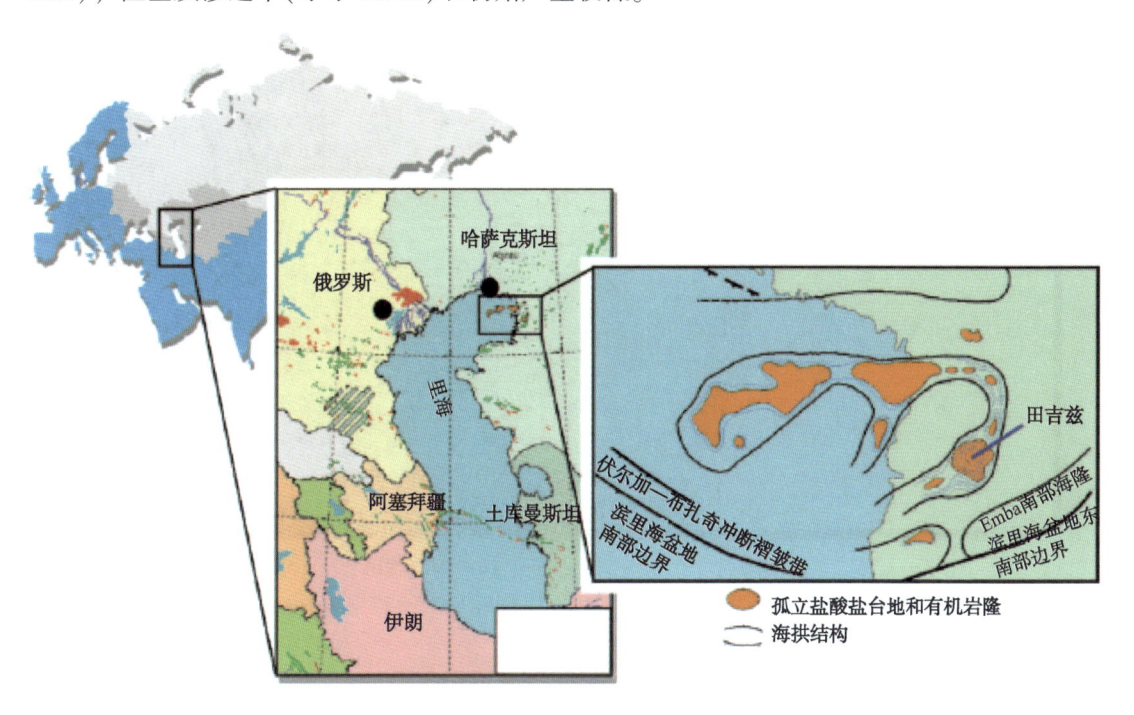

图2-1 北里海地区和田吉兹油田的位置

田吉兹岩隆形成于中泥盆世之后，受一系列以颗粒相为主的台地的加积作用影响，一直持续发育到早巴什基尔期。该碳酸盐岩隆的总厚度尚无法预知，但根据三维地震数据，测定的地震波双程走时约为1.2s。迄今为止，中法门阶最深钻井的井底位于海下6032m（19790ft）处，其中，超过2100m（6890ft）在储层顶面以下，超过700m（2297ft）在法门阶台地顶面以下。在巴什基尔阶台地终止发育后，田吉兹岩隆先是被一层较薄的莫斯科阶至亚丁斯克阶深水碳酸盐岩和火山碎屑岩掩埋，然后又被一层坚厚的空谷阶蒸发岩（主要为岩盐）完全覆盖。在二叠纪后的盐底辟作用下，台地上形成了一系列盐柱和碎屑充填的凹陷，这对三维地震图像的局部质量造成了不利影响（图1-3A）。

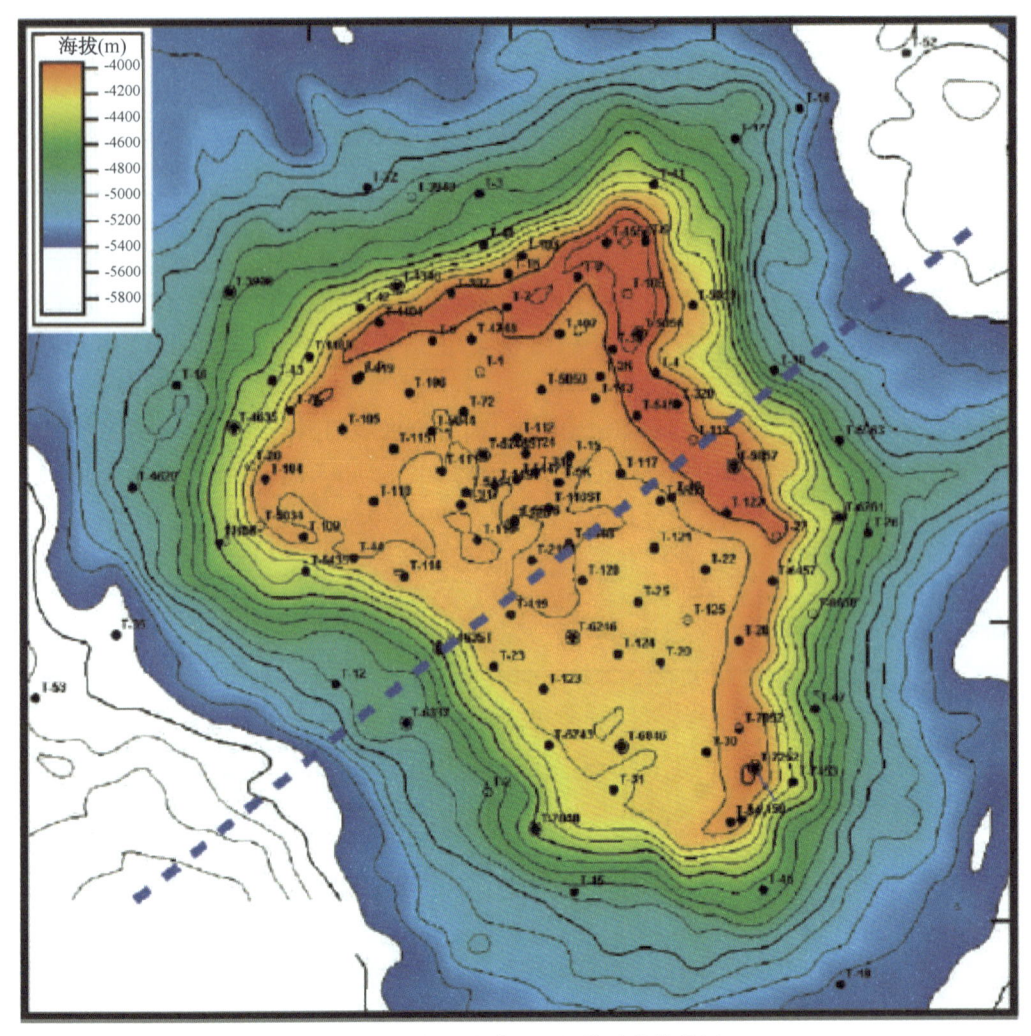

图 2-2 田吉兹岩隆顶面的构造等值线图
图中显示了现有油井位置和图 2-3 中的地震剖面线。等高距 = 100m(330ft)

2.2 地层概况

2001年，埃克森美孚、雪佛龙和田吉兹雪佛龙开展了一项联合研究，根据当时可用的地震、生物地层、岩心和测井数据确立了田吉兹台地的地层格架。该研究资料发表于2003年(Weber等，2003)，是田吉兹油田地层发育方面的权威性参考资料。由此发表的地层格架由呈层次结构的二级、三级和四级层序组成，随着田吉兹的不断开发，证明这些层序的划分比较合理。Ross 和 Ross(1987)指出，虽然该格架与二级全球性海面升降旋回大致相符，但只在局部适用。

本章对田吉兹维宪阶 A 至巴什基尔阶台地边缘的岩相和储层性质变化进行了详细说明(图 2-3B)。这一层段构成了晚高位期二级超层序组，而该层序组最初是由一系列杜内阶退

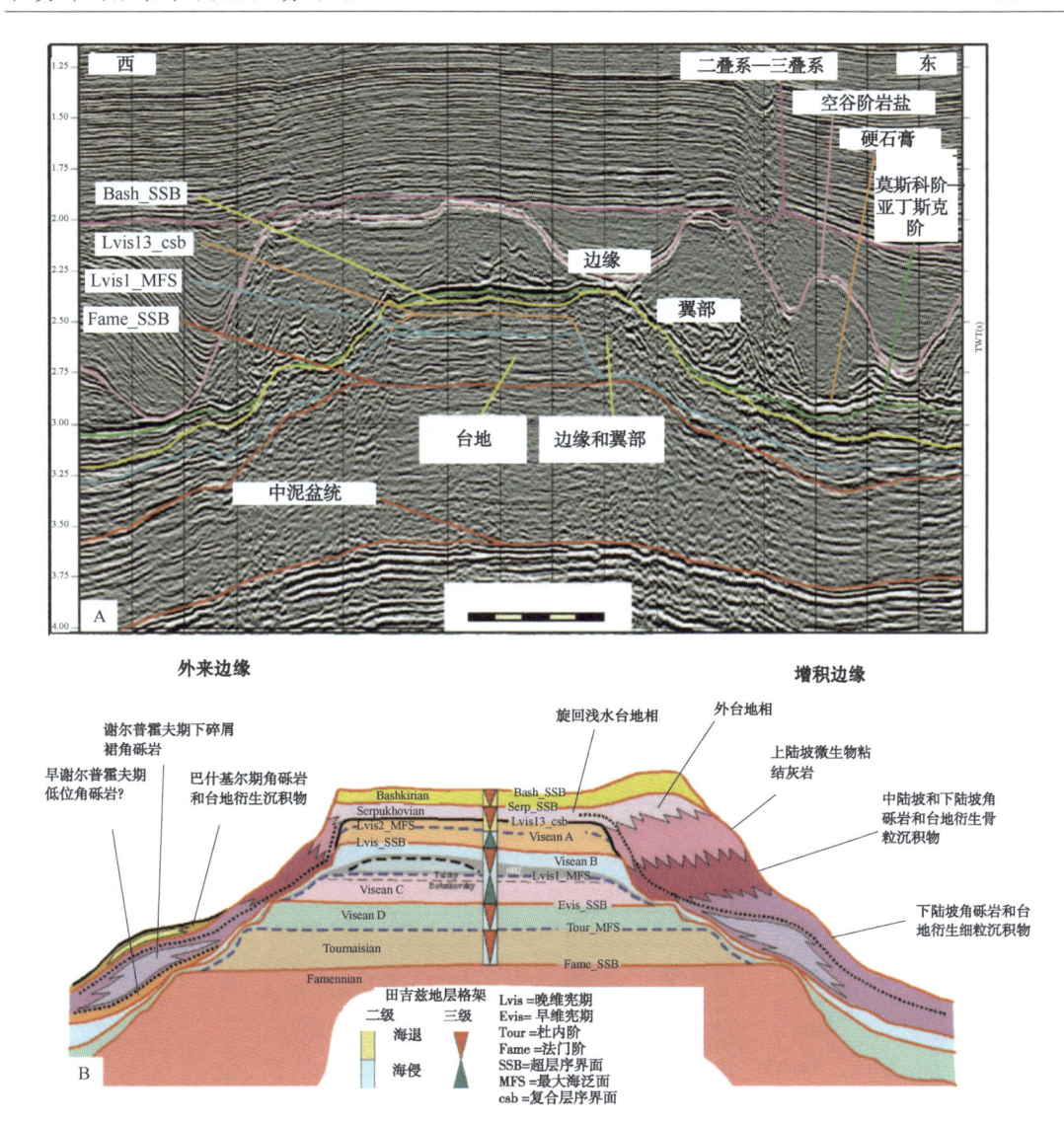

2 哈萨克斯坦滨里海盆地田吉兹中心岩隆晚维宪期至巴什基尔期外台地、边缘和翼部的岩相和储层性质的变化

图 2-3 田吉兹地层格架和谢尔普霍夫阶边缘及翼部区域

地震线图 A 显示了楔形进积体外形以及结构隆起部分(凸起边缘)宽度的东西不对称性。该地震剖面还表明,岩隆上部翼部上未发育莫斯科阶—亚丁斯克阶火山沉积物,导致岩盐地层底部的硬石膏层直接与储层接触,源岩层段与周围低陷区同一层段的盐下相连。这是促使边缘和翼部成岩演化的两个重要因素。Weber 等(2003)开展的研究给出了格架示意图 B,该研究详细地描绘出边缘和翼部区域的地质构造。该图还表明,边缘和翼部最初是由聚集在岩隆底部周围的早期碎屑裙组成,后来含粘结灰岩的上部楔形体(黑色虚线)向前进积,进而演化成当前构造

积台地沉积而成。维宪期结束时,晚法门期台地面积从 $210km^2$($81mile^2$)缩小至 $90km^2$($35mile^2$)左右。在谢尔普霍夫期,田吉兹台地向盆地进积了近 2km(1.2mile),填充了台地退积过程中产生的大部分可容空间,并在晚维宪期和更久远的台地周围形成了含微生物粘结灰岩的楔形沉积体(即谢尔普霍夫阶边缘和翼部)。该楔形体的最大厚度超过 800m(2625ft)。在台地出现短暂的沉积间断后(Brenckle 和 Milkina,2003),早巴什基尔期台地的碳酸盐岩逐渐加积在谢尔普霍夫阶之上。由于本章还将讨论谢尔普霍夫阶边缘和翼部、上覆巴什基尔阶外台地区域与相邻维宪阶 A 台地之间的储层连通性,因此,我们将对台地相与边缘和翼

部相之间的对比方法进行简要说明。有关维宪阶 A、谢尔普霍夫阶和巴什基尔阶中心台地区域的详细储层性质，请参阅 Kenter 等（2006）的研究文献。

维宪阶 A、谢尔普霍夫阶和巴什基尔阶四级中心台地层序与图 2-4 所示的模型大体一致。这些层序具有各种各样的沉积环境，包括高能粒状灰岩浅滩和深水沉积环境，后者以分选更差的开阔海相粒状灰岩—泥粒灰岩或泥岩（部分情况下）以及局限细粒钙质砂岩为主。外台地旋回随层段不同而异，但通常以藻粒和微晶内碎屑的增多为特征。由于边缘和翼部的微生物岩相对独特，因此，我们将着重讨论谢尔普霍夫阶外台地的旋回性。这些旋回的特征通常不太明显，厚度从不足 10m（33ft）到数十米不等，一般由富含大型海百合和腕足类碎屑的块状层理骨粒泥粒灰岩—砾状灰岩、小型群体珊瑚碎屑以及少许台地衍生角砾岩构成。含有火山灰薄层的低能或局限相发生陆上出露和沉积，最终形成该中心台地的四级层序界面（Kenter 等，2006）。就谢尔普霍夫阶外台地旋回而言，这些层序界面特征有所减弱，甚至已消失殆尽。

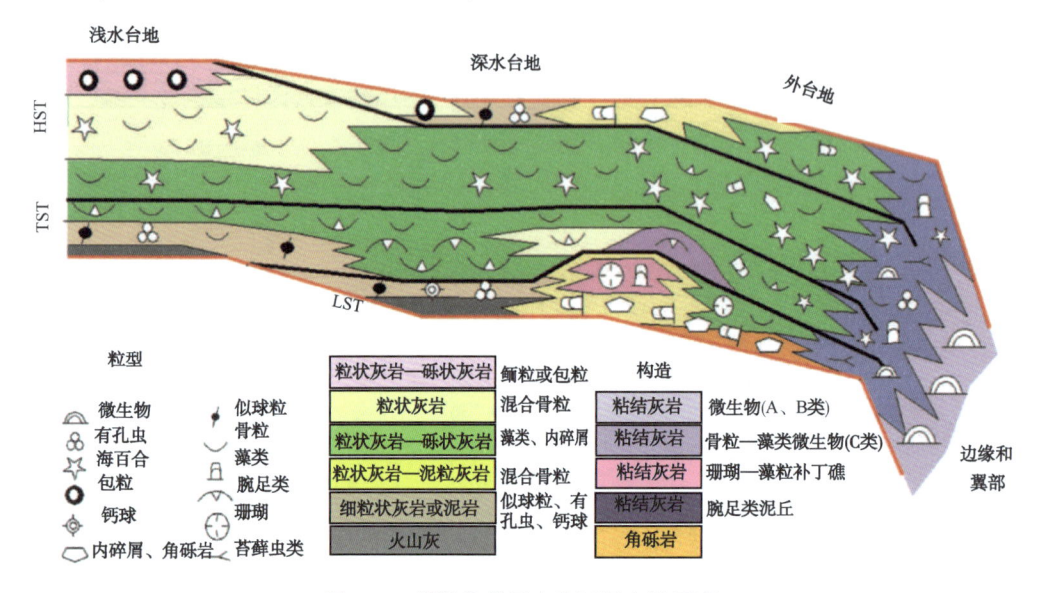

图 2-4 理想化的田吉兹四级台地层序

图中显示了构造和成分变化以及巴什基尔阶、谢尔普霍夫阶和维宪阶 A 台地等剖面图。图中所示的外台地、边缘和翼部相尤其适用于谢尔普霍夫阶。其他层段的外台地相通常以藻粒、微晶内碎屑及海百合—腕足类粗碎屑的增多为特征。海平面低水位期的出现与浅水台地浅滩的暴露、外边缘的同期形成（由藻粒—内碎屑粒状灰岩和少许珊瑚—藻粒补丁礁构成）以及台地局部发育局限岩相有关。发育于早海侵期的部分局限海相环境以腕足类为主，外台地腕足类泥丘的形成也是如此

2.3 沉积环境

2.3.1 田吉兹边缘和翼部的一般特征

"台地""边缘"和"翼部"等术语最初源于"地震特征"，现在广泛用在石油钻探领域中，用以表示油田的地理区域。台地区域包含钻穿退积台地叠加层的地区，而可能会钻遇附近楔

形进积体的钻井称作边缘和翼部油井。如前所述，楔形进积体是谢尔普霍夫阶进积而成，但其中含有发育于谢尔普霍夫期和巴什基尔期的岩石（图2-3）。边缘区域是指内部结构隆起的边缘隆起或凸起边缘，而翼部区域是指外坡面。由于边缘的颗粒台地相和更坚硬的上陆坡微生物粘结灰岩相之间存在显著的力学差异，导致差异压实，进而形成凸起边缘，这种边缘结构引起了50ms的地震起伏以及200~250m（656~820ft）的构造起伏❶（图2-2）。台地压实的证据包括：

（1）维宪阶A、谢尔普霍夫阶和巴什基尔阶台地的中心区域未发育大型潟湖相；

（2）凸起边缘的上谢尔普霍夫阶和巴什基尔阶台地旋回含有类似于中心台地同期旋回的浅水相；

（3）从台地相薄片上观察到了明显的粒间压实现象；

（4）边缘和翼部相上存在大量早期胶结物，这表明力学刚性在早期便已形成；

（5）根据田吉兹台地与其他含微生物粘结灰岩台地之间的比较结果，谢尔普霍夫阶旋回从台地向盆地边缘逐渐加深，岩相具有横向连续性（Kenter等，2005）。

目前，尚无充分证据表明，将凸起的边缘和翼部区域隔开的坡折带就是谢尔普霍夫阶进积的界线。在部分区域，坡折带受到了断层作用或物质坡移的限制。此外，在部分区域观察到了凸起边缘为向盆内微斜的现象，这可能是因为向盆内逐渐加厚的中陆相至下陆相楔形体发生差异压实所致。

2.3.2 边缘和翼部沉积环境

边缘和翼部含有碳酸盐岩相，这些岩相的沉积水深从数米到数百米不等。岩相描述主要以岩心❷和按岩心标定的地层微成像（FMI）测井数据为基础。钻井期间使用的油基钻井液可能会降低多孔和无孔岩石之间的导电率差异，再加之井眼冲刷频发，且发育有漏失带，极大地影响了图像质量，从而增大了以FMI测井数据为基础来进行岩相解释的难度。边缘和翼部相与由以下环境构成的沉积剖面有关，这些环境按古水深逐渐递增的顺序排列：

（1）旋回浅水台地沉积；

（2）外台地骨粒—内碎屑砾状灰岩、粒状灰岩、泥粒灰岩和小粘结灰岩；

（3）上陆坡微生物粘结灰岩；

（4）与镶嵌粘结灰岩角砾岩熔结在一起的中陆坡；

（5）下陆坡碎屑粘结灰岩角砾岩和粒状台地衍生沉积；

（6）下陆坡和碎屑裙粘结灰岩角砾岩、成层细粒台地周缘沉积。

上述部分结果是以在西班牙北部坎塔布连山（Cantabrian）地区的Asturias台地边缘以及得克萨斯州和新墨西哥州西部的Capitan边缘的露头中识别出的环境和岩相为基础得出的（图2-5）。下文对田吉兹外台地、陆坡及碎屑裙相进行了详细描述，附录2-1对这些特征作了总结。有关旋回浅水台地相的详细描述见Kenter等（2006）发表的研究文献。

---

❶Weber等（2003）预计，凸起边缘起伏约有2/3是因差异压实引起，剩余的1/3是由与上巴什基尔阶旋回相连的生物建造相边缘所致。

❷用于本研究的岩心约为1200m，主要来源于截至2005年年底钻取的15口油井。

图 2-5 模拟露头

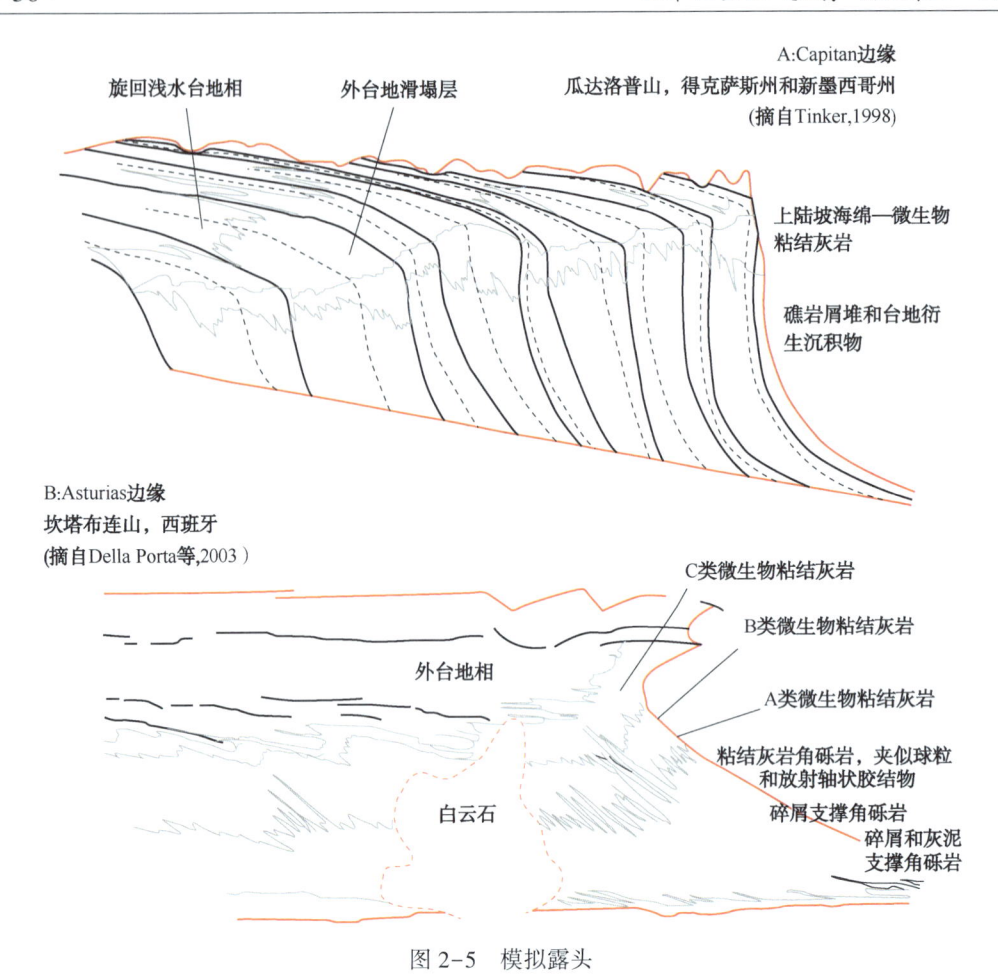

其中，岩相和沉积关系与田吉兹外台地、边缘和翼部类似。与田吉兹台地一样，图示台地边缘以向盆内加深的倾斜台地相为主，台地相向下侵入上陆坡、受微生物腐蚀的粘结灰岩和夹带礁岩屑衍生角砾岩的前坡相。由这些剖面图可见，田吉兹地震剖面图上所示的结构隆起边缘（图 2-3）在很大程度上可视作是沉积后差异压实的结果。Asturias 边缘的例图中注明的 A、B、C 类微生物粘结灰岩与在田吉兹岩心中发现的粘结灰岩类型相当接近

2.3.3 外地台相

Asturias 和 Capitan 边缘均是由受微生物侵蚀的深水粘结灰岩边缘构成的（Kirkland 等，1998；Della Porta 等，2003），这也是谢尔普霍夫期田吉兹上陆坡上方的原始外台地出现大幅起伏的原因所在。Asturias 边缘在进积期间发生了 20~50m（66~164ft）的外台地起伏（Bahamonde 等，2000；Kenter 等，2005）。而 Capitan 外台地边缘预计在整个进积期间发生了 10m 至 60m 以上（33ft 至 197 ft 以上）的起伏（Kerans 和 Harris，1993；Tinker，1998）。在田吉兹浅水台地至外台地边缘的上陆坡微生物粘结灰岩起始处，总古水深起伏至少在数十米左右（Weber 等，2003），甚至更高。最上层谢尔普霍夫阶四级旋回的外台地明显增厚，且外台地旋回顶层处的陆上暴露程度有限，这些都表明了起伏量至少在一定程度上超过了周围海平面的小幅升降变化，预计在 25~50m（82~164ft）（Ross 和 Ross，1987，1988）。

鉴于岩心很好地记录了构成中心台地区域旋回的岩相序列（Kenter 等，2006），本章有关谢尔普霍夫阶外台地旋回的详细描述均是依据所有现存的、数量有限的完整岩心为基础作

出的概括描述。观察发现，部分外台地旋回的底部含有角砾岩，这些角砾岩主要由群体珊瑚碎屑或圆形的台地衍生粒状灰岩碎屑构成（图2-6A、B），其中包含微生物基质结构和胶结物，或粗骨粒碎屑基质。这是低位沉积的标志，反映了上倾台地的出露或外边缘发育有珊瑚块礁。在其他层序，台地底部附近发育厚达数米的腕足类泥丘（图2-6C）。旋回层的中上部以含有大型海百合、腕足类生物壳体碎片、单体四射珊瑚的粒泥灰岩、泥粒灰岩、砾状灰岩为主（图2-6D），这表明水深有所增加。这种岩相与倾斜层（图2-6E）有关，代表着古斜坡沉积，也可能表现出微生物基质结构的特征。在旋回顶层，海百合—腕足类—珊瑚颗粒逐渐减少，与浅水台地粒状灰岩相似的包粒或藻粒—内碎屑粒状灰岩逐渐增多，而且基本上不存在大陆出露影响（与中心台地一样）（Kenter等，2006），但较大的溶蚀孔隙通常被多层示顶底沉积物和多层碳酸盐胶结物填满，这与角砾化粒状灰岩层段相似，这些层段可见碎屑回转和混合的迹象。被沉积物填满的孤立溶蚀孔隙同样也遍布于整个层段，在旋回顶层处或其附近逐渐增多。这可能与长期接触超层序界面（Serp_SSB和Bash_SSB）有关，也可将这些孔隙解释成无关的溶蚀孔隙，其分布受地层渗透率变化的影响。

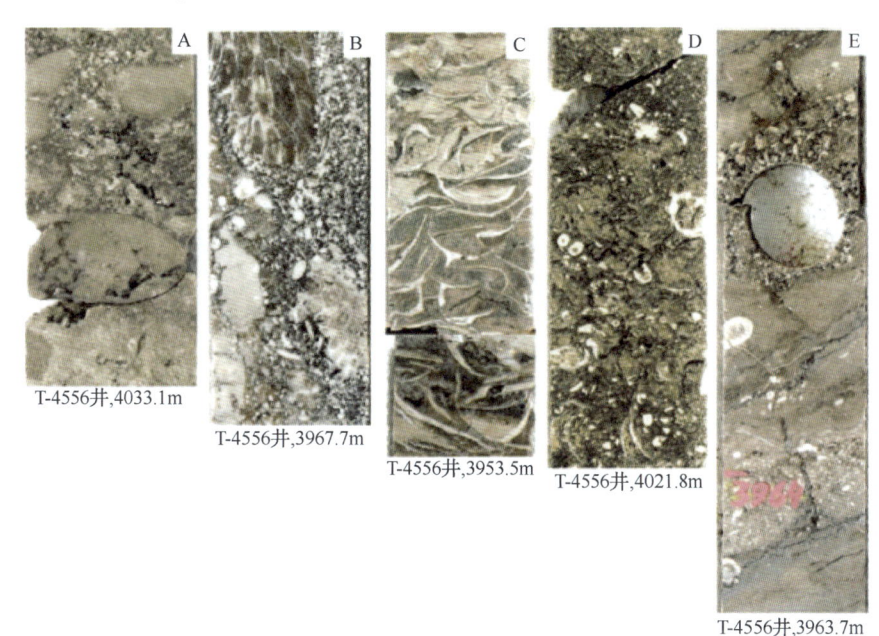

T-4556井，4033.1m

T-4556井，3967.7m

T-4556井，3953.5m

T-4556井，4021.8m

T-4556井，3963.7m

图2-6 谢尔普霍夫阶外台地相

由台地衍生碎屑（A）或群体珊瑚碎片（B）构成的角砾岩倾向于发育在旋回底部。A中的角砾岩包含胶结物和微生物成因的凝块岩组，而B中的基质由粗海百合类砾状灰岩构成。旋回底部附近有时也存在深达数米的腕足类泥丘（C）。典型外台地旋回的中上部含有丰富的泥粒灰岩和粒泥灰岩以及大型海百合类、腕足类和单体珊瑚类（D）、倾斜层段（E），这是古坡沉积的标志

2.3.4 上陆坡相和中陆坡相

上陆坡相主要由原位微生物粘结灰岩和粘结灰岩角砾岩构成。前述的Asturias边缘（Bahamonde等，2000；Della Porta等，2003）、意大利三叠纪台地（Blendinger，2001）、坎宁（Canning）盆地的法门阶台地（Playford，1984；Kerans等，1986；Stephens和Sumner，2003）中也发育类似岩相。田吉兹岩心和FMI测井数据表明，原位粘结灰岩层段可能厚150~200m

（492~656ft）。原位微生物粘结灰岩（图2-7）的岩心颜色较浅，结构多样，包括特征不甚明显的微晶—似球粒岩组（A类）或不规则层状岩组和混合半同心多层块状岩组（B类）。第三类粘结灰岩（C类）以块状至似球粒状岩组为主，含常见骨粒（苔藓虫、藻类、有孔虫、介形类、腹足类、海百合、珊瑚和海绵动物），是上陆坡相向外台地相过渡的标志。观察发现，被带状胶结物填满的小至中型构造窗分布广泛，此外，还存在被内部沉积物或骨粒堆积物填满的大尺寸胶结物内衬溶腔。微生物岩块之间的界面有时是由溶腔扩大形成的网络结构构成的，这些溶腔内部时常被胶结物填满。

图2-7 谢尔普霍夫阶微生物粘结灰岩相

按古水深逐渐递增的顺序排列。（A）含珊瑚和海百合类及大量被胶结物填满的不规则状构造窗的C类粘结灰岩（骨粒微晶）。基质含丰富骨粒，具有微晶至似球粒岩组。（B）含有大量苔藓虫类（箭头所指）和海相成因厚层带状胶结物的C类粘结灰岩。（C）B类粘结灰岩（层状胶结），以不规则或圆形同心层状微生物岩块为特征。这些粘结灰岩中的胶结物含量高达75%。（D）A类粘结灰岩（似球粒微晶），主要以似球粒至微晶基质、稀缺动物群和大量构造窗或管状孔隙为特征

若考虑特定类型的角砾岩，田吉兹粘结灰岩层段可向下延伸300m（984ft）以上。Asturias边缘的上陆坡相层段在厚度上与此相当，并且同时包含原位微生物粘结灰岩和近原位粘结灰岩角砾岩，后者是在初期粘结灰岩崩落产生的快速海水胶结作用下形成的（Bahamonde等，2000；Della Porta等，2003）。迄今为止，根据有限的岩心数据，我们还尚未在田吉兹区域观测到通过厚层海相胶结物结合在一起的类似角砾岩。然而，田吉兹中陆坡至上陆坡区域还发现了由不规则形状—半棱角状粘结灰岩碎屑、缝合（熔结角砾岩）或裂隙（镶嵌角砾岩）接触界线构成的角砾岩（图2-8），这类角砾岩与Asturias原状角砾岩相似。这种基质主要由多层方解石胶结物、次生微生物结壳、微生物胶结物及少量台地衍生骨粒沉积物、薄层泥灰质火山岩或泥质碳酸盐岩组成。在这些角砾岩中，还观察到了少量连通原生孔隙。

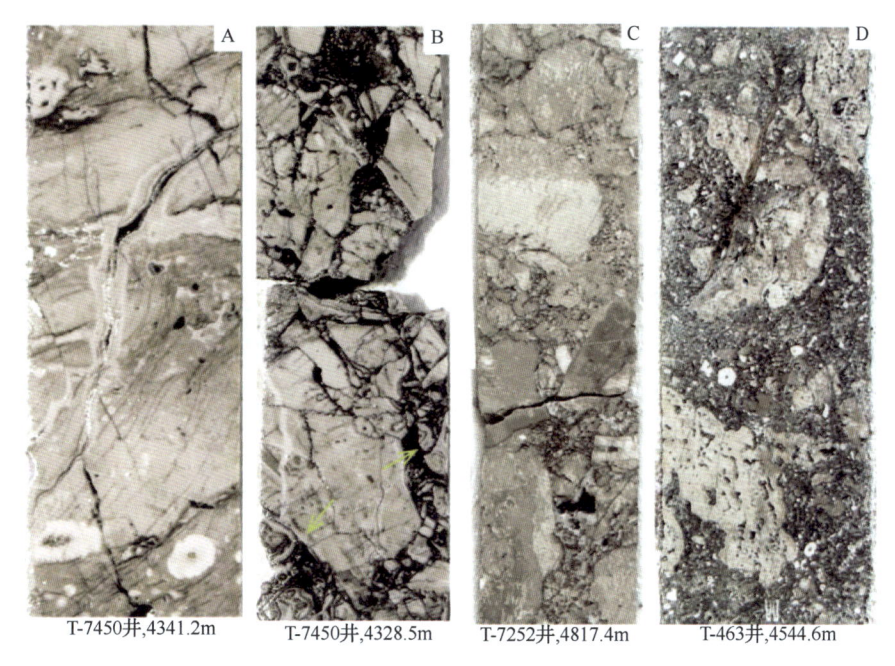

图2-8 上陆坡至中陆坡成岩角砾岩和沉积角砾岩

（A）通过带状胶结物（很可能为海相）愈合的断裂微生物粘结灰岩。（B）部分胶结的镶嵌角砾岩，包含早期胶结孔隙，胶结孔隙被含有沥青和等分方解石的后期裂缝和孔隙分裂（箭头处）。较大的张开型孔隙主要为次生角砾岩中浸出胶结物填充的产物。还需注意的是，图A中的早期胶结裂缝被晚期沥青充填裂隙所分隔开。（C）镶嵌角砾岩—熔结角砾岩包含带有缝合接触点的微生物粘结灰岩碎屑。（D）带有不规则形状的粘结灰岩碎屑，以及富海百合类、骨屑—岩屑砾状灰岩基质的沉积悬浮角砾岩

上陆坡微生物粘结灰岩和角砾岩层段的地层微成像仪测井数据表明，这些层段的旋回性不甚明显，这说明影响台地发育的海平面变化对微生物粘结灰岩的沉积影响较小，甚至毫无影响。由于沉积延伸至海平面波动范围以下，且沉积水深范围较广（包括透光区以下深度），粘结灰岩可在所有海平面升降阶段连续向海内进积。

2.3.5 中陆坡相和下陆坡相

中陆坡和下陆坡主要由碎屑相构成（图2-9），包含沉积粘结灰岩角砾岩、粗骨屑砾状灰岩、细粒级角砾岩、块状异地粒状灰岩或成层性差的粒状灰岩，以及薄层—叠层粒状灰岩、泥粒灰岩、粒泥灰岩、泥岩、泥质碳酸盐、火山灰和燧石。角砾岩内的碎屑尺寸和填积作用存在变化，结构从基质支撑悬浮角砾岩到带有缝合碎屑的熔接角砾岩（图2-9D~F）。碎屑尺寸从小于1cm(0.4in)到数米不等。基质包含不等量的生物碎屑、细粒级碳酸盐、泥质泥岩和火山灰。最明显的骨屑成分为大型海百合类和腕足类贝壳碎片，这与外台地相类似。碎屑尺寸、填积作用、基质粒度和基质成分尚未充分评估，但其相关性似乎不大。尽管在断面底层附近的角砾岩中观察到了大量台地衍生碎屑和再沉积陆坡碎屑，但碎屑主要还是上陆坡微生物粘结灰岩碎片。在较厚层段上，部分碎屑角砾岩为块状和非成层状，但其他位置的碎屑角砾岩成层状，且包含层状、粒状碳酸盐台地相层段。地层微成像测井仍未发现与台地层序相关的有序的旋回性。

图 2-9 中陆坡至下陆坡以及碎屑裙相

中陆坡至下路坡相包括粗骨屑(海百合类—腕足类)砾状灰岩(A)、带有倾斜层的骨屑粒泥灰岩—泥粒灰岩(B)、薄层火山岩、泥岩、泥粒灰岩和细粒状灰岩(C)。碎屑裙相包括带有米级泥岩碎屑的粗角砾岩(D)、带有台地衍生的富海百合基质的泥粒角砾岩(E)、层间带有异地粒状灰岩和泥粒灰岩的悬浮—泥粒角砾岩(F)。注意图 F 中相对较低的倾角

2.4 田吉兹台地边缘和翼部沉积史

通过 FMI 测井得到的其他相控因素(图 2-10)有助于对边缘和翼部区域进行解释。通过电缆测井推断四级台地与边缘和翼部的相关性较为困难，因为明显的非成层孔隙度变化和成岩作用会使伽马测井的放射性出现异常。此外，由于沉积前后的不稳定性而出现的大规模破坏和垮塌作用，使边缘和翼部地层结构变得更为复杂。地震和生物地层对比表明，层段中包含谢尔普霍夫阶角砾岩，以及带有谢尔普霍夫阶碎屑的巴什基尔阶角砾岩。迄今为止，采集到的边缘和翼部岩心中，粘结灰岩角砾岩相是主要相型。因此，粘结灰岩角砾岩的分布情况是预测储层的关键元素。这就需要对田吉兹台地边缘的沉积和破坏过程有更深入的了解。

类似的 Asturias 和 Capitan 台地同样与中陆坡—下陆坡角砾岩沉积物相接。Asturias 角砾岩占据向盆—变厚中陆坡至下陆坡的楔形体(图 2-5)，但 Capitan 边缘同时与中陆坡至下陆坡角砾岩以及陆架前方的盆地碎屑流相接(Melim 和 Scholle，1995)。主要进积边缘的最大上陆坡倾角为 30°~35°(Tinker，1998；Della Porta 等，2003；Kenter 等，2005)。根据巴什基尔阶表面构造剖面和地震剖面，以及地层倾角测井数据，可了解田吉兹台地边缘和翼部的坡角。在上部翼部陡坡中，巴什基尔阶较薄，主要由细粒级深水相构成，因此形成了明显的地震反射体，且近似于谢尔普霍夫阶剖面。对明显的冲积陆坡所测得的角度范围为 20°~25°，

2 哈萨克斯坦滨里海盆地田吉兹中心岩隆晚维宪期至巴什基尔期外台地、边缘和翼部的岩相和储层性质的变化

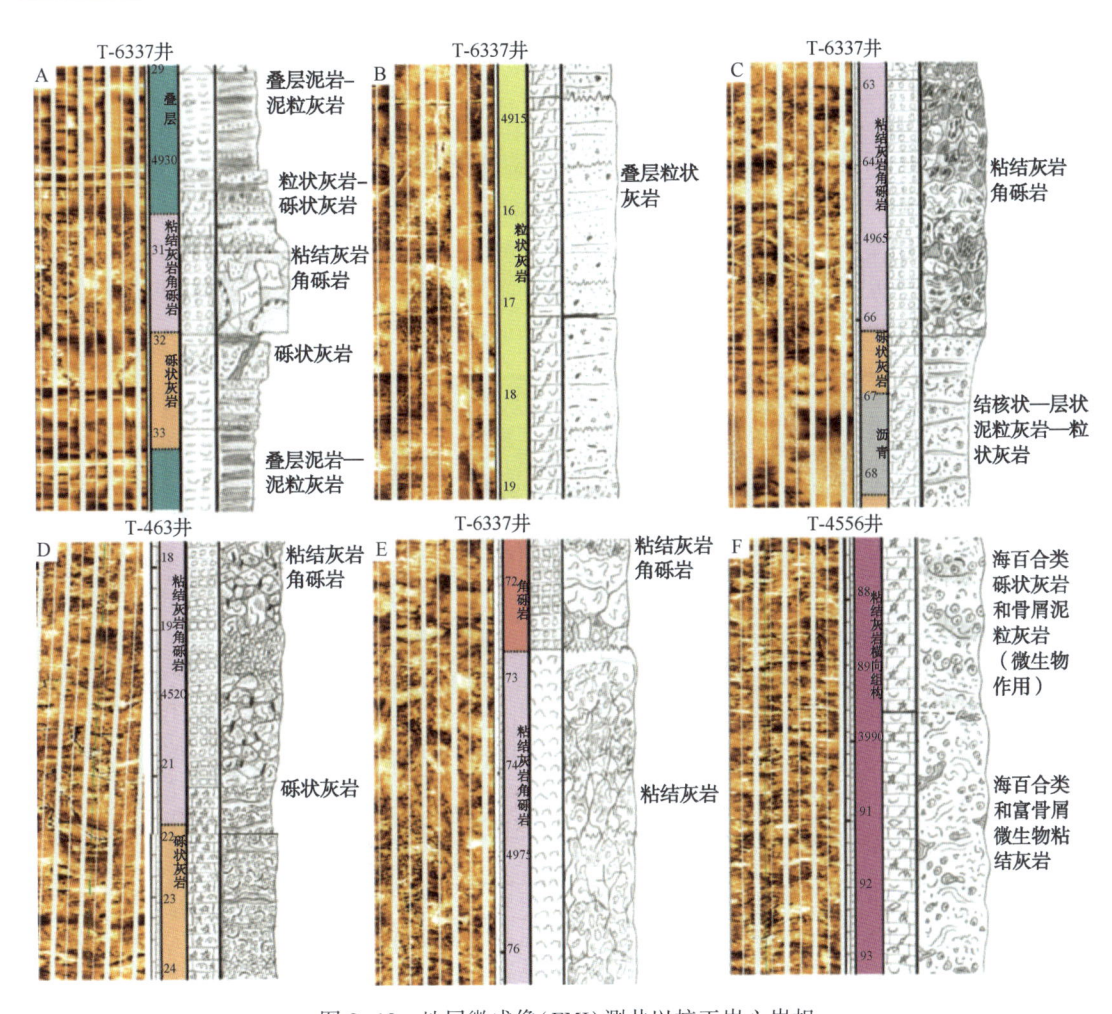

图 2-10 地层微成像(FMI)测井以校正岩心岩相

深度条(深度按米计)中以不同颜色显示的 FMI 相包括粘结灰岩—角砾岩(BBr)、粘结灰岩—横向岩组(Bhz)、角砾岩、砾状灰岩、粒状灰岩以及叠层细粒(Lam-FG)。BBr 相的特点是成像混乱,缺少横向分层(C~E),包括岩心中的粘结灰岩相和角砾岩相,但偶尔在 FMI 测井时无法区分。Bhz 相是成层性差的外台地骨屑砾状灰岩和 C 类微生物粘结灰岩(F)。FMI 砾状灰岩相的特点是结核状结构和部分横向分层(A、D),并包括岩心中的岩屑—骨屑砾状灰岩、细粒级角砾岩,以及成层性差的骨屑泥粒灰岩、粒泥灰岩和悬粒灰岩。FMI 粒状灰岩相通过低对比度图像中不明显的分层进行鉴别(B),相当于通常紧密胶结的异地粒状灰岩。Lam-FG 相通过频繁的高对比度分层进行鉴别(A),相当于岩心中的薄层、深水火山灰、泥岩和粒状灰岩。在部分层段中,图像质量受到沥青影响,产生了雪白色层段并叠加于岩相上(C)

但在明显拆离或破坏的区域所测得的角度接近 30°。这些测量结果是从压实体中测得的,不一定能反映出原始倾角。由于田吉兹台地粘结灰岩相和角砾岩相的性质较为混乱,因此 FMI 倾角的测量结果通常不一致,但部分层段的测量结果显示,上部陆坡 25°~30° 的倾角可能为标准值,35°~45° 的倾角仅在局部出现。然而,倾角方向存在变化,并不会始终朝向台地外。单井或两个临近对比井在垂向上记录了多方位变化。地层微成像测井结果还显示,对于简单进积作用,岩相的分布比预计的更为复杂。Asturias 和 Capitan 边缘剖面外形规则,但即使考虑了沉积褶皱或压缩褶皱在下伏退积台地上形成的结构,田吉兹台地翼部的地震剖面也不规则。其形状在隆起的周围呈系统性变化,并与从岩心和 FMI 测井中获取的岩相相结合,

将边缘划分为由不同沉积过程控制的亚区。

2.4.1 异地和冲积边缘扇区

边缘和翼部由两个不同区域构成,即异地扇区和冲积扇区(图 2-11)。异地扇区位于边缘西南和西北部分,其特点是碎屑裙较低且向远端变厚,并上超杜内阶台地和维宪阶台地,其自身被窄冲积楔形体下超(图 2-12A)。沿该走向,凸起边缘趋缓,在某些位置完全消失(图 2-12B)。冲积扇位于边缘北部、东北部和东南部区域,其特点是明显的凸起边缘隆起和相当宽阔的冲积楔形体(图 2-13A)。

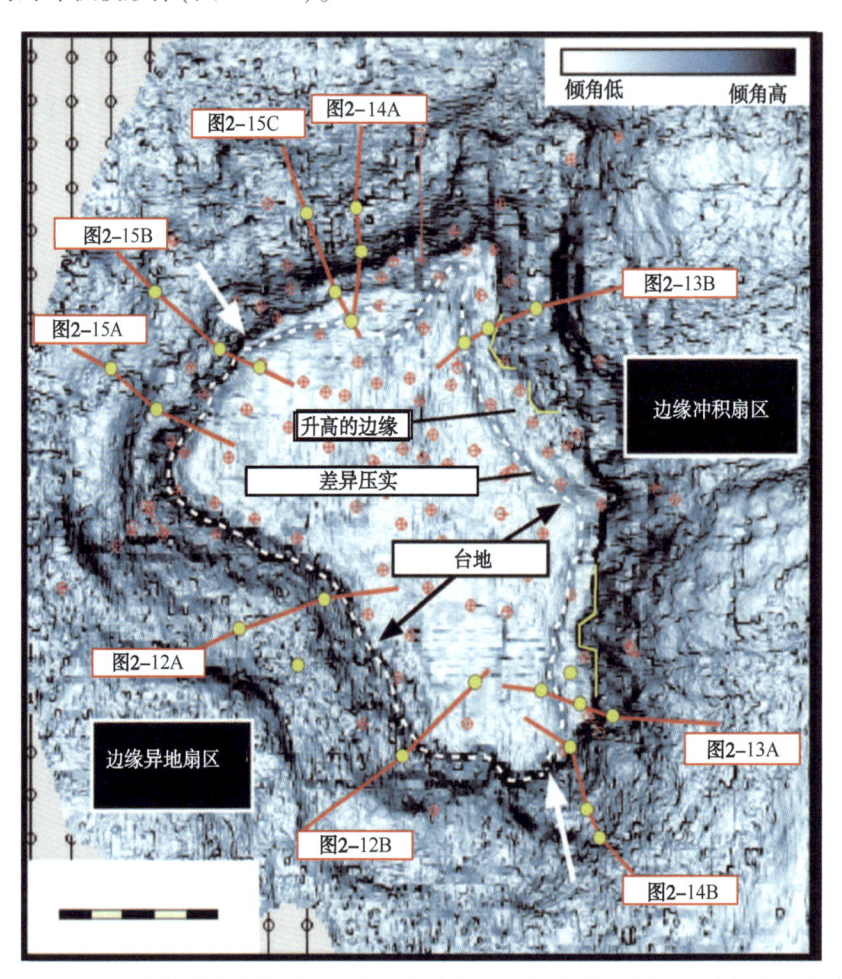

图 2-11 从 3D 地震数据中测得的储层(巴什基尔阶表面)顶部倾角,展示了冲积扇区和异地扇区的倾斜程度

图中,倾斜度提高的薄带(白色虚线)直接朝向台地内侧,是由台地相和上陆坡微生物粘结灰岩之间的差异压实而引起的,表明了台地在进积之前的边缘位置。该薄带和坡折带之间的低倾角区域即是凸起边缘,表明了进积界线(可能由于破坏而变化)。冲积扇区和异地扇区之间的界面出现在压实倾斜带与波折带交叉之处(白色箭头)。在冲积扇区,坡折带的特点是多个表明局部化破坏的局部陡坡(黄线)。在异地扇区,凸起边缘较薄或不存在,表明边缘几乎完全被破坏或进积楔形体发育不良。图 2-12 至图 2-15 还展示了地震剖面的位置

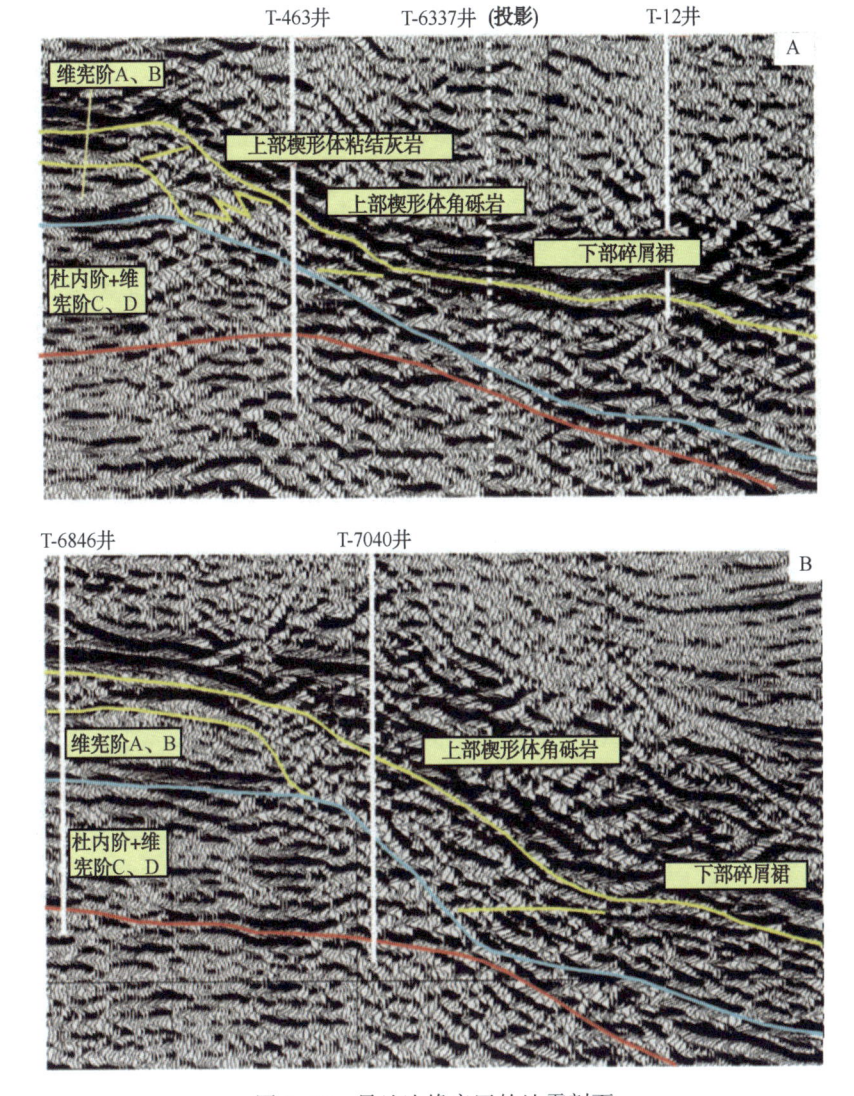

2 哈萨克斯坦滨里海盆地田吉兹中心岩隆晚维宪期至巴什基尔期外台地、边缘和翼部的岩相和储层性质的变化

图 2-12 异地边缘扇区的地震剖面

图 A 中，略凸边缘表明上陆坡微生物粘结灰岩的窄进积楔形体形成于广泛的碎屑裙沉积之后。图 B 中不存在凸起边缘的区域表明无进积作用。对 T-7040 井的地层微成像测井显示，该位置的上部楔形体沉积物很可能由粗角砾岩构成。剖面位置见图 2-11

在异地扇区中，较低的碎屑裙由层状至块状粘结灰岩角砾岩(层间带有层状台地衍生沉积物)构成，表明粘结灰岩边缘的破坏程度相对连续。在冲积扇北半部分，翼部陆坡通常不规则。部分原因是存在一系列局部滑移和明显的深断层，以及明显的中陆坡凸起。后者的侧向连续性(图 2-11)可根据上陆坡物质轻微的下坡运动或晚期进积楔形体对隆起碎屑裙的下超(图 2-13B)进行说明，类似于异地扇区。地震数据表明，冲积扇区中存在的早期碎屑裙同样以另一方式存在。田吉兹台地北部和南部边缘是异地扇区和冲积扇区之间的过渡区域。两个区域的特点均为上部楔形体，该楔形体在下超侧向连续碎屑裙沉积物的同时，向东逐渐变宽(图 2-14)。

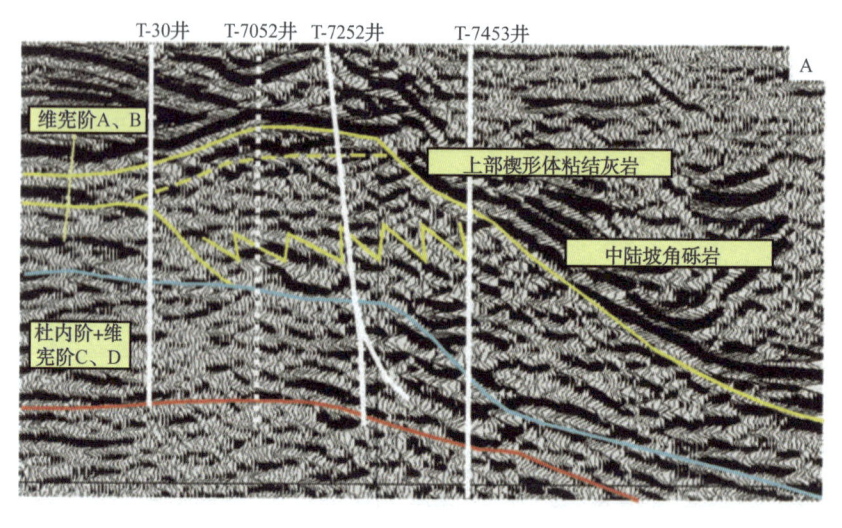

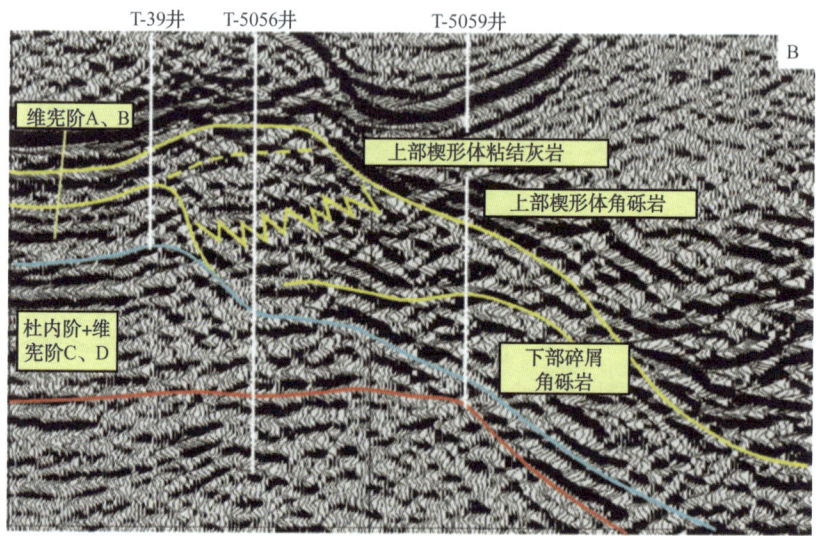

图2-13 边缘冲积扇区的地震剖面

图A中的翼部剖面平滑且缺少高幅内反射。此处由维宪阶A和B台地退积而形成的阶地会为上部楔形体早期进积提供稳定性。图B中的翼部剖面显示出不同的中陆坡凸起。从T-5059和T-5660井测得的地层微成像测井数据显示，凸起中的谢尔普霍夫阶层段上部含有进积粘结灰岩层序，而下部包含层状粘结灰岩角砾岩（图2-17）。在地震线上，高幅、近似平行的反射物区域附近出现了变化，这可表明冲积扇区中早期碎屑裙沉积物充填一部分可容空间（作为上部楔形体进积的先决条件）。剖面位置见图2-11

　　冲积扇区和异地扇区表明了边缘和翼部岩石总体积之间的内部差异和比较差异，以及上部楔形体与下部碎屑裙的相对比例。导致这种不对称性的原因可能是外在和内在控制因素。例如，内在控制因素可能是由杜内阶和维宪阶台地叠加产生的前谢尔普霍夫阶剖面。在明显退积的区域，阶地或缓坡可能为进积作用提供了稳定性（图2-13A），而在叠加更为垂直的台地，不稳定性和边缘破坏则可能占多数。或者，微生物初级产量会在台地周围发生变化。在冲积扇区，产率提高可能会导致碎屑裙快速堆积，进而提前产生上部楔形体进积作用。在低产率异地扇区，碎屑裙需要长时间堆积，可能在谢尔普霍夫阶沉积末期仍处于堆积过程

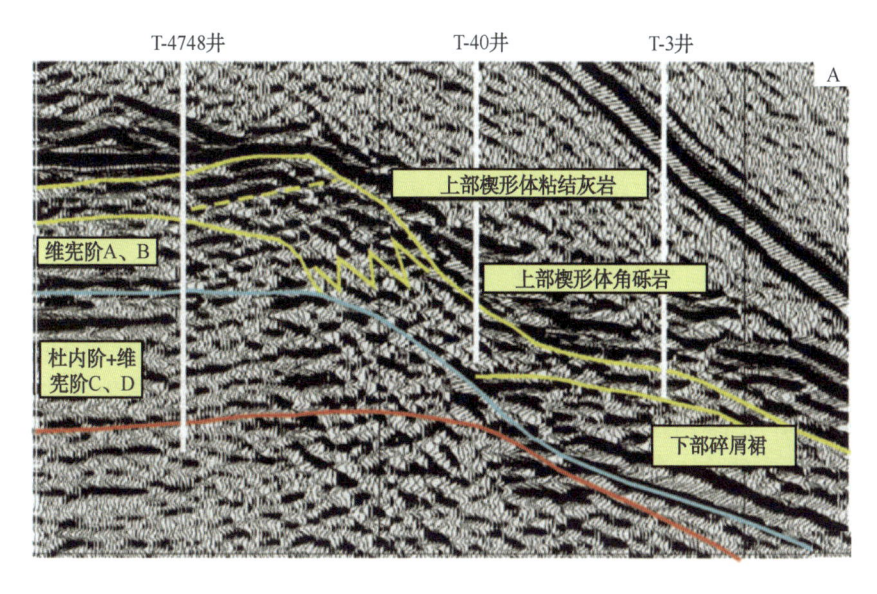

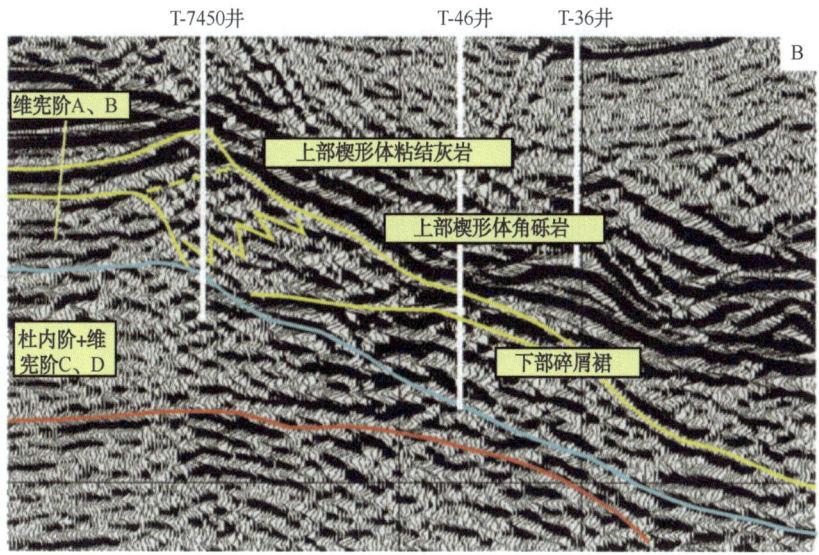

图 2-14　北部(A)和南部(B)边缘及翼部区域地震剖面

这些区域为异地和冲积扇区之间的过渡区，显示出下部碎屑裙和明显的上部楔形体进积，这说明楔形体发育并不一定依赖于碎屑裙。剖面位置见图 2-11

中，导致上部楔形体发育更为受限。

　　构造活动也可能是导致边缘不对称的一种外在因素。由于与区域应力场相对应，或由于受滨里海盆地南部边缘（图 2-1）构造活动的压缩波的影响，边缘破坏会在异地扇区中受到抑制或增强。因此碎屑裙主要属早期特点还是晚期特点尚无法确定。边缘破坏程度和时间的不确定性阻碍了确定边缘和翼部地层格架，而地层格架又与谢尔普霍夫阶和巴什基尔阶四级台地旋回性相关联。然而，采用岩心对照、FMI 相、生物地层数据和较小范围的电缆测井，仍可对岩相在下部碎屑裙和上部楔形体中的分布进行约束。

2.4.2 上部楔形体岩相分布

从前述内容可得，凸起边缘效应表明上部楔形体中出现了刚性上陆坡微生物粘结灰岩相。沿异地扇区，上部楔形体部分或全部与台地拆离，凸起边缘效应不存在。在部分情况下，楔形体拆离后大致保留完整，但在其他情况下则形成几乎与远端碎屑裙相连的丘状堆（图2-15）。到目前为止，在上部楔形体钻有14口井，并获取了相应的岩心和/或FMI图像（T-463井、T-4346井、T-4635井、T-70井、T-7040井、T-5056井、T-5857井、T-7252井、T-6457井、T-4556井、T-5059井、T-5454井、T-7450井和T-7052井）。这些井的岩相与冲积扇区和冲积相的进积粘结灰岩取心楔形体一致，冲积扇区和冲积相的异地扇区拆离区域主要为角砾岩（图2-16）。进行特定取心的区域包括上覆深水外台地相的旋回浅水台地（T-4556井和T-7052井）、上陆坡原位粘结灰岩（T-7450井和T-5056井），以及拆离后对完整的上部楔形体中的上陆坡粘结灰岩和熔接—镶嵌角砾岩（T-4635井，图2-15A）。其他取心区域包括中陆坡角砾岩（T-5056井、T5857井和T-7252井），以及中陆坡至下陆坡碎屑和基质支撑粘结灰岩角砾岩（T-463井），其层间带有台地衍生的海百合类—腕足类粒泥灰岩—泥粒灰岩。上部楔形体中的巴什基尔阶由凸起边缘区域的浅水台地相构成。根据老井中主要的短岩心和岩屑资料，深水相由翼部的叠层至薄层泥岩、泥粒灰岩、细粒状灰岩和火山灰构成。

2.4.3 下部碎屑裙相分布

下部碎屑裙异地扇区钻有4口井，并获取了相应的岩心和/或FMI数据（T-16井、T-6337井、T-3938井和T-3948井）。如果假设早期碎屑裙也出现于冲积扇区，那么另5口井可能也有代表性岩心和/或FMI数据（T-47井、T-5963井、T-5059井、T-5660井和T-6261井）。将T-5660井和T-5059井的FMI相与凸起边缘中T-5056井附近三个单独的取心层段结合分析，表明冲积扇区中的碎屑裙角砾岩和上部楔形体相之间可能存在差别（图2-17）。

通过异地扇区的岩心可充分了解碎屑裙，即该相通常由上陆坡衍生粘结灰岩角砾岩和台地衍生颗粒相的混合物构成，也可表明层厚、碎屑尺寸和台地衍生颗粒物质相对于角砾岩的层段呈明显变化。例如，在T-6337井两个单独的取心层段中，碎屑和基质支撑的角砾岩层间常带有细粒级碳酸盐台地泥岩、泥粒灰岩和粒状灰岩。碎屑总体尺寸大于上部楔形体T-463井岩心的碎屑尺寸，但台地衍生碎屑粒度较细。相比之下，T-3948井岩心的长取心层段几乎完全由成层性差的粘结灰岩角砾岩构成且碎屑极大，而层间极少带有细粒级台地衍生物质。T-3938井的FMI测井数据显示，该处的碎屑裙层段同样由块状粘结灰岩角砾岩构成，且层间带有台地衍生相。该块状、较粗的碎屑裙角砾岩相的侧向伸展与杂乱的地震特征相符，因此可根据图像质量进行区域性标示（图2-16）。

异地扇区中的碎屑裙角砾岩含有不断增加的陆坡和台地碎屑，碎屑朝层段底部迁移。T-3938井和T-3948井的岩心表明，带有充裕台地碎屑和陆坡碎屑的细粒度角砾岩的含量与岩石物理测井的电阻率降低有关。在对冲积扇区的测井中未观察到低电阻率层，但这可能是由于孔隙度变化或其他成岩作用所致，因此并不代表该处不存在类似的角砾岩。在T-6337井、T-3938井、T-3948井和T-7252井采集了横跨边缘和翼部角砾岩底部的所有岩心。对上述井和其他井所进行的地层微成像测井表明，角砾岩在连续层段上的沉积比较陡峭，且该层段主要包含深水相薄倾斜层。对岩心的生物地层学分析表明，两个扇区中角砾岩

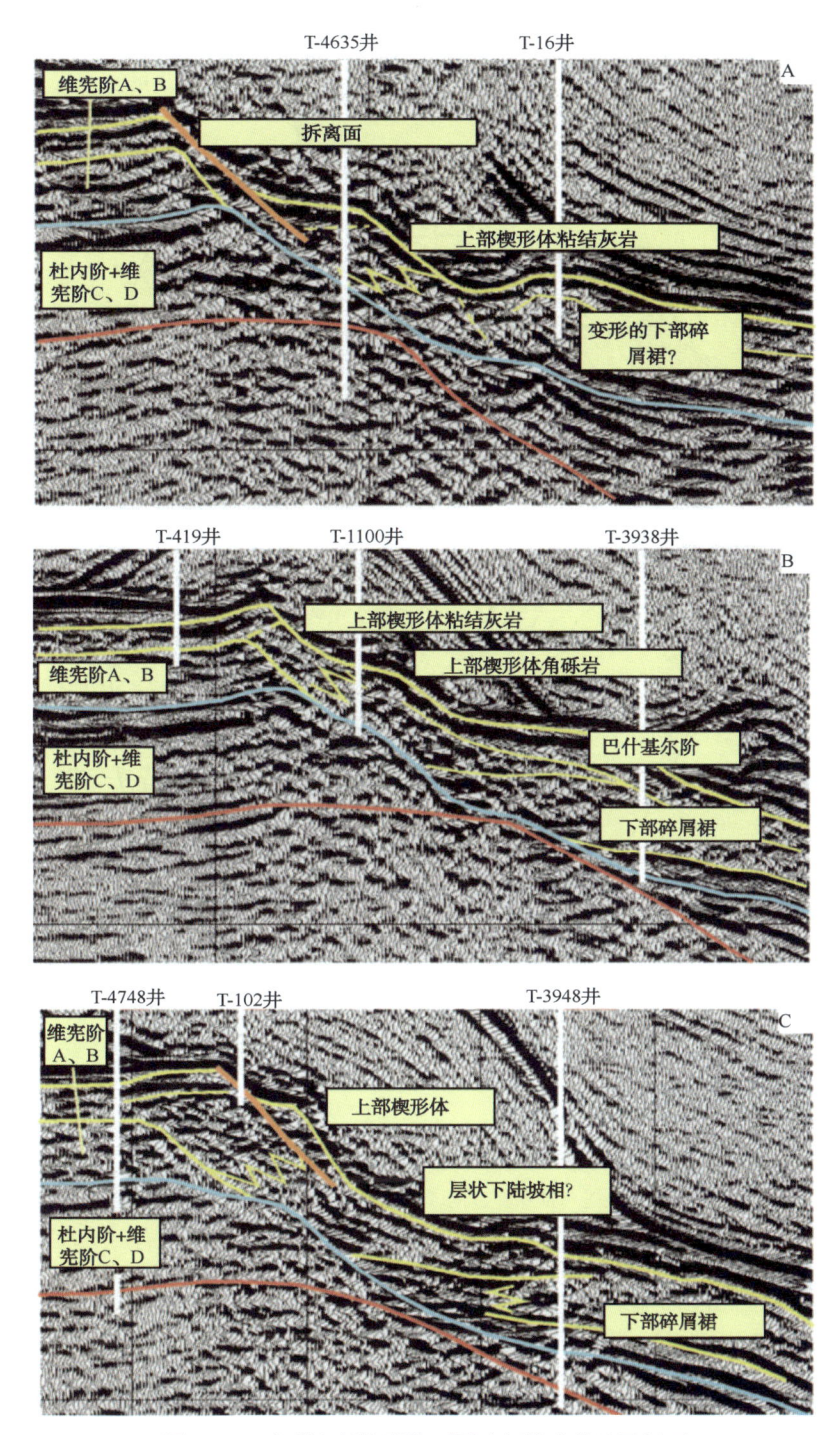

图 2-15 表明上部楔形体不同破坏模式的地震剖面

图 A 展示了完全拆离但很大程度上保持完整的上部楔形体。T-4635 井岩心主要含有 C 类粘结灰岩和角砾岩，表明了较浅水相的原始沉积。图 B 展示了带有下斜坡凸起的狭窄上部楔形体，表明部分位置可能存在破坏。如 T-3938 井 FMI 测井数据所示，该区域内的碎屑裙由成层性差的粘结灰岩角砾岩构成。对钻屑的生物地层学分析显示，碎屑裙角砾岩顶部存在巴什基尔期厚层段。图 C 展示了上部楔形体内的局部断层拆离。此外，碎屑裙中杂乱的地震特征被相对连续的斜坡反射结构（来自不同的下陆坡相）从上部楔形体陆坡中分离。T-3948 井的岩心表明，该位置的碎屑裙由带有极大型碎屑的块状粘结灰岩角砾岩构成。剖面位置见图 2-11

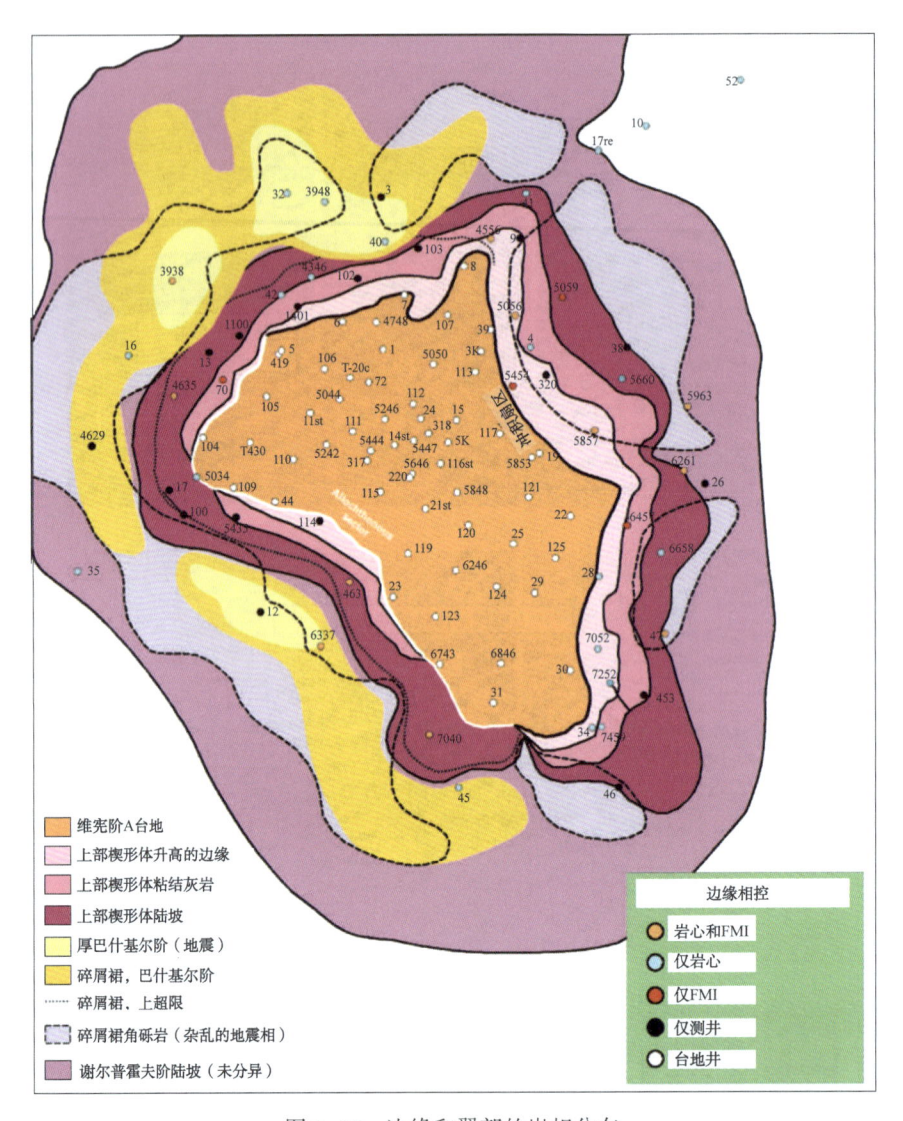

图 2-16　边缘和翼部的岩相分布

维宪阶 A 台地外形表明了谢尔普霍夫阶进积之前的台地结构。凸起边缘区域（上部楔形体）代表了谢尔普霍夫阶台地进积的保存程度。通过假设坡折带后方的垂直厚度约为 200m（656ft），确定了上陆坡粘结灰岩的外部界线。从地震特征和测井相关性可知，下部碎屑裙含有谢尔普霍夫阶和巴什基尔阶粗角砾岩。谢尔普霍夫阶角砾岩存在于台地两侧，但巴什基尔阶碎屑裙沉积物通常局限于异地扇区，这说明在整个谢尔普霍夫阶和巴什基尔阶中，该区域的沉积不稳定。相控仅用于表明边缘井和翼部井

的沉积始于维宪阶—谢尔普霍夫阶界面附近。

生物地层分析数据还表明，含有谢尔普霍夫阶粘结灰岩碎屑的巴什基尔阶沉积物在异地扇区碎屑裙顶部足有 300m（984ft）长，这说明在该区域沉积后发生了重大的边缘破坏。巴什基尔阶层段似乎与伽马测井和电阻率测井的不同模式有关（图 2-18），良好的相关性表明，巴什基尔阶角砾岩厚度多变但侧向伸展（图 2-16）。一个重要区别是，冲积扇区中明显缺少巴什基尔阶等厚沉积或巴什基尔期角砾岩，表明该区域可能在谢尔普霍夫阶结束前就达到了相对稳定的

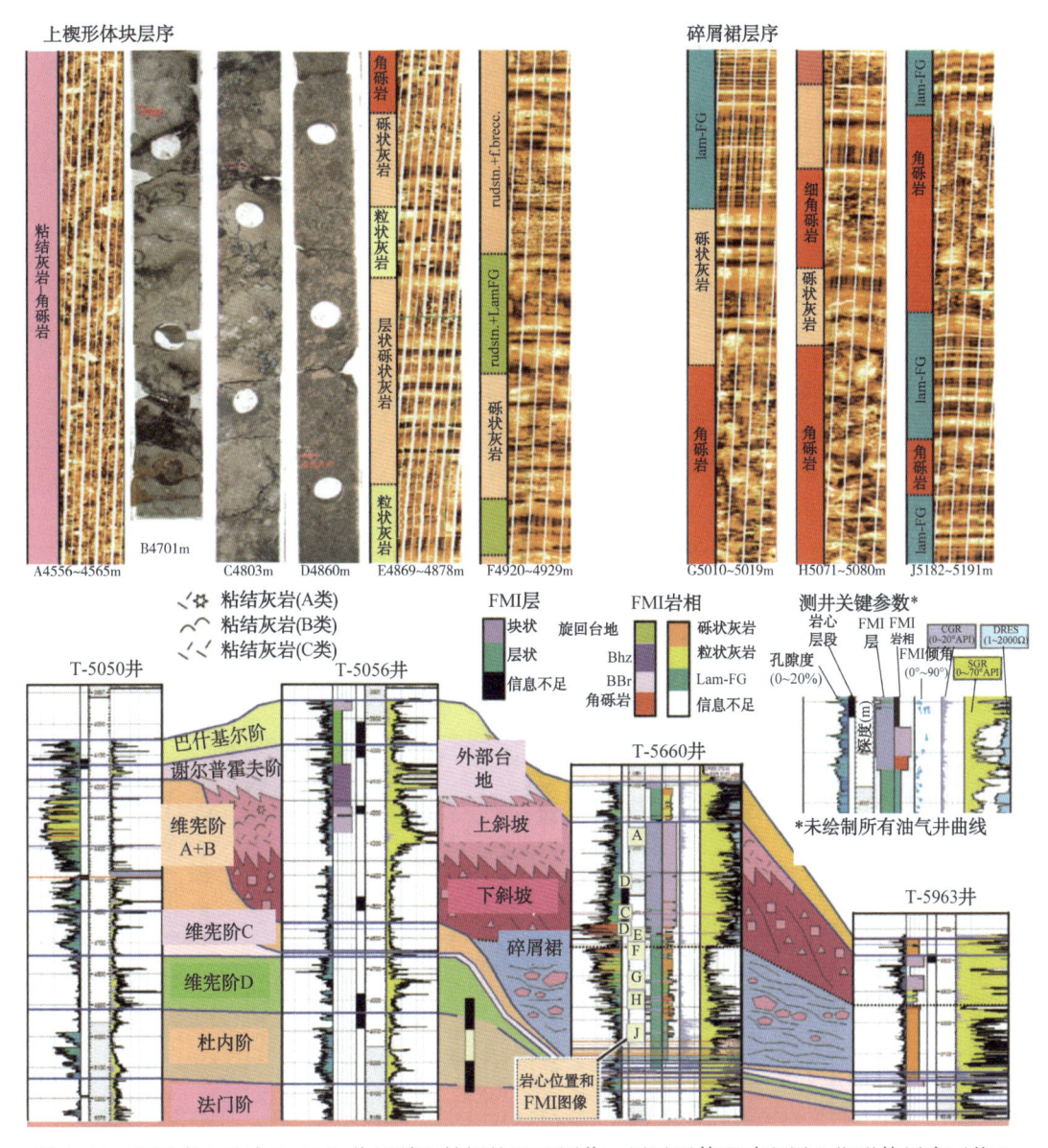

2 哈萨克斯坦滨里海盆地田吉兹中心岩隆晚维宪期至巴什基尔期外台地、边缘和翼部的岩相和储层性质的变化

图 2-17 所选岩心及从 T-5660 井（顶部）拍摄的 FMI 图像，展示了体现冲积层上楔形体层序可能上覆碎屑裙层序的岩相

上楔形体层序包含朝向基底的远端层状砾状灰岩和细角砾岩（E、F），上覆粗角砾岩（B~D）。取心层段上方，剖面由块状粘结灰岩或角砾岩构成（A）。碎屑裙（G~J）包含层间薄层细粒、砾状灰岩和角砾岩 FMI 岩相（后者可能含有微生物粘结灰岩碎屑）。欲了解 FMI 岩相定义，见图 2-10。横断面（底部，见图 2-16 查看油气井位置）表明，与楔形体层段相比，T-5660 井内碎屑裙剖面与伽马射线能谱（SGR）测井降低的放射性有关，在此基础上可与附近的油气井进行对比。其他测井曲线包括去铀伽测井（CGR，减去含铀物质所得）和深电阻率测井（DRES）

沉积。图 2-18 和图 2-19 中的横断面阐明了沉积概念、岩心和 FMI 相控因素，以及田吉兹边缘异地扇区和边缘冲积扇区下部碎屑裙与上部楔形体的标准孔隙度和伽马射线。

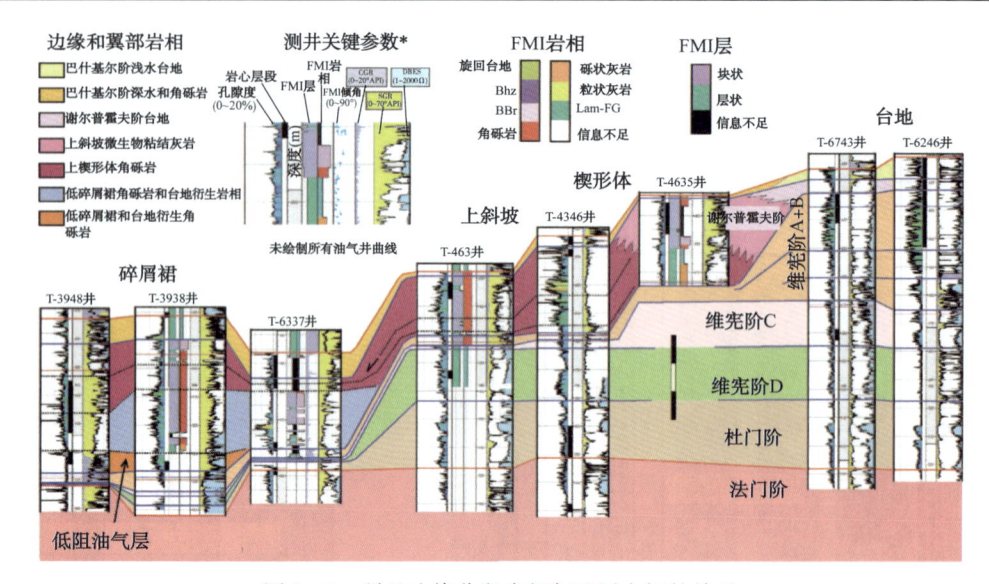

图 2-18 异地边缘分段岩相与地层之间的关系

油气井从台地边缘开始，其距离逐渐变大（油气井位置见图 2-16）。T-6337 井处厚的外来巴什基尔阶剖面由分析岩心层段生物地层可得。通过对伽马射线能谱（SGR）和无铀伽马（CGR，减去含铀物质所得）测井进行对比分析可知整个边缘和翼部层段富含浓缩铀。请注意碎屑裙基底的 T-3938 和 T-3948 井深电阻率（DRES）测井曲线上的低阻油气层。也请注意 FMI 岩相相似性和 T-6337 井内伽马测井及冲积层 T-5660 和 T-5059 井展示的碎屑裙剖面（图 2-17、图 2-19）。欲了解 FMI 岩相定义，见图 2-10

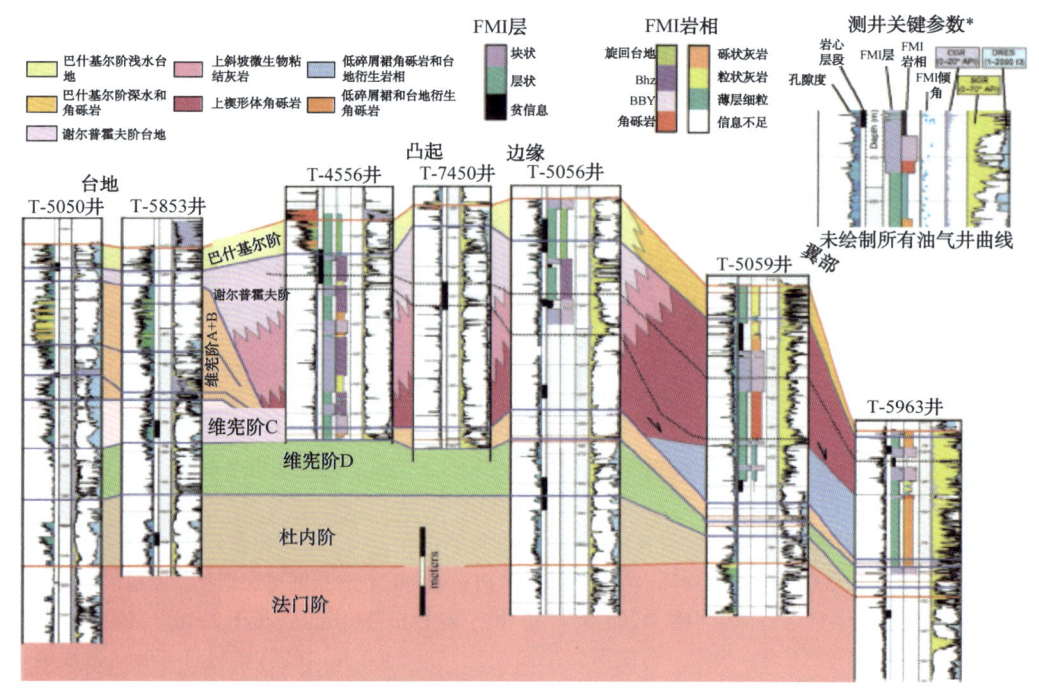

图 2-19 冲积边缘分段岩相与地层之间的关系

油气井从台地开始，距离逐渐变大（油气井位置见图 2-16）。凸起的边缘油气井包含谢尔普霍夫阶中斜坡角砾岩和上斜坡粘结灰岩，上覆上谢尔普霍夫阶至巴什基尔阶外台地岩相和浅台地岩相。通过对比伽马射线能谱（SGR）和无铀伽马射线（CGR，减去含铀物质所得）可知，靠近台地的油气井（T-4556 井和 T-7450 井）与浓缩铀含量的降低有关。翼部油气井内上楔形体粘结灰岩角砾岩和相关岩相中的浓缩铀含量可能高于 T-5059 井和 T-5963 井内碎屑裙岩相中的浓缩铀含量。图中展示了部分油气井的 FMI 岩相和深电阻率（DRES）测井。欲了解 FMI 岩相定义，见图 2-10

2.5 成岩作用

田吉兹台地作为长期的浅水台地，由于其多层地层结构和相关岩相变化，反复暴露在海洋、大气和浅埋藏成岩作用下，并且由于年龄范围不同而受到温室和冰室的影响，因此预计台地的孔隙类型分布十分复杂。观察岩心和薄层，结合地球化学初步分析，了解了外台地、边缘和翼部储层中孔隙的形成、破坏和保存，同时阐明了边缘和翼部的储层质量分布关系。这类关系表明，当前的储层质量变化主要受晚期成岩作用叠加影响，包括破坏、溶蚀和沥青胶结。

2.5.1 早期溶蚀、胶结和沥青层

早期孔隙类型包括原生孔隙、早期成岩基质孔隙和相对较大的孔隙，较大的孔隙由至少一次典型的溶蚀活动形成。现有孔隙显示，此类早期溶蚀现象，在外部台地和上斜坡相，比中斜坡相和下斜坡相更普遍。早期溶蚀可能发生于台地边缘喀斯特活动过程中，与主要层序界面相关，或是Kohout式对流的结果，Kohout式对流的主要驱动力来自于台地顶部地下水和海水间的显著的液体密度梯度（Kohout等，1977；Saller，1984；Sanford等，1998）。此类温度或盐度梯度对存在显著高差的田吉兹台地有重要意义。

早期孔隙通常包含多期胶结物序列。此胶结物序列（图2-20）破坏了早期的多孔性，其中的胶结物最初由海相成因的富包裹体方解石构成，随着埋藏作用最终形成中粒到粗粒透明等粒方解石。残余孔隙空间通常包含沥青，沥青出现方式一般为晚期充填相，沥青颗粒，或在等粒方解石的局部衬里。因此早期胶结物层序统称为前沥青层序。沥青与等粒方解石（图2-20C）之间的岩相学关系表明沥青与等粒方解石似乎同时被侵位。等粒方解石和沥青在同一阶段表现出来的溶蚀特征，表明沥青侵位前发生了再次压裂和溶蚀作用。流体包裹体均一化温度表明等粒方解石在80~95℃的温度范围内沉淀（附录2-2）；因此，前沥青胶结作用在储层热液温度达到前完成。根据流体包裹体数据，等粒方解石是边缘和翼部内占比很大的重要胶结物，人们将它称为90°方解石。

2.5.2 裂缝和晚期溶蚀

可根据不同充填阶段，将岩心样中观察到的较大裂缝分为几组。早期裂缝，如早期溶蚀孔隙，被大量的前沥青胶结物充填。后期裂缝仅包含沥青或含沥青的等粒方解石，充填后部分张开。系统裂缝大多处于张开状态，且存在胶结物，体现了伴随沥青沉积的更晚期裂缝扩张，至少存在一组裂缝与当前应力体系一致。部分张开和敞开裂缝通常与沿裂缝壁的局部溶解扩大作用及周围岩石基质的沥青胶结和溶蚀有关。基质溶蚀以岩石微晶质组分微孔的形式出现，例如骨屑颗粒和微生物结构（图2-21A）。在含有微晶基质的岩相中，伴随小溶洞的微孔有时也可广泛发育。除了靠近溶解扩大裂缝的基质溶蚀外，也应注意胶结物和部分充填裂缝壁之间的沥青和溶蚀。有时也可以在富包裹体前沥青胶结物内或沿单个胶结物晶体解理和生长面观察到沥青和溶蚀。

据观察，沥青和基质溶蚀作用使溶洞和扩大裂缝变小，该现象表明沥青、溶蚀和大范围

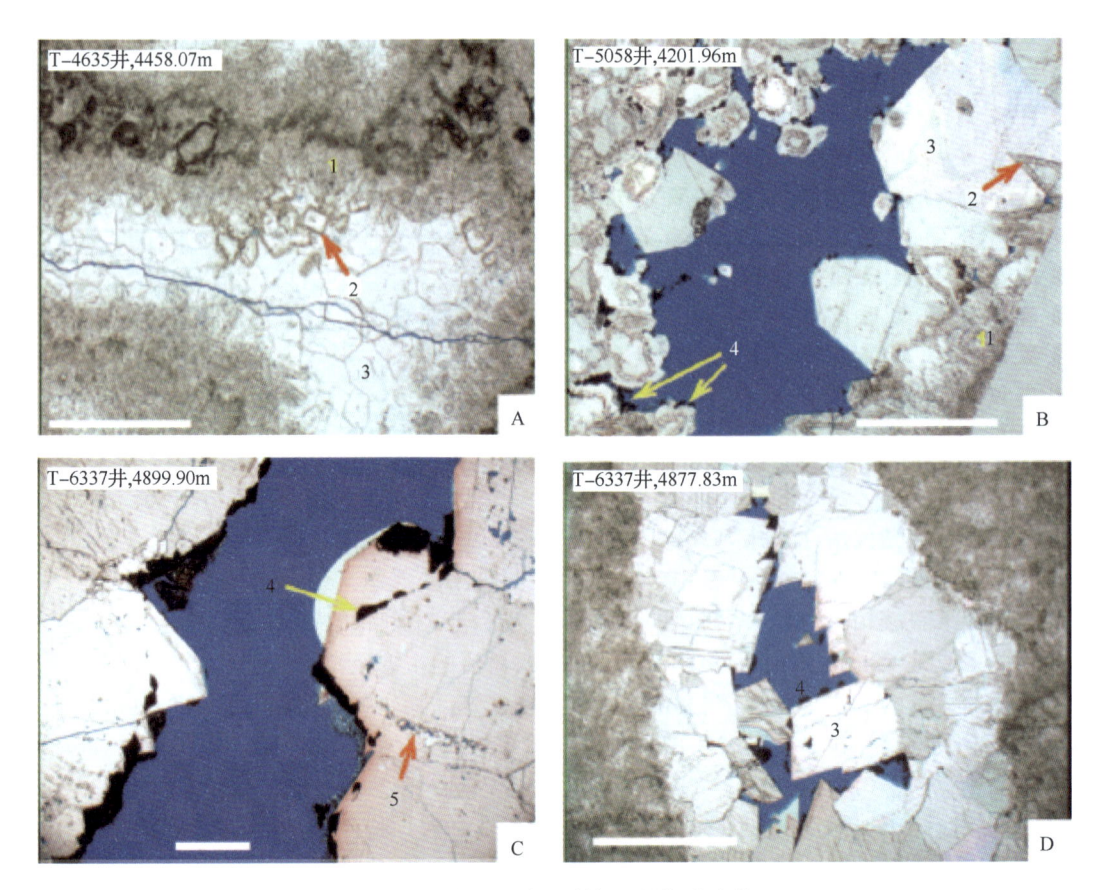

图 2-20　田吉兹边缘和翼部的早期成岩作用

孔隙由前沥青胶结物层序充填（A 和 B），该层序包含富包裹体，可能为海相成因的方解石（1）、柱状至等粒方解石和富包裹体白云石（2）及透明的块状等粒方解石（3）。该层序通常伴随沥青（4）。前沥青胶结物充填了大部分主要的孔隙空间，孔隙也在早期成岩溶蚀和压裂过程中形成。一些孔隙仅为等粒方解石和沥青充填（C 和 D），表明发生了分离的后期压裂和溶蚀作用。晚期溶蚀作用伴随等粒方解石内晶体生长面（5）溶蚀而发生。等粒方解石的液包体均化温度为 80~95℃，该事实表明沥青形成前储层内存在前水热条件。比例尺为 1mm

溶蚀之间存在成因关系。岩相观察表明重要溶蚀和溶解扩大推迟了早期胶结序列。关键问题是多数重要溶蚀和溶解扩大是否发生于沥青形成之前、期间或之后，或者沥青形成之前、期间、之后均有发生。同一薄片上的沥青微孔和无沥青微孔十分常见（图 2-21B），在某些情况下，可观察到溶蚀作用发生于沥青形成之后（图 2-21C）。该观察结果表明一些基质溶蚀可能伴随沥青侵位，一些溶蚀也可能以同样的方式形成。然而，许多其他例子表明张开孔隙空间主要为沥青充填，仅伴随少量微晶灰岩溶蚀。

其他后沥青成岩作用包括裂缝、非碳酸盐岩胶结，如萤石和石英（基于液包体温度，见附录 2-2）和方解石晶体胶结（图 2-21D）。合成沥青和后沥青胶结作用和溶蚀作用的存在意味着活跃水热系统可能是边缘和翼部储层的发育因素。对于边缘和翼部储层的发育，两种机制可用于解释此现象：水热流体混合和地热对流。水热混合机制包括在碳氢化合物和硫酸盐矿物之间发生的 H_2S 富集和硫酸盐热化学还原反应（TSR）。这些机制体现如下：

（1）储层中碳氢化合物的 H_2S 含量升高（13%）；

（2）储层中存在已知的 TSR 副产品；

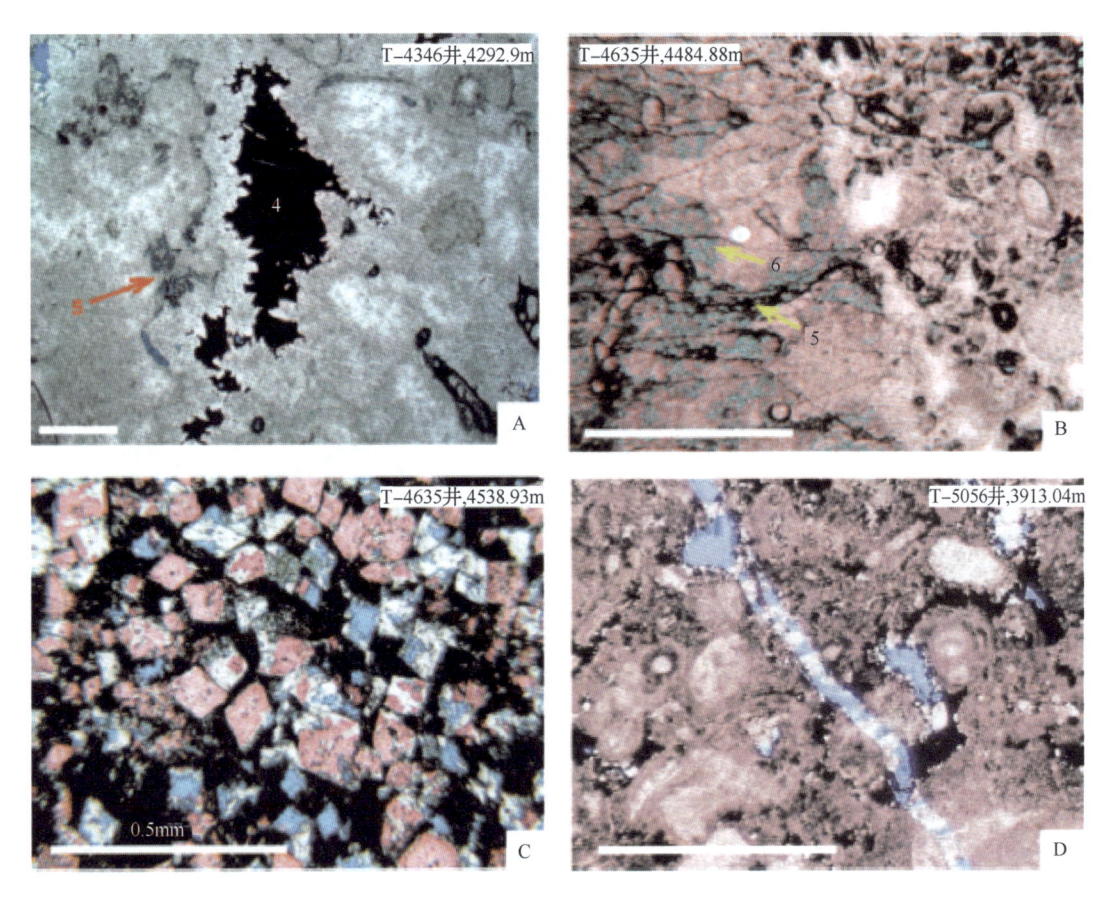

2 哈萨克斯坦滨里海盆地田吉兹中心岩隆晚维宪期至巴什基尔期外台地、边缘和翼部的岩相和储层性质的变化

图 2-21 田吉兹边缘和翼部的沥青相关作用和后沥青成岩作用

沥青主要存在于一些孔隙和裂缝中(A，4)，通常与微生物结构(A，5)的溶蚀作用有关。一些微晶灰岩溶蚀似乎不含沥青(B，6)，且可能发生于沥青形成之后。后沥青成岩作用也包括溶蚀(部分白云方解岩内的菱形白云石的选择性溶蚀，C)及后期压裂(D)。图 D 也展示了后沥青方解石胶结物。关键问题是田吉兹边缘和翼部的后沥青溶蚀和压裂作用对现今储层质量和分布的影响有多大。除特别注明外，比例尺为 1mm

(3) 根据流体包裹体研究统计，这些样本均在热状况下沉淀；

(4) 储层附近或内部存在有利于 TSR 反应的地质条件和成分。

地热对流基于田吉兹二维数字流动模型，主要利用盆地模拟推导出的温度、已知热岩石和流体性质、基于总储层渗透性的简化层叠架构。对流和 H_2S 相关反应也可能对不同时期或同一时期的边缘成岩和储层质量产生影响。

2.5.3 水热流体混合和 H_2S 相关成岩作用

根据盆地模型，田吉兹储层在三叠纪后快速沉降早期获得了一定的水热温度(图 2-22)。快速沉降期间及之后，盆地产生的水热流体定期充填储层，并与地层流体混合。薄片和柱状岩心 X 衍射定量分析数据表明边缘和翼部可能存在水热类岩石，如硬石膏、白云石、玉髓、石英、重晶石、萤石和黄铁矿。多数矿物的含量低于 4%。单个样本中具有水热成因且含量高达 50% 及以上的岩石种类包括氟磷灰石、硬石膏和白云石(硬石膏和白云石可能有其他成因)。本地存在大量的玉髓和石英。从石英和萤石样本中获得的均一化温度为 110~125℃(附录 2-2)。

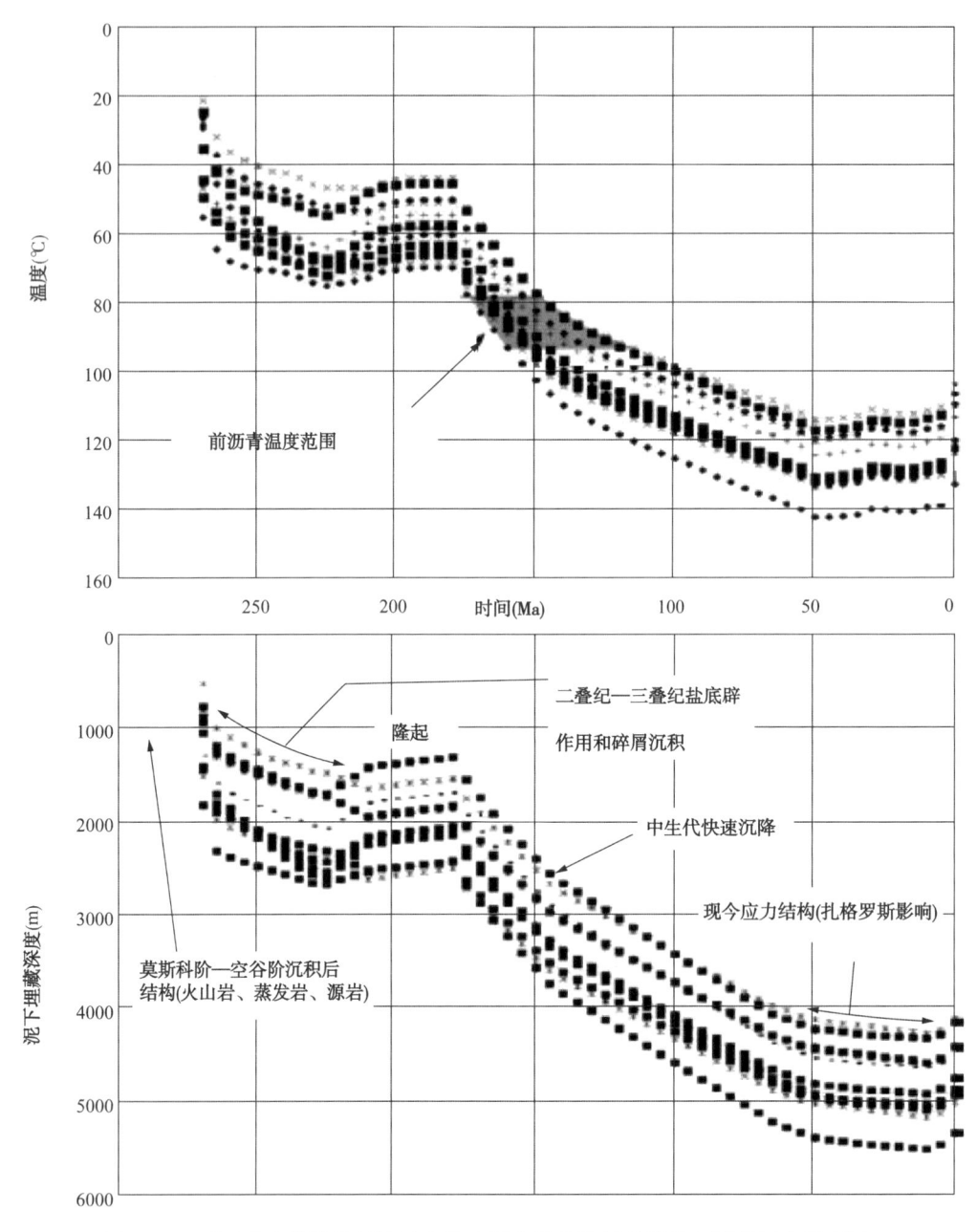

图 2-22 通过盆地模拟绘制的田吉兹边缘和翼部储层的温度和埋藏历史平面图

垂直深度范围表明,流体包裹体分析过程中使用的样本组合来自储层层段不同部位(附录2-2)。储层中的沥青储层在水热条件下,中生代沉降过程中等粒方解石(顶部)胶结作用发生后形成。埋藏裂缝可能期次包括盐底辟作用产生的应力、隆起(距今约220—175Ma)、快速中生代沉降和当今的应力结构(顶部)

重要的碳酸钙溶蚀作用可能发生于混合不同 H_2S 饱和度流体的储层内,或发生于碳酸岩储层中 TSR 与含氧地层水混合生成 H_2S 和 CO_2 的情况下(Hill,1990)。在含氧地层水缺乏,H_2S 和 CO_2 存在的情况下,碳酸盐岩溶蚀量与地层水的 pH 值和氧化铁或硫化物有关(Stoessell,1992)。因为反应过程中生成了碳酸和/或硫酸,因此碳酸盐溶蚀经常发生(Hill,1987;Machel,1987,1989)。一旦通过 H_2S 和 CO_2 气体运移或碳氢化合物运移后,储层中

的 H_2S 达到饱和状态。由于后期埋藏过程外部水热流体周期性混合，故可能导致其他溶蚀的发生。

埋藏温度高、H_2S 含量升高、沥青、白云方解石和硬石膏的存在表明边缘储层的成岩过程中可能发生 TSR。在田吉兹区域，可能的反应物包括靠近岩隆形成于石炭纪—二叠纪碱式烃源岩的碳氢化合物（Lisovsky 等，1992）和围绕岩隆的二叠纪盐岩地层底部的硬石膏层。图 2-23 展示了两个可能发生上述反应的区域：

（1）形成碳氢化合物的台地之间的盆地区域，在该环境下，H_2S 和 CO_2 从反应位置运移至储层后发生碳酸盐溶蚀；

（2）储层内部，当液态碳酸盐进入储层，上述反应导致碳酸盐溶蚀。

由于田吉兹翼部莫斯科阶—亚丁斯克阶火山岩缺乏，硬石膏层直接与储层接触，使得后一种机制变为可能。作为 TSR 常见副产品，也可以解释为何边缘和翼部普遍存在沥青。沥青侵位（基于前沥青等粒方解石）之前获得 80~95℃的储层温度，表明当该储层进入水热状况时，沥青储层便形成了。

发生 TSR 反应的碳酸盐储层通常包含硬石膏、白云方解石、硫化矿物质、硫元素、富铁和铀浓缩（Hill，1990，1995）。特别是，通常在田吉兹边缘岩心和薄片上观察到非蒸发或非陆上成因的硬石膏和白云方解石，边缘和翼部穿透的 GR 测井展示了浓缩铀（图 2-18，图 2-19）。白云化方解石的存在表明流体中 Ca^{2+} 浓度过高的原因可能来自 TSR 相关硬石膏的溶蚀。

2.5.4 地热对流

地下水循环对碳酸盐储层，尤其是孤立台地的成岩史尤为重要（Jones 等，2004）。台地边缘是埋藏和沉积过程有利于对流循环的区域。前文简要提到过沉积或早期沉积后对流过程与田吉兹边缘早期溶蚀有关。地热对流可能发生于特定条件下的埋藏过程中（Machel 和 Anderson，1989；Morrow，1998；Wendte 等，1998；Heydari，2000）。二维数字流体流动模拟试验表明，大范围地热对流在田吉兹边缘和翼部可行，很可能是因为裂缝性储层的垂向渗透性强及围绕外部的盐岩厚传导包络导致岩隆中心到边缘的温度梯度较大。

一旦对流体包裹体在密闭系统中形成，在维持储层内对流体包裹体平均饱和度平衡的过程中，就会出现净溶蚀和净胶结区域。在 pH 值和 p_{CO_2} 恒定的情况下，碳酸钙溶解度和温度之间呈负相关，因此当饱和或接近饱和的流体冷却降温时，就会发生溶蚀作用，而流体升温时，就会发生胶结作用。然而，这个过程导致大量碳酸盐从一个区域转移至另一区域，封闭系统对流体包裹体可能随时间推移发生变形或闭合，以便对渗透性模式的变化做出回应。

数字模型进一步表明，若对流体包裹体长时间保持活跃状态，便可转移足够的碳酸钙，以便显著影响储层的孔隙度。几个因素可能促进田吉兹边缘和翼部对流体包裹体处于长期活跃的对流。田吉兹上斜坡（图 2-23）莫斯科阶至亚丁斯克阶沉积物的缺乏，致使沉积作用发生后，在很长时间内边缘和翼部对流海水持续交换。其次，田吉兹似乎具有更为复杂的断裂历史（图 2-24）。许多边缘和翼部断裂活动和/或先前裂缝的重复再活化可能随着时间的推移维持或增加垂向渗透性，允许埋藏过程中地热对流保持活跃状态。

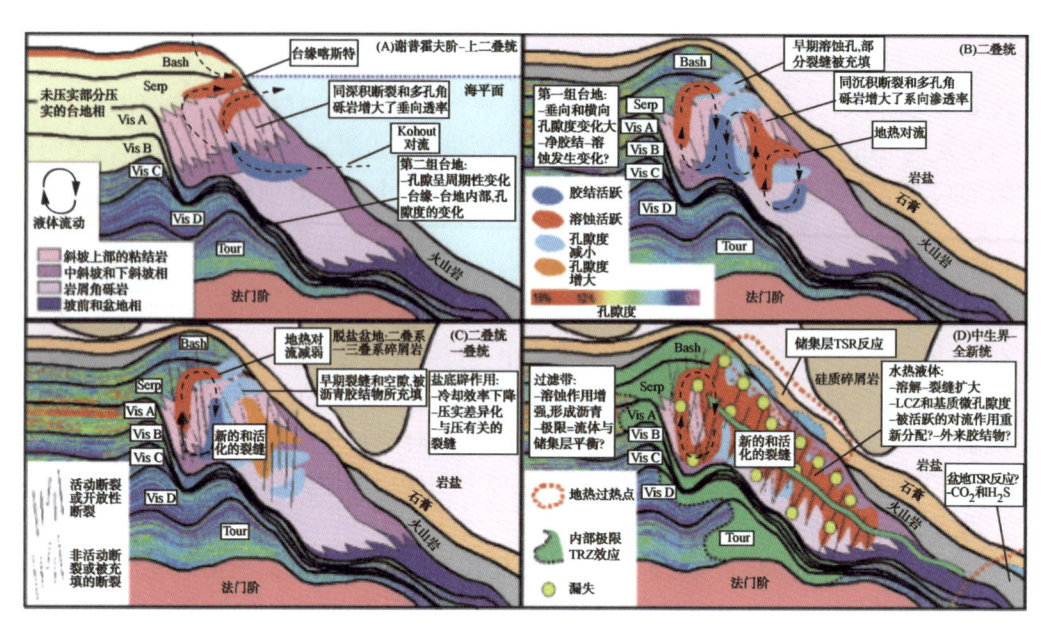

图 2-23 田吉兹边缘和翼部强渗透性储层的演化，以正文数据和分析为依据。在埋藏前（A），储层包括由于共生沉积不稳定和台地边缘岩溶产生的裂缝和大溶洞。最初的大范围溶蚀和胶结模式可能由 Kohout 对流及大气淡水和混合过程而控制。早期埋藏过程中（B），溶蚀和胶结模式可能由地热对流控制，由静止张开裂缝和导热岩盐沉积作用促进。尽管压实应力可能更新裂缝系统，但压实盐底辟作用导致的导热损耗和差异压实则可能降低或消除地热对流（C）。埋藏结束前，前沥青胶结物显著降低了非基质孔隙度和渗透性。新构造应力再次活化裂缝系统，可能促进储层内水热流体的运动和分布（D）。一般认为硫酸盐热化学还原反应（TSR）相关成岩作用主要与张开裂缝和漏失层（LCZ）的溶解扩大有关，要么与 CO_2 和 H_2S 气体的运移有关，要么作为液态碳氢化合物充填的直接结果。液体充填也可能与邻近台地岩相的加速溶蚀有关，形成过渡储层带（TRZ）。请注意储层的总体裂缝密度（不一定张开）随着时间的推移而增加

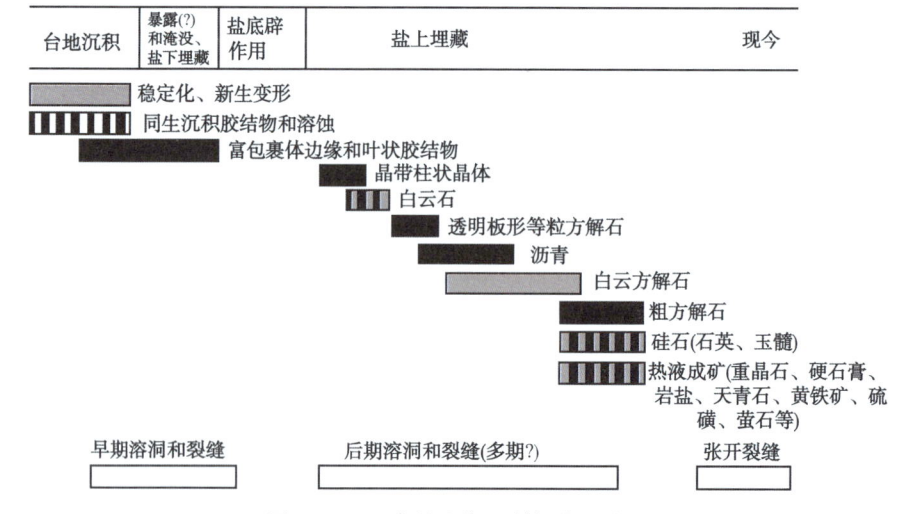

图 2-24 田吉兹边缘和翼部共生关系
胶结作用用黑色表示，溶蚀作用用白色表示，替换或再结晶作用用灰色表示。根据流体包裹体结果，建立了白云石胶结物、晶带柱状晶体、半形等粒方解石的近似绝对时间（150Ma± 25Ma；图 2-22）。基于岩相关系，这些胶结物在沥青沉积之前，储层获得水热温度时发生侵位（图 2-20）。所有其他成岩产物仅以前沥青或后沥青层序相对次序体现。其他阶段可能受埋藏历史相关过程约束，埋藏历史具有一定的时间次序（图 2-22，图 2-23）

2.6 储层质量与分布

碳酸盐储层的岩石类型分布是沉积相和成岩作用之间相互作用的产物。因为田吉兹光谱中显示的油气井的地层时代、岩相和潜在的成岩作用跨度大，因此当对比深井和与现场相同环境的油气井渗透性时，发现储层质量倾向于以一定方式最终达到平均。目前研究发现，田吉兹储层质量与特定油气井位置间的关系比田吉兹储层质量与岩相或地层间的关系更为密切。基于地理的储层质量变化的部分解释取决于理解非基质溶蚀、胶结和裂缝作用对外台地、边缘和翼部基质和非基质孔隙的相对影响。由于溶蚀、胶结和压裂作用显著影响着某些岩相的非基质孔隙（裂缝、大溶洞和漏失带），因此可将边缘和翼部归为双重孔隙介质储层。可根据基质和非基质孔隙类型，识别边缘和翼部的不同储层沉积相。

2.6.1 基质储层类型

利用空气渗透性数据和柱状岩心薄片来识别田吉兹边缘和翼部的基质储层岩石类型。尽管该数据在定量描述储层条件时不够精确，然而却与仅依靠岩石性质来区分储层岩石类型的实验室实验保持相对一致。根据Lucia（1999）对用于田吉兹柱状岩心分析的分类表进行的更改，并根据孔隙的渗透性，能区分出五种基质孔隙，即粒间孔隙、微孔、相连溶洞、分离溶洞和裂缝。单靠岩石性质，用这些数据可在田吉兹划分出三大储层。

（1）边缘和翼部储层（图2-25），包括主要由微生物粘结灰岩或角砾岩构成的上斜坡相、中斜坡相和下斜坡相（也包括一些夹层台地衍生岩相）。

图2-25 边缘和翼部储层一般特征

（A）微生物粘结灰岩中部分胶结的裂缝—角砾岩的局部溶解扩大，溶蚀作用沿裂缝壁和在胶结物晶体之间发生，沥青充填微孔（颜色较暗）从裂缝开始向外延伸几厘米，但基质孔隙反而降低，漏失带也具有这方面特征。（B）微生物粘结灰岩具有低基质孔隙和系统的沥青充填发丝状裂缝。（C）可能为骨粒—岩屑砾状灰岩中的断裂带和基质溶蚀，产生岩心碎石。深色由沥青胶结作用形成。（D）微生物粘结灰岩（角砾岩中的碎屑）中的沥青和微孔沿微生物细丝发育。（E）微生物粘结灰岩（角砾岩中的碎屑）中的溶洞由微生物基团之间的局部溶解扩大而形成

(2) 过渡储层带（图 2-26），由富含沥青胶结物和基质溶蚀的浅台地或外台地岩相构成。因为过渡储层带的储层类型不受其岩相限制，因此使用该术语（过渡储层带）而非外台地。注意不要同描述烃柱特定条件时所用的术语"过渡带"相混淆。

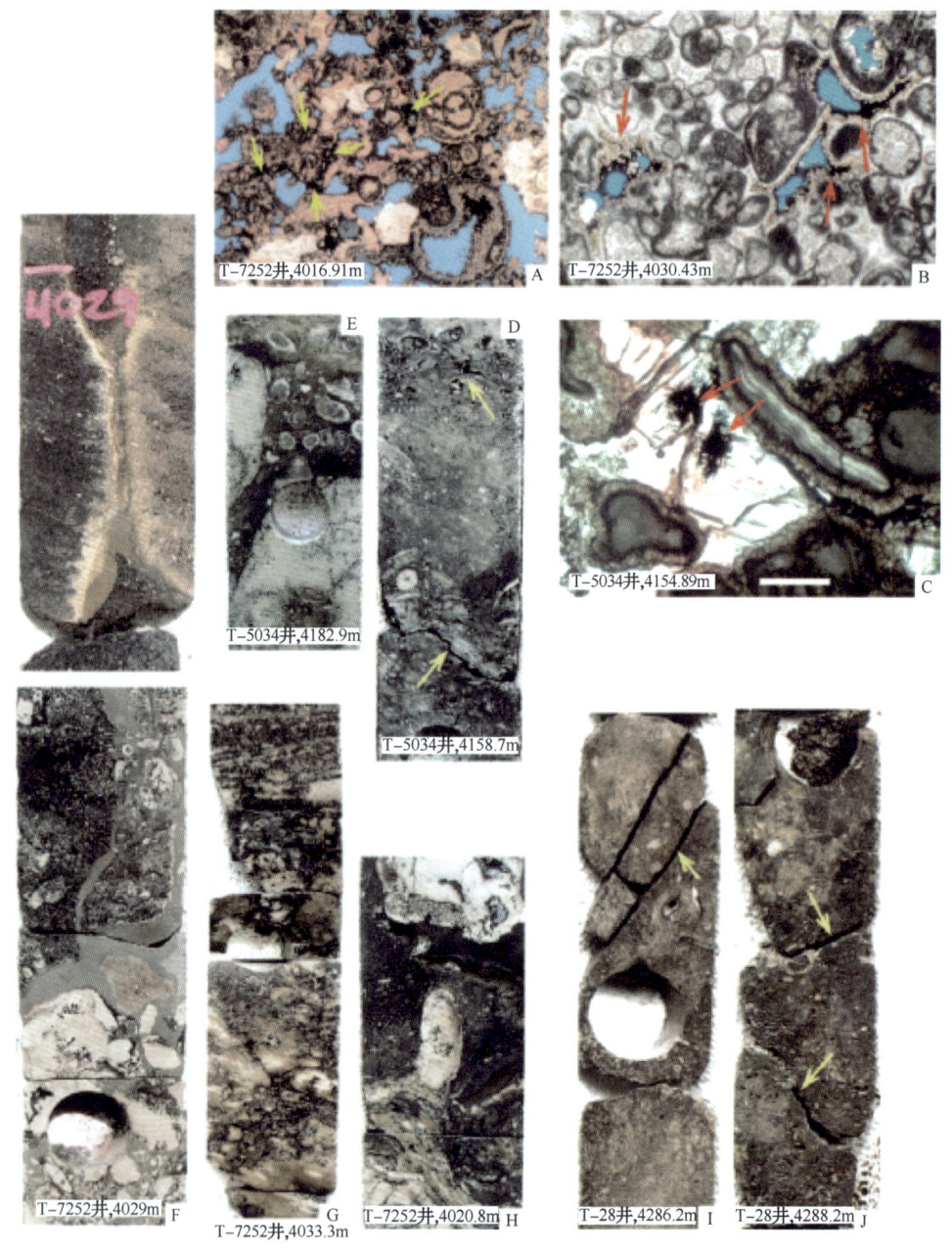

图 2-26 过渡储层带的特征
它们影响维宪阶 A、谢尔普霍夫阶和巴什基尔阶台地的外部区域。岩相包括含有腕足类和大型海百合的骨粒泥粒灰岩—砾状灰岩（D、F、I、J）、海绵或珊瑚粘结灰岩（E 和 H），以及少许高能鲕粒状灰岩（G）。这些岩相的基质均具有孔隙溶蚀增大和沥青胶结的现象。溶蚀增大包括基质溶洞（D，见箭头）、裂缝或缝合线（D、I、J）的扩大。在 E~H 中，沥青（岩心样本中暗色部分）具有少许岩组选择性。（F）具备岩溶特征，其沥青相对丰度随裂缝和孔洞中碎屑的不同而不同。薄片中，沥青常常和轻度溶蚀相关（B 和 C 中的胶结物溶蚀，见箭头）。沥青和溶蚀增大现象对孔隙度和渗透性有补偿作用，如图 A 所示，沥青胶结孔洞（见箭头）和溶蚀增大孔洞清晰可见

(3) 中心台地储层包括几乎不受沥青堵塞和关联效应影响的田吉兹台地中心区域 (Kenter 等，2006)。

可以证明维宪阶 A、谢尔普霍夫阶和巴什基尔阶台地储层与边缘和翼部通过压力连通。如图 2-23 所示，过渡储层带即台地外部部分区域，台地可能由于多种活跃于台地边缘的成岩流体的侵位而发生改变。例如，该区域范围可能体现了充填储层或活跃对流胞内边缘的腐蚀性水热流体的平衡极限。受沥青堵塞和基质溶蚀影响的过渡带与中心台地储层，其基质特征相差最大(图 2-27)。由于前台地旋回外部和中心区域存在相似的沉积相，因此沥青和溶蚀造成了可观察到的主要差异。在某些旋回，过渡储层带内的早期孔隙和渗透性可能与较深外台地相或微生物或海生胶结物呈负相关(图 2-6)。图 2-27 展示了过渡带与边缘和翼部储层间更为细微的对比。由于沥青和溶蚀均会影响储层，储层差异可能更加容易受过渡储层带岩相颗粒性质的影响，过渡储层带岩相与以早期胶结微生物粘结灰岩和粘结灰岩角砾岩为主的边缘和翼部岩相相比，其基质孔隙含量可能高于沥青和溶蚀。

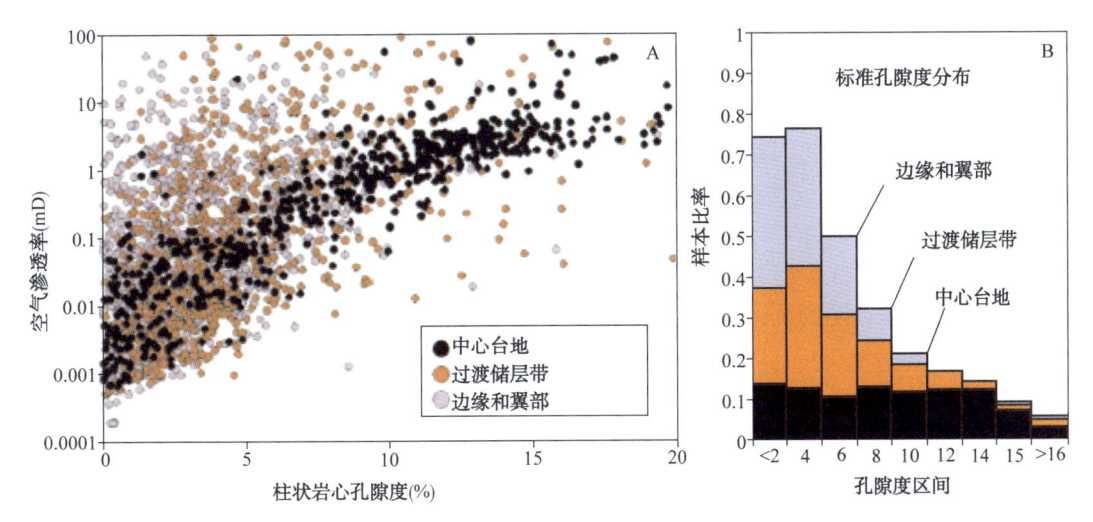

图 2-27 中心台地、过渡储层带(TRZ)以及边缘
和翼部区域的基质储层柱状岩心孔隙度和渗透率比较数据

中心台地包含 5000 个柱状岩心(仅绘出一部分)，尽管存在不同的岩相、结构和储层岩石类型，该趋势仍为单向趋势。其余数据包含约 1700 个取自边缘和翼部的柱状岩心和 700 个取自巴什基尔阶和谢尔普霍夫阶外台地岩相的代表 TRZ 的柱状岩心。与中心台地相比，渗透率的广泛散布和孔隙度区间的下降构成 TRZ 以及边缘和翼部趋势的特征(A)。在 TRZ 中，孔隙度的降低主要由沥青造成，而渗透率的散布由孔洞连通性改变所导致，孔洞连通性的改变是因为沥青堵塞和溶蚀增大孔洞这两种作用而引起的。在边缘和翼部，因为存在紧密胶结的微生物粘结灰岩岩相，孔隙度进一步降低(B)。渗透率散布的部分原因是溶蚀增大的孔洞，但也是由于多孔印模孔洞和微裂缝孔隙的增加所致

2.6.2 过渡储层带

通过柱状岩心数据确定的过渡储层带孔隙度介于中心台地孔隙度和储层边缘和翼部的孔隙度之间(图 2-27A)。数据还显示，大量的渗透率数据点散布在中心台地走向周围(图 2-27A)。过渡储层带基质以大孔隙为特征，因为早期粒间孔隙和印模孔隙溶蚀增大，而且小孔隙容易被沥青填充(图 2-26A、B)。大孔洞仅被部分填充或不完全充填。因此，过渡储层带中孔隙度的降低似乎由小孔洞的沥青胶结所致，而渗透率的分布似乎是因为沥青堵塞

和溶蚀加速使基质的孔洞尺寸、形态和连通性发生了根本变化。在孔隙度或孔隙度区间相同的情况下，过渡储层带的平均基质渗透率略高于中心台地储层。因此，尽管沥青堵塞现象降低了过渡储层带的孔隙度，该区间内预计的渗透率下降却被溶蚀作用抵消。

因为在沉积作用和早期成岩作用后可能有大量的基质孔隙留在过渡储层带内，故台地孔隙度的旋回控制可能对晚期的溶蚀和胶结的模式产生影响。各岩相中，因沥青堵塞和基质溶蚀引起的孔隙度变更的叠加净效应使孔隙度测井中的旋回性表达出现显著的改变。具体来讲，溶蚀可少量减弱中心台地层序界面中观测到的孔隙减少现象（Kenter等，2006），并在旋回层中增加高频垂向孔隙度变化。因此，通过测井特征，可找到沿台地外边缘限制过渡储层带宽度的方法。基于当前的井控和岩心控制机制，上述宽度似乎沿垂直方向在500m（1640ft）至2km（1.2mile）以上的范围内变化。

2.6.3 边缘和翼部储层

图2-27中边缘和翼部储层的数据表明基质孔隙度进一步下降，但渗透率的散布与过渡储层带类似。虽然最初认为基质的储层质量取决于不同岩相中粒状基质的数量，但在富含基质的角砾岩、含极少基质或不含基质的密集角砾岩以及原位微生物粘结灰岩之间进行比较时，并未看出孔隙度区间的显著差别。鉴于基质溶蚀现象总的来说并不算多且似乎关联度较差，边缘和翼部基质的渗透率与过渡储层带相近这一现象就比较令人惊奇了。这一现象的部分原因是小裂缝的增加，它导致更多的柱状岩心受损。然而，沿柱状岩心中的一些小裂缝可观察到溶蚀现象，因此，尽管高渗透率的柱状岩心可能数目虚高，但区间很可能是真实的。应注意，这些是比较性的统计关系，只适用于基质孔隙存在的情况，不可以外推用于概述孔隙度的总体分布。

上陆坡和中陆坡的微生物粘结灰岩以及角砾岩中的孔隙因沉积物填充和早期孔洞的前沥青胶结而大幅减少。这些孔隙包括构造窗、微生物生长孔洞、格架孔洞和其他主要孔隙类型，以及早期裂缝和溶蚀孔洞。在中陆坡至下陆坡以及砂砾相中，含粒状基质的骨粒砾状灰岩或悬浮角砾岩可能会改善部分区域的储层质量，因为与含密集角砾岩、细粒基质角砾岩或微晶基质角砾岩的区域相比，上述区域可能保存有原生孔隙。然而，与上陆坡类似，大多数中陆坡至下陆坡岩相中的基质储层质量受到沥青、溶蚀和前沥青胶结物的影响，尤其是取向连生方解石（早期至中期埋藏形成）和透明等分方解石（包括埋藏形成的90°方解石）。上陆坡岩相中普遍存在的早期海相胶结物不太引人注目。没有明显证据证明角砾岩从总体上讲与其他岩相相比具有更佳的储层质量，或者某一特定类型的角砾岩具有更佳的储层质量，其部分原因可能是埋藏胶结和溶蚀作用所致。

2.6.4 基质和非基质储层分布

由裂缝、大溶洞和漏失带组成的非基质特征是边缘和翼部储层的重要组成部分。在中心台地区域内，这些成分不存在或者相比之下少很多。这些特征的分布及其与基质性质的关系是描述边缘和翼部储层特征的依据。如前文所述，张开裂缝、溶洞和漏失带似乎与沥青胶结和溶蚀增大的区域相关（图2-28）。尽管沥青促进了裂缝和周围基质的溶蚀，它也导致裂缝和溶洞的堵塞。此外，在断裂层段中，沥青和溶蚀在不同程度上影响基质储层质量，而且在裂缝密度较低的区域，基质溶蚀会更广泛，沥青也会更多。理解这些空间和成因关系变化，是改进储层质量预测的关键。

沥青相关的基质溶蚀产物包括微孔、微晶灰岩孔洞、溶洞和增大的原生孔洞。在碎屑状中陆坡至下陆坡和碎屑裙角砾岩中，由原生结构和前沥青胶结作用控制的残余基质孔隙度似乎约束着局部的基质溶蚀程度。未完全胶结的粒相有助于产生更广泛的溶蚀，而且这些参数的小范围变化有时会导致岩相控制结构的分层，使其与大尺度裂缝密度之间的关系更为模糊。上陆坡粘结灰岩和角砾岩中，微孔主要出现于原生微生物岩组和夹带微晶骨粒中。因为这些岩石中含极少的基质或不含基质，其与张开裂缝和半张开裂缝间的关系较为明显。基质溶蚀的程度取决于粘结灰岩的类型（它决定夹带颗粒和微生物岩组的密度）和前沥青的含量（通常含量较高，因为具有较多的海生胶结物）。虽然上述组合因素所产生的溶蚀区和沥青的分布相对于粘结灰岩和角砾岩中的原生结构而言较为复杂，但沥青的基质和非基质成分及其相关溶蚀之间存在清晰的空间联系，且相比于裂缝密度和岩相，基质成分变化更多地由前沥青的胶结模式决定。

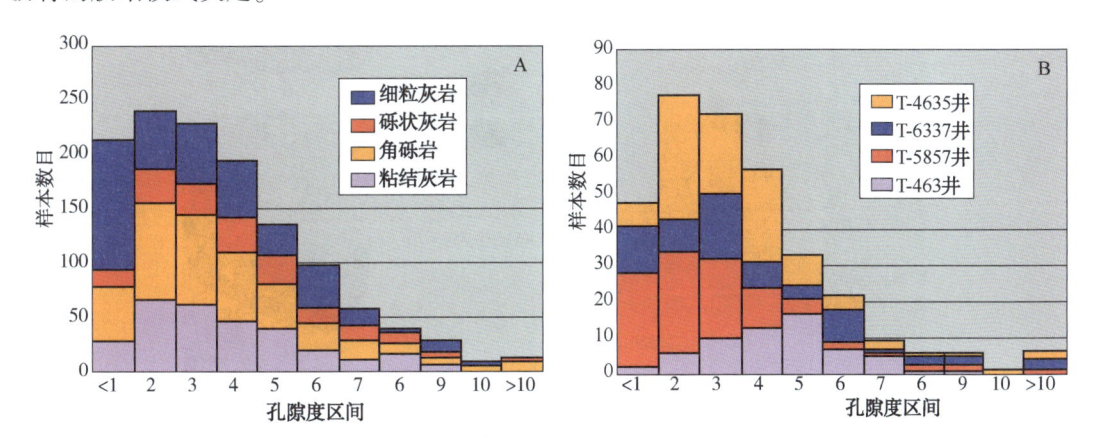

图2-28　按岩相(A)和按井(B)比较边缘和翼部的基质孔隙度分布的柱状岩心数据直方图

粘结灰岩和角砾岩具有类似的分布，砾状灰岩的孔隙度略高（基于3%~5%区间内的高频率），而台地衍生的细粒岩相最有较低的孔隙度区间。但总的来说，岩相间孔隙度的变化与井相比不明显，表明了较强的成岩作用叠加

2.6.4.1　早期岩溶特征

通常认为，早期的岩溶特征对碳酸盐储层中的孔隙度和渗透率分布构成重要影响。整体影响可以是正面的或负面的（Esteban和Wilson，1993；Wagner等，1995）。尽管对于孤立台地而言，溶蚀常常集中在台地边缘附近（Cander，1995；Tinker等，1995），早期的岩溶特征在空间分布及其与地层的关系方面可能有较大的差异（Choquette和James，1987；Lucia，1995；Mylroie和Carew，1995）。早期的岩溶也可影响晚期成岩过程，可作为再次溶蚀的目标或者构成晚期流体流动的主要障碍（Ford，1995）。早期岩溶的大尺度特征位于田吉兹台地，但这些特征之间的关联、晚期成岩特征的分布（沥青胶结物和溶蚀）以及总体孔隙度和渗透率表明早期岩溶和储层质量有着密切的关系。

潜在的早期岩溶特征包括与层序界面、角砾化层段和填满沉积物的大孔洞相关的局部陆上出露效应（图2-29）。几乎所有这些特征结构都由沉积物和少量胶结物填满。晚期沥青和溶蚀成岩作用存在于这些层段中，在一些情况下，甚至集中于岩溶结构或溶蚀结构之内或周围（图2-29A）。然而，与随机选取的取心层段或厚度相等但不存在类似特征的取心层段相比，含岩溶特征的层段平均来讲常常只含有较少的沥青，溶蚀程度也较轻，而且这些区域的平均储层质量从总体上讲与其他区域相近。

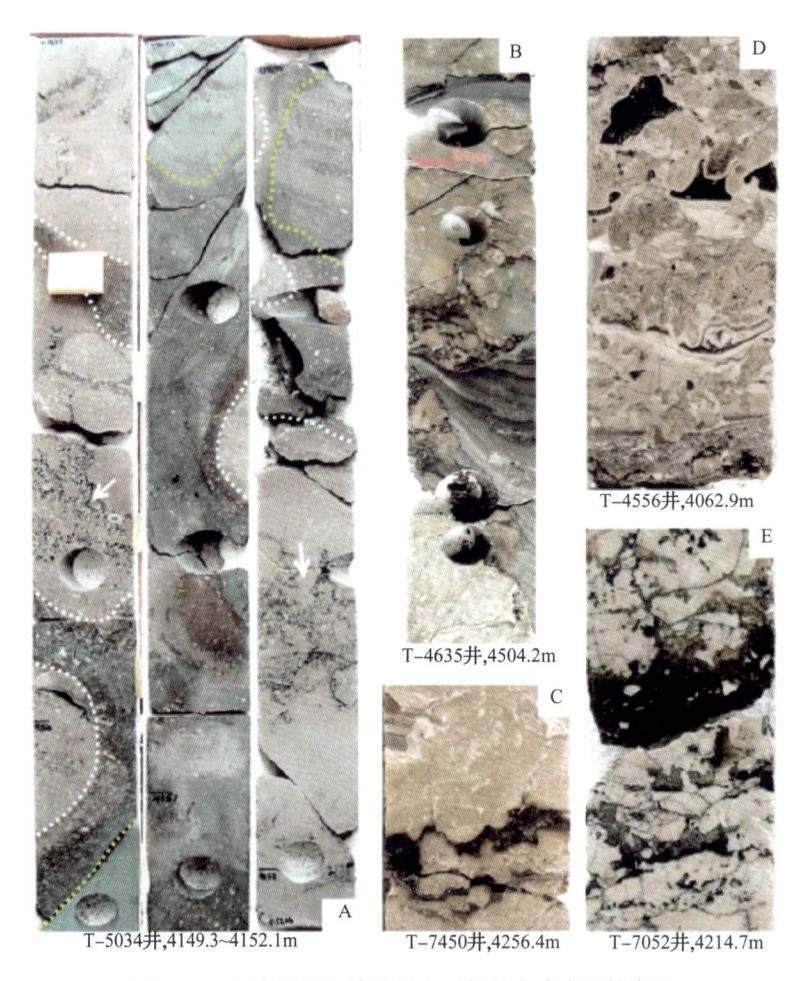

图 2-29　具有沉积充填特征和可能的岩溶成因的岩心

（A）由层状绿色页岩、外台地中形成的碳酸盐、海百合骨粒泥粒灰岩—砾状灰岩填充的孔洞。洞壁（黄色虚线）由基质溶蚀和沥青区环绕（白线），但整体的基质储层质量处于临界水平。（B）外台地至上陆坡粘结灰岩中形成的孔洞由层状绿灰色泥灰、粘结灰岩和角砾岩填充。由于 T-4635 井的独特环境（图 2-15A），该结构可以是岩溶结构或者是在边缘脱离期间敞开并随后在深水环境中填充的孔洞。（C~E）较小的示顶底填充构造窗孔洞。沉积物的填充层序是绿色和红色黏土（C 和 D）、粘状（海生）胶结物、奶油色微晶灰岩（D）和深色沉积物（D 和 E），这些层序说明了孔洞形成和填充的复杂历史。所有示例中的基质储层质量都相对较差

2.6.4.2　漏失带

在边缘和翼部钻井时，漏失发生的可能性与存在 FMI 控制或岩心控制时，张开裂缝密度的增加或裂缝的溶蚀增大有关。近期钻井活动中，在无严重漏失且在以溶洞为主的层段中开采出更多的完整岩心进一步表明，也许裂缝的分布和溶蚀增大的裂缝对漏失而言是最重要的控制因素。因为溶蚀增大裂缝常常与溶蚀区域和沥青有关，于是便产生这样一个重要问题，即是否裂缝分布是溶蚀增大和漏失发生位置的首要控制因素，或者说，是否其他因素制约的溶蚀分布决定了在何处发生裂缝增大和漏失。最终，漏失带在边缘和翼部的分布可能表明储层中存在特定的溶蚀液流动路径，可据此在图中标出高裂缝密度的区域。

如前文所述，田吉兹台地边缘和翼部不同的裂缝组可通过裂缝相对于岩心的指向、填充类型和溶蚀程度来区分。裂缝可能的形成根源有多种，例如沉积同期不稳定性、边缘和台地区域的差异压实造成的埋藏压力（以及边缘和翼部区域，但影响较轻）、盐底辟作用期间超负荷装填导致的差异应力以及与影响滨里海盆地的各种构造事件相关的应力。由不同岩相的机械性能控制的裂缝密度是当前漏失带分布的可能影响因素之一。岩心和 FMI 数据显示，微生物粘结灰岩和密集角砾岩的裂缝密度高于砾状灰岩、泥粒灰岩和基质支撑的角砾岩，这表明在上陆坡至中陆坡岩相中漏失带更为常见。但从井内漏失事件可看出，漏失带在上半段至三分之一段较常见，且在边缘和翼部的底部附近更为常见，但与油气田中的位置无关（图 2-30）。此类分布与漏失的主要岩相控制因素不一致，根据诸多其他观察数据，此类分布与成岩作用叠加有关。

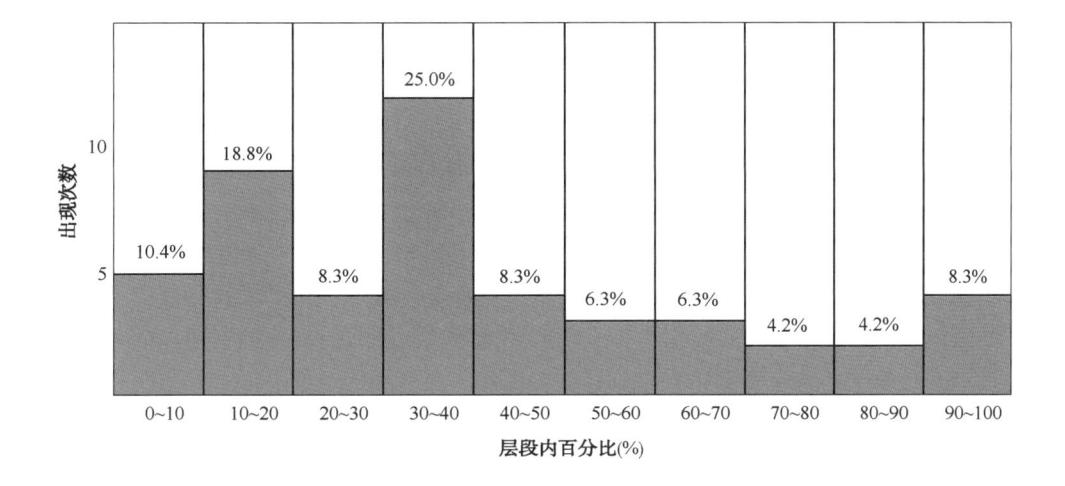

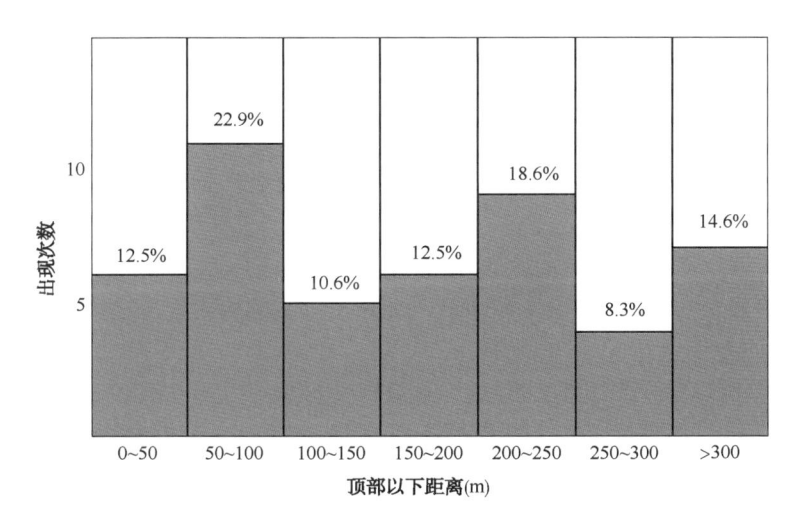

图 2-30 漏失带（LCZ）在边缘和翼部内的分布

边缘和翼部内的大多数井在储层层段中某些位置都存在漏失。图中绘出了 13 个井中的 48 个漏失带（井 T-463、T-4346、T-4635、T-4556、T-5056、T-5059、T-5435、T-5454、T-5857、T-6261、T-6457、T-7252、T-7453），这些漏失带通过持续漏失率、深度和厚度进行量化测定。数据按照与层段顶部间距的分布并未表明清晰的趋势（左），但对分布进行标准化处理，使其在不考虑边缘剖面上的井位（右）的情况下表示边缘层段中的相对比例时，模式能够在某种程度上说明 LCZ 在层段的上部分更为常见，无论该处存在何种岩相当前井距仍不足以清晰地证明漏失区的地理分布模式，更糟糕的是，迄今在边缘和翼部钻出的大多数井在其储层层段的某处都发生过漏失。一般来说，裂缝渗透的岩相较残留基质渗透的岩相更易于漏失，因为晚期溶蚀集中于裂缝沿线。具有较高残留基质渗透性的岩相（例如不良胶结的粒相和松散角砾岩）可能会允许溶蚀液从裂缝中渗出，从而降低漏失的发生率。这也可以解释为什么在大量存在可渗透的粒相的过渡储层带中，漏失带、沥青和溶蚀之间的关系并不明显。另外考虑到过渡储层带中较小的裂缝密度，上述因素也可以解释为什么在外台地区域的漏失带较少。尽管各区域都由较大的地层面分隔，且各区域都具有复杂的岩相分布，无论是何种成岩作用最终造成溶蚀和漏失，在这些成岩作用的影响下，在过渡储层带、边缘和翼部都形成了具有大范围井间互连性的储层。

2.7　概述和结论

基于当前可用数据，田吉兹台地边缘和翼部的积聚分为两个阶段。早期阶段以不稳定的、相对连续的大规模破坏和物质坡移为特征，导致碎屑裙沉积于由粗粘结灰岩角砾岩和台地衍生粒状沉积物构成的岩隆周围。在第二阶段，由浅台地和外台地岩相、上陆坡微生物粘结灰岩、中陆坡粘结灰岩角砾岩、下陆坡角砾岩和台地衍生沉积物构成的楔形结构在早期碎屑裙上向外进积。本阶段沿岩隆东部边缘进行得更为成功，因为这些区域具有有利的台地几何外形、较高的微生物产率或较小的构造影响，或者兼具这些因素。在岩隆的西部边缘，进积过程只是局部或部分地成功进行，在整个谢尔普霍夫阶和巴什基尔阶，边缘破坏较为显著。

本研究报告并不提供基于过程且具有完整预测性的田吉兹外台地、边缘和翼部储层性质分布模型。本研究报告既解答了也提出了诸多问题，但仍有一些关键因素尚未确定。一些结论提出了替代性的方案，随着钻井的进行，可能需要改进或修正。今后可能有更多的研究成果，而且随后的模型无疑在某些方面与当前不同。然而，以下观测结论包含可能会对边缘和翼部的储层质量和预测产生重大影响的因素。

（1）储层质量主要由裂缝和大规模溶蚀决定，并且受到前沥青胶结和与沥青形成相关的晚期溶蚀造成的早期孔隙破坏的影响。

（2）沉积物充填和前沥青胶结导致严重的孔隙破坏，进而影响原生孔隙、早期溶蚀孔隙、早期裂缝和早期岩溶特征。具体来讲，早期裂缝、大规模溶蚀结构或岩溶结构基本被填充，它们对储层质量不会产生重大影响。

（3）溶蚀现象和沥青是晚期成岩作用叠加产物，对多种结构的孔隙度的大幅改变起着重要作用，这些结构包括晚期裂缝、微生物岩组、微晶骨粒、角砾岩碎屑、特定胶状物和缝合线。

（4）裂缝密度的岩相控制导致张开裂缝和闭合裂缝在物理刚性岩相中更为常见，例如微生物粘结灰岩、胶结粒状灰岩和碎屑支撑的角砾岩，而在砾状灰岩、泥粒灰岩和基质支撑的角砾岩等岩相中出现较少。

（5）溶蚀增大裂缝似乎比多孔层段更多地影响着漏失带的形成，因而漏失带可能受到裂缝分布或晚期溶蚀通道的控制。

（6）由晚期溶蚀和沥青胶结物引起的基质孔隙度增加常常发生于存在溶蚀增大裂缝的区域，但大量的基质溶蚀可能出现于不大可能发生严重漏失的层段。

2 哈萨克斯坦滨里海盆地田吉兹中心岩隆晚维宪期至巴什基尔期外台地、边缘和翼部的岩相和储层性质的变化

(7) 储层质量的可变性可能较大或较小,因而在岩相、地层和沉积历史相似的区域出现了较大的井间差异。这表明对储层质量而言,岩相是较弱的次要控制因素。

附录 2-1　边缘和翼部岩相(由 Weber 等改编,2003)

岩相和微相	描　　述	环　　境
海百合—腕足类骨粒砾状灰岩至泥粒灰岩	中灰色至深灰色;大型海百合和碎片状厚壳腕足类为主要成分;有时带有微生物岩组和胶结物	较深的潮下外台地,可能低于浪基面;在期维宪阶 A 和谢尔普霍夫外台地旋回层的中部和上部含量较多
外台地、角砾岩和砾岩	粒状灰岩悬浮角砾岩至泥粒角砾岩;浅棕色至中棕色;台地衍生粒状灰岩和泥粒灰岩的半棱角状至次圆形碎屑;骨粒粒泥灰岩至粒状灰岩基质,有时含微生物岩组和胶结物	深层外台地,可为谢尔普霍夫阶外台地旋回层的低期基部
	粒状灰岩泥粒角砾岩;浅棕色、灰色和黑色;粒状灰岩和砾状灰岩的角状碎屑,含混合岩相类型	浅层外台地;残余结构或岩溶结构?谢尔普霍夫阶外地台旋回层顶部
	珊瑚砾状灰岩至砾岩:中棕色至灰色;集群珊瑚碎片;富含海百合的粗骨粒基质	浅层外台地;谢尔普霍夫外台地旋回层基部;可能存在补丁礁岩屑
腕足类砾状灰岩(贝壳灰岩)至粘结灰岩	浅灰棕色至中灰棕色;腕足类贝壳碎片和完整贝壳;供给位或生长位的一些有铰结构;充足的微晶基质、一些微生物岩组和方解石胶结物;较小的粗骨粒碎片、海百合	浅层外台地;谢尔普霍夫阶外台地旋回层基部;泥丘、岩屑堆和堆间沉积物
微生物粘结灰岩	C 类(骨粒微晶粘结灰岩):浅棕色至中棕色,块状至似球粒状,含充足的构造窗;海百合、腕足类、窗格苔藓虫、藻类、有孔虫和其他骨粒由凝固的微生物岩组和多种胶结物粘结到一起(胶结物多达 50%)	谢尔普霍夫阶深层、潮下外台地至上陆坡台地裂缝
	B 类:(层状胶结粘结灰岩);浅棕色;不规则同心或波浪形层压岩组,由细状微生物和早期胶结物组成(葡萄状、丝状和放射轴状,含量高达 75%);较小的骨粒,包括窗格苔藓虫、海百合、介形类、薄壁腹足类和有孔虫	谢尔普霍夫阶上陆坡
	A 类(似球粒—微晶粘结灰岩):浅灰和浅棕色;通常呈块状或无定形态;具有较小的生长结构、充足的不规则构造窗或小管,凝结的似球粒岩组和早期胶结物(多达 25%);稀疏动物群,包括窗格苔藓虫、介形亚纲动物和薄壁腹足类	谢尔普霍夫阶上陆坡至中陆坡
粘结灰岩角砾岩	通过熔结与镶嵌角砾岩相连;较浅至中度的棕色和灰色;半棱角的厘米级至米级的上陆坡粘结灰岩碎屑;碎屑支撑岩组,有时含有缝合碎屑界面(熔结角砾岩),有时含有块状方解石胶结物(镶嵌角砾岩);少量台地衍生基质(骨粒、大型海百合);少量台地衍生粒状灰岩或泥粒灰岩岩屑	谢尔普霍夫阶上陆坡至中陆坡和碎屑裙
	悬浮角砾岩至泥粒角砾岩:浅棕色和灰色、半棱角状至次圆状、毫米级至米级的上陆坡衍生粘结灰岩类碎屑;含台地衍生骨粒的粒状灰岩—泥粒灰岩基质;大型海百合和腕足类贝壳碎片;少量台地衍生粒状灰岩或泥粒灰岩岩屑	谢尔普霍夫阶中陆坡至下陆坡和碎屑裙

续表

岩相和微相	描 述	环 境
海百合—岩屑砾状灰岩—泥粒灰岩	棕色至浅灰色；分选不良或中等分选，富含海百合的砾状灰岩（台地衍生），腕足类贝壳碎片；砂粒级骨粒和毫米至厘米级的岩屑（上陆坡和台地衍生）	谢尔普霍夫阶中陆坡至下陆坡和碎屑裙
骨粒灰质碎屑岩砾状灰岩—粒状灰岩—浮石	中灰色至黑灰色；薄层至厚层、波浪状至层状，处于均夷状态；局部含硅土和少量白云石；台地衍生细粒（有孔虫、海百合、藻类、腕足类）；少量毫米级至厘米级粘结灰岩或陆坡衍生碎屑、火山粉砂岩或砂岩碎屑	谢尔普霍夫阶下陆坡和碎屑裙
异地粒状灰岩	浅棕色至中灰色；中等分选的鲕粒或骨粒状灰岩；块状至层状	下陆坡和碎屑裙；谢尔普霍夫阶和巴什基尔阶
石灰粒泥灰岩—泥岩	棕色、灰色和黑色；粘土质、硅土质，且常含有白云石；薄层至叠层；海绵骨针、较小的骨粒和稀疏放射虫类；常含有火山淤泥和沙土夹层；潜在的生油岩层	下陆坡、碎屑裙和盆地；维宪阶、谢尔普霍夫阶和巴什基尔阶

附录 2-2 流体包裹体测试结果

井	深度(m)	台地层序	岩相	类型	所含数目	$T_{均相}$(水)(℃)
T-4635	4466.25	谢尔普霍夫阶边缘	等分方解石	原生	2	85~90
T-4635	4466.25	谢尔普霍夫阶边缘	等分方解石	原生	2	90~95
T-4635	4482.63	谢尔普霍夫阶边缘	等分方解石	原生	1	88
T-4635	4482.63	谢尔普霍夫阶边缘	等分方解石	原生	3	80~85
T-4635	4482.63	谢尔普霍夫阶边缘	等分方解石	原生	2	85~90
T-4635	5055.25	法门阶	方解石	未指定	5	105~110
T-4635	5055.25	法门阶	方解石	未指定	6	105~115
T-4635	5055.25	法门阶	方解石	未指定	>10	110~120
T-4635	5055.25	法门阶	方解石	未指定	4	90~95
T-47	5392.5	法门阶	石英脉	未指定	无聚集体	115~125
T-5056	4194.2	谢尔普霍夫阶边缘	等分方解石	原生	1	80~85
T-5056	4194.2	谢尔普霍夫阶边缘	等分方解石	原生	5	85~90
T-5056	4200.47	谢尔普霍夫阶边缘	萤石	原生	4	110~125
T-5056	4200.47	谢尔普霍夫阶边缘	萤石	原生	4	110~125
T-5056	5453.55	法门阶	分带方解石	原生	2	100
T-5056	5453.55	法门阶	分带方解石	原生	3	95~100
T-5056	5453.55	法门阶	等分方解石	未指定	5	85~95
T-5056	5476.22	法门阶	方解石	原生	4	95~105
T-5857	4816.93	谢尔普霍夫阶边缘	棱柱方解石	原生	2	80~85
T-5857	4816.93	谢尔普霍夫阶边缘	棱柱方解石	原生	3	85~90
T-6337	4894.37	维宪阶 D	方解石	原生	2	85~90
T-6337	4945.64	维宪阶 D	等分方解石	原生	4	85~90

续表

井	深度(m)	台地层序	岩相	类型	所含数目	$T_{均相}$(水)(℃)
T-6337	4945.64	维宪阶D	等分方解石	原生	4	85~90
T-6337	4945.64	维宪阶D	等分方解石	原生	3	85~90
T-8	3972	巴什基尔阶	粗方解石	未指定	4	100~107
T-8	4044.5	谢尔普霍夫阶	分带方解石	原生	4	80~95
T-8	4044.5	谢尔普霍夫阶	等分方解石	原生	2	85~95
T-8	4056.8	谢尔普霍夫阶	等分方解石	原生	2	85~90

含烃水或蒸汽的包裹体的数据：

岩相请参见正文中对胶结物类型的描述(图2-24)。"方解石"指沥青形成之前的胶结物相，且在大多数情况下，指的都是等分方解石。棱柱方解石代表分带胶结物晶体的岩心(图2-20)，分带方解石代表后续的富含包裹体的生长带(方解石或白云石)。粗方解石是沥青后胶结相。"未指定"包裹体类型表示，聚集体或序列的指向未在分析中指定，并非贯穿生长平面，且可能是原生的。"所含数目"列表示一个序列或聚集体中单个包裹体的数目。

参 考 文 献

Bahamonde, J. R., C. Vera, and J. R. Colmenero, 2000, A steep-fronted Carboniferous carbonate platform: Clinoformal geometry and lithofacies (Picos de Euro-pa, NW Spain): Sedimentology, v. 47, p. 645-664.

Blendinger, W., 2001, Triassic carbonate buildup flanks in the Dolomites, northernItaly: Breccias, boulder fabric and the importance of early diagenesis: Sedimentol-ogy, v. 48, no. 5, p. 919-933.

Brenckle, P. L., and N. V. Milkina, 2003, Foraminiferal timing of carbonate deposition on the Late Devonian (Famennian) -middle Pennsylvanian (Bashkirian)Tengizplatform, Kazakhstan: Revista Italiana di Paleontologia e Stratigrafia, v. 109, no. 2, p. 131-158.

Cander, H., 1995, Interplay of water-rock interaction efficiency, unconformities, and fluid flow in a carbonate aquifer: Floridan aquifer system, in D. A. Budd, A. H. Saller, and P. M. Harris, eds., Unconformities and porosity in carbonate strata: AAPG Memoir 63, p. 103-124.

Choquette, P. W., and N. P. James, 1987, Introduction, in N. P. James and P. W. Choquette, eds., Paleokarst: New York, Springer-Verlag, p. 1-21.

Della Porta, G., J. A. M. Kenter, J. R. Bahamonde, A. Immenhauser, and E. Villa, 2003, Microbial boundstonedominated carbonate slope (Upper Carboniferous, N Spain): Microfacies, lithofacies distribution and stratal geometry: Facies, v. 49, p. 175-208.

Esteban, M., and J. L. Wilson, 1993, Introduction to karst systems and paleokarst reservoirs, in R. D. Fritz, J. L. Wilson, and D. A. Yurewicz, eds., Paleokarst related hydrocarbon reservoirs: SEPM Core Worshop 18, p. 19.

Ford, D. C., 1995, Paleokarsts as a target for modern karstification: Carbonates and Evaporites, v. 10, no. 2, p. 138-147.

Heydari, E., 2000, Porosity loss, fluid flow and mass transfer in limestone reservoirs: Application to the Upper Jurassic Smackover Formation, Mississippi: AAPG Bulletin, v. 84, no. 1, p. 100-118.

Hill, C. A., 1987, Geology of Carlsbad Cavern and other caves in the Guadalupe Mountains: New Mexico Bureau of Mines and Mineral Resources, New Mexico and Texas Bulletin 117, 150 p.

Hill, C. A., 1990, Sulfuric acid speleogenesis of Carlsbad Cavern and its relationship to hydrocarbons, Delaware basin, New Mexico and Texas: AAPG Bulletin, v. 74, no. 11, p. 1685-1694.

Hill, C. A., 1995, H_2S-related porosity and sulfuric acid oilfield karst, in D. A. Budd, A. H. Saller, and P. M. Harris, eds., Unconformities and porosity in carbonate strata: AAPG Memoir 63, p. 301-313.

Jones, G. D., F. F. Whitaker, P. L. Smart, and W. E. Sanford, 2004, Numerical analysis of seawater circulation in carbonate platforms: II. The dynamic interaction between geothermal and brine reflux circulation: American Journal of Science, v. 304, p. 250-284.

Kenter, J. A. M., P. M. Harris, and G. Della Porta, 2005, Steep microbial boundstone-dominated platform margins—Examples and implications: Sedimentary Geology, v. 178, p. 5-30.

Kenter, J. A. M., P. M. Harris, J. F. Collins, L. J. Weber, G. Kuanysheva, and D. J. Fischer, 2006, Late Visean to Bash-kirian platform cyclicity in the central Tengiz buildup, Precaspian Basin, Kazakhstan: Depositional evolution and reservoir development, in P. M. Harris and L. J. Weber, eds., Giant hydrocarbon reservoirs of the world: From rocks to reservoir chacracterization and modeling: AAPG Memoir 88/SEPM Special Publication, p. 7-54.

Kerans, C., and P. M. Harris, 1993, Outer shelf and shelf crest, in D. G. Bebout and C. Kerans, eds., Guide to the Permian reef geology trail, McKittrick Canyon, Guadalupe Mountains National Park, west Texas, Guidebook 26: Austin, Bureau of Economic Geology, p. 32-43.

Kerans, C., N. F. Hurley, and P. E. Playford, 1986, Marine diagenesis in Devonian reef complexes of the Canning basin, Western Australia, in J. H. Schroeder and B. H. Purser, eds., Reef diagenesis: Berlin, Springer-Verlag, p. 357-380.

Kirkland, B. L., J. A. D. Dickson, R. A. Wood, and L. S. Land, 1998, Microbialite and microstratigraphy: Encrustations in the middle and upper Capitan Formation,

Guadaupe Mountains, Texas and New Mexico, U. S. A.: Journal of Sedimentary Research, v. 68, p. 956-969.

Kohout, F. A., H. R. Henry, and J. E. Banks, 1977, Hydrology related to geothermal conditions of the Floridan Plateau, in K. L. Smith and G. M. Griffin, eds., The geothermal nature of the Floridan Plateau: Florida Department of Natural Resources Bureau Geology Special Publication 21, p. 1-34.

Lisovsky, N. N., G. N. Gogonenkov, and Y. A. Petzoukha, 1992, The Tengiz oil field in the Pre-Caspian Basin of Kazakhstan (former USSR)— Supergiant of the 1980s, in M. T. Halbouty, ed., Giant oil and gas fields of the decade 1978-1988: AAPG Memoir 54, p. 101-122.

Lucia, F. J., 1995, Lower Paleozoic cavern development, collapse, and dolomitization, Franklin Mountains, El Paso, Texas, in D. A. Budd, A. H. Saller, and P. M. Harris, eds., Unconformities and porosity in carbonate strata: AAPG Memoir 63, p. 279-300.

Lucia, F. J., 1999, Carbonate reservoir characterization: New York, Springer-Verlag,

222 p.

Machel, H. G., 1987, Some aspects of diagenetic sulphate-hydrocarbon redox reactions, in J. D. Marshall, ed., Diagenesis of sedimentary sequences: Geological Society (London) Special Publication 36, p. 15-38.

Machel, H. G., 1989, Relationships between sulphate reduction and oxidation of organic compounds to carbonate diagenesis, hydrocarbon accumulations, salt domes, and metal sulphide deposits: Carbonates and Evaporites, v. 4, no. 2, p. 137-151.

Machel, H. G., and J. H. Anderson, 1989, Pervasive subsurface dolomitization of the Nisku Formation in central Alberta: Journal of Sedimentary Petrology, v. 59, no. 6, p. 891-911.

Melim, L. A., and P. A. Scholle, 1995, The forereef facies of the Permian Capitan Formation: The role of supply versus sea-level changes: Journal of Sedimentary Research, v. B65, no. 1, p. 107-118.

Morrow, D. W., 1998, Regional subsurface dolomitization: Models and constraints: GeoscienceCanada, v. 25, p. 57-70.

Mylroie, J. E., and J. L. Carew, 1995, Karst development on carbonate islands, in D. A. Budd, A. H. Saller, and P. M. Harris, eds., Unconformities and porosity in carbonate strata: AAPG Memoir 63, p. 55-76.

Playford, P. E., 1984, Platform-margin and marginal-slope relationships in Devonian reef complexes of the Canning basin, in P. G. Purcell, ed., The Canning basin, Western Australia: Geological Society of Australia and Petroleum Exploration Society of Australia, Canning basin Symposium, Perth 1984, p. 189-234.

Ross, C. A., and J. R. P. Ross, 1987, Late Paleozoic sea levels and depositional sequences: Cushman Foundation for Foraminiferal Research Special Publication 24, p. 137 - 149.

Ross, C. A., and J. R. P. Ross, 1988, Late Paleozoic transgressive-regressive deposition, in C. K. Wilgus, B. S. Hastings, C. Kendall, H. W. Posamentier, C. A. Ross, and J. C. Van Wagoner, eds., Sea-level changes:

An integrated approach: SEPM Special Publication 42, p. 227-247.

Saller, A. H., 1984, Petrologic and geochemical constraints on the origin of subsurface dolomite, Enewetak Atoll: An example of dolomitization by normal sea water: Geology, v. 12, p. 217-220.

Sanford, W. E., F. F. Whitaker, P. L. Smart, and G. D. Jones, 1998, Numercial analysis of seawater circulation in carbonate platforms: I. Geothermal circulation: American Journal of Science, v. 298, p. 801-828.

Stephens, N. P., and D. Y. Sumner, 2003, Famennian microbial reef facies, Napier and Oscar Ranges, Canning basin, Western Australia: Sedimentology, v. 50, p. 12831302.

Stoessell, R. K., 1992, Effects of sulfate reduction on $CaCO_3$ dissolution and precipitation in mixing-zone fluids: Journal of Sedimentary Petrology, v. 62, no. 5, p. 873-880.

Tinker, S., 1998, Shelf-to-basin facies distributions and sequence stratigraphy of a steep-rimmed carbonate margin: Capitan depositional system, McKittrick Canyon, New Mexico and

Texas: Journal of Sedimentary Research, v. 68, p. 1146-1174.

Tinker, S. W., J. R. Ehrets, and M. D. Brondos, 1995, Multiple karst events related to stratigraphic cyclicity: San Andres Formation, Yates field, West Texas, in D. A. Budd, A. H. Saller, and P. M. Harris, eds., Unconformities and porosity in carbonate strata: AAPG Memoir 63, p. 213-237.

Wagner, P. D., D. R. Tasker, and G. P. Wahlman, 1995, Reservoir degradation and compartmentalization below subaerial unconformities: Limestone examples from west Texas, China, and Oman, in D. A. Budd, A. H. Saller, and P. M. Harris, eds., Unconformities and porosity in carbonate strata: AAPG Memoir 63, p. 301-313.

Weber, L. J., B. P. Francis, P. M. Harris, and M. Clark, 2003, Stratigraphy, lithofacies, and reservoir distribution, Tengiz field, Kazakhstan, in W. M. Ahr, P. M. Harris, W. A. Morgan, and I. D. Somerville, eds., Permo-Carboniferous carbonate platforms and reefs: SEPM Special Publication 78 and AAPG Memoir 83, p. 351394.

Wendte, J., H. Qing, J. Dravis, S. L. O. Moore, L. D. Stasiuk, and G. Ward, 1998, High temperature saline (thermoflux) dolomitization of Swan Hills platform and bank carbonates, Wild River area, west-central Alberta: Bulletin of Canadian Petroleum Geology, v. 46, p. 210-266.

3

沙特阿拉伯加瓦尔 Arab-D 油藏：向上变浅碳酸盐旋回的广布孔隙

Robert F. Lindsay　Dave L. Cantrell　Geraint W. Hughes
Thomas H. Keith　Harry W. Mueller III　S. Duffy Russell

（Saudi Aramco, Dhahran, Saudi Arabia）

摘　要　加瓦尔油田是世界上规模最大、储量最高的油田，从 Arab-D 碳酸盐岩储层中产出的原油为 30°~31°API。该油田长度超过 250km（155mile），宽度达 30km（18.5mile），构造闭合度超过 300m（1000ft）。Arab-D 油藏（石灰岩带有部分白云岩层位）在地层上构成了 Arab 组 D 层和 Jubaila 组上部。根据菊石和底栖有孔虫的存在迹象，油藏属于上侏罗统钦莫利阶。油藏平均厚度超过 60m（200ft），平均孔隙度高于 15%，渗透率多达数达西。油藏上半部分以优质储层为主，下半部分包含优质夹层和相对低质的储层。在层序地层确定前，测井和岩心的早期相关性将油藏从顶部到底部分为 1 带、2 带、3 带、4 带。随后又将 2 带和 3 带分为 2a 和 2b、3a 和 3b，为油藏管理提供了更为详细的分带模式。

Arab-D 油藏由两个复合层序构成。其中一个复合层序为 Arab 组 Arab-D 段，上部界面位于 Arab-D 碳酸盐岩顶部和 C-D 蒸发岩下方，层序界面局部以豆荚状塌陷角砾岩为标志。另一个复合层序形成了 Jubaila 组上部，Arab-D 段和 Jubaila 组之间的层序界面位于 2b 带，并以上部 3a 带和下部 2b 带中以较多颗粒为主的略深水旋回为标志。已经探明了多个高频层序（HFS），各层序包含多个旋回组（准层序组）。各旋回组由大约 5 个单独的碳酸盐旋回（准层序）构成，各旋回包含一到三层。

这些碳酸盐沉积于赤道以南约 5° 的碳酸盐岩缓坡上，该类缓坡宽阔、干旱、多风暴。从上坡到下坡，缓坡由以下亚环境构成：（1）内缓坡；（2）坡顶浅滩；（3）近端中部缓坡；（4）远端中部缓坡；（5）外缓坡。内缓坡为带有局部潮间带岛的潟湖，由粒状灰岩和泥粒灰岩构成，含有高度多样化的浅海底栖有孔虫微动物群。该区域远端或朝海部分由泥粒灰岩构成，以粗枝藻和结壳状藻类为特征。坡顶浅滩由骨屑和鲕粒粒状灰岩、贫泥泥粒灰岩和部分富泥泥粒灰岩构成。泥晶化有孔虫试验的骨屑砂和破碎的骨屑同样包括海侵和风暴形成的层孔虫类和珊瑚类较大碎屑。近端中部缓坡由半球形结壳状层孔虫——珊瑚丘和丘间遮蔽的区域

(以枝状层孔虫为主)构成。远端中部缓坡沉积于正常浪基面下方,由微晶质至极细粒度沉积物构成,沉积物被海生迹固底面覆盖。这些固底面上覆有风暴形成的砾状灰岩和悬粒灰岩。外缓坡由微晶质至极细粒度沉积物(被海生迹固底面覆盖)的较深浅海沉积物构成。在该沉积中,底栖有孔虫通常带有四轴和三轴海绵骨针及颗石藻。

从最高质量储层到最低质量储层,岩相或岩石类型包括:(1)骨屑—鲕粒粒状灰岩、贫泥泥粒灰岩和部分富泥泥粒灰岩;(2)层孔虫—红色和绿色藻类—珊瑚类砾状灰岩和悬粒灰岩;(3)枝状体砾状灰岩和悬粒灰岩;(4)白云石,多孔且局部极易渗透至无孔;(5)双贝壳包粒内碎屑砾状灰岩—悬粒灰岩;(6)微晶质至极细粒度沉积物。

石灰岩孔隙由下列孔隙共同组成:粒间孔隙(主要)、印模孔隙(常见)、粒内孔隙(常见)以及微孔隙。较为不常见的孔隙与海生迹潜穴相关,其垂向孔洞被富颗粒质沉积物充填。隐蔽孔隙较为罕见。与主要的石灰岩孔隙相比,白云岩孔隙较为不常见,该孔隙由印模孔隙、晶间空隙和晶内孔隙(最为不常见)共同组成。裂缝(最为不常见)并未形成多少孔隙,但增加了渗透性。

成岩作用是 Arab-D 油藏碳酸盐岩内普遍存在的一种现象,一般包括多个溶蚀事件、再结晶和物理压实过程。尽管胶结作用、白云石化作用以及化学压实—柱状化作用在局部较为重要,但并不算常见的事件。

该油藏的垂向封闭层为上覆 Arab C-D 硬石膏。其厚度超过 30m(100ft),由硬石膏(较厚)和碳酸盐岩的纹泥状薄层至极薄层或沉积于盐沼中的有机质(较薄)构成。盐沼会周期性向上变浅进入潮缘带和潮间带环境。当相对海平面上升,淹没蒸发岩陆架并临时产生潮下带碳酸盐岩时,数个多孔渗透性碳酸盐岩细脉出现沉积,但相对海平面下降后,又重新形成了潮下带盐沼,并沉淀出更多的蒸发岩。

3.1 引言

沙特阿拉伯 Arab-D 油藏是世界上产油量最为丰富的油藏(Bates,1973;Beydoun,1988,1998,1991;Durham,2005),石油从侏罗系 Hanifa 和/或 Tuwaiq Mountain 组(Ayres 等,1982;Droste,1990)热成熟的富有机质碳酸盐岩烃源岩中产生,随后运移进入高孔隙度和渗透性的碳酸盐岩储集岩,即大型构造圈闭中的 Arab 组 Arab-D 段和上 Jubaila 组(图 3-1)。Arab C-D 硬石膏上覆有高效蒸发岩密封层,最终由 Hith 硬石膏阻止了油气进一步的垂直运移,并确保石油储存于这类大型构造圈闭中。

在层序地层确定前,测井和岩心的早期相关性将加瓦尔油田 Arab-D 油藏从顶部到底部分为 1 带、2 带、3 带、4 带。随后又将 2 带和 3 带分为 2a 和 2b、3a 和 3b,为油藏管理提供了更为详细的分带模式。Arab 组 Arab-D 段由 1 带、2a 带和上部 2b 带构成,Arab-D 油藏其余各段由下部 2b 带、3a 带和 3b 带构成,4 带是上 Jubaila 组的组成部分(Meyer 等,2000)。

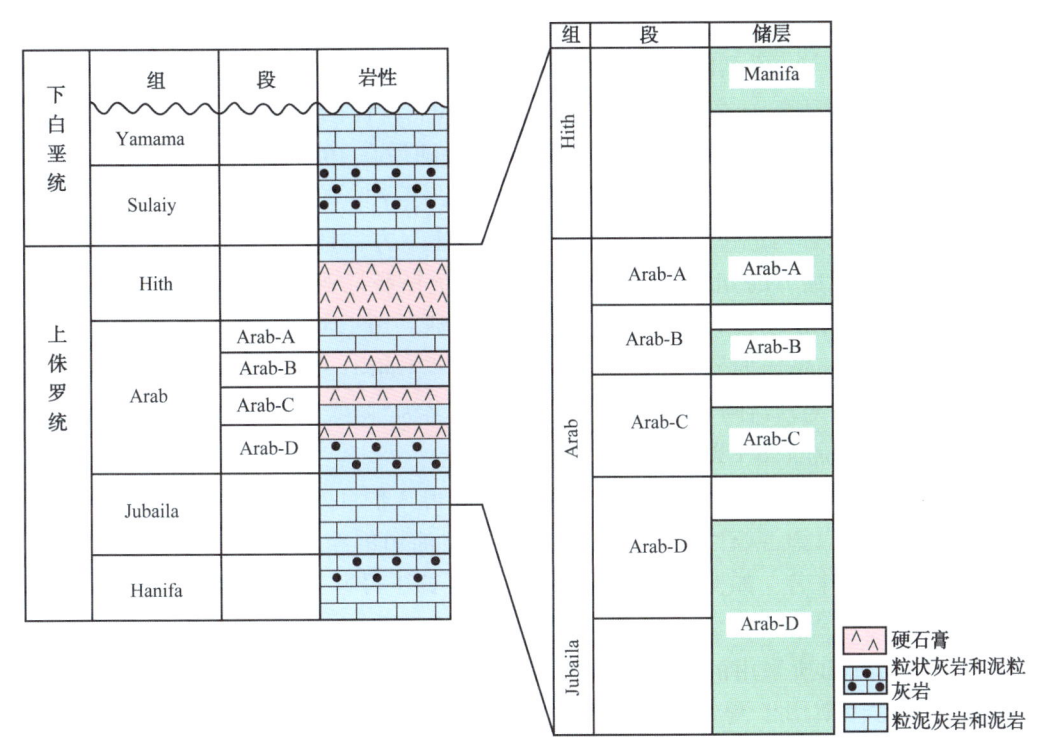

图 3-1 Arab-D 油藏上侏罗统地层和岩性(Arab 和 Hith 储层)

改自 Powers(1968)及 Meyer 等(1996)

3.2 沙特阿拉伯地区石油的发现

沙特阿拉伯的首次钻井是在达曼,其表面构造四面闭合,从约 40km(25mile)以外的巴林岛可见。1938 年 3 月 4 日,在沙特阿美达曼 4 号井的 Arab 组碳酸盐岩中发现了石油。

在沙特阿拉伯东部继续进行钻探后探明了其他表面构造。但对部分表面构造进行钻探后却发现,该类构造是假构造,由下始新统 Rus 蒸发岩层分异化溶液所形成。为解决该问题,进行了浅层钻探[深度通常小于 300m(1000ft)],收集了前新近系不整合面下方的地层和构造资料,并钻探至 Rus 蒸发岩下方的始新统棕色结晶石灰岩。浅层钻探探明了假构造的实际地表构造,并描绘出了后来称为布盖格(Abqaiq)的背斜走向,位于达曼西南部。1940 年对沙特阿美布盖格 1 号井进行了钻探,并在多孔隙 Arab 组碳酸盐岩中发现了石油。

同年,在鲁卜哈利沙漠附近,即达曼西南部 320km(200mile)处的"空白之地",进行野外测绘时发现,呈西东走向的 Sahaba 干谷在继续向东延伸前,存在一个朝向南方的急转。整个区域的斜坡出露了大型、宽阔的低起伏丘,名为"哈拉德(Haradh)特征"。这是首次发现 En Nala 大背斜的朝南斜坡,最终在该处发现了加瓦尔油田的顶部。

随着浅层钻探的继续进行，在布盖格西部艾因达尔（Ain Dar）发现了闭合构造。1941年后，该闭合构造最终与一系列闭合构造相连，并沿En Nala背斜通向哈拉德闭合。1948年年中，从沙特阿美艾因达尔1号井Arab组D段和Jubaila组中采出了石油，这使得沿En Nala背斜高构造区域产油的可能性得到提高。这种可能性随后在1948年年底得到证实，即向南约200km（120mile）的沙特阿美哈拉德1号井成功采出石油。在艾因达尔和和哈拉衡之间，下一个进行钻探的闭合构造位于"加瓦尔"，处于陡崖下方，且"加瓦尔"以陡崖地形为主。对位于东部小型山脉后方的Ithmaniya 1号井（现称"奥斯曼尼亚"（Uthmaniyah）1号井）进行钻探后，再次从Arab-D段和上Jubaila组中发现了石油。1952年，在位于艾因达尔东部[现称"谢德古姆"（Shedgum）]的另一个闭合构造中，从其Arab-D和上Jubaila组内发现了石油。在奥斯曼尼亚以南，对沙特阿美Huiyah 1号井[后改名为"哈维亚"（Hawiyah）]进行钻探后，从其Arab-D段和Jubaila组上部发现了石油。

1954到1957年间，成功的钻探和石油生产使得人们几乎可以肯定艾因达尔、哈拉德、奥斯曼尼亚、谢德古姆以及哈维亚是某个巨型油田的组成部分。为简化物流运输，各区域名称采用油井名，如艾因达尔1号井、哈拉德1号井等，而整个油田则命名为加瓦尔油田。

发现加瓦尔油田所采用的基本工具相当简单，包括勃隆顿罗盘、照准仪以及表面测绘平板仪，气压计则用于测定海拔；而浅层钻探和良好的地质认知能力也功不可没。历史概要和技术内容均通过Stegner（1971）、Barger（2000）、Keith（2005）和T. A. Pledge进行了扩充。

3.3 构造环境

沙特阿拉伯主产油区（包括布盖格和加瓦尔油田）位于阿拉伯中央弧形区域东北方向（图3-2）。西部为阿拉伯地盾，该地盾为大型杂岩，由前寒武系火成岩和变质岩构成，并带有部分较新的变质岩（Pollastro等，1999）。地盾东部为内陡崖，古生界、中生界和古近系岩石长弧形带在该处出露，并向盆地内（朝东）倾斜不超过1°（Powers，1968）。在阿拉伯东部，内部和阿拉伯台地几乎平伏的古近—新近系和较新沉积物有效覆盖了较早的沉积物（Powers等，1966）。

北—东北走向的En Nali背斜、布盖格构造圈闭以及加瓦尔油田几乎均以北—南至北—北—东—南—西南走向的背斜层和挠褶为主，这反映出了基底深部断层的影响（图3-3）（Ayres等，1982；Al-Husseini，2000）。

钻探和地震数据（Wender等，1998；Konert等，2001）表明加瓦尔构造下方深层存在以大断层为边界的基底断块，断块从前寒武系变质碎屑岩基底向上延伸，经过古生界沉积岩后止于中生界层段（Konert等，2001）。阿拉伯东部的构造类型主要是宽阔的古生界后弯曲沉积岩（Powers，1968；Konert等，2001），这一点从En Nala背斜（Powers等，1966）、加瓦尔油田和布盖格油田的构造圈闭中可得到证实。尽管有部分证据表示En Nala背斜存在少许生长构造且至少是在二叠纪，但该类生长构造在晚白垩世最为明显，在新特提斯洋闭合的作用下，局部压扭应力施加于阿拉伯东部（Beydoun，1991；Nicholson，2000，2002）。随着阿拉伯板块沿扎格罗斯缝合带或破碎带与欧亚板块紧密结合，最新的生长构造出现在始新世—渐新世以及晚中新世—上新世（Beydoun，1991；Glennie，2000）（图3-3）。在较新的地层中发现了少许断层、裂缝和节理，尤其是沿大型挠褶顶部发现了两处垂直节理组，包括一处以北—东北至东北走向的主节理组，以及北—西北至西北走向的次节理组（Hancock等，1984）。成像测井结果表明还存在东—西走向的裂缝。这些特点可能是由于同背斜连续垂直生长相关的拉伸作用所致。在岩心中，向垂直缝合线的倾斜证明存在岩化后的拉伸作用，该作用与垂直裂缝相关。

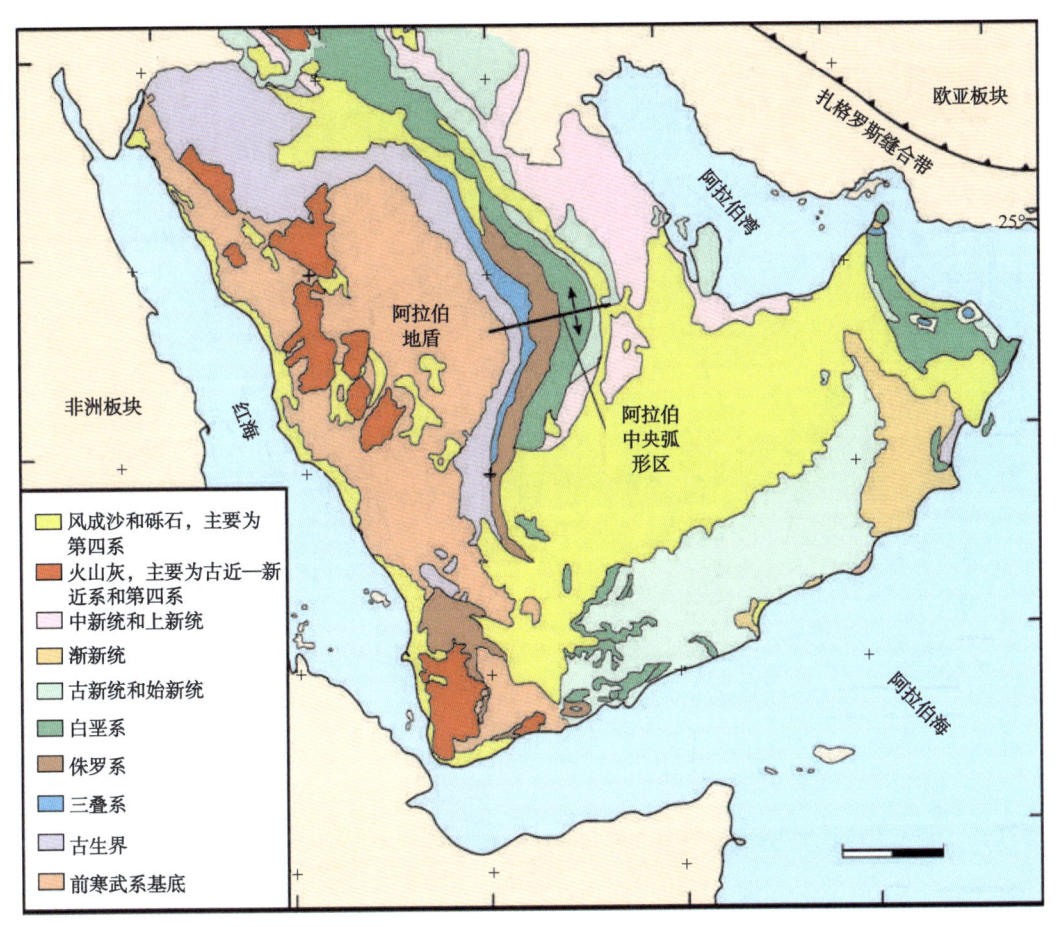

图3-2 阿拉伯半岛综合地质图及阿拉伯中央弧形区位置

改自Al-Hinai等（1997）及美国地质调查局（1963）

3.4 地层命名和地层年代

首次通过露头对侏罗系层段进行描述和命名，定义的最上部Jubaila组或Ju2段（Enay，1987）与地表Arab-D油藏的中低部分相关联（Powers等，1966；Powers，1968）（图3-1、图

3-4）。在露头中，Jubaila 组顶部紧邻现有层孔虫上方，即形成包壳状半球形层孔虫，在非原始生长位置中几乎不变，并位于上覆波纹状钙屑灰岩底部（图 3-4）。Arab-D 油藏上部由 Arab 组 D 段组成。Arab-D 油藏是 Arab 组四个油藏中最厚最老的一个，上覆有 C-D 硬石膏（Arab-D 段的上部单元）。Arab-D-Jubaila 序列的年代约束良好，Jubaila 组属于上钦莫利阶（Arkell，1952），而上覆的 Arab 组则属于下钦莫利阶至上提塘阶（LeNindre 等，1990；De Matos 和 Hulstrand，1995；Hughes，1997，2004）。D 段位于钦莫利阶（Sharland 等，2001）。尽管大量底栖有孔虫的地层延伸与钦莫利期一致，并从 Arab-D 油藏中进行了描绘，但仍无法确定准确时间。

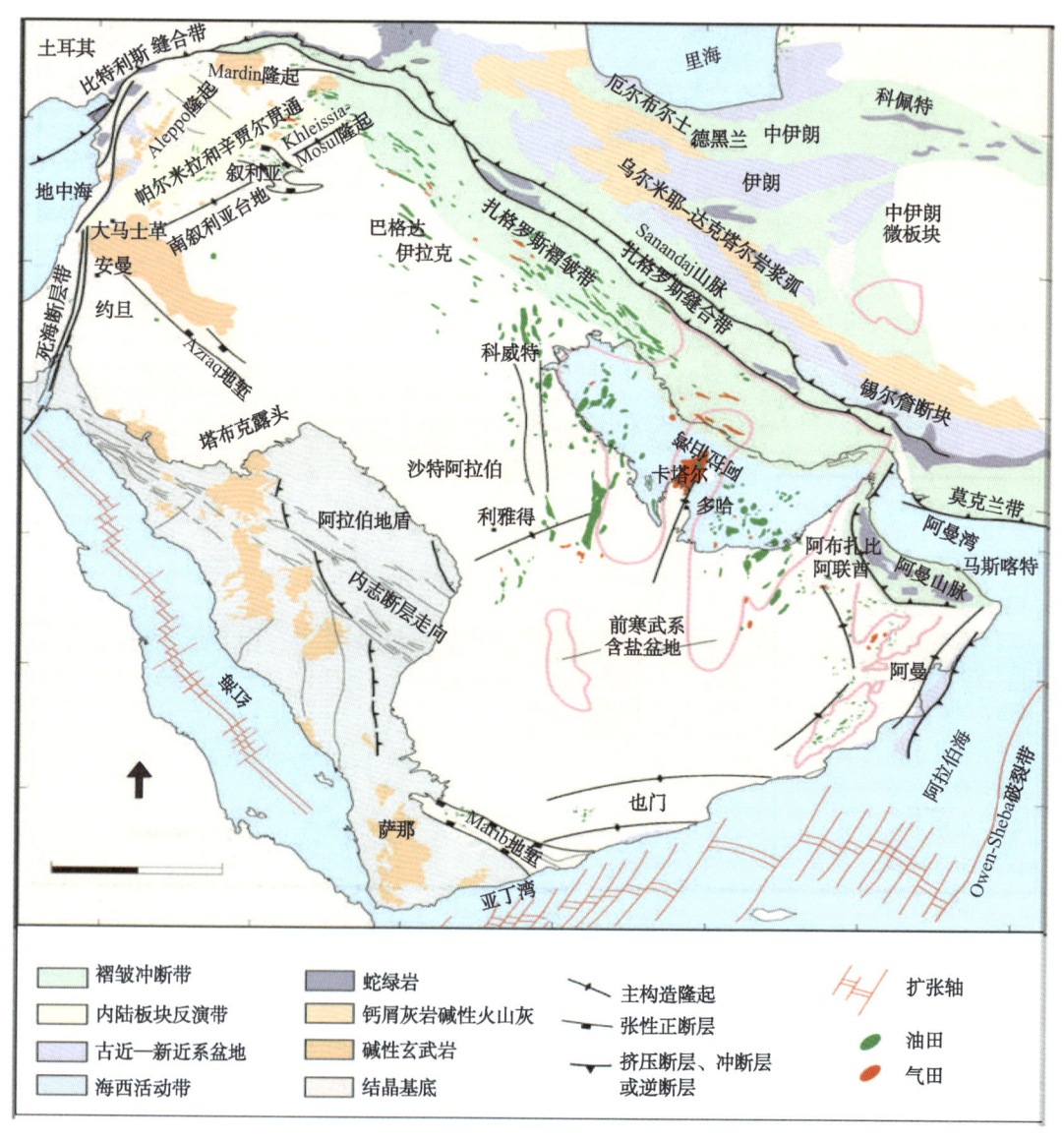

图 3-3　阿拉伯板块和伊朗主要构造特征

中心位置北—东北走向的大型绿色区域为加瓦尔油田。改自 Konert 等（2001）

图 3-4 利雅得以西的 Leban 干谷处的 Jubaila 组。上部高阻层为 Ju2 段，下部高阻层为 Ju1 段。Ju2 段悬崖厚度为 15m(50ft)

3.5 古地理环境和区域沉积环境

晚侏罗世期间，宽阔的浅水碳酸盐岩缓坡从阿拉伯半岛中部、利雅得以西、远东的伊朗扎格罗斯山、远北的伊拉克中部和南部向阿曼延伸（图 3-5）。碳酸盐岩和蒸发岩沉积物厚序列沉积于其陆架上（图 3-1）。卡洛夫阶 Tuwaiq Mountain 组和牛津阶 Hanifa 组沉积期间，浅海碳酸盐岩外围加积作用一定程度上增加了内陆板块差异性沉降，致使陆棚内盆地发育，包括 Gotnia、阿拉伯和鲁卜哈利沙漠盆地（Al-Husseini，1997；Ziegler，2001）。牛津期部分时期，富有机质碳酸盐岩烃源岩沉积于这些陆棚内盆地中（Ayres 等，1982；Droste，1990；Carrigan 等，1994）。这些陆棚内盆地在侏罗纪其余时间段倾向于维持原状，这影响了上覆 Jubaila、Arab 和 Hith 组的沉积（图 3-6），盆地还与宽阔且相对稳定的浅陆架或台地区域相接，Arab 储层碳酸盐岩便沉积于该区域。陆棚内盆地的外围隆起是层孔虫、珊瑚类浅滩和上覆缓坡顶骨屑—鲕粒粒屑滩，粒屑滩随后在陆棚内盆地上大部分区域发生进积。

总的来说，古气候很可能炎热干旱，类似于如今阿拉伯半岛的气候（Handford 等，2002）。Hith 组中蒸发岩的总体分布是在陆架的约束作用下形成的，开阔海环流的陆棚内盆地同样受此类陆棚内盆地影响；蒸发岩在陆棚内盆地中通常最厚且最具有盐岩倾向。

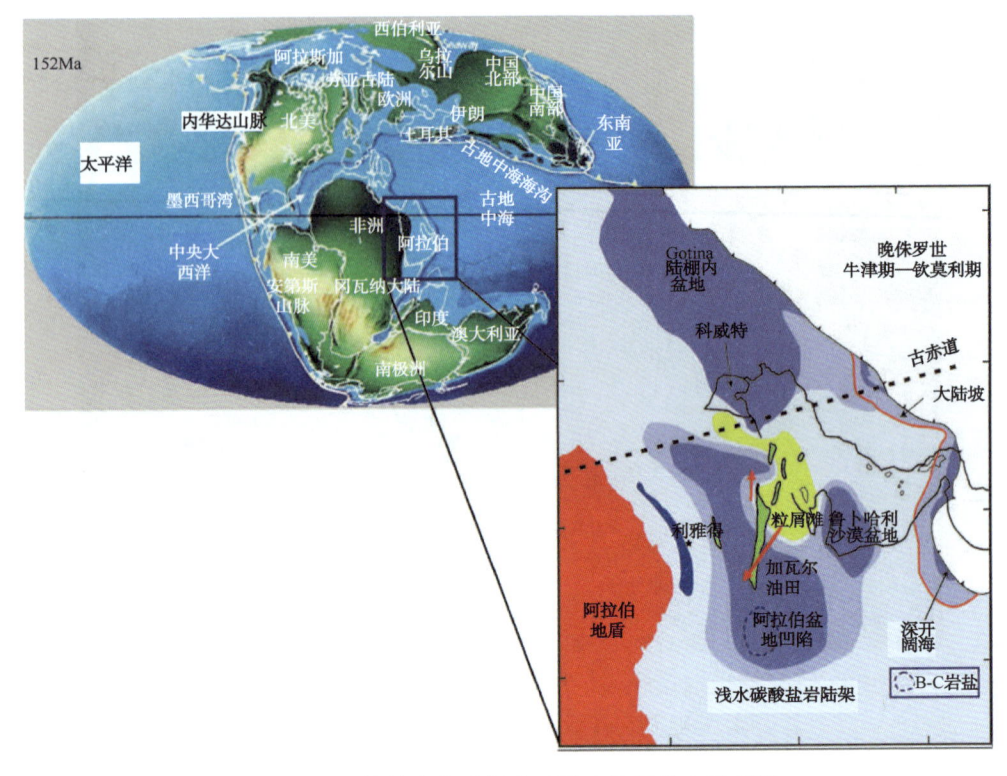

图 3-5　阿拉伯半岛及周边区域晚侏罗世古地理图

Arab-D 和 Jubaila 组的进积作用平均方向如箭头所示。利雅得以西的蓝色带为 Tuwaiq 陡崖。改自 Handford 等(2002)、Al-Husseini(1997)、Ayres 等(1982)、R. B. Koepnick 和 L. E. Waite、Murris(1980)及 Scotese(1998)

3.6　Arab-D 岩相和沉积环境

本文中的解释内容主要基于对加瓦尔油田谢德古姆(Shedgum)区岩心的观察结果(图 3-7、图 3-8)。

早期工作者(Mitchell 等,1988)已制订了分类计划,将 Arab-D 岩石组成划分为有实用意义的组群。他们将 Arab-D 岩石分为 6 种沉积岩相,包括 1 种硬石膏岩相和 5 种碳酸盐岩相。碳酸盐岩相根据其标准沉积成分进行区分,包括:(1)骨屑—鲕粒石灰岩和白云岩(SO)岩相;(2)枝状石灰岩和白云岩(CLADO)岩相;(3)层孔虫红色(绿色)藻类—珊瑚类石灰岩(SRAC)岩相,在该岩相种,常见的有机成分为 *Thaumatoporella parvovesiculifera*(Hughes,1996),即一种微生物结壳,De Castro(1991,2002)认为该结壳是绿藻纲或绿藻。结壳形状代表了红藻的外观(肉眼、放大镜或双筒显微镜下均可见),并初次被描述为红藻。尽管该岩相中实际上鲜有红藻碎屑,但我们仍在文中多次使用"SRAC"一词;(4)双贝壳—包粒—碎屑石灰岩(BCGI)岩相;(5)微晶灰岩和白云岩(MIC)岩相。由于白云石化作用频繁破坏原始沉积岩相,因此增加了成岩相白云岩(DOLO)(Mitchell 等,1988)(图 3-9)。尽管后来的工作者试图修改这种分类方案(Meyer 和 Price,1993;Meyer 等,1996;Handford 等,2002),但修改后的结果却并未获得普遍认可,因此也没有进行使用。

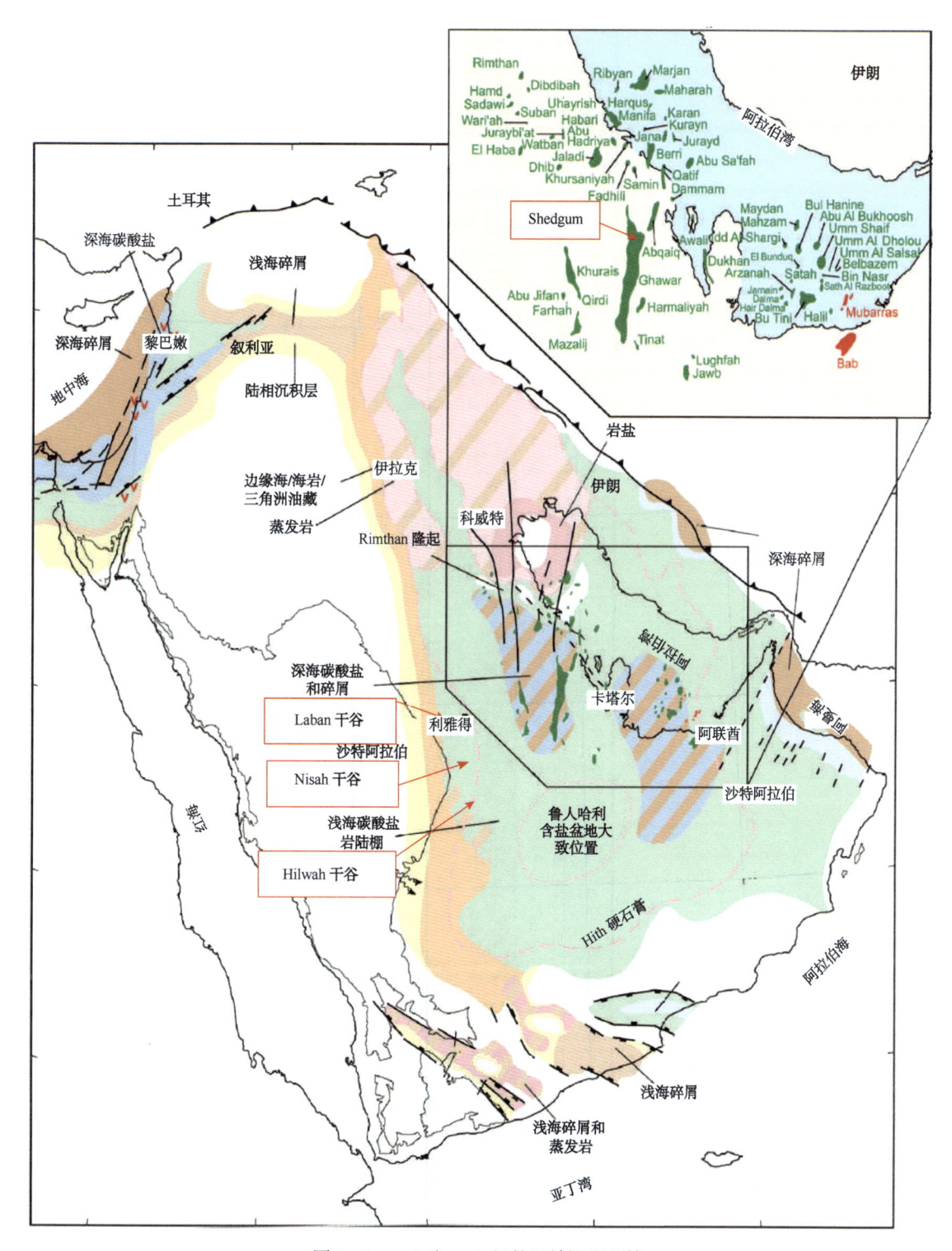

3 沙特阿拉伯加瓦尔 Arab-D 油藏：向上变浅碳酸盐旋回的广布孔隙

图 3-6 Arab 和 Hith 组的区域沉积环境

大部分情况下，高能粒状灰岩和泥粒灰岩的沉积物构成宽广的碳酸盐岩陆棚的主要部分。随后，Hith 组蒸发岩大面积沉积。本图由 Ziegler(2001) 改编

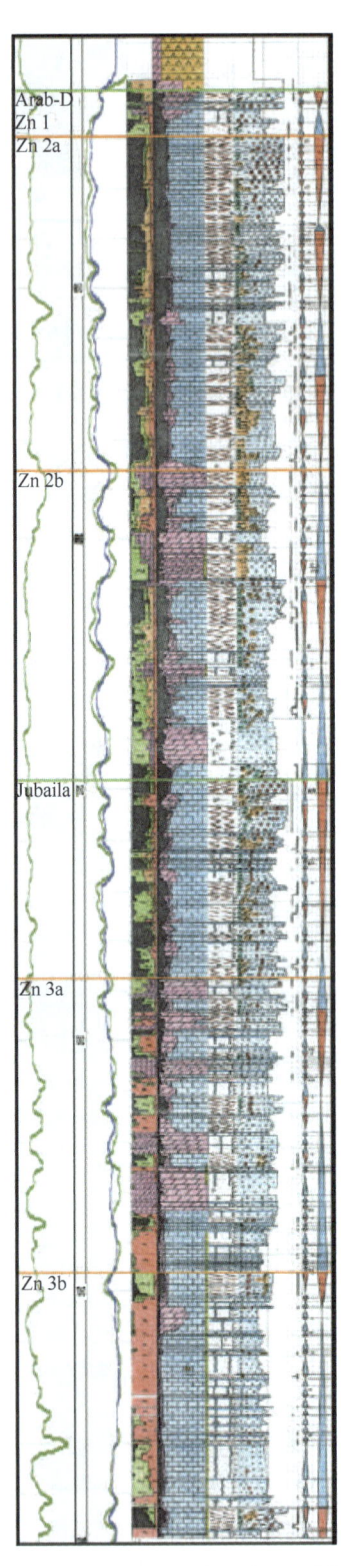

图 3-7 加瓦尔油田谢德古姆 Arab-D 测井图（裸眼测井伽马射线密度—中子）

图中右侧为六个取心层段，共取心 91m(299ft)，深度已进行调整以匹配裸眼测井。岩心覆盖范围是整个 Arab-D 储层

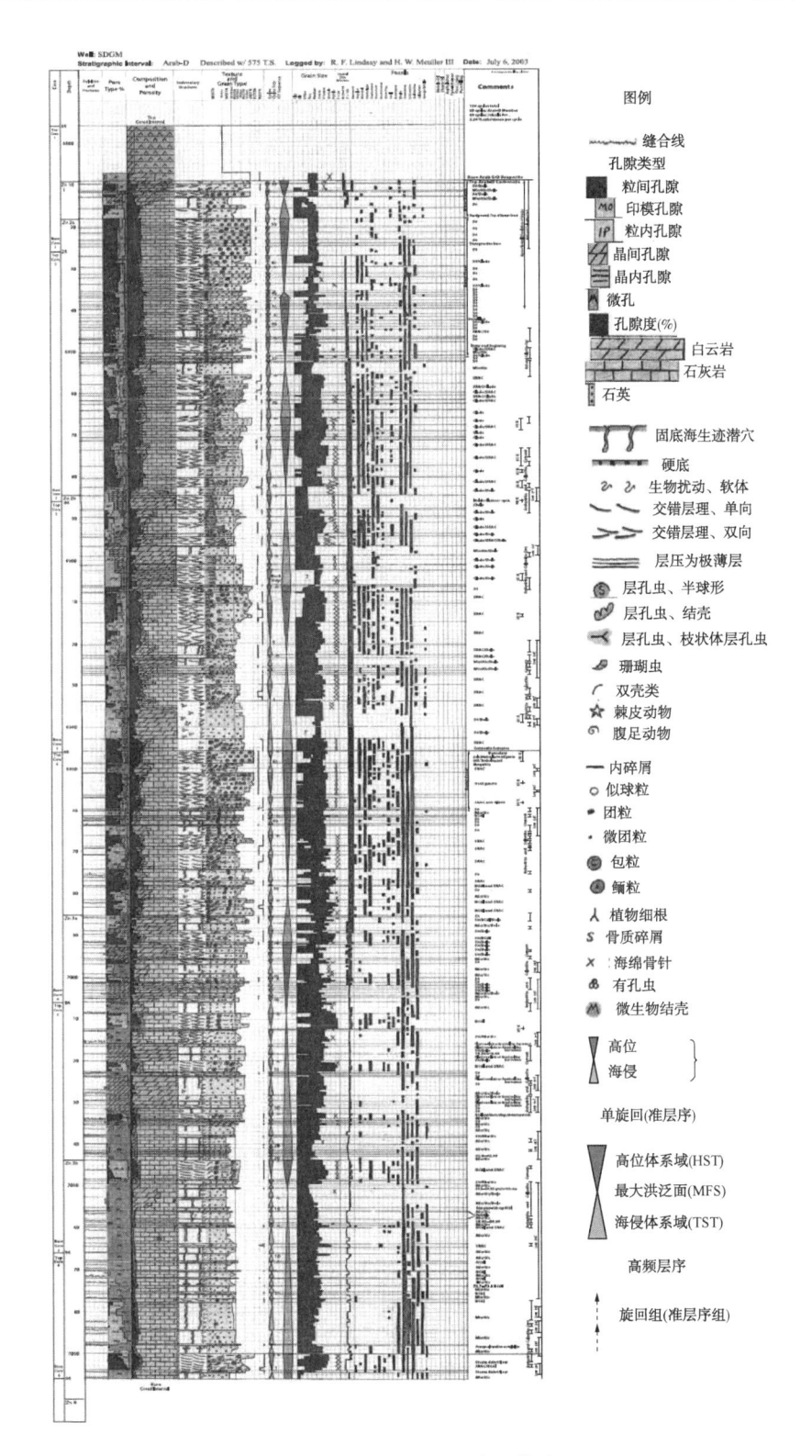

3 沙特阿拉伯加瓦尔 Arab-D 油藏：向上变浅碳酸盐旋回的广布孔隙

图 3-8 SDGM Arab-D 岩心描述

整个 Arab-D 油藏共采集了六份岩心，取心层段总长为 91mm(299ft)

岩相	骨粒—鲕粒	枝状体层孔虫	层孔虫—红藻—珊瑚	双壳贝—包粒—内碎屑灰岩	微晶灰岩	白云岩
沉积类型	粒状灰岩、贫泥泥粒灰岩、泥粒灰岩	贫泥泥粒灰岩、粒状灰岩、泥粒灰岩	贫泥泥粒灰岩、粒状灰岩、泥粒灰岩、粘结灰岩	泥粒灰岩、贫泥泥粒灰岩、粒泥灰岩	粒泥灰岩、泥粒灰岩	不确定
主要颗粒类型	泥晶化颗粒、有孔虫(包括粟孔虫)、绒枝藻、鲕粒、双壳贝	泥晶化颗粒、枝状体层孔虫、绒枝藻、有孔虫(包括粟孔虫)	泥晶化颗粒、层孔虫、珊瑚、绒枝藻、有孔虫(包括粟孔虫)	泥晶化颗粒、双壳贝、包粒、内碎屑灰岩、有孔虫	泥晶化颗粒、双壳贝、有孔虫(包括Kumubia)、内碎屑灰岩	他形至自形白云石结晶斜方六面体
次要颗粒类型	棘皮动物、层孔虫、枝状体层孔虫、腹足动物、复合晶粒、内碎屑灰岩、介形虫、红藻、腕足类动物	层孔虫、棘皮动物、双壳贝、珊瑚、鲕粒、腹足类动物、腕足类动物、复合晶粒、红藻	枝状体层孔虫、双壳贝、棘皮动物、绒枝藻、内碎屑灰岩、包粒、复合晶粒、腹足类动物	粟孔虫、珊瑚、内碎屑灰岩、层孔虫、绒枝藻、棘皮动物、腹足类动物、枝状体层孔虫	包粒、粟孔虫、绒枝藻、内碎屑灰岩、腹足动物、层孔虫、珊瑚	残余和沥滤的双壳贝、枝状体层孔虫、层孔虫、内碎屑灰岩、棘皮动物,包括其颗粒
沉积结构	交错层理、潜穴、硬底、细的向上整平岩床、钻孔、水平薄层	潜穴、硬底、交错层理、水平薄层	潜穴、钻孔、硬底、精细化的向上整平岩床、交错层理	潜穴、钻孔、硬底、精细化的向上整平岩床、交错层理	潜穴、硬底、波浪形薄层、水平薄层、钻孔、精细化的向上整平岩床	残余潜穴、硬底、碳质薄层
孔隙类型	粒间孔隙、印模孔隙、粒内孔隙、晶间孔隙、裂缝	粒间孔隙、粒内孔隙、印模孔隙、晶间孔隙	粒间孔隙、印模孔隙、粒内孔隙、晶间孔隙、裂缝	粒间孔隙、印模孔隙、粒内孔隙、晶间孔隙、裂缝	粒间孔隙(在潜孔填充物内)、粒内孔隙、印模孔隙、晶间孔隙、裂缝、溶洞	晶间孔隙、印模孔隙、裂缝
成岩改造作用	沥滤和再结晶、等厚叶形方解石胶结、白云石化作用、物理压实、柱状化、等分方解石胶结、高岭石侵位、硬石膏侵位/置换、硅化	沥滤和再结晶、白云石化、等分方解石胶结、柱状化、硬石膏侵位、硅化	沥滤和再结晶、白云石化、硬石膏侵位、柱状化、等厚叶形方解石胶结、等分方解石胶结、黄铁矿、脱白云石化	沥滤和再结晶、白云石化、硬石膏侵位、等厚叶形方解石胶结、等分方解石胶结、黄铁矿	沥滤和再结晶、白云石化、硬石膏侵位、黄铁矿、硅化、等分方解石胶结、高岭石	白云石化、沥滤硬石膏侵位、等分方解石胶结、柱状化、高岭石脱白云石化
分布(区)	1、2a、2b、3a、3b	2a、2b	2a、2b、3a、3b、Jubaila	2b、3a、3b、Jubaila	1、2a、2b、3a、3b、Jubaila	1、2a、2b、3a

图 3-9 加瓦尔油田 Arab-D 储层中碳酸盐岩相的特征和分布概述

由 Mitchell 等(1988)改编

除成岩白云岩相（DOLO）外，其他岩相沉积于赤道以南约5°的碳酸盐岩缓坡上，该缓坡宽阔、干旱、多风暴。缓坡从上至下包含下列亚环境：(1)内缓坡；(2)坡顶浅滩；(3)近端中部缓坡；(4)远端中部缓坡；(5)外缓坡(图3-10)。各亚环境以一个或两个沉积相为特征。此外，在Arab-D储层沉积物沉积后，发育了一个盐沼环境，使得以硬石膏为主的层段发生沉积，形成了储层垂直封闭层。鉴于沉积环境和岩相存在紧密联系，因此将在以下内容中进行讨论。

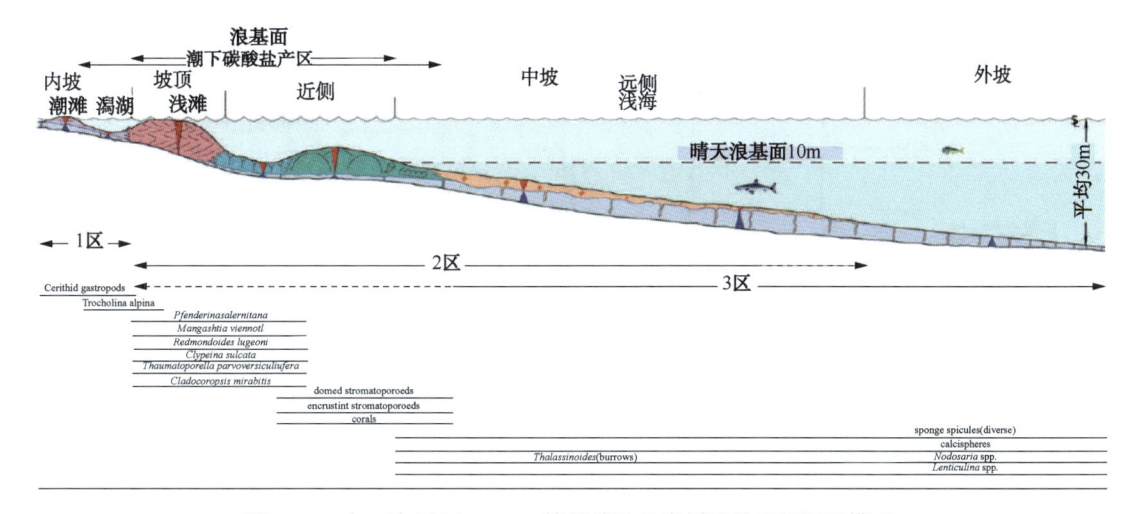

图3-10 加瓦尔油田Arab-D储层碳酸盐岩缓坡的理想沉积模型

该模型描述了从内坡、坡顶浅滩、近侧、远侧中坡至外坡的一个碳酸盐旋回的沉积过程。蓝色表示海侵的富泥沉积物，它由一个在最大海泛时形成并由海生迹挖掘过的硬底覆盖。菱形的棕色区域是远侧中坡的砾状灰岩和悬粒灰岩的泥石流沉积物。绿色是近侧中坡生物层和成堆的层孔虫及珊瑚。叉状的蓝色区域是近侧中坡枝状体层孔虫堆，沉积于生物层和生物堆之间及坡上的遮蔽区。红色表示交错坡顶粒状灰岩浅滩。紫色是内坡潟湖潮间带岛屿。每个储层带中大量分布的岩相和各类岩石由其名称和1区、2区、3区中的相关箭头表示。常见动植物和大量存在的动植物的分布(同一时间的侧向分布以及沿储层带的地层分布)已在图的下方标出

3.6.1 硬石膏岩相与盐沼环境

硬石膏（无孔）和夹层间的碳酸盐细脉（其中一部分，特别是白云石化的部分，是多孔的）构成C-D硬石膏的主要部分，并覆盖于Arab-D储层之上（图3-8）。典型的硬石膏岩组包括瘤状、层状瘤状、瘤状镶嵌和块状（Maiklem等，1969）；也观察到具有较高丰度、垂直对齐（延长的）且不常见的镶嵌硬石膏（图3-11、图3-12）。薄片中，硬石膏在局部表现出由极小的、定向的、针状的硬石膏晶体和透明、粗糙、矩形的成岩硬石膏板条构成的粘结交代结构。在加瓦尔油田内En Nala背斜的顶部，毛细管压力足够大，可将外观呈纤细薄膜状的轻馏分油气压至蒸发岩晶体和瘤状岩组之间。

硬石膏的沉积发生于相对海平面大幅下降后，海平面的下降使Arab-D碳酸盐暴露于陆上，并在Arab-D碳酸盐顶部留下痕迹。在加瓦尔油田和露头岩层的岩心测井和成像测井（图3-13）中发现填充有塌方角砾岩的较小的灰岩坑（Tuwaiq断崖），该区域的硬石膏覆盖并填充岩溶地形。陆上出露后，最初的海平面上升缓慢，地区性的碳酸盐岩陆棚和相关的内陆盆地，例如阿拉伯陆棚内盆地，成为蒸发岩沉积场所（可能是大多数石膏和部分硬石膏的组合）（图3-11、图3-12）。C-D硬石膏的典型成分是瘤状、镶嵌状至块状硬石膏，通常认为

图 3-11　加瓦尔油田谢德古姆 Arab-D 岩心内 1 号岩心顶部 2071~2073m(6796~6804ft) 的 Arab C-D 蒸发岩
蒸发岩晶体最初是生长于盐沼地面的石膏，注意纹泥状的旋回和肠状褶皱

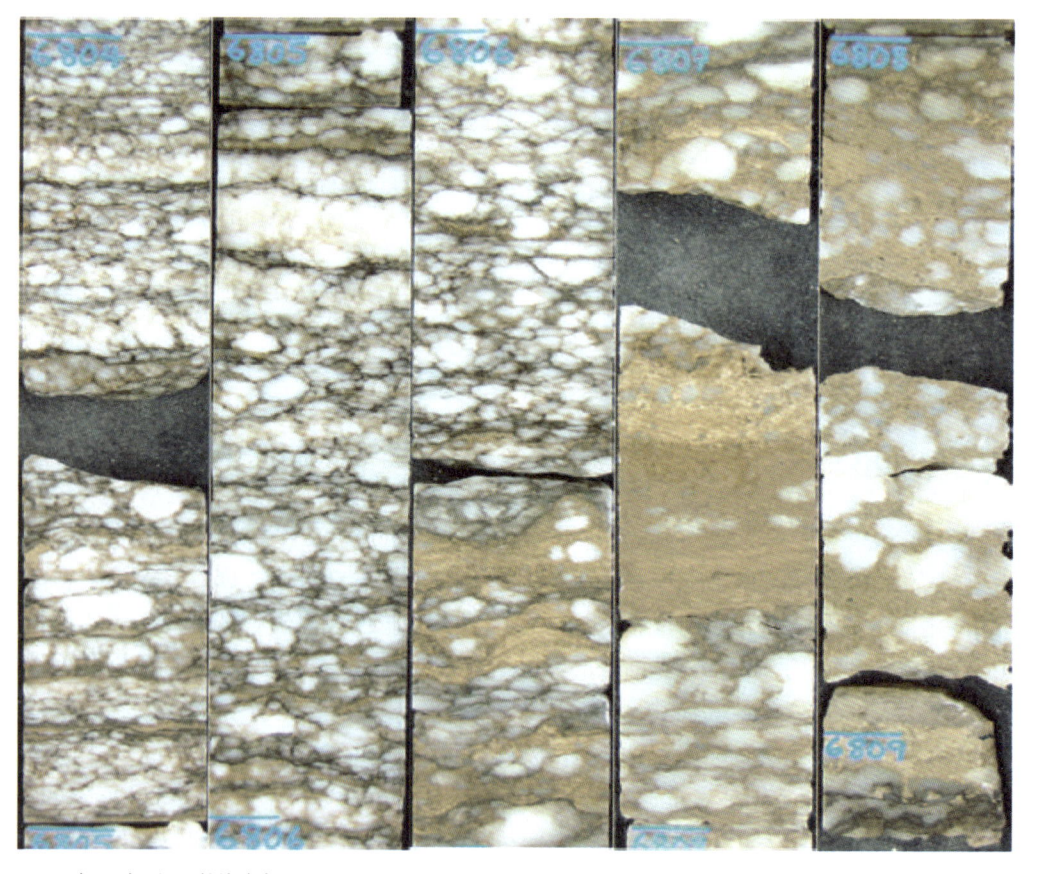

图 3-12　加瓦尔油田谢德古姆 Arab-D 岩心内 1 号岩心顶部 2073~2075m(6804~6809ft) 的 Arab C-D 蒸发岩
蒸发岩晶体最初是生长于盐沼地的掌状石膏，注意纹泥状的旋回，底部的碳酸盐已白云石化。岩心直径 6.35cm(2.5in)

它们都在盐沼环境中形成的(Kinsman,1964;Shearman,1978)。然而,被认为最初以水下石膏掌状晶体形式沉积的垂直对齐晶体以及 C-D 硬石膏中的层状硬石膏结核表明,大部分硬石膏可能都在水下的盐沼至潮缘至潮间环境中形成(McGuire 等,1993;Handford 等,2002)(图 3-11、图 3-12)。

图 3-13 加瓦尔油田露头岩层中 Arab-D 的角砾岩填充灰岩坑

(A)Arab 地层中的一个较小灰岩坑,它由距利雅得南方 150 km(93mile)远的 Birk 干谷的拟合岩组和混乱的塌积角砾岩填充。红色棒球帽位于角砾岩基部,两位地质学家站在角砾岩翼部,手持石锤(左)和用手(右)放在角砾岩接触点。(B)加瓦尔油田南部的水平井地层显微成像测井圆,圆形的混杂角砾岩位于 Arab-D 复合层序界面下部并覆盖 Arab C-D 蒸发岩(左)(尺度以英尺表示)。(C)加瓦尔油田中心部分垂直井图片。圆形混杂角砾岩在碎屑间有红色和棕色(钙红土)层序以及植物细根。上覆的 Arab C-D 蒸发岩含有掌状石膏晶体。照片宽度 6.4cm(2.5in)

两个取心井中硬石膏的近期详细描述表明，沉积物以旋回方式沉积，每个蒸发岩旋回都以水下盐沼沉积和掌状晶体的生长为起点。盐沼和潮间带之间的周缘区位置的略微下降导致掌状晶体以倾斜角度生长。随后的潮间带环境形成了平坦至倾斜指向的石膏晶体和层状碳酸盐泥。盐沼和潮坪带环境最为常见，潮间带环境最为罕见。作为蒸发岩中最常见夹层的薄至极薄夹层具备纹泥状，其形成的蒸发岩结合物包含较厚的蒸发岩基底，可视为夏季沉积物，而碳酸盐和富有机质的薄片覆盖层可视为冬季沉积物。

罕见的大型海浸活动将高盐度的环境降至正常的海洋盐度水平，因而生成潮下的碳酸盐，产生碳酸盐沉积旋回，即碳酸盐细脉。有时只形成极薄至薄的夹层，但偶尔会沉积形成厚达1.5~2m(5~6ft)的碳酸盐旋回，其顶部多孔且富含细粒。随后，在相对海平面整体下降期间，制约性活动和蒸发活动再次开始，潮下的蒸发机制再次开始沉积水下蒸发岩。

3.6.2 内坡

在强波浪作用和浅滩扰动作用下，近陆地的沉积物延伸构成内坡，向陆地和上坡方向局部潮区内的岛屿中构成环礁湖，主要由粒泥级灰岩，泥粒灰岩和部分粒状灰岩组成（图3-10）。内坡潟湖环境中的沉积物仅存在于Arab-D储层（1区），厚度约3m(10ft)（图3-8）。该沉积环境所含动物群有限，表明了正常海洋环流的缺失。此环境中可发现常见的海洋动物，例如柔软、棒状的层孔虫，这可能是因为暴风雨将其携带至此或者通过正常的海洋通道到达，或者经过内坡与中坡远侧相连的坡顶浅滩迁移至此。

3.6.3 骨粒—鲕粒岩相（SO）和坡顶浅滩环境

骨粒—鲕粒(SO)石灰岩和白云石化的石灰岩存在于Arab-D储层的上部(2a区)，另一个层段位于储层的较深处(2b区)（图3-9）。该岩相通常分选良好并含有粒状灰岩、贫泥泥粒灰岩和部分富泥泥粒灰岩（图3-8、图3-14）。总的来说，这些岩相代表分选最好的和在肉眼可见水平最均匀的Arab-D碳酸岩类型。主要的细粒类型包括有孔虫、绒枝藻类、泥晶颗粒、有孔虫类、鲕粒和双壳贝（图3-14~图3-16）。孔隙按数量多少由高到低排列，包括粒间孔隙、印模孔隙、粒内孔隙、微孔以及在白云岩中常见的晶间孔隙（图3-14~图3-16）。交错层理和水平层很常见（图3-8、图3-14）。其他常见结构包括固底和硬底（图3-8）、穴洞、虫孔构造和颗粒向上变粗的沉积层序。常见的成岩作用类型包括溶蚀和再结晶、等厚叶形细粒方解石和微方解石胶结，以及白云石化作用。虽然分散的白云石晶体很常见，但该岩相似乎并不存在完整的白云石化作用。

骨粒—鲕粒岩相沉积于坡顶浅滩环境中，由一系列鲕粒—球粒—碎屑间沙洲组成，在正常天气浪基面的高能极浅潮下至潮间环境中，这些沙洲局部暴露于陆面，形成岛屿。在影响碳酸盐缓坡的日常高能量的作用下，上述沉积物被冲刷，有时受到风暴的影响（图3-10）。正常天气浪基面是波浪首次接触海床并持续高能冲刷海床的区域，这种冲刷将持续进行，直至摩擦减弱了波浪的能量且沉积物移动停止(Irwin的Y区，1965)。富含细粒的结构交错层叠，并由精细、等厚、海生和微亮晶的胶结物轻微胶结。骨粒岩屑包括风暴形成的碎片、大块至几乎完整的枝状体层孔虫、层孔虫以及远海珊瑚。微生物硬壳较为常见。

坡顶浅滩的沉积物结构和相关的骨粒—鲕粒岩相构成Arab-D储层上部（2a区的大部分）（图3-8、图3-10），以及下层序的最上部（Jubaila组最上部）。

图 3-14 由交错层理碎屑间球粒、包粒和鲕粒灰岩组成的坡顶浅滩骨粒—鲕粒岩相，含大量的粒间孔隙、印模孔隙、粒内孔隙和微孔。胶结通过极细叶形方解石和微孔实现。上部的物理和化学压实部位较少，而在下部的显微照片中可看到较多的压实部位。该显微照片拍摄区域的宽度为 1.1mm(上部)和 2.25mm(下部)

3.6.4 枝状体层孔虫岩相(CLADO)和遮蔽的近侧斜坡中部环境

枝状体层孔虫(CLADO)石灰岩和白云岩含超过 10%的枝状层孔虫(Champetier 和 Fourcade，1966)，并出现于 Arab-D 储层的上部和中部(2a 区和 2b 区上部)(图 3-8、图 3-17)。枝状体层孔虫砾状灰岩和悬粒灰岩中含有粒状灰岩基质、贫泥泥粒灰岩和富泥泥粒灰岩。它们并不像骨粒—鲕粒岩相那样分选良好，因此具有更高的非均质性(图 3-17)。枝状体层孔虫碎片、绒枝藻类、有孔虫类、微晶颗粒和有孔虫都比较常见(图 3-17)。孔隙类型按常见程度由高到低排列为：粒间孔隙、粒内孔隙、印模孔隙和微孔，所有上述类型的孔隙数量都比较多(图 3-17)，白云石化后，晶间孔隙和印模孔隙是主要的孔隙类型。沉积结构较为精细，但对岩心的仔细观察可发现，交错层理和水平层理存在于旋回(准层序)高位部分，而软体生物扰动作用、固底和硬底在旋回海侵部分更为常见(图 3-8)。成岩作用通常仅包括白云石化作用、溶蚀、再结晶和不常见的等分方解石胶结作用。完全白云石化后，枝状体层孔虫碎片通常会溶蚀并形成印模孔隙，如果这些碎片原本相连，则会形成高渗透性层段。

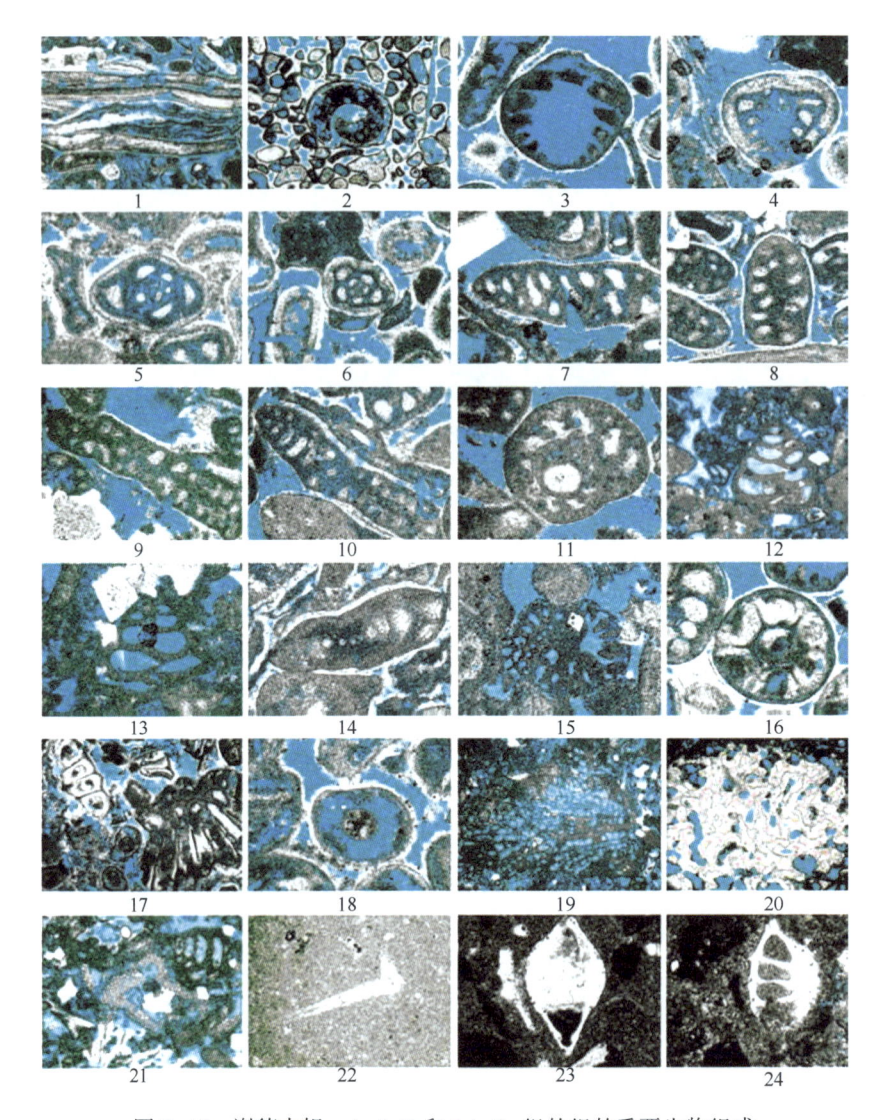

图 3-15　谢德古姆、Arab-D 和 Jubaila 组的组的重要生物组成

视野宽度用毫米表示。1 = brachiopod valves(2mm)；2 = cerithid gastropod(4mm)；3~4 = Trocholina palastiniensis(1mm)；5~6 = Quinqueloculina sp. (1mm)；7~8 = Pfenderina salernitana (1mm)；9~10 = Mangashtia viennoti(1mm)；11 = Alveosepta jacardi (1 mm)；12~13 = Red mondoides lugeoni(1mm)；14 = Nautiloculina oolithica(1mm)；15 = Kurnubia palastiniensis(1mm)；16~17 = Clypeinasulcata(1mm 和 2mm)；18 = Heteroporella jaffrezoi(1mm)；19 = 珊瑚(8mm)；20 = Cladocoropsis mirabilis(4 mm)；21 = Thaumatoporella parvovesiculifera(2mm)；22 = 四轴海绵骨针；23~24 = Lenticulina sp(1mm)

枝状体层孔虫（CLADO）岩相和下文描述的层孔虫—红藻—珊瑚（SRAC）岩相在近侧的斜坡中部环境中沉积，沉积物位于正常天气浪基面内，在正常天气浪基面内存在稳定的日周期环流。该环境以富颗粒质、半球形和结壳的层孔虫以及珊瑚生物层和泥丘为特征。丘间遮蔽区域和生物层及泥丘上坡的遮蔽区域曾经是枝状体层孔虫的栖息地（图 3-8、图 3-10）（Leinfelder 等，2005）。这一论断的依据是与现代环境中半球形和枝状珊瑚的对比研究（James，1983）。半球形生物形态出现于具有中度波浪能量和低沉积速率的生物层和泥丘环境中，而枝状生物如枝状体层孔虫则栖息于具有高沉积速率的低能区域。枝状体层孔虫常常

顶部深度(ft)	Biozone	dwarf pelagic brachiopod	Alveosepta spp.	Lenticulina spp.	Nodosana spp.	sponge spicules	Kurnubia palastiniensis	echinoid debris	Nautiloculina oolithica	Cladocoropsis mirabilis	Burgundia spp.	Heterolepa jaffrezoi	miliolids	Thaumatoporella parvovesiculifera	Clypeina sulcata	Mangashtia viennoti	Trocholina palastiniensis	Pseudocyclammina spp.	Redmondoides lugeoni	pfenderina salemitana	algal plates	环境
6810	1																					内坡
6815	2																					坡顶
6841	3																					坡顶—近中坡
6874	4																					近中坡
6892	5																					近中坡
6916	6																					近中坡
6946	7																					坡顶—近中坡
6985	8																					远中坡
7010	9																					远中坡
7036	10																					远中坡—外坡
7066	11																					远中坡—外坡
7098																						

图 3-16 加瓦尔油田谢德古姆 Arab-D 岩心内 Arab 组和 Jubaila 组的 Arab-D 段的生物分带和关键生物成分

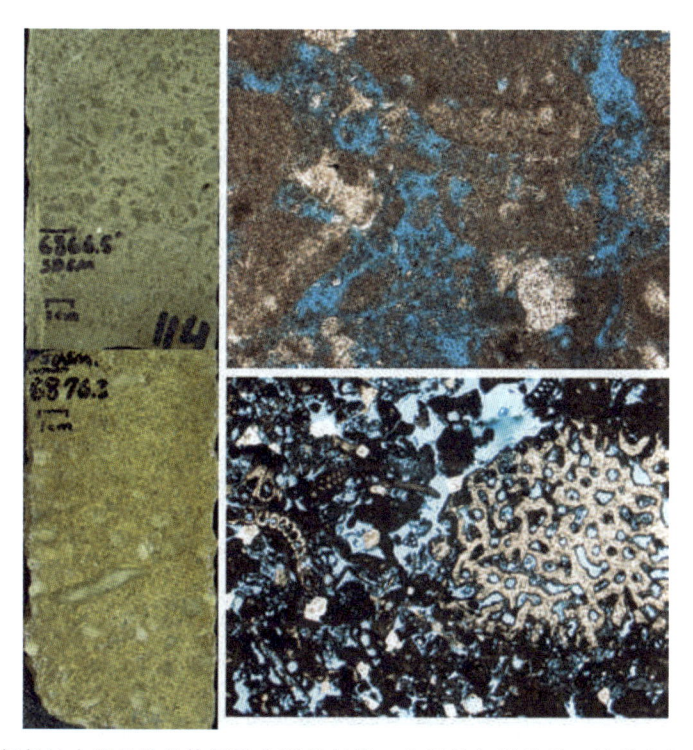

图 3-17 近侧斜坡中段的枝状体层孔虫砾状灰岩，含泥粒灰岩基质，基质中包含粒间孔隙、印模孔隙、粒内孔隙和微孔。所有枝状体层孔虫碎片都经过了暴风雨的冲刷。注意基质内的微丸(上部)。基质由内碎屑灰岩、泥晶化有孔虫、微丸、绒枝藻(Clypeina sulcata)和层孔虫碎片(下部)构成。谢德古姆岩心显微照片宽度为 1.1mm(上部)和 7.4mm(下部)

伴随有孔虫 Kurnubia palastiniensis 和 Nautiloculina oolithica（图 3-15、图 3-16）。浅海区的中能 SRAC 岩相中，微生物群以一种绒枝藻为主，这种绒枝藻的生长可归因于 Clypeina sulcata；绿藻 T. parvovesiculifera 很常见，并和 Kurnubia sp.、Nautiloculina sp.、Redmondoides lugeoni 有孔虫以及一些双列胶结类生物共存。微生物硬壳也很常见（图 3-8）。

在生物层和泥丘之间以及在该沉积环境的遮蔽部分，存在较大的岩相可变性。这两类岩相含多样化的正常海洋生物区系，包括常见的和丰富的有孔虫类、藻类、微生物硬壳和海洋胶结物，它们是正常海洋条件下沉积的证据。较为常见的交错层理也表明了中等能量至潜在高能的环境。造礁珊瑚表明透光层发生了沉积，此类狭生性有机体（不适应于环境条件的改变）是正常海洋条件的标志。

枝状体层孔虫也被移置，未发现原地的直系有机体，而且保留下来的完整分支很少。利雅得西部 Tuwaiq 陡坡内 Tuwaiq Mountain 组露头岩层的现场勘查发现了 Shuqria，枝状体层孔虫的早期亲缘物种，该生物生活在层孔虫和珊瑚生物层与泥丘之间的遮蔽丘间区域。枝状体层孔虫可能生活在类似的沉积环境中。暴风雨移置了枝状体层孔虫，并将其散播在近侧斜坡中段之内，更强大的暴风雨则将碎片移置到坡顶（图 3-10）。

3.6.5　层孔虫—红藻—珊瑚岩相（SRAC）和生物层—泥丘近侧斜坡中段环境

层孔虫—红藻—珊瑚（SRAC）石灰岩和含白云石石灰岩位于 Arab-D 储层中部（2b 区），是最具非均质性的岩石类型（图 3-8、图 3-18）。在局部区域，该岩相以外来泥石流沉积物的形式存在于 Arab-D 储层下部（图 3-8、图 3-10）。一般来说，该岩相分选极差，含有多种

图 3-18　近侧斜坡中段的层孔虫—珊瑚砾状灰岩

含富泥质泥粒灰岩基质和粒间孔隙、印模孔隙、粒内孔隙和微孔。层孔虫被暴风雨改造并被双壳类生物侵蚀，但仍然可见两张显微照片的宽度均为 1.1mm，所拍摄岩心为谢德古姆 Arab-D 岩心

尺寸和形态的孔隙和颗粒。常见的颗粒类型包括半球形、指状和结壳层孔虫、珊瑚、有孔虫、泥晶颗粒和微生物硬壳(图3-18)。Arab-D储层中存在的造礁珊瑚由亚稳态的霰石组成,在成岩作用时容易被溶蚀(图3-18)并形成较大的不规则印模。层孔虫和珊瑚构成悬粒灰岩至砾状灰岩岩组(图3-18),该岩组中含有粒状灰岩基质、贫泥泥粒灰岩和富泥泥粒灰岩。该岩相中最常见的孔隙是印模孔隙和粒内孔隙,粒间孔隙较少,而微孔较为常见。典型的成岩改造作用包括溶蚀、生物侵蚀、再结晶、白云石化、硬石膏侵位、细粒等厚叶形方解石和等分方解石胶结以及微亮晶胶结。

高能暴风雨连续猛击生物层和泥丘,对其进行原地改造,而更强的暴风雨会改造下坡生物碎屑和颗粒,同时泥石流流入远端的斜坡中段(图3-10),其通常(但不频繁地)将上坡的碎片输送至坡顶和内坡。上述现象可在利雅得西部的Tuwaiq陡坡中的Jubaila组的露头岩层中观察到,在该区域,层孔虫、珊瑚生物层和泥丘几乎全部被改造。在Hilwah干谷仅发现一层原地层孔虫—珊瑚生物层,1m(3ft)厚,30m(100ft)宽(图3-19)(Hughes,2004)。所有其他露头岩层中,层孔虫和珊瑚至少都在近端斜坡中段经历了局部改造,或者在远端斜坡中段的较远位置被改造(图3-10)。

图3-19 上图是Arab-D—Jubaila与Hilwah干谷相接触的区域。地质学家(圆圈内)站在露头岩层中唯一的原地珊瑚—层孔虫生物层位置。其他位置的珊瑚—层孔虫均被改造。Arab-D-Jubaila接触区约在地质学家上方4.5m(15ft)处。Arab-D的顶部位于山顶。下图是与Nisah干谷相接触的Arab-D-Jubaila区域。Arab-D是地质学家上方的薄层、扁平状露头岩石,而Jubaila是他们脚下的厚岩床。注意Jubaila的大风暴波纹

3.6.6 双壳类包覆的颗粒内碎屑灰岩岩相(BGCI)和远端斜坡中部环境

双壳类包覆的颗粒内碎屑灰岩(BCGI)石灰岩和白云石灰岩主要分布在Arab-D储层下部(3a区、3b区和4区),以砾状灰岩和悬粒灰岩为主,含粒状灰岩、贫泥泥粒灰岩、富泥泥粒灰岩和不常见的粒泥灰岩基质(图3-8、图3-20)。双壳类、包粒、内碎屑灰岩、泥晶粒

和有孔虫颗粒是主要的颗粒类型。孔隙主要是粒间孔隙（图3-20）和印模孔隙，通常由亚稳态双壳类的溶蚀形成，但也含有较多的微孔和粒内孔隙。该岩相中的成岩改造作用包括溶蚀、再结晶、白云石化、柱状化和等分方解石胶结。

BCGI岩相和下述微晶岩相是远端斜坡中段的典型沉积物，该位置的沉积发生于正常天气浪基面以下和在海洋一侧。主要沉积物是微晶至细粒沉积物，由以海生迹潜穴系统（图3-10）为特征的固底（图3-20）以及位于内坡、坡顶和远端斜坡中段生物碎屑中风暴衍生的砾状灰岩和悬粒灰岩覆盖，它们最常见的覆盖层是BCGI岩相，其中包含层孔虫和珊瑚。

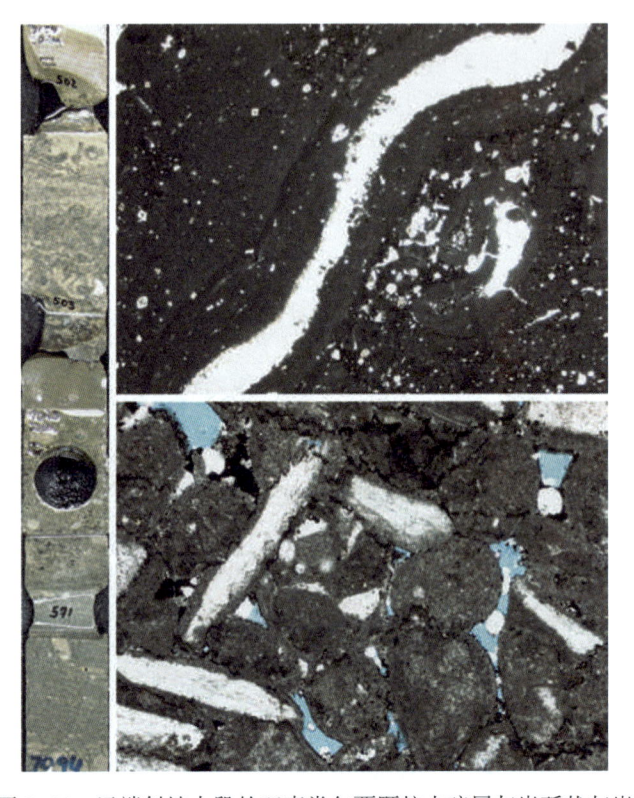

图3-20　远端斜坡中段的双壳类包覆颗粒内碎屑灰岩砾状灰岩

上部是黏性泥石流（富泥），下部是稀性泥石流（富颗粒）。泥石流因风暴形成，并止于含海生迹潜穴的固底上。
显微照片宽度为7.4mm（上部）和2.2mm（下部），岩心来源于谢德古姆Arab-D组

潜穴有机体（海底动物）很常见，这些有机体可能在微晶至极细粒泥土中形成了垂直指向的海生迹潜穴，也有可能是软体潜穴生物使沉积物均质化。除生物扰动作用产生的沉积结构外，保存完好的沉积结构很罕见。这些因素表明，这些沉积物是在正常天气浪基面以下，远离强浪或洋流作用的安静低能条件下沉积的。

固底形成于单个碳酸盐旋回的海泛面上。固底以垂直海生迹潜穴为特征，含分支栖息区，其平均垂直穿透深度为1m（3ft），垂直穿透范围从零点几米（小于1ft）至2.4m（8ft）（图3-21）。海生迹潜穴生物轻易地通过软泥沉积物向下掘进，但遇到含有较大颗粒和骨粒岩屑的富颗粒基质时，掘进停止。

在风暴诱导的高能泥石流的作用下，双壳类包覆的颗粒内碎屑灰岩（BCGI）石灰岩和

SRAC 岩相的相对较少的层孔虫和珊瑚沉积形成砾状灰岩和悬粒灰岩,该高能泥石流将碎片和下坡基质输送至浅海和深海的远端斜坡中段处(图 3-10)。微生物硬壳、包粒和鲕粒表明,最初的粗砂组位于浅海透光区和正常天气浪基面内更远的上坡位置,此处的浅海海水具备充分的扰动性,可将颗粒来回移动并获得相对均匀的颗粒覆盖层。泥状内碎屑灰岩从淤泥沉积区域剥离并往坡下转移,是短暂的高能暴风雨事件的另一重要标志。

与砾状灰岩和悬粒灰岩相接触的基质多是富泥泥粒灰岩,而贫泥泥粒灰岩和粒状灰岩较为少见。淤泥基质含很小的微钙质团粒,很多微钙质团粒都是由微生物硬壳的丝体形成的。夹带的富泥基质和微钙质团粒起着微球支承的作用,以减缓暴风雨形成的泥石流往坡下更远处流动的过程。泥石流中淤泥的相对比例对两类沉积物的形成起着一定作用。一是含富泥基质的黏性泥石流(图 3-20),二是含较少富泥基质的稀性泥石流(图 3-20)。额外的淤泥基质促进泥石流将沉积物输送至坡下更远处。

较弱的风暴改造双壳类包覆的颗粒内碎屑灰岩(BCGI),而移动和运输层孔虫和珊瑚则需要有较强的风暴,因为它们构成生物层和生物堆,比 BCGI 岩相更稳固。

3.6.7 微晶岩相(MIC)和远端斜坡中段和外坡环境

微晶(MIC)石灰岩和白云岩(图 3-8,图 3-21)很常见,往往构成 Arab-D 储层下部的主要部分(3a 区、3b 区和 4 区),而在 Arab-D 储层中部(2b 区)较为少见,在其上部基本不存在。与其他沉积岩相相比,微晶石灰岩大都由淤泥支撑。该岩相中的颗粒包括泥晶化颗粒、双壳类、介形虫、有孔虫和内碎屑灰岩。虽然孔隙度通常较低,但典型的孔隙类型包括微孔、印模和粒内孔隙。此外,充填垂向海生迹管状潜穴的富颗粒沉积物中保留有粒间孔隙和少量晶间孔隙(图 3-21)。成岩作用包括白云石化、溶蚀、再结晶和柱状化作用。潜穴可能已高度白云石化,而周围的灰泥岩基质只是部分白云石化。

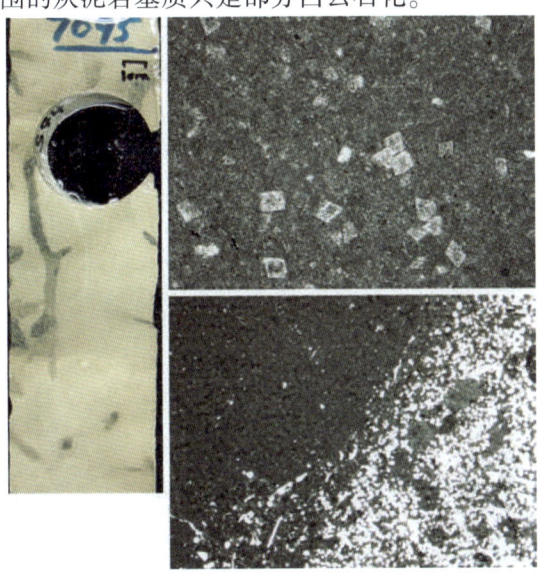

图 3-21 被海生迹潜穴生物和软体潜穴生物扰动的外坡泥岩,仅含少量微孔
上方显微照片中,可观察到颗粒状基质中的若干白云石晶体和一片石英粉屑(中心)。下方显微照片展示了充满细粉砂并被部分白云石化的海生迹管状潜穴和含有若干风吹石英粉屑的富泥基质之间的接触区。显微照片宽度分别为 1.1 mm(上图)和 7.4mm(下图),岩心来源于谢德古姆 Arab-D 组

如上文所述，微晶（MIC）石灰岩、双壳类包覆的颗粒内碎屑灰岩（BCGI）石灰岩以及相对较少的层孔虫—红藻—珊瑚（SRAC）石灰岩通常在远端斜坡中段环境中以夹层形式存在。在外坡环境中，风暴形成的泥石流（图 3-10）无法到达，灰泥岩是唯一的沉积物。每种旋回结构都由固底覆盖（图 3-8、图 3-10），固底以贯穿淤泥碳酸盐层的海生迹潜穴为特征。虽然该岩相与潟湖古环境有关（Enay，1987），但有孔虫 *Lenticulina* spp.、*Nodosaria* spp. 和 *Pseudomarsonella* spp.，以及单轴和四轴海绵骨针、颗石藻和初级的肋骨状腕石类生物的存在却与正常天气浪基面下 25~30m（80~100ft）水深处开放的正常海洋条件相吻合。杏仁虫和节房虫等现代生物类群只生活在 100m（330ft）水深以下，但中生代同类生物生活在比之更浅的区域。

外坡可能受到风暴的影响。以波斯湾为例，每年的风暴都将扰动深到 50m（164 ft）的海底沉积物，而百年一遇的风暴能够扰动 110m（360ft）深的沉积物（沙特阿拉伯国家石油公司，海洋部门数据库）。然而，软体潜穴有机体和海生迹的生物扰动作用搅动了含更多淤泥的沉积层，消除了风暴留下的大多数痕迹。尚无砾状灰岩或悬粒灰岩沉积物被改造并被泥石流从内坡、坡顶和近端中坡往下坡方向搬移（图 3-10），所以潜穴填充物和周围基质之间的差别较为微妙，但轻微的沉积差别导致部分白云石化过程出现差异的情况除外。

3.6.8 白云石岩相（DOLO）

在大多数 Arab-D 储层中，白云石岩相（DOLO）（图 3-8、图 3-22 和图 3-23）的产状通常为薄厚不同的席状层（0.3~4.6m；1~14ft）。根据是否含有晶间孔隙，白云石晶体以他形晶

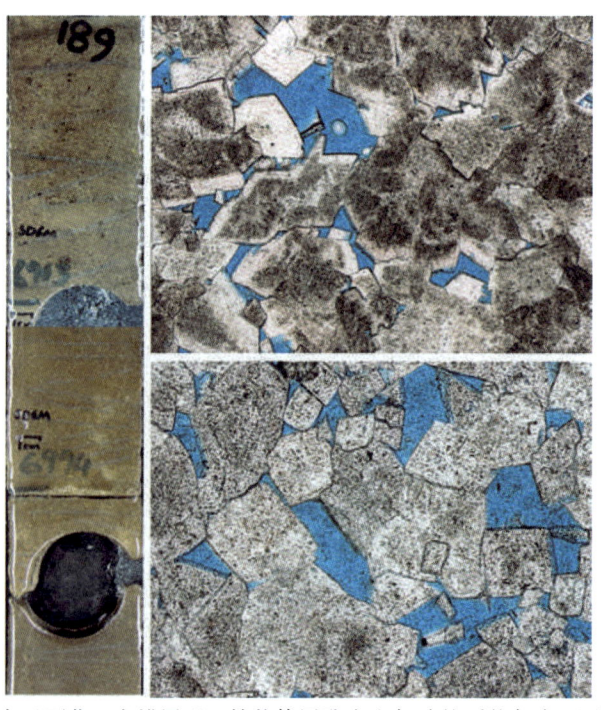

图 3-22 近端中坡白云石化、交错层理、枝状体层孔虫和似球粒砾状灰岩（上图），白云石化、交错层理、贫泥质泥粒灰岩（下图），含印模及晶间孔隙。上方的显微照片中显示有鞍形白云石和微量球粒。显微照片宽度为 2.25mm（上图）和 1.1mm（下图），所拍摄岩心为谢德古姆 Arab-D 岩心

和自形晶（粒径 30～500μm）为主，呈糖粒状或镶嵌状。局部可见残余潜穴和固底（图 3-23）。其孔隙以晶间孔隙最为常见，其次为印模孔隙（图 3-22、图 3-23），裂缝孔隙则较少见。薄层糖粒状白云石局部孔隙度很高，这些白云石具有异常高的渗透率，称为超级渗透率。白云石晶体部分溶蚀形成环状白云石（图 3-23），会发育形成罕见晶间孔隙。白云石晶体的核心通常为云状，富含包体，晶体边缘清澈透明。罕见的是，第三四代白云石晶体的核心也富含包体，核心的周围包围着一层清澈透明的层状构造，紧随着是一层富含包体的层状构造，最外层亦清澈透明。

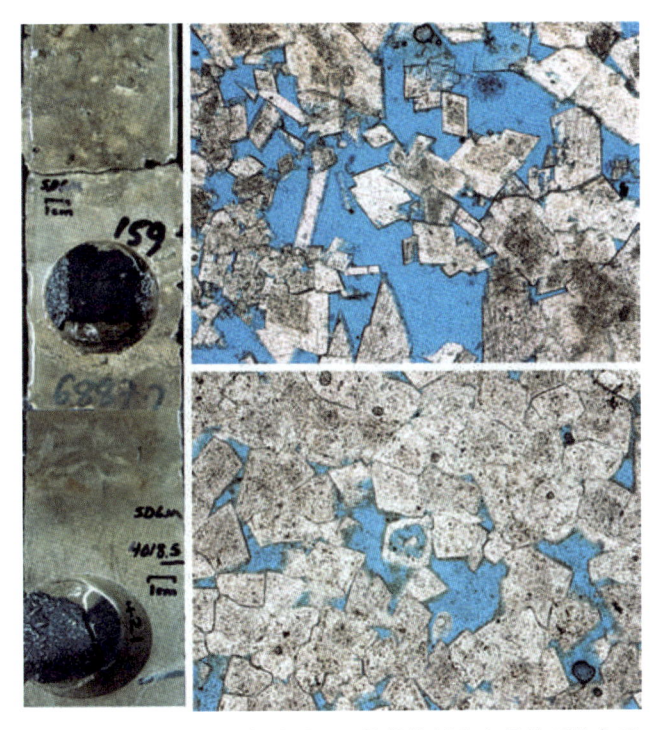

图 3-23　白云石化、交错层理、枝状体层孔虫骨粒砾状灰岩

含富泥质泥粒灰岩基质及晶间孔隙和印模孔隙，渗透性超高。长板条为硬石膏晶体。下图为陆上暴露面的白云石化、似球粒贫泥质泥粒灰岩，泥粒灰岩中含植物细根和或潜穴石针迹—沙蠋迹。孔腔内有不溶残积物和环形白云石粒内孔隙。显微照片宽度分别为 2.24 mm（上图）和 1.1 mm（下图），所拍摄岩心为谢德古姆 Arab-D 岩心

枝状体层孔虫岩相发生白云石化作用导致局部枝状体层孔虫岩屑溶蚀和发育形成印模孔隙。若各印模孔隙互相接触或基质白云石含有足够的晶间孔隙，印模孔隙会发育形成孔隙度低、渗透率超高的薄层段。

最为罕见的白云石为鞍形（变异）白云石，晶体粒径在 500μm 到几千微米之间不等（图 3-22）。这种白云石由分布稀疏的裂缝系统热液侵位而形成（Cantrell，2004）。白云石的分布受区域限制，不过可垂向延伸到大部分储层中。

3.7　Arab-D 储层垂向序列与层序地层

通常，Arab-D 储层从下到上依次由以下旋回组成：(1) 外坡富泥质碳酸盐岩旋回（准层

序）；（2）远端中坡富泥质砾状灰岩和悬粒灰岩包覆旋回；（3）近端中坡生物层及层孔虫、珊瑚虫和荫蔽枝状体层孔虫群落微生物丘旋回沉积；（4）坡顶浅滩高能旋回沉积；（5）内坡潟湖和局部潮间带岛屿在剖面顶部形成的几个旋回（图3-8、图3-10）。

这一向上变浅的序列可分为11个非正式生物带如图3-16所示，图中显示了谢德古姆Arab-D井的深度。在此图中，应联系正常热带碳酸盐岩沉积来理解"外坡"，"外坡"表明水深可能高达30m（100 ft）。在每一个生物带中都有一个指示水深和相关古环境的生物元素特征组合（图3-16）。

外坡和远端中坡旋回沉积属向海和正常天气浪基面以下沉积，但受风暴浪基面内沉积物运移的影响。近端中坡和坡顶浅滩沉积在正常天气浪基面内，内坡沉积属向陆浪基面沉积。碳酸盐岩缓坡上的这一碳酸盐岩沉积序列总体上向上变浅，这与基准面长期下降有关（Mitchell等，1988；Meyer和Price，1993；Handford等，2002）。

碳酸盐岩沉积序列向上变浅、基准面长期下降和可容空间变小也穿插有一系列小幅度的相对海平面变化（图3-8）。海平面变化使得Arab-D储层沉积了一系列较厚的、亚米级到米级碳酸盐岩旋回（准层序），每个碳酸盐岩旋回由一到三层组成。大约5个碳酸盐岩旋回可以形成一个旋回组（准层序组），2~6个旋回组形成一个高频层序，而4~5个高频层序形成一个复合层序。2个复合层序形成一个Arab-D储层。其中一个复合层序形成Arab组的Arab-D段，另一个复合层序形成Jubaila组的上部（图3-24）。可以将这些不同级别的旋回与Milankovitch旋回联系起来（Milankovitch，1930，1941）。

3.7.1 碳酸盐岩旋回（准层序）

根据每个碳酸盐岩旋回（准层序）的级别，Arab-D储层由海侵泥岩、粒泥灰岩或泥粒灰岩基质所组成，储层沉积在正常天气浪基面以下。上覆高位交错层理粒状灰岩、贫泥质泥粒灰岩或富泥质泥粒灰岩，沉积在正常天气浪基面和/或风暴浪基面以内（图3-8、图3-10和图3-24）。

在谢德古姆Arab-D岩心中共发现了120个旋回（准层序），如图3-8和图3-24所示。对这些旋回构建费希尔图解并加以注释，以表示沉积在外坡、远端中坡到近端中坡、坡顶和内坡沉积环境中的旋回（图3-24）。在Arab-D储层中，各碳酸盐岩旋回（准层序）从下到上依次由下述旋回组成。

3.7.1.1 外坡旋回

外坡碳酸盐岩旋回为亚米级到米级，有时也较厚。外坡碳酸盐岩旋回由泥岩、粒泥灰岩和局部富泥质泥粒灰岩所组成，其最上层固底有海生迹潜穴，无高位富颗粒质盖层（图3-8、图3-10和图3-24），不过某些局部可能会有一层薄薄的等同高位沉积物。含海生迹潜穴的固底代表了一个旋回的最大海泛面（MFS）。

3.7.1.2 远端中坡旋回

远端中坡碳酸盐岩旋回为亚米级到米级，厚度较厚，含海侵富泥质基层，类似于外坡环境，旋回的最大海泛面（MFS）在富泥质基层顶部，固底有海生迹潜穴。Jubaila和Arab组露头中的海生迹潜穴彼此间隔为0.1m（4in）。相对海平面下降会引起高位进积，若近端中坡、坡顶浅滩和内坡之间的距离够近，风暴将导致内坡、坡顶、近端中坡淤泥、颗粒和骨粒生物碎屑沿下坡形成泥石流，导致粒状灰岩或砾状灰岩和悬粒灰岩覆盖在固底上（图3-8、

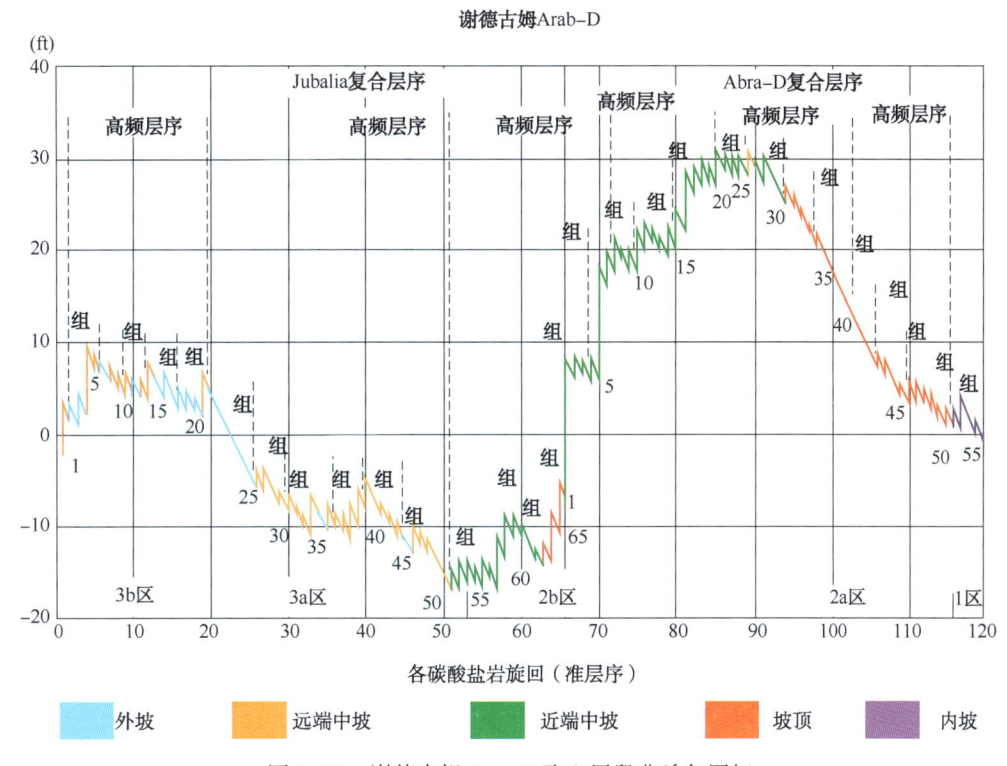

3　沙特阿拉伯加瓦尔 Arab-D 油藏：向上变浅碳酸盐旋回的广布孔隙

图 3-24　谢德古姆 Arab-D 取心层段费希尔图解

每个碳酸盐岩旋回（准层序）采用不同的颜色编码，用以表示碳酸盐岩旋回在碳酸盐岩缓坡上的沉积部位。
每个旋回上的小凹代表最大海泛

图 3-10 和图 3-24）。有时固底上会覆盖多层泥石流（可见 2 个或以上向上变细叠加旋回），这证明风暴曾多次席卷该地区。在中坡最远处，最远下坡高位砾状灰岩和悬粒灰岩盖层很薄，局部会变薄到只有粗粒泥粒灰岩层的厚度。相反，在上坡以及从近端中坡到远端中坡的过渡带，高位砾状灰岩和悬粒灰岩变厚，而海侵旋回基层则变薄到厚度相等（图 3-10）。

3.7.1.3　近端中坡旋回

近端中坡的海侵基底较薄，最大海泛面形成一个固底或形成生物扰动层段的顶部，而生物层及层孔虫、珊瑚虫和枝状体层孔虫群落生物丘形成较厚的高位盖层。枝状体层孔虫群落沉积在生物层与生物丘之间的隐蔽处、生物层和生物丘的上陆坡隐蔽处以及近端中坡的稍深处（图 3-8、图 3-10 和图 3-24）。层孔虫和珊瑚虫生物层及生物丘经风暴改造后，层孔虫和珊瑚虫仍在原处（图 3-19）。枝状体层孔虫很容易被风暴改造，改造后原生长位置枝状体层孔虫消失。

3.7.1.4　坡顶浅滩旋回

坡顶浅滩海侵基底较薄，仅局部区域还保存有海侵基底，其余区域则因浪基面搅动坡顶底部，并不断冲刷颗粒而受到侵蚀或未沉积有海侵基底，而是沉积薄厚不同的交错层理高位旋回盖层（图 3-8、图 3-10 和图 3-24）。在这样的环境中，高频层序海侵基底可能含有枝状体层孔虫、层孔虫和珊瑚虫。高位期发生风暴也会把枝状体层孔虫、层孔虫和珊瑚虫改造成交错层理、内碎屑—似球粒—鲕粒粒状灰岩和贫泥质泥粒灰岩（图 3-10）。

3.7.1.5 内坡旋回

潟湖形成于坡顶背后，湖中央有罕见的潮间小岛（图3-8、图3-10和图3-24）。海侵基底含有生物扰动、富泥到富颗粒地层，含海生迹潜穴固底上覆有高位富颗粒质盖层。它们形成Arab-D储层顶部的最后几个旋回。在一些取心井中发现有潮间岛屿，这些潮间岛屿的大小在几个井距到不足1个井距之间[1井距=1km（0.6mile）]。通常，Arab-D碳酸盐岩末次沉积旋回为一个海侵潟湖旋回，其海生迹潜穴固底未覆盖有高位盖层。一般以为，这是强制海退期沉积形成的一系列上陆坡旋回沉积物，它们终止了Arab-D沉积。

3.7.2 旋回组（准层序组）

在谢德古姆Arab-D岩心中共发现了28个旋回组（准层序组）（图3-8、图3-24）。这些旋回组通常由大约5个（至少2个，最多6个）旋回（准层序）组成，这些旋回记录了可容空间的增大，但可容空间随后期沉积而逐渐减小。在Arab-D储层中，最后几个向上变浅的旋回变厚，这意味着早期沉积旋回并未变浅到与海平面相平，而是仅充填了部分可容空间（图3-24）。在一个旋回组开始处，沉积物充填会导致可容空间总体增大，进而导致旋回变浅直至接近海平面，使得最后几次旋回在正常天气浪基面内以高能沉积。在储层下部的深部浅海环境，向上变浅旋回仅延伸到风暴浪基面内（图3-10）。

3.7.3 高频层序

在谢德古姆Arab-D岩心处，发现了8个高频层序，而在取心层段底部可能有第9个高频层序（图3-8、图3-24）。由于整个储层层段沉积在一个总体向上变浅、可容空间逐渐变小的沉积体系中，每个连续高频层序的岩相序列与其上下的高频层序稍有不同，因此该岩相序列比较特殊。

高频层序的总体叠加样式是一个富泥质旋回海侵体系域（TST）和一个富颗粒质旋回高位体系域（HST），而最大海泛面（MFS）则位于富泥质或多泥质旋回顶部（图3-8、图3-10和图3-24）。在Arab-D储层下部（3区），高频层序的厚度为46～52ft，其中海侵体系域（TSTs）较厚，而高位体系域（HSTs）较薄。在储层下部的顶部，同预期的一样，海侵体系域（TSTs）呈减薄趋势，而高位体系域（HSTs）呈增厚趋势。在Arab-D储层上部（2区和1区），高频层序从14m、12m、9m、6m（46ft、40ft、29ft、19ft）向剖面上部减薄，最后薄至2.7m（9ft）（图3-8）。高频层序减薄表明序列总体向上变浅，而基准面随可容空间的逐渐变小而下降。海侵体系域（TSTs）最初很厚，然后变得极薄，而高位体系域（HSTs）增厚，成为坡顶中的主要沉积物（图3-8）。

在储层下部，海侵体系域（TSTs）通常由外坡和远端中坡富泥质旋回组成（图3-10）。在取心层段底部，高位体系域由富泥质基质、薄的、由风暴所形成的砾状灰岩和悬粒灰岩所组成（图3-8）。在剖面上部，海侵体系域（TSTs）富泥质性变低，富颗粒性变高，主要为远端中坡和近端中坡旋回（图3-8、图3-10和图3-24）。高位体系域向上变浅到正常天气浪基面内，形成一个坡顶浅滩，在这个过程中，高位体系域增厚、颗粒富集，并发育形成交错层理（图3-8）。在储层下部（3区）发现有两层古土壤层（下文叙述），而在储层上部（1区和2区）没有发现古土壤（图3-23）。在坡顶浅滩，高位体系域增厚，成为储层上部的主要沉积物（图3-8）。

基准面下降导致沉积形成缓角斜坡，沉积了数块呈几何结构的向海退积坡顶浅滩杂岩。下超斜坡沉积由谢德古姆 Arab-D 岩心附近区域向南北进积。或者，几个高频层序进积下超，充填整个加瓦尔油田的可容空间。

3.7.4 复合层序

已发现两个复合层序。上复合层序形成 Arab 组的 Arab-D 段，在本文中称为 Arab-D 复合层序，其垂距在 2075.4~2117.06m(6809.2~6945.75 ft)之间(1 区、2a 区和 2b 区上半部分)(图 3-8、图 3-24)。复合层序顶部位于 Arab-D 储层顶部，最上层 Arab-D 碳酸盐岩与下伏 Arab C-D 蒸发岩接触面形成层序界面。沿复合层序界面，存在由岩溶产生的又小又浅的罕见灰岩坑(该井中无灰岩坑)，灰岩坑中充填了几英尺的崩塌角砾岩。这些可以根据岩心、露头和全径地层显微成像测井看出(图 3-13)。在露头中，Hilwah 干谷中 Arab-D 复合层序界面顶部以小帐篷状构造为主(图 3-19)。

谢德古姆 Arab-D 岩心中的 Arab-D 复合层序由 55 个旋回(准层序)、13 个旋回组(准层序组)和 5 个高频层序所组成(图 3-8、图 3-24)。若每个旋回沉积最短需要 2 万年的时间(假设与 2 万年天文岁差周期一致)，那么 Arab-D 段则可以代表大约 110 万年的时间。大多数 Arab-D 段沉积物属坡顶浅滩沉积，坡顶浅滩由大约 22 个旋回、5 个旋回组(准层序组)和 2 个高频层序组成，硬底将坡顶与内坡分隔开(图 3-24)。内坡由 5 个旋回组成，5 个旋回组成一个旋回组，1 个旋回组形成一个 2.7m(9ft)厚的高频层序(图 3-24)。其余 28 个旋回组成 7 个旋回组，这 7 个旋回组组成 2 个高频层序以及第 3 个高频层序的一部分，这 28 个旋回以近端中坡旋回为主，远端中坡旋回仅 1 个，无外坡旋回(图 3-24)。

下复合层序由上 Jubaila 组构成(2117.06m)岩心上部到岩心底部以下——2b 区下半部和整个 3 区(图 3-8、图 3-24)。下复合层序称为 Jubaila 复合层序。下复合层序顶部在陆上出露，含罕见弯月形物和流石(重力)胶结物。加瓦尔南部地区其他取心井内的两个高频层序呈向上变浅趋势，并发育形成短期古土壤。古土壤为砂新成土古土壤，滨面和局部岛屿环境中长有植物细根，在该剖面其他更深处，3a 和 3b 区接触面的古土壤中长有类似红树的细根(古土壤由 G. Retallack 发现)。Jubaila 复合层序下半部也含有少量风蚀石英粉(小于 1%)，下面将详细讨论。

岩心样品内的 Jubaila 复合层序由 65 个旋回、15 个旋回组和 4 个高频层序所组成(图 3-24)。坡顶浅滩仅由 3 个旋回、1 个旋回组和 1 个最上层高频层序(图 3-8、图 3-24)组成。附近无内坡潟湖和潮间岛屿环境沉积。然而，附近一个潟湖经改造形成含浅海底栖有孔虫 *Trocholina alpina*(图 3-15 和图 3-16)的沉积物，并混合到该海平面的坡顶。外坡和远端中坡沉积环境发育形成大多数沉积物，由 55 个旋回组成 10 个旋回组，10 个旋回组组成 2 个高频层序(图 3-8、图 3-24)。近端中坡有 12 个旋回、3 个旋回组和 1 个最上层高频层序(图 3-8、图 3-24)。

Meyer 等(1996，2000)和 Al-Dhubeeb(2005)运用生物地层学对比了胡赖斯和盖瓦尔油田地表下 Arab 组 Arab-D 段与 Tuwaiq 悬崖露头剖面中的下伏 Jubaila 组接触面。Hughes(2004)在加瓦尔油田发现了受古生物环境影响的 9 个生物带(D1~D9)。Al-Dhubeeb(2005)证实，其中有 3 个生物带(D3~D5)没有出现在胡赖斯油田，而另有 3 个年代稍近的生物带

(D5~D7)也没有出现在位于利雅得西部的 Tuwaiq 悬崖露头(图 3-25)。在露头中，Arab-D 组由薄片状、富泥质层内坡潟湖沉积物所组成，而沉积物由 Jubaila 组改造近端中坡层孔虫和珊瑚虫砾状灰岩和悬粒灰岩泥石流所形成(Meyer，2000)。在露头中，在上覆 Arab-D 段与下伏 Jubaila 组的复合层序界面所在基面，在剖面上部，层孔虫和珊瑚虫消失，并上覆有薄片状多泥内坡潟湖地层(图 3-19)(Meyer 等，1996)。在加瓦尔油田，由于存在完整的生物地层序列和完整的内坡—外坡序列，因而确定复合层序界面更加困难。不过，可以根据同一个普遍标准，即层孔虫和珊瑚虫的丰度和存在度向上减小，以及枝状体层孔虫丰度的增大，来确定复合层序界面。

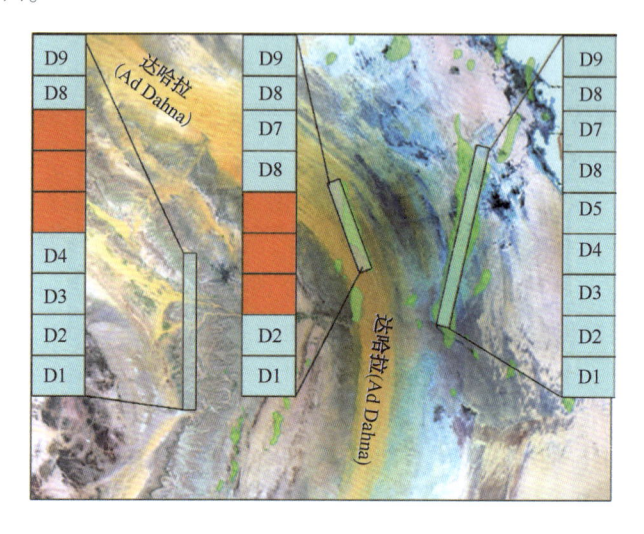

图 3-25 胡赖斯和加瓦尔油田地表下 Tuwaiq 悬崖露头中 Arab-D 段和上 Jubaila 组的生物地层成带现象
在 Arab-D 段，有 3 个生物带没有出现。在胡赖斯油田露头，另有 3 个生物带也同样消失(Arab-D 段上部和中部及 Jubaila 组最上层下部)。在加瓦尔油田，所有分带均存在。Tuwaiq 悬崖距加瓦尔油田 300km(186mile)

尽管确定 Jubaila 复合层序顶部很难，但仍有其他一些信息可以确定复合层序界面。首先，在 Tuwaiq 悬崖的一个露头，在 Jubaila 组与上覆 Arab-D 段的复合层序界面发现了 1m(3ft)的砂岩(Steineke 等，1958)。在加瓦尔油田地表下，2b 区上部取心井薄片含有石英粉(图 3-8)。石英粉由陆上出露西部陆架(Tuwaiq 悬崖地区)Jubaila 复合层序界面经风蚀过程改造形成，并随风飘到该盆地(图 3-26)。在阿拉伯陆架内盆地，风蚀石英粉最终随风飘到 Arab-D 复合层序第一个高频层序的海侵体系域(TST)。第一个高频层序局部上超 Jubaila 复合层序界面，但不会顶超该界面(图 3-8、图 3-27)。Arab-D 复合层序第二个高频层序仅海侵体系域(TST)下部存在随风飘来的风蚀石英粉(图 3-8)。第二个高频层序最初也上超现在的 Tuwaiq 悬崖的 Jubaila 复合层序，而在最大海泛时顶超 Jubaila 复合层序(图 3-27)。据估计，阿拉伯陆架内盆地取心井与 Tuwaiq 悬崖露头之间形成有近 14m(47ft)的地形起伏(图 3-27)。由这一系列上超—顶超现象而形成的地形起伏为 14m，这是由于 Arab-D 段前两个高频层序(谢德古姆 Arab-D 岩心，也有 14m 厚)上超并最终顶超 Tuwaiq 悬崖的 Jubaila 复合层序界面引起的(图 3-27)。

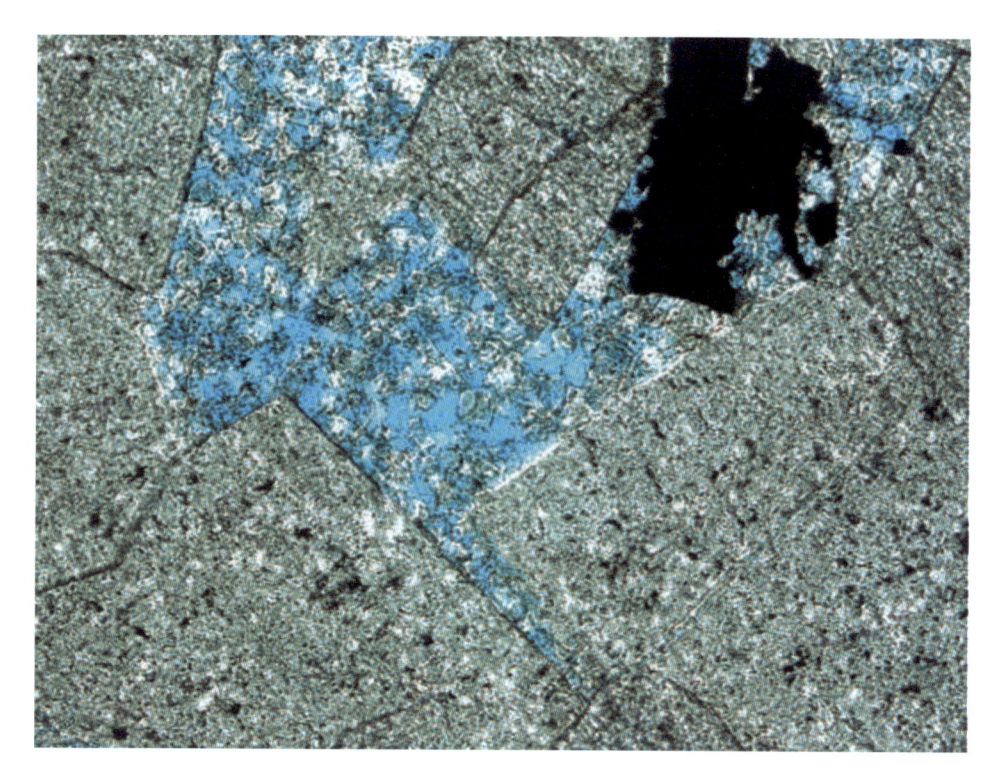

3 沙特阿拉伯加瓦尔 Arab-D 油藏：向上变浅碳酸盐旋回的广布孔隙

图 3-26 白云石化基质中含晶间和印模孔隙的风蚀石英粉和白云石粉

石英粉由陆上出露的 Jubaila 组复合层序界面(Tuwaiq 悬崖)随风飘到阿拉伯陆架内盆地。显微照片顶部墨晶为黄铁矿立方体。显微照片宽度为 0.55mm(深度为 6903.7ft)，所拍摄岩心为谢德古姆 Arab-D 岩心

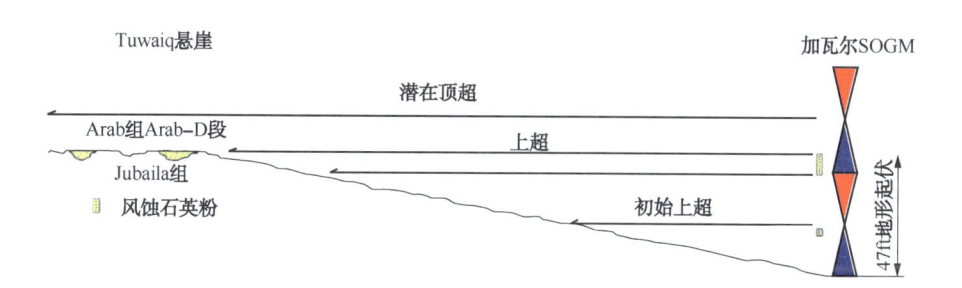

图 3-27 距离位于利雅得西部的 Tuwaiq 悬崖露头 310km(189mile)的阿拉伯陆架内盆地谢德古姆 Arab-D 岩心(加瓦尔油田)中基底 Arab-D 段上超、顶超 Jubaila 复合层序界面概念模型

根据这种解释，高频层序上超表明，Tuwaiq 悬崖西部陆架是陆上出露的。下面几种地形特点进一步支持了陆上出露这一解释。首先，在位于利雅得西南部的外交区(DQ)附近的一个露头中，在最上层 Jubaila 陆架边缘发现了一些深度切口。最后及最深的切口形成于 Jubaila 组及 Jubaila 复合层序的顶部(图 3-28)。随总体可容空间变小，在 Jubaila 复合层序高位条件下，很容易观察到这些结果。其次，Powers 等(1996)指出，可以对该地表下露头中的一个富泥质层段局部绘图。该层段可能为 Arab-D 段沉积时阿拉伯陆架内盆地的最大海泛面(MFS)，及分隔 2a 与 2b 区域的白云石化层段，或者，更有可能为下部保存下来的一个白云石化层段(2b 区域上段)(图 3-8)。在加瓦尔油田，白云石化作用主要发生在富泥质海侵

体系域(TST)中(图3-8)(不过在多粒层段会局部发生显著的白云石化作用,尤其是枝状体层孔虫岩相,枝状体层孔虫群落溶蚀会引起超级渗透性)。

图 3-28 利雅得西部麦加高速公路沿线 DQ 剖面图

长达路堑四分之三的 Jubaila 复合层序界面被下切侵蚀而形成沟渠。风暴改造了界面沿线和隧道内的珊瑚虫和层孔虫。在该剖面,Arab-D 段有 3~5m(10~15ft)覆在 Jubaila 上。下图垂直高度为 4.6m(15ft)

在露头中,Jubaila 组上部含有种类繁多经改造的层孔虫和珊瑚虫群落,而枝状体层孔虫数量有限(Meyer,2000)。在加瓦尔油田地表下也有种类繁多的层孔虫和珊瑚虫群落,在其剖面上部有许多枝状体层孔虫群落,而在露头中则没有这些枝状体层孔虫群落(图 3-8)。层孔虫和珊瑚虫生物层及微生物丘在上 Jubaila 组最为常见,而枝状体层孔虫群落则在 Arab-D 段下部最为常见。Arab-D 露头中不含大量枝状体层孔虫这一现象,也可以用环境条件不适合生存及环境过浅来解释,如内坡沉积。

在加瓦尔油田地表下,可以用一组信息来确定 Jubaila 复合层序界面的顶部:(1)地层基准面以上层孔虫和珊瑚虫数量较少;(2)地层基准面以上枝状体层孔虫数量较多;(3)风蚀石英粉通过该层段运移到上覆上超高频层序;(4)在地层基准面以上,上覆海侵富泥质层段被白云石化。

3.8 Arab-D 侧向相变化

尽管不可能仅通过分析从谢德古姆地区采集的单个岩心得出结论,但该油气田岩相分布确实存在显著的横向变化(图 3-29)。总的来说,加瓦尔油田从北至南区域一般存在碳酸盐岩层段变薄和上覆蒸发岩加厚的情形。通常将该厚度变化解读为 Arab-D 油藏顶部碳酸盐岩至蒸发岩的岩相变化(Mitchell 等,1988)或加瓦尔油田北部高处古地形至加瓦尔油田陆棚内盆地的过渡(Handford 等,2002)。

此外,岩石小规模非均质性发生于 Arab-D 油藏内,且该油气田内岩石非均质性存在系统性和暂时性地理变化。Arab-D 油藏低处的横向变化最不明显,Arab-D 油藏低处数十米、向上变粗的旋回包括海侵微晶粒泥灰岩和泥岩,上覆风暴带来的双壳包粒内碎屑(BCGI)砾状灰岩和悬粒灰岩,有时也伴随基质层孔虫红藻珊瑚(SRAC)。体现了阶段性风暴沉积或海

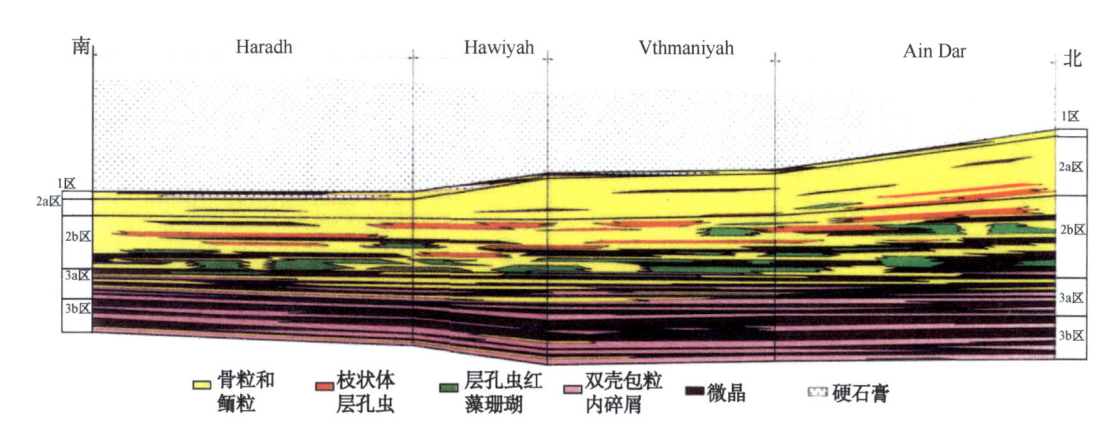

图 3-29 Arab-D 储层岩相

改编自 Mitchell 等(1988)和 Cantrell(2004)所做研究

平面旋回变化。该油藏内岩相似乎相对连续，形成了一个高度分层的储层层段，通常将此解读为较为缓和的下超(Mitchell 等，1988)。相比之下，Arab-D 油藏中部和上部的岩相则更为多样化，缺乏横向连续性。局部堆积厚的层孔虫红藻珊瑚砾状灰岩和悬粒灰岩，伴随富泥至贫泥泥粒灰岩和粒状灰岩的内部基质，通常将它解读为局部碳酸盐岩岩隆或泥丘(Mitchell 等，1988；Handford 等，2002)或层孔虫浅滩(Hughes，1996；Meyer 等，1996)。骨粒—鲕粒(SO)富粒浅滩覆盖 Arab-D 油藏上部，具有叠瓦式结构，由加瓦尔油田向南部进积 80%，向北进积 20% 而成。

高位体系域(HST)包含最显著的横向变化，展示了可能的下超表面，然而海侵体系域(TST)则包含最佳、最广泛的横向连续性。下超叠瓦式或斜坡沉积表面的连续性和发育的变化可能与相对海平面上升和下降有关，但不一定体现晚侏罗世温室环境。反之，晚侏罗世环境似乎介于冰室与温室条件之间。若确为温室，潮坪覆盖现象应较为普遍，若为冰室，则大范围表面暴露现象应较为普遍(Read，2004)；若陆上暴露期间可找到大气水，则晚侏罗世环境的界线可能相对模糊。通常认为上述关于 Arab-D 油藏的描述为温室和冰室极限条件的中间或过渡条件。

3.9 成岩作用

成岩作用改变了 Arab-D 油藏的原始沉淀结构，是影响岩石最终储层质量的关键因素。活跃于 Arab-D 油藏内的主要成岩作用包括白云石化、溶蚀、微孔形成、胶结和压实(Mitchell 等，1988)。白云石化、溶蚀和微孔形成对储层质量变化的影响最为显著，因此这些成岩作用最为明显。

3.9.1 白云石化作用

很长时间以来，一般认为白云石化是加瓦尔油田 Arab-D 油藏最重要的组成部分(Powers，1962；Mitchell 等，1988；Meyer 等，1996)，影响着储层横向和纵向非均质性结构、矿物和孔隙类型的变化(Cantrell 等,2001,2004;Swart 等,2005)。Arab-D 油藏内至少存在三个白云岩相,人们可以通过岩石种类、地球化学和地层学进行区分(表3-1)。

表 3-1 Arab-D 油藏白云石种类概述

项目	FP 白云石	NFP 白云石	变异白云石
白云石化类型	结构保存	结构未保存,通常情况下原始石灰岩结构特征遭到破坏	原始结构特征遭到破坏,伴随显示波状消光的鞍形晶体
岩相学	云状晶体、粒度在 10~50mm 之间	晶体可能为透明或内部晶带、粒度在 50~150mm	晶体通常为云状,粒度为 100~700mm
阴极射线发光	非发光	非发光	贴片式发光
浅蓝色荧光	强荧光	弱荧光	弱荧光
分布	成层	成层	非成层
$\delta^{18}O$	-2.08‰(PDB)	-2.66‰(PDB)	-7.37‰(PDB)
$^{87}Sr/^{86}Sr$ 平均比率	0.70681	0.70682	0.70712
形成时间	极早期、几乎为成岩早期近地表环境(?)	晚期	晚期
水成分	超盐度	超盐度	热流、深处富含矿物质的流体

* 资料来源于 Cantrell(2004)。

保留原始结构的白云石(FP)由极细的白云石晶体(10~50μm)构成,其原始石灰岩结构保存完好(Cantrell,2004)。FP 白云石通常以薄片状或成层状出现于 Arab-D 最高处(1 区),常与上覆层压和层状硬石膏紧密相连。储层质量时好时差,孔隙度通常低于 10%,渗透率从数毫达西至数十毫达西不等。由于氧同位素相对较大,通常认为上覆硬石膏和结构保存的种类、保留原始结构白云石之间的紧密联系,密集、高度蒸发、富镁海水从上覆盐水湖渗透进入下伏沉积物,构成沉积物早期成岩历史。早期白云石化作用解释与之前对保留原始结构或模拟白云石展开的多项研究一致(Dawans 和 Swart,1988;Pleydell 等,1990;Land,1991;Kimbell,1993),如果生油母质石灰岩已经形成稳定的低镁方解石,则不会形成 FP 白云石(Sibley,1982,1991)。应注意的是,该层段下方存在白云石(3a 区和 3b 区),可以了解原始沉积物的某些特征(如粒度和形状、交错层理倾斜等),但无法获取细节。这些白云石属于下述的未保留原始结构白云石(NFP)。

NFP 白云石由中等粒度的晶体(50~150μm 以上)、非鞍形(非变异)白云石构成,这种白云石的原始石灰岩结构已经丢失,在多数情况下,其所有结构证据已遭到彻底破坏(表 3-1)(Cantrell,2004)。一般来说,NFP 白云石以成层的形式分散于整个储层内。一般情况下,其储层质量非常差。晶间或溶洞孔隙度通常低于 10%,渗透率低于 1mD。局部晶间孔隙可能超过 20%,渗透率可能接近数达西。NFP 白云石其同位素值较大(表 3-1)。由于未保留原始结构与保留原始结构之间存在相似的地球化学特征,因此认为 NFP 白云石由源自上覆盐水湖硬石膏的高盐度流体形成。在一些不太常见的示例中,某些 NFP 白云石的氧同位素值较小,储层质量高(与上述情况类似),一般认为它体现了一种过渡形式,即第三种白云石(鞍形或变异白云石)。锶同位素比例(表 3-1)表明 FP 和 NFP 白云石形成于原始沉积物早期或在原始沉积物沉积之后,或早期埋藏过程(Cantrell,2004)。

鞍形或变异白云石是一种粗晶白云石，薄片上的鞍形晶体发出波状消光。该现象在储层内不太常见，似乎仅出现于包含不规则厚块白云石的油气井内。在极端情况下，鞍形白云石纵向渗透，横穿地层。从地球化学角度看，鞍形白云石与高铁和低氧同位素成分（表3-1）存在明显差异，通常认为鞍形白云石形成于埋藏成岩过程的高温流体。储层质量时好时差。鞍形白云石形成于成岩历史相对较晚的时期，由深埋藏成岩过程的高温流体岩石构成这一解释与之前展开多项研究一致（Folk 和 Assereto，1974；Radke 和 Mathis，1980）且与 Arab-D 流体包裹体分析结果一致（意味着均一化温度为 97.4℃，表1）（Cantrell，2004）。

此外，通过对整个加瓦尔油田 Arab-D 白云石含量的量化和绘制，表明白云石不会随机或均匀地分布于整个油田。FP 白云石和多数 NFP 白云石通常以厚度为 0.3～4.6m（1～15ft）的平行层、薄的、晶状体、片状单元的形式出现。这些成层白云石通常以界线清楚的地层层段的形式出现于在 Arab-D 油藏内（图 3-30A）。同样地，这些白云石可能纵向地将储层进行分层，导致纵向流体局部堵塞。然而，应当注意的是，具有高孔隙度和强渗透性的 NFP 白云石的薄层段[局部仅为 0.3m（1ft）厚]可能导致独立油气井流体比例较高，形成高流量或超级渗透带。

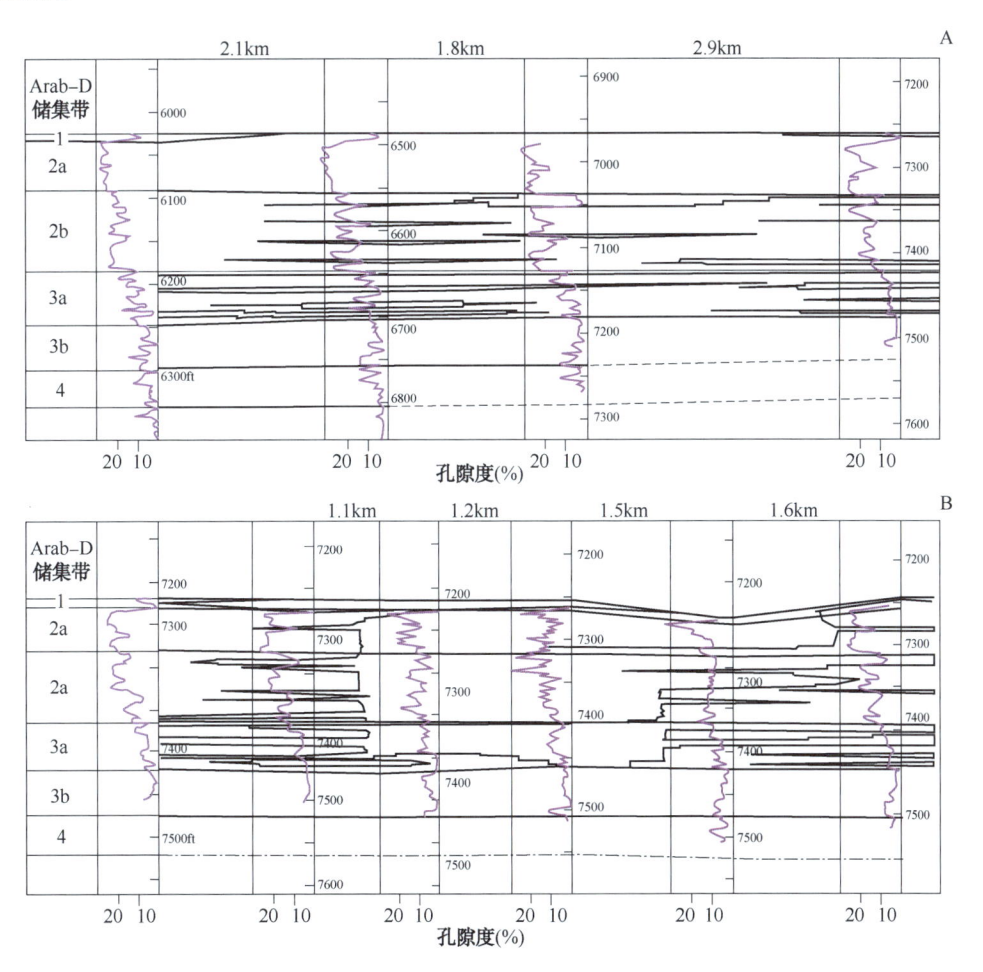

图 3-30　地层白云石横向延续和连续性（A）与纵向渗透、非地层白云石（B）的横段面之间的对比

改编自 Cantrell 等（2004）所做研究

整个油田的详细岩心描述显示白云石化作用在海侵体系域(TST)和最大海泛面(MFS)更为普遍,高位体系域(HST)内具有较少的白云石。造成该现象的明显原因即海侵体系域(TST)的泥含量更为丰富。来自上覆 C-D 蒸发岩的海水下降将浸透富粒高位体系域(HST),大幅减缓海侵体系域(TST)的白云石化作用。

相比之下,由于鞍形白云石和某些同位素很轻的 NFP 白云石(比多数 NFP 白云石晶体更粗)通常以不规则厚块白云石层段,横穿地层储层带的形式出现,因此其本质上为非标志性地层(图 3-30B)。根据测绘资料可知这种白云石以东北—西南方向线性裂缝的形式和断层趋势横跨盖瓦尔油田(图 3-31)。按该趋势发育的白云石通常占整个 Arab-D 储层层段的 40%~60%(局部可达 100%),然而不按该趋势发育的白云石通常占该储层的 20% 以下。这

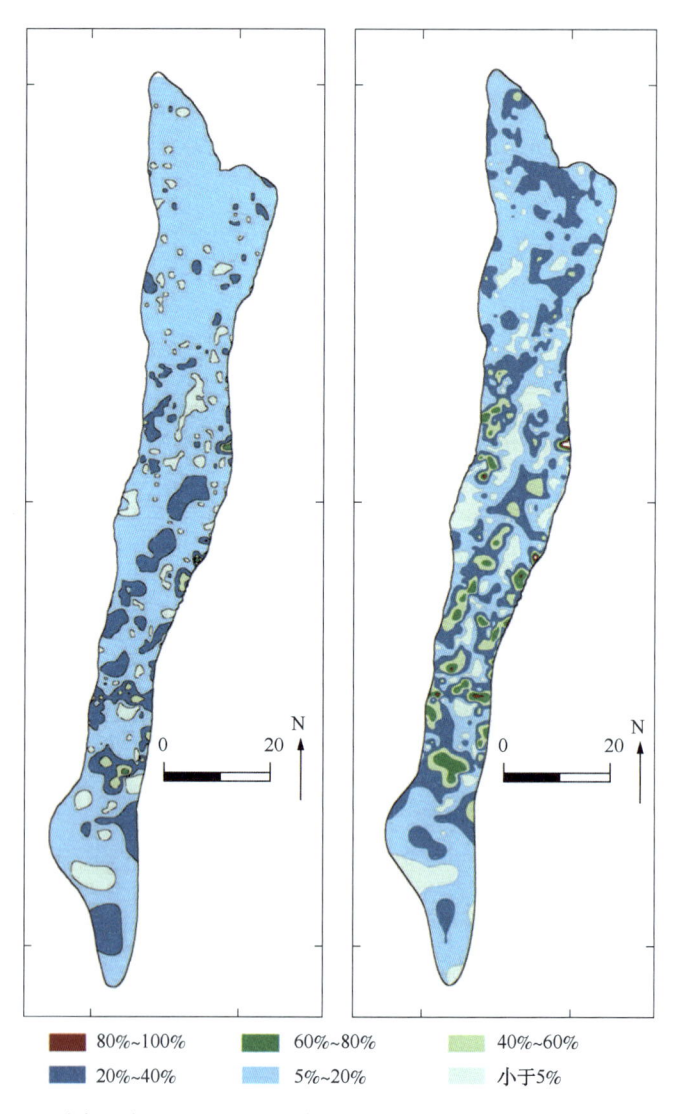

图 3-31　左图为加瓦尔油田 Arab-D 油藏内的白云石含量分布图,右图为加瓦尔油田 Arab-D 油藏 2b 区的白云石含量分布图

改编自 Cantrell 等所做研究(2004)

些裂缝和与断层相关的鞍形白云石趋势似乎仅出现于一定区域[宽度为1~2km(0.6~1.2mile)],但它们会沿着整个油田向外倾斜延伸,间距达60km(37mile)以上。由于宽度较窄(约为一口或两口油气井的间隙),可将这些趋势解读为沿垂直方向,储层内可能形成水平分隔区域,通常充将大幅影响储层内水平流的垂直导向、延伸、弱渗透性障碍物。当鞍形(变异)白云石趋势为多孔时,该趋势可能体现较强的渗透性并充当储层内高流体流动或超级渗透率作用点(该现象是否存在尚未可知)。

为解释地层和非标志性地层两种白云石的存在,提出了白云石化模型(图3-32)。由于上覆C-D蒸发岩堆积,源自几种机制的地层白云石出现于沉积物成岩历史早期,与超盐性海水的向下浸透有关(图3-32)。相比之下,非标志性地层、前沥青鞍形白云石形成于热流、富含矿物质的流体,该流体向上流动,沿一系列断层和/或裂缝替代深处储层,白云石化靠近断层和裂缝区段(图3-32)。在某些情况下,裂缝在鞍形白云石被替代前发生溶蚀扩宽作用。在沿Nisah干谷北侧Jubaila—Arab-D碳酸盐岩处观察到了鞍形白云石,为鞍形白云石断层相关白云石化作用提供了证据。

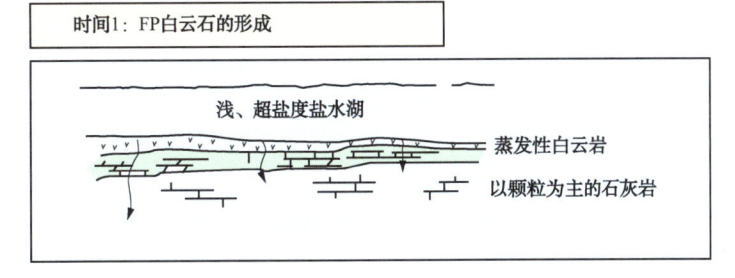

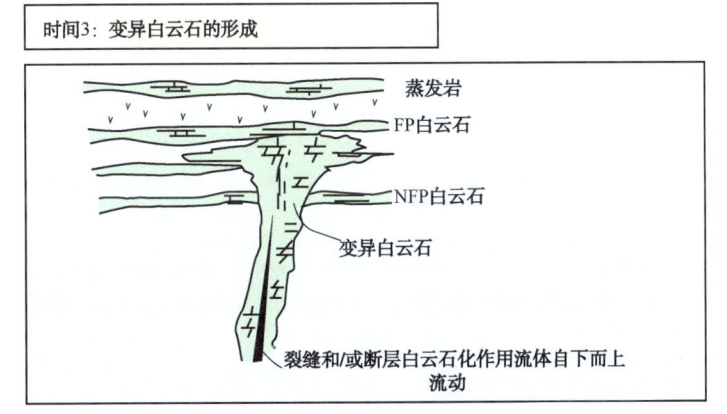

图3-32 加瓦尔油田Arab-D油藏的白云石化模型

改编自Cantrell等(2004)所做研究

3.9.2 含义

通常认为鞍形白云石与后期埋藏过程中流体沿裂缝和断裂带流动相关，此外 Arab-D 油藏内白云石的出现反映了 Arab-D 早期埋藏沉积过程的特定物理和化学条件。因此，将白云石置于 Arab-D 总体沉积和地层结构框架对于理解白云岩形成时间和位置来说十分重要，为其他层段存在相似白云岩提供了预测性框架。

显然，白云石种类的划分出现于 Arab-D 内，NFP 白云石出现于 Arab-D 碳酸盐岩复合层序中，然而白云石仅存在于 1 区，靠近下降海水源的上部复合层序，此处海水浓度最高，反应速度最快。此外，尽管 NFP 白云石出现于 Arab-D 复合层序，其分布仍不均匀。以骨粒—鲕粒(SO)粒状灰岩为主的高处 Arab-D(2a 区)不存在任何形式的显著白云石化作用，但 Arab-D 油藏低处中部和上部的 NFP 白云石却十分普遍(2b 和 3a 区)。该 NFP 白云石出现有 2b 区基底的层孔虫红藻珊瑚(SRAC)和枝状体层孔虫(CLADO)，和 3a 区的砾状灰岩和悬粒灰岩(泥粒灰岩和粒状灰岩基质)加瓦尔油田北半部以下或 3b 区内几乎不存在白云石，但某些 3b 区泥岩在盖瓦尔油田南半部经历白云石化作用。尽管通常认为 FP 白云石和 NFP 白云石具有相似的起源，但其不同的白云石结构反映了其不同的地层环境，其形成时期可能也稍有不同。FP 白云石形成于沉积早期(同时期渗透)，先于沉积物广泛沉淀为稳定的低镁方解石，然而 NFP 白云石形成于沉积物沉淀为稳定的矿物之前(但根据锶同位素数据，其仍形成于早期)，而形成于最初压实之后。

总的来说，白云石的垂直分布反映了 Arab-D 的垂直演替及为两种白云石自上而下白云石化提供的水力学特征。高密度、超盐度海水最初从上覆盐水湖向下运移，经过沉积作用后立刻进入 1 区，在不稳定的沉积物内产生 NF 白云石。盐水湖蒸发沉积作用继续进行，海水向下浸透，进入较晚 Arab-D 油藏复合层序之下。最初，这些流体在 Arab-D(2a 区)内分选良好的骨粒—鲕粒(SO)粒状灰岩中自由移动，但当它们穿过 2a 和 2b 区接触面及 2b 和 3a 内高度非均质化、分选差和富泥沉积物岩石时速度明显放慢。流体停留时间变长可能导致富泥沉积物经历的白云石化作用更强。此外，层序多泥部分(海侵体系域)与上方较少富泥、富粒沉积物岩石相比具有更小的粒度，通过为白云石化作用提供大量的成核位置，促进了白云石化作用(Sibley 和 Gregg，1987)。最后，这些流体继续向下部区段流动(进入地理位置较低的 3a 和 3b 区)，最终与局部原生沉积物—岩石—水系统达到平衡，不能继续进行白云石化作用。因此，通常情况下，下部区段的白云石含量低于 Arab-D 油藏中部的白云石含量。

因此白云石化作用通过多种可预测方法诱发了 Arab-D 油藏内的非均质性。从地层方面，可以通过下述标准来预测白云石是否存在：(1)邻近厚的、广泛的横向蒸发岩单元(C-D 蒸发岩)，沉积作用为向下运移的上层高盐度海水提供了来源；(2)主要的层序界面将上覆蒸发岩与下伏碳酸盐岩分离；(3)包含分选差、富泥沉积物的旋回碳酸盐岩可能存有白云石化流体。Arab-D 顶部上复合层序界面可区分 FP 白云石和 NFP 白云石；高频层序内富泥海侵体系同样有助于集中白云石。旋回中某些沉积岩组，如分选差、富泥岩石，可初步控制非鞍形白云石的出现。如果这三个因素均存在，那么就可以理解和预测 Arab-D 内和其他形成于他处的相似碳酸盐岩—蒸发岩旋回内的白云石化作用模式。整个 Arab-D 油藏裂缝和断层相关结构趋势中，垂直方向的高温鞍形(变异)白云石可能影响储层内的水平流动。

3.10 储集岩分类

对加瓦尔油田内 Arab-D 碳酸盐岩进行的综合岩相学和岩石物理研究，提供了新的碳酸盐岩储集岩分类方法（图 3-33）（Cantrell 和 Hagerty，2003）。该分类中各储集岩种类由孔隙度—渗透率关系和孔喉半径连通性（如孔喉半径大小分布和 J 函数曲线）而定义，具有明显的孔隙网络性。该分类方法将 Arab-D 碳酸盐岩分为七种石灰岩和四种白云岩（图 3-33）。基质（白泥）含量和孔隙类型是界定石灰岩的主要参数。白云岩分类以晶体结构为基础。请注意分类表上有多处留白（图 3-33），表明这些条件对界定特定岩石类型没有多大意义。

	石灰岩							白云石			
胶结物(%)	≤10						>10	结构			
基质(%)	0~15		16~40		>40						
分选	>0.5 (差)	≤0.5 (良好)						FP(1区)	糖粒状 (ϕ>12%φ)	中间级 (5%≤ϕ≤12%)	镶嵌 (ϕ<5%)
孔隙类型			BP≤MO +WP	BP>MO +WP							
最大印模 (mm)			>0.3	≤0.3	>0.3	≤0.3					
储集岩种类	IA	IB	IIA	IIB	IIIA	IIIB	IV	Vfp	Vs	VL	Vm

图 3-33 加瓦尔油田 Arab-D 储集岩分类
改编自 Cantrell 和 Hagerty（2003）所做研究

七种石灰岩储集岩类型以五个岩相学参数值为基础，应用顺序如下（自图 3-33 分类表顶部至底部）：（1）富含胶结物；（2）富含基质（白泥）；（3）分选（Krumbein 和 Pettijohn，1988）；（4）主要的孔隙类型；（5）最大印模尺寸。尽管以上五个参数中，胶结物含量是划分石灰岩种类的首要标准，但基质含量却是最为重要的参数（图 3-33）。一般情况下，这七种石灰岩储集岩中有六种属于两大系列（A 系和 B 系），随后根据基质环境，将这两大系列划分为三段（Ⅰ类、Ⅱ类和Ⅲ类）。A 系列为粗粒、分选差、印模相对较大的岩石。B 系列通常为细粒至中粒、分选良好、印模较少或较小的岩石。第七种岩石包含 10% 以上的胶结物，胶结物改变粒度分布以保证独立的储集岩类型。各种储集岩均具有明显的孔喉大小分布和 Leverett J 函数。这七种储集岩类型也具有明显的孔隙度—渗透率关系（图 3-34、图 3-35）。

根据白云石晶体结构划分了四种白云石储集岩类型（尽管地层位置和孔隙丰度同样有助于该分类）。四种结构分别为结构保存（Vfp）、糖粒状（Vs）、中间级（Vi）和镶嵌（Vm）。如前文所述，Vfp 白云石仅存在于 Arab-D1 区内，Vfp 白云石为该储集带主要的白云石类型。Vs 白云石出现于白云石山脉，其孔隙度为 12%；Vm 白云石的孔隙度低于 5%，Vi 白云石的孔隙度介于 5%~12%。Vfp 白云石与生油母质石灰岩具有相似的孔隙系统，但其他白云石类型则具有独特的孔隙系统。

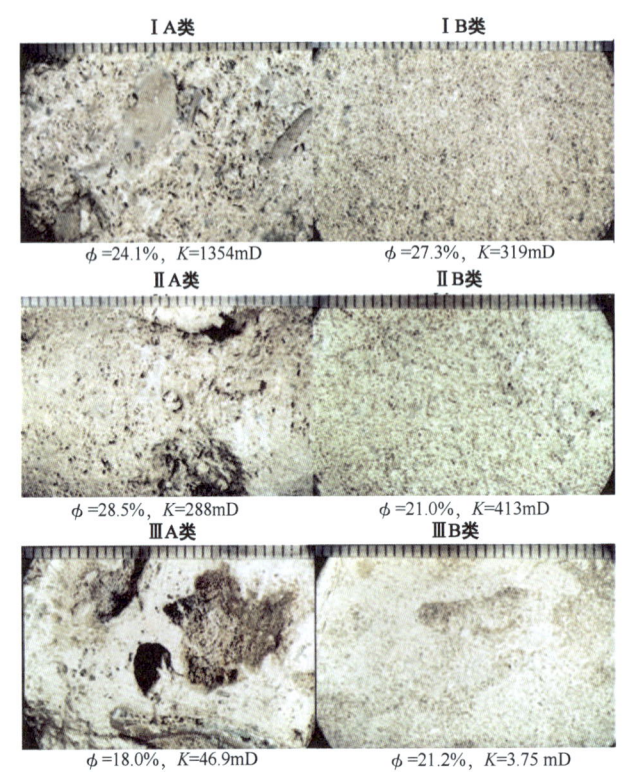

图 3-34 Arab-D 油藏石灰岩岩石类型典型柱状岩心

图片顶部刻度以毫米计。改编自 Cantrell(2004)所做研究

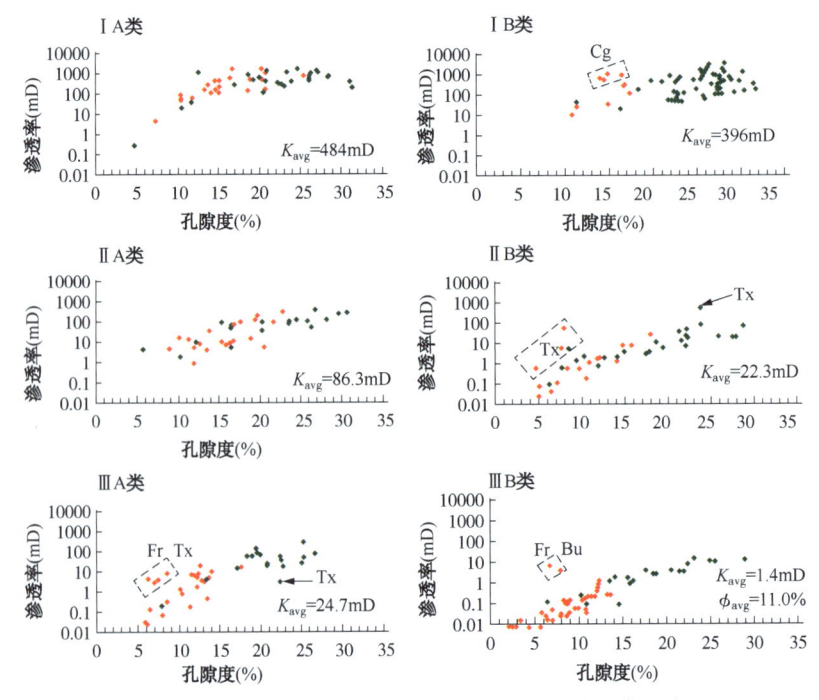

图 3-35 具体石灰岩储集岩类型的孔隙度—渗透率交会图

根据非均质性或结构特征,标出了异常值(Bu=洞穴;Cg=粗粒;Fr=显微裂缝;Tx=结构变化)。
绿色标识部分为1区和2区,红色标识部分为3区和4区。改编自 Cantrell(2004)所做研究储层内的岩石类型分布并不随机，它反映了前述 Arab-D 油藏内地层情况和岩石类型的垂向连续性（图 3-8）。如前文所述，2a 区主要由相对均匀、分选良好、骨粒—鲕粒（SO）粒状灰岩（储层岩石类型为ⅠB）构成，然而更多包含泥粒灰岩和粒状灰岩基质的非均匀枝状体层孔虫（CLADO）和层孔虫红藻珊瑚（SRAC）砾状灰岩和悬粒灰岩（储层岩石类型为ⅠA 或ⅡA）出现于 2b 区内。3a 区一般主要由包含泥粒灰岩基质的非均匀和相对富泥的双壳包粒内碎屑（BCGI）砾状灰岩和悬粒灰岩（储层岩石类型为ⅡB）构成，然而 3b 区通常包含丰富的微晶粒泥灰岩至泥岩（储层岩石类型为ⅢB）。因此，通常可以预测该储层内存在哪些岩石类型。

由于新分类表重视观察到的岩石非均质性，并根据它对流动性的影响来进行分组，因此该分类表具有重要意义。该分类与其他更为广泛使用的碳酸盐岩分类方法完全不同。多数其他分类以结构（Dunham，1962；Powers，1962；Lucia 等，2001）或岩相信息（Mitchell 等，1988；Meyer 和 Price，1993）为依据。图 3-36 对两种标准分类和本研究中使用的方法进行了比较。尽管结构和岩相信息的收集可以为储层沉积和地层格架的形成和总体储层质量提供必要信息，但并未提供足够的储层内孔隙网络类型信息。这些结构和岩相分类与孔隙类型间接相关，在多数情况下，并无必要将储集岩细分为与其流动性显著相关的分组。对当前分类的认识和整理（形成了具有显著相似流动性的储层岩石分组），促使形成更为协调的储层内分组预测方案。

类型	GRN	MLP	PCK	WCK	MUD	总数
ⅠA	15	30	13			58
ⅠB	23	30	14			67
ⅡA			41			41
ⅡB			50			50
ⅢA			36	9		45
ⅢB			28	23	22	73
Ⅳ	3	7	2			12
总数	41	67	184	32	22	346

Dunham 结构

类型	SO	MIC	BGCI	SRAC	CLADO	总数
ⅠA	2		31	20	5	58
ⅠB	2		22	16	1	41
ⅡA	4	8	14	15	4	45
ⅡB	60		4	3		67
ⅢA	26	8	13	1	2	50
ⅢB	20	46	3	3	1	73
Ⅳ	3		5	3	1	12
总数	117	62	92	61	14	346

沉积相

图 3-36 标准碳酸盐岩石分类中的石灰岩样本分布和储集岩类型

Dunham 结构：GRN=粒状灰岩；MLP=贫泥粒灰岩；PCK=泥粒灰岩；WCK=粒泥灰岩；MUD=泥岩。
沉积相：SO=骨粒—鲕粒；MIC=微晶；BCGI=双壳包粒内碎屑；SRAC=层孔虫红藻珊瑚；CLAD=枝状体层孔虫。

改编自 Cantrell（2004）所做研究

3.11 使用成像测井描述储层特性

3.11.1 背景

理解孔隙度和渗透率的不均匀性对评估加瓦尔油田的开采动态十分重要(图3-37)。油田已经开始实施采用长半径、分支水平井,称为"油藏最大接触位移"(MRC)油气井,旨在开发 Arab-D 油藏上部,同时避开强渗透性储集带。除成像测井和常规测井外,由于并未钻取所有油气井的岩心,因此用于描述分支井储层质量的数据不多。

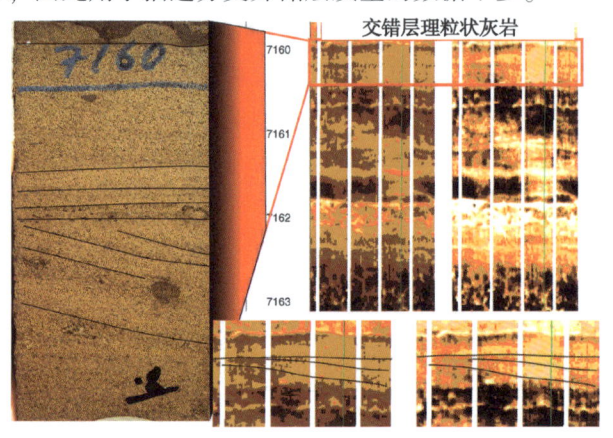

图 3-37 2a 区交错层理似球粒粒状灰岩

成像测井绘出了粒状灰岩薄层(左方黑线)并体现了交错层理迹象(如下方红色标注层段放大图所示)

在描述加瓦尔油田内储层孔隙度和渗透率变化方面,仍面临几项挑战。首先,在某些情况下,复杂的次生成岩作用叠加(如白云石化作用)改变了其原生结构。量化储层的岩石物理性质和对比沉积相与电缆测井测试变得极具挑战性。在这些示例中,孔隙度和渗透率更多地受到成岩作用的影响,而受沉积相影响则较小(尽管沉积相影响着成岩作用叠加程度)。其次,常规电缆测井缺乏基本的垂向和方位分辨率,无法提供足够的储层非均质性描述。邻近薄层之间重要的结构和地层变化是理解层序地层的关键。最后,标准柱状岩心取 15cm 或以上的垂直间距,可能不足以描述该储层质量。

3.11.2 方法

碳酸盐岩具有复杂的孔隙系统特性(Lucia,1995;Kazatchenko 和 Mousa tov,2002)。孔隙度和渗透率的小尺度非均质性仅能通过井眼内成像测井数据进行分析(Newberry 等,1996)。微电阻率成像测井具有理想的小尺度垂直分辨率和方位角井眼视野,便于进行详细的储层非均质性分析。有必要利用岩心数据对所有测井结果进行校正,尤其是在非均质性岩石内。在没有井眼成像测井的油气井内,需要采用裸眼井岩性测井来确定储集岩类型,以便进行非均质性分析。

通过探测井眼内相对微电阻率变化(例如,被导电钻井液侵入的孔隙与电阻岩石基质形成对比)的成像测井可能有助于识别岩石结构。因此,成像测井被用于碳酸盐岩储层特征描述中的各种定量分析,例如通过井眼孔隙成像分析来划分基质和溶洞孔隙(Newberry 等,1996;Chitale 等,2004),通过图像结构分析来划分溶洞连通性以便进行渗透率预测(Russell 等,2002,2004),使用声波测井可测定溶蚀孔隙,而非使用成像测井进行渗透率数据推断(Xu 等,2006)。

通过井眼成像和利用岩心数据校正后的常规测井可定量评价溶蚀碳酸盐储层的孔隙度和渗透率。岩心实测的渗透率与常规测井计算的渗透率数值相关性较差,但根据井眼成像孔隙分析结果,岩心实测渗透率与溶洞孔隙度存在指数型关系。

3.11.3 结果

由于灰泥对渗透率的影响,Arab-D 储层质量受到原生沉积结构的强烈影响。除白云岩(由于成岩作用而发生改变)具有相对较强的渗透率和相对适中的孔隙度外,以泥质为主的结构(如泥岩和粒泥灰岩)通常具有低孔隙度和低渗透率。泥粒灰岩和悬粒灰岩具有较高的孔隙度和渗透率,而颗粒支撑结构(如粒状灰岩和砾状灰岩)则具有最佳的储层质量。由于总孔隙度中的溶蚀孔隙并非基于常规电缆测井测定,该测井方法能向垂直方向提供 0.6～1.2m(2～4ft)以上的平均孔隙度值,因此以测井为基础的常规孔渗变化不能充分预测具有相似总孔隙度值的不同结构的渗透率。在成像测井中,层孔虫悬粒灰岩和砾状灰岩包含显著的溶蚀孔隙,成像测井中通过方位测量而获得的多峰孔隙度光谱对与开采数据相匹配的异常高的渗透率做出了一定贡献。由于渗透率基于成像测井分析而测定,比常规测井变化高 2 到 3 个数量级,因此通常表现为大粒度内结晶溶洞的糖粒状白云岩是极薄层段(小于 0.3m)(小于 1ft)流动性的代表。渗透率急剧增加以及溶洞孔隙度划分未引起总孔隙度变化,可能导致孔隙度和渗透率呈负相关(Russell 等,2002)。常规电缆测井孔渗变化既不能预测,也无法分析渗透率非均质性。最后,Arab-D 上部分选良好、高渗透性鲕粒、似球粒粒状灰岩通常很薄[低于 0.3m(1ft)]且流速快(图 3-37)。这些粒状灰岩分选良好,表现了粒间孔隙的高度相关性。通过成像测井获得的渗透率数据与岩相内岩心渗透率有很强的相关性。成像测井清楚地描绘了粒状灰岩薄层,用高分辨率岩心数据标定的图像岩相为使用成像测井技术将粒状灰岩层外推到未取心油气井提供了方法。该图像展示了一种只通过成像测井,应用图像推导出的渗透率预测流动特性的方法。对垂直取心井进行标定后,该图像结构和岩相分类可作为估计水平裸眼井成像测井中粒状灰岩、层孔虫和白云岩相、旋回性和相关渗透率的基础。

3.12 结论

(1)加瓦尔油田 Arab-D 油藏形成于热带碳酸盐缓坡,向外缓坡延伸(低于正常浪基面)至约 30m(100ft)深度处,水深具有微晶旋回特征,伴随海生迹潜穴。上倾的远端中部陆坡具有微晶旋回特征,由海生迹固底面覆盖,上覆悬粒灰岩与以双壳包粒内碎屑沉积物为主的砾状灰岩组成。近端中部缓坡由半球形结壳孔虫和珊瑚生物层与泥丘为特征,遮蔽区域由枝状层孔虫构成。坡顶浅滩以骨粒—鲕粒粒状灰岩—泥粒灰岩为特征,内坡潟湖和本地潮间带则含有更多的微晶沉积物。

（2）该储层由两个复合层序构成。下复合层序为 Jubaila 组上部。该层序界面出现于坡顶浅滩顶部，上覆中坡岩相。上复合层序为 Arab-D 组，层序界面顶部以本地岩溶塌陷角砾岩为特征，被水下蒸发岩侵没，将此解读为下复合层序的海侵体系域。

（3）Arab-D 油藏主要的成岩特征包括白云石化、溶蚀、胶结和压实。白云石化主要特征为未保留原始结构和成层，发生于微晶含量更高的海侵体系域沉积物内，可能是在上覆 C-D 硬石膏沉积过程中由富镁海水向下渗透形成。在局部范围内，鞍形白云石出现于横穿地层的岩体内，可能源于晚期流体向局部断裂带上方流动。溶蚀作用十分普遍，特别是在储层粒状部分，但考虑到上覆水文系统的蒸发性质，该原因可能不太明显。

（4）孔隙包括粒间孔隙、印模孔隙、粒内孔隙和微孔。渗透率主要由轻微胶结的粒内孔隙决定。尽管印模孔隙丰富，但它们通常仅显著影响有枝状体层孔虫浸出、基质被致密交生白云石代替的白云石的渗透率。白云石为有孔至无孔（致密）岩石，含印模孔隙、晶间孔隙和晶内孔隙。

（5）有可能利用成像测井和其他测井来识别 Arab-D 油藏内岩相，尤其是粗粒岩相。成像测井数据清晰地绘出了糖粒状白云岩、层孔虫砾状灰岩和对强渗透性和流速有一定影响的悬粒灰岩内相连的溶洞薄层。成像测井分析所得渗透率与岩心渗透率密切相关，然而通过成像测井获得的高溶蚀孔隙层段内的渗透率比常规测井变化所得渗透率高 2 到 3 个数量级。预测的、由图像推导出的流动特性与实际流量计的测量结果密切相关。

参 考 文 献

Al-Dhubeeb, A. G., 2005, Biofacies as a tool for calibrating the Jurassic Jubaila-Arab formational contact from outcrop in Riyadh area to subsurface in eastern Saudi Arabia: Master's thesis, King Fahd University of Petroleum and Minerals, Dhahran, Saudi Arabia, 219 p.

Al-Hinai, K. G., A. E. Dabbagh, W. C. Gardner, M. Khan, and S. Saner, 1997, Shuttle imaging radar views of some geological features in the Arabian Peninsula: GeoArabia, v. 2, p. 165-178.

Al-Husseini, M. I., 1997, Jurassic sequence stratigraphy of the western and southern Arabian Gulf: GeoArabia, v. 2, p. 361-382.

Al-Husseini, M. I., 2000, Origin of the Arabian plate structures: Amar collision and Najd rift: GeoArabia, v. 5, no. 4, p. 527-542.

Arkell, W. J., 1952, Jurassic ammonites from Jebel Tuwaiq, central Arabia: Royal Society of London Philosophical Transactions, Series B, v. 236, p. 241-313.

Ayres, M. G., M. Bilal, R. W. Jones, L. W. Slentz, M. Tartir, and A. O. Wilson, 1982, Hydrocarbon habitat in main producing areas, Saudi Arabia: AAPG Bulletin, v. 66, p. 1-9.

Barger, T. C., 2000, Out in the blue: Vista, Selwa Press, 320 p.

Bates, B. S., 1973, Oscar for an oilfield: Saudi Aramco World, v. 24, no. 6, p. 14-15.

Beydoun, Z. R., 1988, The Middle East: Regional geology and petroleum resources: Beaconsfield, United Kingdom, Scientific Press, 292 p.

Beydoun, Z. R., 1991, Arabian plate hydrocarbon geology and potential— A plate tectonic approach: AAPG Studies in Geology 33, 77 p.

Beydoun, Z. R., 1998, Arabian plate oil and gas: Why so rich and so prolific?: Episodes, v. 21, p. 74-81.

Cantrell, D. L., 2004, Carbonate heterogeneity during global greenhouse time: Examples from the Jurassic of the Middle East: Ph. D. thesis, University of Manchester, Manchester, England, United Kingdom, 368 p.

Cantrell, D. L., and R. M. Hagerty, 2003, Reservoir rock classification, Arab-D reservoir, Ghawar field, Saudi Arabia: GeoArabia, v. 8, p. 435-462.

Cantrell, D. L., P. K. Swart, C. R. Handford, C. G St. C. Kendall, andH. Westphall, 2001, Geology and production significance of dolomite, Arab-D reservoir, Ghawar field, Saudi Arabia: GeoArabia, v. 6, p. 45-60.

Cantrell, D. L., P. K. Swart, and R. M. Hagerty, 2004, Genesis and characterization of dolomite, Arab-D reservoir, Ghawar field, Saudi Arabia: GeoArabia, v. 9, p. 11-36.

Carrigan, W. J., G. A. Cole, E. L. Colling, andP. J. Jones, 1994, Geochemistry of the Upper Jurassic Tuwaiq Mountain and Hanifa formations petroleum source rocks of eastern Saudi Arabia: in B. J. Katz, ed., Petroleum source rocks, casebooks in earth sciences series: Berlin, Springer-Verlag, p. 67-87.

Champetier, Y., and E. Fourcade, 1966, A propos de*Cladocoropsis mirabilis* Felix dans le Jurassique superieur de Sud-Est de l'Espagne: Estudios Geologicos, v. 22, p. 101-111.

Chitale, D. V., J. Quirein, T. Perkins, G. B. Lambert, and J. C. Cooper, 2004, Application of a new borehole imager and technique to characterize secondary porosity and net-to-gross in vugular and fractured carbonate reservoirs in Permian basin: 45th Society of Professional Well Log Analysts Annual Logging Symposium, Noordwijk, June 6-9, 2004.

Dawans, J. M., and P. K. Swart, 1988, Textural and geochemical alternations in late Cenozoic Bahamian dolomites: Sedimentology, v. 35, p. 385-404.

De Castro, P., 1991, On the cortical layer of Thaumato-porellaceans (green algae) (abs.): 5th International Symposium on Fossil Algae, Capri, April 7-12, p. 1617.

De Castro, P., 2002, *Thaumatoporella parvovesiculifera* (Raineri): Typification, age and historical background (Senonian, Sorrento Peninsula, southern Italy): Bollet-tino della Societa Paleotologica Italiana, v. 41, no. 2-3, p. 121-129.

De Matos, J. E., and R. F. Hulstrand, 1995, Regional characteristics and depositional sequences of the Oxfordian and Kimmeridgian, Abu Dhabi, in M. I. Al-Husseini, ed., Middle East Geosciences Conference, GEO'94: Bahrain, Gulf PetroLink, v. 1, p. 346-356.

Droste, H. H. J., 1990, Depositional cycles and source rock development in an epeiric intraplatform basin, the Hanifia Formation of the Arabian Peninsula: Sedimentary Geology, v. 69, p. 281-296.

Dunham, R. J., 1962, Classification of carbonate rocks according to depositional texture, *in* W. E. Ham, ed., Classification of carbonate rocks: AAPG Memoir 1, p. 108-121.

Durham, L. S., 2005, Saudi Arabia's Ghawar field: The elephant of all elephants: AAPG Explorer, January 2005, p. 4 and 7.

Enay R., 1987, Le Jurassique d'Arabie Saoudite Centrale: Geobios Memoir Special 9, 314 p.

Folk, R. L., and R. Assereto, 1974, Giant aragonite rays and baroque white dolomite in tepee-fillings, Triassic of Lombardy, Italy (abs.): SEPM Annual Meeting Programs with Abstracts, v. 164, p. 34-35.

Glennie, K. W., 2000, Cretaceous tectonic evolution of Arabia's eastern plate margin: A tale of two oceans: in A. S. Alsharhan and R. W. Scott, eds., Middle East models of Jurassic/Cretaceous carbonate systems: SEPM Special Publication 69, p. 9-20.

Hancock, P. L., A. Al-Kadhi, and N. A. Sha'at, 1984, Regional joint sets in the Arabian platform as indicators of intraplate processes: Tectonics, v. 3, p. 27-43.

Handford, C. R., D. L. Cantrell, and T. H. Keith, 2002, Regional facies relationships and sequence stratigraphy of a super-giant reservoir (Arab-D Member), Saudi Arabia, in J. M. Armentrout, ed., Sequence strati-graphic models for exploration and production: Evolving methodology, emerging models and application histories, 22nd Annual Bob F. Perkins Research Conference: Gulf Coast Section SEPM, p. 539-564.

Hughes, G. W., 1996, A new bioevent stratigraphy of late Jurassic Arab-D carbonates in Saudi Arabia: GeoArabia, v. 1, p. 417-434.

Hughes, G. W., 1997, The Great Pearl Bank barrier of the Persian Gulf as a possible Shu'aiba analogue: Geo-Arabia, v. 2, p. 279-304.

Hughes, G. W., 2004, Middle to Upper Jurassic Saudi Arabian carbonate petroleum reservoirs: Biostratigraphy, micropaleontology and paleoenvironments: Geo-Arabia, v. 9, no. 3, p. 79-114.

Irwin, M. L., 1965, General theory of epeiric clear water sedimentation: AAPG Bulletin, v. 49, p. 445-459.

James, N. P., 1983, Reef environment, in P. A. Scholle, D. G. Bebout, and C. H. Moore, eds., Carbonate de-positional environments: AAPG Memoir 33, p. 345-440.

Kazatchenko, E., and A. Mousatov, 2002, Primary and secondary porosity estimation of carbonate formation using total porosity and the formation factor: Presented at 2002 Society of Petroleum Engineers Annual Technical Conference and Exhibition, San Antonio, Texas, SPE Paper 77787, 6 p.

Keith, T. H., 2005, Finding the super-giant: The discovery of Ghawar field: GeoFrontier, Dhahran Geoscience Society, v. 2, no. 1, p. 29-44.

Kimbell, T. N., 1993, Sedimentology and diagenesis of late Pleistocene fore-reef calcarenites, Barbados, West Indies: A geochemical and petrographic investigation of mixing zone diagenesis: Ph. D. dissertation, University of Texas, Dallas, 296 p.

Kinsman, D. J. J., 1964, Recent carbonate sedimentation near Abu Dhabi, Trucial Coast, Persian Gulf: Ph. D. thesis, University of London, London, 302 p.

Konert, G., A. M. Al-Afifi, S. A. Al-Hajri, and H. J. Droste, 2001, Paleozoic stratigraphy and hydrocarbon habitat of the Arabian plate: GeoArabia, v. 6, p. 407442.

Krumbein, W. C., and F. J. Pettijohn, 1988, Manual of sedimentary petrography: SEPM Reprint Series 13, 549 p.

Land, L. S., 1991, Dolomitization of the Hope Gate Formation (north Jamaica) by seawater: Reassessment of mixing-zone dolomite, in H. P. Taylor, J. R. O'Neill, and I. R. Kaplan, eds., Stable isotope geochemistry: A tribute to Samuel Epstein: Geochemical Society (London) Special Publication 3, p. 121-133.

Leinfelder, R. R., F. Schlagintweit, W. Werner, O. Ebli, M. Nose, D. U. Schmid, and G. W. Hughes, 2005, Significance of stromatoporoids in Jurassic reefs and carbonate platforms—Concepts and implications: Facies: International Journal of Paleontology, Sedi-mentology and Geology, v. 51, p. 287-325.

LeNindre, Y.-M., J. Manivit, H. Manivit, and D. Vaslet, 1990, Stratigraphie sequentielle du Jurassique et du Cretace en Arabie Saoudite: Bulletin de la Societe Geologique de France, series 8, 6, p. 1025-1034.

Lucia, F. J., 1995, Rock-fabric/petrophysical classification of carbonate pore space for reservoir characterization: AAPG Bulletin, v. 79, p. 1275-1300.

Lucia, F. J., J. W. Jennings, M. Rahnis, and F. O. Meyer, 1996, Permeability and rock fabric from wireline logs, Arab-D reservoir, Ghawar field, Saudi Arabia: GeoArabia, v. 6, p. 619-646.

Maiklem, W. R., D. G. Bebout, and R. P. Glaister, 1969, Classification of anhydrite; a practical approach: Bulletin of Canadian Petroleum Geology, v. 17, no. 2, p. 194233.

McGuire, M. D., G. Kompanik, M. Al-Shammery, M. Al-Amoudi, R. B. Koepnick, J. R. Markello, M. L. Stockton, and L. E. Waite, 1993, Importance of sequence strati-graphic concepts in development of reservoir architecture in upper Jurassic grainstones, Hadriya and Hanifa reservoirs, Saudi Arabia: Proceedings of 8th Middle East Oil Show, Society of Petroleum Engineers Paper 25578, p. 489-499.

Meyer, F. O., 2000, Carbonate sheet slump from the Jubaila Formation, Saudi Arabia: Slope implications: GeoArabia, v. 5, no. 1, p. 144-145.

Meyer, F. O., and R. C. Price, 1993, A new Arab-D deposi-tional model, Ghawar field, Saudi Arabia: 8th Middle East Oil Show and Conference Proceedings, Bahrain, p. 465-474.

Meyer, F. O., R. C. Price, I. A. Al-Ghamdi, I. M. Al-Goba, S. M. Al-Raimi, and J. C. Cole, 1996, Sequential stratigraphy of outcropping strata equivalent to Arab-D reservoir, Wadi Nisah, Saudi Arabia: GeoArabia, v. 1, p. 435-456.

Meyer, F. O., G. W. Hughes, and I. Al-Ghamdi, 2000, Ju-baila Formation, Tuwaiq Mountain escarpment, Saudi Arabia: Window to lower Arab-D reservoir faunal assemblages and bedding geometry (abs.): GeoArabia, v. 5, no. 1, p. 143.

Milankovitch, M., 1930, Mathematische klimalehre und astronomische theorie der klimaschwankungen, in W. Koppen and R. Geiger, eds., Handbuch der Klima-tologie, I (A): Borntraeger, Berlin, Gebruder, 176 p.

Milankovitch, M., 1941, Kanon der erdbestrahlung und seine anwendung auf das eiszeitenproblem: Akad Royale Serbe, v. 133, 633 p.

Mitchell, J. C., P. J. Lehmann, D. L. Cantrell, I. A. Al-Jallal, and M. A. R. Al-Thagafy, 1988, Lithofacies, diagenesis and depositional sequence: Arab-D Member, Ghawar field, Saudi Arabia, in A. J. Lomando and P. M. Harris, eds., Giant oil and gas fields— A core workshop: SEPM Core Workshop, v. 12, p. 459-514.

Murris, R. J., 1980, Middle East stratigraphic evolution and oil habitat: AAPG Bulletin, v. 64, p. 597-618.

Newberry, B. M., L. M. Grace, and D. D. Stief, 1996, Analysis of carbonate dual porosity systems from borehole electrical images: Society of Petroleum Engineers Paper 35158, 7 p.

Nicholson, P. G., 2000, Compressional, fault-related folds and Saudi Arabia's major hydrocarbon fields (abs.): GeoArabia, v. 5, p. 152-153.

Nicholson, P. G., 2002, A 700 million year tectonic framework for hydrocarbon exploration and production in Saudi Arabia (abs.): GeoArabia, v. 7, p. 284.

Pleydell, S. M., B. Jones, F. J. Longstaffe, and H. Baadsgaard, 1990, Dolomitization of the Oligocene-Miocene Bluff Formation on Grand Cayman, British West Indies: Canadian Journal Earth Sciences, v. 27, p. 10981110.

Pollastro, R. M., A. S. Karshbaum, and R. J. Vigor, 1999, Maps showing geology, oil and gas fields and geologic provinces of the Arabian Peninsula: U. S. Geological Survey Open-file Report, 97-470B, version 2.0, one CD-ROM.

Powers, R. W., 1962, Arabian Upper Jurassic carbonate reservoir rocks, in W. E. Ham, ed., Classification of carbonate rocks: AAPG Memoir 1, p. 122-192.

Powers, R. W., 1968, Saudi Arabia: Lexique Stratigraphique International, 3: Paris, Centre National de la Recherche Scientifique, 171 p.

Powers, R. W., L. R. Ramirez, C. D. Redmond, and E. L. Elberg, 1966, Sedimentary geology of Saudi Arabia: Geology of the Arabian Peninsula: U. S. Geological Survey Professional Paper 560-D, 150 p.

Radke, B. M., and R. L. Mathis, 1980, On the formation and occurrence of saddle dolomite: Journal of Sedimentary Petrology, v. 50, p. 1149-1168.

Read, J. F., 2004, Carbonate sequence stratigraphy, short course notes: Saudi Aramco, Dhahran, Saudi Arabia, unpaginated.

Russell, S. D., M. Akbar, B. Vissapragada, and G. Walkden, 2002, Rock types and permeability prediction from dipmeter and image logs: AAPG Bulletin, v. 86, no. 10, p. 1709-1732.

Russell, S. D., K. Sadler, W. H. Weihua, P. Richter, R. Y. Eyvazzadeh, and E. A. Clerke, 2004, Applications of image log analyses to reservoir characterization, Ghawar and Shaybah fields, Saudi Arabia: GEO 2004, Middle East Geoscience Conference and Exhibition, abstract, p. 125.

Scotese, C. R., 1998, Quick time computer animations, Paleomap Project: Department of Geology, University of Texas at Arlington.

Sharland, P. R., R. Archer, D. M. Casey, R. B. Davies, S. H. Hall, A. P. Heward, A. D. Horbury, and M. D. Simmons, 2001, Arabian plate sequence stratigraphy: GeoArabia Special Publication 2, 371 p.

Shearman, D. J., 1978, Evaporites of coastal sabkhas, in W. E. Dean and B. C. Schreiber, eds., Marine evapo-rites: SEPM Short Course 4, p. 6-42.

Sibley, D. F., 1982, The origin of common dolomite fabrics: Clues from the Pliocene: Journal of Sedimentary Petrology, v. 52, p. 1087-1100.

Sibley, D. F., 1991, Secular changes in the amount and texture of dolomite: Geology, v. 19, p. 151-154.

Sibley, D. F., and J. M. Gregg, 1987, Classification of dolomite textures: Journal of Sedimentary Petrology, v. 57, p. 967-975.

Stegner, W., 1971, Discovery: The search for Arabian oil: Beirut, Middle East Export Press, 190 p.

Steineke, M., R. A. Bramkamp, and N. J. Sander, 1958, Stratigraphic relations of Arabian Jurassic oil, in L. G. Weeks, ed., Habitat of oil: AAPG Symposium, p. 1294-1329.

Swart, P. K., D. L. Cantrell, H. Westphal, C. R. Handford, and C. G. St. C. Kendall, 2005, Origin of dolomite from Ghawar field, Saudi Arabia: Evidence from petro-graphic and geochemical constraints: Journal of Sedimentary Petrology, v. 75, p. 476-491.

U. S. Geological Survey, 1963, Geologic map of the Arabian Peninsula, scale 1:2,000,000, and geologic quadrangle maps, scale 1:500,000: 1 map.

Wender, L. E., J. W. Bryant, M. F. Dickens, A. S. Neville, and A. M. Al-Moqbel, 1998, Paleozoic (pre-Khuff) hydrocarbon geology of the Ghawar area, eastern Saudi Arabia: GeoArabia, v. 3, p. 273-302.

Xu, C., S. D. Russell, J. Gournay, and P. Richter, 2006, Porosity partitioning and permeability quantification in vuggy carbonates using wireline logs, Permian Basin, West Texas: Petrophysics, v. 47, no. 1, p. 1322.

Ziegler, M. A., 2001, Late Permian to Holocene paleofacies evolution of the Arabian plate and its hydrocarbon occurrences: GeoArabia, v. 6, p. 445-504.

4

阿联酋阿布扎比巨型油田上 Thamama 群（下白垩统）高分辨率层序地层与储层表征

Christian J. Strohmenger[1]　　Ahmed Ghani[1]　　Omar Al-Jeelani[1]
Abdulla Al-Mansoori[1]　　Taha Al-Dayyani[1]　　Lee Vaughan[2]　　Sameer A. Khan[3]
L. Jim Weber[2]　　John C. Mitchell[2]　　Khalil Al-Mehsin[4]

(1. Abu Dhabi Company for Onshore Oil Operations, Abu Dhabi, United Arab Emirates;
2. ExxonMobil Exploration Company, Houston, Texas, U.S.A.;
3. ExxonMobil Upstream Research Company, Houston, Texas, U.S.A;
4. Abu Dhabi National Oil Company, Abu Dhabi, United Arab Emirates)

摘要： 阿布扎比下白垩统 Kharaib（巴雷姆期和早阿普特期）组和 Shuaiba（阿普特期）组（上 Thamama 群）的油气主要聚集在台地碳酸盐岩内。Kharaib 组和下 Shuaiba 组包含三个储层单元，单元之间由低孔低渗致密带隔开。由底部至顶部，下 Kharaib、上 Kharaib、下 Shuaiba 储层单元的储层层段厚度分别为 24m、51m、16m（80ft、170ft、50ft）。根据从阿布扎比巨型油田获得的岩心和测井资料以及从拉斯海玛酋长国（Emirate of Ras Al-Khaimah）Wadi Rahabah 油田获得的露头资料，建立适用于前述三个储层单元及相应的三个致密带层序的地层格架和岩相架构。

上、下 Kharaib 储层单元以及上、中、下致密带是二级超层序晚期海侵层序组的组成部分，由两个三级复合层序构成。上覆的下 Shuaiba 储层单元构成该二级超层序的晚期海侵层序组和早期高位层序组，由一个三级复合层序组成。这三个三级复合层序由 19 个四级准层序组构成。这些准层序组表明，复合层序的沉积以加积和进积叠加样式为主，这是温室旋回的典型特征。复合层序界面通常位于三个致密带的底部或其附近。本章对另一种情况进行了讨论，即主要的复合层序界面有可能位于致密带的顶部。

根据动物群资料、构造、沉积结构和岩性岩相组合，从岩心中识别出了 13 个储层岩相和 8 个非储层（致密）岩相。研究发现，Wadi Rahabah 油田的同期岩石露头中也存在类似岩相。储层单元的沉积环境不一，从低位缓坡到浅滩脊，再到滩后开阔台地沉积，各不相同。致密带主要沉积在内坡、局限浅潟湖相环境中。同时，这些致密带发育着密集的生物扰动粒泥灰岩和泥粒灰岩以及富有机质、富硅屑互层有机灰岩。局部可观察到泥裂、变黑颗粒和细根。

通过模拟地下储层的露头，可为岩相构型和碳酸盐岩体结构的详细研究奠定基础。结合地下和露头资料(如无法通过岩心资料获得的低角度斜坡地形数据)可获得更真实完善的地下地层地质模型。以岩心、露头、测井和地震资料为依据建立的地质模型会对流动模拟模型形成约束。该研究对模拟油田的已知特性进行了模拟，从获取岩石资料到完成模拟，整个过程都对掌握储层描述方法及技术十分有用。

4.1 引言

阿布扎比下白垩统 Kharaib 组和 Shuaiba 组(上 Thamama 群)的重要油气聚集活动发生在台地碳酸盐岩内(Alsharhan，1989；Alsharhan 和 Nairn，1993，1997)。本章将聚焦于阿布扎比巨型油田(以下简称 B 油田)的层序地层及沉积(图 4-1)。

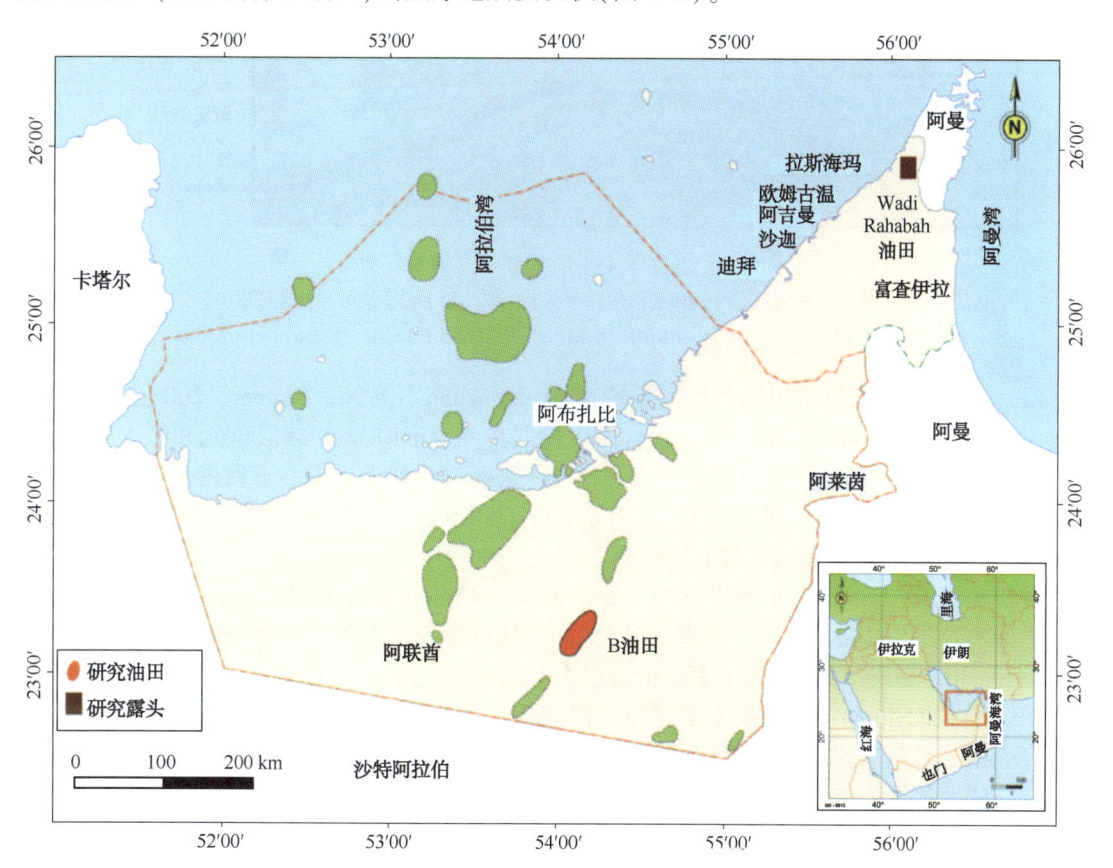

图 4-1 阿布扎比的大型油田(绿色)和 B 油田(红色)地理位置

对这些油田的 Kharaib 组和下 Shuaiba 组岩心和测井资料进行了研究，图中还显示了拉斯海玛 Wadi Rahabah 油田的研究露头位置

B油田发现于1965年，并于1973年投产。该油田具有断背斜构造（图4-2），目前主要从Kharaib组开采40°API石油，未来计划从下Shuaiba组采油。油田的可采储量预计达数十亿桶。迄今为止，B油田内钻取的采油井和注水井已超过350口。

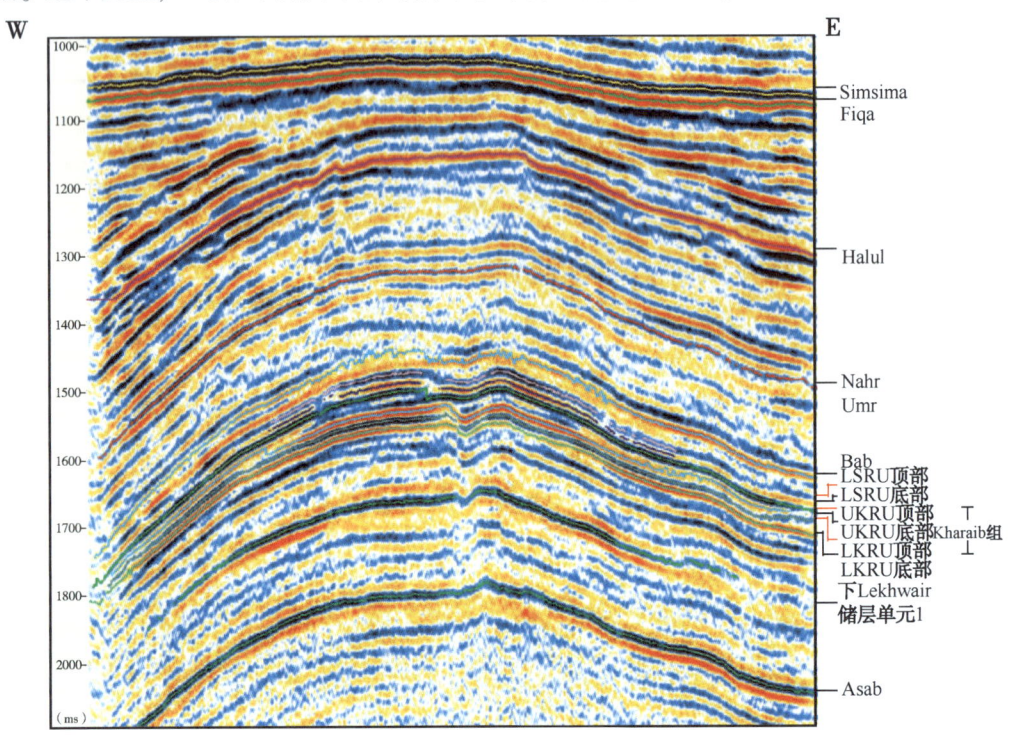

图4-2　贯穿图4-1所示B油田的地震剖面

该地震剖面图显示了B油田的结构以及从上侏罗统至上白垩统的主要地层层位。
LKRU=下Kharaib储层单元；UKRU=上Kharaib储层单元；LSRU=下Shuaiba储层单元

Kharaib组发育于巴雷姆期和早阿普特期（Vahrenkamp，1996；Granier，2000；Pittet等，2002；Granier等；2003）（图4-3），包含两个储层单元（下Kharaib储层单元和上Kharaib储层单元），单元之间由三个低孔低渗带（以下简称致密带，即上、中、下致密带，图4-4）隔开和包绕。下Kharaib储层单元厚约24m（80ft），上Kharaib储层单元的厚度在45m（150ft；下翼部）至58m（190ft；顶部区域）之间。

披伏在下Kharaib储层单元以下的下致密带厚约15m（50ft），将上下Kharaib储层单元隔开的中致密带厚约14m（45ft），而覆在上Kharaib储层单元以上的上致密带厚约12m（40ft）。

下Shuaiba储层单元（上覆于上致密带以上，图4-3、图4-4）厚约17m（55ft）。

上、下Kharaib储层单元的上部存在高渗岩层（大于1D），这些岩层主要由包粒粒状灰岩和厚壳蛤悬粒灰岩—砾状灰岩相构成（图4-4）。通常情况下，整个油田的储层质量由构造顶部向侧翼逐渐变差。这是因碳酸盐岩与地层水的相互作用以及埋深的不断增加导致的压溶（压实）和胶结作用所致（Grötsch等，1998a）。与含水区相反，含油区（多指顶部区域）不受压溶过程影响（Burgess和Peter，1985）。油气的存在似乎会抑制缝合线的发育。因此，缝合线的分布表明了顶部（缝合线少）和翼部（缝合线多）之间的明显差异，这与顶部和侧翼之间的埋深差异影响无关，而与构造的油气充注有关。构造顶部（含油区）的储层略厚，与侧翼下方（含水区）相比，具有较高的孔隙度和渗透率，侧翼下方的储层厚度、孔隙度和渗透

4 阿联酋阿布扎比巨型油田上 Thamama 群(下白垩统)高分辨率层序地层与储层表征

率更低(Grötsch 等,1998a)。

图 4-3 上 Thamama 群(下白垩统)层序地层格架

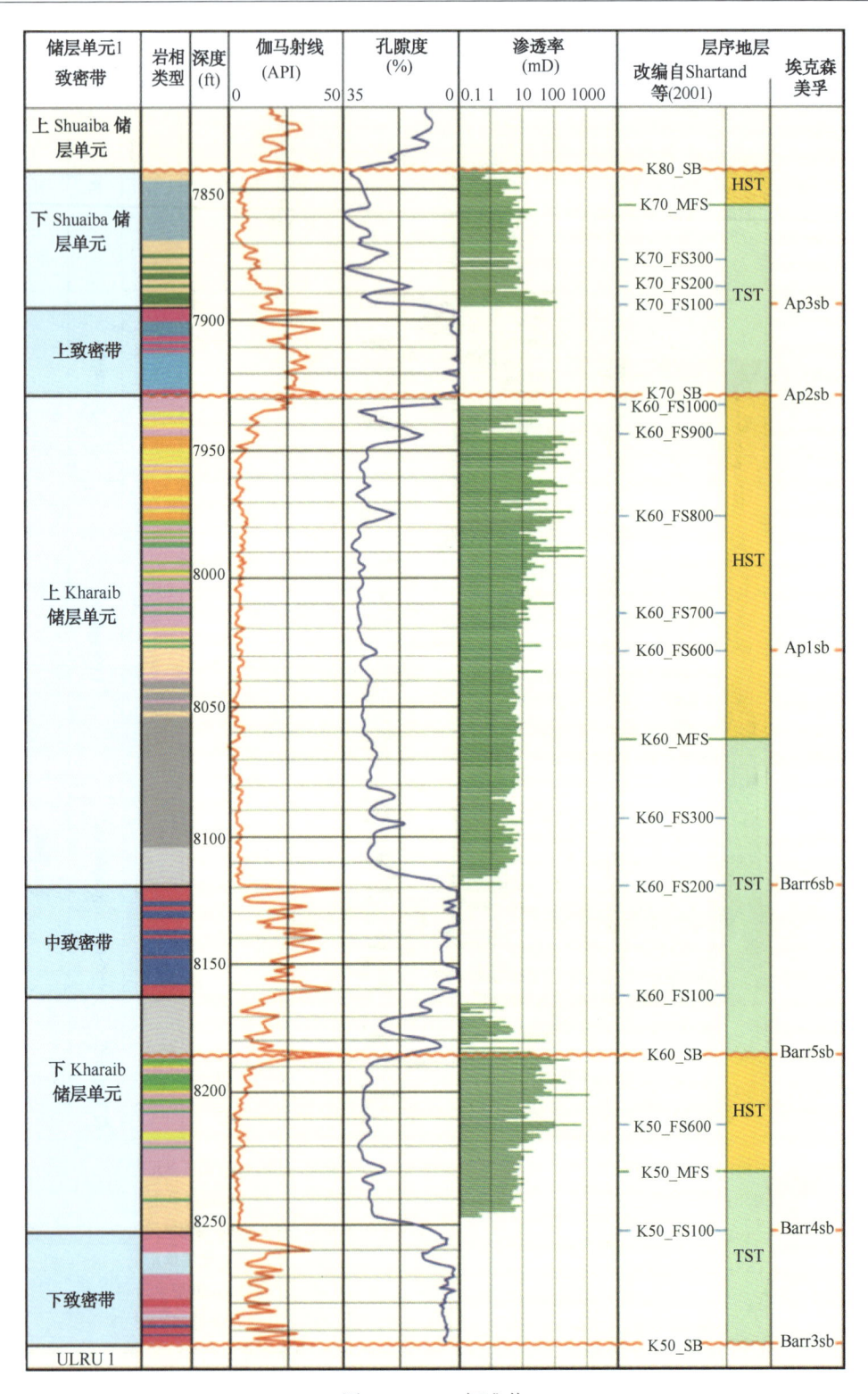

图 4-4 B-1 标准井

图中显示了 Kharaib 组和下 Shuaiba 组的高分辨率层序地层格架。ULRU 1＝上 Lekhwair 储层单元 1。
有关岩相类型的色码，详见图 4-9～图 4-29

按照惯例，一般是依据岩性地层对比结果，应用缝合线的垂向分布，将 Kharaib 组和下 Shuaiba 组细分为多个储层单元和子单元。但对 Kharaib 组的缝合线分布进行调查的结果表明，这种细分方法并不成立，因此，不建议用这种方法来构建地质（静态）模型和储层（动态）模型。缝合线作用的成因和程度取决于沉积柱的非均质性（如原生表面、岩性差异、岩相变化和层理类型；Park 和 Schot，1968；Nelson，1984）。另外，部分岩相受缝合线的影响较小。例如，由于藻类构造中具有方解石胶结物，藻类岩相在埋藏过程中更耐压实作用。此外，在以颗粒为主的岩相的粒间孔隙中存在早期成岩边缘胶结物，这种胶结物能最大限度地减弱压实作用。

阿布扎比陆上石油经营公司（ADCO）早前公布的、针对 B 油田的 Kharaib 和下 Shuaiba 储层单元以及阿曼模拟露头进行的内部研究聚焦于储层表征（Grötsch 等，1998a；Melville 等，2004）、岩相分析和层序地层学研究（Grötsch 等，1998a；Borgomano 等，2002；Pittet 等，2002；van Buchem 等，2002；Hillgärtner 等，2003；Immenhauser 等，2004），研究结果与本章提出的结论十分接近。公司利用 B 油田的所有研究结果（包括已公布的和未公布的）建立了三维（3D）地质和储层模型，这些模型能对处于生产中期状态的储层进行详尽描述（Grötsch 等，1998a；Melville 等，2004），但所依据的岩心资料十分有限。本章提出的结论综合考虑了 B 油田的岩心和测井资料以及拉斯海玛油田（阿联酋，图 4-1）的露头资料（Strohmenger 等，2004a、b、c；Suwaina 等，2004）。这是第一次对约 4580m（15000ft）的岩心资料进行以层序地层学为主的详细描述，这有助于大大改善原有的岩相和层序地层模型，这些岩心取自 B 油田的 50 口油井以及 Wadi Rahabah（拉斯海玛）油田的 4 个垂直露头剖面。新研发的高分辨率层序地层格架和岩相架构有助于更好地预测储层性质的纵向和横向分布以及整个 B 油田的储层连通性，为 ADCO 所有其他油田建立了标准。

将缝合线或含缝合线致密带的位置与所建的 Kharaib 组高分辨率层序地层格架进行比较后表明，部分缝合线与三级、四级和五级层序界面、准层序组界面、准层序界面有关（Boichard 等，1994；Rebelle 等，2004；Strohmenger 等，2004b）。这是因为向上变浅的旋回顶部发生了早期成岩胶结，致使该区域的岩石性质与上覆岩石类型之间形成了强烈反差。埋深期间，这些非均质层段将优先经受缝合线作用。压溶期间溶解的方解石重新沉淀到邻近缝合线的孔隙内（Park 和 Schot，1968；Koepnick，1984），从而在年代地层界面附近形成无孔隙带。若该界面将以颗粒为主的岩相（下方）与以泥质为主的岩相（上方）隔开，则胶结作用多发生在该界面以下。若上覆岩层以颗粒为主，则胶结作用可同时发生在年代地层界面的上方和下方（Rebelle 等，2004；Strohmenger 等，2004b）。早期成岩过程遵循层序地层格架，因此，可轻松实现对成岩过程的预测。

4.2 Thamama 群层序地层格架

Thamama 群可通过两个二级超层序进行描述。早期超层序与 Habshan 组（贝里阿斯期和早瓦兰今期）相对应。近代超层序包含 Habshan 组顶部至 Shuaiba 组顶部（Sharland 等，2001，

2004；Davies 等，2002；Droste 和 van Steen-winkel，2004；Strohmenger 等，2004a、b、c；Haq 和 Al-Qahtani，2005）（图 4-3）。按发育时间长短排列，该超层序的海侵层序组包括 Lekhwair 组（瓦兰今期至巴雷姆期）、Kharaib 组（巴雷姆期和早阿普特期）以及 Hawar（上致密带）。Shuaiba 组形成于阿普特期（Vahrenkamp，1996；Grötsch 等，1998b；Granier，2000；Pittet 等，2002；Granier 等，2003），是古期沉积旋回的晚海侵层序组（早阿普特期）和高位层序组（晚阿普特期）的一部分。

根据岩相叠加样式（向上变浅趋势）、沉积结构（如舌菌迹潜穴）及表面形态（如侵蚀面），从 Kharaib 组和下 Shuaiba 组的岩心资料中识别出了可能与三级或更高级别的海泛面及层序界面[海泛面/层序界面（FS/SB）]相对应的 4 个三级复合层序界面（SB）、3 个复合最大海泛面（MFS）及 13 个海泛面（FS），并将这些数据与电缆测井数据联系起来（图 4-4）。

将三级 SB、MFS 和准层序组界面（FS）与 Sharland 等（2001，2004）和 Davies 等（2002）建立的阿拉伯板块地层格架联系起来。Sharland 等（2001，2004）提出的命名法以最大海泛面圈定的成因地层层序为基础（Galloway，1989）。他们为识别的各个最大海泛面赋以名称、编号及年龄，如 K60（123 Ma）和 K70（120 Ma）。相反，本文的层序地层划分遵循埃克森美孚公司提出的层序地层法（Mitchum，1977；Vail 等，1977，1991；Vail，1987；Van Wagoner 等，1987，1988；Haq 等，1988；Sarg，1988；Sarg 等，1999），该方法认为，沉积层序由层序界面圈定。为将识别的年代地层界面与现有的阿拉伯板块地层格架联系起来，必须对 Sharland 等（2001，2004）和 Davies 等（2002）提出的现行命名法进行更新，以确保识别的界面不仅能沿用现有名称（如 K60 和 K70），还能在此基础上反映更多信息，如这些层面是否对应于层序界面（如 K60_SB）、最大海泛面（如 K60_MFS：与 Sharland 等（2001，2004）提出的 K60 MFS 相对应）或海泛面（如 K60_FS100）。

4.2.1 Kharaib 组和下 Shuaiba 组层序地层格架

包括 Hawar（上致密带）在内的 Kharaib 组与二级超层序的晚海侵层序组（TSS）相对应。Kharaib 组可通过二级层序组（底部下致密带至底部上致密带或 Hawar）进行描述，由两个三级复合层序构成（图 4-3）。下三级复合层序从下致密带底部开始发育，为明显的层序界面（暴露面）所覆盖，该层序界面位于中致密带以下约 6m（20ft）处（图 4-4）。上三级复合层序顶部被区域相关层序界面限定，该界面以上就是上致密带（图 4-4）。这两个三级复合层序由 14 个四级准层序组和多个五级准层序构成，这些准层序表明，复合层序的沉积以加积和进积叠加样式为主，这是温室旋回的典型特征（Sarg 等，1999）（图 4-4）。

下 Shuaiba 组与相同的一二级超层序的晚海侵（TSS）和早高位层序组（HSS）相对应，由一个三级复合层序构成（Yose 等，2004a、b，2006）（图 4-3），可按五个四级准层序组进行细分（图 4-4）。

4.2.2 下 Kharaib 三级复合层序

下 Kharaib 层序的下部以含密集潜穴的生物扰动粒泥灰岩和泥粒灰岩，以及富有机质、富硅屑互层有机灰岩为特征。该层序存在大量海生迹潜穴，而潜穴填充物通常存在白云石化现象。多个准层序被发育良好的固底面(舌菌迹潜穴)所覆盖(Sattler 等，2005)。局部观察到了泥裂、变黑颗粒和古土壤。动植物群的多样性较低。该层段还存在厘米和分米级不连续岩层。可将这一层段(以下简称下致密带)(图 4-4)与数十千米至数百千米的台地进行对比。该层段属于早海侵体系域，覆盖下致密带的低至中能骨粒粒泥灰岩和泥粒灰岩可归于晚海侵体系域(图 4-4)。

上覆于海侵体系域上方(TST)的高位体系域(HST)发育有正常和多样化的海洋动植物群，以高能包粒、藻粒、骨粒粒状灰岩和砾状灰岩为特征，夹带少许厚壳蛤碎片(图 4-4)。这种沉积环境属于潮控高能生物碎屑浅滩环境。水深可能不超过 10m(33ft)，即便是在相对海平面上升速度达到峰值时也是如此。该环境中发育的动物群多样性不高，由此可见，该环境当时具备正常海洋条件，循环良好。环境养分充足，足以发育藻类岩隆和厚壳蛤类。其中富含钙质藻 Lithocodium/Bacinella，这说明水浊度较低(Dupraz 和 Strasser，1999；Immenhauser 等，2005)。

四个四级准层序组分别被两个海泛面(K50_FS100 和 K50_FS600)、一个三级最大海泛面(K50_MFS；图 4-5A)和一个三级层序界面(K60_SB；图 4-5B)覆盖。在下 Kharaib 层序中识别出了多个小准层序(K50_SB 至 K60_SB；图 4-4)。这些准层序叠加在一个更大的三级层序上。此外，这些连续准层序的特征差异较小。最古老的准层序是以灰泥为主的潟湖沉积物，生物扰动作用明显，具有固底不连续界面(Sattler 等，2005)。固底形成于大陆出露期间，之后可容空间快速增长，沉积速率降低。后面形成的准层序更厚，一般由潟湖粒泥灰岩至泥粒灰岩和藻粒、骨粒和似球粒悬粒灰岩—砾状灰岩构成。沉积作用发生在开阔潟湖环境中，在可容空间逐渐缩窄的过程中，水循环增强。上层准层序更薄，以颗粒为主(藻粒、骨粒、似球粒悬粒灰岩—砾状灰岩、包粒粒状灰岩以及包粒、藻粒、骨粒砾状灰岩)，这表明现有能量呈整体上升趋势，可容空间减少。最上层准层序较薄，以中至高能粟孔虫浅滩为主(似球粒、骨粒泥粒灰岩和似球粒、骨粒粒状灰岩)。至此，可容空间几乎填满。

4.2.3 上 Kharaib 三级复合层序

上 Kharaib 层序的早海侵体系域由最上层下 Kharaib 储层单元(图 4-4)的富圆笠虫属、含潜穴生物扰动骨粒、似球粒粒泥灰岩和泥粒灰岩构成，上覆含密集潜穴的生物扰动骨粒、似球粒粒泥灰岩和少许泥粒灰岩。该层段的侧向连续性极高，绵延数十千米至数百千米，称作中致密带(图 4-4)。旋回顶部为固底(舌菌迹潜穴)所覆盖，发育有被沉积物和方解石填满的潜穴(Sattler 等，2005)。中致密带由大量似球粒、小型棘皮动物残骸及少许绒枝藻和红藻组成。其他绿藻类、小型软体动物及海绵骨针也较为常见。局部观察到了泥裂、变黑颗粒和古土壤。由于 Kharaib 中致密带富有机质和富硅屑，这使得露头逐渐发育成易碎的结核状风化露头。

晚海侵体系域发育期间，台地仍以开阔潟湖环境为特征。白云石化海生迹固底是沉积暂停的标志。潜穴层位通常绵延数千米(Sattler 等，2005)。动物群更具多样性，具有大量圆笠虫、棘皮动物残骸及双壳类。碳酸盐岩结构以骨粒粒泥灰岩为主。边缘海同期发育厚壳蛤浅

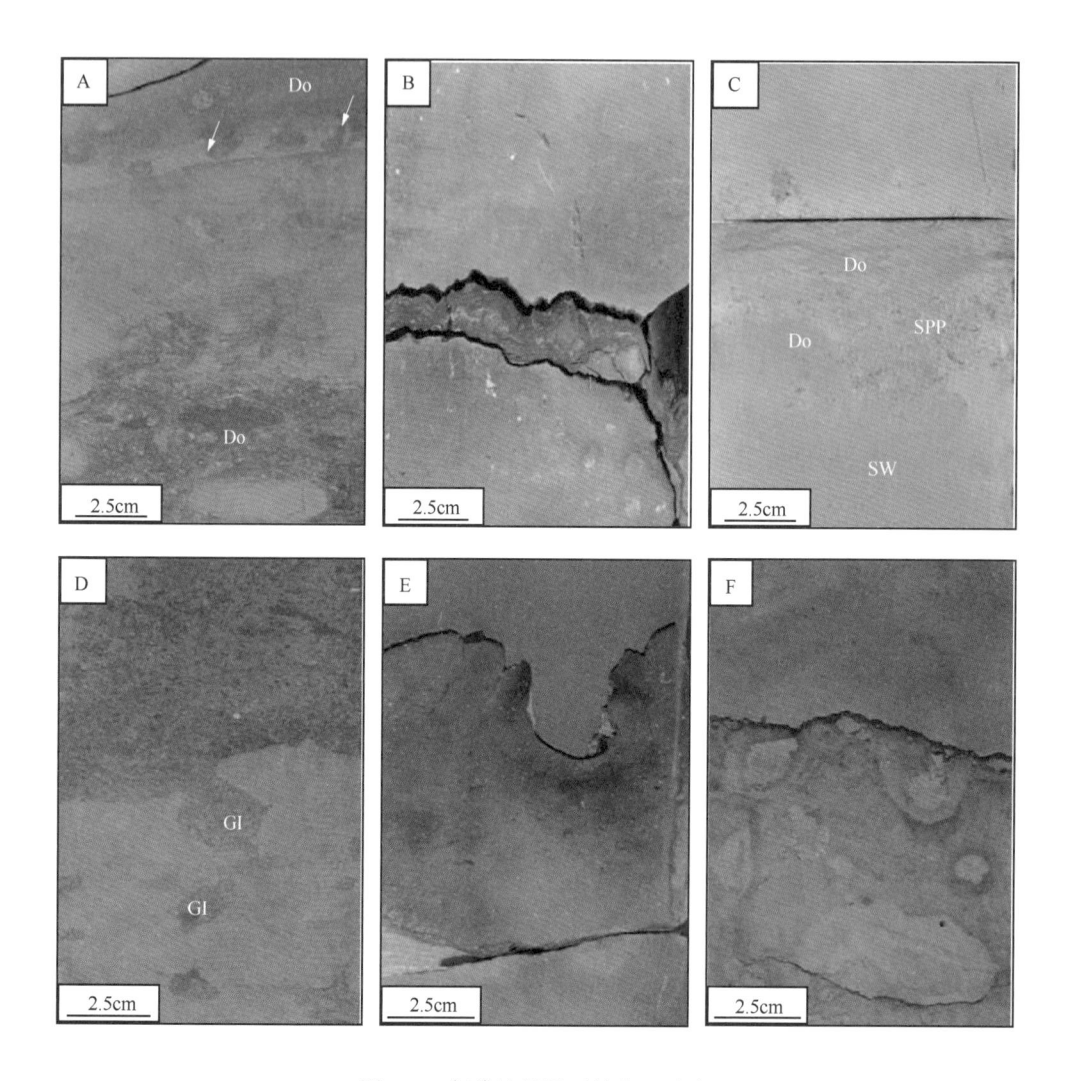

图 4-5 年代地层界面的岩心照片

(A)最大海泛面 K50_MFS，图中显示了含潜穴和孔洞的硬底(箭头所指)以及片状白云石化现象(Do)。(B)层序界面 K60_SB，图中显示了柱状叠加侵蚀面、铁矿化现象以及层序界面下方的胶结现象。(C)最大海泛面 K60_MFS，图中显示了骨粒粒泥灰岩(SW，下方)和骨粒、似球粒粒泥灰岩(SPP，上方)之间的侵蚀接触面以及片状白云石化现象(Do)。(D)层序界面 K70_SB，图中显示了侵蚀和潜穴面(舌菌迹潜穴，Gl)以及层序界面下方的胶结现象。(E)层序界面 K80_SB，图中显示了柱状叠加侵蚀面以及层序界面下方的胶结现象。(F)上致密带(Hawar)顶部的海泛面 K70_FS100，与三级层序界面 Ap3sb 相对应(图 4-4)。侵蚀面下方碳酸盐岩的显著成岩叠加有助于解释主要大陆暴露表面的成因

滩、微生物泥丘和海滩(van Buchem 等，2002)。

在高位体系域发育期间，整个台地逐渐为骨粒、似球粒粒泥灰岩—泥粒灰岩，包粒粒状灰岩，包粒、藻粒、骨粒粒状灰岩和砾状灰岩，厚壳蛤、*Chondrodont* 悬粒灰岩和砾状灰岩，富含粟孔虫的似球粒、骨粒泥粒灰岩和粒状灰岩所覆盖。厚壳蛤包括 *Caprotinids*(*Glossomyophorus*)和 *Mono-pleurids*(*Agriopleura*)，但不包括羚角蛤(Caprinids)。厚壳蛤和 Chondrodont 是浅水沉积的标志。这些以颗粒为主的岩相主要沉积在中至高能的正常海洋环境之下，具有

显著的横向变化。层序的最上层发育具有板状层理和低角度交错层理的富粟孔虫骨粒、似球粒泥粒灰岩和粒状灰岩，这表明该环境属于中至高能环境。

上Kharaib层序至高位体系域的最上层之间未出现浅水作用。从下Kharaib层序至上Kharaib层序，可容空间整体增大，这可能反映出了相对海平面的长期二级海侵趋势（图4-4）。

在上Kharaib层序(K60_SB至K70_SB，图4-4)中发现了十个四级准层序组以及数个小准层序，这十个准层序组顶部由八个海泛面(K60_FS100、K60_FS200、K60_FS300、K60_FS600、K60_FS700、K60_FS800、K60_FS900、K60_FS1000)、一个三级最大海泛面(K60_MFS，图4-5C)、一个三级层序界面(K70_SB，图4-5D)圈定。

4.2.4 下Shuaiba三级复合层序

下Shuaiba三级层序的早海侵体系域与上致密带(Hawar)相对应，上覆于上Kharaib层序之上(图4-4)。该层段富含盘状圆笠虫，还含有似球粒、小型棘皮动物残骸以及绒枝藻。上致密带富含有机质和硅屑，可与数十至数百千米的不同厚度台地进行对比。分米级岩层以富潜穴固底（舌菌迹潜穴）为标志。泥裂、变黑颗粒及古土壤十分常见，这表明该层段时常暴露。

上覆于上致密带之上的下Shuaiba储层单元属于浅至深水灰岩，由藻粒(Lithocodium/Bacinella)粘结灰岩(Immenhauser等，2005)和骨粒、似球粒粒泥灰岩至泥粒灰岩、有孔虫骨粒粒泥灰岩构成（图4-4）。该层段呈向上变深趋势，与晚海侵体系域相对应。上覆高位体系域以深海有孔虫骨粒泥岩至粒泥灰岩为主，显示出轻微向上变浅的趋势，并向上颗粒化，逐渐发育成骨粒（贝壳碎片）、似球粒粒泥灰岩至泥粒灰岩。下Shuaiba复合层序顶部被层序界面K80_SB(图4-5E)圈定。

五个四级准层序组为三个海泛面(K70_FS100、K70_FS200、K70_FS300)、一个三级最大海泛面(K70_MFS)和一个三级层序界面(K80_SB，图4-5E)所覆盖。在下Shuaiba层序的下部还发现了数个小准层序(K70_SB至K80_SB，图4-4)。

上覆上Shuaiba储层单元以深海浮游有孔虫粒泥灰岩—泥岩和含潜穴的夹层低孔低渗生物扰动粒泥灰岩至泥岩为主（致密层段）。

4.2.5 Kharaib组的其他层序地层解释

已识别的Kharaib组复合层序界面K60_SB和K70_SB清楚地表明，Kharaib台地碳酸盐岩存在严重的侵蚀迹象（图4-5B、D），因而可在整个阿拉伯台地内进行区域性对比。但从层序界面下方的浅水上坡碳酸盐岩（储层岩相型）至这些层序界面上方的内坡层段（致密带岩相型）来看，相序整体表现出正常的向上变浅进积趋势。此外，致密带，尤其是上致密带(Hawar)内发育大量沉积小间断面（固底），最有可能是因大陆出露所致，而且在整个阿拉伯台地内，致密带的厚度变化显著。例如，在阿布扎比向岸区，上致密带厚约12m(40ft)，到阿布扎比向海区，该数值降至6m(20ft)，直至到达阿曼台地边缘便不再发育(van Buchem等，2002)。因此，有关层序地层的另一个解释就是复合层序界面可能位于下致密带

(Barr4sb)、中致密带(Barr6sb)、上致密带(Ap3sb,图4-5F)以上(图4-4)。由此可见,致密带可能与高位体域相对应,属于内坡局限台地沉积,与外坡进积碳酸盐岩同期形成(图4-6)。致密带内的沉积小间断面代表着更高级别的层序界面,这反映出内坡在晚高位体系域发育期间常常发生大陆出露(可容空间减少)。实际上,在致密带发育的大部分时间内都未发生沉积作用。

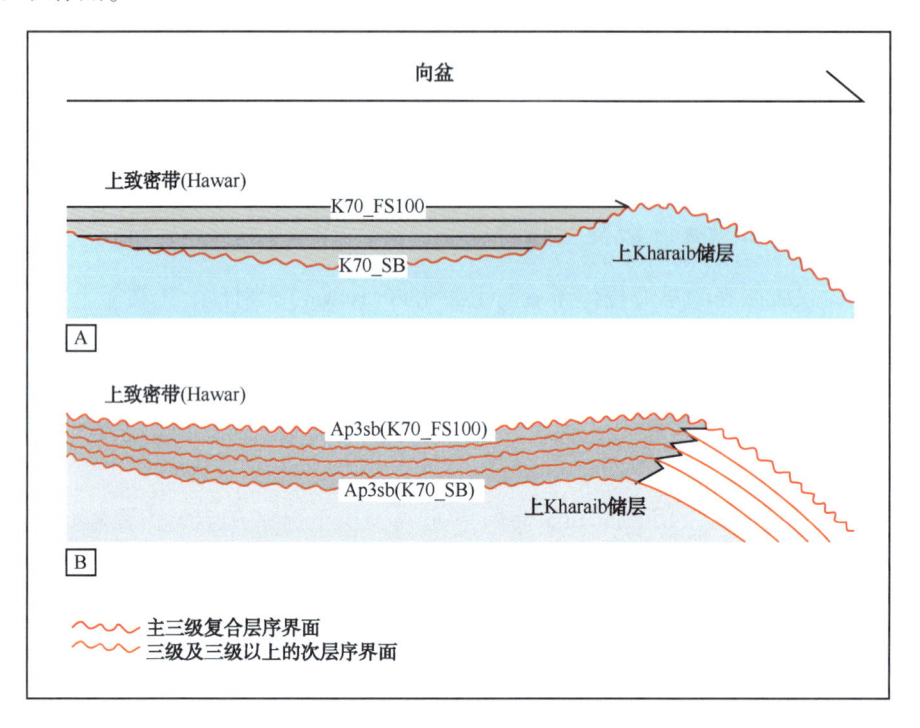

图4-6 两种有关致密带的层序地层解释图解模型
(A)传统模型:上致密带沉积与下Shuaiba层序的早海侵体系域相对应,下Shuaiba层序上覆于主三级复合层序界面(K70_SB)之上,而上Kharaib储层下伏于K70_SB之下。更高级别的次海泛面(K70_FS100)位于上致密带上方。(B)备选模型:上致密带沉积与上Kharaib层序的晚高位体系域相对应,主三级复合层序界面(Ap3sb)位于上致密带上方。三级或更高级别的次层序界面发育在上致密带底部(Ap2sb)及内部

4.3 Kharaib 组和下 Shuaiba 组岩相及沉积环境

根据构造、颗粒类型、沉积结构、动物群资料及岩性组合,从地下 Kharaib 组和下 Shuaiba 组中识别出了 21 种岩相(Strohmenger 等,2004a、b、c)。其中,13 种岩相(LF1~LF13)与 3 个储层单元相对应,即下 Kharaib 储层单元、上 Kharaib 储层单元、下 Shuaiba 储层单元(图 4-7);另外 8 种岩相(LF20~LF27)共同发育在下致密带、中致密带及上致密带内(图 4-8)。这些岩相类型及相应的沉积环境解释如下文所列。这些解释与 Pittet 等(2002)和 van Buchem 等(2002)的研究成果十分接近。

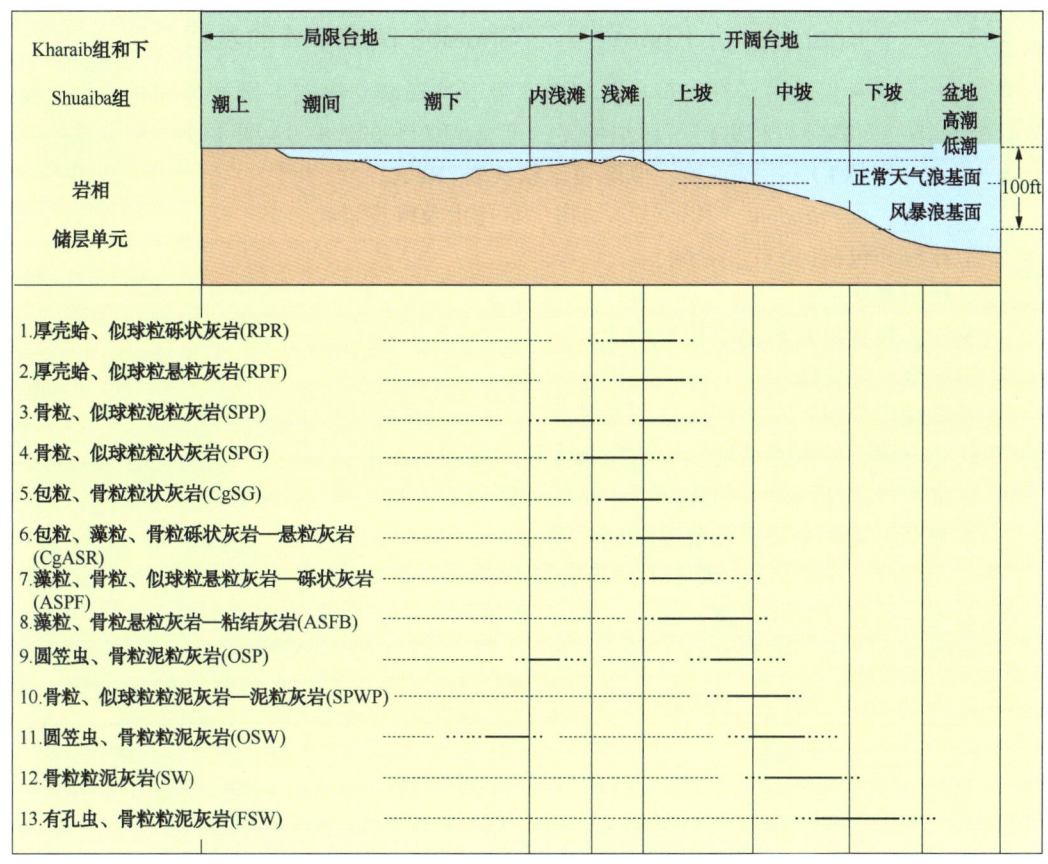

4 阿联酋阿布扎比巨型油田上 Thamama 群(下白垩统)高分辨率层序地层与储层表征

图 4-7 古水深剖面，图中显示了对在上、下 Kharaib 储层单元及下 Shuaiba 储层单元中识别出的十三种岩相作出的沉积环境解释

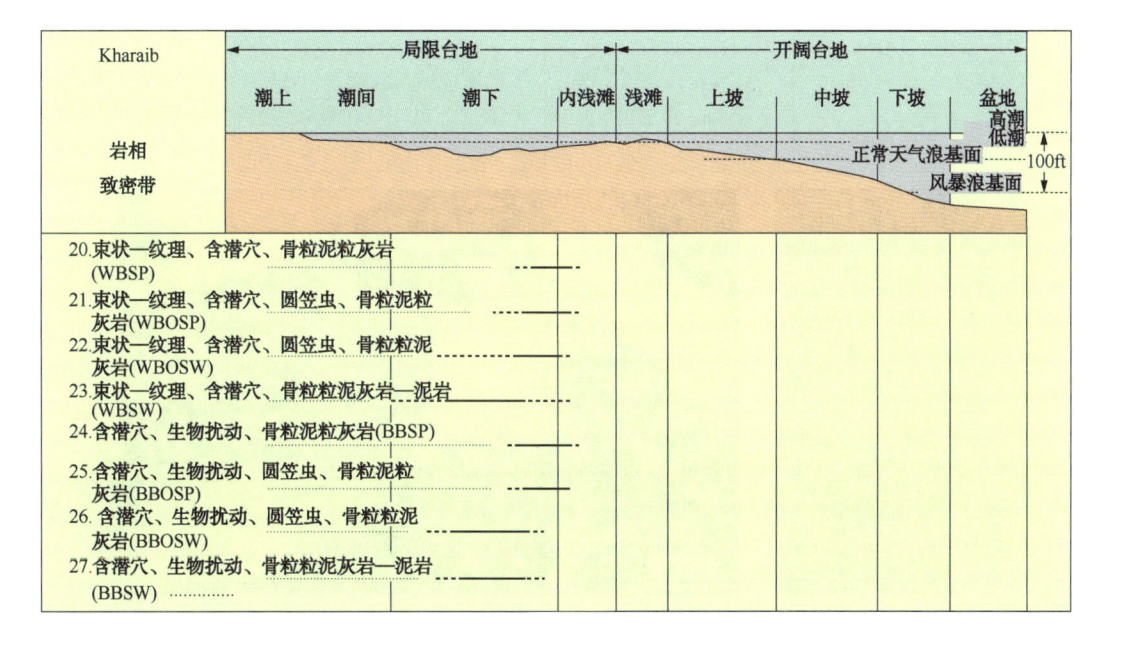

图 4-8 古水深剖面，图中显示了对在上、中、下致密带中识别出的八种岩相作出的沉积环境解释

4.3.1 下 Kharaib、上 Kharaib、下 Shuaiba 储层单元的岩相类型

所分析的 13 种岩相包括开阔台地及深潮下带下坡环境、浅潮下带至潮间带上坡环境等（图 4-7）。下文对各种岩相进行了详细描述，汇总信息详见图 4-9~图 4-21。

4.3.1.1 岩相 LF1：厚壳蛤、似球粒砾状灰岩（RPR）

① 厚壳蛤、*chondrodont*、其他软体动物、有孔虫及棘皮动物；
② 似球粒和包粒（鲕粒、表鲕）；
③ 砾状灰岩构造；
④ 基质：粒状灰岩和泥粒灰岩构造；
⑤ 中等至良好分选；
⑥ 双峰粒度分布；
⑦ 块状方解石作为常见填孔胶结物与大陆出露表面伴生；
⑧ 正常天气浪基面以上的浅潮下、高能开阔台地；
⑨ 浅滩至上坡厚壳蛤岩隆及改造型岩隆；
⑩ 高孔隙度、中至极高（大于 1D）基质渗透率；
⑪ 印模、溶洞及粒间孔隙；
⑫ 暴露面以下以印模和溶洞为主；
⑬ 下 Kharaid 储层单元（B 油田内不常见或不存在）、上 Kharaib 储层单元（图 4-9）。

	岩相	构造	储层特征	共同特征	沉积环境
1	厚壳蛤、似球粒砾状灰岩（RPR）	厚壳蛤基质：粒状灰岩和泥粒灰岩	• 高孔隙度 • 中至高基质渗透率 • 印模、溶洞、粒间孔隙 • 下 Kharaib 储层单元（B 油田内不常见或不存在） • 上 Kharaib 储层单元	• 厚壳蛤、*chondrodont* 及其他软体动物、有孔虫、棘皮动物 • 似球粒和包粒 • 中等至良好分选 • 双峰粒度分布 • 块状方解石作为常见填孔胶结物与大陆出露表面伴生 • 暴露面以下以印模和溶洞为主	• 正常天气浪基面以上的浅潮下、高能开阔台地 • 浅滩至上坡

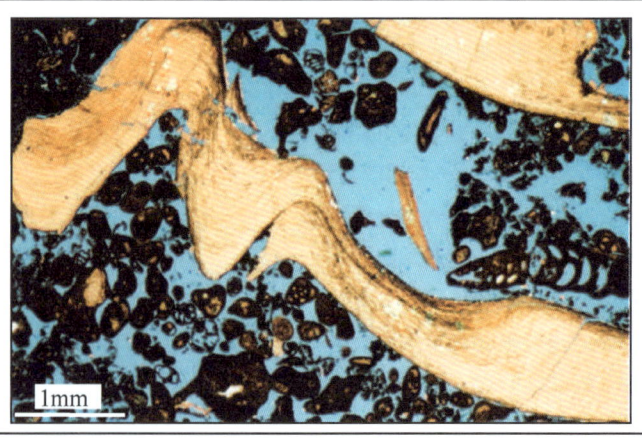

图 4-9　储层岩相类型 1：厚壳蛤似球粒砾状灰岩（RPR）

上图所示为汇总表、岩心照片及薄片显微照片（平面偏振光，蓝色表示孔隙）。薄片显微照片中可见大型 *chondrodont* 壳类

4.3.1.2 岩相 LF2：厚壳蛤、似球粒悬粒灰岩（RPF）

① 厚壳蛤、*chondrodont*、其他软体动物、有孔虫、棘皮动物、海绵骨针；
② 似球粒；
③ 悬粒灰岩构造；
④ 基质：泥粒灰岩和粒泥灰岩构造；
⑤ 分选差至中等分选；
⑥ 双峰粒度分布；
⑦ 块状方解石作为常见填孔胶结物与大陆出露表面伴生；
⑧ 正常天气浪基面以上的浅潮下、中能开阔台地；
⑨ 上坡改造型厚壳蛤岩隆；
⑩ 低至高孔隙度、高度可变的基质渗透率；
⑪ 印模、溶洞、粒内孔隙、微孔隙；
⑫ 暴露面以下以印模和溶洞为主；
⑬ 下 Kharaib 储层单位（B 油田内不存在）、上 Kharaib 储层单元（图 4-10）。

	岩相	构造	储层特征	共同特征	沉积环境
2	厚壳蛤、似球粒悬粒灰岩（RPF）	悬粒灰岩基质：泥粒灰岩和粒泥灰岩	• 低至高孔隙度 • 高度可变的基质渗透率 • 印模、溶洞、粒内孔隙、微孔隙 • 下 Kharaib 储层单元（B 油田内不存在） • 上 Kharaib 储层单元	• 厚壳蛤、*chondrodont*、其他软体动物、有孔虫、棘皮动物及海绵骨针 • 似球粒和包粒 • 分选差至中等分选 • 双峰粒度分布 • 块状方解石作为常见填孔胶结物与大陆出露表面伴生 • 暴露面以下以印模和溶洞为主	• 正常天气浪基面以上的浅潮下、中能开阔台地 • 上坡

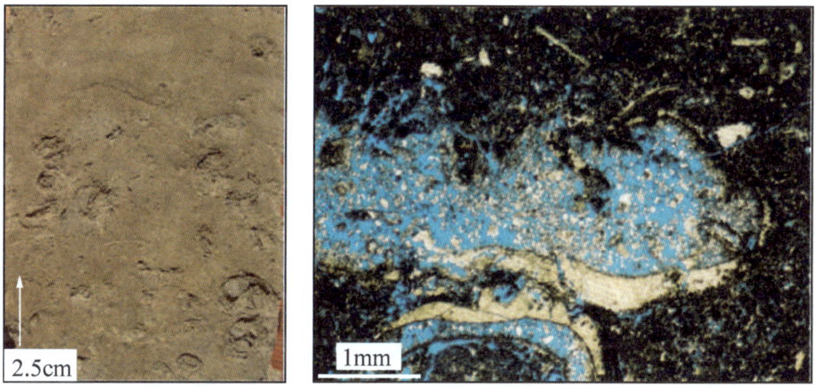

图 4-10 储层岩相类型 2：厚壳蛤、似球粒悬粒灰岩（RPF）
上图所示为汇总表、岩心照片及薄片显微照片（平面偏振光，蓝色表示孔隙）

4.3.1.3 岩相 LF3：骨粒、似球粒泥粒灰岩（SPP）

① 粟孔虫、其他有孔虫、棘皮动物、藻类、软体动物；
② 富含位于上、下 Kharaib 层序上部的粟孔虫；
③ 似球粒、骨料颗粒、似核形石、鲕粒；

④ 泥粒灰岩构造，带小粒状灰岩夹层；
⑤ 中等至良好分选；
⑥ 单峰粒度分布；
⑦ 罕见的板状纹理和低角度交错层理；
⑧ 渐变底部接触面和含潜穴的上侵蚀接触面（舌菌迹潜穴）；
⑨ 覆盖向上变细、变浅旋回；
⑩ 颗粒周围发育泥裂和裂隙，这是大陆出露的标志；
⑪ 正常天气浪基面以上的浅潮下至潮间、中能局限台地和开阔台地；
⑫ 内浅滩和上坡沉积；
⑬ 低至高孔隙度、低至中等基质渗透率；
⑭ 粒内孔隙、微印模孔隙、微孔隙；
⑮ 下、上 Kharaib 储层单元（图 4-11）。

	岩相	构造	储层特征	共同特征	沉积环境
3	骨粒、似球粒泥粒灰岩（SPP）	泥粒灰岩不太常见；粒状灰岩	• 低至高孔隙度 • 低至中等基质渗透率 • 粒内孔隙、微印模孔隙、粒间孔隙、微孔隙 • 下 Kharaib 储层单元及上 Kharaib 储层单元	• 粟孔虫、其他有孔虫、棘皮动物、藻类、软体动物 • 似球粒、骨料颗粒、似核形石、鲕粒 • 中等至良好分选 • 罕见板状纹理和低角度交错层理 • 覆盖向上变细、变浅旋回 • 含潜穴的上侵蚀接触面（舌菌迹潜穴） • 颗粒周围发育泥裂和裂隙，这是大陆出露的标志	• 正常天气浪基面以上的浅潮下至潮间、中能局限台地和开阔台地 • 内浅滩和上坡

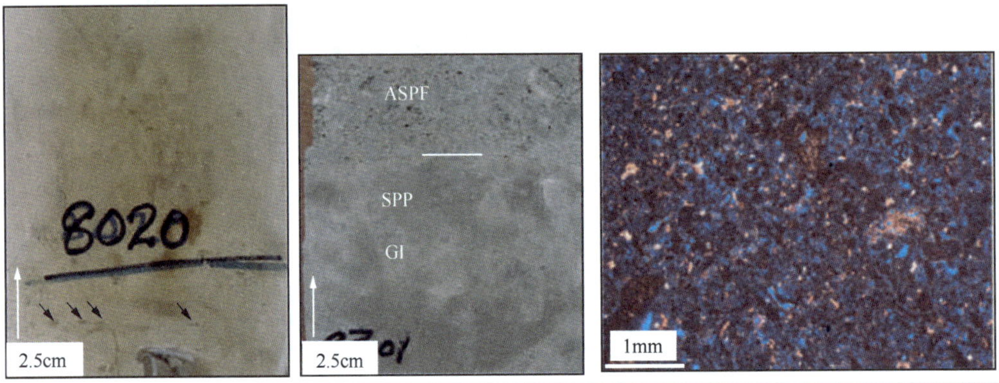

图 4-11 储层岩相类型 3：骨粒、似球粒泥粒灰岩（SPP）上覆藻粒、骨粒、似球粒悬粒灰岩砾状灰岩（ASPF）
上图所示为汇总表、岩心照片及薄片显微照片（平面偏振光，用茜素红 S 染色，蓝色表示孔隙）。骨粒、似球粒泥粒灰岩可能为窗格构造（箭头，左岩心照片），通常发育在向上变浅准层序组和准层序顶部（舌菌迹潜穴，GI，右岩心照片）

4.3.1.4 岩相 LF4：骨粒、似球粒粒状灰岩（SPG）

① 粟孔虫、其他有孔虫及棘皮动物；
② 富含于上、下 Kharaib 层序上部的粟孔虫；

③ 似球粒、包粒(鲕粒、表鲕及复粒);
④ 粒状灰岩构造,带小泥粒灰岩夹层;
⑤ 分选良好;
⑥ 单峰粒度分布;
⑦ 板状纹理和低角度交错层理,表明受潮汐影响;
⑧ 渐变底部接触面、突变和侵蚀(为主)或渐变上接触面;
⑨ 正常天气浪基面以上的浅潮下至潮间、高能开阔台地;
⑩ 上坡海滩、近浅滩坡顶、近内浅滩沉积;
⑪ 低至高孔隙度、低至高基质渗透率;
⑫ 粒间孔隙、粒内孔隙、微印模孔隙;
⑬ 下、上 Kharaib 储层单元(图 4-12)。

	岩相	构造	储层特征	共同特征	沉积环境
4	骨粒、似球粒粒状灰岩(SPG)	粒状灰岩不太常见;泥粒灰岩	• 低至高孔隙度 • 低至高基质渗透率 • 粒间孔隙、粒内孔隙、微孔隙 • 下 Kharaib 储层单元及上 Kharaib 储层单元	• 粟孔虫、其他有孔虫及棘皮动物 • 似球粒、包粒(鲕粒、表鲕及复粒) • 分选良好 • 板状纹理和低角度交错层理	• 正常天气浪基面以上的浅潮下至潮间、高能开阔台地 • 上坡海滩、近浅滩坡顶、近内浅滩

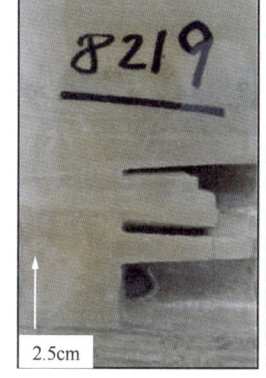

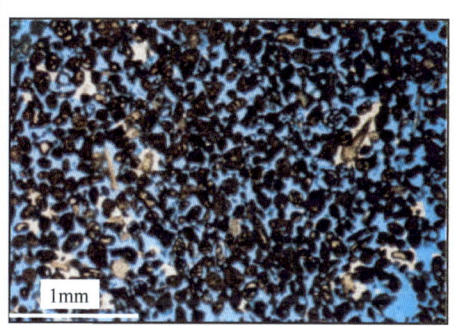

图 4-12 储层岩相类型 4:骨粒、似球粒粒状灰岩(SPG)

上图所示为汇总表、岩心照片及薄片显微照片(平面偏振光,用茜素红 S 染色,蓝色表示孔隙)。岩心照片(左)显示,这种岩相具有低角度冲流交错层理。由薄片显微照片可见,该岩相富含粟孔虫和小型棘皮动物板层

4.3.1.5 岩相 LF5:包粒、骨粒粒状灰岩(CgSG)

① 粟孔虫、其他有孔虫、棘皮动物、绿藻类、*Lithocodium/Bacinella* 碎屑、软体动物;
② 包粒(鲕粒、表鲕、复粒、似核形石)、骨料颗粒、内碎屑、似球粒;
③ 粒状灰岩构造,带小泥粒灰岩夹层;
④ 中等至良好分选;
⑤ 单峰至双峰粒度分布;
⑥ 罕见交错层理;

⑦ 突变底部接触面、渐变(为主)或突变上接触面;
⑧ 正常天气浪基面以上的浅潮下、高能开阔台地;
⑨ 上坡、近浅滩坡顶沉积;
⑩ 中至高孔隙度、低至极高基质渗透率(大于1D);
⑪ 粒间孔隙、粒内孔隙、印模、溶洞孔隙;
⑫ 暴露面以下以印模和溶洞为主;
⑬ 下、上 Kharaib 储层单元(图 4-13)。

	岩相	构造	储层特征	共同特征	沉积环境
5	包粒、骨粒粒状灰岩（CgSG）	粒状灰岩不太常见;泥粒灰岩	• 中至高孔隙度 • 高度可变的基质渗透率 • 印模、溶洞及粒间孔隙、微孔隙 • 下 Kharaib 储层单元及上 Kharaib 储层单元	• 粟孔虫、其他有孔虫、棘皮动物、绿藻类、*Lithocodium/Bacinella* 碎屑、软体动物 • 包粒、鲕粒、表鲕、复粒、似核形石、骨料颗粒、内碎屑、似球粒 • 中等至良好分选 • 单峰至双峰粒度分布 • 罕见交错层理 • 突变底部接触面和渐变(为主)或突变上接触面	• 正常天气浪基面以上的浅潮下、高能开阔台地 • 上坡、近浅滩坡顶

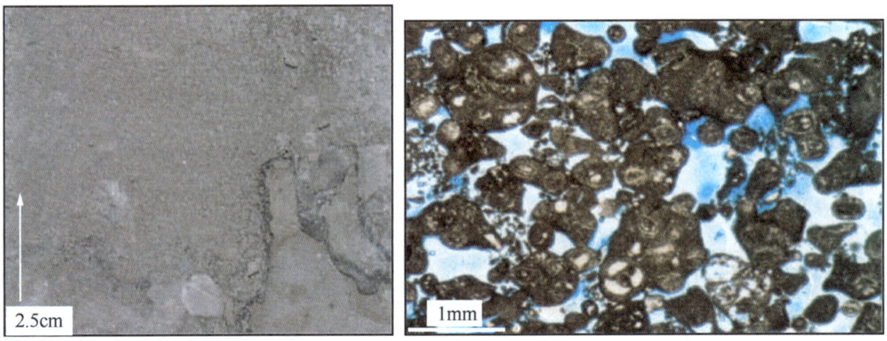

图 4-13 储层岩相类型 5：包粒、骨粒粒状灰岩(CgSG)
上图所示为汇总表、岩心照片及薄片显微照片(平面偏振光,蓝色表示孔隙)

4.3.1.6 岩相 LF6：包粒、藻粒、骨粒 砾状灰岩—悬粒灰岩(CgASR)

① *Lithocodium/Bacinella*、粟孔虫、其他有孔虫、棘皮动物、绿藻类、厚壳蛤及其他软体动物;
② 包粒(复粒、似核形石、表鲕、罕见鲕粒)、骨料颗粒、内碎屑及似球粒;
③ 砾状灰岩(为主)至悬粒灰岩构造;
④ 基质：粒状灰岩和贫泥泥粒灰岩构造;
⑤ 分选差至中等分选;
⑥ 双峰粒度分布;
⑦ 突变底部接触面和渐变上接触面;
⑧ 正常天气浪基面以上的浅潮下、高能开阔台地;
⑨ 上坡、近浅滩坡顶沉积;

⑩ 中至高孔隙度、低至极高(大于1D)基质渗透率;
⑪ 粒间孔隙、粒内孔隙、印模、溶洞孔隙;
⑫ 暴露面以下以印模和溶洞为主;
⑬ 下、上 Kharaib 储层单元(图4-14)。

	岩相	构造	储层特征	共同特征	沉积环境
6	包粒、藻粒、骨粒砾状灰岩至悬粒灰岩（CgASR）	砾状灰岩不太常见，悬粒灰岩基质：粒状灰岩和泥粒灰岩	• 中至高孔隙度 • 低至高基质渗透率 • 粒间孔隙、粒内孔隙、微孔隙 • 下 Kharaib 储层单元及上 Kharaib 储层单元	• *Lithocodium/Bacinella*、粟孔虫、其他有孔虫、棘皮动物、绿藻类、厚壳蛤及其他软体动物 • 包粒(复粒、似核形石、海绵鲕粒)、骨料颗粒、内碎屑及似球粒 • 分选差至中等分选 • 双峰粒度分布 • 突变底部接触面、渐变上接触面	• 正常天气浪基面以上的浅潮下、高能开阔台地 • 上坡、近浅滩坡顶

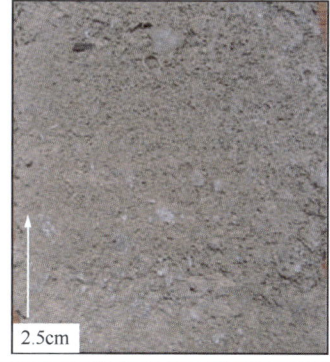

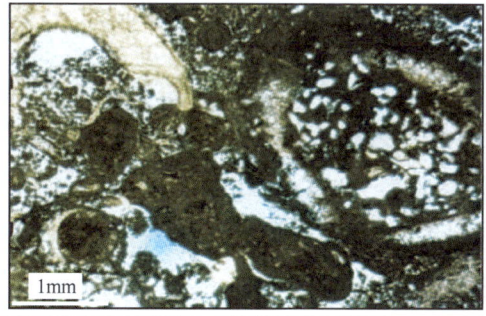

图 4-14 储层岩相类型 6：包粒、藻粒、骨粒砾状灰岩—悬粒灰岩(CgASR)
上图所示为汇总表、岩心照片及薄片显微照片(平面偏振光，蓝色表示孔隙)

4.3.1.7 岩相 LF7：藻粒、骨粒、似球粒悬粒灰岩—砾状灰岩（ASPF）

① *Lithocodium/Bacinella*、有孔虫、棘皮动物、厚壳蛤、其他软体动物、海绵骨针;
② 似球粒、似核形石、骨料颗粒及罕见包粒(表鲕);
③ 悬粒灰岩(为主)至砾状灰岩构造;
④ 基质：泥粒灰岩至贫泥泥粒灰岩构造;
⑤ 分选差至中等分选;
⑥ 双峰粒度分布;
⑦ 突变底部接触面和渐变向上变细的上接触面;
⑧ 正常天气浪基面以上的浅潮下、中至高能开阔台地;
⑨ 上坡藻类岩隆和改造型藻类岩隆;
⑩ 中至高孔隙度、低至高基质渗透率;
⑪ 粒间孔隙、粒内孔隙、微孔隙;
⑫ 下、上 Kharaib 储层单元(图4-15)。

	岩相	构造	储层特征	共同特征	沉积环境
7	藻粒、骨粒、似球粒悬粒灰岩至砾状灰岩（ASPF）	悬粒灰岩不太常见，砾状灰岩基质：泥粒灰岩	• 中至高孔隙度 • 低至高基质渗透率 • 粒间孔隙、粒内孔隙及微孔隙 • 下 Kharaib 储层单元及上 Kharaib 储层单元	• *Lithocodium/Bacinella*、有孔虫、棘皮动物、厚壳蛤、其他软体动物、海绵骨针 • 似球粒、似核形石、骨料颗粒及罕见包粒（表鲕） • 分选差至中等分选 • 双峰粒度分布 • 突变底部接触面和渐变向上变细的上接触面	• 正常天气浪基面以上的浅潮下、中至高能开阔台地 • 上坡

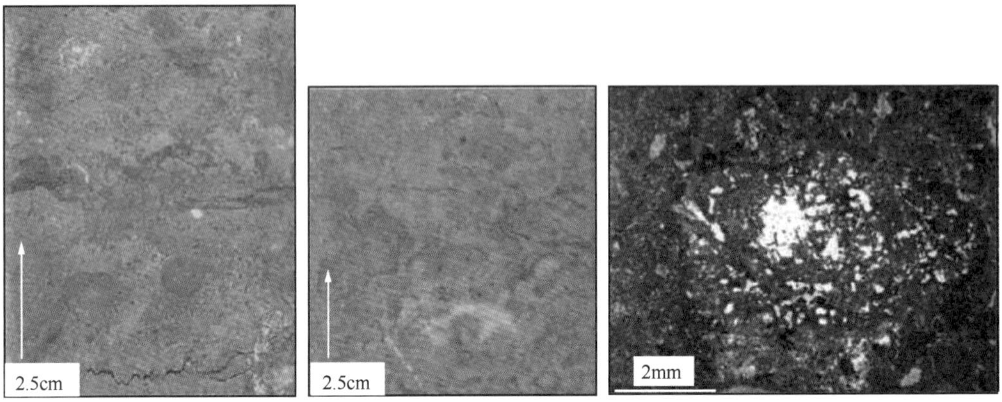

图 4-15 储层岩相类型 7：藻粒、骨粒、似球粒悬粒灰岩—砾状灰岩

上图所示为汇总表、岩心照片及薄片显微照片（平面偏振光，蓝色表示孔隙）。薄片显微照片中可见 *Lithocodium/Bacinella* 颗粒和填孔胶结物（白色区域）中保留的粒内孔隙

4.3.1.8 岩相 LF8：藻粒、骨粒悬粒灰岩—粘结灰岩（ASFB）

① *Lithocodium/Bacinella*、圆笠虫、其他有孔虫、软体动物、棘皮动物；
② 受藻类结合活性作用，形成低起伏指状生长格架和结壳体；
③ 似球粒；
④ 悬粒灰岩至粘结灰岩（粘结灰岩）构造；
⑤ 基质：泥粒灰岩和粒泥灰岩构造；
⑥ 分选差至中等分选；
⑦ 双峰粒度分布；
⑧ 近正常天气浪基面的潮下、低至中能开阔台地；
⑨ 下坡、上坡藻类岩隆和改造型藻类岩隆；
⑩ 中至高孔隙度、低至高基质渗透率；
⑪ 粒内孔隙（格架）、遮盖孔隙、微孔隙；
⑫ 下 Shuaiba 储层单元（图 4-16）。

4.3.1.9 岩相 LF9：圆笠虫、骨粒泥粒灰岩（OSP）

① 圆笠虫及其他有孔虫、软体动物、棘皮动物及海绵骨针；
② 似球粒；
③ 泥粒灰岩构造，带小粒泥灰岩夹层。

	岩相	构造	储层特征	共同特征	沉积环境
8	藻粒、骨粒悬粒灰岩至粘结灰岩（ASFB）	悬粒灰岩和粘结灰岩基质：泥粒灰岩和粒泥灰岩	• 中至高孔隙度 • 低至高基质渗透率 • 粒内孔隙（格架）、遮盖孔隙、微孔隙 • 下 Shuaiba 储层单元	• *Lithocodium/Bacinella*、圆笠虫、其他有孔虫、软体动物、棘皮动物 • 受藻类结合活性作用，形成低起伏指状生长格架和结壳体 • 似球粒 • 分选差至中等分选 • 双峰粒度分布	• 近正常天气浪基面的潮下、低至中能开阔台地 • 上坡

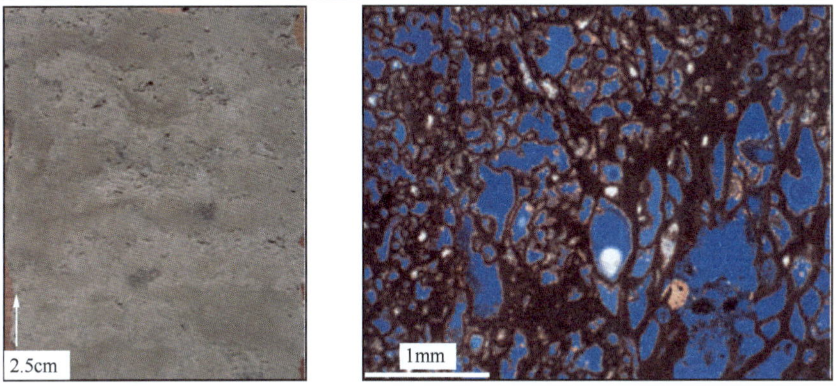

图 4-16　储层岩相类型 8：藻粒、骨粒悬粒灰岩—粘结灰岩（ASFB）

上图所示为汇总表、岩心照片及薄片显微照片（平面偏振光，用茜素红 S 染色，蓝色表示孔隙）。
薄片显微照片中可见 *Lithocodium/Bacinella* 粘结灰岩中保留的原生粒内（格架）孔隙

④ 中等至良好分选；
⑤ 双峰粒度分布；
⑥ 生物扰动；
⑦ 近正常天气浪基面沉积的浅潮下、低至中能局限台地和开阔台地；
⑧ 内坡、局限潟湖沉积、上坡至中坡沉积；
⑨ 低至高孔隙度、低基质渗透率；
⑩ 粒内孔隙、微印模、微孔隙；
⑪ 下、上 Kharaib 储层单元（图 4-17）。

4.3.1.10　岩相 LF10：骨粒、似球粒粒泥灰岩—泥粒灰岩（SPWP）

① 有孔虫、海绵骨针、藻类、棘皮动物；
② 似球粒和罕见包粒；
③ 粒泥灰岩至泥粒灰岩构造；
④ 中等分选；
⑤ 单峰粒度分布；
⑥ 生物扰动；
⑦ 薄白云石化层段（常见）；
⑧ 近正常天气浪基面的潮下、低能开阔台地；
⑨ 上坡至中坡沉积；
⑩ 低至高孔隙度、低至中等基质渗透率；
⑪ 粒内孔隙、微印模、微孔隙；

⑫ 下 Kharaib 储层单元、上 Kharaib 储层单元、下 Shuaiba 储层单元(图 4-18)。

	岩相	构造	储层特征	共同特征	沉积环境
9	圆笠虫、骨粒泥粒灰岩（OSP）	泥粒灰岩不太常见；粒泥灰岩	• 低至高孔隙度 • 低基质渗透率 • 粒内孔隙、微印模和粒间孔隙、微孔隙 • 下 Kharaib 储层单元及上 Kharaib 储层单元	• 圆笠虫及其他有孔虫、软体动物、棘皮动物及海绵骨针 • 似球粒 • 薄粒泥灰岩夹层 • 中等至良好分选 • 双峰粒度分布 • 生物扰动	• 近正常天气浪基面的浅潮下、低至中能局限台地和开阔台地 • 内坡、局限潟湖、上坡至中坡

图 4-17 储层岩相类型 9：圆笠虫、骨粒泥粒灰岩（OSP）
上图所示为汇总表、岩心照片及薄片显微照片(平面偏振光，用茜素红 S 染色，蓝色表示孔隙)。薄片显微照片中可见棘皮动物板层、保留有原生粒内孔隙的密集盘状圆笠虫

	岩相	构造	储层特征	共同特征	沉积环境
10	骨粒、似球粒粒泥灰岩至泥粒灰岩（SPWP）	粒泥灰岩至泥粒灰岩	• 低至高孔隙度 • 低至中等基质渗透率 • 微印模、粒内孔隙、微孔隙 • 下 Kharaib 储层单元、上 Kharaib 储层单元及下 Shuaiba 储层单元	• 有孔虫、海绵骨针、藻类、棘皮动物 • 似球粒和罕见包粒 • 中等分选 • 生物扰动 • 薄白云石化层段(常见)	• 近正常天气浪基面的潮下、低能开阔台地 • 上坡至中坡

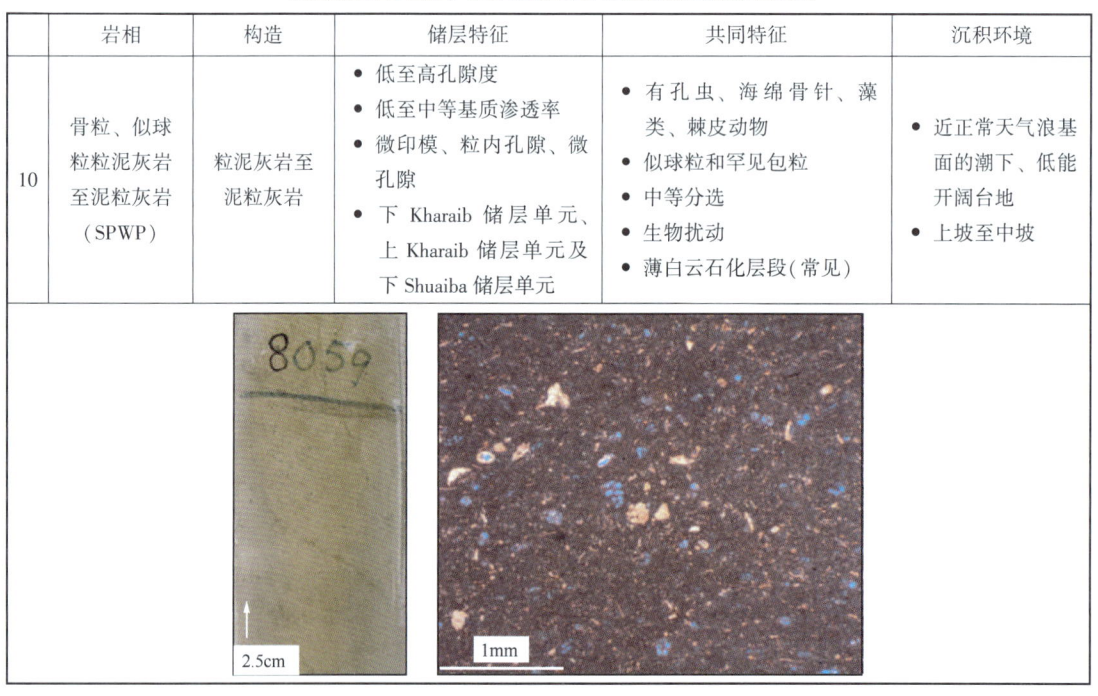

图 4-18 储层岩相类型 10：骨粒、似球粒粒泥灰岩—泥粒灰岩（SPWP）
上图所示为汇总表、岩心照片及薄片显微照片(用茜素红 S 染色，蓝色表示孔隙)。
薄片显微照片中可见底栖有孔虫和小型棘皮动物板层

4.3.1.11 岩相 LF11：圆笠虫、骨粒粒泥灰岩（OSW）

① 圆笠虫、其他有孔虫、软体动物、棘皮动物、海绵骨针；
② 似球粒；
③ 粒泥灰岩构造，带小泥粒灰岩夹层；
④ 中等分选；
⑤ 双峰粒度分布；
⑥ 生物扰动；
⑦ 薄白云石化层；
⑧ 正常天气浪基面以下的浅潮下、低能局限台地和深潮下、开阔台地；
⑨ 内坡、局限潟湖沉积、中坡沉积；
⑩ 低至高孔隙度、低基质渗透率；
⑪ 微孔隙、粒内孔隙、微印模孔隙；
⑫ 下、上 Kharaib 储层单元（图 4-19）。

	岩相	构造	储层特征	共同特征	沉积环境
11	圆笠虫、骨粒粒泥灰岩（OSW）	粒泥灰岩不太常见；泥粒灰岩	• 低至高孔隙度 • 低基质渗透率 • 微孔隙、粒内孔隙、微印模孔隙 • 下 Kharaib 储层单元及上 Kharaib 储层单元	• 圆笠虫、其他有孔虫、软体动物、棘皮动物及海绵骨针 • 似球粒 • 中等分选 • 双峰粒度分布 • 生物扰动 • 薄泥粒灰岩夹层	• 正常天气浪基面以下的浅潮下、低能局限台地和开阔台地 • 内坡、局限潟湖、中坡

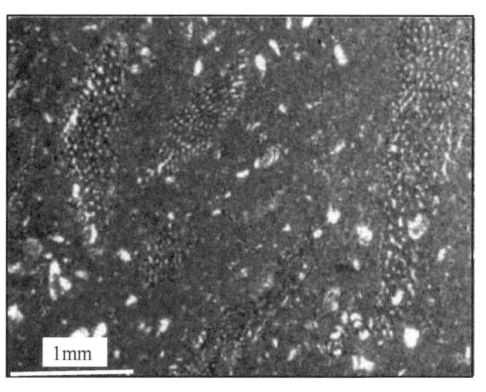

图 4-19 储层岩相类型 11：圆笠虫、骨粒粒泥灰岩（OSW）
上图所示为汇总表、岩心照片及薄片显微照片（平面偏振光，蓝色表示孔隙）。薄片显微照片中可见盘状圆笠虫

4.3.1.12 岩相 LF12：骨粒粒泥灰岩（SW）

① 有孔虫、海绵骨针、棘皮动物及藻类；
② 似球粒；
③ 粒泥灰岩构造；
④ 中等分选；
⑤ 分选良好；

⑥ 单峰粒度分布；
⑦ 生物扰动；
⑧ 薄白云石化层；
⑨ 正常天气浪基面以下的潮下、低能开阔台地；
⑩ 中坡沉积；
⑪ 细粒、微孔灰岩，具有低至中等基质渗透率；
⑫ 微孔隙、粒内孔隙、微印模孔隙；
⑬ 上 Kharaib 储层单元(图 4-20)。

	岩相	构造	储层特征	共同特征	沉积环境
12	骨粒粒泥灰岩(SW)	粒泥灰岩	• 低至高孔隙度 • 低至中等基质渗透率 • 微孔隙和微印模孔隙 • 上 Kharaib 储层单元	• 有孔虫、海绵骨针、棘皮动物及藻类 • 似球粒 • 中等分选 • 生物扰动 • 薄白云石化层	• 正常天气浪基面以下的潮下、低能开阔台地 • 中坡

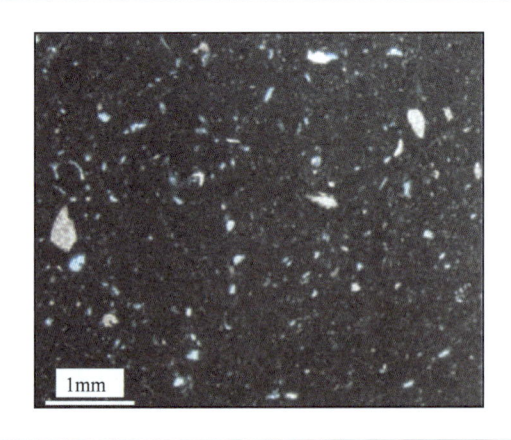

图 4-20　储层岩相类型 12：骨粒粒泥灰岩(SW)
上图所示为汇总表、岩心照片及薄片显微照片(平面偏振光，蓝色表示孔隙)

4.3.1.13　岩相 LF13：有孔虫、骨粒粒泥灰岩(FSW)

① 浮游和底栖有孔虫、海绵骨针、棘皮动物；
② 似球粒；
③ 黄铁矿；
④ 粒泥灰岩构造，带小泥岩夹层；
⑤ 中等分选；
⑥ 分选良好；
⑦ 单峰粒度分布；
⑧ 生物扰动；
⑨ 正常天气浪基面以下的潮下、低能开阔台地；
⑩ 中坡至下坡沉积；

⑪ 细粒、微孔灰岩,基质渗透率低;
⑫ 微孔隙、粒内孔隙、微印模孔隙;
⑬ 下 Shuaiba 储层单元(图 4-21)。

	岩相	构造	储层特征	共同特征	沉积环境
13	有孔虫、骨粒粒泥灰岩(FSW)	粒泥灰岩不太常见;泥岩	• 低至高孔隙度 • 低至中等基质渗透率 • 微孔隙、粒内孔隙、微印模孔隙 • 下 Shuaiba 储层单元	• 浮游和底栖有孔虫、海绵骨针及棘皮动物 • 似球粒 • 黄铁矿 • 中等分选 • 生物扰动	• 正常天气浪基面以下的潮下、低能开阔台地 • 中坡至下坡

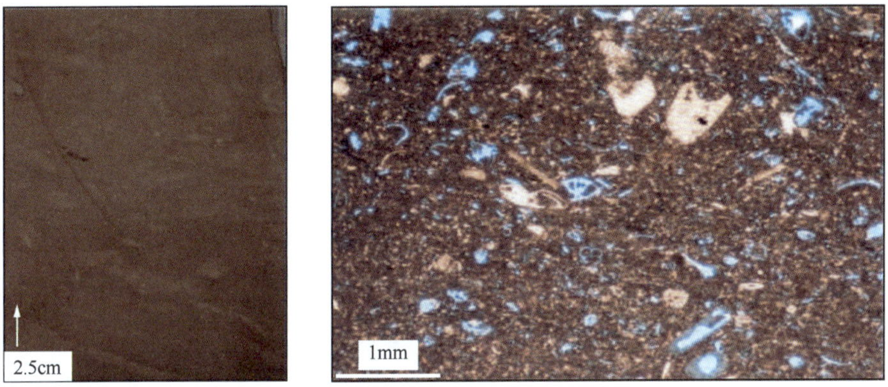

图 4-21　储层岩相类型 13:有孔虫、骨粒粒泥灰岩(FSW)
上图所示为汇总表、岩心照片及薄片显微照片(平面偏振光,用茜素红 S 染色,蓝色表示孔隙)。
岩心照片显示了生物扰动情况。薄片显微照片中可见浮游有孔虫和棘皮动物板层

4.3.2　下、中、上致密带的岩相类型

所分析的这八种致密带岩相类型代表了富有机质、富硅屑内台地、局限潟湖沉积(图 4-8)。变黑砾石和变黑颗粒的频繁出现表明发育环境属于海岸、潮缘贫氧环境(Strasser 和 Davaud,1983;Strasser,1984)。通过自然伽马测井对碳酸盐岩进行检测,测定铀含量较高,这表明碳酸盐岩中的有机质含量升高,这也恰好印证了前述结论。舌菌迹潜穴、泥裂、植物根痕、侵蚀面及古土壤等沉积结构表明这些致密带经历过重复的大陆出露。下文对各岩相类型进行了详细描述,详见图 4-22~图 4-29。

4.3.2.1　岩相 LF20:束状—纹理、含潜穴、骨粒泥粒灰岩(WBSP)
① 多样性低、较为富集的小型动物群;
② 有孔虫、软体动物、棘皮动物、海绵骨针、介形类;
③ 似球粒;
④ 变黑砾石和变黑颗粒;
⑤ 黄铁矿;
⑥ 含硅屑;
⑦ 泥粒灰岩构造;

⑧ 束状和结核状层理；
⑨ 潜穴和生物扰动；
⑩ 浅潮下、低至中能局限台地；
⑪ 内浅滩至内坡、局限潟湖沉积；
⑫ 低孔隙度和低基质渗透率；
⑬ 下、中(罕见)致密带(图4-22)。

	岩相	构造	储层特征	共同特征	沉积环境
20	束状-纹理、含潜穴、骨粒泥粒灰岩（WBSP）	泥粒灰岩	• 低孔隙度 • 低基质渗透率 • 下致密带和中致密带（罕见）	• 多样性低、较为富集的小型动物群 • 有孔虫、软体动物、棘皮动物、海绵骨针、介形类 • 似球粒 • 变黑砾石和变黑颗粒 • 黄铁矿 • 束状和结核状层理 • 潜穴和生物扰动	• 浅潮下、低至中能局限台地 • 内浅滩至内坡、局限潟湖

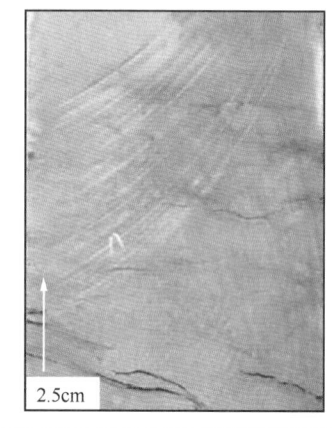

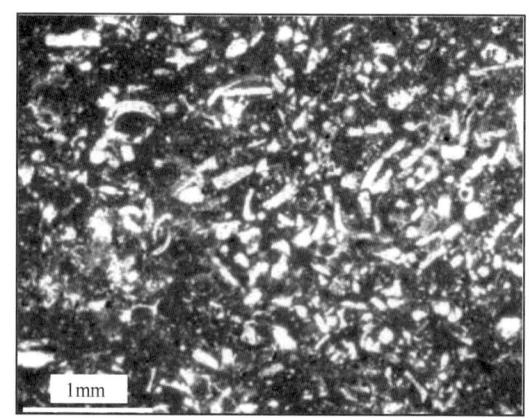

图4-22 非储层岩相类型20：束状—纹理、含潜穴、骨粒泥粒灰岩(WBSP)
上图所示为汇总表、岩心照片及薄片显微照片(平面偏振光)。薄片显微照片中可见大量骨屑

4.3.2.2 岩相LF21：束状—纹理、含潜穴、圆笠虫、骨粒泥粒灰岩(WBOSP)

① 多样性低、高丰度动物群；
② 盘状圆笠虫、其他有孔虫、绿藻类(绒枝藻)、软体动物、棘皮动物、海绵骨针、介形类；
③ 似球粒；
④ 变黑砾石和变黑颗粒；
⑤ 富白云石；
⑥ 富黄铁矿；
⑦ 含硅屑；
⑧ 泥粒灰岩构造；
⑨ 束状和结核状层理；

⑩ 潜穴和生物扰动；
⑪ 栗色岩屑、红色古土壤、钙结壳；
⑫ 根迹(根管)和泥裂；
⑬ 频繁大陆出露；
⑭ 浅潮下、低至中能局限台地；
⑮ 内坡、局限潟湖沉积；
⑯ 低孔隙度和低基质渗透率；
⑰ 上致密带(Hawar)(图4-23)。

	岩相	构造	储层特征	共同特征	沉积环境
21	束状—纹理、含潜穴、圆笠虫、骨粒泥粒灰岩(WBOSP)	泥粒灰岩	• 低孔隙度 • 低基质渗透率 • 上致密带(Hawar)	• 多样性低、高丰度动物群 • 盘状圆笠虫、其他有孔虫、绿藻类(绒枝藻)、软体动物、棘皮动物、海绵骨针、介形类 • 似球粒 • 变黑砾石和变黑颗粒 • 黄铁矿 • 束状和结核状层理 • 潜穴和生物扰动 • 栗色岩屑和红色古土壤	• 浅潮下、低至中能局限台地 • 内坡、局限潟湖 • 频繁大陆出露

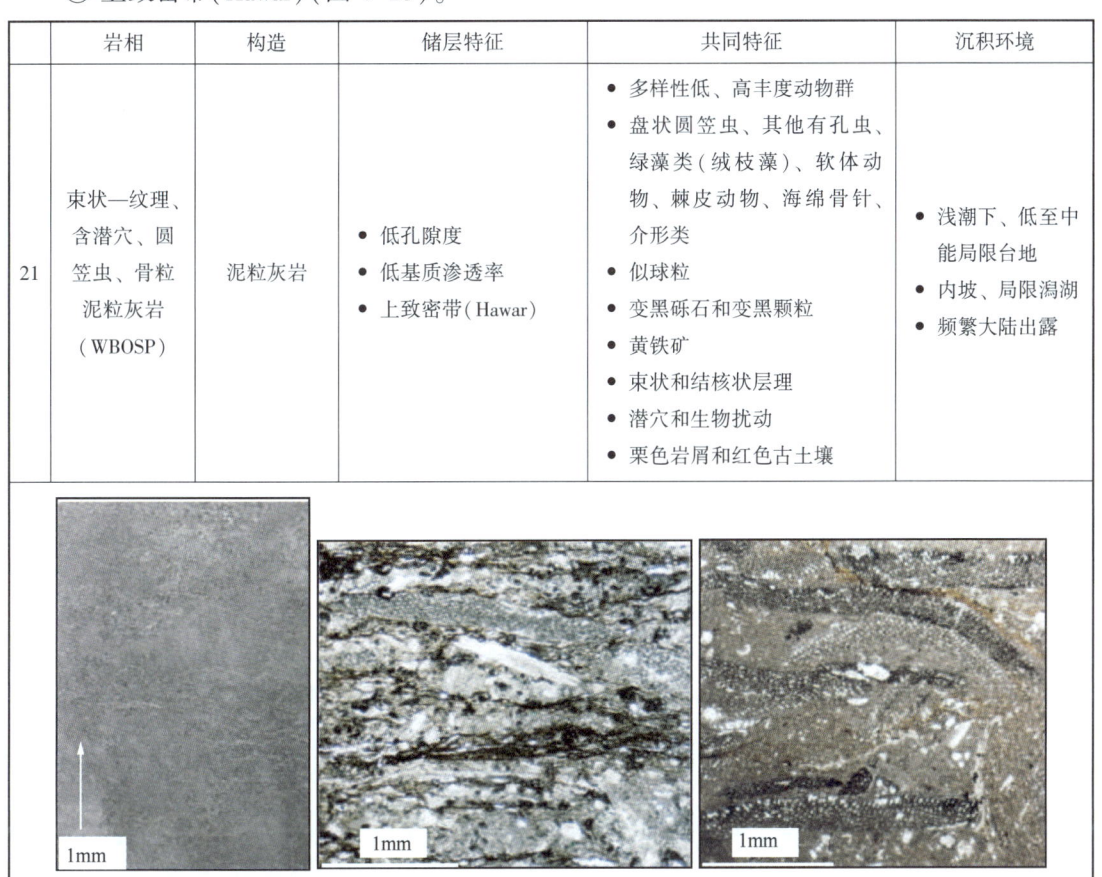

图4-23 非储层岩相类型21：束状—纹理、含潜穴、圆笠虫、骨粒泥粒灰岩(WBOSP)
上图所示为汇总表、岩心照片及薄片显微照片(平面偏振光)。薄片显微照片中可见密集盘状圆笠虫和束状缝合线

4.3.2.3 岩相LF22：束状—纹理、含潜穴、圆笠虫、骨粒粒泥灰岩(WBOSW)

① 多样性低、高丰度动物群；
② 盘状圆笠虫、其他有孔虫、绿藻类(绒枝藻)、软体动物、棘皮动物、海绵骨针及介形类；
③ 似球粒；
④ 变黑砾石和变黑颗粒；
⑤ 富白云石；

⑥ 富黄铁矿；
⑦ 含硅屑；
⑧ 粒泥灰岩构造，带小泥粒灰岩夹层；
⑨ 束状和结核状层理；
⑩ 潜穴和生物扰动；
⑪ 栗色岩屑、红色古土壤、钙结壳；
⑫ 根迹（根管）和泥裂；
⑬ 频繁大陆出露；
⑭ 浅潮下、低能局限台地；
⑮ 内坡、局限潟湖沉积；
⑯ 低孔隙度和低基质渗透率；
⑰ 上致密带（Hawar）（图4-24）。

岩相	构造	储层特征	共同特征	沉积环境
22	束状—纹理、含潜穴、圆笠虫、骨粒粒泥灰岩（WBOSW）	粒泥灰岩不太常见；泥粒灰岩	• 低孔隙度 • 低基质渗透率 • 上致密带（Hawar）	• 多样性低、高丰度动物群 • 盘状圆笠虫、其他有孔虫、绿藻类（绒枝藻）、软体动物、棘皮动物、海绵骨针、介形类 • 似球粒 • 变黑砾石和变黑颗粒 • 黄铁矿 • 束状和结核状层理 • 潜穴和生物扰动 • 栗色岩屑和红色古土壤	• 浅潮下、低能局限台地 • 内坡、局限潟湖 • 频繁大陆出露

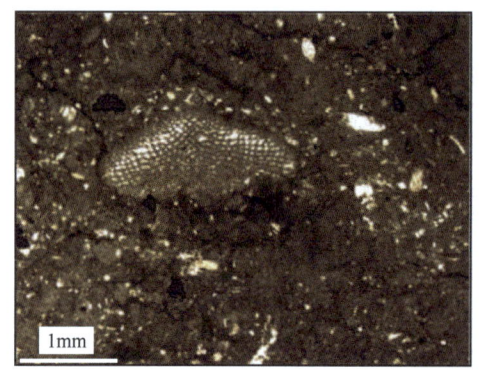

图4-24：非储层岩相类型22：束状—纹理、含潜穴、圆笠虫、骨粒粒泥灰岩（WBOSW）
上图所示为汇总表、岩心照片及薄片显微照片（平面偏振光）

4.3.2.4 岩相LF23：束状—纹理、含潜穴、骨粒粒泥灰岩—泥岩（WBSW）

① 多样性低、较为富集的小型动物群；
② 有孔虫、软体动物、棘皮动物、海绵骨针及介形类；

③ 似球粒;

④ 变黑砾石和变黑颗粒;

⑤ 富白云石;

⑥ 富黄铁矿;

⑦ 含硅屑;

⑧ 粒泥灰岩至泥岩构造,带小泥粒灰岩夹层;

⑨ 束状和结核状层理;

⑩ 潜穴和生物扰动;

⑪ 古土壤和钙结壳;

⑫ 根迹(根管)和泥裂;

⑬ 频繁大陆出露;

⑭ 浅潮下、低能局限台地;

⑮ 内坡、局限潟湖沉积;

⑯ 低孔隙度和低基质渗透率;

⑰ 下、中致密带(图4-25)。

	岩相	构造	储层特征	共同特征	沉积环境
23	束状—纹理、含潜穴、骨粒粒泥灰岩至泥岩(WBSW)	粒泥灰岩至泥岩不太常见;泥粒灰岩	• 低孔隙度 • 低基质渗透率 • 下致密带及中致密带	• 多样性低、较为富集的小型动物群 • 有孔虫、软体动物、棘皮动物、海绵骨针、介形类 • 似球粒 • 变黑砾石和变黑颗粒 • 黄铁矿 • 束状和结核状层理 • 潜穴和生物扰动 • 根迹(根管)和泥裂 • 古土壤和钙结壳 • 局部至完全白云石化	• 浅潮下、低能局限台地 • 内坡、局限潟湖 • 频繁大陆出露

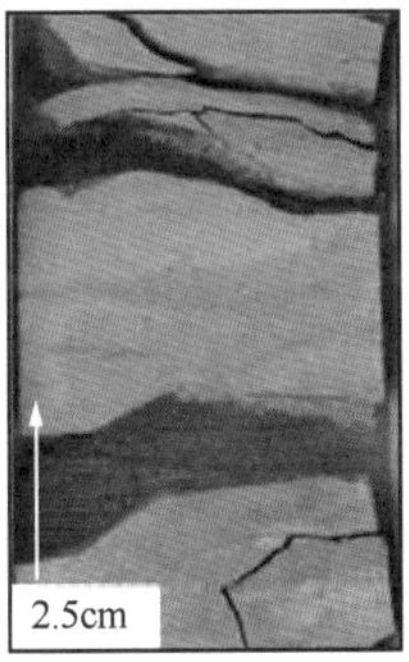

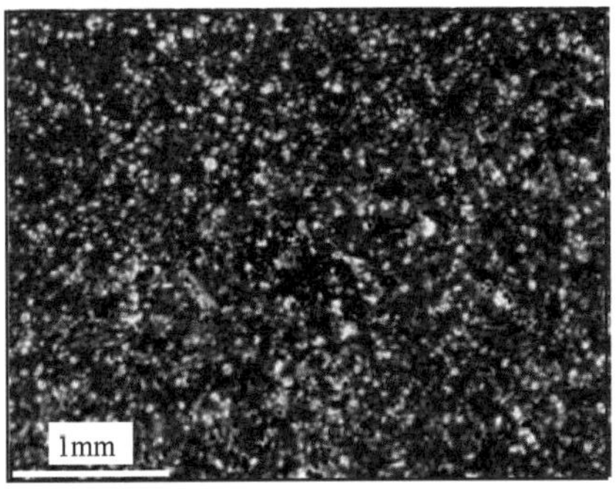

图 4-25 非储层岩相类型23:束状—纹理、含潜穴、骨粒粒泥灰岩—泥岩(WBSW)

上图所示为汇总表、岩心照片及薄片显微照片(平面偏振光)。薄片显微照片中可见菱形白云石和黄铁矿

4.3.2.5 岩相 LF24：含潜穴、生物扰动、骨粒泥粒灰岩（BBSP）

① 多样性低、较为富集的小型动物群；
② 有孔虫、棘皮动物、海绵骨针及介形类；
③ 似球粒；
④ 变黑砾石和变黑颗粒；
⑤ 黄铁矿；
⑥ 泥粒灰岩构造，带小粒泥灰岩夹层；
⑦ 潜穴和生物扰动；
⑧ 浅潮下、低至中能局限台地；
⑨ 内坡、局限潟湖沉积；
⑩ 低至中等孔隙度和低基质渗透率；
⑪ 下、中（罕见）致密带（图 4-26）。

	岩相	构造	储层特征	共同特征	沉积环境
24	含潜穴、生物扰动、骨粒泥粒灰岩（BBSP）	泥粒灰岩不太常见；粒泥灰岩	• 低至中等孔隙度 • 低基质渗透率 • 下致密带及中致密带（罕见）	• 多样性低、较为富集的小型动物群 • 有孔虫、棘皮动物、海绵骨针及介形类 • 似球粒 • 变黑砾石和变黑颗粒 • 黄铁矿 • 潜穴和生物扰动	• 浅潮下、低至中能局限台地 • 内坡、局限潟湖

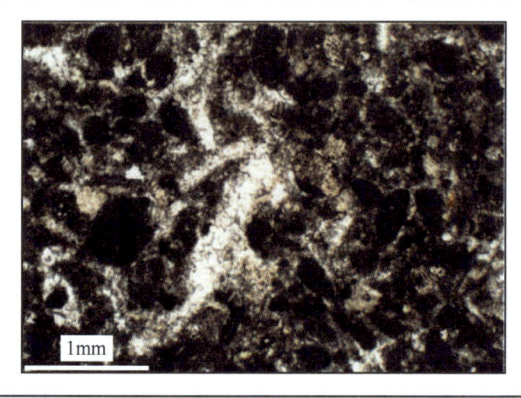

图 4-26 非储层岩相类型 24：含潜穴、生物扰动、骨粒泥粒灰岩（BBSP）
上图所示为汇总表、岩心照片及薄片显微照片（平面偏振光）。岩心照片显示了密集潜穴及生物扰动现象

4.3.2.6 岩相 LF25：含潜穴、生物扰动、圆笠虫、骨粒泥粒灰岩（BBOSP）

① 多样性低、高丰度动物群；
② 盘状圆笠虫、其他有孔虫、绿藻类（绒枝藻）、棘皮动物、海绵骨针、介形类；
③ 似球粒；
④ 变黑砾石和变黑颗粒；
⑤ 黄铁矿；

⑥ 海绿石;
⑦ 泥粒灰岩构造,带小粒泥灰岩夹层;
⑧ 潜穴和生物扰动;
⑨ 浅潮下、低至中能局限台地;
⑩ 内坡、局限潟湖沉积;
⑪ 低孔隙度和低基质渗透率;
⑫ 上致密带(Hawar)(见图4-27)。

	岩相	构造	储层特征	共同特征	沉积环境
25	含潜穴、生物扰动、圆笠虫、骨粒泥粒灰岩(BBOSP)	泥粒灰岩不太常见;粒泥灰岩	• 低孔隙度 • 低基质渗透率 • 上致密带(Hawar)	• 多样性低、高丰度动物群 • 盘状圆笠虫、其他有孔虫、绿藻类(绒枝藻)、棘皮动物、海绵骨针及介形类 • 似球粒 • 变黑砾石和变黑颗粒 • 黄铁矿 • 海绿石 • 潜穴和生物扰动	• 浅潮下、低至中能局限台地 • 内坡、局限潟湖

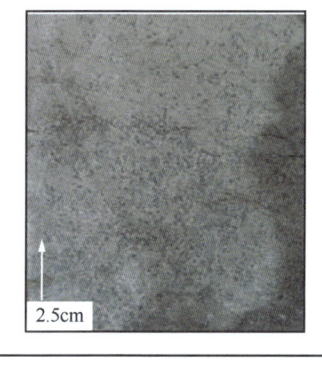

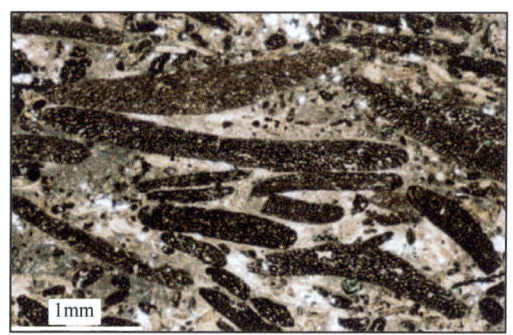

图4-27 非储层岩相类型25:含潜穴、生物扰动、圆笠虫、骨粒泥粒灰岩(BBOSP)
上图所示为汇总表、岩心照片及薄片显微照片(平面偏振光,用茜素红S染色)。
薄片显微照片中可见密集盘状圆笠虫和海绿石(绿色颗粒)

4.3.2.7 岩相LF26:含潜穴、生物扰动、圆笠虫、骨粒粒泥灰岩(BBOSW)

① 多样性低、高丰度动物群;
② 盘状圆笠虫、其他有孔虫、绿藻类(绒枝藻)、棘皮动物、海绵骨针、介形类;
③ 变黑砾石和变黑颗粒;
④ 黄铁矿;
⑤ 海绿石;
⑥ 粒泥灰岩构造,带小泥粒灰岩夹层;
⑦ 潜穴和生物扰动;
⑧ 浅潮下、低能局限台地;
⑨ 内坡、局限潟湖沉积;

⑩ 低孔隙度和低基质渗透率；

⑪ 上致密带(Hawar)(图4-28)。

4.3.2.8　岩相LF27：含潜穴、生物扰动、骨粒粒泥灰岩—泥岩(BBSW)

① 多样性低、较为富集的小型动物群；

② 有孔虫、软体动物、棘皮动物、海绵骨针及介形类；

③ 似球粒；

④ 变黑砾石和变黑颗粒；

⑤ 黄铁矿；

⑥ 粒泥灰岩至泥岩，带小泥粒灰岩夹层；

⑦ 潜穴和生物扰动；

⑧ 浅潮下、低能局限台地；

⑨ 内坡、局限潟湖沉积；

⑩ 低孔隙度和低基质渗透率；

⑪ 下、中致密带(图4-29)。

	岩相	构造	储层特征	共同特征	沉积环境
26	含潜穴、生物扰动、圆笠虫、骨粒粒泥灰岩（BBOSW）	粒泥灰岩不太常见；泥粒灰岩	• 低孔隙度 • 低基质渗透率 • 上致密带(Hawar)	• 多样性低、高丰度动物群 • 盘状圆笠虫、其他有孔虫、绿藻类（绒枝藻）、棘皮动物、海绵骨针及介形类 • 变黑砾石和变黑颗粒 • 黄铁矿 • 海绿石 • 潜穴和生物扰动	• 浅潮下、低能局限台地 • 内坡、局限潟湖

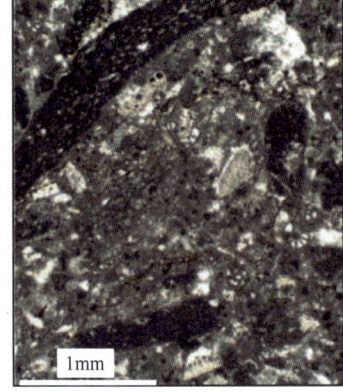

图4-28　非储层岩相类型26：含潜穴、生物扰动、圆笠虫、骨粒粒泥灰岩(BBOSW)
上图所示为汇总表、岩心照片及薄片显微照片(平面偏振光)。薄片显微照片中可见海绿石(绿色颗粒，左薄片显微照片)、盘状圆笠虫和绿藻类(右薄片显微照片)

	岩相	构造	储层特征	共同特征	沉积环境
27	含潜穴、生物扰动、骨粒粒泥灰岩至泥岩（BBSW）	粒泥灰岩至泥岩不太常见；泥粒灰岩	• 低孔隙度 • 低基质渗透率 • 下致密带及中致密带	• 多样性低、较为富集的小型动物群 • 有孔虫、软体动物、棘皮动物、海绵骨针、介形类 • 似球粒 • 变黑砾石和变黑颗粒 • 黄铁矿 • 潜穴和生物扰动	• 浅潮下、低能局限台地 • 内坡、局限潟湖

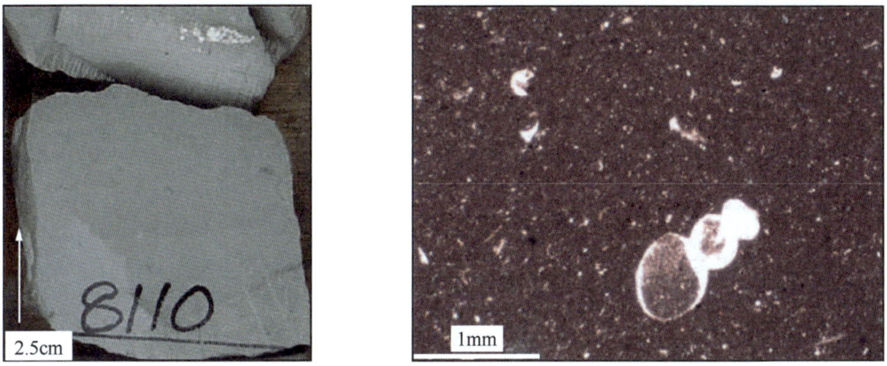

图 4-29 非储层岩相类型 27：含潜穴、生物扰动、骨粒粒泥灰岩（BBSW）

上图所示为汇总表、岩心照片及薄片显微照片（平面偏振光，用茜素红 S 染色）

4.3.3 以层序地层为主的岩相分布描述

下、上 Kharaib 储层单元的岩相分布与整个层序地层格架密切相关。下、上 Kharaib 层序的海侵体系域含泥量更高（孔隙度高，但渗透率为低至中等水平），而孔隙度和渗透率普遍较高的以颗粒为主的岩相类型几乎只局限于高位体系域（图 4-4）。已识别出的构成下 Kharaib 储层单元（4 个准层序组）、上 Kharaib 储层单元（8 个准层序组）及下 Shuaiba 储层单元（4 个准层序组）的 16 个准层序组对应了 16 个储层子单元，即地质（静态）和储层（动态）模型的基本构件。B 油田的西南—东北综合横剖面图显示了下、上 Kharaib 储层单元及下 Shuaiba 储层单元的垂直和水平岩相及相组合在层序地层格架中的分布（图 4-30）。在下、上 Kharaib 层序的高位体系域中，以颗粒为主的相组合及岩相类型的侧向和水平变化十分明显（图 4-30）。

4.4 穆桑代姆半岛 Wadi Rahabah（拉斯海玛）的 Kharaib 组露头模拟

穆桑代姆半岛（Musandam Peninsula）由二叠纪至白垩纪地层的上冲断块（Hagab 冲断层）序列构成。该半岛的主要构造为南北弧形冲断层、伴生撕裂断层及南北褶皱。半岛向北（伊朗方向）略呈区域性倾斜。由上冲断块序列组成的 Ruus Al Jibal 地区构成了半岛的主干部分（Hudson，1960）。位于半岛以东、与拉斯海玛市相对的 Jabal Hagab 上冲断块就是其中之一，高 4760ft（1450m）。

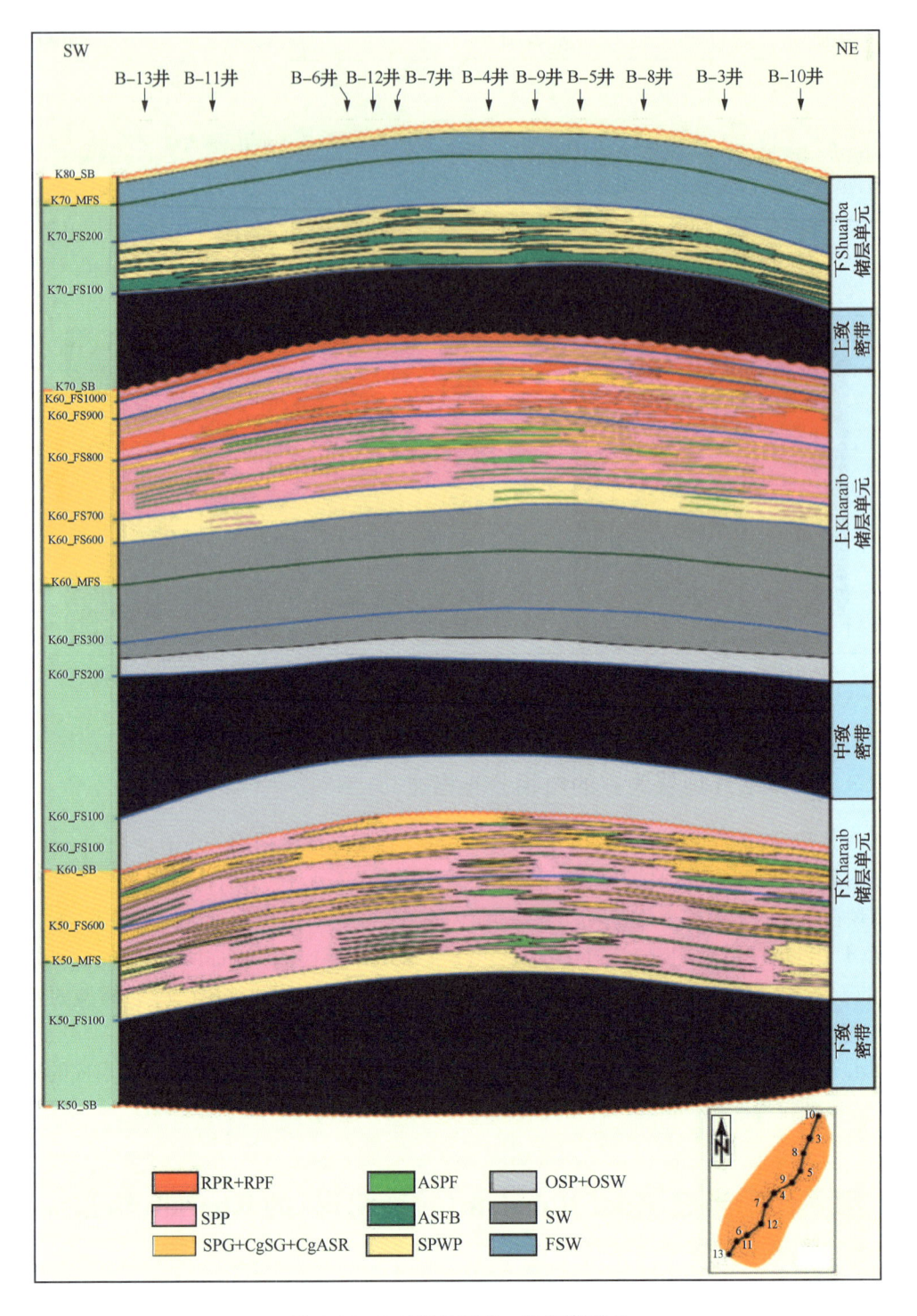

图 4-30 B 油田的西南—东北横截面

图中显示了确立的层序地层格架、相组合的垂直和水平分布(岩相 1(RPR)+岩相 2(RPF);岩相 4(SPG)+岩相 5(CgSG)+岩相 6(CgASR);岩相 9(OSP) + 岩相 11(OSW))及岩相类型(岩相 3:SPP;岩相 7:ASPF;岩相 8:ASFB;岩相 10:SPWP;岩相 12:SW;岩相 13:FSW)。海侵体系域(TST):绿色;高位体系域(HST):橙色(图 4-4)

4 阿联酋阿布扎比巨型油田上 Thamama 群(下白垩统)高分辨率层序地层与储层表征

Wadi Rahabah 的暴露岩层(拉斯海玛市北部)与下白垩统上 Thamama 群同期形成,后者是阿布扎比最多产的陆上产油和产气带。下白垩统 Kahmah 群(阿曼)和 Musandam 群 M4(穆桑代姆半岛)与 Thamama 群(阿联酋、沙特阿拉伯和巴林)的形成时间相当。根据形成时间排列,Thamama 群由阿联酋 Habshan、Lekhwair、Kharaib 和 Shuaiba 组地下储层构成。通过模拟地下储层的露头,可详细勘察这些碳酸盐岩体的相构成和相构造,这些信息对整个层序地层格架相当重要(Alsharhan 和 Nairn, 1993; Borgomano 等, 2002; van Buchem 等, 2002; Hillgärtner 等, 2003; Immenhauser 等, 2004; Strohmenger 等, 2004b; Suwaina 等, 2004)。

下 Kharaib 储层单元、上 Kharaib 储层单元、下 Shuaiba 储层单元以及下、中、上致密带等地下储层所包含的 21 种岩相广泛适用于 Kharaib 组和下 Shuaiba 组的出露岩层(Strohmenger 等, 2004a、b、c)。从时间和空间上看,这种沉积环境并不是随机发育的。它们通常是系统性地发育于三级复合层序的特定体系域(Strohmenger 等, 2004a、b、c; Suwaina 等, 2004; Vaughan 等, 2004)。

Wadi Rahabah 油田的东南边界包含碳酸盐岩体序列,与下、上 Kharaib 储层单元相对应(Strohmenger 等, 2004a、b、c; Suwaina 等, 2004)(图 4-31A)。米级岩相叠加样式反映了测深和能量变化。准层序的顶部构造一般由海泛面决定。在整个准层序界面上观察到了急剧的岩相变化,从高能浅滩突变为以泥为主的略深潟湖沉积。以泥为主的岩石向上渐变为泥粒灰岩和悬浮灰岩,继而变为富含厚壳蛤碎屑的粒状灰岩和砾状灰岩。这些岩石变化反映了能量递增和沉积环境的浅化趋势。准层序顶部以富含粟孔虫且分选良好的粒状灰岩和泥粒灰岩为主,或以受内浅滩保护的区域沉积为主,后者可能会转变成局限相,发育以泥为主且含有大量有孔虫类、绿绒枝藻、小型软体动物及少许厚壳蛤的岩石。上覆准层序通常表现为向更深和更安静的沉积环境变化,或随沉积再作用面以上的初始高能沉积层一起逐渐变深。

上 Kharaib 层序顶部(上 Kharaib 储层单元顶部)的复合层序界面 K70_SB 反映出层序界面以下的灰岩层发生了成土叠加作用(古土壤至土壤结构体,图 4-31B)。下 Kharaib 层序底部(下致密带底部)的复合层序界面 K50_SB 为含有泥裂的侵蚀面(图 4-31C)。

露头模拟可为储层描述提供十分有用的数据。这对实现井间差异的可视化尤其有用,因为地下井筒只能提供分布稀疏的离散数据。换句话说,露头可提供大范围的连续地震测线以及高分辨率岩心测量结果。侧向和垂向连续性(变差函数范围)、对象维度(纵横比)、详细储层结构(分层)、相关系、成岩特征的性质和程度等建模输入参数均可进行观察和测量。

为更好地理解阿布扎比上 Thamama 产层的储层性质,根据对拉斯海玛地区内形成时间相当的模拟露头进行的描述,开发出了地质模型。对四个测量剖面的准层序、最大海泛面、层序界面、岩相进行了描述,并将这些特征与 B 油田的地下数据联系起来。在露头中观察到的类似岩相采用以阿布扎比油田(B 油田)的测井数据、岩心孔隙度和岩心渗透率数据为基础而获得的孔隙度测量结果。为更准确地反映地下储层特性,露头三维模型采用了前述地下数据。阿联酋地区露头的埋藏史明显不同于地下储层,因而具有不同的孔隙度和渗透率(Strohmenger 等, 2004b; Suwaina 等, 2004)。储层建模旨在研究储层结构、孔隙度—渗透

图 4-31　Wadi Rahabah 油田露头的东南边界

(A)所示为 Kharaib 组测量剖面[下致密带底部至上致密带顶部，250ft(76m)]。(B)上 Kharaib 储层顶部(上 Kharaib 层序)显示出层序界面 K70_SB 下方的灰岩层发生了成土叠加作用。(C)下致密带底部，具有侵蚀面和泥裂，与层序界面 K50_SB 相对应

率关系、相、尺度粗化等参数对开发定量三维地质和流体流动模拟模型的影响。使用形成时间与阿布扎比上 Thamama 地下储层相当、地质因素相似的连续出露露头，可改善这些储层的地质模型。就露头的地层层段(下致密带底部至上致密带顶部)而言，四个复合储层相(三个可渗透储层相和一个致密相)充分描述了其流动特性。对这些储层相进行建模，并将其按比例放大(粗化)就形成了模拟模型。

除将这四个测量剖面视作油井外，还生成了六个虚拟井，以便约束测绘和建模算法。这些虚拟井与测量剖面相对应，根据露头观察结果，虚拟井具有实际的单元厚度变化。多种情境得到了研究，包括不同的注入模式、按比例放大(粗化)方法及高渗透薄夹层的不同位置等。对模拟油田的已知特性进行了模拟，从获取岩石资料到完成模拟的整个过程对掌握储层表征方法和技术十分有用(Vaughan 等，2004)。

Wadi Rahabah 油田北部和南部边界的上 Kharaib 层序发育有斜坡地形。此外，还观察到局部裂隙簇以及小断层诱发斜坡地形偏移的现象(图 4-32A)。虽然通过岩心资料无法识别进积模式(斜坡地形)，但应使用从露头数据中收集的信息来建立仿真地质模型(静态，图 4-32B)和储层模型(动态，图 4-32C、D)(Strohmenger 等，2004a、b、c；Suwaina 等，2004；Vaughan 等，2004)。孔隙度(图 4-32C)和渗透率(图 4-32D)模型显示，低角度斜坡地形将扮演夹层的作用，因此，流体流经这些倾斜层的速度比流经成比例的平伏层更慢。剖面模型模拟结果解决了按比例放大(粗化)、地层结构、成岩作用以及后备开采方法与油田开发方案等问题。

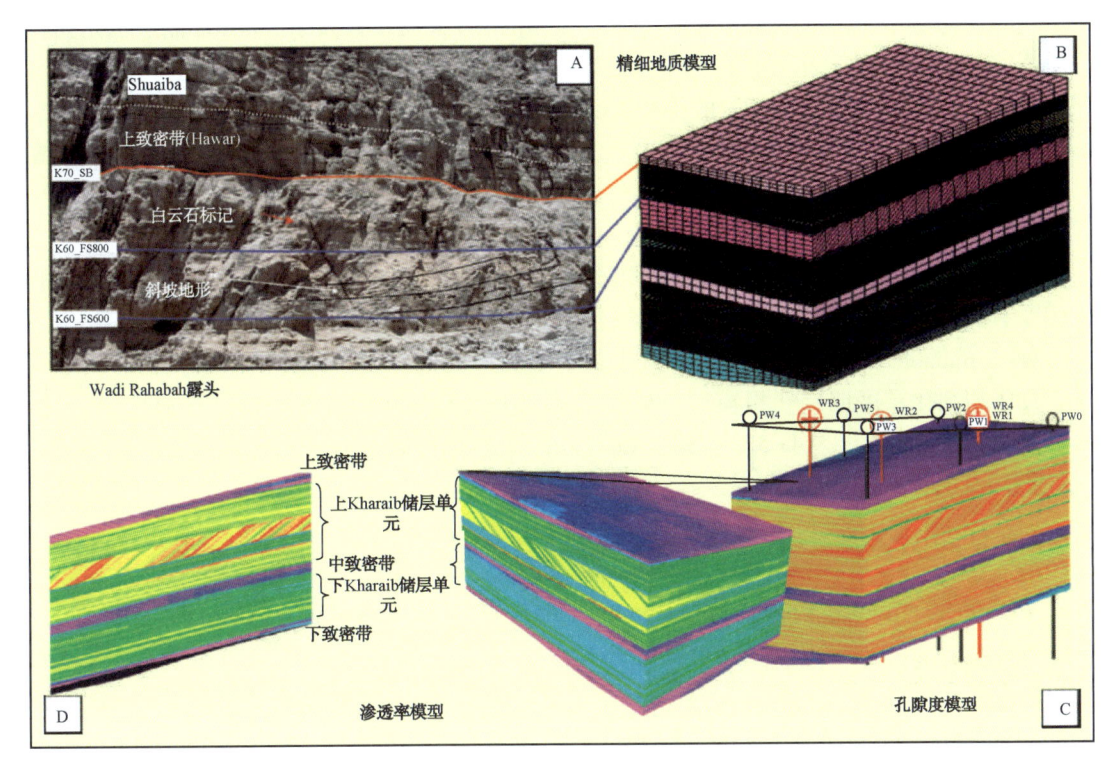

图 4-32 综合露头数据与地质、孔隙度和渗透率(流体流动)模型

(A)Wadi Rahabah 油田的北部边界,图中显示了上 Kharaib 层序的斜坡地形。(B)通过露头研究获得的信息(斜坡地形的产状)应纳入地质(静态)和储层(动态)模型中。(C)孔隙度模型,图中显示了孔隙度分布及斜坡地形的影响。高孔隙度以红色表示。无孔隙以粉色表示。(D)渗透率模型,图中显示了最终渗透率分布及斜坡地形的影响。流体会遇到更多夹层,因此,流体流经倾斜层的速度比流经成比例的平伏层更慢。高渗透率以红色表示,不渗透以粉色表示

4.5 结论

Kharaib 组(巴雷姆期和早阿普特期)包含两个储层单元(下、上 Kharaib 储层单元),单元之间由三个致密带(下、中、上致密带)隔开和包绕。Kharaib 组是二级超层序的晚期海侵层序组的一部分,由两个三级复合层序(下致密带底部至上致密带或 Hawar 底部)构成。上覆的下 Shuaiba 储层单元属于晚期海侵层序组和早期高位层序组,由一个三级复合层序构成。通过岩心和测井数据识别出了 19 个四级准层序组。其中,4 个准层序组构成了下 Kharaib 单元,10 个构成了上 Kharaib 单元,另外 5 个构成了下 Shuaiba 单元的三级复合层序(图 4-4)。这些准层序组的沉积以加积和进积叠加样式为主,这是温室旋回的典型特征(Sarg 等,1999)。利用识别出的受年代地层约束的准层序组将前述三个储层单元细分成了16 个子单元。

有关层序地层的另一个解释就是,主三级复合层序界面(图 4-4、图 4-6)可能发育在致密带(下、中、上致密带)顶部,而不像传统解释(van Buchem 等,2002)和上面讨论的一样,发育在致密带下方(图 4-6)。

这三个储层单元(下 Kharaib 储层单元、上 Kharaib 储层单元及下 Shuaiba 储层单元)含有 13 种岩相,其中 8 种岩相发育在三个致密带(下、中、上致密带,图 4-7~图 4-29)内。以泥为主的岩相类型是海侵体系域的主要组成部分,而以颗粒为主的高孔高渗岩相类型构成了下、上 Kharaib 三级复合层序(图 4-30)。这些岩相类型广泛适用于在拉斯海玛(阿联酋) Wadi Rahabah 油田研究的 Kharaib 组和 Shuaiba 组出露岩层(形成时间与上 Thamama 储层单元相当)。

很多缝合层段的形成都与三级、四级和五级层序界面、准层序组界面及准层序界面的重大相变有关。早期成岩过程遵循层序地层格架,因此,可轻松实现对成岩过程的预测。

Wadi Rahabah 油田 Kharaib 组的露头属于地震尺度,因此,可提供油田尺度的横断面,这有助于精细化层序地层和相模型,帮助理解地下的储层几何分布和储层连通性(Vaughan 等,2004)(图 4-31、图 4-32)。露头数据可在油井数据缺乏时,用于地质(静态)和储层(动态)模型的数据输入。

参 考 文 献

Alsharhan, A. S., 1989, Petroleum geology of the UnitedArab Emirates: Journal of Petroleum Geology, v. 12, no. 3, p. 253–288.

Alsharhan, A. S., and A. E. M. Nairn, 1993, Carbonate platformmodels of Arabian Cretaceous reservoirs, in J. A. T. Simo, R. W. Scott, and J.-P. Masse, eds., Cretaceouscarbonate platforms: AAPG Memoir 56, p. 173–184.

Alsharhan, A. S., and A. E. M. Nairn, 1997, Sedimentarybasins and petroleum geology of the Middle East: Amsterdam, Elsevier, 843 p.

Boichard, R., A. S. Al Suwaidi, and H. Karakhanian, 1994, Sequence boundary types and related porosity evolutions: Example of the Upper Thamama Group in field "A" (offshore Abu Dhabi, UAE): 6th Abu Dhabi InternationalPetroleum Exhibitions & Conference, Abu DhabiSociety of Petroleum Engineers Paper 76, Abu Dhabi, p. 417–428.

Borgomano, J., J.-P. Masse, and S. Al Maskiry, 2002, Thelower Aptian Shuaiba carbonate outcrops in JebelAkhdar, northern Oman: Impact on static modelingfor Shuaiba petroleum reservoirs: AAPG Bulletin, v. 86, no. 9, p. 1513–1529.

Burgess, C. J., and C. K. Peter, 1985, Formation, distributionand prediction of stylolites as permeability barriersin the Thamama Group, Abu Dhabi: 4th Middle EastOil Show, Bahrain, Society of Petroleum EngineersPaper 13698, p. 165–174.

Davies, R. B., D. M. Casey, A. D. Horbury, P. R. Sharland, and M. D. Simmons, 2002, Early to mid-Cretaceousmixed carbonate-clastic shelfal systems: Examples, issues and models from the Arabian plate: GeoArabia, v. 7, no. 3, p. 541–598.

Droste, H., and M. van Steenwinkel, 2004, Stratal geometriesand patterns of platform carbonates: The Cretaceousof Oman, in G. P. Eberli, J. L. Masaferro, and J. F. Sarg, eds., Seismic imaging of carbonate reservoirs andsystems: AAPG Memoir 81, p. 185–206.

Dupraz, C., and A. Strasser, 1999, Microbialites and microencrustersin shallow coral bioherms (middle-lateOxfordian, Swiss Jura Mountains): Facies, v. 40, p. 101–130.

Galloway, W. E., 1989, Genetic stratigraphic sequences inbasin analysis: I— Architecture and genesis of flooding - surface bounded depositional units: AAPG Bulletin, v. 73, no. 2, p. 125-142.

Granier, B., 2000, Lower Cretaceous stratigraphy of AbuDhabi and the United Arab Emirates— A reappraisal: 9th Abu Dhabi International Petroleum Exhibition &Conference Proceedings, Paper 0918, Abu Dhabi, p. 526-535.

Granier, B., A. S. Al Suwaidi, R. Busnardo, S. K. Aziz, andR. Schroeder, 2003, New insight on the stratigraphyof the "Upper Thamama" in offshore Abu Dhabi(U. A. E.): Carnets de Géologie, Article 2003/5, p. 1-17.

Grötsch, J., O. Al-Jeelani, and Y. Al-Mehairi, 1998a, Integratedreservoir characterization of a giant LowerCretaceous oil field, Abu Dhabi, U. A. E.: 8th Abu DhabiInternational Petroleum Exhibition & ConferenceProceedings, Society of Petroleum Engineers Paper49454, Abu Dhabi, p. 77-86.

Grötsch, J., I. Billing, and V. Vahrenkamp, 1998b, Carbonisotopestratigraphy in shallow-water carbonates: implications for Cretaceous black - shale deposition: Sedimentology, v. 45, no. 4, p. 623-634.

Haq, B. U., and A. M. Al-Qahtani, 2005, Phanerozoic cyclesof sea-level change on the Arabian platform: Geo-Arabia, v. 10, no. 2, p. 127-160.

Haq, B. U., J. Hardenbol, and P. R. Vail, 1988, Mesozoicand Cenozoic chronostratigraphy and cycles of sealevelchange, in C. K. Wilgus, B. S. Hastings, C. G. St. C. Kendall, H. W. Posamentier, C. A. Ross, and J. C. Van Wagoner, eds., Sea - level changes: An integratedapproach: SEPM Special Publication 42, p. 71-108.

Hillgärtner, H., F. S. P. van Buchem, F. Gaumet, P. Razin, B. Pittet, J. Grötsch, and H. Droste, 2003, The Barremian-Aptian evolution of the eastern Arabian carbonateplatform margin (northern Oman): Journal ofSedimentary Research, v. 73, no. 5, p. 756-773.

Hudson, R. G. S., 1960, The Permian and Triassic of theOman Peninsula, Arabia: Geological Magazine, v. 18, no. 4, p. 299-309.

Immenhauser, A., H. Hillgärtner, and E. Van Bentum, 2005, Microbial-foraminiferal episodes in the early Aptian ofthe southern Tethyan margin: Ecological significanceand possible relation to oceanic anoxic event 1a: Sedimentology, v. 52, no. 1, p. 77-99.

Immenhauser, A., et al., 2004, Barremian-lower AptianQishn Formation, Haushi-Huqf area, Oman: A newoutcrop analogue for the Kharaib/Shu'aiba reservoirs: GeoArabia, v. 9, no. 1, p. 153-194.

Koepnick, R. B., 1984, Distribution and vertical permeabilityof stylolites within a Lower Cretaceous carbonatereservoir, Abu Dhabi, United Arab Emirates—Stylolites and associated phenomena: Relevance tohydrocarbon reservoirs, Abu Dhabi, U. A. E.: Abu DhabiReservoir Research Foundation Special Publications, p. 261-278.

Melville, P., O. Al Jeelani, S. Al Menhali, and J. Grötsch, 2004, Three - dimensional seismic analysis in the characterizationof a giant carbonate field, onshore AbuDhabi, United Arab

Emirates, in G. P. Eberli, J. L. Masaferro, and J. F. Sarg, eds., Seismic imaging of carbonatereservoir systems: AAPG Memoir 81, p. 123-148.

Mitchum Jr., R. M., 1977, Seismic stratigraphy and globalchanges in sea level: Part 11— Glossary of terms usedin seismic stratigraphy, in C. E. Payton, ed., Seismicstratigraphy— Applications to hydrocarbon exploration: AAPG Memoir 26, p. 205-212.

Nelson, R. A., 1984, Geologic analysis of naturally fracturedreservoirs: Contributions in petroleum geology andengineering: Oxford, Gulf Publishing Company, 352 p.

Park, W. C., and E. H. Schot, 1968, Stylolites: Their natureand origin: Journal of Sedimentary Petrology, v. 38, p. 175-191.

Pittet, B., F. van Buchem, H. Hillgärtner, J. Grötsch, andH. Droste, 2002, Ecological succession, paleoenvironmentalchange, and depositional sequences ofBarremian-Aptian shallow-water carbonates in northernOman: Sedimentology, v. 49, no. 3, p. 555-581.

Rebelle, M., C. J. Strohmenger, A. Ghani, K. Al-Mehsin, andA. Al-Mansouri, 2004, Lower Cretaceous Upper Thamamareservoir high-resolution sequence stratigraphy, United ArabEmirates (abs.): GeoArabia, v. 9, no. 1, p. 136.

Sarg, J. F., 1988, Carbonate sequence stratigraphy, in C. K. Wilgus, B. S. Hastings, C. G. St. C. Kendall, H. W. Posamentier, C. A. Ross, and J. C. Van Wagoner, eds., Sea-level changes: An integrated approach: SEPMSpecial Publication 42, p. 155-181.

Sarg, J. F., J. R. Markello, and L. J. Weber, 1999, The secondordercycle, carbonate-platform growth, and reservoir, source, and trap prediction, in P. M. Harris, A. H. Saller, and J. A. T. Simo, eds., Advances in carbonate sequence

stratigraphy: Application to reservoirs, outcrops, andmodels: SEPM Special Publication 63, p. 11-34.

Sattler, U., A. Immenhauser, H. Hillgärtner, and M. Esteban, 2005, Characterization, lateral variability and lateralextend of discontinuity surfaces on a carbonate platform(Barremian to lower Aptian, Oman): Sedimentology, v. 52, no. 2, p. 339-361.

Sharland, P. R., R. Archer, D. M. Casey, R. B. Davies, S. H. Hall, A. P. Heward, A. D. Horbury, and M. D. Simmons, 2001, Arabic plate sequence stratigraphy: GeoArabiaSpecial Publication 2, 371 p.

Sharland, P. R., R. Archer, D. M. Casey, R. B. Davies, M. D. Simmons, and O. E. Sutcliffe, 2004, Arabic plate sequencestratigraphy— Revisions to SP2: GeoArabia, v. 9, no. 1, p. 199-214.

Strasser, A., 1984, Black-pebble occurrence and genesis inHolocene carbonate sediments (Florida Keys, Bahamas, and Tunisia): Journal of Sedimentary Petrology, v. 54, no. 4, p. 1097-1109.

Strasser, A., and E. Davaud, 1983, Black pebbles of thePurbeckian (Swiss and French Jura): Lithology, geochemistryand origin: Eclogae Geologicae Helveticae, v. 76, p. 551-580.

Strohmenger, C. J., L. J. Weber, A. Ghani, K. Al-Mehsin, and O. Al-Jeelani, 2004a, Sequence stratigraphy andreservoir characterization of the Lower CretaceousKharaib Formation, Abu

Dhabi (abs.): GeoArabia, v. 9, no. 1, p. 136.

Strohmenger, C. J., L. J. Weber, A. Ghani, M. Rebelle, K. Al‒Mehsin, O. Al‒Jeelani, A. Al‒Mansoori, and O. Suwaina, 2004b, High‒resolution sequence stratigraphy of theKharaib Formation (Lower Cretaceous, U. A. E.): 11th Abu Dhabi International Petroleum Exhibition &Conference Proceedings, Society of Petroleum EngineersPaper 88729, Abu Dhabi, 10 p.

Strohmenger, C. J., L. J. Weber, A. Ghani, A. Al‒Mansoori, K. Al‒Mehsin, O. Suwaina, O. Al‒Jeelani, and L. Vaughan, 2004c, Sequence stratigraphy and reservoir characterizationof the Kharaib Formation comparing outcropand subsurface data (Lower Cretaceous, U. A. E.) (abs.): AAPG International Conference and Exhibition (Abstracts), Cancun, p. A75.

Suwaina, O. A., L. J. Weber, C. J. Strohmenger, L. Vaughan, A. Al‒Mansoori, S. Khan, and A. Ghani, 2004, Sequencestratigraphy and reservoir characterization of theThamama reservoirs and outcrop equivalents: A coreworkshop and field seminar (abs.): GeoArabia, v. 9, no. 1, p. 137-138.

Vahrenkamp, V. C., 1996, Carbon isotope stratigraphy ofthe Upper Kharaib and Shuaiba formations: Implicationsfor the Early Cretaceous evolution of the ArabianGulf region: AAPG Bulletin, v. 80, no. 5, p. 647-662.

Vail, P. R., 1987, Seismic stratigraphy interpretation usingsequence stratigraphy: Part 1. Seismic stratigraphy interpretationprocedure, in A. W. Bally, ed., Atlas ofseismic stratigraphy, v. 1: AAPG Studies in Geology 27, p. 1-10.

Vail, P. R., R. M. Mitchum Jr., R. G. Todd, J. M. Widmier, S. Thompson Ⅲ, J. B. Sangree, J. N. Bubb, and W. G. Hatlelid, 1977, Seismic stratigraphy and global changesof sea level: Part 1. Overview, in C. E. Payton, ed., Seismic stratigraphy—Applications to hydrocarbonexploration: AAPG Memoir 26, p. 49-212.

Vail, P. R., F. Audemard, S. A. Bowman, P. N. Eisner, andC. Perez‒Cruz, 1991, The stratigraphic signatures oftectonics, eustasy and sedimentology—An overview, in G. Einsele, W. Ricken, and A. Seilacher, eds., Cyclesand events in stratigraphy: Berlin, Springer, p. 617-659.

van Buchem, F. S. P., B. Pittet, H. Hillgärtner, J. Grötsch, A. I. Al Mansouri, I. M. Billing, H. H. J. Droste, W. H. Oterdoom, and M. van Steenwinkel, 2002, Highresolutionsequence stratigraphic architecture of Barremian/Aptian carbonate systems in northern Omanand the United Arab Emirates (Kharaib and Shuaibaformations): GeoArabia, v. 7, no. 3, p. 461-500.

Van Wagoner, J. C., R. M. Mitchum Jr., H. W. Posamentier, and P. R. Vail, 1987, Seismic stratigraphy interpretationusing sequence stratigraphy: Part 2. Key definitionsof sequence stratigraphy, in A. W. Bally, ed., Atlasof seismic stratigraphy: AAPG Studies in Geology 27, v. 1, p. 11-14.

Van Wagoner, J. C., H. W. Posamentier, R. M. MitchumJr., P. R. Vail, J. F. Sarg, T. S. Loutit, and J. Hardenbol, 1988, An overview of the fundamentals of sequencestratigraphy and key definitions, in C. K. Wilgus, B. S. Hastings, C. G. St. C. Kendall, H. W. Posamentier, C. A. Ross, and J. C. Van Wagoner, eds., Sea‒levelchanges: An integrated approach: SEPM

SpecialPublication 42, p. 39-46.

Vaughan, R. L., S. A. Khan, L. J. Weber, O. Suwaina, A. Al - Mansoori, A. Ghani, C. J. Strohmenger, M. A. Herrmann, and D. Hulstrand, 2004, Integrated characterization ofUAE outcrops: From rocks to fluid flow simulation: 11th Abu Dhabi International Petroleum Exhibition & ConferenceProceedings, Society of Petroleum EngineersPaper 88730, Abu Dhabi, 17 p.

Yose, L. A., S. Bachtel, L. J. Weber, C. J. Strohmenger, A. Al - Mansoori, and O. Suwaina, 2004a, Integrated approachesto carbonate reservoir characterization andprediction: Examples from the United Arab Emiratesfields and outcrops (abs.): GeoArabia, v. 9, no. 1, p. 146.

Yose, L. A., et al., 2004b, New frontiers in 3D seismic characterizationof carbonate reservoirs: Examples from asupergiant field in Abu Dhabi: 11th Abu Dhabi InternationalPetroleum Exhibition & Conference Proceedings, Society of Petroleum Engineers Paper 88689, AbuDhabi, 16 p.

Yose, L. A., A. S. Ruf, C. J. Strohmenger, J. S. Schuelke, A. Gombos, I. Al - Hosani, S. Al-Maskary, G. Bloch, Y. Al-Mehairi, and I. G. Johnson, 2006, Three - dimensionalcharacterization of a heterogeneous carbonate reservoir, Lower Cretaceous, Abu Dhabi (United ArabEmirates), in P. M. Harris and L. J. Weber, eds., Gianthydrocarbon reservoirs of the world: From rocks toreservoir characterization and modeling: AAPG Memoir88/SEPM Special Publication, p. 173-212.

5

阿联酋阿布扎比下白垩统非均质碳酸盐岩储层三维表征

Lyndon A. Yose[1] Jim S. Schuelke[2] Amy S. Ruf[2] Andy Gombos[2]
Christian J. Strohmenger[3] Ismail Al-Hosani[3] Shamsa Al-Maskary[3]
Gerald Bloch[3] Yousuf Al-Mehairi[3] Imelda G. Johnson[2]

(1. ExxonMobil Qatar, Inc., Doha, Qatar;
2. ExxonMobil Upstream Research Company, Houston, Texas, U.S.A.;
3. Abu Dhabi Company for Onshore Oil Operations, Abu Dhabi, United Arab Emirates)

摘要： 阿布扎比陆上石油经营公司(ADCO)所采集的碳酸盐岩油田高分辨率三维(3D)地震数据是质量最高的数据之一。3D 地震数据整合了岩心和测井数据，开发了一种新型的以体为基础的格架，用以提高储层描述质量。下白垩统(阿普特阶)储层位于台地—盆地过渡带上，具有各种不同的沉积相和地层几何结构。可根据储层沿台地—盆地剖面，以及储层在层序地层格架中的位置，预测不断变化的储层性质。

阿普特阶储层层段(Shuaiba 组)具有二级层序组，该层序组分为 5 个沉积层序。层序 1 和层序 2 沉积于层序组海侵期，为退积型，记录了缓坡的初始形成，层序以藻类相为主。由于缓坡以泥结构为主且发育有微孔隙，因此缓坡海侵期边缘相和内部以高孔隙度和低渗透率为特征。层序 3 沉积于层序组高位期，主要为加积型，记录了厚壳蛤类在整个台地顶面上的增殖过程。以颗粒为主的台地内部和高位期边缘相是 Shuaiba 储层中质量最高的。层序 4 和层序 5 沉积于层序组晚高位期，为进积型，记录了台地边缘逐渐向缓坡(1°~2°)迁移的过程。晚高位期陆坡以储层质量高低变化为特征，这是由于相对海平面不断变化所致。层序 6 沉积于二级低位期，形成了下—上覆层序组的基底。层序 6 主要由细粒度硅质碎屑构成，且为非储集层。

研究结果加深了对台地演化过程的了解，并形成了以体为基础的格架用于储层描述。整合的数据体为台地古地理结构、碳酸盐岩相的构型、碳酸盐岩台地的几何结构和进积机制提供了新的认知。在台地内部区域，3D 地震数据表明，潮汐通道、高能厚壳蛤浅滩及滩间洼池之间的镶嵌现象十分复杂，这影响了油层波及和分布一致。在盆地边缘，地震数据提供了台地边缘斜坡地形的高清图像，这种地形会影响储层构型和井间连通性。

以体为基础的储层格架的商业应用包括：(1)在3D地震可视化技术中，用作优化井位设计、确定未波及储层和评估储层连通性的工具；(2)将以体为基础的定量地震数据与储层模型结合起来；(3)通过充分整合所有地下数据来提高采收率；(4)加强地球科学家和工程师之间的沟通，从而改进储层管理方式。

5.1 引言

碳酸盐岩储层中固有的地层结构和成岩作用十分复杂，需要进行准确的储层表征，方能提高采收率。三维地震数据为地下储层性质提供了唯一的连续信息源。随着碳酸盐岩油田中可用3D地震数据的增多，能否将地震数据用于描述碳酸盐岩储层构型和岩石特性变得愈发具有挑战性(Eberli等，2003；Sarg和Schuelke，2003；Masafarro等，2004；Yose等，2004)。

本研究采用从阿布扎比特大型陆上油田中采集到的高质量地震数据来表明3D地震数据在碳酸盐岩储层表征中的实用价值。该油田自20世纪70年代起便开始产油，且主要从下白垩统(阿普特阶)Shuaiba储层产出。鉴于油田愈发成熟，因此需要更加详细地了解储层情况才能提高油田的采收率。为满足这种需求，阿布扎比陆上石油经营公司(ADCO)对整个油田进行了高质量的3D地震勘探。ADCO与埃克森美孚公司进行了合作研究，以便将3D地震数据与岩心、油井和生产数据充分整合，形成全新的以体为基础的储层表征。整合后的数据体可对碳酸盐岩台地的演化、海平面变化对碳酸盐岩体系的作用以及碳酸盐岩相和地层构型对储层性质和构型的影响进行全新的展示。以体为基础的储层格架可作为评估油田生产和生产动态的有力工具，以提高储层管理质量。

5.2 研究区域

5.2.1 油田位置

阿联酋地区的研究位置如图5-1所示，其中包括阿布扎比陆上石油经营公司的5个特大型油田，该类油田均位于北—东北向大型背斜构造上。当前研究主要集中于陆上油田之一的下白垩统阿普特阶储层层段(Shuaiba组)(图5-1中的A1油田)。如图5-2所示，A1油田位于大型双倾伏背斜上方，该背斜尺寸约为35km×20km(22mile×12.5mile)。A1油田南部还有一个小型油田(图5-2中的A2油田)，A2油田位于单独的闭合构造上方，但该构造要小得多。由于数据体存在重叠，且A1和A2油田均主要从Shuaiba储层产油，因此本研究对二者同时进行了评估。

A1油田发现于1962年，预计储油量超过$200×10^8$bbl，是世界十大碳酸盐岩油田之一。该油田从20世纪70年代中期开始进行边缘注水。此外还对油田部分层位进行了面积注气和注水。需要更详细地了解储层性质和连通性之后，才能使新的注水注气策略和油田未来开发

5 阿联酋阿布扎比下白垩统非均质碳酸盐岩储层三维表征

达到最佳效果,以此提高油田采收率。

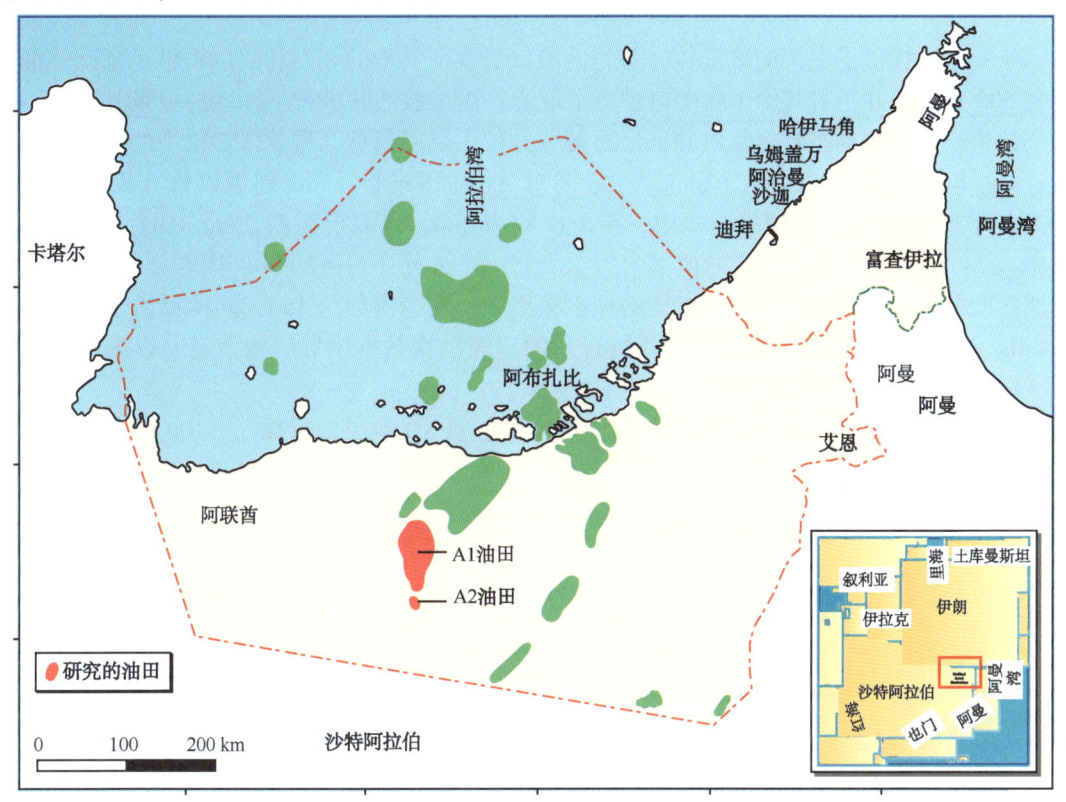

图 5-1 阿联酋地区主要的油气成藏和 A1、A2 油田的位置

油田位于单独的构造上,但均从 Shuaiba 储层产油。右下角插图中的红色方框即为图 5-2 中的区域

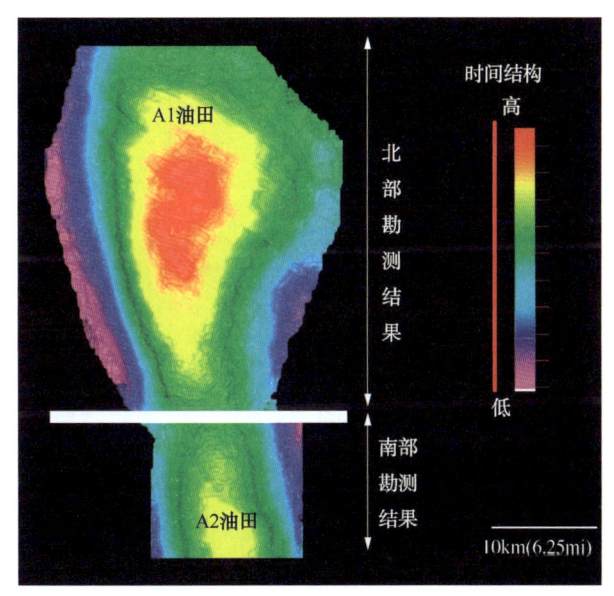

图 5-2 A1 油田储层层段顶部的时间结构图

该油田位于大型的背斜构造上,该构造朝南北向倾伏。A2 油田为小型油田,位于单独的闭合结构上,该结构发育在 A1 油田南部。如图所示,对各油田进行了单独的地震勘测

5.2.2 数据库

研究区域提供了完善的数据体,并为前沿储层表征技术的开发和测试提供了基础。油田中有 500 多口油井,对其中 100 多口进行了取心。对多数油井进行了标准的裸眼井测井。40 多年的生产数据和动态数据足以验证地质解释并校正储层模型。尽管该油田中的油井数量众多,但平均井距却达 1km(0.62mile)。近期对 A1 油田进行了 3D 地震勘探,勘探面积近 2000km^2(772mile^2)。3D 地震勘探中,覆盖次数为 300,地震道距为 25m(82ft),储层埋深 2440~2745m(8000~9000ft)的峰值频率为 30~35Hz。此外还对 A2 油田(图 5-1)进行了单独的地震勘探,但方法相同。南部勘测的地震数据中,覆盖次数为 150,同样提供了高品质的 Shuaiba 储层图像。后续图片展示了从整合后的地震勘探数据中提取的信息,以表明整个研究区域的地层和古地理结构变化。

所评估的数据作为当前研究的一部分,其中包括 3D 地震勘探数据、100 多口油井的走向和倾斜横剖面、25 口取心井,以及可用的生产动态数据。

5.2.3 区域地层和古地理

本研究中所用的地层层级和命名如图 5-3 所示。Shuaiba 储层层段属于二级超层序的一部分,该层序从瓦兰今阶跨越至阿普特阶,与整个阿拉伯台地相关(Sharland 等,2001)。根

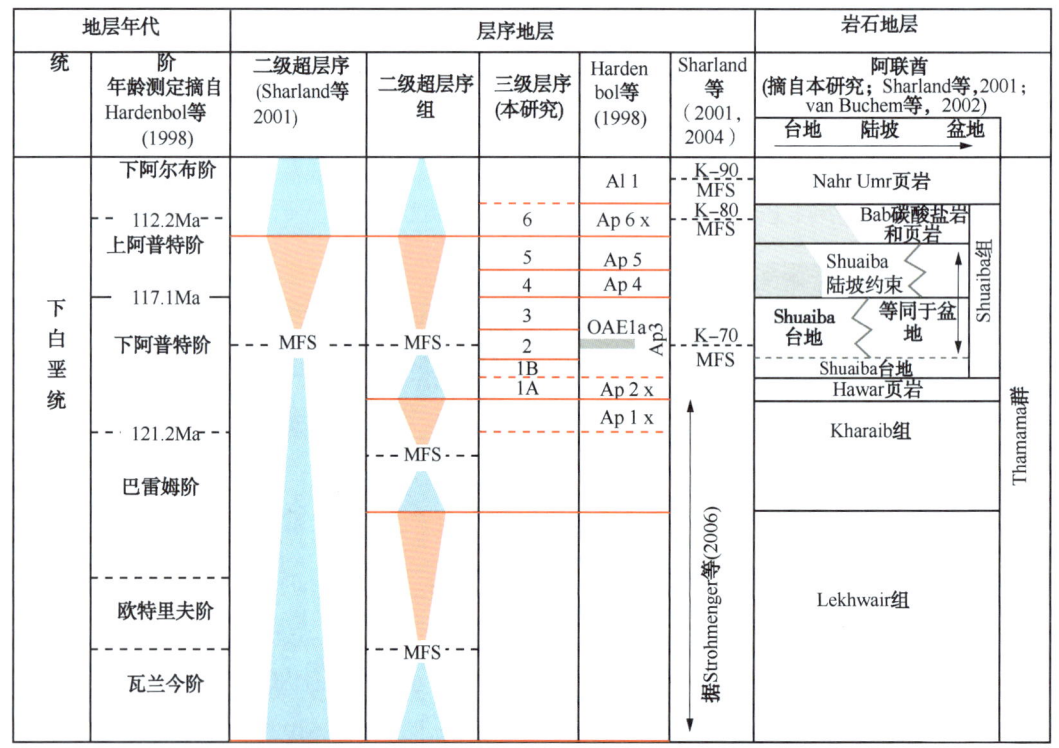

地层年代			层序地层				岩石地层		
统	阶 年龄测定摘自 Hardenbol等 (1998)	二级超层序 (Sharland等 2001)	二级超层序组	三级层序 (本研究)	Harden bol等 (1998)	Sharland 等 (2001, 2004)	阿联酋 (摘自本研究;Sharland等,2001; van Buchem等,2002)		
							台地	陆坡	盆地
下白垩统	下阿尔布阶				Al 1	K-90 MFS	Nahr Umr页岩		
	—112.2Ma— 上阿普特阶			6	Ap 6 x	K-80 MFS	Bab碳酸盐岩和页岩		Shuaiba组
				5	Ap 5		Shuaiba 陆坡约束	等同于盆地	
				4	Ap 4				
	117.1Ma 下阿普特阶	MFS	MFS	3	OAE1a3	K-70 MFS	Shuaiba 台地		
				2					
				1B			Shuaiba台地		
				1A	Ap 2 x		Hawar页岩			Thamama组
	—121.2Ma—				Ap 1 x		Kharaib组		
	巴雷姆阶								
			MFS			据Strohmenger等(2006)	Lekhwair组		
	欧特里夫阶								
	瓦兰今阶		MFS						

图 5-3 阿联酋下白垩统综合地层图

下白垩统由二级沉积旋回和三级沉积旋回构成。A1 油田的储层层段大多跨越阿普特阶,形成了阿普特阶二级层序组。阿普特阶层序组依次分为 5 个三级沉积层序(1~5)。第 6 个沉积层序(6)形成了一个低位复合层序,且为上覆超层序的一部分。OAE1a 是全球公认的大洋缺氧事件,与下白垩统超层序的最大海泛层段相关联(与阿普特阶层序组最大海泛层段一致)。根据 Hardenbol 等(1998)的研究,时间顺序的命名关键在于微化石分带。当前研究中引用的微化石确认了 Ap3、Ap4 和 Ap5 时间顺序(时间顺序中的 x 表示未确认)。MFS=最大海泛面

据当前研究的岩相解释和其叠加样式,以及 Strohmenger 等(2006)的描述,将下白垩统超层序分为 3 个二级层序组(图 5-3)。Shuaiba 储层位于阿普特阶层序组内,最高可达顶部的二级超层序界面。基于层序地层的格架和岩石地层命名如图 5-3 所示。Shuaiba 储层的岩石地层命名根据区域位置的不同而变化,区域层序地层格架根据地层年代作了下划线。

阿普特阶古地理结构对研究区域的沉积样式有着显著的影响。如图 5-4 所示,A1 油田跨越了 Bab 盆地边缘。因此,Shuaiba 储层具有一系列台地、边缘、陆坡和盆地环境,是记录台地—盆地系统完整演变的理想位置。Bab 盆地在早阿普特期分异为中阿拉伯台地浅水陆棚内航道(图 5-4)(Alsharhan,1985;Alsharhan 和 Nairn,1993)。盆地以广阔的碳酸盐岩台地为边界且受到约束,富有机质相完全沉积于 Bab 盆地内。Shuaiba 中的碳酸盐岩台地相和边缘相形成了区域储集系统,富有机质盆地相提供了潜在的烃源岩。Bab 盆地充满了碳酸盐岩和硅质碎屑,这些物质沉积于晚阿普特期海平面低位期。Nahr Umr 组页岩和泥质碳酸盐岩沉积于随后的海侵过程中,并在 Shuaiba 储层上方部分位置形成了顶部密封层。

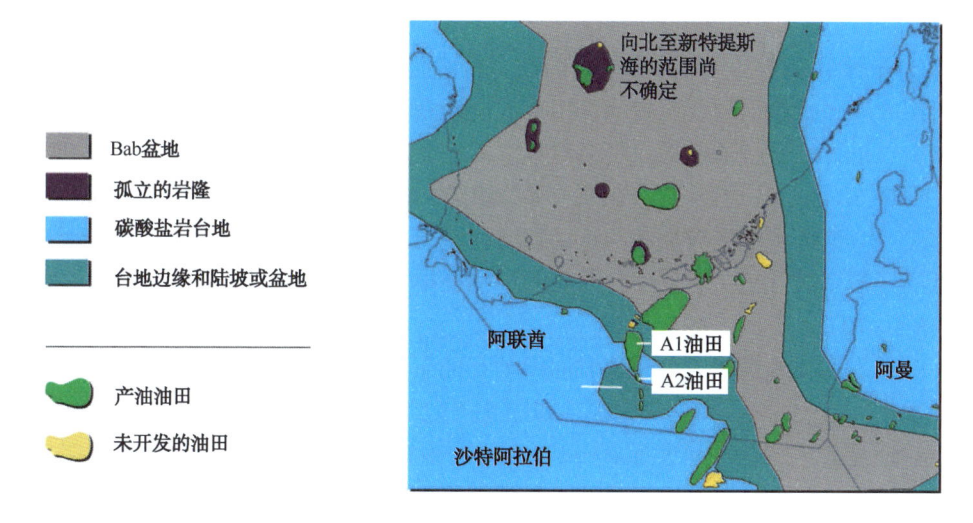

图 5-4 阿普特阶古地理格架展示了 Bab 盆地的范围

A1 油田跨越了台地—盆地过渡带。A2 油田还带有朝南的边缘,正好位于 A1 油田南部。Bab 盆地向北的范围尚不确定。盆地可能曾向北连接至新特提斯开阔海,或孤立于阿拉伯台地并被狭窄的碳酸盐岩陆架所包围(Sharland 等,2001)

5.3 工作流程

若要提高碳酸盐岩储层的采收率,则需通过 3D 技术了解储层结构和性质。3D 地震可视化为数据整合与评估提供了强有力的平台,并促进了从地球科学到工程学的多学科交流。通过采用以体为基础的储层表征工作流程,尽可能地从 3D 地震数据中获取信息(图 5-5)。工作流程的几个关键元素包括:(1)地震数据的叠后优化;(2)地震数据同岩心和测井数据的标定;(3)运用联合解释技术对储层格架进行快速准确地定义;(4)根据地震数据直接检测和预测储层性质;(5)将地震数据植入储层模型。

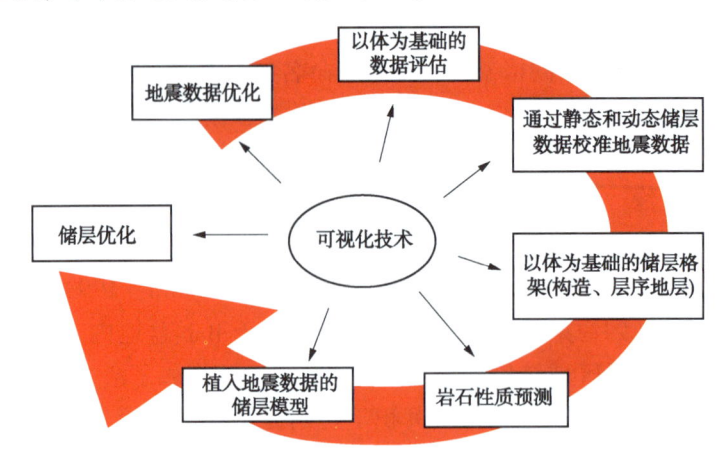

图 5-5 整合后的地震描述工作流程
可视化技术能改善各工作流阶段的数据整合与评估

如图 5-6 所示,体类型与再现技术的结合极大地增加了从 3D 地震数据中得到的信息。本研究所用方法包括数据的叠后过滤,用以改善信噪比(对比图 5-6A、B);选择并生成地震属性体,以进行地质特征成像(图 5-6B);多地震属性的合成,可获得更多详细信息(图 5-6C)。图 5-6B 所示的地震不连续面标明了构造和地层边缘,是用于描述 Shuaiba 储层最有效的体之一。该体将地震数据中的道—道变化进行了量化,连续性高的区域显示为白色,连续性低的区域则为黑色。示例中,岩相的结构根据与现代碳酸盐岩体系航空照片对比可进行分辨(图 5-6D)。

为了解地震特征的地质成因及其对油田动态的影响,需要对增强的地震数据(带有岩心和油气井数据)进行校准。在本研究中,如图 5-6 之类的图像用于对油气井和岩心进行最优选择,以对地震变化的全范围进行采样。将储层结构和岩石性质的地震数据与储层物性数据进行对比,以验证预测结果并进行评估。地震解释和预测结果同样被植入储层模型,以探究储层格架的发育。将地震数据中得到的储层特征进行分类,并预测井控以外的岩石性质。地震工作流程的许多内容可用于其他碳酸盐岩储层,但详细信息将根据储层具体情况而变化,主导因素包括储层复杂性、数据质量和可用性、商业目的等。

5.4 构造格架

对于包括阿布扎比陆上油田在内的中东地区许多大型低幅度构造来说,断层和裂缝对储层性能的影响很关键。在对整个研究区域进行 3D 地震数据采集前,尚未很好地了解断层的分布与几何结构(Alsharhan,1993;Marzouk 和 Sattar,1993)。如图 5-7 所示,3D 地震数据将构造格架的细节提高到了新的水平。将多个不同的地震属性体作为构造分析进行了评估,包括不连续面、方位幅度变化(有抵消),以及断层增强体。地震不连续面(图 5-7)展示了主要为西北向的断层网络,该断层与下白垩统储层相交。在研究区域,断层与地堑系统形成

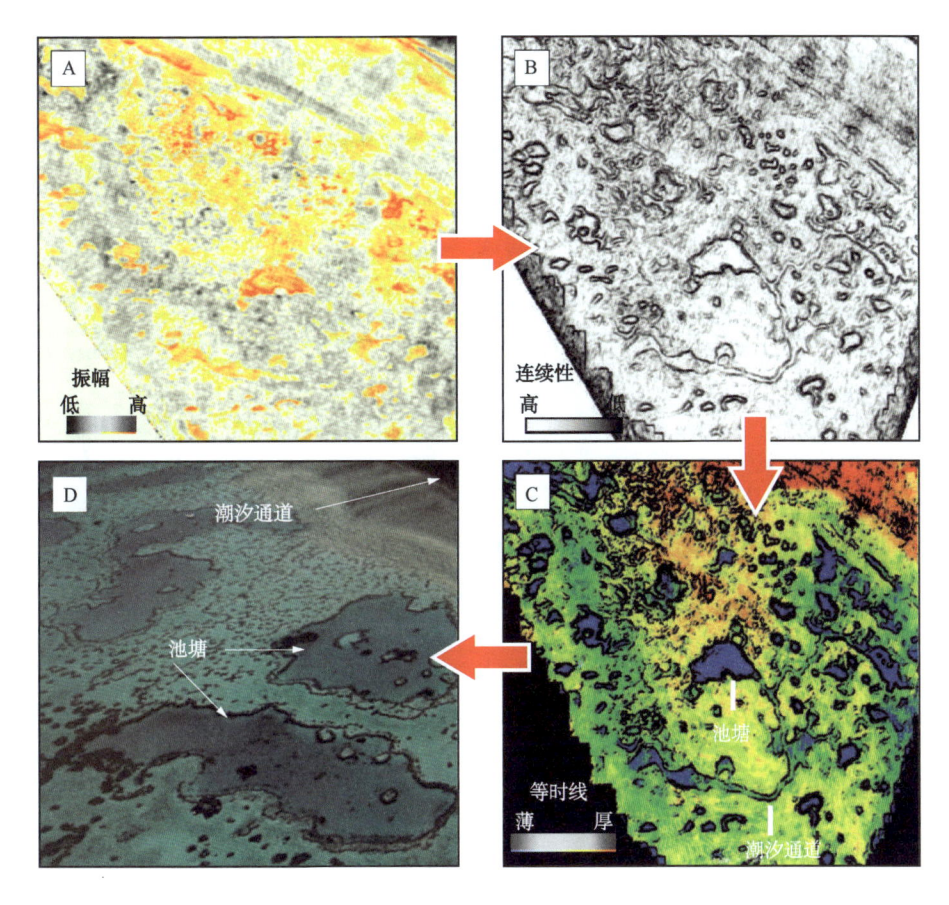

图 5-6 数据优化对台地内部区域储层特征成像的影响

图 A~图 C 为不同属性体在相同时间段的图片。(A)原始时间段,未过滤的振幅数据,储层特征不明显。(B)借助埃克森美孚专有过滤和地震属性技术增强的地震属性(详情见正文)。(C)与储层层段等时线合成的地震不连续面图像。等时线薄则为孔隙度较低区域(速度更快),等时线厚则为孔隙度较高区域(速度更慢)。台地结构和储层质量的定性指标借助合成记录得出了更多详细信息。(D)大堡礁现代碳酸盐岩的航空照片展示了同地震数据类似的池塘与潮汐通道(照片由美国国家地理学会提供)

一体,该地堑在油田中部及北部区域发育情况最好。该断层为低偏移断层,垂直位移通常小于 18ms(40m;130ft),且通常沿走向呈雁列状排列(横向偏移)。这些断层与区域断层一致,前人已进行了阿布扎比陆上和海上区域断层图的绘制(Marzouk 和 Sattar,1993;Johnson 等,2005)。区域断层解释为低偏移的扭转断层,扭转断层在晚白垩纪西—西北压缩作用下发育而成(Johnson 等,2005)。

断层及其伴生裂缝对研究区域流体流动和储层连续性的影响尚不确定。Shuaiba 储层是以基质为主的流动系统,但裂缝会在油田部分位置增强流体流动性,并可能随时间变得更为明显。沿台地边缘北向过早见水可能在一定程度上与断层流体流动性增强有关,这将进一步讨论。要进一步评估断层及其伴生裂缝对流体流动的影响,则需要更多的研究和数据。新的 3D 构造格架可用于监测将来的产量趋势,为数据采集提供指引。

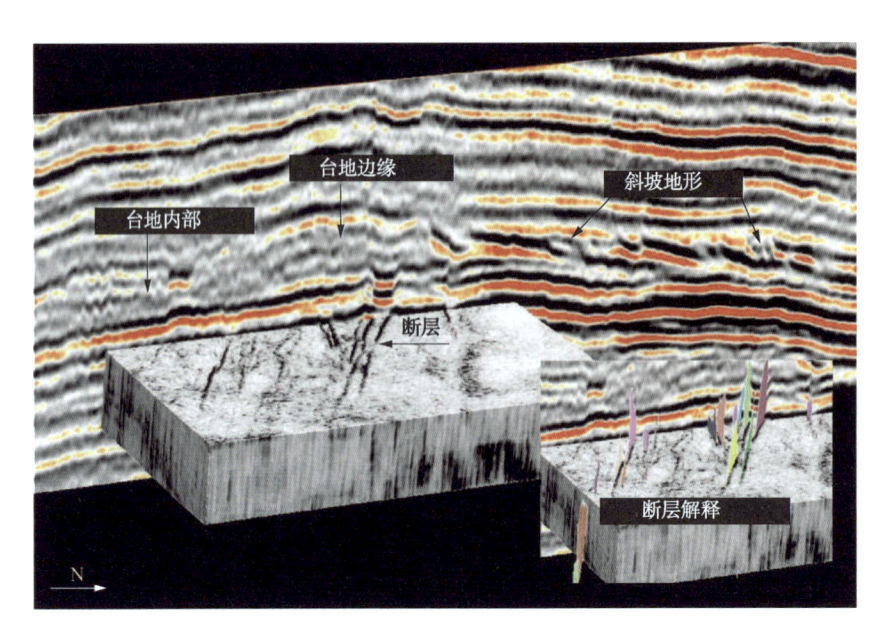

图 5-7 构造格架的地震描述

图中包括一个被垂直地震振幅剖面隔断的 3D 不连续面探针。3D 立方体表面的大多数线形黑色不连续面为断层(断层解释见插图)。这类断层为低偏移断层,在台地边缘区域发育最好,方向平行于边缘的沉积走向

5.5 层序地层综述

地层变化是研究区域 Shuaiba 储层结构的主要控制因素。Shuaiba 储层新型层序模型见图 5-3 和图 5-8。Shuaiba 储层中地层和古地理变化的区域性观点(包括当前研究工作汇总)请参阅 Sharland 等(2001),van Buchem 等(2002),以及 Greselle 和 Pittet(2005)所做的研究。

5.5.1 层序年龄测定

研究区域层序的年龄确定基于 I. Billing 和 E. J. Oswald 未发表的著作,以及埃克森美孚新进行的年龄测定。I. Billing 和 E. J. Oswald 进行的年龄测定基于大化石测龄(主要为厚壳蛤类)和碳同位素资料,这为整个研究区域的上—下阿普特阶界面位置提供了重要的约束。埃克森美孚所进行的年龄测定基于微化石,这为上—下阿普特阶提供了较高分辨率的时间-地层分带,该类微化石根据阿普特阶时间序列确定,即 Hardenbol 等(1998)中所述的时间序列(阿普特阶术语见图 5-3)。

年龄测定结果见图 5-3。层序 1 为阿普特阶 2 期,层序 2 和 3 为阿普特阶 3 期,层序 4 为阿普特阶 4 期,层序 5 为阿普特阶 5 期。层序 6 的年龄尚未确定,但可作为阿普特阶 6 期。根据区域年龄测定,上覆 Nahr Umr 页岩为阿尔布阶(Sharland 等,2001)。研究区域的阿普特阶界面位置尚不确定(图 5-3)。巴雷姆阶—阿普特阶界面位于 Kharaib 组内(Strohmenger

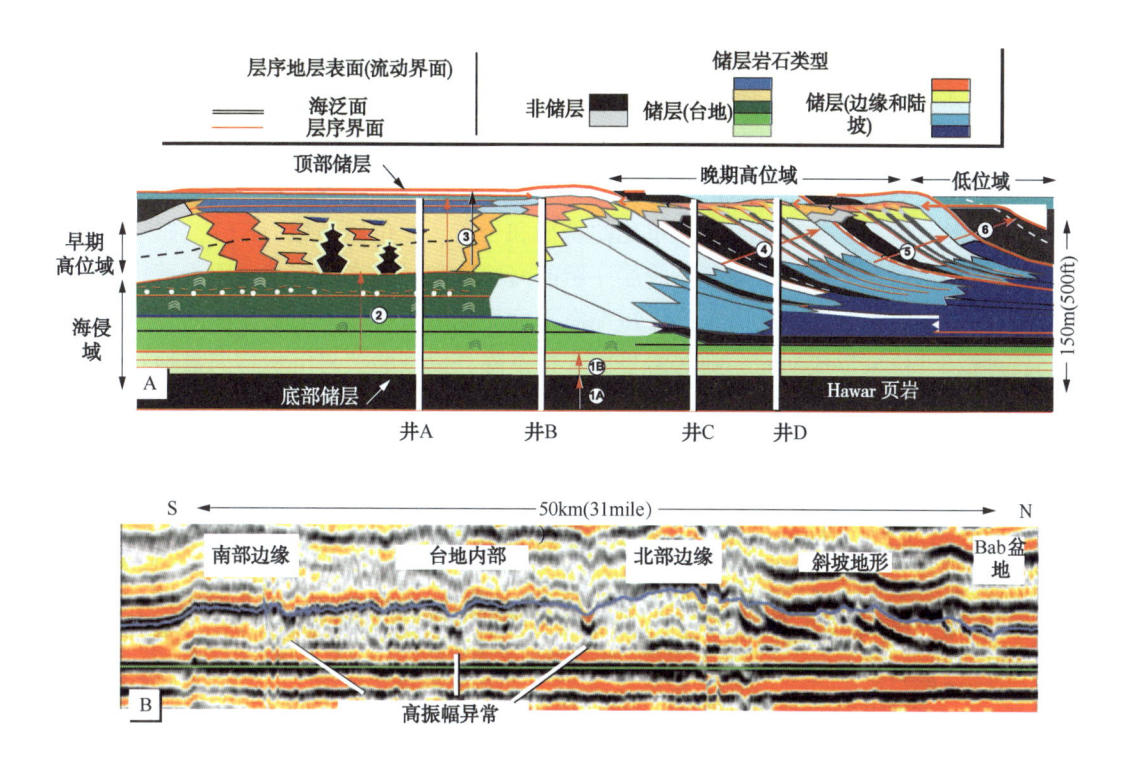

图 5-8 阿普特阶层序组的层序和地震—地层概览

岩相解释见图 5-13。(A)层序—地层格架和储油气性。储层分为四个主要沉积相，对应长期(二级)海平面旋回相，而六个沉积层序(1~6)则对应三级海平面变化。井 A~井 D 为油田不同区域的标准测井，见图 5-17~图 5-20。(B)地震几何结构见 2D 垂直断面(振幅数据，在底部储层上呈扁平状)。储层顶部标为蓝色，储层底部标为绿色。台地内部振幅异常对应潮汐通道和池塘特征，如图 5-6 和图 5-10 所示

等，2006)，阿普特阶—阿尔布阶界面位于 Shuaiba 组 Bab 段内。这些年龄测定结果通常与 Azer 和 Toland(1993)，Hughes(2000)，Sharland 等(2001)，van Buchem 等(2002)所述的一致。根据上述结果可估算出，阿普特阶层序组的时间跨度约为 700—900Ma。

5.5.2 地层层序和储层影响

具有地层旋回性的层序发育在 Shuaiba 组内，该组对储层性质有显著影响。地层几何结构发育在阿普特阶层序组内，具有完整的海侵—海退旋回，该旋回在海平面二级上升和下降的作用下发育(图 5-3 和图 5-8)。类似的沉积模式可在部分阿普特阶层序中识别出(Sharland 等，2001；van Buchem 等，2002；Droste，2004)。二级叠加样式决定了 Shuaiba 台地的整体构型。

阿普特阶层序组分为三个主要沉积相，对应二级海平面旋回的海侵域、早期高位域和晚期高位域(图 5-8)。随后在上覆二级层序组底部形成了低位域。地层几何结构、叠加样式和相的发育在各主要沉积相之间有规律地变化(图 5-8)。

阿普特阶层序组进一步分为 5 个沉积层序，各层序具有相对海平面上升和下降的三级旋回。三级层序决定了 Shuaiba 储层中主要储层隔层和流动分隔单元的分布(图 5-8A)。三级

层序在二级层序组内的划分情况如下：层序1和层序2组成海侵域，层序3组成高位域，层序4和层序5组成晚期高位。层序6形成了上覆层序组的低位域。

如图5-9所示，三级沉积层序分为体系域，这种划分取决于三级相对海平面旋回的不同相。大多数层序呈现出发育良好的海侵体系域（TST）和高位体系域（HST），但体系域特征的变化很大程度上取决于其在二级旋回中的位置。较高频率旋回（四级或五级）在三级层序高位体系域中发育最好，并决定了流动单元的特征和分布。低位体系域（LST），如碳酸盐岩体系向盆地转变，通常不存在于阿普特阶层序组的海侵域和早期高位域中，因为可容空间长期增加，且白垩纪温室时期缺乏高幅度、短期海平面变化。低位体系域发育在阿普特阶层序组晚期高位域和低位域形成期间，随着海平面长期下降，以碳酸盐岩沉积物向盆地转变为代表。在二级规模下，层序4~6均为盆地约束层序（图5-8）。在三级规模下，发育在晚期高位期间的低位体系域和海侵体系域难以进行区分，因为二者均是在海平面长期下降作用下形成盆地约束（图5-8层序4和层序5）。

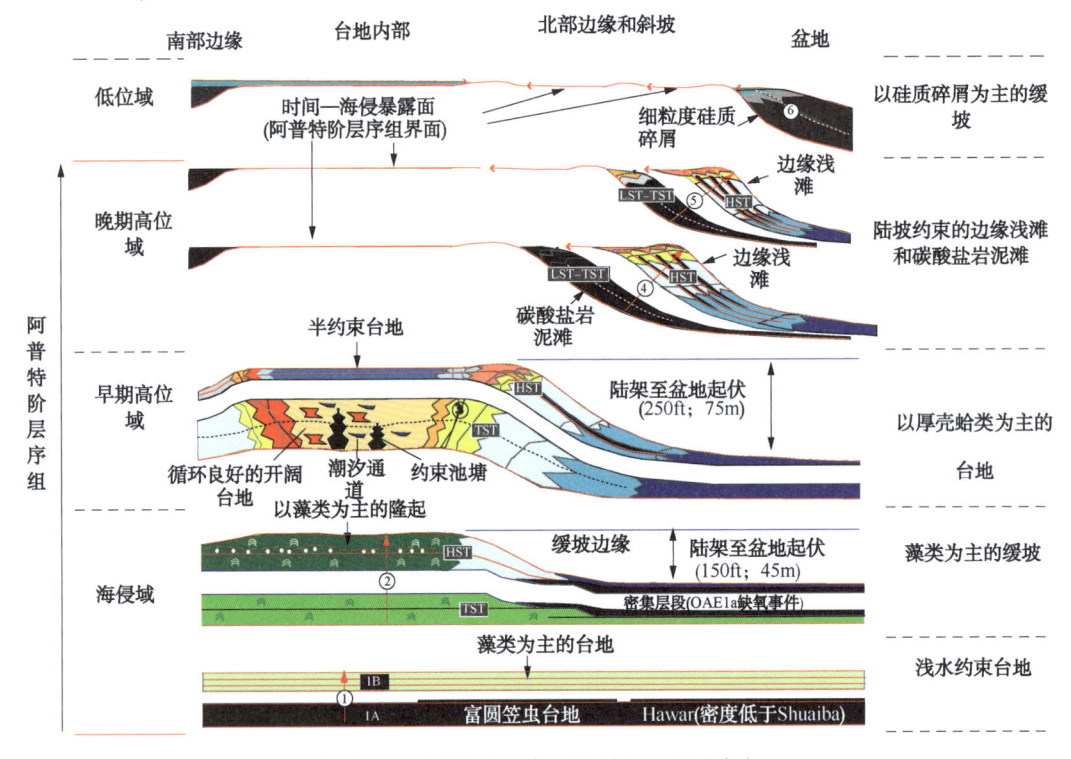

图5-9 阿普特阶层序组的时间—地层演变

展示了碳酸盐岩岩隆的顺序演变，岩相解释见图5-13。HST=高位体系域；LST=低位体系系；TST=海侵体系域

5.6 古地理单元

整个区域的古地理变化对层序和储层发育有重大影响（图5-4）。古地理特征通过地震数据进行了良好的成像（图5-8B的横断面视图和图5-10的时间段视图）。古地理单元及其

地震特征如下。

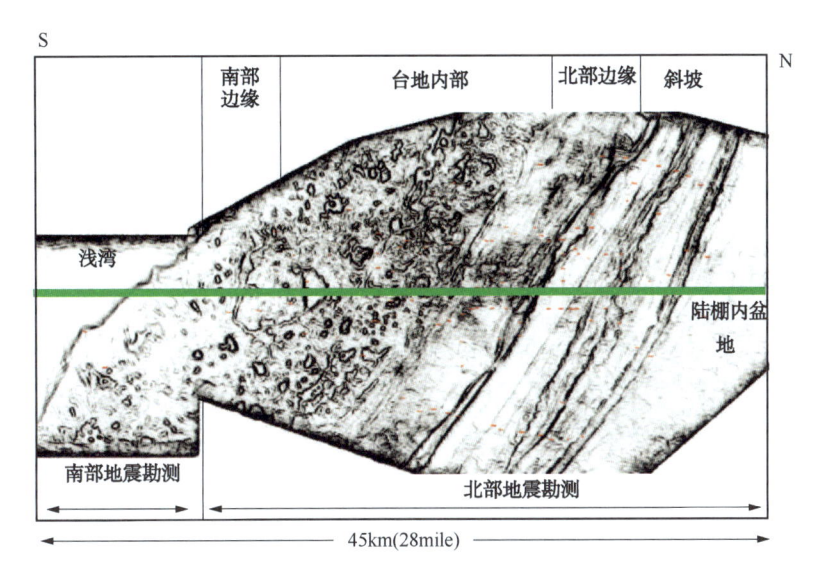

图 5-10 扁平体的地震不连续面时间段图像(底部储层)

将油田 A1 和 A2 的地震勘测结果拼接后形成了该体。地震变化表明了整个油田区域的主要古地理元素,这类元素均具有不同的储层特性。识别出了中部隆起南面和北面的台地边缘。绿线表示图 5-8 中横剖面的位置。红色虚线表示本研究中评估的校准井位置

5.6.1 台地内部

油田区域中部主要为叠加的浅水台地相。由于相和储层性质中侧向变化迅速,因此地震层位整合但高度不连续。图 5-10 中的地震不连续面时间段图像标明了导致台地内部地震特征变得复杂的池塘—潮汐通道复合体(另见图 5-6)。台地内部沿沉积剖面的宽度始终随时间变化,但在图 5-10 所示的地震时间段图像中的宽度约为 20km(12.5mile)。

5.6.2 北部台地边缘

北部台地边缘较为宽阔,地震振幅特征相对更为清晰。台地边缘记录了高能相的加积作用,储层质量通常较高。不连续面时间段图像显示,台地边缘具有较高的连续性,与从测井和岩心数据中观察到的高储层质量和连续储层质量趋势一致。高能相北部边缘的平均宽度为 8km(5mile)。北部边缘最大起伏预计为 75m(250ft)。

5.6.3 斜坡带

油田区域北部含有斜坡地形(层序 4 和 5),记录了超过 10km(6.25mile)的进积作用。斜坡地形特征为,缓倾角(1°~2°)S 形地震反射和陡角(3°~4°)斜地震反射交替出现(图 5-8 和图 5-9)。斜坡中的储层性质和地层几何结构变化程度高,导致储层非均质性明显。

5.6.4 Bab 盆地

Bab 盆地以约束的低能相为特征,表现在较薄的密集层段上。该层段被地震下超面从上

覆斜坡地形层序中分离(图 5-8)。盆地相以高度连续和整合的地震反射为特征。

5.6.5 南部台地边缘

3D 地震数据揭示了先前未能识别出的研究区域南部的台地边缘。识别出南部台地边缘的时间比北部台地边缘更晚(图 5-8)。南部台地边缘为加积边缘,进积作用非常有限。北部边缘朝海发育的斜坡地形在南部不存在。根据地震数据中的台地边缘几何结构,南部台地边缘的最大沉积起伏为 30m(100ft)。

5.6.6 陆棚内湾

南部台地边缘迅速进入约束的低能相,低能相沉积于浅水陆棚内湾,陆棚内湾在层序 3 期间发育。推测的陆棚内湾几何结构如图 5-4 所示,但 3D 地震数据区域以外则约束不佳。在区域规模下,Shuaiba 台地边缘可能已演变成了一系列低起伏的孤立岸滩。

5.7 层序识别

Shuaiba 中沉积层序和表面的识别标准取决于其在阿普特阶层序组中的位置,以及沿沉积剖面的位置(台地、边缘、陆坡和盆地)。结合地震数据、测井数据和岩心数据可为层序—地层相关性提供指导。

阿普特阶层序组的地震地层构型见图 5-11。层序的初步解释主要通过地震几何结构和终止模式(下超、顶超、上超)进行。因为地震表面与时间线对应,地震解释被用作模板为高分辨率相关性提供指导,这类相关性来自岩心和测井的观察结果。总体来说,地震表面在北部油田区域的斜坡地形中表现明显,该区域具有明显的振幅变化和地震几何结构(图 5-11)。台地内部和台地边缘的地震表面难以进行约束,因为几何结构变化较少且阻抗差最低(图 5-8 和图 5-11)。由于高振幅的破裂,与池塘和潮汐通道复合体伴生的台地内部变得更为复杂(图 5-8B)。台地内部和边缘的地震解释通过连井提供指引,并借助了多地震体(如振幅、带限阻抗和不连续面)。

部分层序地层表面在岩心中表现明显,如暴露面、硬底、缝合界面、页岩层,如图 5-12 所示。大多数表面上下均有快速相变,且旋回叠加样式也有变化。对取心井断面进行了选取,以便按地层和地震的变化性(从整个台地中观察到的)进行全范围采样(图 5-8 和图 5-10)。由于层序 2 和层序 3 的岩石较为连续、孔隙度高,且叠层较厚,因此北部台地边缘的表面相关性难以实现。

5.7.1 层序界面

由于阿普特期普遍存在白垩纪温室气候,因此层序界面通常不明显。发育最好的层序界面位于阿普特阶层序组底部和顶部,尤其是上部层序组界面(图 5-8 和图 5-9)。三级和四级层序界面在层序组高位相和低位相发育最好,因为长期可容空间减少(图 5-8 和图 5-9)。

在 Shuaiba 储层上倾区域(台地位置),层序界面通常为氧化铁结壳状薄表面,并伴有黄

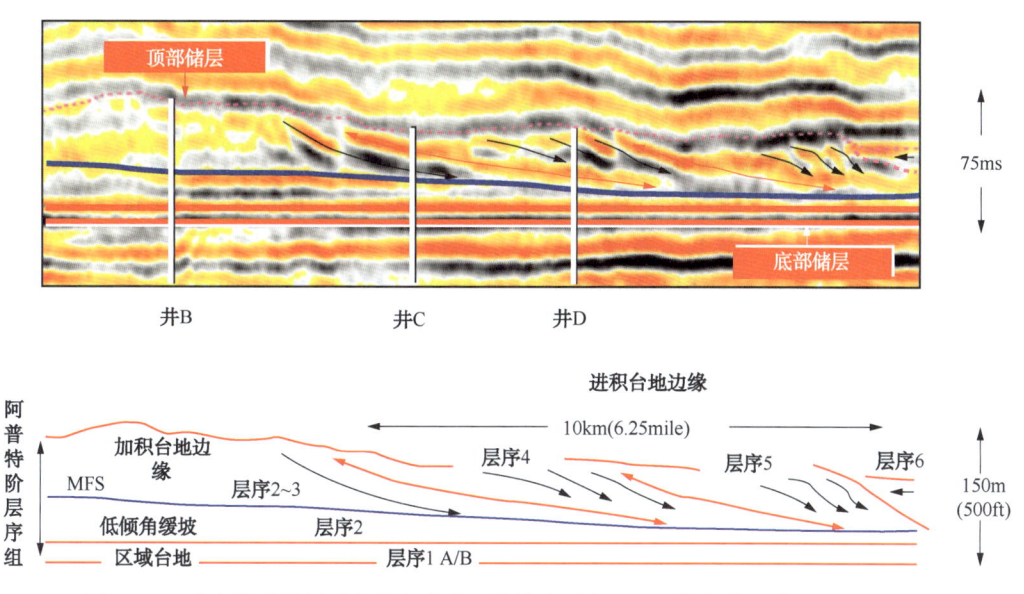

图 5-11　对应的地震剖面和线条表明阿普特阶层序组沉积期间台地演变的主要阶段

最大海泛面(MFS)出现在层序 2 中，是阿普特阶层序组的二级 MFS

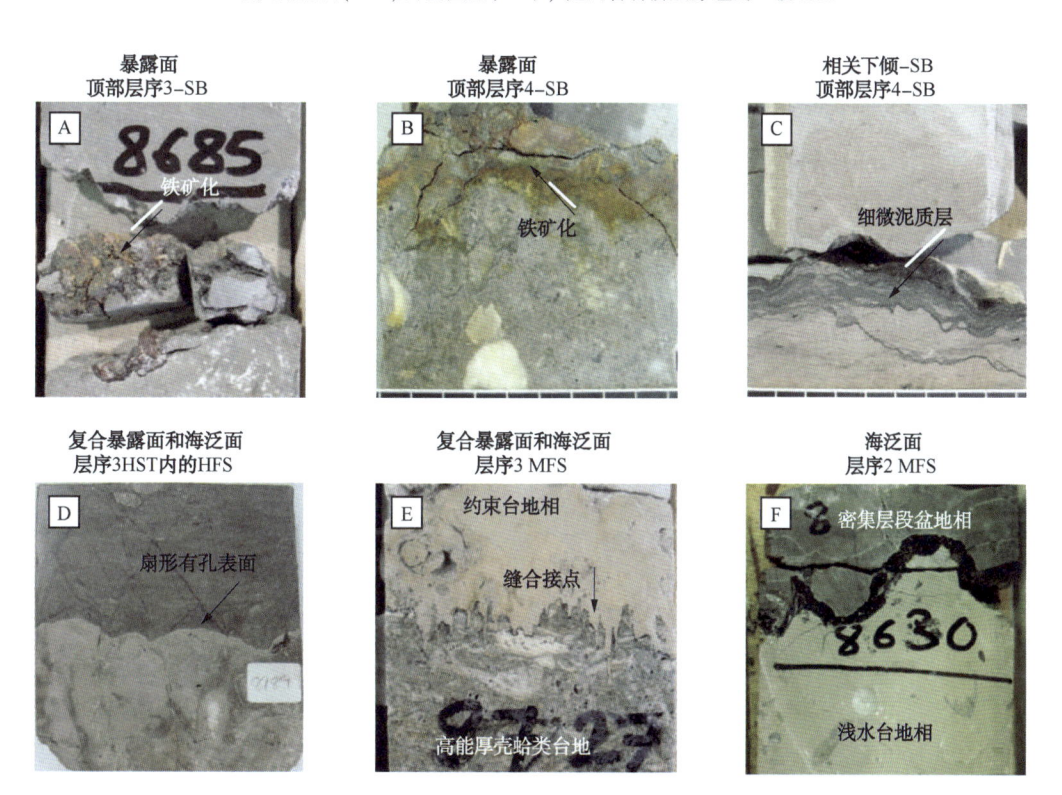

图 5-12　岩心中表现出的层序地层表面

SB＝层序界面；MFS＝最大海泛面；HFS＝高频（四级）表面；HST＝高位体系域。图 A 和图 B 中的表面为长期暴露面，形成了下白垩统超层序界面。如 Immenhauser 等(2000)所述，图 D 和图 E 中的表面为可能的复合暴露面和海泛面

铁矿化(图 5-12A、B)。暴露面溶蚀不超过数英尺或数英寸。块状方解石粗粒胶结物在层序界面下方局部位置发育，可渗入暴露面以下 3m(10ft)深处。层序界面还以上、下方的快速相变为标志，有时上覆了粗骨屑和/或岩屑滞留沉积物。

在下倾区域(陆坡和盆地位置)，层序界面变得整合，未出现暴露面。但部分层序界面记录了主要的相变。例如在斜坡地形区域，层序界面对应从 HST 似球粒—骨屑颗粒相(多孔区)到含潜穴相转变，以及从 LST 富粟孔虫粒泥灰岩(密集区)到上方 TST 转变(图 5-9)。部分情况下，可通过富黏土层在相同位置出现相变来证明下倾层序界面(图 5-12C)，并向表面产生清晰的伽马射线测井响应。

5.7.2 最大海泛面

阿普特阶层序组最大海泛面可在台地区最后的台地边缘后退中进行解释，与层序 2 的最大海泛面一致(图 5-8 和图 5-11)。陆坡和盆地环境中的最大海泛面可在密集层段中进行解释，这类层段将下方的浅水台地相与上方的深水斜坡相分离(与地震下超表面一致；图 5-8 和图 5-11)。

台地区海泛面通常出现在相过渡带处或其附近，以及记录了从向上变深到向上变浅特征变化的叠层处。部分情况下难以敲定确切的海泛面，因此更为合适的是识别出海泛层段。海泛面(或层段)通常在陆坡和近端盆地环境中表现明显，且一般表现为致密层段，其中包括黏土或淤泥质碳酸盐岩沉积物、含潜穴硬底和/或缝合线(图 5-12D~F)。

5.8 层序说明

下文为沉积层序与 Shuaiba 台地演变关系的一般说明。该讨论对前面介绍的阿普特阶可容空间旋回的四个主相起着关键性作用。图 5-13 对本文所使用岩相命名法和标识进行了说明。图 5-14~图 5-16 展示了阿普特阶层序组各主相典型岩相类型的岩心图片(分别为海侵期、早高位期和晚高位期)。岩隆各主要区域的标准测井如图 5-17~图 5-20 所示(分别为台地内部、台地边缘、近侧前积层序和远侧前积层序)。

5.8.1 海侵期

海侵期记录了长期海平面旋回涨水过程的沉积作用，包括 1A~1B 层序和 2 层序(图 5-9)。在此期间，相对海平面上升速度大于碳酸盐堆积速度。因此，沉积起伏随时间流逝而逐渐形成，标志着该区域 Bab 盆地的形成。碳酸盐岩隆分异为低起伏缓坡，海侵期沉积起伏可达 45m(150ft)。缓坡内部岩相以藻类—层孔虫聚集物为主，伴生珊瑚类和厚壳蛤类(图 5-14)。动物群落可表示 Bab 陆棚内盆地初步发育过程的相对受限旋回。由于缓坡以泥结构为主且有微孔发育，因此海侵期缓坡内部和边缘岩相以高孔隙度(10%~25%)和低渗透率(0.1~5mD)为特征。

海侵期由层序 1A、层序 1B、层序 2 构成。

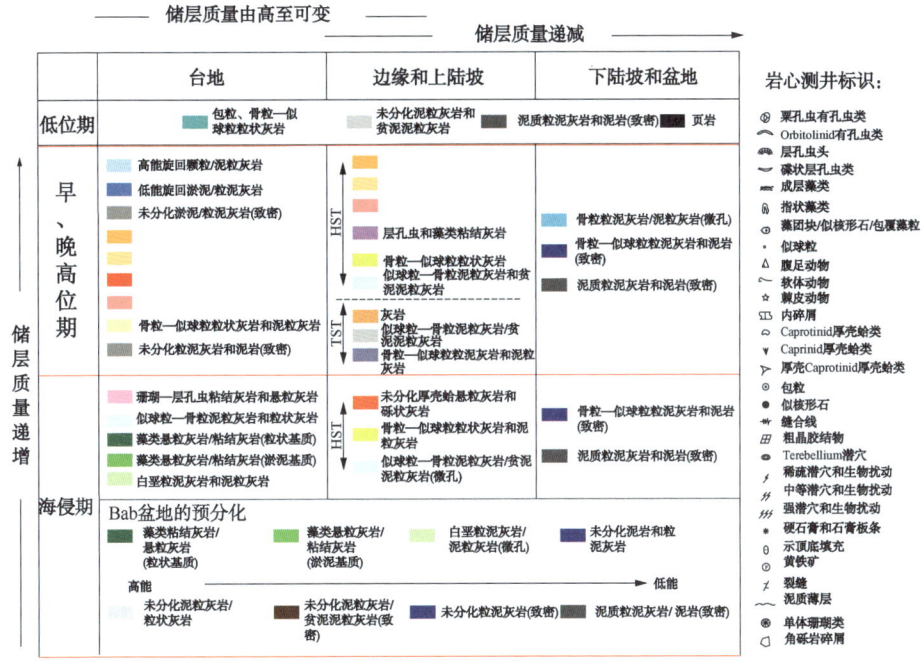

图5-13 岩相说明与本文所使用的岩心测井关键标识

根据岩相在阿普特阶层序组的位置和沿台地至盆地剖面的位置将岩相进行细分。储集相岩心图片与储层质量数据如图5-14~图5-16所示。岩心—测井岩相校准如图5-17~图5-20所示。MLP=贫泥泥粒灰岩；skel=骨粒；pel=似球粒；bndst=粘结灰岩；fltst=悬粒灰岩；HST=高位体系域；TST=海侵体系域

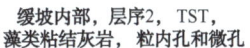

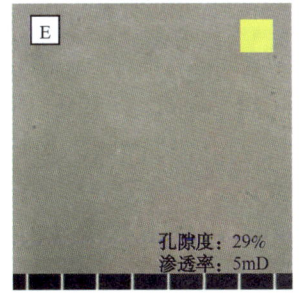

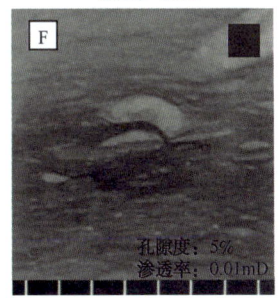

图5-14 复合海侵层段(层序1和层序2)沉积相与储层性质示例

图片右上角颜色标识对图5-13起着关键性作用。比例尺为1cm(0.4in)。mD=毫达西；Perm=渗透率；Por=孔隙度；HST=高位体系域；TST=海侵体系域

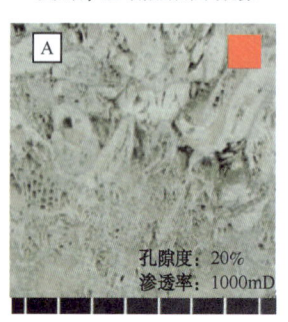

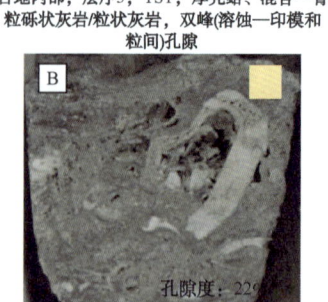

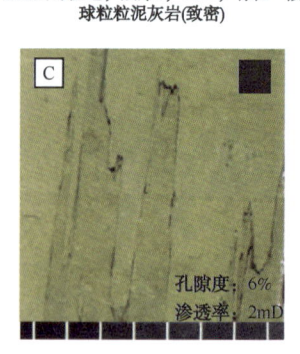

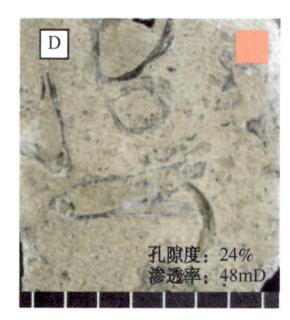

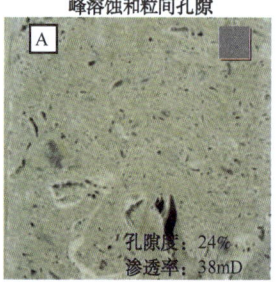

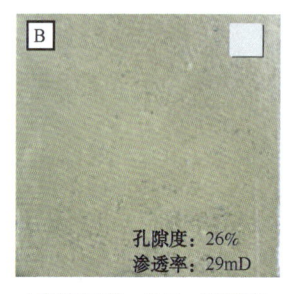

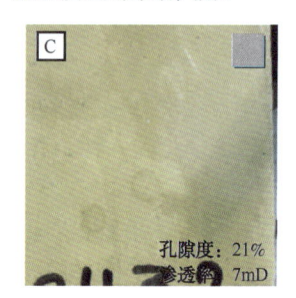

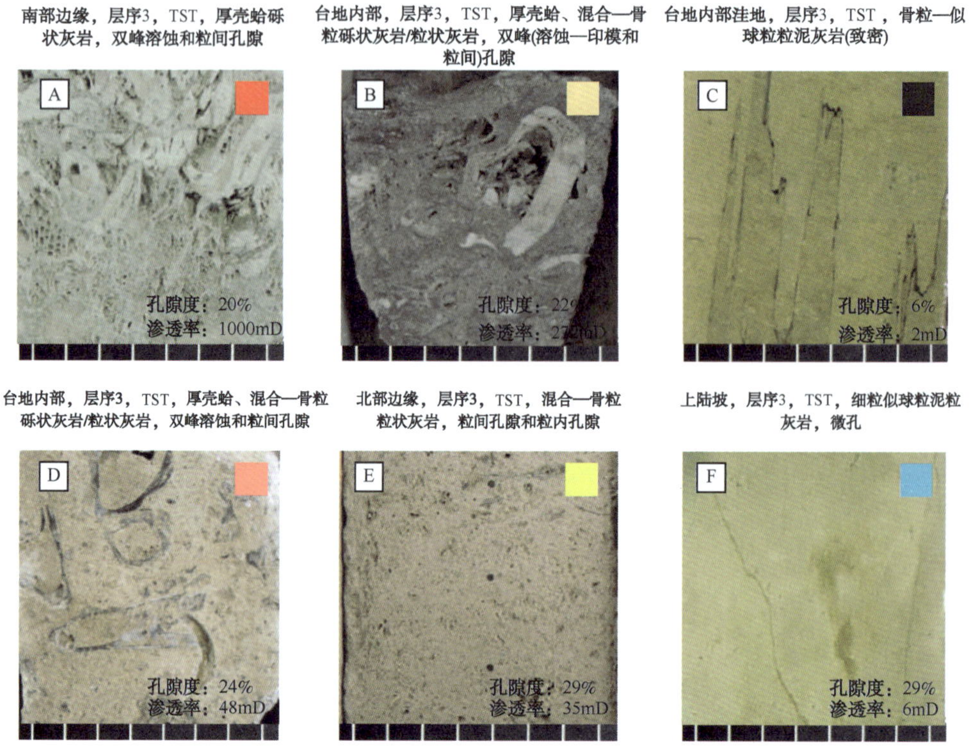

图 5-15 复合高位层段(层序 3)内沉积相和储层性质示例

图片右上角颜色标识对图 5-13 起着关键性作用。比例尺为 1cm(0.4in)。mD=毫达西；Perm=渗透率；Por=孔隙度；HST=高位体系域；TST=海侵体系域

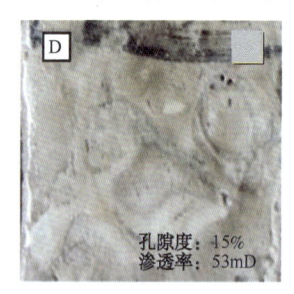

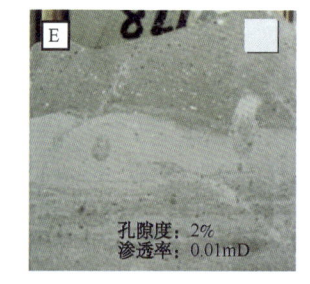

图 5-16 复合晚高位层段(层序 4)沉积相与储层性质示例

图片右上角颜色标识对图 5-13 起着关键性作用。比例尺为 1cm(0.4in)。mD=毫达西；Perm=渗透率；Por=孔隙度；HST=高位体系域；TST=海侵体系域

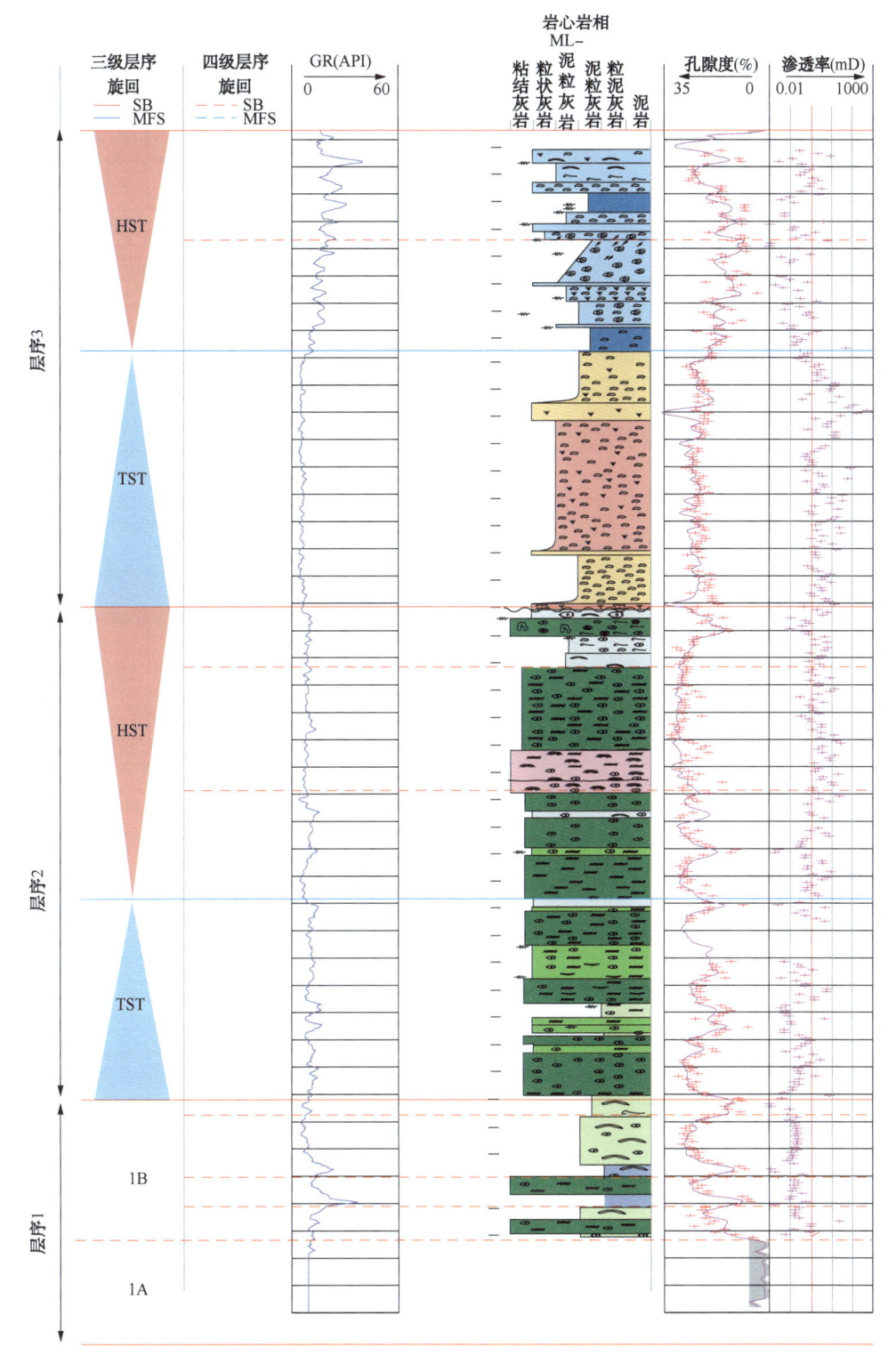

图 5-17 台地内部的标准测井(图 5-8 内油气井 A)

垂向上为 10ft(3m)的深度增量。低于 5%的孔隙度数值用灰色阴影表示。1mD 渗透率线用红色突出显示。岩相编码和标识方法参见图 5-13。HST=高位体系域；TST=海侵体系域；SB=层序界面；MFS=最大海泛面

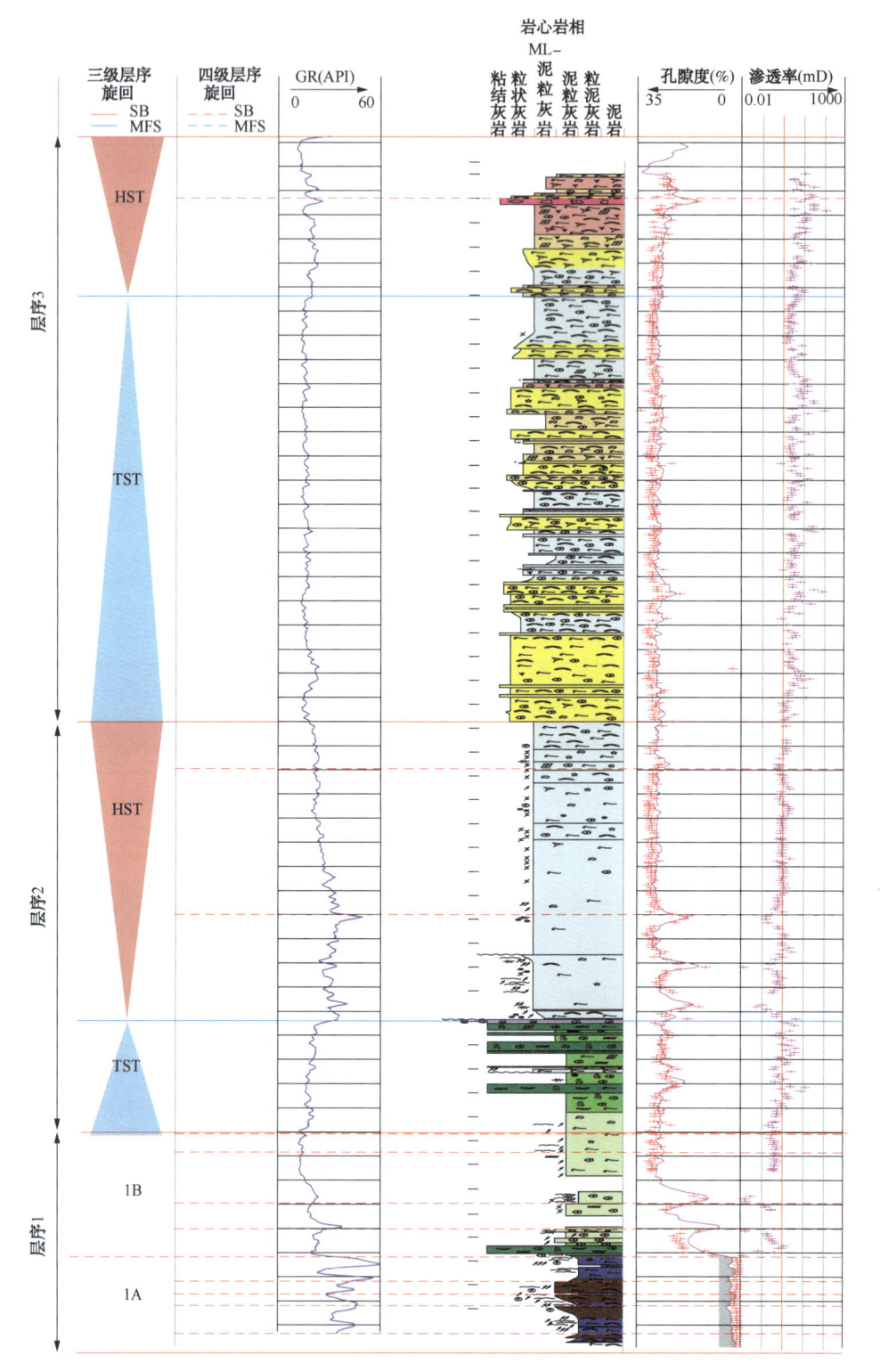

图 5-18 北部台地边缘标准测井（图 5-8 和图 5-11 内油气井 B）

垂向上为 10ft(3m) 的深度增量。低于 5% 的孔隙度数值用灰色阴影表示。1mD 渗透率线用红色突出显示。岩相编码和标识方法参见图 5-13。HST=高位体系域；TST=海侵体系域；SB=层序界面；MFS=最大海泛面

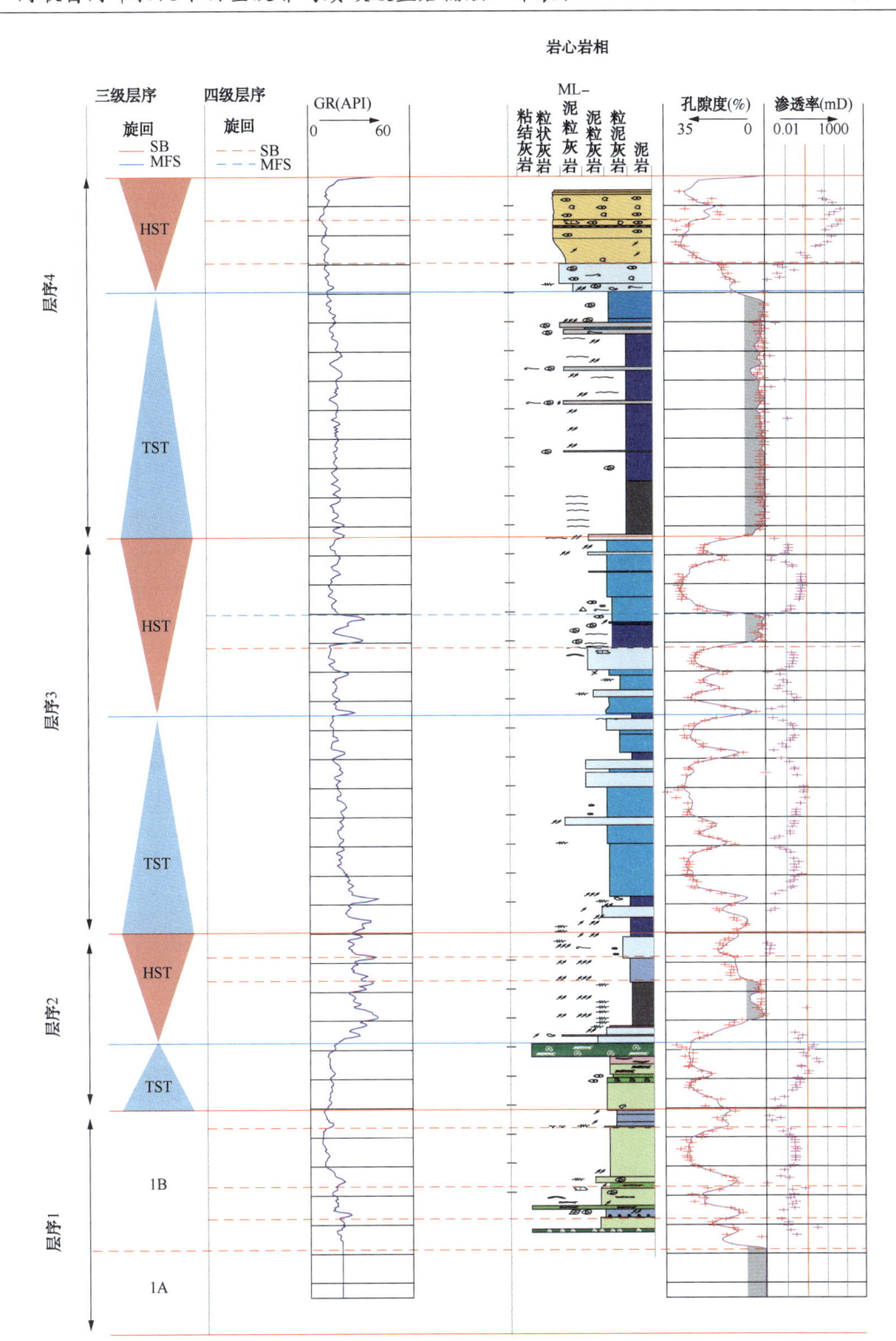

图 5-19 前积区域标准测井(图 5-8 和图 5-11 内油气井 C)

油气井处于层序 4 逆倾位置，突出了致密海侵体系域的发育。垂向上为 10ft(3m) 的深度增量。低于 5% 的孔隙度数值用灰色阴影表示。1mD 渗透率线用红色突出显示。岩相编码和标识方法参见图 5-13。

HST=高位体系域；TST=海侵体系域；SB=层序界面；MFS=最大海泛面

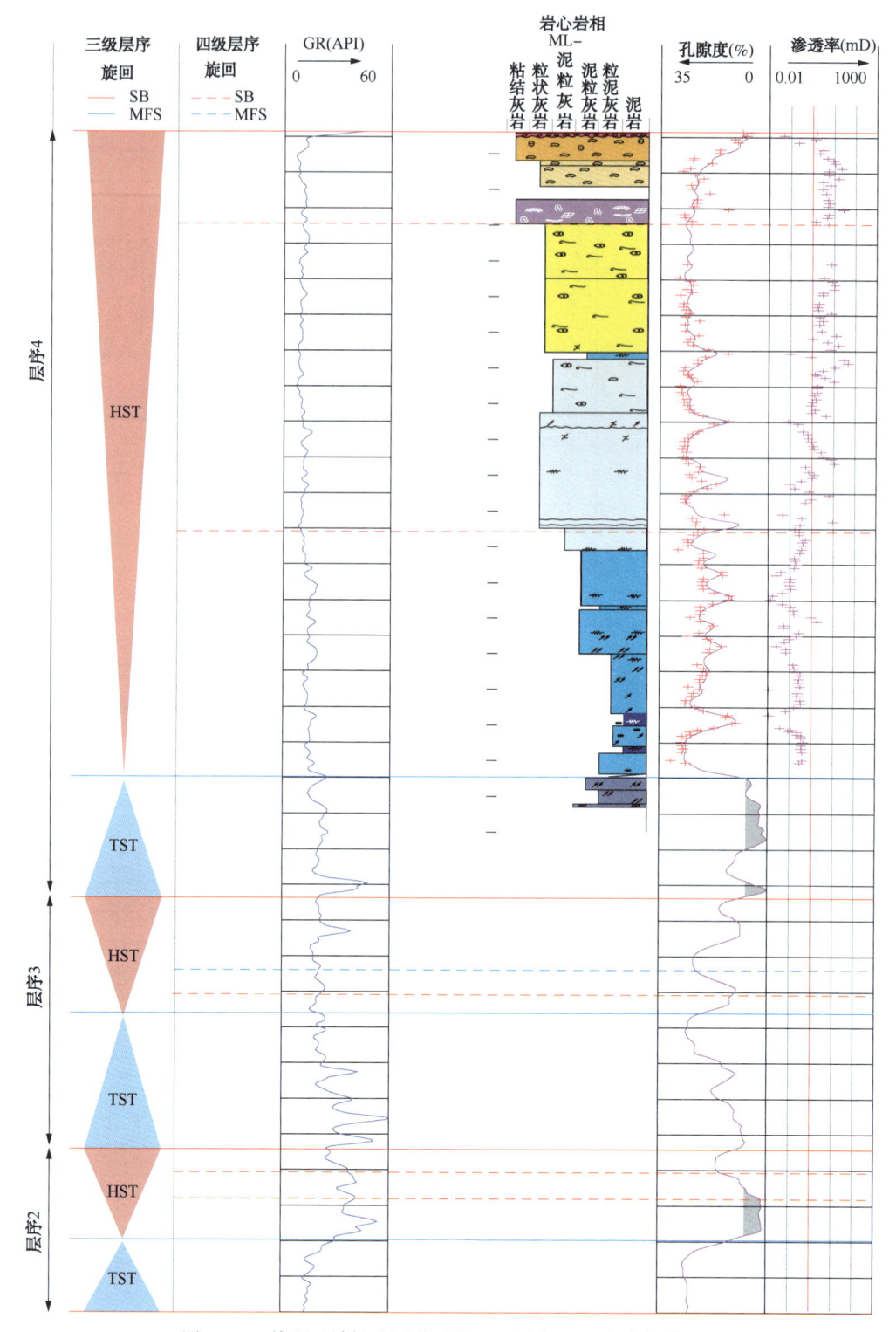

图 5-20　前积区域标准测井（图 5-8 和图 5-11 内油气井 D）

油气井位于层序 4 下倾位置，突出了多孔高位体系域的发育。垂向上为 3m(10ft) 的深度增量。低于 5% 的孔隙度数值用灰色阴影表示。1mD 渗透率线用红色突出显示。岩相编码和标识方法参见图 5-13。HST＝高位体系域；TST＝海侵体系域；SB＝层序界面；MFS＝最大海泛面

5.8.1.1 层序1A

层序1A包括Hawar页岩(图5-9),本研究未对此进行深入评估。Hawar页岩包含泥质、富圆笠虫泥粒灰岩和粒泥灰岩,存在泥质沉积物的旋回交替。如Strohmenger等(2006)做出的进一步讨论,存在其他对Hawar页岩的层序—地层的解释。Strohmenger等(2006)解释道,Hawar页岩在相对较浅的局限环境下堆积,伴随阶段性出露。Strohmenger等(2006)同样解释道,Hawar页岩上部和下部被层序界面包围,如图5-3所示。与此相反,van Buchem等(2002)解释道,记录区域性海侵作用的Hawar页岩与Bab盆地的初步形成相关。在该解释中,与分离沉积层序相对,Hawar页岩可能为层序1的海侵体系域。仍需对上述解释进行更多的区域性研究。

储层质量:Hawar页岩具有极低的孔隙度和渗透率,在Kharaib储层下方和Shuaiba储层上方之间的区域形成了有效的致密隔层。

5.8.1.2 层序1B

层序1B包含Shuaiba组基底部分,与层序1A相比,其沉积作用较为明显。层序1B内的泥质含量明显降低,记录了以圆笠虫为主的岩相至以藻类为主的岩相之间的变化。与层序1A类似,层序1B记录了整个研究区域的浅水沉积作用,而没有沉积起伏的迹象。该层序被分为三个向上变浅的旋回,与基于岩心和测井特征的整个研究区域相关(图5-17和图5-18)。高频旋回内的岩相叠加样式多变,但从基底到顶部的进积作用通常包括:(1)骨粒—似球粒粒泥灰岩;(2)藻类粘结灰岩—悬粒灰岩;(3)白垩似球粒—骨粒泥粒灰岩(含微孔)。

储层质量:藻类粘结灰岩和悬粒灰岩体现了一系列储层质量多变的岩相(图5-17和图5-18)。孔隙度范围为10%~20%,渗透率范围为0.1~5mD。影响储层质量变化的主要因素包括:(1)稀疏至致密的藻类粘结灰岩组构(若藻类成分相连且致密,则藻类粘结灰岩内的粒内孔隙更好地相连);(2)藻类悬粒灰岩内的粒状至淤泥基质(粒状组构具有较高的孔隙度和渗透率)。白垩、细粒相(骨粒和似球粒粒泥灰岩和泥粒灰岩)以发育的微孔具有相对较高的孔隙度和相对较弱的渗透率为特征。

5.8.1.3 层序2

层序2记录了本研究区域内台地边缘的初步分化和Bab盆地的开端(图5-9)。该层序分化为明显的海侵体系域和高位体系域,这两个体系域具有不同的储层结构和质量(图5-9)。

海侵体系域以退积几何结构为特征,记录了北部缓坡边缘的发育过程。初始边缘通过两步小规模退积,形成20m(65ft)的层序起伏(图5-9)而发育。藻类—层孔虫粘结灰岩是海侵体系域内主要岩相(图5-14A、B)。旋回叠加样式由低于层序1A的暴露—覆盖向上变浅旋回变为海侵体系域层序2之上的拼贴藻类—层孔虫岩相。该盆地以富含有机质的粒泥灰岩和泥粒灰岩的沉积作用为特征(图5-14F)。这些盆地相上覆层序1B浅水碳酸盐岩相,记录了最初的台地淹没(图5-12F)。故将该盆地沉积解释为与阿普特阶层序组内最大海泛层段对等的浓缩层段。微化石年代表明浓缩层段与早阿普特期全球大洋缺氧事件一致(OAE1a,图5-3)(Bralower等,1994;Erba等,1999;Premoli Silva等,1999)。

高位体系域记录了北部缓坡边缘的加积作用和南部缓坡边缘的开端。体现了不同岩相组合,包括缓坡内部的浅水、藻类相和缓坡边缘之上的细粒贫泥泥粒灰岩(图5-14B)。高位体系域的动物群多样性略微增加,珊瑚和厚壳蛤类更为丰富(图5-14C)。动物群落多样性的增加可能与 Bab 陆棚内盆地遭遇海侵作用使环流模式更为开阔有关。高位体系域期可容空间降低之迹象包括，沿北部缓坡边缘几何结构从退积变为加积，且存在越来越多的暴露迹象。高位体系域层段内显著生物层单元底部存在暴露面(图 5-8)。生物层单元与 Russell 等 (2002)所做研究的 C 珊瑚带中段一致，厚度范围为 3~8m(10~25ft)，包含由珊瑚、层孔虫和藻类构成的复合聚集物，多数处于生长位置(图 5-14C)。一般认为该生物层单元已在下伏暴露面成核。含大量厚壳蛤碎屑的藻类粘结灰岩和悬粒灰岩上覆生物层层段，继续上升至层序 2 顶部的层序界面。上层序界面为非显著暴露面，但记录了下方以藻类为主的岩相至上方以厚壳蛤为主的岩相的重大变化。动物群落变化迅速，通常发生于低于 0.3m(1ft) 的垂直剖面。该表面属于区域范围，记录了动物群落的变化(Hughes，2000; van Buchem 等，2002; Droste，2004)，似乎预示着整个 Bab 盆地旋回模式的重大变化。

储层质量：层序 2 的岩相和储层质量的垂向变化如图 5-17 和图 5-18 所示。高位体系域内岩相结构通常比下伏海侵体系域的岩相结构更具纹理性。高位体系域以藻类—粘结灰岩和悬粒灰岩为主，伴随多粒基质，而下伏海侵体系域则以藻类—粘结灰岩和悬粒灰岩为主，伴随富泥基质。因此，层序 2 内储层质量上升(图 5-17 和图 5-18)。在海侵体系域，孔隙度范围为 15%~25%，渗透率范围为 1~20mD。在高位体系域，孔隙度范围为 20%~30%，渗透率范围为 10~100mD。沉积于盆地区域的浓缩层段十分致密，在层序 1B 下方的浅水台地相至层序 4 和 5 上方的上覆陆坡相之间区域形成了一道隔层。

5.8.2 早高位期

早高位期间，长期相对海平面上升速度与碳酸盐沉降速度保持平衡，导致碳酸盐台地发生加积作用。加积期间获得了最大沉积起伏，台地和盆地间建立了高达 75 m(250 ft) 以上的沉积起伏(图 5-9)。岩相和动物群落多样性在早高位期达到最大值，厚壳蛤向整个堤顶增殖(图 5-15A、B、D)，沿台地北部和南部边缘发育。Bab 盆地内旋回模式改变和相对海平面上升，引起开阔高能台地的发育。沉积于早高位期的台地内部和边缘相是 Shuaiba 储层内质量最高的岩相。

层序 3 包含早高位期沉积物，并被细分为下述的海侵体系域和高位体系域。

5.8.2.1 层序 3(TST)

层序 3 海侵体系域记录了台地和边缘沉积的重大变化。此时南部台地边缘充分发育，台地和南面的浅水内湾之间的区域形成高达 30m(100ft) 的起伏。台地内部的沉积样式随台地古地理结构的变化而发生显著变化。台地内部分化为潮汐水道、厚壳蛤浅滩及滩间洼地或池塘构成的复杂镶嵌层，标志着跨堤海流和开阔海条件的形成(图 5-9 和图 5-10)。

北部和南部边缘之间的台地边缘相明显不同。北部台地边缘以宽粒状灰岩带(5~7km; 3.1~4.4mile)为特征，向北伸入深水陆坡相。原位厚壳蛤和层孔虫粘结灰岩和障积灰岩窄带(1~2km; 0.6~1.2mile)位于粒状灰岩带台地方向，一般认为该窄带沿北部台地形成了层孔虫和厚壳蛤补丁礁断续带。北部边缘沙棘带以骨粒至似球粒泥粒灰岩和粒状灰岩为特征，在高至中能碳酸盐砂坪内沉积。骨粒成分多变，包括富圆笠虫属和粟孔虫颗粒局部浓缩物。结构为相对较细的颗粒，随剖面上升，颗粒变粗变洁净(淤泥更少)。朝盆地(下坡)方向，结构变细，淤泥变多。

与此相反，南部台地边缘以高能、厚壳蛤为主，以覆盖外台地辽阔区域的岩相为特征。

沿南部边缘的沉积相包括以厚壳蛤为主的粒状灰岩和粘结灰岩(图5-15A)。该岩相基本不存在垂向变化,尚不确定其内表面和层理特征。沿南部边缘的高能相向台地内部北面的厚壳蛤浅滩、滩间洼地、潮汐水道的镶嵌层进积,快速进积进入南面上陆坡至中陆坡环境的富圆笠虫属泥粒灰岩和粒泥灰岩。

5.8.2.2 层序3(HST)

HST记录了相对于下伏TST的台地和边缘沉积(图5-9)。台地内部的沉积能级变得更低。TST内发育的潮汐水道、池塘和浅滩复杂组合不存在于HST。与此相反,HST记录了整个堤顶沉积能量的显著下降,并伴随储层质量的下降。碳酸盐岩相通常以淤泥为主,伴随泥质含量显著上升。此外,与以混合厚壳蛤浅滩相为特征的TST相比,HST以向上变浅的准层序发育和发育良好的表面为特征。

台地边缘相和几何结构同样发生明显变化。南部边缘变窄,为2km(1.25mile)宽,以比下伏TST低得多的能相为特征(图5-9)。同样地,北部边缘相对于下伏TST变窄,并从细粒砂坪环境演化为较粗的厚壳蛤砾状灰岩和作为浅滩沉积的悬粒灰岩。岩相关系和地震几何结构表明,由于海平面上升速度开始放缓,HST期间北部边缘进积3km(1.9mile)左右(图5-8)。

HST期间,限制台地内部的控制因素可能与台地边缘的几何结构变化有关。尤其是,北部边缘似乎具有更明显的地形特征,以便应对边缘浅水作用和进积作用。北部台地边缘进积和地形可能限制了台地内部和陆棚内湾南面的环流。

储层质量:层序3内横向和纵向的储层质量均发生变化(图5-17~图5-20)。沉积于TST台地内部的厚壳蛤浅滩相拥有Shuaiba储层各层段最高的储层质量。孔隙度范围为20%~30%,渗透率范围为10~500mD。TST同样标志着由于台地内部池塘—潮汐水道网络发育引起岩相多样性达到峰值的时期。池塘和潮汐水道充满以淤泥为主的多变岩相,但通常具有较低的储层质量。许多特征为非储集层特征。

北部和南部边缘之间的储层质量变化显著(图5-15)。南部边缘以厚壳蛤为主的岩相具有20%~30%的孔隙度,渗透率范围为100~1000mD。与此相反,沿北部边缘沉积的细粒粒状灰岩和贫泥泥粒灰岩则具有同南部边缘相似的孔隙度,但却具有低得多的渗透率,其渗透率范围为10~100mD。层序3的HST通常具有低储层质量,最佳储集相与沿北部边缘发育的厚壳蛤浅滩一致。这些储集相的孔隙度范围为20%~30%,渗透率范围为10~100mD。

5.8.3 晚高位期

晚高位期标志着阿普特阶台地历史的根本性转折点。相对海平面上升速度放缓接近静止,随后海平面逐渐降低。碳酸盐台地拥有有限的垂向可容空间,开始侧向移动,下坡进入Bab盆地。因此,北部台地边缘向Bab盆地进积10km(6.2mile)以上。前积带内地震几何结构明确了与两个沉积层序一致的两大进积期(层序5,图5-11)。由于海平面长期下降,各陆坡层序向下进入盆地。因此,层序4和层序5与主台地分离,陆坡受到限制。更久远的阿普特阶台地暴露于多数的晚高位期,长期陆上暴露面由此发育。朝盆地方向,暴露面逐步变年轻,对应逐步降低的几何结构(图5-9)。

层序4和层序5具有相似的结构、岩相和储层质量。各层序包含缓角前积淤泥、低位—海侵期(低储层质量),随后是高角前积粒状、高位期(中—高储层质量)(图5-10和图5-11)。

层序4和层序5岩相关系总结参见图5-16。

5.8.3.1 层序4和层序5(TST)

TST以淤泥、无孔岩相为主,对流体的流动性造成了广泛的阻碍。TST岩相模型包含:(1)边缘处caprotinid悬粒灰岩、障积灰岩和砾状灰岩(图5-16D);(2)上陆坡内混合似球粒和骨粒泥粒灰岩和粒状灰岩(图5-16E);(3)上陆坡和下陆坡环境的含潜穴粒泥灰岩(致密)(图5-16F)。TST以沉积于上陆坡和中陆坡环境的厚富泥相为主。如下文所述,这些淤泥被认为是以泥丘的形式原地形成。

5.8.3.2 层序4和层序5(HST)

HST以粒状、多孔前积为主,交替高频(四级)致密层段。HST前积的坡角(2°~3°)比淤泥TST前积的坡角(1°~2°)高。HST内典型岩相进积包括陆棚边缘处的厚壳蛤砾状灰岩(图5-16A)、上陆坡的骨粒粒状灰岩、中陆坡的似球粒泥粒灰岩和粒状灰岩(图5-16B)及下陆坡环境的有孔虫—泥粒灰岩(图5-16C)。

储层质量:在斜坡层序TST和HST中,沿沉积剖面,储层质量发生显著变化(图5-16、图5-19和图5-20)。各层序以淤泥为主的TST十分致密,形成了一道有效的侧向连续隔层。TST逆倾部位粒相的孔隙度范围为10%~20%,渗透率范围为10~50mD,因此为斜坡层序之间区域提供了逆倾连通性。尽管HST前积内部结构复杂,导致其具有高度的非均质性,但各层序以颗粒为主的HST仍具有较高的储层质量。四级旋回引起流动单元和流动隔层的高频交替。各前积剖面下方储层质量随孔隙类型变化而以一定规律变化。孔隙度值与剖面下方孔隙度值相对一致(15%~25%),但其渗透率发生显著变化,以颗粒为主的逆倾相,其渗透率范围为几十至几百毫达西,而下陆坡下倾以淤泥为主的岩相,其渗透率范围则为0.1~1mD。下陆坡相主要的孔隙类型为微孔。大气成岩作用可促进微孔的发育,但微孔发育也与陆上出露有关。

5.8.4 低位期

海平面最大低位以细粒硅质碎屑大量涌入和阿普特阶碳酸盐台地的终止为特征。低位相形成盆地受限的楔形体(层序6),楔形体上超阿普特阶台地边缘(图5-10和图5-11),形成储层侧封。低位楔形体包含浅水作用和向上清洁层序(包含从细粒硅质碎屑和碳酸盐淤泥至骨粒和鲕粒碳酸盐粒状灰岩的向上演替)。层序6顶部被上覆Nahr Umr页岩沉积物的暴露面圈定。本研究仅介绍了层序6的逆倾部位。区域关系表明层序6与Shuaiba组Bab段大部分一致,继续进积进入Bab盆地。Nahr Umr页岩记录了海平面上升,淹没了之前出露的整个阿普特阶台地。然而,与下述碳酸盐台地相相比,海洋环境以细粒硅质碎屑为主,仅含泥质碳酸盐岩组成的薄层。Nahr Umr页岩形成了Shuaiba储层顶部密封。

5.9 以体为基础的储层评价

层序地层格架和三维地震数据用于综合评价阿普特阶储层。应用体解释和可视化工作流程对地质变化及其对储层动态的影响进行进一步评价和量化。图5-21所示为地震不连续面与地震孔隙度的共同绘制图像,从地震尺度视角对储层结构和性质进行了分析。

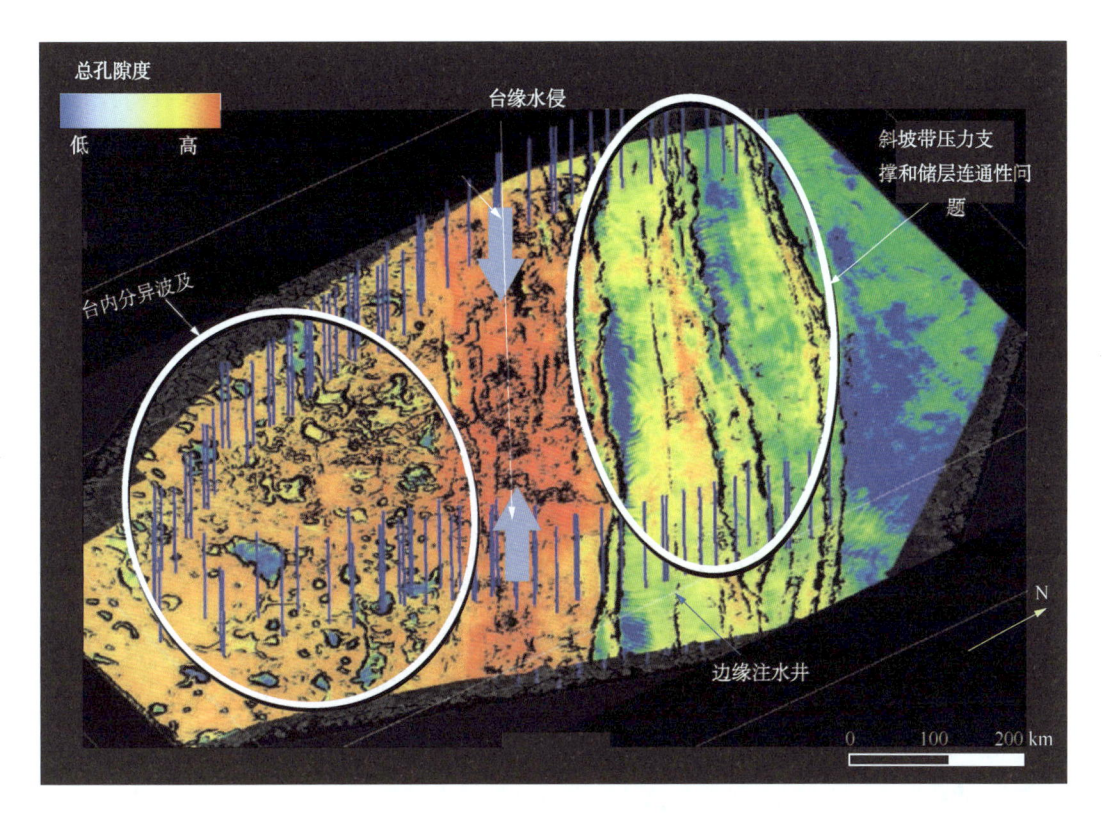

图 5-21 以体为基础的储层评价

图中所示三维体为总孔隙度与地震不连续面的共同绘制图像。三维体突出显示了由层序地层变化所引起的储层非均质性及其对油田开发的影响。时间切片由层序1顶部(储层基底)的平化数据体得出,表示通过台内和台缘层序3的海侵体系域、并穿过斜坡带和 Bab 盆地层序4、层序5和层序6的一个时间切片。总孔隙度数据体包括根据地震数据得出的孔隙度(带限孔隙度)和低频孔隙度趋势。在三维地质建模阶段,添加了源自岩心和测井数据的高频孔隙度数据

油田 A1 极不均匀,可分为三个主要区域,每个区域均有其地质、地震及开采特征。这些区域包括台地南侧、油田中心区域台地北缘和北斜坡带。如上所述,引起这些地质变化的地质学控制因素与层序地层格架直接相关,如图 5-8 所示。

在油田开发早期阶段进行了边缘注水(三维地震数据采集前),由于储层存在明显非均质性,因而边缘注水不足以提供可容空间。油田管理面临几项挑战,包括台内分异波及、台缘粒状灰岩带早期水侵和斜坡带压力支撑(图 5-21)。为进一步优化油田开发,阿布扎比陆上石油经营公司实施了几项油田管理措施。如下文所述,在很大程度上,三维地震数据有助于指导未来的布井和油田优化措施。

5.9.1 台内地震描述

台内孔隙度空间分布复杂,这与高位期早期形成的复合潮汐水道、水塘和厚壳蛤浅滩有关(图 5-21)。该层段的原始地质储量为 $(40\sim50)\times10^8$ bbl。因而,在油藏采收率方面进行小小的改进就会产生很大的经济影响。了解台地储层质量异常的成因及分布对油田开采提出了一项长期的挑战,进行油田开采必须避免注采井的这些异常以及这些异常特征对储层波及和

注水前缘推进的影响(图 5-21)。

5.9.1.1 测井和岩心数据标定

三维地震数据提供了台内潮汐水道和水塘网络的分布蓝图(图 5-6 和图 5-21),以及一种新的储层评价工具。在初步勘察地震数据时,在台内发现了一些地震特征,这些地震特征为与 Shuaiba 超层序顶界面伴生发育形成的岩溶地貌,或者为同沉积地貌,例如潮汐水道和海底水塘。如图 5-22 所示,标定地震数据与测井数据将得出地震特征的同沉积成因。共同绘制地震不连续面数据体与储层等时线(时间厚度)数据体可以凸显台内地层特征的细节(图 5-6 和图 5-22),并可指导选择标定井。地震数据与测井数据标定显示,细等时线对应地震波速很快的致密无孔碳酸盐岩,而粗等时线对应地震波速很慢的多孔碳酸盐岩。这些观测数据与图 5-21 中所示的地震孔隙度预测一致,这证实了复合水塘和潮汐水道中储层质量通常低于周围更为连续的地震相。

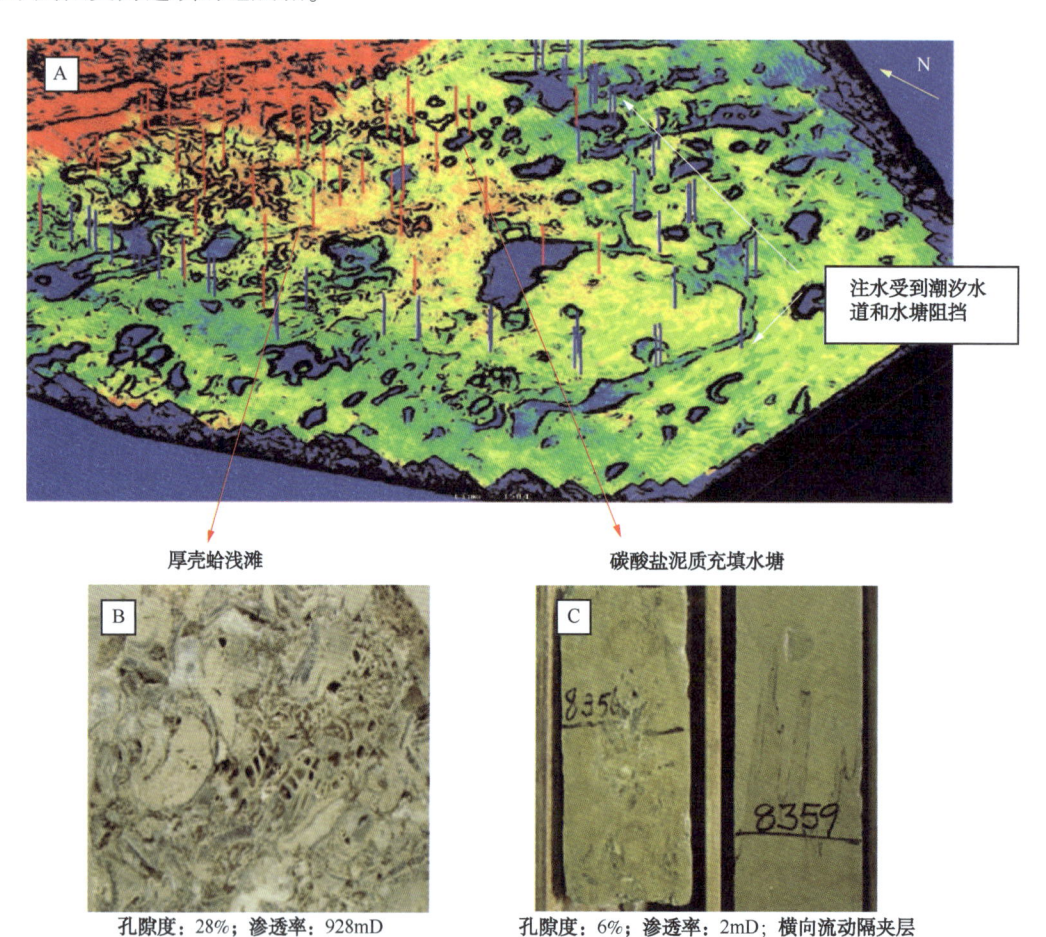

图 5-22 台内区域综合描述

(A)与地震不连续面共同绘制的储层等时线图(红色=粗等时线;蓝色=细等时线)。蓝色测井等时线代表注水井,红色测井等时线代表选定的采油井。水塘和潮汐水道对应细等时线,多孔厚壳蛤浅滩对应粗等时线。以北突出的粗等时线代表台地北缘。边缘注水由水塘和潮汐水道引调,从而引起分异波及。(B)水塘和潮汐水道中发育形成的高孔隙度、高渗透率厚壳蛤浅滩相。(C)无孔海底水塘填充物(开阔海相骨粒粒泥灰岩和含厚壳蛤碎屑的泥粒灰岩)

水塘地形内部的岩心大部分由沉积在开阔—局限海相环境中的碳酸盐泥岩和粒泥灰岩所组成(图5-22)。在水塘中发现了一系列碳酸盐岩相,包括开阔海相碳酸盐泥岩、粒泥灰岩、似球粒—骨粒泥粒灰岩和富含有机质的局限海相泥岩和藻纹层岩。相反,水塘外的测井岩心由以厚壳蛤为主、沉积在高能碳酸盐岩浅滩和补丁礁上的粒状灰岩、悬粒灰岩和砾状灰岩所组成。水塘填充物中的开阔海相含厚壳蛤和其他沉积物,这些沉积物从周围厚壳蛤浅滩运移到水塘中。无证据表明水塘和潮汐水道地形的形成与岩溶或溶蚀作用有关。岩溶环境常见的崩塌角砾岩、断裂构造、流体粉砂及其他成岩特征并不可见。

形成水塘和潮汐水道所需的时间与周围厚壳蛤浅滩和补丁礁相等。厚壳蛤浅滩和水塘的原始分布可能受下伏层序界面(层序2顶部)先成地形的控制,而浅滩在隐蔽的高地处核化。在层序3海侵期,海平面上升,浅滩加积,因而这种原始地形被强化。可容空间增大引起台地南缘分异,从而台顶与跨岸强洋流连通,形成海底河道。可容空间变化速率减慢,厚壳蛤浅滩在岸顶聚集,充填大多数水塘和潮汐水道地形(图5-8)。层序3的高位体系域延伸至下伏高位体系域的潮汐水道、水塘和浅滩,而几乎没有发生任何相变(图5-8和图5-9)。这种关系表明,潮汐水道和水塘是在层序3的高位体系域发育期充填形成的,其形成与Shuaiba储层顶部(下白垩统超层序界面)长期裸露并不相关。

5.9.1.2 储层解释

地震孔隙度在潮汐水道—水塘网络中的分布表明,尽管孔隙度通常低于周围厚壳蛤浅滩相,但仍存在很大差异,并非所有数据体都为非储层数据体(图5-21)。对岩心和测井数据进行标定发现,孔隙度随几个因素而变化,包括水塘大小以及井在水塘中的位置。大型水塘比小型水塘更受洋流的限制,大型水塘中为多泥、更加致密的岩石。此外,从水塘陆核到水塘陆缘,储层质量递增。可用于评价大型潮汐水道中岩相和储层质量变化的数据很少,但根据地震孔隙度可以得知,与水塘相比,潮汐水道中岩相通常孔隙度更高。

可视化为评价储层波及和识别台内未波及储层提供了一种强大的手段。对图5-21和图5-22中所示的地震体进行可视化,油藏工程师便可快速解决长期开采异常问题。例如,很多采油井含水率异常高或异常低可以用注采井和复合水塘—潮汐水道的相对位置来解释(图5-22)。由于水塘和潮汐水道而被注水井遮挡的采油井水侵现象比无遮挡的采油井更少,因而前者的含油率更高。三维地震数据提供了有关储层分布特征的最新详细信息,这些信息已用于指导注采井油藏开发和布井。

5.9.2 台缘地震描述

在台地北缘区域,油田区域的孔隙度及孔隙连续性最高(图5-18和图5-21)。采油数据表明,因边缘注水,台缘过早见水。地震数据表明,台缘区域流体流动受地层和构造控制。

5.9.2.1 测井和岩心数据标定

图5-23中给出了台缘区域地震与层序—地层关系。由于多孔和相对连续的储层相叠加,台缘区域地震特征通常比较明显。层序3高位体系域中出现了非连续、向盆地倾斜的地震反射层(斜坡)。标定岩心数据显示,台缘相主要由粒度极细、分选性好的骨粒和非骨粒粒状灰岩所组成(图5-15E、F;图5-16B、C;图5-23C)。碳酸盐砂岩浅滩垂向加积,然后随海平面上升速度增加向盆地进积。因此,岩相向上从多粒台缘过渡到以厚壳蛤为主的台地外缘(图5-23C)。

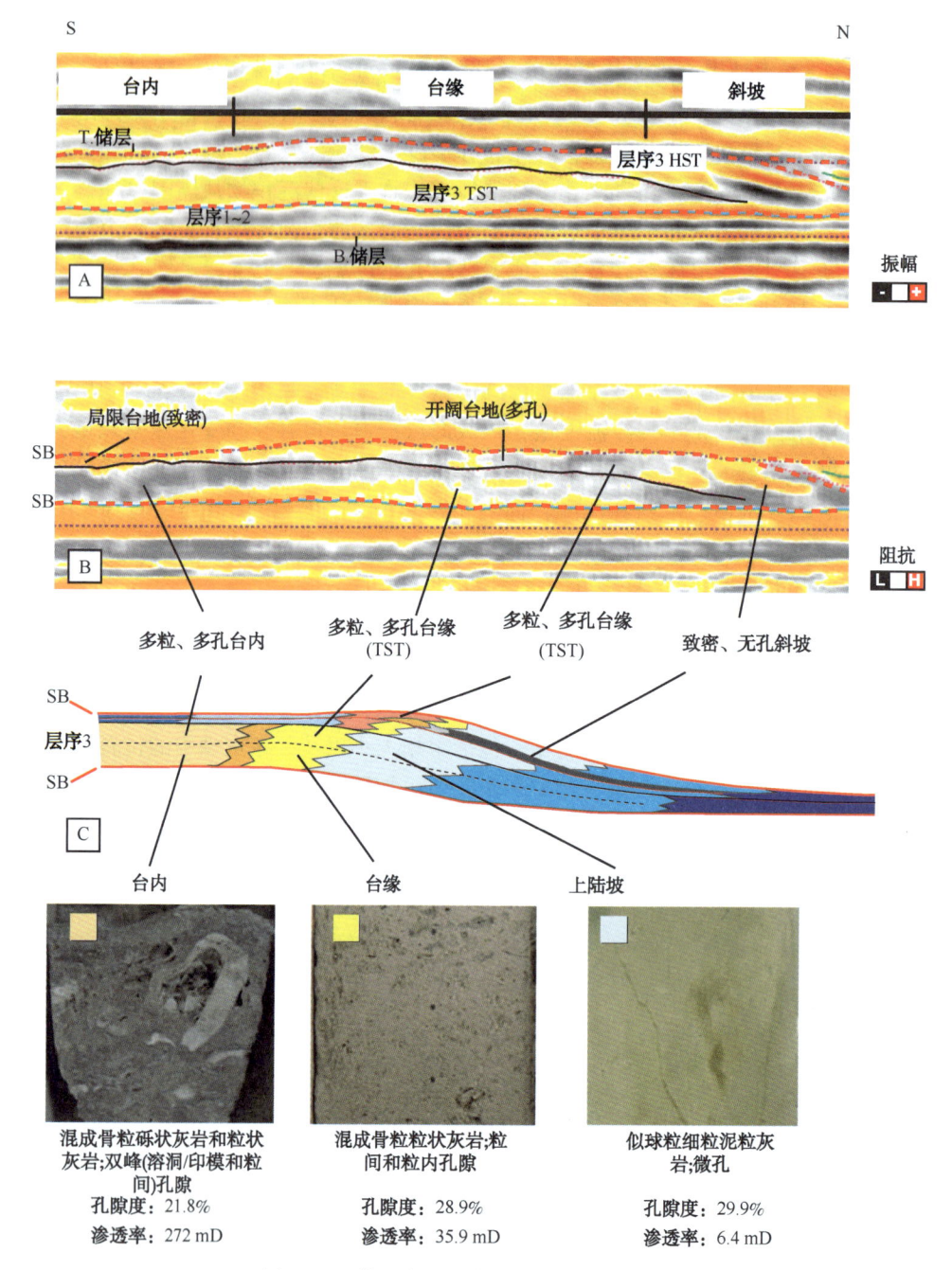

图 5-23　储层台地北缘区域地震与沉积关系

C 中所示沉积层序为图 5-8 中的层序 3。台缘相垂向叠加记录了开阔台内相进积到台缘相的进积作用。台缘区域储层质量通常较高，且相对连续。(A)台地北缘区域地震断面(振幅数据)。(B)台地北缘区域地震断面(阻抗数据；橙色=孔隙度低，灰色=孔隙度高)。(C)台内、台缘至上陆坡环境岩相与储层质量关系。HST=高位体系域；TST=海侵体系域；SB=层序界面。岩相编码说明见图 5-13

5.9.2.2　储层解释

这些数据表明，台地北缘为一个叠加、中低储层质量的宽阔相带。地震数据显示，在整个油田区这种趋势是连续性的，这与边缘注水有很大联系（图 5-21），并与观测到的见水井排一致。但是，如前所述，在地震数据趋势中所观测到的断层与台缘平行，这可能会影响流体流动和见水井排（图 5-7）。通过流体模拟进行敏感性试验，以确定基质特性与动态数据是否吻合，或确定是否需要断层和裂缝的额外渗透率。在敏感性试验中可以利用由地震数据推导出的三维断层格架（图 5-7）。

地震和层序地层格架有助于更深刻地理解沿台缘倾斜方向上的侧向相关系和储层连通性（图 5-23）。台缘高孔隙度粒状灰岩过渡到储层质量更加多变的台内相。因此，台缘区域和台内区域为压力连通，沿台缘走向移动的注水也可横向穿过台内的高孔隙度岩相。在近台内区域观测到水侵现象，见水可能会随时间增多。

5.9.3 斜坡地震描述

斜坡以复合地层几何结构和储层性质存在明显变化为特点（层序 4 和层序 5，图 5-8）。因此，边缘注水不能为这部分储层提供足够压力支撑或波及此区域（图 5-21）。为此，ADCO 进行了面积注气，以增大压力支撑，优化采收率。如图 5-24 所示，地震数据提供了最新的地层结构和储层质量变化三维信息，这些信息可用于评价储层连通性，优化注气管理。

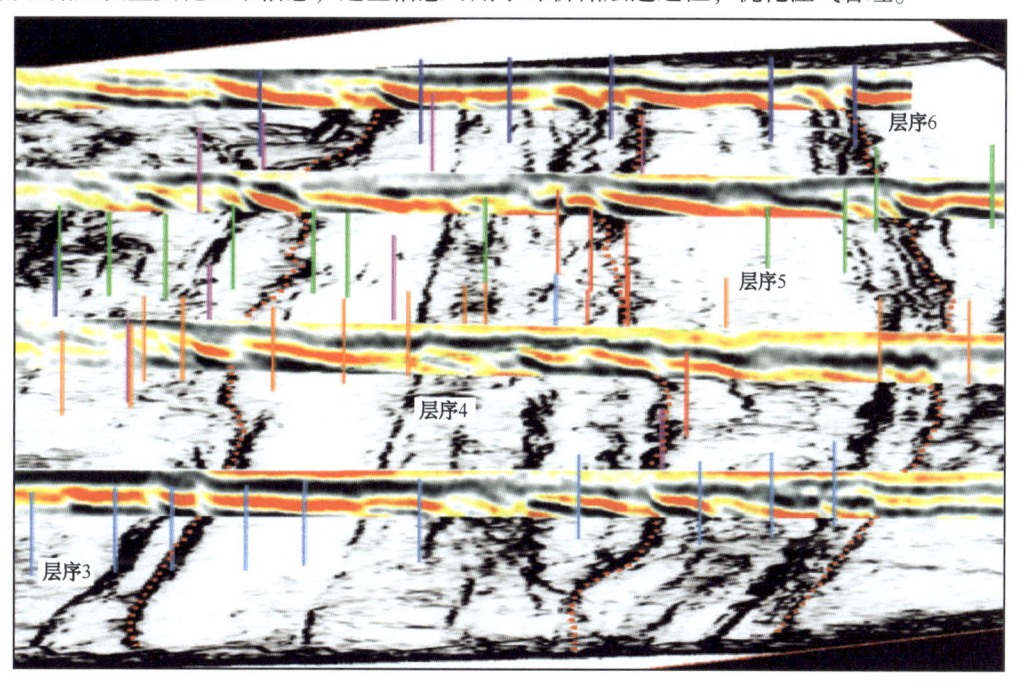

图 5-24 斜坡构造三维透视图

图中给出了二维地震振幅截面形式的地震不连续面时间切片。对斜坡构造的系统性变化形成了清晰的图像，如图所示，斜坡构造的系统性变化与三级层序格架有关。彩色测井等时线表示井位，测井评价为本研究的一部分。三级层序界面与地震时间切片的相交点以红色虚线表示

5.9.3.1 测井和岩心数据标定

图 5-25 中给出了有限坡度沉积层序的详细构造。各个层序的地震特征包括缓角（1°~2°）、强振幅反射层，随后为一系列短幅、陡角（3°~4°）反射层。对几个陆坡型层序断面内的岩心进行评价，以标定地震响应（标定井位见图 5-24）。

旋回基底缓角、强振幅反射层因下面孔隙度较高的岩石与上面超致密岩石的阻抗差而形成。在层序模型中，该界面为下面孔隙度较高的高位沉积物与上面的多泥海侵沉积物之间的一个层序界面。致密、多泥、低位—海侵沉积物覆盖在层序界面上，形成各沉积层序的基底。高级沉积旋回形成多孔、致密岩相，而多孔、致密岩相大规模交替形成各沉积层序高位处的高角度反射层（图5-25）。

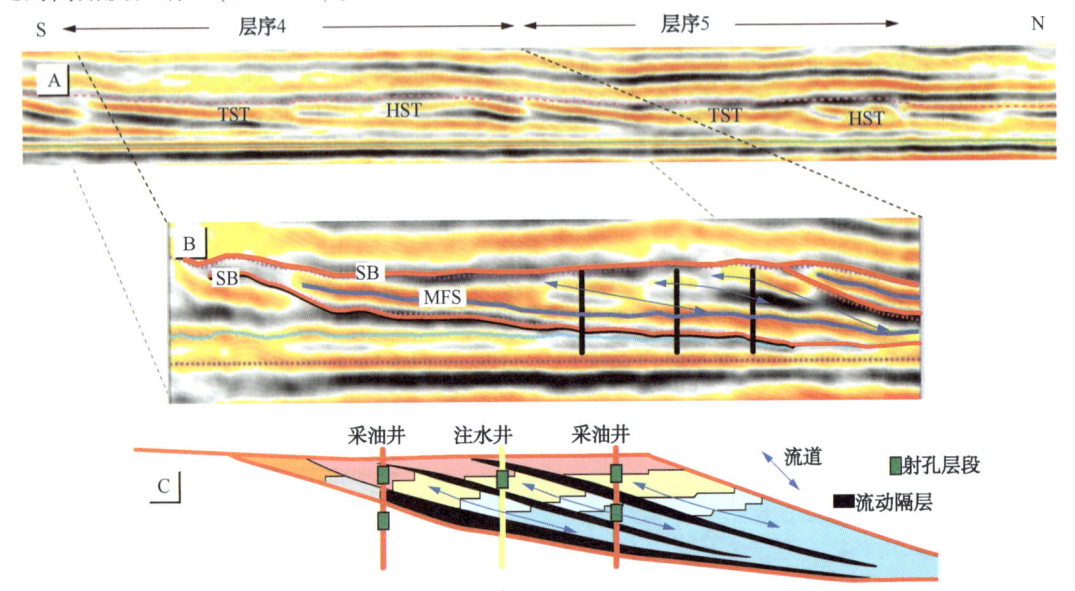

图5-25 斜坡层序的地震与沉积构造。（A）斜坡带的振幅地震剖面，其中突出显示了地震层序4和层序5（TST=海侵体系域；HST=高位体系域）。（B）层序4近镜头图片及地震解释。黑色测井等时线见图C（SB=三级层序界面；MFS=三级最大海泛面；蓝色双箭头代表四级界面）。（C）层序4的岩相示意图，图中显示了斜坡对流层和井对连通性的影响

5.9.3.2 储层解释

图5-25中给出了斜坡储层连通性及质量变化。储层意义将在下面的层序级别中讨论。在层序规模上，沉积层序基底的海侵致密层段形成有效的流体流动隔层，并将斜坡分隔成单独的压力分隔单元（图5-8）。利用地震数据，对这些致密层段形成了很好的图像，并可绘制出整个油田北区的储层隔层三维几何结构图（图5-25和图5-26）。层序高位处由大规模流动分隔单元组成，斜坡区域中孔隙容积很大。

高位流动分隔单元又细分为一系列交替流动单元和非连续流动隔层，这与四级旋回的发育形成相一致。如图5-25和图5-26所示，利用地震反射数据可以解决很多四级斜坡旋回问题，并为井间对比提供一个实施指南范本。如果没有地震数据，则很可能会根据岩相和测井相似性进行对比，从而得出对比界面为水平界面而非倾斜界面（图5-25C）的结论。这种对比横切了地震反射层与地质时间线，从而得出流动分层和岩石特性在储层模型中的错误分布。

将地震数据与岩心和测井数据整合，可以得到储层性质亚地震变化信息。由于水深和波能变化，沉积相沿斜坡纵剖面向下系统性地变化。沉积在上倾部位的富颗粒质多孔岩相渐变为沉积在下倾部位的细粒、少孔岩相。这些相变，加上成岩作用，导致系统性孔隙型变化，从而限制流动单元内孔隙度和渗透率的变化（图5-25C）。

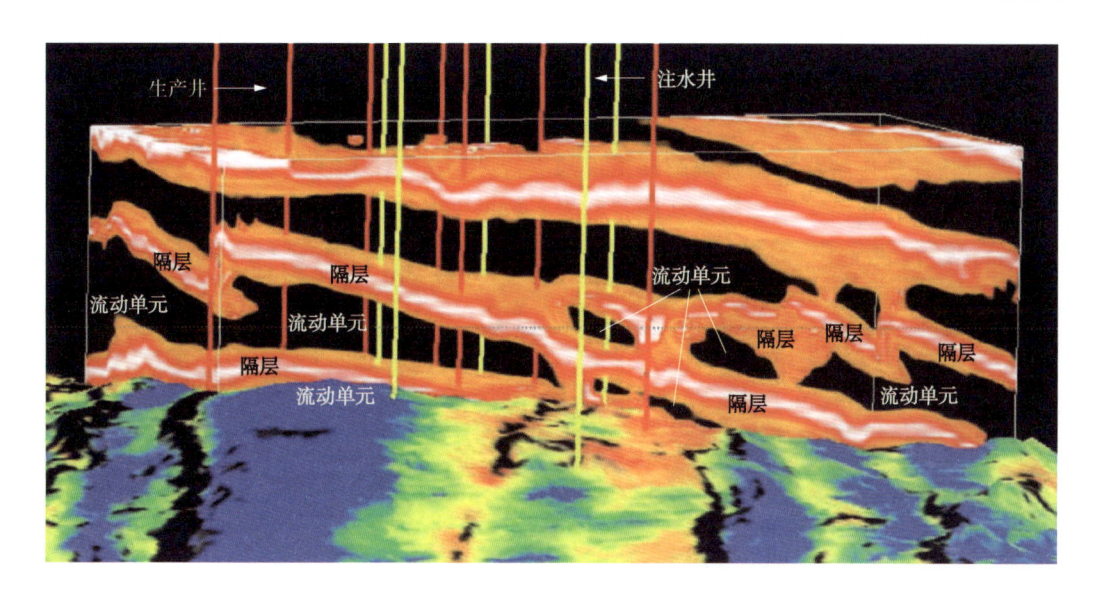

图 5-26　斜坡三维可视化图

图中突出显示了储层连通性及连续性。斜坡的几何结构对注水井(黄色)与采油井(红色)之间的连通性有很大影响。所示三维体为瞬时相位，采用不透明滤镜增强对地震规模流动单元和流动隔层的可视化。在储层内，基底构造界面存在地震不连续面

流动单元、隔层、夹层的几何结构和连续性对面积注气区域中注采井的连通性有明显影响。如图 5-26 所示，利用三维地震可视化，评价斜坡上地震尺度流动单元和流动隔层的分布和现有注采井。使用这些工具可评价三维储层连通性，评价注采井的匹配情况，以及解决具体井对的动态问题，从而指导今后布井。

5.10　储层建模意义

三维地质和流动模拟模型提供了最佳油藏管理工具。碳酸盐岩储层固有的复杂性对研究储层模型中三维岩石分布特性提出了重大的挑战。这种新的以体为基础的 3D 储层格架为研究流动单元和流动隔层在储层中的分布，以及岩相和岩石在三维格架中的分布特性提供了一个范本。同样，三维地震数据约束储层的构造成图，并提供了一个可以导入储层模型格架中的三维断层格架。

目前，正在进行一项综合静态与动态储层建模的研究，建模研究将应用本研究成果，但在本书发表时建模研究还没有得出结论。下面给出了一些例子，证明采用以体为基础的 3D 工作流程可以建立更加准确的储层模型，还可缩短储层建模周期。

5.10.1　快速解释技术

构建储层格架是建立三维地质模型最耗时的步骤之一。本研究应用的体解释技术缩短了构建构造和地层格架所需的时间。例如，油田北区斜坡地形界面地震成图对于储层描述十分关键，但是，由于地层复杂，地震成图很费时间。采用定量种子检测技术可加速这一对比过

程。本研究采用的埃克森美孚公司专有种子检测技术结合了振幅和轨迹形状属性，自动选择的斜坡地形界面。相关结果如图5-27所示。彩色界面为自动选择的斜坡地形界面，每种颜色对应一个连通的斜坡地形界面。这项技术可快速（在几小时内生成解释）定量评价斜坡连通性。这种快速轨迹解释须由地震解释工程师进行进一步评价和优化。最后，对地震斜坡地形界面进行深度转化，可用于指导从测井和岩心数据中确定高级界面。

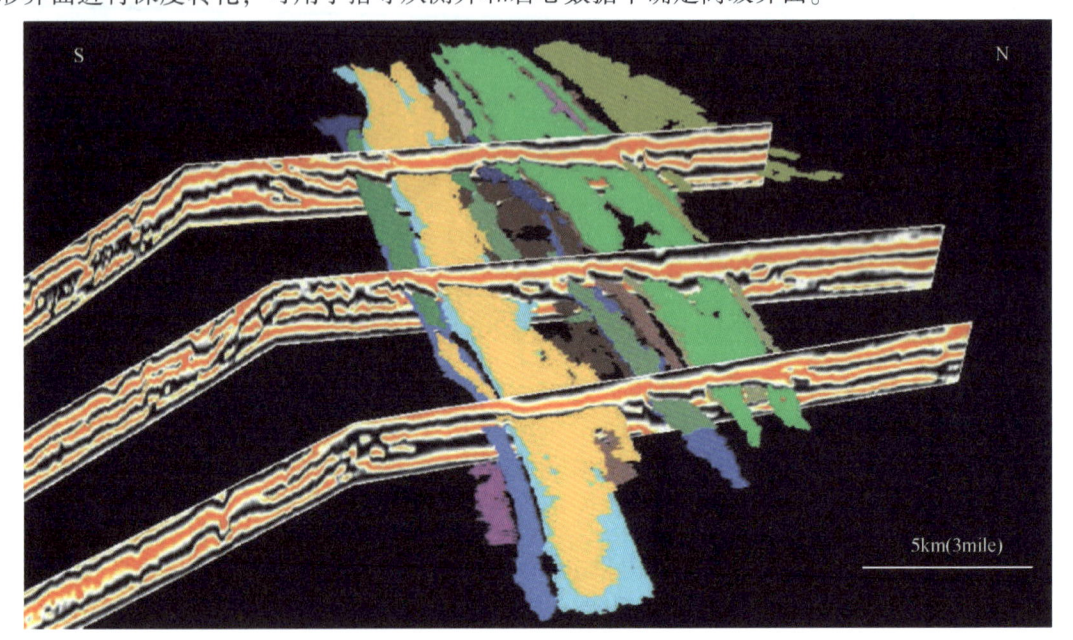

图5-27 根据三维地震体得出的种子检测斜坡地形
颜色对应所连通的斜坡段。所示三维体为瞬时相位余弦，这增强了地震反射的连续性

5.10.2 以体为基础的数据集成

传统的三维建模工作流程大多强调集成一维与二维数据体，在建立三维地质模型后，在三维建模工作后期阶段才发展储层的全三维表示法。在整个工作流程中，以体为基础的工作流程为三维储层表征提供了一个基础。图5-28展示了如何利用以体为基础的环境对一个通用三维环境中的构造、地层结构、储层性质和静态与动态测井有关信息进行可视化。运用这项技术对地震数据与其他地质及采油数据之间的关系进行评价，并在工作早期阶段找出关键储层问题。采用以体为基础的数据集成可以建立更加准确的储层模型，有利于在整个工作流程中从三维视角对储层进行分析。

5.10.3 从地震数据中提取储层特征

如图5-29所示，台内地震特征可以从地震数据体中提取出来，并可直接导入三维地质模型中。在该工作流程中，可利用地质和地震属性来指导地震特征提取过程。

利用与层序地层格架相关的地震层位，垂向约束地震特征的提取。整合地震数据与测井和岩心数据显示，水塘—潮汐水道网络局限在一个特定的层序—地层层段内（层序3，HST，图5-9），这点可用于指导提取地震特征以及将地震特征置于三维地质模型中。组合不同的地震属性，包括不连续面、等时线和孔隙度，以约束水塘和潮汐水道的侧向延伸。在垂向和

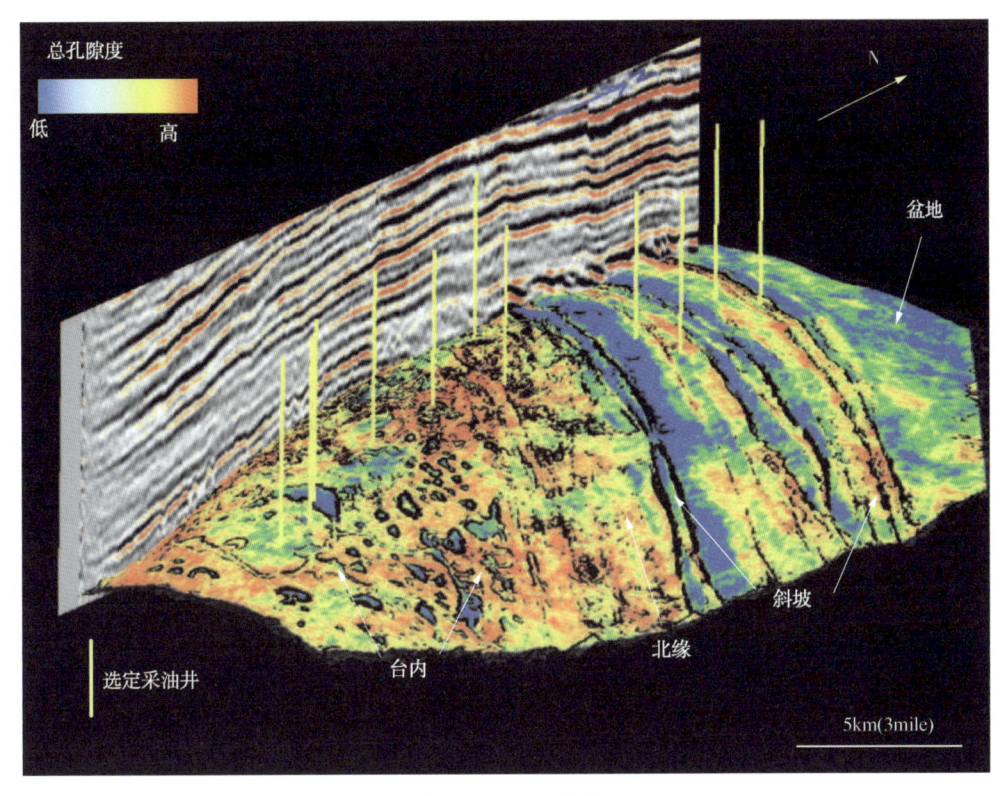

图 5-28 地震图像

图中突出显示了全油田尺度下储层结构及质量变化。振幅数据以二维垂直切片表示，覆盖在年代构造上，与限带地震孔隙度预测共同绘制的不连续面以时间切片图像表示，所选的标定井以黄色等时线表示，主要的古地理单元见图中标注

侧向约束后，便可从任何地震体中提取地震特征以及地震属性。图 5-29B、C 显示了从地震孔隙度数据体中提取的水塘潮汐水道地形的二维和三维透视图。所提取的特征使用地震孔隙度预测值数据填充，经深—时转换，直接导入三维地质模型中。地震孔隙度预测与测井和岩心有关信息相结合，得出三维孔隙度在地质模型中的最终分布。

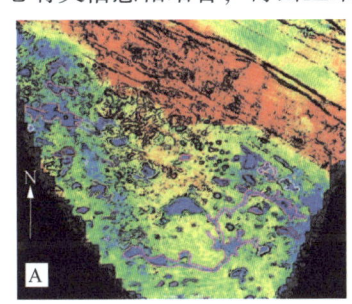

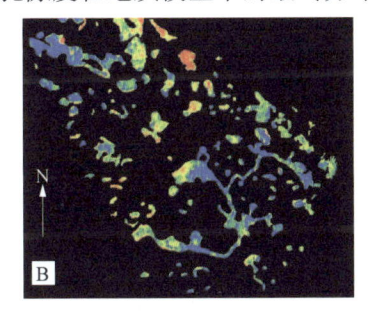

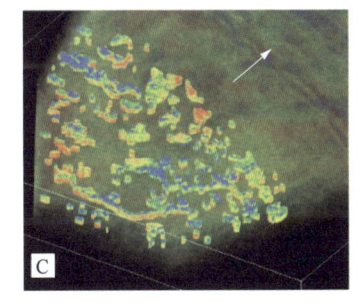

图 5-29 台内水塘和潮汐水道的地震特征提取以及导入三维地质模型图示

(A) 与储层等时线 (蓝色＝细等时线) 共同绘制的不连续面数据体中所检测的水塘和潮汐水道界面。组合这两个地震属性可以对这些特征进行最好的侧向约束。(B) 从地震孔隙度数据体 (蓝色＝低孔隙度; 红色＝高孔隙度) 中提取的水塘和潮汐水道的时间切片图。(C) 从地震孔隙度数据体 (蓝色＝低孔隙度; 红色＝高孔隙度) 中提取的复合水塘和潮汐水道的三维透视图

5.10.4 岩石性质建模

由于存在不同尺度的岩石性质有关信息（地震、试井、测井和岩心有关信息），以及不同孔隙类型对孔隙度—渗透率函数的影响，要在储层模型中准确表示岩石性质很具挑战性。岩石性质建模需采用组合法，利用三维地震数据和层序—地层格架来指导井间和高精度信息之间的大尺度趋势，以描述孔隙尺度上的关系。

5.10.4.1 地震孔隙度数据集成

A1油田的平均井距为1km（0.6mile），地震数据仅提供有关井间岩石性质的三维信息。运用神经网络方法（Hampson等，2001），将测井数据导出的孔隙度数据标定地震属性，并根据地震属性得出全油田预测结果。在本研究中，Al-Menhali等（2005）和Schuelke等（2005）对地震孔隙度预测工作进行了更加详细的解释。地震孔隙度信息大多包含在阻抗属性中，利用神经网络方法加入额外的属性可提高标定精度。通过盲试，对地震孔隙度预测进行验证，测井数据则不必进行标定，然后与地震孔隙度预测结果相对比，以便对不确定性进行描述。然后运用可视化技术，评价与层序—地层格架和动态数据相关的地震孔隙度预测结果。地震预测中统计误差通常很低，但是在短距离内岩石性质垂向或侧向迅速变化的区域（例如层序4和层序5的斜坡处及层序3的潮汐水道和水塘），统计误差增加。如图5-21和图5-28所示，地震孔隙度预测与地质格架之间存在紧密联系。地震孔隙度数据体提供一种有用的储层评价工具，有助于约束三维地质模型中的孔隙度变化趋势。

5.10.4.2 孔隙度与渗透率预测

预测孔隙度—渗透率关系必须了解孔隙类型分布，而孔隙类型分布反过来又定义储层岩石类型。储层岩石类型反映了成岩与沉积作用，根据成岩程度的不同，岩石类型并不等同于沉积相。在这种情况下，必须对成岩组分单独建模。然而，Shuaiba储层中有大量的成岩作用的叠加，成岩作用大多属于选择性岩相，并与层序—地层界面（例如裸露界面）有关。因此，沉积相以及层序—地层格架有助于较好地了解储层岩石类型分布。图5-30展示了利用储层岩石类型和层序—地层格架来指导斜坡区域孔隙度—渗透率建模的价值。正如所预测的那样，储层岩石类型及其属性随沉积剖面沿线的体系域（TST和HST）和部位（上倾与下倾部位）而变化（图5-30）。

图5-31显示了对斜坡区域进行的初步三维建模。模型中的流线对应层序—地层界面，代表地质等时线。沿等时线发生的相变对岩石性质分布有重大影响。注意斜坡地形的层序—地层格架（图5-8）、地质孔隙度响应（图5-21和图5-28）和三维地质模型（图5-31）之间有极大的一致性。在Shuaiba超层序顶界面下方，斜坡区域存在一个关键的不确定因素，即在上倾区域斜坡地形是如何连通的（图5-8和图5-31）。斜坡TST与HST层段下倾部位之间存在明显的分隔作用，但在上倾部位，这种关系并不明显。只有一些油井穿透了TST层段上倾部位的狭窄延伸段，因而相关数据有限。解决这个问题需要通过集成采油与动态数据，得出地质与流动模拟模型之间的反馈。

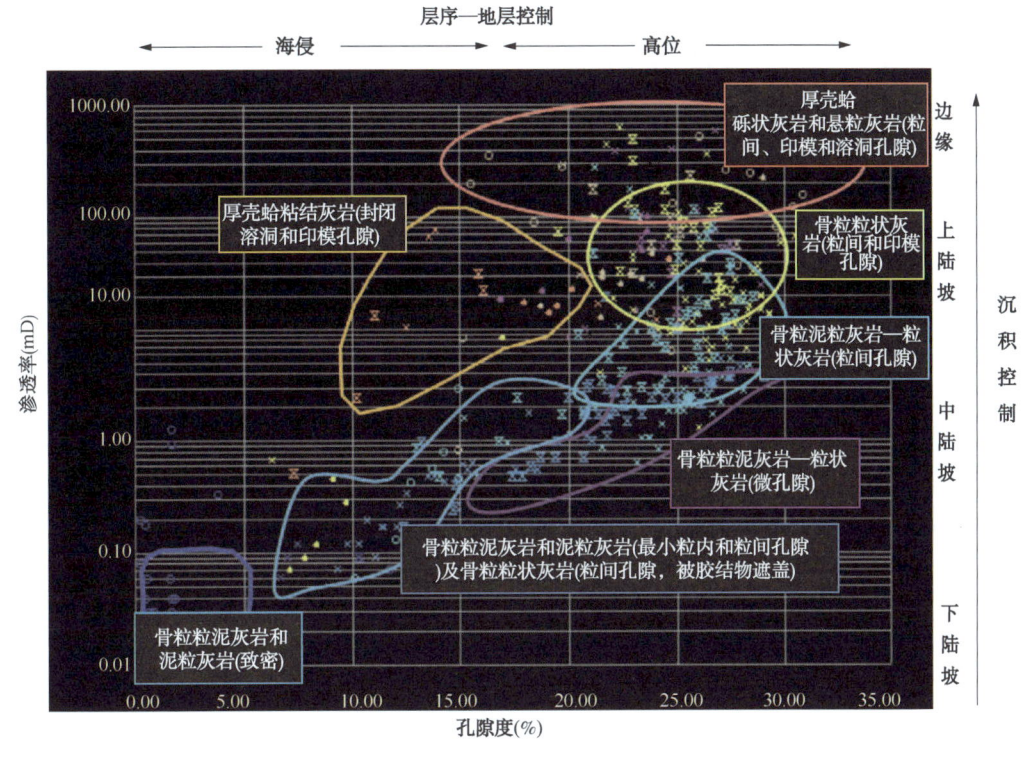

5 阿联酋阿布扎比下白垩统非均质碳酸盐岩储层三维表征

图5-30 层序4和层序5孔隙度—渗透率交会图

沉积相为该体系中储层岩石类型提供了一个准确的代用指标。孔隙度—渗透率关系因层序、体系域和沉积环境而变化，因而可以根据层序格架进行预测。图中显示了主要孔隙类型

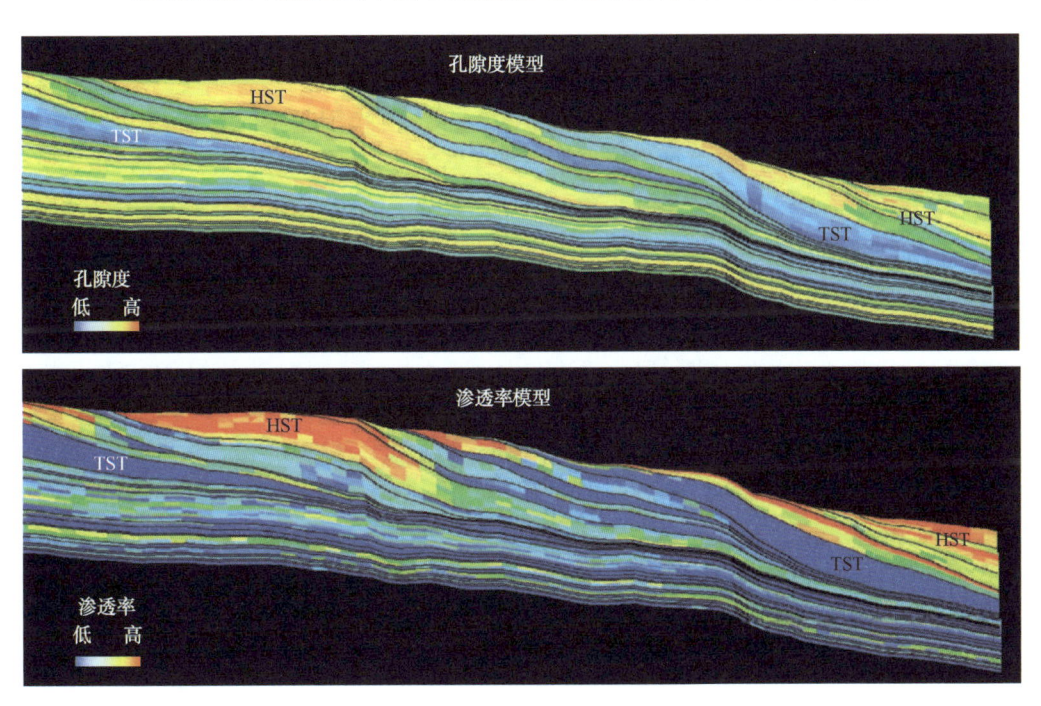

图5-31 从台地北缘斜坡区域的三维地质模型中提取的孔隙度与渗透率成对数据

HST=高位体系域；TST=海侵体系域

5.11 碳酸盐岩体系相关重点

用于表征 Shuaiba 储层的以体为基础的方法提供了在露头或表层研究中零星观测到的有关碳酸盐岩体系发育形成的细节。下面讨论了一些关键重点。

5.11.1 台地结构及演化的控制因素

综合表征 Shuaiba 储层表明碳酸盐岩体系非常井然有序，而地层几何结构和岩相分布变化与长期可容空间历史紧密相关（图 5-9）。然而，不考虑相对海平面变化的级别和可预测性，台地发育变化可能与其他相互矛盾的因素有关，例如局部构造、沉积物补给和跨岸能量通量。

5.11.1.1 台地不对称

Shuaiba 台地记录了研究区域从北向南沉积相和地层几何结构的明显不对称性。尽管可容空间历史相似，北缘和南缘的几何结构和岩相却存在很大差异（图 5-9）。北缘主要发育形成以颗粒为主的宽阔沙脊带（10km；6.25mile），这些沙脊带在层序 2 和层序 3 的大部分时期均存在，接着，在层序 4 和层序 5 沉积时期，发生强烈的进积作用。南缘主要在层序 3 沉积时期发生分异，以高能、厚壳蛤浅滩为特点，这些浅滩占了台缘和台外的一片广阔区域（7~9km；4.4~5.6mile）（图 5-9）。南缘主要发生加积作用，层序 4 和层序 5 为陆架内海湾沉积的局限、低能泥岩（图 5-9）。

碳酸盐岩台地不对称在许多古代及现代碳酸盐岩体系中很常见，其形成可能与各种控制因素有关，包括差异性沉降、沉积物补给、物理能量通量（例如洋流、波浪）和孤立台地之间的干扰性（Yose 和 Collins，2002）。Shuaiba 岩隆的不对称性受到两种主要因素控制。

（1）物理能量通量。在 Shuaiba 台地（层序 3）达到最大范围时，将南缘理解为向流边缘，北缘理解为背风面边缘。向流边缘为厚壳蛤的最佳繁殖地点。南缘由厚壳蛤砾状灰岩所组成的岩相很常见，表示强风浪和强洋流活动。根据地震数据成像，大型潮汐水道全都从南边流进台地，然后蜿蜒流向台内低能区域，与许多海底水塘连通。相反，背风面边缘以细粒骨粒—似球粒粒状灰岩和泥粒灰岩为特征，这些岩石逐渐变成以泥为主的陆坡相（图 5-8）。北缘砂泥记录了细颗粒碳酸盐沉积物沿背风面边缘的离岸搬运作用。复合潮汐水道有助于沉积物跨岸搬运到背风面边缘。盛行风、洋流和古地理在控制所观测到的跨岸能量通量模式中所起到的相互作用目前还尚不清楚。

（2）海平面位置。层序 4 和层序 5 沉积过程中形成的不对称性是由背风面边缘的强烈进积作用所造成的，以南几乎没有任何进积作用（图 5-9 和图 5-10）。这些关系与上述跨岸能量通量一致。然而，还存在另一个因素，即海平面长期下降极大地制约了以南陆架内海湾的环流性（图 5-4）。随海平面降低，也制约了 Bab 大盆地与海湾连通。相反，北缘面向 Bab 盆地，Bab 盆地环流开阔，在下坡处发育形成厚壳蛤浅滩。

5.11.1.2 斜坡地形几何结构变化

在不同尺度上，可以观测到斜坡地形层序的几何结构和沉积结构变化，说明了可能存在一系列控制因素。在最大尺度上，斜坡地形带横向宽度变化与现今的构造存在密切对应关系。沿构造脊部，斜坡地形带最宽（进积作用更强），沿构造外逐渐变窄（图5-24）。斜坡地形带构造外减薄导致以东和以西坡角增大，以东层序5显著变窄，高位体系域减薄（图5-9和图5-24）。在油田东侧，根据地震时间切片很难区分层序4和层序5，因为层序4和层序5的叠瓦状高位体系域相互重叠（图5-24）。

这些关系表明，沿碳酸盐岩台缘走向会发生变化。沉积物补给或沉降模式沿台缘走向变化可能会导致斜坡地形几何结构变化。斜坡地形带宽度构造外变窄表明沉积作用可能受到早期构造影响。阿拉伯板块上大块北—东北向构造的初次构造运动发生在晚白垩世（Johnson等，2005）。然而，构造外沉降速率即使略微增加也会使可容空间和坡角增大，从而使构造外进积距离减小。相反，斜坡地形几何结构因沉积物补给变化而发育形成，在高进积区域，沉积物补给也较高。利用地震数据观测到的斜坡地形的明显收缩和隆起记录了因侵蚀和沉积物补给变化而形成的瓣状几何结构。这些变化也可能导致几何结构发生更大尺度的变化。

5.11.2 台地对海平面下降的响应

阿普特期海平面长期下降可用于评价碳酸盐岩体系对海平面下降的响应，包括对地层结构、沉降模式和成岩作用进行研究。

5.11.2.1 碳酸盐岩体系沿下坡移位

阿普特阶台地表明，碳酸盐岩体系有可能因海平面下降而沿下坡移位。有限坡度楔形体从主要台地分离，堆积形成层序4和层序5（图5-8）。地震（时间）—测井（深度）关系表明，斜坡地形层序在向下进入到Bab盆地，记录了二级海平面的下降。由于沉积作用因海平面下降而被强制向盆地（下坡）沉积，这些关系在文献中被称为"强制海退"（Hunt和Tucker，1992）。近代层序上超年代更久远的老层序边缘，朝盆地方向，复合不整合面的年龄越来越小。岩心岩相关系表明坡顶几乎没有受到侵蚀；在每一个斜坡地形层序，一直到层序界面，观测到了正常相海进。因此，斜坡地形旋回向盆地减薄并非由侵蚀引起。岩隆翼部缓角（2°~3°）斜坡为原生碳酸盐岩的发育形成提供了一大片区域，长期海平面下降时，可容空间相对减小使得碳酸盐岩体系进积到浅海盆地。

在阿普特阶层序组中观测到的强制海退提出了有关确定斜坡地形层序中的层序界面和体系域命名的问题。在Shuaiba台地这个例子中，阿普特阶层序组界面位于层序4和层序5下方，这标志着Shuaiba台地中心将长期裸露。根据这种解释，层序4和层序5将视为复合低位层段的一部分。本文偏向的解释是层序组界面位于层序6的基底。根据这种解释，层序4和层序5则为Plint和Nummedal（2000）高位晚期层段或下降体系域的一部分。层序6则视为下一个层序组的低位期。层序6记录了沉积模式的主要变化，包括硅质碎屑岩的大量流入。体系域命名问题不会对层序的基本解释或储层格架产生影响。然而，为便于区域对比，命名必须清晰、一致。

5.11.2.2 进积机制

Shuaiba台地使我们对碳酸盐岩因海平面变化而发生进积的机制有了新的认识。每个斜坡层序（层序4和层序5）包括一个缓角、以泥为主的基底（TST），然后是沉积形成的较大角度的多粒斜坡（HST）（图5-9和图5-10）。每个层序记录了约5km（3.1mile）的进积作用，总进积距离超过10km（6.2mile）。在斜坡地形带中部，TST与HST层段之间的进积间隔划分大致相等，但进积机制不同。本文提出了一种两期进积模式。TST期碳酸盐泥滩发生了加积作用，碳酸盐泥滩因海平面下降而沿下坡核化，然后在海侵时期垂向加积。泥滩加积会形成新的沉积地形，并向外侧相对于高位体系域有效地向边缘推进2~3km(1.2~1.9mile)。在HST期，可容空间变化速率开始减慢，沿新发育形成的台缘发育形成高能浅滩，然后向盆地进积(图5-25A、B)。

海侵层段中淤泥的来源令人困惑，因为周围岸顶在斜坡层序沉积时期是裸露在外的。因此，碳酸盐岩体系仅限于斜坡地形。海侵淤泥沿上坡增厚，形成一个盆地减薄楔形体。根据对岩心进行的评价，可认为，上坡—中坡环境为原生碳酸盐岩沉积物发育形成的区域。由于海平面下降后碳酸盐岩体系逐渐与上升的海平面持平，发育形成的主要沉积物类型则为碳酸盐淤泥。淤泥来自上坡—中坡环境中发育形成的海草及海藻草甸。稠密淤泥沿上坡显著增厚支持了碳酸盐淤泥是局部产生的这一理论(图5-9)。依附海草而生的粟孔虫有孔虫的存在和丰度进一步支持了海草是碳酸盐淤泥形成的一个重要因素这一解释。淤泥沿上坡流体成塘也可能是原因之一。

5.11.2.3 长期出露地表的影响

阿普特阶层序组顶部发育形成超层序界面，导致碳酸盐岩台地长期裸露，这提供了一个机会，以便能够评估长期裸露对碳酸盐岩体系的影响。由于碳酸盐岩体系逐渐沿下坡移位，裸露界面属时间海侵面，向盆地内越来越年轻(图5-9)。裸露界面的时间跨度估计在300—400Ma，而层序5中的台内裸露界面估计在100—200Ma。

根据岩心和地震数据的观测结果，没有证据表明台地因长期海平面下降而发生了岩溶作用。裸露界面以薄壳铁矿化(2~6cm；0.8~2.4in)为特点，只有轻微溶蚀作用(图5-12A、B)。尽管没有证据表明发生了岩溶作用，碳酸盐岩台地长期裸露对层序界面区域，或某些层序中发育形成孔隙有重大影响。块状方解石胶结物在界面下方十分常见，并可向下延伸几英尺，在层序界面下方形成致密层段。多粒岩相出露地表，导致骨粒和非骨粒颗粒溶蚀而发育形成大量溶洞和印模孔隙。据观测，选择性溶蚀渗透到层序界面下方几十英尺，从而渗进下伏层序中。溶蚀作用会增加具有大量原生粒间孔隙的岩相的孔隙度，导致孔隙度和渗透率过高(图5-16A)。层序1B的海藻台地相(图5-14A、B、E)和层序3~5的中坡—下坡相(图5-15F和图5-16C)观测到大量微孔隙。微孔隙的发育形成可能会因迅疾的流体而增加。微孔隙导致孔隙度相对较高，而渗透率较低。

5.12 结论

对阿布扎比市一处海滨油田采集的高质量三维地震数据表明了地震数据对综合储层表征和优化油田的价值。高质量地震数据，丰富的岩心、测井和采油数据和储层非均质性相结合，可以生成一个理想数据体，用以检验碳酸盐岩前沿地震技术的极限以及说明对储层表征的影响。地震数据及层序—地层概念为储层评价，以及将流动分层和岩石性质变化导入储层模型中提供了一个有用的框架。

本研究应用的工作流程的关键要素以及从中获得的启示如下：

(1) 优化地震数据质量。数据质量提高，前沿地震技术的影响则增大。地震数据优化工作，包括叠后过滤，应在地震工作流程的早期进行。本研究表明，叠后过滤可以提高信噪比以及三维地震勘测数据的可解释性，包括需要大量地震数据采集和叠后处理工作的地震勘测数据。

（2）地震数据与岩心、测井和采油数据的标定。地震数据必须与其他地下数据进行标定，以确定对地质和储层性质变化的地震响应。对下伏地质有一个基本的了解对于描述碳酸盐岩储层至关重要。以体为基础的三维可视化可以有效整合各种地下数据以及评价地下数据之间的关系。

（3）使用多地震属性进行构造及地层解释。为便于解释地震数据，应对各种地震属性体进行评价。不同属性体提供了有关构造及地层格架和岩石性质分布的不同信息和视角。对本研究最有价值的属性体包括振幅、不连续性、阻抗、等时线、孔隙度、倾角、瞬时相位和弦。属性体也可共同绘制在不同组合中，以便提供额外的细节和信息。

（4）评价整合地质格架内部的地震数据。前沿地震技术必须在整合构造和地层格架内部应用。由于采用地震数据构建地质格架，而地质格架反过来又被用来指导进行更加详细的地震属性分析，如孔隙度预测及断层和裂缝分析，因而，这是一个持续的过程。

（5）交叉学科研究法。准确表征和评价储层必须运用交叉学科研究法。三维可视化地震数据和其他地下数据可以促进地球科学家与工程师之间的相互交流，从而对储层和完善储层管理形成一种共识。

（6）以体为基础的储层优化。本研究表明，标定三维地震数据可以为储层评价和优化提供一个强有力的基础。可视化地震数据以及测井和采油数据有助于解决长期的储层动态问题，开拓新的机会，指导未来的油田开发战略。

参 考 文 献

Al‐Menhali, S. S., W. L. S. Abu, and J. S. Schuelke, 2005, Rock property prediction using multiple seismic and geologic attributes provides insight to field development for a large U. A. E. field: International Petroleum Technology Conference (Qatar) Paper 10595, CD‐ROM. Alsharhan, A. S., 1985, Depositional environment, reservoir units evolution, and hydrocarbon habitat of Shuaiba Formation, Lower Cretaceous, Abu Dhabi, United Arab Emirates: AAPG Bulletin, v. 69, p. 899912.

Alsharhan, A. S., 1993, Bu Hasa field— United Arab Emirates: Rub'al Khali basin, Abu Dhabi, in N. H. Foster and E. A. Beaumont, compilers, Structural traps VIII: AAPG Treatise of Petroleum Geology, Atlas of Oil and Gas Fields, v. A-26, p. 99-127.

Alsharhan, A. S., and A. E. M., Nairn, 1993, Carbonate platform models of Arabian Cretaceous reservoirs, in J. A. Simo, R. W. Scott, and J. Masse, eds., Cretaceous carbonate platforms: AAPG Memoir 56, p. 173-184. Azer, S. R., and C. Toland, 1993, Sea level changes in the Aptian and Barremian (upper Thamama) of offshore Abu Dhabi, U. A. E.: Society of Petroleum Engineers Middle East Oil Technical Conference and Exhibition, Bahrain, SPE Paper 25610, p. 141-154.

Bralower, T. J., M. A. Arthur, R. M. Leckie, W. V. Sliter, D. J. Allard, and S. O. Schlanger, 1994, Timing and paleo-ceanography of oceanic dysoxia/anoxia in the late Barremian to early Aptian: Palaios, v. 9, p. 335-369. Droste, H. J., 2004, Regional controls on reservoir properties in the Shuaiba Formation of North Oman (abs.): 6th Middle East Geoscience Conference and Exhibition, Bahrain, CD-ROM.

Eberli, G. P., G. T. Baechle, F. S. Anselmetti, M. L. Incze, 2003, Factors controlling elastic properties in carbonate sediments and rocks: The Leading Edge, v. 22, no. 7, p. 654–660.

Erba, E., J. E. T. Channell, M. Claps, C. Jones, R. Larson, B. Opdyke, I. Premoli – Silva, A. Riva, G. Salvini and S. Torricelli, 1999, Integrated stratigraphy of the Cismon APTICORE (southern Alps, Italy): A "reference section" for the Barremian-Aptian interval at low latitudes: Journal of Foraminiferal Research, v. 29, p. 371–391. Greselle, B., and B. Pittet, 2005, Fringing carbonate platforms at the Arabian plate margin in northern Oman during the late Aptian-middle Albian: Evidence for high-amplitude sea-level changes: Sedimentary Geology, v. 175, p. 367–390.

Hampson, D., J. S. Schuelke, and J. Quirein, 2001, Use of multi-attribute transforms to predict log properties from seismic data: Geophysics, v. 66, no. 1, p. 220236.

Hardenbol, J., J. Thierry, M. B. Farley, T. Jacquin, P. De Graciansky, and P. R. Vail, 1998, Mesozoic and Ceno-zoic sequence chronostratigraphic framework of European basins, in P. De Graciansky, J. J. Hardenbol, T. Jacquin, and P. R. Vail, eds., Mesozoic and Cenozoic sequence stratigraphy of European basins: SEPM Special Publication 60, p. 3–14.

Hughes, G. W., 2000, Bioecostratigraphy of the Shuaiba Formation, Shaybah field, Saudi Arabia: GeoArabia, v. 5, p. 545–578.

Hunt, D., and M. E. Tucker, 1992, Stranded parasequences and the forced regressive wedge systems tract: Deposition during base-level fall: Sedimentary Geology, v. 81, p. 1–9.

Immenhauser, A., A. Cresusen, M. Esteban, and H. B. Vonhof, 2000, Recognition and interpretation of polygenic discontinuity surfaces in the middle Cretaceous Shuaiba, Nahr Umr, and Natih formations of northern Oman: GeoArabia, v. 5, no. 2, p. 299–322.

Johnson, C. A., T. Hauge, S. Al-Mehhali, S. B Sumaidaa, B. Sabin, and B. West, 2005, Structural styles and tectonic evolution of onshore and offshore Abu Dhabi, U. A. E.: International Petroleum Technology Conference (Qatar) Paper 10646, CD-ROM.

Marzouk, I. M., and M. A. Sattar, 1993, Implications of wrench tectonics on hydrocarbon reservoirs, Abu Dhabi, U. A. E.: Proceedings of 8th Middle East Oil Show and Conference, Bahrain, Society of Petroleum Engineers Paper 25608, p. 119–130.

Masafarro, J. L., R. Bourne, and J. C. Jauffred, 2004, Threedimensional seismic volume visualization of carbonate reservoirs and structures, in G. P. Eberli, J. L. Masaferro, and J. F. Sarg, eds., Seismic imaging of carbonate reservoirs and systems: AAPG Memoir 81, p. 11–41.

Plint, A. G., and D. Nummedal, 2000, The falling stage systems tract: Recognition and importance in sequence stratigraphic analysis, in D. Hunt and R. L. Gawthorpe, eds., Sedimentary responses to forced regressions: Geological Society (London) Special Publication 172, p. 1–18.

Premoli Silva, I., E. Erba, G. Salvini, C. Locatelli, and D. Verga, 1999, Biotic changes in Cretaceous oceanic anoxic events of the Tethys: Journal of Foraminiferal Research, v. 29, p. 352-370.

Russell, S. D., M. Akbar, B. Vissapragada, and G. M. Walkden, 2002, Rock types and permeability prediction from dipmeter and image logs: Shuaiba reservoir (Aptian), Abu Dhabi: AAPG Bulletin, v. 86, p. 1709-1732.

Sarg, J. F., and J. S. Schuelke, 2003, Integrated seismic analysis of carbonate reservoirs: From the framework to the volume attributes: The Leading Edge, v. 22, no. 7, p. 640-645.

Schuelke, J. S., L. A. Yose, S. Al-Menhali, and W. Soroka, 2005, Seismic rock property predictions provide insight to field development (abs.): AAPG Annual Meeting Program, v. 14, p. A125.

Sharland, P. R., R. Archer, D. M. Casey, R. B. Davies, S. H. Hall, A. P. Heward, A. D Horbury, and M. D. Simmons, 2001, Arabian plate sequence stratigraphy: GeoArabia Special Publication 2, 371 p.

Sharland, P. R., D. M. Casey, R. G. Davies, M. D. Simmons, and O. E. Sutcliffe, 2004, Arabian plate sequence stratigraphy— Revisions to SP2: GeoArabia, v. 9, no. 1, p. 199-214.

Strohmenger, C. J., L. J. Weber, A. Ghani, K. Al-Mehsin, O. Al-Jeelani, A. Al-Mansoori, T. Al-Dayyani, L. Vaughan, S. A. Khan, and J. C. Mitchell, 2006, High-resolution sequence stratigraphy and reservoir characterization of upper Thamama (Lower Cretaceous) reservoirs of a giant Abu Dhabi oil field, United Arab Emirates, in P. M. Harris and L. J. Weber, eds., Giant hydrocarbon reservoirs of the world: From rocks to reservoir characterization and modeling: AAPG Memoir 88/SEPM Special Publication, p. 139-171.

van Buchem, F. S. P., B. Pittet, H. Hillgartner, J. Grotsch, A. I. Al Mansouri, I. M. Billig, H. H. J. Droste, W. H. Oterdoom, and M. van Steenwinkel, 2002, High-resolution sequence stratigraphic architecture of Barremian/Aptian carbonate systems in northern Oman and the United Arab Emirates (Kharaib and Shuaiba formations): GeoArabia, v. 7, p. 461-500.

Yose, L. A., and J. F. Collins, 2002, Windward-leeward models for carbonate platforms revisited (abs.): AAPG Annual Meeting Program, v. 11, p. A196.

Yose, L. A., et al., 2004, New frontiers in 3-D seismic characterization of carbonate reservoirs: Example from a supergiant field in Abu Dhabi: 11th Abu Dhabi International Petroleum Exhibition and Conference, Society of Petroleum Engineers, SPE Paper 88689, 16p.

6

科威特 Burgan 和 Mauddud 组（下白垩统）层序地层与储层构型

Christian J. Strohmenger[1]　John C. Mitchell[1]　Howard R. Feldman[1]
Patrick J. Lehmann[1]　Robert W. Broomhall[1]　Timothy M. Demko[2]
Robert W. Wellner[3]　Penny E. Patterson[3]　G. Glen McCrimmon[4]
Ghaida Al-Sahlan[5]　Neama Al-Ajmi[5]

(1. ExxonMobil Exploration Company, Houston, Texas, U.S.A.;
2. University of Minnesota Duluth, Duluth, Minnesota, U.S.A.;
3. ExxonMobil Upstream Research Company, Houston, Texas, U.S.A.;
4. Hibernia Management and Development Company, St. John's,
Newfoundland and Labrador, Canada; 5. Kuwait Oil Company, Ahmadi, Kuwait)

摘要：本文对科威特 Burgan 和 Mauddud 组(阿尔布阶)提出了一种新的层序—地层格架。此格架是在集成了岩心、测井和生物地层数据以及科威特巨型油田地震解释的基础上而提出的。

下白垩统 Burgan 和 Mauddud 组发育形成了两个二级复合层序，其中形成时间更早的层序构成了 Burgan 组的低位、海侵和高位层序组。该复合层序又分为 14 个高频沉积层序，在科威特东北部以潮控滨海沉积为主，并渐变为西南部的河控陆相沉积。

另一个近代复合层序由最上层 Burgan 组的低位层序组及上覆 Mauddud 组的海侵层序组和高位层序组所组成。在科威特南部和西南部，该复合层序以砂泥为主，而在科威特北部和东北部，则以碳酸盐岩为主。Burgan 组低位层序组沉积可分为 5 个高频沉积层序，在科威特东北部，每个高频沉积层序由潮控滨海沉积所组成，而在科威特西南部则变为河控沉积。Mauddud 组海侵高位层序组分为 8 个高频沉积层序。Mauddud 组海侵层序组的岩性呈侧向变化，从科威特北部的石灰岩变成科威特南部和西南部的硅质碎屑岩。传统的 Burgan—Mauddud 岩石地层接触面属时间海侵接触面。由于沉积减薄，Mauddud 组高位层序组以碳酸盐岩为主，并由南向西南减薄，与上覆塞诺曼阶 Wara 页岩的接触面有严重的沉积后侵蚀现象。

6 科威特 Burgan 和 Mauddud 组（下白垩统）层序地层与储层构型

在提出此层序—地层格架以及对与层序—地层结构相关的沉积相架构进行解释的基础上，无须井控便可改进储层和盖层分布预测及储层质量预测。

6.1 引言

埃克森美孚勘探公司和科威特石油公司共同进行了一项研究，对下白垩统 Burgan 和 Mauddud 组进行了区域层序—地层分析。本研究重点探讨科威特大型油田的地层结构，包括位于科威特东南部的特大型油田 Greater Burgan 油田和位于科威特北部的 Raudhatain 和 Sabiriyah 油田（图6-1）。

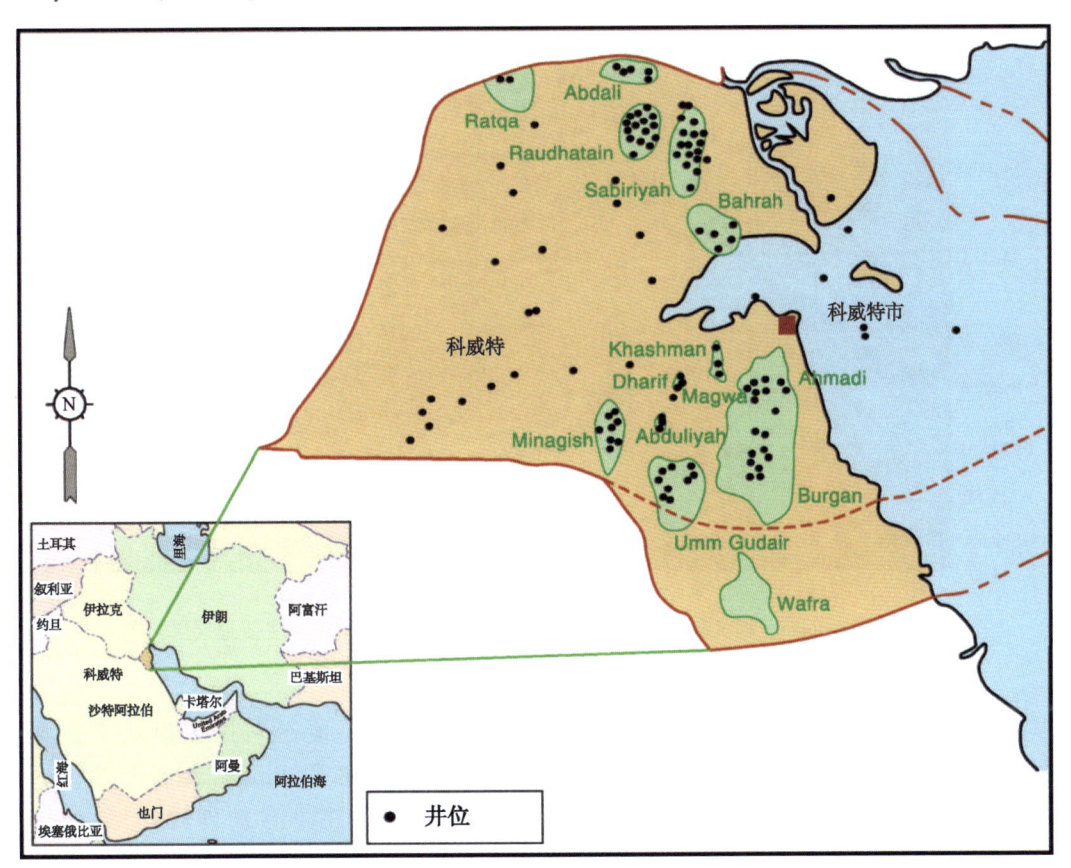

图6-1 科威特大型油田（绿色）及所研究的测井位置（黑点）图

特大型油田 Greater Burgan 油田有三个高点：Burgan、Magwa 和 Ahmadi。这三个高点位于科威特南北向弧带附近（Fox，1961；Adasani，1965；Brennan，1990b；Carman，1996）（图6-1）。这些构造上的第1口井钻探于1938年，其余油井分别钻探于1951年和1952年。28°~36° API 石油产量来自 Burgan（主力产油层）、Mauddud（小型产油层）和 Wara 组（Kaufman 等，1997）。据估计，石油可采储量在数百亿桶（Christian，1997）。

Raudhatain 油田发现于 1955 年。Raudhatain 油田为一个断裂背斜隆起，28°~40° API 石油产量来自 Ratawi、Zubair、Burgan 和 Mauddud 组（Milton 和 Davies，1965；Adasani，1967；Al-Rawi，1981；Brennan，1990a；Carman，1996；Al-Eidan 等，2001）（图 6-1 和图 6-2）。据估计，石油可采储量在数十亿桶（Christian，1997）。

Sabiriyah 油田发现于 1956 年。Sabiriyah 油田是一个狭长断背斜，28°~32° API 石油产量来自 Burgan 和 Mauddud 组（Milton 和 Davies，1965；Adasani，1967；Al-Rawi，1981；Brennan，1990a；Carman，1996；Kaufman 等，1997；Al-Eidan 等，2001）（图 6-1 和图 6-2）。据估计，石油可采储量在数十亿桶（Christian，1997）。

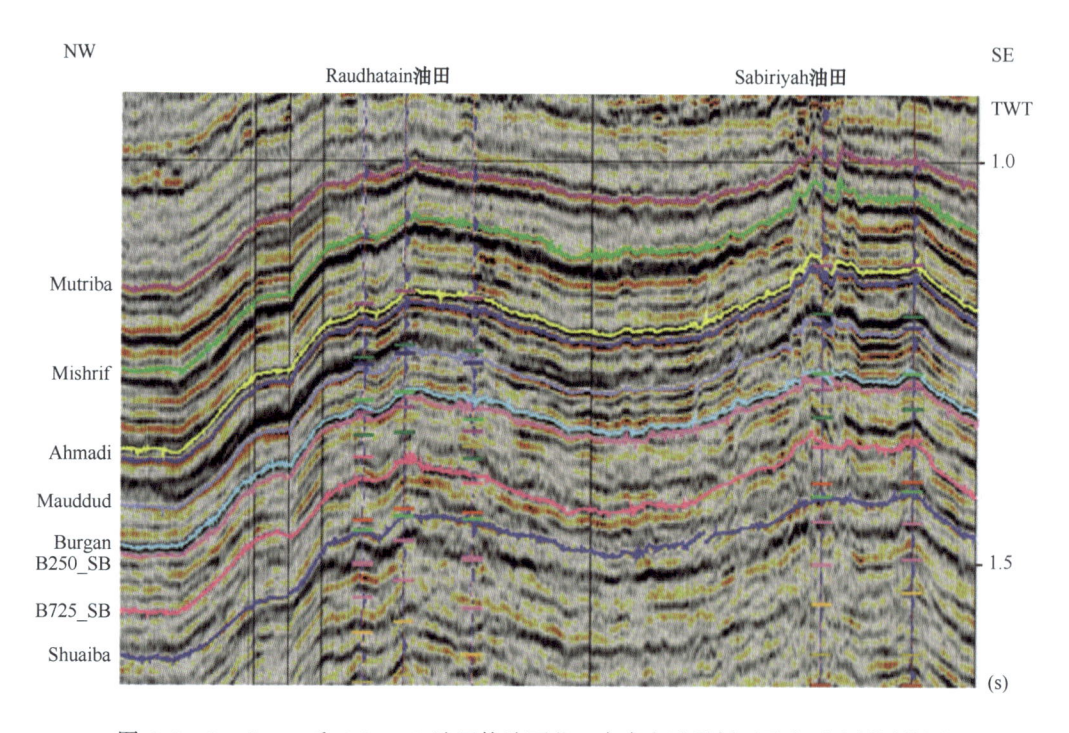

图 6-2　Raudhatain 和 Sabiriyah 油田构造西北—东南向地震剖面及主要地层层位图
地震线穿过图 6-1 中所示 Raudhatain 和 Sabiriyah 油田的中心

Burgan 和 Mauddud 组属 Wasia 群的一部分，Wasia 群上覆于阿拉伯板块下白垩统 Thamama 群（Alsharhan 和 Nairn，1993，1997）。下、中阿尔布阶 Burgan 组是整个 Greater Burgan 油田以及科威特北部 Raudhatain 和 Sabiriyah 油田的主力含油砂岩储层。Greater Burgan 油田区的厚度约为 380m（1250ft），Raudhatain 和 Sabiriyah 油田区的厚度约 275m（900ft）（Bou-Rabee，1996）。上覆上阿尔布阶 Mauddud 组是科威特北部的一个主力含油碳酸盐岩储层（Al-Anzi，1995）。在 Greater Burgan 和 Minagish 油田区（科威特南部和西南部），Mauddud 组的厚度仅为几英尺，而在位于科威特北部的 Abdali、Raudhatain 和 Sabiriyah 油田，Mauddud 组的厚度约 140m（450ft）。

本研究的重点在对比科威特区域地层面［层序界面（SB）、海侵面（TS）、最大海泛面（MFS）和海泛面（FS）］及分析 Burgan 和 Mauddud 组层序—地层相的基础上，对层序—地层结构进行解释。本文从沉积学角度，对钻穿 Burgan 组的 30 口井中约 2930m（9600 ft）的常规岩心以及钻穿 Mauddud 组的 35 口井中约 1520m(5000ft)的常规岩心进行了介绍。从岩心角度对沉积环境进行解释，并将沉积环境与测井特征相互关联，以构建区域层序的层序—地层格架。超过 100 口井与该层序—地层环境有关。此外，地震—地层和生物地层解释得出的结果也被纳入本研究中。

所发现的年代地层面(SB、TS、MFS 和 FS)属高频层序(HFS)，自顶向下将这些年代地层面按顺序编号；下伏层序界面为上覆高频层序命名(图 6-3)。然后将高频层序分成层序组，每个层序组由两个三级复合层序组成(Mitchum，1977；Mitchum 等，1977；Vail 等，1977，1991；Haq 等，1987，1988；Vail，1987；Van Wagoner 等，1987，1988；Sarg，1988；Haq，1991；Mitchum 和 Van Wagoner，1991；Sarg 等，1999)(图 6-3)。

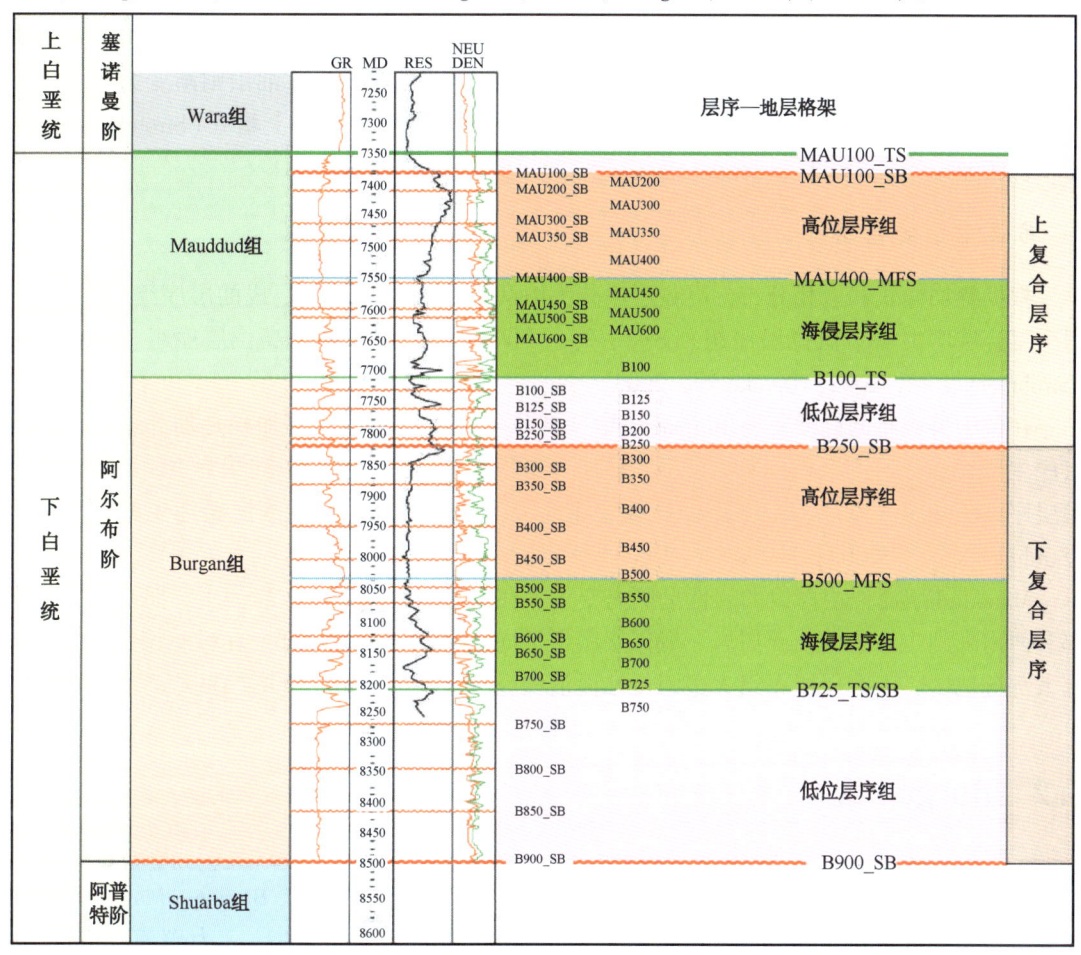

图 6-3　Mauddud—Burgan 组上、下三级复合层序及高频沉积层序
(Raudhatain 油田标准井 RA-G)的层序—地层格架图
GR=伽马测井；MD=测量深度(ft)；RES=电阻率测井；NEU=中子孔隙度测井；DENS=密度测井

6.1.1　高频层序

根据叠加样式和岩相分布对硅质碎屑 Burgan 组中的高频层序(图 6-3)进行解释。高频层序包含低位、海侵和高位体系域(LST、TST 和 HST)。每个体系域具有不同的岩相走向、

厚度分布和储层质量(Strohmenger 等, 2002; Demko 等, 2003)。

低位体系域由下切谷充填沉积(IVF)所组成。朝东北沿下倾方向,下切谷充填沉积减薄,侧向不连续性增大,潮控程度增大。海侵体系域对应向上变粗、滨海泥岩和砂岩退积序列,沿下倾方向渐变为海相碳酸盐岩,而沿上倾方向则是以泥岩为主的海岸冲积平原沉积。高位体系域对应向上变粗、滨海泥岩和砂岩进积序列,沿上倾方向渐变为以泥岩为主的海岸冲积平原沉积(Strohmenger 等, 2002; Demko 等, 2003)。

在以碳酸盐岩为主的 Mauddud 组中,高频层序(图 6-3)根据准层序(PS)叠加样式、岩相分布和显微岩溶或暴露面进行解释。Mauddud 组高频层序包含海侵体系域和高位体系域(Strohmenger 等, 2002; Demko 等, 2003)。

在科威特北部 Raudhatain 和 Sabiriyah 油田,海侵体系域通常更多以泥岩为主,并夹有砂岩和海绿石砂岩,而在南部 Greater Burgan 油田和西南部 Minagish 油田则渐变为硅质碎屑岩。对于高位体系域,颗粒丰富度(向上颗粒化)及孔隙度通常向上增大(Strohmenger 等, 2002; Demko 等, 2003)。

6.1.2 复合层序

根据叠加样式和岩相分布,高频层序分为由两个三级复合层序组成的层序组(图 6-3)。每个复合层序由一个低位层序组(LSS)、海侵层序组(TSS)和一个高位层序组(HSS)组成(Strohmenger 等, 2002; Demko 等, 2003)。

在位于科威特的硅质碎屑 Burgan 组中,低位层序组以高频层序加积叠加为主,而高频层序主要为辫状河流沉积。海侵层序组整体为退积叠加样式,基底以陆相为主,而最上层高频层序则滨海组分增加。特别是在科威特北部,高位层序组形成以滨海相为主的进积序列(Strohmenger 等, 2002; Demko 等, 2003)。

Mauddud 组海侵层序组的岩性呈侧向变化,在科威特北部为石灰岩为主,而在科威特南部和西南部则主要为硅质碎屑岩。海侵层序组呈向上变浅或进积特征。在科威特南部和西南部大部分地区,上海侵层序组大多因侵蚀而消失(Strohmenger 等, 2002; Demko 等, 2003)。

6.2 Burgan 组

区域层序—地层分析 Burgan 和 Mauddud 组表明,常规岩石地层 Burgan—Mauddud 接触面是一个时间海侵相界面(Strohmenger 等, 2002; Demko 等, 2003)。为解释 Burgan 和 Mauddud 组中同时期相序,将年代地层学上具有重大意义的区域海侵面(B100_TS)定义为 Burgan-Mauddud 接触面(图 6-3)。在该年代地层格架中,最上层 Burgan 组和上覆 Mauddud 组形成一个复合层序(图 6-3),在西南部,该复合层序以硅质碎屑岩居多,而东北部则以碳酸盐岩为主。第二个复合层序包含下伏 Burgan 组的其余部分(图 6-3)。在东北部,该复合层序主要为滨海沉积,而西南部则以陆相沉积为主。

Burgan 组由 19 个高频层序所组成(图 6-3)。每个高频层序含低位体系域、海侵体系域和高位体系域,每个体系域具有不同的岩相走向、厚度分布和储层质量。高频层序的低位体系域由下切谷充填沉积组成。朝东北沿下倾方向，下切谷充填沉积减薄，侧向不连续性增大，潮控程度增大。Burgan 层序的海侵体系域沿下倾—上倾方向系统地从海相碳酸盐岩变成滨海泥岩和砂岩，以及以泥岩为主的海岸冲积平原沉积。沿下倾方向，高位体系域主要为滨海砂岩和泥岩，沿上倾方向，则以海岸冲积平原泥岩和砂岩为主。这些高位体系域的海岸线朝西北—东南方向延伸，在北部 Raudhatain 和 Sabiriyah 油田发育最好。

Burgan 组原生油气藏属河流和潮汐沉积，形成于下切谷（图 6-4）。海侵体系域和高位体系域中的海岸线砂岩同样为潜在油藏（图 6-4）。不过，由于其黏土基质因生物扰动作用而引起粒度变细，导致黏土基质含量增加，这些滨海砂岩的孔隙度和渗透率较低。总之，对 Burgan 组进行层序—地层分析有助于更加深刻地理解储层的时空分布，帮助解决勘探、开采问题。

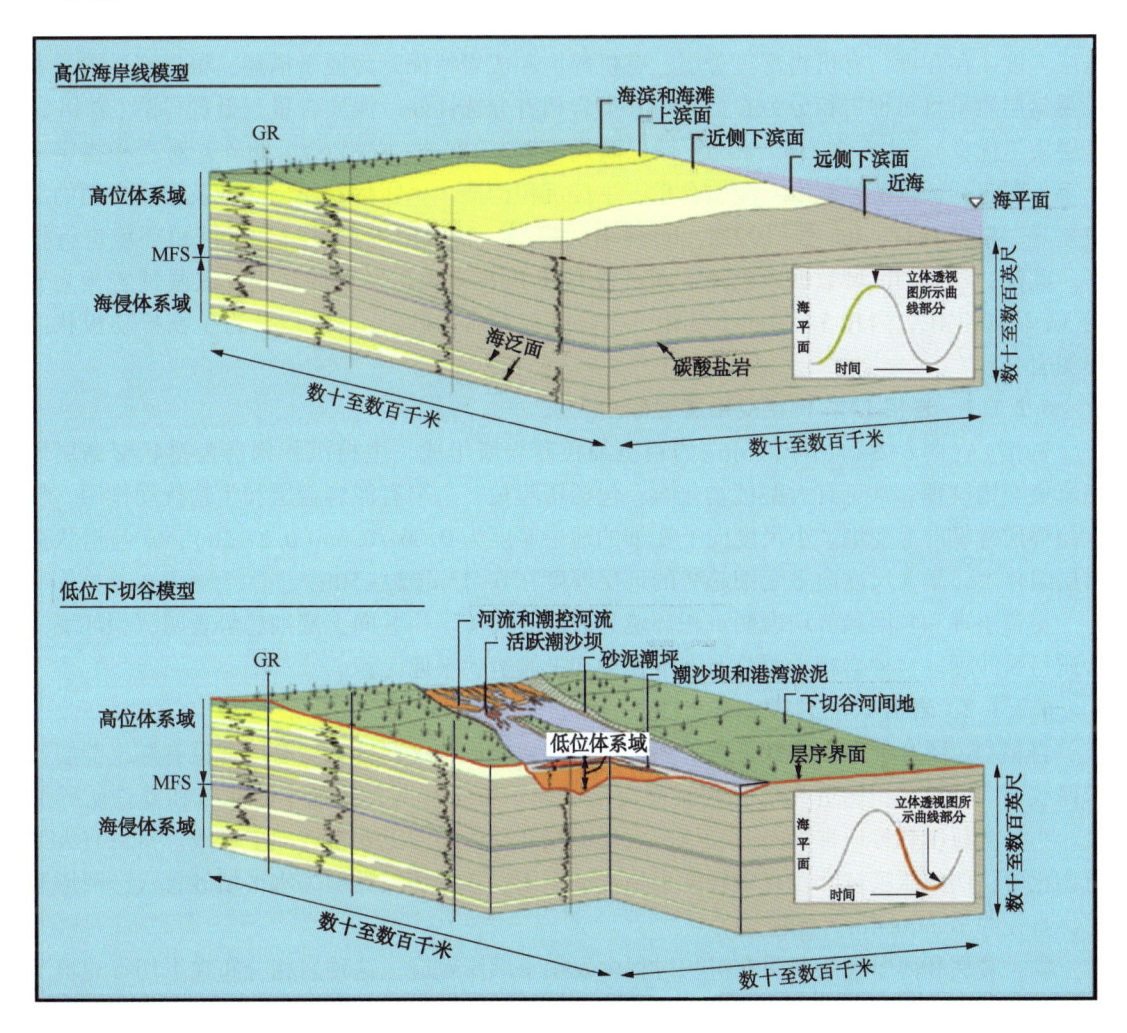

图 6-4 Burgan 组层序沉积相模型

在这些模型中，低位体系域由下切谷沉积物所组成，而海侵和高位体系域由波控滨海相沉积体系所组成。GR＝伽马测井

Burgan 组通常属典型的海退—海侵—海退旋回。在 Burgan 组基底和顶部主要为偏砂岩河流沉积，而中部到东北部则以滨海泥岩、砂岩和石灰岩为主。Burgan 组顶部以区域海泛面为界，称为 Burgan 海侵面 B100_TS（图 6-3）。通常，该界面下方以 Burgan 组块状、高净总比、河控砂岩为主，而上方以 Mauddud 组低净总比海相泥岩、砂岩和石灰岩为主。在这种情况下，常见于南部 Burgan 组顶部的细粒硅质碎屑岩则属 Mauddud 组碎屑段。Mauddud 组碎屑段在 Burgan 海侵面 B100_TS 上产出，Burgan 海侵面 B100_TS 是一个区域海泛面，以 Burgan 组顶面为界，分布在 Mauddud 组的碳酸盐岩地层以下。

6.2.1 岩相与沉积环境

在 Burgan 组发现了 22 种岩相，这 22 种岩相构成 6 种不同的相。在本研究中，描述岩相所采用的物理依据包括粒度、组分、分选、分级、物理和生物沉积构造、地层界面、黏土盖层丰度或存在度、有机物富集盖层、有机碎屑和成岩特征。为便于描述，根据泥质含量和表观储层质量将每种岩相分为 6 类。这 6 类岩相有分选性好、泥质含量很低的砂岩（岩相 1：储层质量优良），也有泥岩（岩相 5：储层质量极差）、煤岩（岩相 6）。此外，对岩相指定一个字母限定词，以解释粒度、泥质含量、主控沉积构造、生物扰动作用类型及程度方面的细微差异。根据 Pemberton 等（1992a，b）提出的模型，利用遗迹化石组合对沉积环境进行推断。此外，建立的区域数据库包括了两种没有在 Burgan 地层发现的岩相。这两种岩相为岩相 3A 和岩相 4C，岩相 3A 为向上变粗、生物扰动泥岩—砂岩，岩相 4C 为生物扰动板状纹理泥岩—砂岩。

6.2.1.1 岩相 1A：槽状交错层理砂岩

岩相 1A（图 6-5A）由中低分选的粗至细粒砂岩所组成。主控沉积构造为槽状交错层理和流痕交错纹理。常见有大型植物化石，包括压膜枝叶。罕有泥岩盖层和生物扰动作用。粒度趋势通常呈向上变细。小尺度向上变细的地层厚度为 0.06~0.6m（0.2~2ft），常与槽状交错层组伴生。呈大尺度向上变细趋势的地层厚度为 6~15m（20~50ft）。

交错层理和粒度趋势均表明沉积环境为低弯度河流。一些向上变细趋势表明沉积环境为砂质弓弧沙坝。这种岩相主要分布在下切谷和上倾辫状平原沉积。

6.2.1.2 岩相 1B：含微细黏土盖层的槽状交错层理砂岩

岩相 1B（图 6-5B）由中低分选、粗至细粒砂岩组成，这些砂岩少有或常见有黏土盖层及薄厚纹层。主控沉积构造为槽状和流痕交错层理。局部可见大量细小的泥岩和菱铁矿碎屑岩。小尺度粒度趋势通常为向上变细。大尺度粒度趋势为向上变粗或向上变浅。常见有大型植物化石，例如压膜枝叶。有中轻度生物扰动作用。常见潜穴类型为水平填砂管穴，圆形截面，直径约 1cm（0.4in）（漫游迹）。

黏土盖层和薄厚纹层表明在沉积过程中发生了潮汐效应。这种岩相分布在下切谷充填沉积的河流—潮汐转移层和向上变粗的潮沙坝顶面。

6.2.1.3 岩相 1C：流痕交错纹理砂岩

这种岩相（图 6-5C）由分选性好、极细至细粒砂岩组成。沉积构造以流痕交错纹理为主，亦有微细小型槽状交错层理。没有或有少许黏土盖层。岩相 1C 通常分布在几英尺厚、无粒度趋势的地层。罕有生物扰动作用。常见有小型植物化石，例如小树叶和植物碎屑。

图 6-5 硅质碎屑岩相 1 岩心切片图
(A)岩相 1A：槽状交错层理砂岩；(B)岩相 1B：含微细黏土盖层的槽状交错层理砂岩；
(C)岩相 1C：流痕交错纹理砂岩，夹有小型槽状交错层

在多种环境中均有岩相 1C 分布。岩相 1C 如与滨海平原沉积伴生，沉积环境则为冲积扇和河道冲积堤。在远侧下切谷中，这种岩相沉积环境则为潮道。

6.2.1.4　岩相 2A：黏土盖层、流痕和纹理砂岩

岩相 2A(图 6-6A)由分选性好、极细至细粒砂岩组成。沉积构造包括流痕交错纹理和微细水平纹理，含大量薄层黏土[小于 1mm(0.04in)]和有机物盖层，常见于流痕前积层。在泥沙纹层中，一些纹理有厘米级旋回。常见有菱铁矿胶结物。层组通常向上变细。罕有或有中度生物扰动作用，其潜穴多样性较低，包括漫游迹、石针迹和沙蝎迹。常见有植物碎屑和琥珀碎片。这种岩相沉积在潮沟和潮坪环境。

6.2.1.5　岩相 2B：黏土盖层、流痕和槽状交错层理砂岩

岩相 2B(图 6-6B)由极细至细粒砂岩组成。主控沉积构造为流痕交错纹理和微细槽状交错层理，含大量薄层黏土(约 1mm)和有机物盖层，常见于流痕和槽状前积层。层组明显向上变粗。有中度到轻度生物扰动作用。其潜穴多样性较低(主要为漫游迹)。局部有大量植物碎屑和琥珀碎片。这种岩相沉积在河口潮下沙坝上。

6.2.1.6　岩相 2C：黏土盖层、水平纹理砂岩

岩相 2C(图 6-6C)以水平纹理、微细流痕为主，含大量薄层黏土(约 1mm)和有机物盖层，进而形成水平纹理。纹理中大多有泥沙纹层的厘米级旋回。纹层和层组通常向上变细。少有或有中度生物扰动作用，其潜穴多样性较低，以漫游迹、古藻迹、沙蝎迹、石针迹和柱

管迹为主。局部有大量植物碎屑、琥珀碎片和细砾。这种岩相沉积在潮坪和伴生的低能、弓弧潮沙坝上。

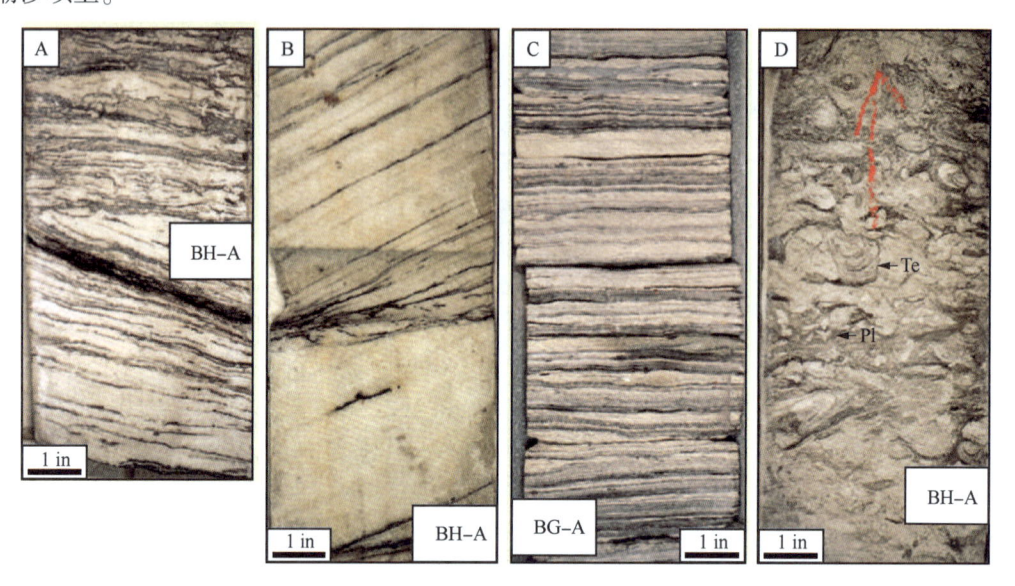

图 6-6 硅质碎屑岩相 2 岩心切片图

(A)岩相2A：黏土盖层、流痕和纹理砂岩；(B)岩相2B：黏土盖层、流痕和槽状交错层理砂岩；(C)岩相2C：黏土盖层、水平纹理砂岩；(D)岩相2D：有剧烈墙形迹(Te)和漫游迹(Pl)潜穴生物扰动作用的海绿石砂岩

6.2.1.7 岩相 2D：海绿石砂岩

岩相2D(图6-6D)由中至细粒砂岩组成，含大量海绿石颗粒(与碎屑石英相比，海绿石粒度通常较粗)。有中度到重度生物扰动作用，以海生迹、星瓣迹、漫游迹、墙形迹、古藻迹和斯科尼西亚迹为主。常见有菱铁矿结核，尤与海生迹潜穴伴生。这种岩相通常被方解石胶结，并渐变为上覆灰岩层。常见有软体动物贝壳和贝壳碎片。岩相2D沉积在低能海岸线远侧。

6.2.1.8 岩相 3B：生物扰动泥质砂岩

这种岩相(图6-7A)由中低分选、较细粒至中低粒度泥质砂岩组成。通常有较强的生物扰动作用，以海生迹、墙形迹、星瓣迹、漫游迹、古藻迹、石针迹和柱管迹组成的多层结构为主。这种岩相沿微咸河口和海洋低能海岸线沉积。

6.2.1.9 岩相 3C：丘状交错层理砂岩

岩相3C(图6-7B)在Burgan组通常没有分布，这种岩相由分选尚好至分选很好的极细至较细砂岩组成。主控沉积构造为丘状交错层理，上层表面为波痕、生物扰动表面。仅丘状层组之间还保存有厚度高达几厘米、罕见的泥岩层。没有或少有生物扰动作用，但在某些层组顶面，其生物扰动作用向上增强，并有中度潜穴活动。发现的遗迹化石包括漫游迹、古藻迹和罕见的蛇形迹。这种岩相最有可能沉积在近侧下滨面海洋环境中。

6.2.1.10 岩相 3D：纹层状互层砂岩、粉砂岩和页岩

岩相3D(图6-7C)由极细的纹层状互层砂岩、粉砂岩和页岩组成。沉积构造包括水平层理、未补偿流痕交错纹理和罕见的脱水收缩裂隙。沉积地层多为黏土和沙，以泥沙纹层、薄

厚纹层、厘米级增厚与减薄砂质纹层旋回为主。有中度到轻度生物扰动作用，遗迹化石包括漫游迹、古藻迹、石针迹和柱管迹。常见有植物碎屑、琥珀和菱铁矿胶结夹层。

这种岩相沉积在近侧(砂质)至远侧(泥质)潮坪上，其厘米级旋回为大小潮旋回。

图 6-7 硅质碎屑岩相 3 岩心切片图
(A)岩相 3B：含贝壳碎片的生物扰动泥质砂岩；(B)岩相 3C：丘状交错层理砂岩；
(C)岩相 3D：纹层状互层砂岩、粉砂岩和页岩；(D)岩相 3E：流痕、交错层理砂岩和泥岩

6.2.1.11 岩相 3E：流痕、交错层理砂岩和泥岩

岩相 3E(图 6-7D)由交错层理、中低粒度砂岩和泥岩组成。沉积构造以水平纹理和流痕交错纹理为主，并有罕见的脱水收缩裂隙。有中度到轻度生物扰动作用，主要为漫游迹、古藻迹、石针迹和柱管迹。局部有大量植物碎片和琥珀，并有菱铁矿胶结夹层。这种岩相沉积在潮坪和远侧潮沙坝上。

6.2.1.12 岩相 3F：灰质生物扰动砂岩

这种岩相(图 6-8A)由细粒至中低粒度的砂岩组成。有剧烈的生物扰动作用。局部有大量软体动物贝壳、贝壳碎片和有孔虫。这种岩相被方解石严密胶结，岩相上部或下部渐变为灰岩层。这种岩相沉积在浅海海岸线或潮下碳酸盐岩相附近的滨面环境中。

6.2.1.13 岩相 3G：波痕砂岩

岩相 3G(图 6-8B)由分选性好、极细至细粒砂岩组成。沉积构造以波痕交错纹理为主。波痕纹层与纹层组之间常见有黏土盖层。有中度到轻度生物扰动作用，含 Asterosoma、墙形迹和漫游迹潜穴。这种岩相沉积在远侧下滨面环境。

6.2.1.14 岩相 3H：碳质泥质砂岩

岩相 3H(图 6-8C)由极细至细粒砂岩组成，含大量黏上和有机物盖层，盖层厚度在 5～10mm(0.2～0.4in)之间。有机质层厚度在 1mm(0.04in)到几厘米之间。沉积构造以水平纹理和流痕交错纹理为主。罕有或有轻度生物扰动作用，有漫游迹潜穴和生根活动。大型植物化石和琥珀极为丰富。这种岩相沉积在漫滩扇、决口扇或冲积堤环境。

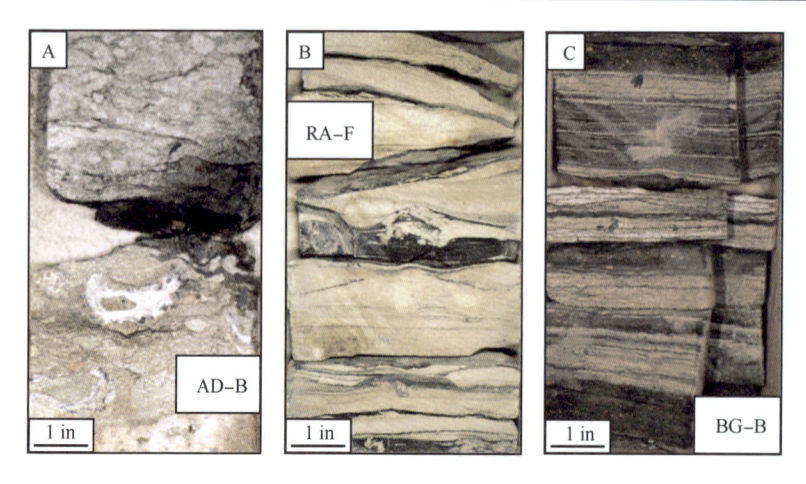

图 6-8 硅质碎屑岩相 3，岩心切片图

（A）岩相 3F：含贝壳碎片的灰质生物扰动砂岩；（B）岩相 3G：波痕砂岩；（C）岩相 3H：碳质泥质砂岩

6.2.1.15 岩相 4A：非均质岩性粉砂岩—泥岩

这种岩相（图 6-9A）主要由泥岩夹粉砂岩和极细的砂岩细脉（泥岩大于 80%）组成。沉积构造含水平纹理、粉砂细脉、罕见脱水收缩裂隙和未补偿流痕交错纹理。罕有或有轻度生物扰动作用，以漫游迹潜穴为主。常有或有大量植物化石和琥珀。这种岩相沉积在漫滩和废弃河道淤积环境。

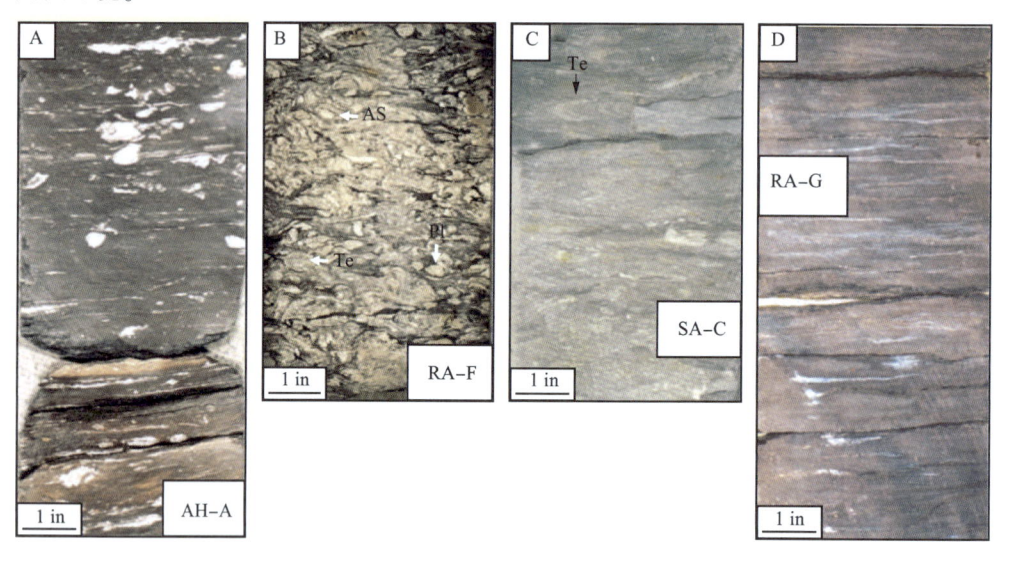

图 6-9 硅质碎屑岩相 4，岩心切片图

（A）岩相 4A：非均质岩性粉砂岩—泥岩；（B）岩相 4B：生物扰动波痕砂岩—泥岩。岩心层段有剧烈的墙形迹（Te）、星瓣迹（As）和漫游迹（Pl）潜穴生物扰动作用；（C）岩相 4D：生物扰动泥岩。岩心上断面有剧烈的墙形迹（Te）潜穴生物扰动作用；（D）岩相 4E：纹理粉砂岩

6.2.1.16 岩相 4B：生物扰动波痕砂岩—泥岩

这种岩相（图 6-9B）由粒度很低的砂岩、粉砂岩和黏土岩组成。沉积构造含孤立和拼合波痕交错纹理。有轻度至剧烈生物扰动作用，以星瓣迹、墙形迹、海生迹、漫游迹、古藻迹、斯科尼西亚迹和石针迹为主。罕有植物碎片和软体动物贝壳。这种岩相沉积在远侧下滨

面海洋环境。

6.2.1.17 岩相4D：生物扰动泥岩

岩相4D(图6-9C)多为泥岩，垂向渐变为粉砂岩。有中度至重度生物扰动作用，主要为模糊潜穴，也有一些清晰的漫游迹、墙形迹和海生迹潜穴。这种岩相沉积在近海至下滨面环境。

6.2.1.18 岩相4E：纹理粉砂岩

这种岩相(图6-9D)由水平纹理和波状纹理粉砂岩组成。罕有或有轻度生物扰动作用，以小型(小于5mm；小于0.2in)模糊水平潜穴为主。这种岩相沉积在湖泊、漫滩、水塘和废弃河道环境。

6.2.1.19 岩相5A：纹理灰色页岩

岩相5A(图6-10A)由深灰色水平纹理页岩组成。有中度至轻度生物扰动作用，以漫游迹、墙形迹、填砂丛藻迹和稀少的动藻迹潜穴为主。少有或常有双壳类软体动物和腹足类软体动物贝壳，小植物碎片则较少见。这种岩相沉积在近海海洋环境风暴浪基面下。

6.2.1.20 岩相5B：碳质泥岩

岩相5B(图6-10B)由碳质水平纹理泥岩组成，这些泥岩通常会有沉积后致密擦痕面。有中度至轻度生物扰动作用，并有生根活动(图6-11A)。有大量大叶和琥珀(图6-11B、C)。这种岩相沉积在碎屑沼泽和废弃河道环境。

6.2.1.21 岩相5C：纹理深灰色页岩

岩相5C(图6-10C)由深灰色水平纹理页岩组成。罕有或有轻度生物扰动作用，以小型漫游迹潜穴为主。有大量大叶、树枝和琥珀。这种岩相沉积在湖泊、废弃河道和漫滩环境。

6.2.1.22 岩相6：煤岩

这种岩相(图6-10D)全由煤岩组成。一些煤岩有根，表明这种岩相沉积在泥炭沼泽环境。其余煤岩由外来植物碎屑组成，形成于含少量碎屑的废弃河道—河口环境。

图6-10 硅质碎屑岩相5和岩相6岩心切片图
(A)岩相5A：纹理灰色页岩；(B)岩相5B：碳质泥岩；(C)岩相5C：纹理深灰色页岩；(D)岩相6：煤岩

图6-11 (A)有根层位(B)琥珀(C)琥珀碎片的岩心切片图

6.2.2 相、相组合、沉积环境与储层质量

这22种岩相分为6种不同的相。这些组群呈不同岩相的空间产状组或呈同一岩相的厚度产状。反过来，这6种相分为2个单独的相组合。相互组合的相是相互排斥的(图6-4)。

6.2.2.1 相组合 I

相组合 I (图6-4)由4种单独的相组成，这些相属低能、波控海岸线的正常向上变浅相序(Walker 和 Plint, 1992)。该相组合是 Burgan 组高位和海侵沉积物的基本结构单元。在该相组合中，典型的理想化垂向相序由上到下依次如下：

① 碳质岩相(岩相 1C、3H、5B 和 6)：海岸平面和上滨面；
② 生物扰动层理砂岩相(岩相 3B 和 3C)：近侧下滨面；
③ 生物扰动互层泥岩和砂岩(岩相 2D、3F、3G、4B、4D)：远侧下滨面；
④ 生物扰动泥岩相(岩相 5A)：近海。

相组合 I 沉积在低能海岸线环境。波控滨岸砂岩呈西北—东南走向，主要分布在科威特东北部。在东北样带，滨岸沉积相变为滨海砂岩—泥岩和近海泥岩。滨岸沉积沿上倾相变为海岸平原沉积，并主控科威特西南部地区。由于高能层理数量较少，且地层受到开阔海洋环境的遗迹化石组合的中度至剧烈生物扰动作用，滨岸沉积属低能环境。

通常，在近侧下滨面沉积中，储层质量中等，在远侧下滨面和近海地层，储层质量较差。尽管在海岸平原，小型[宽度小于 0.5km(小于 0.31m)]河道中可能分布有砂岩储层，但在该序列的海岸平原地区则以泥为主，因而没有开采前景。

6.2.2.2 相组合 II

相组合 II (图4)由2种单独的相组成，在下切谷体系中，这2种相由上倾沿下倾方向正常相变(Wagoner 等, 1990)。典型的理想化 Burgan 组上倾—下倾相序和伴生岩相如下：

① 交错层理砂岩相(岩相 1A 和 1C)：河控河谷填积；
② 非均质岩相潮汐相(岩相 1B、2A、2B、2C、2D、3E 和 4A)：潮控河谷填积。

本研究发现的下切谷通常呈科威特西南部—东北部走向，并与下伏高位沉积和上覆海侵沉积的海岸线走向垂直或成一定倾斜角度。在西南部上倾地区，下切谷沉积以河控相为主，在东北部远侧区以潮控相为主。根据向上变细、粗细粒槽状交错层及层组，河流相属低弯度辫状河流沉积。河流地层沿上倾方向相变为潮控沉积，潮控沉积更多为非均质岩相，指示起伏能量条件。

在混合河流—潮汐体系的辫状河流地层和上倾部，储层质量优良。然而，随河谷体系减薄，泥岩增加，向海方向储层质量不断降低。

6.2.3 高频层序

本研究对 Burgan 组 19 个高频沉积层序进行了解释（图 6-3）。从下到上，这 19 个高频沉积层序依次为 B900、B850、B800、B750、B725、B700、B650、B600、B550、B500、B450、B400、B350、B300、B250、B200、B150、B125 和 B100（LST）。

在 Burgan 组的陆相和海相层段，高频层序界面因地层叠加样式垂向突变或沉积环境突然向盆地移位而形成。在下倾位置，高频层序界面明显由向上变粗滨海准层序突变为块状河流—潮汐沉积。沿上倾方向，这些层序界面由低净总比海岸—冲积平原（海侵或高位）沉积突变为块状河流（低位）沉积（图 6-12）。沿下倾和侧向方向，层序界面和海侵面重合。然而，在 Burgan 组最远侧层序中，在每个层序中，上超碳酸盐岩序列痕印有碎屑进积的一个沉积陆架坡折和倾斜下界。

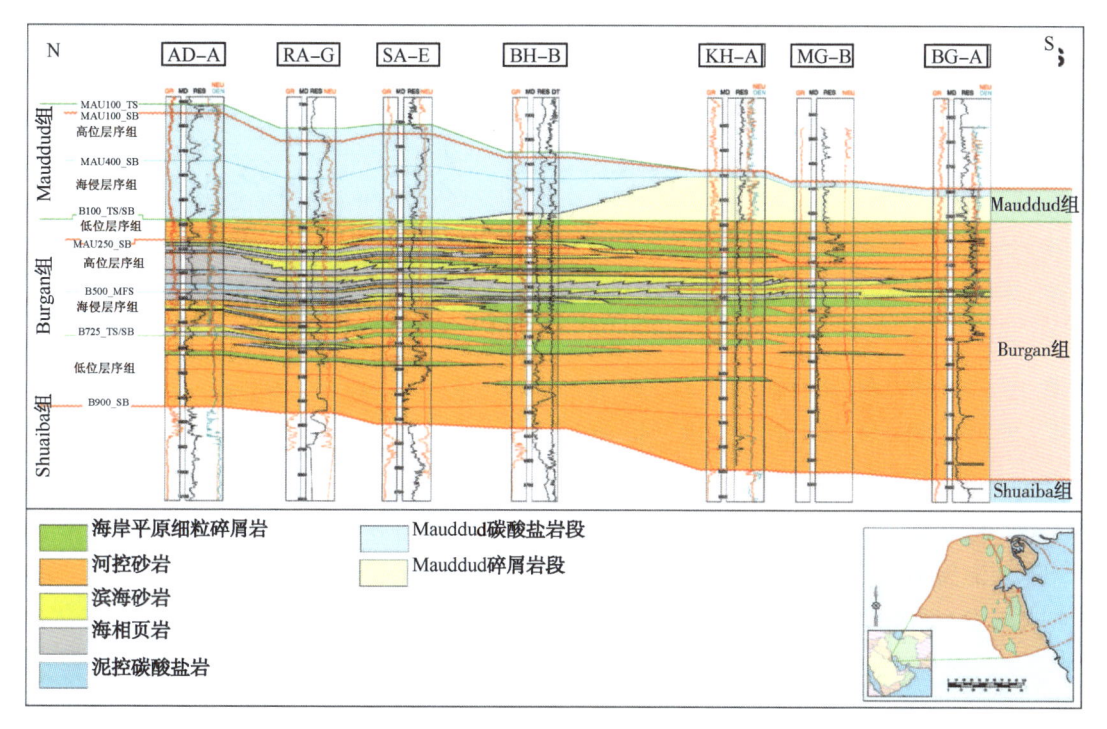

图 6-12 Burgan 组区域剖面的岩相分布与层序 地层格架示意图

注意下切谷充填沉积河控砂岩构成低位体系域，在 Greater Burgan 油田附近向南增厚。上覆 Mauddud 碎屑岩段和 Mauddud 碳酸盐岩段沿沉积带也呈现厚度变化。Mauddud 组详细的层序—地层格架如图 6-22 和图 6-23 所示。GR = 伽马测井；MD = 量测深度（英尺）；RES = 电阻率测井；DT = 声波测井；NEU = 中子孔隙度测井；DENS = 密度测井

在 Burgan 组海控程度较高的区域，高位层序组由进积海相准层序垂向变为退积海相准层序。在偏内侧环境，这些界面与垂向相变吻合，即由下方块状河流—潮汐沉积变为上方退积海相准层序。在远侧(上倾)环境，高位层序组由下方块状河流—潮汐沉积垂向变为上方低净总比海岸和冲积平原沉积(图 6-12)。

这些界面的最大洪泛面是一种大规模海侵现象，海相准层序由退积叠加变为进积叠加。在最远侧层序的下倾部位，海相石灰岩在最大海泛面下产出(图 6-12)。

低位体系域主要由下切谷体系组成，下切谷体系下倾区域充填有潮控砂岩和泥岩，上倾区域充填有辫状河流相砂岩(图 6-13A)。在低洼地形，在 Burgan 组中没有发现高频层序上超低位碎屑楔体以及盆底低位扇体。碎屑低位沉积仅限于下切谷充填沉积。下切谷沿下倾方向减薄，且不连续性增大(图 6-13B)，下切谷未延伸到下伏砂岩高位体系域的最大下倾进积下界。这些关系表明海侵侵蚀改变了 Burgan 组下切谷体系最远端(下倾)部分的原生分布和厚度分布。

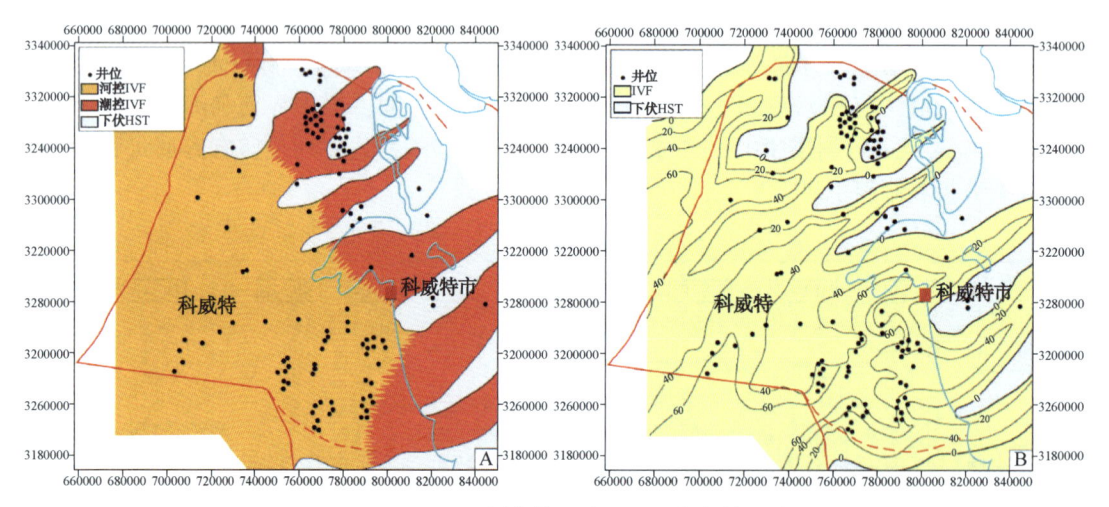

图 6-13 Burgan 组低位体系域沉积环境与等厚线图

这些图根据 B100 高频沉积层序的层序—地层结构进行解释，B100 高频沉积层序属上三级复合层序低位层序组的最上层低位体系域。(A)低位沉积充填下切谷下倾区域为潮控地层，上倾区域为河控地层。(B)下切谷沿下倾方向减薄，且不连续性增大。IVF＝下切谷充填沉积，HST＝高位体系域

海侵体系域对应向上变粗地层的退积序列，显示从海相碳酸盐岩到滨海泥岩和砂岩、再到以泥岩为主的海岸冲积平原沉积的一个系统性下倾—上倾变化。

高位体系域对应向上变粗地层的进积序列，下倾以滨海砂岩和泥岩为主，上倾以河口—海岸平原泥岩和砂岩为主(图 6-14)。这些高位体系域中的海岸线呈西北—东南走向，在科威特北部发育最好。

6.2.4 复合层序

在 Burgan 组发现的这 19 个高频层序组成 4 个不同的层序组，4 个层序组构成 2 个复合层序的一部分。基底的 4 个高频层序(B900、B850、B800 和 B750)整体以加积序列叠加，形成下 Burgan 复合层序的高位层序组(图 6-3)。加积层序组以含少量泥岩断层的辫状河流沉积为主(图 6-12)。基底加积层序组上覆 6 个高频层序(B725、B700、B650、B600、B550 和

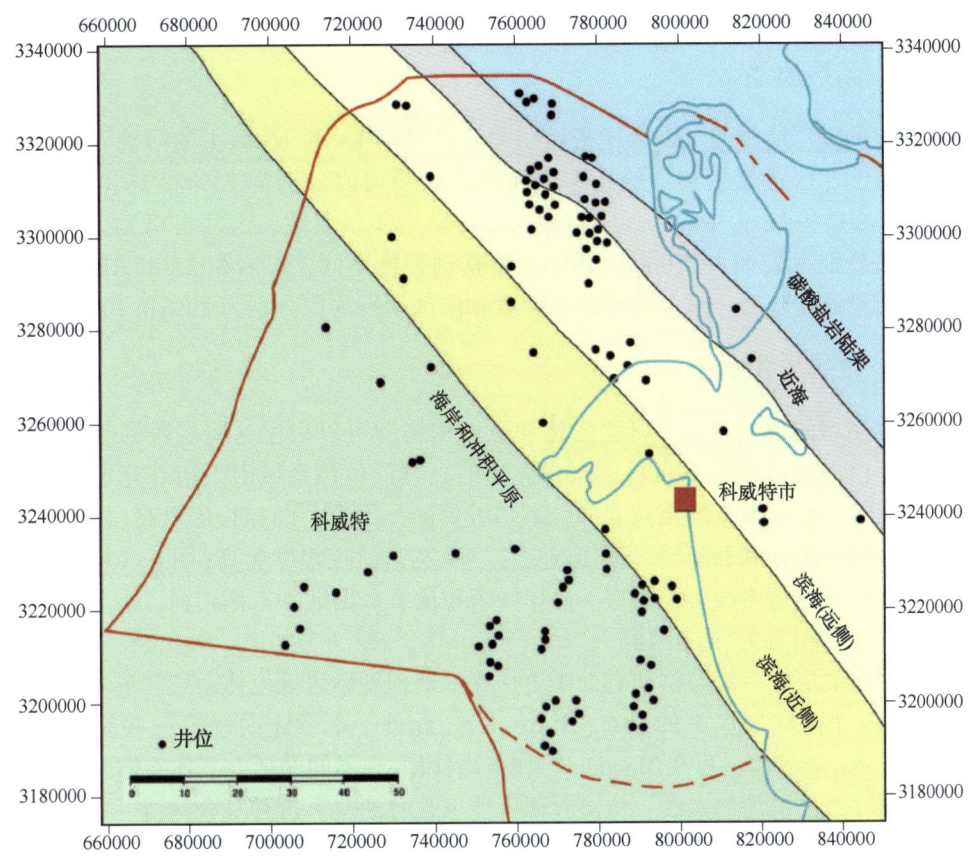

图 6-14 Burgan 组高位体系域沉积环境古地理图

古地理图根据 B600 高频沉积层序的层序—地层结构进行解释，B600 高频沉积层序属下三级复合层序的海侵层序组中的一个高位体系域

B500)，这 6 个高频层序整体以退积样式叠加，基底加积层序组构成下 Burgan 复合层序的海侵层序组(图 6-3)。在科威特北部的 Raudhatain 和 Sabiriyah 油田区，退积序列中的基底高频层序以陆相为主，其中，在最上层序列滨海组分增加(图 6-12)。基底的 4 个高频层序(B450、B400、B350 和 B300)整体以加积序列叠加，形成下 Burgan 复合层序的高位层序组(图 6-3)。在北部油田区，这些层序主要为滨海高位沉积(图 6-12)。最上层的 5 个层序(B250、B200、B150、B125 和 B100 LST)以加积样式叠加，构成上 Burgan 复合层序和上 Mauddud 复合层序的低位层序组(图 6-3)。在北部油田区，这些高频层序由交替陆相低位体系域和滨海海侵体系域及高位体系域组成(图 6-12)。

根据层序组的这种划分，复合层序界面 B900_SB 位于 Burgan 组的基底(图 6-3)。通常，上覆加积、退积和进积层序组对应下复合层序的低位层序组、海侵层序组和高位层序组。但要注意，高频海侵面 B725_TS 和高频最大海泛面 B500_MFS 分别作为下复合层序的海侵面和最大海泛面(图 6-3 和图 6-12)。最上层加积层序组为第二个低位层序组。复合海侵面 B100_TS 为上复合层序的海侵面，地层分布在上覆 Mauddud 组，构成该复合层序的高位层序组和海侵层序组。

通常，在科威特西南部，这些不同的层序组厚度更厚，更多以砂岩为主，而在东北部厚度更薄,更多以泥岩为主(图6-12~图6-14)。

6.2.5 储层质量

Burgan组的储层质量与沉积环境密切相关。以岩相1A和1C为主的河控砂岩具有最好的储层质量属性。这些岩相类型的孔隙度和渗透率平均值分别为25%和1600mD。以岩相1B、2A、2B、2C和2F为主的潮控砂岩具有中等储层质量属性。这些岩相类型的孔隙度和渗透率平均值分别为23%和270mD。由于生物扰动程度不同,以岩相2A和3B为主的滨海沉积的储层质量通常较差。这些岩相的孔隙度和渗透率平均值分别为19%和10mD。

6.2.6 储层质量分布

Burgan体系域的地层分布、厚度变化和区域相构型可以根据这些层段的等厚线和古地理图进行解释(图6-13和图6-14)。Burgan组的高频低位体系域由下切谷充填河流和潮汐沉积组成。通常,沿下倾方向至东北部,下切谷更薄、更窄,潮控程度更高(图6-13)。相反,沿上倾方向至南部和西南部,下切谷更厚、更宽,河控程度更高(图6-13)。Burgan组的高频高位体系域由海岸线沉积组成,海岸线沉积通常呈西北—东南走向,东北部以海相为主,向西南部以陆相为主(图6-14)。

本章所提出的层序—地层格架有助于更加深刻地理解砂岩低位体系域和滨海高位体系域在Burgan组19个高频层序中的分布(图6-12)。此外,本章还明确了一些新的概念。在Mauddud—Burgan新界面,可在Mauddud组的碎屑段发现不同的孤立下切谷体系。在Burgan组,在高位层序组的滨海海岸线,构造翼部可能也含有油气。这种复合构造—地层圈闭将受在每个层序中形成上倾侧向盖层的泥岩海岸平原沉积的控制,也受在每个上覆层序中形成顶部盖层的海相页岩的控制。

6.3 Mauddud组

利用科威特的所有测井和岩心数据,对Mauddud组构建了一个层序—地层格架。Mauddud组可以用高位层序组和海侵层序组描述为一个由8个高频沉积层序组成的三级复合层序。Mauddud组顶部(MAU100_TS)和基底(B100_TS)主要为海侵层序组(Strohmenger等,2002;Demko等,2003)(图6-3)。

下Mauddud组(Mauddud海侵层序组)的岩性呈侧向变化,在科威特北部Raudhatain和Sabiriyah油田区为石灰岩,而在科威特南部(Greater Burgan油田区,图6-15)和东南部(Minagish油田区)为硅质碎屑岩。在科威特南部和西南部,上Mauddud组(Mauddud高位层序组)大多受到侵蚀作用(Strohmenger等,2002;Demko等,2003)(图6-16)。

科威特Mauddud组由8个碳酸盐岩相和3个硅质碎屑岩相组成。碳酸盐岩相沉积于内坡至下坡的正常至略微局限环境中。硅质碎屑岩相与Burgan组类似,沉积在内坡(较深潟湖)、近岸海洋和近海海洋环境(Strohmenger等,2002;Demko等,2003)(图6-15和图6-16)。

塞诺曼阶Wara组上覆在Mauddud组上,并有一个区域顶部盖层(图6-3)。在科威特北部(Raudhatain和Sabiriyah油田区),塞诺曼阶Wara组以微灰质至非灰质海相页岩为主。在

6 科威特 Burgan 和 Mauddud 组(下白垩统)层序地层与储层构型

碳酸盐岩相
- 厚壳蛤粒状悬粒灰岩—砾状灰岩(F1)
- 骨粒—似球粒粒状灰岩(F2)
- 骨粒—似球粒贫泥粒灰岩(F3)
- 生物扰动的骨粒—似球粒泥粒灰岩(F4)
- 富黏土生物扰动骨粒泥灰岩(F7)
- 生物扰动含海绿石泥粒灰岩(F8)

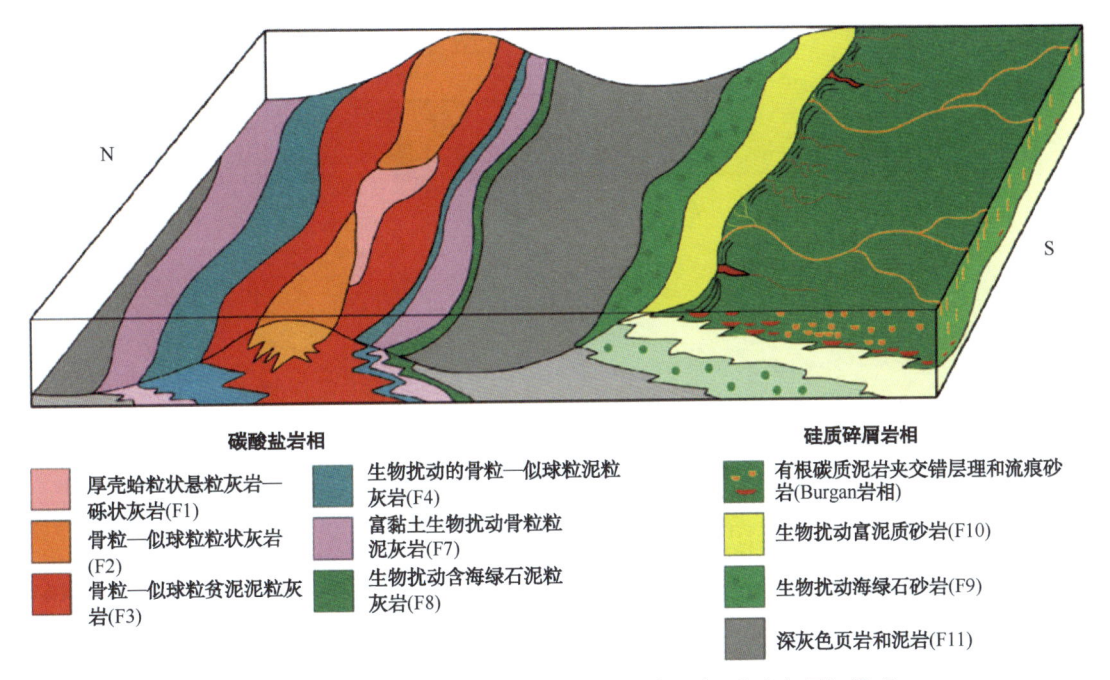

硅质碎屑岩相
- 有根碳质泥岩夹交错层理和流痕砂岩(Burgan岩相)
- 生物扰动富泥质砂岩(F10)
- 生物扰动海绿石砂岩(F9)
- 深灰色页岩和泥岩(F11)

图 6-15 Mauddud 海侵层序组(上三级复合层序)的岩相图解模型

科威特南部(Greater Burgan 油田区)和西南部(Minagish 油田区),海绿石富集三角洲砂岩则更为常见。

6.3.1 岩相类型和沉积模型

Mauddud 组沉积物堆积于北向和东北向倾斜的同斜缓坡上(Strohmenger 等,2002;Demko 等,2003)。

在不同的地理区域和不同的时间,科威特 Mauddud 组的岩相和岩性也有所不同。在 Mauddud 海浸层序组中,科威特南部(Greater Burgan 油田区域)和西南部(Minagish 油田区域)的硅质碎屑沉积物朝北和东北方向(Abdali、Raudhatain 和 Sabiriyah 油田区域,图 6-15)逐渐过渡至碳酸盐沉积。

Mauddud 组含 11 类岩相(F1~F11)。岩相架构基本与前人所定义的架构相同,仅有部分变更。岩相类型各异,包括中能至高能上坡沉积物(F1、F2、F3)、中能上坡至中坡(F4)和潟湖沉积物(F4、F5、F6),以及低能下坡(F7、F8、F11)和深层潟湖沉积物(F7、F8、F9、F10、F11,图 6-15 和图 6-16)。

Mauddud 组的厚度朝北向和东北向递增,朝南和西南递减。减薄是由于下层 Mauddud 组海侵层序组沉积期间(岩相由碳酸盐岩变为硅质碎屑岩)适应性的减弱,和科威特南部(Greater Burgan 油田区域)和西南部(Minagish 油田区域)Mauddud 高位层序组上层的显著腐蚀所致。

6.3.1.1 岩相 1(F1):厚壳蛤类悬粒灰岩至砾状灰岩

F1 类岩相(图 6-17A)富含厚壳蛤类或厚壳蛤碎片。粟孔虫、锥形圆笠虫、其他底栖有孔虫、骨粒碎屑和棘皮动物很常见。盘状圆笠虫不常见。岩相中非骨粒颗粒为似球粒。生物扰动适中。

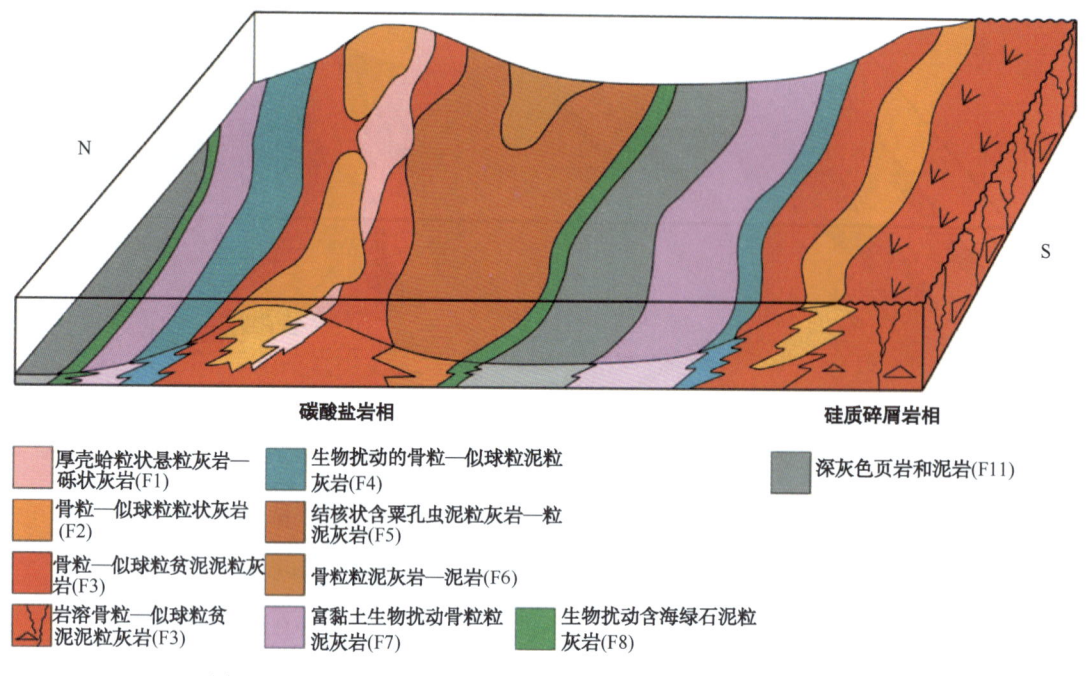

图 6-16 Mauddud 高位层序组（上三级复合层序）的岩相模型简图

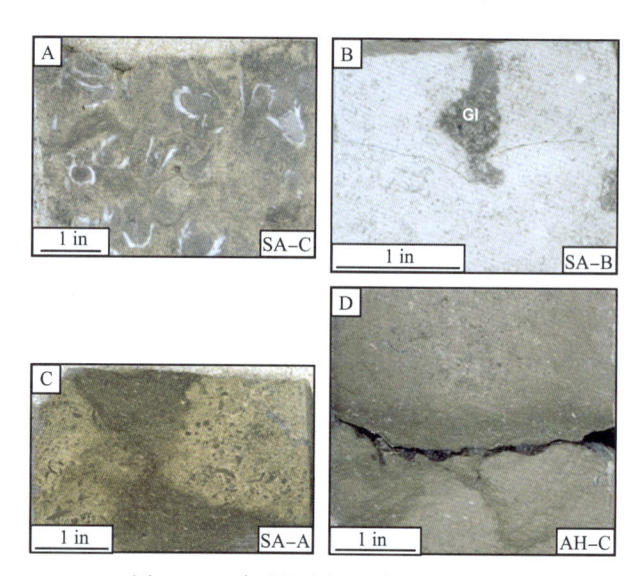

图 6-17 碳酸盐岩相、岩心切片照片

(A)岩相 F1：厚壳蛤类悬粒灰岩—砾状灰岩；(B)岩相 F2：骨粒—似球粒粒状灰岩中可看到舌菌迹(GI)潜穴和窗格构造(楔石溶洞)；(C)岩相 F3：表现出生物扰动迹象的骨粒—似球粒贫泥泥粒灰岩；(D)岩相 F4：生物扰动的骨粒—似球粒泥粒灰岩

岩相类型常常逐渐变至高能骨粒—似球粒粒状灰岩（岩相 F2）和局限潟湖结核状含粟孔虫泥粒灰岩—粒泥灰岩（岩相 F5）。颗粒组成（含粟孔虫）和岩相的堆叠模式表明，厚壳蛤类悬粒灰岩—砾状灰岩属于坡顶至内坡的中水能至高水能沉积物，侧向沉积或大多朝岩相 F2 的潟湖向沉积（骨粒—似球粒粒状灰岩）。

Mauddud 层序 MAU450 和 MAU200 中出现相对较厚的厚壳蛤类悬粒灰岩—砾状灰岩[达 18m(60ft)]。尤其在 Mauddud 层序 MAU450 中，厚壳蛤类悬粒灰岩—砾状灰岩构成极为多孔的层段，并可通过低剂量 γ 射线和高电阻率测井轻易地探知。

胶结情况较少。主要胶结物类型是块状方解石胶结物，其部分至全部填充溶蚀的厚壳蛤印模。主要孔隙类型是印模孔隙和溶洞孔隙。平均孔隙度 18%，典型渗透率 5mD。

6.3.1.2 岩相 2(F2)：骨粒和似球粒粒状灰岩

F2 类岩相中富含锥形圆笠虫、骨粒碎屑和棘皮动物(图 6-17B)。其他底栖有孔虫、红藻和绿藻也很常见。盘状圆笠虫和腹足类比较稀少。非骨粒颗粒包括包粒和似球粒。生物扰动较少。

岩相中，舌菌迹潜穴较多，干燥裂缝(图 6-17B、图 6-18A、B)相对较少，而岩溶作用(图 6-18C)更为罕见。具有潮间带特征的沉积结构如低谷交错层理、窗格构造(楔石溶洞和板状裂隙，图 6-17B)、示顶底填充物(渗流粉沙)和颗粒周围裂缝通常仅归入 F2 类岩相。

图 6-18 沉积结构，岩心切片照片

(A)含舌菌迹潜穴的溶蚀表面；(B)含年轻沉积填充物的舌菌迹潜穴和干燥裂缝；(C)含沉积填充物的微岩溶结构

该岩相通常出现于 Mauddud 组准层序顶部和 HFS 中。基质的缺乏和整体岩相堆叠结构都表明，骨粒—似球粒粒状灰岩属于高能浅滩(坡顶)至上坡沉积物。

胶结程度各异，少量胶结和广泛胶结均有发生。典型的胶结物类型是等厚边缘胶结物、块状方解石胶结物和取向连生方解石胶结物。舌菌迹潜穴和岩溶填充物常受到白云石化作用影响。微孔是主要的孔隙类型。粒间孔隙、粒内孔隙和印模孔隙居于其次。平均孔隙度 15%，典型渗透率 2mD。

6.3.1.3　岩相3(F3)：骨粒和似球粒贫泥泥粒灰岩

F3类岩相(图6-17C)中富含锥形圆笠虫。骨粒碎屑和棘皮动物广泛分布。盘状圆笠虫、其他底栖有孔虫和腹足类比较少见。岩相中非骨粒颗粒为似球粒。生物扰动程度适中至强烈。

该岩相常常和F2类岩相(骨粒—似球粒粒状灰岩)交错分布。相对较少的淤泥含量和整体岩相堆叠结构都表明，骨粒—似球粒贫泥泥粒灰岩属于中能上坡沉积物。

与F2类岩相相似，骨粒—似球粒贫泥泥粒灰岩已局部岩溶化。

胶结情况通常较少。胶结物类型包括块状方解石和取向连生的方解石胶结物。微孔是主要的孔隙类型，其次为粒内孔隙和印模孔隙。平均孔隙度15%，典型渗透率2mD。

6.3.1.4　岩相4(F4)：生物扰动的骨粒和似球粒泥粒灰岩

F4类岩相(图6-17D)中富含锥形圆笠虫、盘状圆笠虫和棘皮动物。骨粒碎屑很常见。其他底栖有孔虫、厚壳蛤碎片和薄壳双壳贝较为稀少。非骨粒颗粒为似球粒。生物扰动作用较强。

该岩相通常下伏于F3类岩相(骨粒—似球粒贫泥泥粒灰岩)之下，少数情况下，F5岩相(结核状含粟孔虫泥粒灰岩—粒泥灰岩)上覆于其上。该岩相下方常为F2类岩相(骨粒—似球粒粒状灰岩)和F3类岩相(骨粒—似球粒贫泥泥粒灰岩)。颗粒组成、纹理和整体的岩相堆叠模式表明，生物扰动的骨粒—似球粒泥粒灰岩属于低能至中能、上坡至中坡沉积物。该岩相也可存在于高能坝沉积物(岩相F1、F2和F3)后的内坡受保护的潟湖环境中。

胶结现象由少至多，各有不等。主要的胶结物类型是块状方解石胶结物。微孔是主要的孔隙类型。粒内孔隙和印模孔隙居于其次。平均孔隙度12%，典型渗透率0.5mD。

6.3.1.5　岩相5(F5)：结核状含粟孔虫泥粒灰岩至粒泥灰岩

F5类岩相(图6-19A)通常含有粟孔虫、锥形圆笠虫、其他底栖有孔虫、厚壳蛤碎片、骨粒碎屑和薄壳双壳类。海绵骨针较为常见，但只出现于F5类岩相中。盘状圆笠虫和棘皮动物不常见。岩相中非骨粒颗粒为似球粒。生物扰动和潜穴较多，这很可能是结核状外观的成因。

该岩相类型仅存在于Mauddud上部(Mauddud高位层序组，图6-16)，在Mauddud层序中，大量厚壳蛤悬粒灰岩—砾状灰岩(岩相F1)覆盖于其上并卧伏于其下。颗粒组成(含粟孔虫)以及岩相堆叠模式表明，结核状含粟孔虫的泥粒灰岩—粒泥灰岩由低能至中能内坡受限潟湖沉积物构成。

胶结现象较少，大部分胶结物为块状方解石胶结物。微孔是主要的孔隙类型。粒内孔隙和印模孔隙居于其次。平均孔隙度19%，典型渗透率0.5mD。

6.3.1.6　岩相6(F6)：骨粒粒泥灰岩至泥岩

F6类岩相(图6-19B)富含淤泥，呈浅灰色，含稀疏的骨粒碎屑和似球粒。生物扰动极少。黄铁矿微球团数量众多。

此类岩相只存在于Mauddud高位层序组中(Mauddud层序MAU300，图6-16)。一般认为，此类岩相由低能内坡的受保护潟湖沉积物组成。

胶结情况较少，主要为细晶块状方解石填充溶蚀骨粒碎屑孔隙。主要的孔隙类型包括微孔，另外也可找到晶间孔隙。平均孔隙度和典型渗透率(仅分析过四份样本)在F5岩相(结核状含粟孔虫泥粒灰岩—粒泥灰岩)的孔隙度和渗透率范围内。

6.3.1.7 岩相7(F7)：富黏土的生物扰动骨粒粒泥灰岩

F7类岩相(图6-19C)富含盘状圆笠虫、棘皮动物和化石遗迹，包括海生迹和漫游迹。骨粒碎屑、薄壳双壳类和浮游有孔虫较为常见。非骨粒颗粒为似球粒。生物扰动较强(富含溶蚀缝)。黄铁矿较为常见。

该岩相通常卧伏于F4类岩相(生物扰动的骨粒—似球粒泥粒灰岩)之下或覆盖于F2类(骨粒—似球粒粒状灰岩)和F3类(骨粒—似球粒贫泥泥粒灰岩)岩相之上。颗粒组成、纹理和整体的岩相堆叠模式表明，富黏土的生物扰动骨粒粒泥灰岩属于低能中坡至下坡沉积物。该岩相也可存在于高能坝沉积物(岩相F1、F2和F3)后的内坡受保护的潟湖环境中。

胶结情况较少。胶结物类型大都为细晶块状方解石胶结物。沿溶蚀缝可见白云石化迹象。主要孔隙为微孔，其次为粒内孔隙、晶间孔隙。平均孔隙度4%，典型渗透率0.01mD。

6.3.1.8 岩相8(F8)：生物扰动的含海绿石泥粒灰岩

F8类岩相(图6-19D)通常含盘状圆笠虫、棘皮动物和骨粒碎屑。锥形圆笠虫、薄壁双壳类和厚壳蛤碎片较为少见。非骨粒颗粒包括海绿石(海绿石化似球粒)、似球粒、石英和黄铁矿。生物扰动作用较强。

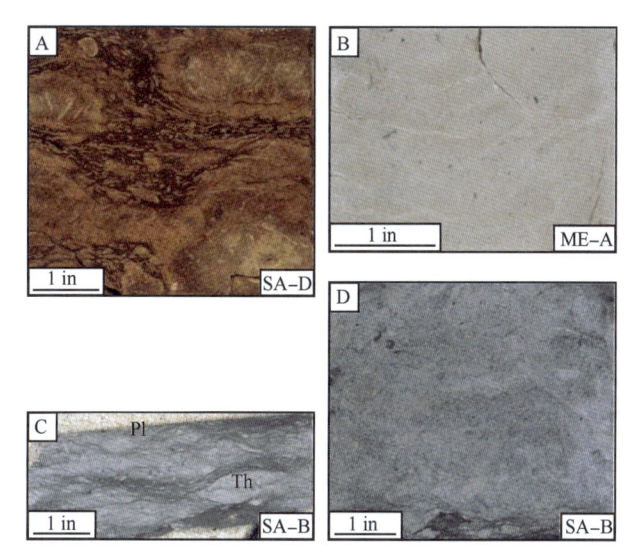

图6-19 碳酸盐岩相、岩心切片

(A)岩相F5：结核状含粟孔虫泥粒灰岩—粒泥灰岩；(B)岩相F6：骨粒粒泥灰岩—泥岩；(C)岩相F7：富黏土生物扰动骨粒粒泥灰岩，其中可见海生迹(Th)和漫游迹(Pl)潜穴；(D)岩相F8：生物扰动的含海绿石泥粒灰岩

该岩相通常上覆于F2类(骨粒—似球粒粒状灰岩)和F3类(骨粒—似球粒贫泥泥粒灰岩)岩相顶部层序之上。一般认为，此类岩相表明，在海平面快速上升期间的若干时期内，沉积速率较低。该岩相主要位于Mauddud海侵层序组内。沉积环境包括内坡、潟湖(Mauddud海侵层序组，图6-15)、中坡和下坡(Mauddud高位层序组，图6-16)。

胶结现象由少至多，各有不等。主要胶结物类型包括块状方解石、低铁白云石和低铁方解石胶结物。低铁胶结物在南科威特最为常见(Greater Burgan油田区域)。微孔是主要的孔隙类型。粒内孔隙和印模孔隙居其次。平均孔隙度7%，典型渗透率0.05mD。

6.3.1.9 岩相9(F9)：生物扰动的海绿石砂岩

F9类岩相(图6-20A)中石英含量丰富，但盘状圆笠虫和骨粒碎屑较为稀少。该岩相中可找到丰富的痕迹化石，包括墙形迹化石、星状迹化石和蛰龙介穴。颗粒类型包括石英碎屑、海绿石、黄铁矿和菱铁矿。生物扰动较强。该岩相类似于 Burgan 组的 2D 岩相（海绿石砂岩），但含有更多的海绿石。

该岩相与 F8 类岩相（生物扰动的海绿石泥粒灰岩）相似，通常上覆于 F2 类（骨粒—似球粒粒状灰岩）、F3 类（骨粒—似球粒贫泥泥粒灰岩）和 F10 类（生物扰动富泥砂岩）岩相顶部层序界面之上。该岩相主要位于 Mauddud 海侵层序组（图 6-15）内。生物扰动的海绿石砂岩由内坡、近岸和低滨面沉积物构成。

胶结现象由少至多，各有不等。主要胶结物类型包括块状方解石、低铁白云石和低铁方解石胶结物。主要孔隙类型为微孔，此外也存在粒内孔隙和粒间孔隙。平均孔隙度 10%，典型渗透率 0.3mD。

6.3.1.10 岩相 10（F10）：生物扰动的富泥砂岩

F10 类岩相（图 6-20B）受到生物扰动的强烈影响，富含痕迹化石，包括墙形迹化石、星状迹化石、海生迹化石、漫游迹化石和管枝迹化石。

F10 类岩相位于 Mauddud 海侵层序组（图 6-15）内。相对较厚的夹层（大于 18m；大于 60ft）出现于 Mauddud 组层序 MAU500 中。该岩相类似于 Burgan 组的 3F 岩相（钙质生物扰动砂岩）。生物扰动的富泥砂岩由内坡、近岸和低滨面沉积物构成。胶结较少。主要的孔隙为粒间孔隙。平均孔隙度 12%，典型渗透率 11mD。

6.3.1.11 岩相 11（F11）：深灰色页岩和泥岩

F11 类岩相（图 6-20C）中只可看到稀疏的骨粒碎屑、薄片双壳类、浮游有孔虫和微化石。该岩相类似于 Burgan 组的 5A 岩相（层状灰页岩）。通过毫米级的薄层可看出承压（潟湖）或深海的离岸（下坡）沉积环境造成的轻度生物扰动。

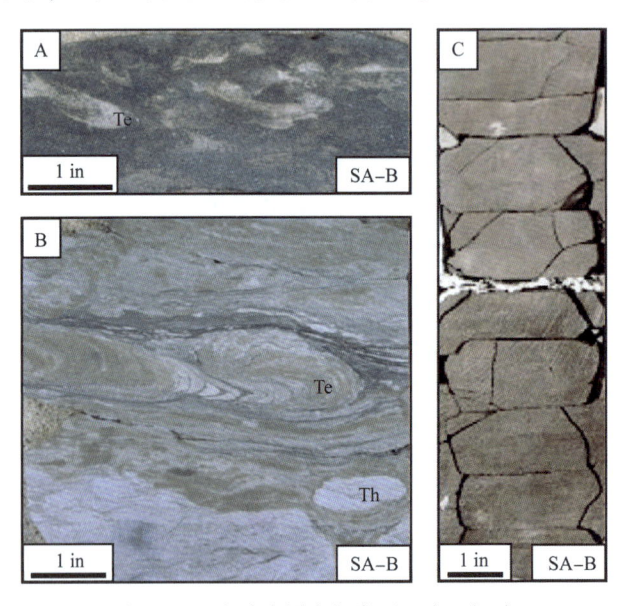

图 6-20 硅质碎屑岩相类型、岩心切片
（A）岩相 F9：可看出墙形迹（Te）波纹形态的生物扰动海绿石砂岩；（B）岩相 F10：含墙形迹（Te）和海生迹（Th）波纹的生物扰动富泥砂岩；（C）岩相 F11：深灰色页岩和泥岩

F11类岩相主要沉积于内坡、深潟湖环境，与F7类(富黏土生物扰动粒泥灰岩)、F8类(生物扰动海绿石泥粒灰岩)和F9类(生物扰动海绿石砂岩，图6-15)岩相并置。该岩相主要位于Mauddud海侵层序组(图6-15)。下伏于下滨面沉积层(岩相F9和F10)的离岸页岩往往无强烈的生物扰动迹象，岩相F11也不例外，这是高压环境的表征。深灰色页岩和泥岩构成Mauddud高位层序组(图6-16)和Wara组中的低能、深海、下坡至盆地的沉积物。

微孔是主要的孔隙类型。平均孔隙度5%，典型渗透率0.03mD。

6.3.2 高频层序

本论文对Mauddud组中八大高频沉积层序进行了研究。从底层至顶层分别为B100(TST和HST)、MAU600、MAU500、MAU450、MAU400、MAU350、MAU300和MAU200(图6-3)。

已发现八个SB、两个TS、三个MFS和两个FS。除一个海泛面(MAU600_FS)以外，科威特的所有表面均彼此相关联。

层序界面通常以纹理和岩相的突变为特征。舌菌迹潜穴和干燥裂缝常见于每一高频层序的上部(图6-18A、B和图6-21)。局部可见岩溶现象(图6-18C)。每一高频层序上部也存在周期性暴露的证据，例如窗格构造(楔石溶洞和板裂缝，图6-17B)和环粒裂缝。富含海绿石的砂岩或泥粒灰岩通常上覆于高频层序界面(图6-21)，记录着快速海泛的发生历史，并降低了沉积速率。其中的高频层序界面与海泛面和层序界面两者相对应(FS/SB，图6-21)。

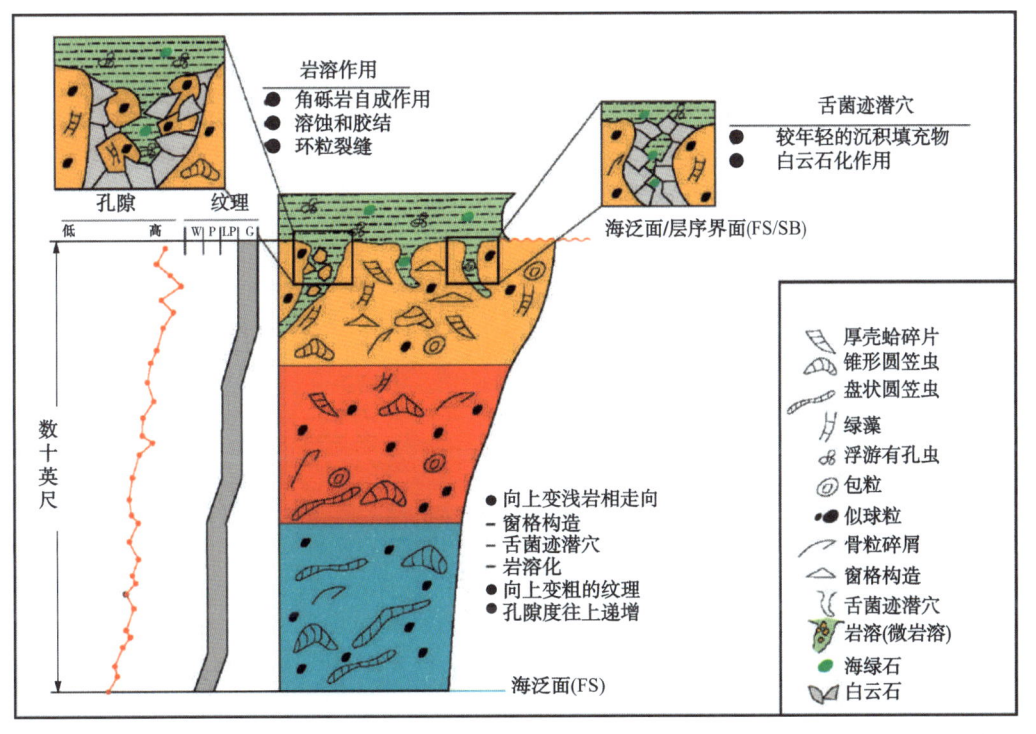

图6-21 Mauddud组中碳酸盐准层序(高频层序上部)较为理想，其岩相自底向上呈变浅走势：生物扰动的骨粒—似球粒泥粒灰岩(F4、蓝色)、骨粒—似球粒贫泥泥粒灰岩(F3、红色)和骨粒—似球粒粒状灰岩(F2、橙色)。海泛面/层序界面(FS/SB)内含舌菌迹及少许岩溶(微岩溶)迹象，其上由生物扰动的海绿石泥粒灰岩(F8)或生物扰动的海绿石砂岩(F9，绿色)覆盖

最大海泛面表现出大规模海侵迹象,也可从中看出,海洋准层序从退积堆叠变为进积堆叠。

海泛面位于向上变浅的准层序上方,而且与舌菌迹表面一一对应(图6-21)。

6.3.2.1 Mauddud组B100(B100_SB~MAU600_SB)

在科威特北部(Raudhatain和Sabiriyah油田区域,图6-22),该层序在TST底部位置富含页岩和淤泥,逐渐向上至HST顶部时,过渡为富颗粒状。主要的潮坪沉积物出现于科威特南部(Greater Burgan油田区域,图6-23),而主要的海岸平原沉积物出现于科威特西南部(Minagish油田区域,图6-23)。该层序被科威特南部的Mauddud层序界面MAU600_SB所侵蚀(图6-23)。

该层序由岩相F11(深灰色页岩和泥岩)和岩相F9(生物扰动的海绿石砂岩)组成,在科威特北部(Raudhatain和Sabiriyah油田区域,图6-22、图6-23)向上逐渐变至岩相F7(富黏土的生物扰动骨粒粒泥灰岩)、岩相F8(生物扰动的海绿石泥粒灰岩)和岩相F4(生物扰动的骨粒—似球粒泥粒灰岩)。

6.3.2.2 Mauddud层序MAU600(MAU600_SB~MAU500_SB)

该层序在科威特北部包括富含淤泥的碳酸盐岩(Raudhatain和Sabiriyah油田区域,图6-22),在科威特南部主要包括海岸平原沉积物及潮控沉积物(Greater Burgan油田区域,图6-23),在西南部主要包括海岸平原和潮坪沉积物(Mingish油田区域,图6-23)。

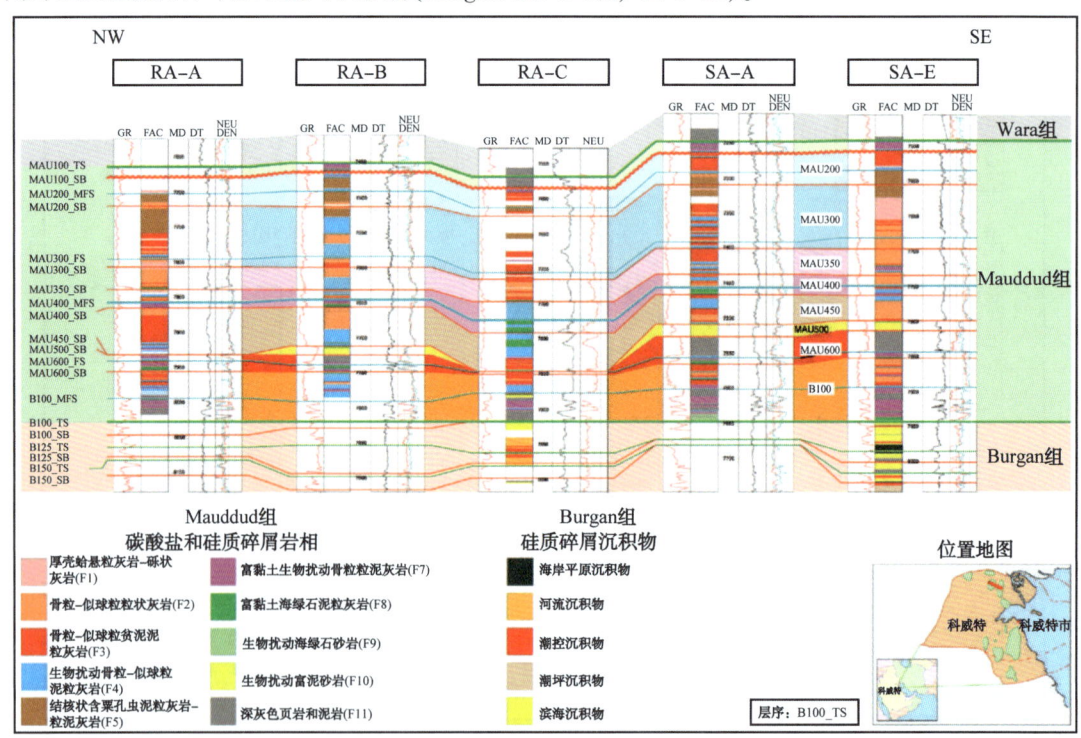

图6-22 油田尺度横断面图(西北—东南)

图中可见科威特北部Raudhatain和Sabiriyah油田Mauddud组的岩相分布和层序地层格架。Mauddud海侵层序组:B100_TS至MAU400_MFS。Mauddud高位层序组:MAU400_MFS至MAU100_SB。Mauddud低位体系域:MAU100_SB至MAU100_TS。GR=伽马射线测井;FAC=Mauddud组碳酸盐和硅质碎屑岩相和Burgan组沉积物(基于岩心);MD=测量深度(ft);DT=声波测井;NEU=中子孔隙度测井;DENS=密度测井

北部油田区以岩相F11(深灰页岩和泥岩)为主,含少量F8岩相(生物扰动的海绿石砂岩)和F7岩相(富黏土的生物扰动骨粒粒泥灰岩)。该序列的孔隙度和渗透率会随着位置的上升而增加,岩相呈向上变浅趋势,东北部油田区域的纹理也随着位置上升而逐渐变粗糙(图6-21和图6-22)。

6.3.2.3 Mauddud 层序 MAU500(MAU500_SB~MAU450_SB)

边缘海(下滨面远端)硅质碎屑出现于科威特北部(Raudhatain 和 Sabiriyah 油田区域),未受层序界面 MAU450_SB 溶蚀(图6-22)。主要的海岸沉积物出现于科威特南部(Greater Burgan 油田区域,图6-23),而主要的潮控和河流沉积物出现于科威特西南部(Minagish 油田区域,图6-23)。

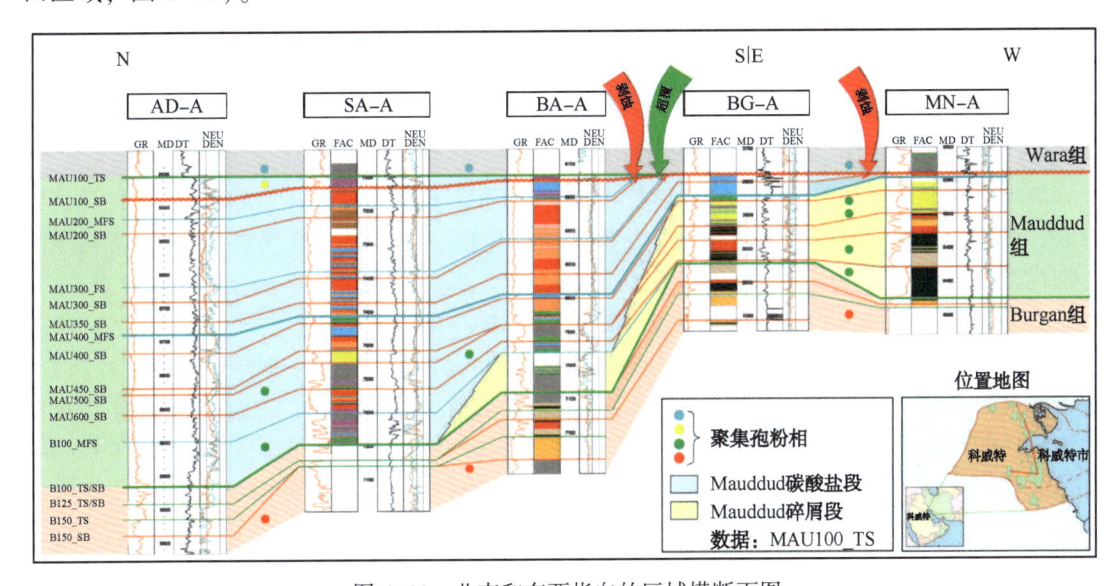

图6-23 北南和东西指向的区域横断面图

图中展示出 Mauddud 组岩相分布和层序—地层格架。年代地层界面(时间线)横切入 Mauddud 碳酸盐段(Mauddud 组)和 Mauddud 碎屑段(Burgan 组,Mauddud 组的时间等效段)之间的岩石层位界面。年代测定和孢粉相分析佐证了设想的层序—地层相互关系。地层诊断性聚集孢粉相以彩色点表示。蓝点:仅位于 Mauddud 海侵表面 MAU100_TS(Wara 组中)上方。黄点:仅位于 Mauddud 层序界面 MAU100_SB 和 Mauddud 海浸表面 MAU100_TS 之间(在科威特西南部和南部,Mauddud 低位体系域在 Mauddud 层序界面 MAU100_SB 上方与其重叠)。绿点:仅位于 Burgan 海侵表面 B100_TS 和 Mauddud 最大海泛表面 MAU400_MFS 之间(Mauddud 海侵层序组:科威特北部 Mauddud 碳酸盐段下部以及科威特西南部和南部的 Mauddud 碎屑段)。红点:仅位于 Burgan 海侵表面 B100_TS 以下(Burgan 低位层序组)。Mauddud 最大海泛表面 MAU400_MFS 和 Mauddud 层序界面 MAU100_SB(Mauddud 高位层序组)之间以颗粒为主的浅水碳酸盐中未发现地层诊断性聚集孢粉相。Mauddud 碳酸盐、硅质碎屑岩相和 Burgan 硅质碎屑沉积物的色码如图6-22所示。GR=伽马射线测井;FAC=Mauddud 碳酸盐、硅质碎屑岩相和 Burgan 沉积物(基于岩心);MD=测量深度(ft);DT=声波测井;NEU=中子孔隙度测井;DENS=密度测井

6.3.2.4 Mauddud 层序 MAU450(MAU450_SB~MAU400_SB)

该层序在科威特北部由以颗粒为主的碳酸盐组成(Raudhatain 和 Sabiriyah 油田区域,图6-22),在南部(Greater Burgan 油田区域,图6-23)和西南部(Minagish 油田区域,图6-23)则以边缘海(下滨面远端)沉积物为主。

该层序主要由岩相F2(骨粒—似球粒粒状灰岩)组成,而岩相F3(骨粒—似球粒贫泥泥粒灰岩)和F4(生物扰动的骨粒—似球粒泥粒灰岩)则较少。高孔隙度的岩相F1构成的相对

较厚的聚集层[厚达18m(60ft)]在北部油田区域以夹层的形式出现。该序列的孔隙度和渗透率会随着位置的上升而增加，岩相呈向上变浅趋势，东北部油田区域的纹理也随着位置上升而逐渐变粗糙(图6-21和图6-22)。

6.3.2.5 Mauddud 层序 MAU400(MAU400_SB~MAU350_SB)

该层序在科威特北部(Raudhatain 和 Sabiriyah 油田区域)由以颗粒为主的碳酸盐组成，岩相8(生物扰动的海绿石泥粒灰岩)常常覆盖于 Mauddud 层序界面 MAU400_SB 之上(图6-22)。在科威特南部(Greater Burgan 油田区域，图6-23)，F8岩相(生物扰动的海绿石泥粒灰岩)上覆于 Mauddud 层序界面 MAU400_SB 之上。在科威特西南部(Minagish 油田区域，图6-23)，F9岩相(生物扰动的海绿石砂岩)上覆于 Mauddud 层序界面 MAU400_SB 之上。该层序在科威特南部(Greater Burgan 油田区域，图6-23)以岩相 F4(生物扰动的骨粒—似球粒泥粒灰岩)为主，在科威特西南部(Minagish 油田区域，图6-23)的顶部地层中以边缘海硅质碎屑为主，并含较薄的岩溶 F3 岩相(骨粒—似球粒—贫泥泥粒灰岩)，其在科威特西南部被部分溶蚀(Minagish 油田区域，图6-23)。

该层序主要由岩相 F2(骨粒—似球粒粒状灰岩)和岩相 F3(骨粒—似球粒贫泥泥粒灰岩)构成，其次为北部油田区域的岩相 F4(生物扰动的骨粒—似球粒泥粒灰岩)和 F7(富黏土的生物扰动骨粒粒泥灰岩)(图6-22和图6-23)。

6.3.2.6 Mauddud 层序 MAU350(MAU350_SB~MAU300_SB)

该层序主要由岩相 F2(骨粒—似球粒粒状灰岩)和岩相 F3(骨粒—似球粒贫泥泥粒灰岩)构成，其次为科威特北部(Raudhatain 和 Sabiriyah 油田区域，图6-22)的岩相 F4(生物扰动的骨粒—似球粒泥粒灰岩)和岩相 F1(厚壳蛤悬粒灰岩—砾状灰岩)夹层。该层序在 Greater Burgan 油田区域(岩相 F4：骨粒—似球粒泥粒灰岩，图6-23)被部分溶蚀，在科威特南部(Minagish 油田区域，图6-23)被全面溶蚀。

该序列的孔隙度和渗透率会随着位置的上升而增加，岩相呈向上变浅趋势，东北部油田区域的纹理也随着位置上升而逐渐变粗糙(图6-21和图6-22)。

6.3.2.7 Mauddud 层序 MAU300(MAU300_SB~MAU200_SB)

该层序主要由岩相 F2(骨粒—似球粒粒状灰岩)和岩相 F3(骨粒—似球粒贫泥泥粒灰岩)构成，其次为科威特北部(Raudhatain 和 Sabiriyah 油田区域，图6-22)的岩相 F4(生物扰动的骨粒—似球粒泥粒灰岩)和岩相 F1(厚壳蛤悬粒灰岩—砾状灰岩)。该层序在科威特南部(Greater Burgan 油田区域，图6-23)和西南部(Minagish 油田区域，图6-23)被溶蚀。

6.3.2.8 Mauddud 层序 MAU200(MAU200_SB~MAU100_SB)

该层序主要由岩相 F5(结核状含粟孔虫泥粒灰岩—粒泥灰岩)和岩相 F3(骨粒—似球粒贫泥泥粒灰岩)构成，其次为科威特北部(Raudhatain 和 Sabiriyah 油田区域，图6-22)的岩相 F4(生物扰动的骨粒—似球粒泥粒灰岩)和岩相 F1(厚壳蛤悬粒灰岩—砾状灰岩)。该层序在科威特南部(Greater Burgan 油田区域，图6-23)和西南部(Minagish 油田区域，图6-23)被溶蚀。

6.3.2.9 Mauddud 层段 MAU100_SB~MAU100_TS

该层段主要由岩相 F11(灰页岩和泥岩)和岩相 F7(富黏土的生物扰动骨粒粒泥灰岩)构成。

该层段在三级相对海平面上升至 Mauddud 层序界面 MAU100_SB 以上时沉积形成(图

6-22和图6-23），科威特南部（Greater Burgan 油田区域，图6-23）和西南部（Minagish 油田区域，图6-23）不含该层段。

6.3.3 复合层序

Mauddud 复合层序的 TSS 起于 Mauddud 海侵表面 B100_TS，顶部以 Mauddud 高频层序 MAU400 的最大海泛面 MAU400_MFS 为界。上覆的 HSS 在顶部以 Mauddud 层序界面 MAU100_SB 为界。Mauddud 组的顶部存在明显的海侵面 MAU100_TS（图6-22 和图6-23），其在科威特南部和西南部与 Mauddud 层序界面 MAU100_SB 相融合（图6-23）。

Mauddud TSS 中，岩性呈侧向变化，从科威特北部（Raudhatain 和 Sabiriyah 油田区域，图6-22）的石灰岩过渡至科威特南部（Greater Burgan 油田区域，图6-23）和西南部（Minagish 油田区域）的硅质碎屑岩。

Mauddud HSS 整体向上变浅或含进积标识。HSS 在科威特南部（Greater Burgan 油田区域，图6-23）和西南部（Minagish 油田区域，图6-23）溶蚀至层序界面 MAU350_SB 及更低位置。

Mauddud 组的层序—地层解释与之前使用的岩石层位关系有所不同。岩石层位关系将界面定义在最深层石灰岩岩床底部的 Mauddud 组和下伏的 Burgan 组之间。而 Mauddud 组和下伏 Burgan 组之间的层序—地层界面位于 Mauddud 组碎屑段中约 30m（100ft）深位置。Mauddud 碳酸盐段和 Mauddud 碎屑段之间的岩石层位界面高度跨代（图6-23）。两个 Mauddud 段之间的厚度关系可互换。在 Mauddud 碎屑段较厚时，Mauddud 碳酸盐段非常薄。往北（Raudhatain 和 Sabiriyah 油田区域），Mauddud 碎屑段变得极薄甚至消失，而 Mauddud 碳酸盐段则朝科威特南部（Greater Burgan 油田区域，图6-23）和西南部（Minagish 油田区域，图6-23）方向渐渐变薄。

Burgan 组上部和 Mauddud 组之间的层序—地层关系可由生物地层和孢粉相数据加以证实（图6-23）。

6.3.4 储层质量分布

总的来说，Mauddud 组岩相的孔隙度适中，整体渗透率较低。F2、F3、F4、F5 和 F6 岩相的孔隙度—渗透率分布基本相同。仅 F1 岩相（厚壳蛤悬粒灰岩—砾状灰岩）和 F10 岩相（生物扰动的富泥砂岩）表现出较高的孔隙度和渗透率。高储层质量的层段得益于破裂和断层（高渗透率）、微岩溶（图6-18C）、厚壳蛤类悬粒灰岩—砾状灰岩（岩相 F1：Mauddud 高频层序 MAU450，图6-17A）或生物扰动的富泥砂岩（岩相 F10：Mauddud 高频层序 MAU500，图6-20B）。

6.4 结论

层序地层和生物地层分析表明，传统岩石层位 Burgan—Mauddud 接触面实际为时间—海侵界面。Burgan 组顶层和上覆的 Mauddud 组构成三级复合层序，该复合层序越往南（Greater Burgan 油田区域）和西南方向（Minagish 油田区域，图6-23），硅质碎屑化程度越高，而往科威特北方和东北方(Raudhatain 和 Sabiriyah 油田附近,图 6-22 和图 6-23)行进,则更多表现为碳酸盐岩。低层的三级复合层序则包括了下伏的 Burgan 组的剩余部分(图 6-12)。其由科威特北部的边缘海沉积物和西南部的非海洋沉积物组成(图 6-12)。

在 Burgan 组中,已发现 19 个高频沉积层序,其堆叠在一起,构成一个三级复合层序和另一个较年轻的三级复合层序的 LSS(图 6-3 和图 6-12)。低位体系域主要由科威特南部和西部的河流下切谷填充沉积物组成,随着该体系域下倾朝东北方延伸,它逐渐变薄,侧向连续性减弱,并更多受到潮控影响(图 6-13)。TST 表现出系统性的逆倾和下倾趋势,从多泥冲积地层过渡至海岸平原地层,从边缘海泥岩和砂岩过渡至海洋碳酸盐岩。HST 主要由逆倾冲积泥岩、海岸平原泥岩、砂岩、边缘海砂岩和下倾泥岩组成(图 6-14)。

Burgan 组的岩相分析中确定了 22 个岩相,并根据岩相独特的物理标准对这些岩相进行了描述,例如粒径、组成、分选状况、等级和物理及生物源沉积结构。岩相分析中描述了六种截然不同的相,它们构成两相间关系的基石(图 6-4)。

Burgan 组的主要储层是下切谷填充相组合的河流和潮汐沉积物(图 6-4)。可能存在的小储层是 TST 和 HST 的海岸线砂岩(图 6-4)。此外,TSS 中的边缘海海岸线可能在当前构造翼部外含有油气。构造和地层圈闭情况取决于每个层序中起逆倾横向密封作用的海岸—平原多泥沉积物以及上覆层序中起顶部密封层作用(极高风险)的海洋页岩。

Mauddud 组的层序地层划分为八大高频沉积层序(图 6-3、图 6-22 和图 6-23)。整个科威特中已发现的高频 SB、TS、MFS 和 FS 在各区域内彼此相连。Mauddud 海浸层序组表现出岩相的横向变化,即从科威特北部(Raudhatain 和 Sabiriyah 油田区域,图 6-22)的石灰岩过渡至南部(Greater Burgan 油田区域)和西南部(Minagish 油田区域,图 6-15 和图 6-23)的硅质碎屑,与以往公认的 Burgan 组相互贯穿(图 6-3 和图 6-23)。Mauddud 高位层序组含较多的碳酸盐岩,在科威特南部和西南部被大量溶蚀,因而该层序组朝南方和西南方显著变薄(图 6-16 和图 6-23)。

Mauddud 组中已探明共有八种碳酸盐岩相和三种硅质碎屑岩相。碳酸盐岩相沉积于内坡至下坡的正常或略微受限的海洋环境中。硅质碎屑岩沉积于多种环境中,包括深层潟湖、近岸海域、离岸海域(Mauddud 碳酸盐段)、海岸平原、河流和潮汐(Mauddud 碎屑段)环境。

总的来说,大多数 Mauddud 岩相的孔隙度居中,渗透率较低,微孔是主要的孔隙类型。部分层段因破裂、断层、微岩溶(图 6-18C)、厚壳蛤悬粒灰岩—砾状灰岩(图 6-17A)和富泥夹层砂岩的分布(图 6-18A)而具备较高的储层质量。新 Mauddud—Burgan 年代地层边界内,隔离并互不相同的下切谷体系可在 Mauddud 碎屑段中进行分析。这些 IVF 的储层特征与下伏的 Burgan 组相似。

提出的层序—地层格架和以层序—地层为主的岩相架构有助于预测储层和密封岩相分布。并在油田及区域范围内,更准确地预知储层质量和储层连续性的垂直和水平分布。

参 考 文 献

Adasani, M., 1965, The Greater Burgan field: Fifth Arab Petroleum Congress, Cairo, p. 7-27.

Adasani, M., 1967, The northern Kuwait oil fields: Sixth Arab Petroleum Congress, Baghdad, p. 1-39.

Al-Anzi, M., 1995, Stratigraphy and structure of the Bahra field Kuwait, in M. I. Al-Husseini, ed., The Middle East petroleum geosciences (Geo94): Selected Middle East papers from the Middle East Geoscience Conference: Bahrain, Gulf PetroLink, v. 1, p. 53-64.

Al-Eidan, A. J., W. B. Wethington, and R. B. Davies, 2001, Upper Burgan reservoir distribution, northern Kuwait: Impact on reservoir development: GeoArabia, v. 6, no. 2, p. 179-208.

Al-Rawi, M. M., 1981, Geological interpretation of the oil entrapment in the Zubair Formation, Raudhatain field: Society of Petroleum Engineers, Middle East Oil Technical Conference, Bahrain, SPE Paper 9591, p. 149-159. Alsharhan, A. S., and A. E. M. Nairn, 1993, Carbonate platform models of Arabian Cretaceous reservoirs, in J. A. T. Simo, R. W. Scott, and J.-P. Masse, eds., Cretaceous carbonate platforms: AAPG Memoir 56, p. 173-184. Alsharhan, A. S., and A. E. M. Nairn, 1997, Sedimentary basins and petroleum geology of the Middle East: Amsterdam, Elsevier, 843 p.

Bou-Rabee, F., 1996, Geologic and tectonic history of Kuwait as inferred from seismic data: Journal of Petroleum Science and Engineering, v. 16, p. 151-167. Brennan, P., 1990a, Raudhatain field, Kuwait, Arabian basin, in E. A. Beaumont and N. H. Foster, eds., AAPG Treatise of Petroleum Geology, Atlas of Oil and Gas Fields: Structural Traps 1, p. 187-210.

Brennan, P., 1990b, Greater Burgan field, Kuwait, Arabian basin, in E. A. Beaumont and N. H. Foster, eds., AAPG Treatise of Petroleum Geology, Atlas of Oil and Gas Fields: Structural Traps 1, p. 103-128.

Carman, G. J., 1996, Structural elements of onshore Kuwait: GeoArabia, v. 1, no. 2, p. 239-266.

Christian, L., 1997, Cretaceous subsurface geology of the Middle East region: GeoArabia, v. 2, no. 3, p. 239-256. Demko, T. M., P. E. Patterson, H. R. Feldman, C. J. Stroh-menger, J. C. Mitchell, P. J. Lehmann, G. Alsahlan, H. Al-Enezi, and M. Al-Anezi, 2003, Sequence stratigraphy and reservoir architecture of the Burgan and Mauddud formations (Lower Cretaceous), Kuwait (abs.): AAPG Annual Meeting Program, v. 5, p. A39.

Fox, A. F., 1961, The development of the southeastern Kuwait oil fields: Institute of Petroleum Review, v. 15, no. 180, p. 373-379.

Haq, B. U., 1991, Sequence stratigraphy, sea-level change, and significance for the deep sea, in D. I. M. Macdonald, ed., Sedimentation, tectonics and eustasy: Sea-level changes at active margins: International Association of Sedimentologists Special Publication 12, p. 3-39.

Haq, B. U., J. Hardenbol, and P. R. Vail, 1987, Chronology of fluctuating sea levels since the Triassic: Science, v. 235, p. 1156-1167.

Haq, B. U., J. Hardenbol, and P. R. Vail, 1988, Mesozoic and Cenozoic chronostratigraphy and cycles of sea-level change, in C. K. Wilgus, B. S. Hastings, C. G. St. C. Kendall, H. W. Posamentier, C. A. Ross, and J. C. Van Wagoner, eds., Sea-level changes: An integrated approach: SEPM Special Publication 42, p. 71-108.

Kaufman, R. L., H. Dashti, C. S. Kabir, J. M. Pederson, M. S. Moon, R. Quttainah, and

H. Al-Wael, 1997, Characterizing the Greater Burgan field: Use of geochemistry and oil fingerprinting: Society of Petroleum Engineers 10th SPE Middle East Oil Show and Conference, Bahrain, SPE Paper 37803, p. 385–394.

Milton, D. I., and C. C. S. Davies, 1965, Exploration and development of the Raudhatain field: Journal of the Institute of Petroleum, v. 51, no. 493, p. 17–28.

Mitchum Jr., R. M., 1977, Seismic stratigraphy and global changes in sea level: Part 11—Glossary of terms used in seismic stratigraphy, in C. E. Payton, ed., Seismic stratigraphy—Applications to hydrocarbon exploration: AAPG Memoir 26, p. 205–212.

Mitchum Jr., R. M., and J. C. Van Wagoner, 1991, High-frequency sequences and their stacking patterns: Sequence-stratigraphic evidence of high-frequency eustatic cycles, in K. T. Biddle and W. Schlager, eds., The record of sea-level fluctuations: Sedimentary Geology, v. 70, p. 131–160.

Mitchum Jr., R. M., P. R. Vail, and S. Thompson III, 1977, Seismic stratigraphy and global changes of sea level: Part 2—The depositional sequence as a basic unit for stratigraphic analysis, in C. E. Payton, ed., Seismic stratigraphy—Applications to hydrocarbon exploration: AAPG Memoir 26, p. 53–62.

Pemberton, G. S., J. A. MacEachern, and R. W. Frey, 1992a, Trace fossil models; environmental and allostrati-graphic significance, in R. G. Walker and J. P. Noel, eds., Facies models; response to sea level change: Geological Association of Canada, p. 47–72.

Pemberton, G. S., J. C. Van Wagoner, and G. D. Wach, 1992b, Ichnofacies of a wave-dominated shoreline: SEPM Core Workshop 17, p. 339–382.

Sarg, J. F., 1988, Carbonate sequence stratigraphy, in C. K. Wilgus, B. S. Hastings, C. G. St. C. Kendall, H. W. Posamentier, C. A. Ross, and J. C. Van Wagoner, eds., Sea-level changes: An integrated approach: SEPM Special Publication 42, p. 155–181.

Sarg, J. F., J. R. Markello, and L. J. Weber, 1999, The second-order cycle, carbonate-platform growth, and reservoir, source, and trap prediction, in P. M. Harris, A. H. Saller, and J. A. T. Simo, eds., Advances in carbonate sequence stratigraphy: Application to reservoirs, outcrops and models: SEPM Special Publication 63, p. 11–34.

Strohmenger, C. J., T. M. Demko, J. C. Mitchell, P. J. Lehmann, H. R. Feldman, A. Douban, A. J. Al-Eidan, G. Alsahlan, and H. Al-Enezi, 2002, Regional sequence stratigraphic framework for the Burgan and Mauddud formations (Lower Cretaceous, Kuwait): Implications for reservoir distribution and quality (abs.): GeoArabia, v. 7, no. 2, p. 304.

Vail, P. R., 1987, Seismic stratigraphy interpretation using sequence stratigraphy: Part 1—Seismic stratigraphy interpretation procedure, in A. W. Bally, ed., Atlas of seismic stratigraphy, v. 1: AAPG Studies in Geology 27, p. 1–10.

Vail, P. R., R. M. Mitchum Jr., R. G. Todd, J. M. Widmier, S. Thompson III, J. B. Sangree, J. N. Bubb, and W. G. Hatlelid, 1977, Seismic stratigraphy and global changes of sea level: Part 1—Overview, in C. E. Payton, ed., Seismic stratigraphy—Applications to hydrocarbon exploration: AAPG Memoir 26, p. 49–212.

Vail, P. R., F. Audemard, S. A. Bowman, P. N. Eisner, and C. Perez-Cruz, 1991, The stratigraphic signatures of tectonics, eustasy and sedimentology—An overview, in G. Einsele, W. Ricken, and A. Seilacher, eds., Cycles and events in stratigraphy: Berlin, Springer, p. 617-659.

Van Wagoner, J. C., R. M. Mitchum Jr., H. W. Posamentier, and P. R. Vail, 1987, Seismic stratigraphy interpretation using sequence stratigraphy: Part 2—Key definitions of sequence stratigraphy, in A. W. Bally, ed., Atlas of seismic stratigraphy, v. 1: AAPG Studies in Geology 27, p. 11-14.

Van Wagoner, J. C., H. W. Posamentier, R. M. Mitchum Jr., P. R. Vail, J. F. Sarg, T. S. Loutit, andJ. Hardenbol, 1988, An overview of the fundamentals of sequence stratigraphy and key definitions, in C. K. Wilgus, B. S. Hastings, C. G. St. C. Kendall, H. W. Posamentier, C. A. Ross, and J. C. Van Wagoner, eds., Sea-level changes: An integrated approach: SEPM Special Publication 42, p. 39-46.

Van Wagoner, J. C., R. M. Mitchum, K. M. Campion, and V. D. Rahmanian, 1990, Siliciclastic sequence stratigraphy in well logs, cores, and outcrop: AAPG Methods in Exploration Series 7, 55 p.

Walker, R. G., and A. G. Plint, 1992, Wave - and storm - dominated shallow marine systems, in R. G. Walker and N. P. James, eds., Facies models—Response to sea-level change: Geological Association of Canada, p. 219-238.

7

沙特阿拉伯与科威特中立区 Wafra 油田马斯特里赫特阶(上白垩统)储层层序地层：储层建模与评价的关键

Dennis W. Dull　　Raymond A. Garber　　W. Scott Meddaugh

(Chevron Energy Technology Company, Houston, Texas, U.S.A.)

摘要： 马斯特里赫特阶(上白垩统)储层是 Wafra 巨型油田中五个多产储层之一。于 1959 年发现并投入(注水)开发，因为油藏原油密度变化较大，含硫量高，导致注水开发矛盾突出，含水率较高，开发效果比 Wafra 油田其他储层差。马斯特里赫特阶储层目前采出程度不到1%，尚处于早期开发阶段。

马斯特里赫特阶储层的石油大多产自平均深度 760m(2500ft) 的潮下带白云岩。碳酸盐岩沉积主要出现在平缓的干旱浅部局限斜坡上，该斜坡是正常海域环境与局限潟湖环境之间的过渡。储层平均孔隙度约为 15%，但生产层的孔隙度为 30%~45%。储层平均渗透率约为 30mD，个别岩心渗透率达 1200mD。本研究旨在：(1)确定储量；(2)了解石油储量较高的优质储层段的平面分布；(3)建立储层模型以进行流体流动性模拟。

储层建模的关键在于用该储层中 5 口取心井的高质量描述来建立较为详细的层序地层格架。

马斯特里赫特阶储层的地质模型论证了储层的分层和分隔化性质，表明马斯特里赫特阶储层相的位置受原始沉积组构和后续白云石化作用的控制，二者均受古地形影响。此类认知对于高效开发 Wafra 油田马斯特里赫特阶储层 $15×10^8$bbl 原油来说至关重要。

7.1　引言

Wafra 油田位于科威特与沙特阿拉伯之间的中立区(PNZ)。图 7-1 显示了中立区主要油田的位置。图 7-2 为中立区的综合地层柱状图，显示了 Wafra 油田的 5 个生产层。1959 年 3

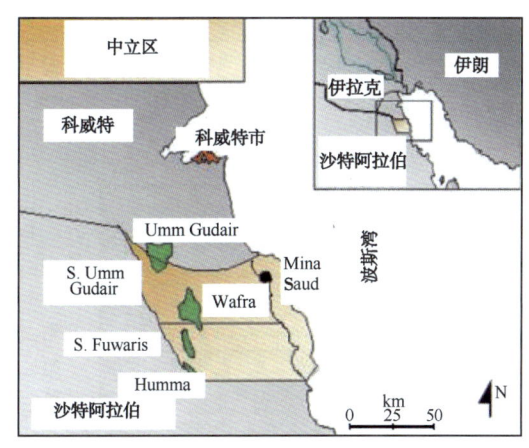

图 7-1 中立区(PNZ)马斯特里赫特阶储层的位置

S=南。此外还显示了中立区的其他生产油田，如 S. Umm Gudair、S. Fuwaris、Humma 油田等

月在中立区 South Fuwaris 油田(位于 Wafra 油田西部和南部)上白垩统马斯特里赫特阶储层发现了石油。Wafra 油田马斯特里赫特阶储层的开发始于 1959 年 11 月，该油田已生产了约 200×10^4 bbl 石油，主要是从 2 口油井中生产。图 7-3 为马斯特里赫特阶储层构造图，显示了马斯特里赫特阶产油井的构造位置，其中 5 口井及其岩心数据用于层序地层解释，其他 123 口井用于储层地质统计建模。

本章内容旨在：

① 论证岩心在确定层序地层格架和沉积环境中的重要性；
② 论证用于确定层序地层格架的方法；
③ 论证岩心与测井数据的整合，这不仅用于储层建模，还用于高频层序(HFS)的对比；
④ 论证数据整合在三维(3D)地球模型中的影响，以深入了解不同的油水界面和储层的分隔作用；
⑤ 论证层序地层和 3D 建模在确定 Wafra 油田马斯特里赫特阶储层潜力中的重要性。

7.2 区域地层学

Wafra 油田马斯特里赫特阶由上白垩统 Tayarat 组构成，该组位于 Aruma 群最上部，沉积于稳定台地上(图 7-4)。阿拉伯地盾的马斯特里赫特阶碳酸盐岩地质背景包括：(1)阿拉伯—努比亚地盾，位于沙特阿拉伯，覆盖宽度达数百千米；(2)碎屑沉积区，沿地盾东部边缘，包含大陆和浅海硅质碎屑，碎屑来自地盾；(3)碳酸盐岩陆架，向碎屑带临海方向延伸，是浅陆架碳酸盐岩沉积之处(Harris 等，1984)。该陆架含有陆棚内盆地，盆地充满页岩和深水石灰岩。

上白垩统层序沉积于轻微的构造活动期间，局部厚度和相存在变化。大多数构造作用影响的是中立区东部区域，尤其是北部的阿曼山(Harris 等，1984)。在上白垩统(上马斯特里赫特阶)顶部部分区域观察到了不整合面，印模孔隙通常发育在与上覆古近系接触的位置。在部分位置，以大型坍塌角砾岩为主的上马斯特里赫特阶由蒸发岩溶液形成(Harris 等，1984)。岩石层位对比图见图 7-5。

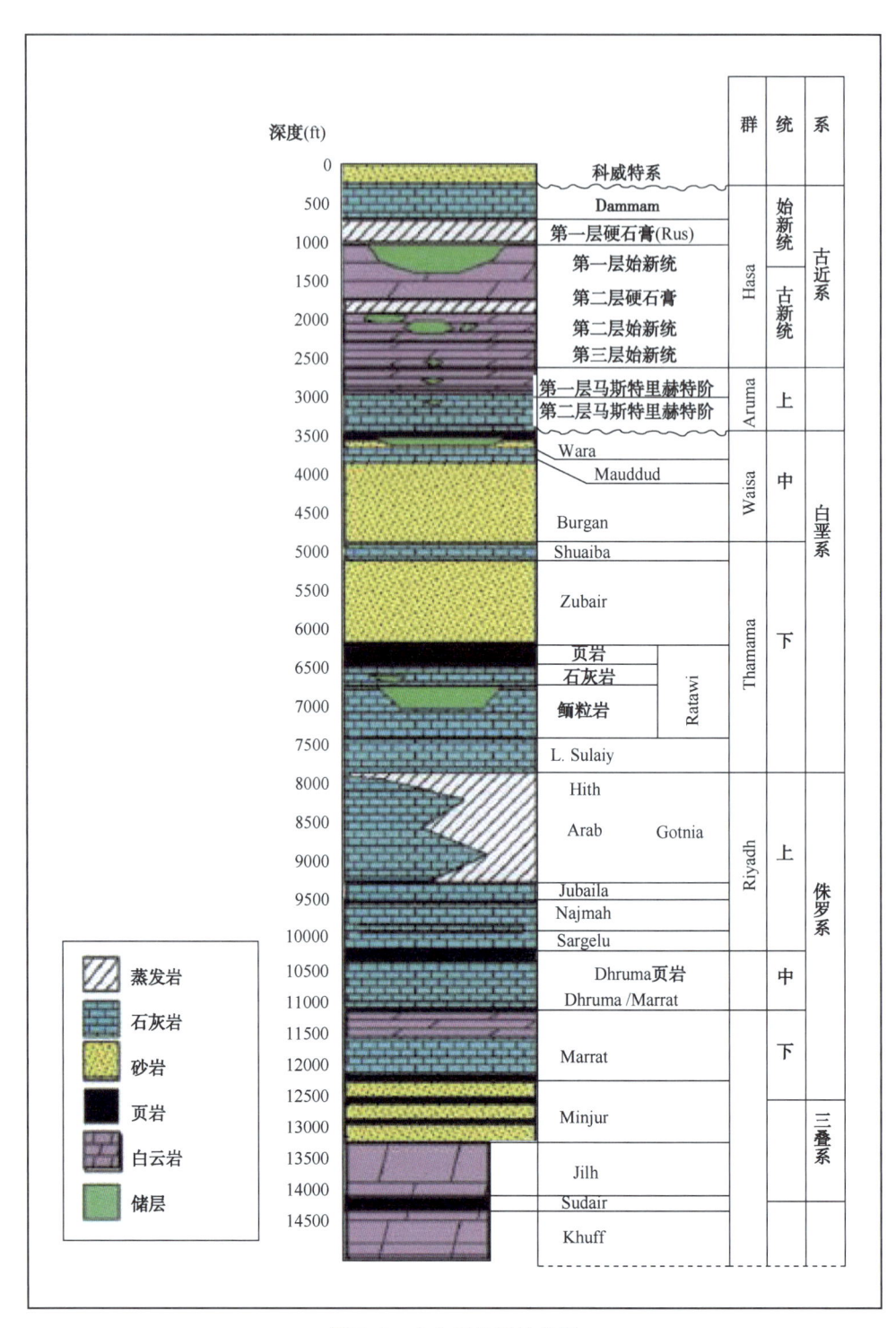

图 7-2 中立区地层柱状图

显示了 Wafra 油田的 5 个生产储层

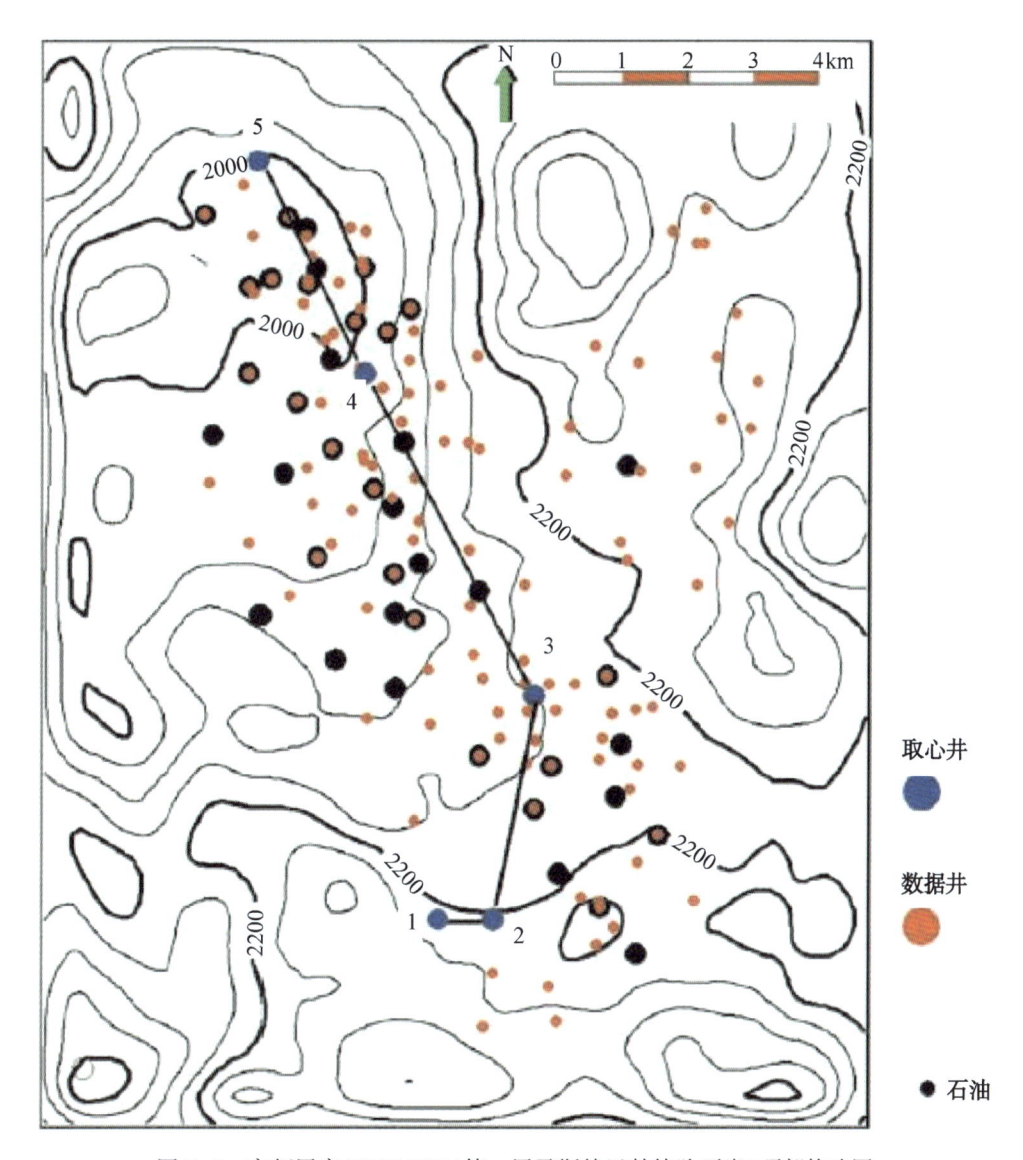

7 沙特阿拉伯与科威特中立区 Wafra 油田马斯特里赫特阶(上白垩统)储层层序地层：储层建模与评价的关键

图 7-3 高频层序(HFS)M00(第一层马斯特里赫特阶页岩)顶部构造图

根据 3D 地震数据绘制。等高线间距 15m(50ft)。该图显示了平均深度 822m(2700ft)的 35 口井的生产情况。该图显示了建模用井的位置，以及马斯特里赫特阶生产井和取心井的位置

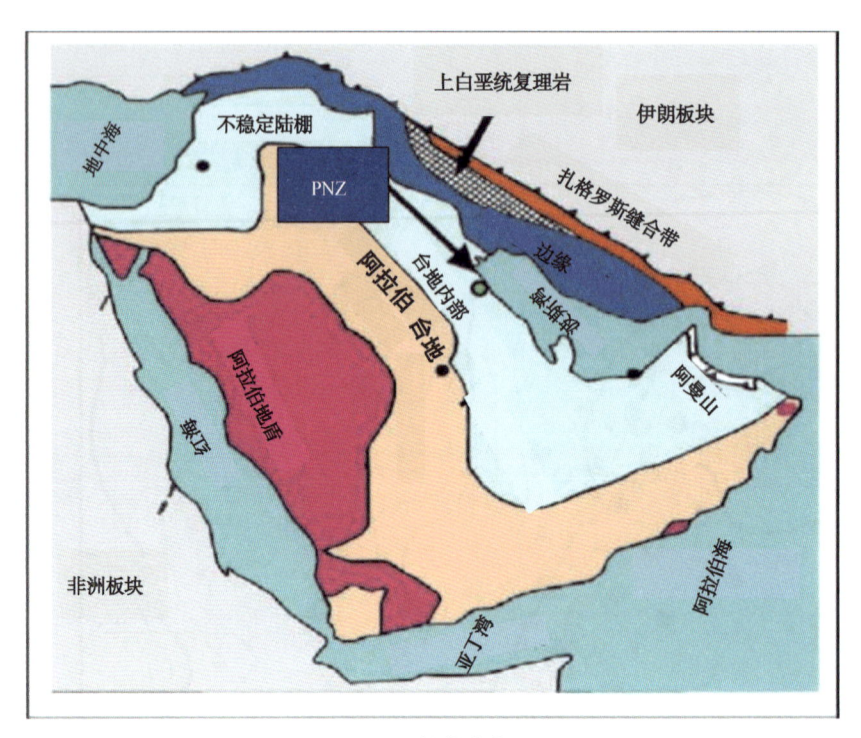

图 7-4 阿拉伯半岛地图
显示了中立区(PNZ)主要构造特征

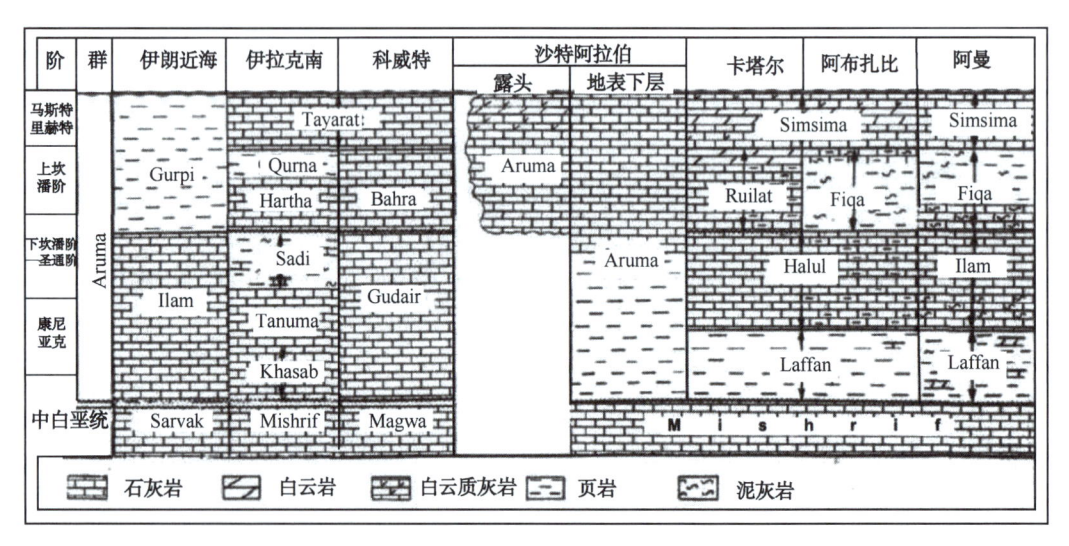

图 7-5 阿拉伯半岛上白垩统岩性地层对比(Alsharhan 和 Nairn，1990)

在露头处，将 Aruma 划归为组，并从底部到顶部分为 3 段，即 Khanasir 石灰岩段、Hajajah 石灰岩段和 Lina 页岩段(El-Nakhal 和 El-Naggar，1994；Philip 等，2002)。根据生物地层学分析结果，较低的两段属于马斯特里赫特阶，而最上部的一段则属于古新统。在地面下，将 Aruma 划归为群，属于科威特系，并分为三组(Gudair 组、Bahrah 组和 Tayarat 组)(El-Nakhal 和 El-Naggar，1994)。Aruma 从西部露头区域开始，向波斯湾边缘地表下变厚

(El-Nakhal 和 El-Naggar，1994)(图 7-6)。在 Wafra 油田的油井中，Tayarat 组厚度约为 400m(1300ft)，而在露头位置，Tayarat 组厚度约为 160m(524ft)。Aruma 组不整合上覆于 Wasia 组砂岩，并被 Ummer Radhuma 组致密泥质灰岩和硫化铁薄页岩覆盖。

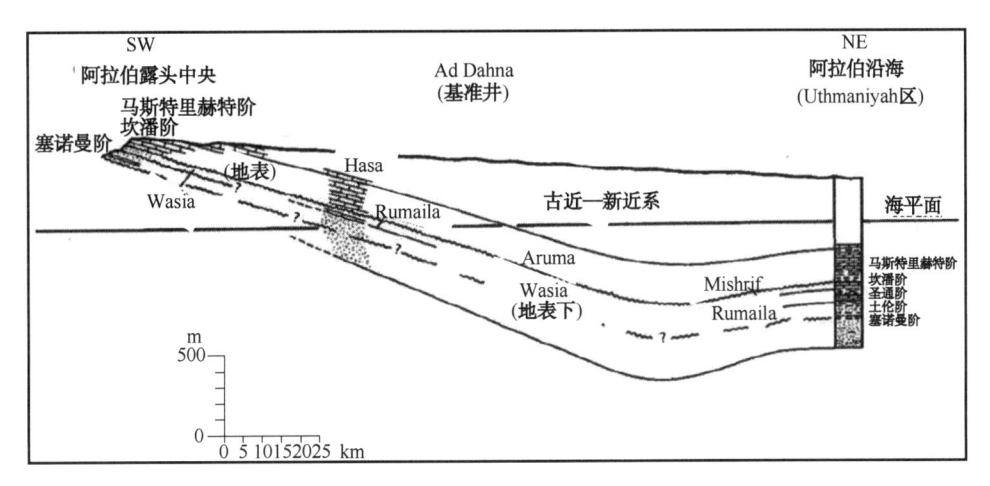

图 7-6 横断面示意图
显示了 Aruma 地表至地表下的关系(El-Nakhal 和 El-Naggar，1994)

由于 Aruma 序列从露头区向波斯湾以东的地表逐渐变厚，因此标准地点并不完整(Alsharhan 和 Nairn，1990)。此外，已经使用了不同的地层名称，且 Aruma 在不同位置的划分也不同。因此，Aruma 通常称为群，并可能包含两到六个组(Alsharhan 和 Nairn，1990)。如前文所述，中立区 Wafra 油田的马斯特里赫特阶层段是在 Tayarat 组内发现的，属于 Aruma 群的一部分。

在阿布扎比，Shah 气田从上白垩统 Aruma 群产出少量凝析油，Aruma 群由康尼亚克阶至马斯特里赫特阶岩性构成(Alsharhan 和 Kendall，1995)。Aruma 群包含 Laffan 组(康尼亚克阶)，该组主要含微钙质页岩并上覆有 Halul 组(圣通阶)，Halul 组由泥质灰岩构成。Halul 组上覆有 Fiqa 组(坎潘阶)，Fiqa 组由交替出现的钙质页岩、泥灰岩和泥质灰岩构成。Fiqa 组被马斯特里赫特阶 Simsima 组覆盖，Simsima 组含有含化石灰岩和泥质灰岩，Omani 前渊边缘为白云质灰岩(Alsharhan 和 Kendall，1995)。

与阿曼 Aruma 组类似，Simsima 组沉积于碳酸盐岩浅台地上。Simsima 组在 Shah 气田中由两个大型沉积旋回构成。下部旋回由向上变粗的粒泥灰岩—泥岩以及厚壳蛤类泥粒灰岩—粒状灰岩构成，且在潮间至潮上环境中沉积有细晶白云岩和少量硬石膏。上部旋回由向上变细的垂向层序构成，该层序含有泥粒灰岩、粒泥灰岩、页岩和极细晶白云岩，上述岩石沉积于潮下至潮间环境中。而顶部则变得更为局限。地表下层的 Simsima 组通常带有粒间孔隙、印模孔隙和溶蚀孔隙，且白云岩局部具有良好的晶间空隙(Alsharhan 和 Kendall，1995)。

在马斯特里赫特期，阿拉伯半岛位于赤道以北 12°，处于非洲板块较为稳定的大陆边缘，并向北朝亚洲板块移动(Golonka 等，1994；Morris 等，2002)。新特提斯前渊在晚白垩统时期变窄，Golonka 等(1994)认为，古地理重建展示了在现今阿拉伯半岛东北部分地区大陆陆块的发育情况，该陆块是由阿拉伯板块连续向北漂移而引起的(Sharland 等，2001；Morris 等，2002)。Sayed 和 Mersal(1998)对阿曼山北部 Jebel Rawdah(北—西北至东—东南向的挤压后褶皱)的研究显示,阿曼山出现于早马斯特里赫特期。Smith 等(1995)认为阿曼山蛇绿岩沉积于坎潘阶至马斯特里赫特阶,但在 Schreurs 和 Immenhauser(1999)的研究中显示,蛇绿岩沉积于晚马斯特里赫特期至古新世。靠近中立区东北部的大陆陆块显示,页岩可能位于马斯特里赫特阶第二层段中。Alsharhan 和 Nasir(1996)对阿曼山西部的研究显示,晚白垩统 Qalah 组不整合上超于 Simsima 组,这表明受挤压的 Semail 蛇绿岩在热带环境中被大范围风化。Skelton(1990)对 Qalah 组和 Simsima 组的研究显示,其中出现了 Semail 蛇绿岩,并且存在一个更为开阔的陆架环境。马斯特里赫特阶第二层段中不存在蒸发岩,这与在潮湿环境下沉积于缓倾斜坡的情况一致。

受到挤压的板块突现于马斯特里赫特期初期,Aruma 海在其北部侧面上造成海侵,蛇绿岩开始塌陷,在北部形成了一个较为开阔的陆架,并向南变得更为宽阔和局限(Skelton 等,1990)。新特提斯洋的不断变窄可解释海洋环流受限的原因,该环流在马斯特里赫特阶层段上部海平面降低期间引起潟湖沉积。总体来讲,陆上暴露、薄层、白云石化和硬石膏的大量存在表明,第一个马斯特里赫特期的沉积活动出现在干旱的、极缓倾的浅部局限斜坡上,该斜坡是正常海域环境与局限潟湖环境之间的过渡。

7.3 储层表征

马斯特里赫特阶储层主要由白云岩和石灰岩构成,并带有富有机质薄页岩层。个别页岩层范围为小于 2cm~1m(0.78 in~3.3ft)及以上。第二层马斯特里赫特阶页岩将马斯特里赫特阶分为上下两部分,且沉积特征有明显区别。图 7-7 中的标准测井显示了第一层和第二层马斯特里赫特阶层段的垂直范围。马斯特里赫特阶上部又称为第一层马斯特里赫特阶储层。下部则通常称为第二层马斯特里赫特阶储层。本章将采用上部和下部马斯特里赫特阶来代替第一层和第二层马斯特里赫特阶,因为第二层马斯特里赫特阶页岩的延伸并未跨越整个建模区域。

下部马斯特里赫特阶基本上由白云岩构成,局部为石灰岩和页岩,而上部马斯特里赫特阶则基本上由石灰岩构成,局部有丰富的白云岩和页岩。上部马斯特里赫特阶中的页岩富含有机质,其有机质总含量接近岩石体积的 50%,且大多数为非海相有机质。下部马斯特里赫特阶页岩的有机质含量极少,不到岩石体积的 1%,且多数为海相有机质,这种解释来源于孢粉学(表 7-1)。硬石膏以结核(图 7-8)、空隙和裂隙充填(图 7-9 和图 7-10)的形式出现在整个储层层段中,此外偶尔还以伴生结核厚层段出现(图 7-11)。

表 7-1 根据马斯特里赫特阶页岩孢粉学研究解释的沉积环境

井	深度(ft)	解释	高频层序
5	2567	海相	M00
5	2619	无孢粉	M00
4	2743	可能为海相	M10
3	2784	沼泽和海湾	M20

7 沙特阿拉伯与科威特中立区 Wafra 油田马斯特里赫特阶(上白垩统)储层层序地层：储层建模与评价的关键

续表

井	深度(ft)	解释	高频层序
5	2780	无孢粉	M20
4	2796	海相	M20
3	2854	局限潟湖和淡水	M30
4	2851	可能为海相	M40
3	2932	远端潟湖、海洋影响	M50
5	2851	海相	M50
4	2885	很可能为海相	M50

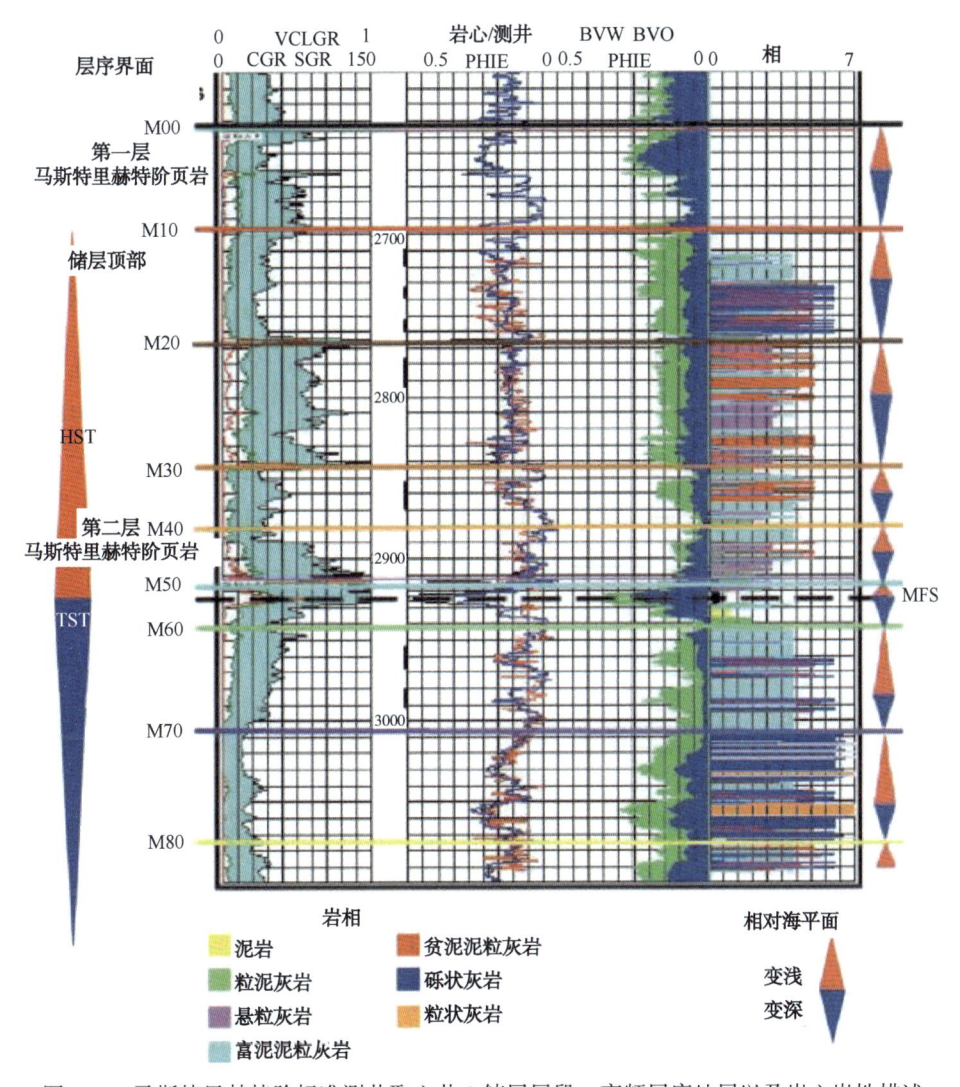

图 7-7 马斯特里赫特阶标准测井取心井 3 储层层段、高频层序地层以及岩心岩性描述

测井曲线包括：曲线 1(CGR＝校正后的伽马射线，SGR＝伽马能谱，VCLGR＝伽马射线测得的黏土体积)；曲线 2(岩心孔隙度，PHIE＝有效孔隙度)；曲线 3(PHIE，BVO＝石油总体积，BVW＝含水总体积；曲线 4(相)。深度单位为 ft

图 7-8　取心井 3 的岩心切片照片，取心深度 885~890m（2905~2920ft）

图 7-9　取心井 3 的岩心切片照片，取心深度 879~885m（2887~2905ft）

图 7-10　取心井 3 的岩心切片照片，取心深度 895~900m（2938~2956ft）

图 7-11　取心井 3 的岩心切片照片，取心深度 874~879m（2869~2887ft）

上部马斯特里赫特阶储层的石油产自白云石化的、以泥质为主的似球粒泥粒灰岩、以颗粒为主的骨屑—似球粒泥粒灰岩，以及厚壳蛤类砾状灰岩。下部马斯特里赫特阶储层的石油产自白云石化的似球粒粒状灰岩和泥粒灰岩。

根据本研究中对储层的建模，油田的原始地质储量（OOIP）预计约 $15×10^8$ bbl，但实际产量不到地质储量的 1%。此外，产量变化较大，日产油桶数（BOPD）从数百桶到 3000bbl 以上不等。部分油井产量惊人，其中一口油井的产量超过 $500×10^4$ bbl，且产水迅速。尽管马斯特里赫特阶储层的石油储量相当丰富，但本研究认为其开采仍存在多项挑战，包括：（1）存在多重隔层和夹层，使得储层平面和垂直方向分隔化；（2）不同位置的油黏度存在变化（13°~

21°API）；（3）油水界面不明确；（4）储层最上部层段存在含水带；（5）可能的裂缝和断层分布可解释为什么多年来部分油井产水迅速，而其他油井产水率却极低。

先前就 Wafra 油田马斯特里赫特阶储层所发布的报告十分有限。Nelson（1968）及 Alsharhan 和 Nairn（1997）仅简短提及了上述内容。Danielli（1998）提到了关于 Wafra 油田浅部储层的一些信息，其中包括马斯特里赫特阶储层。

7.4 马斯特里赫特阶层序地层格架

马斯特里赫特阶储层代表了向上变浅的较低级层序，顶部止于区域性相关的陆上暴露面，并相当于 Sharland 等（2001）中所述的构造地层大层序（TMS）AP9 顶部。Abdel-Kireem 等（1994）对伊拉克东北部古新统地层底部和上马斯特里赫特阶地层顶部的不整合面做了描述。TMS AP9 标志着白垩系蛇绿岩的仰冲止于阿拉伯板块北部，形成了宽阔的海退面（Beydoun，1991，1993）。该暴露面上覆有一层海侵面，该海侵面是古新统 Ummer Radhuma 组的基底。

5 个取心井的地层横断面展示了陆上暴露面以硬底和岩溶形式存在的证据，沉积环境根据孢粉学进行了解释，所解释的高频层序用于确定马斯特里赫特阶层序地层格架（图 7-12）。马斯特里赫特阶层序是整体海退层序，由海侵体系域（TST）和高位体系域（HST）构成。图 7-8~图 7-11 以及图 7-13~图 7-31 为取心井高频层序 M10~M80 层段的岩心切片照片。取心井位置和横断面位置见油田地图（图 7-3）。

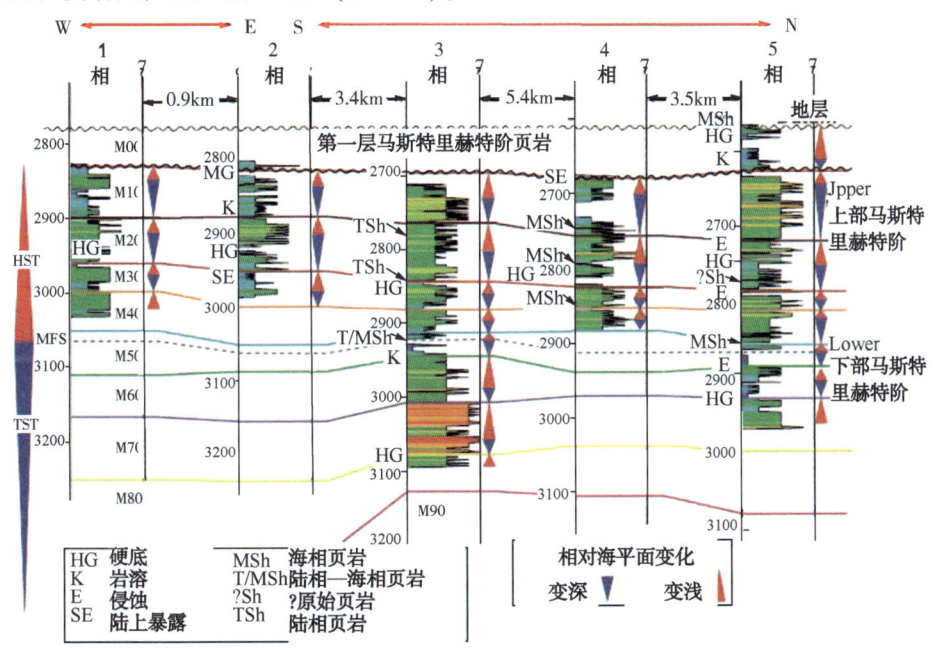

图 7-12 5 口取心井的地层横断面

表明确实存在陆上暴露面，沉积环境根据孢粉学进行了解释，所解释的高频层序用于确定马斯特里赫特阶层序地层格架。马斯特里赫特阶为整体海退层序，由海侵体系域和高位体系域构成。深度单位为 ft

图 7-13 取心井 3 的岩心切片照片，取心深度 829～835m（2722～2740ft）

图 7-14 取心井 3 的岩心切片照片，取心深度 835～839m（2740～2753ft）

图 7-15 取心井 3 的岩心切片照片，取心深度 839～844m（2753～2771ft）

图 7-16 取心井 3 的岩心切片照片，取心深度 844～848m（2771～2784ft）

图 7-17 取心井 3 的岩心切片照片，取心深度 848～854m（2784～2802ft）

图 7-18 取心井 3 的岩心切片照片，取心深度 854～858m（2802～2815ft）

图 7-19　取心井 3 的岩心切片照片，取心深度 858~863m（2815~2833ft）

图 7-20　取心井 3 的岩心切片照片，取心深度 863~868m（2833~2851ft）

图 7-21　取心井 3 的岩心切片照片，取心深度 868~874m（2851~2869ft）

图 7-22　取心井 3 的岩心切片照片，取心深度 890~895m（2920~2938ft）

图 7-23　取心井 3 的岩心切片照片，取心深度 900~906m（2956~2974ft）

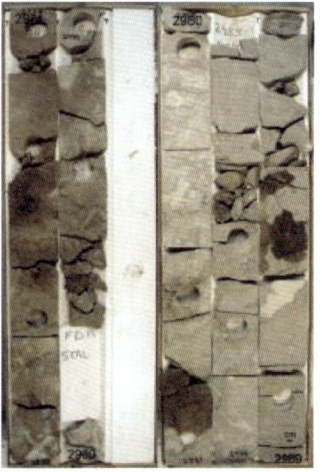

图 7-24　取心井 3 的岩心切片照片，取心深度 906~911m（2974~2989ft）

图 7-25　取心井 3 的岩心切片照片，取心深度
911~916m（2989~3007ft）

图 7-26　取心井 3 的岩心切片照片，取心深度
916~922m（3007~3025ft）

图 7-27　取心井 3 的岩心切片照片，取心深度
922~926m（3025~3040ft）

图 7-28　取心井 3 的岩心切片照片，取心深度
926~932m（3040~3058ft）

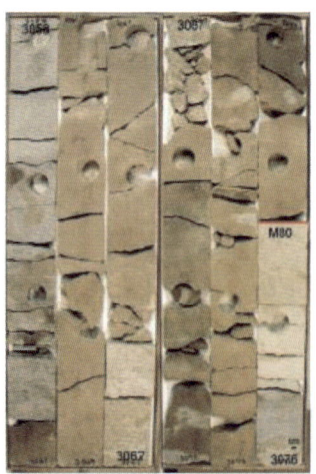

图 7-29　取心井 3 的岩心切片照片，取心深度
932~937m（3058~3076ft）

图 7-30　取心井 3 的岩心切片照片，取心深度
937~943m（3076~3094ft）

7 沙特阿拉伯与科威特中立区 Wafra 油田马斯特里赫特阶（上白垩统）储层层序地层：储层建模与评价的关键

建立相对详细的地层层序格架有助于储层建模和了解地层关系，相关层序很大程度上影响着相的空间分布和储层的岩石物理性质（Kerans 和 Tinker，1997；Deutsch，2002）。马斯特里赫特阶的基本格架为高频层序。如 Kerans 和 Tinker（1997）所述，高频层序根据基准面下降至升高的转折点进行界定，高频层序由相关的层序和层序组构成。旋回是指相关岩相中最小的组，代表单个基准面的上升和下降。这相当于 Van Wagoner 等（1988，1990）所述的准层序。旋回组是指具有相同加积或进积趋势的一组旋回（Kerans 和 Tinker，1997）。

高频层序被选作基本构造块，用于在马斯特里赫特阶中进行对比，因为高频层序的对比性可靠度很高。马斯特里赫特阶中个别层序的对比由于井间距离较大、暴露面较多以及薄层的可容空间较小而受阻，因此无法确定因海平面变化或地形变化而引起的相变。马斯特里赫特阶层序地层建模基于 5 口井 413m（1356ft）深处的岩心数据和 123 口井的标准测井数据。岩心描述和 5 个马斯特里赫特阶岩心的对比为整体海退层序 9 个高频层序的解释做了说明。图 7 为马斯特里赫特阶标准测井，展示了从岩心描述中得出的 9 个高频层序和岩相。由于只对 5 口井进行了取心，因此必须利用其他井的标准测井数据来为整个马斯特里赫特阶储层的地层格架进行 3D 建模。如下所述，根据岩石物理数据生成了合成岩相曲线，以便进行油田地层解释和对比。

根据边界面标准，即基准面下降至升高的转折点，确定了马斯特里赫特阶高频层序。高频层序边界面通常根据陆上暴露面或不整合面进行确定，陆上暴露面或不整合面表现为硬底，硬底显现出充满硬石膏的潜穴和根状岩溶，硬石膏通常被陆上潟湖有机页岩覆盖（图 7-32）。较为不常见的是通过岩溶角砾岩确定边界面，岩溶角砾岩具有溶蚀增强的张开型裂缝和填充空隙的硬石膏，并偶尔伴生陆上硬底（图 7-33）。更为罕见的是通过以下标准确定高频层序：（1）由白云质泥岩和白云质粒泥灰岩构成的潮坪覆盖岩，石膏后带有硬石膏假晶（图 7-34）；（2）岩相带从高能似球粒白云质粒状灰岩偏移至潮下—海洋白云质粒泥灰岩和富泥白云质泥粒灰岩（图 7-35）；（3）厚壳蛤类及骨屑白云质砾状灰岩和潮坪覆盖岩（图 7-36）。

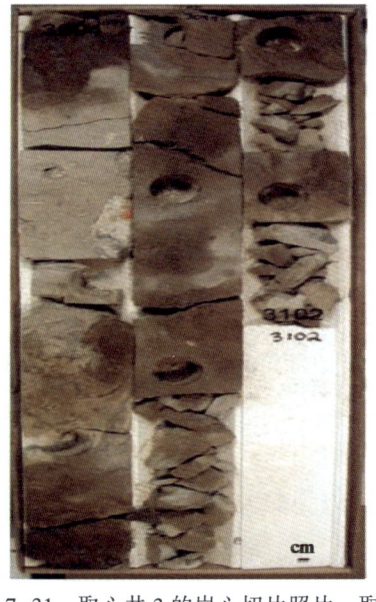

图 7-31 取心井 3 的岩心切片照片，取心深度 943~975m（3094~3202ft）

图 7-32 取心井 3 的岩心切片照片（取心深度 870m；2857ft）
硬底不平整且受到侵蚀，带有充满硬石膏的潜穴和根状岩溶，并被富有机质潟湖页岩上覆

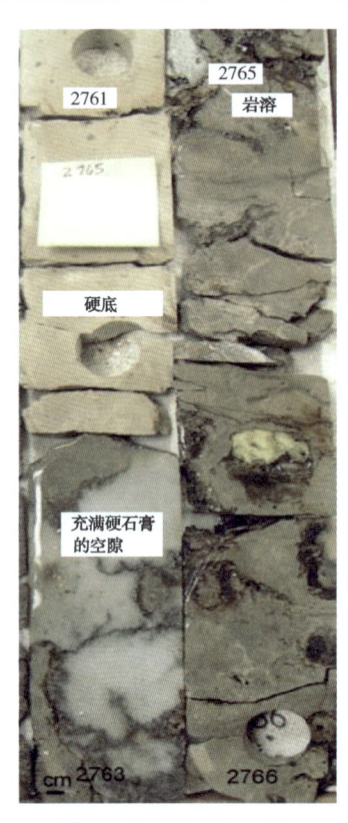

图 7-33 上覆岩溶角砾岩的陆上硬底，具有溶蚀增强的张开型裂缝和填充空隙的硬石膏。取心井 5 的取心深度为 842m（2765ft）

图 7-34 石膏化后具有硬石膏的白云质泥岩，取心井 4 的取心深度为 869m（2854ft）

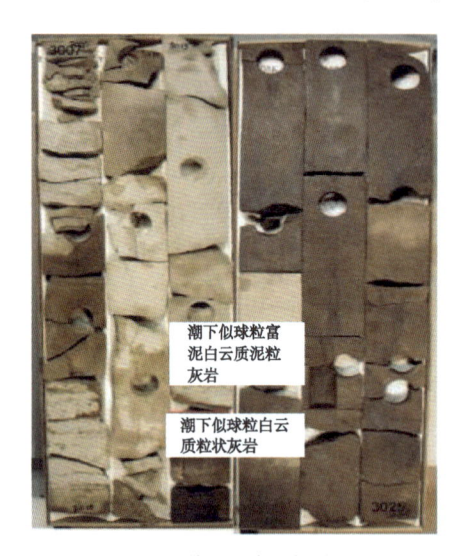

图 7-35 取心井 3 的岩心切片显微照片
展示了高频层序 M70 的旋回顶部，高能似球粒白云质粒状灰岩被潮下—海相低能富泥似球粒白云质泥粒灰岩和白云质粒泥灰岩所覆盖（916~922m；3007~3025ft）

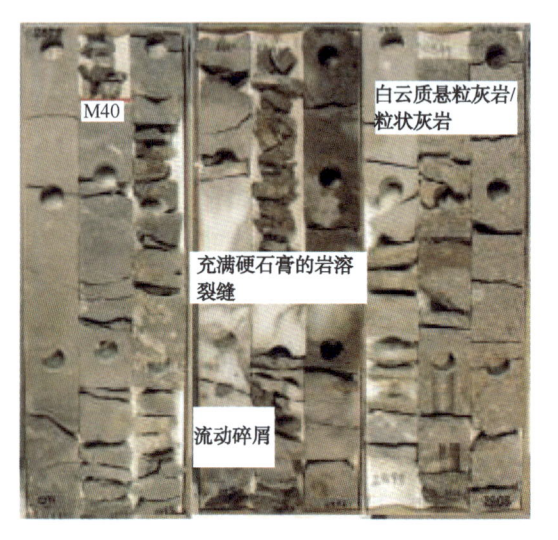

图 7-36 取心井 5 的岩心切片照片
（877~885m；2878~2905ft）
白云质悬粒灰岩被潮间白云质泥岩、岩溶和硬底所覆盖，界定了高频层序 M40 的层序顶部

7 沙特阿拉伯与科威特中立区 Wafra 油田马斯特里赫特阶(上白垩统)储层层序地层:储层建模与评价的关键

油田内 10 个马斯特里赫特阶高频层序的层序地层对比是根据取心井而确定的,并根据合成相曲线(FACIESG)和伽马射线曲线中的黏土体积(VCLGR)对所有油井进行了对比。两种曲线均用于油田内的对比。

测井响应和储层质量间的相关性对于非取心井(测井)的岩相预测非常重要。对岩心、孔隙度和渗透率的研究显示,存在 7 种岩相或岩石类型。在岩心研究中,区分贫泥白云质泥粒灰岩与富泥白云质泥粒灰岩、白云质砾状灰岩和白云质悬粒灰岩变得愈发重要。此外,胶结硬底或白云岩与白云质泥岩合并,因为它们在测井和较差的储集岩中无法区分。图 7-37 为白云质泥粒灰岩的孔隙度和渗透率图,显示了富泥白云质泥粒灰岩与贫泥白云质泥粒灰岩之间的差别。图 7-38 也显示出白云质砾状灰岩和白云质悬粒灰岩在孔隙度和渗透率上的巨大差别。图 7-39 显示了 7 种岩相的岩心孔隙度和渗透率,表明为富颗粒相,主要的储层相则为白云质粒状灰岩相、贫泥白云质泥粒灰岩相、白云质砾状灰岩相和富泥白云质泥粒灰岩相(岩相 4~7)。岩相 1~3(白云质泥岩、白云质粒泥灰岩和白云质砾状灰岩)的储层质量低,且隔层或夹层可能存在流动。

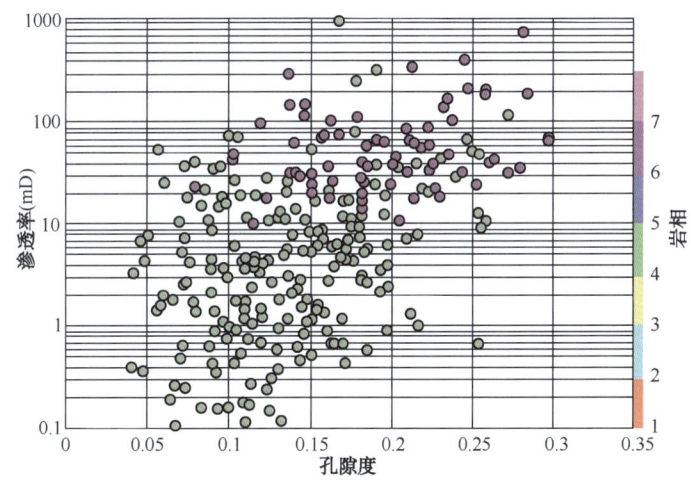

图 7-37 岩相孔隙度和渗透率图

体现了富泥白云质泥粒灰岩(岩相 4)和贫泥白云质泥粒灰岩(岩相 6)之间储层质量的差异

根据 Lawrence 等(1997)所述的多重向量积非线性方法开发了一套用于非取心井岩相预测的方法。根据取心井 2~5 的岩心岩相数据计算出了 FACIESG 曲线。

根据岩心描述确定了 7 种不同的碳酸盐岩相和页岩,岩心描述可利用测井曲线进行区分。所有孔隙均为次生孔隙,在白云石化作用下组构被破坏,形成原生晶间孔隙。原始沉积结构似乎对晶间孔隙的发育产生了影响。以泥质为主的岩相(灰质泥岩、白云质泥岩、白云质粒泥灰岩和白云质悬粒灰岩)(图 7-40A~C)储层质量较差,因为储层以原始灰质细粒泥晶基质或白云石化泥质基质为主,形成了以连通孔隙为主的极细晶间微孔隙。图 7-40D~G 是以较多颗粒为主的岩相(富泥白云质泥粒灰岩、白云质砾状灰岩、贫泥白云质泥粒灰岩和白云质粒状灰岩)的薄片显微照片。这些岩石组构的储层质量较高,因为它们是以较粗晶质白云岩为主,形成了更大更良好的连通孔隙,且缺少伴生了泥质基质的微孔隙。此外,以颗粒为主的岩相渗透率较高,因为此类岩相以细质粒间孔隙为主,并伴生有晚期侵蚀。表 7-2 为根据储层质量得出的碳酸盐岩相平均孔隙度和渗透率。

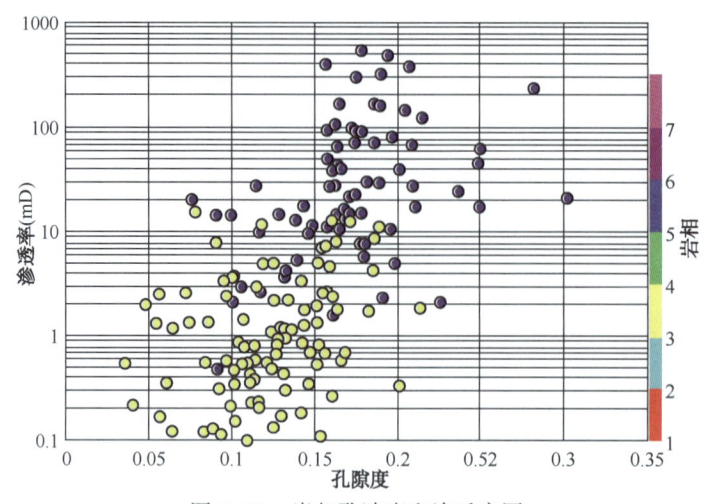

图 7-38 岩相孔隙度和渗透率图

体现了白云质悬粒灰岩(岩相3)和白云质砾状灰岩(岩相5)之间储层质量的差异

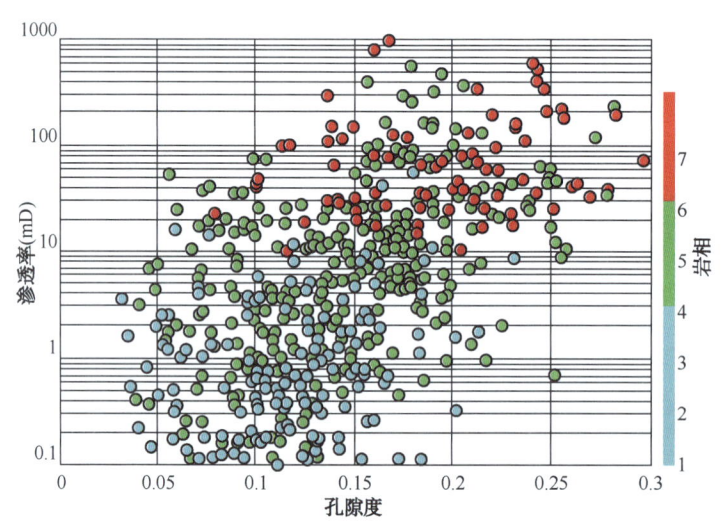

图 7-39 7 种岩相的孔隙度和渗透率图

表明以颗粒为主的岩石具有更高的渗透性。最佳储集岩即以颗粒为主的岩相，用红色(7=白云质粒状灰岩，6=贫泥白云质泥粒灰岩)和绿色(5=白云质砾状灰岩，4=富泥白云质泥粒灰岩)表示。储集性差的岩石和潜在的流动夹层或隔层用蓝色(3=白云质悬粒灰岩，2=白云质粒泥灰岩，1=白云质泥岩)表示

表 7-2 岩相、岩心平均孔隙度和平均渗透率

岩 相	平均渗透率(mD)	平均孔隙度
1	0.022	0.086
2	1.445	0.080
3	20.550	0.114
4	11.477	0.134
5	81.037	0.182
6	114.817	0.200
7	294.868	0.202

注：1=白云质泥岩；2=白云质粒泥灰岩；3=白云质悬粒灰岩；4=富泥白云质泥粒灰岩；5=白云质砾状灰岩；6=贫泥泥粒灰岩；7=白云质粒状灰岩

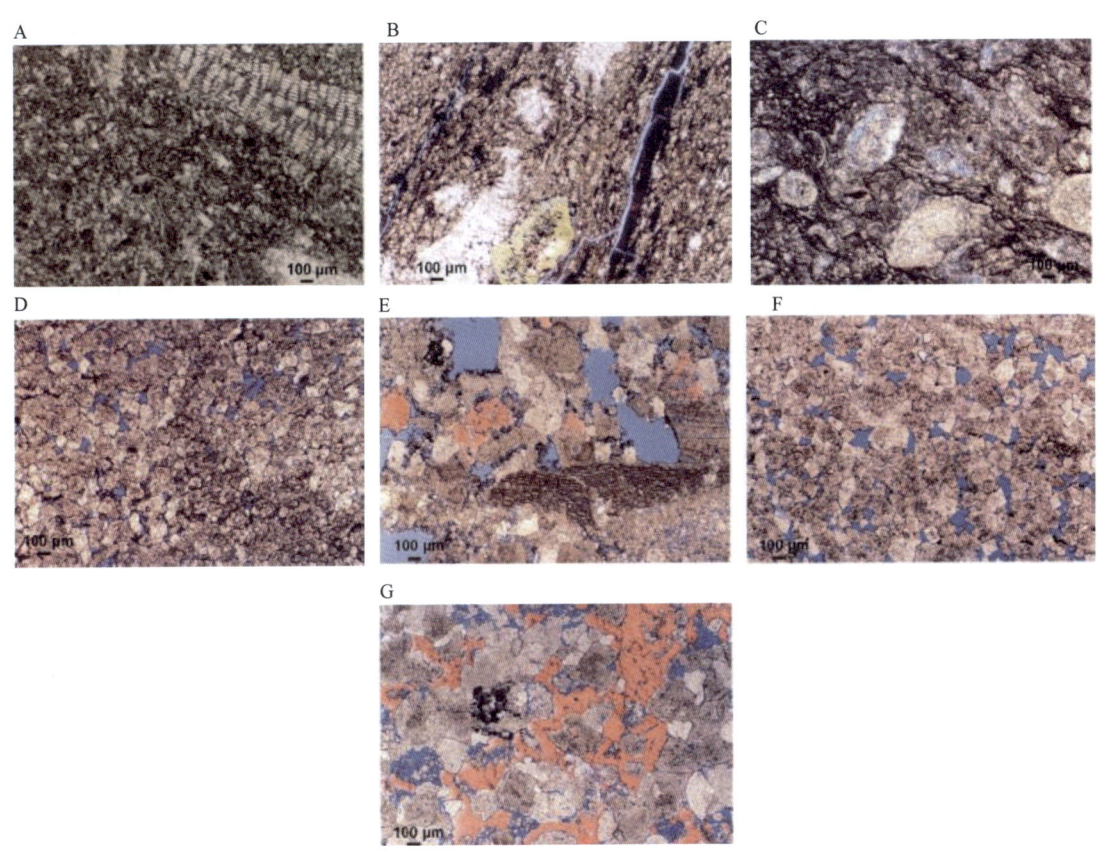

7 沙特阿拉伯与科威特中立区 Wafra 油田马斯特里赫特阶(上白垩统)储层层序地层：储层建模与评价的关键

图 7-40 构成马斯特里赫特阶按储层质量排列的 7 种白云石岩相薄片显微照片

(A)含少量生物碎屑的泥质灰泥岩，主要由已新变质为微亮晶，随后受到侵蚀形成微孔的泥晶灰岩粉屑和泥晶灰岩构成。有机质以细丝状藻类有机质的形式而存在。孔隙以微孔和缩小的印模的形式出现。由于相连孔隙系统以极细的晶间孔隙为主，因此其渗透性差(ϕ=17.9%，K=0.16mD)。(B)生物碎屑白云质粒泥灰岩或粒度差的泥质和有机质白云石，由粗粒白云石薄层或潜穴细粒白云石基质切片组成。该基质由有机质和碎屑黏土构成，格架以白云石晶体为基础而建立。有机质同颗粒和扁平颗粒一样常见。孔隙以微孔的形式出现，由于细碳酸盐基质被紧密相连的白云石晶体替代，因此其渗透性差(ϕ=4.5%，K<0.10mD)。(C)生物碎屑白云质悬粒灰岩和最常见的颗粒为底栖有孔虫(Rotalids)和洛夫图虫。其他生物碎屑包括介形类、双壳碎屑、腹足类和棘皮动物板层。可发现有机质以红棕色颗粒和沥青的形式存在。也存在一些不太常见的有角骨片。原始基质已被替换或侵蚀，因此未得到保存。白云石为主要矿物。微孔是印模和次生粒间孔隙的结合。由于孔隙度和有机薄层频率的变化，其渗透性弱(ϕ=14.4%，K<2.21mD)。(D)富泥白云质泥粒灰岩内破坏性组构的白云石化作用严重破坏了其原始沉积组构。无碳酸盐淤泥基质保存的迹象，有机质以颗粒的形式保存。更细的白云石晶体薄层表明原始组构含有一定量的灰泥。孔隙度以次生晶间孔隙的形式存在，伴随局部晶内孔隙。由于白云石晶体连锁镶嵌，其渗透性弱。存在较大隔离孔，但它们之间通过更细的孔喉相连(ϕ=17.6%，K<5.00mD)。(E)白云质砾状灰岩为细粒至中粒白云石混合物，该混合物代替了部分颗粒和相对较粗的白云石，对原始岩石组构造成了极大的破坏。该组构表明原始生物碎屑粒状灰岩已致密，似乎不存在基质。格架颗粒通常为厚壳蛤碎屑、双壳碎屑和圆片虫碎片，可能伴生层孔虫和/或洛夫图虫。孔隙均为次生晶间孔隙。方解石胶结物缩小了某些更细和更分离的孔隙。由于粒间孔隙的存在，其渗透性较强(ϕ=19.8%，K<80.0mD)。(F)贫泥似球粒白云质粒灰岩(ϕ=15.3%，K<9.5mD)经历了破坏性组构白云石化作用和原生岩石溶蚀。大扁平印模可能为软体动物碎屑。仅发现微量中等粒度的似球粒、鲕粒或其他圆粒。有机质以纤维状或棕色非晶形颗粒的形式存在。尽管同样发现了缩小的印模，但孔隙仅由次生孔隙(主要为粒间孔隙)构成。晶内孔隙仍然存在，但并不常见且无效。由于孔隙分布不均匀，因此其渗透性良好，渗透率似乎与碳质薄层有关，因此原生组构可能为分选差的粒状灰岩。(G)含中细结晶白云石的似球粒白云质粒状灰岩代替了部分的颗粒和粗结晶白云石，极大地破坏了岩石组构。大量由于未发生白云石化作用的石灰岩浸出，造成了丰富孔隙被方解石胶结，似乎不存在基质。部分拟替代生物碎屑表明存在小型底栖有孔虫、软体动物碎屑、藻类和大型有孔虫碎片。颗粒轮廓完整的情况十分罕见，通常为圆粒或扁平颗粒。孔隙以次生晶间孔隙的形式存在。由于晚期侵蚀和白云石格架敞开，其渗透性强(ϕ=19.9%，K=1108mD)

由于井 1 的岩心数据十分有限，难以确保合理的深度，因此未采用井 1 的岩相数据。利用测井曲线 PHIE（有效孔隙度）、S_w（含水饱和度）、VCLGR（从校正的伽马射线曲线中得出的黏土体积）、CGR（校正后的铀伽马射线）和 SGR（伽马能谱）计算出了 FACIESG 曲线。相关系数介于 0.41~0.79 之间。井 2 和井 4 的实际岩相和预测岩相（FACIESG）之间的相关性较低，因为同另两口井相比，井 2 和井 4 的岩心数据较少，所以深度匹配可能也不如其他井准确。

FACIESG 曲线对于马斯特里赫特阶的油田内对比至关重要，因为该对比可得出岩相曲线以确定旋回级次。把根据岩心描述确定的旋回级次和高频层序，与非取心井的 FACIESG 曲线相结合，用于油田内的对比，以及层序地层格架的 3D 建模。

根据校正后的 CGR 生成的 VCLGR 曲线被用于层序地层对比，尤其是在上部马斯特里赫特阶高频层序 M40~M00 范围。岩心描述表明，大量硬底表面被富有机质页岩覆盖（图 7-41）。硬底始终是根据其低孔隙度和渗透率来确定的，且硬底在 FACIESG 曲线上表现为泥岩。根据 VCLGR 曲线可轻松辨别出页岩，VCLGR 曲线见图 7-7 标准测井。

高频层序 M90 至高频层序 M50 层段的下马斯特里赫特阶储层内的沉积物体现了中马斯特里赫特阶沉积期内的具有最大洪水侵入量的海侵作用。一般认为 Wafra 油田高频层序 M50 内最大海泛面（MFS）与 Sharland 等（2001）所做研究的最大海泛面 K180 相当。最大海泛事件导致 Wafra 油田多数区域（并非所有区域）的第二层马斯特里赫特阶形成页岩沉积。

海侵体系域由 5 个高频层序构成。高频层序 M90~M60 体现了整体的向上变浅层序，构成了从潮下带、似球粒和生物碎屑白云石粒泥灰岩至白云石泥粒灰岩或白云石粒状灰岩的旋回，和不太常见的潮下泥岩至似球粒白云石粒状灰岩旋回。最上层的高频层序由海相页岩、泥质泥岩和似球粒粒泥灰岩构成，记录了最强烈的海侵作用。取心井 3 内 M70 层段下马斯特里赫特阶存在的似球粒粒状灰岩似乎体现了沉积物处于不太受限的较高能量环境，其旋回通常较厚，可容空间更大。高频层序 M50 的加深包括以第二层马斯特里赫特阶页岩沉积为标志的最大海泛面。与上马斯特里赫特阶相比，由于有机质的缺乏和根据表 7-1 所示油气井 3、4 和 5 内高频层序 M50 做出的孢粉学解释，第二层马斯特里赫特阶页岩可能沉积于更为辽阔的开阔海环境。

上马斯特里赫特阶高频层序由 5 个向上变浅的高频层序构成，通常被硬底和富含有机质的页岩覆盖。Flugel（2004）将硬底描述为"与非沉积作用或低堆积率和浓缩的组合有关"的水—沉积物界面处的潮下带胶结。硬底即下次沉降事件发生前的胶结表面。岩心数据显示高频层序通常以薄旋回为特征，拥有较小的可容空间，随着相对海平面变化，其岩相发生较大变化。可容空间的缺乏和由此产生的上马斯特里赫特阶薄旋回也体现在硬底数量和种类上。

上马斯特里赫特阶主要有两种硬底。如 Hillgartner（1998）所述，这两种硬底即：潮下带固底至初期硬底、潮间带至潮上带硬底。Hillgartner（1998）将潮下带固底描述为"潟湖环境较慢的堆积速度，促进了水—沉积物界面处沉积物的固结和初始胶结。"上马斯特里赫特阶固底与 Hillgartner（1998）所述其他固底具有相似的特征：强烈的生物扰动，伴随上覆沉积物填入潜穴，弱侵蚀和/或差异胶结导致地表起伏。如图 7-41 所示，在这种情况下，填入潜穴的上覆沉积物为有机质富集的潟湖页岩。潮间带至潮上带硬底倾向于扁平，伴随硬石膏填入潜穴、窗格状孔隙，并体现了一定的暴露迹象，如张裂缝。通常可偶尔在微岩溶上方发现潮间带至潮上带硬底。

上马斯特里赫特阶内硬底的低孔隙度和渗透率对于了解旋回对比性，及其对储层分隔化的潜在影响都很重要。如 Hillgartner（1998）所述，初期潮下带和潮间带硬底侧向延伸 0.1~1km（0.06~0.6mile）。一些由硬底覆盖的旋回与上马斯特里赫特阶无关，该现象表明硬底也许不会充当连续隔层流向整个储层。

悬粒灰岩和砾状灰岩主导着 M50~M20 标记的高频层序中部地区。悬粒灰岩—砾状灰岩由破碎至完整的厚壳蛤类（图 7-42）、双壳类和腹足类组成。悬粒灰岩通常包含体形较大的底栖有孔虫和洛夫图虫（图 7-43）。悬粒灰岩—砾状灰岩很少包含珊瑚、层孔虫和苔藓虫。一般将厚壳蛤和骨粒碎片的沉积物看作是无堆积迹象的生物层礁。高频层序 M20~M10 岩相发生突变，从局限潟湖变为似球粒和生物碎屑泥粒灰岩构成的开阔海相沉积物。

图 7-41 取心井 2 黑煤页岩的岩心切片图
上马斯特里赫特阶内沉积于不均匀陆上硬底
[1×858m（2816ft）]

图 7-42 中间由完整蓝色硬石膏填充的厚壳蛤岩心切片图[取心井 5, 829m（2722ft）]

图 7-43 含洛夫图虫白云质粒泥灰岩的岩心切片图[取心井 4, 861m（2826ft）]

陆上暴露面存在于破坏性孔隙高频层序 M10 顶部（图 7-12），为含油气层段提供了封闭层。根据岩心测试结果可知，岩心具有低孔隙度和弱渗透性；根据测井曲线可知，含水饱和度发生从低到高的突变(图7-44)。高频层序 M10 表面含油气层段与高频层序 M00 含水量丰富的层段分离。马斯特里赫特阶顶部海侵面上覆于不整合表面 M00,标明了马斯特里赫特阶顶部的位置。取心井 5 内高频层序 M00 表明岩溶层段由上覆海相页岩的潮间带硬底覆盖(图7-45)。

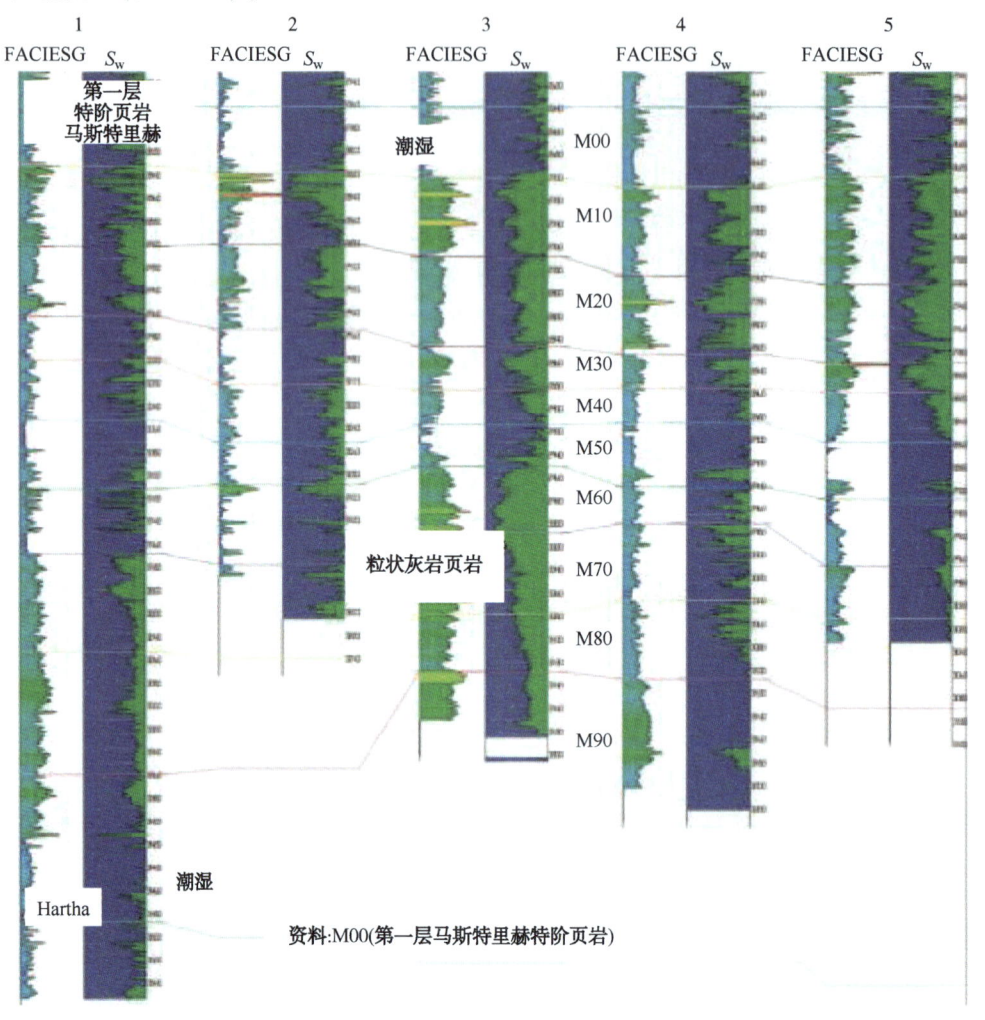

图 7-44 据观察,取心井横断面显示储层层段存在不同的含水饱和度,以颗粒为主的岩相通常具有较低的含水饱和度。生产试验表明马斯特里赫特阶顶部 M00 含水量丰富。除 M00 外,M90 层段是马斯特里赫特阶层序唯一含水饱和度接近 100% 的层段。深度以英尺为单位

高频层序 M50 至高频层序 M00 页岩孢粉学和 X 射线衍射数据表明,页岩沉积从安静的潟湖环境过渡至海相环境,通常将此解释为由海平面升降引起的局部海侵。

7.5 地质模型

马斯特里赫特阶储层的地质模型用于评估原油地质储量和储层开发潜力。图 7-3 通过适当

7 沙特阿拉伯与科威特中立区 Wafra 油田马斯特里赫特阶(上白垩统)储层层序地层：储层建模与评价的关键

图 7-45　取心井 5(782.4~782.7m；2567~2568ft) 内高频层序 M00 顶部岩心切片图

显示了硬底由含页岩的白云质泥岩和黑色有机质富集的海相页岩覆盖，表现出晚马斯特里赫特阶沉积期海侵迹象。请注意不规则硬底面之上的大块岩屑

的测井资料展示了该区域油气井建模和分布情况(例如，上述岩相合成曲线 FACIESG、孔隙度和 S_w 曲线)。建模区域占地 144km²(55.6mile²)。建模层段包括整个马斯特里赫特阶储层和马斯特里赫特阶顶部(HM00)至 Hartha 顶部。该模型网格尺寸为 106×136×622 个单元格(共计 890 万个单元格)。该区域单元大小为 100m×100m(330ft×330ft)，HM00 和 HM90 标记之间的垂直分层标称值为 0.3m(1ft)。HM90 标记至模型底部的垂直分层标称值为 0.6m(2ft)。

地质模型通过行业标准工作流程而建立(Deutsch，2002；Kelkar 和 Perez，2002；Goovaerts，1997)。孔隙度通过受层序地层约束的序贯高斯模拟(sGs)进行赋值。S_w 通过使用同位协同克里金法和受层序地层约束的 sGs 算法进行赋值。表 7-3 和表 7-4 对输入资料和用于建立储层性质模型的变异函数进行了总结。其他几种储层性质如 FA-CIESG 和 P_e(光电效应)尽管不被用作孔隙度约束或 S_w 赋值，但也通过受地层约束的 sGs 进行赋值，以帮助了解储层(尤其是 M20 以下的层序)的开发潜力。

表 7-3　用于建立高频层序由储层模型确立的测井孔隙度和含水饱和度数据

地层层段	平均孔隙度	平均 S_w
M00	0.166	0.795
M10	0.150	0.531
M20	0.137	0.635
M30	0.131	0.611
M40	0.130	0.670
M50	0.125	0.761
M60	0.127	0.607
M70	0.135	0.676
M80	0.165	0.779
M90	0.202	0.896

表 7-4　用于地质模型分布的变异函数

层段	范围 x(m)	范围 y(m)	方位	范围 z(m)	块金	岩床	形式
M00	2460	1350	N125°E	6.0	0	1	指数
M10	1660	1220	N60°E	2.7	0	1	指数
M20	820	660	N45°E	4.6	0	1	指数
M30	1830	1260	N25°E	4.4	0	1	指数
M40	1600	1110	N25°E	3.4	0	1	指数
M50	1100	710	N40°E	2.6	0	1	指数
M60	2060	1140	N10°E	4.3	0	1	指数
M70	1720	1380	N35°E	5.5	0	1	指数
M80	1760	1020	N40°E	6.6	0	1	指数
M90	1860	1000	N35°E	9.8	0	1	指数

如表 7-3、图 7-46 和图 7-47 所示，一般情况下，孔隙度和 S_w 随深度增加而增加。储层上部孔隙度呈不规则分布，但通常情况下，M10 和 M20 层段孔隙度发育最良好。S_w 分布（图 7-47）对 Wafra 油田马斯特里赫特阶储层含油气和可能含油气部分分布情况进行了最佳描述。马斯特里赫特阶中部展示了近期勘探目标具有高孔隙度和低 S_w 的隔离区域。若 3D 模型用于区分填入位置先后顺序，且用于选择马斯特里赫特阶储层更深部分的勘探目标，则可利用合适的层序地层格架来约束 3D 储层模型。

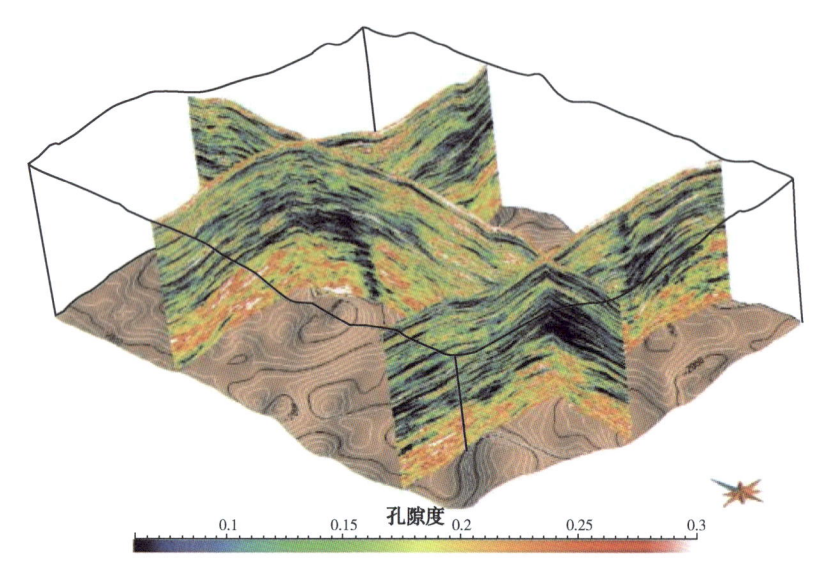

图 7-46　Wafra 油田马斯特里赫特阶储层模型的孔隙度分布透视图

请注意孔隙度分布极不连续，最底下的地层带，其孔隙度普遍较高。最上部地层带内，仅 M10 和 M20 层段整块油田的大面积区域体现了相对一致的高孔隙度分布。垂直放大 5 倍。该示意图体现了 Hartha 组的顶部结构（马斯特里赫特阶基底）

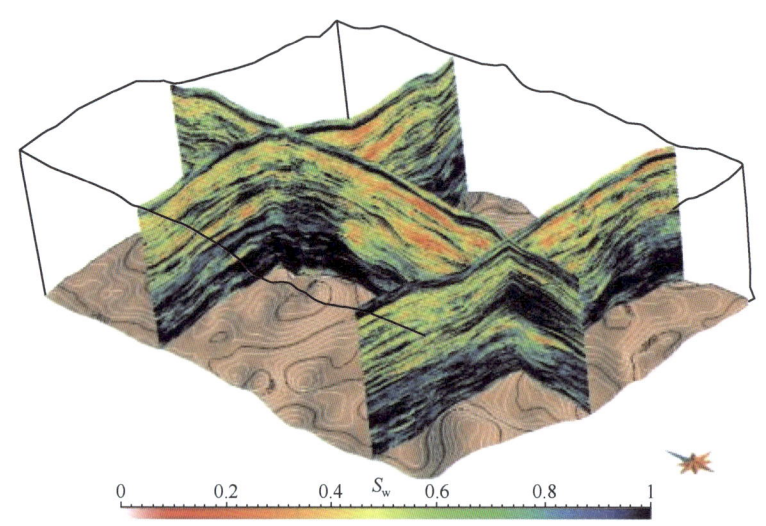

图 7-47　Wafra 油田马斯特里赫特阶储层模型的含水饱和度分布透视图

请注意 S_w 随深度增加而增加。还请注意一些中间地层带（例如 M40）的 S_w 较低。垂直放大 5 倍。该示意图体现了 Hartha 组的顶部结构（马斯特里赫特阶基底）

7 沙特阿拉伯与科威特中立区 Wafra 油田马斯特里赫特阶（上白垩统）储层层序地层：储层建模与评价的关键

图 7-48 展示了 P_e、整个储层的石灰岩和白云石的变化情况。请注意马斯特里赫特阶上部油气含量更高的部位，其白云石含量更高。

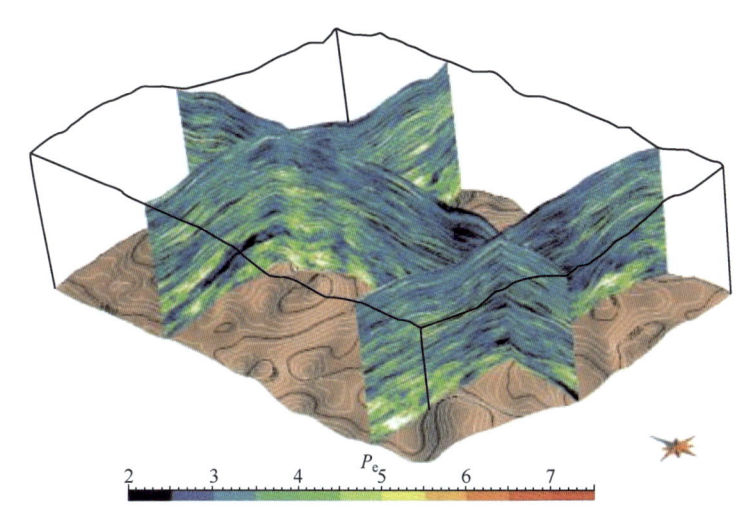

图 7-48　Wafra 油田马斯特里赫特阶储层模型的 P_e 分布透视图

请注意 P_e 随深度增加而增加，体现了石灰岩（黄色标记）和白云石（蓝色标记）的不规则分布。然而，请注意马斯特里赫特阶上部白云石含量通常比石灰岩含量高得多。垂直放大 5 倍。该示意图体现了 Hartha 组的顶部结构（马斯特里赫特阶基底）

7.6　马斯特里赫特阶的开发潜力

马斯特里赫特阶储层的地质储量超过 10×10^8 bbl。马斯特里赫特阶分隔化程度可通过图 7-49 和图 7-50 所示的 HFS M10 和 M40 油气储集空间（HCPV）来表示。高频层序 M10 最大油气储集空间趋势与当今结构趋势一致，体现了晚 HST 似球粒白云质泥粒灰岩和页岩的组合。M10 是马斯特里赫特阶油气含量丰度最高的层段。高频层序 M40 体现了东北至西南、与古地形平行的线性趋势。该模型东北区域也体现了 M40 内沿古隆起东北伸向西南明显的油气储集空间发育。东北走向的潜在储层似乎在模型区域之外，而且不受油气井控制。该区域内无马斯特里赫特阶储层内完钻井的油气井，该模型体现了沿马斯特里赫特阶古隆起和古沉积走向的模型区域北部，存在极大的勘探潜力。请注意，用于形成油气储集空间分布的储层模型不受地层约束，而受岩相约束。图 7-50 所示趋势可能也未采集到，且在制订开发和勘探规划时也很少用到。还在进行其他结合地震属性的研究，以进一步优化 3D 储层性质示意图，从而提升模型的有效性以促进储层开发。

7.7　结论

用于开发 Wafra 油田马斯特里赫特阶层序地层格架的方法包括一项结合岩心和测井资料来建立 3D 层序地层格架的工作流程。该工作流程包括以下几点：

① 利用 5 口井的岩心来定义沉积环境和旋回层级；
② 对比 5 口井的岩心来定义 10 个高频层序；
③ 利用含 FACIESG 和 VCLGR 曲线的 123 口井的测井资料来绘制合成岩相曲线，以建立 3D 地层格架。

由于层序地层格架控制着岩石物理性质的空间分布，并且确定了分隔储层流动隔层和夹层的年代地层界面，因此它对地质统计学建模和油藏模拟至关重要。

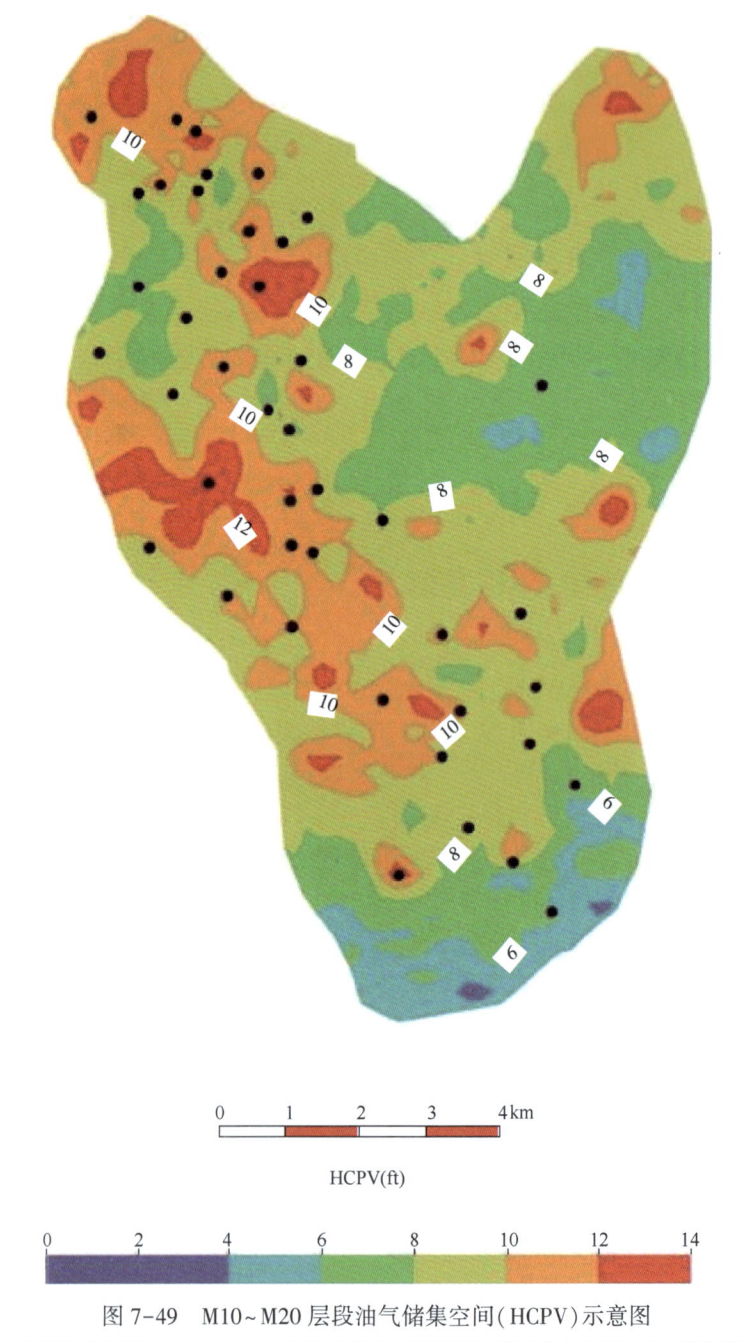

图 7-49　M10~M20 层段油气储集空间（HCPV）示意图
橘色区域表示油气储集空间大于 3m(10ft)。该图也标出了马斯特里赫特阶内的完钻井。等高距为 0.6m(2ft)

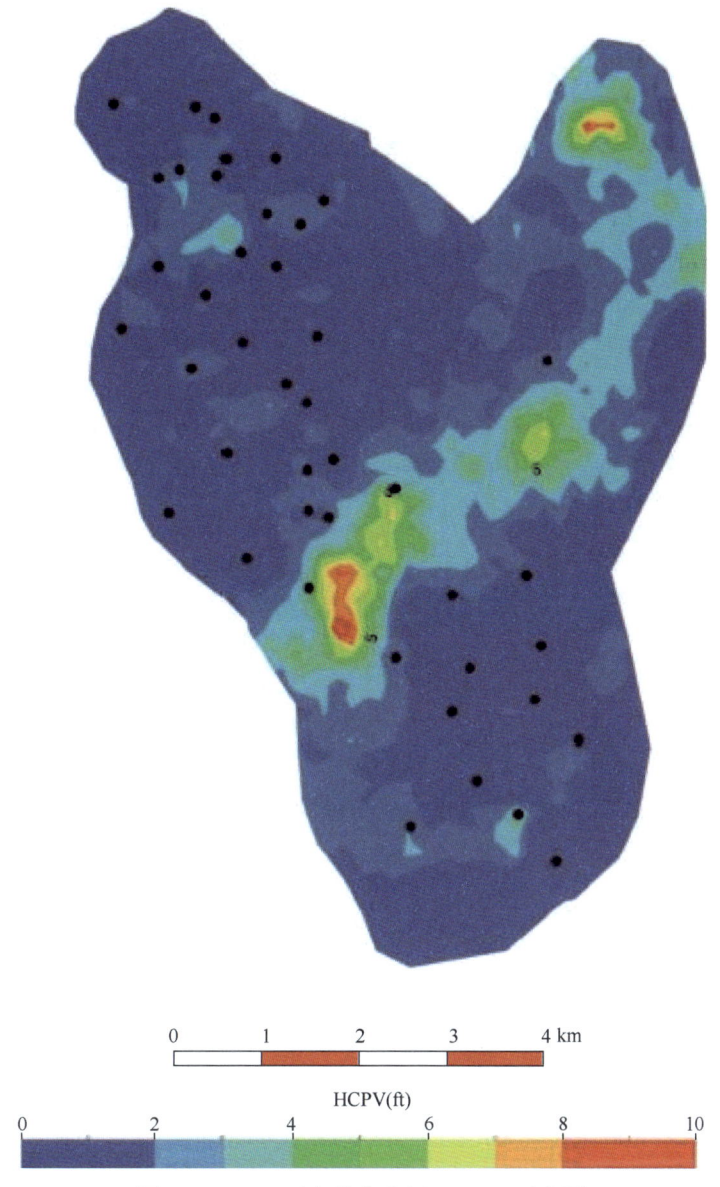

7 沙特阿拉伯与科威特中立区 Wafra 油田马斯特里赫特阶(上白垩统)储层层序地层：储层建模与评价的关键

图 7-50 M40 油气储集空间(HCPV)示意图

最大油气储集空间与白云质粒状灰岩厚度一致。该观察结果支持前面所述的油气在地层圈闭中成藏的假设。M40 油气储集空间示意图所用等高距为 0.3m(1ft)

马斯特里赫特阶储层建模得出以下结论。

① 石油资源丰富，地质储量超过 $10×10^8$ bbl；
② 油气主要在地层圈闭中成藏；
③ 储层高度分隔化；
④ 多个油—水过渡带；
⑤ 不存在单个确定的油—水接触面；
⑥ 含水带之上，油藏之下；

⑦ 沿古隆起和岩相趋势的其他开发潜力。

层序地层格架和地质建模对可观的地质储量进行了量化，对马斯特里赫特阶油气的地区和垂直分布提出了一些观点，这将对储层开采产生积极的影响。

参 考 文 献

Abdel-Kireem, M. R., A. M. Samir, and H. P. Luterbacher, 1994, Planktonic foraminifera from the Kolosh Formation(Paleogene) of the Sulaimaniah–Dokan region, northeastern Iraq; Tuebingen University NeuesJarhrbuchGeol.: PaleontologyMonatsh, v. 9, p. 517–527.

Alsharhan, A. S., and S. J. Y. Nasir, 1996, Sedimentologicaland geochemical interpretation of a transgressive sequence: The Late Cretaceous Qahlah formation in thewestern Oman Mountains: United Arab Emirates UniversitySedimentary Geology, v. 101, no. 3-4, p. 227–242.

Alsharhan, A. S., and C. G. St. C. Kendall, 1995, Facies variation, depositional setting and hydrocarbon potentialof the Upper Cretaceous rocks in the United ArabEmirates: Cretaceous Research, v. 16, p. 435–449.

Alsharhan, A. S., and A. E. M. Nairn, 1990, A review of theCretaceous formations in the Arabian Peninsula andGulf: Part III. Upper Cretaceous(Aruma Group)stratigraphyand paleontology: Journal of Petroleum Geology, v. 13, p. 247–266.

Alsharhan, A. S., and A. E. M. Nairn, 1997, Sedimentarybasins and petroleum geology of the Middle East: NewYork, Elsevier, p. 843.

Beydoun, Z. R., 1991, Arabian plate hydrocarbon, geologyand potential—A plate tectonic approach: AAPG Studiesin Geology 33, 77 p.

Beydoun, Z. R., 1993, Evolution of the northeasternArabian plate margin and shelf: Hydrocarbon habitatand conceptual future potential: Revue de l'InstitutFrançais du Pétrole, v. 48, p. 311–345.

Danielli, H. M. C. D., 1988, The Eocene reservoirs of Wafrafield, in A. J. Lomando and P. M. Harris, eds., Giantoil and gas fields—A core workshop: SEPM CoreWorkshop 12, p. 119–154.

Deutsch, C. V., 2002, Geostatistical reservoir modeling: New York, Oxford University Press, 376 p.

El-Nakhal, H. A., and Z. R. El-Naggar, 1994, Review of thebiostratigraphy of the Aruma Group(Upper Cretaceous)in the Arabian Peninsula and surrounding regions: Cretaceous Research, v. 15, p. 401–416.

Flugel, E., 2004, Microfacies of carbonate rocks: Analysis, interpretation and application: Berlin, Spring-Verlag, p. 976.

Golonka, J., M. I. Ross, and C. R. Scotese, 1994, Phanerozoicpaleogeographic and paleoclimatic modelingmaps, in A. F. Embry, B. Beauchamp, and D. J. Glass, eds., Pangea global environments and resources: CanadianSociety of Petroleum Geologists Memoir 17, p. 1–47.

Goovaerts, P., 1997, Geostatistics for natural resourcesestimation: New York, Oxford University Press, 483 p.

Harris, P. M., S. H. Frost, G. A. Seiglie, and N. Schneidermann, 1984, Regional unconformities and depositionalcycles, Cretaceous of the Arabian Peninsula, in J. S. Schlee, ed., Inter-regional unconformities and hydrocarbonaccumulation: AAPG Memoir 36, p. 67–80.

Hillgartner, H., 1998, Discontinuity surfaces on a shallow-marinecarbonate platform(Berriasian, Valanginian, France and Switzerland): Journal of Sedimentary Research, Section B: Stratigraphy and Global Studies, v. 68, no. 6, p. 1093–1108.

Kelkar, M., and G. Perez, 2002, Applied geostatistics forreservoir characterization: Society of Petroleum Engineers, 264 p.

Kerans, C., and W. S. Tinker, 1997, Sequence stratigraphyand characterization of carbonate reservoirs: SEPMShort Course Notes 40, 130 p.

Lawrence, T. D., A. Kohar, B. Sukamto, and H. Pramono, 1997, Sonic density well log data editing with pseudo-curvegeneration—Indonesian examples using a multiplecrossproduct nonlinear method: World PetroleumCongress, p. 163–167.

Morris, A., M. W. Anderson, A. H. F. Robertson, and K. Al-Riyami, 2002, Extreme tectonic rotations within aneastern Mediterranean ophiolite(Baer-Bassit, Syria): Earth and Planetary Science Letters, v. 202, no. 2, p. 247–261.

Nelson, P. H., 1968, Wafra field—Kuwait - Saudi Arabia neutralZone. Second Regional Technical Symposium, Societyof Petroleum Engineers, Saudi Arabia Section, Dhahran, 16 p.

Philip, J. M., J. Roger, D. Vaslet, F. Cecca, S. Gardin, andA. M. S. Memesh, 2002, Sequence stratigraphy, biostratigraphyand paleontology of the Maastrichtian-Paleocene Aruma Formation in outcrop in Saudi Arabia: GeoArabia, v. 7, no. 4, p. 699–718.

Sayed, M. G. S. A., and M. A. Mersal, 1998, Surface geologyof Jebel Rawdah, Oman Mountains: GeoArabia, v. 3, no. 3, p. 401–414.

Schreurs, G., and A. Immenhauser, 1999, West-northwestdirected obduction of the Batain group on the easternOman continental margin at the Cretaceous - Tertiary boundary: Tectonics, v. 18, no. 1, p. 148–160.

Sharland, P. R., R. Archer, D. M. Casey, S. H. Hall, A. P. Heward, A. D. Horbury, and M. D. Simmons, 2001, Arabian plate sequence stratigraphy: GeoArabia SpecialPublication 2, 371 p.

Skelton, P. W., S. C. Nolan, and R. W. Scott, 1990, TheMaastrichtian transgression onto the northwesternflank of the Proto - Oman Mountains: Sequences ofrudist-bearing beach to open shelf facies, in A. H. F. Robertson, M. P. Searle, and A. C. Ries, eds., The geologyand tectonics of the Oman region: GeologicalSociety(London)Special Publication 49, p. 521–547.

Smith, A. B., N. J. Morris, A. S. Gale, and W. J. Kennedy, 1995, Late Cretaceous carbonate platform faunas ofthe United Arab Emirates - Oman border region: OxfordUniversity Bulletin of the Natural HistoryMuseum(Geology Series), v. 51, no. 2, p. 91–119.

Van Wagoner, J. C., H. W. Posamentier, R. M. Mitchum, P. R. Vail, J. F. Sarg, T. S. Loutit, and J. Hardenbol, 1988, An overview of the fundamentals of sequencestratigraphy and key definitions, in C. K. Wilgus, B. J. Hastings, H. Posamentier, J. C. VanWagoner,

C. A. Ross, and C. G. St. C. Kendall, eds., Sea-level change: An integratedapproach: SEPM-Special Publication 42, p. 39-46.

Van Wagoner, J. C., R. M. Mitchum, K. M. Campion, andV. D. Rahmanian, 1990, Siliclastic sequence stratigraphyin well logs, cores, and outcrops: Concepts forhigh-resolution correlation of time and facies: AAPGMethods in Exploration Series 7, 55 p.

8

安哥拉15号区块下中新统深水陆坡—水道体系粗粒与细粒混合岩相序列的地层结构和可预测性

M. L. Porter[1]　C. Rossen[2]　A. R. G. Sprague[3]　D. K. Sickafoose[4]
M. D. Sullivan[5]　G. N. Jensen[1]　D. C. Jennette[6]　S. J. Friedmann[7]
R. T. Beaubouef[4]　D. C. Mohrig[8]　T. R. Garfield[1]

(1. ExxonMobil Production Company, Houston, Texas, U.S.A.;
2. ExxonMobil Development Company, Houston, Texas, U.S.A.;
3. ExxonMobil Upstream Research Company, Houston, Texas, U.S.A.;
4. ExxonMobil Exploration Company, Houston, Texas, U.S.A.;
5. Chevron Energy Technology Company, Houston, Texas, U.S.A.;
6. Apache Oil, Houston, Texas, U.S.A.;
8. Department of Earth, Atmospheric and Planetary Sciences,
Massachusetts Institute of Technology, Boston, Massachusetts, U.S.A.)

摘要：区域地震资料将下中新统和中中新统陆坡水道确定为安哥拉15号区块的重要勘探目标。通过对17口勘探井和4口评价井进行研究，确定了该陆坡—水道复合体是世界级的油气开采目标。埃克森美孚当前的开发目标是长距离、高角度井眼中揭示的以浊积岩为主的叠合储层，这些井眼同张力腿平台(TLP)以及海上浮式生产储油设施相连接。

在15号区块中的主要开发目标之一是波尔多阶(Bur1)陆坡—水道储层。Bur1陆坡—水道体系是众多下中新统沉积物通道之一，为粗粒度浊积岩和泥沙质碎屑转移到下刚果盆地提供了条件。该陆坡—水道体系呈东西向横跨区块，并可在临近地震数据集上以30~40km(18~25mile)的跨距连续绘图。用3个常规岩心和28口井的资料标定了岩相类型和水道构型从上倾到下倾的变化。Bur1陆坡—水道体系的地图显示，弯曲度、水道局限和融合度发生了不同的变化，这些变化都与盐岩相关构造的同期生长有关。水道复合体局限更为明显，垂直融合在跨越构造隆起的部分发育更好。Bur1水道体系显示侧向融合较弱、曲折度较高，构造低点中的侵蚀性包容壳较少。

可通过研究以不整合面为界的地层单元分层结构来更好地了解 Bur1 陆坡—水道系统的幕式充填。在这类以不整合面为界的水道体系内，巢状水道会形成复合水道，在岩相类型和垂直相序上会显示出独特的趋势。同安哥拉其他的海上陆坡—水道体系相比，Bur1 体系更值得注意，因为其粒度范围从较粗的颗粒到卵石颗粒不等。常规岩心校准的测井曲线和高分辨率地震数据表明，水道复合体的下部主要是泥沙碎屑、坍落物和砂岩。这些岩相通常上覆有粗粒、多碎石、混合良好的砂质浊积岩。上覆的岩相序列更为多变，但通常由互层泥沙浊积岩、注入砂岩和各种泥沙碎屑组成。

8.1 波尔多阶深水水道体系

近 5 年来，安哥拉的海上勘探和开发活动显著增加。下刚果盆地内高产量的含油气系统，加上大型构造、已经确认的沉积物通道、良好的地震覆盖，使得安哥拉成为世界级的开采目标。吉拉索尔(Griassol)油田的总开发量显示，安哥拉的陆坡—水道体系在深水产油上拥有巨大潜力(Bouchet 等，2005)。埃克森美孚 3 年中对 Kizomba 油田的开发量增至 55×10^4bbl/d 以上，这显示出 15 号区块(图 8-1)的深水沉积体系油气储量相当丰富。

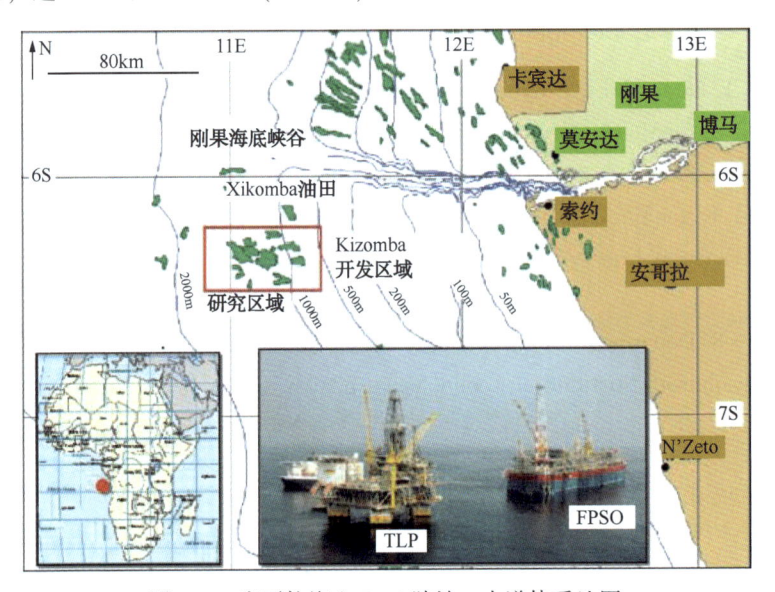

图 8-1 安哥拉海上 Bur1 陆坡—水道体系地图

Bur1 水道体系是 Kizomba 大开发区的一部分。研究区域的水深范围从 750～1300m 以上(2460～4265ft 以上)不等。由于 400km²(154mile²)的研究区域内有连续的 3D 地震覆盖，因此 Bur1 陆坡—水道体系中可能存在 50km(31mile) 的断面。下刚果盆地的油气田分布如图中绿色块状地区所示。插图展示了两个近距离系泊的张力腿平台(TLP)和浮式生产储油船(FPSO)正在从 Bur1 体系中采油气

借助适用于常规高分辨率三维(3D)数据集的地震地层学，可以很好地了解安哥拉大陆边缘的古近—新近纪历史(Beaubouef 等，1998；Schollnberger 和 Vail，1999；Gottschalk，2002)。Zaire 扇体的近期研究显示，由于受上倾海底峡谷和堤岸-水道体系的侵蚀、沉积过路作用和断续沉积等作用，Zaire 扇体连续发育(Babonneau 等，2002；Droz 等，2003)。

Zaire 扇体的更新世和中新世历史状况揭示了相连的陆架—陆坡—盆地沉积体系，并通过层序地层学概念（Garfield 等，1998；Raposo 和 Sykes，1998；Goulding 等，2000；Temple 和 Broucke，2004）进行了模拟，以解释复合深水沉积扇的内在联系。对于储层规模的研究，亚地震级地层学在深水曲流水道充填中显得尤为重要，因为可以以此建立适用于开发钻井的沉积模型（Kolla 等，2001）。深水体系的物理地层分层方法中，较大的复合地层组合（复合体系组）可以由最小的地层单位（层）组成，通常借助地震和层序地层法可以绘制出这类地层组合的图件（Sprague 等，2002，2005）。

本章内容主要包含安哥拉海上下中新统陆坡—水道体系的地震资料、图件显示出的趋势和储层单元。开发井揭示了粗粒和细粒浊积岩以及混合碎屑的复杂多级岩相序列。这类岩相在较大的、以不整合面为界的水道复合体系内形成了可预测的、向上变细的水道充填，可绘制数十千米。Bur1 体系的区域地图显示，储层单元的位置和范围沿沉积斜坡发生了变化，这种变化的原因在于海床坡度的变化和盐分的运移。根据以不整合面为界的地层组合的相互叠加建立了沉积模型，表明了深水水道复合体巢状地层中浊积岩和碎屑之间的关系。

8.2　地质背景

深水陆坡—水道体系是下刚果盆地含油气系统中的重要储层类型之一。下刚果盆地属于白垩系—全新统沉积盆地，发育在西非大陆边缘上。盆地的早期历史主要表现为阿普特阶厚盐岩序列，该序列形成于裂谷盆地沉积之上，并伴随早白垩纪冈瓦纳大陆裂解（Scrutton 和 Dingle，1976；Brice 等，1982；Emery 和 Uchupi，1984；Burke，1996）（图 8-2）。盆地后裂谷早期沉降阶段充填主要为白垩系 Pinda 组海相沉积。烃源岩多数位于上白垩统 Iabe 组（上覆于 Pinda 组）中，这类烃源岩以页岩为主，并以较慢的沉积速率聚集。全海相条件与连续海床（沿南大西洋伸展）同时出现，该古近系漂移阶段主要包括 Landana 组的海相页岩、砂岩以及碳酸盐岩。古近—新近系盆地充填包含于渐新统至中新统 Malembo 组中。Malembo 组厚度为 6km（3.7mile），为跨时代岩石地层单位，包含沉积于近岸至深水陆坡和盆地环境的地层（Temple 和 Broucke，2004）。

盆地渐新统和中新统内至少发现了 3 起碎屑输入事件，包括经过陆坡和进入盆地的事件（Ardill 等，2002）。本章所讨论的 Bur1 深水陆坡体系是下中新统内粗粒碎屑沉积物二次涌入的一部分。探井的岩心和钻屑的生物地层分析显示，该陆坡—水道体系属于早波尔多阶。微化石聚集在半远洋陆坡泥岩层序内。欧洲参考剖面测龄显示，Bur1 陆坡—水道体系的发育时间为 20Ma。该体系内部年龄的划分尚无法确定，因为缺少判断年龄的生物群组，并且发生过多次侵蚀、过路和沉积事件。包含整个陆坡—水道体系的泥岩层序相关沉积年龄约为 2Ma，大致结束于 18Ma。

通过对下刚果盆地的区域构造研究和分析可以确定，安哥拉大陆边缘为相连的外延—收缩结构（Larson 和 Ladd，1973；Rabinowitz 和 LaBreque，1979；Duval 等，1992；Hartman 等，1998；Gottschalk，2002）。该构造由于盐岩相关变形的作用，且伴随阿普特阶盐岩滑脱因而发育。盆地边缘上倾部分以张性断层和倾斜断块为特征，下倾部分显示出一整套盐岩构造、挤压背斜和逆冲断层（Gottschalk 等，2004）。

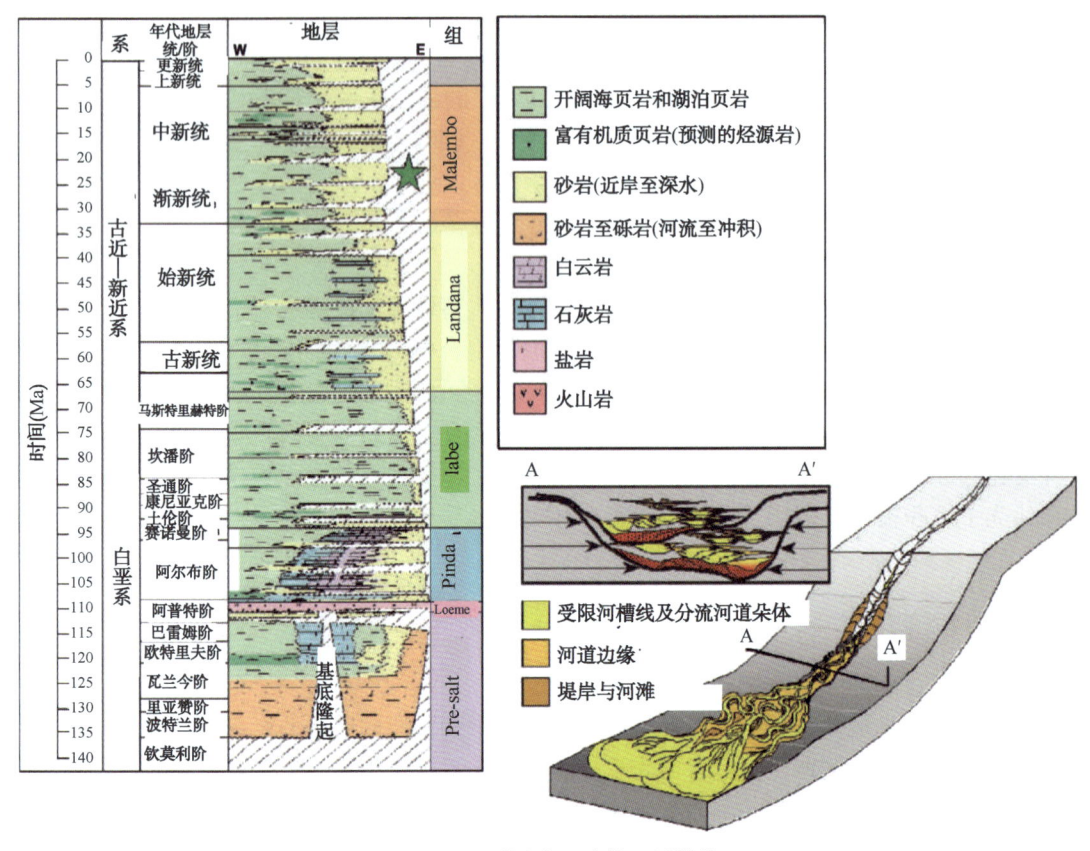

图 8-2 下刚果盆地总体地层结构

Bur1 陆坡—水道体系包含于渐新统—中新统 Malembo 组内。Malembo 组和下伏的 Landana 组包含下刚果盆地大多数后裂谷沉降阶段沉积。右下角的图片展示了相连的陆架—陆坡—盆地沉积体系的广义沉积模型（Garfield 等，1998）。本章所讨论的 Bur1 储层仅代表大型深水沉积体系的一部分。研究区域大致位于图上的剖面 AA′处，代表了中坡沉积背景中的深水受限水道复合体体系

8.3　Bur1 陆坡—水道体系

8.3.1　弯曲度和宽度

提取整个储层层段的地震振幅，展示了 Bur1 陆坡—水道体系的大比例成图（图 8-3）。Bur1 体系在东西方向发育良好，且在 40km（25mile）长度上显示出低弯曲度到中弯曲度。这种沉积趋势具有显著的一致性，可能与沉积期间区域陆坡挤入下刚果盆地有关。盐底辟、张性断层和挤压褶皱将陆坡分割成多个大型、北南向背斜和中间向斜。这些构造单元在其早期生长时显著影响了深水水道体系的宽度。Bur1 水道体系沿上方构造隆起变得更为受限、狭窄和笔直（图 8-3）。受限水道体系沿正向构造单元的宽度为 700~2200m（2300~7200ft）。对研究区域中解释的河流谷底线到 3 个背斜进行测量，水道体系的弯曲度为 1.06~1.15（$n=5$）。在各中间向斜内，水道体系显示出较少的侵蚀包容壳，且宽度

为上方构造隆起的 3~6 倍。Bur1 水道体系侧向扩展部分的水道弯曲度更高，范围为 1.12~1.73(n=5)(图 8-3)。

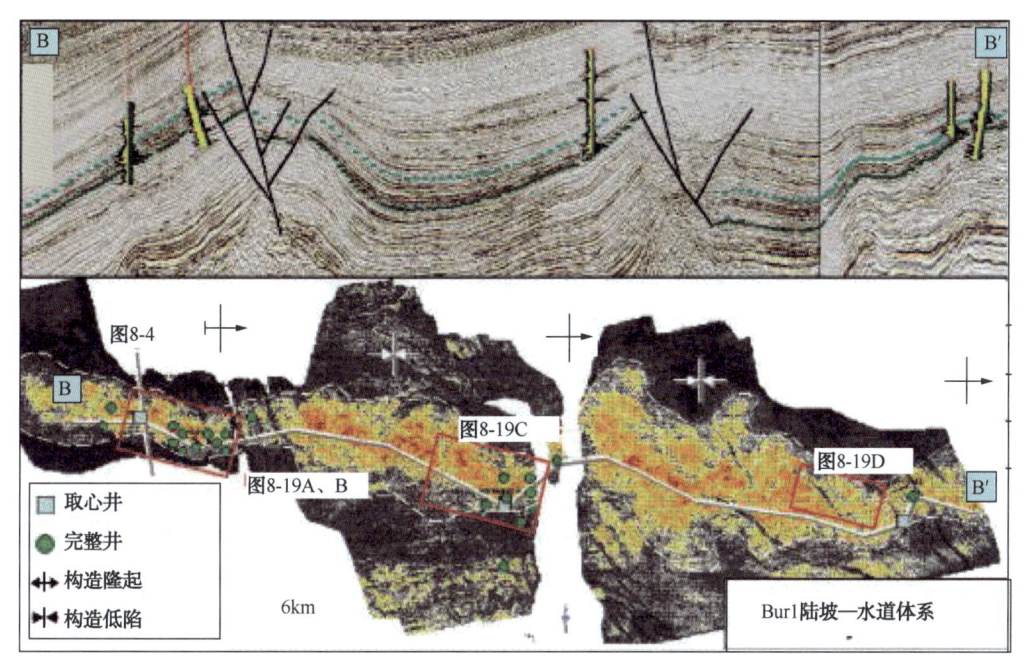

图 8-3 地震横跨 Bur1 陆坡—水道体系图片上半张为下中新统和中中新统沿 BB'的地震振幅和构造轮廓。沿 55km(34mile) 的断面用水平虚线对 Bur1 水道体系做了标记。图中部分 Bur1 体系完整井带有相应的测井响应。图片下半张为 Bur1 陆坡—水道体系的层段幅度提取图。注意构造隆起及其附近的体系局限，以及在中间向斜内发育的受限较弱的弯曲纹理。在地震振幅图上用符号标示出了所钻的井(包括取心井)

8.3.2 体系深度与河流谷底线起伏

高分辨率 3D 地震数据显示，Bur1 陆坡体系的复合充填厚度沿 15 号区块 40km(25mile) 长的沉积通道不断变化。引起这种变化的原因包括水道复合体的侵蚀和沉积包容壳、临近正在生长的盐体构造，以及张性断层网产生的可容空间。Kizomba 开发区域 Bur1 体系平均厚度约为 120m(390ft)，厚度范围从 70~220m 以上(230~720ft 以上)不等。发育在水道边缘(河流谷底线上方)上的古老起伏地形可根据水道充填厚度、地层上超位置、滑塌块体尺寸及其相关位移长度进行估算，而剖面则可根据成像良好的水道剖面进行估算。这些综合数据类型表明，Bur1 水道的起伏地形在沉积期间从未超过 50m(164ft)，在部分更为受限的位置甚至可能只有 5~10m(16~33ft)。因此，Bur1 体系并非海底峡谷充填或单个侵蚀事件外加沉积作用的产物。相反，Bur1 复合体系沉积物充填是多个沉积物重力流冲刷事件、溯源侵蚀事件和水道边缘滑塌事件的产物，并与浊流和泥石流引起的幕式沉积交替出现。Bur1 水道体系充填的上倾至下倾变化由多个因素决定，包括沉积物涌入盆地的变化量、与主动盐分运移相关的局部海床倾斜度，以及区域沉积倾斜度。其中区域沉积倾斜度与相连的张性构造域和收缩构造域交叉，此类构造域属于快速进积陆架—陆坡体系。

8.3.3 堤岸局限

Bur1 水道体系以中幅—低幅地震反射为界限，该反射以极低的角度（<1°）朝储层轴相反方向倾斜（图 8-4A）。倾斜地层的下超位置可距离水道体系数千米远（M. Grove，2005）。钻井显示，这些地震相为低砂地比的粉砂质泥岩，在该处解释为侧翼堤岸。河流谷底线至堤顶的起伏为 10~120m（33~393ft）。通过在地震横跨上观察到的地层削截，并将堤岸厚度与侧向相邻的、以更多侵蚀作用为界的水道复合体厚度进行对比后可以看出，堤岸存在多次生长和侵蚀事件。侧翼堤岸在水道体系底部发育最好。体系较新部分的堤岸结构在侧向更为受限，并显示出亚马孙和墨西哥湾更新统层序的经典结构（Pirmez 等，1997）。

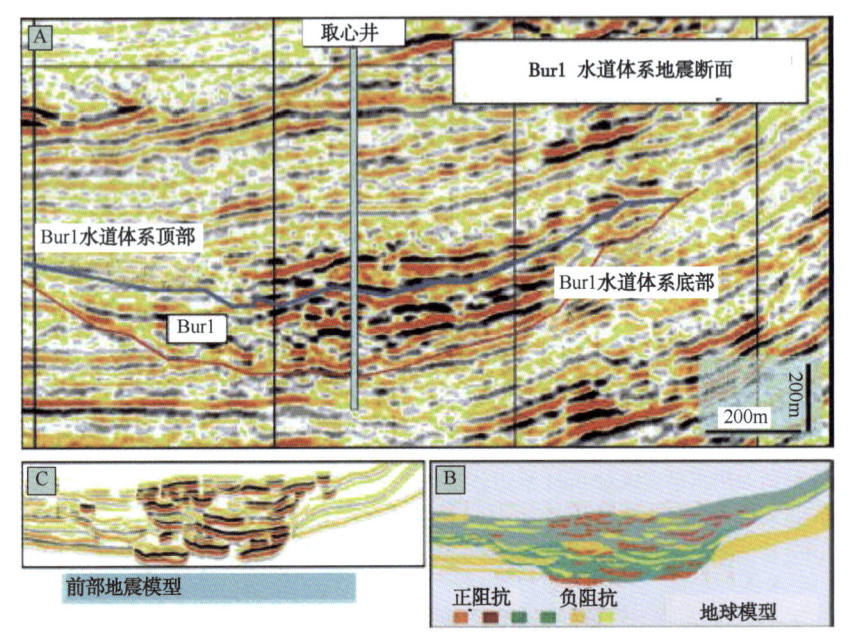

图 8-4 Bur1 陆坡—水道体系地震剖面

(A)由于岩石类型较多且地层结构通过多次侵蚀和沉积事件而形成，因此 Bur1 体系的地震表达较为多变。该体系轴部的地震特征为多旋回、高幅度、半连续地震相。离轴序列和水道边缘序列显示中—低幅度的响应，此类序列上超于体系的侵蚀界面；(B)混合阻抗水道充填和非水道化沉积单元的地球模型与地震子波卷积，产生模型化的地震响应；(C)与实际地震横跨相似

8.3.4 整个构造隆起和向斜低点中陆坡—水道体系局限的变化

Bur1 水道体系的侵蚀包容壳在现有正向构造单元中或其附近最为明显。跨越正向构造单元的水道在俯视图中相对较直，这种结构与弯曲度更高的中间向斜水道形成明显对比。海床中明显的正向起伏并非 Bur1 沉积期间的因素，因为 Bur1 体系以直角跨越了盐核背斜或北—南张性断层体系，且不存在水道分流或偏转。高能浊流和堤岸生长对海床的净侵蚀足以维持水道体系跨越生长正向构造单元的位置和坡度。

8.3.5 影响局限性水道体系外部形态的因素

宽广的 3D 地震覆盖显示，下中新统陆坡—水道体系为大规模的沉积特征，其覆盖面积

比储层研究中常见的成像良好的高幅度水道体系更广。该体系侧向尺寸较大，为2~20km（1.2~12mile）。这些低幅度地震相代表了沉积体系的重要组成部分，与相关水道带的成因具有根本联系。要确定此类沉积和水道充填沉积之间准确的层序地层关系较为困难，但可以明显看出，上述沉积的地层记录包含了漫长的泛滥过程。厚度和几何结构表明，这些沉积为净沉积单元，通过正在演变的水道复合体附近的加积作用而形成，水道复合体由大量浊流沉积而成，且速度、浓度和沉积速率的侧向梯度很高。认识此类沉积单元对于了解陆坡—水道体系的演变十分重要，因为这些沉积相分布广、砂地比低，确立了从陆坡到盆地的长期水道体系走向。此类侧翼堤岸缺少粗粒岩相（即粗粒砂岩、砂砾、砾岩），这表明水道体系通道向下存在大规模沉积过路作用。细粒悬浮团的剥落、海床坡度由于块状搬运复合体侵位而改变，以及陆架边缘对沉积物输移出入点的控制共同决定了水道体系通道的偏移间距。

8.4 Kizomba 油田开发区域

8.4.1 油田历史

Kizomba 油田开发前的早期地球科学研究和钻井历史可参阅文献（Reeckmann 等，2001）。

油田的开发分阶段进行，包括 Kizomba A 开发区，该区为一个36槽张力腿平台与近距离系泊的2.2 MMBO 浮式生产储油船（FPSO）的组合（图8-1）。首次产油是在2004年8月，2006年中期的日产油量超过250000bbl。Kizomba A 开发区钻探活动持续进行，在5个海底钻探中心钻有压力保持井。Kizomba B 开发区与 A 开发区类似，从2005年7月开始产油。除了可通过张力腿平台从储层产油外，还可从西北方向10km（6mile）处的 Dikanza 海底开发区产油。Kizomba B 开发区目前的日产量超过250000bbl。Kizomba 油田以生产为目标的活动包括钻压力保持井、在未钻穿单元建产、进行高分辨率四维地震勘测，以应对油田衰竭。

8.4.2 15号区块 Bur1 的钻井

在 Bur1 深水水道体系共钻了28口井（图8-3）。Bur1 陆坡—水道体系中超过半数的井为多层次砂砾岩储层。用高分辨率3D 地震体的解释流程对 Kizomba 油田高角度、长距离的钻井设计进行了优化。

8.4.3 取心井和未取心井的分布

通过4个（4口井）常规岩心[总长度554m（1817ft）]确定了 Bur1 水道复合体的岩相垂直分布。通过其中3口取心井确定了 Kizomba 开发区域水道集27km（16mile）的上倾至下倾断面（图8-5）。对岩心进行了详细描述，岩心研究结果用于地震相校准、岩石性质研究以及地质建模。在 Kizomba 开发区域以北40km（25mile）的 Xikomba 油田中，油井从波尔多阶深水水道体系中产油，该体系年代相同，但地层结构不同，岩心显示出浊积岩和碎屑的水道充填序列。

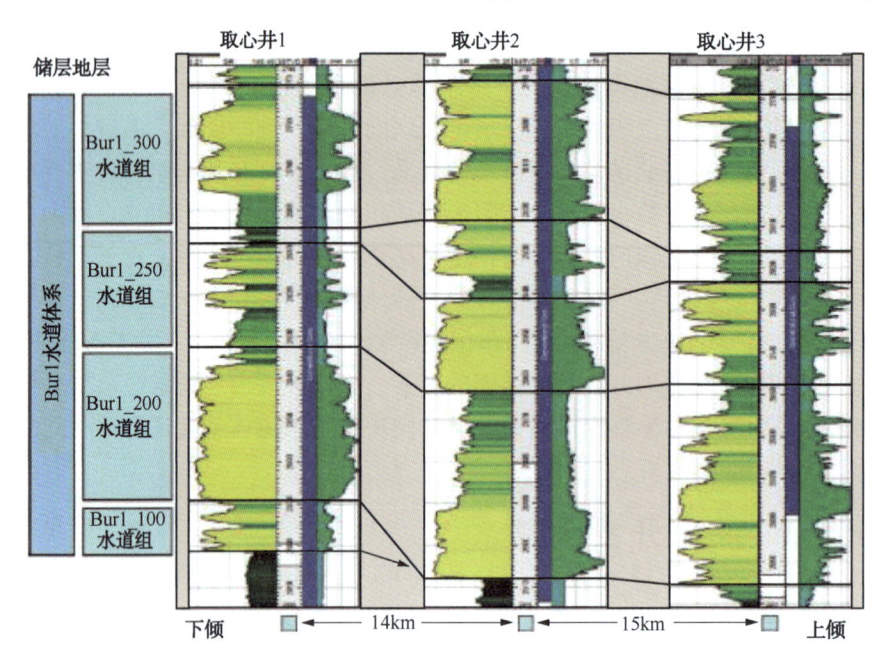

图 8-5 Bur1 陆坡—水道体系储层划分

Bur1 水道体系可分为 4 个以不整合面为界的水道集。储层的划分基于各水道集的地层物理关系,并包含沉积于水道和内水道区域的岩相。这种划分方式避免了对储层连通性的过高估计(假设所有砂岩的年代相同)

8.5 取心井内的深水岩相

在从 Bur1 复合水道体系获得的岩心中观察到了 4 种相组合。这些相组合为一系列层组成因相关的独特岩相,各岩相具有独特的沉积结构、层厚和岩石学组分。Bur1 陆坡体系内所有的深水相组合对地下和露头数据集内研究的其他局限性水道体系来说均十分常见(Raposo 和 Sykes,1998;Sykes 等,1998;Campion 等,2000)。

8.5.1 相组合 1

相组合 1 是一个偏砾石的相组合,该相组合包含以碎屑为支撑,以块状、未分等级至正常分级的碎屑组构为特征的砂质砾石(图 8-6、图 8-7)。

8.5.1.1 描述

层厚范围为 0.3~8m(1~6ft),层厚平均值为 1.3m(4.2ft)。砾石和砂质砾岩具有以骨架为支撑的结构,包含大于颗粒至砾石级 30% 的碎屑。伸长的砾石级至鹅卵石级碎屑体现了快速侵蚀的地层界面间发育良好的平面至倾斜面鳞状碎屑。

极粗粒砂岩为块状结构,呈薄层状,由 5%~30% 颗粒和砾石碎屑颗粒组成,并以砾岩的基底堆积为标志。常见正常粒度,整体分选为差—极差。本岩相组合所述碎屑 80% 以上为磨圆度较好的石英长石质、火成岩和片状变质岩碎屑,仅含少量硬化良好的砂岩和变质火山岩岩相。分离方解石胶结的结核具有凸起的上下界面(图 8-8)。层厚、结构和粒度趋势比 Lowe 内 R_1 和 R_3 地层类型粗粒沉积物有利。

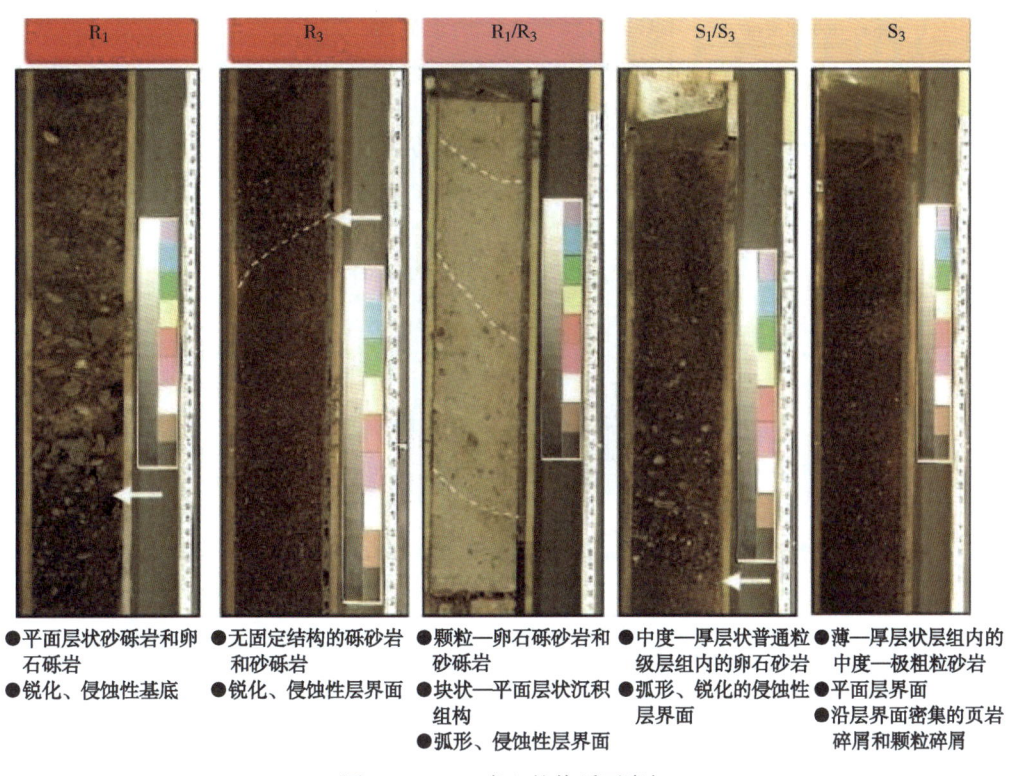

8 安哥拉15号区块下中新统深水陆坡—水道体系粗粒与细粒混合岩相序列的地层结构和可预测性

R₁	R₃	R₁/R₃	S₁/S₃	S₃
● 平面层状砂砾岩和卵石砾岩 ● 锐化、侵蚀性基底	● 无固定结构的砾砂岩和砂砾岩 ● 锐化、侵蚀性层界面	● 颗粒—卵石砾砂岩和砂砾岩 ● 块状—平面层状沉积组构 ● 弧形、侵蚀性层界面	● 中度—厚层状普通粒级层组内的卵石砾岩 ● 弧形、锐化的侵蚀性层界面	● 薄—厚层状层组内的中度—极粗粒砂岩 ● 平面层界面 ● 沿层界面密集的页岩碎屑和颗粒碎屑

图 8-6　Bur1 岩心的偏砾石岩相

Bur1 水道体系中的偏砾石岩相通常为厚层状、中度分选分选差的层组，以锐化的侵蚀性界面为界。粒度最粗的为 R₁ 或 R₃，其颗粒、卵石或小型鹅卵石碎屑含量高于 30%。S₁ 和 S₃ 层组的颗粒—卵石碎屑含量为 5%~30%。低角度交错层理和碎屑叠瓦构造在 R₁ 和 S₁ 层组发育良好。彩条长度为 20cm(8in)

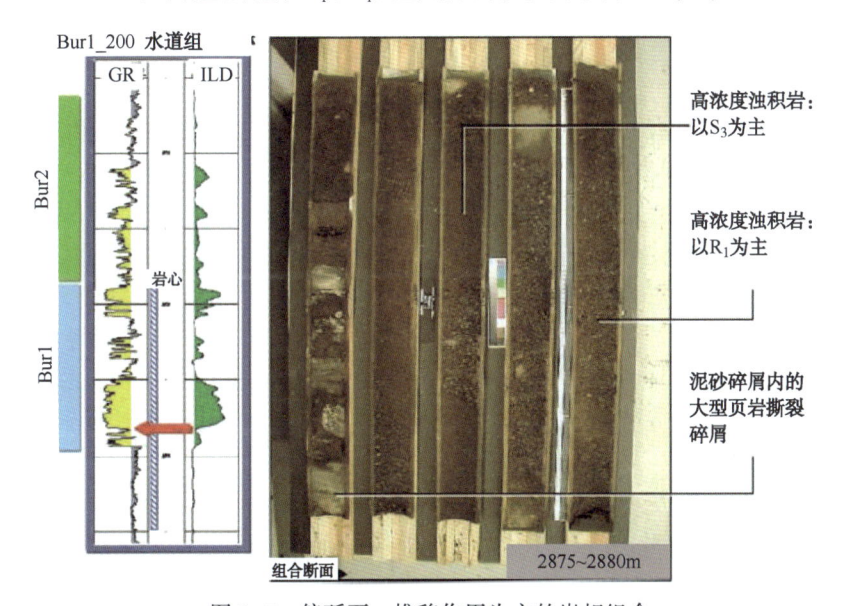

图 8-7　偏砾石、推移作用为主的岩相组合

偏砾石、推移作用为主的层组内岩相的垂直发育包含中下部以碎屑为支撑的砾石和上覆极粗砂岩的大型页岩撕裂碎屑。这些岩相组合在垂直方向上拼贴良好，形成以块状测井响应为特征的厚水道复合基底。岩心片段长度为 5m(16ft)。伽马射线(GR)和深感应电阻率(ILD)测井曲线如测井曲线所示

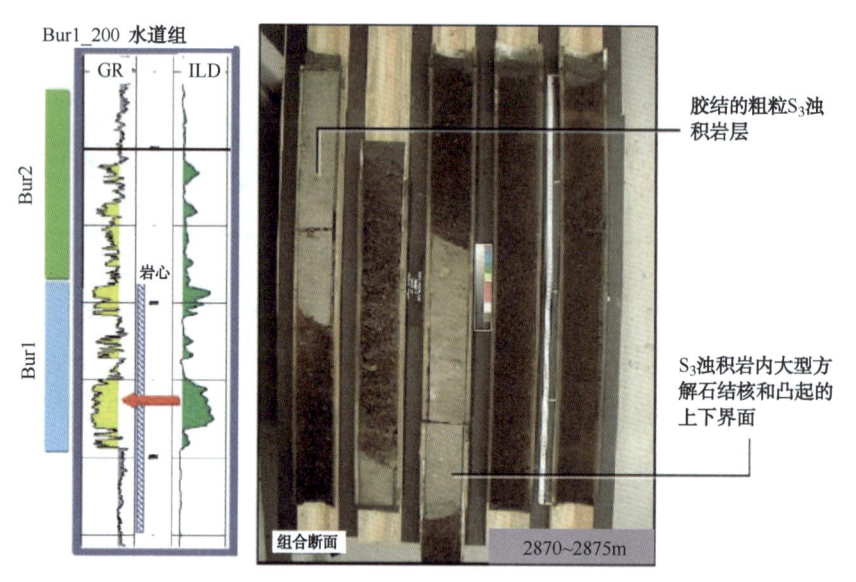

图 8-8 偏砾石、推移作用为主的岩相组合

砾石至颗粒级岩相具有块状至较弱的成层结构，层组厚度为中等至 0.3~2m(1~6.6ft)。该岩相组合可能包含离散、0.5~1m(1.6~3.3ft)的方解石胶结物层段。胶结锋面界定的凸起的、弯曲上下界面表明这些胶结物的形状为椭圆和结核。测井响应为块状。岩心片段长度为 5m(16ft)。伽马射线(GR)和深感应电阻率(ILD)测井特征如测井曲线所示

8.5.1.2 解释

该岩相组合内富砾石层体现了来自高浓度浊流以底负载为主的沉积作用。鳞状碎屑组构、高分辨率地震资料所反映的分布规律及规则水道侵蚀切割关系体现了以大型多碎石地形为特征的沉积作用(Winn 和 Dott，1979)。由于多个流动事件粗粒底负载的堆积，砾石单元在沉积物产出量最大的时期在活跃的河道剖面线内发育。

8.5.2 相组合 2

相组合 2 是一个由厚层、分选良好—差的无结构至微波砂岩构成的偏砂相组合(图 8-9)。

8.5.2.1 描述

无结构砂岩为中粒至极细颗粒，层厚范围为 0.06~0.6m(0.2~2ft)，平均层厚为 0.2m(0.6ft)。较低地层接触面为平面和侵蚀面；上层接触面为平面至轻微弯曲面。

尽管稀疏的卷曲纹理见于较厚的层中，但沉积组构为无结构且分选良好。这些地层通常上覆偏砾石岩相。流痕砂岩包括细至极细粒砂岩和互层粉砂质泥岩。层厚范围为 0.06~0.5m(0.2~1.6ft)，平均厚度为 0.2m(0.6ft)。该相组合通常覆盖块状砂质浊积岩，具整合接触面。沉积结构以 1~5cm(0.4~2in)厚的流痕纹层组为主。少量生物扰动和软沉积物形变存在于泥质砂岩层内。

由粉砂或淤泥基质构成的分选较差的一系列砂岩同样发育于偏砂相组合内。这些中等至细粒砂岩的厚度为 0.3~1.5m(1~5ft)，平面地层接触面由排水和液漏结构的侵蚀截断而界定(图 8-9)。颗粒组构通常为块状均质。多数厚层砂岩表现出了轻微的向上变细的粒度趋势。砾石级浮状页岩碎屑、旋流组构和小颗粒为常见的地层成分。通过丰富的垂直排水管道、卷曲的基质流结构和浮状、基质支撑的碎屑，可以推断存在肉眼可见的黏土级基质。粒度分析显示这些层组砂质基质内黏土含量为 1%~8%。

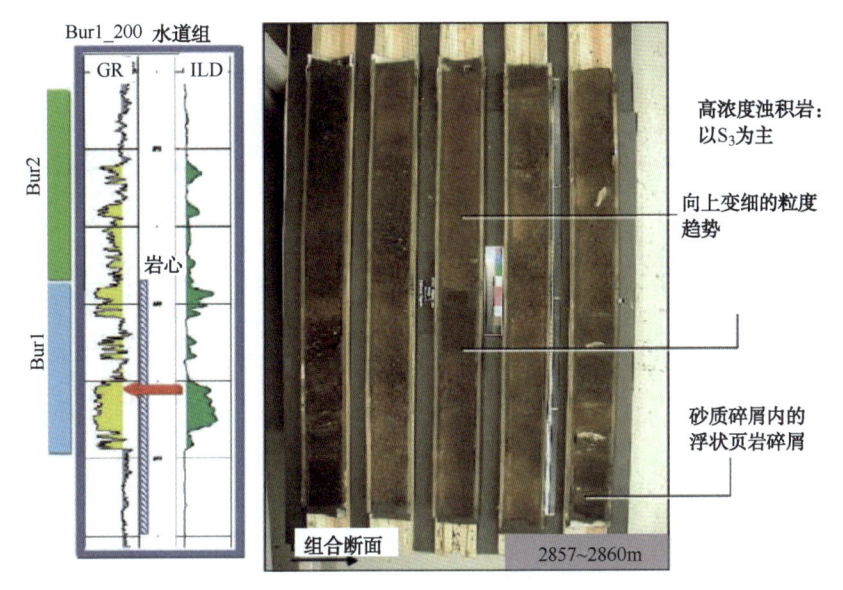

图 8-9 偏砂、悬质为主的岩相组合

拼贴良好的砂岩具有块状至正常级配和明显的整合地层接触面。少量颗粒或页岩富碎屑间隔对该岩相组合内许多层组基底进行了界定。碎屑成因的泥质砂岩发育于局部岩心组合内。岩心片段长度为 5m(16ft)。伽马射线(GR)和深感应电阻率(ILD)测井特征如测井曲线所示

8.5.2.2 解释

下伏砂质砾岩至厚层、分选良好的砂岩之间的垂直相过渡体现了水道轴环境内富砂浊流的快速悬浮沉积。厚层理、整合的地层接触面和均匀的粒度分布(Arnott 和 Hand, 1989)体现了快速的沉积作用。块状砂岩可与 Bouma T_a/T_b 浊积岩细分相比。

与分选良好的砂岩相比,分选较差、含黏土砂岩层内混合粒度和沉积结构体现了砂质碎屑流成因。分散的碎屑组构、米级层理和丰富的液漏结构表明基质强度控制着砂质碎屑的沉积和运动(例如:Middleton 和 Hampton, 1976; Iverson, 1997)。少量黏土带来的基质强度抑制了湍流,阻碍了结构颗粒分离。数字和物理过程建模表明之前被描述为拼贴 T_a 地层的产物事实上可能是砂质碎屑沉积产物(Angevine 等, 1990; Shanmugam, 1996)。

8.5.3 相组合 3

相组合 3 是一个互层泥砂岩相组合。块状、流痕和纹层类型通过内部沉积结构和粒度分级的存在来确定(图 8-10~图 8-12)。

8.5.3.1 描述

互层砂泥相包括向上变细的中等至极细粒砂岩、粉砂岩和泥岩,地层厚度为 0.1~0.3m (0.3~1ft)。这些地层包括流痕砂岩、波状至平行层压的砂质粉砂岩和平行层压的泥岩,可与典型的 Bouma(1962)地层类型相比(图 8-10)。砂岩通常分选极为良好。

无结构泥岩见于厚度为 0.1~4m(0.3~13ft)的地层内,接触面从平面至高度扭曲。基质具有卷曲或变形外形,通常体现出厘米量级的剪切带和内部组构变化。这些泥岩中浮状砂级石英颗粒和较大的有机岩屑十分常见(图 8-13、图 8-14)。

T_a/T_b	T_c	T_{cd}	T_{de}

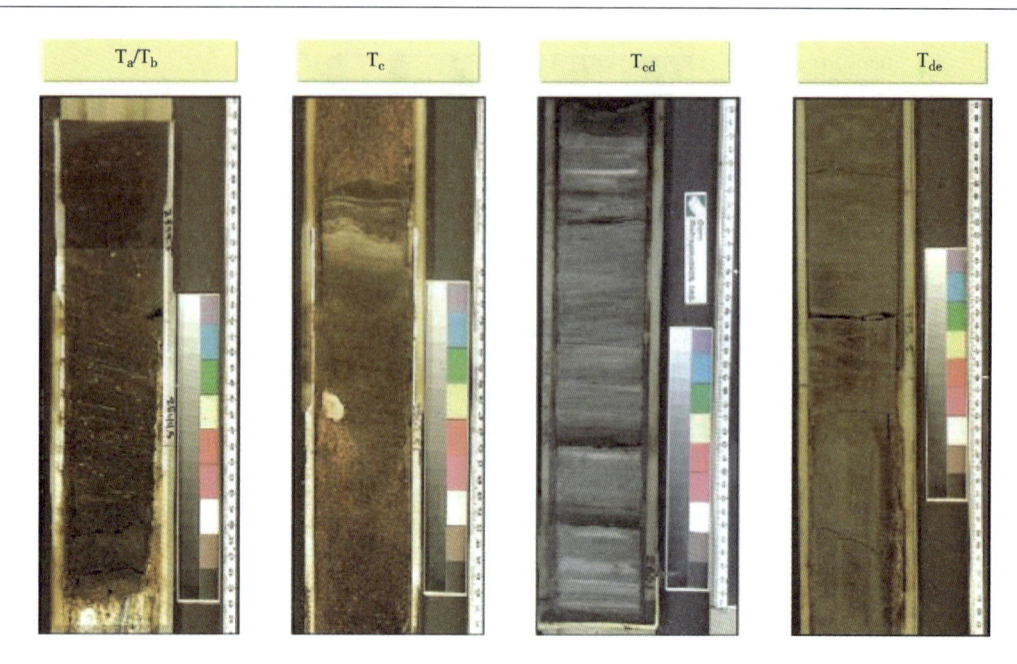

- 中等粒度至粗粒中等分选至分选良好的砂岩
- 块状至平面层状砂岩的垂直过渡
- 明显的侵蚀基底

- 0.2~1cm厚纹层组内的流痕中等粒度至极细砂岩
- 通常与泥质砂岩和泥岩互层

- 极细砂岩至粉砂岩和泥岩的逐渐过渡
- 各地层上部的非补偿波痕纹层被平行层状粉砂岩代替

- 0.5~12cm纹层组内平行层状至块状粉砂岩和泥岩
- 地层顶部散开的旋流结构十分常见
- 生物扰动作用十分罕见

图 8-10 Bur1 岩心内砂质和互层砂泥岩相光谱

该岩相组跨越整个泥砂比，被称为典型浊积岩。地层厚度与含砂量密切相关。拼贴良好的 T_a 和 T_b 地层为中至厚层，而 T_c、T_{cd} 和 T_{de} 则为以淤泥为主的薄层。彩条长度为 20cm(8in)

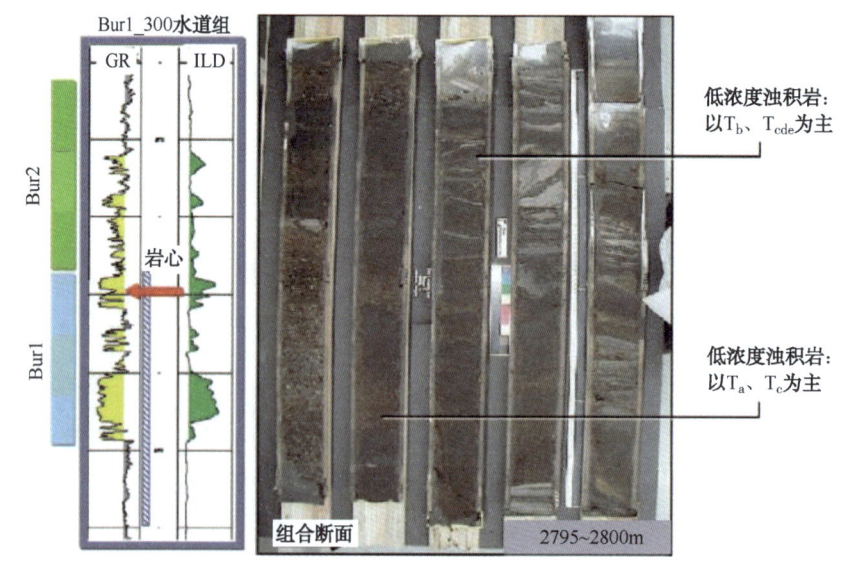

低浓度浊积岩：以 T_b、T_{cde} 为主

低浓度浊积岩：以 T_a、T_c 为主

图 8-11 互层砂泥岩相组合

偏淤泥岩相体现了河道储层组群间中间层段的平行至波状纹层组和含页岩测井响应。岩心片段长度为 5m(16ft)。伽马射线(GR)和深感应电阻率(ILD)测井特征如测井曲线所示

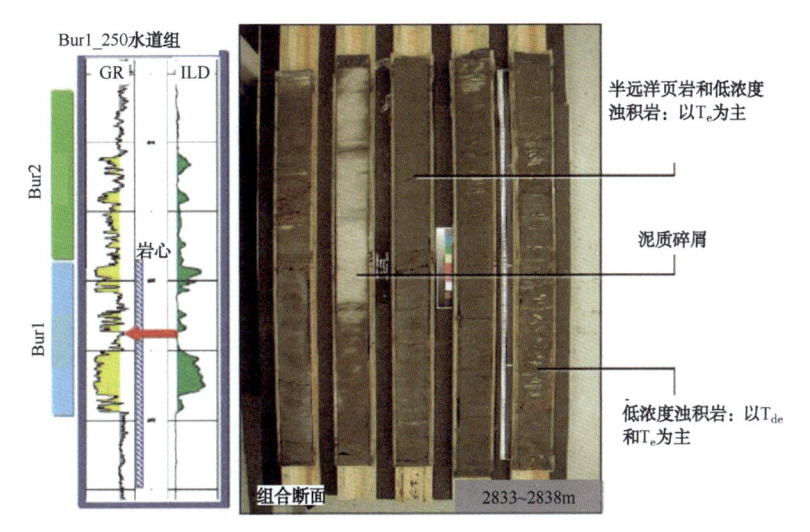

8 安哥拉15号区块下中新统深水陆坡—水道体系粗粒与细粒混合岩相序列的地层结构和可预测性

图 8-12 互层砂泥岩相组合

泥质碎屑构成了发育良好的向上变细测井上部(箭头指示)。富含黏土的基质内泥质碎屑含砂量为2%~20%。这些泥质碎屑上覆薄层 T_c、T_{cd} 和 T_{de} 浊积岩。该相组合的厚度通常为2~8m(6.6~26ft)。岩心片段长度为5m(16ft)。伽马射线(GR)和深感应电阻率(ILD)测井特征如测井曲线所示

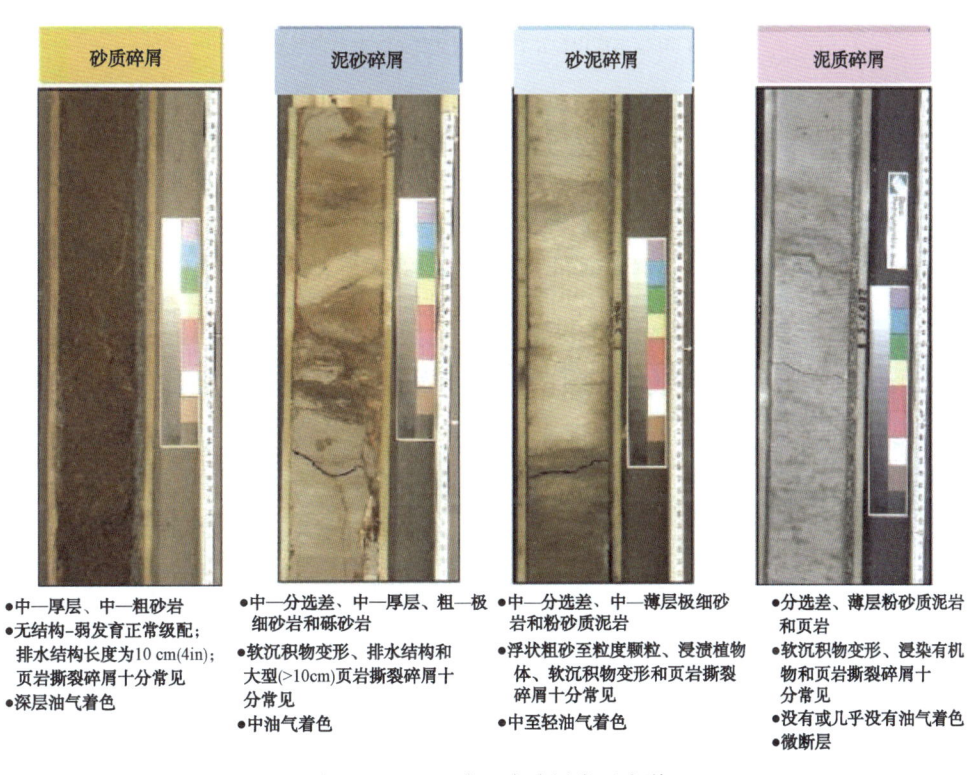

图 8-13 Bur1 岩心内碎屑类型光谱

浮状、特大岩屑、卷曲或变形的原生层理几何结构、排水管道和间质黏土完整光谱存在于 Bur1 体系内。完全偏砂或完全以淤泥为主的示例占据了地层类型的真实光谱两端,此处将它解释为砂质碎屑和泥质碎屑。多数取自 Bur1 的碎屑符合地层类型光谱中段,根据基质中的砂、含水饱和度、渗透率和地层厚度将其分为砂泥碎屑(储层质量较差)和泥砂碎屑(储层质量较好)。彩条长度为20cm(8in)

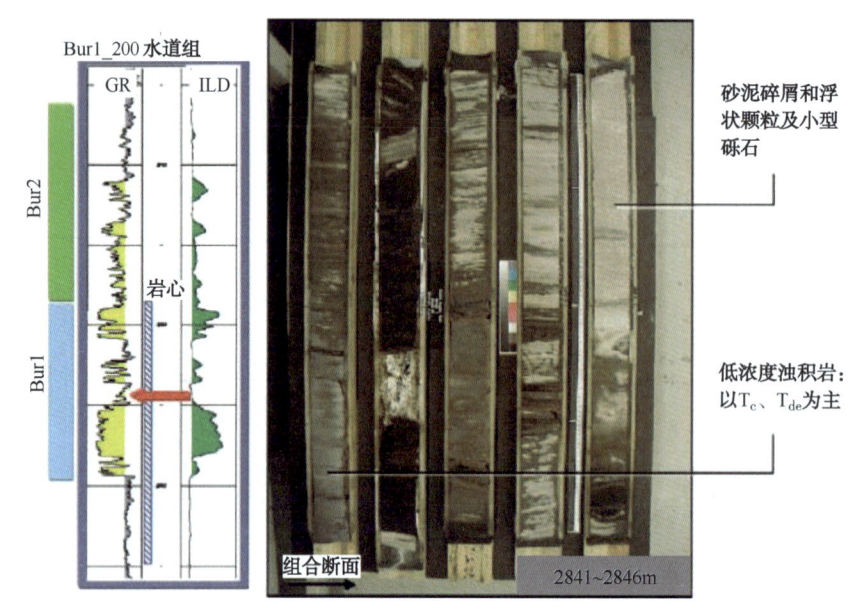

图 8-14 以淤泥为主的岩相组合

混合泥质碎屑形成一系列多变的厚薄层扭曲相序。测井响应呈钟形。薄薄的互层 T_c 和 T_{cd} 浊积岩通常中断较厚的富碎屑层段。浊积岩沉积的砂岩和泥质碎屑的渗透性差异通过含油气饱和度而体现。岩心片段长度为 5m(16ft)。伽马射线（GR）和深感应电阻率（ILD）测井特征如测井曲线所示

8.5.3.2 解释

层组类型的流痕、异类岩性和多样性表明这些以淤泥为主的地层来自浊流悬浮物的沉积（Arnott 和 Hand，1989）。泥质浊积岩序列内地层组构可与 Bouma T_{de} 地层相比（Bouma，1962）。波状砂质浊积岩沉积于河道边缘和近漫滩环境流动作用逐渐减弱的条件下。稀释羽状沉积物随各浊流从深水河道轴侧向流动。偏离轴向位置，细砂岩和泥岩的聚集和保存作用增强，同时细砂岩和泥岩的聚集和保存去除了河道海谷底线内高浓度流的侵蚀作用。复合水道活跃的发育期内，沉积物重力流的强度、沉降体积和结构发生显著变化。偏页岩序列聚集于水道充填和废弃作用逐渐减弱的阶段，此时水槽改道可能将水槽充填中心变为复合陆坡的另一部分。

8.5.4 相组合 4

相组合 4 是一个贯入相和滑移相的组合。

8.5.4.1 描述

Bur1 岩心中见形状、厚度和几何结构各异的整合（岩床）和不整合（岩脉）砂岩（图 8-15）。砂岩分选良好，粒度有限，粒度范围为极细至细。砂岩的内部结构通常为块状，一些较厚的不整合地层的上下接触面含有少量的撕裂碎屑（图 8-16）。贯入（岩脉）砂岩厚度范围为毫米级至 0.75m(2.5ft)，贯入（岩床）砂岩厚度范围为毫米级至 0.4~1m(1.3~3.3ft)。在某些剖面，整个 10~15m(33~49ft) 层段或多或少的分离岩床砂岩经过组合断面进入水平和垂直贯入的砂岩复合网。

粗粒储层下方的多个取心层段含 0.5~5m(1.6~16ft) 的褶曲和扭曲砂岩区块和泥岩区块。内部组构通常为畸形，不与主要的层理面平行。大型碎屑通常体现了区块边缘待削截的内部层理或层压。这些区块嵌入砂质或淤泥基质内。

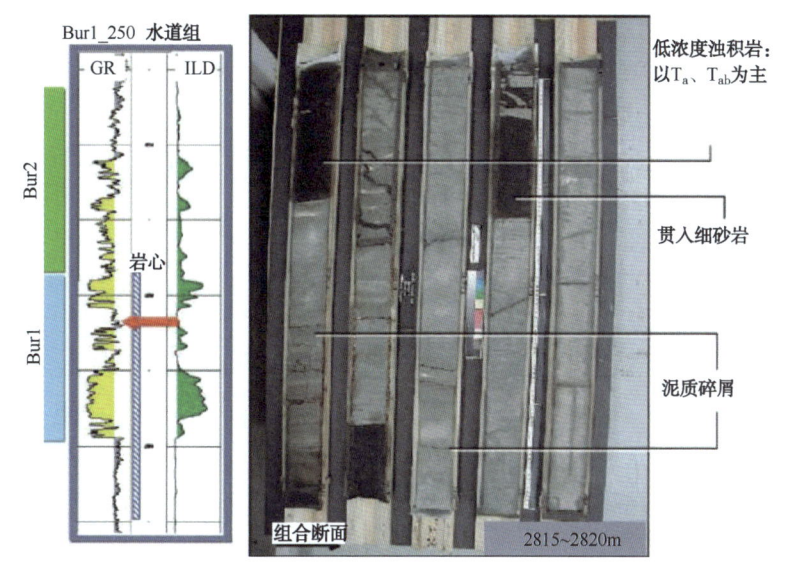

图 8-15 以淤泥为主的岩相组合

泥质碎屑厚序列一律为灰色,可能体现了不连续、分选良好的假整合细粒砂岩层段。砂岩与泥质碎屑地层几何形态之间的互切关系体现了砂岩的沉积后贯入成因。含页岩的测井响应取决于贯入砂岩量;这些富含贯入砂岩的层段具有高度锯齿化的测井模式。岩心段长度为 5m(16ft)。伽马射线(GR)和深感应电阻率(ILD)测井特征如测井曲线所示

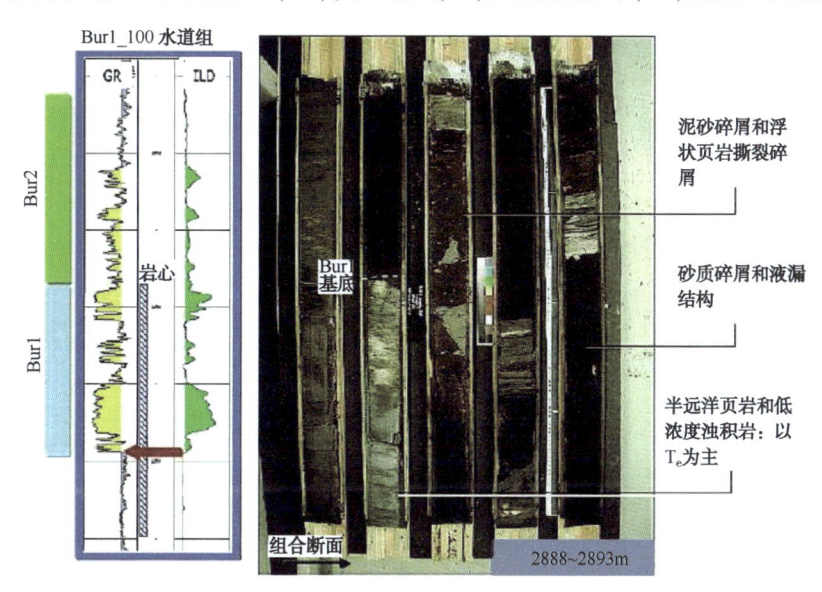

图 8-16 贯入砂岩和碎屑岩相组合

该片段体现了 Bur1 体系基底处某些相结构。陆坡—水道体系界面(白色虚线)与区域地图范围内地震数据有关。该接触面不平整,将 Bur1 水道体系从较老的陆坡泥岩分离(灰色岩性)。直接坐落于此不整合接触面的岩相序列非常多变。在此岩心中,砂质碎屑、崩塌块体和贯入砂岩上覆于该接触面。岩心片段长度为 5m(16ft)。伽马射线(GR)和深感应电阻率(ILD)测井特征如测井曲线所示

8.5.4.2 解释

贯入砂岩为局部再活化砂,来源于分选良好的砂质地形。河道间页岩内的砂岩岩脉和岩床可能与底负载之下和邻近的快速沉积的多碎石和砂质地形有关。在砂质复合水道的浅埋藏

过程中，晚期砂质可能再活化进入漫滩，覆盖了废弃泥岩序列。砂质水道充填与压实的偏淤泥漫滩相之间的岩相相关渗透性差异导致孔隙性砂岩超压。液体静压释放迫使分选良好的砂以一系列岩床和岩脉的形式进入泥岩中。

滑移地层的成因尚不确定，可能体现了多个沉积过程和沉积事件。滑塌沉积至主要侵蚀面的接近体现了水道的不稳定性和高能浊流的底切作用。变形地层与贯入砂岩的互切关系表明崩坍块体从过陡凹岸滑落，在以推移质为主的坝沉积物发生压实作用前被掩藏。

8.6 BUR1 深水水道体系的相构成

8.6.1 垂直相和水平相呈叠加排列

高分辨率地震数据体和大量钻井资料构成了 Bur1 陆坡—水道体系垂直相和水平相关系的一般趋势。在多数开采活动相对集中的区域，以砾石为主的岩相常见于相应的水道轴位置处。水道充填的下端三分之一至二分之一处包含厚层砾石和极粗砂岩（图8-17）。水道充填上部包含互层偏砂浊积岩和混合泥砂碎屑、薄层泥质浊积岩和贯入砂岩。可将多种叠加水道

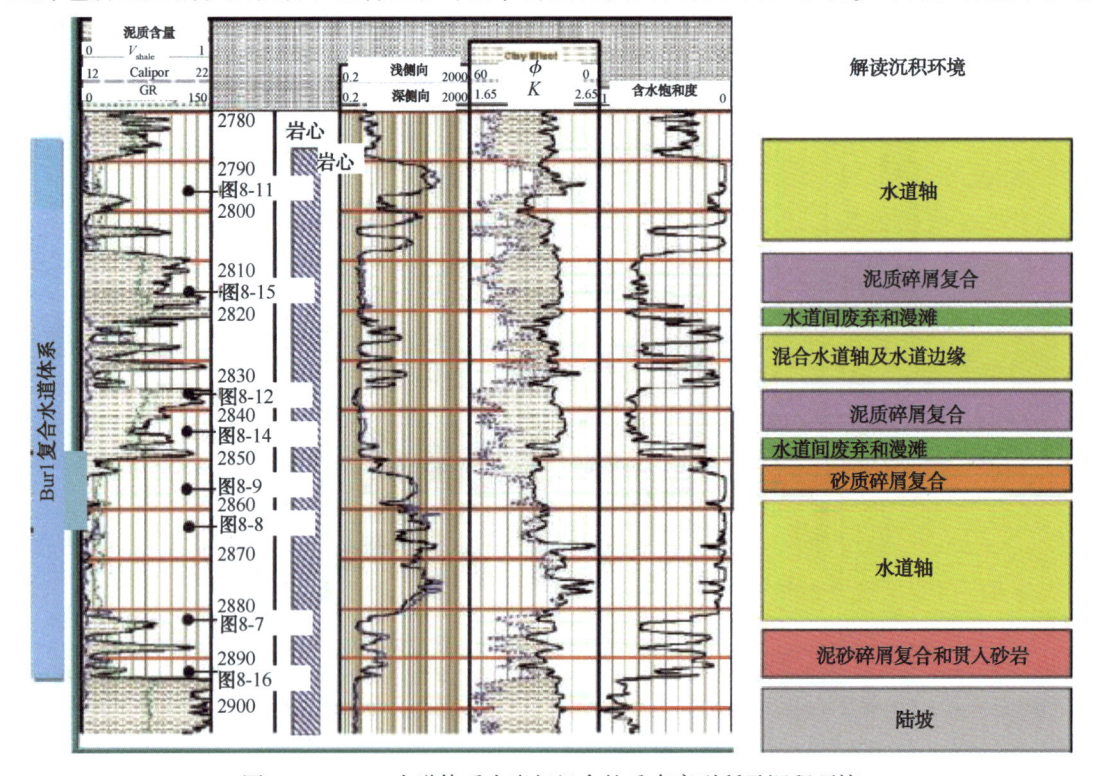

图 8-17 Bur1 水道体系内岩相组合的垂直序列所示沉积环境

Bur1 内各复合水道体现了混合碎屑、浊积岩和上覆拼贴良好的砾石、偏砂牵引沉积物以浊积岩为主的相组合的坍落物逐步发育。由于复合水道内泥质碎屑的混合，测井响应预示着水道充填连通性的非混合性与不连贯性。多碎石岩相相关侵蚀作用引起复合水道的横向和纵向混合，油气井动态性能展现了较好的连通性（相比于根据测井响应推断所得的连通性）。堆叠相组合的伽马射线和泥质含量测井响应如左侧曲线所示，含岩心图注释；电阻率、孔隙度、密度和含水饱和度曲线如右侧测井曲线所示。深度按米计

8 安哥拉15号区块下中新统深水陆坡—水道体系粗粒与细粒混合岩相序列的地层结构和可预测性

充填沉积物归为相关侧向水道—边缘和漫滩沉积物，形成成因明显的复合水道。利用侵蚀面的地震图以及同水道复合体的废弃和横向运移相关的相之间的对比将 Bur1 细分为一个 4 褶皱、以不整合为界的水道复合体组（Sprague 等，2002）（图 8-5、图 8-18）。

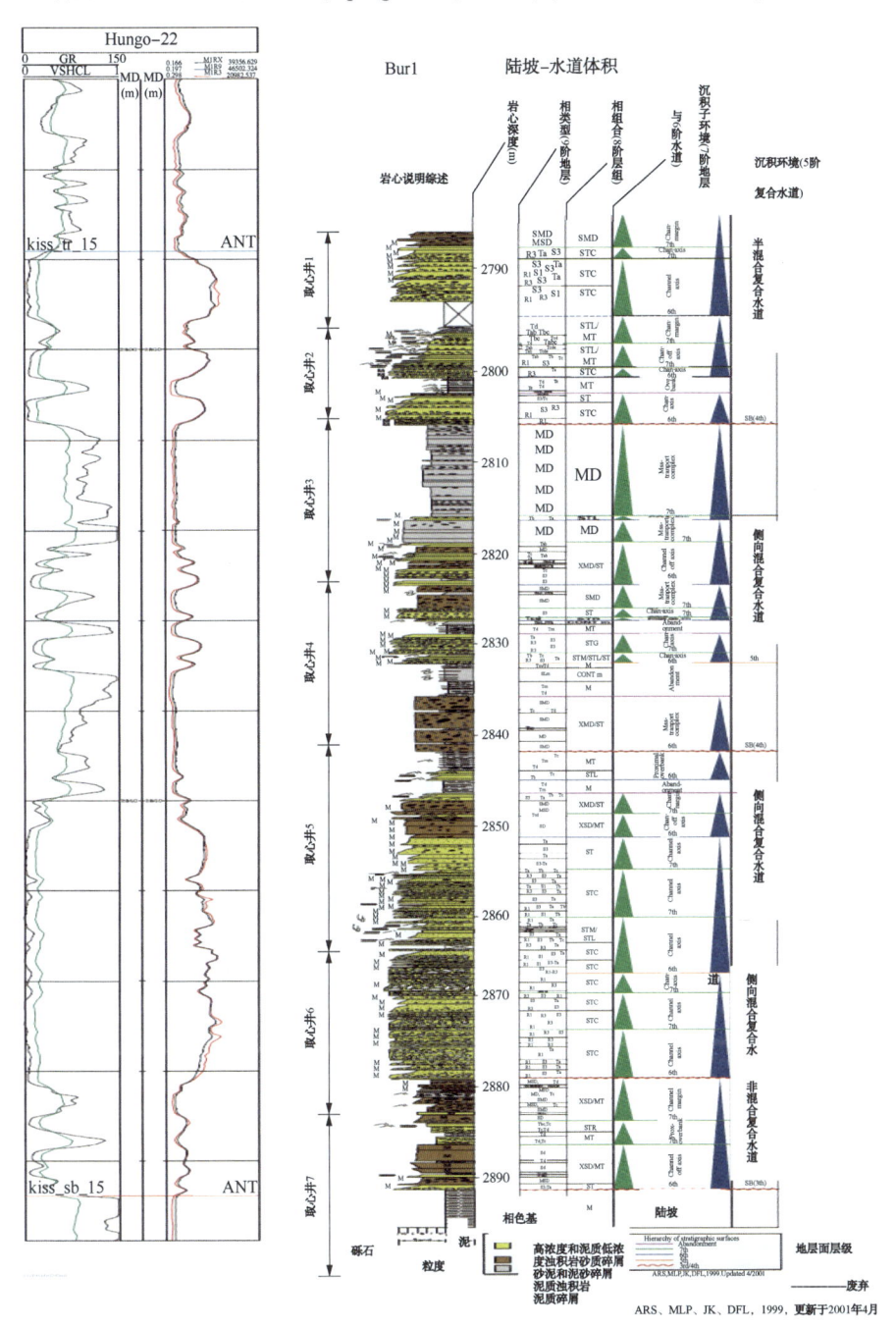

图 8-18 Bur1 陆坡—水道体系内的垂直岩相序列和地层层级

Bur1 岩心详细的相描述反映了地层和层组单元与深水层级内较大地层单元之间的关系。在此例中，黄色层组为受高和低浓度浊流影响而沉积的偏砾石或偏砂相。棕色部分为砂质和泥砂碎屑。灰色岩性为泥质浊积岩、碎屑和半远洋页岩的混合物。垂直相测井体现了 Bur1 陆坡—水道体系内三个堆叠复合水道组的轴向表示。左侧测井曲线为伽马射线和泥质含量；浅层油藏和深层油藏的电阻率曲线如右侧曲线所示。岩心描述长度为 110m（360ft）。

8.6.2 承压复合水道内的粗粒砾石

偏砾石相序体现了高阻抗地震特征，即可以进行 Bur1 水道体系内精细的地质体的提取（图 8-19）。

高分辨率三维(3D)立方体内地震相图表明这些地质体是牵引沉积砾石底形和中间河道内单元大小、分布和形状的极好的代表物，如厚至薄层浊积岩和混合砂泥碎屑（Goulding 等，2000；Beaubouef，2004）。

沿 Bur1 河道体系的侵蚀基底层位的关键振幅提取表明砾石坝和粗粒海谷底线沉积物为延长的桨形（图 8-19）。下向流动长度值比相应宽度值大 5~10 倍。如等时图所示，砾石坝长轴方向不与海谷底线位置平行。反之，砾石坝背离顺流方向展开 30°~80°。水道体系内地震幅度相关解释表明，在整个 Bur1 体系宽度内，偏砾石单元沉积不均。通过复合水道内蜿蜒的地图模式和横断面图形可知水道迁移和下切侵蚀对这些单元起着强烈的地层控制作用。尽管无法忽视晚期下切侵蚀或浊流引起的无关后期侵蚀，但保存多碎石砂坝的斜向排列至曲折河道的总体趋势体现了原生保存沉积程度和沉积物分布情况。

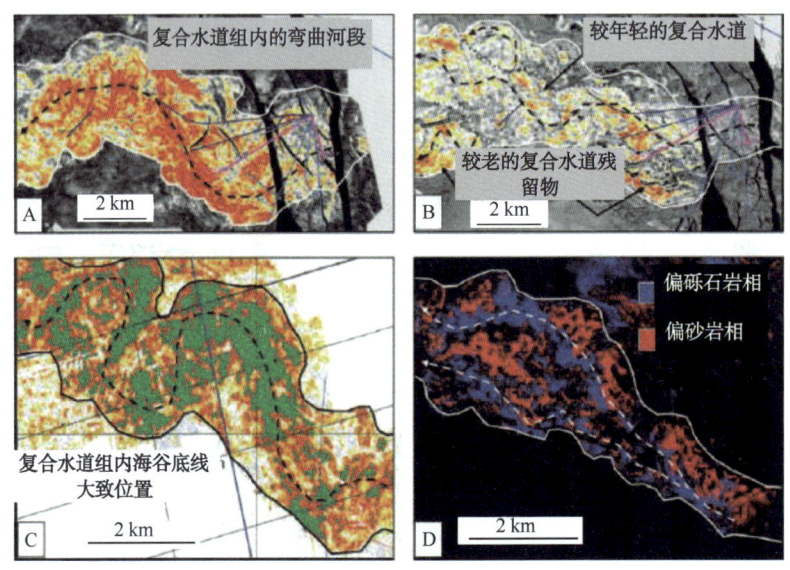

图 8-19 Bur1 陆坡—水道体系内偏砾石单元的地震解释

Bur1 复合水道高阻抗、中下部 4 个地震层位的关键提取体现了富砾石单元的几何结构和尺寸。(A)沉积于 Bur1 体系蜿蜒河道内的富砾石单元的漩涡纹饰。这些单元体现了复合水道充填的下半部分，上覆砂、混合砂及偏泥岩相；(B)从地层方面看，整个偏砂复合水道组内，较年轻复合水道的砾石单元占比较小。漩涡纹饰形成于侧向迁移水道，但(B)图多碎石单元与(A)图所示复合水道内多碎石单元相比则更为分离；(C)Bur1 体系强烈受限部位含有丰富的砾石海谷底线单元(绿色标识部分)。建立中间区域的完整井为受高浓度浊流影响而沉积的砂岩；(D)地震震级类型体现了单个 Bur1 复合水道组上覆砂岩与砾石间的关系。完整井蓝色单元表示高阻抗砾石，红色单元表示低阻抗砂岩

8.6.3 偏砾石相序的含义

Bur1 体系复合水道内丰富的偏砾石岩相体现了某些重要的地质特征和大型陆坡—水道体系过程。这些多碎石沉积物显然与水道侵蚀和充填有关，与地形合为一体，并非较老地层侵蚀粗粒残余物的代表。格架碎屑岩石学特征本质上是安哥拉地盾的元古代火成岩和变质岩系，这意味着砾石的逆倾、直接贯入或由于陆棚边缘滑塌和向河道体系的溯源侵蚀作用导致

较老粗粒陆棚—边缘河口坝沉积物的再分配作用。相对狭窄的陆棚和古近—新近纪区域构造隆起是保持含粗粒沉积物的安哥拉下中新统陆坡—水道体系的重要因素(Brice 等，1982)。

发现于区域地震测线上的下中新统陆棚边缘位于本研究区域以东 40~50km(25~31mile)。其沉积物重力流输运能力十分强大。直径达 45cm(17in) 的碎屑存在于取心层段内，多数砾石至小型鹅卵石包含偏砾石层组。沉积物内可能存在大块陆棚碎屑，但由于大位移井在大量疏松油藏内取心过程中发生机械故障，故未取到有代表性的岩心。

缓倾角交错层理、鳞状碎屑组构和粒度趋势表明多碎石单元随高浓度沉积岩的牵引毯状沉积而沉积(Winn 和 Dott，1977；Lowe，1982)。此类粗粒岩相从同期陆棚边缘有效输移 50km(31mile)，意味着高能沉积物重力流进入下刚果盆地。

砾石单元的沉积作用集中于较深的复合水道海谷底线部位。侵蚀层组界面体现了地形的幕式发育，大量高浓度流可能对水道充填内保存砾石的含量和排列起到一定作用。

由于多碎石单元可能仅代表大规模沉积负荷、湍急沉积物重力流的一小部分，厚厚的混合多碎石包的保存意味着较高的砂泥含量彻底绕开了本研究区域。这些缺失的沉积物可能形成于大型连接深水陆坡和盆地沉积体系的下倾沉积单元。毫无疑问，随着勘探作业向下刚果盆地超深部位的推进，可以更好地认识这些下陆坡和盆地深水体系沉积单元。

8.6.4　Bur1 陆坡—水道体系的沉积历史

高分辨率三维(3D)数据、岩心和测井曲线的结合反映了 Bur1 陆坡—水道体系的复合沉积记录。取心岩相表现了水道体系复合充填的浊流和碎屑流沉积物(图 8-20)。200 万年的

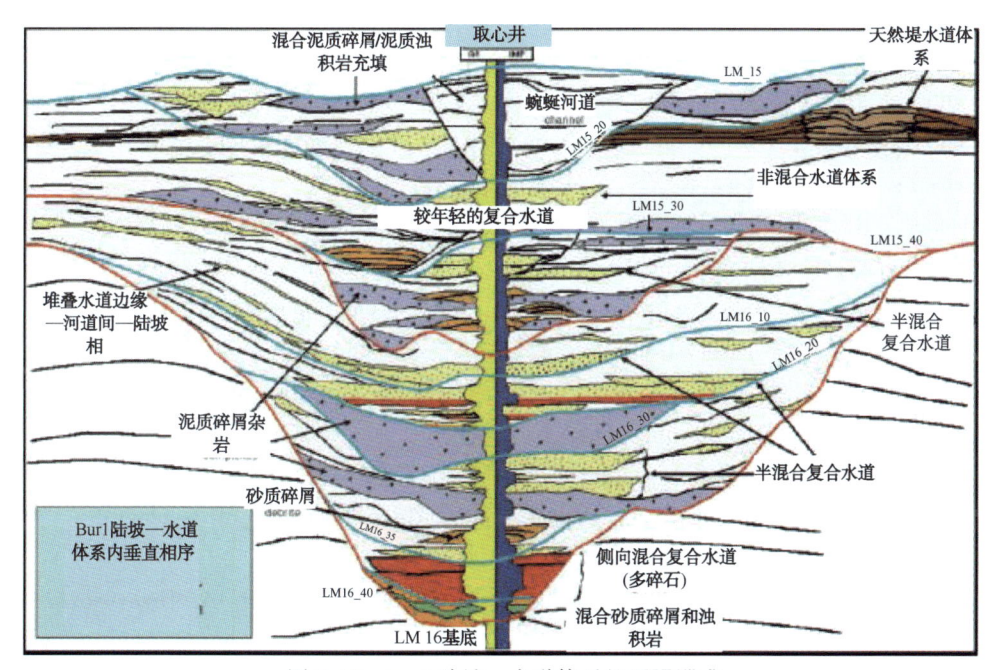

图 8-20　Bur1 陆坡—水道体系的沉积模式

浊积岩和碎屑沉积物之间的横向与纵向关系通过 Bur1 承压陆坡—水道体系的横断面沉积模式来表示。岩心标定的测井曲线明确了轴向序列。碎屑和多碎石水道充填界定了侵蚀基底水道组最深部位(浅蓝色线标记)。整体垂向序列体现了水道体系下半部分内多数为偏砾石岩相，上半部分充填序列包含较多的混合砂岩、泥岩和泥质碎屑。地震相图用于放置水道体系离轴和边缘区域的沉积单元。这些水平相为薄层混合砂岩和泥岩，沉积于相关水道、叠加的天然堤边缘

时间段内至少以4个不整合面为界的复合水道组处发生了多次侵蚀和沉积作用。各水道组表现出了横向和纵向连通性，可细分为富砾石牵引沉积物、高度混合的砂岩和横向侧翼地层以及沉积于水道—边缘的坍落物、天然堤和Bur1陆坡—水道体系的漫滩区域。

Bur1水道体系40km(25mile)范围内水道叠加模式和组成水道充填要素的一般相似性表明，沉积物重力流侵蚀和沉积作用向远处延伸（数十至数百千米）。Kizomba采集区内Bur1序列使我们观察到横穿下刚果盆地中坡由高能沉积物重力流构建的相构成变化。

参 考 文 献

Angevine, C. L., P. L. Heller, C. Paola, 1990, Quantitative sedimentary basin modeling: AAPG Continuing Education Course Note Series 32, 133 p.

Ardill, J. A., T. C. Huang, and O. McLaughlin, 2002, The stratigraphy of the Oligocene to Miocene Malembo formation of the Lower Congo basin, offshore Angola (abs.): AAPG Annual Meeting Expanded Abstracts, p. 9.

Arnott, R. W. C., and B. M. Hand, 1989, Bedforms, primary structures and grain fabric in the presence of suspended sediment rain: Journal of Sedimentary Petrology, v. 59, p. 1062-1069.

Babonneau, N., B. Savoye, M. Cremer, and B. Klein, 2002, Morphology and architecture of the present canyon and channel system of the Zaire deep-sea fan: Marine and Petroleum Geology, v. 19, p. 445-467.

Beaubouef, R. T., 2004, Deep-water leveed-channel complexes of the Cerro Toro Formation, Upper Cretaceous, southern Chile: AAPG Bulletin, v. 88, p. 1471-1500.

Beaubouef, R. T., T. R. Garfield, and F. J. Goulding, 1998, Seismic stratigraphy of depositional sequences: High resolution images from a passive margin slope setting, offshorewest Africa (abs.): AAPGBulletin, v. 82, p. 1980.

Bouchet, R., B. Levallois, G. Mfonfu, and J.-F. Authier, 2005, Optimizing development of Angola's Girassol field: World Oil, v. 226, no. 3, p. 45-48.

Bouma, A. H., 1962, Sedimentology of some flysch deposits: Amsterdam, Elsevier, 162 p.

Brice, S. E., M. D. Cochran, G. Pardo, and A. D. Edwards, 1982, Tectonics and sedimentation of the south Atlantic rift sequence, Cabinda, Angola, in J. S. Watkins and C. L. Drake, eds., Studies in continentalmargin geology: AAPG Memoir 34, p. 518.

Burke, K., 1996, The African plate: South African Journal of Geology, v. 99, p. 341-409.

Campion, K. M., A. R. Sprague, D. Mohrig, R. W. Lovell, P. A. Drzewiecki, M. D. Sullivan, J. A. Ardill, G. N. Jensen, and D. K. Sickafoose, 2000, Outcrop expression of confined channel complexes: Gulf Coast Section SEPM Foundation 20th Annual Research Conference, Houston, Texas, p. 127-150.

Droz, L., T. Marsset, H. Ondreas, M. Lopez, B. Savoye, and F.-L. Spy-Anderson, 2003, Architecture of an active mud-rich turbidite system: The Zaire Fan (Congo-Angola margin southeast Atlantic): Results from Zai - Ango 1 and 2 cruises, AAPG Bulletin, v. 87, p. 1145-1168.

Duval, B., C. Cramez, and M. P. A. Jackson, 1992, Raft tectonics in the Kwanza Basin, Angola: Marine and Petroleum Geology, v. 9, p. 389-404.

Emery, K. O., and E. Uchupi, 1984, The geology of the Atlantic Ocean: New York, Springer-Verlag, 1050 p.

Garfield, T. R., D. C. Jennette, F. J. Goulding, and D. K. Sickafoose, 1998, An integrated approach to deepwater reservoir prediction(abs.): AAPG Bulletin, v. 83, p. 1314.

Gottschalk, R. R., 2002, The Lower Congo basin, deepwater Congo and Angola: A kinematically linked extensional/contractional system(abs.): AAPG Bulletin, v. 86, p. 66.

Gottschalk, R. R., A. V. Anderson, J. D. Walker, and J. C. Da Silva, 2004, Modes of contractional salt tectonics in Angola Block 33, Lower Congo basin, west Africa, in 24th Annual Gulf Coast Section SEPM Research Conference, Salt-sediment Interactions and Hydrocarbon Prospectivity: Concepts, Applications, and Case Studies for the 21st Century, Houston, Texas, December 5-8, 2004, 30 p.

Goulding, F. J., T. R. Garfield, K. W. Rudolph, G. N. Jensen, and R. T. Beaubouef, 2000, Seismic/sequence stratigraphy of deep-water reservoirs: 1. Seismic facies recognition criteria: Past experience and new observations (abs.): AAPG Annual Meeting Program, v. 9, p. A56.

Hartman, D. A., W. A. Swanson, P. R. Smith, F. J. Goulding, and C. A. Kelly, 1998, Structural development of the continental margin of Congo and northern Angola (abs.): AAPG Bulletin, v. 82, p. 1923.

Iverson, R. M., 1997, The physics of debris flows: Reviews in Geophysics, v. 35, p. 245-296.

Kolla, V., P. Bourges, J. M. Urruty, and P. Safa, 2001, Evolution of deep - water Tertiary sinuous channels offshore Angola(west Africa) and implications for reservoir architecture: AAPG Bulletin, v. 85, p. 1371-1405.

Larson, R. L., and J. W. Ladd, 1973, Evidence from magnetic lineations for the opening of the South Atlantic in the Early Cretaceous: Nature, v. 246, p. 209-212.

Lowe, D. R., 1982, Sediment gravity flows: II. Depositional models with special reference to the deposits of highconcentration turbidity currents: Journal of Sedimentary Petrology, v. 52, p. 279-297.

Middleton, G. V., and M. A. Hampton, 1976, Subaqueous sediment transport and deposition by sediment gravity flows, in D. J. Stanley and D. J. P. Swift, eds., Marine sediment transport and environmental management: New York, John Wiley and Sons, p. 197-218.

Pirmez, C., R. N. Hiscott, and J. D. Kronen Jr., 1997, Sandy turbidite successions at the base of channel-levee systems of the Amazon Fan revealed by FMS logs and cores: Unraveling the facies architecture of large submarine fans, in R. D. Flood, et al., eds., Proceedings of the Ocean Drilling Program, Scientific Results, v. 155, p. 7-33.

Rabinowitz, P. D., and J. LaBreque, 1979, The Mesozoic South Atlantic Ocean and evolution of its continental margins: Journal ofGeophysical Research, v. 84, p. 5973-6002.

Raposo, A. J. M., and M. A. Sykes, 1998, Exploration for deep-water reservoirs, offshore Angola(abs.): AAPG Bulletin, v. 82, p. 1956.

Reeckmann, S. A., D. K. S. Wilkin, and J. Flannery, 2001, Kizomba, a deep-water giant field, Block 15, Angola, in M. T. Halbouty, ed., Giant oil and gas fields of the decade 1990-1999: AAPG Memoir 78, p. 227-236.

Schollnberger, E., and P. R. Vail, 1999, Seismic stratigraphy of the Lower Congo, Kwanza, and Benguela basins, offshore Angola, Africa(abs.): AAPG Bulletin, v. 83, p. 1338.

Scrutton, R. A., and R. V. Dingle, 1976, Observations on the processes of sedimentary basin formation at the margin of southern Africa: Tectonophysics, v. 36, p. 143-156.

Shanmugam, G., 1996, High density turbidity currents: Are they sandy debris flows?: Journal of Sedimentary Research, v. 66, p. 2-10.

Sprague, A. R. et al., 2002, The physical stratigraphy of deep-water strata: A hierarchical approach to the analysis and genetically related stratigraphic elements for improved reservoir prediction(abs.): AAPG Annual Meeting Expanded Abstracts, p. 167.

Sprague, A. R. et al., 2005, Integrated slope channel depositional models: The key to successful prediction of reservoir presence and quality in offshore west Africa: E-Exitep Proceedings 2005, Veracruz, Mexico, 13 p.

Sykes, M. A., D. Mohrig, C. Rossen, and T. R. Garfield, 1998, Lithofacies associations within complex slope channel reservoirs: Debrites and turbidites (abs.): AAPGBulletin, v. 82, p. 1973.

Temple, F., and O. Broucke, 2004, Sedimentological models of the Oligocene and Miocene Malembo formation in offshore Angola(Lower Congo basin)(abs.): 1st Nigerian Association of Petroleum Explorationists-American Association of Petroleum Geologists West Africa Deepwater Conference, Abuja, Nigeria, p. A46.

Winn, R. D., and R. H. Dott Jr., 1977, Large-scale traction produced structures in deep-water fan-channel conglomerates in southern Chile, Geology, v. 5, p. 41-44.

Winn, R. D., and R. H. Dott Jr., 1979, Deep-water fanchannel conglomerates of Late Cretaceous age, southern Chile: Sedimentology, v. 26, p. 203-228.

9

美国堪萨斯州与俄克拉何马州 Hugoton气田(二叠系)多尺度地质与岩石物理建模

Martin K. Dubois　Alan P. Byrnes　Geoffrey C. Bohling　John H. Doveton

(Kansas Geological Survey, University of Kansas, Lawrence, Kansas, U.S.A.)

摘要：Hugoton气田(美国中部)从孔隙到气田规模的储层描述和建模为巨型成熟二叠系气田提供了一个综合性概况，有助于确定原始天然气地质储量以及天然气饱和度分布与储层性质。所获得的知识以及所用技术和工作流程都会对世界各地具有相近地质年代和储层结构的储层系统(如波斯湾Gwahar油田和北部油田)的了解和建模产生影响。过去的70年，堪萨斯—俄克拉何马地区的气田从12000多口井中产出了$9630×10^8m^3$(34tcf)天然气。大部分剩余天然气位于170m(557ft)厚、不同开采程度、多层的、不同压力系统的低渗透性储层中。

主产气层具有13个向上变浅的四级海陆旋回，由薄层(6.6~10m；2~33ft)、海相碳酸盐泥岩—粒状灰岩、粉砂岩和极细砂岩构成，具有极好的侧向连续性。产气层被风成的和/或盐沼红层分隔，红层的储层物性差。岩石物理特性包括11种主要岩相类别。借助神经网络技术、随机建模和自动化技术，可通过4步工作流程，对$26000km^2$($10000mile^2$)的区域建立详细的全气田三维(3D)储层网格($1.08×10^8$个细胞)模型：(1)确定岩心的岩相并与电测曲线关联(训练集)；(2)训练神经网络并预测未取心井的岩相；(3)用岩相填充3D网格模型(采用随机法)；(4)用特定岩相的岩石物理特性和流体饱和度填充模型。

9.1　引言

本章主要内容是定义并通过岩心确定的岩相和岩石物理性质以及电缆测井响应和储层性质评价，从岩心、气井和气田规模对巨型储层系统进行描述。主要方法是采用通过岩心确定的岩相来训练神经网络，以预测未取心井的岩相。我们所讨论的工作流程中，许多方面可在其他设定下使用。这些结果与小结是整个研究进程的早期观点，是合作项目的一部分。

对 Hugoton 气田的研究成果不仅仅局限于堪萨斯州与俄克拉何马州。所获得的知识以及采用的技术都会对世界范围内具有相似地质年代、储层构造、生产特征、水饱和度测定问题、大型数据集、分割所有权或成熟度的储层系统的了解和建模产生影响。26000km^2（10000mile^2）储层区域的全气田模型提供了 13 个向上变浅旋回的详细三维（3D）视图，此类旋回垂直叠加于低起伏陆架环境中。模型的性质和建立过程给相似较薄的、具叠加旋回的储层系统提供了良好的类比，包括 Paradox 盆地的 Aneth 油田（Weber 等，1994；Grammer 等，1996）、得克萨斯州西部二叠纪高产盆地的油田，以及波斯湾 Gwahar 油田和北部油田 Khuff 组（McGillivray 和 Husseini，1992；Kon-nert 等，2001）。精细尺度的网格模型对于薄层、已开采程度不同的储层系统尤为重要，建模方法论证了巨型油气田岩石物理网格模型的构建。研究还阐述了在具有分割所有权的背景下，共享专有地质数据和工程数据所带来的益处（Sorenson，2005）。鉴于全球油气田在大数据环境的全尺寸高分辨率成熟建模变得愈发重要，在此介绍一种开发此类模型所用的大尺寸建模实例。

9.1.1 背景

堪萨斯州 Hugoton 和 Panoma、得克萨斯州 Hugoton 以及 West Panhandle 复合油气田的天然气预计最终开采量可达 $2.1×10^{12}m^3$（75tcf）（Sorenson，2005），代表了北美规模最大的气田。该油气田位于阿纳达科盆地 Hugoton 湾，覆盖堪萨斯州西南部以及俄克拉何马州与得克萨斯州狭长地带部分地区（图 9-1）。该油气田于 1922 年被发现，20 世纪 50 年代进行开发，从 Hugoton 气田堪萨斯州与俄克拉何马州部分 16000km^2（6200mile^2）地区的 12000 余口井中产出了 $9630×10^8m^3$（34tcf）天然气（图 9-2）。除非另有说明，本章中"Hugoton"一词是指 Hugoton（堪萨斯州）、Panoma（堪萨斯州与俄克拉何马州）以及 Guymon-Hugoton（俄克拉何马州）油气田。天然气出自下二叠系 Chase 群和 Council Grove 群（图 9-3）。在 Panoma 界面的大部分区域，气柱在两个地层层段之间呈连续状（Pippin，1970；Parhman 和 Campbell，1993），研究区域以西的中部位置最大厚度可达 150m（500ft）。堪萨斯州 Morton 县西部边缘附近的较小部分气田可能属于例外，Olson 等（1997）描述该部分被断层分隔化。在俄克拉何马州，"其他 Council Grove"（图 9-1）的天然气来自 Council Grove 群的层段，位于 Chase 群最低井孔下方达 100m（300ft）深处。该储层为浅层储层，从 Chase 群顶部计算，其深度为 640~850m（2100~2800ft），上下开采边界（参考海平面）分别约为上倾边缘以东+30m（+100ft），以西+380m（+1250ft）。堪萨斯州原始井口关井压力为 437psi（3013kPa）（Hemsell，1939），明显低于海水梯度的一半，而在俄克拉何马州也同样记录到了异常的初始压力（Sorenson，2005）。2003 年堪萨斯州 72h 井口平均关井压力为 32psi（221kPa）。2004 年年产量为 $75×10^8m^3$（265bcf）。Chase 群早期完井通常使用割缝衬管的裸井，并随之进行了大范围的酸化处理。1960 年后，标准完井通常是对多达 6 个区域分别采用套管、射孔和酸化处理，并随之对整个射孔井段进行大范围的水力加砂压裂处理，加砂量有时会超过 91000kg（200000lb）（Hecker 等，1995）。

尽管 70 年来发布的不少研究成果主要针对 Hugoton 气田，但多数研究的范围更广（Hemsell，1939；Mason，1968；Pippin，1970）。Sorenson 在近期文章（Sorenson，2005）中介绍了从得克萨斯州狭长地带延伸至堪萨斯州以西中部地区储层系统的古构造和压力史，为气田历

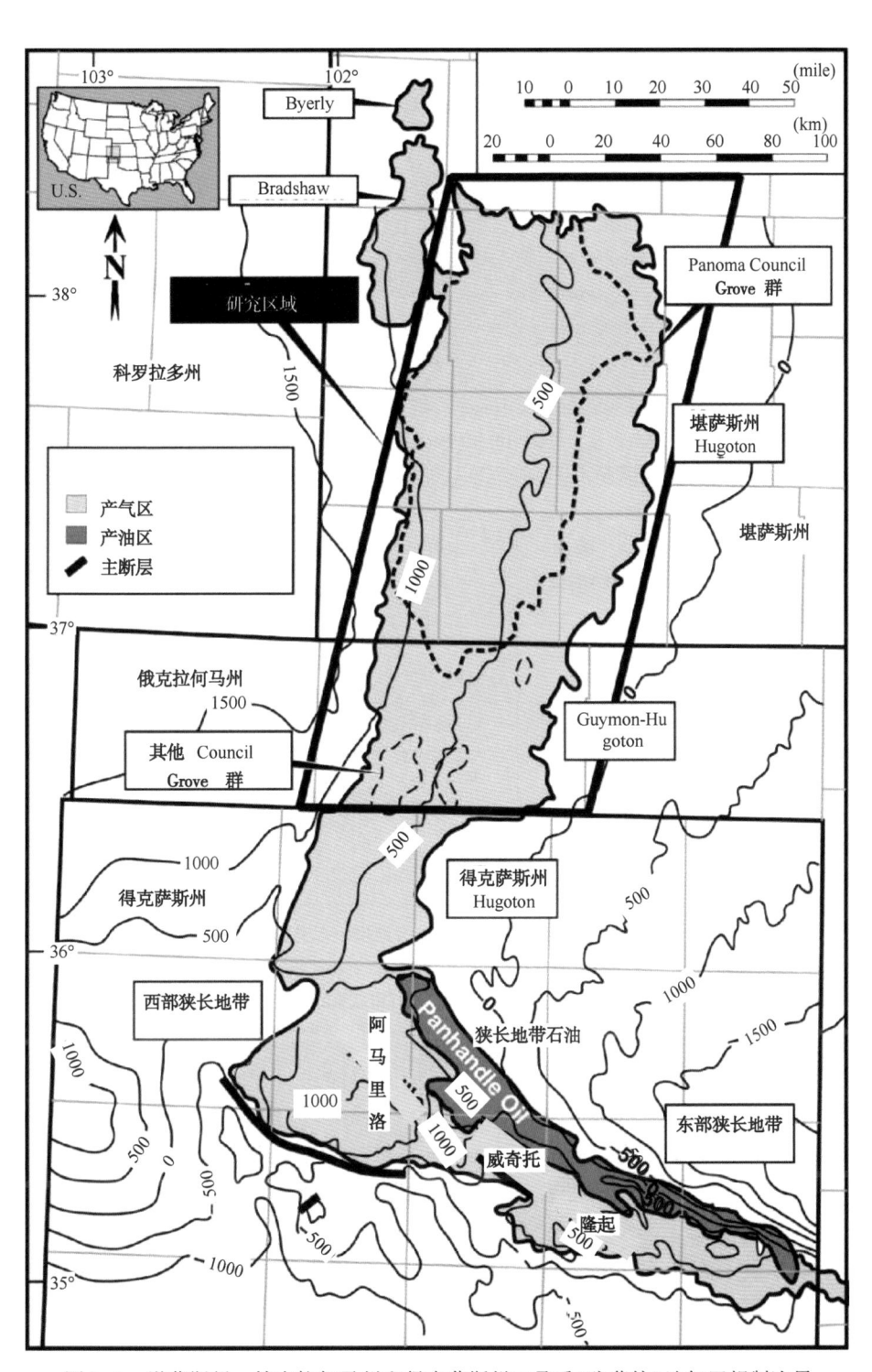

图 9-1　堪萨斯州、俄克拉何马州和得克萨斯州二叠系(狼营统)油气田规制边界

在 Pippin(1970)和 Sorenson(2005)著作之后，狼营统构造以"ft"计

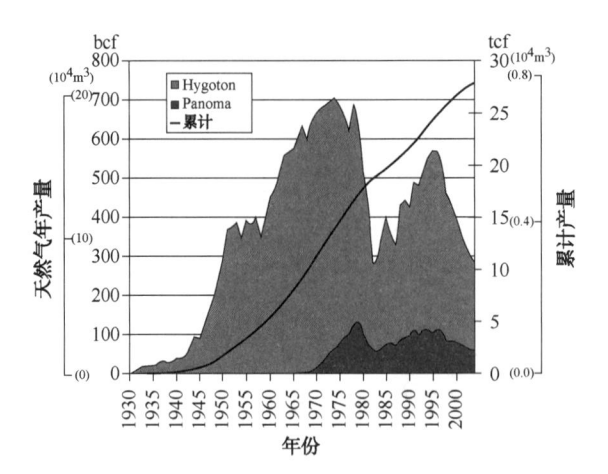

图 9-2 研究区域堪萨斯州狼营统 Hugoton 和 Panoma 气田截至 2004 年的天然气产量

研究区域俄克拉何马州狼营统天然气产量为 $1980×10^8 m^3$(7tcf)，堪萨斯州同期产量为 $7650×10^8 m^3$(27tcf)。20 世纪 80 年代，由于堪萨斯州 Hugoton 气田采用了加密钻探，因此天然气产量达到最高峰

系	统	群	堪萨斯州气田	俄克拉何马州气田
二叠系	莱纳德统	Sumner		
	狼营统	Chase	Hugoton-Panoma Byerly Bradshaw	Guymon-Hugoton
		Council Grove		
宾夕法尼亚系	弗吉尔统	Admire	Greenwood	
		Wabaunsee		
		Shawnee		

图 9-3 Hugoton 气田地层柱状图

包括堪萨斯州与俄克拉何马州气田名称及其产气层段（汇编自 Zeller，1968；Pippin，1970；Baars，1994；D. P. Merriam，2006，个人通信）。本章中，堪萨斯州 Hugoton 和 Panoma 复合油气田以及俄克拉何马州 Guymon-Hugoton 气田合称 Hugoton 气田

史和前期工作提供了很好的概览。详细研究（包括储层描述）范畴为地理学和地层学。例如，Seimers 和 Ahr(1990)对俄克拉何马州狭长地带的 Chase 群进行了研究，Olson 等(1997)对堪萨斯州的 Chase 群进行了研究，Heyer(1999)则主要对俄克拉何马州狭长地带一小部分区域的 Council Grove 群进行了研究。随着堪萨斯公司委员会发出的配产令，允许在各单元钻取第二口气井，因此发布了多项关于储层描述（Seimers 和 Ahr，1990；Caldwell，1991；Olson 等，1997)和储层模拟（Fetkovitch 等，1994；Oberst 等，1994）的研究成果。过去的研究范围通常局限于具有资产和数据的地区。本章从地理学和地层学范畴对整个储层系统、Chase 群和 Council Grove 群进行了详述，这是迄今为止最为全面的地层描述。

本研究相关工作属于 Hugoton 气田多学科合作性研究的一部分，由 10 位在堪萨斯州与俄克拉何马州狭长地带西南部拥有天然气资源的行业合作伙伴提供支持。本研究(2 年期)的主要目的在于开发一种综合性的全气田地质模型,并可用于量化和确定剩余天然气所在地,以改善储层管理。之所有尚无气田级模型主要是因为:(1)气田规模太大;(2)多数关键的岩石物理数据具有专利性。当前项目得益于合作性地质和工程数据集,这些数据集来自参与企业,从而得到了整个储层系统的全球性的综合观点。

尽管气田已经相当成熟,但个别企业在其资产范围内仍持有优质的现代电缆测井、岩心和工程数据,因为其在20世纪80年代晚期至20世纪90年代早期进行了深度钻探和加密钻探。

9.1.2 问题和方法

本研究项目的主要目标在于量化天然气饱和度分布及性质、储层性质以及原始和剩余地质储量。在确定天然气地质储量及其分布时会面临三大难题:(1)无法通过传统电缆测井来准确测定水饱和度,因为标准钻井的钻井液滤液浸入过深(Olson 等,1997;George 等,2004);(2)井口关井压力主要受高渗透性层段的性质影响,并不能准确代表所有层段压力;(3)储层为层状,开采程度不同,且个别层段的压力数据为最小值。为确定剩余天然气地质储量,我们采用了一种综合方法,利用岩心、由岩心得出的具体岩相的岩石物理关系、工程数据等。由于岩石物理性质关系(如渗透率—孔隙度、毛细管压力等)根据不同岩相而变化,因此采用相应的岩相来进行地质建模就显得格外重要。由于仅有一小部分气井进行了取心且储层体积巨大,因此开发了一种根据未取心井电缆测井响应及井间响应来预测岩相的方法。

9.2 储层地质

9.2.1 区域地质

Hugoton 气田位于阿纳达科盆地 Hugoton 湾西侧,西北部与 Las Animas 弧形区交界,东北部与堪萨斯隆起中部交界。阿纳达科盆地是不对称的前陆盆地,伴有早宾夕法尼亚亚纪 Ouchita-Marathon 造山运动,而 Hugoton 湾和其余的堪萨斯州陆架则形成了盆地较平的一侧(图9-4)。阿纳达科盆地始于宾夕法尼亚亚纪—莫罗期,在该时期沉降程度最大,沉降速率在二叠纪之前不断增加。阿纳达科盆地被陆架碳酸盐岩覆盖时,盆地在狼营世末期几乎被充填(Kluth 和 Coney,1981;Rascoe 和 Adler,1983;Kluth,1986;Perry,1989)。

海相碳酸盐岩储层朝上倾边缘变薄,且多数在气田边缘以西,尤其是在 Council Grove 群位置尖灭。

陆相红层主要为极细粒—粗粒粉砂岩,在边缘位置最厚,跨越陆架的向盆位置较薄(图9-5)。多数人认为红层为侧向封闭层,伴生莱纳德阶蒸发岩顶部封闭层,形成了巨型地层圈闭(Garlough 和 Taylor,1941;Mason,1968;Pippin,1970;Parh-man 和 Campbell,1993)。但侧向连续、高孔隙度和渗透率的海陆相砂岩在气田西北部上倾边缘较为常见。尽管此类岩石的构造位置较高且无证据表明其具有物理隔层,但气田边界以内仍可产出天然气,气田以外为水饱和状态。这些情况表明此类岩石未必属于侧向封闭层,且不仅是岩相变化,机制的变化也导致了圈闭的形成(Dubois 和 Goldstein,2005)。

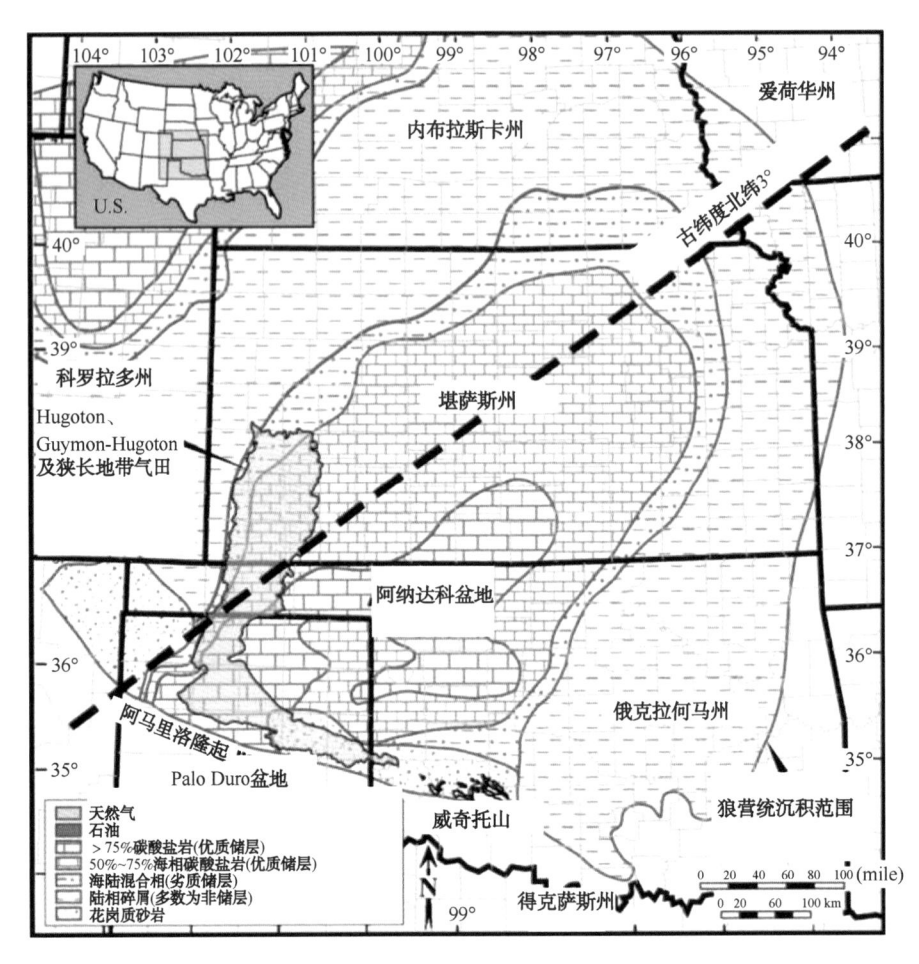

图 9-4 大陆中部的晚狼营统主岩相分布(改编自 Rascoe，1968；Rascoe 和 Adler，1983；Sorenson，2005)。古纬度约为北纬 3°(Scotese，2004)

现今的狼营统岩石构造主要受 Laramide 期向东倾斜影响(图 9-6)，而狼营统等厚线(图 9-7)则更好地反映出了陆架的几何结构。狼营统地层从气田西缘以大约 0.24m/km(1.2ft/mile)的速率向盆地变厚，直至陆架上变厚速率增至 10 倍的位置。变厚轴线与现今陡倾区域一致，且可能标志着陆架边缘或变陡陆坡的轴线。此外，变厚轴线还几乎与弗吉尔统不补偿盆地边缘以及海相碳酸盐岩至海相页岩过渡带一致(Rascoe，1968；Rascoe 和 Adler，1983)。Dubois 和 Goldstein(2005)估计，陆架的堪萨斯州部分在 Council Grove 群沉积期间的最大起伏曾经达到 30m(100ft)，且斜率约为 0.2m/km(1ft/mile)。值得注意的是，Hugoton 陆架上并无暗黑色易剥裂页岩(堪萨斯州东部和俄克拉何马州东北部露头的狼营统常见深水岩相(Mazzullo 等，1995；Boardman 和 Nestell，2000))，这表明 Hugoton 陆架的水体深度小于现今陆架以东 480km(300mile)处露头的水体深度。与 Hugoton 岩心标准深水岩相相当的岩相为暗黑色海相粉砂岩岩相，发现于 4 个旋回的海相碳酸盐岩层段基底附近(the Grenola(C_LM)、Funston(A1_LM)、Wreford 和 Ft. Riley)。在本章中，我们将大多数极缓坡区域称为陆架，陡倾和地层变厚区域称为陆架边缘。

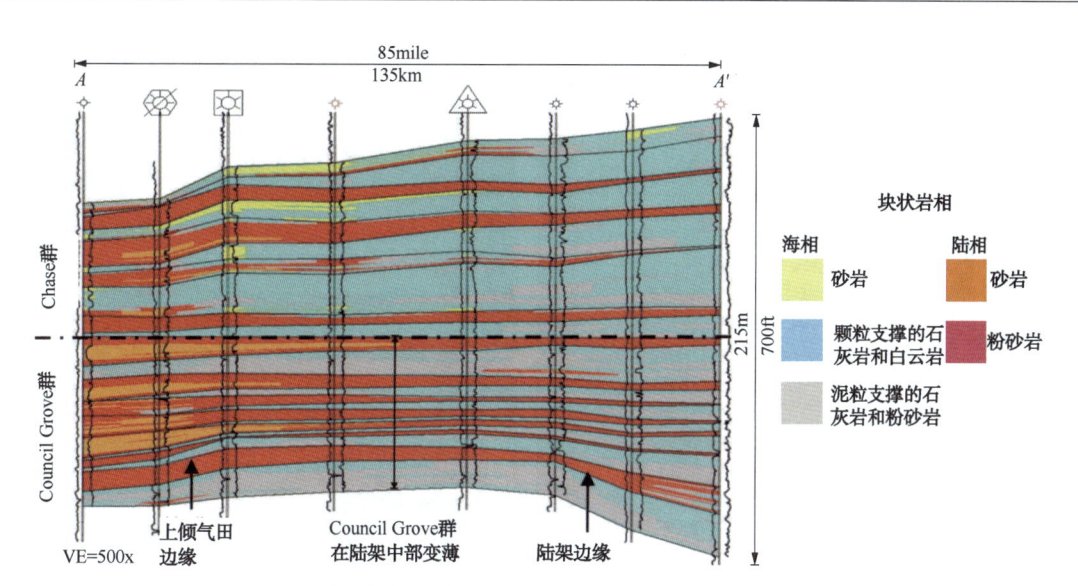

(A)伽马射线测井曲线

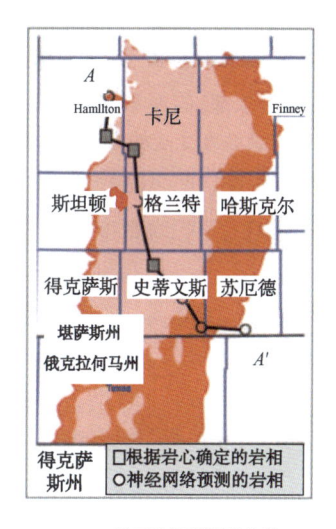

(B)校正孔隙度测井曲线

图 9-5 Chase 群和 Council Grove 群的地层剖面

Council Grove 群顶部作为基准面。在气井处，块状岩相是通过神经网络模型（较小的气井符号）预测的岩相，或根据岩心（较大的气井符号）预测的岩相，该岩相插入于气井间的 Geoplus Petra™。块状岩相包括陆相砂岩（L0）、陆相粉砂岩（L1-2）、泥粒支撑的碳酸盐岩和海相粉砂岩（L3-5）、颗粒支撑的碳酸盐岩和白云岩（L6-9）以及海相砂岩（L10）。Council Grove 群是气田中部（陆架中部）最薄的

9.2.2 储层岩相

堪萨斯州与俄克拉何马州 Hugoton 气田从 13 个海陆相（碳酸盐岩—硅质碎屑）四级沉积旋回中产出天然气（图 9-8），其中 6 个位于 Chase 群，7 个位于 Council Grove 群，反映出快速的海平面升降（Olson 等，1997；Heyer，1999；Boardman 等，2000；Olszewski 和 Patzkowsky，2003）。海陆相岩相单位具有侧向连续性，沿浅陆架至堪萨斯州东部露头可

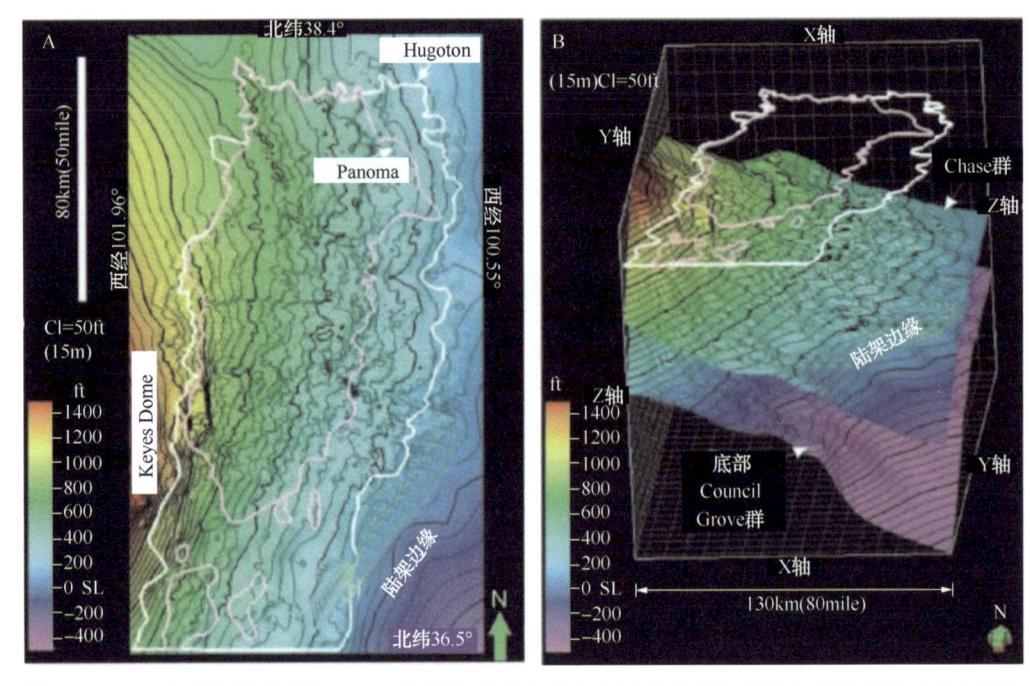

图 9-6 （A）狼营统储层顶部（Chase 群顶部）的现今构造主要是在拉拉米造山运动期间的向东倾斜作用下形成（注意 Hugoton 气田东南边缘坡度变陡的区域或陆架边缘）；（B）相同区域的三维视图（Chase 群顶部和 Council Grove 群底部的现今构造）

发现其踪迹。主力产气层为 13 个海相薄[平均厚度 2~21m（6~70ft）]层段，沉积于海平面高位时期，主要为碳酸盐岩。产气层被陆相薄[平均厚度 2~8m（6~25ft）]层段分隔，该层段主要为粉砂岩（红层），沉积于海平面低位时期，多数陆架当时处于暴露状态。粉砂岩的储层质量通常较低，且粉砂岩垂直隔离，或 13 个产气层段的相互连通性差（Seimers 和 Ahr，1990；Oberst 等，1994；Ryan 等，1994；Olson 等，1997）。决定 Hugoton 储层岩石储量和产能系数（油气储集空间和渗透率）的主要因素是主沉积结构。埋藏前后的成岩作用包括颗粒和胶结物的浸出和早晚期白云石化，成岩作用是增大或减小孔隙度的重要因素（Seimers 和 Ahr，1990；Olson 等，1997；Luczaj 和 Goldstein，2000）。但储层岩石主要为海相碳酸盐岩，并带有颗粒支撑的结构，储层岩石还包括少量的硅质碎屑砂岩（Seimers 和 Ahr，1990；Caldwell，1991；Olson 等，1997；Heyer，1999；Dubois 等，2003）。

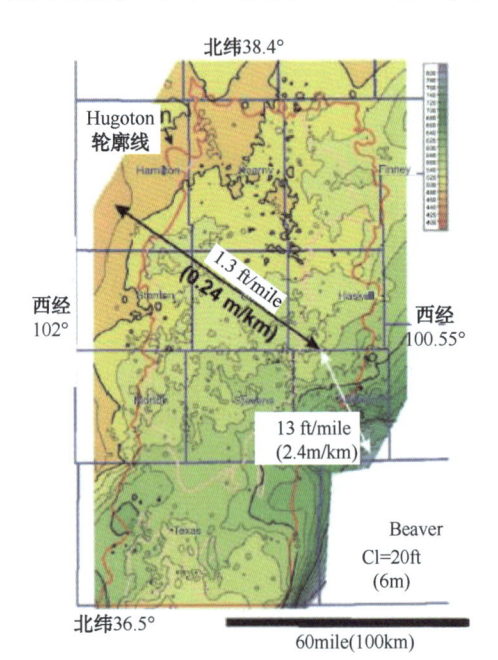

图 9-7 狼营统储层等厚线（Chase 群顶部至 Grenola 石灰岩底部，Council Grove 群）狼营统变厚速率在陆架边缘处增至 10 倍

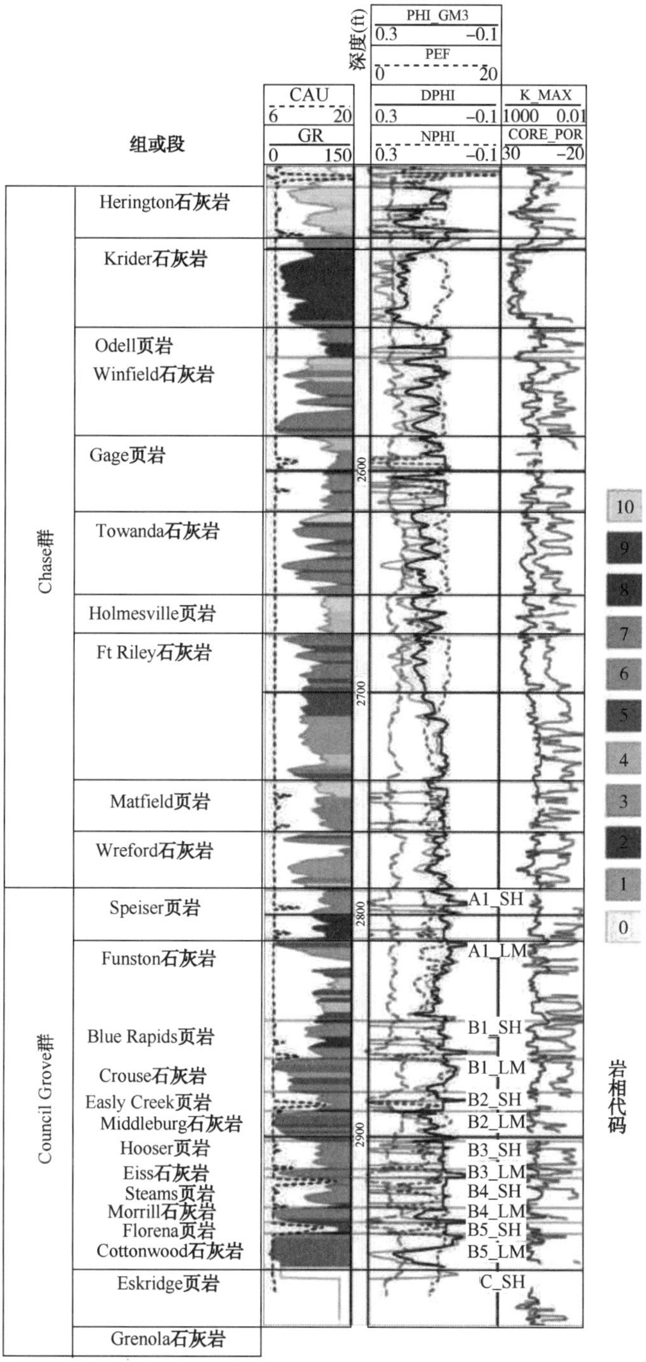

9 美国堪萨斯州与俄克拉何马州 Hugoton 气田(二叠系)多尺度地质与岩石物理建模

图 9-8 组和段级地层图及对应堪萨斯州史蒂文斯县 A-1 Flower 井的电缆测井曲线

Council Grove 群常用的组段字母数字组合。13 个海陆（碳酸盐岩—硅质碎屑）沉积旋回中，有 12 个为产气旋回（Grenola 石灰岩、C_LM 未测井）。包含"石灰岩"的地层名称与相邻陆相半旋回结合时为海相半旋回，层段地层名称带有"页岩"的则构成完整的旋回。带色码的岩相是根据岩心推断而得出。有 3 种沉积于大陆环境，即 L0=砂岩、L1=粗粉砂岩、L2 页岩粉砂岩；8 种沉积于海洋环境，即 L3=粉砂岩、L4=钙质泥岩、L5=粒泥灰岩、L6=细晶质白云岩、L7=泥粒灰岩、L8=粒状灰岩和叶状藻障沉积灰岩、L9=细—中晶质印模白云岩、L10=砂岩。该井中并无 L0。电缆测井的缩略词包括卡尺(CALI)、伽马射线(GR)、校正孔隙度(PHI_GM3)、光电效应(PEF)、密度孔隙度(DPHI)、中子孔隙度(NPHI)、岩心渗透率(K_MAX)以及岩心孔隙度(CORE_POR)。测井层段长 520ft(160m)

9.2.3 沉积模型

气候条件、陆架几何结构以及冰川造成的海平面变化均影响了海相与陆相沉积的沉积物供应、沉积样式、可容空间和稳定性。Hugoton 陆架位于古赤道附近（图 9-4），可能常年以季风气候为主（Parrish 和 Peterson，1988）。干旱条件通常使冰川导致的低海面在间冰期伴有潮湿环境和高海平面（Rankey，1997；Soreghan，2002）。盛行风被认为是来自现今冬季的西风和夏季的东风（Parrish 和 Peterson，1988）。起伏极低使得海岸线迅速迁移，陆架流体动力快速变化，但海平面的绝对变化极小（小至30m[100ft]）。这些都为岩相垂直序列从一个沉积旋回重复出现至下一沉积旋回创造了条件，并促使各旋回中薄岩相单元具有显著的侧向连续性。

Council Grove 群和 Chase 群的旋回性质被广泛认可（Seimers 和 Ahr，1990；Caldwell，1991；Puckette 等，1995；Olson 等，1997）。Council Grove 群和 Chase 群（图 9-9）向上变浅序列中的岩相垂直序列是由于沉积环境变化而产生，这种沉积环境变化是在海平面迅速升降的作用下形成。对于 Olson 等（1997）所述的 Chase 旋回，其对称类型和岩相模式的大多数差异均在本研究中得到确认。例外的是，我们的确发现滨海细粒砂岩起源于气田上倾边缘附近 Towanda 和 Winfield 的顶部与底部，但这种情况更多见于我们在其他地方所作的描述（Towanda 底部和 Winfield 顶部的砂岩）。尽管与 Chase 旋回在多方面类似，但 Council Grove 旋回通常更为不对称，并在海相半旋回底部具有发育更好的薄泥粒灰岩—粒状灰岩相。图 9-10 为从模型节点井得出的岩相垂直分布，同时也表明了 Council Grove 旋回和 Chase 旋回之间的对称性差异。

在简单旋回格架内确定了层段，而非在层序地层格架内。在海相和陆相层段之间为半旋回界面的现有组或段的顶部代表了层序界面和海泛面。由于海侵体系域（海泛面为最大海泛面）相对较薄且与大多数旋回一致，因此通过对比其他表面获得的层序地层分类极少。

Council Grove Chase 和 Chase 的理想化沉积模型（图 9-11）通常相似，但会由于气候条件、周围海平面位置以及海平面升降速率的逐渐变化而带来差异。这种差异可能与二叠纪冰室气候到温室气候的转变有关（Parrish，1995；Olszewski 和 Patzkowsky，2003）。对于研究的 Council Grove 旋回，整个 Hugoton 陆架在最大低水位期间位于海平面以上，陆相红层硅质碎屑积聚并通过植被而稳定，并优先在气田西部的上倾边缘附近形成起伏（Dubois 和 Goldstein，2005）。上覆海相半旋回的碳酸盐岩沉积物可容空间减少，导致该位置 Council Grove 群多个海相层段出现非沉积作用或尖灭。

在各低水位末期，相对较快的海平面上升导致各海相半旋回底部沉积了海侵碳酸盐岩—硅质碎屑薄层段（0.3~1.2m；1~4ft）。仅 Funston（A1-LM）和 Neva（C-LM）旋回为发育良好的硅质碎屑（页岩质粉砂岩），沉积于最大海泛期。最大海泛期结束后，变浅过程伴随碳酸盐岩形成量的增加，导致出现了向上变浅的岩相叠加样式。绝对海平面的下降引起大范围相带进积（如碳酸盐岩砂质浅滩），导致侧向出现大量岩相体。由于海平面继续下降，陆相盐沼、海岸平原以及热带草原环境随着海岸线后退而出现，并覆盖了碳酸盐岩表面。经检测的9个岩心中，7个 Council Grove 旋回内均无迹象表明碳酸盐岩表面存在过长期直接的陆上暴露和侵蚀。取代钙质结核、微岩溶、侵蚀或其他能表明海相碳酸盐岩上部长期暴露的迹象，另一种岩相垂直序列表明了连续沉积伴随着海平面下降，并带回了潮下带碳酸盐岩、潮坪相碳酸盐岩、红色粉砂岩以及含有硬石膏（盐沼）的泥质粉砂岩，最终红色粉砂岩含有古土壤

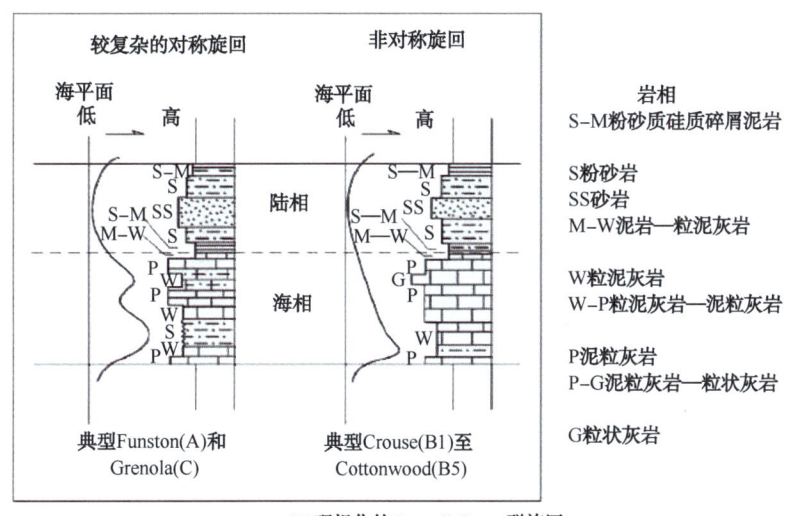

图 9-9 理想化的 Chase 群和 Council Grove 群旋回

Chase 群旋回引用自 Olson 等(1997)，经 AAPG 允许后使用，Council Grove 群旋回亦是如此。唯一例外的是，根据早期工作通过陆相半旋回将旋回延伸并粗略估算了海平面曲线(Dubois 和 Goldstein，2005)。根据 5 种旋回类型区分出了岩相叠加样式，并推测出相对海平面曲线

(海岸平原或热带草原)。

尽管 Chase 群沉积同样受绝对海平面的影响，但其与 Council Grove 群受影响的方式截然不同。具体来讲，在 Chase 群低水位期间，陆架上陆上暴露的侧向伸展通常更为受限，部分大陆层段中主要为潮坪粉砂岩和极细粒砂岩，尤其是在陆架上较低的位置。细粒风成砂岩几乎存在于 Council Grove 群所有的大陆半旋回中，但在 Chase 群中几乎不存在。Chase 群海侵向大陆延伸的程度通常比其在 Council Grove 群沉积期间的延伸程度更大，且在 6 个旋回中，海相沉积物延伸出气田上倾边缘，但却在所研究的 Council Grove 旋回(7 个中的 4 个)中尖灭。在最大高水位期间和海平面下降期间，Chase 群碳酸盐岩砂质浅滩倾向于较粗粒级，成

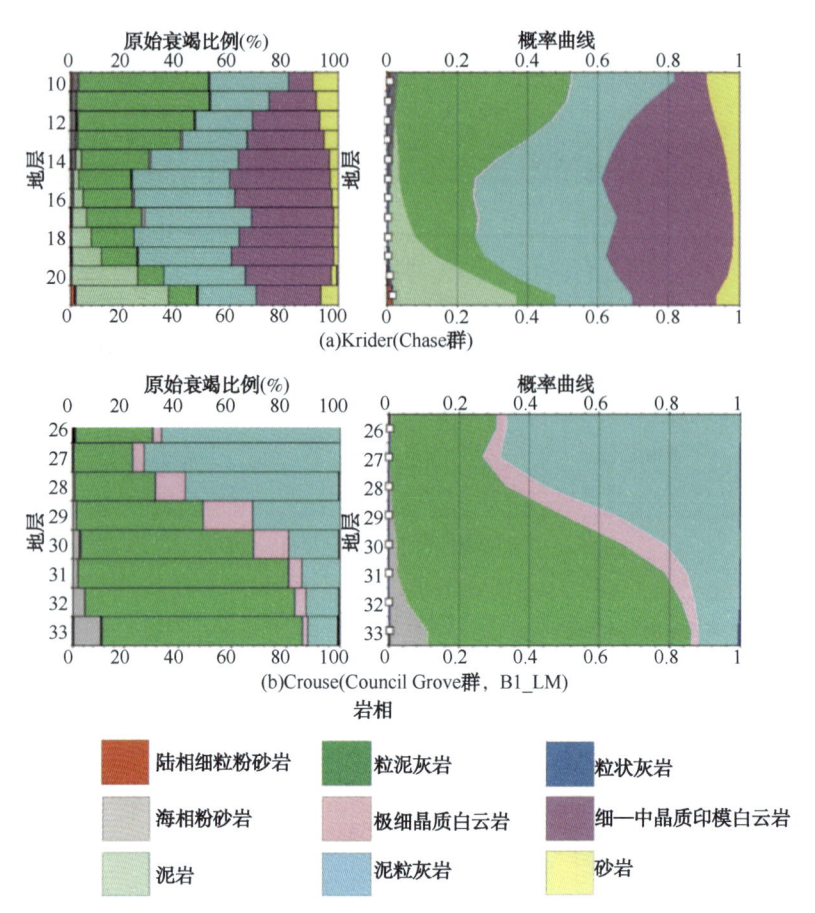

图 9-10 垂直柱状图显示了从气井(已预测岩相数据)中得出的
两个狼营统海相半旋回中的岩相平均相对分布(节点井)

Council Grove 群 Crouse(B1_LM)的数据来自 1146 口井，Chase 群 Krider 的数据则来自 1069 口井。柱状图和概率曲线表明了 Chase 群和 Council Grove 群之间垂直岩相分布的对称性差异。概率分布用于决定通过节点井之间的序贯指示模拟进行岩相建模。地层注释是指各半旋回模型中的层段(将在后续内容中讨论)。缩略词包括细粒(Fg)、细晶质(Fxln)、细—中晶质(F-mxln)

分包括生物碎屑、鲕粒(偶尔)，而非似核形石及似球粒(Council Grove 群中)，这表明了更为开阔的海相条件。Chase 群和 Council Grove 群的另一项明显区别在于，细粒砂岩沉积于潮坪相与边缘海相环境中，处于气田西北部分 Fort Riley 上方所有旋回的顶部和/或底部(Winters 等，2005)。

在所有 Chase 群或 Council Grove 群层段中，岩相在序列中呈现出的性质根据其在陆架上的位置而定：不论是在海相还是陆相环境中，越是向西和上倾，硅质碎屑的体积越大。西部和西北部的海相碳酸盐岩倾向于更加泥质化，向西的颗粒支撑碳酸盐岩倾向于粒度更细，且颗粒主要为硬化颗粒(圆形、极细粒、微晶)和似球粒(次圆形、细粒、微晶)，而非似核形石、生物碎屑或鲕粒(仅在 Chase 群上部发现)。海洋环境向西变得更为局限，气田西部边缘或附近的大多数 Council Grove 旋回中，已经不存在含有正常海洋生物群落的岩石。Chase 群和 Council Grove 群旋回均呈现出随时间逐渐变化的状态，这可能与三级旋回性(Boardman 等，2000)以及从冰室环境到温室环境的整体变化有关，冰室到温室的变化始于晚宾夕法尼

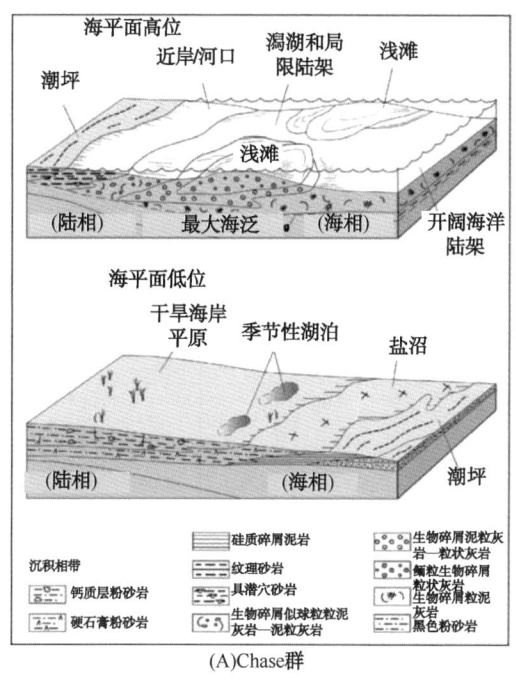

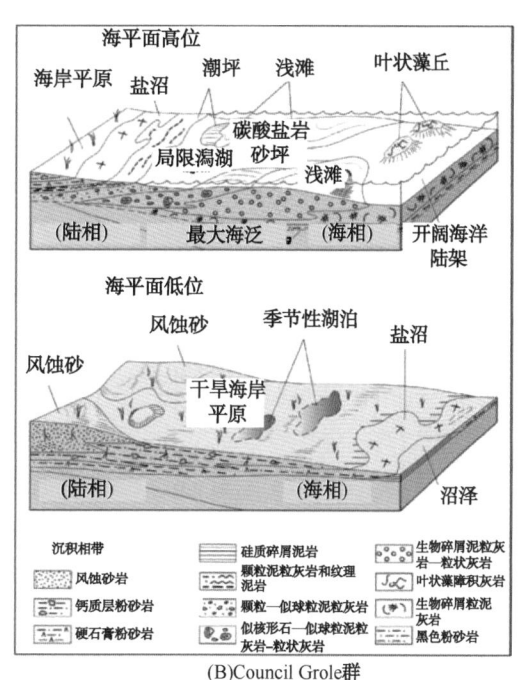

图 9-11 Chase 和 Council Grove 群理想化沉积模型及 Hugoton 陆架主控岩相分布图

图中描述了在最大海平面低位和海相高位的海平面下降期典型 Chase 和 Council Grove 群旋回的近似沉积环境和伴生岩相

亚亚纪,直至二叠纪冰川时期末结束(Parrish,1995)。最有可能的是,在 Hugoton 陆架 Crouse 至 Cottonwood 层段(B1-LM—B5-LM),由于气候变化,Chase 海相碳酸盐岩层段的厚度可能至少为 Council Grove 海相碳酸盐岩层段的 3~5 倍。

9.2.4 层状储层与差异衰竭

Hugoton 和 Panoma 气田似乎是一个大型的储集系统,可能各层段充满压力并不断变化(Sorenson,2005)。但以不同的速率开采 Chase 群中的 6 个产气层都发生衰竭,正如不同层段压力测试和储层模拟所示(Fetkovich 等,1994;Oberst 等,1994;Ryan 等,1994)。表 9-1 列出了各层压力,显示了 Chase 群和 Council Grove 群的差异衰竭。对多层段进行组合测试后,根据岩心检测和钻杆测试(DST)结果分析得出,生产层的压力最低且渗透率最高。近期对气井的测试(2005)显示,主产层、Herington 和 Krider 半旋回的压力低至 19psi(131kPa)。这便解释了为什么无法从合采井关井压力(32psi[220kPa],堪萨斯州气田平均值)中获取所需的数据以测定气田整体衰竭情况。

表 9-1 2 个井距相对较密的油井压力(按带划分)

群	带	1994 参数井		2005 备用井
		DST-Sip[psi(kPa)]	复合井[psi(kPa)]	XPT™-SIP[psi(kPa)]
Chase 群	Herington	120(830)	104(720)	19(130)
	Krider	88(610)	104(720)	21(145)
			104(720)	30(210)
	Winfield SS	105(720)	104(720)	141(970)

续表

群	带	1994 参数井		2005 备用井
		DST-Sip[psi(kPa)]	复合井[psi(kPa)]	XPT™-SIP[psi(kPa)]
	Winfield LS	121(830)	104(720)	217(1500)
	Towanda	230(1590)	104(720)	165(1140)
	U. Ft. Riley	>400(2750)	104(720)	192(1320)
	Florence	398(2740)	104(720)	265(1830)
	Wreford	372(2570)	104(720)	219(1510)
Council Grove 群	A1_LM	400(2760)	156(1080)	nt
	B1_LM	350(2410)	156(1080)	nt
	B2_LM	131(900)	156(1080)	nt
	B3_LM	368(2540)	156(1080)	386(2660)
	B4_LM	215(1480)	156(1080)	nt
	B5_LM	160(1100)	156(1080)	348(2400)

注：1994年钻探的井为研究井（图9-8花A1），该井使用泡沫钻井液钻探，以防止滤液侵入和地层损害。压力为钻杆试验（DST）得出的24h关井压力（SIP）。2005年钻探的井位于前一口井北面10km（6mile）处，利用斯伦贝谢公司（Schlumberger）的重复式地层测试器XPT™工具记录了裸井中的压力。

9.3 静态模型工作流程

尽管信息量较大，但Hugoton地质模型开发的工作流程可简单归为4步：（1）根据测井数据确定层段顶部，确定岩心岩相、岩相的岩石物理特性，确定精确的测井曲线校正算法，以构建测井数据库；（2）训练神经网络并预测未取心井的岩相；（3）通过随机法用岩相和孔隙度填充3D网格模型；（4）用特定岩相的岩石物理特性与流体饱和度填充模型。图9-12全面展示了工作流程。以下内容讨论了通过岩心确定岩相和推断岩石物理特性、电缆测井响应、预测储层性质，并整合上述数据的各项步骤，以便从岩心气井尺度和气田规模对储集系统进行描述。

9.3.1 岩相分类

由于不同岩相的岩石物理性质不同，岩相的网格数量对储层描述和网格储层模型的构建至关重要。确定岩相类别的数量及岩相类别的界定涉及4项标准：（1）通过神经网络，利用岩石物理测井数据及其他变量可以确定的最大岩相数量；（2）准确描述岩性和岩石物理性质非均质性所需的最小岩相数量；（3）不同岩相类别的岩心岩石物理性质存在的最大差异；（4）岩相类别对储集和渗流的相对贡献。根据岩石类别（硅质碎屑岩或碳酸盐岩）、结构（Folk，1954，硅质碎屑岩粒度；Dunham，1962，碳酸盐岩分类）和主要孔隙大小（肉眼估计），采用一项最佳方案，以这些标准为基础，识别出了11种岩相类别。在对白云岩进行分类时，我们未对沉积结构加以考虑，而是考虑主要随晶体粒度变化而变化的现有结构和孔隙大小以及是否存在淋溶碳酸盐岩颗粒印模。按照岩心岩石物理性质差异所分的类别与岩石的主要岩相类别非常吻合，岩石物理性质（岩相神经网络预测采用的主要变量）的测井响应特征相当明显。尽管定义更多的类别可以提高岩石物理性质预测精度，但是神经网络无法有

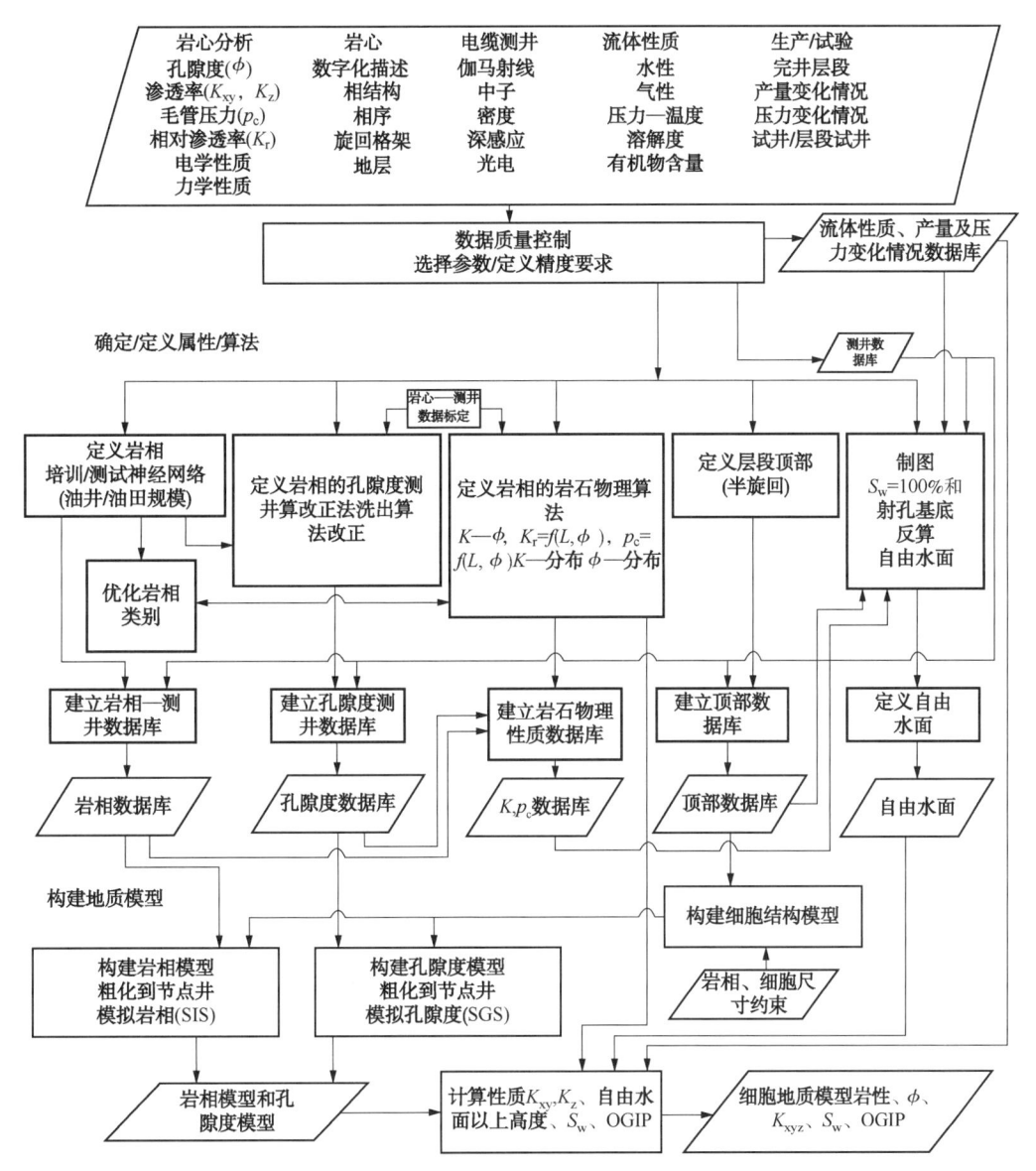

9 美国堪萨斯州与俄克拉何马州 Hugoton 气田(二叠系)多尺度地质与岩石物理建模

图 9-12 Hugoton 油田模型工作流程

该工作流程可以分为 3 大任务：(1)收集并确定数据是否合格；(2)处理数据，得出基本的地质模型输入文件(确定/定义属性/算法)；(3)构建地质模型。图中显示建模过程是一个线性过程，而实际中反馈回路更多，在子任务级有多个迭代，测试与验证规模较小

效识别和区分粒度更细的岩相类别，进而无法区分粒度更细的类别(例如区分细粒泥粒灰岩和粗粒泥粒灰岩)。

运用定量化、数字化岩相描述系统(表 9-2)描述 0.15m(0.5ft)层段处岩心。在表 9-2 中所示 5 个因素中，根据其中 3 个因素就足以对岩相类别进行区分，不过在确定类别边界的过程中，最初考虑的是其他因素。针对每个层段，记录了多达 12 个变量。除了表 9-2 中的因素以外，还记录了固结度和断裂度、次级孔隙大小、胶结矿物、层理、水深、动物群落和颜色等因素。对岩相进行数字化分类有利于在确定最优岩相类别边界的迭代过程中，更改分类标准以及将岩相同岩心和测井岩石物理性质进行对比。这种数字化系统旨在实现一个与岩性和岩石物理性质连续体相对应的连续数值分类。运用这种系统而不是助记符系统对一个给定样本进行分类，通常只有一个类别步阶会出现错误，因此，预测属性值与真实值之差在一个类别范围内。在对一个对象进行数值分类后，可以自动映射到替代分类方法。

表9-2 数字化岩相描述系统

代码	变量				
	1	2	3	4	5
	岩石类型	Dunham/Folk 分类	粒度	主要孔隙大小	泥质含量
9	蒸发岩	粗砾砾岩	粉晶砾状岩和粗砾砾岩（>64mm）	cavern vmf(>64mm)	裂隙充填 10%～50%
8	白云岩	糖粒状/细砾砾岩	中晶砾状岩/细砾砾岩（4～64mm）	med-lrg vmf（4～64mm）	裂隙充填 5%～10%
7	白云岩—石灰岩	障积—粘结灰岩/粉晶砂岩	细粒砾状岩/粉晶砂岩（1～4mm）	sm vmf(1～4mm)	泥质>90%
6	白云岩—硅质碎屑	粒状灰岩/晶质砂岩	砂屑岩/晶质砂岩（500～1000μm）	晶粒大小孔隙（500～1000μm）	泥质 75%～90%
5	石灰岩	泥粒灰岩/粒状灰岩/中粒砂岩	砂屑岩/中粒砂岩（250～500μm）	中孔（250～500μm）	泥质 50%～75%
4	碳酸盐岩—硅质碎屑岩	泥粒灰岩/细粒砂岩	砂屑岩/细粒砂岩（125～250μm）	微细孔隙（125～250μm）	泥质 25%～50%
3	硅质碎屑岩—碳酸盐岩	粒泥灰岩—泥粒灰岩/极细砂岩	砂屑岩/极细砂岩（62～125μm）	极小—极细孔隙（62～125μm）	泥质 10%～25%
2	海相硅质碎屑	粒泥灰岩/晶质粉砂岩	晶质泥屑岩/晶质粉砂岩（31～62μm）	极小孔隙（31～62μm）	细薄黏土夹层 5%～10%
1	陆相硅质碎屑	泥岩—粒泥灰岩/极细—中粒粉砂岩	中细粒泥屑岩/极细—中粒粉砂岩（4～31μm）	微孔（<31μm）	微量泥质 1%～5%
0	页岩	泥岩/页岩/黏土岩	黏土岩（<4μm）	无孔	纯岩<1%

数字化描述	岩相	岩相类别
1/>2	0	陆相砂岩
1/2	1	陆相粉砂岩
1/0-1	2	陆相泥质粉砂岩
0.2/<3	3	海相页岩和粉砂岩
3-8/01	4	泥岩/泥岩—粒泥灰岩
3-8/2-3	5	粒泥灰岩/粒泥灰岩—泥粒灰岩
6-8/8/<3	6	粉晶糖粒状白云岩
3-8/4-5	7	泥粒灰岩/粒泥灰岩—粒状灰岩
3-8/6-7	8	粒状灰岩/叶状藻障结灰岩
7-8/8/>2	9	中细晶糖粒状印模白云岩
2/>2	10	海相砂岩

来源：Dubois 等之后（2003）的研究。（A）0.5ft（0.15m）层段岩心描述之五位数分类系统，借助双筒显微镜目测得到。总共还对其他7个变量进行了记录，但在确定岩相时没有使用这些变量；（B）11 种岩相的数字代码。例如，13323 表示具有极小孔隙性和细薄黏土夹层（5%～10% 黏土）的陆相硅质碎屑极细砂岩（203～410ft；62～125m）。缩写为陆相（NM）、海相（Mar）、碳酸盐岩泥岩（Mdst）、粒泥灰岩（Wkst）、泥粒灰岩（Pkst）、粒状灰岩（Grnst）、叶状藻障积灰岩（PA Baff）、白云岩（Dol）、粉晶（Vxln）和中细晶（F-Mxln）。

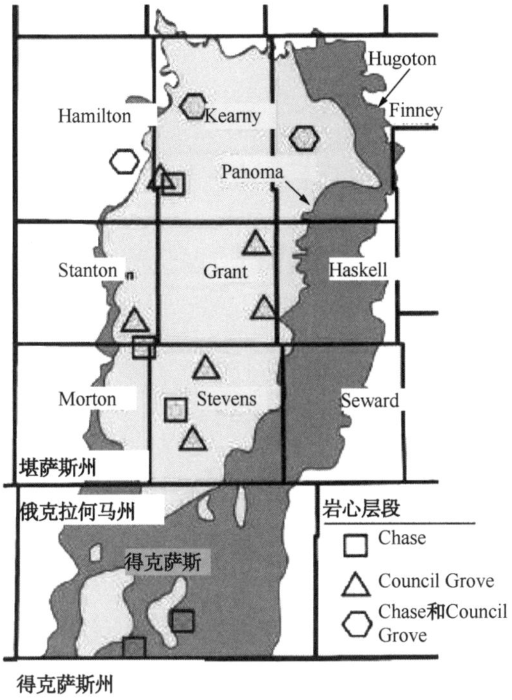

在近100个连续岩心中，在长度(选取最长的岩心)、地理位置(取样分布)以及岩心分析和测井数据的基础上，选取了其中14个岩心进行岩相分析(图9-13)。在大多数情况下，选取的岩心包含Chase(5)或Council Grove(6)层段，或者包含这两个层段(3)。图9-14和图9-15给出了这11个主要岩相类别的示例。图中也给出了常见亚类，但示例并未给出岩相的范围。例如，海相碳酸盐岩泥粒灰岩，泥粒灰岩—粒状灰岩类(L7)岩石有多种主要的颗粒类型和粒度，并沉积在多种环境中(例如，细粒颗粒岩：潮坪和潟湖；似球粒和似核形岩：局限陆架和浅滩；生物碎屑岩：开阔陆架和浅滩)。

图9-16给出了本研究中所述岩心1295m(4250ft)处的11种岩相的相对比例。陆相岩相占42%的岩量，由细粒砂岩(L0)、粗粒粉砂岩(L1)和细粒或泥质粉砂岩(L2)组成，而海相碳酸盐岩和海相硅质碎屑岩分

图9-13 0.15m(0.5ft)层段岩相的 Hugoton岩心(连续)分布

别占45%和13%。在海相岩石中，储集和渗流能力最大的岩相包括L6—L10，这与以往研究中所确定的主要储层岩相一致(Siemers和Ahr，1990；Olson等，1996；Heyer，1999)。这些岩相占31%的岩量(图9-16)，包括粉晶白云岩(L6)、颗粒—印模孔隙中细晶白云岩(L9)和颗粒支撑结构岩相，颗粒支撑结构岩相有泥粒灰岩(L7)、粒状灰岩(L8)和海相砂岩(L10)。陆相细粒砂岩仅占6%的岩量，但陆相细粒砂岩对于Council Grove群的渗透和储集很重要。这11种岩相全都分布在Chase群，而同Council Grove群相比，在Chase群陆相砂岩和粉晶糖粒状白云岩则较少见。没有发现颗粒—印模孔隙粗晶质白云岩，这种岩石通常为白云岩化生物碎屑或鲕粒粒状灰岩或泥粒灰岩。在Council Grove群，海相砂岩比较罕见。粉晶白云岩原先多半为富泥质碳酸盐岩。

9.3.2 岩相预测

为利用神经网络分析预测岩相，我们利用一个标准的单隐含层的神经网络(Hastie等，2001)，根据Hugoton和Panoma油田1364口节点井的测井数据进行了预测。如图9-17所示，神经网络输入矢量包括2个地质计算变量，1个沉积环境指标(MnM)和1个地层旋回相对位置(RelPos)，此外，还包括以下测井参数：伽马射线、深感应电阻率对数、中子与密度孔隙度平均值、中子与密度孔隙度差值和光电因子(Pe)。薄层或边界效应未做调整。对于不同的输入矢量，神经网络计算一个矢量输出值，矢量输出值表示相应的岩相隶属度，隶属度最大的岩相分派给测井层段。根据岩心岩相与测井和地质约束变量之间的关联对神经网络进行训练。图9-18给出了岩心岩相、岩相隶属度和预测不连续岩相的对比结果。

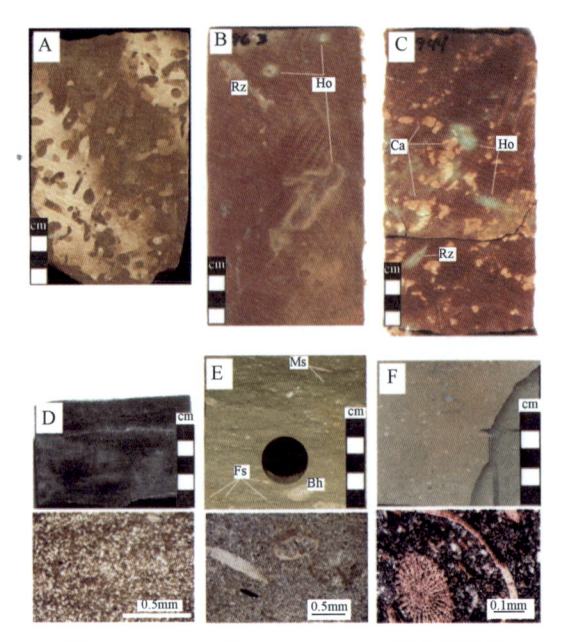

图9-14 Chase和Council Grove群主要岩相

岩相代码0~5。（A）陆相砂岩（L0）：例：Blue Rapids（Council Grove，B1_SH），Cross H Cattle 1-6，2652ft（808m）。粗粉砂—极细砂岩，以石英、块状层理、胶结月牙形潜穴为主（S. Hasiotis，2005，个人通信）。风蚀低洼地形移动体系。数字化分类：13322。（B）陆相粗粒粉砂岩（L1）：例：Stearns（Council Grove，B4_SH），Newby 2-28R，2963ft（903m）。粗粒石英粉、根管石（Rz）和光晕减少的根迹（Ho）。Savannah，因尘埃沉降而缓慢淤积起泥沙，并经植被和土壤过程而固化。数字化分类：12213。（C）陆相泥质粉砂岩（L2）：例：Hooser（Council Grove，B3_SH），Newby 2-28R，2944ft（897m）。中—细粒石英粉和黏土、钙质层（Ca）、根管石（Rz）和光晕减少的根迹（Ho）。海岸平原，因尘埃沉降而缓慢淤积起泥沙，并经植被和土壤过程而固化。数字化分类：11114。（D）海相粉砂岩和页岩（L3）：例：Funston（Council Grove，A1_LM），Newby 2-28R，2872ft（875m）。极细泥质粉砂岩。最大海泛期以硅质碎屑为主的陆架。柱塞状岩心 $\phi=4.6\%$；$K=0.0001\text{mD}$。数字化分类：21104。（E）泥岩和泥岩—粒泥灰岩（L4）：例：Crouse（Council Grove，B1_LM），Alexander D-2，2962ft（903m）。粉砂质泥岩—粒泥灰岩、细薄纹理和细微缝合线（Ms），局部有潜穴（Bh），有零散正常海洋动物群，其中包括蜓类（Fs）。接近最大海泛期时的低能陆架。柱塞状岩心 $\phi=3.1\%$；$K=0.00239\text{mD}$。数字化分类：41113。（F）粒泥灰岩和粒泥灰岩—泥粒灰岩（L5）：例如：Fort Riley（Chase），Flower A-1，2700ft（823m）。轻度白云岩化粒泥灰岩，正常海洋动物群落有海胆类、腕足类、苔藓虫类和蜓类。主要为白云岩化淤泥基质的晶间微孔（薄片蓝色部分）（茜素红染色岩心切片和薄片）。低能正常海洋陆架。全直径 $\phi=15.2\%$；$K=0.413\text{mD}$。数字化分类：52111

这两个地质变量由25个层组（段）顶部得出（图9-8），这25个层组（段）顶部也是海相或陆相（陆相）半旋回的顶部。Herington和Holmesville沉积环境指标值为陆相、海相和潮间环境，其中以潮间环境为主。MnM变量有助于区分相似岩石物理性质、在各种不同的广阔沉积环境中发育形成的岩相。地层旋回相对位置参数值（RelPos）呈线性变化，在各半旋回层段底部，旋回深度为0，而顶部深度为1，表示在各层段中的位置。将这条曲线与神经网络相结合，可以对各层段中常见岩相的规律序列有关信息进行编码，从而将该字符转化为每口井的预测岩相序列。对于节点井，使用Excel®电子表格中的Visual Basic代码，按成批处理例程计算这两条曲线，输出为Log Ascii Standard（LAS）文件格式的测井数据。然后与电缆测井数据结合，完成特征矢量。

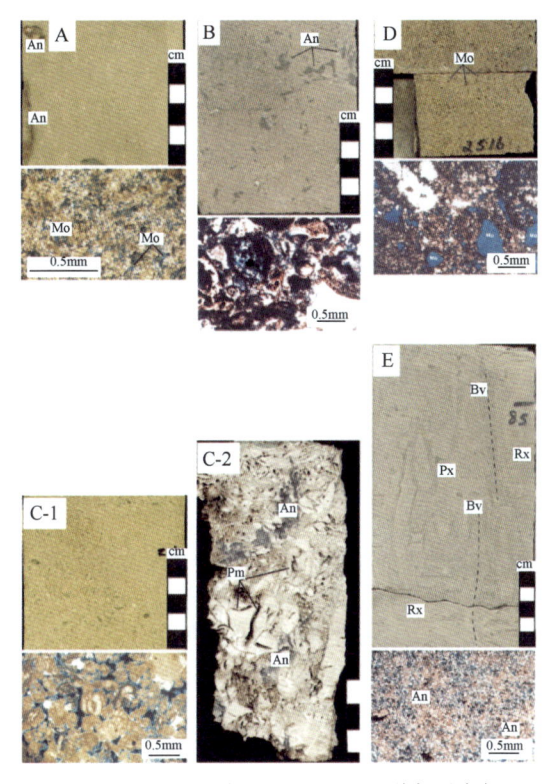

图9-15 Chase和Council Grove群主要岩相

岩相代码6~10。(A)粉晶糖粒状白云岩(L6):例:Cottonwood(Council Grove, B5_LM), Beatty E-2, 2800ft(853m)。细晶糖粒状白云岩化泥岩,结核和裂隙中局部有硬石膏胶结物和交代作用产物(An)。孔隙(薄片蓝色部分)为微孔(晶间微孔)和极小孔隙(印模孔隙, Mo)。受保护的局限潟湖。柱塞状岩心 $\phi=13.9\%$; $K=1.37mD$。数字化分类:88120。(B)泥粒灰岩和泥粒灰岩—粒状灰岩(L7):例:Winfield(Chase), Flower A-1, 2579ft(768m)。中、粗生物碎屑—似核形泥粒灰岩,含片状硬石膏胶结物(An)。孔隙(薄片蓝色部分)以粒间孔隙为主。开阔陆架碳酸盐砂质浅滩。全直径 $\phi=16.4\%$; $K=5.98mD$。数字化分类:54520。(C)粒状灰岩或叶状藻障积灰岩(L8):岩相具有相似的岩心和电缆测井物性,并且由于其总体较少而成块状。例1:Cottonwood(Council Grove, B5_LM), Alexander D-2, 3024ft(922m)。中、粗似核形—似球粒粒状灰岩。连井粒间孔隙为薄片蓝色部分。局限陆架碳酸盐砂质浅滩。全直径 $\phi=18.8\%$; $K=39.0mD$。数字化分类:56540。例2:Cottonwood(Council Grove, B5_LM), Newby 2-28R, 2992ft(912m)。叶状藻障积灰岩。叶状藻叶片印模(Pm),部分充填有硬石膏胶结物(An)。基质主要为似球粒—颗粒泥粒灰岩(Pp)。轻度局限陆架叶状藻丘。全直径 $\phi=20.6$, $K=1141mD$。数字化分类:57770。(D)中细晶印模白云岩(L9)。例:Krider(Chase), Flower A-1, 2516ft(767m)。中—细晶印模白云岩。白云岩化、中—粗粒状灰岩的连井孔隙系统以大型印模(Mo)(可能为鲕粒和生物碎屑)为主。一些孔隙中充填有片状硬石膏胶结物(An)。开阔陆架碳酸盐砂质浅滩。全直径 $\phi=22.3\%$; $K=275mD$。数字化分类:88550。(E)海相砂岩(L10):例:Herington(Chase), Flower A-1, 2485ft(757m)。板状(Px)和流痕(Rx)交错层理与垂直潜穴(Bv)。潮坪。极粗粉砂—极细砂岩,分选性好,次长石砂岩(用X射线衍射确定83%的碎屑为石英),连井粒间孔隙(蓝色),片状硬石膏胶结物(An)。全直径 $\phi=20.8\%$; $K=48.2mD$。数字化分类:23321

可以将神经网络代码添加到Excel®的非参数回归和分类加载项Kipling.xla中(Bohling和Doveton,2000)。在这项研究中,对神经网络进行训练,以匹配所观测到的测井数据与图9-13中一组基准井岩心岩相之间的关联(Chase群8口井,含训练集中的层段3952ft,以及Council Grove群10口井,含层段4593ft)。网络行为基本控制参数为隐层(网络规模)节点数和一个阻尼或衰变参数。增大网络规模可以使网络与训练集匹配得更加紧密,但过多地使用隐层节点会导致网络与训练数据准确调谐而无法广义化。增大阻尼参数不利于准确调谐,但网络可以更加流畅地对岩相边界进行描述。

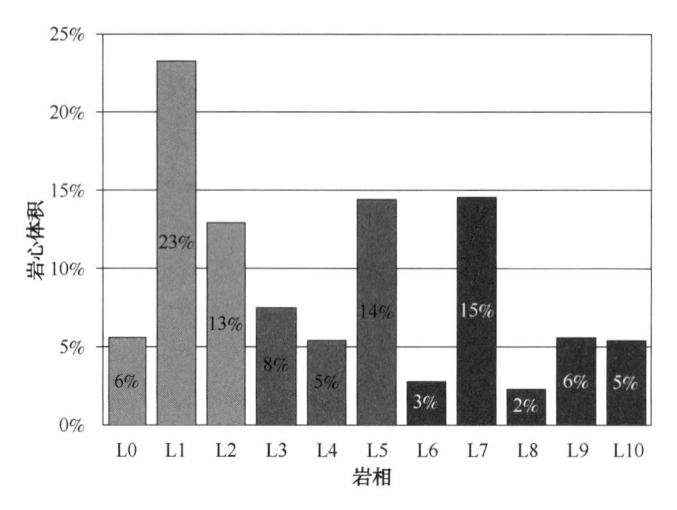

图 9-16　Hugoton 油田 Chase 和 Council Grove 群 4250ft(1300m)岩心的 11 种岩相的相对比例
这 11 种岩相由一个编码标识(L0~L10):L0=砂岩;L1=粗粒粉砂岩;L2=泥质粉砂岩;L3=粉砂岩;L4=钙质泥岩;
L5=粒泥灰岩;L6=粉晶白云岩;L7=泥粒灰岩;L8=粒状灰岩和叶状藻障积灰岩;L9=中—细晶印模白云岩;L10=砂岩

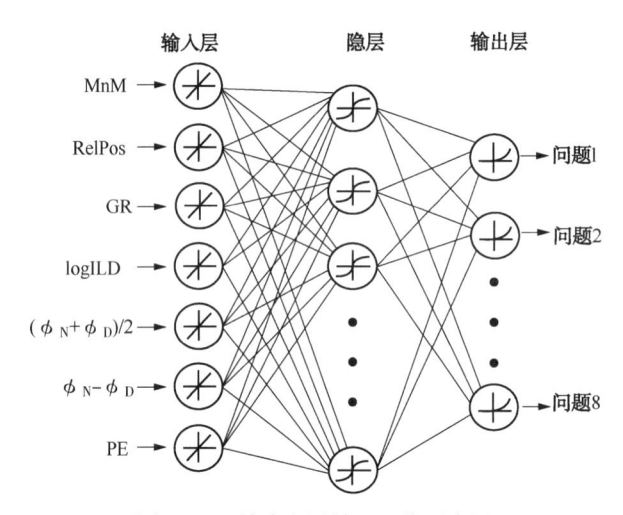

图 9-17　单隐含层神经网络示意图
使用单隐含层神经网络,根据测井数据和地质约束变量预测岩相。两个地质约束输入变量(MnM=沉积环境指标;
RelPos=在地层层段中的相对位置),其中包括一组核电电缆测井数据:伽马射线(GR),深感应测对数(logILD);中
子与密度孔隙度平均值($\phi_N+\phi_D$)/2);中子与密度孔隙度差值和光电效应(PE)。输出为岩相产状概率

　　应用交叉验证法估算网络大小和阻尼参数的最佳值,通过 2 种方法进行交叉验证:(1)不考虑井,劈分整个训练数据集,使其成为随机子集,使三分之二用于训练,三分之一用于测试(预测岩相和实际岩相做对比);(2)依次提取每口井,对剩余井进行训练,对移除井进行测试。针对每个参数组合重复做训练和测试,从而解释网络不同实现之间的随机变化。应用 Venables 和 Ripley(2002)开发的网格函数的 R 统计计算语言(R 开发核心团队,2005)脚本做这种强化的交叉验证法。该脚本推断了实际和预测岩相之间对应的几种方法,包括测试井中所有层段岩相分配不当的平均成本。由一个分配不当成本矩阵计算得出该值,该矩阵会给分

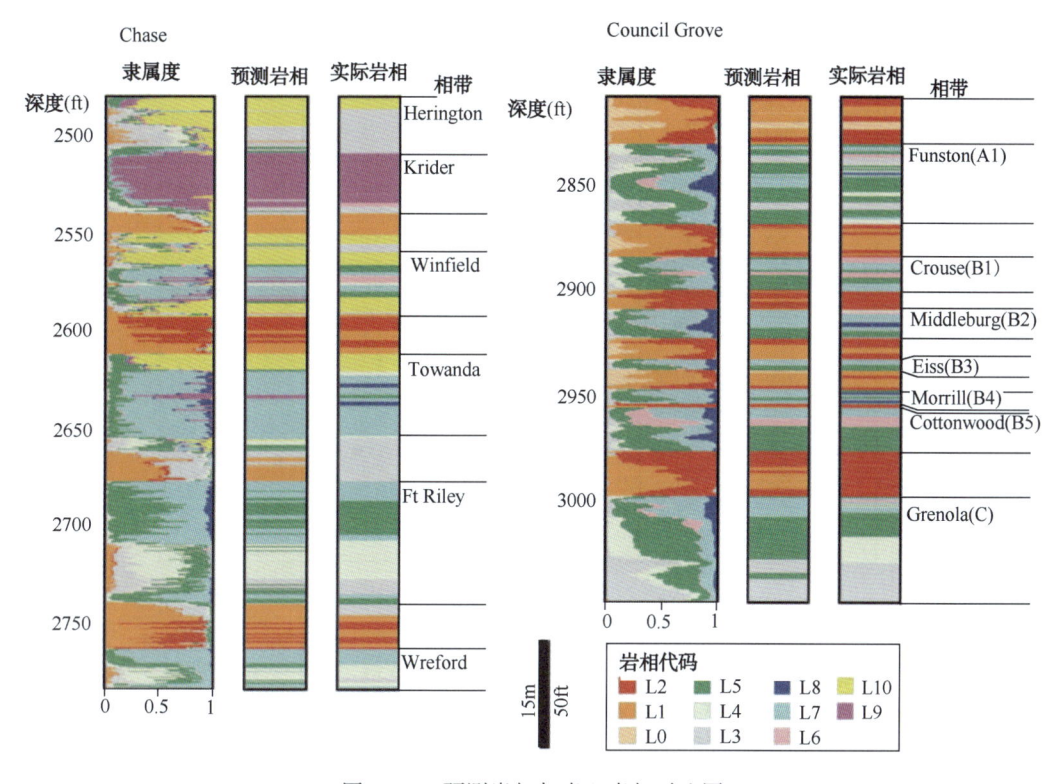

9 美国堪萨斯州与俄克拉何马州 Hugoton 气田(二叠系)多尺度地质与岩石物理建模

图 9-18 预测岩相与岩心岩相对比图

图中说明了岩相隶属度的垂直图,并对不连续岩相(隶属度最大的岩相)及 Chase 和 Council Grove 群训练集中 2 口单井 0.15m(0.5ft)处的岩心岩相进行了预测(Youngren;Stuart)。使用神经网络对节点井的岩相进行预测(全部油井均进行了训练)。隶属度没有作为建模的输入变量,但隶属度确实说明了一些错置情况(实际岩相通常在第二位)

配不当给定一个与岩相图谱中岩相代码单元中的距离成比例的成本。例如,给泥粒灰岩(L7)海相粉砂岩(L3)分配一个比具有相似岩石物理特性的粒状灰岩(L8)更高的成本。

虽然都希望能够绝对准确地对岩相进行预测,但这是不现实的,我们的目标是将误差尽量限制在最接近的岩相类别。平均错置成本中间值与逐井交叉验证的阻尼参数和网络规模(面板变量)(包括 Council Grove 群光电电缆测井)(图 9-19)的关系图说明了对每个参数组合的 40 个平均错置成本值计算得到的中间值:针对 Council Grove 群的 6 口井,根据光电测井数据,对每口井进行 5 次试验。使用光电测井数据对 Council Grove 群进行的交叉验证图与使用和不使用光电测井数据对 Chase 群进行的交叉验证图相似(未做说明)。尽管网络很好地实现了各种参数值,我们选取规模为 20 个隐层节点的网络和值为 1.0 的阻尼参数。选取的阻尼参数(1.0)的错置值较低,并选择了 20 个隐层节点数而不选择节点数较少、而往往会过度广义化的配置。

起初,我们训练了 4 个神经网络:在使用和不使用光电测井数据的情况下进行训练的 Chase 群和 Council Grove 群。在本章中,尽可能应用包含光电测井数据的模型进行预测。Chase 模型包含全部 11 种岩相,而 Council Grove 模型仅包含 9 种岩相,这是因为在 Council Grove 群中分布的中—细晶白云岩和海相砂岩量不足以作为独立的类。然后,我们对 Towanda 以下的 Chase 群增加了另外两个模型(在使用和不使用光电测井数据的情况下),以便更好地表示海相砂岩在有关层段和地区中的分布。然后合理地应用这 6 个神经网络模型得到分

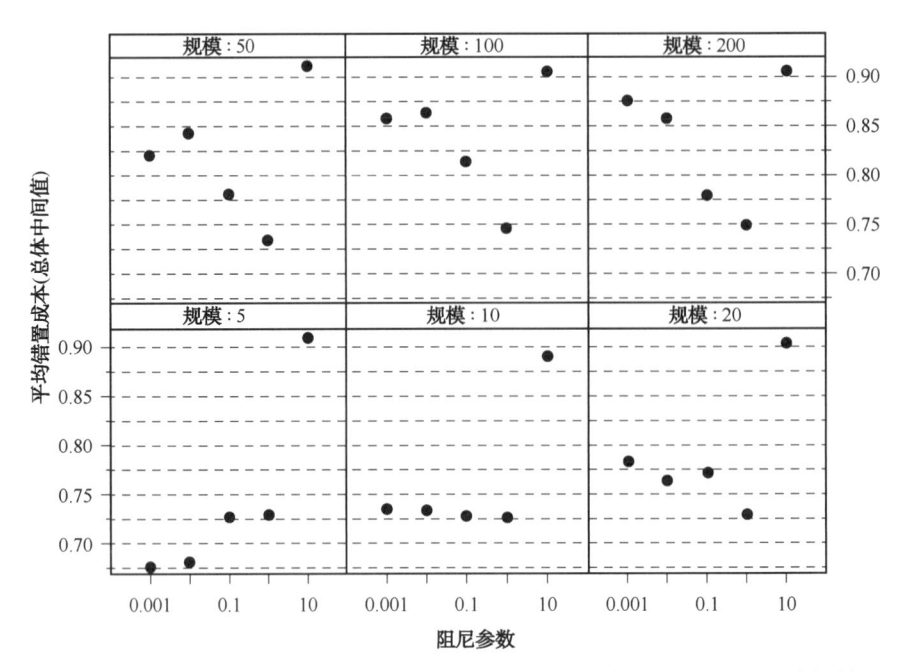

图 9-19 确定神经网络规模(隐含层节点数)和阻尼参数最优值使用的交叉验证分析结果示例

所示结果为 Council Grove 群 8 口井的岩心岩相的中间值和电缆光电测井数据。每口井进行 5 次试验,依次逐一剔除每口井,并针对其他 7 口井进行训练,然后针对所剔除的油井进行预测。然后针对所有油井,绘制平均错置成本中间值与阻尼参数和网络规模的关系曲线。选取含 20 个隐含层节点的网络和值为 1.0 的阻尼参数

布在整个油田的 1364 口节点井 0.15m(0.5ft)层段处的预测岩相与深度测井数据(图 9-20A)。本例中利用了 Kipling 程序的批处理预测能力,并从 LAS 文件中读取测井数据,然后将预测岩相曲线写入 LAS 文件中。

在构建预测岩相深度曲线后,在获得多数通过后,将预测岩相曲线读取到 Petrel™(斯伦贝谢公司的三维建模软件)中,并粗化到模型层(海相层段约 2ft[0.6m]处和陆相层段 1.3m[4ft]处)的分辨率:油井中每个模型网格的岩相为油井中该岩层最常见的岩相。由于被建模的岩相体的井控和几何结构相对致密(薄且侧向延伸),因而岩相与属性建模采用了基于体素法,而不是基于对象的方法。采用在地质建模软件 Petrel 中实现的序贯指示模拟(Deutsch 和 Journel,1998)方法来生成所有模型网格(以节点井网格的放大岩相值为条件)的岩相值。考虑到井控和岩相的几何结构,很难通过数据分析逐带建立岩相的变差函数(24 个相带和 11 种岩相),因而不具可行性。因此,针对每种岩相和较大的水平坐标范围,利用有限数量的变差函数对区域进行分类。在进行随机模拟时采用较大的水平坐标范围可以生成尽可能侧向延伸的相体,但仍然受到节点井的井况数据的影响。得出的相体与地质沉积模型一致,但受到节点井数据的约束。由于用来确定岩相类别(块状岩相)的岩相体的宽度和岩相沉积环境的地质条件,岩相体呈侧向延伸。节点井井距远远小于岩相体的宽度。对于海相半旋回,长轴设为 9144m(30000ft),短轴设为 7620m(25000ft),方位等于 11°,近似沉积走向,而对于陆相和潮坪半旋回,范围则采用 30000ft×30000ft(9144m×9144m)。垂直范围大约设置为相带中平均层高的两倍,并在有限数据分析的基础上,将块金效应范围设为 0.1~0.22。这些大量的井况数据有助于减少

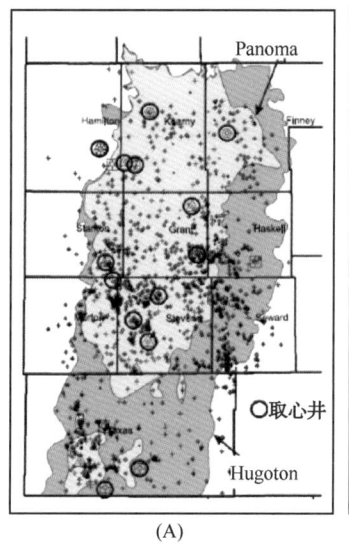

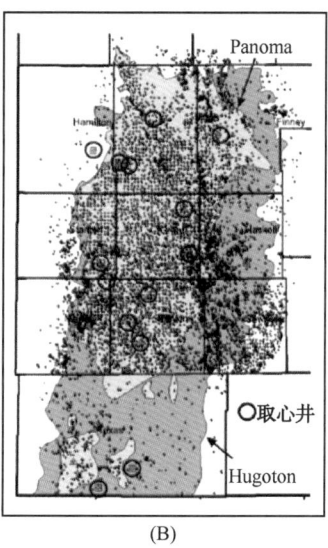

9 美国堪萨斯州与俄克拉何马州 Hugoton 气田(二叠系)多尺度地质与岩石物理建模

图 9-20 (A)用于构建静态模型的 1364 口节点井的井位图。其中 14 口井中分布的是岩心岩相(带圆圈标记),其余油井中分布的是采用神经网络预测的岩相。这 1364 口井中包括其中分布有神经网络所确定的岩相的 Council Grove(1146 口)和 Chase(1069 口)油井(在 1364 口井中,有 854 口井中分布有 Council Grove 和 Chase 岩相)。仅考虑了其岩相至少在 Fort Riley(Chase 群)或 Florena Shale,B5_SH(Council Grove 群)顶部有分布的油井。(B)其组一段顶部用于构建 Hugoton 地质模型构造格架和地层格架的 8765 口油井图

模拟结果对变差函数模型参数的敏感性,从而使预测更具确定性。

表 9-3 显示了岩相在训练集(基准井)岩心中以及预测岩相在节点井和研究区岩相模型中的比例分布。考虑到样本的地理分布偏差和取样尺度由 0.15m(0.5ft)变为更厚的地层,因而在各尺度上的分布一致性较好。大部分差异出现在岩心岩相(训练井)与采用神经网络预测的岩相(节点井)之间,这些差异由训练井在陆架上的位置引起。训练井向西偏斜分布(由于岩心可用性),而节点井分布则更加均匀。粒状灰岩(L8)则是特例,经训练的神经网络无法有效地对这种岩相进行预测。幸而,这种岩相仅占数据体的一小部分(训练井岩相占 2.3%),并且在神经网络训练中常被误认为是泥粒灰岩(这两种岩石非常相似)。

表 9-3 岩心、节点井以及网格模型中 11 种岩相的相关分布 *

高度源	0.5ft(0.15m) 实际(%)	0.5ft(0.15m) NNet 预测(%)	放大变量** (%)	模型变量** (SIS)(%)
岩相编号	训练	节点井	节点井	所有细胞
0	5.6	2.2	1.0	1.1
1	23.3	19.7	17.0	16.7
2	12.9	9.6	7.1	6.7
3	7.5	9.6	9.0	9.1
4	5.4	4.3	3.6	3.9

续表

高度源	0.5ft(0.15m) 实际(%)	0.5ft(0.15m) NNet 预测(%)	放大变量** (%)	模型变量** (SIS)(%)
5	14.5	20.1	22.2	22.5
6	2.8	4.9	3.9	3.8
7	14.7	24.7	25.9	25.2
8	2.3	0.2	0.2	0.2
9	5.6	1.4	3.8	3.8
10	5.4	3.4	6.3	7.1
计数(N)	8545.0	993146.0	183949.0	107765147

* 14 种井的岩心岩相被用于神经网络训练以预测 1364 种节点井的岩相。节点井的岩相 0.15m(0.5ft)放大至模型层厚度(变量放大)。序贯指示模拟(SIS)用于填充节点井之间的网格模型(所有网格)。

** 模型层平均高度 $h=1m(3.3ft)$。平均值范围 $h=0.57\sim 1.58m(1.9\sim 5.2ft)$。岩相 0~2 趋向于存在厚层中。

9.3.3 岩心岩石物理学

以往对 Hugoton 和 Panoma 油田的岩石物理性质研究通常都是用分配给地层的平均性质(Siemers 和 Ahr,1990,Olson 等,1996)。Heyer(1999)对俄克拉何马州得克萨斯县 Council Grove 群的储层质量粒泥灰岩、泥粒灰岩和粒状灰岩岩相的孔隙度和渗透性特征进行了较为详细的研究。Byrnes 等(2001)和 Dubois 等(2003)研究了 Council Grove 群 Panoma 油田岩相的岩石物理性质,并说明了低渗透性碳酸盐岩与砂岩的相似之处。基本岩相的孔隙数量及其相关的岩石物理性质(孔隙度、渗透性和流体饱和度)对构建储层地质模型至关重要。这 11 种主要的岩相具有不同的岩石物理性质。本章分析探讨的岩相的主要岩石物理性质包括常规氦孔隙度和原位孔隙度、常规空气和原位克林肯见格(Klinkenberg)气体渗透率、颗粒密度、毛细管压力和气水相对渗透率。

根据商业实验室和堪萨斯州地质调查局所进行的测量,对超过 6000 个全直径岩心和柱塞状岩心样本编写了常规孔隙度、渗透率和颗粒密度数据。确定了超过 3500 个样本的岩相。柱塞状岩心取样的目的是表示研究区孔隙度、渗透率和岩相的范围。常规空气渗透率通常在约为 400psi(2.8MPa)的围压下测定;原地克林肯伯格气体渗透率(高压气体或当量液体)和原地孔隙度在 800psi(5.5MPa)的流体静围压和等于净有效应力的原地流体净应力下测定。针对 245 个表示孔隙度和岩相范围的岩心样本,确定常规氦孔隙度与原地孔隙度之间的关系。此外,利用毛细管压力空气—汞压法,得到了 252 个样本的毛细管压力曲线。编写了 32 个不同的气水排泄相对渗透率数据,并测定了超过 200 个岩心的临界水饱和有效气体渗透率。

9.3.3.1 孔隙度与颗粒密度

常规的(未限定的)氦气孔隙度(ϕ_{He})值为 1%~26%(图 9-21)。在所有岩相和孔隙岩中,原位孔隙度(ϕ_i)比常规孔隙度平均少 0.54 个单位值(即 $\phi_i=\phi_{He}-0.54$)。对比各岩相中的孔隙度发现,大陆硅质碎屑岩的孔隙度平均值随着颗粒物尺寸的减小(即细砂岩至极细中粒砂岩)而下降，在碳酸盐岩中的颗粒物则是由粒状灰岩向泥岩变化。陆壳岩石平均颗粒密度为(2.70±0.08)g/cm³(误差为2个标准差)，石灰岩颗粒密度为(2.72±0.06)g/cm³，白云石颗粒密度为(2.82±0.08)g/cm³。

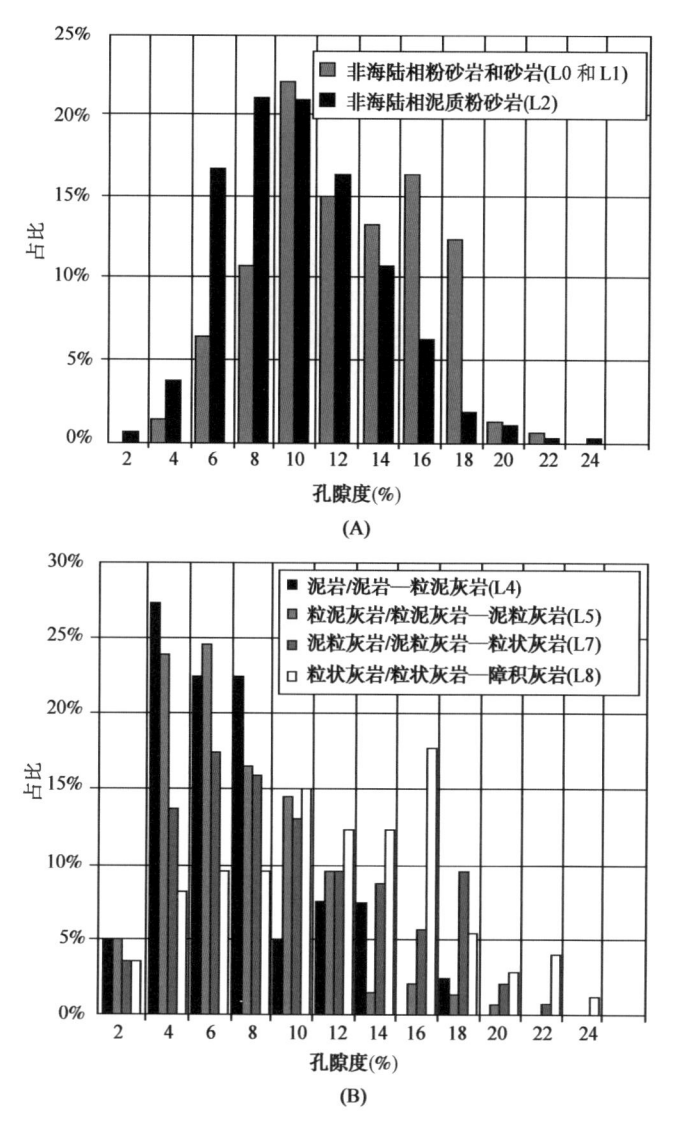

图9-21 Chase和Council Grove非海陆相(NM)粉砂岩与砂岩(A)及石灰岩(B)常规氦气孔隙度直方图 岩相编码及说明见正文。孔隙度大体上在硅质碎屑岩中随颗粒增大而增加，而随着从泥岩到粒状灰岩中的含泥量减少而增加(Baffle=障积灰岩；Grst=粒状灰岩；Pkst=泥粒灰岩；Wkst=粒泥灰岩；Mdst=泥岩)

9.3.3.2 渗透率

基于岩心测量的原位克林肯贝格渗透率值(K_{ik})范围是0.00002~400mD。渗透率是一个多变量函数，其变量主要包括孔喉大小、孔隙度、粒度、样品堆积(控制孔体大小和分布)以及层理结构。孔隙度作为独立变量，可使岩相等式用于预测渗透率，因为孔隙度数据是最经济最丰富的数据，并且对于所有的岩相而言，孔隙度也是最容易同其他变量一起收集的数据。

Hugoton 所有岩石中 75% 以上岩石的原位克林肯贝格渗透率小于 1mD。获取低渗透率岩石的精确渗透率需要修正围压应力影响并注意避免岩心数据受应力释放所致微裂缝的影响。如图 9-22 所示，由于受克林肯贝格（Klinkenberg）气体滑移以及相关围压应力的影响，研究区域的大陆岩以及碳酸盐岩约 1mD 以下的渗透率会大幅下降。这种下降与其他致密藏气岩一致（Byrnes 等，2001）。

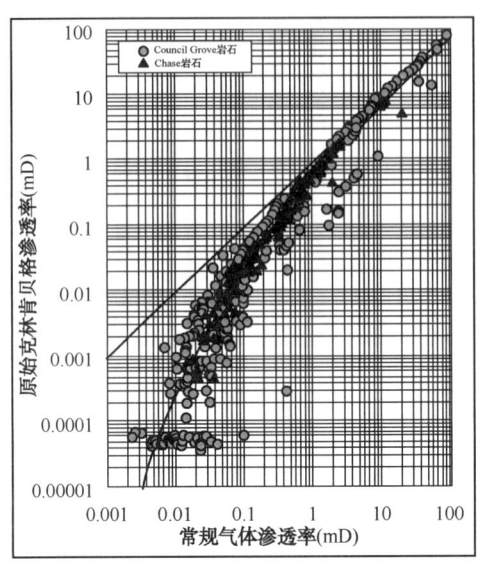

图 9-22 Council Grove 岩石与 Chase 岩石的一般空气渗透率（K_{air}）与原始克林肯贝格气体渗透率（K_{ik}）对比图
围压应力和克林肯贝格换算的影响均随着渗透率的降低而增加。K_{ik} 的值可用 $\lg K_{ik} = 0.059(\lg K_{air})^3 - 0.187(\lg K_{air})^2 + 1.154\lg K_{air} - 0.159$ 粗略预测，这里渗透率的单位为毫达西（mD）。由于常规条件以及岩石响应不同，测算结果会有所不同

大裂缝岩心的渗透率随着基质渗透率的降低而升高（图 9-23）。基质渗透率在 0.5mD 以下的碎裂岩心渗透率可归因于岩心渗透率的测量，它反映了样品中碎屑的渗透率，并且受基质的影响较小或可忽略其影响。全直径岩心分析主要在围压小于 400psi（2.8MPa）的情况下进行，在渗透率低于 0.5mD 时，它可以得出与柱塞状岩心值大不相同的结果，甚至可用于没有发现破裂但可能有大裂痕的样品。渗透率低于 0.5mD，并且比柱塞状岩心基质渗透率—孔隙度值高 2 个标准偏差的全直径渗透率数据无法在最终基质相关性中用于获取精确的基质渗透率—孔隙度相关性。基质与试井渗透率之间的相关性将在后续章节讨论。

虽然许多沉积岩的渗透率和孔隙度之间的关系在一些岩相中当孔隙率低于约 6% 时会有轻微变化，但仍可以通过幂律函数估算其相关性。每一种岩相都是一种相对特殊的 K_{ik}-ϕ_i 相关性，这可以用表格（图 9-24）中的幂律等式来表示。

$$K_{ik} = A\phi_i^B$$

其中 K_{ik} 单位为毫达西（mD）；孔隙度为百分比（%）；A 和 B 的值见表 9-4。

大陆硅质碎屑岩，糖粒状白云石以及泥岩至粒状灰岩间的石灰石三者间呈明显的类似平行趋势。对于这些趋势，预测的标准误差在 3.3~9.1 之间。$\phi_i > 6\%$ 时，粒状灰岩—障积灰岩的渗透性可达泥岩的 35 倍以及相似孔隙度的海相粉砂岩的 150 倍。这些差异表明了辨别岩相对于通过测井孔隙度正确预测渗透率的重要性。而海相砂岩和海相粉砂岩之间的渗透率

差异可达约10倍。虽然开发出使用孔隙度的渗透率预测模型是为了实用，我们也意识到了渗透率的主要控制因素是孔喉大小(图9-25)。

表 9-4 图9-24原始克林肯贝格渗透率(mD)与地层原始孔隙度(%)关系图中岩相幂律系数(A)与指数(B)

岩相编号	原始克林肯贝格渗透率系数 $K_{ik}=A\phi_i^B$ A	原始克林肯贝格渗透率指数 $K_{ik}=A\phi_i^B$ A
0	1.000×10^{-9}	7.90
1	3.715×10^{-10}	7.90
2	1.585×10^{-10}	7.90
3	1.995×10^{-11}	8.31
4	2.088×10^{-10}	7.98
5	2.967×10^{-8}	6.26
6	1.967×10^{-9}	7.10
7	1.527×10^{-7}	6.17
8	3.631×10^{-9}	8.24
9	2.553×10^{-7}	6.30
10	1.995×10^{-10}	8.31

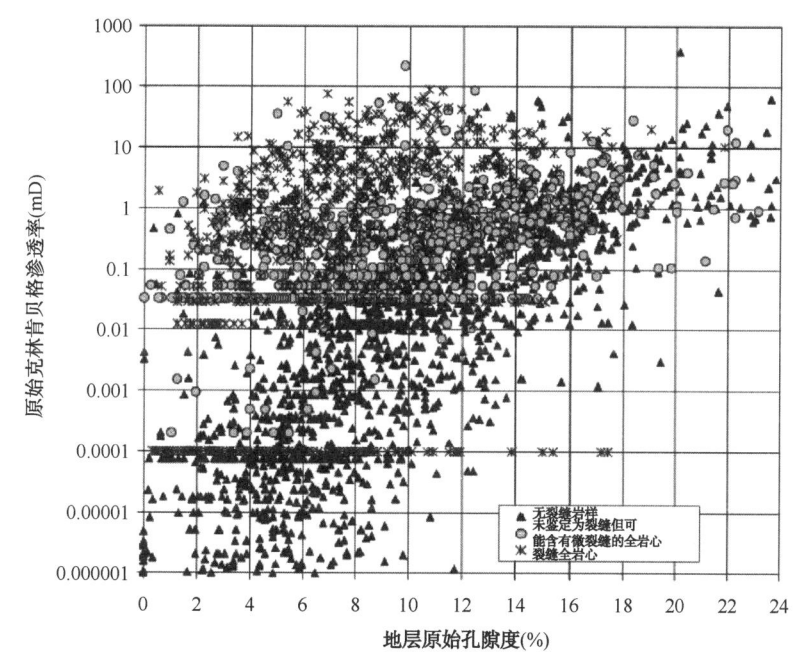

图 9-23 原始克林肯贝格渗透率与地层原始孔隙度关系图

所示渗透率均非由原位值或使用图9-22中方程式对原始值修正产生的常规值测定所得。孔隙度达到10%以上时，微裂缝的影响较小

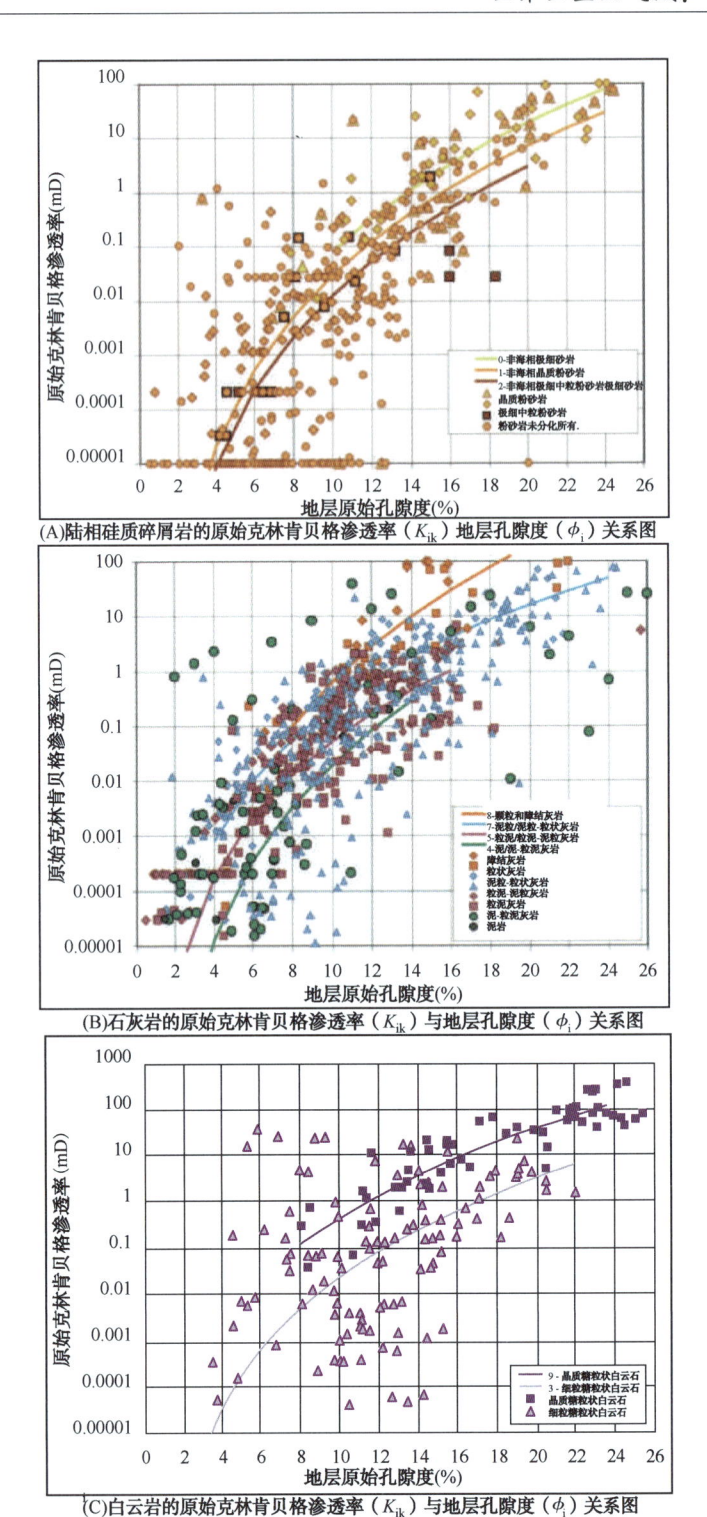

图 9-24 原始克林肯贝格渗透率(K_{ik})与地层原始孔隙度(ϕ_i)关系图

岩相编码及解释见正文。每一种岩相都表现出相对特殊的 K_{ik}—ϕ_i 关系，可以用 $K_{ik}=A\phi_i^B$ 形式的幂律等式表示，A 和 B 的值见表 9-4。一些示例的常规渗透率值已通过图 9-22 的等式转换为原始值，常规孔隙度已通过文中等式转换为地层原始孔隙度。趋势线显示，预测的标准误差范围根据岩相的不同在 3.3~9 倍之间波动

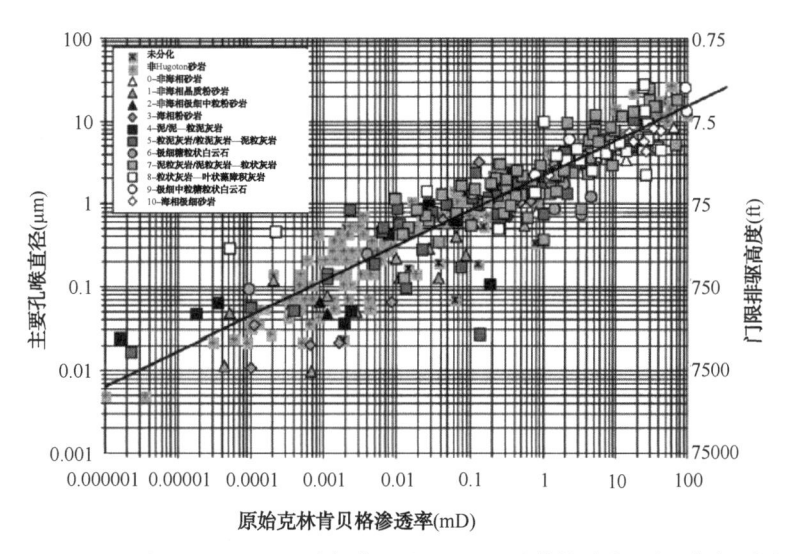

图 9-25 Chase 和 Council Grove 油气藏以及 Hugoton 湾外的砂岩(对比参考)岩相的
主要孔喉直径(PPTD，μm)与原始克林肯贝格渗透率(K_{ik})关系图

8 个阶段良好的相关性显示了孔喉尺寸对渗透率的主要影响，并且解释了在特定孔隙度条件下渗透率随颗粒大小以及 Dunham 分类的变化。第二条 Y 轴说明了气柱进入样品并达到文中讨论的 Hugoton 地区的气压和温度条件所需对应的门限排驱高度。K_{ik} 和 PPTD 之间的关系可以表示为：PPTD = $2.2 K_{ik}^{0.42}$。

9.3.3.3 含水饱和度与毛细管压力

对于低渗透率的储层，需要考虑孔隙内水的存在，这非常重要。一方面是为了精确的计算容积，另一方面是因为水占据了重要的孔喉空间并可大幅减小气体渗透率，甚至在含水饱和度(S_{wi})不可降低的岩石中也是如此。在 Hugoton，由于储层低压导致传统的钻井液设计中较深的钻井液滤液侵入，测井反应所得的岩层含水饱和度的结果是有问题的(Olson 等，1997；George 等，2004)。由于对大多数井而言，测井无法得出含水饱和度的可靠结果，因此含水饱和度的估测有赖于基质的毛细管压力性质和自由水面(气—水毛细管压力为零的平面)的数据。收集并测定了 252 个样品的空气—水银毛细管压力数据，包括孔隙度、渗透率、岩相数据，所导出的关系可以进行任一给定岩相和孔隙度的毛细管曲线预测。

为检验岩相对于门限排驱压力、气柱高度以及孔喉大小(图 9-26)的依赖性，实验室毛细管压力数据通过标准等式(Purcell，1949；Berg，1975)被转换为储层气—水毛细管压力数据：$p_{cres} = p_{clab}(\sigma\cos\theta_{res}/\sigma\cos\theta_{lab})$，其中 p_{cres} 是气—水毛细管压力(p_{sia})在储层条件下的值，p_{clab} 是实验室测得毛细管压力值(p_{sia})，$\sigma\cos\theta_{res}$ 和 $\sigma\cos\theta_{lab}$ 是界面张力(σ，dynes/cm)分别乘以接触角(θ，度)的余弦在储层和实验室条件下的值。对 Hugoton 和 Panoma 油田，原始油藏压力为 400~450psi(2.8~3.1MPa)，温度 32~38℃(90~100℉)，其表面张力大约为 63~65dynes/cm(Hough 等，1951；Jennings 和 Newman，1971)。将毛细管压力转换为自由水面以上的高度，测定任何给定岩石的含水饱和度，以此作为自由水面以上的高度的函数，需要将毛细管压力转换为自由水面以上的高度。这种转换需要使用标准关系来完成(Hubbert，1953；Berg，1975)：$H = p_{cres}/[C(\rho_{brine} - \rho_{gas})]$，这里 H 指自由水面以上的高度，p_{cres} 指毛细管压力(psia)在储层条件下的值，ρ_{brine} 和 ρ_{gas} 是卤水和气体在储层条件的值(ρ_{brine} = 1.16~1.19g/cm³，ρ_{gas} = 0.025~0.035g/cm³，这是对于这些油田合理的中间值)；C 是一个常数(0.433[psi/ft]/

[g/cm³]），用来将密度转换成以 psi/ft 为单位的压力梯度。利用气体—水银毛细管压力数据，可以用改良的 Washburn（1921）关系测算出孔喉直径：$d = 4C\sigma\cos\theta/p_c$，其中 p_c = 毛细管压力（psi）；C = 0.145 psi·cm·μm/dyne；θ = 接触角（140°）；σ = 表面张力（484 dynes/cm）；d = 孔喉直径（μm）。这一关系假设非润湿相（即，气体）通过圆形孔喉进入了孔腔。

图 9-26 显示了挑选出的不同渗透率样品的毛细管压力曲线。不同岩相在毛细管压力曲线上的不同与门限排驱压力、孔喉直径以及自由水面上不同气柱高度含水饱和度的变化相符，这里的气柱高度包含从 S_w = 100% 到约 S_{wi} 过渡区的厚度。

毛细管压力和相应的含水饱和度（S_w）在不同岩相中数值不同，并且会随着孔隙度—渗透率以及气柱高度而变化。自由水面以上的门限排驱压力和相应的高度与渗透率相关（图 9-26）。这和孔喉大小与渗透率之间的关系是一致的。图 9-26 显示，对于原位克林肯贝格气体渗透率低于约 0.003mD 的岩石，门限排驱高度大于 Hugoton 可获得的气柱高度，因此这一样品的 S_w = 100%。

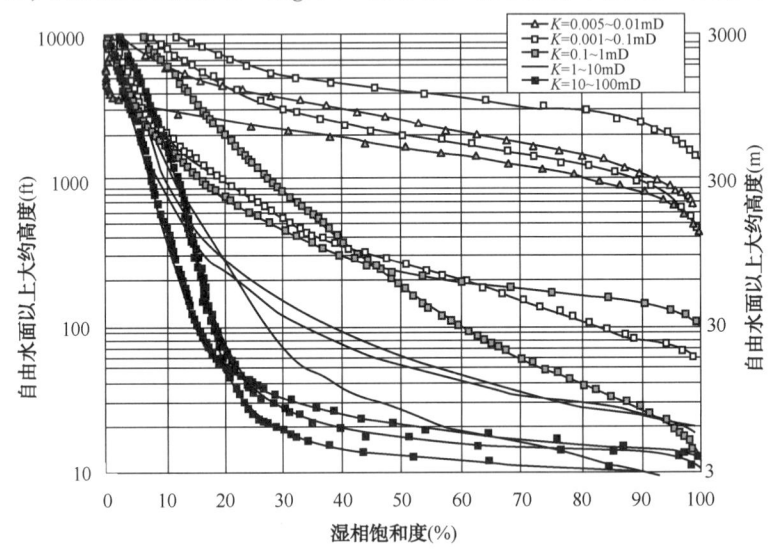

图 9-26　具备一般曲线特征的不同渗透率岩石选择性毛细管压力曲线

毛细管压力已通过文中方程式转换为自由水面（p_c = 0）以上高度。
这些曲线说明门限排驱高度和过渡区高度随渗透率降低而升高

根据已分析的 252 个岩心的毛细管压力—孔隙度—渗透率—岩相的关系可以构建综合毛细管压力曲线，这组岩心可以代表岩相和渗透率的区间。各岩相的毛细管压力可以表示为一个孔隙度的方程式。两种重要岩相（图 9-27）的模型化毛细管压力曲线显示，随着孔隙度（以及相关渗透率）的降低，门限排驱高度和过渡区高度会增加。设定不同岩相孔隙度为 10% 得出的示例毛细管压力曲线（图 9-28）说明，在自由水面以上任何特定高度的岩相之间，S_w 有显著的差异。因为差异随着高度增加而减小，所有岩相的饱和度在气柱高度在约 90m（300ft）以上，近似接近一个不可降低的值。低孔隙度岩石除外，它们的饱和度差异则仍然较为显著。利用毛管压力模型，可以预测任何指定岩相和孔隙度在自由水面以上任何高度的含水饱和度，从而将所有的网格单元填充至三维模型，并设定含水饱和度的值。

9.3.3.4　相对渗透率

气体和排水相对渗透率曲线揭示了与其他低渗透率岩石相似的一些特征。即使达到 100% S_w 水的渗透率，仍然比克林肯贝格气体渗透率低，并且还会随渗透率的降低而降低。

在大于零的任何含水饱和度条件下,气体相对渗透率都比绝对气体渗透率低。气体相对渗透率在 S_w 增加至 50% 以上时大幅下降。相对渗透率可以用岩心型方程式来建模(图 9-29),与其他低渗透率岩石相似(Byrnes,2003)。

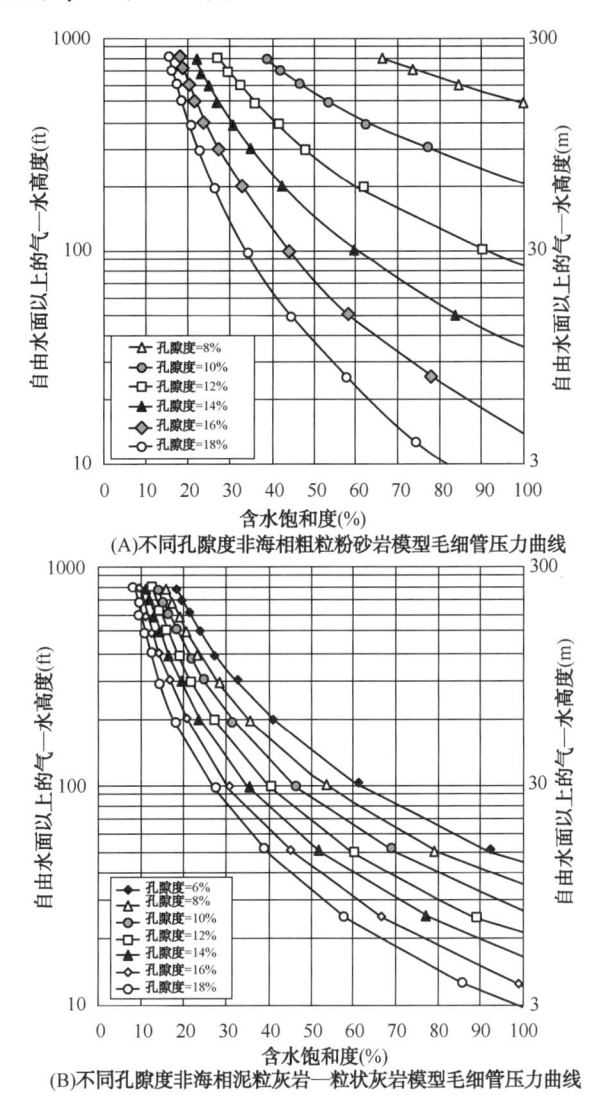

(A)不同孔隙度非海相粗粒粉砂岩模型毛细管压力曲线

(B)不同孔隙度非海相泥粒灰岩—粒状灰岩模型毛细管压力曲线

图 9-27　不同孔隙度岩石模型毛细管压力曲线(已转换为自由水面以上高度)
在所有岩相中,门限排驱高度和过渡区高度随着孔隙度下降而升高。粉砂岩比相应孔隙度的泥粒灰岩具有更大的排驱高度和更高的过渡区。孔隙度低于 6% 的粗粒粉砂岩门限排驱高度大于油田现有闭合度,表明这些岩石含水饱和。孔隙度低于 6% 的泥粒灰岩未做曲线建模

9.3.3.5　不同规模的渗透率

要对 Hugoton 的渗透率分布进行建模,需要了解基质和裂缝导流的相关函数以及和渗透率相关的可能层级,这很重要。图 9-23 表明,对于孔隙度低于约 8%(即约为 0.5mD)的岩石,岩心的微裂缝会严重影响渗透率。这些数据的根本问题在于:这些微裂缝是否存在于地表下岩石中,它们是一种应力释放还是取心作业诱发的现象?只能通过对比基质渗透率放大值、无裂缝全直径渗透率以及采用 DST 或试井所得的渗透率,才能解决这个问题。通过对

比仔细检查后的裂缝全直径渗透率值和从全直径岩心获取岩心塞并测量得出的柱塞状岩心值（图9-30）可以发现，均质样品基质的性质适用于全直径岩心刻度。

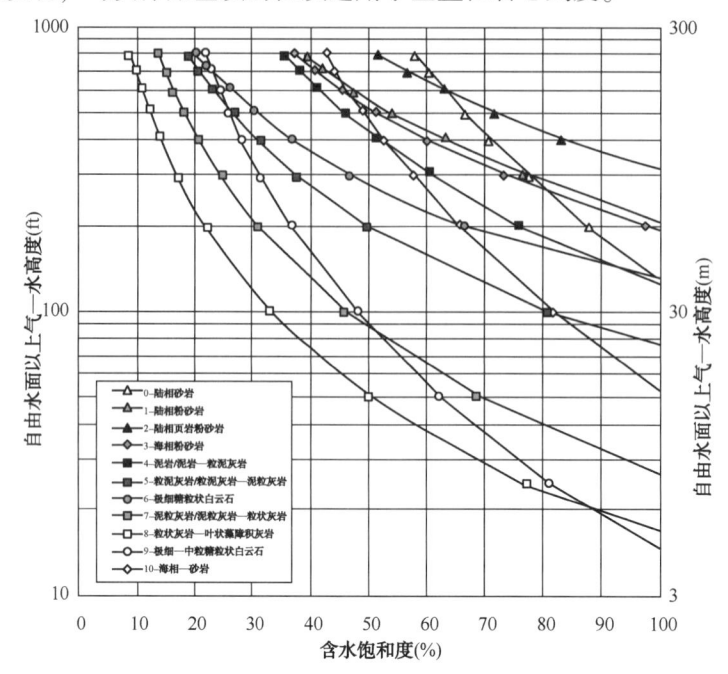

图9-28 岩相L0至L10在孔隙度恒定为10%条件下模型毛细管压力曲线（已转换为自由水面以上高度）

图9-27显示两种岩相孔隙度函数曲线变化情况。此图对既定孔隙度值和既定自由水面上高度的曲线进行了对比，发现硅质碎屑岩的含水饱和度总体上高于碳酸盐岩。曲线之间的不同说明了了解岩相对于精确预测含水饱和度的重要性

（A）合体相对渗透率曲线　　（B）水相对渗透率曲线

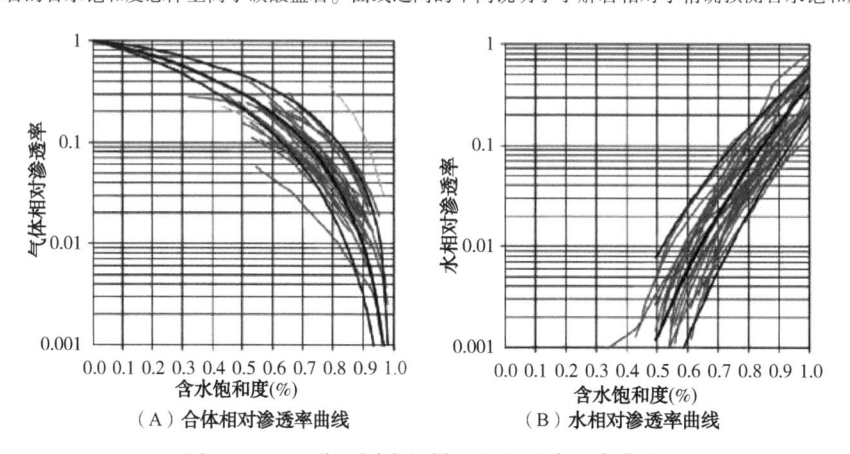

图9-29 32种不同岩相样品的相对渗透率曲线

黑色曲线代表岩心型等式模型的预测值。$K_{rg}=[1-(S_w-S_{wc,g})/(1-S_{gc}-S_{wc,g})]^p\{1-[(S_w-S_{wc,g})/(1-S_{wc,g})]^2\}$，$K_{rw}=[(S_w-S_{wc})/(1-S_{wc})]^q(K_w/K_{ik})$，其中$S_{wc}$为临界水饱和度，$S_{wc,g}$为气流的临界水饱和度，所有饱和度均为小数。黑色曲线代表的指数中，气体曲线$p=1.3$，水曲线$q=8.3$；灰色区域的曲线表示使用指数$p=1.3\pm0.4$，且$q=8.3\pm3$所得曲线的外部极限，这显示了满足$0.1<K_{ik}<50\text{mD}$条件的样品集的范围值

井测渗透率和基质渗透率无法进行良好的对比，因为很少有井具备DST资料或有能够使用的薄层段试井数据，而且在水力压裂前对这些薄层段进行测试。这就使得人为所致裂缝增加渗透率以及储层渗透率的情况变得更加复杂。在4个重要的研究井中，通过多层段DST

测算渗透率，并在此过程中进行了岩心分析。为了与岩心渗透率相对比，我们采用了全直径渗透率和柱塞状岩心渗透率的算数平均值（这可以显示出来自各方面深层段的平行流的影响），用以计算平均层段渗透率。DST 与全直径和岩心渗透率的放大值之间的关系（图 9-31）显示，当渗透率大于约 0.5mD 时，层段与渗透率之间具有良好的相关性；层段渗透率小于 0.5mD 时，全直径渗透率保持稳定在 0.5~3mD，这是渗透率受微裂缝影响时的特征。基质测得的岩心塞渗透率值可高于或低于 DST 渗透率值。

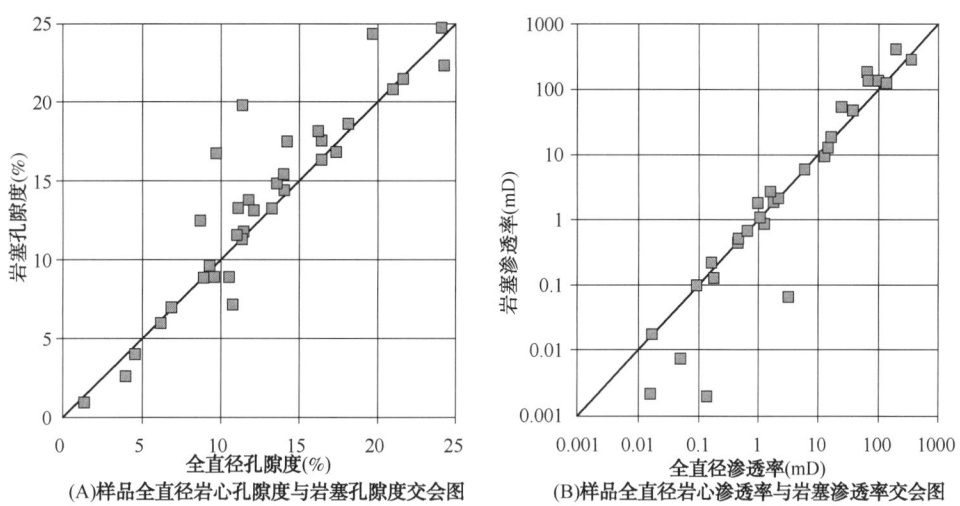

(A) 样品全直径岩心孔隙度与岩塞孔隙度交会图

(B) 样品全直径岩心渗透率与岩塞渗透率交会图

图 9-30　样品全直径岩心孔隙度、渗透率与岩塞孔隙度及渗透率交会图

样品全直径岩心未见明显微裂缝。良好的相关性说明基质刻度特性同样适用于全直径刻度。差异可归因于全直径岩心取样多样性或者孔隙度部分范围未进行相应柱塞状岩心取样

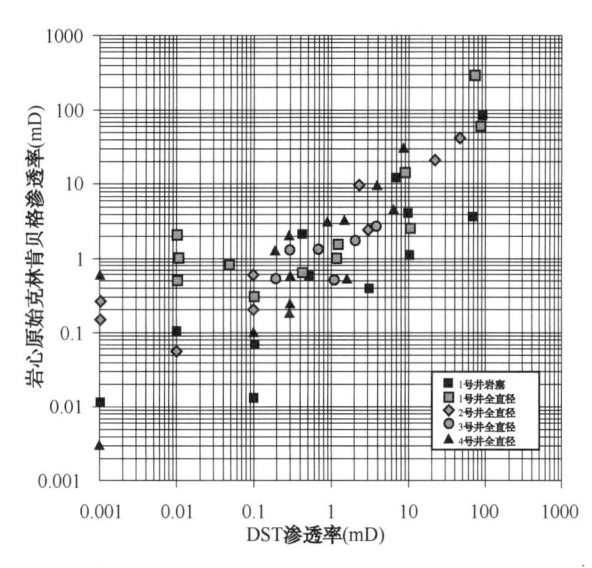

图 9-31　四个井的全直径岩心以及 1 号井柱塞状岩心钻杆测试构造渗透率计算结果与全直径岩心平均层段渗透率计算结果交会图

已修正围压应力，克林肯贝格以及相对渗透率影响的常规岩心数据使其与储层条件值一致。当渗透率值约在 0.5mD 左右时，两者具有的良好相关性，这表明了 DST 勘查地区基质流量控制的情况。在 0.5mD 以下时，全直径岩心的微裂缝导致渗透率高于无裂缝储层。DST 渗透率高于柱塞状岩心渗透率，可以理解为此构造在勘查范围内无裂缝，并且说明柱塞状岩心取样的密度可能不足以正确地取得更低渗透率范围的样品

DST 基质渗透率的变化，部分或者主要原因是岩心塞垂直取样有限或者它难以代表那些比岩心塞大的孔隙特征。这个单一的叶状藻障积灰岩层段的基质渗透率水平远远偏低，因为岩心塞无法更广泛地反映这种岩相多孔的特征，而这种特征导致其具有高度的渗透率。若所测岩石渗透率高于 0.5mD，则微裂缝不会对其渗透率的测量产生较大影响，所以全直径和岩心塞数据都能反映基质特征，并且该数据与 DST 渗透率之间良好的相关性也表明储层的裂缝度没有达到 DST 探测的程度。对于渗透率低于 0.5mD 的层段，柱塞状岩心与 DST 渗透率之间的相关性更加良好，并且四分之三层段的柱塞状岩心渗透率放大值大于或等于 DST 渗透率，就说明了这些层段同样也没有裂缝。这些数据，连同其他井不那么准确的数据显示，Hugoton 许多井的开采特性与流体控制的基质特性具有一致性，并且不会受到自然裂缝太大的影响。一小部分产能大于通过基质特性预测所得结果的油井，其统计数据资料未予编制、计算。

9.3.4 测井岩石物理学

对于孔隙度估测的统计概念和岩石学概念，其应用和有效性在储量计算中具有重要意义。这里，精确度也是关注的重点，但是要特别注意由气体影响和岩相差异引起的潜在偏差。这些因素的累积影响可导致对烃类总量估计结果大幅偏高或偏低。如前文所述，Chase 和 Council Grove 已经在传统钻井液设计的钻井时被钻井液滤液大幅侵入，电阻率测井所得含水饱和度数据会因此受到影响而大幅偏高。但是孔隙大小即使受到侵入也不会改变，所以可以放心地采用密度和中子测井估测 Hugoton 的孔隙度。然而，这些测井结果必须仔细评估，以排除钻孔环境的影响以及矿物变化和气体变化的相关因素。因为我们采用的是相对现代化(20 世纪 80 年代之后的)的测井设备，加之孔隙度的估测仅使用了中子和密度孔隙度值，所以除了检验质量之外，无需对测井数据进行校正、标准化或者预处理。

由于密度和中子测井中，设备与井壁有接触，因此必须先排除冲刷所致异常偏高的孔隙度，然后再进行详细分析。岩相孔隙度要降低 20%~22.5%，才能消除冲刷所致的影响。然后再对截断引起的异常数据进行校正消除。代入这些冲刷层段的孔隙度与此层段岩相的平均孔隙度相一致。这一过程可以有效消除冲刷影响，因其可以通过自动化处理进行，人为干涉有限，因而可以保留一些孔隙度较高但是数据真实的层段，例如粗粒晶质白云石(L9)中的层段。有了环境修正，测井孔隙度的计算可视作可靠流程，特别是在大量岩心数据库中作为刻度标准使用过的孔隙度。

9.3.4.1 各岩相的孔隙度测井刻度

Chase 和 Council Grove 的岩相划分允许孔隙度测井刻度使用统计方法进行，它可以敏锐地反映出矿物的影响，但需要同时调节残余气体或者更大量气体的饱和度所产生的影响。在 Council Grove 地区，岩心孔隙度与测井计算相关联的初步回归分析显示，硅质碎屑岩岩相和钙质泥岩岩相(L0~L4)以及碳酸盐岩岩相(L5~L9)的刻度模型之间有显著的区别。在硅质碎屑岩岩相中，测井与岩心孔隙度之间的最佳相关性仅仅是对密度测井而言，因为中子测井受到了细粒级黏土矿的不稳定影响及不利影响。硅质碎屑岩岩相被分别校准，各自密度(ϕ_d)与岩心孔隙度之间的关系如图 9-32 所示。陆相岩相(L1 和 L2)之间区别非常明显，而海相硅质碎屑岩岩相(L3)则相对均质。这里需要说明的是，钙质泥岩岩相(L4)一般含泥量较高，其种群特性更像细粒硅质碎屑岩而非单纯的钙质泥岩。通过对比碳酸盐岩相 L5~L9

图 9-32 陆相(L1 和 L2)及海相(L3 和 L4)石灰岩当量单元密度测井孔隙度岩心测量的回归分析法下,硅质碎屑岩区的孔隙度刻度

发现,经石灰岩基质校准的中子(ϕ_n)和密度孔隙度(ϕ_d)平均值是孔隙度的最佳估测工具,可以补偿石灰岩和白云石岩相的变化以及残留气体的低饱和度。

9.3.4.2 气体影响补偿

尽管 Council Grove 的气体影响较小,并可以通过中子和密度孔隙度平均值进行补偿,但在 Chase 地区气体影响却非常大(图 9-33),必须通过扩展方程式组进行调整。常用于估算孔隙度并进行气体补偿的方程式形式为 $\phi=[(\phi_n^2+\phi_d^2)/2]^{0.5}$。此方程式近似于 Gaymard 和 Poupon(1968)从某气藏的岩石物理模型提出的一个公式。另一个被广泛使用的经验公式是一个中子和密度孔隙度的加权平均数,其中中子孔隙度权重为三分之一,密度孔隙度权重为三分之二(Asquith 和 Krygowski,2004)。这个经验公式近似模仿了服务公司的中子—密度交会图(图 9-34)所示的气体校正。对中子和密度的部分孔隙度相关岩心孔隙度进行回归分析,可得出如下形式的等式:对于石灰石的 $\phi = 0.37\phi_n + 0.62\phi_d$(岩相 L5,L7 和 L8)和对于白云石的 $\phi = 0.04 + 0.31\phi_n + 0.53\phi_d$(L6 和 L9)。白云石等式中的额外值可调整基于石灰岩基质的测井刻度所需的岩相修正。海相砂岩孔隙度(F10)经测井孔隙度校准,校准公式为 $\phi = 0.05 + 0.15\phi_n + 0.47\phi_d$。虽然陆相砂岩(F0)岩心测量值相对较少,但中子和密度孔隙度平均值的使用良好地匹配了岩心孔隙度。

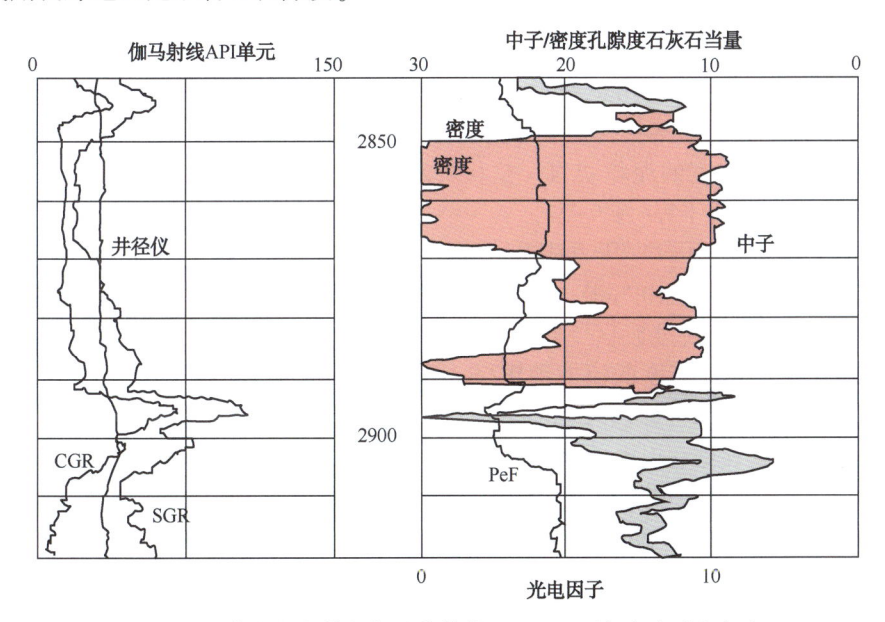

图 9-33 堪萨斯州史蒂文斯县某井的 Towanda 石灰岩中子和密度—孔隙度测井强的(和不正常的)气体影响的实例

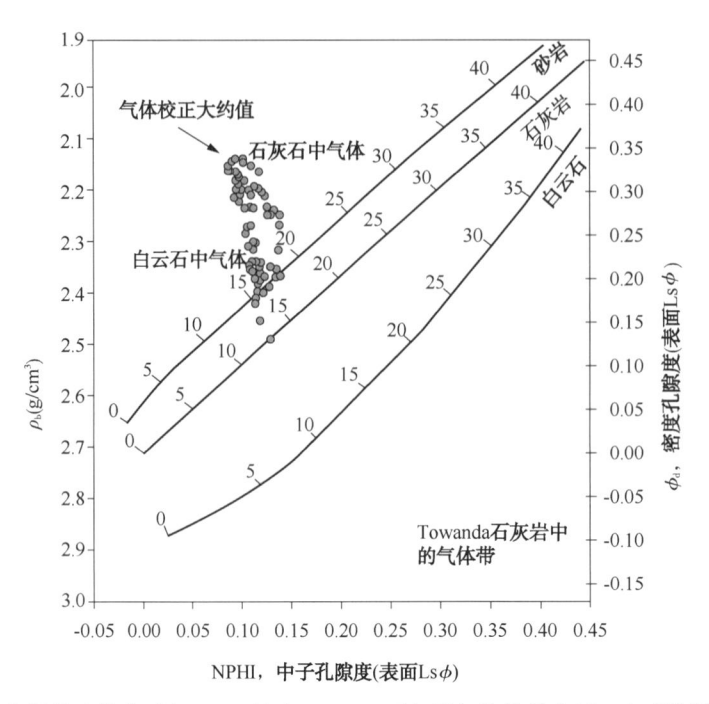

图 9-34　史蒂文斯县示范井(图 9-33)所示 Towanda 石灰岩气体带的中子—密度孔隙度测井交会图

9.3.4.3　自由水面与闭圈机理

估测自由水面(FWL)的位置对使用毛细管压力以及 FWL 以上高度计算含水饱和度非常重要。Hugoton 油田有一处水—气接触的斜坡，我们说的 FWL 斜坡位于西部逆倾边缘处，比东部下倾极限高出几百英尺(Garlough 和 Taylor，1941；Hubbert，1953，1967；Pippin，1970；Sorenson，2005)。在这项研究中，我们确定气—水接触面位于该气藏最低处，打在这里的井可以经济有效地开采天然气，而不会产生大量的水，且自由水面为基准的气—水毛细管压力为零。在岩石学的部分已经说明，在自由水面高度以上几十甚至几百英尺(门限排驱高度)之内，原始油藏在某些岩相中可能不会发生去饱和现象。而对于研究区域内普通储层岩石，8%~10%孔隙度的泥粒灰岩—粒状灰岩，FWL 从气—水接触面(含水饱和度约为70%)50~70ft(15~21m)不等(图 9-27)。

Hugoton 气田是一个干气、压力枯竭气田，下面几乎没有含水层支撑。低垂直水渗透率通过低孔隙度粉砂岩层($K<10^{-6}$mD、$\phi<4\%$)以及低含水饱和度碳酸盐岩的低水相对渗透率约束垂直水流。然而，在过渡区下面，水可以自由产出，储层压力(600~700psi；4.1~4.8MPa)接近区域内相应高度的流体动压(Sorenson，2005)。Sorens(2005)提出了低储层气压(约450psi；约3.1MPa)和过渡区下面的次流体静压，这是一种水压所致的结果，这种水压与堪萨斯东部暴露在地表以上的储层岩石压力相平衡，气顶扩张并导致气压下降。

Hugoton 因其岩相逆倾变化和与之相关的岩石物理特征而长期被视作巨型地层圈闭的经典示例(Garlough 和 Taylor，1941；Parhman 和 Campbell，1993)。然而，横向非均质性无法充分解释跨越地层界限的视气—水接触点和 FWL 的下降。Hubbert(1953，1967)提出了一个概念性模型，将 Hugoton 作为水动力圈闭，其圈闭来自该油田逆倾边缘随渗透率改变而变化的水力梯度。Pippin(1970)引用 Hubbert 的流体动力学说以及储层岩石的逆倾尖灭，称其为圈闭机理。Olson 等(1997)提出封闭断层，至少 Stanton 和 Morton 县油气藏西部的封闭断层将低处的 Chase 储层划分开，各分区的气—水接触面大不相同，并且提升到了西部地区。Sorenson（2005）提出 Hugoton 气泡扩张期间的下倾气流可能是导致气—水接触结构的原因。

我们勘查的目标不是为了确定不平衡的 FWL，但是必须利用毛细管压力确定 FWL 以便于含水饱和度的计算。尽管有人已经提出了气—水接触基线的一般说明（Garlough 和 Taylor，1941；Parhman 和 Campbell，1993），但是却没有人提出严格的定义。我们对 FWL 的估算（图 9-35）结合了 4 个指标：（1）最低钻孔基底；（2）电缆测井所得地层流体电阻率；（3）估测原始天然气地质储量（OGIP）的 FWL 计算值；（4）深水开采层段的压力测量值。在 Panoma 油气田范围内，在假设操作员能有效地鉴别可采矿，并且避免产水的前提下，我们在 Council Grove 上报的开采钻孔平均最低值［FWL＝钻孔基底＋70ft（21m）］的基础上得出了 FWL 深度。沿堪萨斯 Hugoton 的东西部边缘（地下没有 Council Grove 的开采区）和俄克拉何马西部边缘一带，我们利用地层流体电阻率法估算了油田边界上的 FWL。这里 FWL 的估算值为 Chase 可采矿区某处结构基线以下 9m（30ft），此处地层流体电阻率（所有流体混合）测井估算的平均值与地层水电阻率相同或者相近。俄克拉何马州 Panhandle 有限的数据要求我们对计算 OGIP 必要的 FWL 进行反算估计，使天然气总产量达到 OGIP 的 70%。这一方法假设 Panhandle 储层具有与堪萨斯储层相似的压力枯竭和天然气开采。

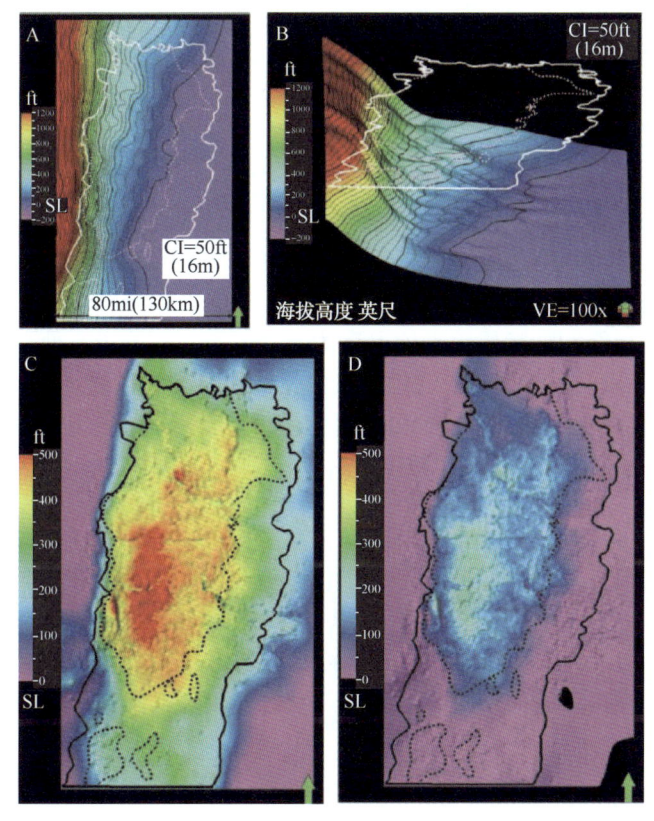

图 9-35　Hugoton 模型区域（A，B）的估算自由水面（FWL）适用于 Chase 的所有开采，但对于 Council Grove 仅适用于 Panoma 内部。整个 Wolfcamp（Chase 和 Council Grove）大部分区域的 FWL 相同，但是 Panoma 以外的 Council Grove（位于俄克拉何马州）开采可能与不同的 FWL 有关。Hugoton 东部边缘的 FWL 接近海平面，随后向西逐渐攀升至中部，再更加迅速地提升至西部边缘 300m（1000ft）以上的高度。Chase（C）和 Council Grove（D）FWL 以上高度的零位分别与 Hugoton 和 Panoma 油气田的边界边缘相一致

Hugoton 东部边缘的 FWL 海底深度约为-9m(-30ft),在西部地区与 Panoma 东部边缘相对持平,并在此处以 2.85m/km(15ft/mile)的坡度上升至+80m(+250ft)基线,然后又以 9.4m/km(50ft/mile)的坡度在 Hugoton 西部边缘上升至+300m(+1000ft)的高度。虽然我们对此结构的估算值为低于东部边缘30m(100ft),但是它却与 Parhman 和 Campbell(1993)描述的气—水接触面近似平行。我们估算此油气田[FWL+21m(+70ft)]该位置的气水接触面是 12m(+40ft)。

9.3.4.4 静态模型构建

极大的区域面积(26008km², 10042mile²),众多的小型 XY 网格(201×201m;660×660ft)以及相对薄层(169 层,平均厚度 1m(3.3ft),图 9-36)导致模型拥有 1.08 亿个网格。由于计算能力的限制,需要把模型分割成许多部分。因为主要可采矿层段从地层上被众多储层相对贫瘠的层段分隔开来,并且岩相和储层性质模拟受到了区域的限制,我们选择将 Chase 和 Council Grove 模型进行地层分割,而非地理分割,从而形成三个多区域多地层的 Chase 模型和三个同样的 Council Grove 模型。所有 6 个模型的构建都是从相同的构造和分层开始的,这样可以将 6 个模型中选中的部分进行分割并组成更小的模型。这些小模型可以构建储层体系完整的垂直剖面,但是空间延展性有限。可以更加容易地进行深入分析以及储层模拟。6 个模型的结构框架是基于 8765 个井的结构顶端数据框(图 9-20B)。我们对于俄克拉荷马的顶端数据集不如堪萨斯的完善。模型的分层使用了如下层级:(1)地层和种类间的区分;(2)陆相和海相层段的进一步区分;(3)基于节点井关键岩相最小垂直厚度的层级区分(图 9-20A)。海相层段平均厚度为 0.6m(2ft)的层级和陆相层段平均厚度为 1.2m(4ft)的层级。使用上述岩石物理方程计算出网格级的水平和垂直渗透率。通过网格岩相,孔隙度和自由水面高度可获得各网格的毛细管压力曲线,以此计算出网格级含水饱和度。最后可算出井底压力等于 450psi(3.1MPa)且压缩率指数(Z)为 0.92 的 OGIP。

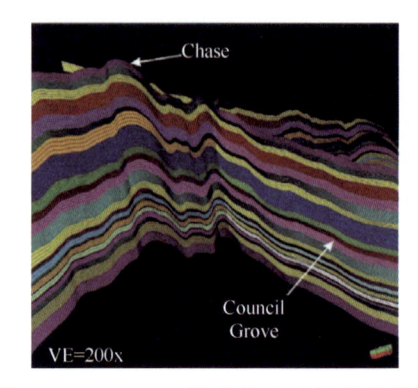

图 9-36 Hugoton 模型的交叉结构横截面(靠近中部)显示了六个组合的 3D 网格 24 个区的 169 各层级。海相区域的层级比陆相层段更为良好(垂直放大率为 200×)

9.4 结果与讨论

Hugoton 地质模型的准确性和实用性可通过以下指标进行度量:预测参数(油气井至油田尺度岩相、岩石物理特征和原始天然气地质储量(OGIP)的准确性。比较预测岩相与规则岩心岩相是直接测量岩相的唯一方法(表 9-3)。我们也可通过以下方法来定性地测量岩相模型的有效性:(1)将该岩相模型与人们对尺度较小的岩相模型所做先前工作进行比较;(2)比较三维(3D)岩相模式与人们所提出的该区域及上古生界旋回沉积体系的大致沉积模型。在一定油田尺度下,测量任何参数(如渗透性)的准确性受通过这些尺度直接测量所得数据的缺乏所限制,随后须比较其他参数(如:原始天然气地质储量)。原始天然气地质储量(OGIP)要求整合多个变量,由于单个输入变量错误或对准确、但尺度不同的变量进行不合适的尺度转换和整合,可能导致原始天然气地质储量(OGIP)不够准确。最后,在一定油田尺度下，通过比较预期和测量产量和压力历史来对地质模型的准确性和实用性测量进行确定，在这种情况下，预期压力和产量数据通过将静态地质模型输入（本章重点）储层流动模拟器来获得动态模型。虽然本章或图9-12未对利用动态数据来校准地质模型这项工作流程进行说明，但该流程是地质模型测试和改进的重要组成部分。动态建模在23~31km²（9~12mile²）范围内进行，包括第28号和第37号油气井历史，分别测试和改进此处所讨论的地质模型。模拟实验正持续进行，以确定当前地质模型并展示某些属性（如：自由水面）的不确定性程度（应降低不确定性以提供充分限制的模型，从而准确预测油田的生产动态）。

9.4.1 模型岩相与特征

此处介绍的三维（3D）Hugoton网格地质模型内的岩相与储层性质的分布以较大尺度为基础，有更高的分辨率，这与早期所做的关于Hugoton的工作是一致的（Garlough和Taylor，1941；Hubbert，1953；Pippin，1970；Seimers和Ahr，1990；Parham和Campbell，1993；Fetkovitch等，1994；Oberst等，1994；Olson等，1997；Heyer；1999；Sorenson，2005）。本文所介绍的全油田地质模型揭示了较小尺度条件下无法识别的岩相和储层性质。图9-37至图9-39为一系列横断面、岩相的地图视图及6个独立模型的性质。三维体内厚度和岩相分布的一般趋势十分明显：陆相岩石最厚，海相碳酸盐岩层段很薄或Hugoton西部逆倾边缘处地层尖灭，而向盆地方向几乎呈相反的趋势。重要的储层岩相（以颗粒为支撑的碳酸盐、白云石、海相和陆相砂岩）呈横向展布，海相碳酸盐岩作为主要的产油层均被垂向导水性较差、横向连续的陆相粉砂岩分隔开。

通过对整块油田成比例模型的观察，可知通过岩相分布所获得的大尺度沉降模式十分突出。

在内部旋回的横断面内，伴随着水深和能量变化，主要岩相的后退作用在海相碳酸盐岩，尤其是在两个白云岩相内十分明显。陆架上陆相硅质碎屑以较快速度增厚的位置也以类似方式后退。7个Council Grove旋回内中间3个旋回的海相碳酸盐岩在西部油田边缘发生地层尖灭（图9-37C）。人们认为古岸线位置的逐步变化（最初位于陆棚之下，随后回到更高的位置）与海平面变化幅度有关。7个旋回的中间旋回—第四级Council Grove旋回周围沉降模式的对称性表明中古生代冰室后部可能具有更高级的旋回性。

从地层角度看，该模型较为突出的方面是演示了岩相的侧向连续性（图9-38）。更明显的储层岩相连接体近似平行至沉积走向和油田边缘。Crouse内以颗粒为支撑的泥粒灰岩（图9-38A，B1_LM，Council Grove）主要存在于油田的东半部，而西部则多以泥岩相为主，陆棚遮蔽的向岸部分淤泥含量更高。陆相砂岩（风成）局限于Council Grove西北逆倾边缘（图9-38B），上Chase油田区域西北部浅海和潮坪砂岩最为丰富（图9-38C）。

岩心至模型岩相工作流程在描绘储层体系内重要的小型岩相体方面已经足够强大（图9-38D至图9-38F）。例如：油田南半部较厚（10m，30ft）碳酸盐沙洲体系白云石化的粒状灰岩和泥粒灰岩作为Krider内储存和流动的重要因素而为人所知（R. Sorenson，2004，个人通信）。重要岩相建模具有6.5km×50km（4×30mile）甜点（孔隙度>18%；图9-38F）的侧向连续性。

岩相依赖性特征（孔隙度、渗透率和含水饱和度）分布与岩相分布密切相关（图9-39）。最佳孔隙度和渗透率与主要储层岩相一致（图9-37）。侧向伸展的弱渗透性层段与层状储层体系内渗透性相对较强的产油层分离。承压层段内含水饱和度较高，由于产油层降至表面之下、西部（自由水面上升速度大于下降速度）之上位置处，因此气水接触面横跨东部下倾边缘地层界面。

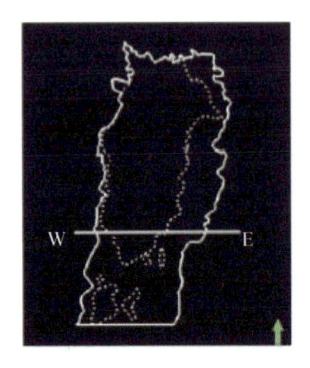

(A) 横跨Huggoton陆棚的地层横断面内岩相

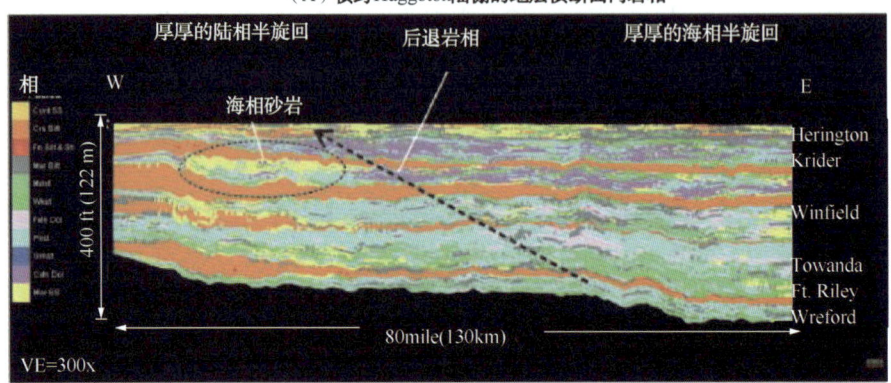

(B) 横跨chase的地层横断面内岩相

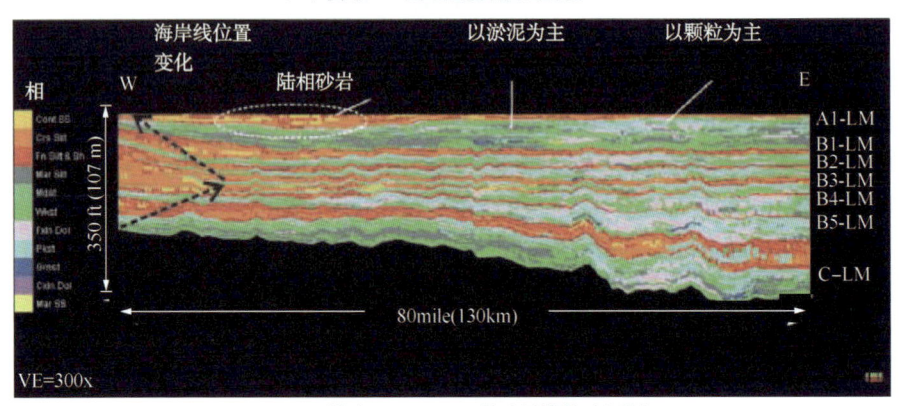

(C) 横跨Council Groce的地层横断面内岩相

图 9-37 横跨 Hugoton 陆棚(A)、Chase(B)和 Council Grove(C)的地层横断面内岩相

横断面位于 Chase(b) 和 Council Grove(c) 顶部,与倾向剖面呈 10°~15°。可对此进行关键性观察:(1)在 Chase 和 Council Grove 内,西部油田边缘和东南部薄向盆地的陆相半旋回(黄橙色至红色岩相)最厚。海相半旋回模式则正好相反,稍与陆相半旋回呈互反关系;(2)岩相分布内后退模式从一个海相旋回至 Chase 内下一个海相旋回;(3)靠近西部油田边缘的三个 Council Grove 海相半旋回发生地层尖灭,标出了随后朝西北(向陆)组合断面移动的古岸线;(4)尤其是在 Council Grove 内,碳酸盐岩结构体现了以淤泥为主(向陆)至以颗粒为主(向盆)的趋势。大尺度沉降模式和合成岩相分布(在一定的旋回尺度条件下)主要为陆棚的位置函数,反映了陆棚几何结构、海平面和硅质碎屑物源相近性三者间的相互作用。在更大的尺度条件下,岩相分布和旋回叠加样式可能充当更低级旋回函数及早二叠纪冰室至温室条件(上升)变化

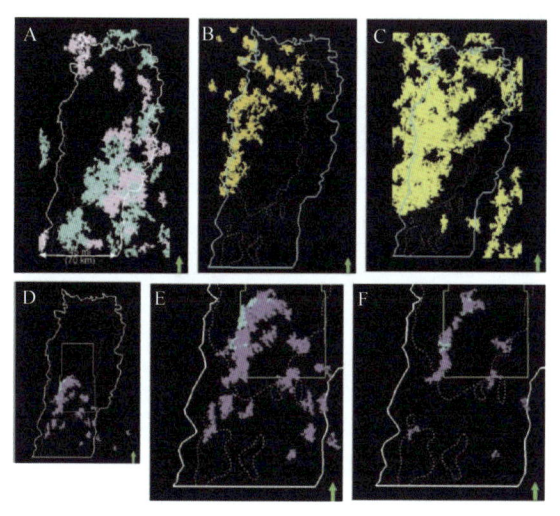

9 美国堪萨斯州与俄克拉何马州 Hugoton 气田(二叠系)多尺度地质与岩石物理建模 · 345 ·

图 9-38 选定岩相的岩相分布图

图示为形成于斯伦贝谢 Petrel™ 建模应用连接体的地图视图。连接体即网格模型内具有共同性质触摸孔隙的集合,它能帮助该模型演示 Wolfcamp 内流动单元显著的侧向连续性。(A)Crouse 石灰岩(B1_LM)泥粒灰岩、泥粒灰岩-粒状灰岩(L7,蓝色)和细晶白云石(L6,粉色)内三十个最大连接体的孔隙度大于8%。(B)Speiser 页岩(A1_SH)陆相砂岩(L0)内十五个最大连接体的孔隙度大于12%。(C)海相砂岩(L10)内二十个最大连接体的孔隙度大于15%。(D)Krider 泥粒灰岩、泥粒灰岩-粒状灰岩(L7,蓝色)和粗晶白云石(L9,紫色)内前 20 个连接体的孔隙度大于16%。(E)图为(D)图放大版。(F)除孔隙度大于18%以外,其他性质均相同。(D)、(E)、和(F)图用绿色描出了格兰特和史蒂文斯县,以供参考

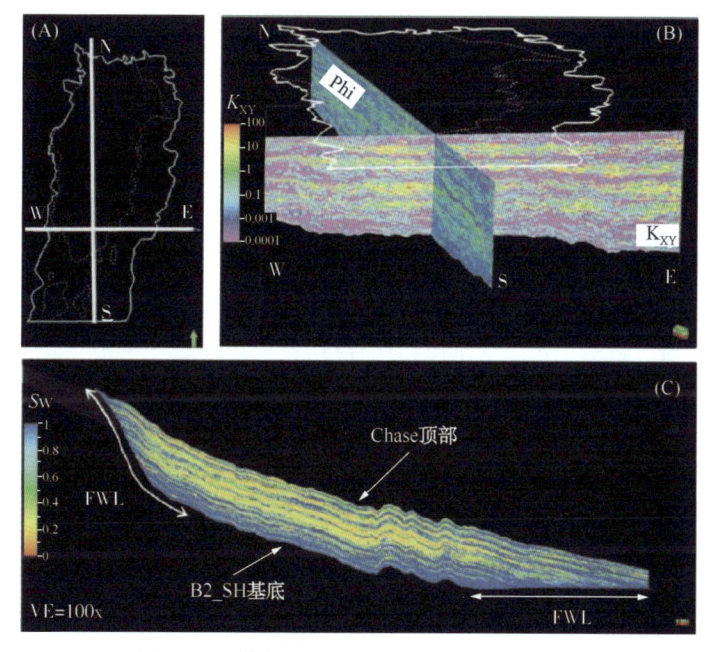

图 9-39 横断面网格 Hugoton 模型性质分布

(A)横断面位置。(B)Chase 群地层横断面(基准面为 Chase 顶部)。横向渗透性如东—西剖面所示,孔隙度(0~30%,黄色标识部分为22%)如南—北剖面所示。(C)Easly Creek 页岩(B2_SH,Council Grove)Chase 群的含水饱和度。若地层剖面内自由水面较低(无法同时展示所有模型),则自由水面为西东两侧横断面及中部 Easly Creek(B2_SH)的基底。自由水面穿过逆倾和下倾位置地层界面。人们发现海相碳酸盐岩和砂岩具有最高的渗透性(K_{xy})和孔隙度(ϕ)及最低的含水饱和度。分离海相碳酸盐岩的陆相粉砂岩具有最高的渗透性(K_{xy})和孔隙度(ϕ)及较高的含水饱和度(S_w)

节点井岩心、神经网络预测岩相、节点井上升位置和1.08亿个网格模型内岩相比例(表9-3)在不同尺度条件下其定量测定结果一致,意味着以上三步骤中任一步骤用于训练和岩相预测的抽样率均十分充足。测量结果的轻微变化可能与相对于节点井的岩心样本分布有关,尺度从0.15m(0.5ft)升至较厚孔隙(层)。人们认为与预测岩相的性质、几何结构和分布相关的若干因素以及预测岩相所选择的变量是神经网络成功预测节点井处岩相并建立节点间岩相模型的关键。人们选择岩相类别以最大限度地突出电缆测井变量特征之间的差异。地质约束变量(如:相对位置曲线和海相—非海相曲线)捕获并利用了地质资料,如沉积旋回和原生沉积环境内岩相预测垂直序列。广阔的侧向连续性和比节点井侧向间距大得多的岩相体帮助人们建立节点间岩相模型。值得注意的是,人们通过适当的岩心控制来为岩相训练集抽取储层体系样本。若不利用岩心,则无法建立该模型。

最常见的岩相错置即将粒状灰岩(L8)预测为粒泥灰岩或泥粒灰岩(L5和L7),将钙质泥岩(L4)预测为粒泥灰岩(L5),并将陆相砂岩(L0)预测为粗粉砂岩(L1)。这些错误的岩相预测反映了岩相测井响应特征的重叠。幸运的是,相关岩相的岩石物理特征也十分相似,因此随意错置引起的孔隙度、渗透率和含水饱和度分布与正确的特征分布相差不大。例如:人们将高于自由水面90m(300ft)位置处,孔隙度为10%、将被指定为渗透率为0.35mD(而非0.70mD)(图9-24)和含水饱和度为24%(而非17%)(图9-28)的粒状灰岩(L8)错误地分类为泥粒灰岩(L7)。

多数人认为将岩相从0.15m(0.5ft)取样层段放大至交叉于每口井的模型层厚度不会显著改变岩相总体。利用这种方法,我们将不会观察到岩相总体的显著差异,除非某些岩相经常出现于被大型垂直层段分离的薄体内,导致放大结果内岩相体系代表数量过少。最后,全三维模型内岩相比例密切反映了放大油气井孔隙内岩相比例。由于随机指标模拟试验图将该岩相比例与观察到的条件状况资料相匹配,因此全三维模型内岩相比例能反映放大油气井孔隙内的岩相比例也不足为奇。由于节点井分布十分均匀,因此条件集内岩相分布与储层体系内岩相分布十分相似。

9.4.2 岩石物理特征控制

岩石物理分析表明,欲准确预测储层特征,须输入岩相,利用代表储层条件的特征,并过滤全直径数据以避开微裂岩心。人们认为层段钻杆测试渗透性与放大的柱塞状岩心渗透性之间紧密的对应关系应解释为油气开采作业受基质渗透性(而非裂缝)的控制。

通过岩相间岩石物理特征的比较,人们发现随着沉积环境内能量上升,淤泥和粉砂基质内能量下降,渗透性上升,门限排驱高度和过渡带厚度下降。陆相与海相硅质碎屑内,孔隙度一定的情况下,渗透性随平均粒度上升而上升。海相极细粒砂岩(L10)的渗透性比海相粉砂岩(L3)的渗透性大几个数量级。然而,在孔隙度一定的情况下,陆相极细粒砂岩(L0)的渗透性仅比陆相粗粒粉砂岩(L1)的渗透性大2.5倍左右,比细—中粒粉砂岩(L2)的渗透性大5倍。造成此差异的原因可能是陆相砂岩与海相砂岩相比,其分选较差。人们认为陆相硅质碎屑的分选差将会导致孔喉大小分布广泛,而该现象通过岩石过渡带毛细管孔高压而体现。

岩相内石灰岩渗透性体现了近似平行的渗透性—孔隙度趋势(图9-24),平均孔隙度上升(图9-21)、孔隙度范围较广,渗透性从泥岩贯穿泥粒灰岩—粒状灰岩。这些变化导致高于自由水面一定高度位置处门限排驱高度和含水饱和度上升。岩相间毛细孔压力特征差异随孔隙度和渗透性的上升而下降。石灰岩的门限排驱高度和过渡带高度低于具有相似孔隙度的陆相硅质碎屑（门限排驱高度和过渡带高度）。

9.4.3 原始天然气地质储量

通过将他人估算的原始天然气地质储量（OGIP）和开采数据与根据 1.08 亿个网格模型计算所得原始天然气地质储量（OGIP）进行比较可知该地质模型对 Hugoton（尤其是自由水面控制作用最为强烈的油田中心）进行了成功地模拟。地质模型原始天然气地质储量（OGIP）计算值为 $0.62 \times 10^{12} m^3$，堪萨斯州格兰特和史蒂文斯县 Chase（Hugoton）和 Council Grove（Panoma）层段，其油气储集空间为 $0.19 \times 10^{12} m^3$。该区域累计产气量为 $0.4 \times 10^{12} m^3$，为原始天然气地质储量（OGIP）计算值的 65%，与先前采集量相比稍低。对于堪萨斯州 Chase 层段，Oberst 等人（1994）估计其原始天然气地质储量（OGIP）为 $8.8 \times 10^{11} m^3$，而 Olson 等（1997）则认为其 OGIP 容量为 $(0.98 \sim 1.1) \times 10^{12} m^3$。由于上述估算与我们（堪萨斯州 Chase 层段与堪萨斯州格兰特和史蒂文斯县的 Chase 和 Council Grove 层段）所估算的储层体积不同，因此我们无法直接比较，但若假设其具有相似的储层性能，我们便可根据其生产效率来进行估算。根据 Oberst 等（1994）所做研究，迄今为止，Chase 累计产量（$0.7 \times 10^{12} m^3$）与 OGIP 之比为 79.7%，而 Olson 等（1997）所做研究表明 Chase 累计产量与 OGIP 之比为 65.6% ~ 71.9%。由此可知，我们对整个 Wolfcamp 储层体积的估计（65%）与 Olson 等（1997）的估计值更接近。尽管我们认为 Hugoton-Panoma 属于同一油藏体系，但在堪萨斯州，89.2% 的 Hugoton-Panoma 产量源于 Chase，而 10.8% 的 Hugoton-Panoma 产量源于 Council Grove。

表 9-5 原始天然气地质储量（OGIP）估计值

群	地带	OGIP(bcf)	OGIP($10^9 m^3$)	HCPV(bcf)	HCPV($10^9 m^3$)
Chase	Herington	1227	34.8	38.1	1.08
	Krider	2795	79.1	86.7	2.46
	Odell	295	8.4	9.2	0.26
	Winfield	3215	91.0	99.8	2.83
	Gage	807	22.9	25.0	0.71
	Towanda	4686	132.7	145.5	4.12
	Holmesville	663	18.8	20.6	0.58
	Fort Riley	5212	147.6	161.8	4.58
	Matfield	127	3.6	3.9	0.11
	Wreford	1048	29.7	32.5	0.92
Council Grove	A1_SH	331	9.4	10.3	0.29
	A1_LM	656	18.6	20.4	0.58
	B1_SH	76	2.2	2.4	0.07
	B1_LM	143	4.1	4.4	0.13
	B2_SH	9	0.3	0.3	0.01
	B2_LM	167	4.7	5.2	0.15
	B3_SH	56	1.6	1.7	0.05
	B3_LM	34	1.0	1.0	0.03
	B4_SH	67	1.9	2.1	0.06

续表

群	地带	OGIP(bcf)	OGIP(10^9m³)	HCPV(bcf)	HCPV(10^9m³)
Council Grove	B4_LM	22	0.6	0.7	0.02
	B5_SH	3	0.1	0.1	0.00
	B5_LM	113	3.2	3.5	0.10
	C_SH	2	0.1	0.1	0.00
	C_LM	20	0.6	0.6	0.02
合计		21775	589.7	675.9	19.10

注：堪萨斯州格兰特和史蒂文斯县覆盖的部分 Hugoton 模型地带，原始井底压力为450psi(3103kPa)。

需要注意的是，本研究采用基质毛细管压力法对 OGIP 进行估算，该估算受毛细管压力曲线和定量自由水面自然变化的影响。毛细管压力曲线的自然变化可能产生饱和度数值大于10%的预期含水饱和度标准偏差可靠区间(例如：S_w=10%，9%<S_w<11%或 S_w=80%，72%<S_w<88%)，进而产生预期 OGIP 约为3%的标准偏差可靠区间。自由水面的变化对高于自由水面91m(300ft)层段的含水饱和度影响很小，但对过渡带内、含过渡带高度仅为几十英尺的岩石内层段影响显著。对于这些层段，若自由水面发生几十英尺的变化，则可能引起含水饱和度的显著变化，进而引起原始天然气地质储量的变化。这对估计 Council Grove 原始天然气地质储量十分重要，我们也正在对此进行优化改进。

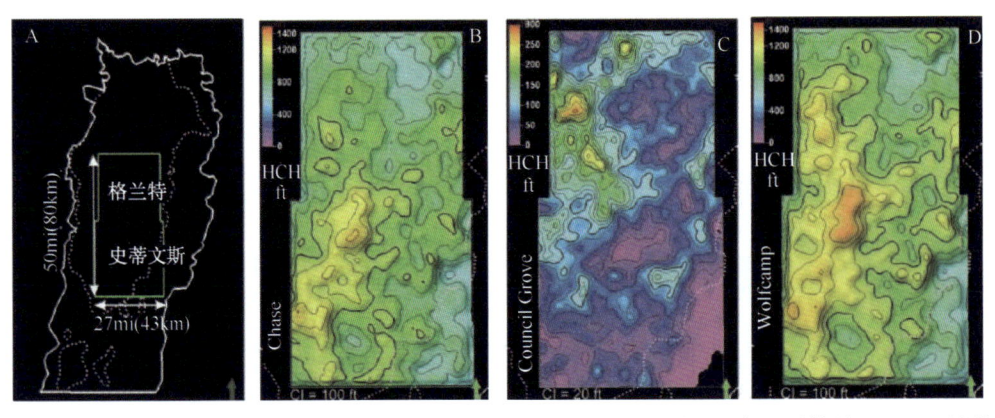

图9-40 Hugoton 两大高产县(堪萨斯州的格兰特和史蒂文斯县)的原始天然气地质储量(OGIP)地图视图 Chase 群(B)、Council Grove 群(C)及 Wolfcamp(D)的地表状况和油气高度。由于 Council Grove 油气含量比 Chase 油气含量低，因此 Wolfcamp 油气含量图与 Chase 油气含量图相似(注意：Council Grove 的尺度范围较窄和等高距较小)。Chase 原始天然气地质储量较高的区域与图38D 至图38F 所示的 Krider 复合鲕粒滩一致

9.5 结论

本研究所介绍的 Hugoton 1亿多个网格、26000km²(10000mile²)、三维地质和岩石物理特征地质模型体现了针对巨型油气田的详细油藏描述和建模工作流程的应用。利用电缆测井特征并结合地质约束变量，以岩心为基础来校正岩相神经网络预测，以便为人们提供准确的油气井至油田尺度岩相模型。岩相岩石物理特征和不同孔隙度岩相差异体现了岩性—岩石物

理建模的重要性及确定岩石物理特征及关系的必要性。人们通过岩相模型与岩相依赖性岩石物理特征建立了 Hugoton 三维地质模型，该模型可用于油气井、剖面($2.6km^2$；$1mile^2$) 和多剖面尺度。该模型为岩相和岩石物理特征分布、含水饱和度和 OGIP 预测提供了便利。该模型可为剩余天然气地质储量(尤其是弱渗透性层段)评估提供了定量依据，可帮助人们管理油田和天然气开采作业以便提升最终开采量。上述孔隙至油田尺度的储层描述和模型为成熟的巨型二叠纪天然气体系提供了全面的岩性和岩石物理视图。本研究所采用的技术和工作流程及研究过程中获得的知识可帮助人们理解和建立类似的储层体系。

参 考 文 献

Asquith, G., and D. Krygowski, 2004, Basic well log analysis, 2d ed.：AAPG Methods in Exploration, v. 16, 244 p.

Baars, D. L., ed., 1994, Revision of stratigraphic nomenclaturein Kansas：Kansas Geological Survey Bulletin, v. 230, 80 p.

Berg, R. R., 1975, Capillary pressures in stratigraphic traps：AAPG Bulletin, v. 59, p. 939-956.

Boardman II, D. R., and M. K. Nestell, 2000, Outcrop-basedsequence stratigraphy of the Council Grove Group ofthe midcontinent, in K. S. Johnson, ed., Platform carbonatesin the southern midcontinent, 1996 Symposium：OklahomaGeological SurveyCircular 101, p. 275-306.

Bohling, G. C., and J. H. Doveton, 2000, Kipling. xla：AnExcel add-in for nonparametric regression and classification, Kansas Geological Survey：http：//www. kgs. ku. edu/software/Kipling/Kipling1. html(accessedDecember 31, 2005).

Byrnes, A. P., 2003, Aspects of permeability, capillarypressure, and relative permeability properties anddistribution in low-permeability rocks important toevaluation, damage, and stimulation：Proceedings ofthe Rocky Mountain Association of Geologists PetroleumSystems and Reservoirs of Southwest WyomingSymposium, Denver, Colorado, September 19, 2003, 12 p.

Byrnes, A. P., M. K. Dubois, M. Magnuson, 2001, Westerntight gas carbonates：Comparison of Council GroveGroup, Panomafield, southwestKansas and western lowpermeability sandstones(abs.)：AAPG Annual MeetingProgram, v. 10, p. A31.

Caldwell, C. D., 1991, Cyclic deposition of the Lower Permian, Wolfcampian, Chase Group, western Guymon-Hugoton field, Texas County, Oklahoma, in W. L. Watney, A. W. Walton, C. G. Caldwell, and M. K. Dubois, organizers, Midcontinent Core Workshop onIntegrated Studies of Petroleum Reservoirs in theMidcontinent：Midcontinent AAPG Section Meeting, Wichita, Kansas, p. 57-75.

Deutsch, C. V., and A. G. Journel, 1998, Geostatistical softwarelibrary and user's guide：Oxford, Oxford UniversityPress, 369 p.

Dubois, M. K., and R. H. Goldstein, 2005, Accommodationmodel for Wolfcamp(Permian) redbeds at the updipmargin of North America's largest onshore gas field(abs.)：Proceedings AAPG 2005 Annual Convention, June 19-21, Calgary, Alberta, Canada, and Kansas GeologicalSurvey Open-file Report 2005-25: http://www.kgs.ku.edu/PRS/AAPG2005/2005-25/index.html(accessed December 31, 2005).

Dubois, M. K., A. P. Byrnes, G. C. Bohling, S. C. Seals, andJ. H. Doveton, 2003, Statistically-based lithofacies predictionsfor 3-D reservoir modeling: Examples fromthe Panoma(Council Grove) field, Hugoton embayment, southwest Kansas (abs.): AAPG Annual MeetingProgram, v. 12, p. A44, and Kansas Geological SurveyOpen-file Report 2003-30, 3 panels: http://www.kgs.ku.edu/PRS/publication/2003/ofr2003-30/index.html(accessed October 10, 2005).

Dubois, M. K., A. P. Byrnes, and G. C. Bohling, 2005, Geologic model for the giant Hugoton and Panomafields(abs): AAPG Midcontinent Section Meeting, Oklahoma City, Oklahoma: http://www.kgs.ku.edu/PRS/Poster/2005/MidcontAAPG/index.html (accessedOctober 10, 2005).

Dunham, R. J., 1962, Classification of carbonate rocks accordingto depositional texture, in W. E. Ham, ed., Classificationof carbonate rocks: AAPGMemoir 1, p. 108-121.

Dutton, S. P., E. K. Kim, C. L. Broadhead, W. D. Raatz, S. C. Ruppel, and C. Kerans, 2005, Play analysis and digitalportfolio of major oil reservoirs in the Permian Basin: Bureau of Economic Geology Reports of Investigations, RI0271, 302 p.

Fetkovitch, M. J., D. J. J. Ebbs Jr., and J. J. Voelker, 1994, Multiwell, multilayer model to evaluate infill-drillingpotential in the Oklahoma Hugoton field: 65th Societyof Petroleum Engineers Annual Technical Conferenceand Exhibition, New Orleans, Louisiana, SPEPaper 20778, p. 162-168.

Folk, R. L., 1954, The distinction between grain size andmineral composition in sedimentary rock nomenclature: Journal of Geology, v. 62, p. 344-359.

Garlough, J. L., and G. L. Taylor, 1941, Hugoton gas field, Grant, Haskell, Morton, Stevens, and Seward counties, Kansas, and Texas county, Oklahoma, in A. I. Levorsen, ed., Monograph Stratigraphic type oil fields: AAPG, p. 78-104.

Gaymard, R., and A. Poupon, 1968, Response of neutronand formation density logs in hydrocarbon bearingformations: The Log Analyst, v. 9, no. 5, p. 3-12.

George, B. K., C. Torres-Verdin, M. Delshad, R. Sigal, F. Zouioueche, and B. Anderson, 2004, Assessment of insituhydrocarbon saturation in the presence of deepinvasion and highly saline connate water: Petrophysics, v. 45, no. 2, p. 141-156.

Grammer, G. M., G. P. Eberli, F. S. P. van Buchem, G. M. Stevenson, and P. Homewood, 1996, Application ofhigh-resolution sequence stratigraphy to evaluate lateralvariability in outcrop and subsurface: Desert Creekand Ismay intervals, Paradox basin, in M. W. Longmanand M. D. Sonnenfeld, eds., Paleozoic systems of theRocky Mountain region: Rocky Mountain Section Societyfor Sedimentary Geology, p. 235-266.

Hastie, T., R. Tibshirani, and J. Friedman, 2001, The elementsof statistical learning: Data mining, inference, and prediction: New York, Springer, 533 p.

Hecker, M. T., M. E. Houston, and J. D. Dumas, 1995, Improved completion designs in the Hugoton fieldutilizing multiple gamma emitting tracers: Society ofPetroleumEngineers Annual Technical Conference andExhibition, Dallas, Texas, SPE Paper 30651, p. 223-235.

Hemsell, C. C., 1939, Geology of Hugoton gas field of southwesternKansas: AAPG Bulletin, v. 23, no. 7, p. 1054-1067.

Heyer, J. F., 1999, Reservoir characterization of the CouncilGrove Group, Texas County, Oklahoma, in D. F. Merriam, ed., AAPG Midcontinent Section Meeting Transactions, Geosciences for the 21st Century, p. 71-82.

Hough, E. W., M. J. Rzasa, and B. B. Wood, 1951, Interfacialtensions at reservoir pressures and temperatures; apparatus and the water-methane system: AmericanInstitute of Mechanical Engineering Petroleum Transactions, Technical Publication 3019, v. 192, p. 57-60.

Hubbert, M. K., 1953, Entrapment of petroleum under hydrodynamicconditions: AAPG Bulletin, v. 37, p. 1954-2026.

Hubbert, M. K., 1967, Application of hydrodynamics tooil exploration: 7th World Petroleum Congress Proceedings, Mexico City: Amsterdam, Elsevier PublishingCo. Ltd, v. 1B, p. 59-75.

Jennings Jr., H. Y., and G. H. Newman, 1971, The effect oftemperature and pressure on the interfacial tension ofwater againstmethane-normal decanemixtures: Transactionsof the American Institute of Mining Metallurgicaland Petroleum Engineers, v. 251, p. 171-175.

Kluth, C. F., 1986, Plate tectonics of the ancestral RockyMountains, in J. A. Peterson, ed., Paleotectonics andsedimentation of the Rocky Mountains, United States: AAPG Memoir 41, p. 353-369.

Kluth, C. F., and P. J. Coney, 1981, Plate tectonics of theancestral Rocky Mountains: Geology, v. 9, no. 1, p. 10-15.

Konnert, G., A. M. Afifi, S. A. Al-Hajri, K. de Groot, A. A. AlNaim, and H. J. Droste, 2001, Paleozoic stratigraphyand hydrocarbon habitat of the Arabian plate, inM. W. Downey, J. C. Threet, and W. A. Morgan, eds., Petroleum provinces of the twenty-first century: AAPG Memoir 74, p. 483-515.

Luczaj, J. A., and R. H. Goldstein, 2000, Diagenesis of theLower Permian Krider Member, southwest Kansas, U. S. A.: Fluid-inclusion, U-Pb, and fission-track evidencesfor reflux dolomitization during latest Permiantime: Journal of Sedimentary Research, v. 70, no. 3, p. 762-773.

Mason, J. W., 1968, Hugoton and Panhandle field, Kansas, Oklahoma and Texas, in W. B. Beebe and B. F. Curtis, eds., Natural gases of North America, v. 2: AAPGMemoir 9, p. 1539-1547.

Mazzullo, S. J., C. S. Teal, and C. A. Burtnett, 1995, Faciesand stratigraphic analysis of cyclothemic strata in theChase Group (Permian Wolfcampian), south-centralKansas, in N. J. Hyne, ed., Sequence stratigraphy ofthe mid-continent: Tulsa Geological Society SpecialPublication 4, p. 217-248.

McGillivray, J. G. , and M. I. Husseini, 1992, The Paleozoicpetroleum geology of central Arabia: AAPG Bulletin, v. 76, p. 1491-1506.

Oberst, R. J. , P. P. Bansal, and M. F. Cohen, 1994, 3-Dreservoir simulation results of a 25-square mile studyarea in Kansas Hugoton gas field: Society of PetroleumEngineers Mid-Continent Gas Symposium, SPE Paper27931, p. 137-147.

Olson, T. M. , J. A. Babcock, and P. D. Wagner, 1996, Geologic controls on reservoir complexity, Hugotongiant gas field, Kansas, in D. L. Swindler and C. P. Williams, compilers, AAPGMid-continent Section MeetingTransactions: Mid-continent Section, p. 189-198.

Olson, T. M. , J. A. Babcock, K. V. K. Prasad, S. D. Boughton, P. D. Wagner, M. K. Franklin, and K. A. Thompson, 1997, Reservoir characterization of the giant Hugotongas field, Kansas: AAPG Bulletin, v. 81, p. 1785-1803.

Olszewski, T. D. , and M. E. Patzkowsky, 2003, From cyclothemsto sequences: The record of eustacy and climateon an icehouse eperic platform(Pennsylvanian-Permian), North American Midcontinent: Journal ofSedimentary Research, v. 73, no. 1, p. 15-30.

Parham, K. D. , and J. A. Campbell, 1993, PM-8. Wolfcampianshallow shelf carbonate—Hugoton embayment, Kansas and Oklahoma, in D. G. Bebout, ed. , Atlasof major midcontinent gas reservoirs: Gas ResearchInstitute, p. 9-12.

Parrish, J. T. , 1995, Geologic evidence of Permian climate, in P. A. Scholle, T. M. Peryt, and D. S. Ulmer-Scholle, eds. , The Permian of northern Pangea: v. I. Paleogeography, paleoclimate, stratigraphy: Berlin, Germany, Springer-Verlag, p. 53-61.

Parrish, J. T. , and E. Peterson, 1988, Wind directions predictedfrom global circulation models and wind directionsdetermined from eolian sandstones of thewestern United States—A comparison: SedimentaryGeology, v. 56, p. 261-282.

Perry, W. J. , 1989, Tectonic evolution of the Anadarkobasin region, Oklahoma: U. S. Geological Survey Bulletin, v. 1866-A, p. A1-16.

Pippin, L. , 1970, Panhandle-Hugoton field, Texas-Oklahoma-Kansas—The first fifty years, in M. T. Halbouty, ed. , Geology of giant petroleum fields: AAPG Memoir 14, p. 204-222.

Puckette, G. R. , D. R. Boardman II, and Z. Al-Shaieb, 1995, Evidence for sea-level fluctuation and stratigraphic sequencesin the Council Grove Group(Lower Permian)Hugoton embayment, southern mid-continent, in N. J. Hyne, ed. , Sequence stratigraphy of the mid-continent: Tulsa Geological Society Special Publication 4, p. 269-290.

Purcell, W. R. , 1949, Capillary pressure—Their measurementsusing mercury and the calculation of permeabilitytherefrom: American Institute of MechanicalEngineers Petroleum Transactions, v. 186, p. 39-48.

R Development Core Team, 2005, R: A language and environmentfor statistical computing:

R Foundation forStatistical Computing, Vienna, Austria: http://www.R-project.org(accessed December 31, 2005).

Rankey, E. C., 1997, Relations between relative changes insea level and climate shifts: Pennsylvanian-Permianmixed carbonate-siliciclastic strata, western UnitedStates: Geological Society of America Bulletin, v. 109, no. 9, p. 1089–1100.

Rascoe Jr., B., 1968, Permian system in western midcontinent: Mountain Geologist, v. 5, p. 127–138.

Rascoe Jr., B., and F. J. Adler, 1983, Permo-Carboniferoushydrocarbon accumulations, midcontinent, U.S.A.: AAPG Bulletin, v. 67, p. 979–1001.

Ryan, T. C., M. J. Sweeney, and W. H. Jamieson Jr., 1994, Individual layer transient tests in low-pressure, multilayeredreservoirs: Society of Petroleum EngineersMid-Continent Gas Symposium, Amarillo, Texas, SPEPaper 27928, p. 99–113.

Scotese, C. R., 2004, A continental drift flipbook: Journalof Geology, v. 112, p. 729–741.

Siemers, W. T., and W. M. Ahr, 1990, Reservoir facies, porecharacteristics, and flow units: Lower Permian ChaseGroup, Guymon-Hugoton field, Oklahoma, Societyof Petroleum Engineers Proceedings 65th Annual TechnicalConference and Exhibition, New Orleans, Louisiana, September 23–26, 1990, SPE Paper 20757, p. 417–428.

Soreghan, G. S., 2002, Sedimentologic-magnetic record ofwestern Pangean climate in upper Paleozoic loessites (lower Cutler beds, Utah): Geological Society of AmericaBulletin, v. 114, no. 8, p. 1019–1035.

Sorenson, R. P., 2005, A dynamic model for the PermianPanhandle and Hugoton fields, western Anadarkobasin: AAPG Bulletin, v. 89, no. 7, p. 921–938.

Venables, W. N., and B. D. Ripley, 2002, Modern appliedstatistics with S, 4th ed.: New York, Springer, 512 p.

Washburn, E. W., 1921, A method of determining the distributionof pore sizes in a porous material: Proceedingsof the National Academy of Sciences, v. 7, p. 115–116.

Weber, L. J., F. M. Wright, J. F. Sarg, E. Shaw, L. P. Harman, J. B. Vanderhill, and D. A. Best, 1994, Reservoir delineationand performance: application of sequencestratigraphy and integration of petrophysics and engineeringdata, Aneth field, southeast Utah, U.S.A., inE. L. Stout and P. M. Harris, eds., Hydrocarbon reservoircharacterization: geologic framework and flowunit modeling: Society of Sedimentary Geology, p. 1–29.

Winters, N. D., M. K. Dubois, and T. R. Carr, 2005, Depositionalmodel and distribution of marginal marinesands in the Chase Group, Hugoton gas field, southwestKansas and Oklahoma Panhandle (abs.): AAPG MidcontinentSectionMeeting, OklahomaCity, Oklahoma: http://www.kgs.ku.edu/PRS/Poster/2005/MidcontAAPG/index.html(accessed October 10, 2005).

Zeller, D. E., ed., 1968, The stratigraphic succession in Kansas: Kansas Geological Survey Bulletin, v. 169, 81 p.

10

美国二叠盆地下二叠统 Fullerton 油田的碳酸盐岩储层表征与建模过程中露头和岩心的关键作用

Stephen C. Ruppel　Rebecca H. Jones

(Bureau of Economic Geology, Jackson School of Geosciences,
University of Texas at Austin, Austin, Texas, U.S.A.)

摘要：对储层层序和旋回地层、沉积相和成岩相以及这些属性与储层性质之间的相互关系进行分析是构建精确储层格架的关键，而构建精确格架是储层建模和改善剩余油气成像质量的必要因素。Fullerton Clear Fork 油田属于中二叠纪浅水碳酸盐岩台地储层，该油田所用的岩基建模方法的基本步骤包括：(1)创建和使用模拟露头沉积模型；(2)针对该初始模型，描述和解释地下岩心和测井数据；(3)确定储层剖面的层序地层格架；(4)开发基于旋回的储层格架；(5)确定控制模式、相互关系和孔渗分布。此分析中所用数据包括岩心、薄片、三维和二维地震数据、井壁成像测井数据和露头模型。

前述模型所纳入的地质要素包括地层构造、差异白云石化、岩溶填充、矿物变化、岩石组构分布。这些要素限定了流动单元、渗透性分布和饱和度的解释和定义。

本研究所采用的以岩石为基础的方法不仅能用于构建更先进、更真实的地质储层模型，还能提供有关碳酸盐岩台地储层的形成、描述及解释的深入见解，这些见解在全球范围内得到了广泛应用。

10.1 引言

二叠盆地的 Clear Fork 群（图 10-1）主要由浅水台地碳酸盐岩序列构成，厚达 800m (2500ft)，这些碳酸盐岩遍布得克萨斯州西部和新墨西哥州，沉积发育于早二叠世。碳酸盐岩中发育的储层(图10-2)产量超过32×10⁸bbl(Dutton 等，2005)，迄今为止占从该二叠纪盆地采出油气总量的10%以上。尽管产量高，但原始地质储量(OOIP)估计结果表明，莱纳德阶储层在发现时的总储量超过145×10⁸bbl。由此可见，采收率只有22%左右，这远远低于二叠纪盆地碳酸盐岩储层的平均水平(32%)(Tyler 和 Banta，1989；Holtz 和 Garrett，1990)。而 Clear Fork 群浅水台地储层的采收率更低。据 Holtz 等(1992)估计，这些储层的原始地质储量采收率只有18%。

为开采 Clear Fork 储层中的剩余油，运营商必须诉诸日益精良的开采技术，如水驱、注气、水平井等。但为了有效地运用这些技术，首先应构建精确的储层格架，从而为过去、现在和未来开采作业的建模及解释提供依据，这是至关重要的。本报告对开发得克萨斯州西部 Fullerton Clear Fork 油田格架所用的方法进行了详细说明(图10-2、图10-3)。

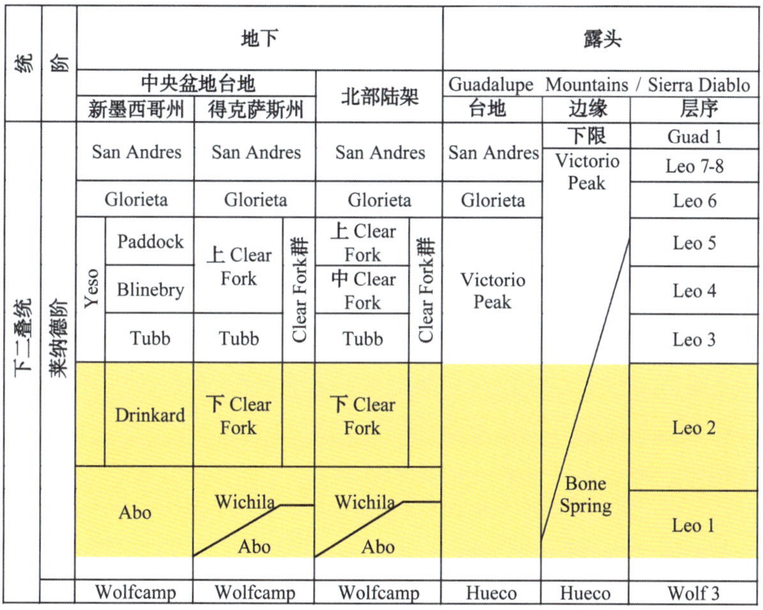

统	阶	地下				露头		
		中央盆地台地			北部陆架	Guadalupe Mountains / Sierra Diablo		
		新墨西哥州	得克萨斯州			台地	边缘	层序
下二叠统	莱纳德阶	San Andres	San Andres		San Andres	San Andres	下限	Guad 1
							Victorio Peak	Leo 7-8
		Glorieta	Glorieta		Glorieta	Glorieta		Leo 6
	Yeso	Paddock	上 Clear Fork	Clear Fork 群	上 Clear Fork	Clear Fork 群	Victorio Peak	Leo 5
		Blinebry			中 Clear Fork			Leo 4
		Tubb	Tubb		Tubb			Leo 3
		Drinkard	下 Clear Fork		下 Clear Fork			Leo 2
		Abo	Wichila		Wichila		Bone Spring	
			Abo		Abo			Leo 1
		Wolfcamp	Wolfcamp		Wolfcamp	Hueco	Hueco	Wolf 3

图 10-1　二叠盆地莱纳德阶地层剖面
包括 Clear Fork 群及新墨西哥州和露头模拟单元。Fullerton 油田的生产层段以彩色显示

无论以何种标准来衡量，Fullerton 油田都属于巨型油藏。截至2002年，该油田的累计产量已达到3.1×10⁸bbl，约占原始地质储量(16.9×10⁸bbl)的18%(Wang 和 Lucia，2004)。与二叠盆地的其他众多成熟的 Clear Fork 储层一样，多年来，Fullerton 油田的油产量大幅下降，而水产量却大幅上升。要确定油田发现时的可能石油分布，制订对可观剩余油量进行开采的最佳策略，首先要充分了解沉积相和成岩相、旋回和层序地层以及这些地层要素的结构，这也是至关重要的一步。

10.2　方法

本报告提供的数据和解释以29个岩心[总长4384m(14383ft)]的研究结果、1700余份岩石薄片的检验结果、800多口油井的45000份地层顶部样本的比较结果为基础。在本研究

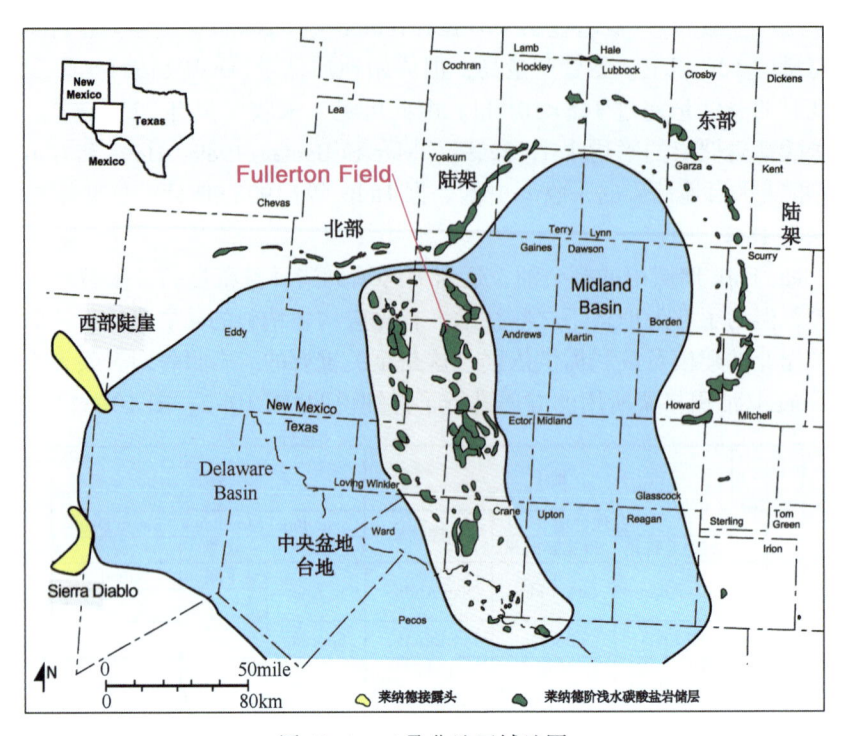

图 10-2　二叠盆地区域地图

图中显示了 Fullerton 油田及以莱纳德阶岩石为产层的主要储层的位置

中，开发全油田层序地层模型和储层格架所遵循的基本程序如下：

（1）识别岩心中的沉积相、垂直相叠加样式及旋回；

（2）按电缆测井数据标定岩相和旋回叠加样式；

（3）构建岩心、测井数据段的二维（2D）横截面；

（4）根据岩心和测井剖面确定二维旋回和层序地层；

（5）通过对比测井数据，将二维旋回和层序对比结果外推到三维空间。将地层层序与现有的三维地震地震数据联系起来，以检验其准确性和几何形状。所有岩心都有对应的常规岩心分析数据，利用这些数据确定相、旋回性与孔隙度和渗透率发育之间的关系。图 10-3 显示了 Fullerton 油田的岩心分布和三维地震数据。

10.3　以往研究成果

Mazzullo(1982)、Mazzullo 和 Reid(1989)对 Midland 盆地的下莱纳德阶地层和沉积系统进行了概括。Presley 和 McGillis(1982；还可参见 Presley，1987)记录了得克萨斯州狭长地带的上莱纳德阶 Glorieta 和上 Clear Fork 储层单元以高旋回性蒸发岩相为主。Ruppel(1992，2002)对中央盆地台地上的 Monahans Clear Fork 油田 Glorieta 和上 Clear Fork 单元的岩相、旋回性和成岩作用进行了描述，并假定受海平面阶段性升降的影响产生的旋回沉积和成岩作用是储层发育的主因。Atchley 等(1999)对位于中央盆地台地北端的 Robertson 油田的 Clear Fork 岩相进行了描述，并针对控制着相沉积和储层发育的构造控制作用提出了一种类似模

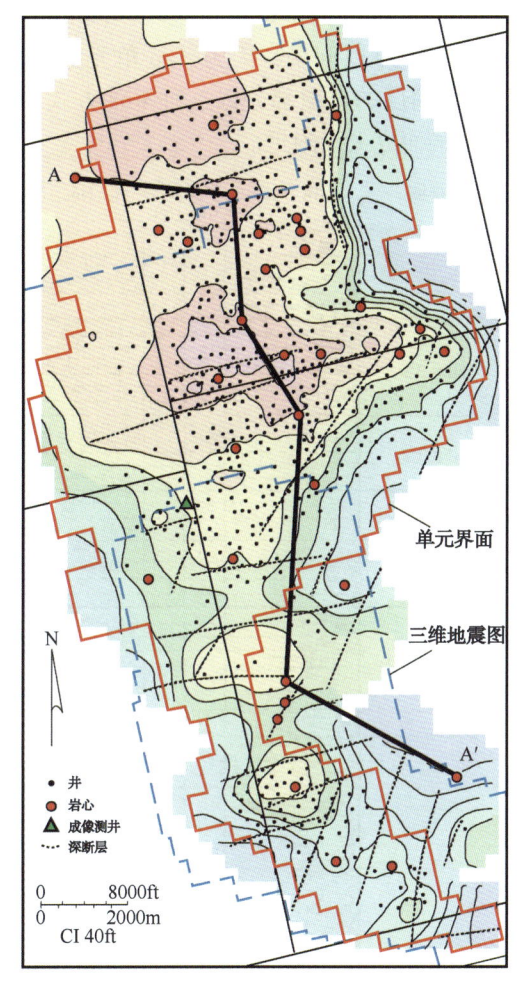

图 10-3 Fullerton Clear Fork 油田的构造
基准为 Tubb 组底部附近的重大潮下海泛事件(图 10-4、图 10-5)

型。Ruppel 等(2000)以得克萨斯州西部 Sierra Diablo 山的露头为基础对地下 Clear Fork 产层的类似露头进行了说明。

Kerans 等(2000)根据 Sierra Diablo 山的露头(得克萨斯州 Hudspeth 县和 Culberson 县)记录了 Abo 的沉积环境、岩相及构造,并指出岩溶对 Abo 及上覆的下 Clear Fork 序列具有重大影响。

10.4 地质环境

二叠盆地中央台地上的莱纳德统中发育大量油田,其中 Fullerton Clear Fork 油田规模最大(图 10-2)。Clear Fork 油田面积约为 14000ha(35000acre);储层柱平均厚约 210m(700ft),深约 2040m(6700ft)(图 10-2、图 10-3)。二叠盆地的部分区域以整个莱纳德阶地层剖面为产油层(图 10-1)。虽然有小部分石油采自上 Clear Fork 剖面,但 Fullerton 油田的产层剖面主要局限在下 Clear Fork、Wichita、Abo 地层单元(图 10-4)。迄今为止,大部分石油均产自该储层下 Clear Fork 剖面和 Wichita 剖面的下部三分之二区段。研究证明，虽然 Abo 单元的石油呈饱和状态，但在某种程度上难以开采，因为 Abo 单元适合采用活跃水驱的方式采油（与压力递减驱动截然相反，该储层的上覆部分以这种采油方式为主），而且 Abo 单元位于贯穿油田大部分区域的油水接触面之上及附近。

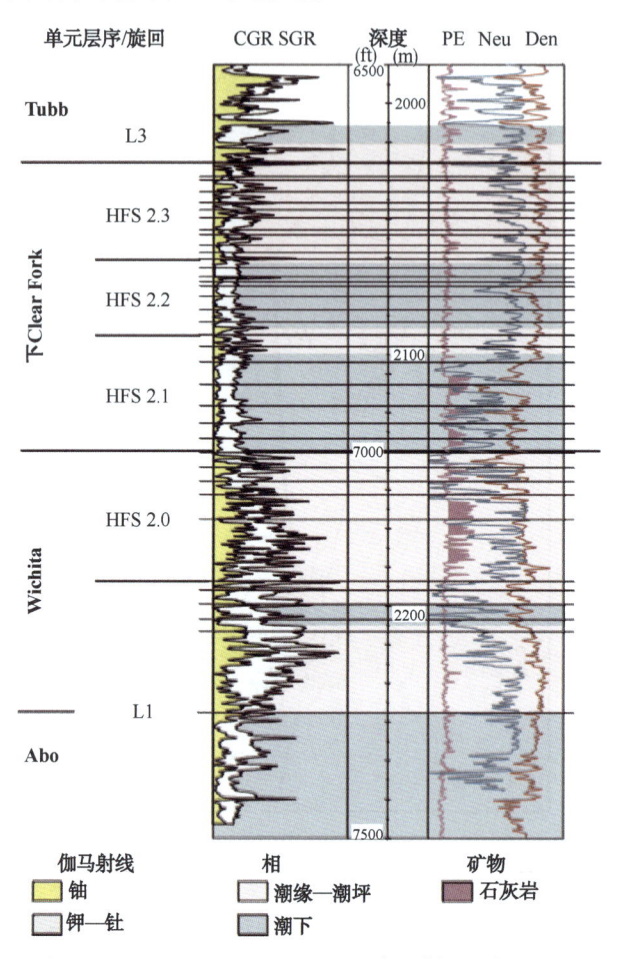

图 10-4 Fullerton Clear Fork 油田产层剖面的标准测井

图中显示了旋回性和综合相分布。PE 测井曲线的阴影区表示以白云石为主的剖面局部发育石灰岩。校正后伽马射线（CGR）测井响应度高，这表示存在与潮坪相伴生的粉砂和黏土。SGR＝光谱伽马射线；PE＝光电；Neu＝中子；Den＝密度

从区域性的角度出发，莱纳德阶以浅水台地碳酸盐岩为主。各地层组成单元均包含上倾潮缘—潮坪碳酸盐岩和下倾潮下碳酸盐岩。各单元中所含的矿物以白云石和硬石膏为主。石灰岩比较少见，即便有，也最常见于莱纳德阶剖面和远端下倾剖面的下部（Ruppel，2002）。Fullerton 储层剖面与前述区域分布基本一致，但石灰岩含量比二叠盆地的其他大多数莱纳德阶台地储层序列更高。

在构造上，Fullerton 油田发育在一块大型组合构造隆起（图 10-3）上，这反映出该区域从宾夕法尼亚亚纪便开始受深部断层和差异抬升作用（Jones 和 Ruppel，2004）。深层石油开采主要以油田南部和中部的志留系断块（Wristen 群）碳酸盐岩为产层。Clear Fork 储层盖层由上 Clear Fork 和 Glorieta 单元的富蒸发岩碳酸盐岩构成。

该储层目前钻井采用的井距为 16~4ha(40~10acre)，采油方式为活跃水驱。油田北部的井密度最大[井距通常为 8ha 和 4ha(20acre 和 10acre)]；而油田南半部的井控力度更差。一般而言，密井距油井更易控制，有利于确定地层层位和储层属性。但油田许多区域(尤其是西缘沿线区域及南半部)内的油井只有一些少量的(伽马射线和中子)测井数据可用，因而无法进行精确对比或解释。

10.5 露头模拟

得克萨斯州 Hudspeth 和 Culberson 县 Sierra Diablo 山的模拟储层露头研究(图 10-2)深入剖析了影响 Fullerton 油田储层发育与储层结构的地质控制作用，并提供了深刻见解。Sierra Diablo 的莱纳德阶包含 Fullerton 油田所有主要储层层段的直接模拟露头，包括下 Clear Fork 群(Fitchen 等，1995；Ruppel 等，2000)和 Wichita 单元的浅水台地碳酸盐岩以及 Abo 单元的岩溶台地—边缘潮下碳酸盐岩(Fitchen 等，1995；Kerans 等，2000)。沉积构成和相发育形式是地下序列的典型特征，因此，可针对这些形式构建有效模型，以便对更稀疏的地下数据集进行解释。下文对根据这些露头确立的主要观察结果进行了详细描述。

10.5.1 Abo

露头和地下数据的综合研究表明，Abo 代表着莱纳德阶的基底沉积层序(层序 L1)(Fitchen 等，1995)。Sierra Diablo 山的 Abo 露头研究(Fitchen 等，1995；Kerans 等，2000)证实了该层序的三个重要方面：(1)该层序以开阔海外台地相为主；(2)具有前积结构；(3)上面叠加着岩溶体(落水洞、溶洞、溶洞填充、塌陷体)。Abo 单元以前积、外坡、竹蜓—海百合泥粒灰岩和粒泥灰岩、罕见的坡顶、鲕粒—似球粒、富颗粒泥粒灰岩和粒状灰岩为主，这与 Wichita 和下 Clear Fork 单元截然不同，后者以平伏、交互潮坪和浅潮下粒泥灰岩—泥粒灰岩序列为主。Abo 顶超前积楔形体是快速向盆进积的标志，这种进积是因海平面快速下降引起的一种强制海退现象。虽然 Abo 上的岩溶最初是在海平面下降时发育于 Abo 的外露顶层，但在 Abo 的下部，岩溶主要表现为溶洞和落水洞，而在上覆的下 Clear Fork 单元上部主要表现为塌陷体。而岩溶作用及其引起的厚度变化多发于台地—边缘环境，Abo 和下 Clear Fork 单元之间的接触面是相对明显的不整合起伏面。上倾岩溶作用和接触面不太明显。

10.5.2 下 Clear Fork 单元

Sierra Diablo 山外露的下 Clear Fork 序列属于单沉积层序(L2)。该序列的关键要素包括：(1)基底退积潮坪沉积，这些沉积物局部填充了下伏岩溶 Abo 表面上的起伏；(2)拼贴潮坪相上倾序列；(3)交互潮坪、中坡、潮下相旋回下倾序列；(4)整体呈退积(向上变深)趋势(Fitchen 等，1995；Kerans 等，2000；Ruppel 等，2000)。

下 Clear Fork 单元沉积以交互潮缘、潮坪沉积以及潮下骨粒粒泥灰岩和泥粒灰岩为主，在高频层序和旋回尺度上，这是海平面周期性升降的标志。这些旋回平均厚约 6m(20ft)，相叠加样式一致(旋回底部发育骨粒粒泥灰岩和上覆似球粒富颗粒泥粒灰岩)，连续性良好(Ruppel 等，2000)。中坡浅潮下相台地的岩石向盆内下倾[3km(2mile)以下]，嵌入外坡的前积蜓—海百合粒泥灰岩和泥粒灰岩。上倾（向陆）下 Clear Fork 单元以拼合内台地、潮缘、潮坪沉积为主。这些上倾潮坪与地下的 Wichita 组岩相类似。下 Clear Fork 单元顶部未发育浅水高位沉积，这表示该 L2 层序顶部可能遭受过快速强制海退作用，随后又经历了暴露和溶蚀过程。

10.6　Fullerton 储层相与地层

Fullerton 油田的产层剖面包括 Abo、Wichita 及下 Clear Fork 组的部分层段（图 10-4、图 10-5）。与地下储层所用的很多地层名称一样，所有单位均显示了整个地区的区域时间等效性和相一致性。换言之，所有单位既是岩石地层单位，又是时间地层单位。实际上，最好将这些地层名称视作按"组"级命名的岩石地层术语（以相为主）。但为正确地看待这些单位，应综合考虑相和时间的相互关系。在本报告中，我们将已命名的地层单位（即组）视作相或岩石地层单位，并将其纳入根据以往研究结果开发出的层序地层（即时间地层）格架中进行研究（Fitchen 等，1995；Kerans 等，2000；Ruppel 等，2000）。我们以 Fullerton 油田的相关研究及数据为基础，将 Abo 和 Wichita 组下部解释为莱纳德阶最早发育的复合（三级）沉积层序（L1 层序）的同期相（或体系域）。上覆层序（L2）由上 Wichita 组的上倾、潮缘沉积及下 Clear Fork 组的下倾潮下沉积构成。L3 层序包含 Tubb 组的基底海侵体系域（TST）硅质碎屑岩和上覆上 Clear Fork 组的局部碳酸盐岩（图 10-4）。

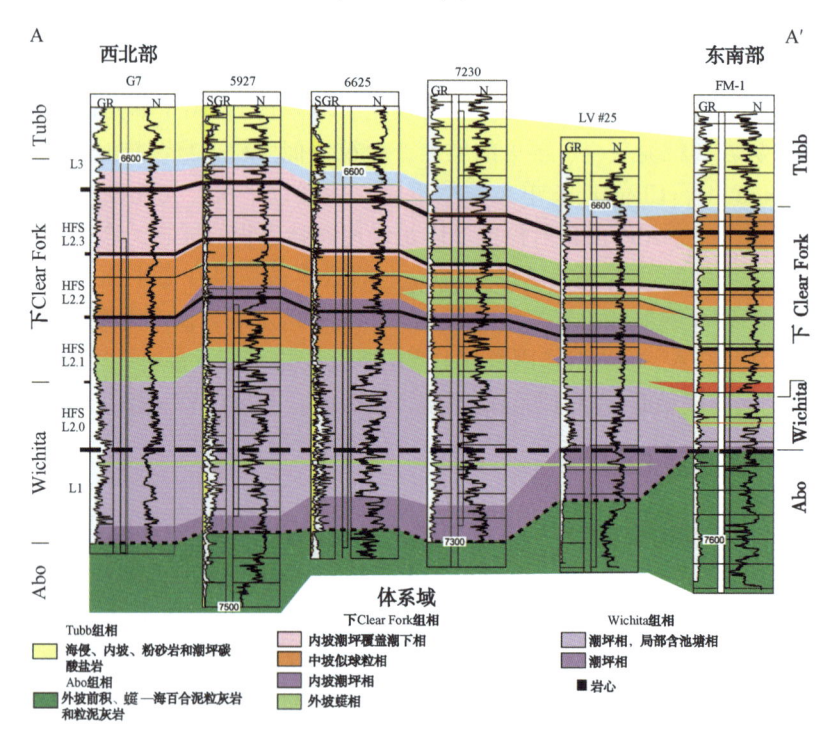

图 10-5　Fullerton 油田区域西北—东南部横断面（AA′）

图中显示了基于取心井控模式的层序结构和综合相发育情况。剖面线如图 3 所示。深度以 ft 为单位

电缆测井组图(约850份)的对比结果表明，Fullerton Clear Fork 组大部分区域(图 10-3)的地层单位相对等厚。这与中央盆地台地上的油田区域沉积环境一致，该台地为广阔平坦的碳酸盐岩台地，与如今的 Bahamas 台地相同。

三维和二维地震数据也证实了 Wichita 和下 Clear Fork 组的等厚性。但这些数据显示，在整个油田区域内，Wichita 和 Abo 组的厚度变化较大。Wichita 组沉积层较薄，而 Abo 组沉积层沿东和东南方向逐渐变厚(图 10-6)。综合分析岩心、电缆测井和地震数据，结果表明，这种互反厚度关系是相变的结果，即上倾、浅水(内台地)Wichita 组与远端深水(外台地至陆坡)Abo 组相对应。以下章节提供了支持这一结论的论据。

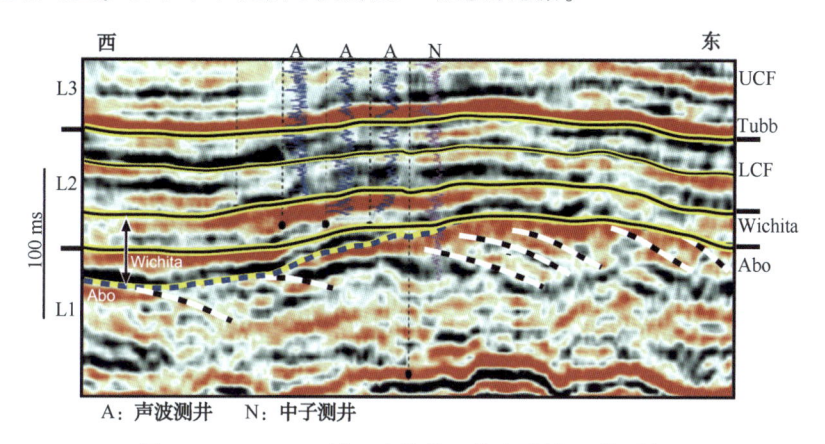

图 10-6 Fullerton 油田南部的三维地震剖面(按时间)

图中显示了 Clear Fork 储层剖面的地震线。黄线表示时间界限；黄色虚线表示 Abo 组顶部轮廓。应注意的是，在整个油田内，上 Wichita 层段和下 Clear Fork 层段大致等厚且连续，下 Wichita 层段和 Abo 层段呈互反厚度关系。虚线表示顶超 Abo 前积体。UCF = 上 Clear Fork；LCF = 下 Clear Fork

10.6.1 相和沉积环境

Fullerton 油田内的储层沉积相是二叠纪盆地内发育的大部分莱纳德期和早瓜德鲁普期碳酸盐岩台地的典型岩相。很多研究人员都记录了这些岩相及类似岩相的特征，包括 Bebout 等(1987)、Ruppel 和 Cander(1988a、b)、Garber 和 Harris(1990)、Longacre(1990)、Kerans 等(1994；也可参见 Kerans 和 Fitchen，1995；Kerans 和 Kempter，2002)、Ruppel 和 Bebout (2001)。露头(Ruppel 等，2000)和地下(Atchley 等，1999；Ruppel，2002)均发育有莱纳德阶岩相序列。

本研究和下文界定的岩相分组旨在满足三大目标：(1)记录不同沉积环境的特征；(2)记录分布广泛的潜在可对比沉积组合；(3)为评估岩石结构和组构与物性之间的关系提供可靠的地质依据。从很多方面考虑，最后一个目标最为重要，因为它为储层建模奠定了良好基础。因此，岩相细分所用的相特征以小尺度基质性质(如颗粒尺寸和形状、颗粒类型等)为主。大尺度性质(如裂隙、硬石膏结核、潜穴迹象)虽较为显著，但不用于岩相细分。

我们至少在 Fullerton 储层序列局部识别出了 12 种相。其中大部分与另外一种或多种相融为一体。在许多情况下，根据颗粒保护、成岩作用、颗粒尺寸等方面的差异判断这些相之间的区别稍显主观。Fullerton 储层序列各部分均发育有其中的大部分岩相。

10.6.1.1 潮缘泥岩—粒泥灰岩

在 Wichita 组中含量最高但在下 Clear Fork 组的局部也较为常见的岩石通常为块状至同向纹理的富泥岩石,除少许似球粒外,这类岩石只含有稀疏颗粒(图 10-7A、B)。这些岩石最常与外露潮坪相和富黏土钙质泥岩相伴生,可解释为极低能潮坪上的潮缘沉积。它们多已发生白云石化,其中的白云石具有极高的孔隙度(最高 15%)。这是因为细晶白云石内发育有晶间孔隙,但这些岩石的渗透率普遍较低。此外,灰岩相的孔隙度(通常低于 2%)和渗透率极低。由于局部夹带黏土矿物,这些岩石对伽马射线的响应度通常为中至高等水平,且十分多变。

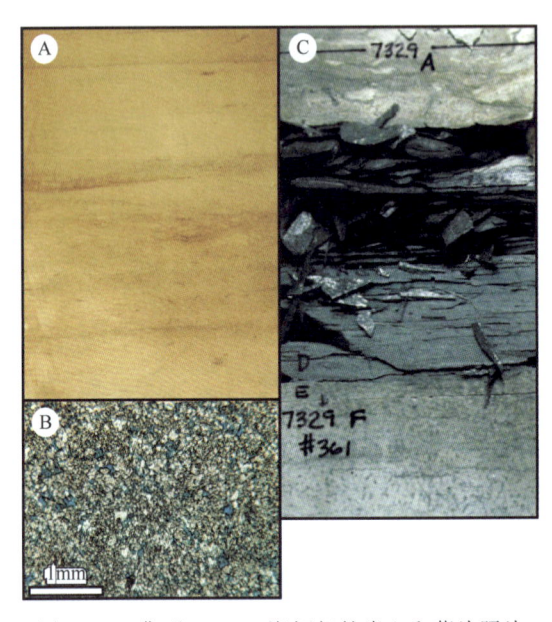

图 10-7 典型 Wichita 潮坪相的岩心和薄片照片

(A)潮缘泥岩—粒泥灰岩的切片照片,图中显示了弱纹理和局部潜穴现象。岩心宽 10cm(4in)。Exxon FCU 5927,深度:2140m(7021ft);(B)潮缘泥岩—粒泥灰岩相的显微照片,该岩相发育有大量晶间孔隙。Exxon FCU 6122,深度:2162m(7092ft)。孔隙度:13.8%;渗透率:1.6mD;(C)Wichita 组富黏土碳酸盐泥岩相的岩心切片照片。岩心宽 10cm(4in)。Pan American FM-1,深度:2234m(7329ft)。注意下伏的是窗格状泥岩

10.6.1.2 富黏土钙质泥岩

富黏土钙质泥岩与构成 Wichita 组潮缘泥岩—粒泥灰岩相的岩石密切相关。这些岩石通常为深灰至近黑色,并以 1~8cm(0.4~3.1in)厚的岩层形式存在(图 10-7C)。当可识别出向上变浅的旋回序列时,即可判断下 Clear Fork 组和 Wichita 组的旋回顶部或附近发育有这类沉积物。虽然在 Wichita 组和下 Clear Fork 组潮缘层段中观测到高伽马射线响应度可能是因为存在这些极薄岩层,但我们无法通过测井的方式来对其进行逐一鉴定,因而无法对其进行对比。这些岩石的颜色、黏土含量以及缺乏明显的侧向连续性等特征均表明,它们是以潮坪上局部发育的富有机质池塘或滞水池的形式存在的。它们可充当阻碍储层流体流动的局部夹层,但侧向连续性极差。

10.6.1.3 外露潮坪

外露潮坪沉积具有明显的暴露迹象,如窗格状孔隙、豆粒、泥裂、虫穴、板裂、帐篷构造、蓝藻或微生物纹层等(图 10-8)。这些沉积物在下 Clear Fork 组和 Wichita 组只是局部常

见。在下 Clear Fork 组,它们界定了旋回顶部(图 10-8D);而在 Wichita 组,海面升降对这些沉积物的影响不太明显。但其沉积构造表明其形成于局部海平面下降和暴露期间。局部孔隙度极高(至少为 30%),这与窗格状孔隙、晶间和粒间孔隙的同时发育有关。这些岩石沉积物的渗透率低于以颗粒为主的潮下岩石,但在孔隙度较高的位置,渗透率也很高。本研究及其他相关研究(Ruppel,2002)显示,当孔隙度高于 12% 左右时,有效渗透率(0.1mD)才与孔隙度有关联。与潮缘泥岩—粒泥灰岩相一样,这些岩石的伽马射线响应度略高且多变。该特征有时可用于将这些岩石与上覆和下伏的潮下相区分开来。

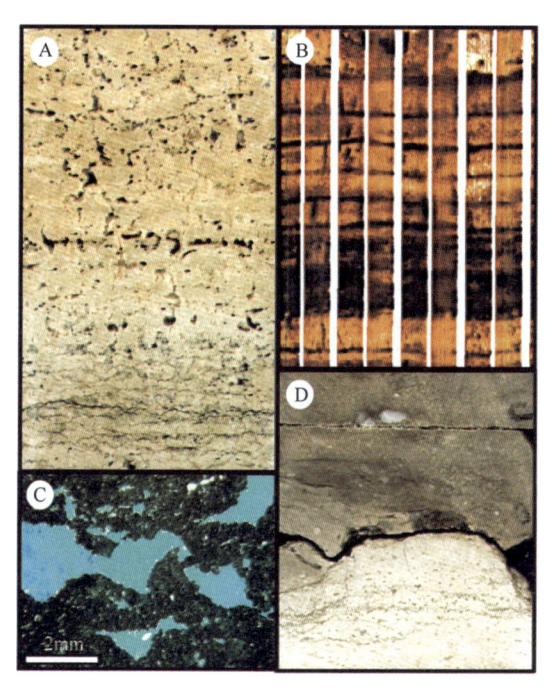

图 10-8 Wichita 组和下 Clear Fork 组典型潮坪相的岩心薄片和井壁成像测井照片

(A)外露潮坪相的切片照片,图中显示了典型的水平纹理和窗格状孔隙。岩心宽 10cm(4in)。下 Clear Fork 组,Exxon FCU 7322,深度:2075m(6808ft);(B)成层潮坪相的成像测井照片。下 Clear Fork 组,高频层序 L2.1。Exxon FCU 2564,深度:2103~2104m(6900~6904ft)。图像宽度为 63.5cm(25in);(C)外露潮坪相的显微照片,显示有窗格状溶蚀孔隙。下 Clear Fork 组,Exxon FCU 6122,深度:2104m(6903ft);(D)旋回顶部切片照片,图中显示了窗格状外露潮坪相,上覆潮下、含潜穴似球粒粒泥灰岩。注意旋回顶部以上有小岩屑。下 Clear Fork 组,顶部高频层序 L2.2。岩心宽 10cm(4in)。Exxon FCU 7322,深度:2074m(6804ft)

10.6.1.4 似球粒粒泥灰岩

这种颗粒含量较低的岩相在组合和沉积结构上与属于潮缘泥岩—粒泥灰岩相的岩石有所不同。这类岩石通常与其他岩相(以潮下相为主)伴生,发育有潜穴,局部含有骨屑(图 10-9)。这些特征表明岩石沉积于低能潮下环境。其中,颗粒以直径为 80~150μm 的似球粒为主,这些似球粒可能是海底穴居动物产生的粪粒。而不存在骨粒异化粒恰好也印证了有关沉积环境(即低能、可能存在局限性的沉积环境)的推论。

这些岩石局部常见硬石膏结核,这很可能反映了含硫酸盐成岩流体在沉积后流入了穴居动物掘出的渗透流道。许多情况下,结核占据了因溶蚀而扩大的垂直潜穴流道,并为蚀变晕所包围(图 10-9A)。这些蚀变晕(广泛存在于二叠系台地碳酸盐岩序列中)通常颗粒含量更

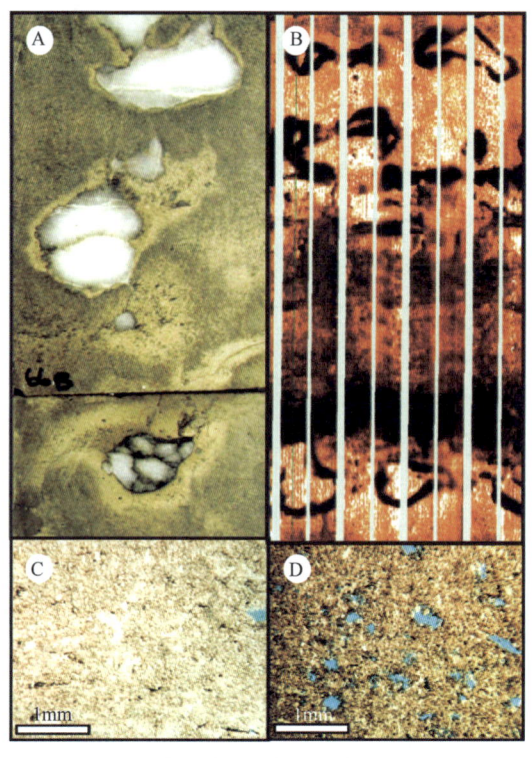

图 10-9 构成下 Clear Fork 组 HFS L2.2 典型特征的结核状似球粒粒泥灰岩的岩心薄片和成像测井照片
（A）岩心照片，图中显示了被孔隙度更高的浅色蚀变晕所包围的硬石膏结核。Exxon FCU 6739，深度：2130m（6989ft）。岩心宽10cm(4in)；（B）成像测井图，显示了硬石膏潜穴，并以被黑（低阻）缘包围的白（高阻）斑来圈定孔隙。Exxon FCU 2564，深度：2097~2098m(6879~6883ft)。图像宽度为 63.5cm(25in)；（C）低孔隙度、含潜穴似球粒粒泥灰岩的薄片显微照片。Exxon FCU 6429，深度：2078m(6817ft)；（D）似球粒泥灰岩薄片显微照片，显示有印模孔隙。Exxon FCU 6229，深度：2085m(6841ft)

高，孔隙度和渗透率也更高，且表现出氧同位素贫化迹象（Major 等，1990；Ruppel 和 Bebout，2001）。在 Fullerton 油田，这类岩石最常发育于高频层序（HFS）2.2。该地层层位（L2 复合层序晚高位沉积）在可容空间上类似于形成更晚的 Grayburg 组所表现出的相似特征（Ruppel 和 Bebout，2001），这说明这些特征是二叠系浅水碳酸盐岩台地晚高位沉积的普遍可预见特征。含潜穴的结核状组构在井壁成像测井图中可轻易识别（图 10-9B）。除潜穴周围的扩大孔隙外，孔隙以印模孔隙为主，孔隙度通常较低（图 10-9C、D）。

10.6.1.5 似球粒泥粒灰岩

似球粒泥粒灰岩与属于似球粒粒泥灰岩相的岩石（图 10-10）之间通常依据表观似球粒丰度来进行区分，这较为主观。与似球粒粒泥灰岩相一样，似球粒泥粒灰岩的似球粒多为海底穴居动物产生的粪粒，虽然局部常见骨屑（以软体动物残骸为主）。应注意的是，这些粪粒能得以保存在很大程度上依赖于成岩作用，包括早期和晚期成岩作用。该二叠系沉积中以泥为主的低能相几乎都含有大量粪粒，说明这些沉积物中原本普遍存在穴居动物。粪粒泥岩和似球粒粒泥灰岩之间存在完整的构造递变过程。这些构造差异多因早期成岩作用差异所致。经历早期岩化和稳定化作用的粪粒最有可能保存下来。因此，似球粒（即粪粒）泥粒灰岩属于经历过显著早期成岩作用的沉积物，而似球粒粒泥灰岩和粪粒泥岩经历的成岩作用相对较轻。这些粪粒岩相构造所经受的成岩作用比沉积作用更显著。据此，富泥相泥粒灰岩、粒泥灰岩和泥岩中的似球粒丰度发生明显变化不一定说明沉积环境不同或波能有所波动。与此相反，这可能是因早期成岩作用的速率和影响具有局部差异所致。考虑到这些细微之处，井壁成像测井数据无法用于区分似球粒粒泥灰岩和泥粒灰岩，因为通过该方法生成的这两类岩石的图像均为相对均质的粒状沉积物(图10-10B)。这些岩石的孔隙度通常是因存在晶间孔隙和罕见的骨粒印模孔隙所形成(图10-10C、D)。

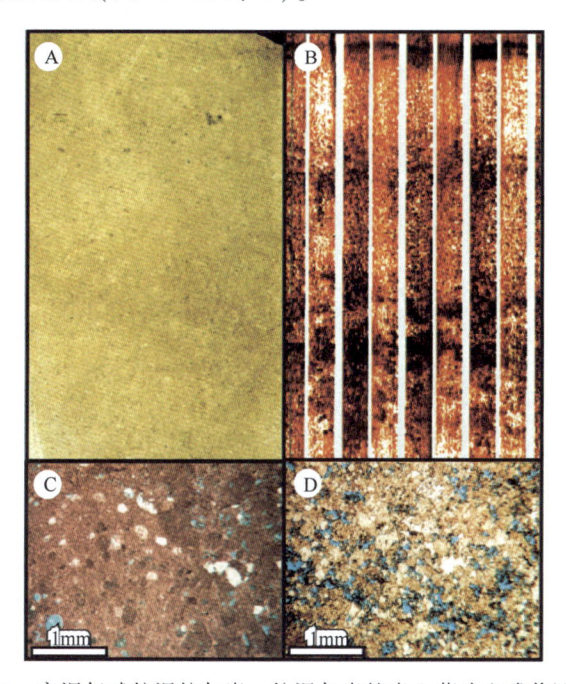

图10-10 富泥似球粒泥粒灰岩—粒泥灰岩的岩心薄片和成像测井照片

(A)下Clear Fork组含潜穴似球粒泥粒灰岩(白云岩)的切片照片。Exxon FCU 6229，深度：2133m(6997ft)。岩心宽10cm(4in)；(B)构成下Clear Fork组高频层序(HFS)L2.2典型特征的似球粒粒泥灰岩—泥粒灰岩的成像测井图。Exxon FCU 2564，深度：2105~2106m(6905~6909ft)。图像宽度为63.5cm(25in)；(C)下Clear Fork组似球粒泥粒灰岩(灰岩)的显微照片，显示有印模孔隙。Exxon FCU 5927，深度：2104m(6903ft)；(D)下Clear Fork组似球粒泥粒灰岩(石灰岩)的显微照片，显示有印模孔隙。Exxon FCU 6229，深度：2078m(6817ft)

10.6.1.6 以颗粒为主的似球粒泥粒灰岩

与前面讨论的富泥似球粒相不同，以颗粒为主(或富颗粒)的似球粒泥粒灰岩通常具有浪蚀运移迹象。这些岩石含有粪粒(90~120μm)、罕见鲕粒(150~250μm)和不可识别的球状颗粒，通常分选良好，发育有连通的或被胶结物填满的粒间孔隙(图10-11)。粒间孔隙的存在表明，似球粒充当的是真正的颗粒，而非粒泥，这与构成富泥相典型特征的晶间和印模孔隙形成鲜明对比。如上所述，部分情况下，以颗粒为主的构造与垂直潜穴伴生，可能是在潜穴引起的成岩作用下形成。但这种岩相多局限于下Clear Fork组沉积层序的潮下段。这些岩石是该油田中最优质的储层岩相。以颗粒为主的似球粒泥粒灰岩具有最高的孔隙度(高达20%)和渗透率(图10-11C)，虽然白云岩的孔隙度和渗透率也较高(图10-11B、D)。在含有潜穴的位置，潜穴内及周围的孔隙度和渗透率会大大提高(图10-12A)。这些高孔隙度潜穴填充物的存在通常可解释成像测井图所示明显印模组构的成因。虽然成像测井图上显示的低阻(黑色)孔洞常被解释为连通溶洞，但岩心照片表明，这些溶洞实际上是孔隙度更高的潜穴填充物(图 10-12B)。

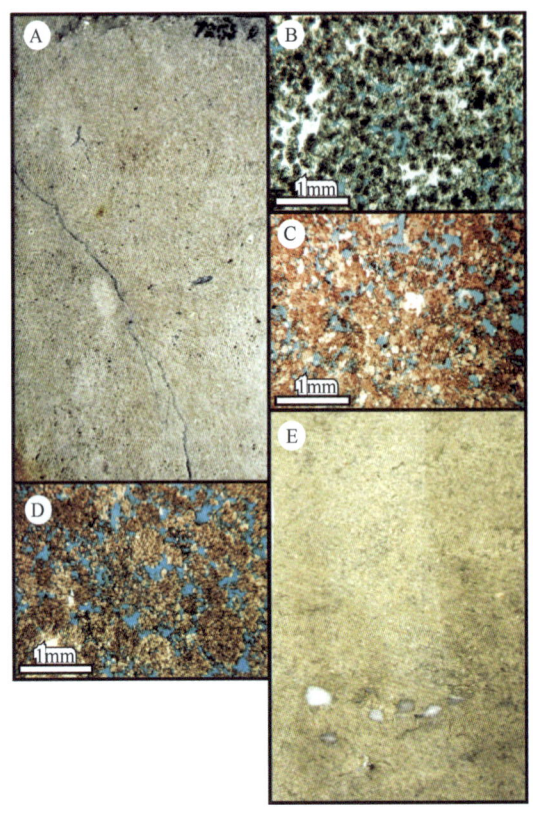

图 10-11 富颗粒似球粒泥粒灰岩的岩心和薄片显微照片

(A) Abo 组富颗粒似球粒泥粒灰岩的切片照片。University Consolidated IV-25, 深度:2210m(7252ft)。岩心宽 10cm (4in);(B) 下 Clear Fork 组似球粒白云岩、富颗粒泥粒灰岩的显微照片,显示了粒间孔隙。白色区域表示嵌晶硬石膏。Exxon FCU 6122, 深度:2126m(6976ft);(C) 下 Clear Fork 组似球粒(鲕粒?)白云岩、富颗粒泥粒灰岩—粒状灰岩的显微照片,显示有粒间孔隙。Exxon FCU 6946, 深度:2083m(6835ft);(D) 下 Clear Fork 组似球粒、富颗粒泥粒灰岩白云岩的显微照片,显示有粒间孔隙。Exxon FCU 6229, 深度:2078m(6816ft);(E) 下 Clear Fork 组(L2.2)似球粒、富颗粒泥粒灰岩(白云岩)的切片照片。Exxon FCU 6229, 深度:2079m(6822ft)。照片宽度:10cm(4in)

10.6.1.7 以颗粒为主的鲕粒—似球粒泥粒灰岩—粒状灰岩

这些岩石与以颗粒为主的似球粒泥粒灰岩相不同,但它们通常密切相关,除遍布粪粒外,都含有可识别的鲕粒(直径达 250~300μm)。螳、软体动物和海百合类骨粒也较为常见。大多数情况下,这些沉积物只局限于下 Clear Fork 组的潮下段,分选良好,且可能是在浪蚀作用下形成。虽然粒状灰岩相对罕见,但分选极好,在部分情况下,具有倾斜或交错纹层(图 10-13B)。以白云岩和石灰岩形式存在的岩石代表着储层序列中能量最高的岩相,大多具有最佳孔隙度和渗透率。其中,孔隙以粒间孔隙为主(印模孔隙也分布广泛),尤其是在以石灰岩为主的层段中(图 10-13D)。

10.6.1.8 螳粒泥灰岩—泥粒灰岩

Abo 组、Wichita 组和下 Clear Fork 组中都发育有含螳的岩石(图 10-14),但在 Wichita 组中,这类岩石十分有限。所有产状的含螳岩石大都存在白云石化现象。在这类岩石中,螳的含量高达 40%,而螳的保存形式通常为连通(图 10-14C)或被硬石膏填满(图 10-14A)的

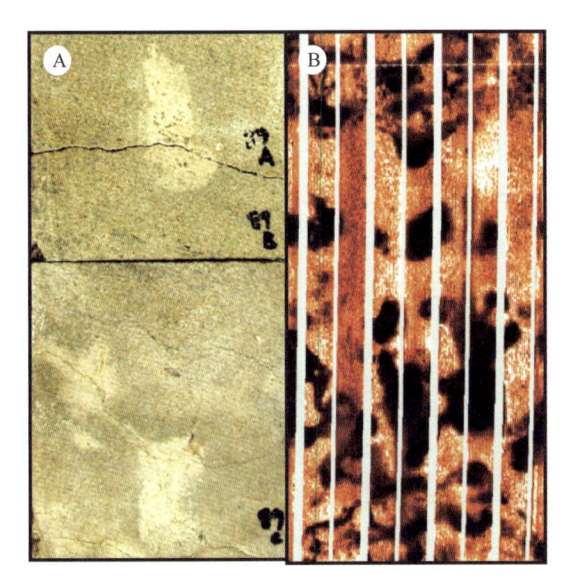

图 10-12 含潜穴似球粒泥粒灰岩的岩心照片(A)和成像测井图(B)

下 Clear Fork 组,岩心:Exxon FCU 6739,深度:2123m(6966ft)。成像测井:Exxon FCU 2564,深度:2095~2096m
(6873~6877ft)。岩心宽 10cm(4in)。成像测井图像宽度:63.5cm(25in)

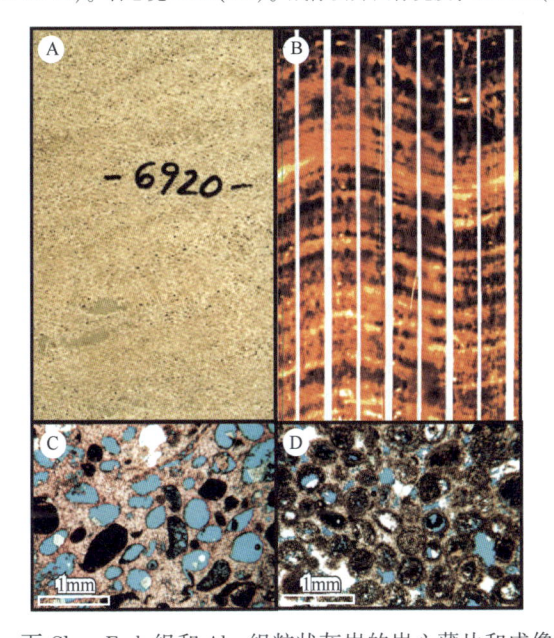

图 10-13 下 Clear Fork 组和 Abo 组粒状灰岩的岩心薄片和成像测井照片

(A)下 Clear Fork 组鲕粒粒状灰岩的切片照片,图中显示有交错纹层。Exxon FCU 6122,深度:2109m(6920ft)。岩心宽 10cm(4in);(B)交错层粒状灰岩的成像测井照片。下 Clear Fork 组,Exxon FCU 2564,深度:2134~2135m(7002~7005ft)。图像宽度为 63.5cm(25in);(C)下 Clear Fork 组鲕粒灰岩—粒状灰岩的显微照片,显示有鲕模状孔隙。Exxon FCU 5927,深度:2107m(6913ft);(D)下 Clear Fork 组鲕粒白云岩、粒状灰岩、粒泥灰岩的显微照片,显示有粒间孔隙和细小印模孔隙。Exxon FCU 4828,深度:2175m(7137ft)

印模,或为保存完好的化石遗迹(图 10-14D)。在下 Clear Fork 组和 Wichita 组,这些岩石通常与大量似球粒(可能为粪粒)伴生。而在 Abo 组,它们一般与海百合类共生,与腕足类共生的情况较为罕见。蜓相存在于水下30m(100ft)，甚至更深，是在Fullerton油田观测到的最深水相。因此，它们的存在是台地海泛和相对海平面上升的标志，因而其也是旋回和层序界面的主要标志相。

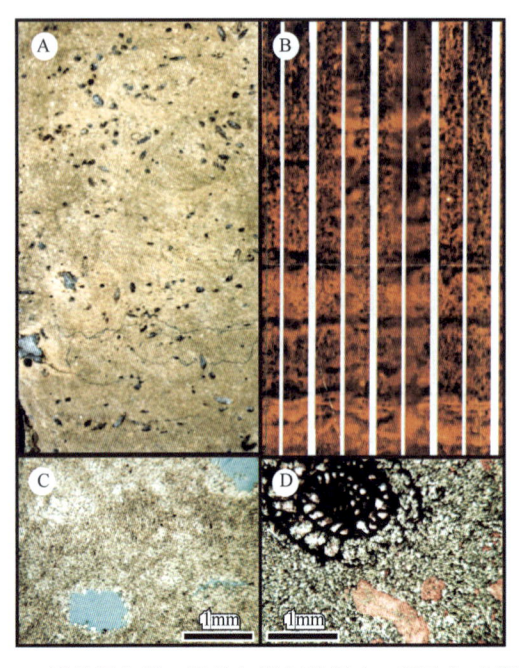

图10-14 蜓粒泥灰岩—泥粒灰岩相的岩心、薄片与成像测井图

(A)含开孔和硬石膏充填蜓印模孔隙的蜓粒泥灰岩的岩心切片图。Exxon FCU 7322，深度：2132m(6996ft)。岩心宽度：10cm(4in)；(B)蜓粒泥灰岩—泥粒灰岩相成像测井图。Exxon FCU 2564，深度：2131~2132m(6990~6994ft)。图像宽度：63.5cm(25in)；(C)含开孔蜓印模孔隙的蜓粒泥灰岩显微照片。Exxon FCU 7630，深度：2066m(6778ft)；(D)含保存完好的蜓和小孔的蜓粒泥灰岩显微照片。Exxon FCU 4828，深度：2139m(7018ft)

10.6.1.9 骨粒粒泥灰岩—泥粒灰岩

骨粒粒泥灰岩—泥粒灰岩通常包含少量骨屑(最常见的是软体动物残骸，还包括海百合及较为罕见的介形类)和遍布的似球粒。这些岩石会逐渐变成似球粒粒泥灰岩和泥粒灰岩。潜穴痕迹也较为常见。这些岩石中以软体动物类碎屑最为常见，且基本不存在更普通的海洋有机物，这表明岩石的沉积环境为内台地环境。这些岩石一般孔隙率较低，孔隙空间由骨粒印模和晶间孔隙提供。

10.6.1.10 似核形粒泥灰岩—泥粒灰岩

似核形粒(或核形石)是在浅水环境频繁的波浪搅动条件下形成的大尺寸微生物包粒(图10-15)。在整个Fullerton油田区域，这类岩石广泛分布于下Clear Fork组的底部。它们总是与竹蜓类及其他标志着开阔海积的动物群伴生。这种组合及其地层层位(即上覆于以潮坪为主的Wichita组顶部)均反映出台地在海平面上升(海侵)期间发生过海泛事件。就部分下倾井(如Pan American FM-1，图10-3)而言，这些岩石常见于下Clear Fork组旋回底部。这种分布说明它们记录下了在台地海泛期间发育的相对高能条件。与蜓相类似，似核形粒泥灰岩—泥粒灰岩相是标志着海侵或台地加深(即海平面上升)的典型相。

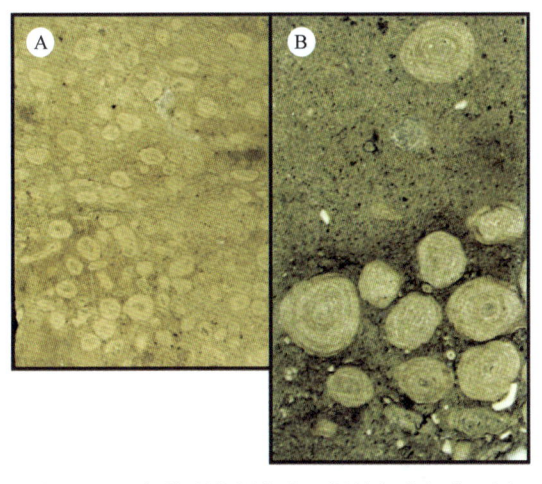

图 10-15　似核形粒泥灰岩—泥粒灰岩相岩心图

(A)小型藻类包壳鲕粒泥灰岩—泥粒灰岩相。下 Clear Fork 组，Exxon FCU 5927，深度：2128m(6980ft)；(B)大型似核形粒泥灰岩—泥粒灰岩相。下 Clear Fork 组，Pan American FM-1，深度：2182m(7160ft)。岩心宽度：10cm(4in)

10.6.1.11　粉砂岩—砂岩

含石英粉和石英砂的岩石只常见于下 Clear Fork 组顶部以及上覆的 Tubb 组。由于石英通常与富钾和富钍黏土矿物伴生，因此，通过较高的校正后伽马射线(CGR)电缆测井响应(图 10-4、图 10-5)可以很好地判定石英在下 Clear Fork 组和 Tubb 组中的分布。这些岩石的成熟度、尺寸(细砂至粗粉砂)、分选情况和形状(通常为半棱角状)表明其最初经大风吹积而成(Fischer 和 Sarntheirn，1988)。这表明该层段的大部分石英均是在台地外露且海平面处于低水位期时被带往该处的。石英粉砂岩主要形成于两种情况：(1)潮缘潮坪相；(2)再沉积潮下相。前者可能含有少量粉砂岩、砂岩和黏土岩，经风吹积到断续出露、逐渐累积而成的潮坪上，并与潮缘碳酸盐沉积物相混合。这些碎屑物中的钾和钍提高了伽马射线响应度，这与 Clear Fork 组内的很多潮坪沉积密切相关，且有利于识别沉积物中覆盖在旋回上的沉积(Ruppel，2002)。Fullerton 油田下 Clear Fork 组的大部分粉砂岩、砂岩和黏土岩都是这种类型。

潮下粉砂岩、砂岩和黏土岩最常见于 Tubb 组。这些岩石最初是在海平面低位期和无碳酸盐岩沉积时，受显著风积作用堆积而成，随后又在海平面上升及台地海泛期间发生再沉积。这些岩石通常富含碎屑，并混杂碳酸盐泥，且具有潮下沉积迹象(如潜穴、层化)。虽然这些岩石局部显示有若干小孔隙，但其储层渗透率并不高。

10.6.1.12　岩屑粒泥灰岩

海侵海相与下伏潮坪沉积或其他岩相之间的接触面上局部可见包含稀疏岩屑的薄层段[厚度通常不足 0.3m(1ft)]，这是大陆暴露的标志(图 10-8D)。这些岩石中的碎屑在成分上不太稳定，以由下伏层衍生而来的碎片或内碎屑为主。碎屑宽度通常不超过 1cm(0.4in)。虽然体积较小，但由于受到了暴露或非沉积作用及之后的海平面上升所带来的影响，这些岩石是旋回界面岩化作用的重要标志相。

10.6.2　沉积模型

利用概念地质模型，可以更好地理解上述岩相的相对分布。图 10-16 描绘了二叠盆地的大多数中二叠统(莱纳德阶和瓜德鲁普统)台地碳酸盐岩序列的主要岩相类型与沉积环境之间的理想化三维关系。该模型仅反映相域相互之间的相对关系。各相域在某一特定时间点上的实际位置与诸多因素密切相关,包括可容空间、海平面上升速度及幅度、海平面升降趋势、气候、地质构造等。不过,在正常相对海平面上升时,相域通常向陆地步进,而在正常相对海平面下降时,相域向盆地步进。不过这种一般性加积样式常有一些例外情况。例如,坡顶相在海平面高位期及上升时比在海侵期及下降时发育得更好。例如,Fullerton 基底莱纳德阶(L1)沉积层序以一个上倾、内坡序列(Wichita)和一个下倾台外序列(Abo)为主,其中坡—坡顶相域发育很差。然而,由海平面引起这些相域迁移从而形成的垂向序列(相叠加样式)是利用岩心和测井数据识别旋回中沉积旋回的关键。

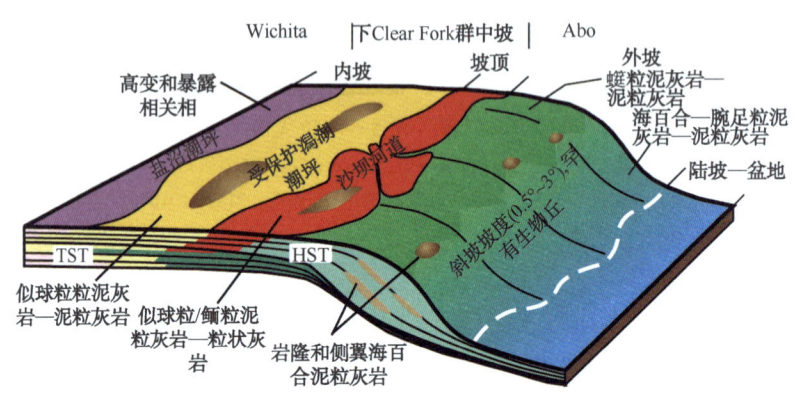

图 10-16 二叠盆地二叠纪浅水碳酸盐岩台地沉积模型

该模型可用于大多数莱纳德阶和瓜德鲁普统碳酸盐岩台地序列,例如 Fullerton 油田储层序列。改编自 Kerans 和 Ruppel(1994)

在 Fullerton 所识别出的相中,潮缘泥岩—粒泥灰岩相、富黏土钙质泥岩相和露滩相大多分别以低裸露(Hardie 和 Garrett, 1977)潮缘沉积物、潮坪水塘和高裸露潮坪沉积物沉积在盐沼潮坪环境的内坡(图 10-16)。不过需要注意的是,在加积裸露后,也可在坡顶形成裸露组构,例如,在台内发育形成的裸露组构。

Fullerton 球粒和颗粒富集相(似球粒粒泥灰岩相、似球粒泥粒灰岩相、以颗粒为主的似球粒泥粒灰岩相和骨粒粒灰岩—泥粒灰岩相)主要还与内坡伴生,分布在更远端的、其中沉积物的形成以海底动物群和底生动物群掘穴活动为主的潟湖—局限潮下带环境(图 10-16)。

Fullerton 下 Clear Fork 组以颗粒为主的鲕粒—似球粒泥粒灰岩—粒状灰岩相以台缘(发育形成较高波能的坡顶)台地坡顶沉积相为主(图 10-16)。然而,油田取心井均未能反映出这种发育良好的坡顶所具有的、典型的岩相垂向叠加和拼合特征(Kerans 等,1994;Ruppel 等,2000)。这可能反映了下 Clear Fork 组台地取心不充分或坡顶发育不良。如前所述,Abo 组也未见坡顶相序。

在大多数中二叠统碳酸盐岩台地序列中,蟹粒泥灰岩—泥粒灰岩相属于台外沉积。在下 Clear Fork 组和 Abo 组,这些岩石均发育良好。在 Abo 组,这些岩石含典型的斜坡沉积层,并且通常没有旋回发育形成,这是远端台外环境的典型特征(图 10-16)。相反,在下 Clear Fork 组,蟹粒泥灰岩—泥粒灰岩相岩石为水平层状,与台中—台内相互层分布。这表明,这些蟹岩石在较近端外坡位沉积而形成。

似核形石粒泥灰岩—泥粒灰岩相与 Fullerton 下 Clear Fork 组蟹粒泥灰岩—泥粒灰岩相密

切相关，表明似核形石粒泥灰岩—泥粒灰岩相在台地变深时沉积形成。过去在二叠盆地中二叠统岩石中尚未研究发现有这种岩相。在 Fullerton 油田出现这种岩相表明，在 Fullerton 地区台外形成的能量条件相对较高，而在二叠纪盆地其他地区则条件一般。

10.6.3 层序地层学

图 10-17 以图解方式说明了 Fullerton 油田下莱纳德阶层序结构、相域基本的相互关系及时间地层单位名称。本节对 Fullerton 莱纳德阶各主要单元的层序—地层学特征进行了介绍。

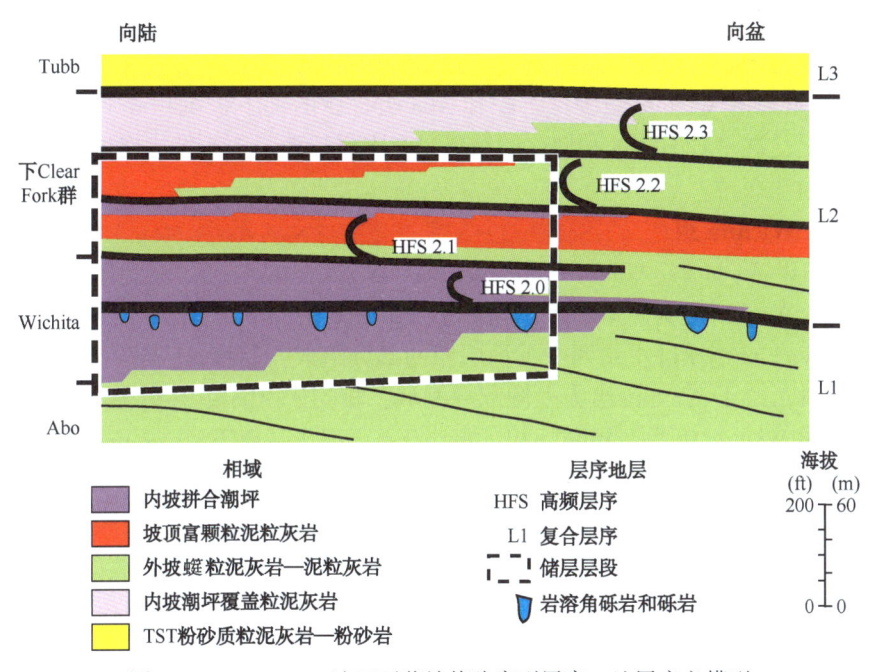

图 10-17 Fullerton 油田下莱纳德阶序列层序—地层广义模型
模型显示了层序界面、主要相域和地层单位名称

10.6.3.1 Abo 组

如上文中所讨论的，Abo 组代表二叠盆地的最早期（最古期）莱纳德阶层序远端相或体系域：L1 层序（图 10-4、图 10-5 和图 10-17）。在区域上，Abo 组由以骨粒海百合—蜓为主的外坡—陆坡潮下相组成，而坡顶鲕粒—似球粒粒状灰岩则较少见（Kerans 等，2000）。在露头和地表下，Abo 组以前积顶超几何结构为主（Kerans 等，2000；Zeng 和 Kerans，2003）。根据 Fullerton 油田的三维和二维地震数据，可以观测到 Abo 组这种典型结构非常明显，Abo 组由其前积反射体界定，而 Abo 组顶部以油田很大一部分地区中一个明显的、主要的顶超界面为界（图 10-6）。

尽管钻遇 Fullerton 油田 Abo 组的油井相对较少，且取心井更少，现存岩心的岩相和层理特征是外坡环境沉积物典型的特征（例如开阔海相动物群、倾斜层理、粒序层理、滑塌特征、砾岩和浅水沉积物稀少）。相由蜓—海百合泥粒灰岩与粒泥灰岩和似球粒泥粒灰岩互层组成。Abo 组未见明显旋回，富骨粒层段与贫骨粒层段之间有明显互层。局部常见有倾斜层理。此外，无论从岩心剖面数据还是从电缆测井数据看，Abo 组均不存在明显的对比性。从某种程度上来说，这是由于 Abo 剖面岩心和测井控制有限。对比性较差是台外沉积序列的典型特征，由于伴生倾斜层理面、不连续相旋回和垂向岩相对比度差，台外沉积序列显示为前积结构。

在 Fullerton 油田，Abo 组岩石以白云岩为主。局部孔隙度高，孔隙度值可高达 25%。蜓印模孔隙、粗晶白云岩晶间孔隙和骨粒—似球粒泥粒灰岩粒间孔隙的孔隙类型有所不同。

Abo 组的厚度未知，这主要有两个原因。首先，Abo-Wolfcamp 剖面几乎未分布有油井和岩心。其次，露头研究显示，在 Abo-Wolfcamp 接触面，许多地区岩性还不清楚；在露头地区，最上层 Wolfcamp 组和 Abo 组由前积台外蜓—海百合粒泥灰岩组成（Kerans 等，2000）。由位于油田东南角的 Pan American FM-1 取心井，确定了 Abo 组最小厚度为 90m（300ft）。

Abo 组与上覆 Wichita 组接触面有突变也有渐变接触面。在某些岩心中，接触面层段（厚度高达几英尺）混杂有 Wichita 组潮坪沉积和 Abo 组含蜓的潮下带沉积碎屑。接触面层段呈角砾状性质表明，这是岩溶溶蚀和塌陷的结果。在本章后面一个小节中对这些角砾岩及其分布进行了更全面地探讨。

10.6.3.2 Wichita 组

Fullerton 油田 Wichita 组集聚了从潮缘到潮上潮坪沉积的不同沉积组合。整合露头和次表层数据表明，Wichita 组为上倾、近端相，相当于 Abo 组和下 Clear Fork 组潮下序列。这些数据还表明，Wichita 组实际上由两个沉积层序的部分组成：层序 L1 高位剖面和层序 L2 海侵剖面（图 10-17）。下 Wichita 组为上倾潮坪相域，相当于 Abo 组莱纳德阶层序 L1 的下倾台外相域，而上 Wichita 组为上倾潮坪相，相当于层序 L2 基底下 Clear Fork 组潮下相（HFS 2.0；图 10-5 和图 10-17）。

Wichita 组以白云岩为主；而在油田北部的上 Wichita 组，石灰岩层段较常见。石灰岩层段侧向上相对耐久化，通常与油田地层标志层近似平行（图 10-18A）。

在整个油田北部三分之二的地区，Wichita 组的厚度相对一致，大约在 75~105m（280~350ft），而在油田东南部，Wichita 组厚度显著减小，低至 34m（110ft），与由 Wichita 组过渡到 Abo 组的相变有关（图 10-19）。沿大致东北向构造带，Wichita 组厚度突然减小，成为 Wichita 组上倾潮坪相和 Abo 组下倾外坡蜓相的台地—台缘分界线（图 10-5）。

很难准确地确定 L1—L2 接触面在 Wichita 组潮缘沉积厚层序列中的位置。图 10-5 中所示接触面根据下倾岩心和井控推算得出，而 L1—L2 接触面可以根据 Abo 组外坡潮下沉积与上覆 Wichita 组潮缘潮坪岩石之间的突变岩溶接触面确定。

10.6.3.3 下 Clear Fork 组

下 Clear Fork 组岩石属莱纳德阶 L2 层序潮下体系域。岩心研究显示，在 Fullerton 油田大部分地区，下 Clear Fork 组可分为 3 个高频层序面：L2.1、L2.2、L2.3（图 10-4 和图 10-5）。每个高频层序有一个海侵潮下基底剖面和一个上覆高位顶部剖面。

（1）高频层序 L2.0。

高频层序 L2.0 记录了在 L1 沉积末端海平面下降而裸露后台地的初始海泛。在油田大部分地区，HFS 2.0 包括上 Wichita 组拼合潮坪沉积。L2.0 下 Clear Fork 组潮下沉积仅赋存于油田边缘（图 10-4 和图 10-5）。

（2）高频层序 L2.1。

在 Fullerton 油田大部分地区，下 Clear Fork 组基底为 HFS L2.1。根据本研究，L2.1 由海

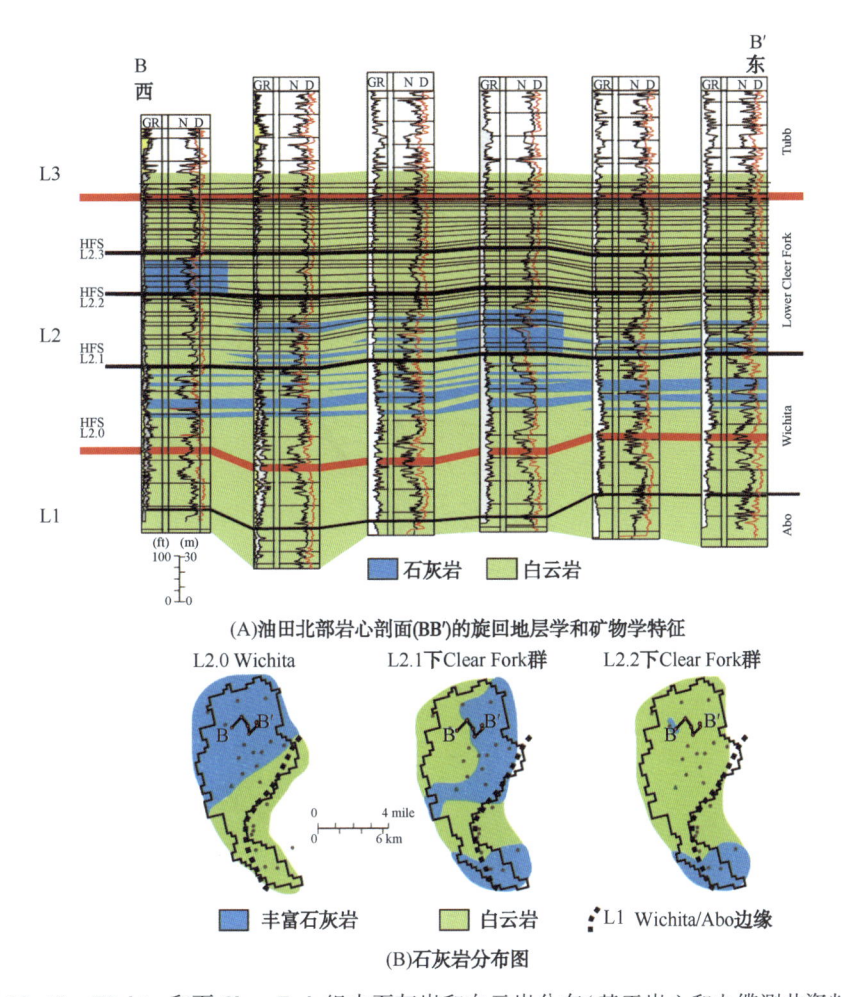

图 10-18 Wichita 和下 Clear Fork 组中石灰岩和白云岩分布（基于岩心和电缆测井资料）

侵—高位初期潮下台地基底剖面和高位潮坪相上部剖面组成（图 10-4、图 10-5 和图 10-17）。下 Clear Fork 组基底海侵潮下相代表台地的初始海泛以及沉积旋回由 Wichita 组潮坪沉积到下 Clear Fork 组潮下沉积的急剧变化。

L2.1 的基底海泛剖面以蠖粒泥灰岩—泥粒灰岩和似核形粒泥灰岩—泥粒灰岩相为主，这些岩相记录了台地台外相的向陆退积作用。这些岩石上多为一个似球粒泥粒灰岩和以颗粒为主的泥粒灰岩序列所覆盖，代表海侵末期和高位初期。在这个序列内，局部有露滩相，表明有周期性裸露。在油田大部分地区，L2.1 为一个由 1~3 个潮坪盖层旋回组成的序列所覆盖，这些旋回表明在高位末期发生了裸露（图 10-5 和图 10-17）。在某些情况下，潮坪相表现出偏高的伽马测井响应，这可以帮助我们识别这些潮坪相（图 10-4 和图 10-5）。

就像二叠盆地下 Clear Fork 组大部分地区一样，HFS 2.1 以白云岩为主。而 Fullerton 油田局部地区常见有石灰岩分布，特别是在 L2.1 的海侵剖面。从区域上看，石灰岩在油田的弧形构造带最为丰富（图 10-18B）。

在整个 Fullerton 油田地区，L2.1 的厚度相对一致，在 43~46m（140~150ft）不等。有充分证据显示，局部厚度变化与沿深部断层差异性沉降有关（Jones 和 Ruppel，2004）。沿油田

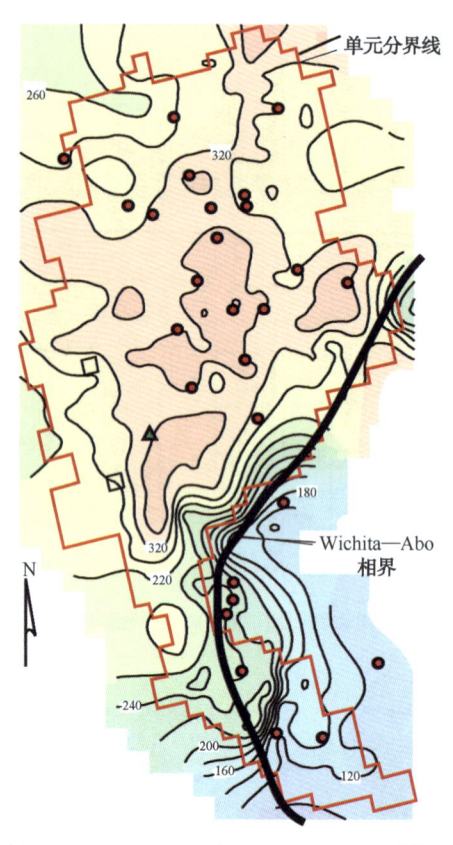

图 10-19 Fullerton 油田区 Wichita 组厚度图

北部的北向断层厚度变化尤为明显,在油田西部断层上升盘,厚度为 43m(140ft),而在东部断层下降盘厚度超过 49m(160ft)。对现代构造(图 10-3)进行观察显示,即使在下 Clear Fork 组沉积后,该断层上也发生了很大的地层运动。

在层序潮下(海侵和高位初期)部分,孔隙最为丰富。孔隙以晶间和印模孔隙为主,印模孔隙在石灰岩段尤为丰富。总体上,这些岩石在有石灰岩的区域孔隙最多。潮坪岩石局部也有孔隙,但渗透率通常较低。L2.1 潮下岩石可能是油田区产量最高的储层层段。

(3) 高频层序 L2.2。

高频层序 L2.2 与 HFS L2.1 相似,由退积潮坪相的基底海侵剖面、潮下相的中部(海侵末期—高位初期)剖面和潮坪相的最上层剖面组成(图 10-5 和图 10-17)。与 L2.1 一样,有确实的证据可以证明,在 L2.1 后低位期之后,台地发生了渐进式海泛。L2.2 基底潮坪沉积在油田中间最厚,而边缘则普遍缺失,这反映了下倾区域可容空间更大,并发生了早期海泛。与 L2.1 相比,L2.1 海侵体系域中外坡蟆富集相丰度较低表明,L2.2 海平面上升时的总体可容空间略小于 L2.1 海平面上升时的可容空间。由 L2.2 中几乎没有似核形粒泥灰岩—泥粒灰岩相还可得出可容空间小,伴随的波能低。仅油田的最下倾岩心中发育有这些岩石。蟆粒泥灰岩—泥粒灰岩相大多也只在油田东部和东南部有分布(图 10-5 和图 10-17)。在油田大部分地区,L2.2 以似球粒粒泥灰岩和泥粒灰岩为主,属台中沉积。L2.2 层序上覆一个潮坪旋回薄层序列(图 10-5 和图 10-17)。

高频层序 L2.2 以白云岩为主,但有两个重要的例外情况。与 L2.1 一样,油田南部主要为石灰岩(图10-18B)。在该油田区，白云岩大多为富泥质蟆粒泥灰岩；该油田区几乎所有颗粒相均为石灰岩。在油田中北部的一处小块地区也有丰富的石灰岩。

L2.2的厚度一般显著小于L2.1的厚度。在油田中部的大部分地区，L2.2厚度在26~27m(85~90ft)不等，而在油田北部和南部边界地带，L2.2厚度约为30m(100ft)。L2.2中孔隙发育与L2.1相似。在L2.2潮下(海侵和高位初期)部分孔隙最多，主要为晶间和印模孔隙。此外，和L2.1一样，在含有大量石灰岩的岩段，孔隙度最大。

(4) 高频层序L2.3。

在油田的大部分地区，最上层下Clear Fork组HFS(L2.3)属潮坪盖层局限潮下旋回。这些潮坪盖层通常含窗格状和微细晶间孔隙，这些孔隙可由孔隙度测井确定。对比测井数据表明，在油田的重要区域，覆盖在旋回上的这些潮坪相相对连续。下伏旋回基底潮下岩石以富泥质泥粒灰岩和粒泥灰岩为主。孔隙主要在潮坪盖层发育形成。由于主要含微细晶间和印模孔隙，这些岩石的储层渗透性很低。此外，这些岩石局部有油迹，因而对石油开采几乎没有贡献。

10.6.3.4 Tubb组

Tubb组以细粒硅质碎屑岩为主(粗粉砂岩和细砂岩)，由高能伽马射线测井响应可以比较容易地确定Tubb组的这种特征(图10-4和图10-5)。这些碎屑岩属风蚀沉积，在L2后低位期沉积形成，然后在L3海平面上升时被改造(Kerans等，2000；Ruppel等，2000；Ruppel，2002)。大多数层段都由粉砂岩—砂岩和碳酸盐岩(通常为富泥质，浅水相)混合组成。Tubb组局部区域对二叠纪盆地的石油开采做出了贡献，但并不属于Fullerton油田储层。

10.6.4 旋回地层学

旋回地层学的根本目的是在等时面的基础上构建一个对比格架。此方法的基本前提是假设经点断、异周期性过程(海平面上升和下降)发育形成了具有广泛对比性的沉积旋回，从而影响到广阔区域的沉积作用。构建Fullerton油田莱纳德统剖面的旋回地层格架所采用的方法包括以下内容：(1)相似露头中相叠加样式和旋回发育特征描述；(2)岩心相、叠加样式和旋回顶部描述、解释和测井；(3)试验旋回顶部综合对比(利用测井和岩心资料)；(4)旋回结构界定。对Fullerton油田近4570m(15000ft)岩心(29口取心井)进行了详细说明，为旋回界定提供了基础数据。

10.6.4.1 Wichita组旋回性

由于潮坪相具有不连续性；岩相的垂向叠加样式之间缺少系统性关联，无法确定旋回的分界线；这些岩相的电缆测井响应不均匀以及成岩作用具有叠加作用，因此很难对Wichita组厚层序列中较为相似的潮坪沉积进行对比。但可以对油田北部其石灰岩层比较有对比性的上Wichita组进行组内旋回对比。沉积构造表明，这些石灰岩属未经白云岩化的旋回基底，而旋回顶部因早期成岩作用而白云岩化。以这些石灰岩—白云岩纹层为界的Wichita组旋回平均厚度为6m(20ft)。

10.6.4.2 下Clear Fork组旋回性：HFS L2.1

HFS 2.1的相叠加样式为厚度在0.6~4.6m(2~15ft)的许多旋回顶部的典型特征。旋回基底以富泥质相为主，旋回顶部以颗粒富集相为主。在HFS L2.1基底海侵体系域旋回的底部含丰富的似核形石，并伴有一些蟆(图10-20)。这些旋回上覆盖有分选较好的似球粒富集相。高频旋回[厚度通常在1.5~3m(5~10ft)]叠加到平均厚度在7.5~12m(25~40ft)的旋回组中(图10-20)。旋回组的相叠加样式与䗴富集基底和似球粒富集盖层的旋回相似。这些旋回组局部覆盖有潮坪相。在旋回顶部和旋回底部相应的旋回组顶部的孔隙度通常最高。但是，由于旋回组下部旋回的泥质和䗴含量通常更为丰富，这些基底海侵体系域旋回的总孔隙度通常较低。

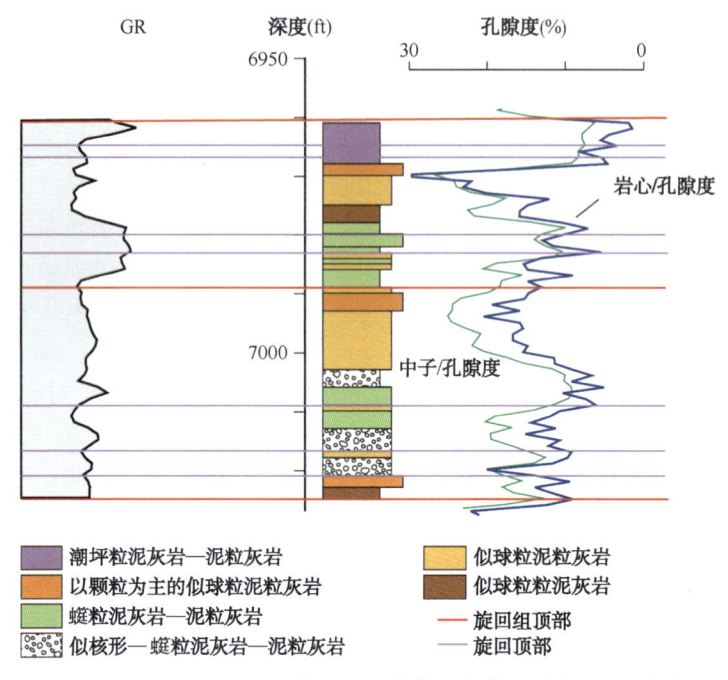

图 10-20 下 Clear Fork 组 HFS L2.1 䗴和似核形石富集海侵体系域中的相叠加样式和旋回发育图

注意伽马测井与岩相或旋回之间不存在任何系统关联

岩心和露头研究表明，在相当远的距离上，Clear Fork 台地旋回可与旋回组进行对比。但是如果没有岩心数据，则很难进行对比。潮下相及旋回几乎未显示出有任何伽马测井系统响应(图10-20和图10-21)，因此，伽马测井无法用在下 Clear Fork 组大部分地区的旋回对比中。在缺乏伽马测井数据的情况下，利用孔隙度测井数据进行旋回对比是最有效的方法。这种方法建立在露头和岩心观测数据的基础上，露头和岩心观测数据表明，旋回顶部岩相的颗粒含量总是最丰富，这些岩石最容易发育形成很多孔隙。因此，可以利用孔隙度测井数据对比旋回上部和上覆旋回顶部的高孔隙度岩相。

L2.1 高位旋回底部以富泥质似球粒相为主，顶部以含似球粒或鲕粒的颗粒富集相为主(图10-21)。在这些高位旋回中，䗴通常较为少见，这反映了相域向盆地移位。通常，这些旋回以似球粒泥粒灰岩和富粒泥粒灰岩为主。由于分布有丰富的富粒相，在旋回顶部和旋回组顶部，孔隙度通常最高。旋回平均厚度通常在1.5~3m(5~10ft)之间，旋回组厚度通常为6~9m(20~30ft)(图10-21)。

10.6.4.3 下 Clear Fork 组旋回性：HFS L 2.2

HFS L2.2 的相叠加样式和旋回发育与 L2.1 类似。旋回平均厚度在1.5~3m(5~10ft)之间，孔隙通常在旋回顶部或附近发育形成，且旋回顶部孔隙发育最好(图10-22)。然而，L2.1 旋回的不同之处在于缺少似核形石相以及䗴相相对稀缺。这大致反映了 L2.2 中总体可容空间因台地加积而减小，长期海平面上升速度减缓。此外，无法确定 L2.2 中旋回组的边

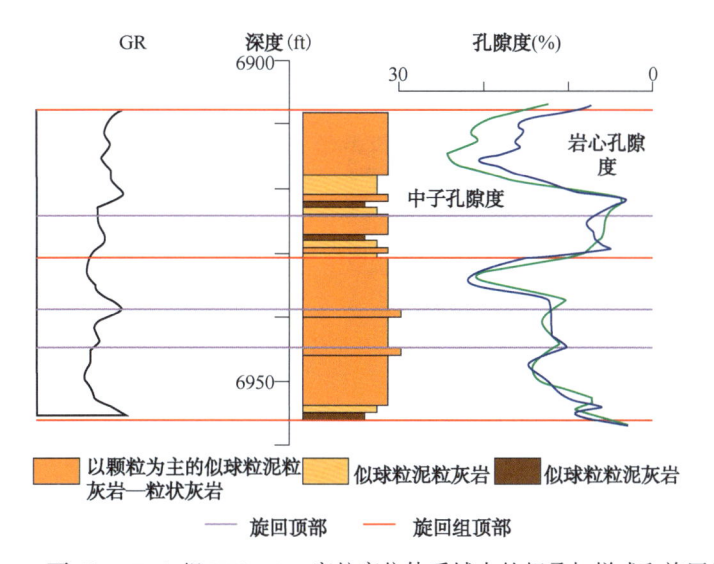

图 10-21　下 Clear Fork 组 HFS L2.1 富粒高位体系域中的相叠加样式和旋回发育图

界。这在很大程度上是由于缺少蜓相所致,在 L2.1 中,可以根据蜓相确定中等规模海平面上升事件。

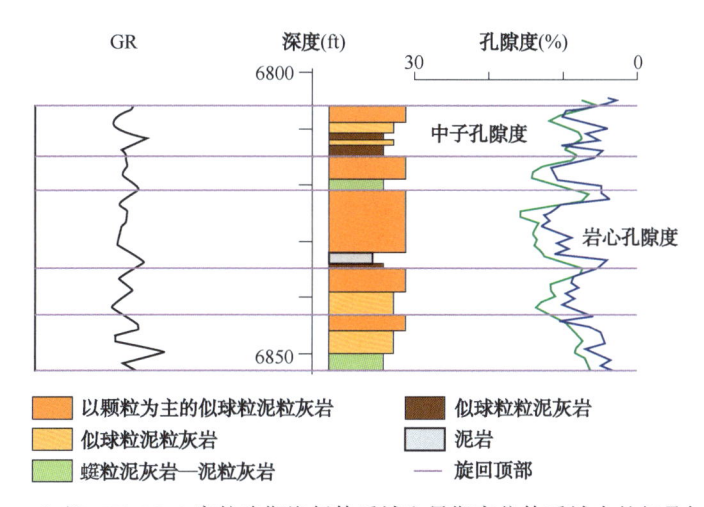

图 10-22　下 Clear Fork 组 HFS L2.2 富粒晚期海侵体系域和早期高位体系域中的相叠加样式和旋回发育图
伽马测井与岩相或旋回发育之间没有任何关系

10.6.4.4　下 Clear Fork 组旋回性:HFS L2.3

在 L2.3,Fullerton 油田莱纳德统剖面上的高频旋回最容易界定。这些岩石属潮坪盖层浅水潮下旋回(图 10-23),同 L2.1 或 L2.2 中的旋回相比,具有更广泛的对比性。尽管根据伽马测井数据,岩相或旋回均未确定,但由于覆盖在旋回上的潮坪沉积孔隙通常发育较好,根据孔隙度测井数据,可以确定其岩相或旋回。这些岩石中的孔隙度通常由所存在的窗格状孔隙所致,孔隙度较高,尤其是相对旋回底部富泥质粒泥灰岩和泥粒灰岩普遍低孔来说。但是,由于单独的孔洞型窗格状孔隙,渗透率通常较低,L2.3 对油田的油气开采几乎没有任何贡献。孔隙度电缆测井数据对比表明旋回和岩相连续性较高。这多少有些出乎意料,因为露头观测数据表明潮坪相具有很高的不连续性。在这些旋回顶部发育形成有侧向连续孔隙,这反映了因海平面下降以及随之而来的海平面上升在这些表面发生的早期成岩作用的影响。

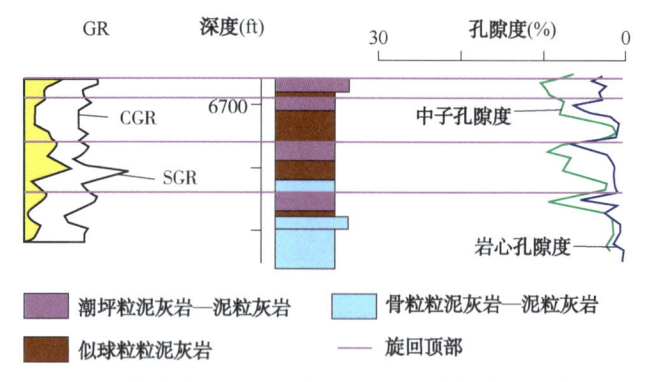

图 10-23 非储层下 Clear Fork 组 HFS L2.3 中相叠加和旋回发育图

10.7 矿物学与成岩作用

Fullerton 油田储层段与二叠纪盆地内多数其他台地莱纳德阶序列相似，二者均体现了明显的沉积后成岩作用。成岩作用的主要产物为基质和孔隙充填白云岩和硬石膏。然而，Fullerton 莱纳德阶剖面(包括 Abo 组、Wichita 组和下 Clear Fork 组)局部存在石灰岩。

10.7.1 白云岩和石灰岩分布

到目前为止，白云岩是该储层段主要矿物。除多数下倾油气井外，Abo 组完全由白云岩构成。在 FM-1 油气井内，也许该油田多数下倾油气井内，Abo 组包含石灰岩和白云岩交互带。Abo 组前积序列内，白云岩通常与富泥相(似球粒粒泥灰岩和蜓粒泥灰岩)相关，然而石灰岩层段则通常为富颗粒、骨粒相。

Wichita 局部地区(尤其是油田北部上半组)常见有石灰岩分布(图 10-18)。就一切情况而论，Wichita 内富方解石岩石为潮缘泥岩或粒泥灰岩(潮缘泥岩—粒泥灰岩相)。这些以方解石为主的岩相具有极低的孔隙度(<2%)，几乎无渗透性。测井对比结果表明石灰岩层段为局部关联层段(图 10-18A)。相叠加模式体现了矿物学与旋回性之间的系统关系，这些石灰岩可能是经历中断旋回成岩作用后的产物。石灰岩体现了未经白云石化的旋回基底。事实上，下 Wichita 组(L1 高位沉积物)无石灰岩分布，但上 Wichita 组石灰岩分布却十分普遍(图 10-18A)。上(L2)Wichita 组丰富的石灰岩体现了整块油田的系统化趋势。油田西北部石灰岩最为丰富；而油田南部基本无石灰岩分布(图 10-18B)。由于 Wichita 内低孔隙度与石灰岩有关，因此在无法使用岩心、双重孔隙度或光电(PE)测井的情况下，可利用孔隙度测井来确定和对比石灰岩。

Fullerton 油田的下 Clear Fork 组岩石局部也含丰富的石灰岩(图 10-18A)。在高频层序 L2.1，沿外台地边缘的弯曲带内石灰岩尤为常见(图 10-18B)。该弯曲带内所有富颗粒相几乎均以方解石为主。

油田南部 L2.2 也以石灰岩为主。然而，除油田西北部小范围外，该区域外部石灰岩分布不太常见(图 10-18B)。通常情况下，潮下下 Clear Fork 组富石灰岩层段的孔隙度较高。

然而，白云岩内孔隙度发育也十分良好。因此除岩心、双重孔隙度测井组合或 PE 测井可用的情况外，无法将下 Clear Fork 组内白云岩与石灰岩区分开来。

10.7.2 稳定同位素化学

稳定同位素可为人们了解成岩事件时间与空间分布提供一定的帮助。由于成岩作用是孔隙保存与损失的关键因素，因此此类数据通常为孔隙分布趋势及原因提供了一定深度的见解。本研究和先前 J. Kaufman（1991，个人通信）所收集的稳定同位素数据与二叠盆地内其他莱纳德阶序列具有某些相似之处，并且似乎可从时间和空间角度来确定不同成岩作用模式（图 10-24）。

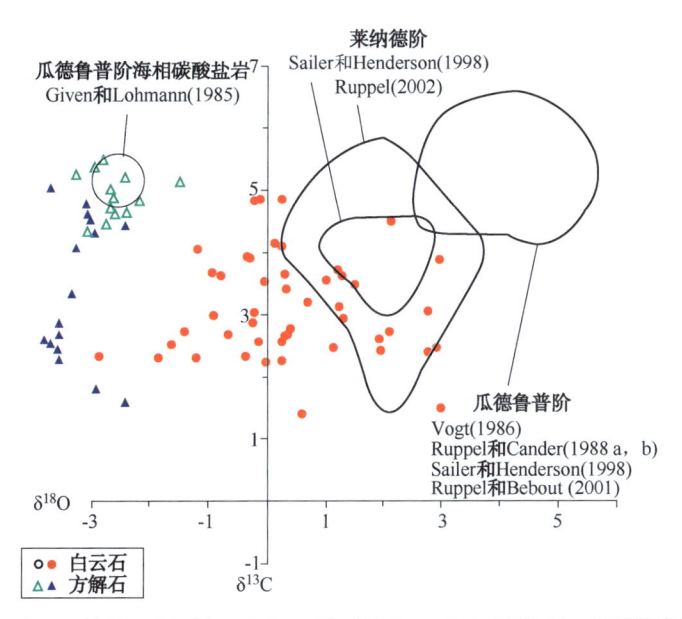

图 10-24　Fullerton 油田 Tubb 组、Wichita 组、下 Clear Fork 组和 Abo 组的稳定同位素数据
根据 J. Kaufman（1991，个人通信）所收集的稳定同位素数据，红色实心圆和蓝色三角分别为白云石和方解石样本。
根据本研究所收集的稳定同位素数据，绿色空心圆和绿色三角分别为白云石和方解石样本

从 Fullerton 油田 Tubb 组、下 Clear Fork 组、Wichita 组和 Abo 组采集的白云岩样本中同位素 $\delta^{13}C$ 的数值范围为 1.41‰~5.54‰芝加哥箭石标准（PDB）（$n=50$）。这些同位素值通常比二叠纪盆地瓜德鲁普阶报告同位素值轻（Ruppel 和 Cander，1988a，b；Leary 和 Vogt，1990；Saller 和 Henderson，1998），但与多数莱纳德阶同位素值相似（Saller 和 Henderson，1998；Ruppel，2002）。

从下 Clear Fork 组白云岩处获得的同位素 $\delta^{18}O$ 的数值范围为-2.96‰~+2.97‰（PDB）（图 10-24）。除最轻同位素值外，多数值与 Ye 和 Mazzullo（1993）、Saller 和 Henderson（1998）和 Ruppel（2002）所报告的莱纳德阶数据值相似，但与瓜德鲁普阶岩石报告的数据值存在极大差异。瓜德鲁普阶（San Andres 和 Grayburg 组）台地白云石中同位素 $\delta^{18}O$ 的数值通常为 3‰~6‰（Vogt，1986；Ruppel 和 Cander，1988a，b；Saller 和 Henderson，1998；Ruppel 和 Bebout，2001；Ruppel，2002）。人们认为瓜德鲁普阶白云石相对丰富的同位素特征是由浓海水蒸发导致白云石化而造成（Bein 和 Land，1982；Bebout 等，1987；Ruppel 和 Cander，1988a，b）。从整体上看，Fullerton 油田和其他莱纳德阶油田的莱纳德阶白云岩的

相对亏损值表明：(1)白云石化作用由海水蒸发引起(此处海水浓度低于导致瓜德鲁普阶发生白云石化作用的海水浓度)；(2)白云石化作用由混合水成因引起；(3)上述两种原因的结合。Wichita 组和下 Clear Fork 组白云岩内同位素 $\delta^{18}O$ 和 $\delta^{13}C$ 数值的系统性空间变化表明白云石化和成岩作用可能具有更为复杂的历史。

例如，上 Wichita 组潮缘白云岩的稳定同位素值从空间上看大体分为两大趋势(图 10-25A)。沿其他 Wichita 潮坪边缘的高孔隙度白云岩的同位素 $\delta^{18}O$ 和 $\delta^{13}C$ 值相对较轻(同位素 $\delta^{18}O$ 的平均值为 0.0‰，同位素 $\delta^{13}C$ 的平均值为+2.6‰)。与此相比，该油田其他地方 Wichita 潮缘白云岩低孔隙度数值则明显较重，尤其是同位素 $\delta^{18}O$(同位素 $\delta^{18}O$ 的平均值为+2.8‰，同位素 $\delta^{13}C$ 的平均值为+3.0‰)。这样的显著差异表明两种白云石化机理参与了 Wichita 组白云岩的成岩作用。沿高孔隙度潮坪相的弧形带典型的轻同位素 $\delta^{18}O$ 与早期、海水为主的白云石化作用一致。逆倾白云岩体现的较重同位素 $\delta^{18}O$ 是海水回流引起的典型白云石化作用。上覆下 Clear Fork 组白云岩内同样存在类似的重同位素 $\delta^{18}O$(同位素 $\delta^{18}O$ 平均值为+2.5‰)。这样的同位素类似性表明无孔 Wichita 潮坪相白云石化作用可能由下 Clear Fork 组时期产生的浓缩海水蒸发引起。

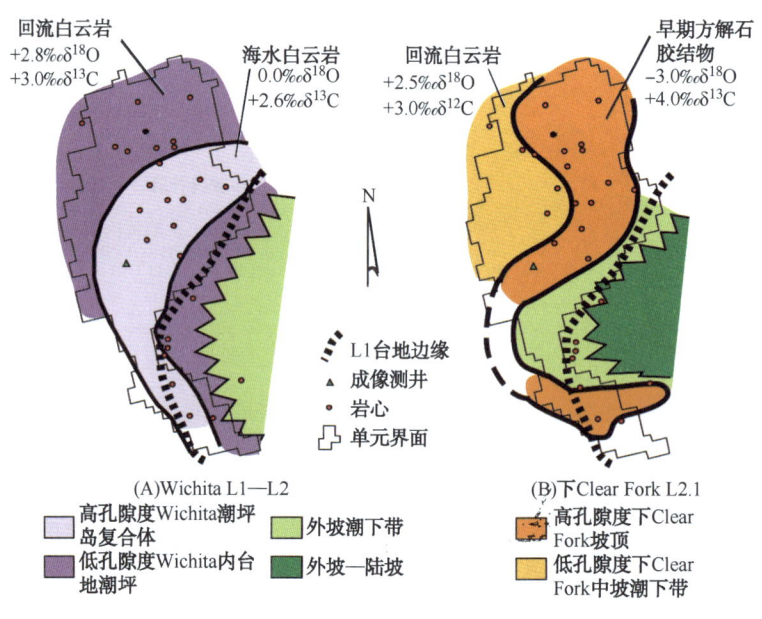

图 10-25　相、孔隙度和稳定同位素数据趋势

Fullerton 油田的石灰岩同位素数据完全来自下 Clear Fork 组。同位素 $\delta^{13}C$ 的数值范围为+1.61‰~+5.46‰ PDB($n=30$)，而同位素 $\delta^{18}O$ 的数值范围为-3.89‰~-1.55‰ PDB(图 10-24)。这些数据与先前报告的莱纳德阶和瓜德鲁普阶内其他含方解石样本的数值截然不同。多数报告的瓜德鲁普阶同位素 $\delta^{18}O$ 的数值范围约为-7.6‰~-10.4‰(Leary，1985；Vogt，1986；S. Ruppel，1996，来自 South Cowden 油田 Grayburg 组未发表数据)。然而，这些通过代替方解石而记录的数值可能源自深盆地流体的大气水凝结。替代方解石同位素 $\delta^{13}C$ 数值的高度亏损(-19‰~-30‰ PDB)体现了来自硫酸盐细菌还原的沉淀作用(Leary，1985；Vogt，1986；Ruppel 和 Cander，1988b)。Fullerton 油田下 Clear Fork 组石灰岩较为正常的同位素 $\delta^{13}C$ 数值体现了截然不同的方解石成因。下 Clear Fork 组的同位素 $\delta^{18}O$ 的值与当前中

二叠纪海水的海相方解石沉淀物最佳估计值非常相似(-2.8‰PDB；Given 和 Lohmann，1985；Lohman 和 Walker，1989)。表明下 Clear Fork 组石灰岩保存了原始海水的化学性质，即岩石的化学性质变化相对较小。

10.7.3 岩溶发育

10.7.3.1 岩溶组构

岩溶成岩作用可能是造成碳酸盐岩序列储层非均质性和分隔化的主要因素(Loucks，1999)。岩溶相关成岩作用和溶蚀作用常见于 Fullerton 油田储层段下部；溶蚀形态存在于 Wichita 组内部和 Abo 组顶部。这些岩石的组构多变，但包含4种基本组构类型：(1)复矿物碎屑砾岩；(2)单矿物碎屑角砾岩；(3)裂缝和倾斜层；(4)空隙填充胶结物。

主要的复矿物碎屑砾岩类型通常包含多个潮缘岩相圆碎屑(图10-26)。碎屑通常为次等轴状和圆形，碎屑粒度范围从几毫米至几厘米不等。碎屑通常包裹于泥岩内或在缝合接触面处相接。复矿物碎屑组构最常见于 Wichita 组中部(图10-26)。厚度为 7.5~18m(厚达 60ft)的复矿物碎屑组构砾岩存在于 Exxon FCU(Fullerton Clear Fork 单元)6122 号岩心内。碎屑的多相和圆形特征表明碎屑由沉积物运移而形成。复矿物碎屑砾岩的不连续性与体现岩溶作用的其他特征表明复矿物碎屑砾岩源于溶洞填充沉积物。

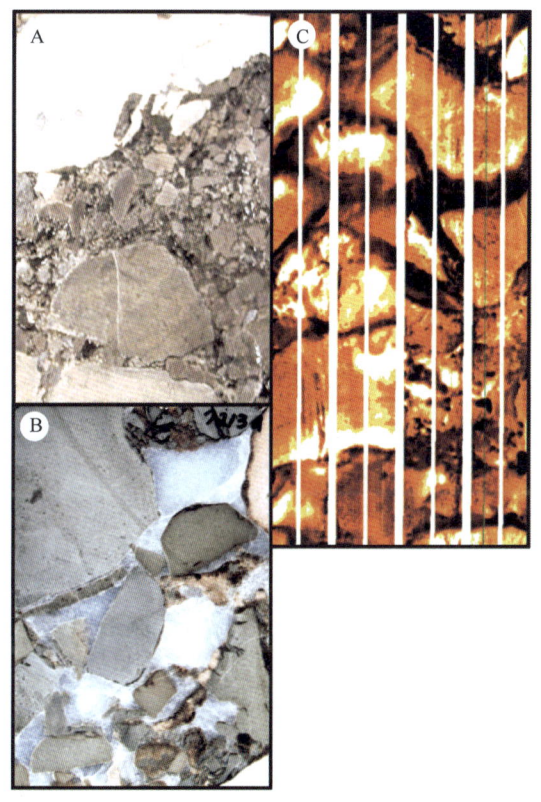

图10-26 可能为岩溶成因的 Wichita 组内复矿物碎屑砾岩的岩心切片和成像测井图

(A)Exxon FCU 6122，深度：2195m(7201ft)；(B)Amoco University Consolidated IV-25，深度：2199m(7213ft)。岩心宽度：10cm(4in)；(C)Wichita 内砾岩的成像测井。Exxon FCU 2564，深度：2186~2187m(7171~7174ft)。

图像宽度：63.5cm(25in)

尽管不一定为真正的复矿物碎屑砾岩，体现岩溶作用外部相似的沉积物同样存在于 Wichita 组接触面和油田区域下倾边缘的 Abo 组。这些岩石通常具有两种或两种以上相类型混合特征，包括 Wichita 潮坪相、绿色粉砂质碳酸盐岩、深灰色粉砂质碳酸盐岩和 Abo 潮下相。岩石与岩石为非互层关系，许多岩心内前三种相类型围绕 Abo 相。复矿物碎屑砾岩实际上体现了 Abo 组顶部的溶蚀和侵蚀作用和不规则表面的后成填充或 Abo 组的差异压实（L1）及 Abo—Wichita 组接触面的上覆海侵 Wichita 沉积（L2）。在极少情况下，这些特征也使人联想到塌陷角砾岩化作用。人们在 Sierra Diablo 的 Apache Canyon 内 Abo—Wichita 组接触面相似露头区观察到了以上所有特征（Kerans 等，2000）。露头序列表明岩溶特征（落水洞、溶洞）形成于后 L1 海平面下降过程，随后被海侵 L2 潮坪沉积物填充（Wichita 相）。在某些情况下，这些潮坪相发生角砾岩化作用，落水洞和塌陷溶洞内潮坪相与下伏 Abo 组混合。

单矿物碎屑角砾岩或砾岩包括恒定岩性和岩相的破碎和旋转碎屑（图 10-27）。这些岩石被局限于 Wichita 组，通常分布于该层段中部。通常与裂缝、沉积物填充（裂隙）、填充空隙胶结物（主要为硬石膏）和其他溶蚀迹象相关。潮坪层段内多数岩溶特征也可通过非岩溶作用（无须暴露于真正的岩溶环境）而形成（tepee 组通常伴随破碎和旋转地块、裂隙、胶结物和沉积物充填）。因此，有些沉积物可能不是真正岩溶作用的产物。然而，岩石的厚度、丰度和岩溶组体现出的其他特征表明许多岩石也与岩溶作用有关。

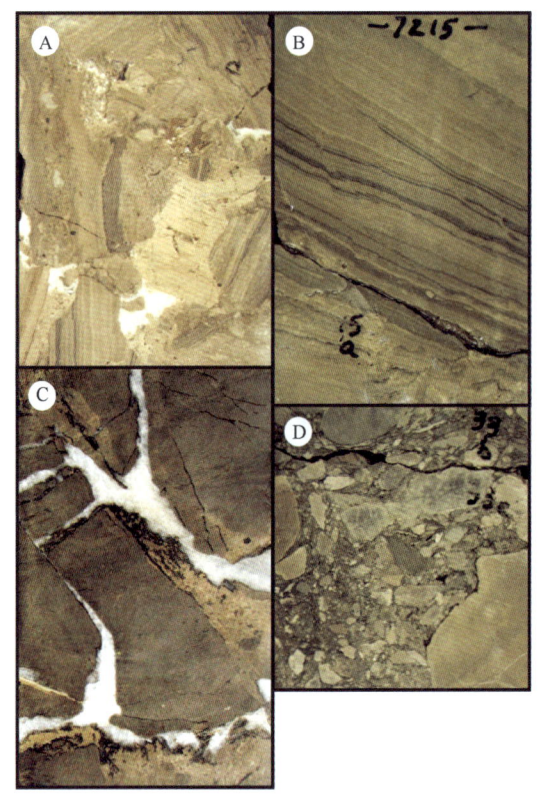

图 10-27　Wichita 组单矿物碎屑角砾岩的岩心切片图

（A 潮坪相旋转碎屑。Exxon FCU 5927，深度：2203m（7230ft）；（B）层压潮缘相倾斜地块。Exxon FCU 5927，深度：2199m（7215ft）；（C）似球粒粒泥灰岩角砾状碎屑。Amoco University Consolidated V15，深度：2103m（6899ft）；（D）潮缘泥岩—粒泥灰岩碎屑。Exxon FCU 5927，深度：2204m（7233ft）。岩心宽度：10cm（4in）

人们也在某些岩心中观察到了裂缝和倾斜层，尤其是在 Wichita 层段中部。显然，倾斜层形成于沉积后塌陷作用。如 Loucks(1999)所述，Exxon FCU 5927 岩心内，裂缝和倾斜层构成了与典型溶洞、溶洞填充顶板序列极为相似的部分序列。Exxon FCU 5927 油气井内序列由混合潮坪相构成(以溶洞顶板为代表的潮坪和潮下相)，包含厚度为 6m(20ft)、上覆 6m(20ft)的裂缝和局部倾斜层(一般情况下为原位层)的复矿物碎屑溶洞填充砾岩。

大面积的填充空隙硬石膏胶结物也是岩溶相关溶蚀作用的重要指标。厚度达 0.5m (1.5ft)的块状硬石膏层存在于 Fullerton 油田 Wichita 组岩心内(如：Exxon FCU 6122，5927)。粒度较小的硬石膏充填空隙和裂缝广泛存在于 Wichita 组和 Wichita—Abo 组接触面，体现了与序列回流白云石化作用相关成岩流体引起的溶蚀孔隙的晚期胶结作用。

10.7.3.2 岩溶作用发生的原因和时间

露头研究表明以 L1—L2 层序界面为界的莱纳德阶层序主要的岩溶作用发生于海平面下降和上升事件(Kerans 等，2000)。Fullerton 油田下倾区域岩心同样体现了这种关系。此处，Abo 外台地相序顶部(L1)发生岩溶和充填作用，上覆角砾状的 Wichita 潮坪相(L2)。然而，很难建立逆倾区域岩溶组和 L1—L2 层序界面之间的时空关系。Fullerton 油田区域多数岩溶特征位于 Wichita 层段中部 45m(150ft)左右的层段。一般来说，该层段与 L1—L2 界面相关(图 10-5)。然而，岩溶特征在该层位上下区域均有发育(体现了岩溶相关成岩作用并不局限于 L1 层序)。然而，两种岩溶相关作用似乎以下述形式出现。

主要的岩溶和溶蚀作用可能发生于后 L1 低位期。此时，暴露的 L1 顶面(由 Abo 组潮下沉积物下倾和低 Wichita 潮坪沉积物逆倾组成)发育有局部溶洞、落水洞和不规则地形。L2 海平面上升过程中，Wichita 海侵潮缘沉积物充填不规则岩溶面(包括落水洞和溶洞)。由于应力差构成了下伏岩溶特征，随着持续的沉降和压实，部分上覆 L2(上 Wichita 潮坪)序列发生了塌陷和角砾岩化作用。该基质与露头(Kerans 等，2000)和 Fullerton 油田岩溶特征分布一致。

10.7.3.3 岩溶作用对储层质量的影响

Fullerton 油田岩溶相关沉积物与周围未扰动和未改变沉积物的岩石物理性质(如：孔隙度、渗透性和饱和度)存在一定的局部差异。两大示例即复矿物碎屑砾岩和硬石膏孔隙。然而，以下两大因素使差异量化变得极为困难。首先，通过电缆测井和岩心数据可知，多数岩溶沉积物与周围未发生岩溶作用的沉积物的孔隙度或渗透性没有显著差异。造成该现象的原因可能是多数岩溶填充和未发生岩溶作用的层段一样由相同相组成。由于硬石膏填充空隙无孔隙度或渗透性，因此其明显是个例外。但硬石膏填充空隙通常极小且几乎不会影响储层流动。

其次，除了含岩心的区域外，无法确定储层段内的岩溶特征分布。由于周围岩石具有相似的岩性和岩石物理特征，因此无法通过测井和三维地震数据来确定岩溶填充作用。很容易通过上述观察结果得出下述结论：岩溶特征不会影响储层非均质性或流体流动。然而，Wichita 组内存在水产量和流速反向的现象，无法通过基质岩石物理特征进行合理的解释(T. Anthony，2003，个人通信)。以上现象可能是岩溶发育的结果。

10.8 储层成像

储层构成的确切定义及本构型内岩石组构分布是改进体系内剩余油气回收方法的关键。

我们利用多种方法以更好地反映 Fullerton 油田的储层。利用以下方法来确定储层的地质构造：（1）校正和使用井壁成像测井数据以帮助识别并描绘岩相、旋回性和岩石组构；（2）利用三维地震数据来约束地质格架。

10.8.1 通过井壁测井来识别岩相

碳酸盐岩储层描述过程中未充分利用成像测井数据。目前，成像测井数据主要用于裂缝识别。然而，成像测井数据也可精确地反映众多基质特征，这些基质特征是碳酸盐岩储层特征描述、建模和开采的关键。通常情况下，获得的岩心可为约束储集相、旋回性和岩石组构分布提供必要的关键性数据。然而，由于费用问题，可用岩心数量通常远小于用于准确约束这些元素的所需岩心。若通过岩心观察结果来校准井壁成像测井数据，则仅需一小部分费用便能准确创建储层模型。

岩心成像测井特征检查、关联和比较结果表明通过成像测井可以确定 Fullerton 油田 Abo—Wichita—Clear Fork 序列内存在 7 种岩相。虽然岩相种类少于岩心研究所确定的 12 种岩相，但它为主要相序和旋回性确定提供了足够的信息，为准确对比和解释附近油气井岩相和旋回性提供了坚实的基础。成像测井中可辨别岩相包括：（1）潮坪相（图 10-8B）；（2）似球粒泥灰岩—泥粒灰岩（图 10-10B）；（3）结节状粒泥灰岩—泥粒灰岩（图 10-9B）；（4）交错层粒状灰岩（图 10-13B）；（5）蟹粒泥灰岩—泥粒灰岩（图 10-14B）；（6）岩溶角砾岩（图 10-26C）；（7）富黏土泥岩。此外，多项电缆测井表明存在粉砂岩—砂岩相。

潮坪相识别对确定储层构型和储层质量尤为重要。由于储层通常占据旋回顶部，因此可通过确定储层来界定旋回界面，从而促进旋回—尺度相关性。潮坪相识别对岩石物理特征同样重要。如前所述，潮坪相通常具有相对较高的孔隙度和相对较弱的渗透性。因此，准确描绘储层质量对区分潮坪岩石和渗透性较强的潮下岩石极为重要。由于这些岩石通常位于旋回基底，体现了莱纳德阶序列最深水相，所以确定蟹粒泥灰岩相也十分重要。因此上述参数是海平面上升的重要指标，对旋回定义和对比具有一定的指导意义。

利用校准的成像测井响应，可为油气井内岩相创建一份具有详细、优质成像测井的记录。垂直分辨率可能比从岩心处获得的数据更佳（由于尚未确定岩心和油气井深度之间的联系）。由成像测井确定的旋回厚度范围为 1~6m（3~20ft）。由于两种岩相的成像测井特征呈鲜明对比，因此从层段内获得的最高岩相和旋回分辨率具有下 Clear Fork 潮下和潮坪相交互特征。

10.8.2 利用三维地震数据反映地层结构和储层发育

与成像测井类似，在碳酸盐岩储层描述方面，人们也未充分利用三维地震数据。研究如何提升含大量剩余油气储层开采效率可帮助人们理解储层特征的三维分布。本报告所陈述的油气井数据组合和解释方法是本研究的关键。然而，由于上述方法仅局限于油气井控制，对我们的理解造成了一定的阻碍。三维地震数据提供了宝贵的井间和井外区域（即油气井数据缺乏的油田区域）资料；若对此进行合理的解释和应用，可极大提升并约束储层特征模型。在此，我们将简要描述如何利用三维数据以更好地反映储层格架和孔隙度分布。Zeng（2004）对如何利用三维数据创建 Fullerton 地质模型进行了更为详细、严密的说明。

10.8.2.1 储层结构约束

Fullerton 油田二维和三维地震数据为储层序列地层构型提供了重要指导。整个储层段的地震振幅剖面体现了以大体平行的地震反射体为特征的多数剖面(图10-28)。考虑到岩心体现出来的浅水台地沉积环境及根据电缆测井数据推断得出的近于水平的相关性,上述情况并非偶然。然而,三维和二维数据体现了 Abo 组基底莱纳德阶截然不同的构型。倾斜地震测线体现了 Abo 组向盆地倾斜(向东)的前积反射。Abo 组明显的前积构型与 Sierra Diablo 等同于 Abo 组的露头剖面内前积的蜓粒泥灰岩和泥粒灰岩一致。前积现象表明电缆测井数据的横向关联不适于 Abo 组。在多数情况下,处于此类环境时,无法确定岩相或时间界面的旋回—尺度相关性。

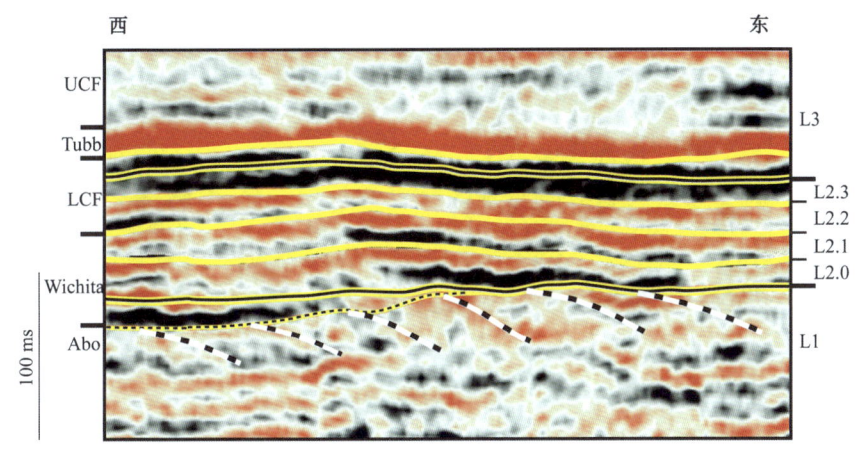

图 10-28 Fullerton 油田三维地震剖面(用时间表示)
体现了下 Clear Fork 和 Wichita 储层段的连续性和等厚特征及与 Abo 组前积特征之对比。
黄线表示时间界限;黄色虚线表示 Abo 组顶部轮廓

10.8.2.2 明确储层质量

地震数据同样也是碳酸盐岩储层孔隙度分布的重要指标。Zeng(2004)展示了 Fullerton 油田三维地震阻抗数据与储层孔隙度之间的一致性。由于三维地震阻抗数据与储层孔隙度之间存在密切联系,简单的振幅提取也能反映油田—尺度和油田范围的孔隙发育变化(对于理解孔隙发育控制及确定井间和井外油气井孔隙度分布十分重要)。

图 10-29 为油田小范围内高频层序 L2.1 振幅提取图,用于检查可能的加密钻井位置。请注意该图北半部展现了以高孔隙度为特征的高负振幅,而该区域南半部以较低振幅为特征。本图体现的孔隙度分布表明仅目标区北半部的油气井可能具有该地带较好的孔隙度。应该指出的是孔隙度分布信息仅能从三维数据体获得;由于本区域测井曲线质量太差,因而无法确定其孔隙度。

上述井控较差区域(油气井缺乏或低质量测井曲线引起)在该油田区域十分普遍,极大地影响了用于识别和定位石油资源的油田范围战略的制订。通过对比基于测井曲线的孔隙度图和高频层序 L2.0 地震振幅图,可得出上述结论。地震数据体数值在油田南端尤为明显,此处井控有限,无法准确地反映通过振幅图而体现的高孔隙度东—西趋势区(图 10-30)。显然,此类基本振幅数据为井控提供了强有力的补充,对确定和预测该油田内孔隙度分布有一定帮助。

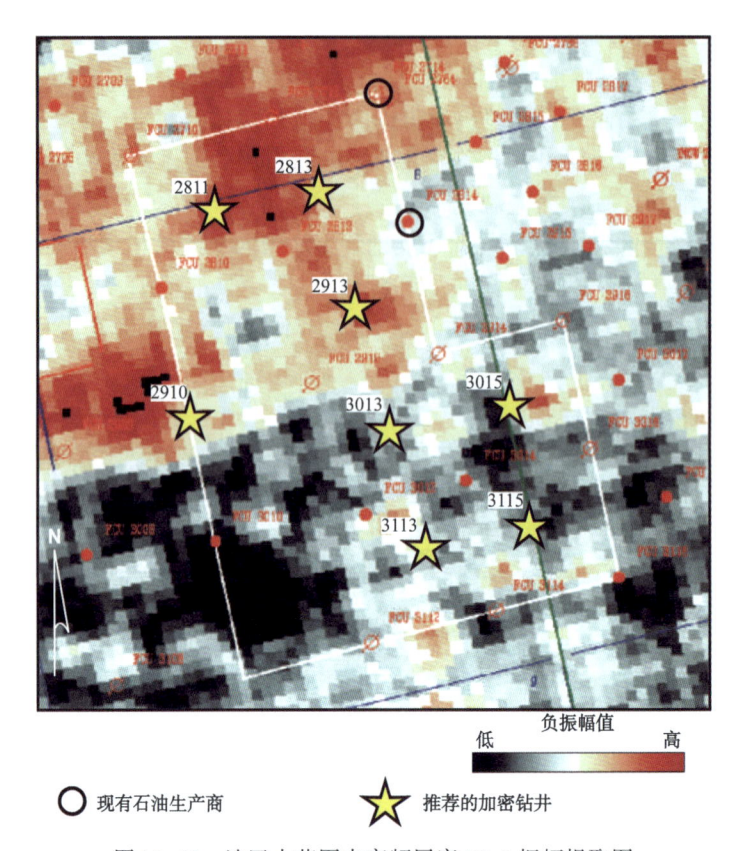

图 10-29 油田小范围内高频层序 L2.1 振幅提取图

体现了 L2.1 层序的孔隙度分布。数据表明该区域北半部资料井将体现一定的孔隙度，而南半部资料井则无孔隙度

10.9 储层格架

稳健的储层模型至关重要的一个部分就是地质上受限的储层格架。地质上精确的模型必须基于时间—地层单元之间的相关性，而其中最为相关的就是旋回和层序界面。在 Fullerton 油气田，我们用旋回顶层来构建 Clear Fork 组的储层模型。尽管这些关系最终都是基于电缆测井的相关性，但是要对这些测井进行解释并研究其相关性，先要了解 1D 和 2D 岩相以及岩心和露头岩层综合研究得出的旋回叠加关系。

10.9.1 基于旋回的流动单元的定义

储层流动单元与其定义和沉积旋回边界的绘图最为吻合。这是因为沉积旋回定义得当且具备合适的相关性时，代表原始沉积面或时间线最佳的可用指标。Ruppel 和 Ariza（2002）以及 Lucia 和 Jennings（2002）详细描述了识别并使用南 Wasson Clear Fork 储层流动单元旋回边界的程序。

理想情况下，沉积旋回顶的相关性应基于与岩相可直接关联并且与成岩作用或者孔隙发育相独立的测井。伽马射线测井在理想的设定下可满足此功能。然而在绝大部分的莱纳德阶

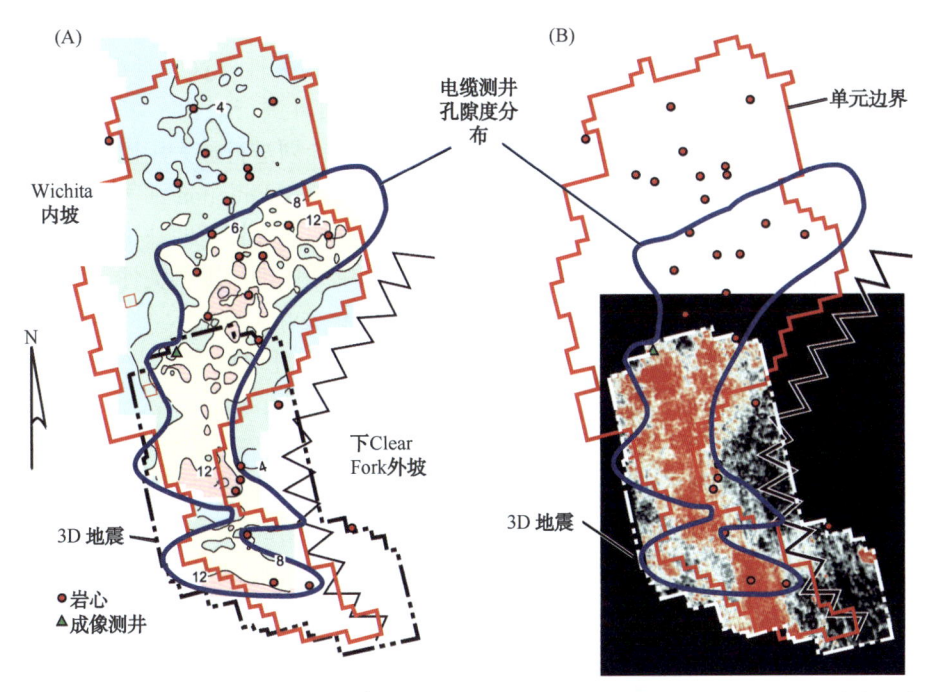

10 美国二叠盆地下二叠统 Fullerton 油田的碳酸盐岩储层表征与建模过程中露头和岩心的关键作用

图 10-30 基于电缆测井(A)和 3D 地震数据(B)整个油气田 HFS2.0(上 Wichita)的孔隙度发育情况
注意 3D 振幅模式说明基于测井的孔隙度绘图在某些区域并不精确

碳酸盐岩序列中(事实上是二叠纪盆地二叠纪碳酸盐层段的绝大部分),由于铀、钾和钍含量的变化,伽马射线测井无法进行精确地详细对比。光谱伽马射线测井可以辨别这些元素量的变化,从而帮助分离富碎屑的区域(钾和钍含量较高)。因为低含量的碎屑常常与潮坪相相关,光谱伽马射线有助于分辨潮坪相和潮下相(Ruppel, 1992, 2002)。然而,铀含量的变化并非总是稳定的,因此,伽马射线反应的变化通常独立于岩相。基于饱和度的不同,电阻率测井同样可以用于区分局部潮坪相和潮下相(Ruppel, 2002)。但是即使在理想环境下,伽马射线测井和电阻率测井也都无法精确描述莱纳德阶岩石的岩相。

因此,采用孔隙度测井来定义和比较 Fullerton 油气田下 Clear Fork 段的岩相和旋回顶。此方法是在 Fullerton 的岩心和电缆测井综合研究基础上进行的,该研究论证了莱纳德阶旋回的两个重要的属性:(1)旋回顶层岩相既非富颗粒的潮下相也非潮坪相;(2)孔隙度通常与这些岩相相关,因此旋回顶层的孔隙度通常比较发育。这些联系是使用电缆测井获取旋回和流体单元相关性的关键。

重要的是,要明白孔隙度测井相关性法所得结果的准确度有限。例如,由于成岩作用,所有碳酸盐岩相的孔隙度都有些许差异。莱纳德阶旋回顶层岩相,无论是潮下相粒状灰岩还是潮坪相的,都显示出孔隙度的横向变化。因此从局部上说,以孔隙度定义的旋回顶层可能会有轻微的错位(例如由于旋回顶层岩相孔隙度局部下降或叠加旋回基底岩相孔隙度局部上升)。从严格的年代地层角度讲,这意味着有些旋回顶层是不正确的,且旋回相关性跨越了局部时间线。但从储层模型的角度看,这一结果可能更可取。这是因为这些莱纳德阶岩石罕见地含有旋回基底流体障碍,流体可能会局部跨越旋回界面。如果受岩相、孔隙度和旋回性的岩心和露头岩层刻度适度的约束,孔隙度测井相关性法从地质方面说,在任何情况下都是构建旋回相关性以及建立准确的流体单位相关性最可靠的基础。

但是以尽可能高分辨率为地质上定义的旋回顶层建立相关性，这一点也很重要。例如，露头研究显示台地中大片区域内厚度低于 3m(10ft) 的旋回可进行对比。在电缆测井数据允许的情况下，应设法通过储层对比这些薄旋回，即使后续计划进行放大用以做储层模型。这一点很重要，原因有二。第一，粗放型相关性更容易出错。在 Fullerton 油气田，我们发现序列或旋回组尺度早期的相关性在后期重新对比旋回尺度序列时会被证明缺失一两个旋回。从储层模型角度看，这意味着粗尺度相关性定义下的流体单元比细尺度相关性定义的更容易与径流层交叉连接。第二，若是基于细尺度(即旋回尺度)相关性，则放大(将旋回归于更厚的流体单元组以供建模)可以更好地保留原始地质结构。因此，我们试图对比尽最高的储层序列。露头岩层和岩心的观察以及电缆测井可提供这些储层的细节。

10.9.1.1　下 Clear Fork 组储层结构

应用孔隙度测井来定义岩相和旋回性是比较稳健的方法，显然它是来自 HFS L2.2 的岩心和测井的关系。Exxon FCU 6122 井(图 10-31)岩心数据和孔隙度测井的比较发现孔隙度几乎完全和旋回顶层、富颗粒潮下相相关。所以，孔隙度测井可以用于定义岩相和旋回性。此油气田的其他取心井也显示了岩心与测井之间同样的关系。

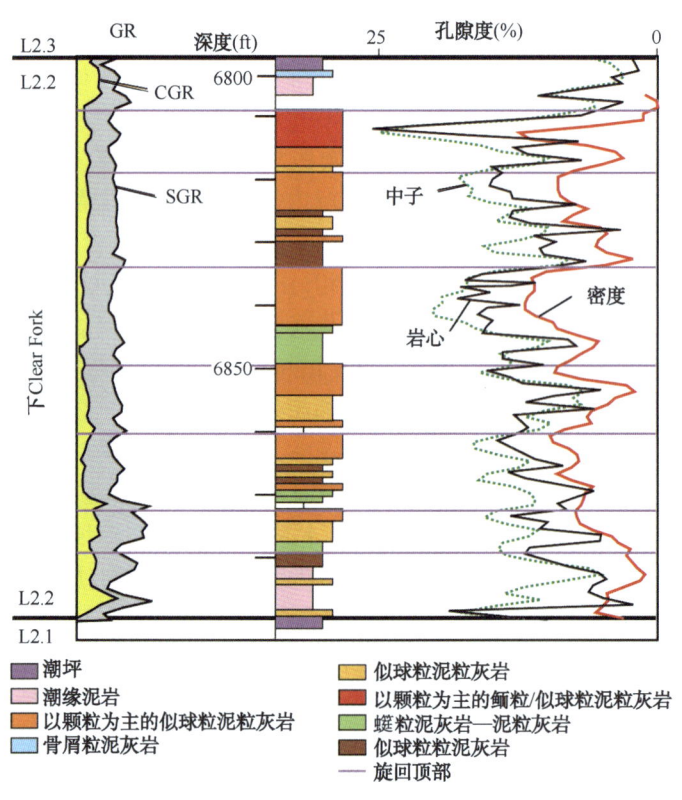

图 10-31　岩心定义的岩相和 HFS L2.2 Exxon FCU 6122 潮下相旋回孔隙度测井旋回性对比图

旋回顶层岩相和更高孔隙度之间的系统关系允许孔隙度测井用于旋回和流体单元对比

利用这一关系，我们可以定义并对比下 Clear Fork 组的 15 种旋回。在整个层段的 L2.1 和 L2.2，这些旋回的平均厚度为 5m(17ft)。然而，旋回厚度会因层段中的序列而产生系统性的变化。高频序列 L2.2 旋回平均厚度约为 3.3m(11ft)，而由于序列基底和顶部可容空间异常偏低的潮坪相旋回，L2.1 旋回厚度接近前者的两倍。这可能由两个因素引起。第一，L2.1 沉积物记录了台地最大的海泛，产生了可能是最大的可容空间。从 L2.1 到 L2.2 旋回的总体上升式变薄与可容空间总体向上减少的趋势一致。第二，L2.1 旋回岩相的横向变化表明沉积物的积累方式有局部变化，这可能是由台地上 L2.1 海泛期间的地形起伏造成的。其结果使得垂直和横向岩相分布模式更为复杂。这加大了对旋回进行精确定义的难度。因此，由 L2.1 定义的旋回或许实际上反映了旋回或旋回组的组合。

10.9.1.2 Wichita 组储层结构

由于极低的可容空间和潮坪相数量多的原因，我们无法对 Wichita 组进行严格的旋回定义。岩心和露头研究显示这种环境下沉积的岩石具有一种罕见的垂直岩相叠加的系统性趋势，并且表现出很低的横向岩相连续性。所以，沉积岩相模式定义的不是外在控制（如海平面的上升和下降），而是对沉积物堆积的局部控制（如古地形和气候）。因而，有必要使用成岩特征来定义 Wichita 组储层的结构。

矿物和孔隙度是用于定义 Wichita 组旋回关键的成岩特征。该油气田北部的上 Wichita 组含有多层段的低孔隙度石灰岩，我们将其理解为旋回基底（图 10-18A）。尽管这样的理解很大程度上来自于成岩关系，但是旋回和沉积面具有紧密的联系，因此它可以近似代指时间界面。从储层角度讲，这些界面同样具有特殊用途，它们可定义不同水平孔隙度和渗透率的地层。Wichita 组前四个旋回的定义是基于这些旋回的白云石（高孔隙度）—石灰岩（低孔隙度）纹层而形成的。

然而，在 Wichita 油气田南部区域以及下部任何部位都没有发现石灰岩（图 10-18A）。在这些区域有必要单独采用孔隙度趋势来构建储层结构。尽管这些区域的孔隙度变化很可能与沉积面（旋回顶部）相关成岩作用有紧密的关系，但我们对此却几乎没有独立的证据（矿物变化）来证明这一点。所以，Wichita 组这些部分结构的地质稳定性远低于该储层其他部分。对该部分的储层，我们在孔隙度的基础上定义并且对比了 12 种表面。这些表面与时间界面平行地叠加在下 Clear Fork 组旋回顶表面并且平行于 Wichita 组中部海相海泛面，基于此，我们相信些表面与时间界面是近似平行的。但是我们无法把它们与旋回性进行严格地关联。

10.9.1.3 Abo 组储层结构

Abo 组主要由外坡碳酸盐沉积岩典型的前积层组成。露头研究（Kerans 等，2000）以及 Fullerton 的 3D 地震数据（图 10-28）都证明了这一点。因此可以确定的是，Abo 组的结构与台地顶部 Wichita 组和下 Clear Fork 组序列沉积面大致平行的特点有很大的不同。露头研究以及 Fullerton 和其他地方的地震研究（Kerans 等，2000；Ruppel 等，2000）同样也显示前积外台地序列（如 Abo 组）并不含相关旋回序列。这是由资源和分布模式的变化引起的，它极大地改变了横向纹理和这些被运走的沉积物的组构。所以，无法建立这些沉积岩精确的内部结构。为进行储层建模，我们创建了一系列概念性的斜坡地形界面以构建储层结构。尽管这些界面不能精确描述 Abo 组的结构，但它们可以显示这些沉积岩不平行和不水平的特点，并且对储层属性的建模提供更多现实的约束条件。

10.9.1.4 储层模型

位于 Fullerton 的 Clear Fork 储层框架的结构如图 10-32 所示。此模型具有如下关键特点：(1) Clear Fork 组与上 Wichita(L2)组表面近似水平和近似平行；(2) 从 Wichita 潮坪相到 Abo 潮下相界面下 Wichita 表面的有效尖灭（近端 L1）；(3) Abo 组的前积特性（远端 L1）。

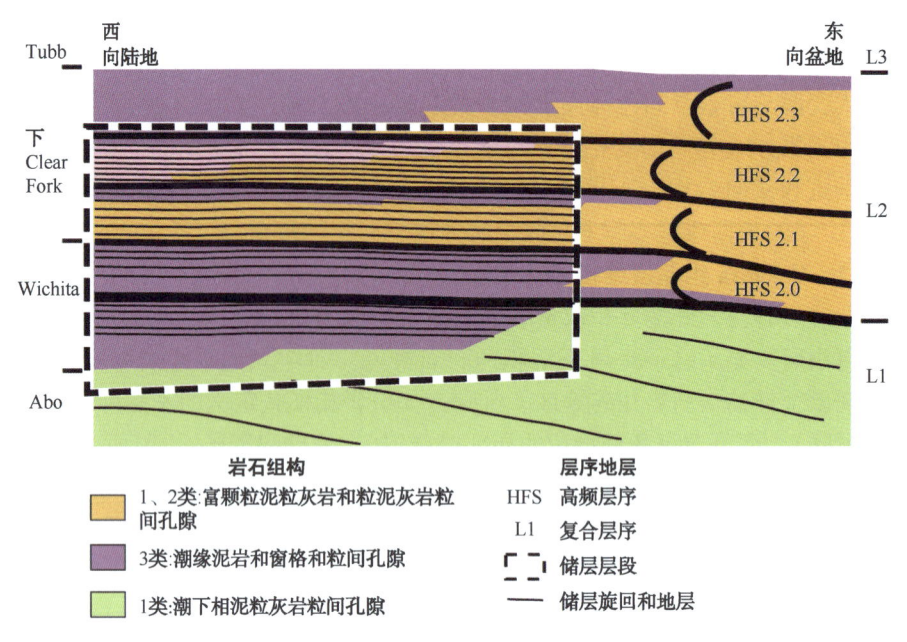

图 10-32　横截面图解显示了用于储层模型构建的框架以及
Fullerton Clear Fork 油田的主要岩石组构类别

1 类岩石组构展示了孔隙度相对的最高渗透率，而 3 类组构显示的则是最低值。需要说明的是
下 Clear Fork 这里所展示的相比，其岩石组构具有更为复杂的横向变化

10.9.2　油田内孔隙度分布模式

在穿透 Abo 组的井采集的岩心和测井数据显示 Abo 组局部具有高孔隙度。然而，对油井的控制太少且不够完整，无法绘制出孔隙度分布图。Wang 和 Lucia（2004）基于可获得的孔隙度数据和概念性的地理框架制作了全域模型，并利用此模型提出了 Abo 组孔隙度 3D 分布的实现方案。但是必须考虑到这一孔隙度分布结果的精确度相对较低。

由电缆测井所得的 $\phi \cdot h$（孔隙度×厚度）绘图显示了 Wichita 层比 Abo 组或是下 Clear Fork 组所含的总 $\phi \cdot h$（平均孔隙度）都要高。总而言之，绘图显示最高 $\phi \cdot h$ 存在于沿油田构造顶峰一带，说明孔隙度的发育与构造有关。但是通过地层层位对 $\phi \cdot h$ 进行更加详细地检查可以发现 $\phi \cdot h$ 与台地位置的关系多于和构造的关系。上 Wichita（HFS L2.0 TST）组的 $\phi \cdot h$ 更高（图 10-30），呈界限清晰的弓形带，总体平行，但是在内外台地界面（Wichita—下 Clear Fork 岩相界面）上具有略微的近陆性。东部 $\phi \cdot h$ 的降低与岩相过渡区附近的 Wichita 组厚度减小是一项函数关系（图 10-19）。然而西北部 $\phi \cdot h$ 的减小却与沉积岩相没有任何关联；在整个区域内，Wichita 组岩石的潮缘潮坪相相似。因此，引起孔隙度发育的因素更多的是与成岩作用而非沉积物相关的函数。关于这种成岩作用的模型将在下一个部分介绍。

下 Clear Fork HFS L2.1 还展示了孔隙度发育的一种弧形趋势，与上 Wichita 组非常相似（图 10-33、图 10-25B）。与 Wichita 组对比发现，有证据表明这一孔隙度趋势至少在某种程度上与岩相有关联。高孔隙度的区域与中坡富颗粒泥粒灰岩有关系。低孔隙度区域与外坡富蜓粒泥灰岩下倾和富泥泥粒灰岩逆倾有关。高 $\phi \cdot h$ 带可能代表了低能量的坡顶。然而，$\phi \cdot h$ 的变化似乎也与成岩作用有很大的关联。高孔隙度区域石灰岩含量也同样很高。比较图

10-18B和图10-33，石灰岩与高孔隙度区域之间的几乎为1∶1的关系。

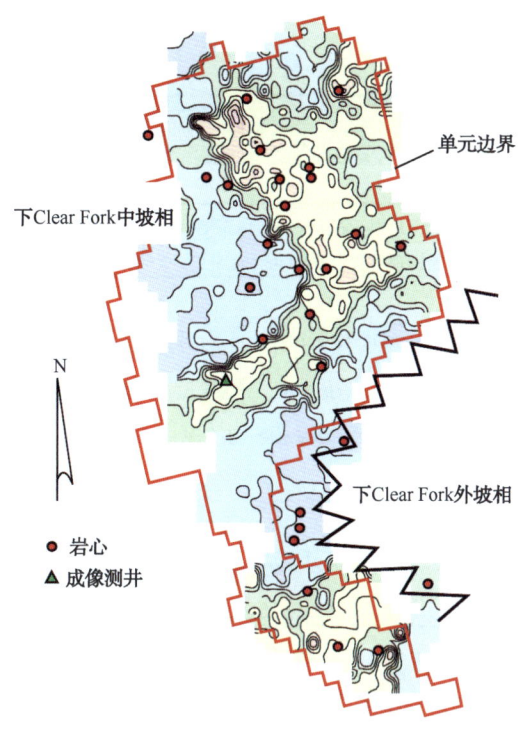

图10-33　电缆测井 $\phi \cdot h$ 显示的下 Clear Fork HFS2.1 孔隙度分布图
HFSL2.1 的高孔隙度地区与富石灰岩地区相关

  HFS L2.2 中没有相似的高 $\phi \cdot h$，但是高孔隙度地区却与石灰岩有关联，例如 L2.1。对于 L2.2 的情况，在此油田南端比较普遍，但是在油田的西北角也存在小部分石灰岩地区。

  孔隙度在整个 Abo—Wichita—下 Clear Fork 储层的所有区域发育都比较成熟。但是，孔隙度具有明显的地区差异，这反映了储层发育过程中沉积作用。成岩作用和构造控制的组合作用。大多数储层层段显示出了孔隙度发育的空间变化，这种变化与台地古地形平行。这在 Wichita HFS L2.0 和下 Clear Fork HFS L2.1 中尤其明显（图 10-30、图 10-33）。以上各情况中，高孔隙度带位于内外台地边缘以下位置的沉积向陆斜倾（Wichita—Abo 岩相界面）。然而，Wichita 组和下 Clear Fork 组的孔隙度发育的机制必然有所不同，前者由海中无系统变化的潮缘相组成；而后者包含三种岩相域的潮下相岩石。

  Wichita 组没有沉积岩相的变化，这说明孔隙的形成是成岩作用过程的结果。稳定的同位素数据证明 Wichita 组的高孔隙度白云石是海水主导的成岩作用的结果（图 10-25A、图 10-34A）。这些岩石显示出轻 $\delta^{18}O$ 值（平均为：0.0‰ PDB）与海水白云石化作用相一致（基于从准同期海水方解石中进行约 3‰分馏的结果；Land，1980）。Wichita 潮坪外边缘这些高孔隙度岩石的限制说明了孔隙发育可能是早期海水主导的白云石化作用以及潮坪向海边缘一带稳定化的结果。向海边缘一带的白云石化作用可能受到某种潜水条件的促进，也许正如潮坪岛复合结构的情况一样（图 10-34A）。

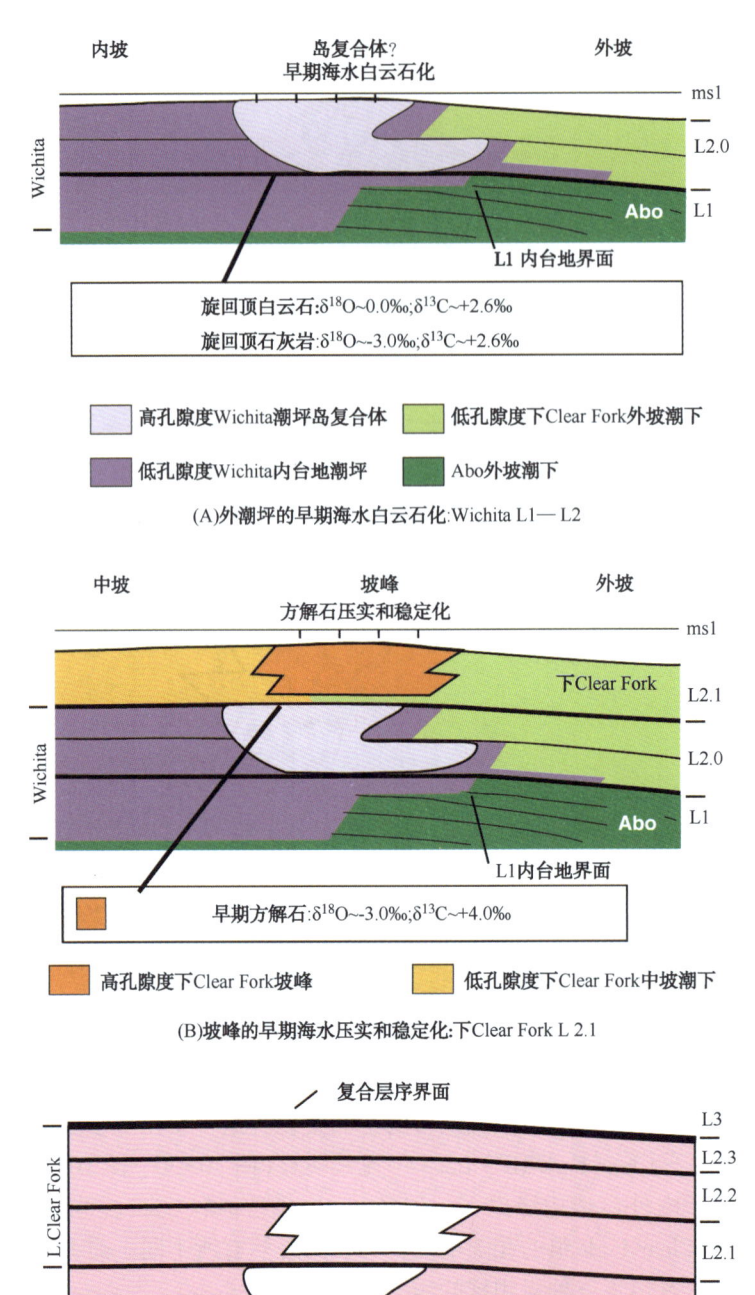

图 10-34 上 Wichita 和下 Clear Fork(L2 序列)成岩作用和孔隙形成的三个主要的阶段
(A)早期海水白云石化：Wichita，L1-L2。Wichita 孔隙发育与潮坪复合体外界面一带的早期海水白云石化有关；(B)早期海水压实和稳定化：下 Clear Fork，L2.1 孔隙度与下 Clear Fork 坡峰石灰岩的原生孔隙度有关；(C)回流白云石化。Wichita 和下 Clear Fork 的大部分都被蒸发浓缩的回流海水白云石化

下 Clear Fork HFS2.1 还显示孔隙发育趋势与下伏 Wichita—Abo 和 Wichita—Clear Fork 相过渡几乎平行(图 10-25B、图 10-33)。但是这种情况下,矿物和孔隙发育都与相有关。岩心描述说明高孔隙度趋势与台地坡峰一致。台地坡峰具有更多的含鲕粒且富颗粒的泥粒灰岩和粒状灰岩(图 10-13C),以及有更多的局部潮坪顶。坡峰发育可能受控于内外坡边缘 L1(Wichita—Abo)的古地形以及(或者)深层断层的差异性沉降。这和 Wichita—Abo 相过渡区的位置可能受控于此类深层结构的方法一样。坡峰走向的区域含有丰富的方解石;东部(内坡)和西部(外坡)的低孔隙度地区几乎全是白云石(图 10-18)。方解石中锶和氧的同位素数据(J. Kaufman, 1991)说明这些岩石本质上没有改变其原始海相沉淀物。氧同位素($\delta^{18}O = -3.0‰$)事实上与中二叠纪海相沉淀物最佳估计值($\delta^{18}O = -2.8‰$;Given 和 Lohmann, 1985)完全相同。这些数据共同说明 HFS L2.1 孔隙度趋势是沿坡峰一带早期海相方解石在充分搅拌和充分氧化条件下胶结的结果。逆倾白云岩体的低孔隙度可能是这些多泥沉积物在白云石化作用前压实的结果,也有可能是白云石和硬石膏胶结导致孔隙闭合的结果。压实和白云石化以及由此产生的孔隙度降低可能仅限于在坡峰,原因在于早期方解石的压实和稳定化以及该地区占主导地位的富颗粒纹理。

在 Wichita 和下 Clear Fork,处于这两个高孔隙度带之外的大多数岩石都显示出低孔隙度以及大不相同的稳定同位素特征。这些岩石含有大量较重的氧同位素($\delta^{18}O$ 平均值 3.0‰ PDB),它们可以通过蒸发浓缩的回流海水指示白云石化作用的存在(Saller 和 Henderson, 1998;Ruppel, 2002)。这种海水可能是在莱纳德期多次产生的。回流的必要条件可能是在各个序列界面形成的(图 10-34C)。然而,似乎最大的潜在回流发生在 L1-L2(Wichita)或 L2-L3(下 Clear Fork-Tubb)海平面降低时,或在此之后紧接着发生。Wichita 和下 Clear Fork 回流白云石同位素特征的相似性说明仅在一次大规模回流事件中就发生了全部白云石化,据推测此次事件可能发生于 L2-L3 的海平面升降期。

尽管 Fullerton 大多数白云石的孔隙度和颗粒富含度较低,但是下 Clear Fork 白云石岩相通常却显示出良好的孔隙度和渗透率(如图 10-13D 所示)。这说明了白云石孔隙保留中沉积纹理具有关键作用。逆倾 Wichita 回流白云石以及下 Clear Fork 富泥白云石岩相中缺少孔隙,很可能反映出白云石化前的压实和/或白云石化引起的孔隙减少以及回流期间的硫酸盐侵位

10.9.3 岩石组构和渗透率分布

除地质上界定的地层格架和精确的孔隙度分布外,一个可靠的储层模型还必须考虑到实际的渗透率分布。为计算 Fullerton 油田的渗透率,确定渗透率分布,我们使用了 Lucia(1995)提出的岩石组构法。该方法以关键岩石组构的界定和测绘为基础。图 10-32 显示了 Fullerton 储层岩石组构的地层分布及相关岩石物理分类(具有相似孔渗关系的岩石组构分组)。Abo 组外台地骨粒泥粒灰岩以具有粒间孔隙、属于第 1 类岩石物理相(在给定孔隙度下,渗透率最高)的岩石组构为主。相比之下,Wichita 组潮坪相主要由第 2 类岩石组构(在给定孔隙度下,渗透率最低)构成。下 Clear Fork 组的岩石在岩石组构类型及分布上比 Abo 组和 Wichita 组更为复杂。如图 10-32 所示,下 Clear Fork 组潮下沉积同时包含第 1 类和第 2 类岩石(局部包含可测绘的第 3 类潮坪相)。第 1 类和第 2 类岩石组构的分布主要与成岩作用相关(尤其是矿物和孔隙类型),其次与沉积相有关。例如,大部分坡顶富颗粒灰岩—泥粒

灰岩都属于第2类岩石，因此，通过电缆测井可确定这些岩石的矿物学性质（如双重孔隙度测井系列，PE 测井），从而绘制出相应的分布图。下 Clear Fork 组在岩石组构和岩石物理分类上的差异主要与白云石晶粒尺寸、硬石膏胶结、印模孔隙发育及沉积结构有关。为确定整块油田的相关性质，我们对 950 份薄片进行了检验，得到了 705 组新的岩心孔渗测量值和 30 组专项岩心分析测量值。有关矿物学性质、岩石组构描述及测绘结果、Fullerton 油田渗透率计算的详细论述可参见 Jones 和 Lucia（2004）。

10.10 概述和结论

建立 Fullerton 油田储层格架所采用的程序以及该格架的很多属性都为浅台地碳酸盐岩储层的特征描述以及储层性质分布的预测模型开发提供了重要的指导信息。该研究所取得的主要地质调查结果如下。

二叠盆地的莱纳德阶储层序列由三个层组或岩相序列构成，各层组或序列均具有不同的岩相、旋回性、沉积构成、孔隙发育及岩石物理关系。

Abo 组以多孔外坡、蜓和海百合开阔海相为主，地震数据表明其具有明显的前积结构。Abo 组的相侧向连续性差，因此，孔隙度分布较为复杂，极有可能高度不连续。但其孔渗关系在整个储层内均属最佳。

Wichita 组潮坪岩石同时包含 Abo 组的高位体系域上倾体（莱纳德阶 L1 层序）和下 Clear Fork 组底部的海侵体系域上倾体（莱纳德阶 L2 层序）。旋回发育不良，相比沉积相，储层结构更易受成岩作用的影响。虽然这些潮坪沉积局部孔隙度较高，但其渗透率相对较低，且连续性差、规模小。高孔隙发育带是内台地潮坪复合体沿外缘发生早期白云石化和稳定化的结果。旋回底灰岩具有超低孔隙度和渗透率，相当于高孔隙度旋回顶白云岩之间的局部流体流动夹层。

下 Clear Fork 组以三个高频层序构成的潮下层序为主，各层序均见证了海平面的升（海侵）降（海退）过程。储层发育几乎只限于潮下相（晚海侵期和早高位期）。坡顶未白云石化的富颗粒、潮下泥粒灰岩和粒状灰岩通常具有最高的孔隙度和渗透率，这些岩石受显著成岩作用的影响相对较小。

L1-L2 层序界面及其周围普遍存在储层的岩溶蚀变现象（包括倾斜层、单矿和复矿填洞角砾岩）。但岩溶特征只能通过岩心或成像测井来进行分析，电缆测井和岩心分析数据均未表明岩石物理性质存在明确差异。但油井动态数据显示，岩溶发育可能会影响流体流动。

建立储层格架时必须使用电缆测井法。但由于铀含量十分多变，与岩相也并无关联，因此，伽马射线测井法并不适用于该目的。我们发现孔隙度测井法最适用于进行高分辨率、旋回尺度对比，但前提条件是先按照岩相叠加样式和岩相对相关数据进行标定。

但电缆测井法并不总是确定孔隙度分布的最佳方法。当缺乏有效测井数据时（如井间具有历史测井数据的区域），对三维地震数据进行简单的振幅提取操作，可提供分辨率更高的储层结构和储层孔隙度分布。

前述所有研究结果对储层非均质性、结构及流体流动均有显著影响。因此，为对储层性质精确成像和有效模拟流体流动，将这些结果纳入储层模型至关重要。

参 考 文 献

Atchley, S. C., M. G. Kozar, and L. A. Yose, 1999, A predictive model for reservoir characterization in the Permian(Leonardian) Clear Fork and Glorieta formations, Robertson field area, west Texas: AAPG Bulletin, v. 83, p. 1031-1056.

Bebout, D. G., F. J. Lucia, C. R. Hocott, G. E. Fogg, and G. W. Vander Stoep, 1987, Characterization of the Grayburg reservoir, University Lands Dune field, Crane County, Texas: University of Texas at Austin, Bureau of Economic Geology, Report of Investigations 168, 98 p.

Bein, A., and L. S. Land, 1982, The San Andres carbonates in the Texas Panhandle: Sedimentation and diagenesis associated with Mg-Cl brines: University of Texas at Austin, Bureau of Economic Geology, Report of Investigations 121, 48 p.

Dutton, S. P., E. M. Kim, R. F. Broadhead, C. L. Breton, W. D. Raatz, S. C. Ruppel, and C. Kerans, 2005, Play analysis and digital portfolio of major oil reservoirs in the Permian basin: University of Texas at Austin, Bureau of Economic Geology Report of Investigations No. 271, 287 p., CD-ROM.

Fischer, A. G., and M. Sarntheirn, 1988, Airborne silts and dune-derived sands in the Permian of the Delaware basin: Journal of Sedimentary Petrology, v. 58, p. 637643.

Fitchen, W. M., M. A. Starcher, R. T. Buffler, and G. L. Wilde, 1995, Sequence stratigraphic framework and facies models of the Early Permian platform margins, Sierra Diablo, west Texas, in R. A. Garber and R. F. Lindsay, eds., Wolfcampian-Leonardian shelf margin facies of the Sierra Diablo— Seismic scale models for subsurface exploration: West Texas Geological Society Publication 95-97, p. 23-66.

Garber, R. A., and P. M. Harris, 1990, Depositional facies of the Grayburg/San Andres dolomite reservoirs; Central Basin platform, Permian basin, in D. G. Bebout and P. M. Harris, eds., Geologic and engineering approaches in evaluation of San Andres/Grayburg hydrocarbon reservoirs— Permian basin: University of Texas at Austin, Bureau of Economic Geology, p. 1-20.

Given, R. K., and K. C. Lohmann, 1985, Derivation of the original isotopic composition of Permian marine carbonates: Journal of Sedimentary Petrology, v. 55, p. 430439.

Hardie, L. A., and P. Garrett, 1977, General environmental setting, in L. A. Hardie, ed., Sedimentation on the modern carbonate tidal flats of the northwest Andros Island, Bahamas: Baltimore, Johns Hopkins University Press, p. 12-50.

Holtz, M. H., and C. M. Garrett, 1990, Geologic and engineering characterization of Leonardian carbonate oil reservoirs: A framework for strategic recovery practices in four oil plays (abs.), in J. E. Flis and R. C. Price, eds., Permian basin oil and gas fields: Innovative ideas in exploration and development: West Texas Geological Society Publication 90-87, p. 76.

Holtz, M. H., S. C. Ruppel, and C. R. Hocott, 1992, Integrated geologic and engineering determination of oil-reserve-growth potential in carbonate reservoirs: Journal of Petroleum Technology, v. 44, no. 11, p. 12501258.

Jones, R. H., and F. J. Lucia, 2004, Integration of rock fabric, petrophysical class, and stratigraphy for petrophysical quantification of sequence-stratigraphic framework, Fullerton field, Texas, in S. C. Ruppel, ed., principal investigator, Multidisciplinary imaging of rock properties in carbonate reservoirs for flow unit targeting: University of Texas at Austin, Bureau of Economic Geology, final contract report to Department of Energy, Contract DE - FC26 - 01BC1535 1, p. 125-162.

Jones, R. H., and S. C. Ruppel, 2004, Evidence of post- Wolfcampian fault movement and its impact on Clear Fork reservoir quality: Fullerton field, west Texas, in R. C. Trentham, ed., Banking on the Permian basin: Plays, field studies, and techniques: West Texas Geological Society Fall Symposium: West Texas Geological Society Publication 04-112, p. 207.

Kerans, C., and W. M. Fitchen, 1995, Sequence hierarchy and facies architecture of a carbonate ramp system: San Andres Formation of Algerita escarpment and western Guadalupe Mountains, west Texas and New Mexico: University of Texas at Austin, Bureau of Economic Geology, Report of Investigations 235, 86 p.

Kerans, C., and K. Kempter, 2002, Hierarchical stratigraph - ic analysis of a carbonate platform, Permian of the Guadalupe Mountains: University of Texas at Austin, Bureau of Economic Geology(AAPG Datapages Discovery Series 5), CD-ROM.

Kerans, C., and S. C. Ruppel, 1994, San Andres sequence framework, Guadalupe Mountains: Implications for San Andres type section and subsurface reservoirs, in R. A. Garber and D. R. Keller, eds., Field guide to the Paleozoic section of the San Andres Mountains: Permian Basin Section SEPM Publication 94-35, p. 105-115.

Kerans, C., F. J. Lucia, and R. K. Senger, 1994, Integrated characterization of carbonate ramp reservoirs using Permian San Andres Formation outcrop analogs: AAPG Bulletin, v. 78, no. 2, p. 181-216.

Kerans, C., K. Kempter, J. Rush, and W. L. Fisher, 2000, Facies and stratigraphic controls on a coastal paleo- karst: Lower Permian, Apache Canyon, west Texas, in R. Lindsay, R. Trentham, R. F. Ward, and A. H. Smith, eds., Classic Permian geology of west Texas and southeastern New Mexico, 75 years of Permian basin oil and gas exploration and development: West Texas Geological Society Publication 00-108, p. 55-82.

Land, L. S., 1980, The isotopic and trace element geochemistry of dolomite: The state of the art, in D. H. Zenger, J. B. Dunham, and R. L. Ethington, eds., Concepts and models of dolomitization: SEPM Special Publication 28, p. 87-110.

Leary, D. A., 1985, Diagenesis of the Permian(Guadalu- pian) San Andres and Grayburg formations, Central Basin platform, Permian basin, west Texas: Master'sthesis, University of Texas at Austin, Austin, Texas, 125 p.

Leary, D. A., and J. N. Vogt, 1990, Diagenesis of the San Andres Formation(Guadalupian) reservoirs, University Lands, Central Basin platform, in D. G. Bebout and P. M. Harris, eds., Geologic and engineering approaches in evaluation of San Andres/Grayburg hydrocarbon reservoirs—Permian basin: University of Texas at Austin, Bureau of Economic Geology, p. 21-28.

Lohman, K. C., and J. C. G. Walker, 1989, The $S^{18}O$ record of Phanerozoic abiotic cements: Geophysical Research Letters, v. 16, p. 319-322.

Longacre, S. A., 1990, The Grayburg reservoir, north McElroy unit, Crane County, Texas, in D. G. Bebout and P. M. Harris, eds., Geologic and engineering approaches in evaluation of San Andres/Grayburg hydrocarbon reservoirs — Permian basin: University of Texas at Austin, Bureau of Economic Geology, p. 239 – 273.

Loucks, R. G., 1999, Paleocave carbonate reservoirs: Origins, burial-depth modifications, spatial complexity, and reservoir implications: AAPG Bulletin, v. 83, p. 1795-1834.

Lucia, F. J., 1995, Rock-fabric/petrophysical classification of carbonate pore space for reservoir characterization: AAPG Bulletin, v. 79, no. 9, p. 1275-1300.

Lucia, F. J., and J. W. Jennings Jr., 2002, Calculation and distribution of petrophysical properties in the South Wasson Clear Fork field, in F. J. Lucia, ed., Integrated outcrop and subsurface studies of the interwell environment of carbonate reservoirs: Clear Fork (Leonar- dian-age) reservoirs, west Texas and New Mexico: University of Texas at Austin, Bureau of Economic Geology, final technical report to the Department of Energy, Contract DE – AC26 – 98BC15105, p. 95-142.

Major, R. P., G. W. Vander Stoep, and M. H. Holtz, 1990, Delineation of unrecovered mobile oil in a mature dolomite reservoir: East Penwell San Andres unit, University Lands, west Texas: University of Texas at Austin, Bureau of Economic Geology, Report of Investigations 194, 52 p.

Mazzullo, S. J., 1982, Stratigraphy and depositional mosaics of lower Clear Fork and Wichita groups (Permian), northern Midland basin, Texas: AAPG Bulletin, v. 66, p. 210-227.

Mazzullo, S. J., and A. Reid, 1989, Lower Permian platform and basin depositional systems, northern Midland basin, Texas, in P. D. Crevello, J. J. Wilson, J. F. Sarg, and J. F. Read, eds., Controls on carbonate platform and basin development: SEPM Special Publication 44, p. 305-320.

Presley, M. W., 1987, Evolution of Permian evaporite basin in Texas Panhandle: AAPG Bulletin, v. 71, p. 167-190.

Presley, M. W., and K. A. McGillis, 1982, Coastal evaporite and tidal-flat sediments of the upper Clear Fork and Glorieta formations, Texas Panhandle: University of Texas at Austin, Bureau of Economic Geology, Report of Investigations 115, 50 p.

Ruppel, S. C., 1992, Styles of deposition and diagenesis in Leonardian carbonate reservoirs in west Texas: Implications for improved reservoir characterization: Society of Petroleum Engineers Annual Exhibition and Technical Conference, SPE Paper 24691, p. 313-320.

Ruppel, S. C., 2002, Geological controls on reservoir development in a Leonardian (Lower Permian) carbonate platform reservoir, Monahans field, west Texas: University of Texas at Austin, Bureau of Economic Geology, Report of Investigations 266, 58 p.

Ruppel, S. C., and E. E. Ariza, 2002, Cycle and sequence stratigraphy of the clear fork reservoir at South Wasson field: Gaines County, Texas, in F. J. Lucia, ed., Integrated outcrop and subsurface studies of the interwell environment of carbonate reservoirs: Clear Fork (Leo- nardian- age) reservoirs, west Texas and New Mexico: University of Texas at Austin, Bureau of Economic Geology, final technical report to the Department of Energy, Contract DE – AC26 – 98BC15105,

p. 59-94.

Ruppel, S. C., and D. G. Bebout, 2001, Competing effects of depositional architecture and diagenesis on carbonate reservoir development: Grayburg Formation, South Cowden field, west Texas: University of Texas at Austin, Bureau of Economic Geology, Report of Investigations 263, 62 p.

Ruppel, S. C., and H. S. Cander, 1988a, Effects of facies and diagenesis on reservoir heterogeneity: Emma San Andres field, west Texas: University of Texas at Austin, Bureau of Economic Geology, Report of Investigations 178, 67 p.

Ruppel, S. C., and H. S. Cander, 1988b, Dolomitization of shallow-water platform carbonates by sea water and seawater-derived brines: San Andres Formation (Gua-dalupian), west Texas, in Sedimentology and geochemistry of dolostones: SEPM Special Publication 43, p. 245-262.

Ruppel, S. C., W. B. Ward, E. E. Ariza, and J. W. Jennings Jr., 2000, Cycle and sequence stratigraphy of Clear Fork reservoir-equivalent outcrops: Victorio Peak Formation, Sierra Diablo, Texas, in R. Lindsay, R. Trentham, R. F. Ward, and A. H. Smith, eds., Classic Permian geology of west Texas and southeastern New Mexico, 75 years of Permian basin oil and gas exploration and development: West Texas Geological Society Publication 00-108, p. 109-130.

Saller, A. H., and N. Henderson, 1998, Distribution of porosity and permeability in platform dolomites: Insights from the Permian of west Texas: AAPG Bulletin, v. 82, no. 8, p. 1528-1550.

Tyler, N., and N. J. Banta, 1989, Oil and gas resources remaining in the Permian basin: Targets for additional hydrocarbon recovery: University of Texas at Austin, Bureau of Economic Geology, Geological Circular 89-4, 20 p.

Vogt, J. N., 1986, Dolomitization and anhydrite diagenesis of the San Andres (Permian) Formation, Gaines County, Texas: Master's thesis, University of Texas at Austin, Austin, Texas, 202 p.

Wang, F., and F. J. Lucia, 2004, Reservoir modeling and simulation of Fullerton Clear Fork field, Andrews County, Texas, in S. C. Ruppel, ed., principal investigator, Multidisciplinary imaging of rock properties in carbonate reservoirs for flow unit targeting: University of Texas at Austin, Bureau of Economic Geology, final contract report to Department of Energy, Contract DE-FC26-01BC1535 1, p. 219-304.

Ye, Q., and S. J. Mazzullo, 1993, Dolomitization of lower Permian platform facies, Wichita Formation, north platform, Midland basin, Texas: Carbonates and Evapo-rites v. 8, no. 1, p. 55-70.

Zeng, H., 2004, Construction and analysis of 3-D seismic porosity inversion models, in S. C. Ruppel, ed., principal investigator, Multidisciplinary imaging of rock properties in carbonate reservoirs for flow unit targeting: University of Texas at Austin, Bureau of Economic Geology, final contract report to Department of Energy, Contract DE-FC26-01BC1535 1, p. 305-342.

Zeng, H., and C. Kerans, 2003, Seismic frequency control on carbonate seismic stratigraphy: A case study of the Kingdom Abo sequence, west Texas: AAPG Bulletin, v. 87, no. 2, p. 273-293.

11

加拿大新斯科舍近海侏罗系 Deep Panuke 气田碳酸盐岩层序地层与石油地质

John A. W. Weissenberger[1]   Richard A. Wierzbicki[2]   Nancy J. Harland[2]

(1. Husky Energy Inc., Calgary, Alberta, Canada;
2. EnCana Corporation, Calgary, Alberta, Canada)

摘要：泛加拿大石油公司(现称加拿大能源公司)1998年在钻探PP-3C井时发现了Deep Panuke气田。该井在90m(295ft)水下钻井，位于加拿大哈利法克斯市东南部250km (155mile)处。后续的探边和开发钻井作业发现了大量气藏。

该气藏为上侏罗系Abenaki组礁相和鲕状石炭岩和白云岩的构造—地层混合结构圈闭。Scotian Shelf(Scotian Shelf)的侏罗系碳酸盐岩台地与一块变质岩后陆相连，因而其沉积物中含有不同数量的硅质碎屑岩。发育大量次生孔隙，例如淋滤基质和晶间孔隙、vuggy 孔隙和(或)穴管状孔隙。其构造、岩相学和同位素证据表明，这些孔隙因深埋和热液成岩作用而产生。该气藏来源于附近的 Verrill Canyon 组页岩，其中有少量硫化氢与下伏 Abenaki 组的同生裂陷蒸发岩存在同位素关系。

Abenaki 组分为7个三级沉积层序，Abenaki V 为原生气带。运用地质学和一个二维地震数据网络，对这些层序进行区域对比。探边井和储层描述则依据三维地震数据。Deep Panuke 是北美东部陆架中生代碳酸盐岩中第一个，也是到目前为止唯——个重要的油气发现区。

11.1 引言

最近在 Scotian Shelf 进行的一轮油气钻探提供了与该地区侏罗纪碳酸盐岩和伴生地层相关的大量新数据。从1998年开始，加拿大能源公司(时称泛加拿大石油公司)便开始钻探

Panuke 气田(发现于 1986 年)现今产层下的深层油气。该储层属 Abenaki 组侏罗纪碳酸盐岩，分布在白垩系 Panuke 组含油硅质碎屑岩砂层下。这项钻探计划发现了巨型 Deep Panuke 气田并进行了探边。本章在最新地震及测井数据的基础上，对新斯科舍侏罗系提出了新的地层、沉积和古地理解释。

11.1.1 区域地质学

侏罗系 Scotian Shelf 组的构造及地层发育受其在北大西洋西缘所处位置的影响(图 11-1)。根据 Poag(1991)，新斯科舍侏罗系位于大巴哈马浅滩台地(年龄 1.0Ga)的北端。这里指北美东缘主要的碳酸盐沉积体系。

图 11-1 晚侏罗纪(年龄：约 1500 万年)古地理图(改自 Scotese，1997)

在大西洋从晚三叠世开始逐渐由北向南延伸时，主要构造为伸展和扭张构造，这些构造与大西洋的张裂有关(Jansa 和 Pe-Piper，1988)。构造环境为晚三叠世—早侏罗世裂谷盆地，而从中侏罗世到现在为被动边缘型盆地。

Scotian Shelf 基岩为陆源成因，以泥盆纪花岗岩和晚前寒武纪—奥陶纪变质沉积物为主(Welsink 等，1989)，然后基岩中侵入了泥盆纪花岗岩。图 11-2 显示了 Scotian Shelf 的一些主要构造要素，包括以断层为界的主要构造隆起和区间盆地。Deep Panuke 地区相关三维(3D)地震数据表明，这些较大的构造可分成若干较小的地垒和地堑构造。侏罗系仅以上超楔体沉积物的形式赋存于 Scotian Shelf 外部(图 11-3)。

这种楔形几何结构的总体地层结构反映了从初始裂谷到被动边缘沉积的构造史。早期形成的盆地充填沉积为晚三叠世到早侏罗世(辛涅缪尔阶—普林斯巴阶)时期。这些沉积物由 Eurydice 和 Argo 组同生裂谷硅质碎屑岩和蒸发岩所组成(McIver，1972；Jansa 和 Wade，1975)。沉积物上覆有 Iroquois 组微晶局限海相硬石膏白云岩(McIver，1972)。Iroquois 组上面覆盖着一个硅质碎屑岩序列，序列由红层、未成熟砂层和伴生地层所组成。这些沉积物被划分为 Mohican 组(Given，1977)。

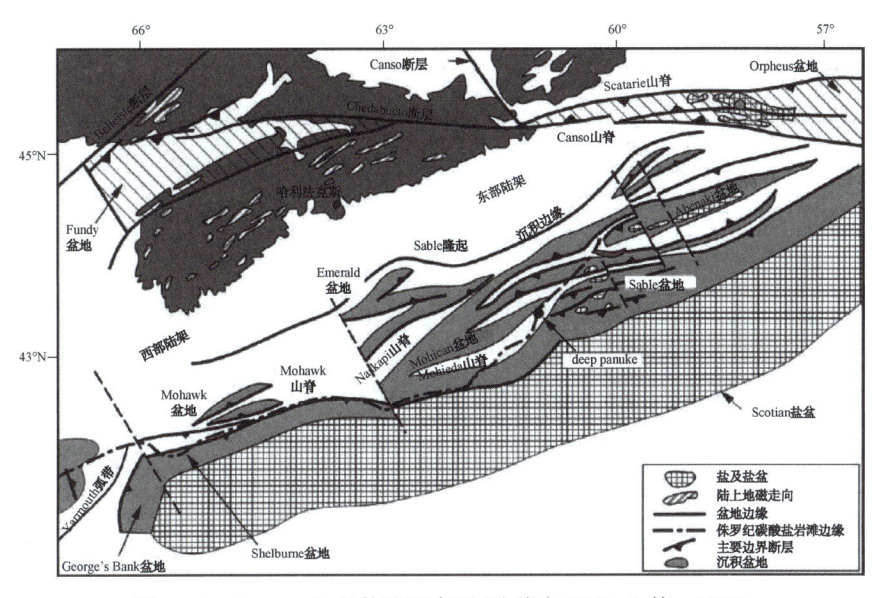

11 加拿大新斯科舍近海侏罗系 Deep Panuke 气田碳酸盐岩层序地层与石油地质

图 11-2 Scotian Shelf 构造要素图(改编自 Welsink 等,1989)

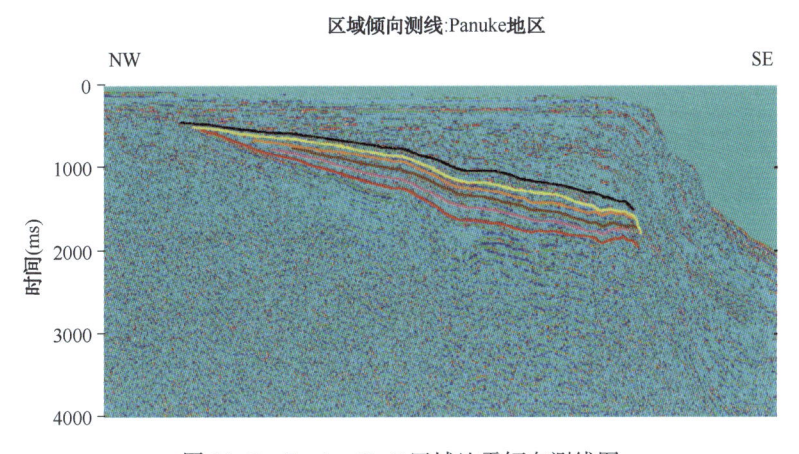

图 11-3 Scotian Shelf 区域地震倾向测线图

注意侏罗纪序列的楔形几何结构。彩色线表示 Abenaki(AB)组三级沉积层序,从底部到顶部依次为 AB I(红色)、AB II(紫色)、AB III(褐色)、AB IV(橙色)、AB V(黄色)和 AB VI/VII(深色)

正常海相碳酸盐岩沉积首先发生在 Abenaki 组(McIver,1972;由 Eliuk 修订,1978)。在岩石地层学上,Abenaki 组可分为若干段:即 Scatarie、Misaine、Baccaro 和 Artimon(Roseway 单元;Wade,1977)。有关更深入的讨论请参阅 Eliuk(1978)。但是,对于以海相页岩为主的 Misaine 段,这些沉积物由 Scotian Shelf 的大多数侏罗纪碳酸盐岩地层所组成。在区域上,这些沉积物与 Mic Mac 组浅海和三角洲沉积等时。下面将讨论这些岩相带间的侧向关系。相应的侏罗纪深水页岩序列被称为 Verrill Canyon 组,与早白垩世 Mohican 组地层沉积等时。下面将从层序—地层角度对这种岩石地层(图 11-4)进行讨论。

图11-4 地层分布图和Abenaki组及相关地层层序和年代地层详图

(A) Scotian Shelf组地层分布图

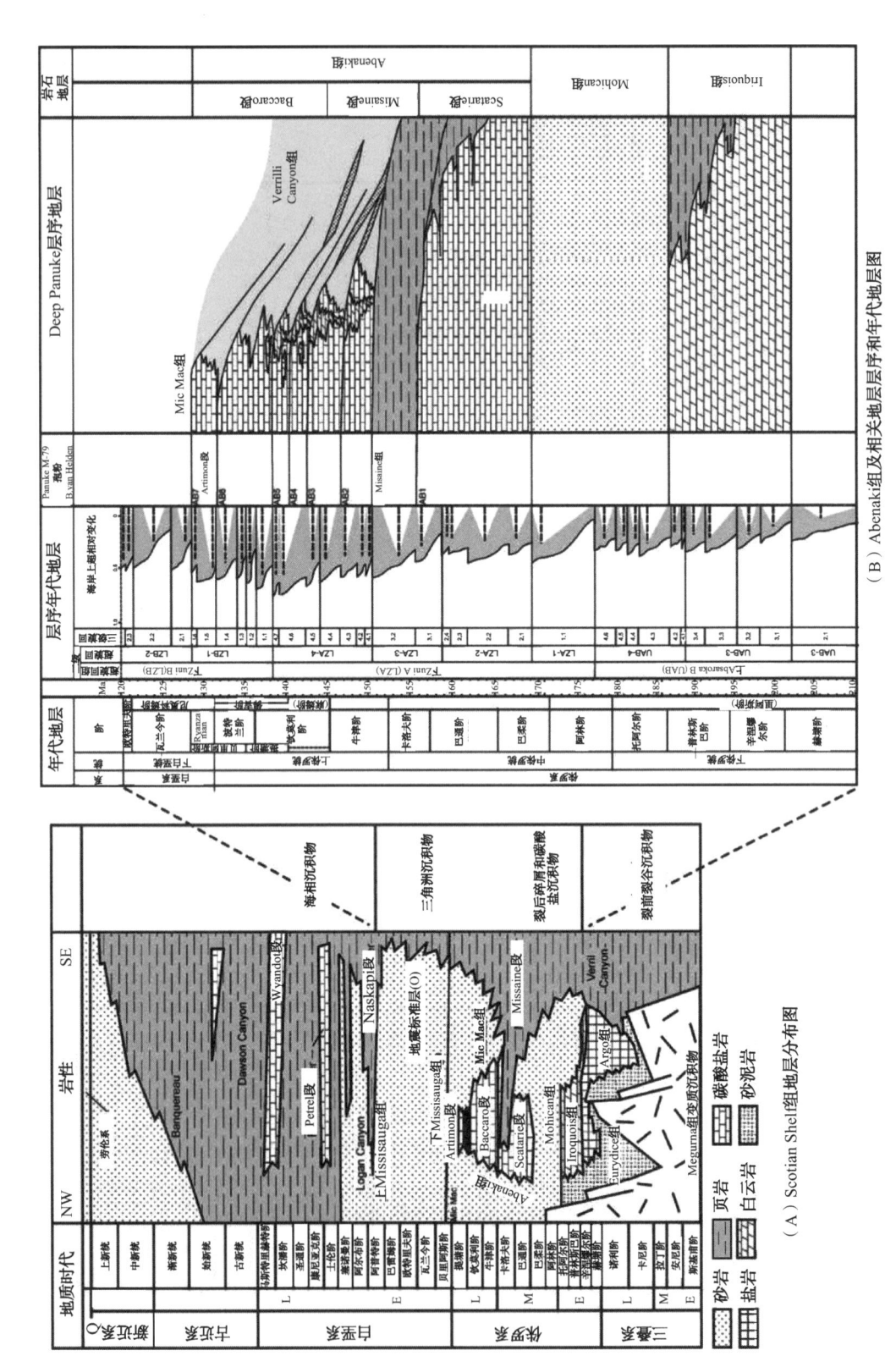

(B) Abenaki组及相关地层层序和年代地层图

年代地层图来自Haq等人(1987)的研究；Abenaki组生物地层图来自van Helden的研究(见附录11-2)

关于 Abenaki 组最全面的早期研究成果由 Eliuk(1978)提出，并在之后进行了更新(Eliuk 等，1986；Eliuk 和 Levesque，1989)。有关老井的其他解释包括 Jansa 和 Wade(1975)、Jansa 和 Wiedmann(1982)及 Ellis(1984)。我们对这项工程的各个部分进行了初步介绍(Weissenberger 等，2000；Harland 等，2002；Hogg 和 Enachescu，2003)，并在本章中进行了补充和修订。

11.1.2 背景及方法

1998 年在钻探 PP3C 发现井之前，有 53 口井穿过 Scotian Shelf 上 Abenaki 组。其中仅对 17 口井进行了取心。因而，初步的地层解释和探测工程是以这些数据为依据；上述气井的电缆测井、岩心和钻屑数据和一个区域性二维地震数据网格。并对 Panuke 大部分地区进行三维勘探(最初是为拍摄浅部、偏油白垩系地层的图像)。以选取发现井(PP-3C)的钻井位置。

在钻探 PP-3C 井后钻探了评价井，评价井钻井获得了所需的更多相关数据。然后对计划外的一些常规岩心进行切割(见附录 11-1)。所有这些数据的分布显示在图 11-5 中。由于切割常规岩心的成本高昂以及取心时可能存在井漏风险，故设计了一个钻进式井壁取心仪，并结合成像测井数据(和其他电缆测井数据)，对岩相和地层进行解释。现有的岩心数据足以构建岩相模型及对比地层，下面将进行详细介绍。

另外，为确定成岩史、储层及烃源岩质量，还进行了专项分析。其中包括详细的岩屑、常规及井壁岩心样品相关岩相学研究；下面将详细介绍发现井的流体包裹体和稳定同位素、气体样品同位素以及油气和潜在烃源岩层段的地球化学分析。

11.2 岩相及沉积环境

新斯科舍侏罗纪陆缘上的沉积由碳酸盐岩—硅质碎屑岩混合沉积体系所组成。气候属热带—亚热带型(Golonka 等，1994；Scotese，1997)。沉积环境及其组分岩相(带)反映了这种整体古地理环境。

图 11-6 所示为 Abenaki 组的广义相模型。下面将介绍从向陆最远一侧到向盆最远一侧的沉积环境和岩相。对岩相进行了更详尽分析的文献包括 Eliuk(1978)、Ellis(1984)、Eliuk 和 Levesque(1989)及 Pratt 和 Jansa(1989)。最近的是 Wierzbicki 等人结合 Deep Panuke 相关实例进行的总结(2002)。

为建立准确的层序—地层储层模型，有必要建立一个正确的岩相模型，为此勘探开发团队研究了可能与 Deep Panuke 相似的众多气井。有关同类盆地的露头研究(Leinfelder，1994；Wenzel 和 Strasser，2001；Blomeier 和 Reijmer，2002)对我们在葡萄牙、瑞士汝拉(Swiss Jura)和摩洛哥进行的实地研究提供了最大的帮助。

勘探开发团队还有效地将地层成像测井数据与具体岩相联系起来。通过对钻遇地层中的大量旋转式井壁岩心进行切割来完成这项工作。并采用了两种互补的方法：测前或测后切割岩心。前一种方法可以根据样品描述选取岩心点。这种方法无法准确地确定取样点，但根据成像测井可以清楚看见取样点，因而可以完全确定取样的测井相。后一种方法可以对整个测井系列进行研究，并对特定地层成像测井(地层显微成像仪，FMI)相进行井壁取心。利用 FMI 测井系列，总共对气井采集了 200 多个井壁岩心样品。

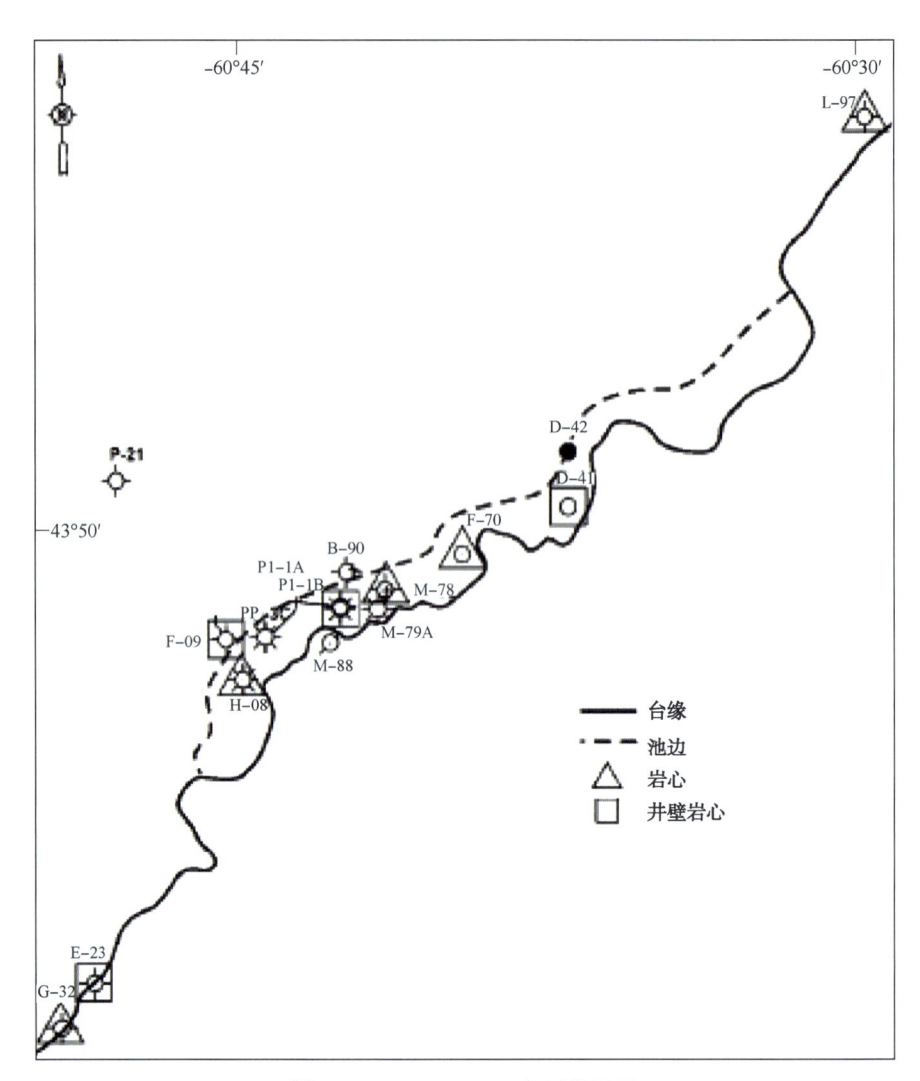

图 11-5 Deep Panuke 气田位置图

图中显示了 Abenaki 组的油井和岩心管理

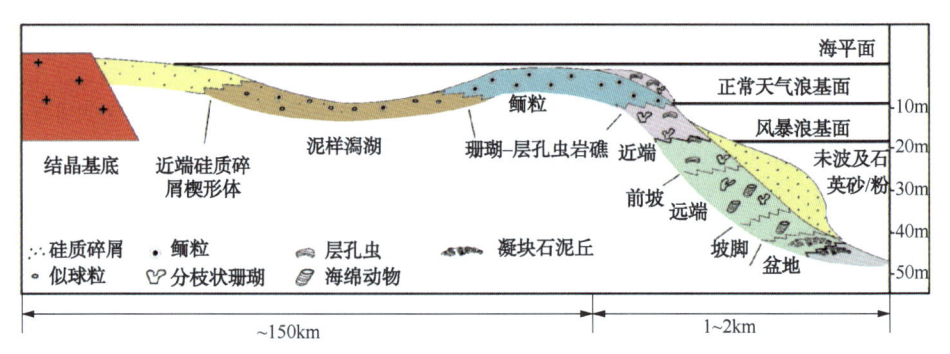

图 11-6 Abenaki 组相模型与基本沉积环境(改编自 Weissenberger 等，2000)

图 11-7 显示了所解释的晚侏罗世 Scotian Shelf 古地理图。如下面所讨论的，由于相分布随海平面位置变化而变化，因而在界定上对相带分布进行了广义化。也就是说，内陆架的

碳酸盐岩陆缘共生有硅质碎屑内陆架沉积。硅质碎屑沉积也进入到台缘盆地，尤其是研究区东北部的大型 Sable 三角洲（Mic Mac 组）。在三角洲西南部，通常以碳酸盐岩陆架为主，东北部则硅质碎屑岩更加丰富。

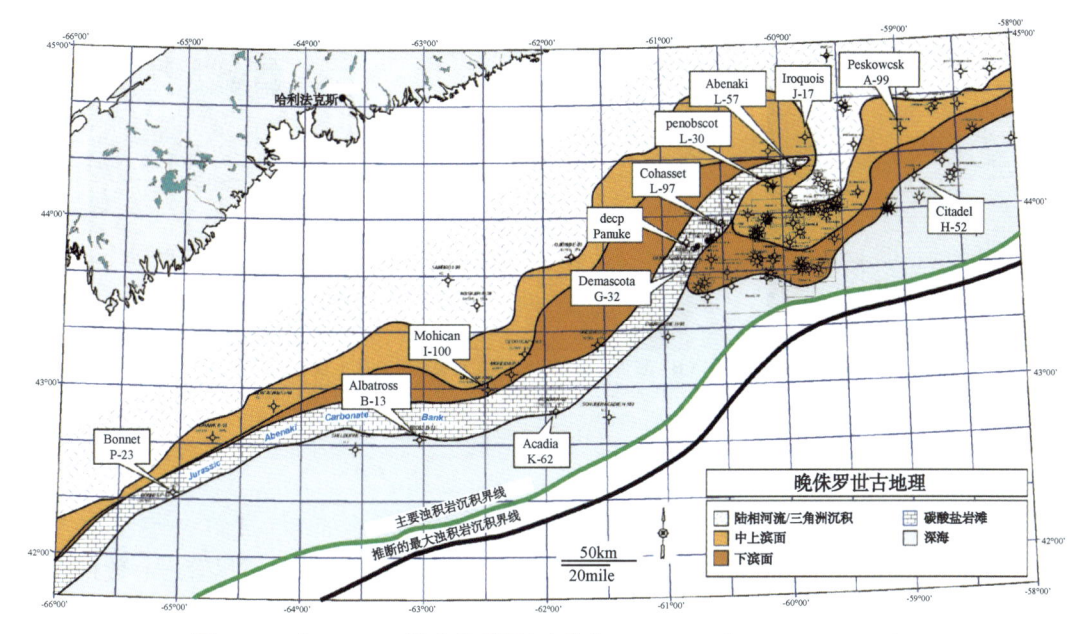

图 11-7　上 Abenaki 组古地理图（改编自 Wierzbicki 和 Harland，2004）

下面将对沉积环境和岩相进行简要介绍。根据在向上变浅序列中的位置，与台地到盆地的地震反射层相关联的气井岩相识别及上文所引用的文献，对岩相的相对深度进行估计。

11.2.1　硅质碎屑岩海岸平原

浅灰色极细粒—中粒泥晶基质石英砂与碳酸盐岩台地上的其他几种沉积类型伴生。其中伴生有鲕粒和似核形石，红色和绿色页岩和煤岩，以及核形石—鲕粒—巨牙泥粒灰岩和隐藻泥岩。根据局部环境，沉积物有纯硅质碎屑沉积和碳酸盐与硅质碎屑的混合沉积。沉积亚环境分别为台地低地或岩溶地貌、浅水潟湖和近岸群落生境、三角洲、滨面砂和（或）河口保存下来的低位砂岩。这些岩相均沉积在不超过 10m（33ft）深的水下。图 11-8A 显示了一种属陆架低位沉积、在海侵时期再沉积的生物扰动砂岩。

发育于台地内部的含化石（腹足类—介形类）粒泥灰岩和深灰色页岩也含有大量的硅质碎屑组分。这些沉积物属水深高达 20m（66ft）的深湖沉积（海壕、Eliuk，1978）。

11.2.2　台地内部和潟湖

这种环境中岩相类型丰富。似球粒粒泥灰岩—泥粒灰岩中含有微量珊瑚、海绵类和层孔虫组分，常见有潜穴和缝合线。这些岩相属浅湖边缘近端沉积。核形石相在这种环境中也很常见（图 11-8B），由粒泥灰岩—泥粒灰岩所组成，根据是否靠近边缘，这些岩石中含有不同数量的礁或鲕粒物质。研究发现台地内部分布有泥质岩相，主要为深褐色骨粒粒泥灰岩、页岩和砂岩。最常见的碎屑有似核形石、腹足类、双壳类、介形类和鲕粒。这些泥质岩相属深海陆架沉积［水深 5~20m（16~66ft）］，常见于海侵期沉积或一个给定四五级沉积旋回中未周期性充填的陆架地带沉积。

（A）挖穴中细粒泥晶基质砂岩[再沉积低位陆架；I-100，2528.4m(8295.5ft)]　（B）核形石泥粒灰岩[潟湖边缘近侧；K-62，3384.2m(11103.01ft)]　（C）鲕粒粒状灰岩[浅滩边缘；B-13，2514m(8248ft)；硬币直径：18mm(0.8 in)]

图 11-8　Abenaki 组典型岩相

11.2.3　台地边缘

这种环境以两种组分为主，即骨粒或礁相（珊瑚—层孔虫）和鲕粒。尽管岩心数据有限，井距比较稀疏，台顶仍以鲕粒粒状灰岩为主（图 11-8C），而珊瑚—层孔虫粘结灰岩和泥粒灰岩（图 11-9A）主要赋存于较深的水中。

（A）珊瑚—层孔虫泥粒灰岩—粘结灰岩[礁台地边缘；G-32，3874m(12710ft)]　（B）粒状基质骨粒泥粒灰岩[前坡近端；G-32，3608m(11839ft)]　（C）凝块石泥岩[开阔海相盆地；G-32，4393m(14414ft)]

图 11-9　Abenaki 组典型岩相

礁组分由珊瑚—层孔虫粒泥灰岩—泥粒灰岩所组成，常见有海刺毛类、海绵类、苔藓虫类、腹足类和海百合类化石。基质通常呈浅褐色，粒状。这些岩相属高能沉积，有礁后、礁顶和礁前沉积。沉积环境水深在 0~10m(0~33ft) 之间。在前坡可发现达 50m(164ft) 的类似岩相，代表了沿下坡流下的移置物质的典型特征。珊瑚—层孔虫粘结灰岩含海刺毛类和海藻组分，构成另一个主要的礁相。颜色呈浅褐—中褐色，含粒状骨粒基质，常有块状—粒序层理，并含有苔藓虫类、腹足类和海百合类等微量组分。这些岩相可能伴生有含同种动物群的深灰色骨粒粒泥灰岩。这些岩相主要沉积在边缘或礁后补丁礁的礁原体中，沉积环境水深

2~10m(6.6~33ft)。由于主要为粒状结构，深色粒泥灰岩属隐蔽孔洞沉积，总体沉积环境为高能环境。

而边缘以鲕粒为主，鲕粒赋存于块状—交错层理粒状灰岩中（图11-8C）。颜色呈浅褐色，含微量似核形石、单体珊瑚类和腹足类化石。岩相复杂多变，其中包括鲕粒葡萄状灰岩和似核形石粒泥灰岩组构。这些岩相属高能浅滩沉积，沉积环境水深不超过5m，在以风成波浪为主的台缘或近缘浅滩，间有粘结灰岩礁相。

11.2.4 前坡近端

这种环境以珊瑚—海绵—寻常海绵类、浅灰色或浅黄色—深灰色骨粒或泥晶基质的粒泥灰岩—泥粒灰岩为主（图11-9B）。还含有管壳石、石海绵、层孔虫、海刺毛类、海百合类、腹足类、腕足类等其他组分。这种岩相可能伴生有中灰—深灰、纹理粉砂岩和前面所述的粗粒礁源物质。

这种环境中还形成有灰色—褐色珊瑚—海绵—寻常海绵类泥粒灰岩—粘结灰岩。这些岩石通常呈块状层理，成层性差，偶有以泥为主的粉砂—粗砂基质。动物群有深水石珊瑚、海绵、海刺毛类、层孔虫和管壳石。

粒泥灰岩和泥粒灰岩属以珊瑚为主的沉积，沉积环境水深10~70m（3.3~230ft）。泥粒灰岩—粘结灰岩属以珊瑚为主的礁相沉积。Deep Panuke岩心和FMI图像显示，这种岩相为主要礁相。Abenaki边缘相对陡峭，不过仍发育形成有丰富的礁，而台顶则主要为粒状灰岩。

11.2.5 前坡远端

这种环境主要发育草珊瑚和管壳石粒泥灰岩，含少量层孔虫、海刺毛类和鲕粒。常见有微生物岩结构和蓝藻泥晶基质。伴生岩相有深灰—深色纹理页岩和中灰—深灰粉砂岩。此外，这种环境中还赋存有石海棉和珊瑚—层孔虫泥粒灰岩—粘结灰岩。这些岩石呈中灰色，含泥晶—凝块石基质。伴生组分有管壳石、Microselena（及其他深水石珊瑚）、苔藓虫类、斧足类、腕足类和海百合类。伴生岩相有浅灰—中灰骨粒粒泥灰岩和灰色—深色页岩。

粒泥灰岩和页岩岩相属背景沉积物，沉积在原地海绵和深水珊瑚草甸的30~70m（100~229ft）水下。粘结灰岩为以海绵为主的泥丘，通常在30~100m（100~330ft）深的含氧水域中发育形成。

11.2.6 盆地

主要原地沉积物为纹理或凝块石结构的深灰—深色页岩和泥岩（图11-9C）、纹理粉砂岩和泥灰岩。这些岩石沉积在100~200m（330~660ft）深的水下。海绵物质、远洋性有孔虫、放射虫和菊石类化石最为常见。在这种环境中还发现了Hexatinellid海绵管壳石粘结灰岩—泥粒灰岩及其共附生灰质页岩。也有层孔虫和珊瑚粒泥灰岩—泥粒灰岩及其共附生海绵、寻常海绵类、海百合类等动物群。

粘结灰岩为Hexatinellid海绵—微生物岩礁，而页岩、粒泥灰岩和泥粒灰岩为礁间物质，其沉积环境水深超过100m（330ft）。层孔虫—珊瑚沉积来源于陆架（浊积岩），赋存于深度在10~100m以上（33~330ft以上）的水下。

11.2.7 讨论

关于Abenaki组是否以礁式或斜坡式沉积体系为主一直争议不断（Eliuk，1978；与Ellis，1984；Ellis等，1985，1990）。我们在Deep Panuke计划中所取得的最新岩心数据和FMI测井数据等最新钻井数据表明，Abenaki组以改性礁式为主。FMI测井数据和井壁岩心数据表明，M-79等气井基本上穿透整个Abenaki组剖面，有珊瑚—层孔虫砾状灰岩—粘结灰岩厚层加积型旋回，这些旋回显示为叠加三级层序。这些粘结灰岩和砾状灰岩的基质中含大量泥晶（基质发生了再结晶；J. Dravis，2001，个人通信），表明这些岩石没有受到连续波浪作用，也就是说，它们可能沉积在正常天气浪基面以下。

相反，基于地震数据进行观测，Abenaki（AB）Ⅰ（Scatarie段）有岩相成分和沉积剖面，表明Abenaki（AB）Ⅰ（Scatarie段）更多沉积在斜坡或开阔台地环境，没有发育较好的礁缘。根据Eliuk（1978）的解释，在G-32井南边，AB Ⅰ更多属于有边陆架沉积模式。

地震剖面（下文将详述）支持这一地质依据。AB Ⅱ向上发育形成有剧烈起伏的台地—盆地地形，其沉积倾斜角十分陡峻，最大可达50°，表明其沉积剖面为陡峭礁剖面。最上层层序（ABⅦ）的沉积剖面较和缓，表明并非为礁剖面。有限的井壁岩心和FMI图像数据以及岩屑鉴定结果显示，沉积环境为深水海绵、以泥丘为主的泥质环境。此外，我们对其他地区特别是葡萄牙的钦莫利阶Ota礁的相关系进行研究发现，鲕粒礁滩环境可以在侧向和垂向上相邻，例如Abenaki组。加上某些珊瑚—层孔虫粘结灰岩层段存在粗粒风选基质，这就表明岩礁的确呈周期性生长在正常天气浪基面之上，在接近鲕粒滩的水深处形成高能补丁礁。这些岩礁有可能在台缘形成含甲壳的礁前缘带，但这个地带的井均未进行测试。

在位于Sable三角洲西南部的Abenaki台地边缘，发现硅质碎屑岩只有较薄的孤立砂体。但是，M-79井下Abenaki组（层序Ⅰ；Scatarie段）岩心有灰泥基质的甚圆砾卵石级变质沉积物，含海百合类和双壳类等丰富的海洋动物群。这表明在下Abenaki组沉积时期，存在更近端的硅质碎屑源岩，因为其他岩心中没有粗粒硅质碎屑岩，本研究证实也没有岩屑。根据Eliuk（1978）的解释，至少钻遇有两口井的几个盆岭缺失Scatarie段。这些可能是M-79井取心粗粒硅质碎屑岩的来源。

如上所述，使用井壁取心技术，FMI图像与岩相成功匹配。有些图像的解释相对简单。图11-10所示为L-97井的一个取心井段中一个大笙状珊瑚的生长位置（前坡环境）。图中还显示了在结核状前坡泥岩—粒泥灰岩序列的生长位置长有类似珊瑚[高度约1m（3.3ft）]的M-79井的一个FMI图像。

图11-11比较了M-79井多孔礁相白云岩的FMI图像与H-08井上Abenaki组多孔储层岩心。淋滤和白云岩化分米级多孔岩石与未蚀变礁相粘结灰岩在结构上有明显相似性。

11.3 层序地层学

由于中Scotian Shelf组缺乏常规岩心，Deep Panuke的钻前层序—地层格架主要反映岩屑描述和地球物理测井解释。泥质岩相的伽马测井响应一般较高，相反，根据泥质含量较低的岩相的伽马测井读数，则表明为高能、风选沉积。因而，高伽马测井响应表明，属泥质前

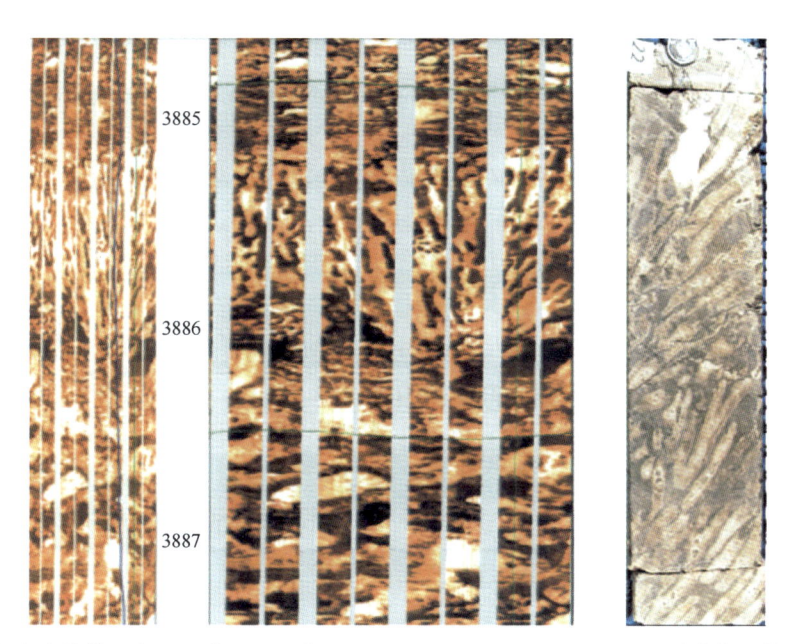

图 11-10 长有大笙状珊瑚(左)的 M-79 井(3865~3866m；12680~12683ft)地层成像测井(FMI)与长有类似珊瑚的 L-97 井[3417m(11210ft)；硬币直径：18mm(0.8in)]岩心的对比图。珊瑚生长在层孔虫—珊瑚泥粒灰岩—粘结灰岩上(下)的着生位置

(A) M-79井FMI图   (B) PI-1A井岩心

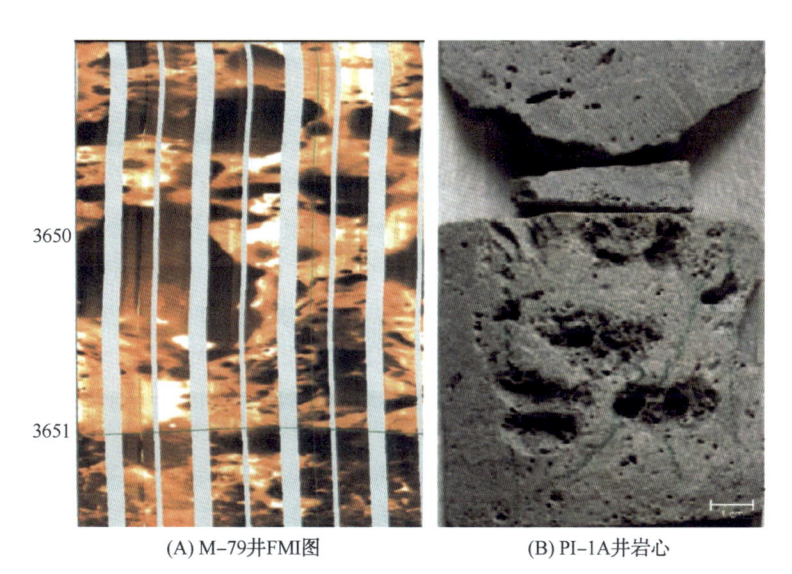

图 11-11 M-79 井多孔礁相粘结灰岩地层成像测井(FMI)与
PI-1A 井(4029.4m；13219.8ft)同相岩心对比图

坡沉积或台地内部沉积。这些沉积环境通常根据岩屑或井壁岩心进行区分。

使用早前的岩屑描述，即岩性和化石含量基本描述，对基本台地环境进行了区分。深色石灰岩属深水和前坡环境沉积；浅色石灰岩属浅水碳酸盐岩沉积(常为礁滩)；灰质砂岩和砂质、泥质碳酸盐岩的沉积环境为再沉积硅质碎屑岩海岸平原。这些环境相互交替，可以据此判断给定气井的基本海侵海退趋势。

在位于 Sable 三角洲西南部、以碳酸盐岩为主的陆架部分，硅质碎屑岩主要以不连续薄层的形式赋存。相反，在靠近 Sable 及 Banquereau Bank 东北部更远的地区，以硅质碎屑岩为主的剖面仅有少数碳酸盐岩层段。根据这种沉积模式的硅质碎屑岩环境的位置相对向陆以及碳酸盐岩环境的位置向海，硅质碎屑岩或碳酸盐岩为主要岩相则分别反映了相对海平面的下降和上升。

11.3.1 二级层序地层结构

图 11-12 所示为 Deep Panuke 附近 Scotian Shelf 的沉积层序示意图。其总体地层样式表明，Abenaki 台地因宽广的 Mohican 组硅质碎屑岩陆架上的相对海侵作用而产生。Deep Panuke 地区发生相对加积后，碳酸盐岩沉积更多地受到空气限制，而被泥质和盆地沉积所取代（如 G-32 井），表明在被下白垩统硅质碎屑岩淹没之前，Abenaki 陆架起初就因海侵作用而终止了发育。根据此处的解释，这种地层属二级沉积层序。

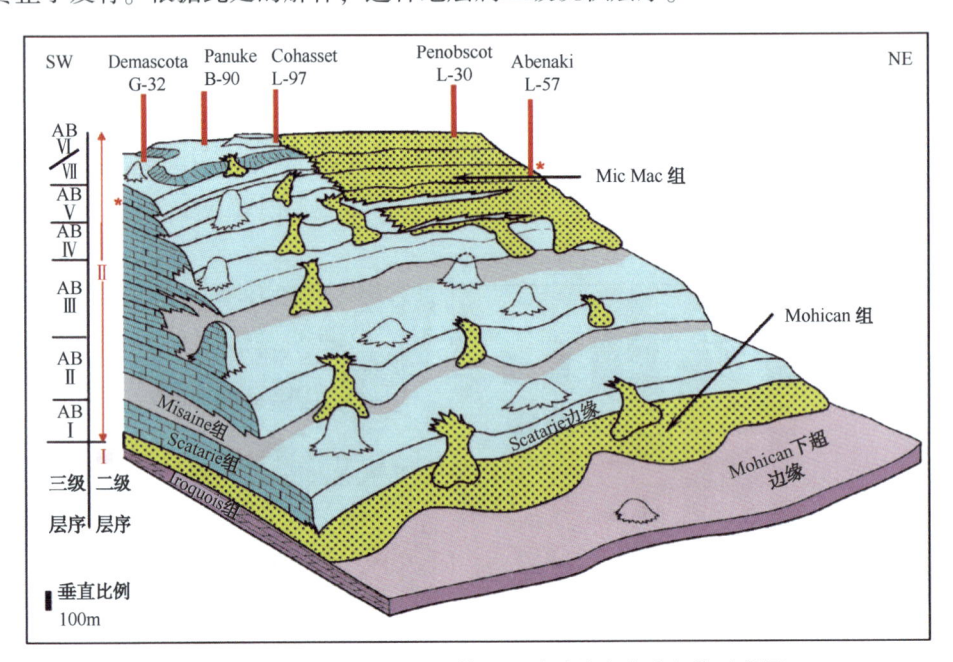

图 11-12 Deep Panuke 地区侏罗纪碳酸盐岩台地立体示意图

星号（*）表示 AB V 最大海泛面。图中没有显示等时基底（Verrill Canyon 组）沉积。水平比例参见图 11-7

Jansa（1993）探讨了 Abenaki 台地终止发育的可能原因，认为是由硅质碎屑岩混染作用所致。当然，这一点不能忽视，但是，如下面所讨论的，碳酸盐岩台地与整个侏罗纪硅质碎屑岩共生。这表明 Deep Panuke 地区上 Abenaki 组沉积最后终止可能还有其他一些原因，例如相对海平面变化。

高级层序，这里被理解为三级沉积层序，是根据层序界面和层序中部相应变深处存在薄层硅质碎屑泥沙来初步确定，这种层序以深水碳酸盐岩为主。后者为层序最大海侵面。这些表面起初共生在图 11-12 中所示地区，然后沿整个 Scotian Shelf 延伸。在 Cohasset L-97 井北部地区，上 Abenaki 组主要为硅质碎屑岩。Cohasset L-97 井北部地区的层序主要利用海泛面进行对比,该层序由硅质碎屑岩序列中可广泛对比的灰岩层所组成。

新的测井数据在很大程度上证实了钻探 PP-3C 前确定的层序。根据与井壁岩心数据相关联的新井测井数据以及详细的岩屑描述,可以更好地确定海泛面(及层序界面)的分界线。由于这些新数据的解释,促使对区域性数据集中的层序数据和 Deep Panuke 地区一个附加的三级层序 ABⅧ(位于 Abenaki 组顶部)的界定进行微小调整。

11.3.2 三级层序

Abenaki 组二级沉积层序中三级层序的性质受其在较大层序中的位置的影响。ABⅠ通常与 Scatarie 段相似,是一个宽阔的碳酸盐岩缓坡。ABⅠ通常有 3 个可识别的向上变浅旋回,由外坡化石粒泥灰岩—泥粒灰岩和内坡鲕粒和核形石岩相所组成,可以利用伽马测井,根据泥质含量向上减少的剖面确定。根据岩屑描述也可明显识别这些变浅样式,例如 M-79 井。在 Deep Panuke 地区,ABⅠ的厚度约 140m(459ft)。

ABⅠ属二级层序早期海侵体系域。ABⅠ底部估计在硅质碎屑 Mohican 组的上部,但由于没有深井穿过,所以无法确定这个表面。同样,部分 Mohican 组硅质碎屑陆架与二级层序低位体系域相似,但是同样,由于没有深井穿过,以及深处地震分辨率降低,而无法对这些底层进行解释。

ABⅡ由两个很容易识别的组分所组成,即区域性延伸的 Misaine 组页岩和进积礁相台地。层序底部即为 ABⅠ碳酸盐岩缓坡顶部。如分布有低位体系域,那么则可能由进入盆地的陆架内部硅质碎屑岩所组成。根据地震数据,仅暂时识别出了这两个组分,而并未发现有气井。

ABⅡ的这两个可识别组分分别属层序海侵和高位体系域。根据对下伏 ABⅠ陆架边缘向陆侧 15km(9mile)处的基底页岩绘制的地震图显示,Misaine 组代表了主要的海侵作用的特征(G. Syhlonyk,2005,个人通信)。Misaine 组在陆架边缘的厚度约为 100~150m(330~492ft)。Misaine 组向陆最远侧也属 Abenaki 组二级层序最大海泛面(MFS)。这种海侵作用沿北大西洋陆架边缘(Jansa 和 Wiedmann,1982)向特提斯海东南边缘(Gradstein 等,1999)扩散。

ABⅡ高位体系域由近 220m(721ft)、泥质含量较少、进积到 Misaine 组而形成的碳酸盐岩所组成。地震数据显示,高位体系域内反射层下超到 Misaine 组(图 11-13)。根据岩心和岩屑数据以及与下伏页岩之间的转换层伽马读数,可知 ABⅡ由 Misaine 组上的骨粒粒泥灰岩所组成。其余由鲕粒泥粒灰岩—粒状灰岩或礁相粘结灰岩所组成。ABⅡ台地边缘通常位于ABⅠ台地边缘背面。

在三级层序中,ABⅢ的厚度最厚。Deep Panuke 地区,其厚度从 400~450m(1300~1470ft)不等。地层显微成像仪、井壁岩心和钻屑数据表明,该地层由珊瑚—层孔虫泥粒灰岩—粘结灰岩所组成,即该地层为礁相地层。这一组分也体现在一个中等伽马测井特征上,在整个层序中,该组分相当连续,表明为加积叠加样式。

图 11-12 东北部分显示,在位于 L-30 井与 L-57 井之间的 ABⅣ下部首次出现了大量的硅质碎屑岩。这属于层序低位和早期海侵体系域。MFS 以泥质含量较低的特殊碳酸盐岩所组成,这些碳酸盐岩可进行井间(L-97 井和 L-30 井)对比。在 L-97 井西南部,ABⅣ是一

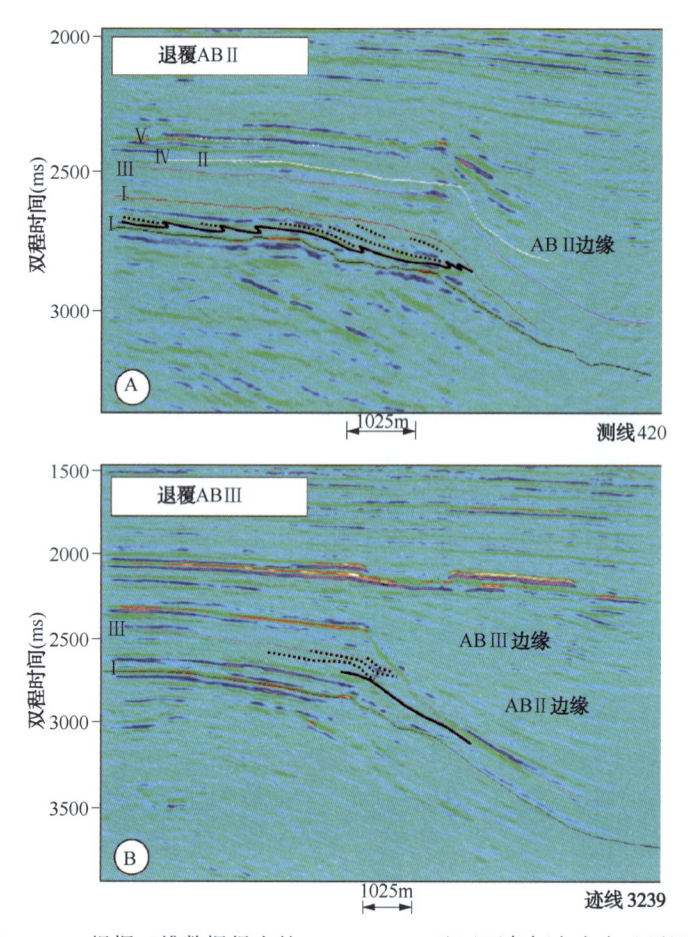

图 11-13　根据三维数据得出的 Deep Panuke 地区两条倾向定向地震测线

(A)测线 420 大概位于 H-08 和旧油井 G-32 中间。在 Abenaki Ⅰ 顶部有一个强峰(绿色);上面的槽谷(蓝色)代表 Misaine 组页岩。该地层属退覆 Abenak Ⅱ 序列,其顶超几何结构为一个层序界面,位于地层顶部;(B)在迹线 3239,Abenaki Ⅲ 为退覆几何结构。Abenaki Ⅱ 顶部的分界线为一个较强的谷峰。其顶超几何结构也为地层顶部的层序界面

个厚度达 150m(492ft)、伽马测井响应总体上略高于 ABⅢ 的台地型碳酸盐岩。在贯穿气田下的层序的 4 口井中,在其中 3 口井的层序的中上部,伽马测井响应较高。这反映了在东北部的硅质碎屑带也有变深。

ABⅤ 与 ABⅢ 和 ABⅥ 类似,也表现为一个中等伽马测井特征。在 Deep Panuke 地区,ABⅤ 厚度达 150m(492ft)。层序底部岩相的泥质含量及其伽马测井响应均较高,含礁前大型动物群。这属于层序海侵体系域。层序低位体系域仅按照地震数据进行了解释。M-88 井下发育有 ABⅤ 层序盆地泥岩和页岩,属海侵和高位沉积。上 ABⅤ 层序由珊瑚层孔虫泥粒灰岩—粘结灰岩所组成,属礁缘环境。

图 11-12 还显示了向 L-97 井东北方向延伸的层序下部和中部的一层可对比碳酸盐岩层。这属于 ABⅤ 的最大海泛面(MFS),间有硅质碎屑沉积。

ABⅥ 由 150~200m(492~660ft)的灰质泥岩和页岩所组成,含少量硅质碎屑组分。在 Deep Panuke 地区,这些岩石表现有中—高伽马测井响应。这些岩石属前坡和盆地沉积,这

些沉积物来自退积碳酸盐岩台地。在 F-09 井上 ABⅥ层序中钻遇的骨粒—似球粒泥粒灰岩属于退积碳酸盐岩台地的一部分。近 150m（492ft）的盆地灰质页岩与 M-88 井 ABⅥ层序相当。L-97 井东北部台地 ABⅥ层序下的气井钻遇整个硅质碎屑岩段。

ABⅦ为一个薄层[厚度约50m（164ft）]页岩和泥岩段，具有较高的伽马测井响应。这个岩段（例如 G-32 和 D-42）中有富含碳酸盐的层段，这些层段以富含海绵的泥质灰岩为主。沉积在较深的前坡—盆地环境中（Artimon 段，Eliuk，1978）。M-88 层序内局限盆地、20m（66ft）砂岩段属 ABⅦ低位体系域。

本研究所进行的区域对比表明，Deep Panuke 地区 ABⅦ层序与 Scotian Shelf 西南部最上层 Abenaki 组（例如 Acadia K-62 和 Bonnet P-23 井）中钻遇的骨粒和鲕粒粒状灰岩浅滩存在相关性。这些浅滩被称之为 Roseway 单元（Wade，1977），属下白垩统尼欧克姆期。

在 L-97 井东北部，ABⅦ也呈现出泥质含量较高、深水的特征，但其灰质含量较南部低，表明持续接近硅质碎屑岩。

图 11-14 中所示 Abenaki 组的一个理想化四级沉积层序说明了 Abenaki 组的近似厚度和岩相分布。假设在基底层序界面有出露地表特征和表层岩溶溶蚀作用。在这个模型中，硅质碎屑岩在相对海平面低位期沉积在陆架上和充填溶蚀岩筒中。如条件适宜，在原有斜坡上会生长出低位礁，但其横向和纵向延伸将受限。在海侵时期，碳酸盐岩台地上发生了正常海相碳酸盐岩再沉积过程。陆架内硅质碎屑岩在海侵时期将会发生再沉积过程，一般仅保存在低地形处。并发育形成一系列不同的沉积环境（如上所述），例如较厚的盆地泥岩和页岩层。高位将发育形成一系列类似的岩相，并向下伏海侵沉积向陆侧移动。

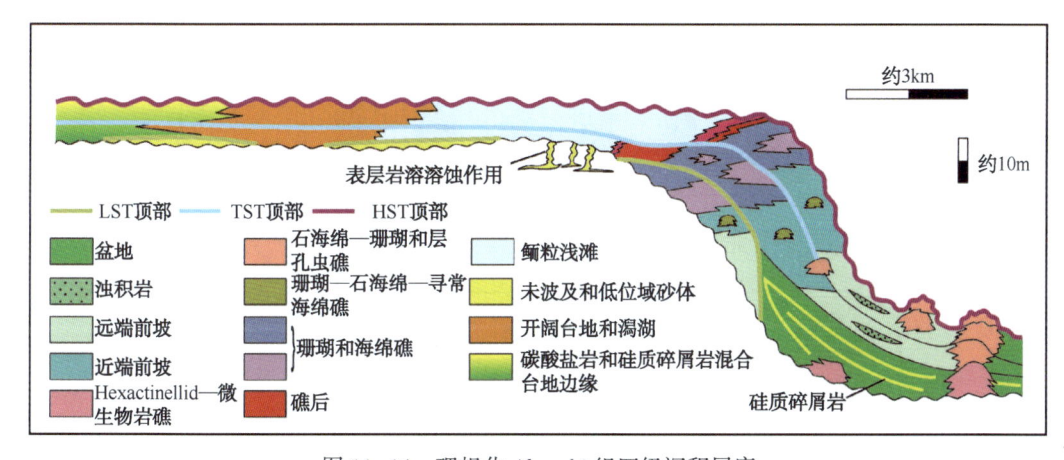

图 11-14　理想化 Abenaki 组四级沉积层序
图中给出了层序的体系域构成和岩相（改编自 Wierzbicki 和 Harland，2004）

图 11-15 所示为与 Deep Panuke 地区 ABⅤ层序的四级准层序和岩相有关的一个底层横剖面。在项目探边和前期开发阶段（见下文），根据测井特征和详细的钻屑描述确定了四级界面（AB Ⅴa-Ⅴg）（图 11-15 中所示柱状钻井剖面）。

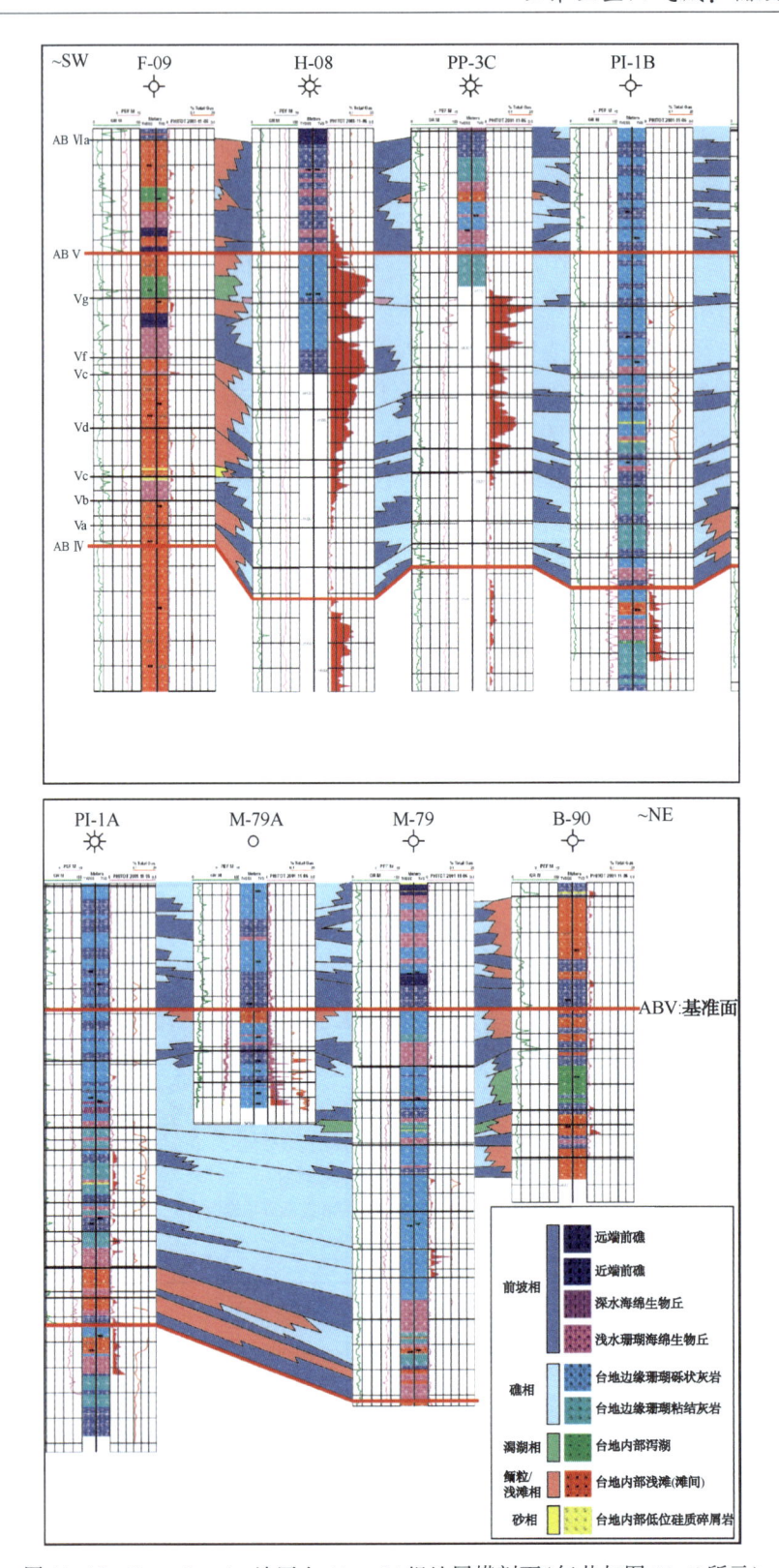

图 11-15　Deep Panuke 地区上 Abenaki 组地层横剖面(气井如图 11-5 所示)

图中给出了上 Abenaki 组的三级沉积层序和四级层序构成(准层序组)。本图修改自 Wierzbicki 和 Harland(2004)

从图中可以明显看出，除钻探的向陆最远侧的两口井(B-90和F-09)主要为鲕粒浅滩和潟湖环境以外，该层序大多以礁相为主。礁相层段从前坡到岩礁有发育较好的旋回，间或变浅为鲕粒相(如M-79A井下ABⅤ顶部)。四级界面由向陆气井向边缘气井(如PI-1B、M-79)向下倾斜，表明在ABⅤ沉积时期，边缘不断沉降。在边缘气井内的下ABⅥ层序分布有更多的前坡岩相，表明台地边缘初期沉没。

11.3.3 地震地层学

在钻探Deep Panuke发现井之前，结合地震数据，对测井数据进行钻前地质解释，以构建基本的层序—地层格架。在PP-3C井完井后，进行区域性地震—地层学研究。这项研究的目的在于确定根据地震数据是否可以对解释的地质层序进行对比以及根据其解释是否可以确认地震—地层标志为(三级)沉积层序。

图11-13显示了根据三维数据得出的Deep Panuke地区任意两条地震测线。这两条地震测线显示了地震几何结构的几个方面，这几个方面可以证实经地质解释的层序界面。

图11-13A所示为由Panuke三维观测得到的一条测线(420)。Misaine段之上的反射层明显向盆倾斜，表明ABⅡ碳酸盐岩进积并下超到下伏页岩上。这与最大海泛面上的预期地震几何结构是一致的；Misaine段为二级沉积层序的最大海泛面。在台地上，层序较高处的反射层有一个水平产状顶积层，这是盆地边缘斜坡和倾斜前积层发生的一种可辨演变。最终，在大陆架上，ABⅡ层序向盆最远侧倾斜的反射层没有任何等时顶积层。这种退覆地震几何结构表明，ABⅡ层序顶面的可容空间最小。该界面与地质层序界面有关。

图11-13B所示为由Musquodoboit三维观测得到的一条倾向测线(迹з3239)。该测线显示，ABⅢ的地震几何结构与测线420上ABⅡ的几何结构类似。下ABⅢ层序内的反射层可以穿过边缘坡折带，从台地内部移位到向盆倾斜前坡。上ABⅢ层序中较高的反射层在边缘处是倾斜的，并可向上(向陆)移位到上覆层序的水平反射层。这种退覆几何结构表明覆盖ABⅢ层序的层序界面的台地上没有可容空间。同样，首先按照地震数据解释该界面，并与地震数据相对比。

这两条测线还说明了其他显著的地层关系。在测线420上，碳酸盐岩台地总体上具有明显的加积性质，而在各三级边缘发育形成的坡折带则从ABⅡ层序移位到ABⅣ。ABⅤ层序边缘显著从ABⅥ层序边缘退积了几百米。反射层中盆地持续沉降导致显著向盆倾斜，进而导致解释下Abenaki组更加困难。ABⅠ层序边缘可能由较年轻边缘向盆退积了超过2km(1.2mile)。前坡发育形成有一个陡倾强峰，区域上可移位到ABⅢ层序顶部。这被认为是一个海底硬底，代表了后ABⅢ层序低位时期盆地中沉积间断的典型特征。盆地反射层上超该界面。上Abenaki组台地边缘略微从ABⅡ层序边缘退积。

在首先根据地质(测井)数据解释的其他层序界面发现了类似地震几何结构。这为识别出区域相关年代地层单位，并构建可靠的地层格架以便进行勘探与开发提供了保证。

11.3.4 讨论

区域地震数据(图11-3)表明Abenaki是Scotian Shelf上的楔形沉积体。本测线体现了上Abenaki(ABⅤ—Ⅶ)递增的海岸上超。其他区域(图11-4)所体现出来的相对海平面数据表明从总体上看上超相对稳定。Mic Mac 和下 Missisauga 组递减上超与碳酸盐岩至以硅质碎屑为主的沉积物变化是选取 Abenaki 上方二级层序界面的主要标准。

需要注意的是，图 11-12 描绘了 Deep Panuke 地区陆棚以加积作用为主的特征。未展示 Verrill Canyon 组同期页岩和盆地泥岩。当人们发现该气田后，潜在储集体则被认为包含高能台地边缘、海塔或环礁，硅质碎屑砂可能在相对海平面低位期绕道进入盆地。

图 11-16 为 Deep Panuke 南部台地边缘等时图，体现了陆棚该部分台地边缘几项明显的特征。ABⅠ陆棚边缘等时线与 ABⅢ 台地边缘等时线相比排列更为稀疏，体现了较为缓和的斜坡式沉积剖面。两个不同层序的边缘排列十分相似。例如，H-08 和 G-32 西南海湾在时间切片上与本调查南端边缘西部转弯同样突出。反映了该区域台地的加积特征，由于下伏结构单元的持续作用，随着时间的推移可能继承某些古地理特征。

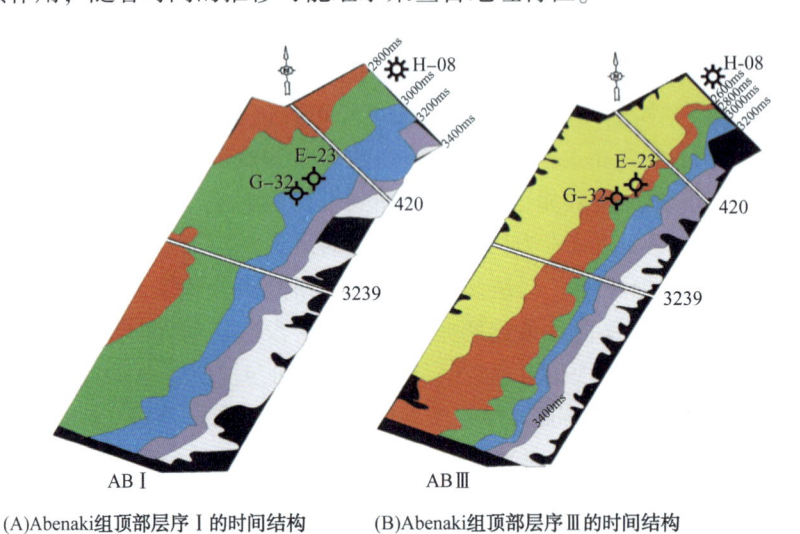

(A)Abenaki组顶部层序Ⅰ的时间结构　　(B)Abenaki组顶部层序Ⅲ的时间结构

图 11-16　Abenaki 组层位、Deep Panuke 和西南部的时间结构

(A)相对稀疏的等时线排列展示了边缘处斜坡剖面；(B)靠近边缘较为密集的等时线排列体现了较为陡峭的沉积剖面。可辨别相似性存在于 ABⅠ至 ABⅢ 的台地边缘位置(如靠近 G-32 和 H-08 南部的海湾)，表明该层段继承了某些古地理特征，体现了相对较强的结构控制

据分析，台地边缘上方海湾和海角的位置主要受下伏(同生裂谷)地垒和地堑网络排列的控制。

根据 Vail 等(1977)的方案(二级层序的持续时间为 10—100Ma，三级层序的持续时间为 1—10Ma)，大体将 Abenaki 沉积层序命名为二级和三级层序。Abenaki 层序也具有地震—地层特征(如上所述)，为沉积层序命名提供了支持。Haq 等(1987)绘制的海平面升降曲线确定了相似时间跨度内 6 个超旋回(19 个三级层序)。因此，Abenaki 层序可更为谨慎地命名为"复合层序"或超旋回，但其对 Deep Panuke 勘探和开采最重要的作用即确定 Scotian Shelf 和气田相关等时线。

层序—地层模型假设三级层序界面台地处于暴露状态。由于未对上述界面进行取心研究，因此我们只能利用其他数据(如 FMI 图和内部岩相构型)来确定三级面。Eliuk(1978)援引 G-32 气井岩溶作用(将其与白云石化作用联系起来)作为证据，提出了台地的周期性暴露和淡水透镜体发育。

Deep Panuke 地区碳酸盐岩台地的三维地震切片通常展示了直径为 100~700m（330~2300ft）的圆形凹陷，G. Syhlonyk（2005，个人通信）将此类圆形凹陷解释为岩溶落水洞。我们检查了葡萄牙中部年代相似的 Candeiros 组碳酸盐岩进。这些碳酸盐岩含发育良好、深度与宽度达几十米、顺层溶蚀的岩溶落水洞（古潜水面？）。以上数据为 Abenaki 台地的周期性陆上暴露模型提供了支持。

Deep Panuke 东北部两口取心井体现了 Scotian Shelf 硅质碎屑和碳酸盐岩为主沉积物之间的交互性：Peskowesk A-99 和 Citadel H-52（图 11-17）。前者体现了以碳酸盐岩为主至硅

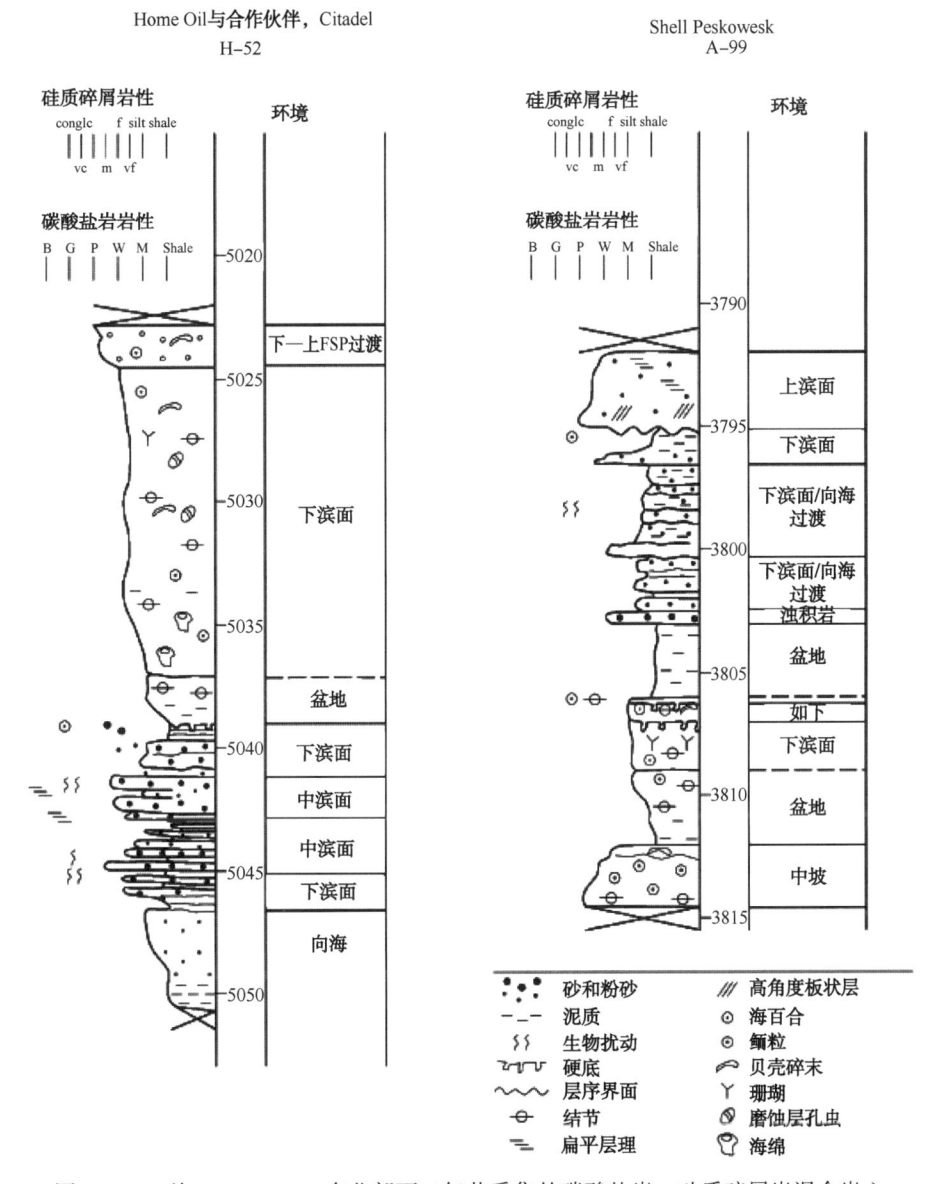

图 11-17 从 Deep Panuke 东北部两口气井采集的碳酸盐岩—硅质碎屑岩混合岩心

岩心体现了主要沉积海地之后一种主要沉积物类型与另一种主要沉积物类型之间的变换

质碎屑沉积物的变化。岩心基底包含深灰色鲕粒泥粒灰岩、海百合和贝壳碎末，体现了一定的中前坡环境。上方为剥裂灰质页岩，顶部为结节状和含化石（海百合和珊瑚），体现了盆地至下前坡环境的过渡。下前坡单元顶部与上覆薄海百合—双壳粒泥灰岩顶部均广泛分布潜穴和矿物。人们认为该序列形成于海侵作用，两个向上变浅的旋回顶部含潜穴和钻孔接触面，体现了两海泛面明显的沉积海地。上覆序列基底为黑色、剥裂、间或含菱铁矿页岩。上覆薄薄的、细粒砂岩，紧接页岩、泥沙，最后为细粒—中粒砂岩。人们将此解释为盆地至下滨面—向海过渡。上覆平面至扁平、平行层压、中粒—粗粒砂岩和常见石针迹，人们将此解释为层序界面上方的上滨面沉积。

Citadel H-52 序列始于硅质碎屑、页岩和粉砂岩，向上穿过细粒—中粒、平行层压砂岩及含潜穴上表面。上方为深灰色至黑色、极细粉砂岩至砂岩、漫游迹和蛰龙介穴。本单元顶部经过矿化，形状不规则。人们将该序列解释为向海过渡至中（最后为下）滨面环境，顶部主要为水下硬底。硬底上方为化石滞后和磨蚀珊瑚碎片及双壳碎片，上覆剥裂至结节状灰质页岩。进而上覆厚厚的枝状体珊瑚—磨蚀层孔虫粒泥灰岩、海百合、双壳和海绵，由块状、中粒灰棕、似球粒粒泥灰岩至泥粒灰岩、海百合和双壳碎片覆盖。人们认为最年轻层段体现了由初始海泛事件引起的中前坡环境。

这两块岩心表明碳酸盐岩和硅质碎屑环境共存于 Abenaki 陆棚。然而，尽管此处存在混合岩性（如：鲕粒、石英核、灰质砂岩），但主要事件通常伴随主要沉积物类型的变换，例如：沉积间断、显著的海侵作用或海平面下降。Prather(1991)详细描述了巴尔的摩峡谷侏罗纪类似混合碳酸盐岩—硅质碎屑环境。

人们认为图 11-18 所示表面为 M-79 气井的四级旋回（可能为准层序组，sensu Van Wagoner 等，1988）。珊瑚—层孔虫泥粒灰岩顶部观察到的不规则表面体现了台地边缘环境。人们认为上覆 25cm(10in)细粒石英砂岩沉积于海平面低位台地暴露时期并在随后的海侵过程中再次沉积。上覆 30cm(12in)鲕粒粒状灰岩珊瑚层孔虫—海绵泥粒灰岩，表明该界面上方发生了海侵作用。

11.4 成岩作用

了解成岩过程对正确评估 Deep Panuke 储层十分关键。通过对管穴状孔隙带正上方 PP-3C 钻井岩屑的检查，发现 Abenaki 组珊瑚—层孔虫泥粒灰岩内存在第一层白云岩，由此可知白云石化作用可能参与了溶蚀孔隙的形成过程。然而，PP-3C 测井曲线表明多数穴管状孔隙存在于石灰岩内。人们对后续气井进行了详细的岩相学、同位素和流体包裹体分析，分析结果见 R. A. Wierzbicki、J. J. Dravis、I. Al-Aasm 和 N. J. Harland(2005，个人通信)。这些著作及其附加资料见如下讨论。

早期成岩作用以粒状灰岩和粒状泥粒灰岩内颗粒缝合线为特征，压实作用发生前几乎无胶结作用发生。缝合线和束状微缝合线十分常见。然而，丰富的次生石灰岩孔隙保存于埋藏较深的 Abenaki 组内。据观察，该孔隙中断了缝合线。孔隙沿缝合线而保存，稳定的骨屑颗粒（如海胆类、钙球、珊瑚、层孔虫等）为部分溶蚀，弥合裂缝内方解石胶结物不会延伸至

图 11-18 M-79 气井 Abenaki V 四级层序界面(地层)组成像测井(FMI)
覆盖粒状珊瑚层孔虫泥粒灰岩的不规则表面(3884.9m；12745.7ft)上覆砂岩滞后、
鲕粒粒状灰岩，最后为泥质珊瑚—层孔虫—海绵泥粒灰岩

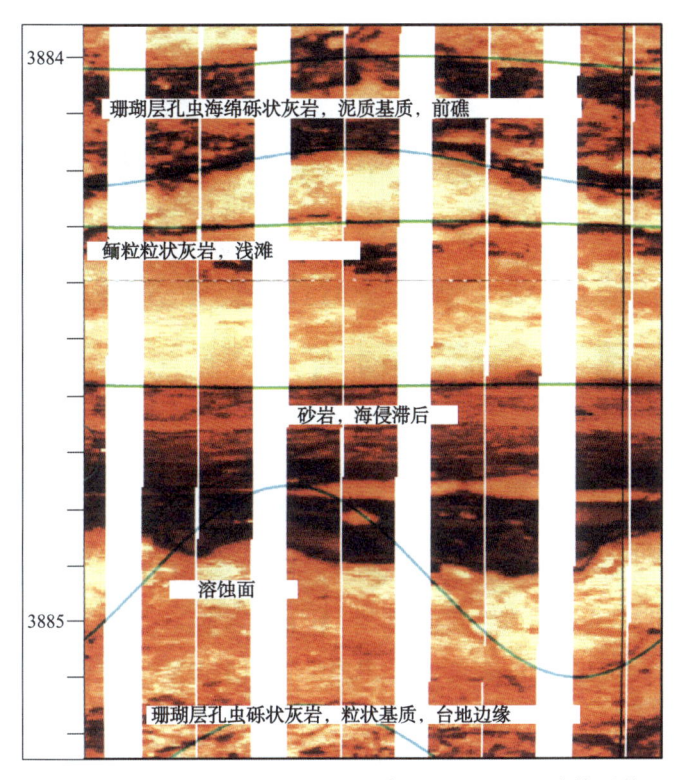

邻近的次生微孔。这些组构表明次生石灰岩孔隙形成于压溶作用发生之后的压裂作用。观察到的孔隙主要为溶蚀和印模孔隙，印模孔隙通常反映了微晶似球粒或泥晶化骨屑颗粒的溶蚀作用。

白云岩主要为细至中晶、不含低铁，呈半自形他形。该白云岩大多为选择性组构，替代近端至台地边缘的粒状石灰岩结构(泥粒灰岩—粒状灰岩)。据观察，鞍形白云岩作为替换矿物和填孔胶结物。基质白云岩上覆压溶缝合线，大规模替换残余缝合线颗粒组构。白云岩层段内孔隙为溶蚀和晶间孔隙。溶蚀孔隙横穿白云岩内压溶缝合线，许多孔隙似乎为印模或部分印模孔隙。鞍形白云岩和白云石化海胆类也发生了岩溶作用。这表明孔隙可能为白云石化残余颗粒或胶结物(而非残余石灰岩)发生岩溶作用而形成。

压裂常见于 Abenaki 组、正常垂直掩埋和构造裂缝内(包括微裂缝和大群宏观裂缝)，然而水平天然和横切裂缝表明扭转断层十分活跃。垂直裂缝通常中断缝合线，体现了其掩埋成因。沿裂缝面白云石晶体的溶蚀作用表明裂缝传递了成岩流体。Deep Panuke 气井测试体现了有效的裂隙网络，AB V 内存在宽达 1000m(3300ft)的断裂白云岩。

图 11-19 通过一系列显微照片展示了 Abenaki 组某些关键的成岩结构。样本显示存在部分白云石化相关次生孔隙发育、石灰岩内小型印模孔隙和鞍形白云石(分别为图 11-19A、B、C 和 D)。

白云石地球化学分析(R. A. Wierzbicki, J. J. Dravis, I. Al-Aasm 和 N. J. Harland, 2005,

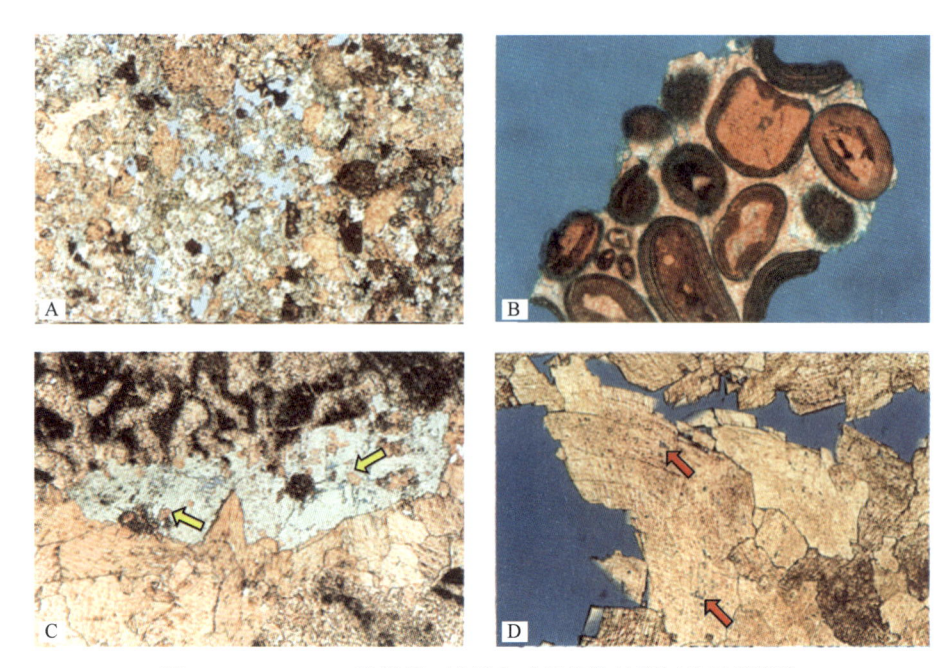

图 11-19 Abenaki 组储层、孔隙和成岩组构的薄切片显微照片

（A）与交代白云石侵位相关的次生溶蚀孔隙，通常可在 Abenaki 组白云质灰岩内观察到[H-08；3448.6m(11314.3ft)；平面偏振光，5.5mm(0.2in)视场]；（B）人们认为鲕粒和似球粒内发育良好的微印模孔隙为深埋条件之产物[F-09，3520m(11548ft)；漫射平面偏振光，3.0mm(0.12in)视场]；（C）鞍形白云石的部分溶蚀（替换再结晶灰岩，部分鞍形孔隙被不含低铁的方解石（箭头所示）遮挡。此类白云石部分溶蚀在 Abenaki 组白云质灰岩内十分常见[H-08，3448.6m(11314.3ft)；平面偏振光，3.0mm(0.12in)视场]；（D）靠近极小溶洞的弯曲(鞍形)白云石菱面体[PI-1A，4029.5m(13220.1ft)，3.5-mm(0.13in)宽视场]

个人通信）显示碳同位素（未耗尽）和氧同位素呈相对较高的亏损。这说明掩埋温度较高的深度处缺乏对白云石化、再结晶和胶结作用的有机影响。基质白云石富含^{87}Sr，而鞍形白云石则为非放射成因，体现了放射成因（岩浆源）和非放射成因（盆地）来源的混合。方解石胶结物内流体包裹体的均一温度为 60~181℃，盐度低于 0~13.9% NaCl，例如，含盐至不含盐流体在温热条件下发生反应。白云石胶结物（鞍形和其他）包裹体的温度范围为 85~147℃，盐度为 7.6~12.0% NaCl。这说明温热、盐度适中的盐水参与了白云石化作用。

成岩过程中断层作用的证据包括垂直缝合线、天然水平裂缝和双晶方解石。氦也存在于 Deep Panuke 气田（0.02%~0.03%），人们也在该储层内观察到了少量的闪锌矿。如上所述，通过锶同位素数据可知存在深源流体。M-79 气井的镜质组反射率数据同样体现了 4260m(13976ft)钻进深度处反射系数的明显上升（从 0.8~1.10），体现了一定的热反常。在区域范围内，热、断层传递的流体包括 P-23 气井 Iroquois 组岩心内条带白云岩结构。

这些数据表明深埋和热流体是 Deep Panuke 处石灰岩和白云岩孔隙之成因。PP-3C 和 H-08 气井内的高孔隙度溶洞灰岩呈线性趋势，它位于台地边缘后部，受到扭转断层的明显影响。溶洞白云岩呈曲线趋势，似乎平行于台地边缘（图 11-20）。图 11-21 体现了这些相同多孔石灰岩和白云岩层段的地层分布。

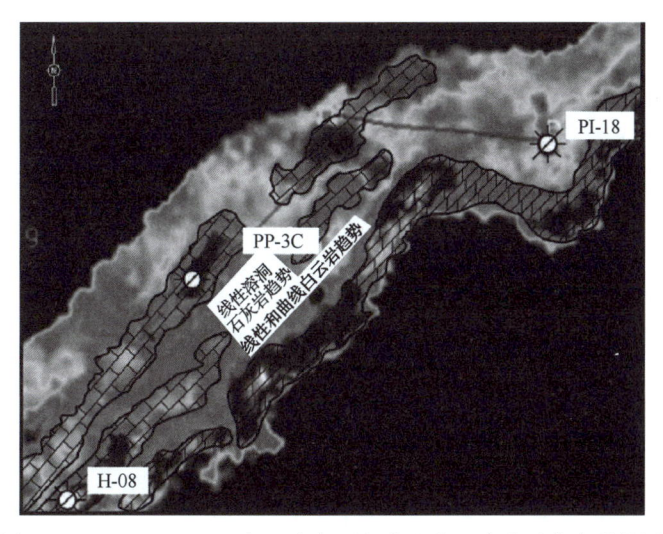

11 加拿大新斯科舍近海侏罗系 Deep Panuke 气田碳酸盐岩层序地层与石油地质 ·421·

图 11-20 Deep Panuke 气田中部石灰岩和白云岩孔隙分布趋势图
根据三维地震体处提取的振幅而解释

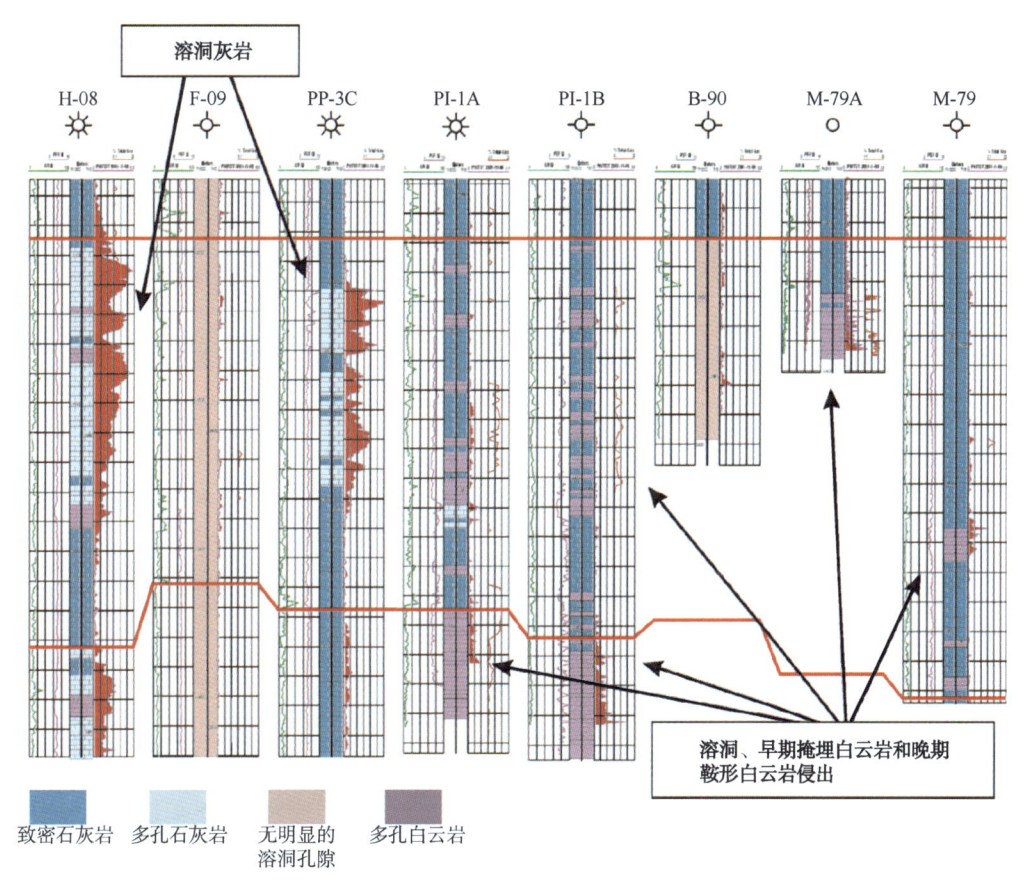

图 11-21 Deep Panuke 气井横断面
主要分布溶洞灰岩和白云岩孔隙（改编自 Wierzbicki 和 Harland, 2004）

11.5 石油地质学

基于上述预钻地层模型，钻探了 PP-3C 发现井；探井位置根据 1990 3-D 地震勘测而选取。根据本次勘察，靠近发现井位置的任意倾向测线如图 11-22A 所示，图 11-22B 为此提供了图解。人们认为基底内明显地形为地垒式基底和西面相关半地堑，半地堑由同生裂谷沉积物填充。上覆 Mohican 组硅质碎屑。通过上述数据，可辨别三个地震相：成层台地—内部（潟湖），台地边缘处混杂反射层，前坡内向盆倾斜反射层；

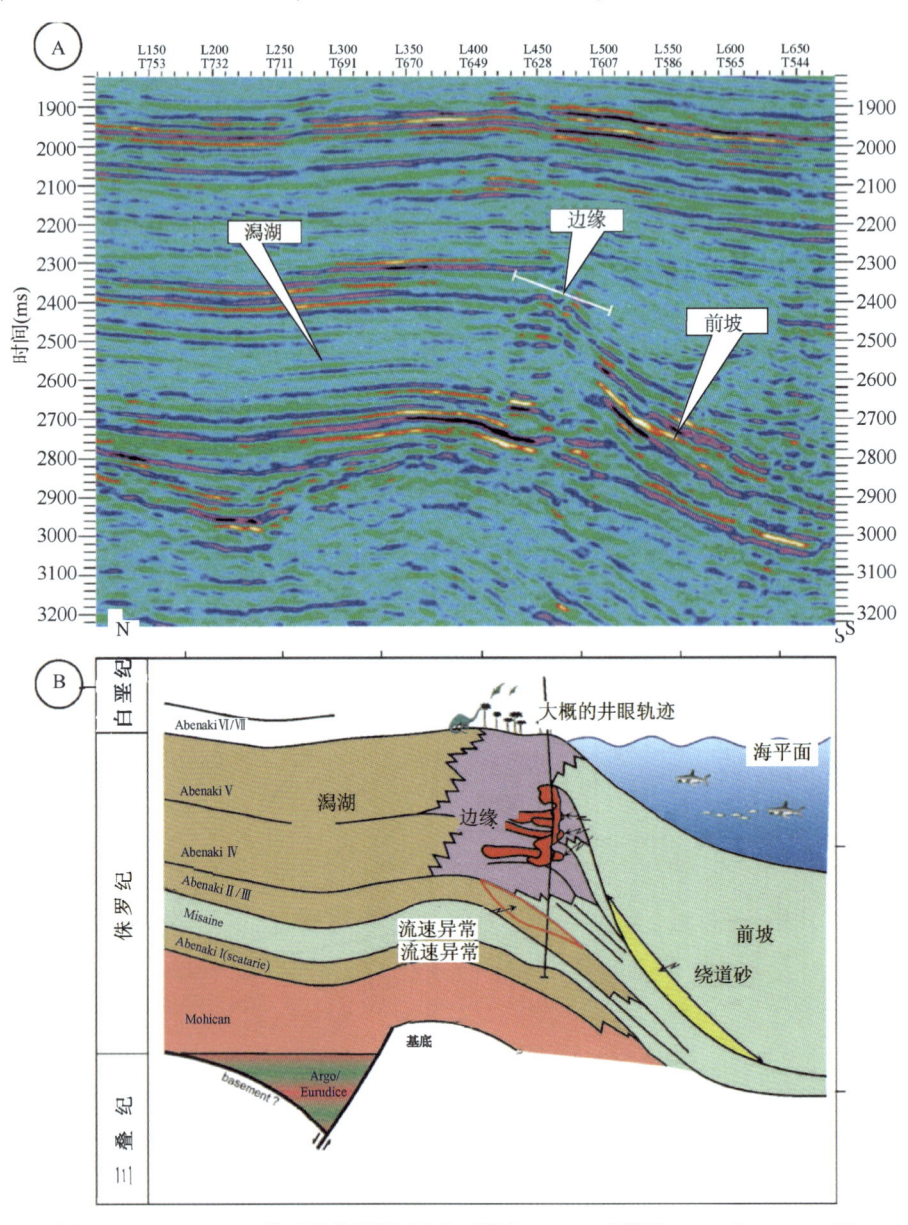

图 11-22　Panuke 三维地震勘测任意倾向测线(A)，相同图解(B)对 Abenaki 组层序 V 末端进行了说明。根据 G. Syhlonyk 而解释

由倾斜测线可知，混杂边缘相宽度介于 500~1200m（1640~3900ft）之间。地震模拟表明边缘相某些反射层体现了一定的孔隙异常。上述情况由边缘之下反射层内流速异常而证实，体现了上覆孔隙较慢流速的影响。人们认为邻近前坡内明亮反射层为细砂，它在海平面低位期绕过台地。

11.5.1 勘探钻井阶段

打算用 PP-3C 气井测试此类流速异常。白垩系（Mic Mac-Missisauga 组）硅质碎屑下方、上 Abenaki 灰质页岩和泥岩内油气显示活跃。穿透至纯净石灰岩下方不到 20m（66ft）处，循环漏失带出现于 3934m（12906ft）深度处。尽管仅钻进了 0.1m（0.3ft）的孔隙，但该（地层）组将持续传输钻井液，包括两段岩塞的堵漏材料（LCM）。凝析油气被点燃。再用一段岩塞的堵漏材料将该（地层）组封锁起来，暂时停钻。

考虑到进一步穿透穴管状孔隙的可能，经研究决定，利用环隙流速控制（AVC）钻井法来进行提钻操作，该方法先前未在 Scotian Shelf 试过。当利用钻进控制该（地层）组时，须向井眼泵送充足的海水。利用此方法进行提钻操作，无法回收钻井岩屑。重新开始钻进时，出现几次几分米至 1m（3.3ft）以上的掉砂，表明孔隙度较大。利用此方法钻进了 200m（660ft）以上的 Abenaki 组碳酸盐岩，最后钻进总深度达 4163m（13658ft）。

根据代表主要溶洞白云石（石质）灰岩孔隙的测井曲线可知 AB Ⅴ 内孔隙带厚度为 44m（144ft）。如上所述，人们在循环漏失带正上方钻井岩屑内观察到了白云岩（珊瑚—层孔虫泥粒灰岩；Weissenberger 等，2000）。人们认为根据测井曲线（图 11-23）分析而得出的孔隙变化反映了复杂的孔隙系统，该系统可能包括溶洞、洞穴和基质。

测试表明最大流率为 $69 \times 10^6 ft^3/d$，受所用设备之限制。产生潮湿的天然气和 600×10^{-6} 的硫化氢（H_2S）。也观察到了相对缓慢的岩隆。由于环隙流速控制钻进过程，丰富的堵漏材料进入储层，300000bbl 海水泵入该（地层）组，可能引起地层破坏和储层相变。同时井眼内储层温度从 130℃ 下降至 80℃。

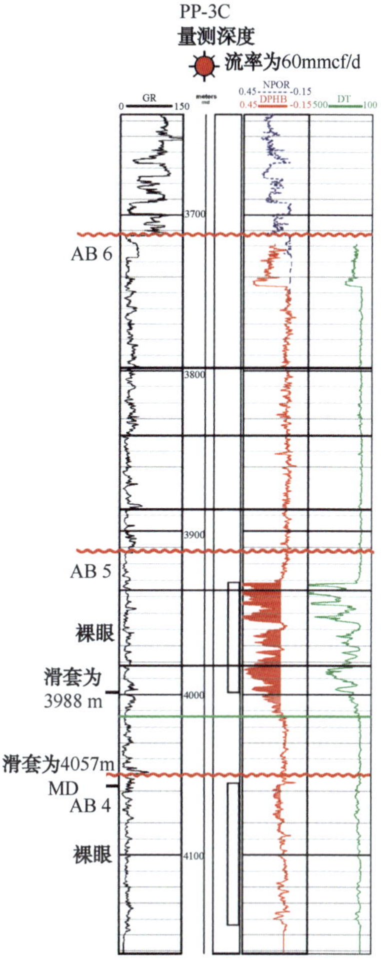

11.5.2 圈定边界和前期开发钻井阶段

图 11-23 Panuke PP-3C 发现井测井曲线展示了 Abenaki 组层序 Ⅴ 的穴管状孔隙

PI-1 气井对东北部 Deep Panuke 发现范围进行了测试（图 11-5）。以与 AB Ⅴ 所述 PP3-C 类似的地震孔隙度异常为依据开展钻进作业。气井（PI-1A）内含大量的油气、一些白云岩，但无穴管状孔隙分布。人们重新对地震数据进行了解释，而非对 AB Ⅴ 进行测试。沿侧钻井眼（PI-IB）向东北方向钻进 70m（230ft）。PI-1B 穿透 AB Ⅴ 中等、白云质灰岩孔隙。完井并在较大开采速率下对气体进行测试（表 11-1）。

随后通过 H-08 气井来测量西南方向气田的大小。该气井在 AB Ⅴ 内钻遇含较厚的、含穴孔状孔隙的层段。利用环隙流速控制法进行钻井操作时，有必要对（地层）组进行控制。最后，测井曲线表明在构造海拔略低于 PP-3C 和 PI-1A（图 11-24）的位置处具有厚度为 104m（341ft）的产层和气体（表 11-1）。M-79 深层探边井与 PI-1A 气井（最初井眼内无明显的 AB Ⅴ 孔隙）的测试结果相似。然而，沿 M-79A 向西南方向钻进至 600m（1968ft）位置处，发现大量多产的气层（图 11-24）。地震剖面（图 11-25）表明所钻 M-79 位于所述台地边缘后部，沿 M-79A 穿透进入靠近边缘的多孔白云岩层段。Abenaki 组低处 M-79 井眼内的确含有明显的潮湿孔隙。

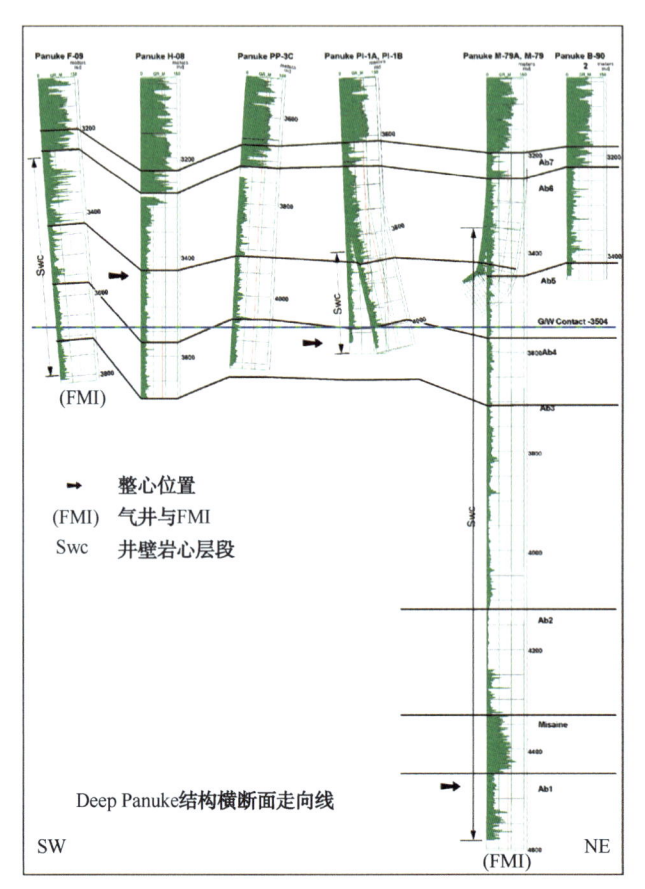

图 11-24 Deep Panuke 气田的结构横断面
体现了常规井壁岩心数据分布情况

表 11-1 Deep Panuke Abenaki 组的渗入性*

井名与编号	井下测钉日期	AB Ⅴ 顶部总垂深（m）	总深度（井深与地层）量测深度	产层有效厚度（m）	最大测试流率 ($10^6 m^3/d$)	($10^6 ft^3/d$)
Panuke F-09	2000 年 8 月 23 日	-3255.1	3815.0m Abenaki 4	0	流动油气，TSTM	0
Panuke H-08	2000 年 5 月 24 日	-3348.5	3682.0m Abenaki 4	104.7	1.55	55

续表

井名与编号	井下测钉日期	ABⅤ顶部总垂深(m)	总深度(井深与地层)量测深度	产层有效厚度(m)	最大测试流率 $(10^6m^3/d)$	最大测试流率 $(10^6ft^3/d)$
Panuke M-79	2000年7月10日	-3351.5	4597.0m Abenaki 1	0	未测试	未测试
Panuke M-79A	2000年10月11日	-3331.2	3934.2m Abenaki 5	11.4	1.75	62
Panuke PI1A-J99	1999年8月27日	-3323.5	4033.0m Abenaki 4	1.5	未测试	未测试
Panuke PI1B-J99	1999年11月11日	-3322.2	4046.4m Abenaki 4	13.9	1.49	53
Panuke PP3C J-99	1998年7月17日	-3315.0	4163.0m Abenaki 4	44.6	1.96	69
Margaree F-70	2003年5月21日	-3330.0	3677.0m Abenaki 4	70.0	1.50	53
Marcoh D-41	2003年8月28日	-3306.0	3625.0m Abenaki 4	74.2	未测试	未测试
Queensland M-88	2001年12月14日	-3737.4(eq)	4443.0m Abenaki 2	0	未测试	未测试

* 气井资料一览表。产层有效厚度的孔隙度下限计算值为3%。

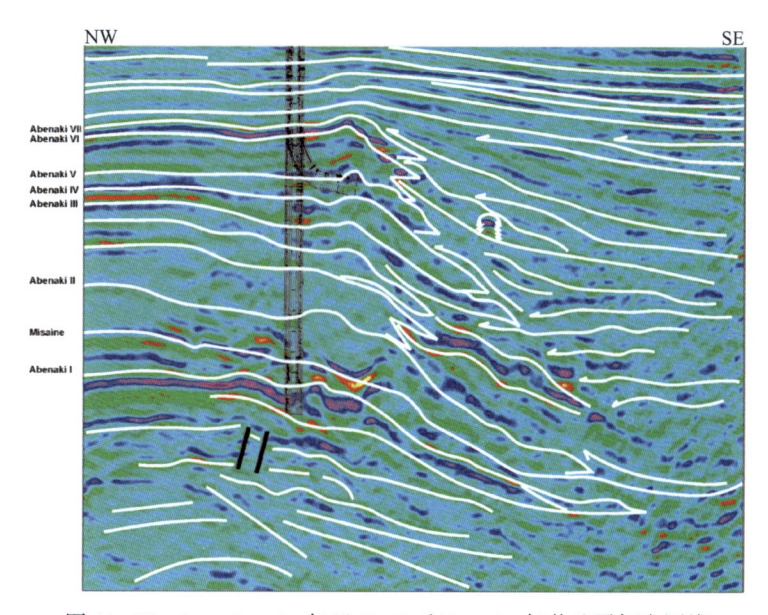

图 11-25 Deep Panuke 气田 M-79 和 M-79a 气井地震倾向测线
台地边缘从 ABⅡ 向上加积

通过两口深层气井对该气田东北范围进行了进一步研究：F-70 为另一口天然气井，与 M-79A 类似。在项目描述阶段，人们沿主要 ABⅤ 岸滩边缘对另外两口天然气井（F-09 和 M-88）进行了钻探。ABⅥ内沿 F-09 钻进 70m(230ft)的互层碳酸盐泥和硅质碎屑（图 11-24）。下伏鲕粒 ABⅤ 层段含天然气，但天然气层过于致密，因此经济效益不高。沿 Abenaki 组台地边缘向盆钻进 M-88 气井。所述 ABⅧ 低位含绕道的硅质碎屑砂（图 11-26）。

新三维地震勘探开展于 2002 年，勘探区域为 Deep Panuke 地区，勘探面积为 450km² (173mile²)。这些数据用于定位后续气井并模拟气田孔隙，以便确定储量和开采衰竭方案。

对 Deep Panuke 开展的地球科学前期开发和工程工作如 Brown 等（2004）之著作所述。总而言之，8 口气井的横波声波测井、垂直地层剖面数据、对新三维数据体进行的高质量震波图分析，包括叠后时间偏移、叠后深度偏移（PSDM）、纵波波阻抗和横波波阻抗、Lambda-

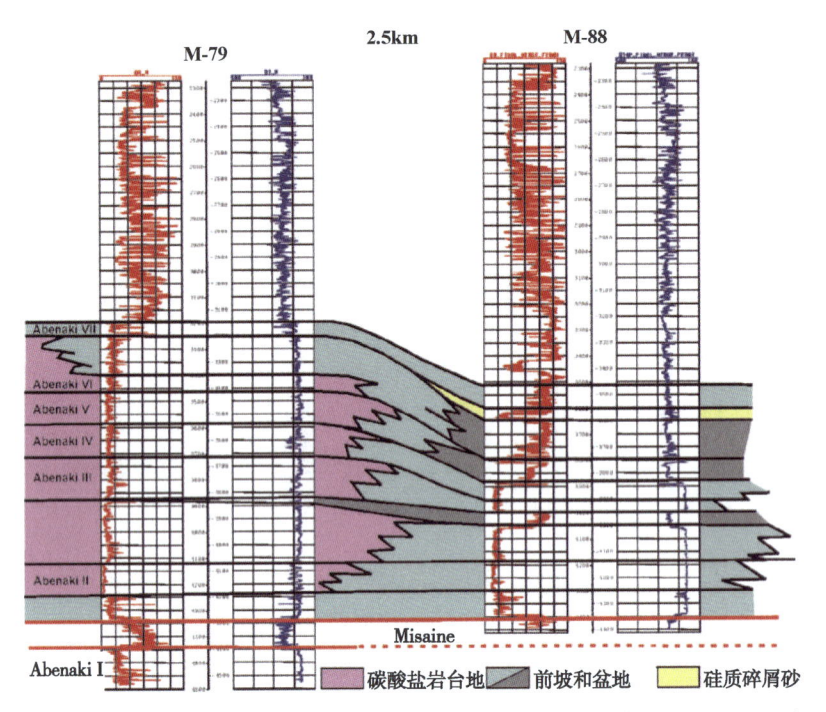

图 11-26 地质倾斜横断面体现了 M-79 和 M-88 气井之间台地至盆地的过渡

请注意 M-88 下方 3600m(11811ft)处的绕道石英砂

Mu-Rho 体均用于反映气田孔隙。地震储层描述利用监督式神经网络法和来自叠前深度偏移和振幅随偏移距变化体的地震属性作为输入节点来分析盆地、礁后和气田礁部。随后通过匹配测井孔隙度值和地震数据，确定重要的地震属性组来测试孔隙度预测精度。首先，从井眼周围 3×3 跟踪范围内提取地震属性，随后提取整体属性并输入训练神经网络。

结合地质统计学格架内地质与地球物理解释，研发了众多气田尺度孔渗模型。这些数据与工程资料一道被并入"共享地质模型，包含储层的全三维表达"（Brown 等，2004）。人们对利用地震属性、成像测井和岩心数据生成的众多属性模型进行了模拟，并与试井测试数据进行了比较。上述迭代过程用于测试各储层模型的有效性。气田内 5 口气井与生产试验为人们提供了大量的渗透性数据，可用于历史拟合不同储层模型，因此降低了预测的不确定性（特别是在气田渗透性估计方面）。图 11-27 利用所提取的地震剖面向人们展示了 Deep Panuke 气田的三维孔隙模型。

地质统计学方法也用于估计气田储量大小分布（Deutsch 等，2003）。地质与地球物理资源（来自 2002 年三维数据集）用于真实呈现储层的非均质性。

11.5.3 关键因素

人们认为 Deep Panuke 气田是一个组合的地层—构造圈闭。常见气水界面存在于 -3504m(-11496ft)的海底（图 11-24）。上 Abenaki(Abenaki 层序 VI 和 VII)和 Mic Mac 下 Missisauga 组的顶部密封由泥质碳酸盐岩和页岩构成。气田东北端台地内侧封由相同（地层）组和充满页岩和淤泥的凹陷及密封台地内部的鲕状灰岩构成。区域构造圆丘同样存在于 Abenaki 组碳酸盐岩边缘，支撑着气田的东西闭合结构。

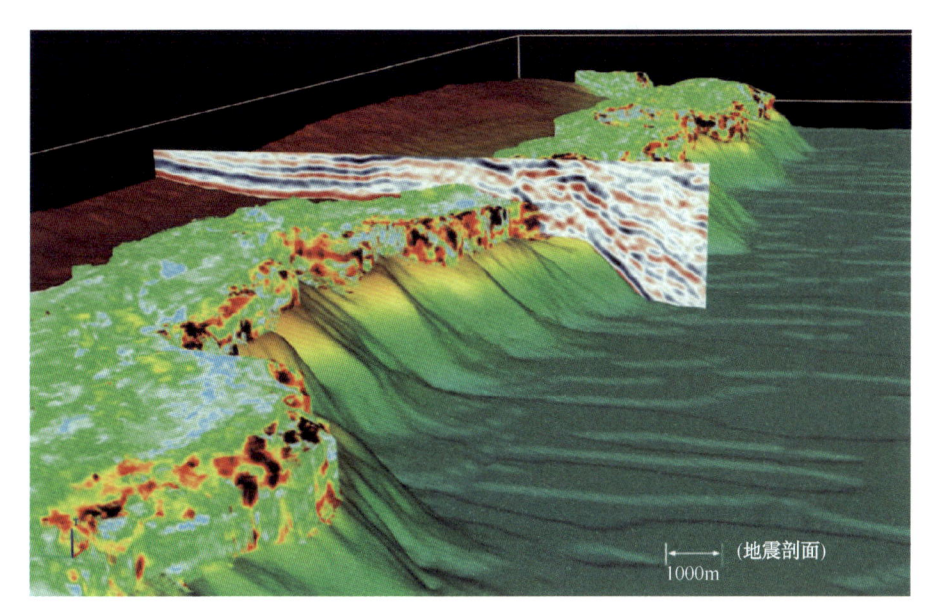

图 11-27　推导出的 Deep Panuke 气田 Abenaki 组层序 V 的孔隙分布
图示地震剖面位于 M-79 井北边。红色和黑色体现了孔隙模型内最高孔隙度带的振幅

人们认为气源为 Verrill Canyon 组内的有机页岩（Williamson 和 Des Roches，1993）。主要储层带为岩礁粘结灰岩及其沉积物，白云岩含晶间和溶蚀孔隙，石灰岩则含次生和溶蚀孔隙。上述孔隙形成于成岩作用。

11.5.4　讨论

由于人们在 PP-3C 井测试过程发现了少量 H_2S，于是提出所钻深层气井含硫化氢之起源和分布范围、Abenaki 台地发现等迫切问题。人们对以下两种气源假说进行了研究：（1）气井悬浮并利用环隙流速控制进行钻井时，海水与储层之间持久的相互作用引起的生物源形成；（2）发生硫酸盐热化学还原反应（TSR）的富硬石膏地层的运移。硫同位素分析以从 Mohican I-100 气井 Eurydice（地层）组采集的油气样本和硬石膏样本为基础（图 11-4）。分析结果（I. Hutcheon，1999，个人通信）表明 Deep Panuke 油气内硫同位素特征与 Eurydice（地层）组硬石膏内硫同位素特征相匹配。对无明显流体流入的气井进行的后续气体分析表明其具有相同的 H_2S 浓度。观察到的硫浓度可能与硫酸盐热化学还原反应（TSR）过程有关。

11.6　结论

图 11-28 对 Scotian Shelf 侏罗纪碳酸盐岩含油气系统的构造地层演化进行了图解说明。早侏罗世时期，海平面上升使 Iroquois（地层）组沉积，同生裂谷之上宽阔的浅水碳酸盐岩陆棚 Argo 和 Eurydice（地层）组发生沉积作用（图 11-28A）。后者很大程度上局限于掀斜断块之间的洼地（半地堑）。上覆 Iroquois 组，厚实的硅质碎屑沉积于下侏罗统至中侏罗统（Mohican 组；托阿尔阶至巴柔阶）。人们将这些地层暂定为二级沉积层序。

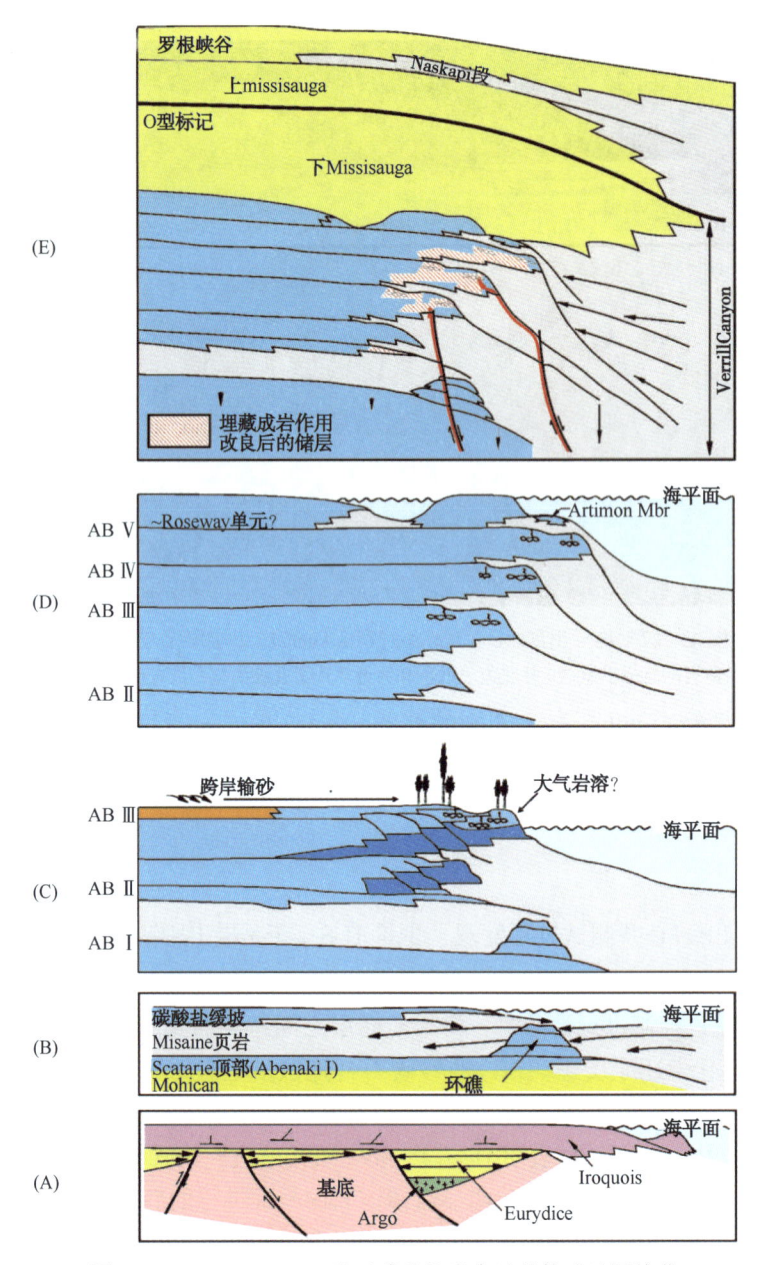

图 11-28 Deep Panuke 地区碳酸盐岩台地的构造地层演化

(A)早侏罗世；Iroquois 组碳酸盐岩台地沉积于海侵过程，位于三叠世同生裂谷沉积物之上。半干旱气候条件之下的早期白云岩(地层)组；(B)巴通阶—卡洛夫阶；二级沉积层序(Misaine 组)最大海泛面，Abenak Ⅱ 高位碳酸盐岩前积；(C)牛津阶；Abenaki 三级层序(如：ABⅣ)基底相对海平面低位期的暴露引起大气岩溶和跨岸(和前坡沉积)输送硅质碎屑；(D)钦莫利阶—贝里阿斯阶；Abenaki Ⅵ 和 Ⅶ 层序的相对海侵作用。Deep Panuke 地区台地构造从以加积为主变为以退积为主；(E)瓦兰今阶—赛诺曼阶；Missisauga 至罗根峡谷硅质碎屑沉积，礁前沉陷；区域扭转构造推动热成岩流体向上移动至再生正常断层

中侏罗统(巴柔阶—卡洛夫阶；图 11-28B)后期，首个 Abenaki 三级沉积层序(AB Ⅰ)沉积于 Mohican 组，相对海平面继续上升。第二个 Abenaki 层序(AB Ⅱ)包含两个部分：盆地 Misaine 组(海侵体系域)和上覆前坡及浅水碳酸盐岩(高位体系域)。Misaine 体现了三级 AB

Ⅱ和二级沉积层序的最大海泛面。图11-28B对地震数据上明显的地层几何结构及淹没AB Ⅰ层序发育岩礁的可能性进行了图解说明。

始于上侏罗统，Abenaki台地的地层构造实质上为加积型。珊瑚—层孔虫岩礁边缘发育良好(图11-28C)。海平面相对低位期，台地内部硅质碎屑绕道进入盆地。较少表层岩溶发育于低位期。碳酸盐岩台地沉积一直持续至下白垩统(贝里阿斯阶；图11-28D)。大型叠加样式加积至Deep Panuke地区AB Ⅴ顶部，随后在AB Ⅵ和Ⅶ层序退积。Deep Panuke东北部主要为硅质碎屑沉降。

早白垩世至中白垩世，主要为硅质碎屑沉降(图11-28E)。该区域内构造活动开始于阿普第阶(Jansa和Pe-Piper，1988)。构造活动引起基底断层沿走向滑距再生，热流体流入Abenaki碳酸盐岩台地。热流体引起次生石灰岩的形成，白云岩孔隙形成于埋藏史早期(R. A. Wierz-bicki；J. J. Dravis；I. Al-Aasm和N. J. Harland，2005，个人通信)。Verrill Canyon源岩在阿普第阶进入油气生成窗(Williamson和Des Roches，1993)，Deep Panuke圈闭可能于阿尔布阶形成。

自1998年以来，钻井作业证实确实存在大量天然气的聚集，聚集带沿侏罗系碳酸盐岩台地边缘延伸26km(16mile)。尽管加拿大能源公司对几口探边井进行了钻探，但自2002年来，其未发布任何其他改进版储量估计。迄今为止，北美东部整个大陆棚中生代碳酸盐岩仍为首个、唯一的重大油气发现。

附录11-1 Deep Panuke新型岩心与井壁岩心数据

位置	岩心种类	岩心层段	井壁岩心数量	采收(整心)	分析方式
PP-3C	无				
PI-1A	整心	4029.28~4040m (13219.42~13254ft)	45	1.15m(3.77ft)	常规
	井壁岩心	3895~4034m (12778~13234ft)			常规
PI-1B	无				
M-79	整心	4532.7~538.7m (14871.06~14890.7ft)	99	5m(16ft)	无
	井壁岩心	3512.5~4591m (11523.9~15062ft)			
M-79A	无				
H-08	整心	3446~3460m (11305~11351ft)		3.2m(10.4ft)	常规和特殊岩心
F-09	井壁岩心	3264~3798m (10708~12460ft)	31		常规
F-70	整心	3434~3461m (11266~11354ft)	45	24.65m(80.8ft)	常规
	井壁岩心	3350~3636m (10990~11929ft)			特殊岩心

附录11-2 Deep Panuke M-79气井生物地层概述

深度(m)	时代归属	旋回
3180(顶部取样)至~3220	早白垩世、尼奥科姆世	AB 7
3240~3360	波特兰期、*anguiformis* 或更早	AB 6
3380~3440	晚钦莫利期、*fittoni* 或更早	AB 6
3460~3820	晚至早钦莫利期、*elegans* 或 *mutabilis* 或更早	AB 5/4/3
3840~4020	晚牛津期、*rozenkrantzi* 或更早	AB 3
4040~4240	中牛津期、*glosense* 至卡洛夫期	AB 2
4260~4460	中卡洛夫期、*coronatum* 和 *jason*	AB 2/Misaine
4480~4600(总深度)	卡洛夫期	AB 1 Scatarie

参 考 文 献

Blomeier, D. P. G., and J. J. G. Reijmer, 2002, Facies architecture of an Early Jurassic carbonate platform slope(Jbel Bou Dahar, High Atlas, Morocco): Journal of Sedimentary Research, v. 72, no. 4, p. 462-475.

Brown, S., R. Riddy, R. Tonn, and R. A. Wierzbicki, 2004, The integration of geology, geophysics and reservoir engineering for field appraisal(abs.): Canadian Society of Exploration Geophysics Annual Meeting Abstracts and Program, 4 p.

Deutsch, C., R. A. Wierzbicki, R. Riddy, and J. Slade, 2003, Quantification of uncertainty in gas resources of deep Panuke(abs.): AAPG Annual Meeting Program, v. 12, 6 p., CD-ROM.

Eliuk, L. S., 1978, The Abenaki Formation, Nova Scotia Shelf, Canada— Depositional and diagenetic model for a Mesozoic carbonate platform: Bulletin of Canadian Petroleum Geology, v. 26, p. 424-514.

Eliuk, L. S., and R. Levesque, 1989, Earliest Cretaceous sponge reef mound, Nova Scotia shelf(Shell Demas-cota G-32), in H. H. J. Geldsetzer, N. P. James, and G. E. Tebbutt, eds., Reefs, Canada and adjacent areas: Canadian Society of Petroleum Geologists Memoir 13, p. 713-720.

Eliuk, L. S., S. C. Cearley, and R. Levesque, 1986, West Atlantic Mesozoic carbonates: Comparison of Baltimore Canyon and offshore Nova Scotian basins: AAPG Bulletin v. 70, p. 586-587.

Ellis, P. M., 1984, Upper Jurassic carbonates from the Lusitanian basin, Portugal and their subsurface counterparts in the Nova Scotian Shelf: Ph. D. thesis, Open University, England, 283 p.

Ellis, P. M., P. D. Crevello, and L. S. Eliuk, 1985, Upper Jurassic and Lower Cretaceous deep-water buildups, Abenaki Formation, Nova Scotian Shelf, in P. D. Crevello and P. M. Harris, eds., Deep-water carbonates: SEPM Core Workshop 6, p. 212-248.

Ellis, P. M., R. C. L. Willson, and R. R. Leinfelder, 1990, Controls on Upper Jurassic carbonate buildup development in the Lusitanian basin, Portugal: International Association of Sedimentologists Special Publication 9, p. 169-202.

Given, M. M., 1977, Mesozoic and early Cenozoic geology of offshore Nova Scotia: Bulletin of Canadian Petroleum Geology, v. 25, p. 63-91.

Golonka, J., M. I. Ross, and C. R. Scotese, 1994, Phanerozoic paleogeographic and paleoclimatic modeling maps, in A. F. Embry, B. Beauchamp, and D. J. Glass, eds., Pangaea, global environments and resources: Canadian Society of Petroleum Geologists Memoir 17, p. 1-47.

Gradstein, F. M., M. A. Kaminski, and F. P. Agterberg, 1999, Biostratigraphy and paleoceanography of the Cretaceous seaway between Norway and Greenland, in F. M. Gradstein and G. J. van der Zwaan, eds., Ordering the fossil record: challenges in stratigraphy and paleontology: Selected papers from a symposium held in honor of the 75th birthday of Cor Drooger: Earth Science Reviews, v. 46, no. 1-4, p. 27-98.

Haq, B. U., J. Hardenbol, and P. R. Vail, 1987, Chronology of fluctuating sea levels since the Triassic: Science, v. 235, p. 1156-1167.

Harland, N. J., J. R. Hogg, R. Riddy, G. Syhlonyk, G. Uswak, J. A. W. Weissenberger, and R. A. Wierzbicki, 2002, A major gas discovery at the Panuke field, Jurassic Abenaki Formation, offshore Nova Scotia (abs.): Canadian Society of Petroleum Geologists, Annual Meeting, Calgary, p. 154.

Hogg, J. R., and M. E. Enachescu, 2003, An overview of the Grand Banks and Scotian Shelf basins development and exploration, offshore Canada (abs.): AAPG International Conference and Exhibition, Barcelona, Spain, CD-ROM.

Jansa, L. F., 1993, Early Cretaceous carbonate platforms of the northeastern North American margin, in J. A. T. Simo, R. W. Scott, and J. P. Masse, eds., Cretaceous carbonate platforms: AAPG Memoir 56, p. 111-126.

Jansa, L. F., and G. Pe-Piper, 1988, Middle Jurassic to Early Cretaceous igneous rocks along eastern North American continental margin: AAPG Bulletin, v. 72, no. 3, p. 347-366.

Jansa, L. F., and J. A. Wade, 1975, Paleogeography and sedimentation in the Mesozoic and Cenozoic, southeastern Canada, in W. J. M. van der Linden and J. A. Wade, eds., Offshore geology of eastern Canada: Geological Survey of Canada Paper 74-30, p. 51-105.

Jansa, L. F., and J. Wiedmann, 1982, Mesozoic-Cenozoic development of the eastern North American and northwest African continental margins— A comparison, in U. von Rad, K. Hinz, M. Sarnthein, and E. Seibold, eds., Geology of the northwest African continental margin: New York, Springer-Verlag, p. 215-269.

Leinfelder, R. R., 1994, Distribution of Jurassic reef types: A mirror of structural and environmental changes during the breakup of Pangaea, in A. F. Embry, B. Beauchamp, and D. F. Glass, eds., Pangaea: Global environments and resources: Canadian Society of Petroleum Geologists Memoir 17, p. 677-700.

Mclver, N. L., 1972, Cenozoic and Mesozoic stratigraphy of the Nova Scotia Shelf: Canadian Journal of Earth Sciences, v. 9, p. 54-70.

Poag, C. W., 1991, Rise and demise of the Bahama-Grand Bank gigaplatform, northern margin of the Jurassic proto-Atlantic seaway: Marine Geology, v. 102, p. 63 – 103.

Prather, B. E., 1991, Petroleum geology of the Upper Jurassic and Lower Cretaceous, Baltimore Canyon Trough, western North Atlantic Ocean: AAPG Bulletin, v. 75, p. 258-277.

Pratt, B. R., and L. F. Jansa, 1989, Late Jurassic shallow water reefs of offshore Nova Scotia, in H. H. J. Geldsetzer, N. P. James, and G. E. Tebbutt, eds., Reefs, Canada and adjacent areas: Canadian Society of Petroleum Geologists Memoir 13, p. 741-747.

Scotese, C. R., 1997, Paleogeographic atlas: PALEOMAP Progress Report 90-0497, University of Texas at Arlington, 20 p.

Vail, P. R., R. M. Mitchum Jr., and S. Thompson, 1977, Seismic stratigraphy and global changes in sea level: Part 4. Global cycles of relative changes of sea level, in Seismic stratigraphy— Applications to hydrocarbon exploration: AAPG Memoir 26, p. 83-97.

Van Wagoner, J. C., H. W. Posamentier, R. M. Mitchum, P. R. Vail, J. F. Sarg, T. S. Loutit, andJ. Hardenbol, 1988, An overview of the fundamentals of sequence stratigraphy and key definitions, in C. K. Wilgus, B. S. Hastings, C. G. St. C. Kendall, H. W. Posamentier, C. A. Ross, and J. C. Van Wagoner, eds., Sea level changes: An integrated approach: SEPM Special Publication 42, p. 125154.

Wade, J. A., 1977, Stratigraphy of the George's Bank basin— Interpreted from seismic correlation to the western Scotian Shelf: Canadian Journal of Earth Sciences, v. 14, p. 2274-2283.

Weissenberger, J. A. W., N. J. Harland, J. R. Hogg, and G. Syhlonyk, 2000, Sequence stratigraphy of Mesozoic carbonates, Scotian Shelf, Canada(abs.): GeoCanada 2000 Convention (Joint Meeting of the Canadian Geophysical Union, Canadian Society of Exploration Geophysicists, Canadian Society of Petroleum Geologists, Canadian Well Logging Society, Geological Association of Canada, and the Minerological Association of Canada) CD disk(5 p., 4 figures).

Welsink, H. J., J. D. Dwyer, and R. J. Knight, 1989, Tectono-stratigraphy of the passive margin off Nova Scotia, in A. J. Tankard and H. R. Balkwill, eds., Exten- sional tectonics and stratigraphy of the North Atlantic margin: AAPG Memoir 46, p. 215-231.

Wenzel, A., and A. Strasser, 2001, Sedimentology, paleo- ecology and high resolution sequence stratigraphy of a carbonate-siliciclastic shelf(Oxfordian, Swiss Jura Mountains): Field trip guidebook A3, International Association of Sedimentologists, Davos, Switzerland, 19 p.

Wierzbicki, R. A., and N. J. Harland, 2004, Diagenetic model: deep Panuke reservoir, offshore Nova Scotia, Canada (abs.): AAPG Annual Convention Abstracts and Program, CD-ROM.

Wierzbicki, R. A., N. J. Harland, and L. S. Eliuk, 2002, Deep Panuke and Demascota core from the Jurassic Abenaki Formation, Nova Scotia: Facies models, deep Panuke, Abenaki Formation(abs.): Canadian Society of Petroleum Geologists Annual Meeting Core Convention Extended Abstracts, p. 71-101.

Williamson, M. A., and K. Des Roches, 1993, A maturation framework for Jurassic sediments in the Sable subbasin, offshore Nova Scotia: Bulletin of Canadian Petroleum Geology, v. 41, p. 244-257.

12

哥伦比亚 Llanos 山麓库皮亚瓜油气田始新统 Mirador 组沉积、层序地层与储层构型

Juan Carlos Ramon[1]　Andres Fajardo[2]

（1. BP Colombia, Bogotá, Colombia; 2. Chevron-Texaco, Bogotá, Colombia）

摘要：通过高分辨率时空框架中的地层结构和相分布确定了库皮亚瓜油气田 Mirador 组的三维（3D）储层划分。高分辨率成因层序地层学的研究采用了 40 项测井数据，所用岩心总长度超过 731m（2400ft），该研究与岩石物理数据整合，再根据 312km² （120mile²）3D 地震数据体的解释，对静态构造模型进行了填充。动态数据（压力、气体示踪剂、气油比）则与地质模型合成，以更好地确定砂岩体的侧向连续性。生产测井（生产测井工具）对岩石物理数据进行了补充，以确定流体流动单元。

在 Mirador 组中识别出了三种规模的地层旋回。短期（高频）旋回为进积—加积旋回。6 个中期旋回通过其短期旋回的叠加样式以及相序列的总体趋势进行了识别，表明可容空间—沉积物补给（A/S）比例升高或降低。通过中期旋回的叠加样式和相序列的总体趋势识别出了两个长期旋回。

Mirador 组的下半部分由海岸平原相域构成，并带有水道、决口扇、沼泽和海泛平原相序列。Mirador 组的上半部分存在海湾相域，由海湾充填、湾头三角洲和水道相序列构成。

下 Mirador 组沉积于宽海泛平原层序上方。各中期旋回由加积水道沉积、进积和加积决口扇体、加积沼泽相序列和海泛平原相序列构成。前两个中等规模旋回（Ⅰ、Ⅱ）显示出向海步进叠加样式，下一旋回（Ⅲ）则显示出向陆步进叠加样式。升降转折点位于旋回Ⅱ底部。上 Mirador 组显示出连续的向陆步进叠加样式，并在下 Mirador 组冲积平原上方形成进积湾头三角洲和海湾充填相序列。上 Mirador 组由三个上超旋回构成，上超旋回由加积水道沉积、进积湾头三角洲和海湾充填沉积构成，且为向陆步进叠加样式。在该旋回中，由于普遍存在可容空间增加的情况，因此向上加深海湾充填相序列沉积于该区域。最后，Mirador 组被 Carbonera 组承压海相页岩覆盖。

库皮亚瓜构造是边缘朝东的非对称大型背斜褶皱，在前缘断层上盘呈北—东北走向。库

皮亚瓜构造的平均长度和宽度分别为 25km 和 3km(15mile 和 1.8mile)。库皮亚瓜油气田的原始石油地质储量预计为(1000~1100)×10⁶bbl，天然气则为 3000~4500mmcf。Mirador 组的可采石油储量约占库皮亚瓜油气田的 51%。

12.1 引言

库西亚纳和库皮亚瓜油气田分别发现于 1988 年和 1992 年，位于南美洲哥伦比亚波哥大市东北方向约 150km(93mile)处(图 12-1)。该油田地处东科迪勒拉山脉边缘山麓。库西亚纳油气田首次产油是在 1992 年 9 月，作为早期生产计划的一部分通过现有管道系统产油。1993 年 6 月宣布了该油气田与库皮亚瓜油气田一个中部小型区域的商业性。1995 年，库西亚纳油气田在第一阶段开发中生产石油 185×10³bbl/d；第二阶段的开发项目同年获批，该项目包括库西亚纳油气田设施扩建，在库西亚纳和大西洋海岸(Coveñas)原油码头之间建设 800km(497mile)长的管道，建设库皮亚瓜石油中央处理设施。第二阶段的开发使生产量从 185×10³bbl/d 逐步上升，在 1998 年上半年达到最高(341×10³bbl/d)，天然气处理量超过 1.4×10⁶ft³/d。1997 年，发现了库皮亚瓜南部油气田。如今，库西亚纳和库皮亚瓜油气田的开发已接近尾声，二者正进入衰竭期。2005 年，共有 48 口井，其中 36 口为生产井，12 口为注气井(图 12-2)。库皮亚瓜油气田为储量丰富的近临界凝析气田，烃柱极高(约 1800m，即 6000ft)。流体成分随深度发生微量变化。凝析气产量约为 250×10⁶ft³/d，平均为 40°API。原始储层压力接近 6500psi。露点压力为 5350psi。

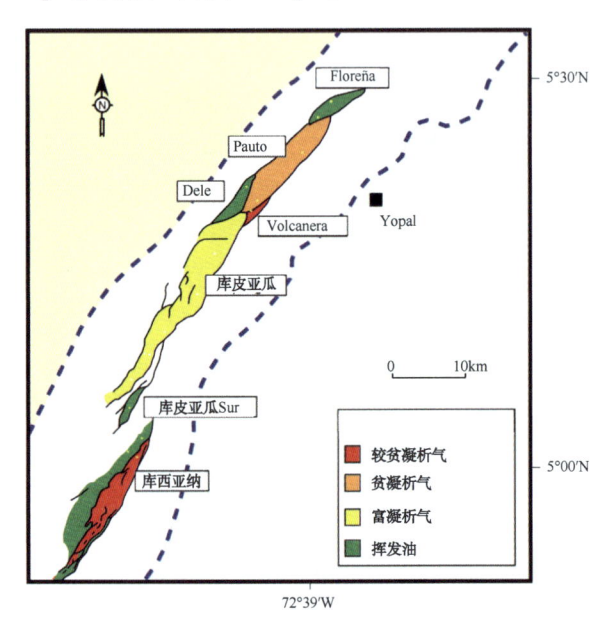

图 12-1 Llanos 山麓库皮亚瓜和库西亚纳油气田位置图

该图显示了不同的油气田及其产液类型

12 哥伦比亚 Llanos 山麓库皮亚瓜油气田始新统 Mirador 组沉积、层序地层与储层构型

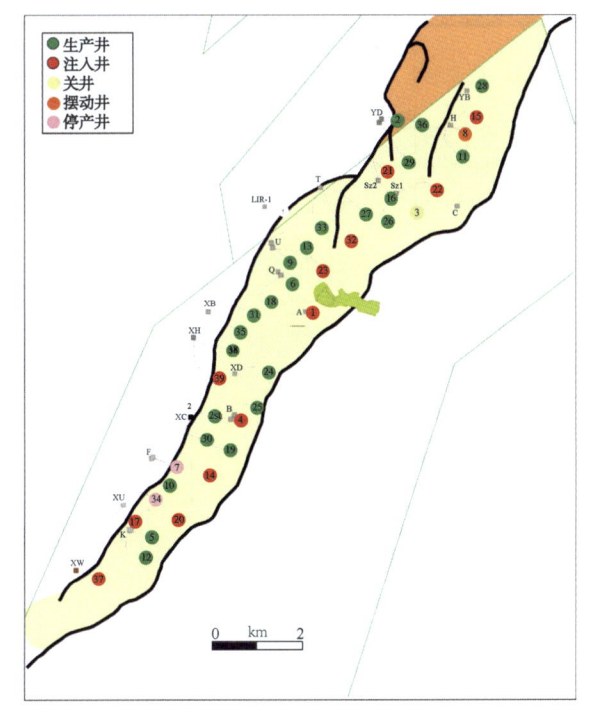

图 12-2 库皮亚瓜油气井分布图
显示了主要的构造特征

主要的驱动机理为天然气回注和膨胀。存在一种高效的再汽化开采机理。2005 年中期，孔隙体积置换率约为 70%。油气田预计的衰竭程度接近每年 30%，且由于储层复杂性、规模和流体问题(如天然气回收)等因素，衰竭程度加大。近期通过注气进行优化处理后，平均衰退率降至约每年 23%。

12.2 区域环境

Llanos 山麓位于未变形的 Llanos 前陆草原和高海拔、高度变形的东科迪勒拉山之间。Llanos 山麓包含一条前部变形带，向东北延绵数百千米，约 20km(12mile)宽(Cooper 等，1995)。山麓受 Guaicaramo 和前部 Yopal 断层系统限制。主要的露头构造特征为 Nunchia 向斜。

地层柱状图(图 12-3)中可分为三类主要的沉积旋回，然后再进一步细分。首个旋回覆盖了古生界，第二个旋回始于阿尔布阶—塞诺曼阶并延续至古新统(主要为白垩系序列)，第三个旋回从始新统至今。对应这些旋回的岩石序列被区域中明显的白垩系不整合面与古新统不整合面分隔。

早白垩世拉伸作用导致了地堑的形成，即如今的东科迪勒拉山脉，该山脉充填有长达 3km(1.8mile)的下白垩统海相沉积物(Dengo 和 Covey，1993)。主要的白垩纪海侵始于阿普特期，从北部进入后迅速扩至整个盆地。这类沉积物主要来自 Guyana 油气田以东。古近纪隆起和侵蚀充分削减了白垩系沉积物原始沉积边界的西部边缘。白垩系自西向东更为年轻，

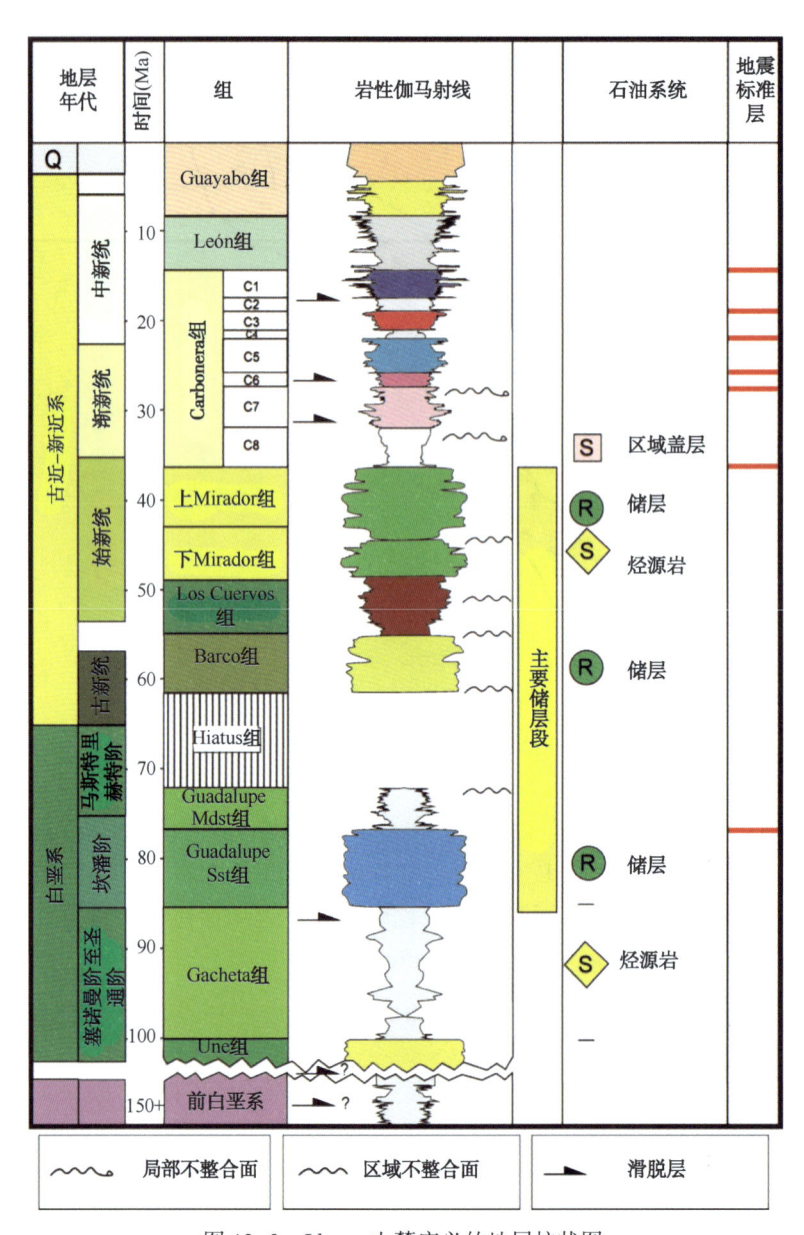

图 12-3　Llanos 山麓广义的地层柱状图

展示了 Mirador 组、Barco 组和 Guadalupe 组主要的储层砂岩

古生界地层则更为古老，且白垩系上覆于古生界地层。

白垩系以浅海相、三角洲、基底海侵砂岩为主。互层页岩的厚度和频率向盆增加。白垩系旋回(图 12-3)为沉积楔，带有中心页岩(Gacheta 组)，页岩被海侵砂(分别为 Une 组和 Guadalupe 组)包裹。

古近—新近系层序始于 Barco 组侧向拼贴水道带体系的沉积。上覆 Los Cuervos 组由加积海泛沉积物和隔离的单层水道带构成。古新统沉积物保留在沿山麓相对较窄的区域，但其中大多数由于临近的 Llanos 盆地侵蚀而消失。始新统 Mirador 组以过渡形式上覆于 Los Cuervos 泥岩。Carbonera 组由四个海退砂质单元(分别标为 C1、C3、C5 和 C7)构成，并带有四个海侵页岩单元夹层(C2、C4、C6 和 C8)。页岩单元可进行区域性对比,尤其是最上部单元。砂质单元解释为近滨相海岸平原,且主要为三角洲。Carbonera 组以及前述各组均沉积于远超出现今 Llanos 盆地以西的盆地中(Villamil,1999)。Carbonera 组朝山前向西持续变厚,厚度超过 1500m(5000ft)。页岩质中新统 Leon 组上覆于 Carbonera 组,表明了东科迪勒拉山隆起,并将东部 Llanos 盆地与西部 Magdalena 盆地分隔。厚度最大的 Leon 组沉积物位于现今盆地边缘以东,厚度可达 1000m(3300ft)。朝西部更远处,在 Leon 组到达山前带之前,变薄趋势(变为砂岩相)明显。Leon 组由均质页岩构成,跨越大部分 Llanos 中心盆地,但沿山麓富含砂岩层。西部和西北部出现的较粗粒碎屑解释为来自 Carbonera 砂的向东再沉积,Carbonera 砂暴露于岛脊上,该岛脊是东科迪勒拉山脉的前身(Cooper 等,1995;Villamil,1999)。中新统—全新统 Guayabo 组和 Necesidad 组代表了厚度极大的磨拉石沉积物,伴生东科迪勒拉山隆起。最后的旋回为较厚但向东变薄砂岩和页岩楔,厚度超过 4000m(13000ft)。这类沉积物主要为源自大陆的粗粒红层。

油气产自 La Luna-Gachetá 组世界级烃源岩以西,埋于东科迪勒拉山厚冲断层以下超过 6000m(20000ft)深处。

12.3 库皮亚瓜构造

库皮亚瓜构造为狭长不对称背斜,呈北—东北走向,长约 30km(18mile)(图 12-4)。该构造为东—东南进积上盘岩块背斜,伴有边缘朝东—东南向的前缘断层和中心断层(图 12-5)。此类断层的区域滑脱位于白垩系 Gacheta 组泥岩层段中。库皮亚瓜构造位于 Yopal 断层下方,将 Nunchia 向斜与下伏构造变形分隔(Coral 和 Rathke,1997)。构造西侧宽 2.5~3km(1.5~1.8mile),平均倾角 35°~38°。局部位置宽度可达 4km(2.5mile)。前翼沿构造由南向北相当多变(图 12-4、图 12-5)。在库皮亚瓜构造南部,前翼与反转断层成陡角,角度几乎与西侧相同(图 12-4B)。在库皮亚瓜构造北部,前翼的构造更为简单,并最终消失于油气田中部(图 12-4C)。沿库皮亚瓜构造向北更远处,滑脱的地层位置上升,整个构造朝东高度弯曲。图 12-6 是库皮亚瓜构造的三维(3D)体时间切片,显示了库皮亚瓜构造上方北—南走向的向斜。在图 12-6 北部,向斜朝东北弯曲。沿走向变化的位置解释为侧断坡或走滑断层。该侧断坡是一种地表线性构造,称为 Golconda 扭转断层(Coral 和 Rathke,1997)。该特征影响了从地表到白垩系的整个层序。库皮亚瓜构造向东北弯曲,然后向北延伸(图 12-4)。

构造的西部边界为一系列边缘朝西的断层。在油气田南半部(侧向缓坡以南),似乎存在一个主后部断层,完全隔断了边缘朝东—东南的逆冲断层系(图 12-4B)。如图 12-5A 所示,前缘断层下方的地震反射体连续,且前缘断层似乎由于边缘朝西的反冲断层而断为两部分。该断层解释为逆冲更深(比前缘逆冲更深)的反冲断层,并隔断了所有上覆逆冲断层。该反冲断层似乎在成因上与 Golconda 侧向缓坡有关,因为断层止于该缓坡处,且不存在于该缓坡北部。相反的是,在油气田北部(侧向缓坡北部),油气田西部边界为一系列前缘断层的反冲断层(图 12-5B)。这些边缘朝西的断层在成因上与库皮亚瓜构造的向东扩展有关,并形成于前缘逆冲弯曲处(图 12-4C)。构造填图、断层封闭分析、测井数据、生产数据以及气体示踪结果表明,背斜中的断层并未对油气田造成分隔化。但这类断层作为夹层的少数

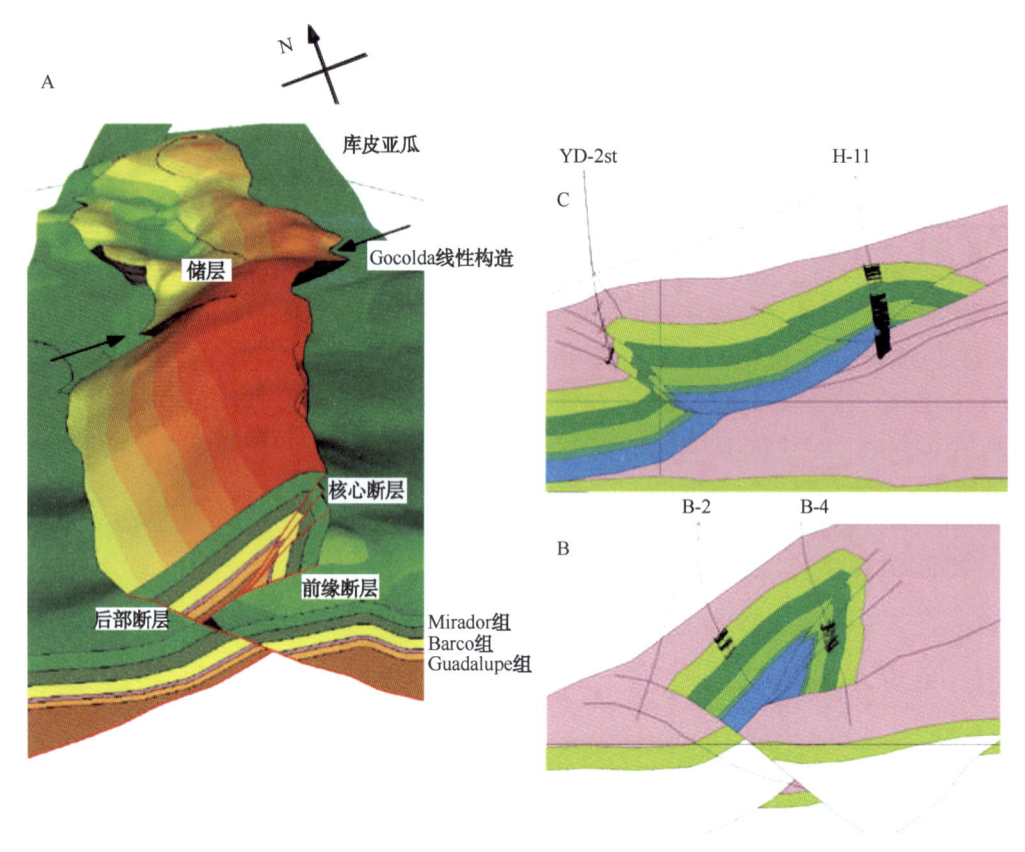

图 12-4 库皮亚瓜构造详图

(A)为三维视图。注意库皮亚瓜构造东北部的弯曲。这种走向变化与影响整个沉积层序的垂直特征有关，在地质图中称为 Golconda 扭转。横跨库皮亚瓜油气田南部(B)和中北部(C)的构造横剖面显示，构造类型沿走向发生变化(Martinez, 2003)。在南部，构造与叠瓦状部分呈陡角。叠瓦状部分消失于北部方向，构造变为简单的上盘岩块背斜

位置除外。

与构造中部扭转断层或 Golconda 侧向缓坡伴生的是一系列东—东南走向的线性构造。这些极陡角断层导致 Carbonera 地层出现少量位移，且这些断层似乎向下延伸并分隔储层。北—东北走向的十字线 1510(图 12-7)显示，部分断层几乎垂直。向北倾斜的 Golconda 线性构造为侧向缓坡特征，这是由于库皮亚瓜构造弯曲而引起。该特征南部存在对冲，使库皮亚瓜构造断裂。部分次级断层在南部与北部同时出现，但靠近侧向缓坡。储层段的地震数据质量较差，难以确定垂直断层是否贯穿至底部。在局部位置，动态数据为部分这类断层的存在提供了依据，并证明了其封闭或夹层特征。

12.4 储层地层学

库皮亚瓜和库西亚纳油气田中，储层砂岩由晚白垩世—晚始新世浅海相—冲积砂岩构成，这类砂岩源自 Guyana 油气田东部。储层呈现出片状滨面体；侧向和垂直拼合的水道充填、漫滩沉积、湾头三角洲和海湾充填体。

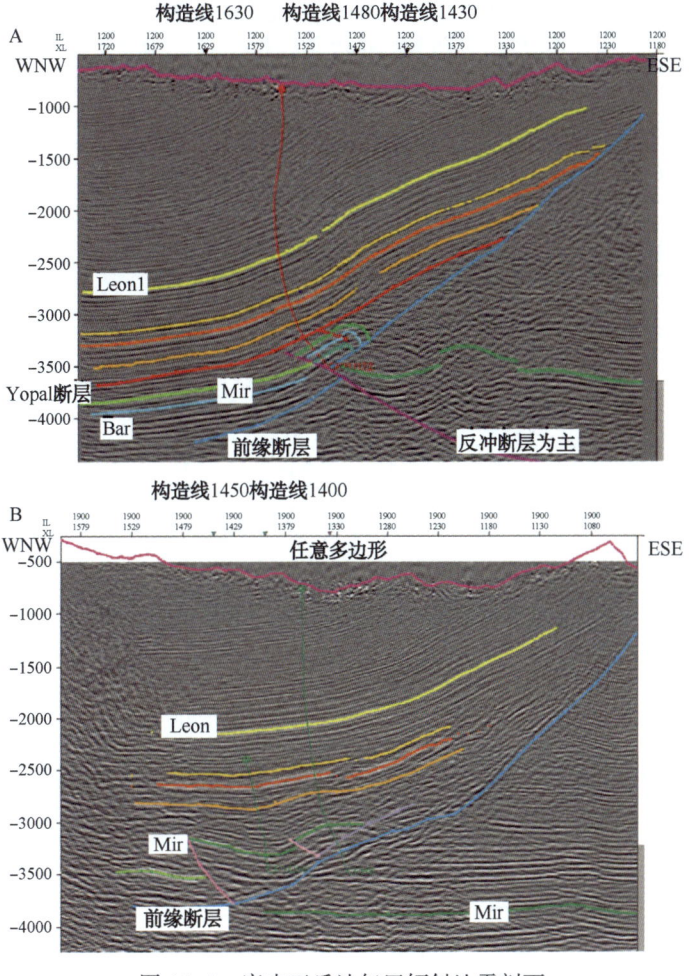

图 12-5　库皮亚瓜油气田倾斜地震剖面

显示了靠近各条线的库皮亚瓜油气井。主测线 1200（A）沿库皮亚瓜构造南部。注意，主要的构造特征为 Nunchia 向斜。Yopal 断层将两种不同类型的变形带分隔。在该地震线上，以反冲断层为主，边缘朝西的断层似乎使库皮亚瓜构造和前缘断层发生断裂。这可能表明后部断层的形成较新。这种以反冲断层为主的断层仅向 Golconda 线性构造南部延伸。主测线 1900（B）位于库皮亚瓜构造北部。注意，Nunchia 向斜轴和库皮亚瓜构造顶部朝东移动。边缘朝西的断层在这种情况下与前缘断层伴生

Mirador 组是主要的储层带，含有 51% 的原始地质储量。Barco 组和 Guadalupe 组分别含有 28% 和 21% 的原始地质储量。库皮亚瓜油气田的储层岩心覆盖面适中，从 Mirador 组取出了 6 个岩心，Guadalupe 组取出了 4 个岩心，总长度达 1100m（3800ft）。

本章主要讨论 Mirador 组的沉积学和地层学。

12.5　Mirador 组的相、相序列和相域

库皮亚瓜油气田 Mirador 组中存在两个相域。海岸平原相域多数位于 Mirador 组下半部分，由水道、决口扇以及沼泽和海泛平原相序列构成。Mirador 组的上半部分存在海湾相域，

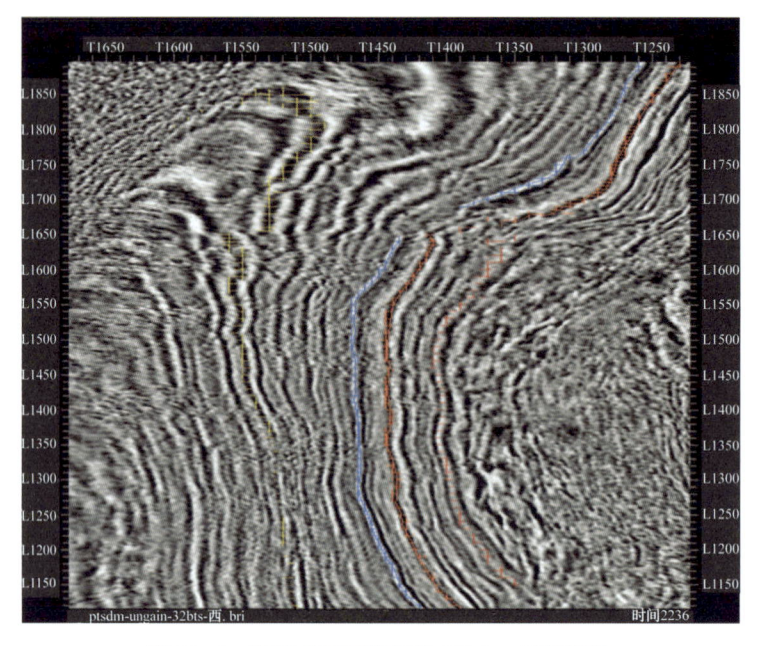

图 12-6 库皮亚瓜三维体的 2236ms 时间切片

显示了 Carbonera 地层的产状。Nunchia 向斜轴沿左侧分布。时间切片上的大多数地层属于向斜东侧。Leon 组标为黄色，Carbonera 组标为蓝色和红色。注意向斜的弯曲和地层沿 Golconda 线性构造的位移

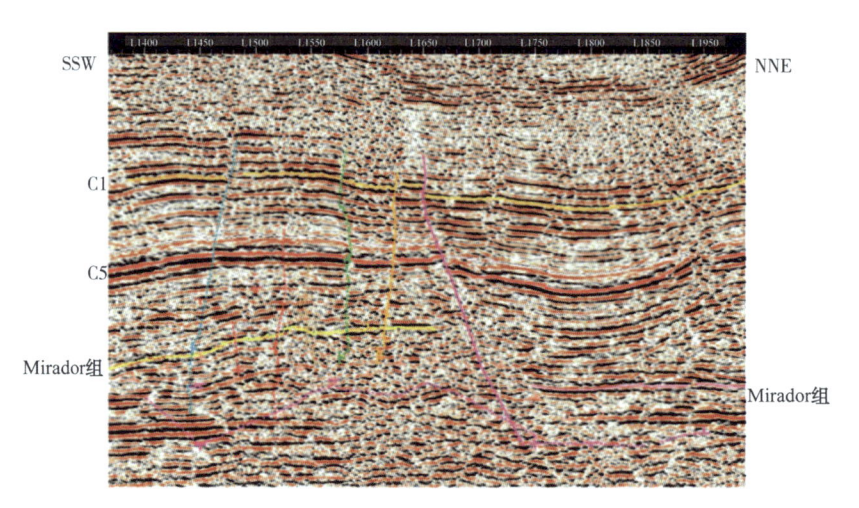

图 12-7 走向线（交叉线 1510）沿库皮亚瓜构造顶部。北部朝右。图形中部的主要特征是 Golconda 扭转断层（品红色断层）。数个垂直断层与该扭转断层伴生。北部的该特征中，库皮亚瓜构造和 Nunchia 向斜朝东北方向弯曲。显示了 Mirador 组和 Carbonera 组内地平线。注意 C5 和 Mirador 组标记之间的厚度变化，该变化由 Yopal 逆冲断层导致。该断层将库皮亚瓜构造与覆盖的 Nunchia 向斜分隔开

由海湾充填、湾头三角洲和水道相序列构成（图 12-8）。相序列各包含一个相光谱，光谱按规律的垂直和侧向序列排列。这些有规律的相序列反映出侧向相沿沉积剖面过渡，并通过进积和加积作用垂直叠加。

该剖面图展示了相分析结果，以及对本研究中相、相序列和相域的解释与说明。这些解释基于在地层学背景下推测的流体力学和环境参数。

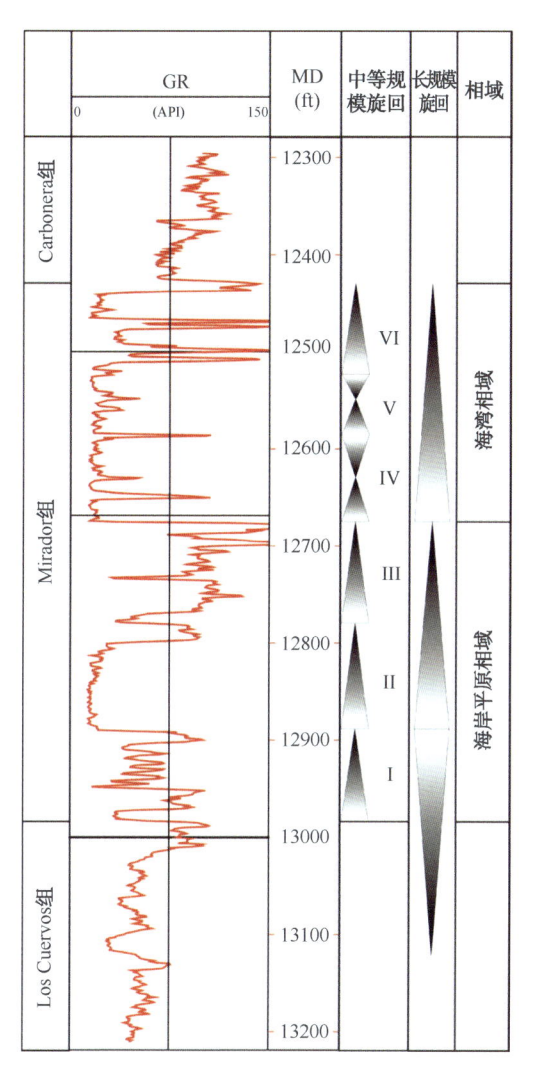

图 12-8 库皮亚瓜 A-1 井 Mirador 组中伽马射线（GR）测井和解释的地层旋回及相域

海岸平原相域组成了 Mirador 组的下半部分，海湾相域组成了 Mirador 组的上半部分。图中包括中等规模和大规模地层旋回

相缩略词由主要的沉积构造和岩石结构组成。主要沉积构造的首字母之后是岩石结构的首字母。槽状交错层理缩写为 tx，波纹缩写为 rp，砂岩缩写为 Ss，泥岩缩写为 Md，颗粒砂岩则缩写为 gSs。例如，槽状交错层理颗粒砂岩缩写为 txgSs，带水平潜穴的砂岩缩写为 hbSs，含潜穴的不规则层压泥岩则缩写为 blMd。图 12-9 是用于图形测井和岩心描述测井的沉积构造、层间接触以及其他符号的惯用语。

库皮亚瓜 A-1、C-3 和 H-11 取心井的岩心测井如图 12-10 至图 12-12 所示。这些测井数据包括用图形表示岩心描述、相解释、推测的地层旋回、伽马射线响应以及重要标记。

海岸平原相域出现在 Mirador 组下半部分。识别出的三个相序列包括：水道相序列、决口扇相序列以及沼泽和海泛平原相序列。水道相序列出现在中等规模旋回底部，由中等—粗粒度砂岩和带有悬粒碎屑的砂岩构成。决口扇相序列上覆于水道砂岩层段，主要

物理沉积结构

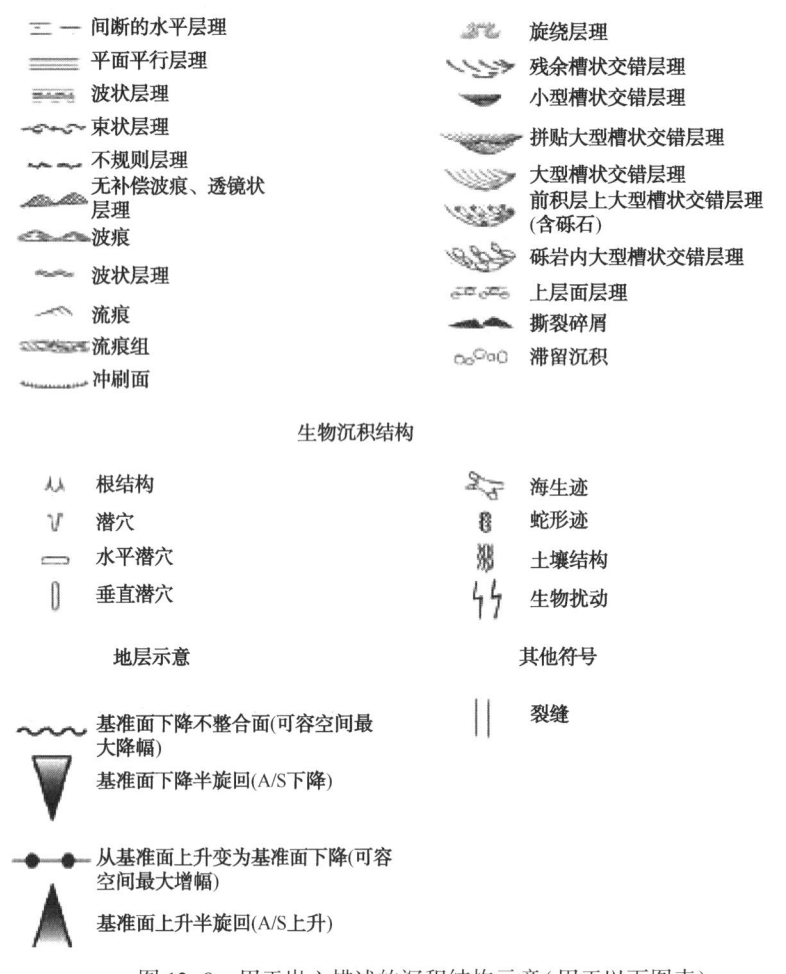

═ ─	间断的水平层理	〰	旋绕层理
═══	平面平行层理	〜〜	残余槽状交错层理
≋≋	波状层理	⌣	小型槽状交错层理
〜〰	束状层理	〰〰	拼贴大型槽状交错层理
〜	不规则层理	⌢	大型槽状交错层理
⌒⌒	无补偿波痕、透镜状层理	⌒⌒	前积层上大型槽状交错层理(含砾石)
⌒	波痕	⌒⌒	砾岩内大型槽状交错层理
⌒⌒	波状层理	⊂⊃	上层面层理
⌒	流痕	⌒	撕裂碎屑
⌒⌒	流痕组	○○○	滞留沉积
〰〰	冲刷面		

生物沉积结构

⋏⋏	根结构	⤳	海生迹
∨	潜穴	∫	蛇形迹
▭	水平潜穴	☷	土壤结构
▯	垂直潜穴	↯↯	生物扰动

地层示意　　　　　　　　　　**其他符号**

〜〜 基准面下降不整合面(可容空间最大降幅)　　　‖ 裂缝

▽ 基准面下降半旋回(A/S下降)

●━● 从基准面上升变为基准面下降(可容空间最大增幅)

△ 基准面上升半旋回(A/S上升)

图 12-9　用于岩心描述的沉积结构示意(用于以下图表)

由极细—细粒砂岩构成。沼泽和海泛平原相序列与决口扇复合体伴生，由块状、层压、带潜穴的泥岩构成，夹带海泛平原相沉积物和土壤。从水道相序列到决口扇相序列，再到沼泽相序列的变化表明，可容空间整体上增多。海泛平原相沉积物表现为在可容空间减少时沉积的岩石。

12.6　水道相序

　　水道相序包含海岸平原相域内主要的储集岩。该水道相序内存在八种岩相；然而，单水道不一定体现了岩相的完整光谱。该相序岩相为中砾砾岩(pbCg)、块状颗粒砂岩(mSs)、上层面层理颗粒砂岩(uppSs)、槽状交错层状颗粒砂岩(txgSs)、槽状交错层状砂岩(txSs)、残余槽状交错层理的含潜穴砂岩(btxSs)和波痕—层状砂岩(rpSs)。

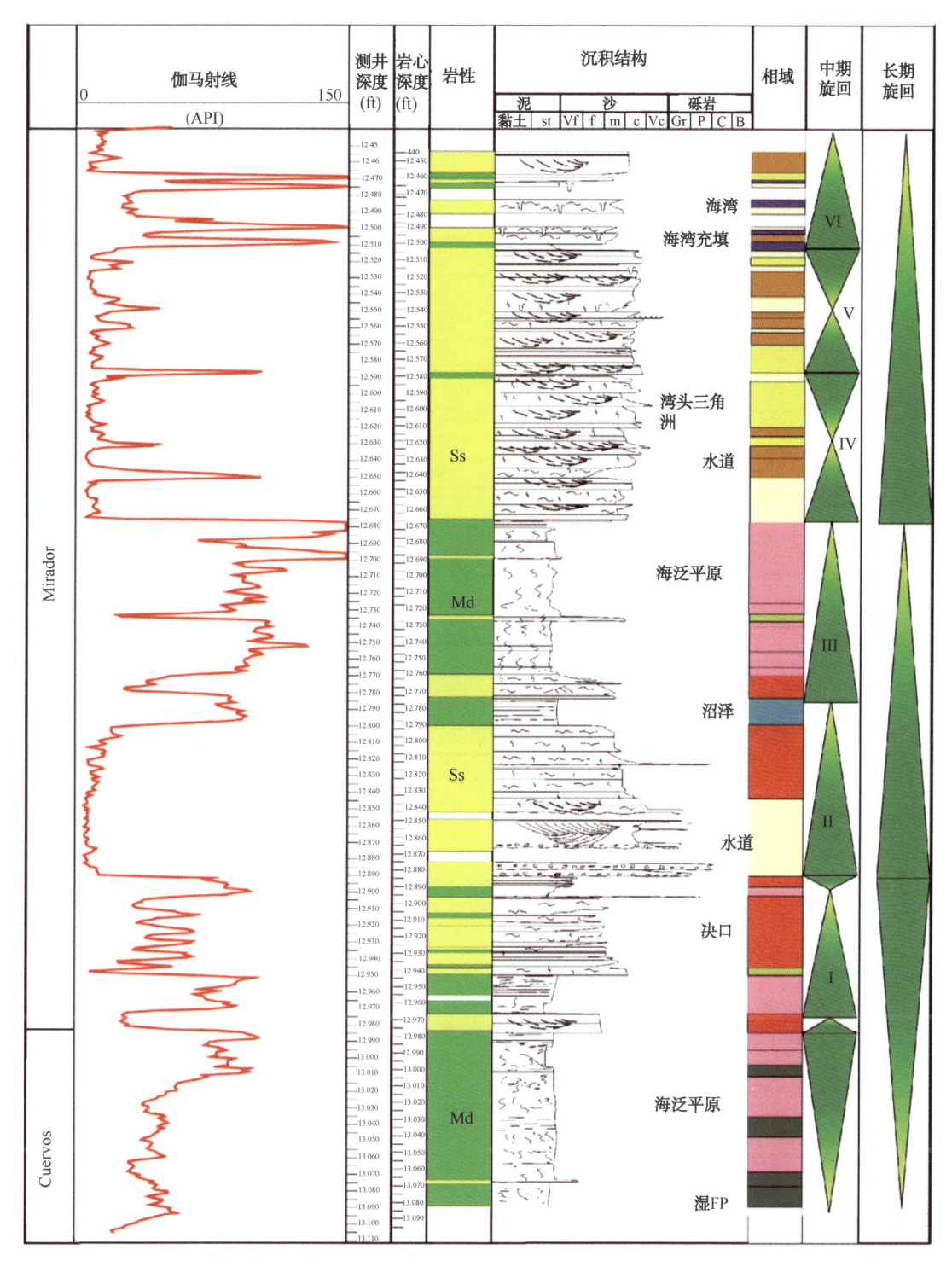

图 12-10 岩心描述展示了所解释相域和 Cupiagua A-1 油气井旋回。Mirador 组分为六个中期地层旋回和两个长期旋回(见图 12-9 的图例说明)

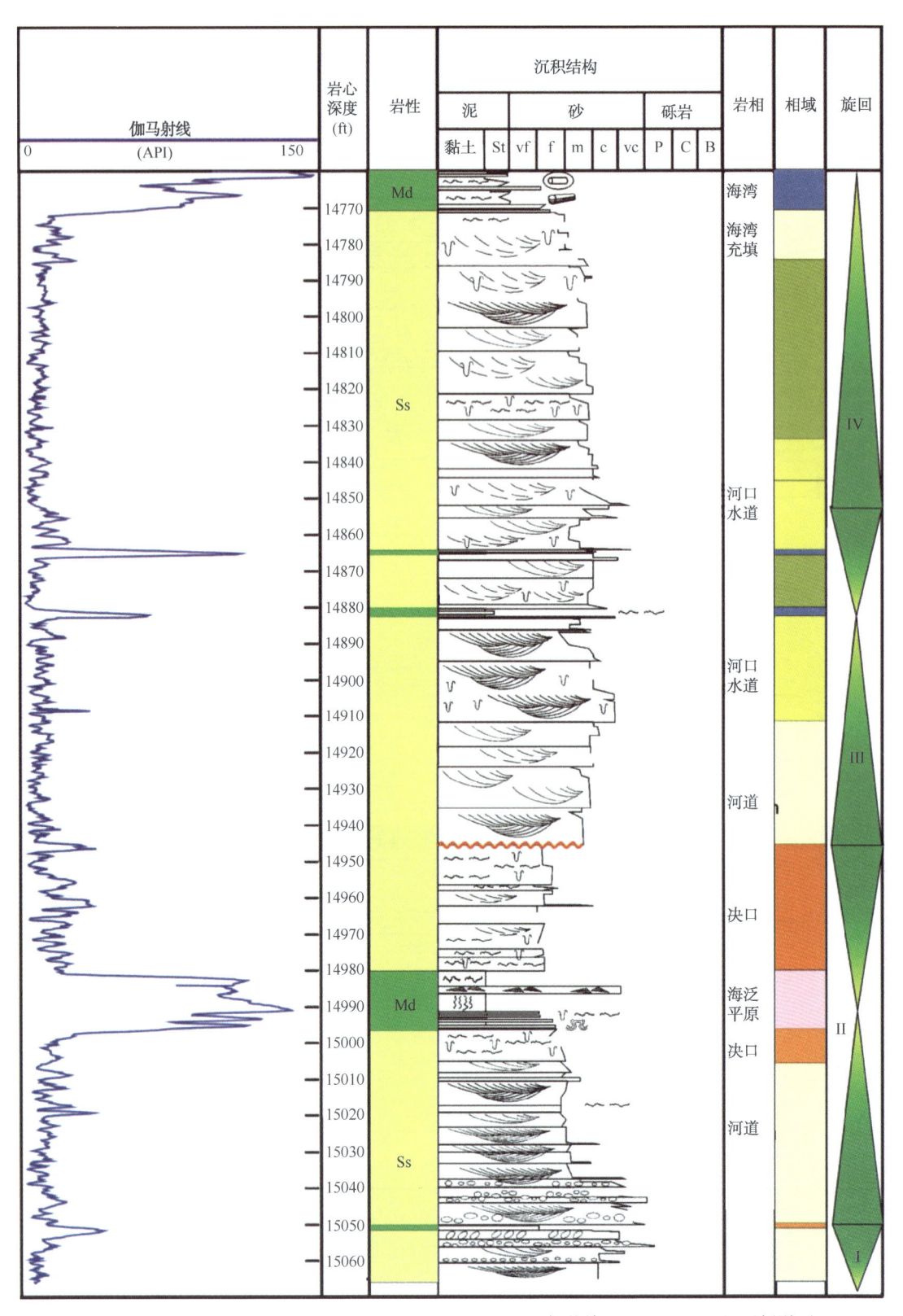

图 12-11　岩心描述展示了所释相域和 Cupiagua H-11 油气井旋回(见图 12-9 的图例说明)

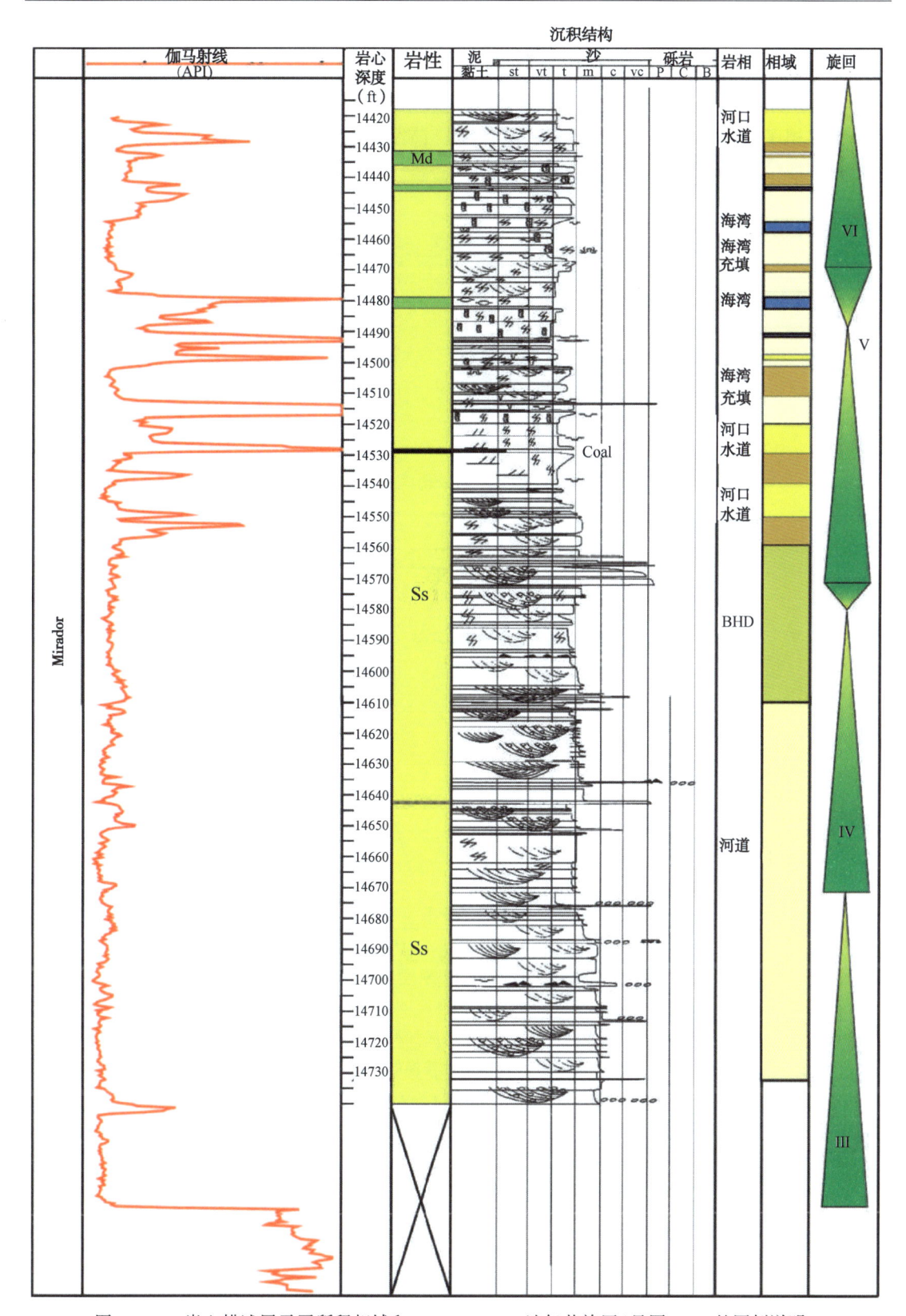

12 哥伦比亚 Llanos 山麓库皮亚瓜油气田始新统 Mirador 组沉积、层序地层与储层构型

图 12-12 岩心描述展示了所释相域和 Cupiagua C-3 油气井旋回(见图 12-9 的图例说明)

单个加积水道序列内存在的岩相很大程度上取决于可容空间和基准面的时空变化。一般来说，当可容空间呈总体上升趋势时，存在 pbCg、mSs 和（或）uppSs 岩相向 txgSs 和（或）txSs 岩相，再到 btxSs、cvSs 和/或 rpSs 岩相的过渡。

水道相序的岩相替换图解如图 12-13 所示。该图解浓缩了可容空间总体上升期间的自然岩相序列（Mirador 组海岸平原相域的水道相序）。

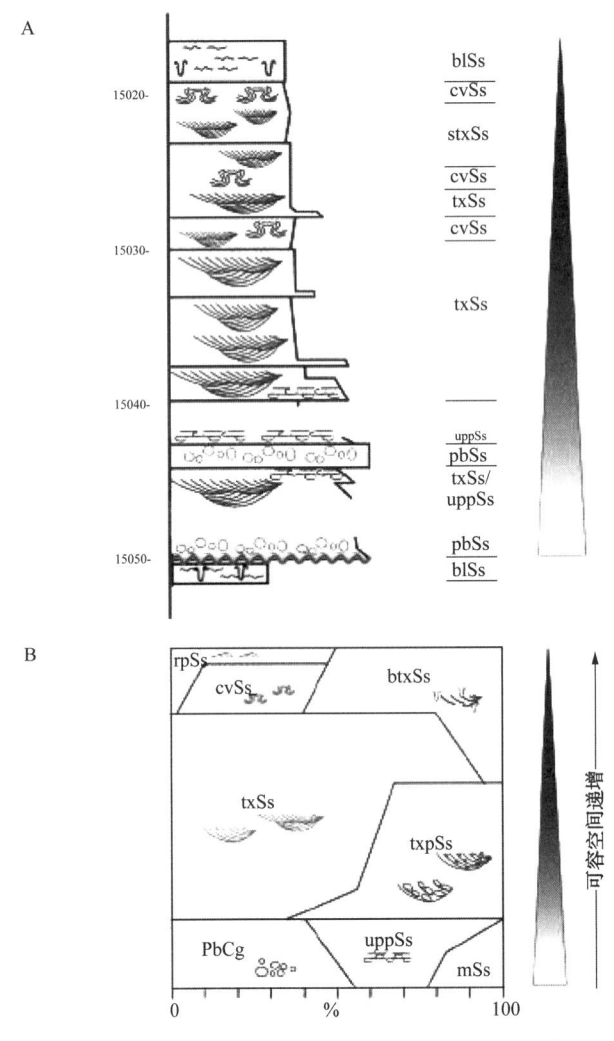

图 12-13 （A）Cupiagua H-11 油气井水道相序示例。构成加积旋回的岩相界定了可容空间总体上升之趋势；（B）水道相序的岩相替换图解。横轴表示岩相发生替换的可能性。各岩相所占面积与水道相序内岩相频率呈正比（见图 12-9 的图例说明）

12.6.1 中砾砾岩（pbCg）

pbCg 岩相稀疏地分布于相对较厚的地层[厚达 1.2m（4ft）]或薄薄的滞留沉积层[7.6cm（3in）]内的加积水道序列基底。上覆 mSs、uppSs、txgSs 或 txSs 岩相。该岩相下接触面为冲刷面，上接触面为渐变面或突变面且上覆岩相。地层厚度通常介于 5cm（2in）和 0.6m（2ft）之间；然而，也有厚达 1.2m（4ft）的地层。粗碎屑为磨圆且通常为中砾，由白色石英和黑硅石构成，但也有粒径较大的岩屑。石英碎屑最为常见（含量高于95%），而其他则为石质碎屑。沉积结构较为罕见。图12-14A展示了岩相图。在一定的地层环境下，该岩相常见于可容空间相对较低的条件下，构成加积水道相的一小部分并存于最厚地层内。与此相反，在可容空间环境相对较高的条件下，该岩相地层则比较罕见。

可从以下两个水动力方面进行解释。当该岩相包含正常或逆序级配，则认为其沉积于高含沙水流环境。当级配缺失，则认为该岩相沉积于高流态湍流环境。

12.6.2 块状颗粒砂岩(mSs)

该岩相占据加积水道序列的基底，上覆uppSs、txgSs或txSs岩相。在一些情况下，下接触面为冲刷面；在另外一些情况下，该接触面则为突变面或渐变面且含pbCg岩相。上接触面通常为突变面。地层厚度通常介于7.6~20cm(3~8in)之间，特殊情况下，可达0.6m(2ft)。石英砂岩为中上至粗粒，少量为分散颗粒。沉积结构缺失，但正常或逆序下部粗粒向上递变很少发生。

在一定的地层环境下，该岩相仅存在于较低的可容空间条件。可从以下两个水动力方面进行考虑。当存在正常或逆序下部粗粒向上递变时，则认为该岩相为高含沙水流沉积物。当不存在级配时，则认为该岩相沉积于高流态湍流环境。

12.6.3 上层面层理颗粒砂岩(uppSs)

该岩相出现于加积水道序列下部，上覆txgSs或txSs岩相。下界面为突变面或渐变面。上界面通常为突变面。地层厚度通常介于0.15~0.6m(0.5~2ft)之间。石英砂岩为粗至极粗粒，含分散石英和罕见的石质颗粒。平面层理由水平或缓角（低于5°）对齐的中砾石英碎屑薄层界定。

在一定的地层环境下，该岩相出现于相对较低的可容空间条件下。岩相uppSs沉积于高流态湍流环境。

12.6.4 槽状交错层状颗粒砂岩(txgSs)

该岩相构成Mirador组水道相序的30%。通常上覆txSs岩相，在极少数情况下，上覆btxSs岩相。石英砂岩为粗至极粗粒，含分散砾石。有时候，粒度颗粒沿前积层排列。槽状交错层组厚度多变，通常介于0.3~1.2m(1~4ft)之间。通常情况下，槽状交错层组粒度恒定，但有些层组则表现出向上变细的趋势。前积纹层角度介于20°~30°之间，前积纹层厚度介于5~40mm(0.2~1.5in)之间。砾石与前积纹层平行排列。

与先前岩相相比，该岩相出现于较高的可容空间条件下。层组厚度随可容空间的变化而变化；可容空间增加时，层组厚度随之增加。该岩相沉积于低流态湍流环境下。txgSs岩相为水道基底之上三维沙丘运移的地层记录。

12.6.5 槽状交错层状砂岩(txSs)

txSs岩相是水道相序最常见的岩相（含量达60%）。上覆btxSs、cvSs和rpSs岩相。石英砂岩为中粒至粗粒。向上变细趋势发生于层组的垂直序列内。槽状交错层组厚度多变，通常介于0.15~0.6m(0.5~2ft)之间；然而，有些层组则紧密地拼贴在一起，层组厚度介于5~

12.7cm(2~5in)之间，也存在厚达1.2m(4ft)的层组。前积纹层倾斜15°~25°，厚度介于3~30mm(0.118~1.18in)之间。通常情况下，前积纹层局部遭到潜穴的破坏。图12-14B为岩相图。

图12-14 Cupiagua油田下Mirador组海岸平原相域几种不同的岩相
(A)中砾砾岩。碎屑为磨圆，由白色石英和黑硅石构成；(B)槽状交错层状砂岩；(C)含撕裂碎屑的砂岩；(D)小型槽状交错层状砂岩；(E)波痕—层状砂岩；(F)回旋状砂岩[量测深度为3805m(12484ft)]；(G)含潜穴、层状砂岩；(H)含无补偿波痕的层压泥岩；(I)斑点状泥岩；(J)具根和不规则层压泥岩；(K)角砾状泥岩。所有岩心的宽度均为10cm(4in)

在一定的地层环境下，与txgSs岩相相比，该岩相沉积于较高或相同可容空间条件下。层组厚度随可容空间的变化而变化；可容空间增加，地层厚度随之增加。

txSs岩相沉积于低流态湍流环境下。槽状交错层状砂岩为水道基底之上三维沙丘运移的地层记录。

12.6.6 残余槽状交错层理含潜穴砂岩(btxSs)

该岩相占据加积水道序列的上部。该岩相上覆txSs岩相,由rpSs岩相替代。有时很难观察地层厚度,但一般情况下,地层厚度均低于0.3m(1ft)。石英砂岩为中粒至粗粒。潜穴是该岩相最明显的特征。70%以上的原生槽状交错层理遭到破坏,倾角多变的前积层残余体遍及潜穴叠加。在某些情况下,岩石被潜穴填充,也存在不规则层理。

在一定的地层环境下,该岩相出现于较高的可容空间条件下。当两个冲刷面之间的潜穴强度恒定时,该岩相以较慢的沉降速度沉积。当两个冲刷面之间砂岩内潜穴强度由上至下逐渐降低时,则认为其受堆积速度波动的影响;当生物体再沉积时,地层运移期被非沉积作用期打破。

12.6.7 波痕层状砂岩(rpSs)

该岩相在Mirador组水道相序十分罕见。rpSs岩相(如存在)位于加积水道序列顶部。地层厚度介于5cm(2in)~0.3m(1ft)之间。石英砂岩为中下至中上粒。有时,少量潜穴局部破坏波痕纹层的现象也比较常见。在一定的地层环境下,该岩相出现于较高的可容空间环境下。被看作是水动力流态流动逐渐减弱,促进了水道相序之沉积。

12.7 决口扇相序列

与河道相序相比,该相序保存于相对较高的可容空间条件下。沼泽和海泛平原相序薄薄的淤泥质地层通常与该相序互为夹层。确定了五种岩相:含泥岩撕裂碎屑的砂岩(rupSs)、小型槽状交错层状砂岩(stxSs)、波痕层状砂岩(rpSs)、回旋状砂岩(cvSs)、含潜穴和不规则层压砂岩(blSs)。决口扇相序通常不含良好的储集岩。与孔隙度相似的河道砂岩相比,决口扇砂岩的渗透性分布要低得多。

决口扇层段通常出现于河道相序和沼泽相序之间。该相域序列记录了始于河道基底不整合的陆上暴露面随时间推移湿度和保存性的增加。

决口扇复合体内相序构成了一系列不匀称、短期、基准面下降的半旋回,包含逐渐变少的决口河道相和逐渐变多的远端决口扇相(图12-15)。意味着海泛平原或短暂的海泛平原沼泽之上决口扇初始前积作用由决口扇前积代替,进入更为湿润的海泛平原和永久沼泽。因此,单个短期地层旋回反映了前积事件,但各前积事件将逐渐变多的远端相带入短期相序。短期地层旋回叠加形成中期基准面上升的旋回,反映可容空间随时间推移递增。

12.7.1 含撕裂碎屑的砂岩(rupSs)

rupSs岩相极为罕见且通常上覆于冲刷面;在某些情况下,rupSs岩相与blSs岩相互层。上接触面为渐变面或突变面。地层厚度通常介于12~20cm(5~8in)之间;然而,也存在厚度为0.6m(2ft)的地层。石英砂岩为细粒至中细粒。泥岩撕裂碎屑区长达3cm(1.2in),有时其含量极为丰富以至于人们几乎将该岩石误认为撕裂碎屑砾岩(图12-14C)。不同程度的潜穴和不规则层理出现于rupSs岩相内。

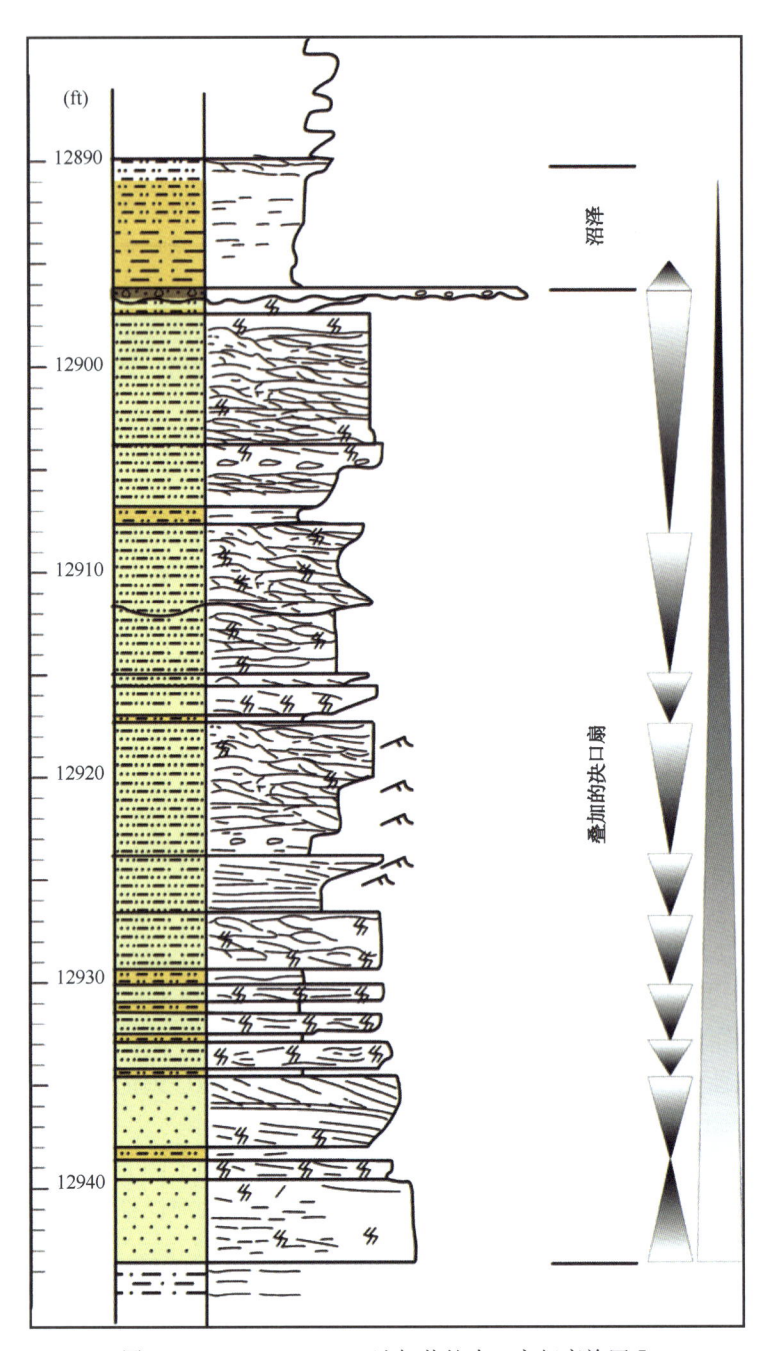

图 12-15 Cupiagua A-1 油气井的决口扇相序旋回 I

单个短期地层旋回反映了前积事件，但各前积事件将逐渐变多的远端相带入短期相序。短期地层旋回叠加形成中期、基准面上升的旋回，反映了可容空间随时间的推移而增加（见图 12-9 的图例说明）

当该岩相上覆于冲刷面时，则认为是决口扇河道滞留沉积物。淤泥碎屑来自撕裂过程（河道冲刷，汇入流体）或来自坍落物进入河道并汇入流体。当 rupSs 岩相不上覆于冲刷面时，则认为它与上游冲刷事件有关。

rupSs 岩相出现于决口扇近端部分。在一定的地层环境下，rupSs 岩相体现了决口扇序列相对较低的可容空间条件。

12.7.2 小型槽状交错层状砂岩(stxSs)

该岩相构成 Mirador 组决口扇层段的 30%。它出现于决口扇复合体近端部分。下接触面为冲刷面或渐变面，由下伏波痕层状砂岩构成。上接触面为突变面或渐变面。地层厚度通常介于 5~15cm(2~6in)之间；然而，也存在厚度为 0.3m(1ft)的地层。石英砂岩为低至中细粒，分选良好。小型槽状交错层理是最常见的沉积构造；然而，不同程度的潜穴破坏了部分前积纹层。前积纹层倾斜 10°~20°，厚度为 1~2mm(0.04~0.08in)。虽然无法确定潜穴类型，但遗迹化石多样性低。图 12-14D 为岩相图。

小型槽状交错层理为低流态河道和非承压单向流迁移三维沙丘之记录。潜穴即流入强度波动之证据，流入强度波动可能引起生物体沉积物的再沉积。stxSs 岩相被认为是决口河道沉积的一部分，此处序列从冲刷面进入 stxSs 岩相，接着进入 rpSS，最后进入 blSs 岩相。当该序列由 blSs 岩相进入 rpSs，再进入 stxSs 岩相时，则认为该岩相从决口扇前积进入沼泽和海泛平原。

stxSs 岩相占据了决口扇复合体的近端部分。该岩相通常出现于 Mirador 组决口扇层段中下部。在一定的地层环境下，stxSs 岩相体现了决口扇沉积物相对较低的可容空间条件。

12.7.3 波痕层状砂岩(rpSs)

rpSs 岩相构成决口扇相序的 40%。波痕层状砂岩上下接触面为突变面或渐变面。地层厚度介于 2.5~15cm(1~6in)之间；然而，也存在厚达 0.45m(1.5ft)的地层。石英砂岩为细粒至极细粒，分选良好(图 12-14E)。潜穴的分异程度对波痕纹层造成了局部破坏。

该岩相体现了波痕以低流态非承压流在河道内的迁移作用。该岩相以两种不同序列形式出现于决口扇复合体内。当它出现于决口河道沉积物内时，则被看作是决口河道序列流动逐渐减弱的盖帽。它也出现于前积决口扇向上变浅序列的下半部，被看作是非承压流沉积物。

rpSs 岩相与 stxSs 和 rupSs 岩相相比，位于决口扇相序更远端部分且发育更为良好。相比于以 stxSs 岩相为主的层段，在一定的地层环境下，含大量 rpSs 岩相的层段沉积于较高的可容空间条件下。

12.7.4 回旋状砂岩(cvSs)

该岩相不常见于决口扇相序。地层厚度介于 5~25cm(2~10in)之间(图 12-14F)。石英砂岩为极细粒，分选良好。波痕纹层残余体十分常见。

该岩相被看作是快速沉积的产物，由于受到泄水作用而崩落，伴生 rpSs 或 blSs 岩相。沉积于同 rpSs 岩相相似的可容空间条件下。

12.7.5 含潜穴、层状砂岩(blSs)

该岩相构成 Mirador 组决口扇相序的 10%，占据决口扇复合体的远端部分。上下接触面为渐变面或突变面。地层厚度通常介于 5cm(2in)~0.6m(2ft)之间。石英砂岩为极细至细粒，分选良好。黏土基质存在于某些层段内。该岩相最明显的特征即高度潜穴引起的不规则层理排列。有时候，岩石全部或几乎全部被有机物再沉积而均质化。某些含潜穴程度较低的层段体现了碳质或淤泥质不规则层理和短期槽状交错层理的残余前积纹层(图 12-14G)。

blSs 岩相沉积于氧化环境下，底栖生物体再次对已沉积的沉积物进行改造。该岩相位于进积决口扇远端部分和决口河道顶部。与 stxSs 或 rpSs 岩相相比，该岩相沉积于相对较高的可容空间条件下。

12.8 沼泽和海泛平原相序

沼泽和海泛平原相序以泥岩为主，通常出现于靠近决口扇相序的位置处。下 Mirador 组中间旋回顶部，该岩相更为常见(图 12-10)。多数泥岩对应湿润的海泛平原和沼泽，局部由逐渐变厚的土壤所替代。Cusiana 油田下 Mirador 组顶部为不整合界面。该不整合界面下伏土壤、钙质层和角砾状泥岩，上覆聚集于湿润海泛平原、湿地和沼泽至含盐海湾环境下的地层(Fajardo，1995)。

沼泽相序内存在三种岩相分异。块状泥岩(mMd)、含无补偿波痕的层压泥岩(lsrMd)、含潜穴和不规则层压泥岩(blMd)。海泛平原相序内确定了三种岩相：斑点状泥岩(mtMd)、具根和不规则层压泥岩(rtMd)和角砾状泥岩(brMd)。

沼泽和海泛平原相序岩相替换图解如图 12-16 所示。该图解体现了从沼泽至海泛平面相序可容空间条件逐渐降低的趋势。图 12-16A 体现了较为干燥的条件。图 12-16B 体现了较为湿润，甚至含盐的条件。

12.8.1 块状泥岩(mMd)

该岩相位于决口扇沉积物之间或与其他沼泽相共存。上下接触面通常为突变面，与决口扇相序互层；当它与其他沼泽相组合互层时，接触面通常为渐变面。地层厚度不一。当该岩相与决口扇砂岩互层时，地层厚度介于 2.5~12cm(1~5in)之间。通常为深灰和中灰色。有些泥岩含大量的有机质。

mMd 岩相在开阔沼泽和开阔湖泊条件下悬浮沉积。该岩相被认为是最深沼泽相。

12.8.2 含无补偿波痕的层压泥岩(lsrMd)

该岩相包含层压灰色泥岩，夹带一定量的泥沙和少量极细砂岩波痕。上下接触面为突变面或渐变面。当它与决口扇砂岩互层时，其上下接触面为突变面，层厚介于 2.5~15cm(1~6in)之间。开阔沼泽层段内岩相地层厚度介于 0.3~1m(1~3ft)之间；在特殊情况下，地层厚度可达 1.8m(6ft)。从构造上看，该岩相为粉砂质泥或泥质粉砂。通常为深灰至中灰色，有时为绿灰或黑色。平面平行水平层理、无补偿波痕、晶状体和波状层理为典型的沉积结构(图 12-14H)。

该岩相在开阔沼泽环境下悬浮沉积。同 mMd 岩相相比，该岩相沉积于相同深度，甚至较浅位置处。无补偿波痕、晶状体和波状层理便是弱流之体现。

12.8.3 含潜穴和不规则层状泥岩(blMd)

上下接触面为渐变面或突变面。地层厚度介于 0.3~1m(1~3ft)之间。通常由泥质粉砂

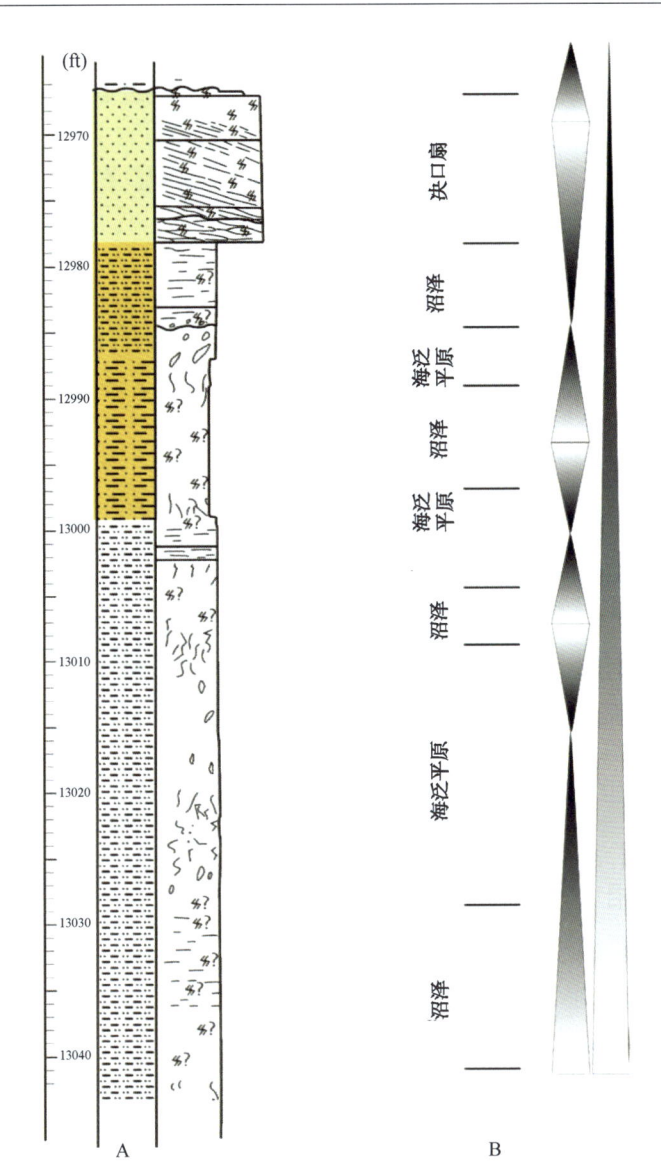

图 12-16 Cupiagua A-1 油气井沼泽和海泛平原相序

沼泽至海泛平原序列体现了中间—尺度旋回Ⅲ内可容空间总体上升的趋势。
旋回Ⅳ由湿地和含盐池塘较为潮湿的泥岩组成（见图 12-9 的图例说明）

岩构成，但也可能为砂质粉砂岩。颜色不一，包括深灰至浅灰色、绿灰色和米黄色。潜穴是该岩相最明显的特征，经常出现不规则层理。下 Mirador 组顶部，blMd 岩相从斑点状泥岩变为具根泥岩（mtMd 或 rtMd）。

该岩相在沼泽或短暂的海泛平原池塘环境下悬浮沉积。在一定的地层环境下，如果该岩相与 mtMd 或 rtMd 岩相互层，则认为该岩相由可容空间总体下降而形成。与此相反，如果该岩相与 mMd 和 lsrMd 互层，则认为该岩相沉积于可容空间总体上升的过程。

12.8.4 斑点状泥岩（mtMd）

该岩相最明显的特征即杂色。上下接触面为渐变面。地层厚度介于 0.6~2.7m（2~9ft）

之间。一些层段的泥岩为深灰底，含不规则的红褐色斑点；其他泥岩为浅灰色或米黄色，含微红和微黄斑点，还有些泥岩呈绿色或米黄色，含蓝色和紫色斑点。上述泥岩的共同特征即斑点和不规则纹理的垂直分布和方向相同（图 12-14I）。

该岩相在干燥和潮湿条件交替的海泛平原环境下悬浮沉积。在一定的地层环境下，该岩相是可容空间递减时期之代表。

12.8.5 具根和不规则层压泥岩（rtMd）

该岩相为米黄和浅灰色，包含由碳质材料构成的黑色至棕色根迹且与 mtMd 岩相互层。基底面和上接触面通常为渐变面。地层厚度介于 0.3~2.1m（1~7ft）之间。潜穴为该岩相另一特征（图 12-14J）。

该岩相体现了先前悬浮沉积相的土壤蚀变。对此，可从以下两个方面进行解释：如该岩相与 mtMd 岩相互层，则认为该岩相沉积于较为干燥的海泛平原环境；如该岩相包含有机覆膜砂且与 mMd 岩相互层，则认为该岩相沉积于季节性池塘等较为潮湿的环境。

12.8.6 角砾状泥岩（brMd）

该岩相构成沼泽和海泛平原相序的一小部分。下接触面为渐变面，上接触面为突变面。

地层厚度介于 1~1.5m（3~5ft）之间。该岩相呈角砾状，由分布无序的褐色有角、不规则块状组构组成（图 12-14K）。某些层段内，存在不到 2mm（0.08in）的含铁假团块。

该岩相由先前沉积的泥岩经过土壤过程发生改变而形成。该岩相体现了明显的陆上暴露迹象。

12.8.7 海湾相域

海湾相域出现于上 Mirador 组。该相域为河道、湾头三角洲和海湾充填相序（图 12-10~图 12-12）。从河道到湾头三角洲再到海湾充填相序的转变体现了可容空间的持续上升趋势。海湾充填到湾头三角洲再到河道相序的转变体现了可容空间的持续下降趋势。

海湾相域的岩相替换图解如图 12-17 所示。该图解由 Cupiagua 油田 Mirador 组三口油气井的海湾相域层段构成。

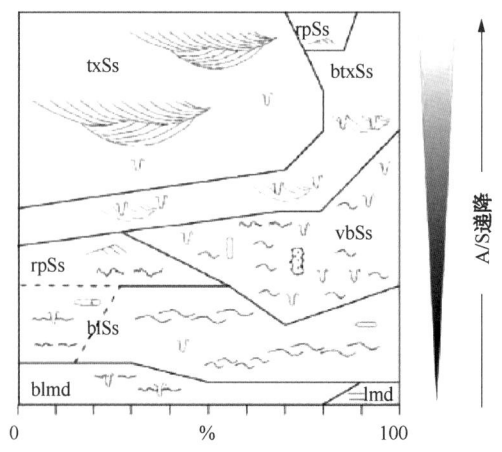

图 12-17　海湾充填、河道和湾头相域的相序和岩相替换图解
海湾充填和湾头旋回具有不对称的基准面下降趋势及薄薄的基准面上升盖帽

12.9 河道和湾头三角洲相序

河道和湾头三角洲相序包含海湾相域内主要的储集岩。这些序列在 Cupiagua 油田区域上 Mirador 组下半部占主要地位。这些序列内存在三种岩相：槽状交错层状砂岩(txSs)、含潜穴、残余槽状交错层理砂岩(btxSs)和波痕层状砂岩(rpSs)。图 12-10~图 12-12 为相序示例。

12.9.1 槽状交错层状砂岩(txSs)

txSs 岩相是海湾相域最常见的岩相，出现于河道和湾头三角洲相序内。槽状交错层组的上下接触面通常为突变面；然而，当存在潜穴时，接触面模糊。石英砂岩通常为中粒，但也有粗粒层段。该层组垂直序列呈向上变细或向上变粗之趋势。槽状交错层组厚度不一，从几英寸至 1.2m(4ft) 不等。前积纹层倾斜 15°~25°，厚度介于 2~8mm(0.08~0.3in)之间。该岩相内潜穴含量较低。除罕见潜穴外，该岩相事实上与海岸平原相域 txSs 岩相完全相同(图 12-14B)。图 12-18A 为岩相图。txSs 岩相由于湍流进入低流态河道而沉积。槽状交错层状砂岩为三维沙丘在河道基底或湾头三角洲运移之地层记录。

12.9.2 残余槽状交错层理的生物扰动砂岩(btxSs)

该岩相为海湾相域第二大常见岩相。该岩相出现于加积河道序列上部，进积湾头三角洲序列下部。有时很难观察槽状交错层组的厚度，但一般而言，其厚度均低于 0.45m(1.5ft)。石英砂岩为中粒至粗粒。潜穴是该岩相最明显的特征。60%以上的原生槽状交错层理遭到破坏，倾角多变的前积层残余体遍及潜穴叠加(图 12-18B)。目前已经确认通心粉管迹、蛇形迹、旋形迹、似海蛭蚓迹和蟹形潜穴。

当两个冲刷面潜穴强度恒定时，该岩相低速沉积。如潜穴强度从最高降至最低，则认为由堆积速率波动引起；地层运移期被非沉积期中断，生物体再沉积。

12.9.3 波痕层状砂岩(rpSs)

该岩相在海湾相域内十分罕见(2%)。它有时出现于河道相序顶部，在海湾充填相序内十分罕见。在河道序列内，波痕层状砂岩厚达 0.6m(2ft)；而在海湾充填序列内，该砂岩厚度则低于 20cm(8in)。石英砂岩为细粒，通常含黏土基质。该岩相含一定量的潜穴，通常很容易识别残余波痕。

该岩相沉积于低流态，体现了三维波痕的运移作用。密集潜穴体现了相对较慢的沉积作用。

12.10 海湾充填相序

该相序由含潜穴的砂岩和泥岩构成。在上 Mirador 组上部更为常见。该相序内存在 4 种确定岩相，由深至浅分别为层压泥岩(lMd)、含潜穴和不规则层压泥岩(blMd)、含潜穴和不规则层状砂岩（blSs）和垂直含潜穴砂岩（vbSs）（图 12-17）。从 lMd 到 blMd 再到 blSs，最后进入 vbSs 的转变过程体现了可容空间的持续下降趋势（图 12-17）。在某些情况下，vbSs 岩相上覆 hbSs 岩相；向上变迁体现了可容空间的上升趋势。

12.10.1　层压泥岩（lMd）

该岩相在海湾相域内不太常见，位于向上变浅的海湾充填序列基底。上下接触通常为突变面。地层厚度低于 1m（3ft）。该泥岩为深灰至黑色，体现了不连续的泥沙纹层或透镜体（图 12-18C）。

该岩相被认为是来自悬浮沉积作用，层理为弱流之体现。潜穴的缺乏体现了沉积物—水界面的缺氧或厌氧条件。

12.10.2　含潜穴和不规则层压泥岩（blMd）

该岩相构成海湾相域的 4% 以下，占据了向上变浅海湾充填序列的下部。上下接触面为突变面或渐变面。地层厚度多变，从几英寸至 1.2m（4ft）不等。该岩相由深灰色或黑色粉砂质泥岩构成。密集潜穴是该岩相最明显的特征。主要为水平潜穴。在某些层段内，存在海生迹潜穴（图 12-18D）。通常为不规则和不连续层理。

该岩相在开阔海湾条件下悬浮沉积。密集潜穴体现了适合生物体生存的最佳基质条件。

12.10.3　生物扰动和不规则层状砂岩（blSs）

该岩相构成海湾充填相域的 30%。地层厚度通常介于 15cm（6in）~0.3m（1ft）之间；也有厚达 1m（3ft）的地层。该地层由细砂岩和极细砂岩构成，黏土基质含量多变。具有碳质或淤泥质不规则层理，潜穴含量多变（图 12-18E）。该岩相与 vbSs 岩相最大的区别即不容易辨别单个遗迹化石。某些层段内也含泥岩撕裂碎屑。该岩相在开阔海湾环境下低速沉积，允许生物体再沉积。

12.10.4　垂直含潜穴砂岩（vbSs）

该岩相在海湾相域最为常见，占据向上变浅海湾充填序列的上部。上下接触面通常为渐变面，上覆和下伏岩相。地层厚度多变，从几英寸至 2m（6ft）不等。石英碎屑岩通常为细粒，少数为极细或中粒。该地层最明显的特征即以垂直潜穴为主，如蛇形迹、针管迹和 Arenicolithes（图 12-18F）。水平潜穴不太常见，包括墙迹、漫游迹和古藻迹。该岩相缺乏波痕层理或交错层理，但体现了碳质或淤泥质横向束状层理。相比与 blMd 和 blss 岩相，该岩相在开阔海湾环境下高速沉积。

该岩相在开阔海湾环境下低速沉积，允许生物体再沉积。

12.11　Mirador 组四维地层结构

在 Mirador 组识别出了三级地层旋回。短期（高频）旋回为进积—加积旋回。根据其组分短期旋回的叠加样式和相序的总体走向识别出了 6 个中期旋回（陆相）。表明可容空间与沉积物补给比（A/S）增大或减小。根据中期旋回的叠加样式和相序的总体走向识别出了两个长

(A)槽状交错层状砂岩 (B)残余槽状交错层理的生物扰动砂岩 (C)层状砂岩

(D)生物扰动和不规则层状砂岩[量测深度为3797m(12457ft)] (E)生物扰动和不规则层状砂岩 (F)垂直含潜穴砂岩

图 12-18　Cupiagua 油田上 Mirador 组海湾相域内不同岩相

所有岩心的宽度为 10cm(4in)

期旋回(图 12-19)。

地层旋回无论级别多大，均记录了一个完整的基准面旋回(Barrell，1917；Wheeler，1964)。在一个基准面旋回中，沿连通相关沉积环境的整个地貌剖面，可容空间沉积物补给比增大(在基准面上升时)到最大极限，然后减小到(在基准面下降时)最小极限。

12.11.1　短期地层旋回

短期地层旋回属遵循瓦尔特相律的进积和加积旋回。这些短期旋回是地层格架的基本单元。加积作用由几近水平表面的沉积作用而导致；加积旋回示例有河道、湖相和河漫滩沉积。进积作用由倾斜表面的沉积作用所导致；进积旋回示例有决口扇、湾头三角洲和海湾充填沉积。由于沉积表面沿地貌剖面倾斜，一个短期旋回通常由加积和进积组分组成。短期旋回的界定以相序、地层不连续面产状和沉积学属性(如层组厚度或潜穴定向、多样性和密度)测量为基础。

河道相序中的短期地层旋回常常具有基准面上升不对称性，而薄层基准面下降半旋回则

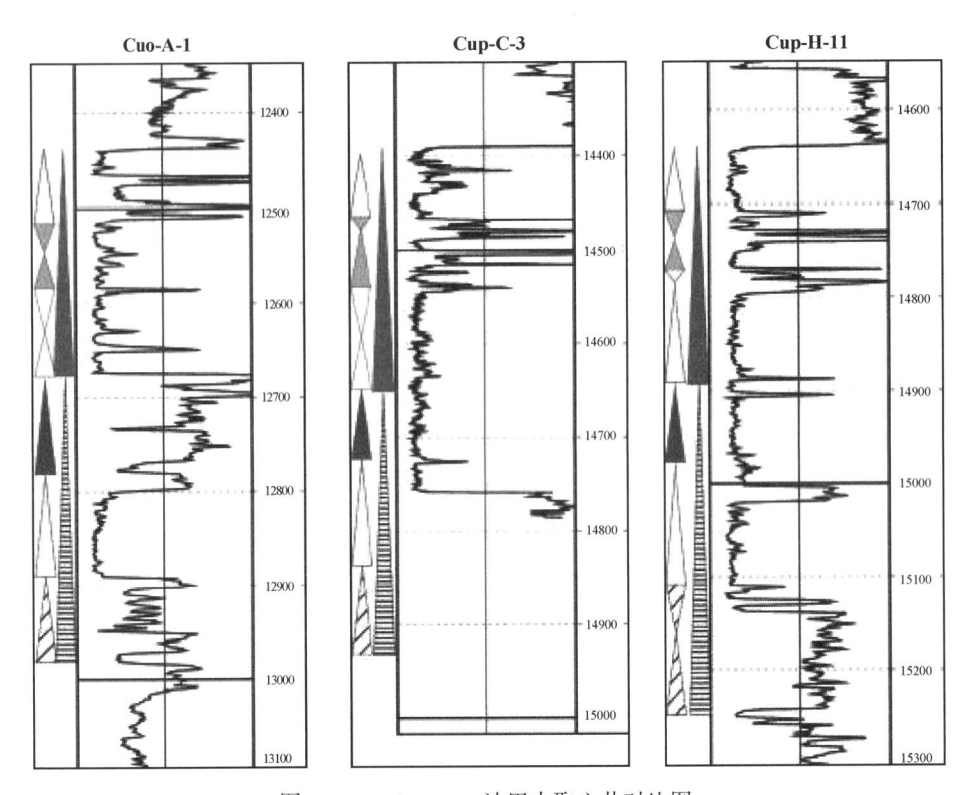

图 12-19　Cupiagua 油田内取心井对比图

图中显示了 Mirador 组的长期地层旋回。深度以英尺为单位

不那么常见。不对称是指 A/S 增大时间发育形成岩石，而 A/S 减小时间主要发育地层不连续面。在 Mirador 组，由河道相序组成的短期旋回的标准厚度为 3~6m(10~20ft)，范围在 2.1~9m(7~30ft)。

若河道相序有足够的相多样性，根据垂向相变识别基准面上升沉积，垂向相变表明集流和(或)水流强度减小。一个完整序列将包括高含沙水流沉积相、高流态区沉积相和低流态区沉积相。这一序列由河道底部颗粒砂岩—上平底层理(uppSs)相过渡到槽状交错层理颗粒砂岩(txgSs)或槽状交错层理砂岩(txSs)相，然后过渡到具潜穴槽状交错层理(btxSs)、波痕层状砂岩(rpSs)或旋卷纹理砂岩(cvSs)相。基准面下降半旋回通常以冲刷面为特点。但是，如发育为岩石，可以根据出现沉积改造和混合作用增加的相序进行识别。一个完整的序列由低流态区沉积相过渡到高流态区沉积相，甚至过渡到高含沙水流沉积相。

决口扇相序的短期地层旋回具有基准面下降或基准面上升不对称性，或者属对称交替升降半旋回(图 12-15)。Mirador 组这些短期旋回的厚度在 0.9~5.1m(3~17ft)之间。

在识别决口扇进积到常年或季节性洪泛平原湖中发育形成的向上变浅层段的基础上，确定决口扇相序的旋回的边界。决口扇相有时频率变小、变薄，而沼泽和洪泛平原相则变厚、频率变大。这种过渡由基准面上升所致。

同海岸平原相域的任何其他相序相比，湖泊和洪泛平原相序的短期地层旋回则更加对称。Mirador 组湖泊和洪泛平原短期旋回的厚度在 0.6~4.8m(2~16ft)。在仅由沼泽和洪泛平原相序所组成的层段，根据层段中不同相区的湿度和温度确定短期地层旋回的边界。由深到浅，沼泽相序由块状泥岩(mMd)过渡到未补偿流痕纹理泥岩(lsrMd)、具潜穴和不规则纹理泥岩(blMd)、具根灰色泥岩，最后到杂色泥岩。这种由沼泽(潮湿)到干旱洪泛平原的过渡由基准面上升所致。

若洪泛平原相序中间无沼泽和湖泊相地层，则根据土壤发育程度确定短期旋回的边界。由 mtMd 到角砾泥岩(brMd)相的一个序列表示一个基准面上升半旋回。在仅由 mtMd 相所组成的层段中，根据杂色程度变化确定短期旋回的边界。随着加积到洪泛平原上的沉积物增加，基准面上升导致杂色程度增大(在成土过程中增加)，而基准面下降导致杂色程度减小。

在河道、湾头三角洲和海湾充填相序中，发现了海湾相域短期地层旋回。一个短期旋回可以仅由这些相序的其中一个或组合组成。

河道和湾头三角洲相序通常共生在一个短期旋回中的各地理位置。旋回具有基准面升降不对称性，或者旋回是对称的。河道在短期基准面上升和下降时期发育。相反，湾头三角洲仅在短期基准面下降时产出。在短期基准面上升时期，湾头三角洲可能会被置换为海湾充填相序。旋回厚度是不同的：由河道和湾头三角洲序列所组成的旋回厚度在 3.3~9m(11~30ft)，而由其中一个相序所组成的旋回厚度在 1.2~3.6m(4~12ft)。

当河道冲刷面为槽状交错层理砂岩(txSs)所覆盖时，发育河道相序的短期基准面上升半旋回，河道沉积以这种槽状交错层理砂岩为主，具潜穴残遗槽状交错层理砂岩(btxSs)次之，在某些情况下，槽状交错层理砂岩为流痕砂岩(rpSs)所覆盖。向顶部掘穴活动增加、流速减小反映了河道可容空间增大并逐渐被淹没。

湾头三角洲序列中的短期基准面下降半旋回根据相序和交错层组厚度变化进行识别。湾头三角洲序列与下伏相之间有过渡和突变下接触面。一个典型的相序由基底具潜穴砂岩(bSs)过渡到具潜穴残遗槽状交错层理砂岩(btxSs)，然后再过渡到槽状交错层理砂岩(txSs)。向顶部掘穴活动强度减小，txSs 相槽状交错层组厚度向上减薄。这些相序记录了退积期流体力学能自下而上增加以及移动沙丘之间相互侵蚀增加的现象，表明可容空间向上减小(图 12-20)。

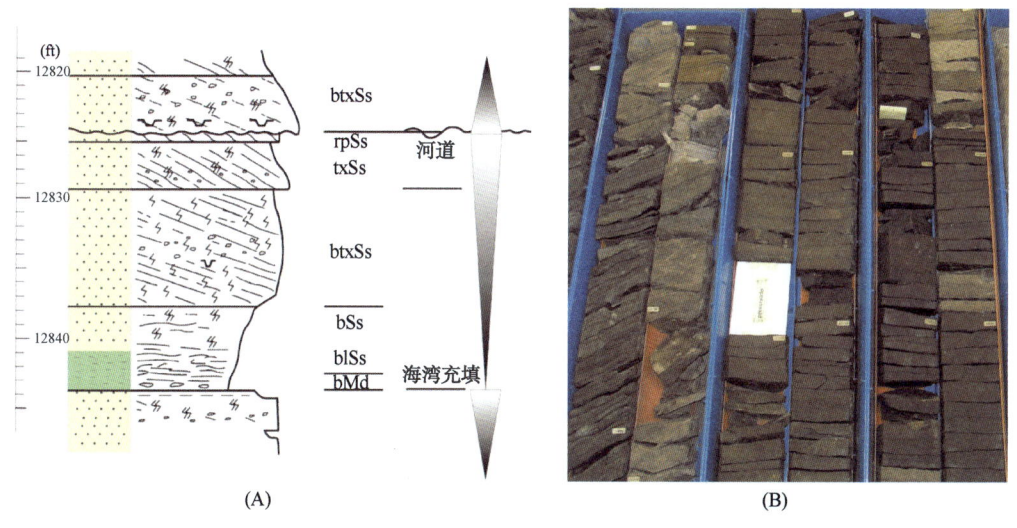

图 12-20 (A)Cupiagua A-1 井中河道和湾头三角洲相序。湾头三角洲序列下部的槽状交错层理砂岩具有强烈的掘穴活动，且掘穴活动向上减小。岩心图(B)所示为同一层段。注意岩心顶部(右)的含油饱和度更饱和，表明储层质量更好(图例说明参见图 12-9)

湾头三角洲相序短期地层旋回具有基准面下降不对称性，并有一个很薄的基准面上升盖层。旋回厚度通常为 1.2~3.6m(4~12ft)，但在例外情况下，旋回厚度可以达到 5.4m

(18ft)。短期旋回通常根据向上变浅海湾充填沉积的相序进行识别。在一个典型的向上变浅海湾充填沉积序列中，序列由基底具潜穴不规则纹理泥岩(bMd)过渡到具潜穴不规则纹理砂岩(blSs)，然后过渡到顶部垂向具潜穴砂岩(vbSs)。该序列的可容空间沉积物补给比因进积作用而连续减小。湾头三角洲相序有时覆盖在一个短期旋回的海湾充填沉积序列上(图 12-12)。在海湾充填沉积中识别出了薄基准面上升盖层。这一序列表现为由较浅相过渡到较深相，由 vbSs 过渡到 blSs 相，最后过渡到 bMd 相。短期旋回有一个较厚的基准面下降半旋回，该半旋回含薄基准面上升盖层。

12.11.2 中期地层旋回

在 Cupiagua 油田 Mirador 组发现了 6 个中期地层旋回(图 12-10~图 12-12、图 12-19)。中期地层旋回根据其短期旋回组成的叠加样式、相序的总体走向和地层不连续面或断层面确定其边界。用罗马数字(Ⅰ~Ⅵ)对这些旋回进行编号。由 Ⅰ、Ⅱ和Ⅲ这 3 个基底旋回组成的相组合属于海岸平原相域。旋回Ⅳ、Ⅴ和Ⅵ由海湾相域所组成。

12.11.2.1 旋回 Ⅰ

仅在 Cupiagua A-1 井中对旋回 Ⅰ 进行了取心。该旋回主要为洪泛平原和决口扇相域。岩心由 Los Cuervos 组叠加洪泛平原相过渡到决口河道和决口扇相，并有一些沼泽和潮湿洪泛平原相序。这种相序走向呈基准面下降—基准面上升演变趋势(图 12-10)。测井对比表明决口层序沿侧向变为河道带砂岩(图 12-21)。这些河道带砂岩呈单层走向，且侧向不连续。

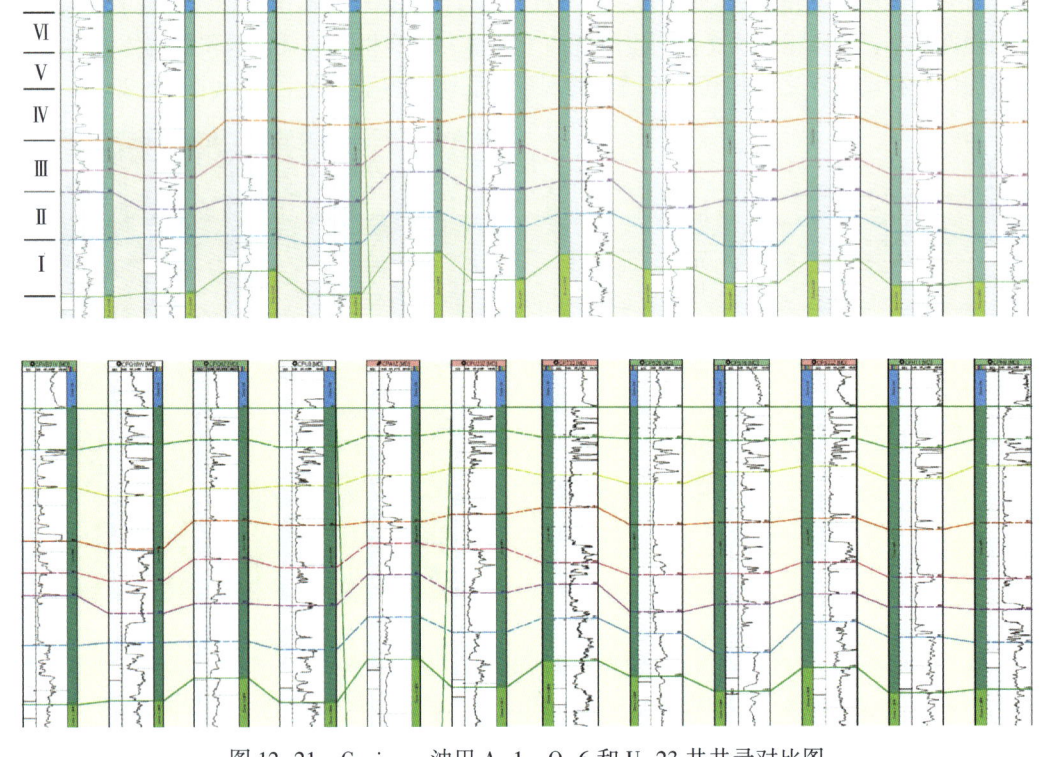

图 12-21　Cupiagua 油田 A-1、Q-6 和 U-23 井井录对比图

旋回 Ⅰ 呈现有侧向相变。A-1 井中的决口和沼泽—洪泛平原沉积沿侧向变为河道带砂岩。深度以英尺为单位

这种由加积洪泛平原沉积到决口砂体的过渡表明决口进积到了洪泛平原远端。该旋回上半部的决口扇相序以6个短期旋回产出（图12-15）。Cupiagua A-1井内取心的短期旋回由较远端决口扇相所组成，各旋回相对于界定该中期旋回上部的总体基准面上升的下伏旋回向陆步进（远离河道带）。

Fajardo(1995)证实，Cusiana油田中的这一最下层中期旋回由河道—决口—洪泛平原相域所组成。该旋回因河道带基底受到侵蚀而开始发育，并在下一河道带基底终止发育。这是一个基准面上升旋回。Fajardo(1995)对该旋回绘制了一幅等厚线图，图中显示该旋回仅分布在Cusiana南部。Cusiana油田横断面显示，沼泽和洪泛平原相序比例由东南向西北增大，而决口相序比例减小。与Cupiagua油田区决口和洪泛平原相域相比河道相域比例较小，表明沉积倾向定向面向西北。这与Fajardo(1995)绘制的古河谷走向一致。

12.11.2.2 旋回Ⅱ

中期旋回下界是一个基准面下降面。该旋回具有基准面上升不对称性。旋回Ⅱ由河道和决口扇相序所组成。仅在两三口油井中发现发育有洪泛平原相序。

旋回Ⅱ由河道相序过渡到决口相序（图12-10），决口相序上有时覆盖有沼泽和洪泛平原相序。这种相序走向界定出一个中期基准面上升旋回。而河道和决口扇层段中的短期旋回在基准面上升半旋回通常呈向陆步进样式。

旋回Ⅱ下半部主要为河道相序。在这些旋回中，岩相自下而上拼合作用递减，而保存的底形递增。决口相序分布在中期基准面旋回Ⅱ上半部（图12-10）。这些短期旋回由较深或较远端决口扇相连续组成；因此，这些短期旋回呈向陆步进叠加样式，这种叠加样式表明可容空间不断增大。

同旋回Ⅰ相比，中期旋回Ⅱ的河道相域比例更高。并且，河道相域的厚度更厚，拼合度更高。河道砂体在侧向上更有连续性（图12-19、图12-21）。这表明旋回Ⅱ记录了冲积平原沉积体系的向海步进作用。在Cupiagu油田，旋回Ⅱ主要为颗粒相。此外，同旋回Ⅰ相比，旋回Ⅱ基底河道的拼合度更高（Fajardo，1995）。这同样也说明旋回Ⅱ呈向海步进叠加样式。

12.11.2.3 旋回Ⅲ

该中期旋回的相变程度最高。在对该层段进行了取心的三口井（A-1、C-3和H-11；图12-10~图12-12）中，旋回Ⅲ由不同比例的河道、决口和洪泛平原相域所组成。同旋回Ⅰ和旋回Ⅱ相比，旋回Ⅲ更加对称，但其对称性因油井不同而不同。在A-1井中，旋回Ⅲ主要由加积洪泛平原相域所组成。基准面上升半旋回由决口扇（20%）和沼泽—洪泛平原（80%）相序所组成（图12-10）。基准面下降半旋回由沼泽（65%）、洪泛平原（15%）和河道（20%）相序所组成。在C-3井中，旋回Ⅲ主要为河道相序（图12-12）。废弃河道与决口扇相序有少量夹层。H-11井中分布有河道（60%）、决口扇（20%）和沼泽（20%）相域（图12-11）。基准面上升半旋回呈现由河道过渡到决口扇、沼泽和洪泛平原相序的特征（图12-11）。这种相序走向表明可容空间总体增大。中期基准面下降半旋回呈现由洪泛平原过渡到决口扇、再到河道相序的特征。这种走向表明可容空间与沉积物补给比总体增大。中期旋回基准面上升到下降的转换位置位于沼泽和洪泛平原块状泥岩相中。

属中期旋回Ⅲ的河道带砂岩沿侧向呈现不连续性，同旋回Ⅱ相比，其拼合程度较低。洪泛平原和决口扇相域比例最高、河道带砂体为单层表明，旋回Ⅲ向陆步进到较远端、低能相域。

12.11.2.4 旋回Ⅳ

中期旋回Ⅳ表明了 Cupiagua 油田区沉积环境的主要变化。旋回Ⅳ由河道(30%~60%)、海湾充填(0~10%)和湾头三角洲(30%~70%)相序所组成。下界通常为一个基准面下降面，而上界为基准面上升海泛面。该旋回的基准面上升半旋回和基准面下降半旋回的厚度相近。旋回Ⅳ的泥岩常呈黑色或深灰色(图 12-18D)，并具潜穴，与之相比，旋回Ⅲ的泥岩呈中浅灰色、褐色和紫色等杂色(图 12-14J、K)。这种由杂色泥岩到深灰色泥岩的变化反映了从干燥、成土条件到潮湿海岸平原或海湾条件的变化。

尽管岩相因油井所处位置不同而不同，所有油井中均分布有基准面上升半旋回和基准面下降半旋回。在 A-1 井中，基准面上升半旋回由河道相域过渡到海湾充填相域，而基准面下降半旋回由湾头三角洲再过渡回河口—河道相域(图 12-10)。H-11 井的基准面升降旋回由河口—河道过渡到湾头相域，然后再过渡到河道相域(图 12-11)。最后，C-3 井呈现由河道到湾头相域的过渡趋势(图 12-12)。旋回Ⅳ中分布有新的较远端含盐—浅海相域表明，旋回Ⅳ中所有相域主要呈现向陆步进。下 Mirador 组(旋回Ⅰ、旋回Ⅱ和旋回Ⅲ)以冲积相域为主，该相域在旋回Ⅳ时期向东移位。

12.11.2.5 旋回Ⅴ

中期旋回Ⅴ呈现相域连续向陆移位的趋势。旋回Ⅴ由湾头三角洲(40%~70%)和海湾充填(30%~60%)相序所组成。仅旋回顶部局部区域出现了河道相域。上下界面是整合地层的转换位置(由下降到上升)，位于河道和湾头三角洲相序的最大厚度位置处。旋回Ⅴ通常呈现对称的特点。

旋回Ⅴ的基准面上升半旋回呈现由湾头三角洲过渡到海湾充填相序的特征。短期旋回呈向陆步进叠加样式。湾头相逐渐减薄，生物扰动构造增加，表明远端部分优先保存下来。而朝同一方向，海湾充填相域则增厚。在旋回中部，发育有较好的海湾充填泥岩。在该旋回中，远端海湾充填相域的比例最高。这表明该旋回呈连续向陆步进叠加样式。

旋回Ⅴ的基准面下降半旋回由海湾充填相序过渡到湾头三角洲相序，而湾头三角洲相序上有时覆盖有河道相序。这种相序走向表明 A/S 减小。而短期旋回则呈向海步进叠加样式。这种过渡表明进积作用导致产出了一个向上变浅剖面。

12.11.2.6 旋回Ⅵ

中期旋回Ⅵ具有不对称性，保存下来的主要为基准面上升旋回。针对该旋回，仅在 A-1 井提取了岩心。其下界位于整合地层中由递减到递增可容空间与沉积物补给比的转换位置处。旋回Ⅵ由海湾充填(40%~70%)和湾头三角洲(30%~60%)相序所组成。

在基准面上升半旋回，短期旋回中深水相的比例逐渐增大，而浅水相的比例减小。深水相的比例向上增大表明，短期旋回呈向陆步进叠加样式。

在少数油井中，基准面下降半旋回由总体上呈向海步进叠加样式的短期旋回所组成。旋回Ⅵ上半部显示河道相序直接覆于海湾充填相域之上。这表明旋回Ⅵ中岩相呈现异常向海移位的趋势(岩相下坡偏移)。在河道相域上，岩相迅速向陆移位，但没有出现地层不连续现象。这种向陆偏移使 Carbonera 组 C8 段的深水海湾充填相覆盖到河道沉积顶部。

旋回Ⅵ相对于旋回Ⅴ其河道相域比例较高表明旋回Ⅵ呈向海步进叠加样式。除岩相向海偏移以外，Mirador 组顶部呈向陆步进叠加样式。岩相向海和向陆移位属于叠加样式异常现象，因而并非中期地层旋回的界面。在取心井 A-1(图 12-10)中发现了这些地层异常现象，在非取心井中也可能存在这些地层异常。

12.12 Mirador 组储层划分

高分辨率地层对比，即对岩石单位建立时间等效性，不论其岩石类型、矿物、结构或沉积环境。高分辨率地层对比可以为更准确、更具预测性的储层描述提供基础。岩石的岩性、岩石物理性质、几何特征和储层连续性等基本属性在沉积物堆积的过程中形成，因而精细对比可以在四维（时空）背景下准确地描述这些岩石特性。高分辨率对比是识别储层中受地层控制的流体流动分隔单元、分隔单元界面和流体流道的最佳方法。这是因为短暂聚集的地层序列的天然边界面将地层分隔成不同时空尺度的时间界面旋回。这些天然地层界面常与岩相发生侧向最连续移位相符，因而，最显著的岩性变化通常发生在这些边界面。因此，岩石物理性质最显著的流体流动分隔单元界面常与等时地层边界面一致。许多天然地层界面的产状与岩石物理界面没有关联；但岩石物理界面的产状与地层界面无关则较罕见（Cross 等，1993）。

有助于储层分析的第二个地层属性是可容空间与沉积物补给比动态变化和由此产生的系统性地层结构变化与地层记录中保存下来的相多样性、序列和连续性之间的关系。例如，Allen（1978，1979）及 Bridge 和 Leeder（1979）研究表明，在缓慢沉降（相当于小可容空间）条件下沉积形成的沉积河道带砂体形成垂向和侧向互连的毡状砂岩体，就流体流动和压力而言，这些砂岩体可以作为单一分隔单元储层。相反，快速沉降时期（相当于大可容空间）沉积形成的沉积体系相同的河道带砂岩可以以孤立、细脉状储层砂岩的形式产出。各砂岩体可以作为一个单独的流体流动分隔单元。

下 Mirador 组旋回在河道带结构上明显表现出存在差异。在相对较大的可容空间条件下沉积形成的中期旋回Ⅰ和Ⅲ含较薄的河道带砂岩体，并伴生有厚层决口扇和洪泛平原相域。河道带砂岩体具有井间侧向不连续性，并呈现有强烈的厚度变化。相域比例因油井所处位置不同而不同，但同旋回Ⅱ相比，决口扇和洪泛平原相域通常更厚（图 12-10、图 12-19）。如图 12-10 所示，Cupiagua A-1 井仅旋回Ⅰ中分布有薄层河道砂岩。密井距油井显示有属河道序列的向上变细、钟形伽马射线响应（图 12-12）。河道相序的地层层位和厚度因油井位置不同而不同。相反，同旋回Ⅱ相比，河道带砂岩体更厚，侧向更连续（图 12-10、图 12-11）。相比较于旋回Ⅰ和旋回Ⅲ，旋回Ⅱ中漫滩相域的相对比例较低。河道砂岩体侧向更连续，几乎分布在 Cupiagua 油田的每一口井中（图 12-19、图 12-21 和图 12-22）。

最后，相域控制着砂岩体的流体流动特性。针对中期旋回Ⅰ～Ⅲ，绘制了孔隙度与测井渗透率随相序变化的关系图（图 12-23）。该图显示，河道相序的孔隙度和渗透率值高于下 Mirador 组中期旋回Ⅰ、Ⅱ和Ⅲ的决口扇相序。这些数据显示两种不同的岩相：孔隙度和渗透率较高的对应河道相序，而孔隙度和渗透率较低的对应决口扇相序。由于在整个油田区，河道和决口扇相序层段在侧向上均是连续的，这些岩石物理特性上的差异对于下 Mirador 组长期旋回的储层划分至关重要。

在上 Mirador 组（旋回Ⅳ～Ⅵ，图 12-24）的海湾相域中发现有类似的差异。与海湾充填相序相比，在孔隙度范围相同的情况下，河道和湾头相序的渗透率值更大。图 12-24 显示，对于一个给定的孔隙度，河道和湾头砂岩的渗透率比同等的海湾充填相序高两个数量级。在

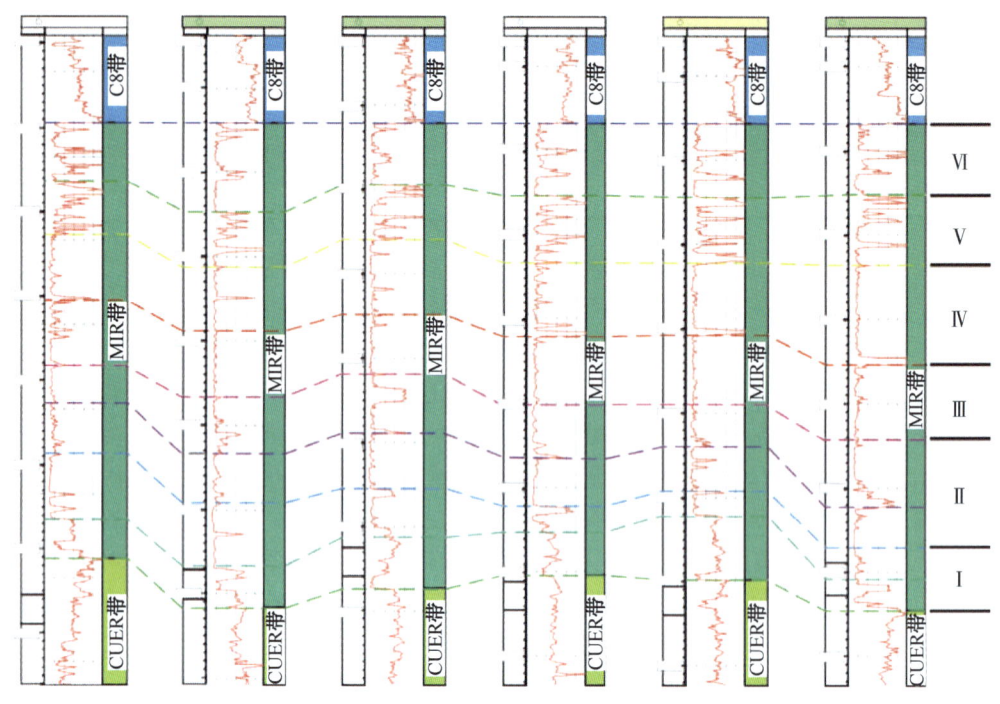

图 12-22　Cupiagua 油田南部油井井录对比
深度以英尺为单位

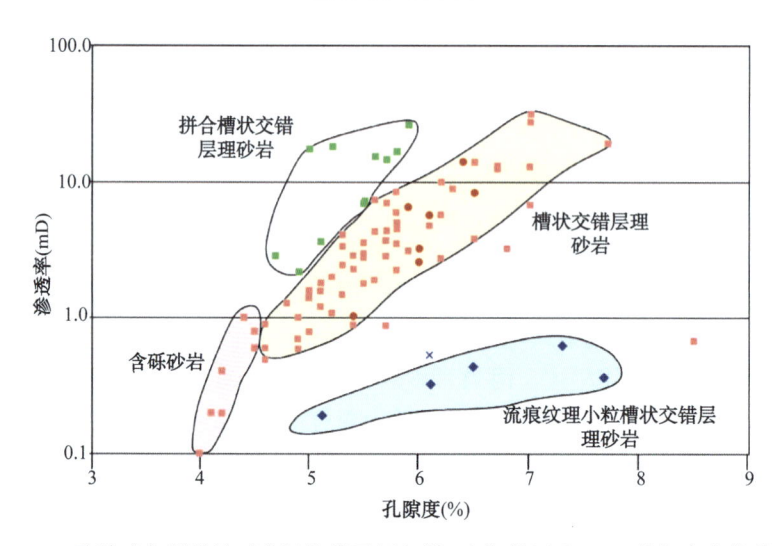

图 12-23　孔隙度与测井渗透率随海岸平原相域(中期旋回Ⅰ~Ⅲ)的相序变化关系图

单井中,不同相域控制着孔隙度和渗透率的垂直分布。H-11 井中分布有块状砂岩,在 Mirador 组的大部分井段,砂岩的伽马射线响应只有细微差别(图 12-25)。对相域所进行的解释反映出孔隙度和渗透率值发生了很大的变化。根据这些不同的相域可以确定具有不同流体流动特性的不同单位。决口扇相序的孔隙度范围通常在 3%~4%,渗透率低于 0.1mD,而湾头相序的孔隙度范围通常在 5%~7%,渗透率为几十毫达西。

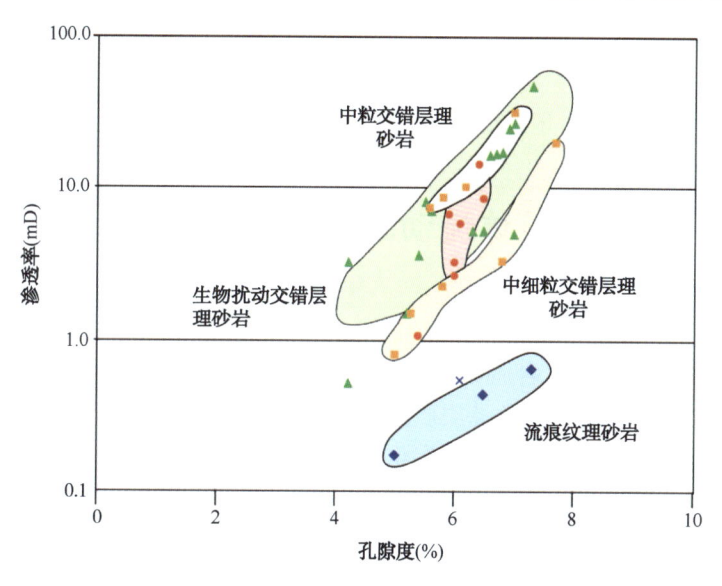

图 12-24　孔隙度与测井渗透率随海湾相域(中期旋回Ⅳ~Ⅵ)的相序变化关系图

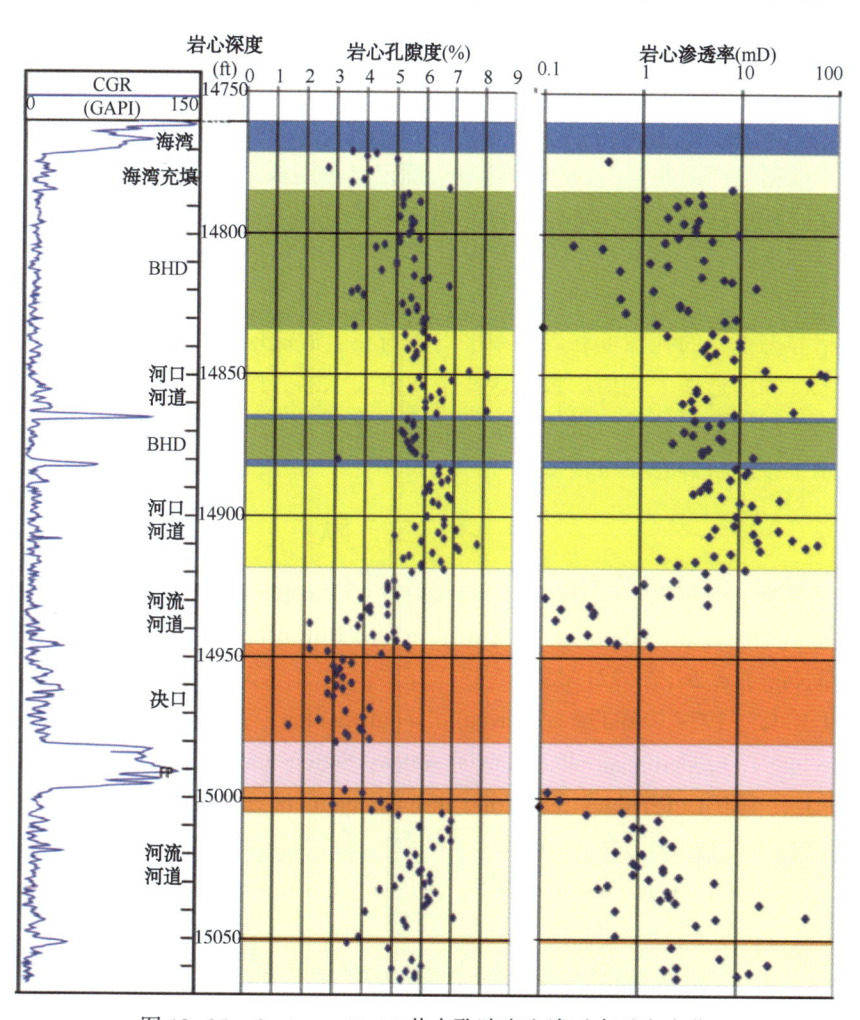

图 12-25　Cupiagua H-11 井中孔隙度和渗透率垂向变化

根据多孔板块的含水饱和度数据以及对柱塞状岩心进行的迪安斯塔克（DeanStark）分析显示存在不同的岩石类型。下 Mirador 组河道相序和上 Mirador 组河道与湾头相序的含水饱和度值范围为 5%~7%。决口扇和海湾充填砂岩的含水饱和度值高于 17%。

12.13 Mirador 组的流体流动单元与静态模型

以往的储层描述研究识别出了这三个产油层砂岩（Guadalupe、Barco 和 Mirador 组）的 4 种岩石类型：泥岩（非储层）、岩屑砂岩、石英砂岩和磷质岩屑砂岩。岩屑砂岩的储层质量较差，石英砂岩和磷质岩屑砂岩的储层质量中等。对于这些储层岩石类型中的每一种，通过比较岩心与电缆测井数据，可得到孔渗变化规律。为建立静态模型以确定石英砂岩的储层质量变化，共采用了 4 种相组合及其 4 种孔渗变化趋势以涵盖这种岩石类型的整个岩石质量范围（图 12-23、图 12-24）。利用电缆测井特征（伽马射线、伽马射线能谱、中子、密度和电阻率）和取心井中识别出的相组合对其余油井进行外推。利用地质统计技术填充岩相，然后根据相域填充孔隙度和渗透率，以生成井间静态模型。

净产层根据渗透率下限值确定分界线，渗透率下限值等于或高于 0.1mD，Mirador 组石英砂岩的孔隙度为 3.5%，伽马射线截值为 38°API。利用岩心荧光单位流量，在孔隙尺度（压汞资料）、重复地层试验流量响应的厘米尺度、米尺度的不同尺度上，对这些下限值进行评估，从而根据生产测井组合仪（PLTs）响应确定产油层段。

如前所述，利用随机方法，将相组合充填在岩石总体积中。利用由 Cupiagua 岩心和半区域沉积模式得出的岩石类型分布统计数据，建立三维随机储层模型。确定岩石总体积中各岩石类型的孔隙度和含水饱和度分布。

地质网格静态模型的孔隙度和渗透率平均值与在生成储层模拟模型的粗化过程中各地层油井内的孔隙度和渗透率平均值一致；这些平均值表示油井内的平均值。

利用动态储层模型初始化得出储罐中原始原油地质储量（STOOIP）的体积，这些体积数据很好地表示了该随机静态三维模型。

参 考 文 献

Allen, J. R. L., 1978, Studies in fluviatile sedimentation: Bars, bar complexes and sandstone sheets (low sinuositybraided streams) in the Brownstones (L. Dev.), Welsh borders: SedimentaryGeology, v. 26, p. 281-293.

Allen, J. R. L., 1979, Studies in fluviatile sedimentation: An exploratory quantitative model for the architectureof avulsion-controlled alluvial suites: Sedimentary Geology, v. 21, p. 129-147.

Barrell, J., 1917, Rhythms and the measurement of geologictime: Geological Society ofAmerica Bulletin, v. 28, p. 745-904.

Bridge, J. S., and M. R. Leeder, 1979, A simulation model ofalluvial stratigraphy: Sedimentology, v. 26, p. 617-644.

Cooper, M. A., et al., 1995, Basin development and tectonichistory of the Llanos basin, eastern Cordillera, and Middle Magdalena Valley, Colombia: AAPGBulletin, v. 79, no. 10,

p. 1421-1443.

Coral, M., and W. Rathke, 1997, Cupiagua field, Colombia: Interpretation case history of a large, complex thrustbelt gas condensate field: Cartagena, Memorias del VISimposio Bolivariano "Exploración Petrolera en lasCuencas SubAndinas", Colombia, Tomo 1, p. 119-128.

Cross, T. A., et al., 1993, Applications of high-resolutionsequence stratigraphy to reservoir analysis, in R. Eschardand B. Doligez, eds., Subsurface reservoir characterizationfrom outcrop observations: Proceedings of the7th Exploration and Production Research Conference: Paris, Teichnip, p. 11-33.

Dengo, C., and M. Covey, 1993, Structure of the easternCordillera of Colombia: Implications for trap stylesand regional tectonics: AAPG Bulletin, v. 77, p. 1315-1337.

Fajardo, A. A., 1995, 4-D stratigraphic architecture and 3-Dreservoir fluid flow model of the Mirador Fm., Cusianafield, foothills area in the Cordillera Oriental, Colombia: M. Sc. thesis, Colorado School of Mines, Golden, Colorado, 171 p.

Martinez, J., 2003, Modelamiento estructural 3D y aplicacionesen la exploración y explotación de hidrocarburosen el Cinturón de Cabalgamiento del PiedemonteLlanero, Cordillera Oriental, Colombia: VIIISimposio Bolivariano— Exploración Petrolera en lasCuencas Subandinas.

Villamil, T., 1999, Campanian-Miocene tectonostratig-raphy, depocenter evolution and basin developmentof Colombia and western Venezuela: Paleogeography, Paleoclimatology, Paleoecology, v. 153, p. 239-275.

Wheeler, H. O., 1964, Baselevel, lithosphere surface, andtime-stratigraphy: Geological Society of America Bulletin, v. 75, p. 599-610.